普通高等教育“十一五”国家级规划教材

现代遗传学原理

（第三版）

徐晋麟　徐　沁　陈　淳　编著

科 学 出 版 社
北　京

内 容 简 介

本书为普通高等教育“十一五”国家级规划教材。全书共22章，深入浅出地阐述了经典遗传学的基本原理，并以中心法则为纲，阐明了DNA的结构、复制、转录、加工、翻译及调控。此外还介绍了基因突变、损伤与修复、基因组学、免疫、癌基因、发育和分子进化等方面的内容。每章后附有习题供读者思考和练习，书后附有历年遗传学领域诺贝尔奖名录、部分习题答案、索引和彩版。本书内容新颖，纳入了近年的一些新发现、新理论和新成果；在介绍每项成果时，着重介绍其发展过程，以期使读者受到启迪，贯彻“授人以渔”的理念。全书文字流畅，插图丰富，资料翔实，力求做到“图文并茂，治学严谨”。

本书可供综合性大学、师范、农林、医药院校有关专业的本科生和研究生使用，也可供相关专业教师及科研人员参考。

图书在版编目(CIP)数据

现代遗传学原理/徐晋麟，徐沁，陈淳编著. —3版. —北京：科学出版社，2011.4

(普通高等教育“十一五”国家级规划教材)

ISBN 978-7-03-030541-1

Ⅰ.①现… Ⅱ.①徐…②徐…③陈… Ⅲ.①遗传学-高等学校-教材 Ⅳ.①Q3

中国版本图书馆CIP数据核字(2011)第041222号

责任编辑：王玉时 / 责任校对：张凤琴

责任印制：赵 博 / 封面设计：耕者设计工作室

科学出版社出版

北京东黄城根北街16号

邮政编码：100717

http://www.sciencep.com

固安县铭成印刷有限公司印刷

科学出版社发行 各地新华书店经销

*

2001年3月第 一 版 开本：850×1168 1/16

2005年8月第 二 版 印张：41 1/2

2011年4月第 三 版 2025年12月第七次印刷

字数：1 200 000

定价：128.00元

(如有印装质量问题，我社负责调换)

第三版前言

自2005年《现代遗传学原理》第二版出版以来，遗传学迅猛发展的势头依然不减，尤其在以下三个领域的成就更为突显：①基因组学；②克隆技术和干细胞的研究和应用；③表观遗传学。

基因组学方面的研究可谓硕果累累，成绩辉煌。以人类基因组为例，在过去的几年内，科学家们相继完成了2、3、4、11、12、18号以及X染色体的测序和分析，完成了猕猴、黑猩猩与人类的基因组的比较。随着基因组测序技术的飞速发展和完善，基因组分析的速度和效率已大大提高。2007年美国454生命科学公司为J. D. Watson制作了完整的个人基因组图谱DVD光盘，这是第一份人类个体基因组图谱。2008年Jun Wang（王俊）等发表了名为“炎黄一号”的第一个亚洲人全基因组图谱。2009年Li Jin（金力）等首次通过SNP分析获得了亚洲人群SNP遗传多元化图谱，并以此分析了亚洲人群的历史移民路线，将基因组学和分子进化联系起来。2010年J. C. Venter和H. O. Smith等从生殖支原体（*Mycoplasma genitalium*）内提取完整基因组，成功地导入已经被删除了DNA的细菌细胞之中，创造出世界上首个人工合成的生命结构，轰动了整个世界。

体细胞克隆技术问世以来，科学家们以不同的策略已成功地克隆出多种哺乳动物，在技术上也趋于成熟。2008年K. L. K. Tamashiro等应用“檀香山”技术，用在－20℃保存了16年的小脑组织培育出12个健康的克隆小鼠，开创了冷冻体细胞克隆的先河。在体细胞克隆的基础上，科学家们更是“锦上添花”，建立了非克隆技术。2006年日本的S. Yamanaka（山中伸弥）等和美国的J. A. Thomson等两组科学家分别以非克隆技术将人类的皮肤细胞培养成人体干细胞，给“治疗克隆”技术开拓了一条新路。2008年J. T. Dimos等从两位患有肌萎缩性脊髓侧索硬化症（ALS）的老年患者的皮肤细胞中制造出了诱导性多能干细胞（iPS），并将这些iPS细胞培养成健康的运动神经元细胞，为“治疗克隆”展现了广阔的前景。

表观遗传学虽很早就已提出，但直到20世纪80年代，随着一些经典遗传学无法解释的生命现象（如转介、副突变、亲本印记、书签、核仁显性等）不断发现和积累，以及分子遗传学研究的不断深入，才逐步发展起来。特别是在迈入2000年后，科学家们发现了siRNA和miRNA的调控作用，使人们对表观遗传现象刮目相看，认识到生物体除了基因组以外，还存在另一种遗传信息。

为了适应学科的发展和教学的需要，编者在《现代遗传学原理》第二版的基础上，增加了很多新知识、新概念和新理论，编写了第三版。为了减少重复，压缩篇幅，我们删除了原第十八章（DNA与人类疾病）和第二十一章（重组DNA技术），增加了“免疫的多样性”、“癌与癌基因”和“表观遗传学”三章；另外还合并了一些相关的章节，书后配有诺贝尔奖名录、部分习题答案、索引等，新版共22章，100多万字。同时将90%的插图进行了更新，力求图文并茂。

在本书编写的过程中，我们得到了科学出版社周辉、王国栋编辑的大力支持和帮助，对他们所付出的辛勤劳动表示衷心的感谢和敬意。

由于我们水平有限，而书中的内容较新，涉及面广，谬误之处在所难免，请读者和专家们不吝赐教。

徐晋麟

2010年8月

第二版前言

近年来基因组学和蛋白质组学发展迅猛，似乎是在印证“21世纪是生命科学的世纪”这一广为流传的预言。多种生物的基因组序列相继发表，特别是2003年4月14日中、美、英、日、法、德等6国科学家宣布人类基因组序列图绘制成功，引起了世人的关注，使人们对战胜遗传学疾病增强了信心，把遗传学的研究推向了新的高潮。

为了适应学科的发展和教学需要，我们在《现代遗传学原理》第一版的基础上，删繁就简，吐故纳新，新增加了“DNA与人类疾病”、“重组DNA技术”和“基因组学”三章，在“真核生物基因表达的调控”一章中还增加了表观遗传学、副突变、RNAi等新概念、新方法、新理论，在“重组DNA技术”中也介绍了一些新型大容量载体（如BAC、PAC、MAC）和“基因剔除”等一些新技术，使读者能及时掌握遗传学的新知识。

由于我们的水平有限，谬误之处在所难免，请读者不吝赐教。

徐晋麟

2004年12月

第一版前言

自国内开设遗传学课程以来，诸多老一辈遗传学家编写了很多优秀的遗传学教材，其中方宗熙先生编写的《细胞遗传学》（科学出版社，1961年，后改为《普通遗传学》）和刘祖洞、江绍惠先生编写的《遗传学》（高等教育出版社，1981年）最有影响，培养了一代又一代人才，我也受益匪浅。

近20年遗传学发展迅猛，国内传统教材已难以适应现代教学的要求。在长期从事遗传学教学和科研中，我感到迫切需要一部新的教材，使读者能从细胞和分子两个不同的层次了解基因纵向传递和横向传递的规律与机制。此教材应做到内容新颖，能及时反映遗传学的现状和进展；插图应有自己的特色，图文并茂；书后应附有参考文献、索引、名词解释、习题和参考答案以及图表的出处等。这样使读者阅读和追踪都比较方便。我自己一直很想在这方面做些尝试，但考虑到巨大的工作量而不敢轻举。

两年前，我和徐沁、陈淳两位博士谈了这一想法，大家都有同感，于是决定分工合作，来编写一本能适应遗传学发展的新教材，在内容上将经典遗传学和分子遗传学有机地融合在一起，特别注重介绍遗传学的最新进展，详细介绍重大发现的思维过程和科学家们前赴后继的奋斗精神；在形式上大量采用插图，以帮助读者更好地理解。由于我们水平有限，本书距离我心目中理想的教材尚有较大的差距。希望我们的努力对遗传学的研习者能有一定的参考作用，并起到抛砖引玉之效。成稿仓促，谬误之处难免，望读者指正，以便再版时更正。

为了和传统的遗传学教材相区别，又不和 Francisco J 等编写的 *Modern Genetics* 及 Gardner EJ 等编写的 *Principles of Genetics* 重名，遂将本书命名为《现代遗传学原理》（*Principles of Modern Genetics*）。本书主要参考了以下几本名著：① Griffiths AJF，Miller JH，Suzuki DT，Lewontin RC，Gelbart WM. 1993. *An Introduction to Genetic Analysis*，5th ed.，W. H. Freeman and Company，New York；② Russell PJ. 1992. *Genetics*，3rd ed. HarperCollins Publishers；③ Lewin B. 1997. *Genes* Ⅵ. Oxford University Press，Oxford。

本书篇幅较大，出版周期短，科学出版社编辑马学海博士付出了很多的精力和辛劳。在编写过程中姜勇和张勇两位同学在文稿录入和部分习题的编译中做了很多工作，在此一并致谢。

徐晋麟

2001年初

目　录

第一章 绪　论

第一节　什么是遗传学

遗传学是生命科学领域中一门新兴的学科，主要研究**遗传信息**（genetic information）的化学结构、纵向和横向的传递规律及其变异、重组和进化。

这一学科的名称是由英国遗传学家 W. Bateson 于 1909 年首先提出的。经典遗传学主要是研究遗传物质纵向传递的规律以及表型和基因的关系，研究的对象是个体。分子遗传学却偏重研究基因的结构、功能和横向传递的规律，研究的对象是细胞。群体遗传学是研究群体中基因频率和基因型频率以及影响其平衡的各种因素，研究的对象是群体。

20 世纪 80 年代表观遗传学的逐渐兴起，不仅揭秘了一些经典遗传学无法解释的现象，如副突变（paramutation）、亲本印记（parental imprinting）、核仁显性（nucleolar dominance）、转录后沉默（post-transcriptional gene silencing，PTGS）等，而且使人们了解到遗传信息不仅由 DNA 序列所编码，还可以通过 DNA 和组蛋白的化学修饰而构成。

遗传学与生命科学中其他学科不同，有着鲜明的特点。①遗传学是一门推理性的学科，而不是描述性的。研究遗传学的方法很像物理学，是根据自然现象或实验的数据推理出一种假说，然后再通过实验来加以验证。②多学科的交叉和融合。遗传学主要是建立在生物化学、细胞生物学和统计学三门学科上，但又涉及生命学科的各个领域，如动物学、植物学、微生物学、医学、农学、免疫学、系统分类学、生理生态学等，甚至还涉及一些社会科学，如心理学、社会学、犯罪学等。③发展快。遗传学的发展非常快，可以说是“月新年异”，新理论、新技术、新成果层出不穷。特别是近年来基因组学有了突飞猛进的发展，多种生物的基因组全序列相继发表，使人们感到应接不暇。④应用性强，转化为生产力的周期短。1953 年 J. D. Watson 和 F. H. C. Crick 提出 DNA 双螺旋模型时，人们并不知它有什么实际应用价值，但到了 20 世纪 70 年代就出现了体外重组技术，现在基因工程已成为世界各国的支柱产业之一，而没有双螺旋模型就不可能有重组技术。以遗传学为理论基础，又不断派生出许多应用学科，如动植物及工业微生物育种学、优生学、生物工程等。

第二节　遗传学的发展史

一、在孟德尔以前及同时代的一些遗传学说

公元前 5 世纪，西方医学之父——希腊的希波克拉底（Hippocrates）提出了第一个遗传理论，他认为子代具有亲代的特性是因为在精液或胚胎里集中了来自身体各部分的微小代表元素。按照这一观点，他相信后天获得的性状是可以遗传的。100 年后，古希腊的著名科学家和哲学家亚里士多德（Aristotle）认为亲代残缺，下一代并不残缺，因而提出：精液不是提供胚胎组成的元素，而是提供后代的蓝图，生物的遗传不是通过身体各部分“样本”的传递，而是个体胚胎发育所需的“信息”传递。可惜的是这一精辟而深刻的见解未能引起人们的重视，而一些荒诞的推测却使人们产生了兴趣，如长颈鹿是骆驼和豹子的杂种后代等。

1809 年伟大的法国生物学家拉马克（J. B. Lamarck）提出了“用进废退”的进化论观点，由此而得出获得性状（acquired characteristics）是可以遗传的。这一错误的观点是他一生中最大的一次失误，可悲的是，此观点一直延续到 20 世纪 60 年代。但瑕不掩瑜，拉马克在生命科学中的丰功伟绩，仍使人们公认他是世界上最伟大的科学家之一。

1868 年英国的达尔文（C. Darwin）提出了**泛生论**（hypothesis of pangenesis），认为身体各部分细胞里都存在一种胚芽或**“泛子”**（pangens），它决定所在细胞的分化和发育。各种泛子随着血液循环汇集到生殖细胞中。受精卵发育过程中，泛子又不断地流到不同的细胞中，控制所在细胞的分化，产生各种组织器官。显然这一观点受到 Hippocrates 理论的影响，似乎言之有理，但在血液中根本就找不到所谓的“泛子”，所以这一理论是不成立的。

1883年法国动物学家W. Roux提出“染色体可能组成了遗传物质”，同时他还假定了“遗传单位”沿着染色体丝作直线排列，当时他并不知道孟德尔已证实了这种“遗传单位”的存在。

德国的生物学家A. Weismann做了连续22代剪断小鼠尾巴的实验，方法虽然简单，但有力地否定了泛生论。1883年和1885年他将Roux理论发展成为完整的遗传的理论——**种质论**（germplasm theory）。他认为多细胞生物可分为**种质**（germ plasm）和**体质**（somatoplasm）两部分。种质是独立的、连续的。种质能产生后代的种质和体质。体质是不连续的，不能产生种质。种质的变异将导致遗传的变异，而环境引起的体质的变异是不遗传的。他还假设遗传物质在生殖细胞中数量减半，受精时得到恢复。个体的遗传物质一半来自父本，一半来自母本，这一推理是何等的正确！遗憾的是由于历史的局限，Weismann误认为细胞核中的每一条染色体都带有个体的全部遗传因子。

1869年达尔文的表弟F. Galton用数理统计的方法研究人类智力的遗传，发表了“天才遗传”（hereditary genius）学说。他认为变异是连续的，亲代的遗传性在子女中各占一半，并彻底混合，即“**融合遗传论**”（blending theory）。由于他所选择的研究性状是数量性状，所以他的结论只适合数量性状，而不能作为遗传的普遍规律。

二、遗传学的诞生

在孟德尔之前已经有一些植物学家做了植物杂交实验，并取得了显著的成绩。例如，1797年英国的T. Knight将灰色和白色的豌豆进行杂交，结果F_1全部是灰色的，F_2却产生灰色和白色两种，但Knight并未进一步统计分析，只发现了杂种后代性状“分离”这一现象。就在孟德尔理论发表的前两年（1863年），法国的C. Naudin发表了植物杂交的论文并获法国政府的奖励。他认为：①植物杂交的正交和反交结果是相同的；②在杂种植物的生殖细胞形成时“负责遗传性状的要素互相分开，进入不同的性细胞中，否则就无法解释F_2所得到的结果”。这一结论和孟德尔定律已经非常接近，说明孟德尔的发现并非偶然，也是在前人辛勤工作的基础上建立起来的。大部分重大的科学发现都是这样通过几代人的研究、充实、修正、发展而最终得以完善。

1856年，当时属奥地利的布隆（Brünn）镇基督教修道院的修士格里高·孟德尔（Gregor Johann Mendel）从维也纳大学回到布鲁恩不久就开始了长达8年的豌豆（*Pisum sativum*）实验。孟德尔首先从许多种子商那里买来了34个品种的豌豆，从中挑选出22个品种用于实验。8年实验的结果是产生了《植物杂交实验》那篇不朽之作，并在1865年“布尔诺自然科学研究学会”上宣读，1866年正式发表在该协会的会刊上，并将论文分寄给当时一些国际著名的生物科学家，其中也包括达尔文，希望能得到他们的支持，但事与愿违，所有的信几乎是泥牛入海。唯一回信的是慕尼黑的著名植物学家Carl Nageli，但Nageli对孟德尔谈及的问题不予理会，只写了一些简短的评语，就把原件退还给孟德尔。

这一伟大的发现一直被埋没在故纸堆中近半个世纪，直到1900年孟德尔定律第二次被发现以后，才使孟德尔学说从故纸堆中被发掘出来，并成为遗传学的奠基之作。孟德尔的学说被埋没并非偶然。据说达尔文虽然接到了孟德尔的信和论文的单行本，但并未拆开。即使达尔文当时阅读了孟德尔的论文也未必能接受孟德尔的观点。

由于孟德尔所研究的性状是质量性状，属于非连续变异，这作为研究遗传规律的切入点是非常合适的。但正因如此，也可能成为孟德尔遗传理论被埋没的重要原因。1859年达尔文出版巨著《物种起源》，建立了举世瞩目、震惊世界的“进化论”。达尔文认为进化是一个缓慢的渐变过程。而孟德尔遗传理论是适合“非连续变异”的质量性状，与进化论“渐变”的观点相悖，因此孟德尔遗传理论是不可能被当时学术界所接受的。达尔文是位出类拔萃的科学家，但他的研究方法和思维方式仍属于宏观的观察、描述和归纳的模式，而孟德尔却采用了先进的统计分析和演绎推理的模式，其结论是不能直接观察到的。这也是推崇“眼见为实”的传统生物学家所难以接受的。更何况孟德尔只是一位小小的传教士，人微言轻，加上他以前也从未发表过学术论文，很难得到学术权威的认同。

孟德尔临终前说：“等着瞧吧，我的时代总有一天要来临”。果然这一天终于来临，1900年荷兰的H. de Vries、德国的植物学家C. Correns和奥地利的E. Tschermak，分别同时发现了这篇论文和他的价值，终使孟德尔的学说重见天日，并建立了遗传学这门学科，这就是孟德尔定律的二次发现。

de Vries进行了见月草杂交试验，发现F_2的分离比为3∶1。1900年3月26日其论文《杂种分离法则》发表在《德国植物学会杂志》[(18)83-90]和法国科学院的《纪事录》[(130)845-847]上。de Vries曾从《植物育种》中查到孟德尔的工作。他在德文版中提到了孟德尔的工作，但在法文版中却只字未提。

Correns于1900年4月21日阅读de Vries法文版的论文，发现其结论和自己的实验结果相同，尽管文中未提到孟德尔，但Correns已从老师Nageli处知道了孟德尔的工作，于是他旗帜鲜明地撰写了《杂种后代表现方式的孟德尔法则》一文，1900年4月24日发表在《德国植物学会杂志》[(18)158-168]上。这对重新发现孟德尔法则起到了重要的作用。

Tschermak也进行了豌豆杂交试验，发现了分离现象，撰写了《关于豌豆的人工杂交》的讲师就职论文，清样出来后他读到了de Vries和Correns的论文，于是急忙投寄论文摘要，于1900年6月24日也发表在《德国植物学会杂志》[(18)232-239]上。他们3个人的工作都发表在《德国植物学会杂志》上，都证实了孟德尔法则，这就是著名的孟德尔法则的重新发现。

接踵而来的就是一场激烈的论战，一方是以牛津大学动物学教授W. F. R. Weldon为首，推崇高尔顿学说，贬低孟德尔学说。由于他的影响极大，*Nature*等杂志都不发表支持孟德尔观点的文章。另一方的主将是剑桥大学的遗传学教授W. Bateson，但由于他势单力薄，只得靠私人印发自己的论文来应战。直到1904年Bateson才在论战中获得胜利，孟德尔理论才摆脱了冷遇。1901年de Vries提出突变(mutation)这一名词，1902年萨顿(W. S. Sutton)等提出了遗传的染色体学说，1902～1909年Bateson先后创用遗传学(genetics)、等位基因(allele)、纯合体(homozygous)、杂合体(heterozygous)、上位基因(epistatic gene)等名词。1909年丹麦的科学家W. Johannsen创用了基因(gene)、基因型(genotype)和表型(phenotype)等名词。此时遗传学的雏形已形成，"独立分配"和"自由组合"两大定律已建立，其广泛的适用性已得到了承认，作为一门新的学科终于诞生了。

三、遗传学的发展

人们一般将遗传学的发展分为三个时期。

第一个时期是经典遗传学时期(1900～1940年)。此期以1900年孟德尔定律第二次发现为标志。在这段时期里主要是确立了遗传的染色体学说。较为突出的工作是1910年摩尔根(T. H. Morgan)带领着他的三位弟子A. H. Sturtevant、C. B. Bridges和H. J. Muller创立了连锁定律，通过实验证实了基因位于染色体上，并以直线排列，建立了基因的念珠模型(beads-on-a-string)。此期认为遗传的基本单位——基因是一个不可再分割的抽象的概念，即基因既是遗传的功能单位，又是重组和突变单位。

第二个时期是微生物遗传和生化遗传学时期(1941～1960年)。此期以1941年G. W. Beadle和E. L. Tatum提出"一基因一酶"学说为标志。在这20年的时间里遗传学有着突飞猛进的发展，研究的材料从真核转到了原核，研究遗传信息的传递从纵向转到了横向。遗传学更为深入地研究了基因的精细结构和生化功能。1944年O. T. Avery等进行了体外转化实验，确定遗传物质是DNA，而不是蛋白质。1952年A. D. Hershey和M. Chase的噬菌体侵染实验进一步证实遗传物质是DNA。1951年美国遗传学家McClintock根据玉米染色体的长期观察研究，提出了跳跃基因(jumping gene)的新概念。1953年J. D. Watson和F. H. C. Crick建立了DNA双螺旋模型，这一划时代的成果为分子遗传学奠定了最重要的基础。1956年A. Kornberg发现了DNA聚合酶，为基因工程提供了重要的工具。1958年Crick提出中心法则(central dogma)，确立了遗传信息流的方向。值得一提的是，1945年量子物理学家E. Schrödinger出版了《生命是什么》一书，不仅通俗地介绍了孟德尔学说，同时向物理学家们预告一个生物学研究的新纪元即将开始，值得大家奋起钻研，很多物理学家都纷纷转向遗传学这个新领域进行研究，把物理学的思维方式引入遗传学的研究中，促使遗传学的研究方法和思维方式发生了一场大的变革，从而获得了长足的发展。在此期遗传的基本单位是顺反子(cis-trans)，它仅是遗传的功能单位，而不是突变和重组单位。

第三个时期是分子遗传学时期(1961～1990年)。此期是遗传学发展的第三次高潮，可以说成果累累，月新年异，而且趋向于应用，大大缩短了转化为生产力的周期。此期标志性的成果是：1961年法国F. Jacob和J. L. Monod建立了操纵子学说(operon theory)，指出基因的表达是可以调节的。1965年美国的青年科学家M. W. Nirenberg创用了无细胞系统和三联体结合实验，破译了遗传密码。1966年印度裔的美籍科学家G. Khorana利用重复共聚物分析也破译了遗传密码。遗传密码的破译大大促进了遗传学的发展。1977年英国的F. Sanger和美国的

W. Gilbert 分别创用酶法和化学法建立了 DNA 的测序方法。在这一时期还发现了有很多重要的酶，建立了一系列新技术以及新的重要理论。例如，1962 年 W. Arber 提出限制与修饰学说，并发现Ⅰ类限制酶；1968 年 H. O. Smith 发现Ⅱ类限制酶并阐明其性质；1972 年 P. Berg 建立体外重组技术；1975 年 H. M. Temin 和 D. Baltimore 发现反转录酶；1977 年 P. A. Sharp 和 R. J. Roberts 发现断裂基因；1981 年 T. R. Cech 发现了核酶；1985 年 K. B. Mullis 建立 PCR 技术；等等。这一时期基因的概念是一段可以转录为功能性 RNA 的 DNA，它可以重叠、断裂的形式存在，并可转座。

根据生命学科的发展态势，我们提议将 1990 年至今后划为第四时期——基因组-蛋白质组时期，其标志是 1990 年 4 月人类基因组测序工作的 5 年计划的宣布。此期的特点是人们改变了多年来的观念，提出不仅要研究单个的基因，更重要的是从整个基因组的视角来研究遗传学的科学。2003 年 4 月 14 日，6 国科学家联合完成了人类基因组序列图的绘制，实现了人类基因组计划的所有目标，这也是这一时期的最重大的成果之一。

这一时期遗传学发展主要体现在两个方向：一是基因组学，另一是动物的体细胞克隆，包括干细胞的研究。基因组学的突出成就是以 2000 年由 F. Collins 领导的由美国、英国、日本、德国、法国、中国 6 国组成的国际人类基因组计划（HGP）合作组织与 C. Venter 的塞莱拉基因公司各自完成了人类基因组的测序为代表的一系列真核生物基因组全序列测定，包括拟南芥（*Arabidopsis thaliana*）、水稻（*Oryza sativa*）、冈比亚按蚊（*Anopheles gambiae*）、埃及伊蚊（*Aedes aegypti*）、恶性疟原虫（*Plasmodium falciparum*）、家蚕（*Bombyx mori*）、鸡（*Gallus*）、猕猴（*Macaca mulatta*）、黑猩猩（*Pan troglodytes*）、短尾负鼠（*Monodelphis domestica*）、大鼠（*Rattus norvegicus*）、小鼠（*Mus musculus*）等。2007 年 5 月美国 454 生命科学公司（454 Life Sciences）为 J. D. Watson 制作了完整的个人基因组图谱，命名为"吉姆（James 的昵称）工程"，这是第一份人类个体基因组图谱。这些工作为功能基因组学奠定了基础。

体细胞克隆的突出成果是以 1997 年英国 I. Wilmut 等从羊的乳腺细胞成功地克隆出以"多莉"（Dolly）为代表的系列体细胞克隆成果，包括克隆牛"基因"（Gene）、克隆鼠"卡姆丽娜"（Cumulina）、克隆猫"茜茜"（CC）、克隆狗"斯纳皮"（Snuppy）、克隆猴"泰特拉"（Tetra）等。2007 年 11 月日本的 S. Yamanaka 和美国的 J. A. Thomson、Junying Yu 等分别同时以非克隆技术将人类的皮肤细胞"诱导多能干细胞"（iPS）。这项成果对于疾病的治疗和器官移植具有极其重要的意义。

从研究的策略来看，遗传学的发展可分为三个时期。以 50 年为一个周期，20 世纪 50 年代以前，遗传学研究是以杂交为主要实验方法，通过观察比较生物体亲代和杂交后代的性状变化，进行统计分析来认识与生物性状相关的基因及其突变与传递的规律。这是遗传学的杂交分析时代，即从生物体的性状改变来认识基因，称为**正向遗传学**（forward genetics）。20 世纪 50 年代以后，遗传学急剧地演变为运用物理学和化学的原理及实验技术，在分子水平上揭示基因的结构和功能，以及两者之间的关系。这是遗传物质分子分析时期，即从基因的结构出发，认识基因的功能，称为**反求遗传学**（reverse genetics）。2000 年后，遗传学的研究已着眼于整个的基因组，注重基因间的相互作用，而不是单个的基因。在研究方法上已采用高通量、大规模的检测手段，来适应基因组学和后基因组学研究的需要。

第三节　遗传学在国民经济中的作用

一、遗传学与农牧业的关系

无论是农林还是畜牧水产业都是和国计民生紧密相关的，其中心的问题就是"种"的问题。所谓的优良品种主要体现在产量、质量、抗病害三大指标上。改良品种，甚至创造新的品种，人们都是依据遗传学原理，利用诱变、杂交、细胞工程、基因工程等方法来实现的。例如，我国的杂交水稻、小黑麦等大大地提高了产量和品质，还以基因工程的方法培养了抗病害的棉花、抗除草剂的作物等。人们还期望把固氮基因转入非豆科的粮食作物中，以节省肥料、提高产量。另一途径是培养高光效植物，以充分利用光能。

在畜牧水产业中，传统的育种方法是人工杂交和选择。分子克隆技术的诞生使动物育种产生了飞跃，不仅提高了育种效率，同时为培育出具有特定性状的新品种创造了条件。体细胞克隆技术的建立给动物育种开辟了崭新的途径。

二、遗传学与工业的关系

与遗传学关系密切的有生物制药、化学工业和食品工业、发酵工业等。人们可以利用遗传原理来进行工业微生物的育种，用基因工程的途径制备各种工程菌，还可以改变酶的分子结构以提高其活性。重组的生物制品现已发展成为一项支柱产业，干扰素、胰岛素、白细胞介素-2（IL-2）等重组产品已正式投入市场。人们还想把蜘蛛丝蛋白基因克隆出来，用于生产高强度的纤维。

三、遗传学在能源开发和环境保护中的应用

利用工程菌可以水解植物的茎秆，生产乙醇，变废为宝；还可以通过厌氧发酵使工业废水产生沼气；利用工程菌来富集废水中的重金属，不仅节约资源，还可清除污染，保护环境；还可用于三次采油，以及消除海洋中的原油污染等。利用Ames法、染色体畸变、姐妹染色单体交换（SCE）、微核技术以及果蝇CIB系列技术等，可以检测致癌、致畸变和致突变物质。

四、遗传学在医疗卫生工作中的应用

人类疾病中存在四大难题：肿瘤、心血管疾病、遗传病和某些病毒感染（如艾滋病、埃伯拉病毒和疯牛病等）。这些难题和遗传都紧密相关，肿瘤的本质是癌基因的突变或调控的改变影响其产物的质和量，而造成细胞内信息传递紊乱所致；心血管疾病中有的也具有遗传性；遗传病已经发现有4000多种由基因突变造成。艾滋病等虽不是人类本身的基因突变所致，但要想获得有效的防治方法，必须首先搞清这些病毒基因组的结构及其复制和表达的规律，从而针对性地制定防治方法。

基因治疗以及小分子干扰RNA（siRNA）等技术在临床上已做了一些尝试，这些方法给一些遗传病、病毒感染和肿瘤的治疗带来了很大的希望。

当今社会遗传学涉及面已经很广，如法律上亲子鉴定、犯罪嫌疑人的排查、考古中DNA的鉴定、体育人才的选拔等都或多或少和遗传有关，可以说遗传学是关系到国计民生、人寿年丰的学科。

第二章　孟德尔法则及其扩展

遗传学的三大定律——分离定律、自由组合定律和连锁定律是经典遗传学的核心理论。前两个定律是后人根据孟德尔实验和推论而概括成的，也称为孟德尔定律。连锁定律是摩尔根及其弟子共同发现的。孟德尔的发现具有划时代意义。经典遗传学是遗传学发展的初始阶段，必然存在一定的局限性。后人沿着孟德尔研究的轨迹不断地延伸，陆续发现了一些新的遗传现象和规律，使孟德尔定律得到进一步的扩展。近年来表观遗传学的兴起使经典遗传学的基础理论得到了重要的补充，使人们对很多遗传和变异现象有了更为深刻的了解，使遗传学又向前迈进了一大步。

在前人工作的基础上，孟德尔进行了植物杂交实验。他敏锐地发现前人的实验“到目前为止，还没有卓有成效地提出一个能普遍应用的控制杂种形成和发育的规律”，并指出：①没有一个实验能确定杂种后代出现的类型数目；②没有按照不同世代把这些类型予以归类；③没有搞清它们在统计学上的关系。针对这些问题孟德尔开展了8年工作，采用32个品种，观察了7对性状的杂交结果（表2.1），经严密设计、细心观察、统计分析、科学推论、精确验证，最终总结了两个定律，即分离定律和自由组合定律，后人称为孟德尔定律，从而创建了遗传学，其贡献与同时代的三大发现（进化论、细胞学说和能量守恒定律）相比毫不逊色，但这项划时代的发现却不幸被埋没了35年，这是遗传学发展史上的一个悲剧。

表2.1　孟德尔的豌豆杂交实验7对性状的结果

豌豆表型	F_1	F_2		F_2 比例
圆形×皱缩子叶	圆形	5474圆	1850皱	2.96∶1
黄色×绿色子叶	黄色	6022黄	2001绿	3.01∶1
紫花×白花	紫花	705紫	224白	3.15∶1
膨大×缢缩豆荚	鼓胀	882鼓	299瘪	2.95∶1
绿色×黄色豆荚	绿色	428绿	152黄	2.82∶1
花腋生×花顶生	腋生	651腋生	207顶生	3.14∶1
高植株×矮植株	高植株	787高	277矮	2.84∶1

第一节　孟德尔定律

孟德尔通过豌豆杂交对一对性状的观察演绎出了三条规律：①F_1 的性状一致，通常和一个亲本相同，得以表现的性状为**显性**（dominance），未能表现的性状为**隐性**（recessive），此称 F_1 一致性法则；②杂种 F_1 自交后产生的后代中，初始亲代的两种性状（显性和隐性）都能得到表达；③这两种性状的总比例为3∶1。这与遗传的融合论完全相反，认为来自亲本的基因并不混合，而是独立遗传的。

1900年起，有6位遗传学家先后都重复孟德尔的杂交实验，结果几乎完全一致（表2.2）。以后各国的遗传学家又以不同的动植物材料来进行验证，发现孟德尔的推论具有普遍性，因此人们就把孟德尔的假说归纳成遗传学的最基本定律：分离定律和自由组合定律。

表2.2　6位学者重复孟德尔植物杂交实验的结果

实验者	亲代	F_2		F_2 比例
		黄	绿	
孟德尔，1865	黄色×绿色子叶	6 022	2 001	3.01∶1
Correns，1900	黄色×绿色子叶	1 394	453	3.08∶1
Tschermak，1900	黄色×绿色子叶	3 580	1 190	3.01∶1
Hurst，1904	黄色×绿色子叶	1 310	445	2.94∶1
Bateson，1905	黄色×绿色子叶	11 092	3 903	3.05∶1
Lock，1905	黄色×绿色子叶	1 438	514	2.80∶1
Darbishire，1909	黄色×绿色子叶	109 090	36 186	3.01∶1
总数	黄色×绿色子叶	133 926	44 692	3.00∶1

注：表中数据引自Stubbe（1972）。

一、分离定律

孟德尔对单个性状杂交的结果进行了深入分析，提出一系列假设，可归纳为两个定律。一是**分离定律**（law of segregation），又称为**孟德尔第一定律**（Mendel's first law），即一对等位基因在杂合状态各自保持其独立性，在配子形成时，彼此分离进入不同的配子中去。在一般的情况下，F_1 配子分离比是1∶1，F_2 表型分离比是3∶1，F_2 基因型分离比是 1∶2∶1。

(一) 分离定律的实质

分离定律的实质是产生配子时**等位基因**(allele)彼此**分离**(segregation)。**"基因"**(gene)这个名词是 1909 年由丹麦的科学家约翰逊(W. Johannsen)提出的。"基因"的经典概念是指一种性状的"遗传决定子"。现在将"基因"定义为遗传信息的基本单位。一般指位于染色体上编码一个特定功能产物(如蛋白质或 RNA 分子等)的一段核苷酸序列。同年约翰逊又提出**基因型**(genotype)和**表型**(phenotype)这两个名词，基因型是指一个生物体或细胞的遗传组成；表型是指一个生物体或细胞的形态学性状和分子性状。形态学性状是外在的可观察到的性状；分子性状是内在的基因产物，只有通过生化或分子生物学方法才能检测到。基因型、表观遗传和环境共同作用而产生表型。

1902 年 W. Bateson 提出了**等位基因**(allele)这个名词，其经典概念是指位于一对同源染色体上，位置相同，控制同一性状的一对基因。但这一概念只适用于高等真核生物及经典遗传学，不能适合原核生物及分子遗传学，所以现在的概念是指一个基因由突变而产生的多种形式之一。W. Bateson 还创用了**纯合子**(homozygote)、**杂合子**(heterozygote)。一个基因(或某些其他的 DNA 序列)在染色体上所处的特定位置称为**基因座**(locus)。在同源染色体中，一个或多个基因座具有相同等位基因的状态称为**纯合性**(homozygosity)；具有一对或多对不同的等位基因的状态称为**杂合性**(heterozygosity)。具有纯合性特性的个体或细胞称为**纯合子**或纯合体；具有杂合性特性的个体或细胞称为**杂合子**或杂合体。

现在我们就用这些名词来阐明孟德尔的推测。豌豆表型为圆满的性状是显性的，其基因型为"*WW*"，而相对表型为皱缩的性状是隐性的，基因型为"*ww*"，它们都是纯合子[图 2.1 (a)]。产生配子时，一对等位基因彼此分离，雌雄配子各带有 *W* 和 *w* 基因，结合时，形成了杂合体(*Ww*)。

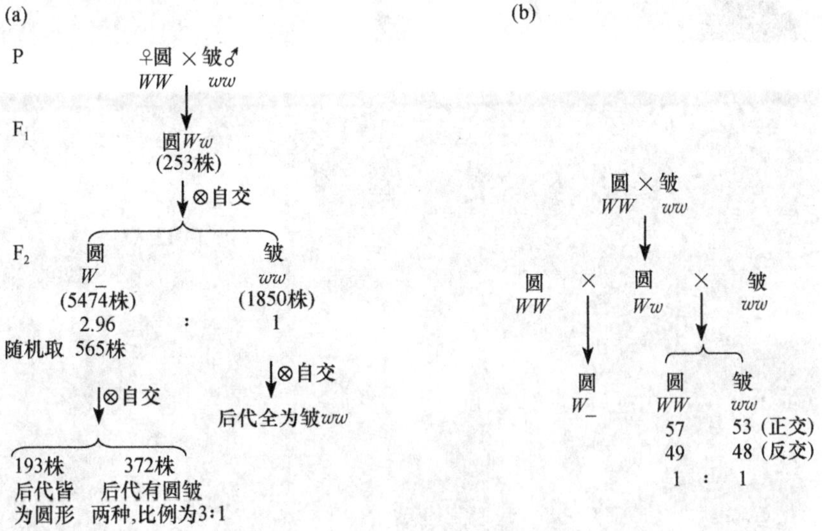

图 2.1　豌豆的杂交和回交实验

(a) F_2 和 F_3 的统计分析；(b) 回交和测交实验

由于 *W* 控制显性性状，在杂合体(*Ww*)中可以得到表达，而隐性的基因在杂合体的遗传结构中虽然也存在，但得不到表达，所以 F_1 杂合体的表型是圆形的。F_1 杂合体的雌雄配子各含两种基因 *W* 和 *w*，比率皆为 1∶1，雌雄配子随机组合的结果产生了 F_2，基因型为 *WW*、*Ww* 和 *ww*，比例为 1∶2∶1。由于显隐性的关系，表型只有"圆满"和"皱缩"两种，比例为 3∶1，其中只有 1/3 圆形籽粒是纯合体(*WW*)，其余 2/3 圆形籽粒为杂合体(*Ww*)。这个假设很好地解释了杂交实验的结果，但是否正确，还要在以上假设的基础上，通过测交加以验证。F_1 杂合体的表型为圆满，基因型为 *Ww*，当和隐性亲本(*ww*)回交[图 2.1 (b)]，杂合体可产生两种基因型不同的配子——*W* 和 *w*，而皱缩的隐性亲本只能产生一种配子 w，假设配子的结合是完全自由组合的话，那么会产生两种表型不同的回交后代——圆满和皱缩，其比例应为 1∶1，这是在实验前根据分离定律推测的结果，经实验证实完全符合推测，使以上假设充分地得到了验证。

（二）分离定律的意义

分离定律的意义有两个方面。①具有普遍性，不仅适用于植物，也适用于其他二倍体生物。例如，人类中单基因遗传性状和遗传病约有 4344 种（1988 年统计），像多指（趾）（polydactyly）[图 2.2（a）]、短指症（brachydactyly）[图 2.2（b）]、裂手裂足（split-hand split-foot malformation，SHFM）、软骨发育不全（achondroplasia，ACH）[图 2.2（c）]、舞蹈病（Huntington disease，HD）等都是显性性状。隐性性状常见的有白化（albinism）[图 2.3（a）]、半乳糖血症（galactosemia）、苯丙酮尿症（phenylketonuria，PKU）、郝-吉二氏病（早老症）（Hutchinson-Gilford syndrome）[图 2.3（b）]等。动物中兽类的皮毛颜色、鸟类羽毛颜色的遗传也都符合孟德尔法则，果蝇的长翅（显性）和残翅（隐性）、复眼的颜色、身体的颜色等也都如此。②根据分离原理，杂合体是不能留作种子的。例如，杂交稻是通过杂交来制种的，当年种下的水稻能表现出高产等优良性状，但并不能留作种子，否则一些性状会发生分离，不仅达不到高产的目的，反而会减产，因此第二年仍要购买新的稻种。

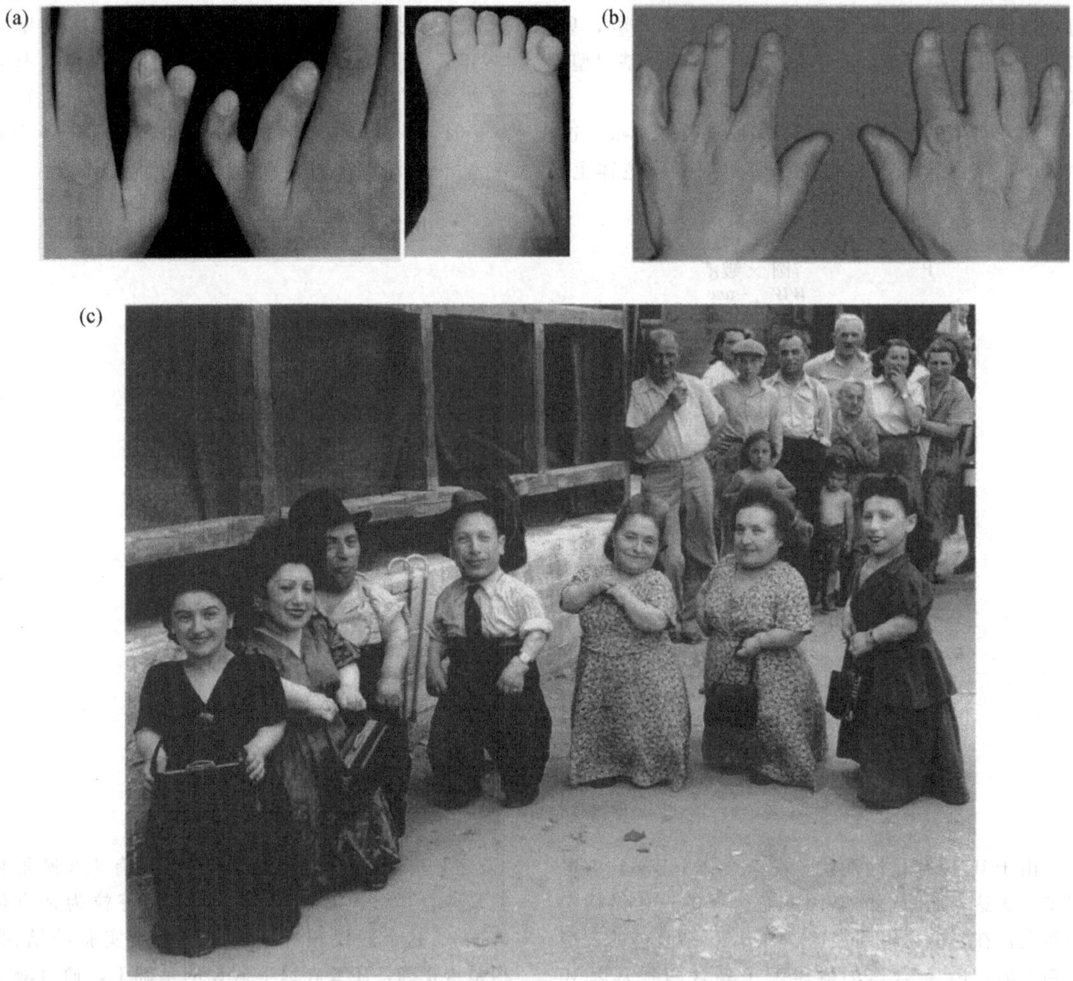

图 2.2 人类中一些显性遗传缺陷（引自 Griffiths et al.，1999）

（a）多指（趾）症；（b）短指症（高波博士惠赠）；（c）第二次世界大战期间，一个软骨发育不全家族兄弟姐妹 7 人在以色列街头卖艺

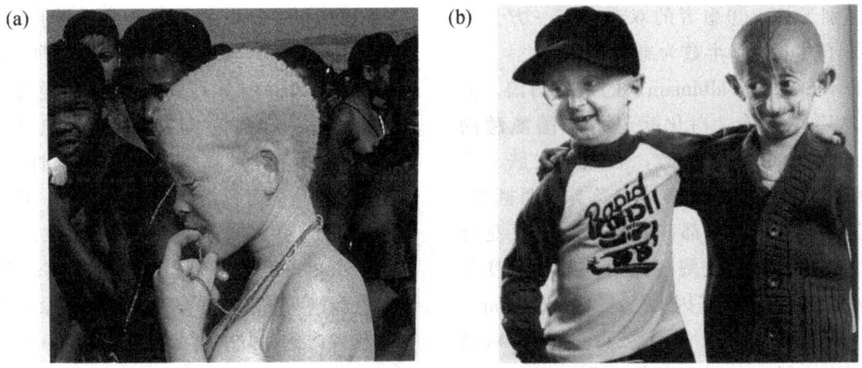

图 2.3　人类的一些隐性遗传缺陷

(a) 一个患有白化病的非洲青年（引自 Griffiths et al.，1999）；(b) 两个患早老症的男孩（引自 Simmons，2003）

（三）人类的家谱分析

家谱（pedigree）分析是研究人类遗传的重要方法之一，首先要能确定家谱中的亲缘关系。在家谱调查中第一次被发现的具有某种异常性状的人称**先证者**（proband 或 propositus）。表型正常而带有异常隐性基因的人称为**携带者**（carrier）。我们从一个精确的家谱中能通过分析而推测出某一性状的遗传规律以及某些个体的基因型，而且还可以估计未来孩子可能患病的概率。

图 2.4 描述了应用于绘制人类系谱中的大部分标准符号。雌性由圆形表示，雄性由正方形表示，性别未知以菱形表示。具有所关注表型的个体以黑色或其他颜色表示。对于携带者有时以半填充的符号来描述。已去世的成员在符号上加一条斜线；雌性和雄性之间的婚配是以水平连线符号表示，与水平线的垂直线表示生育，与垂直线连接的符号表示子代。在亲缘关系内的后代，同胞（siblings 或 sibs）是指同一单亲或双亲的后代个体，从左到右表示他们出生的顺序。

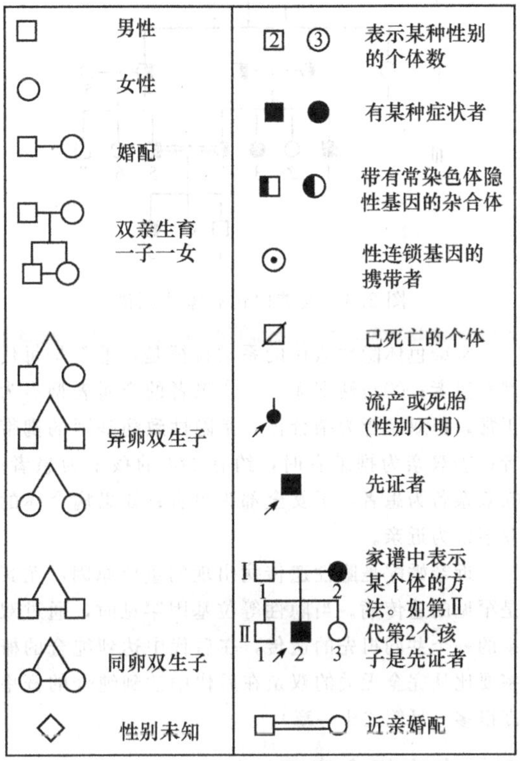

图 2.4　人类家谱分析中常用的符号

（引自 Griffiths et al.，1999）

图 2.5 表示**短指（趾）症**（brachydactyly）的家族图谱。此症为常染色体显性遗传。1905 年美国的 W. Farabee 首次报道了世界上第一例符合孟德尔遗传规律的常染色体显性遗传病 A-1 型短指（趾）症——患者手指、脚趾的中间一段骨节变短，并可能与远节指（趾）骨融合，导致短指（趾）。近年贺林、高波等分析了 3 个 A-1 型短指（趾）畸形大家族的系谱，将致病基因精细定位于 2 号染色体长臂的 35-36 区（2q35-36），并克隆了致病基因 *IHH*（India hedgehog），*IHH* 基因突变很可能导致骨骼生成的异常。常染色体显性遗传家谱的特征是：①各代都有

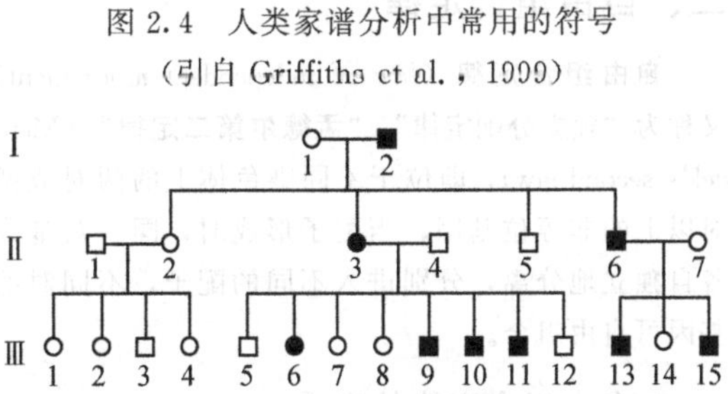

图 2.5　人类短指（趾）家族图谱。短指（趾）症为常染色体显性遗传病（引自 Griffiths et al.，1999）

患者；②和性别无关；③患者的双亲中有一方为患者；④患者的子女中约有半数为患者。

图 2.6 表示**白化病**（albinism）的家族图谱。此症为常染色体隐性遗传。白化病是由于**酪氨酸酶**（tyrosinase，TYR）的缺陷所致，在眼、皮肤、毛发中不能形成**黑色素**（melanin），在鱼类、两栖类、爬行类、鸟类和哺乳动物中都普遍存在。TYR 是合成黑色素必要的酶，酪氨酸酶基因中的某些突变导致了眼、皮肤白化。致病基因 *OCA1*（oculocutaneous albinism type 1）定位于 11q14-21；此基因对热是敏感的，所以小鼠、兔子和其他动物的喜马拉雅白化表现出与温度的相关性。

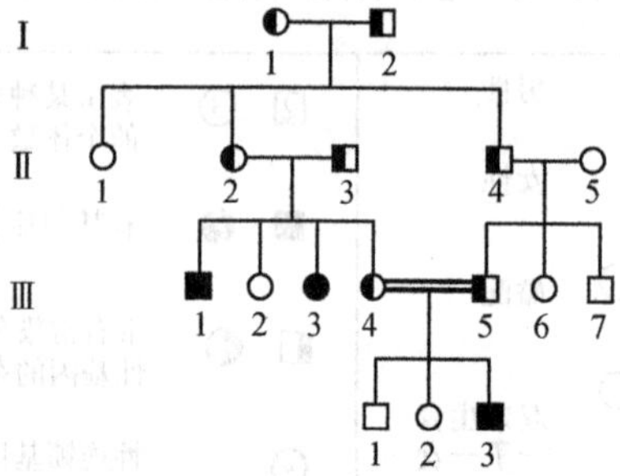

图 2.6　人类白化病家族图谱

常染色体隐性遗传的系谱特征是：①不是每代都有患者；②与性别无关；③患者的亲属表型多为正常，但双亲皆为杂合体，是隐性致病基因的携带者；④双亲为携带者时，约有 1/4 的孩子为患者；⑤双亲若为患者，子女全部为患者；⑥患病个体的双亲常为近亲。

近亲婚配是隐性遗传病出现的重要原因，尤其是罕见的遗传病。当隐性等位基因罕见时，通过双亲的一个共同祖先的遗传，在后代中达到纯合的概率要比从完全无关的双亲在后代中达到纯合的概率高得多（见第二十一章）。

二、自由组合定律

自由组合定律（law of independent assortment）又称为“独立分配定律”、“**孟德尔第二定律**”（Mendel's second law），即位于不同染色体上的两对或两对以上的非等位基因，当配子形成时，同一对基因各自独立地分离，分别进入不同的配子，不同对的基因可自由组合。

（一）自由组合定律的实质

孟德尔在实验中不仅观察一对性状的遗传，而且还仔细观察分析了两对性状的遗传，也就是双杂种的杂交情况，具体情况如图 2.7 所示。孟德尔将黄色圆满（*GGWW*）的豌豆和绿色皱缩（*ggww*）的豌豆杂交，“黄色（*G*）”对“绿色（*g*）”为显性，“圆满（*W*）”对“皱缩（*w*）”为显性，杂交一代的表型全部为“黄色圆满（*GgWw*）”。F_1 代自交后产生的 F_2 代有 4 种不同表型的籽粒：“黄色圆满（*GW*）”的 315 粒，“黄色皱缩（*Gw*）”的 101 粒，“绿色圆满（*gW*）”的 108 粒，“绿色皱缩（*gw*）”的 32 粒，它们之间的比例近似于 9∶3∶3∶1。其中和亲本性状组合相同的后代，即“黄色圆满（*GG WW*）”和“绿色皱缩（*ggww*）”称为**亲组合**（parental combination）；而不同于亲本形状组合的后代，即“黄色皱缩（*GGww*）”和“绿色圆满（*gg WW*）”称为**重组合**（recombination）。为什么会出现这样的比例呢？孟德尔进行了富有逻辑性的分析：首先只看其中的一对性状，如亲本为“黄色”和“绿色”籽粒的遗传，F_1 代全为“黄色”，F_2 代 416 粒为“黄色”、140 粒为“绿色”，两者之比为 2.97∶1，符合 3∶1；再看另一对性状“圆满”和“皱缩”，F_1 代全部呈现为显性性状“圆满”，F_2 代 423 粒为“圆满”、133 粒为“皱缩”，两者之比为 3.18∶1，也符合3∶1。看来各种情况并不混合，而是独立遗传的。在 F_2 代中除了亲组合以外，又出现了重组合，而且各种表型籽粒的比例为 9∶3∶3∶1，正是 $(3+1)^2$ 的展开式，孟德尔推测这是两对性状自由组合的结果。后人将其归纳为自由组合定律，其实质是在配子形成时非同源染色体上的等位基因彼此分离后，独立自由地组合到配子中。

P_1　　黄圆 × 绿皱
　　　GGWW　*ggww*
　　　　↓
F_1　　黄圆
　　　GgWw
　　　　↓ ⊗

F_2	黄圆		黄皱		绿圆		绿皱
	*G_W_*		*G_ww*		*gg W_*		*gg ww*
植株数	315		101		108		32
分离比	9	∶	3	∶	3	∶	1

图 2.7　豌豆两对性状的杂交实验

（二）自由组合定律的解释

与分离定律相同，“黄色圆满”亲本为显性性状，基因型为“*GGWW*”，只能产生一种基因型（*GW*）的配子；“绿色皱缩”的亲本为隐性性状，基因型为“*ggww*”，也只能产生一种配子，基因型为“*gw*”。杂交后，F_1 代是杂合体，两种配子结合，基因型为“*GgWw*”。当 F_2 产生配子时等位基因“*G*、*g*”彼此分离，等位基因“*W*、*w*”也同样彼此分离，然后不同的基因自由组合，形成 4 种不同基因型（*GW*、*Gw*、*gW* 和 *wg*）的配子。4 种不同雌雄配子又随机受精，获得 F_2 代的种子，它们的基因型应为 9 种，表型为 4 种，比例为 9∶3∶3∶1（图 2.8）。当 4 种类型的配子随机结合时，形成下一代的合子，我们用杂交乘积来显示 F_1 代雌性和雄性配子是如何随机结合而产生 F_2 代基因型的。这种格式被称为**庞纳特方格**（Punnett square），又称棋盘格（图 2.8）。在庞纳特方格中，F_2 代种子形状和颜色的表型被显示出来。圆黄∶皱黄∶圆绿∶绿皱的表型比率为 9∶3∶3∶1。虽然自由组合定律是孟德尔遗传学的基础，但也存在一些例外的现象，如基因互作。

		♂配子			
		GW 1/4	*Gw* 1/4	*gw* 1/4	*gW* 1/4
♀配子	*GW* 1/4	*GGWW* 1/16黄圆	*GGWw* 1/16黄圆	*GgWw* 1/16黄圆	*GgWW* 1/16黄圆
	Gw 1/4	*GGWw* 1/16黄圆	*Ggww* 1/16黄皱	*Ggww* 1/16黄皱	*GgWw* 1/16黄圆
	gw 1/4	*GgWw* 1/16黄圆	*Ggww* 1/16黄皱	*ggww* 1/16绿皱	*ggWw* 1/16绿圆
	gW 1/4	*GgWW* 1/16黄圆	*GgWw* 1/16黄圆	*ggWw* 1/16绿圆	*ggWW* 1/16绿圆

图 2.8　豌豆两对性状分离比
棋盘法图解（庞纳特方格）

（三）测交验证

以上假设完美地解释了两对杂交的结果，但孟德尔仍进行了测交来加以验证。根据原假设，F_1 代杂合子和显性亲本回交后代应全为黄色圆形；而和双隐性亲本测交，后代应为黄圆、黄皱、绿圆和绿皱 4 种基因型和表型，其比例为 1∶1∶1∶1。实验结果完全符合预期的结果，4 种表型的豆粒分别为 31 粒、27 粒、26 粒和 26 粒，接近于理论比（图 2.9）。

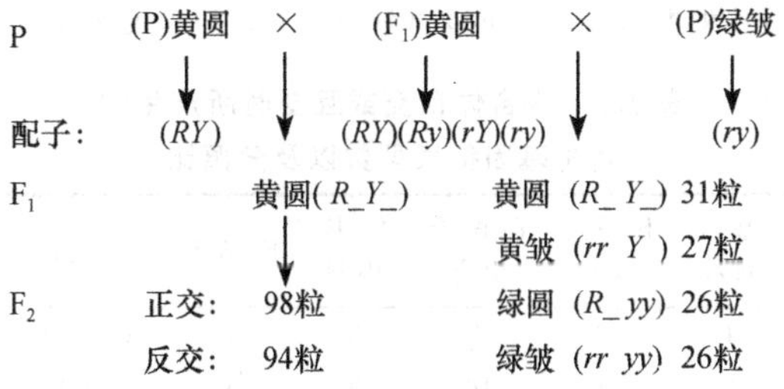

图 2.9　豌豆两对性状的回交实验

孟德尔检测自由组合假说，是通过确定预期的基因型是否符合实际存在的比率。他通过豌豆 F_2 代自花授粉而获得 F_3 代来进行检测。为实现这个检测，他进行了一系列的杂交实验（图 2.10）。

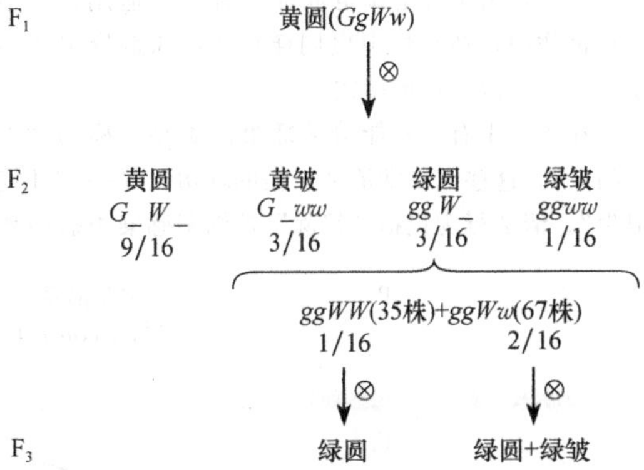

图 2.10　孟德尔验证自由组合定律的杂交实验

他预期 F_2 代的圆形绿色种子基因型应为“*gg Ww*”或“*gg WW*”，其比率应为 2∶1。孟德尔用这种种子种植了 102 个植株，发现其中 67 个长出含有圆形绿色和皱缩绿色种子的豆荚（说明亲本植株一定为“*ggWw*”）和其中 35 株长出只含有圆形绿色种子的豆荚（说明亲本基因型为“*ggWW*”）。67∶35 的比率与预期的基因型 2∶1 的比率相一致。

（四）多对基因的杂交

孟德尔不仅分析了 2 对基因的杂交，还研究了 3 对基因的杂交，从而推导出多对基因（n）杂交组合系列的类别数“（3^n）”，系列的个体数“4^n”及保持稳定的组合数“（2^n）”，如原种有 4 种性状不同，这个系列就具有 $3^4=81$ 个类别，$4^4=256$ 个体和 $2^4=16$ 个稳定的类型；也就是说每 256 个杂种后代中，有 81 种不同组合，其中 16 种是稳定的。如果把这段论述用现代的术语来表达，那就是 3^n 个 F_2 的基因型，2^n 个 F_2 的表型，4^n 个 F_1 配子的组合数。根据这个推论可以再延伸一下，列成表 2.3。

表 2.3　杂合体自交或互交时所产生的各种基因型表型数以及分离比

基因对数	F_1 配子类型	F_1 配子组合	F_2 基因型	F_2 表型	分离比
1	2	4	3	2	$(3+1)^1$
2	4	16	9	4	$(3+1)^2$
3	8	64	27	8	$(3+1)^3$
4	16	256	81	16	$(3+1)^4$
n	2^n	4^n	3^n	2^n	$(3+1)^n$

（五）自由组合定律的意义

（1）自由组合定律也同样具有广泛适用性，不仅在植物中，在动物中也同样存在，如蜜蜂卫生品系行为的双因子遗传模式。

在蜜蜂中有一种能清洁蜂巢的类型，称为“卫生品系”。这些品系常清洁它们的蜂房以保持“环境卫生”。清洁行为包括“清除”被细菌感染患病而死亡的幼虫，这种病称为**幼虫腐臭病**（foulbrood）。死亡幼虫的清除需要两种遗传控制行为。首先，工蜂必须打开有死亡幼虫的蜂房，然后移除这些死亡幼虫。不能显示出这些行为能力的品系被称为“不卫生品系”。

1964 年 W. Rothenbuhler 报道了蜜蜂的清洁蜂巢行为是由两个独立分配的基因控制的（图 2.11)。当 Rothenbuhler 用“不卫生品系”的单倍体的雄蜂与“卫生品系”的二倍体蜂王杂交时，所有的二倍体工蜂子代都是“不卫生”的。因此，“不卫生”行为是显性。当由 F_1 代杂种蜂王所产生的由未受精卵发育而来的单倍体蜂（这些雄蜂在遗传性上是与 F_1 代杂种蜂王的配子相同）与“卫生”的二倍体的蜂王回交时，产生 4 种行为的 F_2 代蜜蜂：①具“卫生”行为的（$ur\ ur$)；②能打开病蜂幼虫的蜂房，但不能清除病蜂幼虫（$u^+u\ rr$)；③不能打开病蜂幼虫的蜂房，但如果已为它们打开蜂房，就能清除病蜂幼虫（$uu\ r^+r$)；④工蜂既不能打开病蜂幼虫的蜂房，又不能清除这些病蜂幼虫（$u^+u\ r^+r$)。

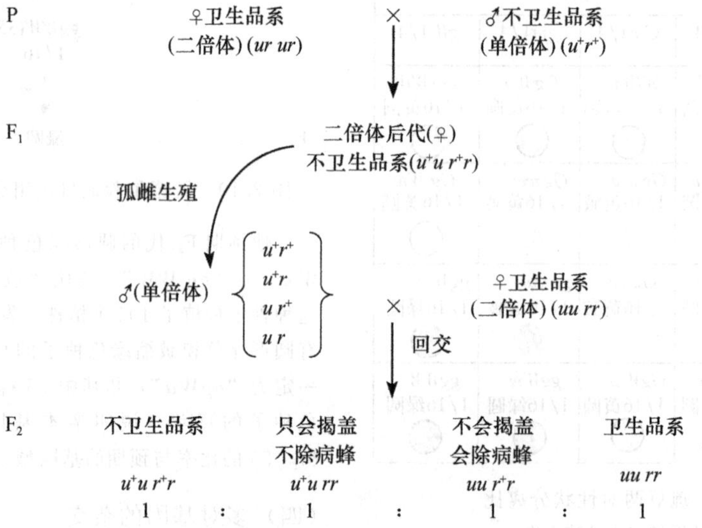

图 2.11　蜜蜂卫生品系行为的双因子遗传模式

两个独立的相关基因，每一个基因座有两个等位基因（u/u^+，r/r^+）控制揭开蜂巢盖和清除死去的幼蜂

因为 4 类后代蜜蜂的频率相等，Rothenbuhler 的研究结果表明，两个基因座（u，r）上的每个基因座具有两个等位基因（u^+，u 和 r^+，r)，控制清洁蜂巢的行为。基因“u^+”具有等位基因“u”，控制开盖行为；另一基因座具有一对等位基因“r^+”和“r”，控制清除病蜂幼虫的行为。等位基因“r”纯合的蜜蜂能打开病蜂幼虫的蜂房；等位基因“u”纯合的蜜蜂能清除病蜂幼虫。具有等位基因“u^+”和“r^+”的工蜂导致“不卫生”行为，即使是在杂合的条件下也是如此。

（2）由于自由组合的存在使各种生物群体中存在着多样性，使世界变得丰富多彩，使生物得以生存和进化。

（3）人们可以将自由组合的理论应用于育种，

对于那些具有不同优良性状的动植物，通过杂交可使多种优良性状集中于杂种后代中，以满足人类的需求。

三、在受精中配子随机结合

孟德尔假说的第三个关键特征是通过等位基因的分离和非等位基因的自由组合所产生的雌雄配子随机结合而产生下一代。发生在受精卵中的特定基因的随机组合的概率与特定配子发生的频率有直接的关系。

第二节 统计学原理在遗传学中的应用

一、概率的概念

概率（probability）又称几率（chance），是指某事件未发生前人们对此事件出现的可能性进行的一种估计。概率的公式为

$$P_{(A)} = \lim_{n \to \infty} \frac{n_A}{n}$$

式中，$P_{(A)}$表示A事件发生的概率；n表示群体中的个体数或测验次数；n_A表示A事件在群体中出现的次数。

概率和**频率**（frequency）的概念不同，频率是指某一事件已发生的情况，如癌的发病率、人口出生率的统计等，这些事件都是已发生过的，数据都是经过真实调查得来的，而不是估计的。但某事件的发生频率也可以作为对未来事件发生可能性的估计。

概率有两个法则。①$p+q=1$，也就是说一件事物若有两方面，那么它们发生的可能性总和等于1。例如，掷硬币，要么是正，要么是反，可能性各为50%，总和为1。②$0 \leqslant P \leqslant 1$，当概率（$P$）=1时，称为必然事件，如“人终有一死”、“天总有晴日”等。$P=0$时，称为不可能事件，如“日从西出”、“长生不老”等。当$0<P<1$时称为可能事件，也是随机事件。有的事件可能性比较大，比如有人说“邻居的孩子很聪明，长大了能成为一名大学生”，这完全可能；如果有人说“这孩子长大了能当总统”，这也是可能的，但概率非常小。

二、概率规则

（一）相乘法则

独立事件（independent event）是指两个或两个以上互不影响的事件。例如，掷硬币，第一次掷的结果可能是正，也可能是反；第二次掷也是如此，但其结果丝毫不受第一次结果的影响，这就是互相独立的事件。独立事件A和B同时发生的概率等于它们分别出现概率的乘积。以公式表示如下：

$$P(A \cdot B) = P(A) \times P(B)$$

例如，掷硬币，第一次掷出现正面的机会是1/2，第二次掷出现正面的机会也是1/2，现在要问两次都出现正面的机会是多少？那么就可用相乘法则：

$$P(A \cdot B) = P(A) \times P(B) = (1/2) \times (1/2) = 1/4$$

乘积法则能被用来回答如下的问题：两个表型正常的杂合体婚配生育两个表型正常孩子的概率是多少？生育两个基因型正常孩子的概率是多少？因为杂合体婚配（$Aa \times Aa$），产生一个表型正常孩子的概率等于3/4，产生基因型正常孩子的概率等于1/4。利用乘积法则，生育两个表型正常孩子的概率为：3/4×3/4=9/16。生育两个基因型正常孩子的概率为：1/4×1/4=1/16。

在孟德尔杂交的种子形状和颜色中，两种性状是独立的，F_2代中表型比率预期为9/16黄圆、3/16绿圆、3/16黄皱、1/16绿皱（图2.8）。这些比率能通过不同性状的乘积而获得，因为它们是独立事件。如只考虑种子的形状，我们能预期F_2代是由3/4圆形和1/4皱缩种子组成。如只考虑种子颜色，我们预期F_2代是由3/4黄色和1/4绿色种子组成。因为性状是独立遗传的，在3/4的圆形种子中，将有3/4为黄色，所以圆形黄色种子的总比率预期为3/4×3/4=9/16（图2.8）。同样地，3/4的圆形种子中，将有1/4为绿色，预期产生圆形绿色的种子的概率为3/4×1/4=3/16。其他表型类别的比率可用相同的方式推导（图2.9）。

一对夫妇生育几个子女，每次生男还是育女也是独立事件，即头胎的子女对二胎子女的性别没有影响。但对于一个大样本来说，女孩与男孩的比率应是“相等的”，约为1∶1。如果双亲已经有4个女儿，那么他们如果再生育一个孩子，预计是男孩的概率仍为1/2，并不因为前4胎生了女孩，而使第5胎生男孩的概率增加。

（二）相加法则

相加法则适合于**互斥事件**（mutual exclusive event）。互斥事件是指不可能同时发生的事件。如

掷硬币结果不是正就是反，不可能正反同时出现；掷骰子的结果只会出现正六面体中的一面点数。这些都是互斥事件。出现互斥事件 A 或 B 的概率等于它们各自出现概率的和。公式如下：

$$P(\text{A 或 B}) = P(\text{A}) + P(\text{B})$$

如人类生男或生女的概率为：P(男或女)＝P(男)＋P(女)＝1/2＋1/2＝1

再如掷骰子，只掷一次是 1 点或 6 点的概率为：P(1 或 6)＝P(1)＋P(6)＝1/6＋1/6＝1/3

相加法则能被应用于从 $Ww \times Ww$ 杂交中确定预期圆形种子的比率。圆形种子表型是由两种基因型 WW 和 Ww 中的一种表达的，这些可能性是互斥的。在任何特定的子代种子中，基因型 WW 的概率为 1/4，Ww 的概率为 1/2。因此，WW 或 Ww 的总概率为

$$P(WW \text{ 或 } Ww) = P(WW) + P(Ww)$$
$$= 1/4 + 1/2 = 3/4$$

即产生圆形种子的概率为 3/4，也是在大量子代中预期圆形种子的比率。

(三) 组合事件

如果两个或两个以上的事件，既有独立事件又有互斥事件，则称为**组合事件**（combined event）。例如，掷两次硬币，问出现同样图案的机会是多少？这两个事件既是独立的，两次掷互不影响，又是互斥的，因同样的图案可能都是正面，也可能都是反面，只要求相同，这样就存在着同是正面或同是反面的问题。组合事件的概率为

$$P = 1/2 \times 1/2 + 1/2 \times 1/2 = 1/2$$

也就是说得到同是正面或同是反面的机会为 1/2。

这里有一个典型的遗传问题，能同时利用相加法则和乘积法则来回答：一对夫妇同为带有隐性致病基因的杂合子（Aa），如果允许他们生两个孩子，问这两个孩子一个表型正常（A）、一个为患者（a）的概率是多少？表型正常的概率是 3/4，表型为患者的概率是 1/4，这两个孩子的表型是独立事件，互不影响；这两件事同时发生的概率，即两个孩子一个为正常，一个为患者的概率为 3/4×1/4＝3/16。但要注意的是存在一个排序的问题，有两种情况，一种是第一个孩子为患者，另一种是第二个孩子为患者。这两种情况是互斥事件，我们计算时必须考虑到这两种情况，第一种情况的概率为 3/4×1/4，第二种情况是 1/4×3/4，因为这两种情况是相互排斥的，概率应相加，因此答案为：(1/4×3/4)＋(3/4×1/4)＝2(3/16)＝3/8

(四) 条件概率

在概率统计中，事件 B 在事件 A 发生的情况下发生的概率，称为**条件概率**（conditional probability），记作 $P(\text{B}\mid\text{A})$。

条件概率的公式为

$$P(\text{B}\mid\text{A}) = P(\text{AB})/P(\text{A})$$

现以白化病为例，这是一种常染色体隐性遗传病。如果有两个白化基因携带者结婚后，生育了一个表型正常的孩子，问这个孩子是杂合体的概率是多少？表型正常是前提条件，这个条件首先排除了孩子是患者的可能，但其基因型有纯合和杂合两种可能。根据常染色体隐性遗传的规律，两个杂合体婚配，生育表型正常孩子的概率［P(A)］为 3/4，孩子既正常又是杂合体的概率［P(AB)］＝1×1/2＝1/2，那么这个表型正常的孩子基因型为杂合体的概率为

$$P(\text{B}\mid\text{A}) = P(\text{AB})/P(\text{A}) = (1/2)/(3/4) = 2/3$$

三、概率的计算和应用

(一) 棋盘法

棋盘法（punnett square）如图 2.8 所示，是一种最简单最直接计算杂交后代基因型和表型概率分布的方法。优点是准确可靠，缺点是较繁琐，不适合计算多对基因的组合，如 4 对基因，配子类型有 16 种，将有 256 种组合，81 种基因型，画起来很不方便，所以人们采用了比棋盘法更为简便的分析法来推测。

(二) 分支法

分支法（branching process）是一种较为简便的计算杂交后代基因型和表型概率分布的方法。如 3 对基因的杂交组合：$AAbbCc \times aaBbCc$，求其杂交后代中可能出现的基因型及其比例。

我们可以将 3 对基因分别计算，再利用概率的原理推算 3 对基因杂交的结果。

从下图中就得知 $AAbbCc \times aaBbCc$ 可产生 6 种不同的基因型及其比例。

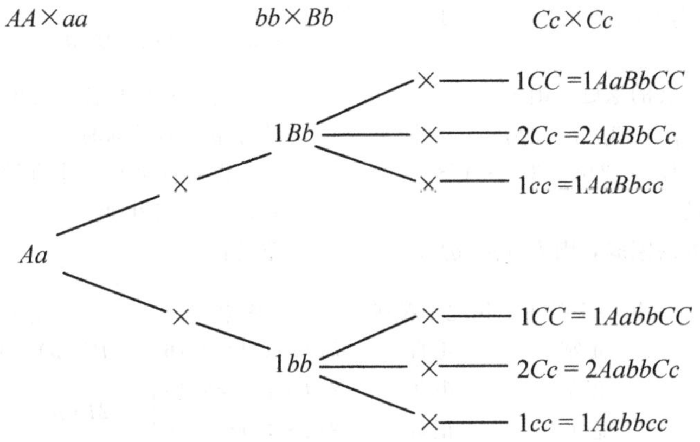

（三）利用概率来计算多对基因杂交中某种基因型或表型出现的概率

若多对基因的杂交组合，要求其后代中产生特定基因型或表型的概率，用前两种方法也不方便，比较简便而准确的方法是利用概率来计算。

例如，一个 5 对基因的杂交组合：*AABbccDDEe* × *AaBbCCddEe*，求其后代中产生基因型为"*AABBCcDdee*"个体的概率及表型为"ABCDe"个体的概率。

我们可以把每个基因作为独立事件来求 5 对基因同时发生某事件的概率：

P	*AA*×*Aa*		*Bb*×*Bb*		*cc*×*CC*		*DD*×*dd*		*Ee*×*Ee*		
	↓		↓		↓		↓		↓		
要求的基因型	*AA*		*BB*		*Cc*		*Dd*		*ee*		
	↓		↓		↓		↓		↓		
概率 $P=$	1/2	×	1/4	×	1	×	1	×	1/4	=	1/32
要求的表型	A		B		C		D		e		
	↓		↓		↓		↓		↓		
概率 $P=$	1	×	3/4	×	1	×	1		1/4	=	3/16

这样我们就可很快得知以上杂交组合后代中基因型为"*AABBCcDdee*"的概率是 1/32，表型是"ABCDe"的概率是 3/16。但在计算时要注意基因型和表型的概率是不同的。

四、二项分布和二项展开法

我们研究一个小样品的一对质量性状时，如豌豆的紫花与白花、水稻的糯与非糯、人类的正常与白化、果蝇的长翅与残翅等，各种情况的分布都呈离散型的不连续分布，这和数量性状变异的连续分布是不同的。这种离散型分布有以下两种类型。

（一）对称分布

如果一对性状各自发生的概率 p 和 q 相同时，分布是对称的。例如，生男孩的概率 $p=1/2$，生女孩的概率 q 也为 1/2，$p=q=1/2$

我们以有两个孩子的家庭为例，性别的分布可有以下几种情况：

第一个孩子	第二个孩子	概率	分布
男	男	$1/2\times1/2=1/4$	$P(pp)=1/4$
男	女	$1/2\times1/2=1/4$	$2P(pq)=1/2$
女	男	$1/2\times1/2=1/4$	
女	女	$1/2\times1/2=1/4$	$P(qq)=1/4$

$(p+q)^2=p^2+2pq+q^2=1/4+1/2+1/4$，分布是对称的。

若要研究 3 个子女的家庭，则为

$$(p+q)^3=p^3+3p^2q+3pq^2+q^3$$
$$=1/8+3/8+3/8+1/8$$

分布也是对称的。

若研究 n 个子女的家庭，则为 $(p+q)^n$。

(二) 不对称分布

若一对性状各自发生的概率 $p\neq q$，那么二项式的分布是不对称的。

以隐性遗传病半乳糖血症为例，如果两个携带者婚配，只生两个子女，表型正常和患病的分布是：

第一个孩子	第二个孩子	概率	分布
正常	正常	$3/4\times3/4=9/16$	$P(pp)=9/16$
正常	患儿	$3/4\times1/4=3/16$	$2P(pq)=6/16$
患儿	正常	$3/4\times1/4=3/16$	
患儿	患儿	$1/4\times1/4=1/16$	$P(qq)=1/16$

(三) 计算单项概率

若我们研究的不是两个孩子的家庭，而是多个孩子的家庭，也就是说二项式的方次数高时，往往我们要求的不是其全部，而是某一项的概率。

例如，白化病的携带者婚配，生育 4 个孩子的家庭中，白化与正常的分布情况，每一单项的概率的计算可用二项分布概率密度函数公式：

$$\frac{n!}{x!(n-x)!}p^xq^{n-x}$$

$\frac{n!}{x!\ (n-x)!}$是组合公式，如 4 个孩子中只有一个白化儿，但可能是老大，也可能是老二、老三或老四，就存在一个组合的问题，所以要加组合公式，p 为正常表型的概率；q 为白化发生的概率；x 为家庭中表型正常孩子的数目；n 为家庭中孩子总数，本例中为 4；$(n-x)$ 则为家庭中患儿数，根据隐性遗传的规律我们可以得出：

正常	白化	$\frac{n!}{x!\ (n-x)!}p^xq^{n-x}$	P
4	0	$1\times(3/4)^4(1/4)^0$	81/256
3	1	$4\times(3/4)^3(1/4)^1$	108/256
2	2	$6\times(3/4)^2(1/4)^2$	54/256
1	3	$4\times(3/4)^1(1/4)^3$	12/256
0	4	$1\times(3/4)^0(1/4)^4$	1/256

各项前面的系数也可用杨辉三角（图 2.12）来求出。

以第二排为 1，一直向下排，如此例中为 4 个孩子，那么就第 4 排系数即为 1，4，6，4，1。要是 6 个孩子则为 1，6，15，20，15，6，1。

从这一结果可以看出，白化的频率分布也是非对称的，也就是说，以上婚配家庭，在 256 个家庭中生 4 个表型正常孩子的可能有 81 个家庭，4 个孩子中一个患白化病的可能有 108 个家庭，2 个患白化病的可能有 54 个家庭，4 个孩子都患白化病的可能有 1 个家庭。

杨辉三角	子女数
1	
1 1	1
1 2 1	2
1 3 3 1	3
1 4 6 4 1	4
1 5 10 10 5 1	5
1 6 15 20 15 6 1	6

图 2.12 杨辉三角和二项分布概率密度公式系数的关系

这个公式在遗传病的调查中是很有用的。因为像 4 个孩子都正常的这一项，是无法确定的，只能根据公式对这种情况进行估计，来修正我们的理论比。也就是说对某种有染色体隐性遗传倾向的特征和疾病进行调查时，主要是统计父母表型正常、子女中有患者的各类家庭中正常儿和患儿之比是否符合孟德尔比（3∶1），如不加以校正的话，将会把第一类父母为杂合体但子女中未出现患儿的家庭漏掉，以上述白化病为例，我们只能根据是否生育患儿来判断父母是否为携带者，因此在有患儿的家庭中

正常儿为 $108\times3+54\times2+12\times1=444$

白化儿为 $108\times1+54\times2+12\times3+1\times4=256$

正常儿∶白化儿$=1.734:1\neq3:1$。

这是因为漏掉统计了 $81\times4=324$ 个正常儿。在实际调查中这一部分数据是无法调查的，因此可以用公式校正理论比，如上面的情况理论比应是 1.734∶1，而不是 3∶1。

五、适合度的检验

（一）实际数和理论数的符合程度

适合度（goodness of fit）是指实际数和理论数的符合程度。我们做实验时所得到的数值不大可能正好符合理论值，常常会出现一些偏差。例如，在一口袋里放入等量的黑白围棋子，充分混匀后随机抓出 20 粒，按理论说应当是 10 粒黑子，10 粒白子，但你有可能抓出来的不是 10∶10，而产生各种偏差，这些偏差应当是在一个允许范围内，那么什么是允许范围呢？什么样的偏差仍然说明原来放进的围棋子是 1∶1？

我们可以利用二项分布概率密度公式计算出二项式展开的任何一项的值。例如，让我们在袋子里抓围棋子，一次只抓 2 粒，那么黑∶白＝1∶1 的概率应是 0.500，若一次抓 10 粒，那么正好 5 粒黑、5 粒白的机会是 0.246，一次抓 40 粒的话，符合 1∶1 的概率只有 0.125；一次抓 80 粒的话，符合 1∶1 的概率小到 0.089，依次下去越来越小，这种估计没有考虑存在偏差，称为“点估计”。点估计存在如下一些缺点。①单项的概率很小。例如，一次随机抓 20 粒围棋子，不太会正好抓出是 10 粒白的、10 粒黑的，若抓出的是 14 粒白的，6 粒黑的，按公式计算其得到的概率为 0.037，数字很小，凭借这个数据我们难以判断这个结果是否符合 1∶1。②样本越大，单项概率越小。在统计上样本越大结果应当越准确，但点估计却越小，似乎是矛盾的，所以要采用考虑偏差存在的“区间估计”。这是计算从低到高的一个范围，而不是一项，即计算实得比数的概率和比实得比数偏差更大比数的概率的总和，如图 2.13 所示，如 14∶6 的点估计为 0.037，区间估计为 $P=0.116$，也就是 100 次实验中可能有 11.6 次的机会发生这样的情况，是完全可能的，这一结果也是符合 1∶1 理论值的。

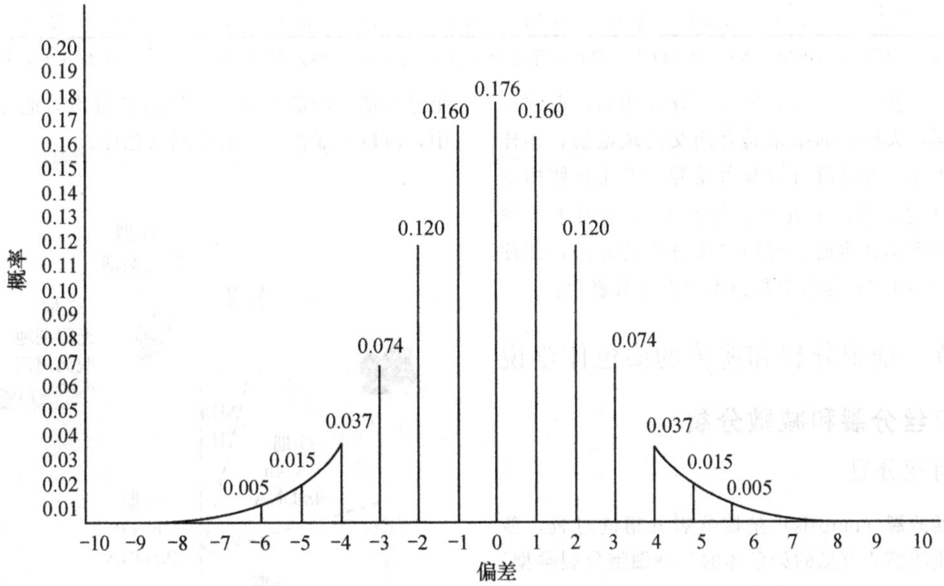

图 2.13　二项分布群体中点估计和区间估计之间的关系

（二）统计的标准

实得值和理论值的符合状况用什么标准来评价？统计学家规定了一个显著性标准：$P>0.05$，结果与理论数无显著差异，实得值符合理论值；或实验组与对照组无差异。$P<0.05$，结果与理论数有显著差异，实得值不符合理论值；或实验组与对照组有差异。$P<0.01$，结果与理论数有极显著差异，实得值非常不符合理论值；或实验组与对照组有极大差异。

（三）χ^2 测验

卡方法（Chi square method，χ^2）也是一种适

合度测验的方法，可以用来检验我们的实验结果和理论值有无差异，其公式为

$$\chi^2 = \sum (d^2/e)$$

式中，e 为预期值，即理论值；d 为预期值和观察值或实验值之差。例如，我们做了两组豌豆测交（表 2.4）。查卡方表（表 2.5），一对性状，自由度 $N=2-1$，$\chi^2=10$，$P<0.01$ 有极显著差异；$\chi^2=2$，$0.10<P<0.25$ 无显著差异，符合理论比。

表 2.4　χ^2 值的计算［紫花（Rr）×白花（rr）］

	40		200	
	紫	白	紫	白
观察值	30	10	110	90
预期值	20	20	100	100
差数	10	10	10	10
d^2	100	100	100	100
d^2/e	5	5	1	1
$\chi^2=\sum(d^2/e)$	10		2	

表 2.5　χ^2 的数值表

df	0.990	0.975	0.950	0.900	0.750	0.500	0.250	0.100	0.050	0.025	0.010	0.005
1	0.000 16	0.000 98	0.003 9	0.018	0.102	0.455	1.32	2.71	3.84	5.02	6.63	7.88
2	0.020 1	0.050 6	0.103	0.211	0.575	1.39	2.77	4.61	5.99	7.38	9.21	10.6
3	0.115	0.216	0.352	0.854	1021	2.37	4.11	6.25	7.81	9.35	11.3	12.8
4	0.297	0.484	0.711	1.06	1.92	3.36	5.39	7.78	9.49	11.1	13.3	14.9
5	0.554	0.831	1.15	1.61	2.67	4.35	6.63	9.24	11.1	12.9	15.1	16.7
6	0.872	1.24	1.64	2.20	3.45	5.35	7.85	10.6	12.6	14.4	16.8	18.5
7	1.24	1.69	2.71	2.83	4.25	6.35	9.04	12.0	14.1	16.0	18.5	20.3
8	1.68	2.18	2.73	3.49	5.07	7.34	10.2	13.4	15.5	17.5	20.1	22.0
9	2.09	2.70	3.33	4.17	5.90	8.34	11.4	14.7	16.9	19.0	21.7	23.6
10	2.56	3.25	3.94	4.87	6.74	9.34	12.5	16.0	18.3	20.5	23.2	25.2

注：df 一列表示自由度（N）；第 1 行表示 P 值；第 2 行至第 11 行表示 χ^2 值。如自由度 $N=1$，$\chi^2=2.71$ 时，$P=0.100$。

以上实验样本不同，虽然差数 d 相同，但结果明显不同，大样本的结果符合测交的理论值，小样本的结果却和理论值有极显著差异。因此在使用卡方检验时应注意以下几点：①χ^2 检验应用于大样本，当遇到小样本时，可用二项分布的方法；②预期数不得小于 5；③所取数值不用百分数表示。

第三节　细胞分裂和遗传的染色体学说

一、有丝分裂和减数分裂

（一）有丝分裂

有丝分裂（mitosis）是核分裂的精确过程，涉及染色质浓缩成可见的染色体的一种细胞分裂类型。有丝分裂是 DNA 精确复制的过程；是细胞增殖、个体生长发育的保证；也是使物种保持稳定的基础。

细胞周期（cell cycle）指细胞从一次分裂结束到下一次分裂结束所经历的过程。它可以分成为 4 个阶段，其顺序是 $G_1 \rightarrow S \rightarrow G_2 \rightarrow M$ 期（图 2.14）。M 期（mitotic phase）是分裂期，通常是细胞周期中最短的时期，占整个周期 5%～10% 的时间。DNA 的合成发生在 S 期（synthesis phase）。G_1（gap1）和 G_2（gap2）是 S 期和 M 期之间的两个间隙期。G_1、S、G_2 合称为**间期**（interphase），即两个分裂期之间的时期。此期染色质均匀地分布于核中，所以在显微镜下看不到染色体。

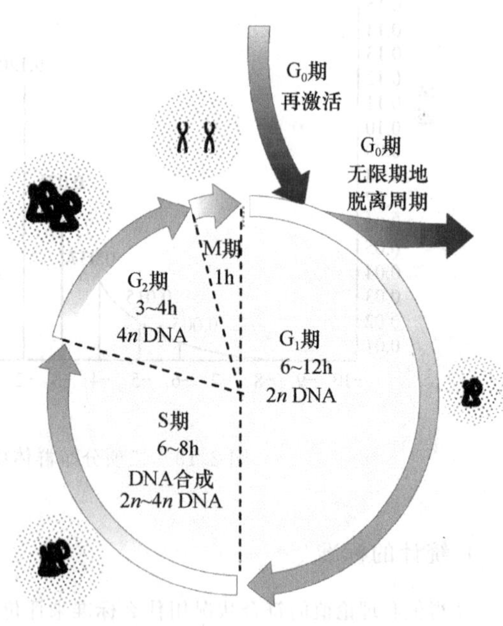

图 2.14　间期分为 G_1 期和 G_2 期。一个细胞周期是以有丝分裂期（M）为分界。细胞可脱离周期进入 G_0 期，或从 G_0 期重新进入细胞周期（引自 Lewin，2004）

细胞周期本身所必需的调控机制在所有的真核生物中都是相同的。从 G_1 到 S 和从 G_2 到 M 的转变被称为**检查点**（checkpoint），又称关卡，因为除非所有的关键过程都已完成，否则细胞分裂将被延迟。例如，DNA 复制在 G_1/S 检查点起始，M 期开始于 G_2/M 检查点（关卡），此前必须完成 DNA 复制和任何 DNA 损伤的修复。

为了便于研究，科学家们把这一连续的过程划分为 4 个阶段，即前期（prophase）、中期（metaphase）、后期（anaphase）和末期（telophase）（图 2.15）。

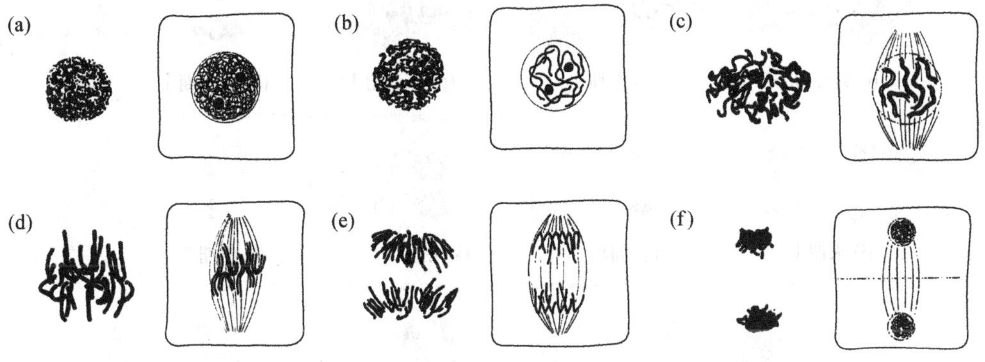

图 2.15　百合（*Lilium longiflorum*）根尖细胞的有丝分裂的图像（引自 Griffiths et al.，1999）

(a) 间期；(b) 早前期；(c) 晚前期；(d) 中期；(e) 后期；(f) 末期

(1) 前期：染色质开始逐渐凝缩，使其缩短变粗，呈螺旋状，变得清晰可辨，此时每条染色体已含有两条染色单体（chromatid）[图 2.15 (c)]，互称为**姐妹染色单体**（sister chromatid）。通过着丝粒把它们相互连接在一起，到前期末，**核仁**（nucleoli）逐渐消失，核膜开始破裂，核质和细胞质融为一体。

(2) 中期：中期开始，由微管组成的纺锤体（spindle）形成 [图 2.15 (d)]。纺锤体纤维附着到染色体的着丝粒两侧区域，即动粒（kinetochore）上。动粒使染色体向微管的负端移动，直到所有的动粒都位于与纺锤体等距离的平面赤道板（metaphase plane 或 equatorial plane）上。

(3) 后期：着丝粒纵向分离，姐妹染色单体分开并移向两极 [图 2.15 (e)]。子染色体到达两极时后期结束。

(4) 末期：子细胞的染色体凝缩为一个新核，在核的四周核膜重新形成，染色体又变为均匀的染色质，核仁又重新出现，又形成了间期核 [图 2.15 (f)]。

（二）减数分裂

减数分裂（meiosis）是染色体数减半（$2n \rightarrow n$）的特殊细胞分裂方式；有性生殖的生物产生生殖细胞的主要形式；发生交换和重组的主要时期。减数分裂不仅是保证生物种染色体数目稳定的机制，同时也是产生“变异”的重要途径。

减数分裂也称为成熟分裂（maturation division），由两次连续的核分裂组成。在减数分裂期间染色体动态的本质概括如图 2.16 所示。此略图提供了减数分裂的概要以及介绍了在细胞中发生的过程。

1. 第一次减数分裂使染色体数目减半

第一次减数分裂（减数分裂Ⅰ）有时被称为**还原分裂**（reductional division），因为分裂使染色体数目减半。第一次减数分裂可分成 4 期：前期Ⅰ、中期Ⅰ、后期Ⅰ、末期Ⅰ。

1）前期Ⅰ

在大部分高等生物中此期持续几天，通常分为连续的 5 个时期：**细线期**（leptotene）、**偶线期**（zygotene）、**粗线期**（pachytene）、**双线期**（diplotene）和**浓缩期或称终变期**（diakinesis）。这些描述的术语表明了每个时期中染色体的形态。

(1) 细线期：染色体呈细线状，具有念珠状的染色粒。此时染色体已经复制，但仅在电镜下才能辨别姐妹染色单体 [图 2.16 (a)]。

(2) 偶线期：同源染色体配对，也称为同源染色体的联会（synapsis），起始于染色体的端部。配对过程沿染色体的长轴进行 [图 2.16 (b)]，形成**联会复合体**（synaptonemal complex，SC）。每对联会的同源染色体称为**二价体**（bivalent）。每一对

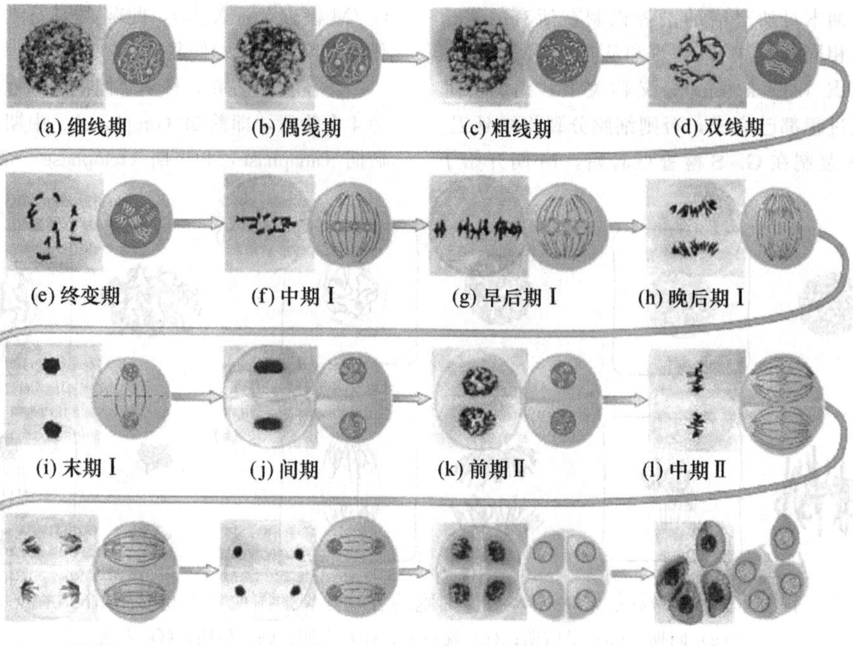

图 2.16 减数分裂和花粉的形成（转引自 Griffiths et al.，1999）

同源染色体已经过复制，含 4 条染色单体，所以又称为**四分体**（tetrad）。

(3) 粗线期［图 2.16（c）］：染色体继续凝聚，缩短变粗，非姐妹染色单体之间发生交换。在晚粗线期用光镜可观察到二价体。不能配对的染色体则称为**单价体**（univalent）或**二联体**（dyad）。

在果蝇粗线期用电镜可以观察到 SC 的中央具有与 SC 宽度相近的呈圆形或椭圆形的电子致密球状小体，称为**重组节**（recombination nodule，RN）。它与 DNA 的重组有关，RN 是同源染色体发生交叉的部位，RN 上有基因交换所需要的酶。

(4) 双线期：联会的染色体开始分离［图 2.16（d）］，但在交叉点上还保持着联系。每个**交叉**（chiasma）是由非姐妹染色单体间的交换而形成的。交叉的数目和位置是不固定的，在正常的减数分裂中，每条二价体通常具有至少一个交叉，长染色体的二价体通常有三个或多个（交叉）。而随着时间推移，交叉向端部移动，这种现象称为**端化**（terminalization），端化过程一直进行到中期。双线期持续时间较长。

(5) 终变期：二价体显著变短，并向核周边移动，在核内均匀散开。终变期二价体的形状表现出多样性，如 X 形和 O 形等。在近终变期末，核仁开始消失，纺锤体形成，核膜破裂。

2）中期 Ⅰ

染色体排列在赤道板上［图 2.16（f）］。二价体偏向中期板的两侧，每个二价体有 4 个着丝粒，一侧的纺锤体和同侧的两个着丝粒相连。

3）后期 Ⅰ

二价体中的两条同源染色体分开，随机地向两极移动［图 2.16（g）］。因此非同源染色体自由组合地趋向一极，使母本和父本染色体重新组合，此是孟德尔分离定律和自由组合定律的细胞学基础。由于**姐妹染色单体内聚蛋白**（sister chromatid cohesion protein）的存在，使得此期两条姐妹染色单体仍紧密相连。

4）末期 Ⅰ

两套染色体分别到达两极后，解旋为细丝状、纺锤体断裂、核膜重建、核仁形成，同时进行胞质分裂，产生两个子细胞［图 2.16（i）］。子细胞染色体数目减半，但因姐妹染色体单体尚未分离，故 DNA 含量仍为 $2n$。

2. 第二次减数分裂

第二次减数分裂与有丝分裂相似，分为前期 Ⅱ、中期 Ⅱ、后期 Ⅱ、末期 Ⅱ 4 期，有时也称为**均等分裂**（equational division）。最后产生 4 个单倍体子细胞，称为四分体（tetrad）［图 2.16（o）］。

3. 减数分裂的特点

减数分裂和有丝分裂不同，具有以下特点：①具有一定的时空性，也就是说它仅在一定的发育阶段，在生殖细胞中进行。而有丝分裂几乎在生物的一生中，在各种不同的组织中都进行，除少数的情况例外，如哺乳动物的脑细胞和肝细胞都不进行有丝分裂，肝细胞在损伤后可以进行分裂。②减数分裂经第一次分裂后染色体就进行减半，所以减数分裂的产物是单倍体。③前期长而复杂，同源染色体经历了配对、联会、交换，从而使遗传物质进行了重组。④每个子细胞遗传信息的组合是不同的（图 2.17）。⑤DNA 不仅在 S 期合成，而且也在前期合成一小部分，而有丝分裂仅在 S 期合成 DNA。

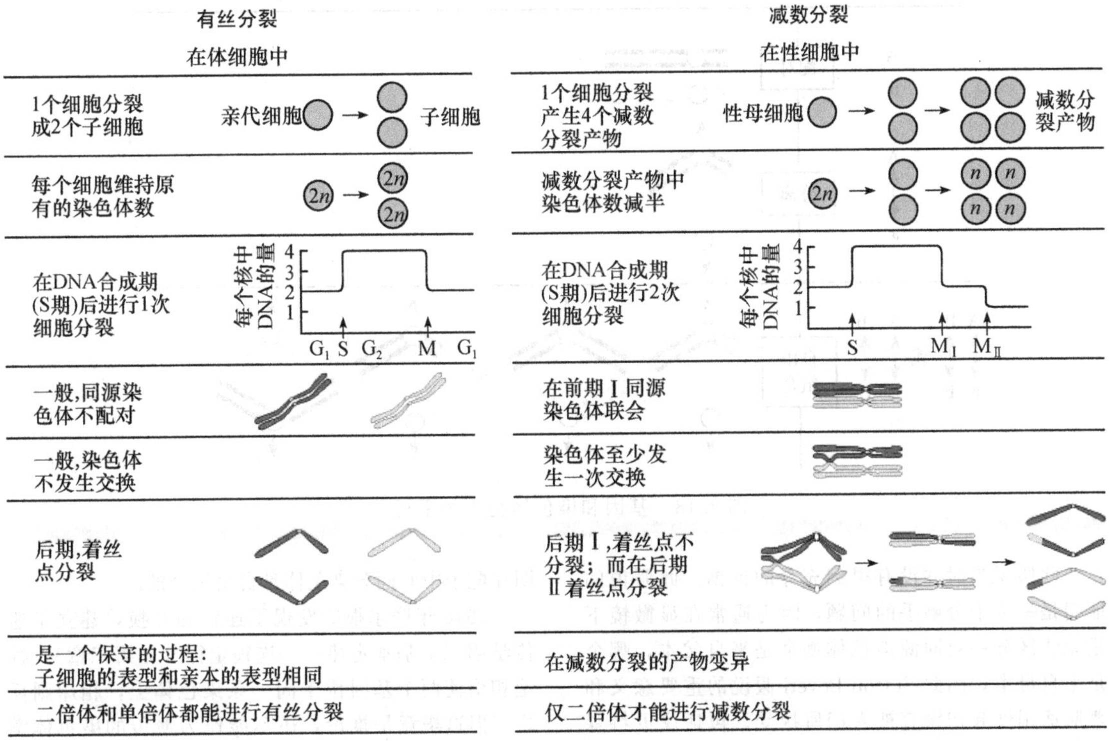

图 2.17　减数分裂和有丝分裂的比较（引自 Griffiths et al.，1999）

二、遗传的染色体学说和实验证据

（一）遗传的染色体学说

在有丝分裂和减数分裂发现以后，科学家们将目光集中在染色体的个体性和连续性上。染色体在细胞分裂间期是见不到的；静止的细胞核仅为淡染色的颗粒群或由细丝组成的网络。染色体在有丝分裂结束时完全"消融"，并在下一轮有丝分裂周期开始时重新形成的观点似乎得到了显微镜观察的支持。所以，一直到孟德尔时期一些细胞学家仍然坚持这一观点。另外人们观察到同一个细胞中的不同染色体，除了大小和形态不同之外，在结构上看不出有什么差异，这样就无法将遗传和染色体联系起来。如果一个染色体只含有个体的一部分遗传物质，每个染色体就会和其他染色体不同，这就必须论证其连续性和个体性。

1885 年 Carl Rabl 首先明确地提出染色体的个体性和连续性的假说。他认为细胞分裂间期染色体"消融"而成为染色质丝，当细胞核进入静止期在下一轮有丝分裂开始时又重新汇合成原来的染色体。这只是一个推论，所依据的资料很少，其中大多数是根据染色体的数目固定不变作出的推论。

1902 年 T. Boveri 通过海胆实验提出：正常发育生物体必须具有全套的染色体，每条染色体携带着不同的遗传决定因素。W. S. Sutton 在 1902 年和 1903 年描述了笨蝗（*Brachystola magna*）染色体的形态，进一步证实了成对的同源染色体中一条来自父本，另一条来自母本。他提出减数分裂时，染色体的行为与孟德尔所设想的“因子”的行为存在着平行性（图 2.18），很可能染色体即是孟德尔遗传定律的物质基础。Sutton 进一步详细地阐述了他对染色体与遗传关系的构想：在减数分裂过程中，不同的染色体分配向两极是随机的行为，这种随机的行为就构成了孟德尔自由组合定律的基础。更为难得的是，他推论，个体性状的数量一定多于染色体数，所以一个染色体上必然有多个基因（这即是后来摩尔根发现的连锁定律）。这个构想被美国著名细胞学家 E. B. Wilson 命名为**“萨顿-鲍维里假说”**（Sutton-Boveri hypothesis）。

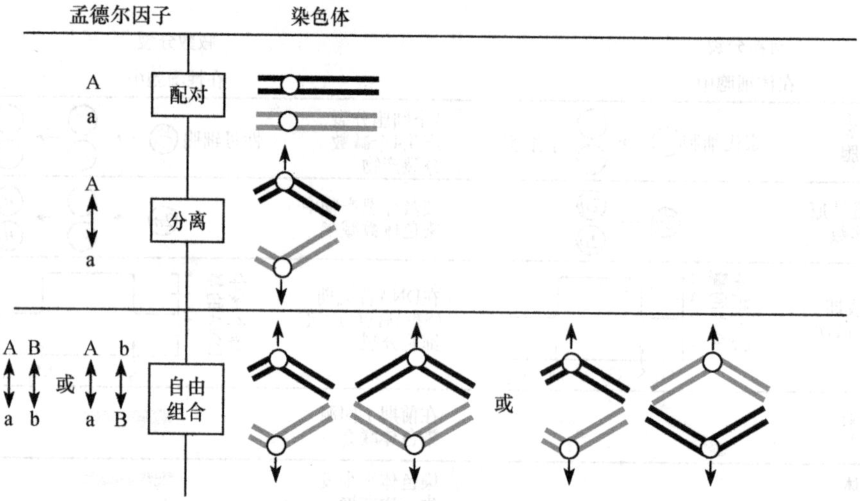

图 2.18　基因和染色体行为的平行性

此假说当时并没有得到充分的证据。此假说的证明是一个十分棘手的问题，因为通常在显微镜下是无法区分一对同源染色体哪个是来自父本，哪个是来自母本，因此 Sutton-Boveri 假说的重要意义和普遍适用性起初没有被人们所接受。包括像贝特森等这样的著名遗传学家都不接受这一假说。摩尔根就曾说过他不接受“不是依据实验”而做出的结论，约翰森也曾讲过类似的话。

（二）染色体学说的间接证据

Sutton-Boveri 假说提出 10 年后，1913 年当时还是本科生的 E. Carothers 同样用笨蝗做了一个令人信服的实验。她发现笨蝗有一对染色体两个成员形态不同，称为**异形配对**（heteromorphic pair），推测此对染色体是部分同源的。另外雄性的性染色体仅有一条 X 染色体（XO 型），减数分裂时这条染色体只能分向一极，那么这条 X 染色体与那对异形染色体的组合是否随机就能说明问题。Carothers 统计了 300 多个后期细胞，她发现染色体分离有两种不同方式，但频率相同，虽然这些异源染色体的发现并不典型，但结果表明在配子中非同源染色体是自由组合的。

1910 年摩尔根等发现了连锁和互换，建立了遗传学第三个基本定律——连锁定律（见第三章），推论相引使两个基因位于同一条染色体上，相斥则反之。但这毕竟是推论，还不能作为遗传的染色体学说的直接证据。

（三）染色体学说的直接证据

1916 年 C. B. Bridges 用“不分离”确证了 Sutton-Boveri 假说。正是此假设促进了新兴的遗传学与传统的细胞学联姻，使遗传学迅猛发展。

Bridges 将白眼（X^wX^w）雌蝇和红眼（X^+Y）雄蝇杂交时大部分后代是红眼雌蝇、白眼雄蝇，这与摩尔根实验的结果完全相同，但有 1/2000 的后代出现了意外的情况：出现了不育的红眼雄蝇和可育的白眼雌蝇。他称其为初级例外后代（primary exceptional progeny）。他又进一步把初级例外的雌蝇和正常红眼雄蝇进行杂交，结果约 4% 的后代是白眼雌蝇和可育的红眼雄蝇（图 2.19），他称其为次级例外，这是怎样发生的呢？

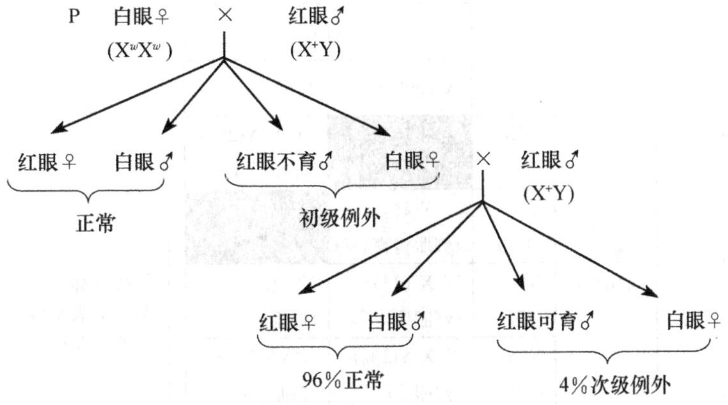

图 2.19　果蝇眼色遗传的初级例外和次级例外

Bridges 假设可能在雌蝇减数分裂时存在 X^w 染色体不分离的现象，同趋于一极，那么有一个子细胞中将有两条 X^w 染色体，另一个子细胞中却没有 X 染色体；而雄蝇都能减数分裂是正常的，这种异常的卵和正常的精子结合的结果有 4 种可能的组合（图 2.20）：$X^wX^wX^+$、Y、X^+（♂）和 X^wX^wY（♀），前两者不能成活，后两者即是红眼雄蝇和白眼雌蝇，这就是次级例外。通过细胞学研究，果然红眼雄蝇只有一条 X 染色体，而白眼雌蝇有两条 X 染色体和另一条 Y 染色体，验证了 Bridges 的假设。

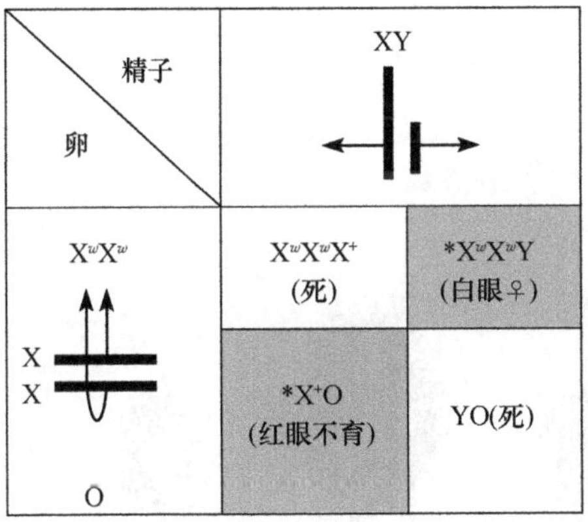

图 2.20　由于 X 染色体不分离而产生了眼色遗传的初级例外

Bridges 对唯一可育的初级例外（XXY）的减数分裂又提出了推理（图 2.21），分析有三种不同的分离类型，有 84%是 X-X 染色体配对，然后相互分离，Y 染色体随机地趋向一极；有 16%的细胞是 X-Y 染色体配对，然后相互分离，游离的 X^w 染色体也随机地移向两极，因此有一半（8%）将形成 X^wY 和 X^w 型的子细胞。按这个假设，初级例外形成的 6 种卵和正常的红眼雄蝇产生的两种精子杂交，将产生 92%的正常后代和 4%的次级例外（图 2.22）。这是预料的情况，实际获得的结果是：

红眼雌蝇	27 679 只	白眼雄蝇	28 887 只	95.7%
白眼雌蝇	1224 只	红眼雄蝇	1246 只	4.3%

以上比例上完全符合预料的结果，到此为止 Bridges 的模型比其他模型更具有说服力，他假设基因 w 和 W 在 X 染色体上，而且很好地解释了初级例外和次级例外，他的模型是受到了精确的检验的：初级后代的细胞学研究表明雌性为 XXY，雄性为 XO，证实了 Bridges 的推论。次级例外后代的细胞学研究表明雌性为 XXY，雄性为 XY，和推理相符。例外白眼雌蝇的红眼"女儿"一半为 XXY，一半为 XX，和镜检结果一致。例外白眼雌蝇的白眼"儿子"中也将产生例外的后代，这些白眼"儿子"都是 XYY，此也同样得到了证实。

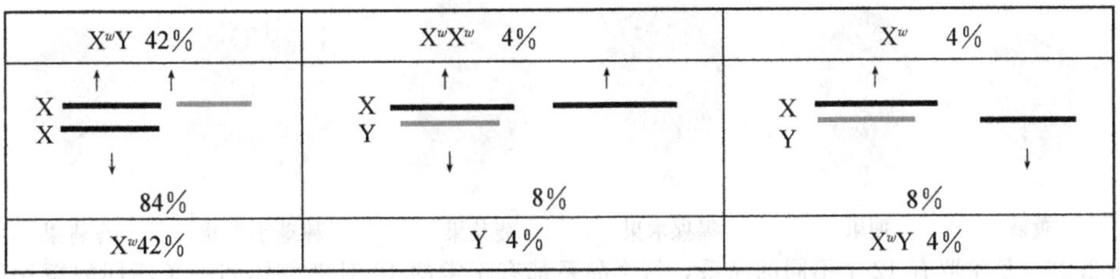

图 2.21　在 XXY 雌性果蝇中三种不同的分离方式

			精子		
			X^+(50%)	Y(50%)	
卵	X-Y 配对 (16%)	X^wX^w (4%)		X^wX^wY(2%) (白眼♀)	
		Y (4%)	X^+Y(2%)(♂) (红眼可育)		次级例外后代的表型(4%) 另4%死亡
		X^w (4%)	X^+X^w(2%) (红眼♀)	X^wY(2%) (白眼♂)	
		X^wY (4%)	X^wX^+Y(2%) (红眼♀)	X^wYY(2%) (白眼♂)	
	X-X 配对 (84%)	X^wY (42%)	X^wX^+Y(21%) (红眼♀)	X^wYY(21%) (白眼♂)	正常后代的表型(92%)
		X^w (42%)	X^+X^w(21%) (红眼♀)	X^wY(21%) (白眼♂)	

图 2.22 XXY 亲代产生特殊配子是形成次级例外的原因

Bridges 的实验最终将 *W* 基因定位在 X 染色体上，为遗传的染色体学说提供了有力而直接的证据，使遗传学向前迈出了重要的一步。

1922 年 A. Blakeslce 对曼陀罗（*Datura stramonium*）的染色体开展研究。曼陀罗属茄科，有 12 对染色体，Blakeslce 发现有 12 个不同的品系，每个品系都有正常的 12 对染色体，但还多了一条额外的染色体，有的品系是第一对多了一条，有的品系是第二对多了一条，总之 12 个品系多出的一条染色体是不同的，它们相应的表型也不同（图 2.23），表明不同的额外染色体其上的遗传信息是不同的。

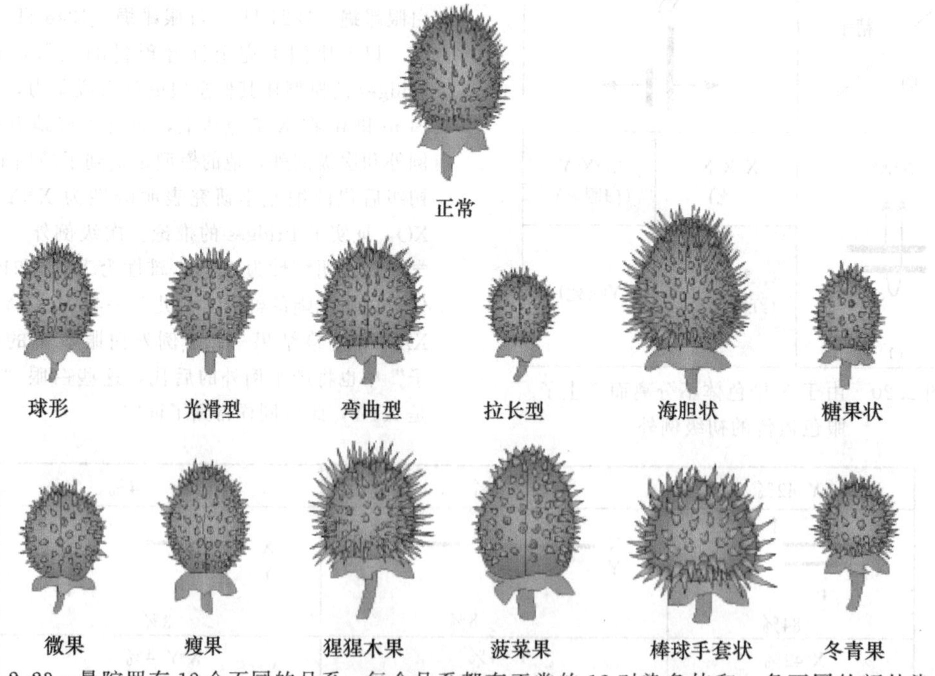

图 2.23 曼陀罗有 12 个不同的品系，每个品系都有正常的 12 对染色体和一条不同的额外染色体，它们的表型也各不相同（引自 Griffiths et al.，1999）

第四节　环境的影响和基因表型效应

一、遗传和环境

生物的表型是基因型在一定的环境条件下表达的结果，有时还受到表观遗传学的作用。所谓的“表达”也就是基因通过转录、翻译产生相应的蛋白质产物或 RNA，这些产物在生物体的代谢、发育和生长的过程中发挥作用。环境就是这一系列生化反应的条件，条件的不同势必影响到反应的结果。所以即使是单基因遗传，也或多或少地受到环境的影响。例如，半乳糖血症是由于编码半乳糖苷酶的基因突变所致，但只要患儿不哺乳或不食用乳制品就不会患病。

水毛茛（*Ranunculus aguatilis*）的叶片形态在不同环境中是不同的。同一植株，基因型完全一致，但长在水下的叶片为丝状复叶，长在水面上的叶片为掌状复叶（图 2.24）。桧树（*Sabina chinensis*）的嫩芽为鳞状，如同柏树叶；但随着生长，叶片变成针状，如同刺柏（图 2.25）。

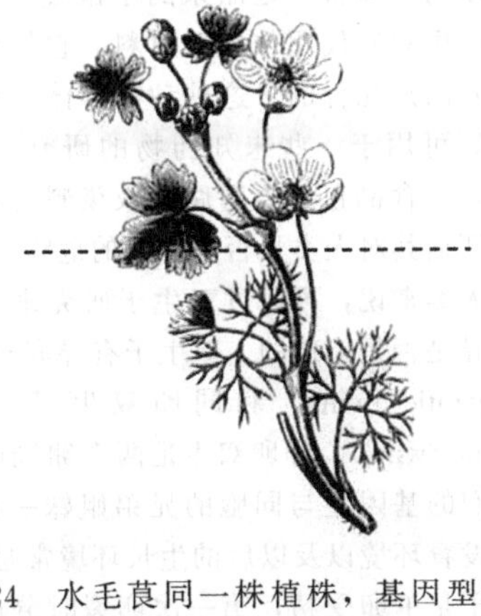

图 2.24　水毛茛同一株植株，基因型完全一致，但水下的叶片呈丝状复叶，水面上的叶片呈掌状复叶（转引自徐晋麟等，2009）

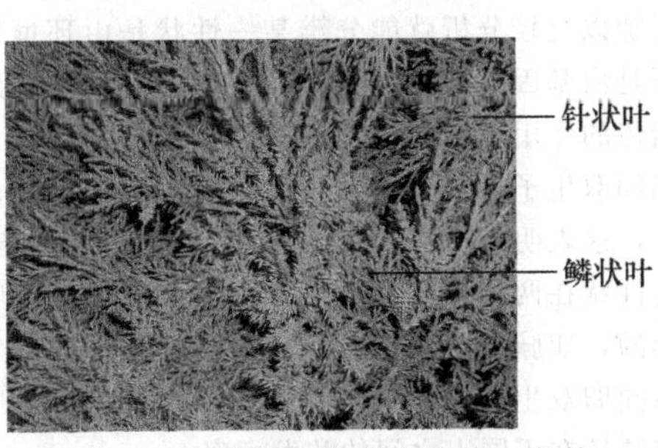

图 2.25　桧树的嫩芽为鳞状，老的叶片变成针状

藏报春（*Primula sincnsis*）有的品种在 20℃时花是红色的，而在 30℃时花为白色的。

喜马拉雅兔的毛色是受基因控制的，在 25℃左右时，在体温较低的部分，即四肢和头部的尖端、尾巴和耳部的毛都是黑色的，其余部分全为白色。但在 30℃以上的环境里长出的毛全为白色。如果把它的躯干部位除去一部分毛再放到 25℃以下的温度下，这部分新长出的毛是黑色的（图 2.26）。当然生物有的遗传性状是十分稳定，如人类的血型是受基因控制的，基因型一旦形成，表型就不会改变，不论生活在什么环境、营养状况如何。生物体在不同的内外环境条件下，表型发生了改变，总体来说是基因表达的调控所致，其中有一部分属表观遗传效应（见第二十章）。

图 2.26　喜马拉雅白化（引自 Russell，1992）

二、反应规范

我们怎样来衡量基因型、环境和表型三者之间的关系？对于一个特定的基因型而言，我们可以制一个表格来表示在不同的环境中基因通过发育将产生什么样的表型。某一基因型在不同环境中所产生的表型变化范围称为这种基因型的**反应范围**或**反应规范**（norm of reaction）。例如，果蝇在不同的温度下发育的复眼大小也不同。野生型果蝇在 15～30℃环境中，复眼所含的小眼是从 1000 逐步减少到 700。中棒眼随着温度的升高，小眼数反而增加，小棒眼在同样的环境下，小眼减少，虽然减少的数目比野生型小，但幅度减少得比野生型大。

即使当性状是由单个基因的等位基因决定时，也不总是出现典型的孟德尔比率。原因是同一基因型在不同的个体中以不同的方式表达。特定基因型在表型表达上可能发生变异，因为另一些基因修饰了表型，或因为环境条件影响了生物体基因的过程。

（一）表现度

表现度（expressivity）是指具有相同基因型的个体间基因表达的变化程度（图 2.27）。例如，多指属显性突变，突变体都个会出现多指，但多出的这一手指（或脚趾）有的很长，有的很短，甚至有的仅有一个小小突起，表明其变异程度不同。

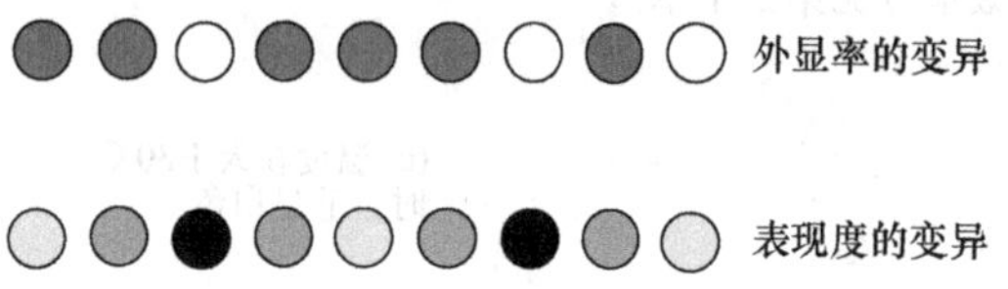

图 2.27　表现度和外显率

上图表示外显率的变异，即在一群体中，仅有部分具有某种基因型的个体产生相应的表型（灰色），另一部分具有这种基因型的个体则不产生相应的表型（白色）；下图表示表现度的变异，即在同一环境中，具有某种基因型的个体都产生了相应的表型，但表达的程度不同（用黑色、深灰、浅灰等来表示）

（二）外显率

外显率（penetrance）是指在特定环境中，某一基因型显示预期表型的个体的比率，一般用%表示。例如，具某显性基因 A 的杂合体有 100 人，其中有 80 人出现相应的表型，则外显率为 80%；如 100 人都出现相应的性状，则外显率为 100%，称**完全外显率**（complete penetrance）；若外显率<100%，称**不完全外显率**（incomplete penetrance）。

表现度和外显率这两个概念不同之处在于前者是指个体之间，它们的某个基因型都得到了表达，但表达的程度有所不同；后者是指在特定环境中，有的个体基因型未得到表达，有的得到了表达，表达者所占的比例即为外显率。

（三）拟表型

拟表型（phenocopy）又称**表型模拟**。这个术语是 R. B. Goldschmidt 于 1935 年提出的，是指生物体的基因型并未发生改变，而由于外界环境因子的作用，使生物体表型产生了与某些突变体相似变化的现象。例如，缺乏维生素 D 引起的佝偻病为维生素 D 抗性佝偻病的拟表型。此外在果蝇的饲料中加入各种药品，也会出现各种特有的拟表型个体。通过分析这类拟表型可以为研究基因作用的机制提供线索。产生表型模拟的药剂称表型模拟剂（phenocopying agent）。

环境的改变也能影响一个或多个基因的表达，最敏感的时期是在发育早期，这个时期称为敏感期（sensitive period）。

在人类中也有很多表型模拟的例子，白内障、耳聋、心脏缺陷等有的是遗传的，也有的是由于患者的母亲在怀孕后 2 周内感染了麻疹病毒而引起。

（四）双生子研究

我们怎样来区别一个性状是由基因控制的，还是由不利环境所致？一种办法就是研究在不同环境下基因型相同的个体。通常，我们可以用同一基因型的实验动物，即将一定品系的小鼠或大鼠，通过近亲交配产生的后代用作实验材料。它们的基因组中大部分基因是纯合的。这种动物群体一般说来都是同型的，可用于一些未知药物的研究，如新药、食品添加剂、食品色素、防腐剂及染料等，通过动物实验来评估其对人类是否有潜在的危险。

对于人类来说，可通过双生子研究来确定一种性状的变异是否是遗传的。双生子有异卵双生（fraternal dizygotic twins）和同卵双生子（identical monozygotic twins）。异卵双生是两个卵同时受精的结果，他们的基因型与同胞的兄弟姐妹一样，但他们的胚胎发育环境以及以后的生长环境常是相同的。同卵双生子是单卵受精，第一次卵裂时分成两个细胞，然后各自发育成个体。他们在遗传结构上是完全相同的，但他们后天生长的环境可以不同。我们只要加以比较分析就能分辨某一性状是由环境决定的还是由基因决定的（当然，我们还应当考虑到表观遗传的作用）。例如，很多孩子都患过麻疹，无论是同卵双生子还是异卵双生子，同时患病率都是很高的，这表明是否患麻疹很大程度是由环境决定的。有的性状在两种不同的双生子中同一性状是有明显差异的，如脉搏的频率，而血型及精神分裂的发病率在同卵双生子中具有高度的一致性。表 2.6 所示为肺结核在不同人之间的共发病率。

表 2.6　不同情况下肺结核的共发病率

关系	同时患病率/%
同卵双生子	87.3
异卵双生子	25.6
同胞	25.5
半同胞	16.9
亲子	11.9
夫妻	7.1
不相关的人	1.4

肺结核是由结核杆菌所引起，但在群体中有人患病，有人不患病，说明不同的人易感性不同，这种易感性是否由基因控制？从资料中明显得出同卵双生子的同时患病率为 87.3%，而异卵双生子的同时患病率为 25.6%，差异是明显的；异卵双生子和同胞之间的差别并不明显，说明肺结核的易感性和遗传有关。

（五）性状的多基因决定

我们说质量性状是由单基因控制的，并不意味着产生的某一性状仅由一对基因决定，与其他基因无关。其实任何一个性状都是经过一系列生化连锁反应的结果，在反应的过程中可能存在多个步骤，而每一步也都由相应的酶进行催化，这一系列的酶同样是由一系列基因控制合成的，因此每一个性状都涉及多个基因。将突变型和野生型相比较就会发现，突变体并非是一系列基因都发生了突变，而仅仅是其中一个基因发生突变，使整个生化反应不能完成，从而不能表现出来正常的性状，我们指单基因控制也就是指仅一个基因发生突变也会改变表型的性状。哺乳动物皮毛的颜色就是一个好的例子。小鼠的毛色至少由 A、B、C、D、P 这 5 对基因来决定。A 基因控制“野鼠色”(agouti)，即在黑毛的前端出现一段黄色，整个动物体看起来为深棕色。其等位基因 a 是不能产生黄斑，毛呈纯黑色。B 基因是使色素元形成黑色素，其等位基因 b 是不能形成黑色素，毛呈纯黄色。C 基因是控制色素的表达，而其等位基因 c 则色素不能形成，毛色为白色，各种白化的动物都是这个基因突变所致。D 基因是起淡化（dilutes）颜色作用的基因，野生型 D 不起淡化作用，突变 d 可将颜色变淡，杂合型 Dd 起到中等淡化的作用。P 基因是控制动物体上有无花斑，P 控制无斑，p 控制有斑，如奶牛、斑点狗和花斑鼠等。那么一只纯黑色小鼠的基因型如果用 5 个基因来表达应当是 $aaBBCCDDPP$。在 $aCDP$ 相同的情况下，“$B\_$”为黑色，“bb”为棕色，我们就说是“B”基因控制黑色和棕色，其实纯黑色是 5 对基因共同作用的结果，但要注意与控制数量遗传的基因相区别。

（六）基因的多效性

一个基因的产物无论是酶还是其他的蛋白质，它的生化功能或生理功能不可能是单一的或独立的，常会影响到其他生化反应及生理功能，因此一个基因对多种遗传性状产生影响的现象称为**多效性**(pleiotropy 或 pleiotropism)。多效性的例子也是很多的，如人类的**先天性成骨不全**（osteogenesis imperfecta)，这是种常染色体的显性遗传病，患者骨骼发育不良，骨质疏松，一生中反复发生多次骨折；大多数患者巩膜呈淡蓝色；患者成年后还常常出现耳聋。这样，一个座位上的基因发生改变，产生多种不相关的表型改变。

致死基因（lethal gene）是导致个体或细胞死亡的基因。其遗传效应也属于基因的多效性。正常的小鼠是棕灰色的，1905 年法国学者 L. Cuenot 研究小鼠时发现了一只黄色小鼠，他将这只黄色小鼠和纯系正常小鼠杂交产生的后代一半是黄鼠，一半为正常的棕灰鼠。再将黄鼠和黄鼠杂交，后代中 2/3 是黄鼠，1/3 是棕灰鼠。为什么会出现这样的比例？从第一组杂交（图 2.28）看来黄鼠不是纯合的，否则后代中不会出现两种表型；从第二组杂交看来黄色对野生型棕灰鼠为显性，但并不符合杂合子互交后的孟德尔分离比 1∶2∶1，而是 2∶1。显然可能有一种显性基因纯合类型未能成活［图 2.28（c）］。

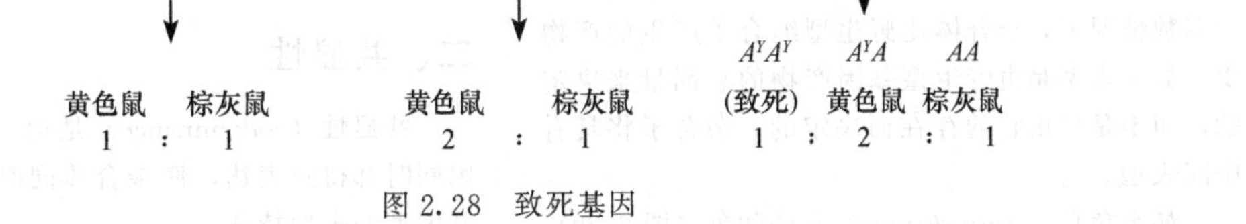

图 2.28　致死基因

这个假设和第一组杂交的结果也是吻合的。那么此控制黄色皮毛的基因 A^Y，纯合时又会引起致死。这种导致生物死亡的等位基因就称为**致死等位基因**（lethal allele）。一些基因当它们突变时会引起致死表型，那么这些基因就称为**必要基因**（essential gene）。小鼠的致死基因发现后，人们不断地在人类及动物中发现很多类似的例子。致死基因可以分为**显性致死**（dominant lethal）和**隐性致死**（recessive lethal）两类。像黄鼠这个例子，A^Y 基因在控制毛皮的颜色上是显性的，但在“致死”这个表型效应上必须是纯合状态下才能实现，即属于隐性的，因此我们可以称为隐性致死。人们发现在灰色皮毛的银狐中有一种变种，在灰色背景上出现白色的斑点，称白斑银狐。用这种皮毛制成裘皮大衣可谓是“千金裘”。于是人们希望培育出白斑银狐的纯系，但将它们互交后育下的后代有两种表型：白斑银狐和银狐，比例为 2∶1，结果和黄鼠的情况如出一辙，说明控制白斑的基因纯合致死。曼岛猫（Manx cat）（M^LM）是没有尾巴的，和以上的情况相似，它们没有纯系（M^LM^L），这是由于当基因型为 M^LM^L 时在胚胎期致死。另一种类型是显性致死，如人类**视网膜母细胞瘤**（retinoblastoma，RB）为显性遗传；相应的基因 *Rb* 是一种**抗癌基因**（antioncogene），发生突变或缺失而产生 RB，患者多为 1～5 岁儿童，即使摘除眼球，成年时还会转发骨癌或肺癌而致死。

第五节　显隐性关系的扩展

孟德尔在植物杂交实验中所观察的 7 对性状都属于完全的显、隐性关系，但并不是所有情况都是如此。有时会遇到一些在显隐性关系上出现各种变异的情况。

一、不完全显性

当杂合体的表型介于相应的两种纯合体之间时，称为**不完全显性**（incomplete dominance）或**半显性**（semidominance）。在杂合基因型中，一个等位基因对另一等位基因的完全显性并不总是被观察到。在大多数情况下，杂合体比野生型纯合子产生的产物少。如果表型是由野生型基因产物的总剂量来决定的，而不是只由它的存在而决定的，杂合子将具有中间表型。

如金鱼草（*Antirrhinum*）花的颜色（图 2.29）。红色的花青苷色素是由酶催化而合成。野生型的酶是由等位基因“*I*”编码，酶的剂量决定反应的速率，即酶含量越高，红色素就产生得越多。另一突变的等位基因“*i*”编码无活性的酶，在基因型“*ii*”的花中，没有红色素，为白色。杂合子“*Ii*”中的酶含量减少，花中红色色素的量也减少，花为粉红色。当不同颜色花的金鱼草杂交时，能直接观察到等位基因分离的结果。例如，纯种的开红色花（*II*）品系和开白色花品系杂交，产生的 F_1 代植株（*Ii*）具有粉红色花。经 F_1 杂种互交获得的 F_2 代中，有 22 株为红色花，52 株为粉色花，23 株为白色花。这些数量的比例非常接近 1∶2∶1，与孟德尔分离比相一致。当进一步进行互交时，红色花的 F_2 代植株只产生红色花的子代；白色花的 F_2 代植株只产生白色花的子代；粉红色花的 F_3 代植株产生红色、粉红和白色的子代，其比例为红∶粉∶白＝1∶2∶1（图 2.30）。

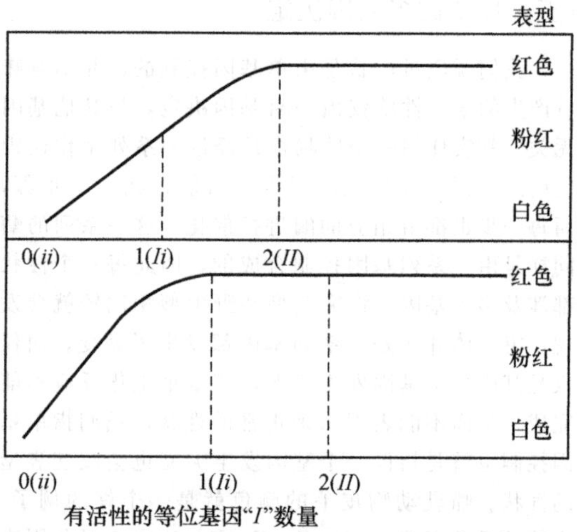

图 2.29　不完全显性的化学本质。曲线表示红色色素合成的量

鸡的羽色、家蚕的体色、马的皮毛、金鱼身体的透明度等（图 2.31）都属此类不完全显性。

在数量遗传中（见第二十一章），常能观察到不完全显性，如鸡蛋的直径、质量、数量，植物开花的时间，以及细胞或生物体中酶的数量等。

二、共显性

共显性（codominance）是指一对杂合的等位基因同时都得到表达，使杂合体同时显示出两种纯合基因型的表型特征。

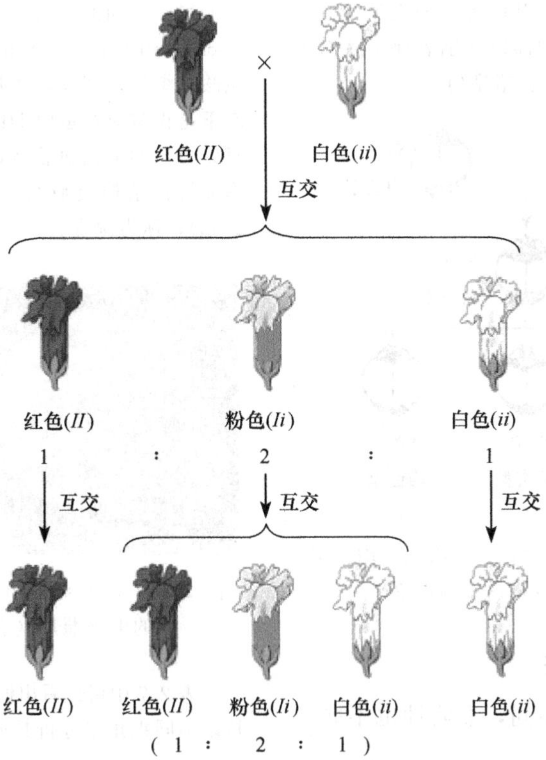

图 2.30　金鱼草花色呈现不完全显性的遗传模式

	(a) 鸡的羽色	(b) 家蚕的体色	(c) 马的皮毛	(d) 金鱼身体的透明度
P	黑羽×白羽	黑缟蚕×白蚕	棕色×白色	透明鱼 ×非透明鱼
	↓	↓	↓	↓
F_1	灰羽	灰缟蚕	淡棕	半透明
	↓	↓	↓	↓
F_2	黑羽 灰羽 白羽	黑蚕 灰缟 白蚕	棕色 淡棕 白色	透明鱼 半透明 非透明
	1 ∶ 2 ∶ 1	1 ∶ 2 ∶ 1	1 ∶ 2 ∶ 1	1 ∶ 2 ∶ 1

图 2.31　不完全显性的遗传方式

MN 血型是共显性最好的例子。在人类的 M-N 血型系统中有三种血型——M、N 和 MN 型，它们是由基因型 L^ML^M、L^NL^N 和 L^ML^N 决定的。M 型个体的红细胞膜上有 M 抗原，N 型个体的红细胞膜上有 N 抗原，而 MN 型个体的红细胞膜上既有 M 抗原又有 N 抗原，也就是两种基因在同种组织中都得到了表达。这是由一对等位基因中的一个发生了异效突变，它会产生不同的表型效应，当这一对等位基因杂合时，两种表型（M 抗原和 N 抗原）同时共存。

三、镶嵌显性

我国著名遗传学家谈家桢早年系统地研究了鞘翅瓢虫（*Harmonia axyridis*）的遗传，发现了**镶嵌显性**（mosaic dominance）。一种瓢虫鞘翅的底色为黄色，前缘呈黑色，称为黑缘型（$S^{AV}S^{AV}$），另一种情况相反，鞘翅的后缘为黑色，称为均色型（S^ES^E），两者杂交产生的 F_1 代同时具有双亲的特点，即鞘翅前后缘都呈黑色，这就是嵌镶显性（图 2.32），它与共显性是不同的，共显性在同一组织同一空间表现了一对杂合等位基因各自的表型，而嵌镶显性是在生物体的不同的部位分别表现了一对杂合等位基因各自的表型，呈嵌镶排列。

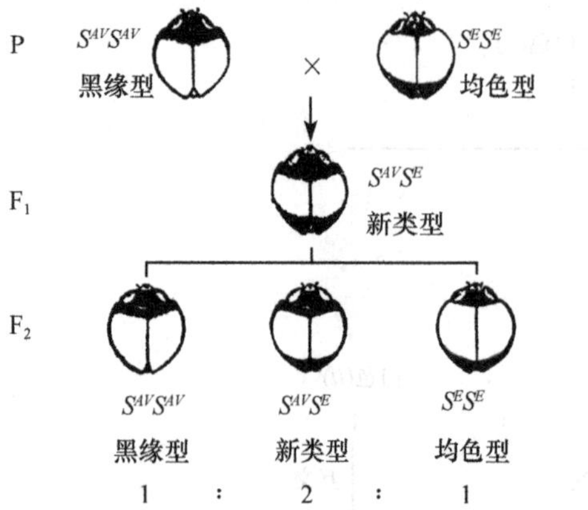

图 2.32　瓢虫鞘翅色斑的遗传。黑缘型与均色型杂交，F_1 代显示嵌镶遗传的现象

四、显隐性的相对性

（一）观察性状的视角不同，显隐性也不同

在确定相关基因显隐性时，因观察的视角不同可能得到不同的结论。例如，人类的**镰状细胞贫血**（sickle cell anemia）是由于珠蛋白 β 链上第 6 位的谷氨酸被缬氨酸替代，使镰状血红蛋白 HbS 在脱氧状态下是正常血红蛋白 HbA 的溶解度的 1/5，于是在氧张力低的毛细血管区，HbS 溶解度大大降低，而形成管状结构凝胶化，导致红细胞呈镰刀状（图 2.33），称为镰变。

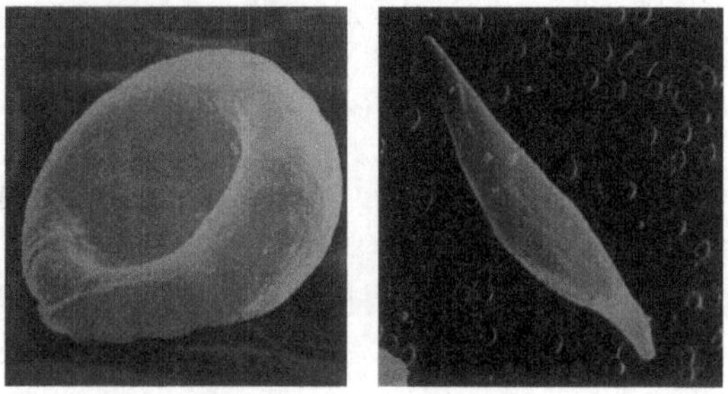

图 2.33　镰状细胞（右）和正常红细胞（左）的电镜照片（引自 Russell，1992）

表 2.7 中可以看出镰状细胞贫血基因（Hb^SHb^S）是以不同视角来分析其遗传规律也不同。

表 2.7　镰状细胞贫血显隐性的相对性

基因型	临床表现	镰状细胞	镰状细胞数	含 HbS 量	电泳
Hb^AHb^A	正常	无	无	0	HbA 一条带
Hb^AHb^S	正常	有	1/3	20%～40%	HbA、HbS 两条带
Hb^SHb^S	贫血	有	绝大多数	90%	HbS 一条带
遗传规律	隐性	显性	不完全显性	不完全显性	共显性

豌豆种子的形态也是一个例子。在种子的形态特征上圆满对皱缩为显性，*WW* 和 *Ww* 基因型在外观上都为圆形，不能被区分开。然而，每个基因都潜在地影响许多性状。在圆形与皱缩的种子中，皱缩种子（*ww*）的生化缺陷是缺少淀粉分支酶 Ⅰ（SBEI），不能合成支链淀粉。杂合的（*Ww*）种子中的“SBEI”只有显性纯合（*WW*）种子的一半，隐性纯合种子（*ww*）中实际上没有“SBEI”。显性纯合的豌豆（*WW*）含有大而圆的淀粉颗粒，种子保留了水分，并在成熟时均一地收缩，所以它们不变皱。在隐性纯合的种子（*ww*）中，淀粉颗粒缺少支链淀粉，不能保持种子中的水分，当这些种子成熟时，它们迅速地丢失水分，不均衡地收缩，产生皱缩的表型。在杂合体（*Ww*）中，“*w*”等位基因也影响淀粉颗粒的形状。淀粉颗粒的形状为中间型。然而，它们的支链淀粉含量非常高，以至种子均一地收缩，并没有皱缩。如果我们只考虑全部种子的形状，圆对皱为显性。若我们用显微镜来检查淀粉颗粒的形状，所有三种基因型都能被相互区分开：“*WW*”中为大而圆的淀粉颗粒，“*Ww*”中为大而不规则的淀粉颗粒，“*ww*”中为小而不规则的颗粒，表现为不完全显性。

豌豆的例子清楚地表明，当一个基因影响多个性状时，一对特定的等位基因可能对某些性状显示出完全显性，而对另一些则不是。

(二) 环境条件对显隐性的影响

环境条件有时也会影响生物体显隐性性状的表达。例如，光照和温度对生化反应有重要的影响，这样也必然会影响到表型效应，以至改变显隐性关系。金鱼草（*Antirrhinum*）有红色花和淡黄色花两种不同的品系，若将这两种不同品系杂交，所产生的 F_1 代在不同的条件下表型不同（图 2.34）。

红色花　×　淡黄色花

↓

F_1
- 光充足低温：红色花（红色为显性，黄色为隐性）
- 光不足温暖：淡黄色花（黄色为显性，红色为隐性）
- 光充足温暖：粉红色花（为不完全显性）

图 2.34　金鱼草的显性花色和外界条件的关系

在光充足低温时 F_1 代为红色，那么红色为显性；当光不足温暖条件下，F_1 代为淡黄色，那么红色为隐性；当光充足温暖时，F_1 代为粉红色，呈不完全显性。可见外部的环境条件会影响显隐性的关系。

属于**从性显性**（sex-influenced dominance）遗传的人类秃顶（baldness）的性状是内环境影响显隐性的例子（见第十八章）。*Bb* 杂合的情况在男性中受到雄性激素的作用，单个的秃发基因可以表达，产生早秃性状，成为显性基因；而在女性中，由于没有雄性激素，所以不能表达，一定在有害基因纯合的情况才能表达，从而表现为隐性性状。

五、复等位基因

二倍体群体中同一基因座上具有两个以上突变状态的基因，称为**复等位基因**（multiple alleles）。对于一个 $2n$ 个体而言，在一个基因座上只可能具有复等位基因中的一对等位基因，而在一个生物群体中，某一个基因座上的不同等位基因的总数常是相当大的。在群体中，一套所有的复等位基因就称为**等位系列**（allelic sery）。下面我们举几个复等位基因的例子。

(一) 控制人类血型的基因

人类的血型系统共发现 24 种，其中最常用的是 ABO 系统。1925 年 F. Bernstein 对 ABO 血型的遗传提出了复等位基因的假设，此系统共由 3 个复等位基因 I^A、I^B 和 I^O 控制，I^A 和 I^B 互为共显性，但对 I^O 为显性。各种血型的基因型如表 2.8 所示。I^A 基因已定位在 9q34，控制合成 *N*-乙酰半乳糖转移酶，此酶能把 α-*N*-乙酰半乳糖分子接到蛋白质上，产生 A 抗原决定簇；I^B 基因控制合成半乳糖转移酶，能把 α-*N*-半乳糖接到蛋白质上，产生 B 抗原决定簇，I^O 基因为缺陷型，不能合成 A 抗原和 B 抗原（图 2.35）。血型在法律上常用于亲子鉴定及排查嫌疑犯的依据，血型的遗传是十分稳定的，但也有一些特殊的情况，在分析时必须注意。

表 2.8　决定人类 ABO 系统血型的基因及其产物

血型表型	基因型	抗原	抗体	基因和产物
A	I^AI^A，I^AI^O	A	β（抗 B）	I^A（9q34）：*N*-乙酰半乳糖转移酶
B	I^BI^B，I^BI^O	B	α（抗 A）	I^B（9q34）：半乳糖转移酶
AB	I^AI^B	AB	—	I^A/I^B：*N*-乙酰半乳糖转移酶和半乳糖转移酶
O	I^OI^O	—	αβ（抗 A 抗 B）	I^O（9q34）：无相应产物

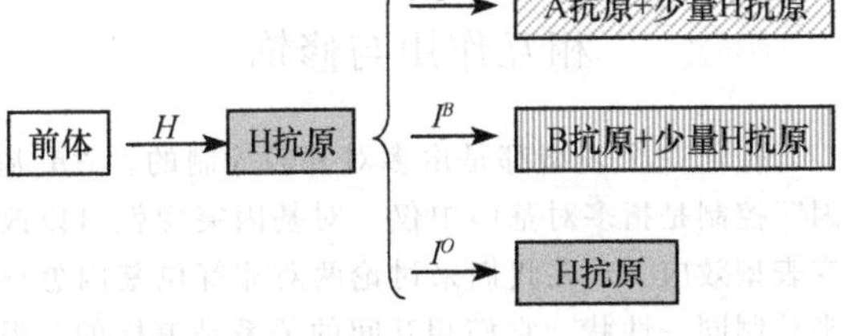

图 2.35　抗原形成的途径和相关的基因

1. 顺式 AB 型

在正常情况下 I^A 和 I^B 基因是位于一对同源染色体的同一基因座上，称为**反式 AB**（*trans* AB），但偶然（发生率为 0.018%）也会由于交换重组使 I^A 和 I^B 基因位于同一条染色体上，另一条同源染色体上没有任何等位基因，这种情况称为**顺式 AB**（*cis* AB）。例如，有位 AB 型的妇女和一位 O 型的男子结婚，生育了 O 型的子女（图 2.36）。表面上看起来似乎是不符合血型遗传的规律，但分析一下这对夫妇产生配子时染色体的分离和产生合子时染色体配对的情况就不难理解顺式 AB 型产生的机制（图 2.37）。

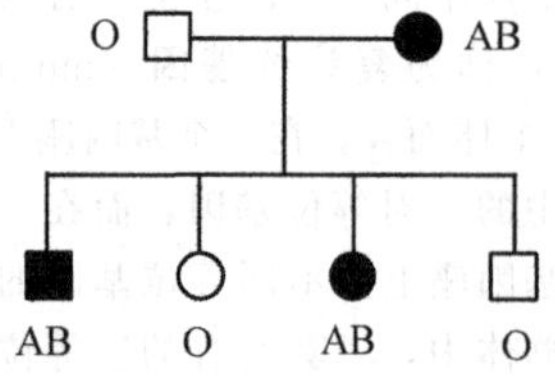

图 2.36　顺式 AB 的一个谱系

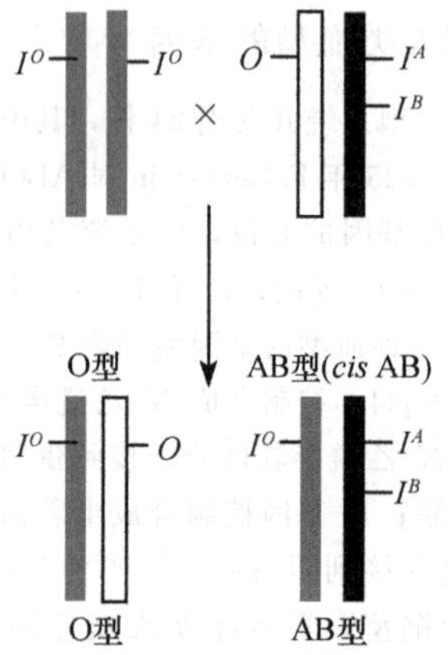

图 2.37　顺式 AB 型产生的机制

2. 孟买型

一个血型为 O 型的男子和 B 型的女子结婚，生育了一个表型为 O 型的女孩，O 型女孩长大后和一个 A 型血型的男子结婚，生育了两个女儿，一个为 O 型，一个为 AB 型（图 2.38）。

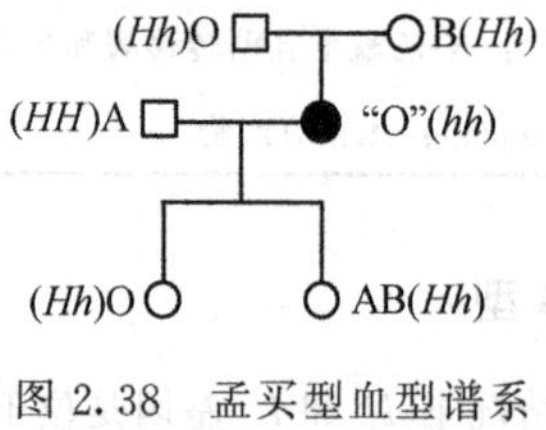

图 2.38　孟买型血型谱系

一个 O 型的人和一个 A 型的人结合，生育出 AB 型的子女，似乎是不可思议？实际上这是由于抗原的形成是由多个基因控制的结果（图 2.38）。前体在 H 基因控制下产生 H 抗原，即岩藻糖基转移酶，作为 A、B 抗原的前体。明白了这个道理，就不难解释上述的现象，那就是Ⅱ-2 女子表现为“O”型实际上是一个假象，她的“H”座位基因型可能为“hh”，即不能产生 H 抗原，所以即使其 ABO 系统为 I^Bi 型，因没有前体物也不能形成 B 抗原，故定为“O”型。当和一个基因型为“HHI^Ai”的正常男性结婚后，他们孩子 H 座位的基因型为“Hh”，能产生 H 抗原，ABO 座位的基因型可能是 I^AI^O、I^BI^O、I^AI^B、I^OI^O，当她们为 I^AI^B 和 I^OI^O 时，血型即为 O 型和 AB 型。这一情况是在印度孟买发现的，故称孟买型。

（二）兔子的毛色

兔子的毛色也是由一组复等位基因构成的（表 2.9），C^+ 控制野鼠色，对其他 3 个复等位基因呈显性。C^{ch} 控制灰色，对 C^h 和 C^a 呈显性；C^h 控制喜马拉雅白化，对 C^a 为显性；C^a 是一种突变型，不能形成色素，纯合时兔子皮毛为白色。复等位基因数目和所能构成的基因型数等如表 2.10 所示。

表 2.9　兔子毛色的复等位基因

等位基因	基因型	表型
C^+	C^+C^+，C^+C^{ch}，C^+C^h，C^+C^a	野鼠色
C^{ch}	$C^{ch}C^{ch}$，$C^{ch}C^h$，$C^{ch}C^a$	灰色
C^h	C^hC^h，C^hC^a	喜马拉雅白化
C^a	C^aC^a	白化

表 2.10　一定数量等位基因构成基因型的数目

等位基因	基因型种类	纯合子种类	杂合子种类
1	1	1	0
2	3	2	1
3	6	3	3
4	10	4	6
5	15	5	10
n	$n(n+1)/2$	n	$n(n-1)/2$

第六节　非等位基因间的相互作用与修饰

任何一个表型都是由多对基因控制的。“单基因”控制是指多对基因中仅一对基因突变就可以改变表型效应。现在我们来讨论两对非等位基因怎样来控制同一性状，它们相互间的关系是怎样的。根据孟德尔定律，两对基因杂交其 F_2 代的表型之比是

9∶3∶3∶1。前面讨论的是两个相互独立的性状，现在讨论的是同一个性状，显然情况不同，但万变不离其宗，仍然符合孟德尔的法则，产生一些新的表型只不过是一种表型的综合而已。

在等位基因中有显性和隐性之分，在两对非等位基因控制同一性状时也有“显”、“隐”之别，为了和等位基因的“显性”，“隐性”相区别，我们就把两对非等位基因中起“显性”作用的基因称为**“上位基因”**（epistatic gene），将起“隐性”作用的基因称为**“下位基因”**（hypostatic gene）。影响同一性状的两对基因，其中一对基因抑制（或掩盖）另一对基因的作用称为**上位效应**（epistatic effect）。一个基因抑制或增强位于不同基因座的另一个基因的表达称为**异位显性**（ectopic expression）。

在两对基因自由组合的基础上，非等位基因相互作用可产生多种模式（图 2.39），常见的有基因互作、隐性上位、互补效应、累加效应、显性上位、重叠效应和抑制效应 7 种模式。

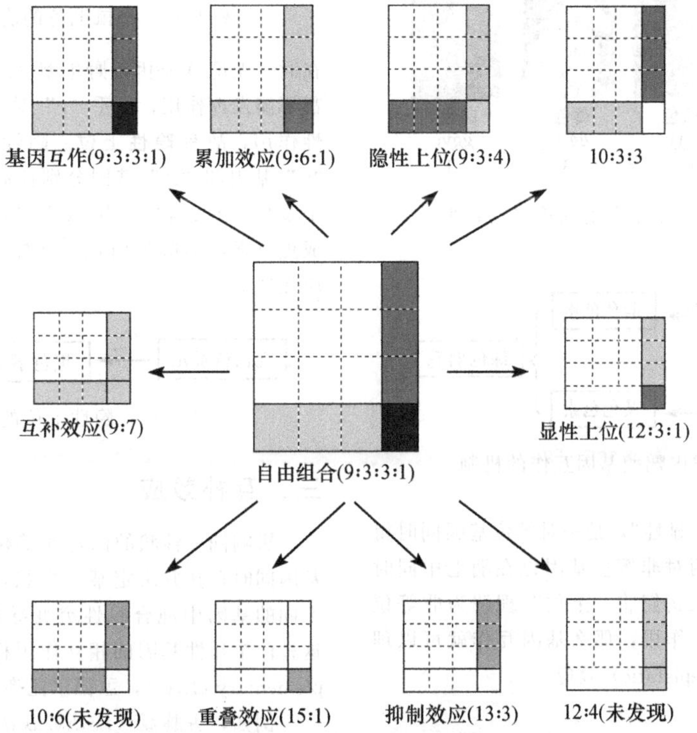

图 2.39　非等位基因相互作用的各种模式

这些模式都是在两对基因自由组合的基础上，经表型的相互影响而产生。图中可分为 4 区域，比例为 9∶3∶3∶1，这些区域表型经修饰变换成各种模式

一、基因互作

非等位的两个基因相互作用，出现新的性状称之为**基因互作**（interaction of gene）。例如，一种观赏鸟——虎皮鹦鹉，它的毛色有绿、蓝、黄、白 4 种，*G* 基因控制产生蓝色色素，*Y* 基因控制产生黄色色素，如两对基因都是野生型的（*GG*，*YY*），既产生蓝色色素，也产生黄色色素，使羽毛呈绿色。如两对基因是突变型（*gg*，*yy*），则既不产生蓝色色素，也不产生黄色色素，使羽毛呈白色。若将纯种的绿色和白色鸟杂交或将蓝色或黄色的鸟杂交，F_1 代是绿色羽毛。F_1 代进行互交，F_2 代羽色产生 4 种表型：绿、蓝、黄、白，比例为 9∶3∶3∶1（图 2.40）。

基因互作产生 4 种表型的分离比（9∶3∶3∶1）和两对基因进行自由组合的分离比相同，但本质不同。前者是两对基因控制不同的两种性状，如种子的颜色和形状。这两种性状互不影响。后者是两对基因都控制羽毛的颜色，但不是连锁反应中控制不同的步骤（图 2.41），而是各自催化合成不同的色

图 2.40　虎皮鹦鹉羽色的遗传（见彩版）

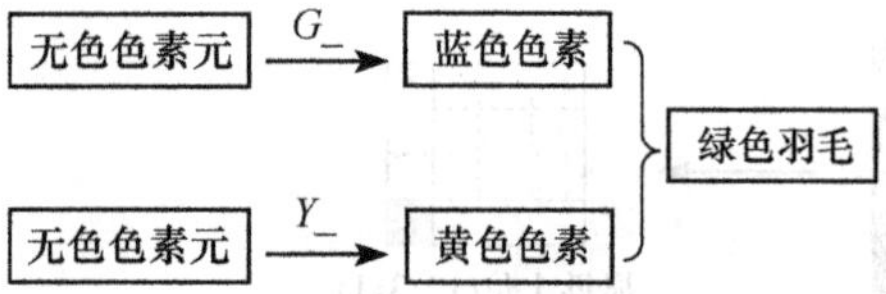

图 2.41　虎皮鹦鹉基因互作的机制

素。前面介绍了“共显性”，是一对等位基因同时得到了表达。现在是两对非等位基因也在羽毛中同时产生表型效应。如果我们将“上位”理解为非等位基因之间的“显性”作用，那么基因互作就可以理解为“共上位”（coepistatic）效应。

二、隐性上位

在上位效应中，一对等位基因在隐性状态时可抑制或掩盖另一对非等位基因的表达，称为**隐性上位**（recessive epistasis），其分离比为 9∶3∶4。例如，在小鼠中，浅灰色皮毛颜色称为野鼠色。野鼠色由显性等位基因“*A*”控制，基因型“*aa*”动物的皮毛颜色为黑色。另一对显性等位基因“*C*”控制动物皮毛中黑色素的形成，基因型“*cc*”动物为白化的。将野鼠色小鼠（*AACC*）和白色鼠（*aacc*）杂交，F_1 代为野鼠色（*AaCc*）。F_1 代之间杂交产生的 F_2 代，产生三种表型的小鼠：野鼠色、黑色和白色，其比例为 9∶3∶4（图 2.42）。

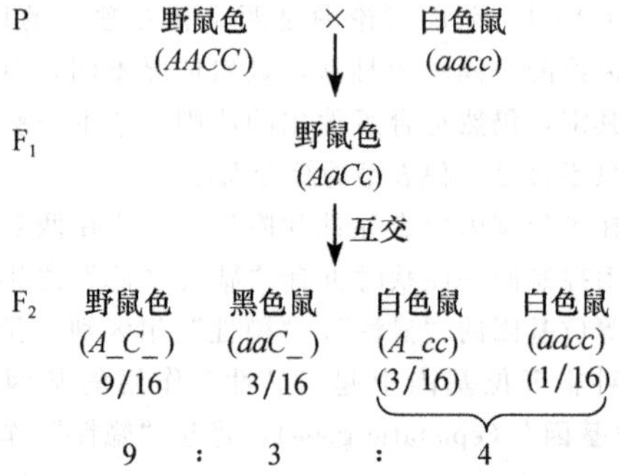

图 2.42　小鼠毛色的隐性上位作用

在这种类型中当“*C*”基因以隐性等位基因存在时，无论 *A* 基因是野生型（*A*）还是突变型（*a*），都不能发挥作用，似乎“*c*”对“*A*，*a*”起到异位显性作用，故称**隐性上位**。隐性上位作用的本质是“*C*”基因和“*A*”基因分别控制一个连锁反应的两个步骤（图 2.43），当“*C*”基因发生突变就不能合成黑色素，小鼠为白色，这样“*A*”基因的表型效应无法显示。

图 2.43　隐性上位的作用机制

三、互补效应

影响同一性状的两对非等位基因中的两个显性基因同时存在并决定某一性状，其中任一个或两个不同的基因中纯合隐性突变导致相同的突变表型。这种两个显性基因的相互作用称为**互补效应**（complementary effect），孟德尔比率被修饰为 9∶7。

例如，香豌豆（*Lathyrus doratus*）有紫花品系（*PPCC*）和白花品系（*ppcc*），杂交的 F_1 代皆为紫花（*PpCc*），自交后代 F_2 只有紫花（*P*＿*C*＿）和白花（*P*＿*cc*，*C*＿*cc*，*ppcc*）两种表型，比例为 9∶7（图 2.44）。也就是说只有当“*C*，*P*”基因都正常时才开紫花。这是由于紫色素的合成是经过了一系列的连锁反应，无论是“*C*”基因还是“*P*”基因发生突变，此反应都不能完成，而中间产物是白色的，所以只有 *C*＿*P*＿基因型呈紫色，其余基因型皆为白色（图 2.45）。和隐性上位不同的是，其中间产物是没有产生色素（无色）的，在这种类型中 *C* 和 *P* 两个座位只要其中一个座位以隐性状态存在，对另一个基因都能起到异位显性的作用，故也称为**双隐性上位**（double recessive epistatic）。

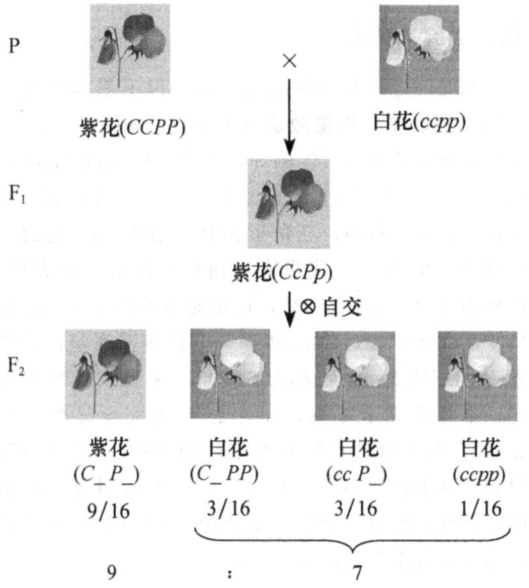

图 2.44 香豌豆花色的互补效应遗传模式

图 2.45 互补效应的生化基础

四、累加效应

当两个或多个非等位基因作用相同，而且其表型效应可以叠加的现象称为**累加效应**（additive effect）。例如，杜洛克大红猪（Duroc-Jersey）红色皮毛颜色是由两个显性非等位基因“*R*”和“*S*”控制的。基因型“*R _ ss*”和“*rr S _* ”猪为沙色（淡黄棕色）皮毛，“*rr ss*”猪为白色皮毛。因此 F_2 代双因子杂种比例为 9∶6∶1（图 2.46）。

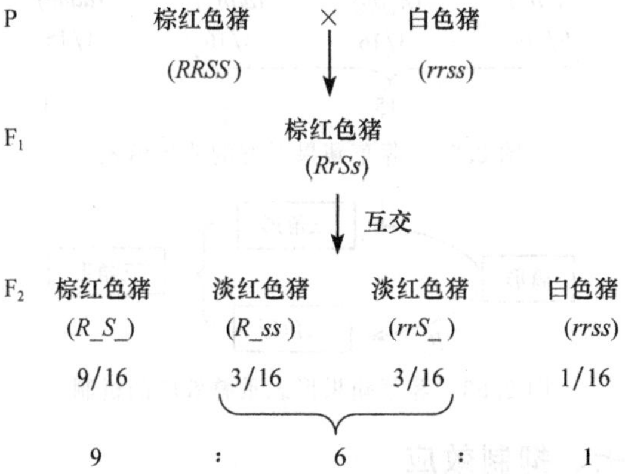

图 2.46 杜洛克大红猪累加效应的遗传模式

产生这样的结果是由于“*R*”基因和“*S*”基因是同效的，都可以产生一部分棕色色素（沙色），两对基因都表达时，由于基因的剂量增加，色素加深呈棕红色（图 2.47），这样互为“不完全显性”。在等位基因互作中，当杂合体的表型介于相应的两种纯合体之间时，称为不完全显性。那么在非等位基因互作中，一对等位基因为显性（或杂合），而另一对等位基因为隐性纯合状态时，其表型效应也是介于两对基因都为显性（或杂合）的表型（红色）和两对基因都为隐性纯合时的表型（白色）之间的状态，我们不妨称其为半上位（semiepistatic）或不完全上位，这样易于理解和记忆。

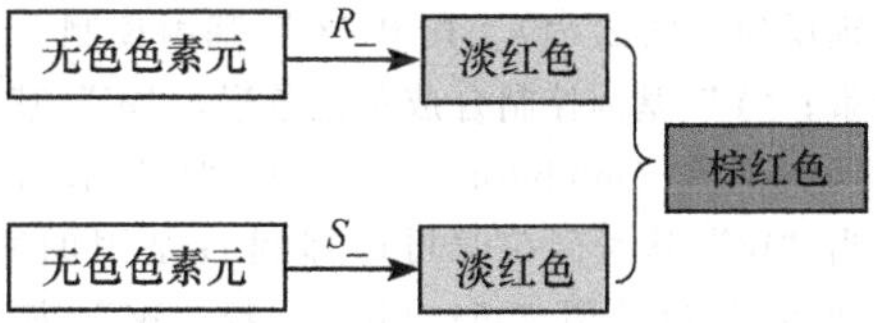

图 2.47 杜洛克大红猪累加效应的生化基础

五、显性上位

当一对基因呈显性纯合（或杂合）时，抑制或掩盖了另一对非等位基因的表型效应，称为**显性上位**（dominant epistasis）。其 F_2 代的分离比为 12∶3∶1。在显性上位中虽然后代的比率都是 12∶3∶1，但产生的机制各有不同。现举两个不同的例子来说明。

第一个例子是燕麦颖片颜色的遗传，当黑色颖片和白色颖片的品系杂交 F_1 代为黑颖，F_1 代自交后产生三种表型，即黑颖、黄颖和白颖，比例也为 12∶3∶1（图 2.48），产生的原因是深色掩盖了浅色（图 2.49）。“*B*”存在时，即使“*Y*”也存在，由于产生的黑色掩盖了黄色，表型仍为黑色，只有

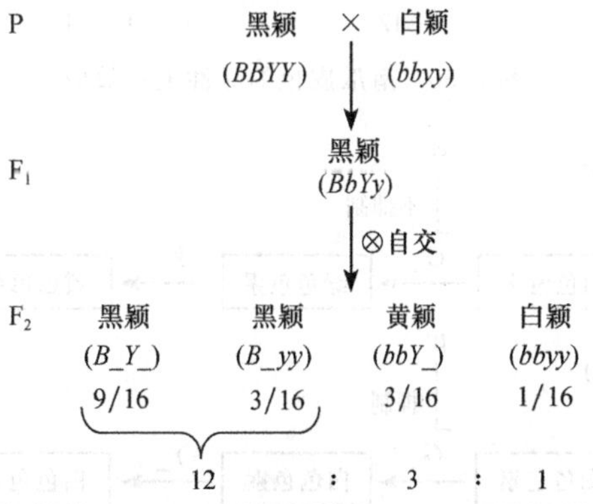

图 2.48 燕麦颖片颜色的遗传模式

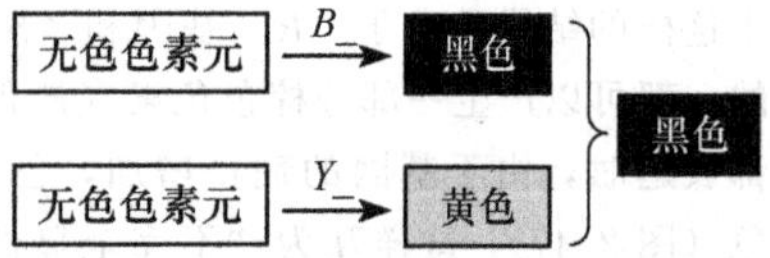

图 2.49　燕麦颖片颜色呈显性上位的生化基础

“*b*”存在时“*Y*”表型才呈黄色。基因型为“*bbyy*”时，既不能产生黑色素，也不能产生黄色素，所以为白色。

第二个例子是南瓜皮色的遗传。南瓜有白色、黄色和绿色三种不同品系。不同品系之间的杂交也出现 12∶3∶1 的分离比（图 2.50）。但产生的机制与燕麦的例子不同。南瓜黄色色素的合成要经过一种连锁反应（图 2.51）。其中“*G*”基因控制合成绿色色素；“*Y*”基因控制合成黄色色素，“*W*”基因是一个**抑制基因**（inhibitor），可抑制“*G*”基因的表达。当“*W*”基因存在时可以抑制 *G* 基因的表达，结果瓜呈白色［图 2.51（b）］。若“*W*”突变为“*w*”，则失去了抑制作用，反应可以顺利进行，直到产生黄色的色素［图 2.51（a）］，当控制色素合成的“*Y*”基因突变为“*y*”时，则不能形成黄色色素，瓜呈绿色。因此，不同品系间杂交的结果也同样会出现 12∶3∶1 的分离比。

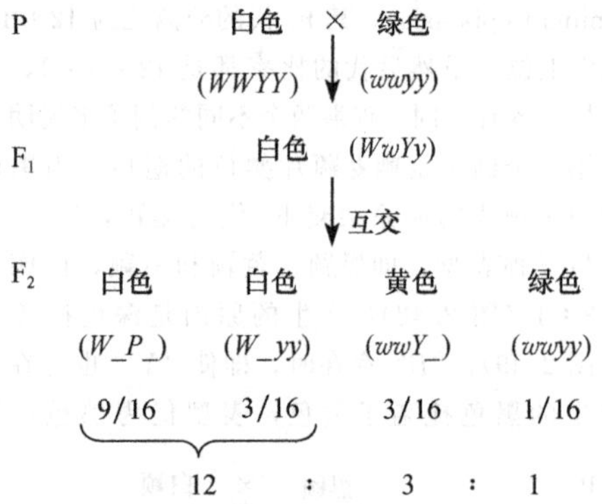

图 2.50　南瓜皮色的显性上位效应

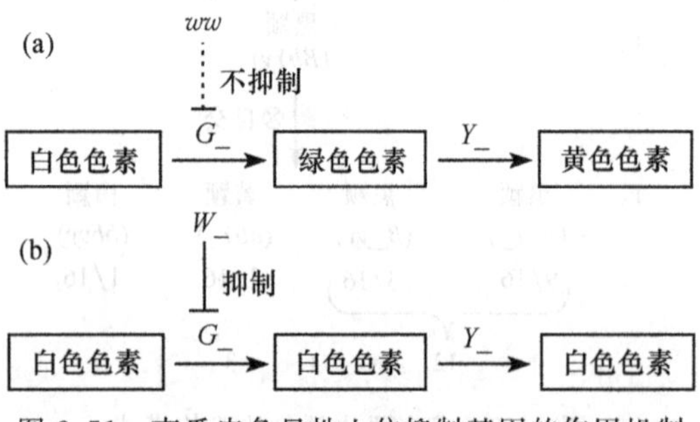

图 2.51　南瓜皮色显性上位抑制基因的作用机制

六、重叠效应

两对非等位基因的表型相同，但不累加的现象称为**重叠效应**或**积量效应**（duplicate effect）。其 F_2 代的分离比为 15∶1。例如，荠菜［*Capsella bursa-pastoria*(L.)Medic］的蒴果有三角形（*AABB*）和筒形（*aabb*）两种，三角形和筒形杂交，F_1 代的果形都是三角形，F_2 代只有三角形和筒形两种表型，比例为 15∶1（图 2.52），这也是 9∶3∶3∶1 的变换。从此例可知，除 *aabb* 以外，任何基因型，只要有一个 *A* 或 *B*，表型都为三角形。*A* 和 *B* 的作用相同，本身是完全显性，*A* 和 *B* 互为完全显性（图 2.53），对于两对非等位基因而言即是互为“上位”，但和“共上位”不同，共上位是每对基因各控制不同的性状，而重叠效应是控制相同的性状，因此我们称其为等上位（isoelnstatic）。

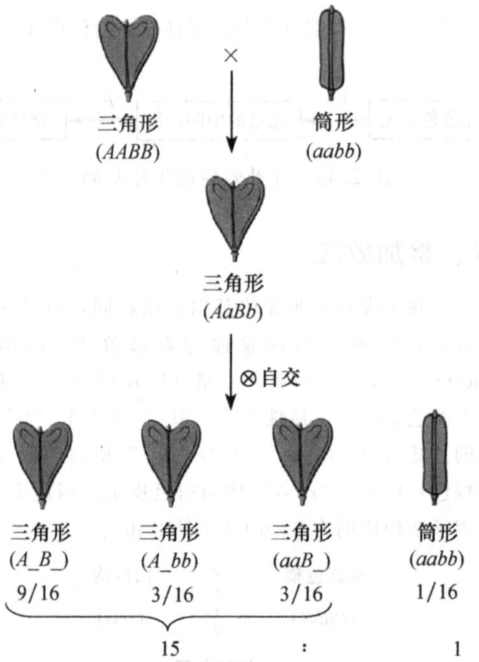

图 2.52　荠菜蒴果形态的遗传模式

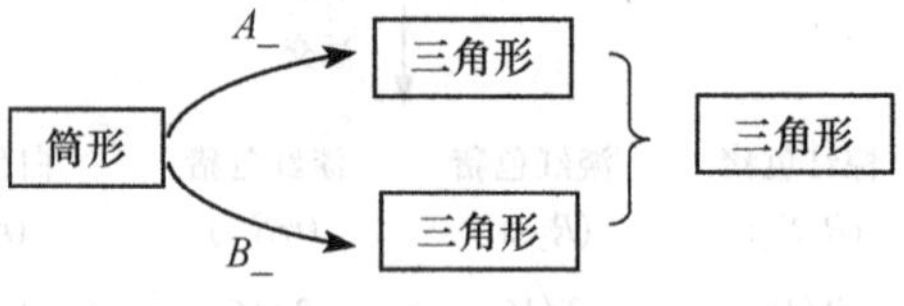

图 2.53　荠菜蒴果形态重叠效应的机制

七、抑制效应

在经典遗传学中将**抑制基因**（suppression gene）

定义成是一对等位基因抑制另一对等位基因的表达。这与显性上位中“抑制效应”的本质相同，但具体的生化途径有所不同，故分离比不是“12∶3∶1”，而变换为“13∶3”。

例如，在报春花属（*Primula*）中“*K*”基因可以控制合成一种黄色的锦葵色素，但另一个“*D*”基因可抑制其表达（图 2.54）。因此 *K* _ *dd* 为黄色，*K* _ *DD* 或 *kkD* _ 为白色，如将黄色品系（*KKdd*）和白色品系（*kkDD*）杂交，产生的 F_1 代为白色 *KkDd*；F_1 代互交产生的 F_2 代出现白色和黄色的花，分离比为 13∶3（图 2.55）。

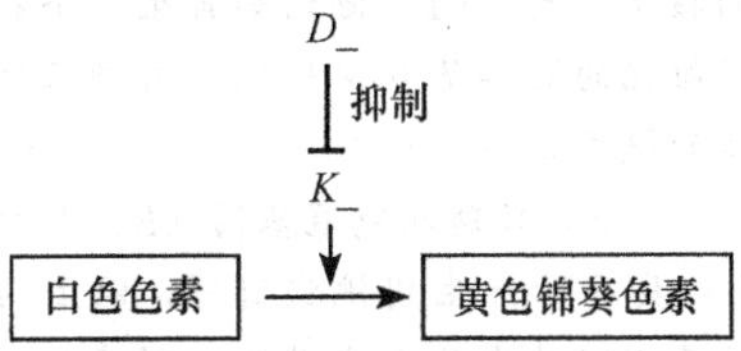

图 2.54 抑制效应的机制

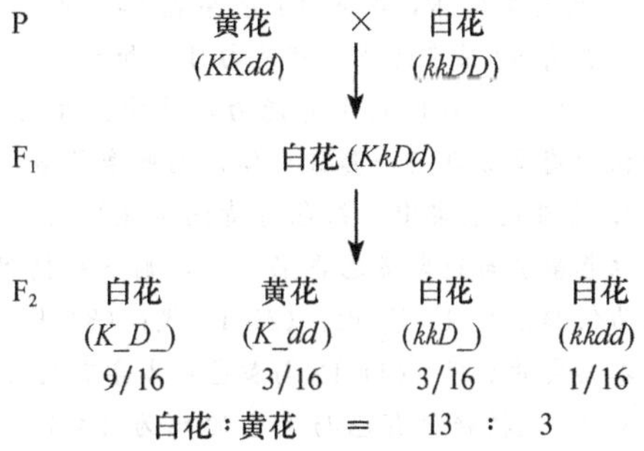

图 2.55 报春花属花色的遗传

以上 7 种不同类型的基因互作可以归纳为表 2.11。

表 2.11 不同等位基因的相互作用

类型	*A* 和 *B* 基因的关系	实例	表型比例			
			A _ *B* _	*A* _ *bb*	*aaB* _	*aabb*
			9	3	3	1
基因互作	*A*，*B* 完全显性；*A*≠*B*； *A* 和 *B* 互为完全显性	鹦鹉羽色 鼠毛色	绿 鼠 9	蓝 黄 3	黄 黑 3	白 棕 1
累加效应	*A*，*B* 完全显性；*A*=*B*； *A* 和 *B* 互为不完全显性	猪毛颜色 南瓜果形	棕 扁 9	淡棕 球 6		白 长 1
重叠效应	*A*，*B* 完全显性；*A*=*B*； *A* 和 *B* 互为显性	芥果形 燕麦芒 鸡腿毛	三角形 硬芒 有毛 15			筒形 脆芒 无毛 1
隐性上位	*A*，*B* 完全显性；*A*≠*B*； *a* 和 *b* 为隐性时对 *B*，*A* 起上位作用，中间产物有表型效应	兔毛颜色 葱头颜色 玉米颜色	黑 红 紫 9	棕 黄 红 3	白 白 白 4	
互补效应	*A*，*B* 完全显性；*A*≠*B*； *a* 和 *b* 为隐性时对 *A*，*B* 起上位作用，中间产物无表型效应	香豌豆 白三叶草	紫 含氰 9	白 不含氰 7		
显性上位	*A*，*B* 完全显性；*A*≠*B*； *A* 为显性时对 *B*，*b* 起上位作用	毛地黄 南瓜颜色 燕麦颖片颜色	白色带红色 白 黑 12		深红 黄 黄 3	浅红 绿 白 1
抑制效应	*A*，*B* 完全显性；*A*≠*B*； *A* 抑制 *B* 的表达	藏报春 蚕茧色 鸡羽色	白 白 白 13*		黄 黄 有色 3	白 白 白

* “13”是由白色（12/16）+白色（1/16）组成。

习　题

1. 减数分裂和有丝分裂有何不同？减数分裂的特点是什么？

2. 某二倍体生物有三对染色体，假定其从母亲处获得染色体 A、B、C，从父亲处获得 a、b、c，回答下列问题（假定无交叉产生）：(1) 此个体的配子中的染色体全来自母本的概率是多少？（2）此个体配子中的染色体既来自母本又来自父本的概率是多少？

3. 马是二倍体，共有 64 条染色体。驴也是二倍体，共有 62 条染色体。骡是由母驴和雄马杂交而生成的，它能生存但无生育能力，骡能产生可育配子（仅含有马或驴的一套染色体）的概率是多少？

4. 番茄的果实中，红色对黄色是显性的，若把纯合红色番茄与纯合黄色番茄杂交，则下列情况中，番茄为何颜色？（1）F_1 代；（2）F_2 代；（3）F_1 与红色亲本杂交的后代；（4）F_1 与黄色亲本杂交的后代。

5. F_2 代植株中有色与无色的比为 3∶1，若随机挑有色植株并将其互交，则其后代中出现多种类型植株的概率是多少？

6. 两个家庭都有白化病孩子，如两家表型正常的孩子之间结婚生育的第三代可能患白化病（如下图所示）的概率是多少？

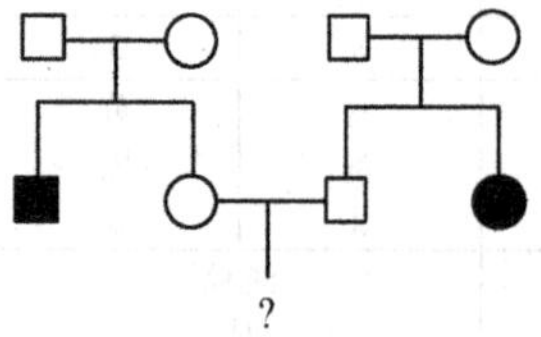

7. 某种植物中，紫色花对白色花是显性的。当某紫色花植株自花授粉时，产生 28 个紫花和 10 个白花后代，后代中紫色花是纯种的概率是多少？

8. 两只黑色母鼠与同一棕色雄鼠杂交。母鼠 X 产生 9 只黑鼠、7 只棕鼠，母鼠 Y 产生 14 只黑鼠。试分析决定黑、棕毛色的遗传机制及三只鼠的基因型。

9. 小鼠的毛色由等位基因 B，b 决定。其中 BB 和 Bb 决定产生黑色，bb 产生白色。一农民买了一对黑色小鼠，杂交产生 6 黑 2 白的子代。他卖出白色小鼠，为产生更多的白色小鼠，他向你咨询：（1）若在 F_1 代中随机杂交，F_2 代中产生白色鼠的概率是多少？（2）若用 F_1 黑色雄性个体与亲本雌性个体杂交，后代中产生白色个体的概率是多少？（3）怎样才能多产生白色个体？

10. 在南瓜中白色果（W）显性于黄色果（w），扁形果（D）显性于圆形果（d），试判断下列各情况中亲本的基因型：（1）白色扁形×黄色圆形产生 1/2 白扁，1/2 白圆后代；（2）白色圆形×白色圆形，产生 3/4 白圆，1/4 黄圆后代；（3）黄色扁形×白色圆形，只产生白扁后代；（4）白色扁形×黄色圆形，产生 1/4 白扁，1/4 白圆，1/4 黄扁，1/4 黄圆；（5）白色扁形×白色圆形，产生 3/8 白扁，3/8 白圆，1/8 黄圆，1/8 黄圆。

11. 不连锁的隐性基因 a、b、c，它们相应的显性基因是 A、B、C，现有两个 $AaBbCc$ 个体杂交，求：（1）后代中表现出三种显性性状的个体的比例；（2）后代中表现出三种显性性状的纯合体的比例。

12. 囊性纤维化由常染色体上一隐性基因决定，两个表型正常的父母生出两个囊性纤维化和三个表型正常的孩子，问：（1）他们如再生一个孩子可能患囊性纤维化的概率是多少？（2）表型正常的孩子为杂合体的概率是多少？

13. 家禽中，玫瑰状鸡冠基因（R）与豆状鸡冠基因（P）共存时产生胡桃状鸡冠，以上两基因的隐性等位基因以纯合体形式共存，则产生单一状鸡冠，试判断下列各情况的鸡冠形状：

（1）$R/R\ P/p \times r/r\ P/p$

（2）$r/r\ P/P \times R/r\ P/p$

（3）$R/r\ p/p \times r/r\ P/p$

（4）$R/r\ P/p \times R/r\ P/p$

（5）$R/r\ p/p \times R/r\ p/p$

14. 两个绿色种子的植物品系 A 和 B，各自与一纯合的黄色种子的植物（Y）杂交，F_1 种子都是黄色，再自花授粉产生 F_2 代的分离比分别如下：A 品系产生的 F_2 代中 27 黄∶37 绿；B 品系产生的 F_2 代中 27 黄∶21 绿。请写出每一交配组合中两个绿色亲本（A，B）和黄色植株（Y）的基因型，并说明你是如何假设和推测的。

15. 在豌豆中，轴生花（沿茎的位置）的等位基因 T 对顶生花（位置在枝的顶端）的等位基因 t 为显性。（1）在单因子杂种杂交的 F_2 代中，预期轴生∶顶生的比率是多少？（2）在 F_2 代中具杂合型轴生花的比率是多少？（3）在具轴生花的 F_2 代中，杂合的比率是多少？（4）在单因子杂交的 F_1 子代的测交中，预期轴生∶顶生的比率是多少？

16. 在某些人中，ABO 血型的 A 和 B 抗原不仅存在于红细胞的表面，而且也分泌到唾液或体液中。抗原的分泌是由于另一基因的显性等位基因称为 *secretor*。基因型为 $Se\ Se$ 或 $Se\ se$ 的人分泌 A 和 B 抗原，但基因型为 $se\ se$ 的人则不分泌。在遗传系统之间有上位效应，因为血型为 O 的人为非分泌型，与他们分泌器官的基因型无关。ABO 和分泌基因位于不同的染色体上，因此显示出独立分配。在 $I^AI^O\ Se\ se \times I^BI^O\ Se\ se$ 的杂交中，分泌型与非分泌型预期的比例是多少？

第三章　连锁分析和遗传作图

当位于同一条染色体上的基因座（loci）或等位基因一起被遗传时就呈现了**遗传连锁**（genetic linkage）现象。位于同一条染色体上的基因座是通过一种物理的连接，它们在减数分裂中倾向于一起传递。位于不同染色体上的等位基因是不连锁的，因此在减数分裂中独立分配。当同源染色体之间发生交换时，在同一条染色体上位于重组位点两侧的基因也可发生分离而进入不同的子细胞中。相距越远的连锁基因间发生交换的可能性越大，因此两个基因间的距离可以通过重组率来计算，以构建遗传图，显示基因间的相对位置。

不同染色体上的基因进入同一个配子中是随机的，在一个实验群体或物种中的个体之间，某些表型或性状如果是独立分配的，则表明这些表型或性状相关的基因是不连锁的，或相距非常远，它们将以接近50%的概率发生重组。

遗传作图（genetic mapping）是指应用遗传学技术构建能显示基因以及其他序列在基因组中分布的相对位置的图形。

第一节　基因连锁的发现

一、相引与相斥

1905年W. Bateson和R. C. Punnet研究了香豌豆（*Lathyrus doratus*）两对性状的遗传。他们选择的性状，一对是花的颜色，紫色（P）和红色（p）；另一对性状是花粉的形状，长形（L）和圆形（l）。杂交结果F_1代都是紫花长形花粉，表明紫花对红花是显性，长形花粉对圆形花粉是显性的。在F_2代中，显示花的颜色和花粉形状的分离比各自都符合3∶1［图3.1（a）］，表明这两对性状都是由单基因控制的，但又不符合孟德尔的两对因子遗传的分离比（9∶3∶3∶1）。Punnet又扩大样本重做实验，其结果和前次的相近，仍不符合孟德尔定律，亲组合比理论数多，重组合比理论数少得多，对于这一有趣的现象，Punnet提出了新的假设，认为是两对基因在杂交子代中的组合似乎并不是随机的，而是原来属于同一亲本的两个基因更倾向于出现在同一配子中，叫做**相引**（coupling）；原来属于不同亲本的两个基因（P和l，p和L）之间在形成配子时相互排斥，称为**相斥**（repulsion）。为了验证这个假设是否正确，Punnet又将两对性状反式排列的亲本进行杂交，即将紫花圆形花粉和红花长形花粉的亲本杂交，结果F_1代和第一次杂交相同，都是紫花长形花粉，F_2代得到4种表型，结果也不符合孟德尔的9∶3∶3∶1分离比［图3.1（b）］，虽差异不像前次那样显著，但仍是亲组合比理论数多，表明他们提出的“相引”和“相斥”假设是“正确”的。实际上这个假设对于以上的实验结果虽能够自圆其说，但不能解释为什么孟德尔研究的两对性状都是自由组合的。其实相斥和相引的理论，没有和遗传的染色体学说相联系，因此也朦胧地道出了连锁的现象，可惜的是尚未真正地揭示基因在染色体上连锁的规律。在科学发现史上类似的情况曾重复过多

(a)

P	紫长 (PPLL) × 红圆 (ppll)			
F_1	紫长(PpLl)			
	↓ 自交			
F_2	紫长 (P_L)	紫圆 (P_ll)	红长 (ppL_)	红圆 (ppll)
观察数:	284	21	21	55
理论数:	215	71	71	24

(b)

P	紫圆 (PPll) × 红长 (ppLL)			
F_1	紫长 (PpLl)			
	↓ 自交			
F_2	紫长 (P_L)	紫圆 (P_ll)	红长 (ppL_)	红圆 (ppll)
实得数:	226	95	97	1
理论数:	235.8	78.5	78.5	26.2

图3.1　W. Bateson和R. C. Punnet所做的香豌豆两对性状的杂交实验

次，说明一个好的实验是重要的，但对实验的科学分析、合理的推论更为重要，否则一个重要的发现就会和实验者擦肩而过。摩尔根正是对相似的实验根据遗传的染色体学说进行科学的分析，发现染色体连锁这一重大理论，使得遗传学又向前发展了一步。

二、连锁法则的建立

1910 年摩尔根和他的学生 C. B. Bridges 研究了两对基因的遗传，发现了连锁和互换，建立了遗传学第三个基本定律——**连锁定律**（law of linkage）。摩尔根等发现果蝇的红眼和紫眼（purple）、长翅和残翅（vestigial）两对性状各自的遗传都符合孟德尔法则。他们将红眼长翅的果蝇和紫眼残翅的果蝇进行杂交，F_1 代为红眼长翅，然后将 F_1 和双隐性亲本进行测交，所得到的测交后代按孟德尔法则应有 4 种表型，分离比为 1∶1∶1∶1，但实际得到的结果确有“相引”和“相斥”的现象，亲组合多于理论数，重组合少于理论数［图 3.2（a）］。同 Bateson 等一样，为了进一步验证，他们又改变组合重新实验［图 3.2（b）］，结果相似，仍是亲组合多于理论数，重组合少于理论数。

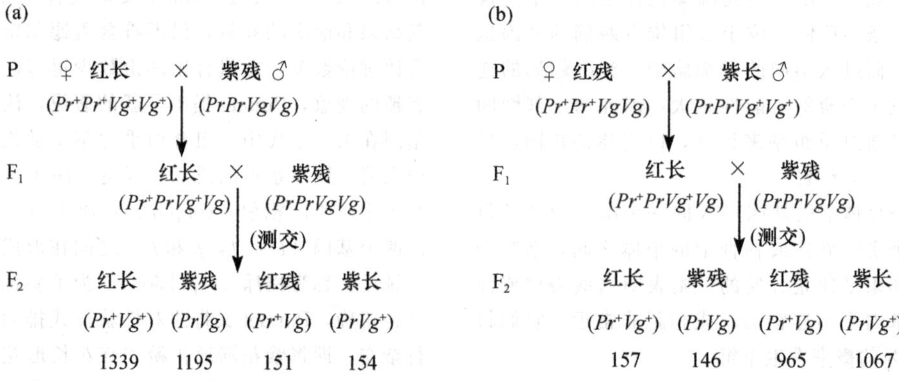

图 3.2　摩尔根和他的助手 Bridges 通过果蝇杂交实验建立了连锁法则

但他们的解释却和 Punnet 不相同，摩尔根等认为第一种组合“Pr^+、Vg^+”两个基因位于同一条染色体上，“Pr、Vg”也位于另一亲本的相应染色体上，两个亲本都是纯合体，杂交后 F_1 代的这一对染色体分别携带着“红眼长翅”和“紫眼残翅”基因。减数分裂时有的细胞在“Pr^+、Vg^+”两个基因之间发生染色体的交换重组，产生了基因型为“Pr^+Vg”和“$PrVg^+$”的重组型配子，这种配子的比例比亲组合型的配子少，所以通过测交所得到的后代不是 1∶1∶1∶1，而是亲组合的表型红眼长翅和紫眼残翅为多；相反，重组合的后代红眼残翅、紫眼长翅为少，另一组合的杂交也是同样的道理。

他们的假设归纳起来主要有三个论点。①相引是两个基因位于同一条染色体上，相斥则反之。其实按现代的概念，“相引”是连锁基因的**顺式**（*cis*）排列（AB/ab），“相斥”是连锁基因的**反式**（*trans*）排列（Ab/aB）。②同源染色体在减数分裂时发生**交换**（crossover）重组。③1911 年摩尔根又补充了一点：位置相近的因子相互连锁。连锁和交换的重组称为**染色体内重组**（intrachromosomal recombination），因染色体自由组合而产生的重组称为**染色体间重组**（interchromosomal recombination）。

第二节　基因重组和染色体交换

连锁定律虽然已被广泛接受，但毕竟是个“假说”，还必须进一步通过实验加以证实。1930 年之前都未能获得重组和染色体交换之间关系的有力证据。直到 1931 年美国著名的遗传学家 B. McClintock 指导她的女博士生 H. B. Creighton 以玉米为材料进行的一项实验，为染色体交换导致遗传重组提供了第一个有力的证据。

一、玉米实验

McClintock 和 Creighton 选用了特殊的玉米为材料，研究了位于 9 号染色体上的色素基因“*C*”和糯质基因“*Wx*”，在其短臂上（靠近 *C*）带有一个明显的**节结**（knob）。在玉米等生物染色体的特定位置上有一个染色较深的膨大的染色体小粒，在细胞遗传学中可作为一种染色体的标志。其 DNA 是 180bp

的重复序列，拷贝数的变化范围为100～5000。在长臂端（靠近Wx）有一条来自8号染色体的附加片段，正常的染色体是没有结节和易位片段的，因此结节和附加片段就成为一种细胞学标记。她们选用了一个杂合品系，其中一条染色体带有有色（C）和非糯（wx）基因，两端有标记，而另一条染色体是正常的，两端不带有标记。这条染色体上带有的是无色基因（c）和糯质基因（Wx），她们通过杂交后比较亲本型后代和遗传重组型后代的染色体，发现亲本型的后代都保持了亲本的染色体排列，而所有的重组型后代的染色体都发生了重组（图3.3）。这样，她们就把遗传学和染色体内重组的细胞学证据联系起来。但"交叉即是染色体交换"这一观点直到1978年才获得证据。

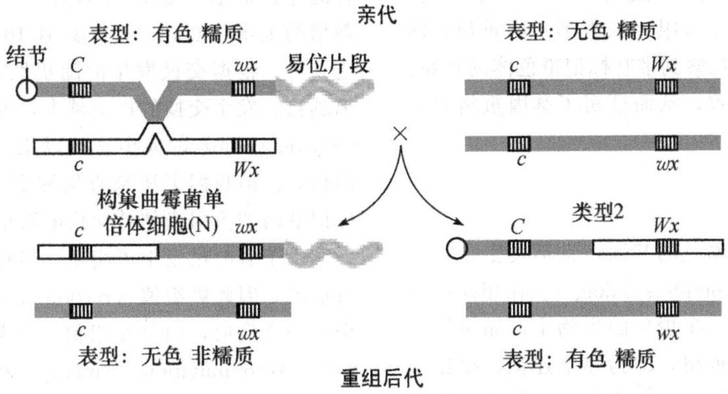

图3.3 H. B. Creighton和B. McClintock的玉米杂交实验，首次证实了染色体的交换重组

C，色素形成基因；Wx，糯质基因，因糯质玉米的胚乳呈半透明状，故此基因又称蜡质基因

二、果蝇实验

在Creighton和McClintock的结果发表几周后，C. Stern又发表了果蝇实验的证据（图3.4），和玉米实验有异曲同工之妙。Stern选择带有异形同源染色体的雌果蝇为材料。此果蝇的一条X染色体上带

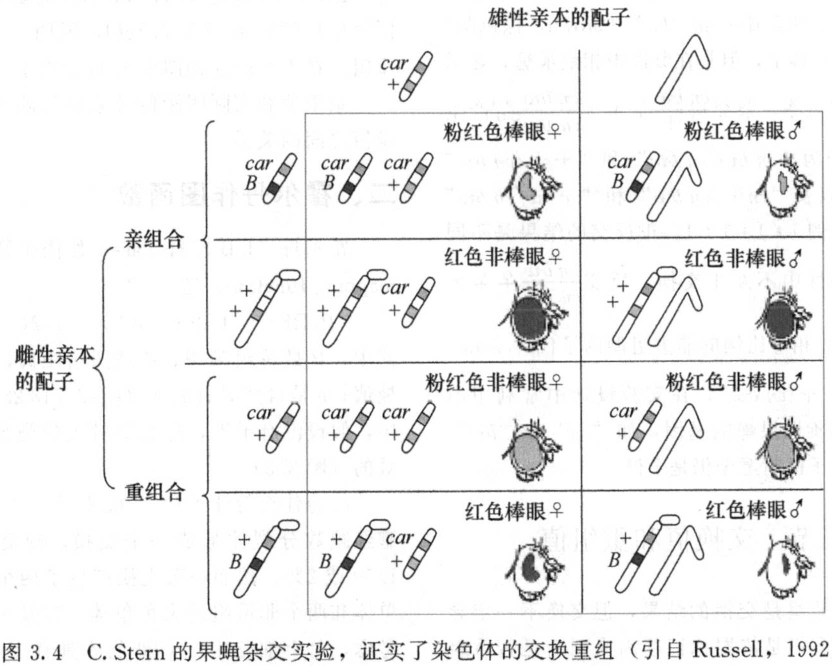

图3.4 C. Stern的果蝇杂交实验，证实了染色体的交换重组（引自Russell，1992）

c（carnation），粉红色眼基因，隐性突变；B（Bar），棒眼基因，显性突变

有两个突变基因，一个是“*car*”（carnation）基因，是隐性突变，纯合体为粉红眼；另一个是“*B*”（bar eye）基因，表型为棒状眼，为显性突变。这条X染色体缺失了一个片段；另一条X染色体的相应等位基因都是野生型的，但染色体带有Y染色体的易位片段，这样两条不同的X染色体都有了细胞学的标记，可供镜检分辨。雄性果蝇的X染色体上带有*car*和非棒眼基因，雄性是完全连锁的。在杂交后代中，不仅可以看到表型（眼色和眼形）的重组，同时在显微镜下还可以观察到带有标记染色体的重组。这两种重组又完全一致，从而证实了基因重组是交换的结果。

三、完全连锁

位于同一条染色体上的基因，且不发生重组的现象称为**完全连锁**（complete linkage）。在相同配子中它们总是一起遗传。在少数的生物中，如雄果蝇和雌家蚕中都不发生重组，即为完全连锁。根据细胞学的观察，发现这些完全连锁的生物体在减数分裂中没有交叉，也看不到联会复合体。那么在减数分裂中性染色体如何配对又如何精确分离呢？这一机制尚待进一步研究。在大多数的动植物中，在两种性别中重组都可发生，但重组频率不一定相同。

在雄性果蝇中，定位于特定染色体上的所有等位基因显示出在雄性中是完全连锁的。例如，基因“*cn*”（cinnabar，朱红眼）和“*bw*”（brown，棕色眼）都位于2号染色体上，但是在雌性中相距很远，显示出50%的重组频率，杂交$\frac{cn\ bw}{+\ +}$♀♀×$\frac{cn\ bw}{cn\ bw}$♂♂产生的子代基因型为“*cn bw*/*cn bw*”和“+ +/*cn bw*”（非重组型）以及“*cn*+/*cn bw*”和“+*bw*/*cn bw*”（重组型），比例1∶1∶1∶1。正反交的结果是不同的。因为在雄性中不发生交换，反交$\frac{cn\ bw}{cn\ bw}$♀♀×$\frac{cn\ bw}{+\ +}$♂♂仅产生相等比例的非重组型的子代“*cn bw*/*cn bw*”和“+ +/*cn bw*”。在实验设计中常利用不能发生重组的雄性果蝇的基因，如“*cn*”和“*bw*”。完全连锁的分子机制至今仍是个谜。

第三节　交换值和重组值

染色体内重组是交换的结果，但交换不一定导致重组。因为我们是依据标记基因来判断是否重组的，若在两个标记基因之间发生奇数次交换，结果必然导致重组；但若发生偶次数交换，标记基因并未重组。

一、重组值和交换值

不能进行自由组合的基因群则称之为**连锁群**（linkage group），排列在同一条染色体上及其同源染色体上的基因同属于同一连锁群。一种二倍体生物的连锁群数与物种的单倍染色体数相同。例如，栽培的玉米（*Zea mays*）具有10对染色体和10个连锁群。根据交换发生的随机性，我们可以说，距离越长，发生交换的机会越多，因此**交换值**（crossing-over value）的大小就可以用来表示基因间距离的长短。但我们无法来直接测定交换率，只有通过标记基因的重组来估计交换的频率。

由于有时虽发生了交换（如双交换），但没有导致重组，因此**重组值**（recombination value）并不完全等于交换值，而是重组值≤交换值。重组值或重组率（recombination frequency）$P\cong d$（两个标记基因间距离的估计数）

$$P = [\text{重组合}/(\text{亲组合}+\text{重组合})]\times 100\%$$

遗传图中的距离单位称为**图距单位 m. u.**（map unit）；一个图距单位等于1%的重组。例如，重组的两个基因的频率为3.1%，即相距3.1个图距单位。一个图距单位也称为**厘摩**（centimorgan），缩写为“cM”，以示对T. H. Morgan的敬意。因此3.1图距单位的距离等于3.1cM，说明基因间3.1%的重组。在人类的连锁图中1cM相当于1Mb的距离。

重组值和实际图距的关系也反映了重组值和交换值之间的关系。

二、霍尔丹作图函数

霍尔丹（J. B. S. Haldane）作图函数（Haldane's mapping function）是：

$$P(\mathrm{RF}) = 1/2(1-\mathrm{e}^{-m}) = 1/2(1-\mathrm{e}^{-2d})$$

式中，P是重组频率；d是图谱距离，即实际的交换值；e是自然对数的底（e=2.718 28）。在此函数中，假设没有干涉，这只对较大的染色体图距是有效的（图3.5）。

m为什么等于$2d$？一般来说，平均每50个细胞经减数分裂才形成一个交换，则交换频率等于1/50或2%。然而一次交换产生了两个重组的染色单体和两个非重组的染色单体。以某一对染色体来考虑，每个细胞中一对染色体具有4条染色单体，2%的交换率即意味着由来自50个减数分裂的细胞

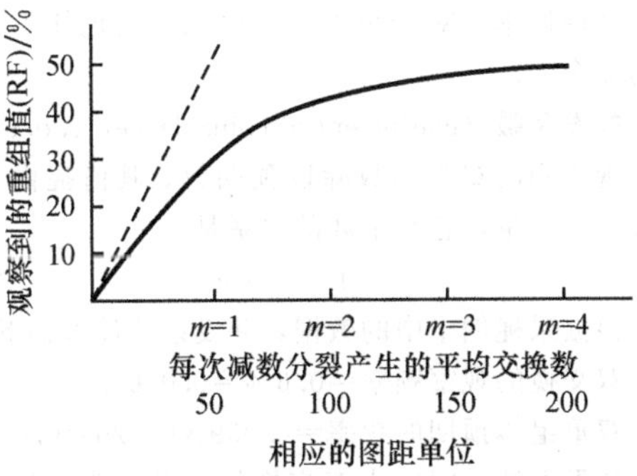

图 3.5　霍尔丹作图函数。函数曲线表示重组值（RF）和真实图距之间的相关性
（引自 Griffiths et al.，1993）

的减数分裂所涉及的 200 条染色单体，而其中仅有 2 条染色单体经交换发生了重组，因此重组值为 1%。这样 2%的交换与 1%的重组值一致。

从图 3.5 中我们可以看出按霍尔丹函数作出的曲线表明：①在图距 10 以内曲线近似直线方程，斜率接近于 1，重组率几乎等于交换率，可以直接看成是图距；②当图距大于 10 时为线性，此重组率总是小于交换率，不能直接看作为图距，必须加双交换的值予以校正；③重组率最大值不可能超过 50%，无论染色体上两点距离如何大，一次交换只可能发生在同源染色体的两条染色单体之间，另外两条单体并未发生交换，即使是每个初级性母细胞都如此，重组率也只有 50%，其实当重组率达到 50%时已是染色体间的自由组合了。

在图距和重组值之间出现差异，是因为有双交换的存在，即虽然发生了交换，但不产生重组的配子，交换对图距有所贡献，但是不影响重组频率。这种差异只有当所讨论的双交换发生的区域足够大时才是重要的（大于 10 个 cM）。如果基因之间的区域很小，在减数分裂中则不足以在此区域发生双交换，那么图距单位和重组频率相同。这是定义一个图距单位等于 1%重组的基础。

第四节　基因定位和遗传作图

摩尔根的果蝇实验已表明重组是同源染色体发生交换的结果，两个连锁基因之间的距离决定了它们的重组值。那么我们能否用实验的方法来确定真核生物染色体上不同基因的位置？答案是肯定的，这种方法我们称之为遗传作图。

一、三点测交作图

前面已经介绍基因位于染色体上，而且位置相近的基因是相互连锁的，不难想象基因在染色体上是直线排列的，但如何来证明这个问题？A. H. Sturtevant 想出了一个巧妙的办法，那就是**三点测交**（three-point test cross）。从几何知识上知道，要证明 a、b、c 三点共线，可以通过三点之间的距离加以证明，当 ab＋bc＝ac 时 a、b、c 三点在一条直线上。Sturtevant 借鉴了这一思路，选择了三个性连锁基因座进行果蝇的杂交实验，这三个基因座是红眼 *v*（vermilion eye）、翅无横脉 *cv*（crossveinless）和截翅 *ct*（cu 或 snipped wing edge）三个基因，杂交及结果如表 3.1 所示。根据重组公式计算如下：

$$v\text{-}cv \text{ 之间的重组值 } P = (5.9 + 12.6) \div 100 = 18.5(\text{cM})$$

$$cv\text{-}ct \text{ 之间的重组值 } P = (5.9 + 0.6) \div 100 = 6.5(\text{cM})$$

$$v\text{-}ct \text{ 之间的重组值 } P = (12.6 + 0.6) \div 100 = 13.2(\text{cM})$$

表 3.1　果蝇三点测交的结果

表型			实得数	比例/%	重组发生位点		
					v-cv	*cv-ct*	*v-ct*
v	cv^+	ct^+	580	80.9			
v^+	*cv*	*ct*	592				
v	*cv*	ct^+	45	5.9	√	√	
v^+	cv^+	*ct*	40				
v	*cv*	*ct*	89	12.6	√		√
v^+	cv^+	ct^+	94				
v	cv^+	*ct*	3	0.6		√	√
v^+	*cv*	ct^+	5				
合计			1448	100	18.5	6.5	13.2

我们会发现 *v-ct*(13.2cM) 和 *cv-ct*(6.5cM) 之和为 19.7cM，大于 *v-cv* 的距离（18.5cM），这是什么缘故呢？这是因为 18.5cM 这个数据是 *v-cv* 的重组值，即从 *v* 和 *cv* 这两个标记的重组中直接得来的，这两点中如果发生双交换的话，*v-cv* 间不会产生重组而无法计算，易被漏掉，但从 *cv ct* 和 *v ct* 的重组中可以看到确实发生了两次双交换（图 3.6），交换率为 0.6%×2＝1.2%。如果把漏掉的双交换值加进去，则

$$(v\text{-}cv) = (cv\text{-}ct) + (v\text{-}ct) = 18.5\text{cM} + 1.2\text{cM} = 6.5\text{cM} + 13.2\text{cM} = 19.7\text{cM}$$

因此我们可用下面的公式来表示 *a-b* 之间的重组值和双交换的关系：

$$ab = ac + cb - 2(ac)(cb)$$

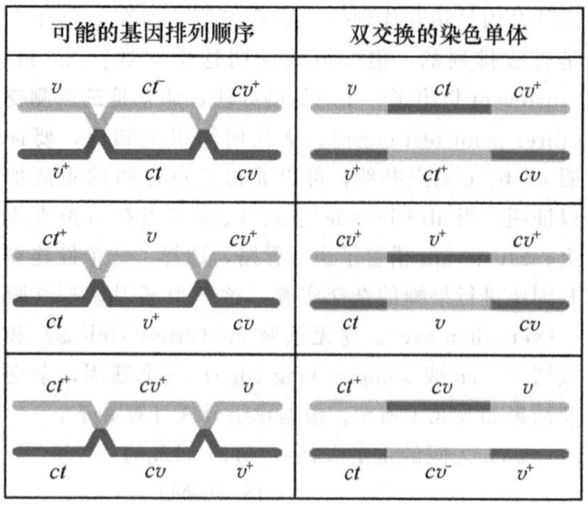

图 3.6　三点测交的图解

（引自 Griffiths et al.，1999）

ab 是 *a* 和 *b* 两个基因之间的重组值。*c* 是 *a* 与 *b* 之间的一个基因，*ac*、*cb* 表示 *a* 和 *c*、*c* 和 *b* 的重组值，(*ac*)(*cb*) 表示双交换值。

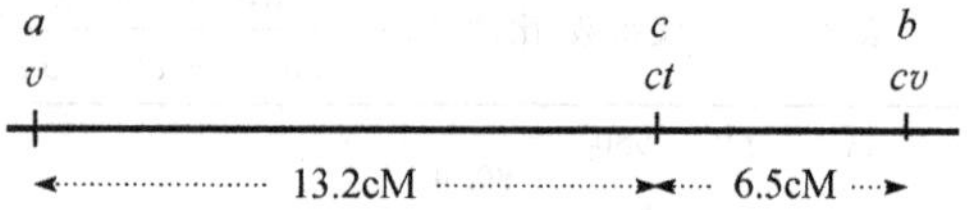

三点测交实验的意义在于：①比两点测交更方便、准确，一次三点测交相当于三次两点测交实验所获得的结果；②能获得双交换的资料；③证实了基因在染色体上是直线排列的；④可进行遗传作图。

二、并发率和干涉

双交换的检测可以确定在一对相互独立形成的染色体的两个不同区域上是否发生了交换。我们可以从果蝇的例子中得到信息，在 *v* 和 *ct* 间的重组频率是 13.2%，*ct* 和 *cv* 间的重组频率是 6.55%。如果在两区域之间的重组是独立的（即一个交换的形成不能改变第二个交换的概率），在两个区域中一次重组的概率是两次单独概率的乘积，或 0.132×0.065=0.0084（0.84%）。这表明在抽取的 1448 个配子中，双交换的预期数将是 1448×0.0084=12.16（次），而实际的观察数仅为 0.6（次）（表 3.1）。在所观察的双交换数值中普遍比同时发生两次单交换的数值要小，这种现象称为染色体**干涉**（interference，*i*），即染色体发生的第一次交换减少了邻近区域的第二次交换的概率。对于短的遗传距离，染色体干涉几乎是完全的。

并发系数（coefficient of coincidence，c. o. c）是将所观察到的双交换数除以预期数。其值提供了干涉程度的数量，它和干涉的关系是

$$i = 1 - \text{c. o. c}$$

根据果蝇例子中的数据，并发系数计算如下：

双交换的观察频率=0.6%=0.006

双重组体预期的频率=0.059×0.126=0.0074

如无干涉，则发生双交换的配子应为：1448×0.0084=12.16 个，而实际上只有 3+5=8 个，表明一定存在干涉。

并发系数=0.006÷(0.059×0.126)=0.8

这个结果远小于 1，也就是说实际发生的双交换比预期发生的概率要小得多，这是由于染色体上一次重组事件的发生，干扰了相邻区域另一次重组事件的发生。干涉的数值取决于遗传标记之间的距离。

当 c. o. c=0，*i*=1 时，表示存在完全干涉，在某些物种中，干涉的增加使两个外侧标记之间的距离变小，直到达到一个点，双交换被排除，即没有发现双重组体。在果蝇中该距离约为 10 个图距单位。

当 c. o. c=1，*i*=0 时，即无干涉存在。

当 1>c. o. c>0 时，表示存在**正干涉**（positive interference），即一次交换减少了邻近位点另一次交换的发生。这可能是由于染色体的交叉物理性地干涉了邻近位点的交叉。

当 c. o. c>1，*i*<0 时，表示存在**负干涉**（negative interference），负干涉仅在微生物发生基因转变（gene conversion）时才出现。

利用遗传杂交可对不同的生物制备遗传学图（图 3.7，图 3.8）来确定两个连锁基因之间的图距。这种图谱的分辨率相对较低。由于图距是以重组频率来表示的，因此是相对值。物理图谱所标定的距离才是真实的。在物理距离和遗传图距之间具有相关性（general correlation），但不是绝对的。

三、染色单体干涉

在减数分裂的前期，二价体有 4 条染色单体，交换并不限于两条非姐妹染色单体之间，而有各种

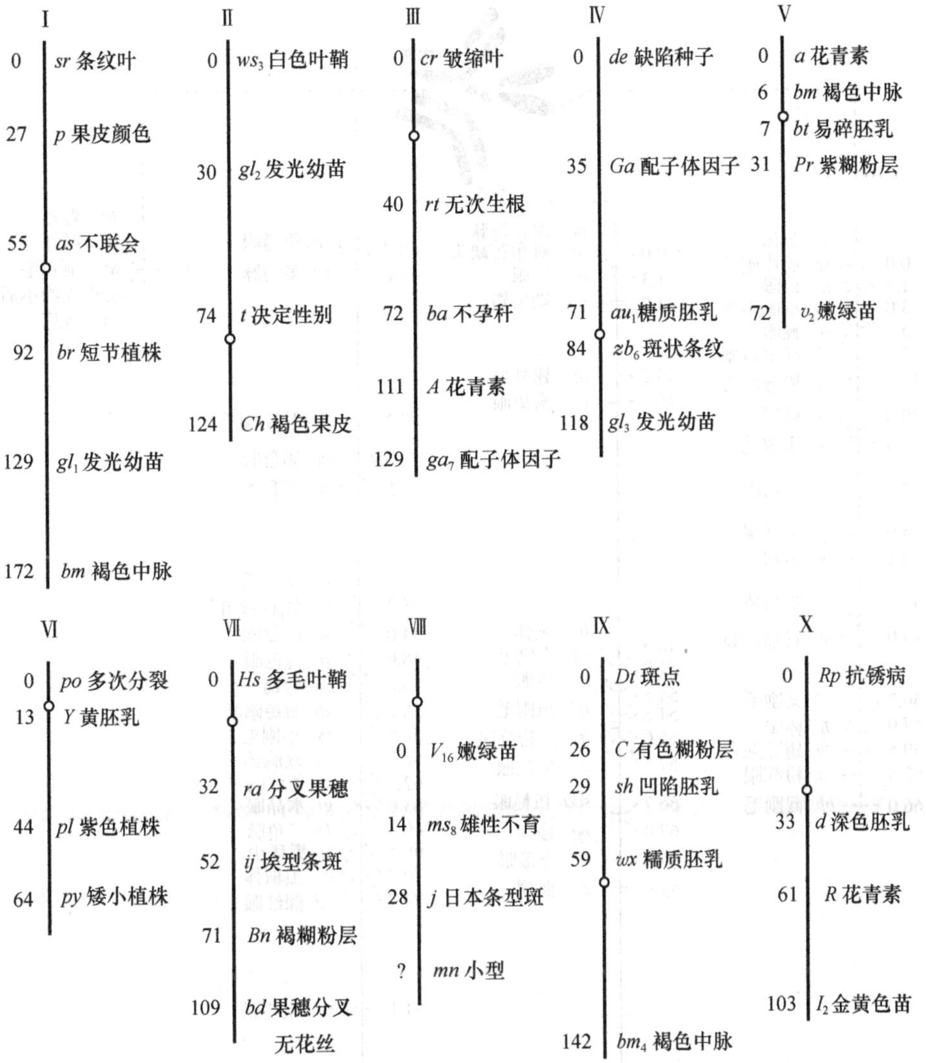

图 3.7　玉米的遗传图谱

不同的交换形式（图 3.9）。为了便于说明，我们将 4 条染色单体分别标上序号。在 2-3 之间已发生了一次交换的基础上，再发生 2-3 二线双交换、1-4 四线双交换、1-3 三线双交换和 2-4 三线双交换的机会是均等的。一般说来，第一次交换仅对于 2-3 二线双交换有干涉，对其他类型的双交换没有干涉。

在大多数生物体中，当双交换形成时，参与两次交换事件的染色单体是随机选出的。假如是这样的话，双交换的三种类型的预期比例是 1/4 四线双交换、1/2 三线双交换和 1/4 双线双交换。一般来说，这表示 $(1/4)(0)+(1/2)(2)+(1/4)(4)=2$，即减数分裂时，在 4 条染色单体中，有 2 条染色单体的一对基因间发生了两次交换。

我们已经提到在雄性和雌性之间的基因重组频率可能是不同的。重组频率的不相等表明在不同性别的遗传图中基因图距可能不尽相同，虽然两种性别的物理图谱是相同的。例如，当测定雄性的基因距离时，因为在雄果蝇中没有重组，在位于同一条染色体上的任何两个相邻的基因之间图距都为 0。

一条染色体上的物理距离和遗传图距之间的相关性有时也不能呈现。例如，异染色质中发生的交换比常染色质少很多，主要是由于异染色质（如近着丝粒区域）缺少基因。因此，在遗传图中异染色质的已知长度看起来比常染色质的相等长度要短。

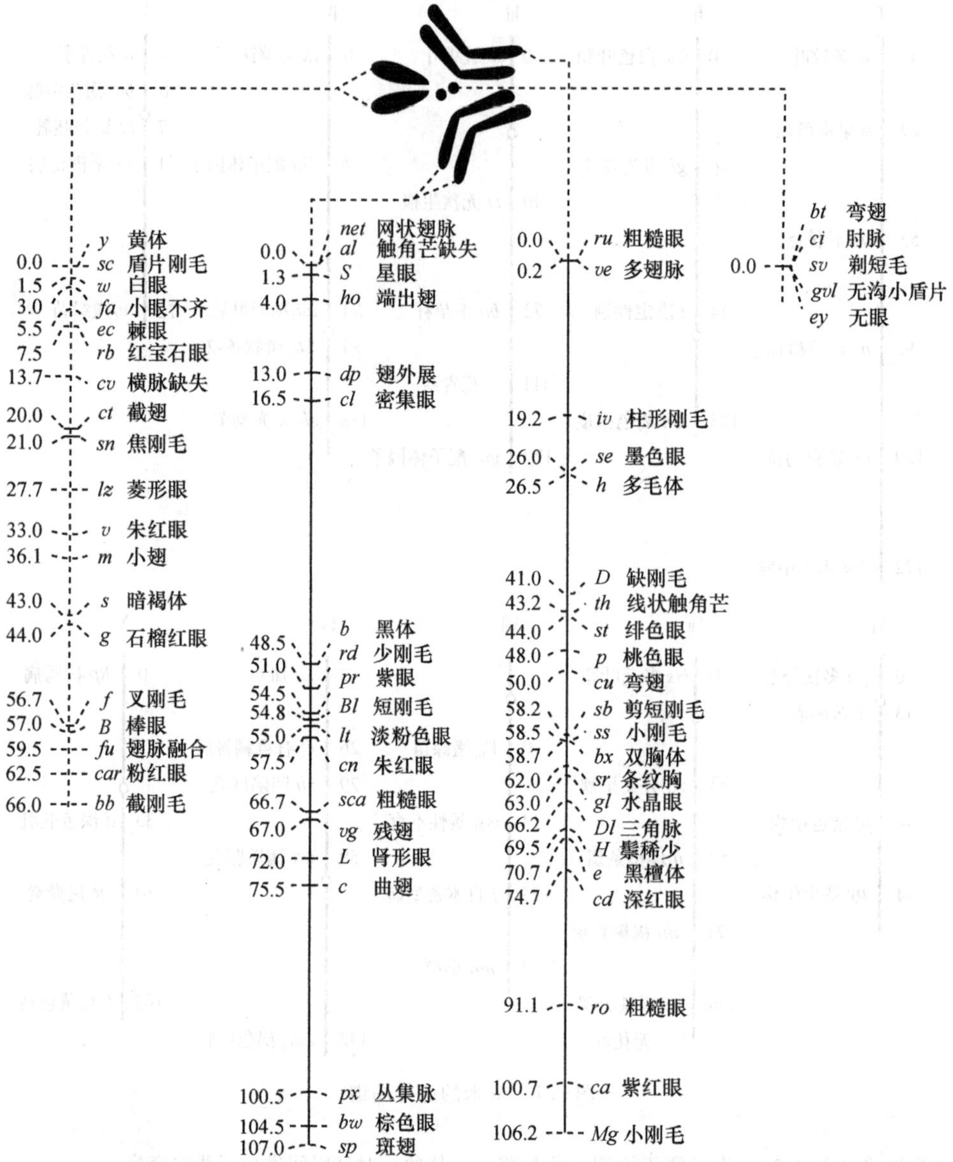

图 3.8　黑腹果蝇（*Drosophila melanogaster*）染色体的遗传图（引自 Griffiths et al.，1999）

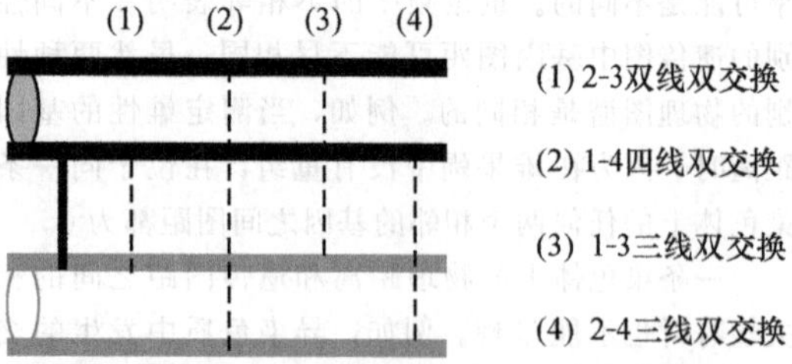

图 3.9　当第一次交换发生后，第二次交换可在任意两条非姐妹染色单体之间进行。情况如（1）、（2）、（3）或（4）

因此，在异染色质区，遗传图是一个变形了的物理图。这种变形如图 3.10 所示，比较果蝇 2 号染色体的物理图与遗传图，物理图描述了有丝分裂中期的染色体的外观；遗传图中标明了靠近端部的两个基因和靠近常染色质-异染色质连接处的两个基因。图距中常染色质的臂分别为 54.5cM 和 49.5cM，从 *net* 到 *sp* 遗传学图的全长为 107.0cM。然而，异染色质构成整条染色体的约 25%，遗传长度仅占全长的 3.0/107.0=2.8%。异染色质在遗传图中缩短了的长度是由于异染色质中交换频率减少而导致的。尽管横跨异染色质的遗传图缩短了，但在常染色质区物理图谱和遗传图中基因间的图距都有很好的相关性。

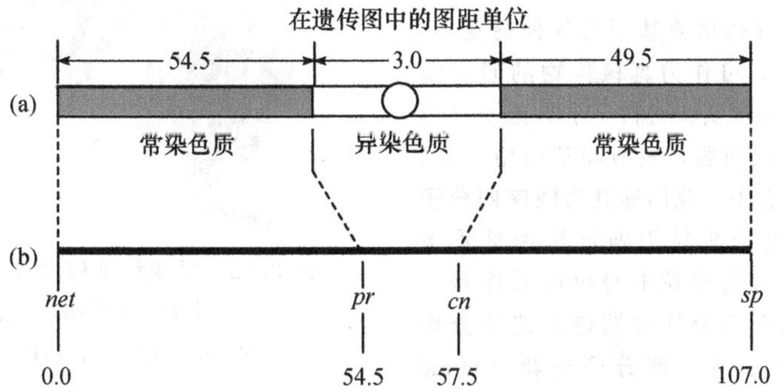

图 3.10　果蝇有丝分裂中期的 2 号染色体上的物理图（a）和遗传图（b）

第五节　真菌的遗传分析

一、脉孢菌的生活史

脉孢菌（*Neurospora crassa*）有两种繁殖方式，一种是无性繁殖，当其孢子（*N*）或菌丝落在营养物上，孢子萌发，菌丝生长形成菌丝体（*N*）。另一种是有性繁殖，两个不同**交配型**（mating type，MAT）的亲本 *A* 和 *a*，各自的分生孢子会散落在不同交配型子实体的受精丝上，进入子实体，进行核融合，形成二倍体核（*A*/*a*）。二倍体时期十分短暂，很快进行减数分裂，最后再经过一次有丝分裂，在**子囊**（ascus）中产生 8 个单倍体的**子囊孢子**（ascospore），子囊孢子成熟后可萌发，长成新的菌丝体（图 3.11）。

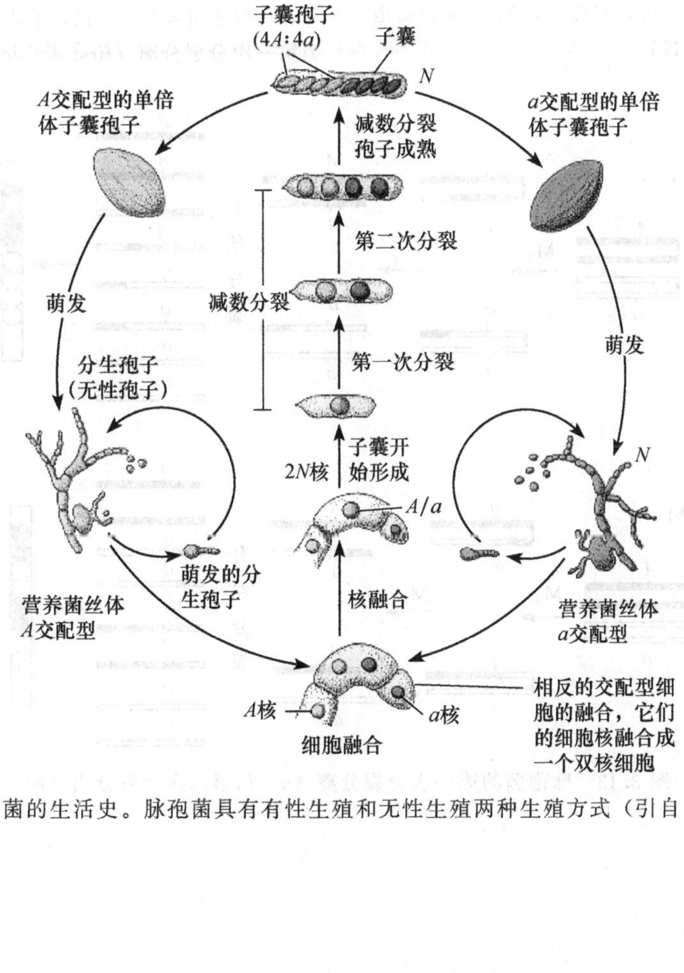

图 3.11　脉孢菌的生活史。脉孢菌具有有性生殖和无性生殖两种生殖方式（引自 Russell，1992）

脉孢霉后代多，样本大，统计分析的误差小，生活周期段短，在短时间内可获得结果。脉孢霉易培养和操作，可利用选择培养基筛选各种突变型。脉孢霉又属真核生物，可作为真核生物的研究模型，因此是很好的遗传学实验材料。子囊孢子是单倍体，不存在显隐性的问题，表型和基因型一致；孢子按顺序排列在子囊中，我们称其为**顺序四分子**（ordered tetrad），经过分析易于确定是否是重组类型及基因的转变，其着丝粒本身也可看作是一个位点来研究，因此在四分体时期进行遗传分析是很方便的，这种方法称为**四分子分析**（tetrad analysis）。

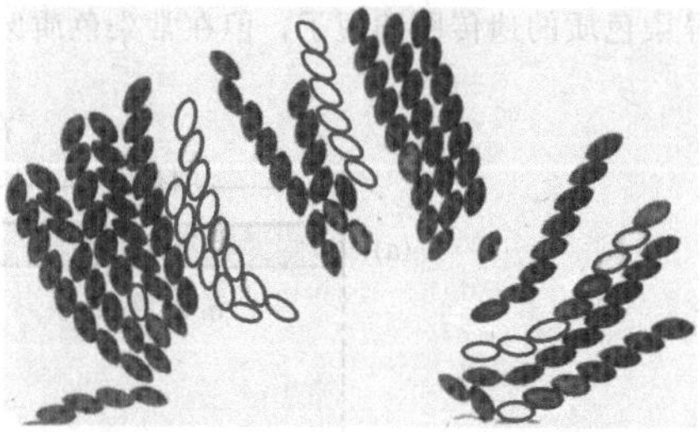

图 3.12　呈线状排列的红色脉孢霉子囊孢子
（引自 Griffiths et al.，1993）
黑色的为野生型，白色的为营养缺陷型

二、分裂分离

脉孢菌的野生型又称为**原养型**（prototroph），在基本培养基上就能生长，子囊孢子成熟后呈黑色。有一类突变型是不能合成某些物质，称为**营养缺陷型**（auxotroph），在基本培养基上不能生长。例如，赖氨酸缺陷型是自己不能合成赖氨酸，因此培养时必须在基本培养基上加入适量的赖氨酸才能生长。缺陷型比野生型的子囊孢子成熟得慢，所以镜检时突变型的子囊孢子呈白色，与黑色的野生型子囊孢子很容易分辨（图 3.12）。

（一）第一次分裂分离

在同源染色体上如果有一对等位基因 A 和 a，当交换发生在 A 和着丝点之外，那么在第一次减数分裂时 A 和 a 就完全分开，进入不同的两极，至于各向哪一极移动是随机的，但一旦确定就决定了以后子囊孢子排列的位置。第二次减数分裂时，染色单体各自分开，分别进入 4 个孢子，进一步有丝分裂形成了 8 个子囊孢子，野生型为黑色，营养缺陷型为白色，4 黑 4 白有序排列［图 3.13（a）］，这种类型表明在 A 和着丝粒之间未发生交换，或没有有效的交换，此称为**第一次分裂分离**（first division segregation）。

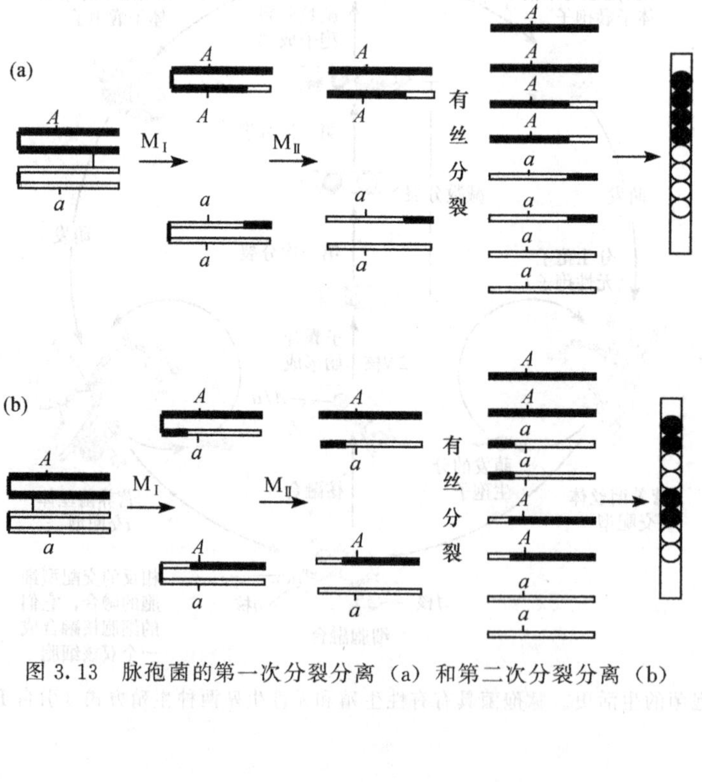

图 3.13　脉孢菌的第一次分裂分离（a）和第二次分裂分离（b）

（二）第二次分裂分离

和上面的情况相反，若在 A 基因和着丝粒之间发生了一次交换，那么第一次减数分裂时，一对同源染色体的两条姐妹染色单体携带了 A 和 a，进入同一个子细胞，A 和 a 不分离，同样它们趋向两极时是随机的，直到第二次减数分裂形成四分体时，着丝粒分开，A 和 a 才分开，各自进入一个子囊孢子中，故称为**第二次分裂分离**（second division segregation）［图 3.13（b）］。第二次分裂时 A 和 a 趋向哪一极也是随机的，一旦确定就决定了最后的 8 个子囊孢子的排列方式。由于第一次和第二次减数分裂的随机性，最后 8 个子囊孢子的排列有几种不同的组合（图 3.14），但绝不会是 4 黑 4 白，总是两两相间。第二次分离表明在标记基因和着丝粒之间发生了一次交换。

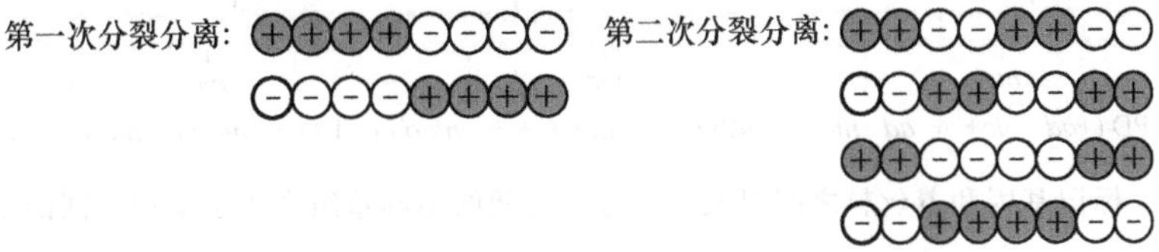

图 3.14 子囊孢子的排列有几种不同的组合

（三）着丝粒作图

着丝粒作图（centromere mapping）利用分裂分离来确定是否重组，再来计算标记基因到着丝粒之间的图距。计算公式为：重组率＝(交换型子囊数/总子囊数)×1/2×100％。

这一公式和真核生物的重组率的计算原理相同，都是计算重组型占后代总数的比。本公式为什么乘 1/2 呢？因为我们统计的单位不是子囊孢子，而是子囊。一个子囊中含有 8 个子囊孢子，它们来自 4 条染色单体，即使是重组型的子囊里面含的 4 条染色单体中也只有 2 条发生了交换，还有 2 条未发生交换，所以必须乘以 1/2。

三、脉孢菌的连锁作图

脉孢菌中有两种缺陷型，一种是“*nic*”（nicotinic），不能合成烟酸；另一种是“*ad*”（adenine），不能合成腺嘌呤，培养时必须在培养基中分别加入烟酸和腺嘌呤。将这两个品系杂交，杂交后代中得到 7 种不同的子囊类型（表 3.2，图 3.15）。**亲二型**（parental ditype，PD），意为表型像亲本，有“＋*ad*”和“*nic*＋”两种类型；**非亲二型**（nonparental ditype，NPD），意为表型都不像亲本，有“＋＋”和“*nic ad*”两种类型；**四型**（tetratype，T），有四种基因型：“＋＋”、“*nic ad*”、“＋*ad*”和“*nic*＋”。

表 3.2 *nic*＋×＋*ad* 得到不同子囊型的后代

	(1)	(2)	(3)	(4)	(5)	(6)	(7)
四分体基因型	＋ *ad* ＋ *ad* *nic* ＋ *nic* ＋	＋ ＋ ＋ ＋ *nic ad* *nic ad*	＋ ＋ ＋ *ad* *nic* ＋ *nic ad*	＋ *ad* *nic ad* ＋ ＋ *nic* ＋	＋ *ad* *nic* ＋ ＋ *ad* *nic* ＋	＋ ＋ *nic ad* ＋ ＋ *nic ad*	＋ ＋ *nic ad* ＋ *ad* *nic* ＋
分裂分离	$M_Ⅰ$ $M_Ⅰ$	$M_Ⅰ$ $M_Ⅰ$	$M_Ⅰ$ $M_Ⅱ$	$M_Ⅱ$ $M_Ⅰ$	$M_Ⅱ$ $M_Ⅱ$	$M_Ⅱ$ $M_Ⅱ$	$M_Ⅱ$ $M_Ⅱ$
子囊类型	(PD)	(NPD)	(T)	(T)	(PD)	(NPD)	(T)
子囊数	808	1	90	5	90	1	5

事先我们并不知道“*nic*”和“*ad*”基因是否连锁，通过四分子分析我们不仅能确定这两个基因是否连锁，而且如果连锁的话我们还能确定它们在染色体上的排列顺序，计算出 *nic* 和 *ad* 与着丝粒之间的图距以及 *nic* 和 *ad* 间的距离。

首先我们来分析第 1 种子囊型，从“*nic*”和“*ad*”两个基因的组合（横向排列）来看，它们是“＋*ad*”和“*nic*＋”两种类型，和两个亲本完全相同，故标以“PD”，这组亲组合的子囊数为 808 个，占了整个后代子囊数（1000）的 80.8％，即大部分为亲组合，少部分为重组合。由此可以判断“*nic*”和“*ad*”两个标记连锁在同一条染色体上。我们

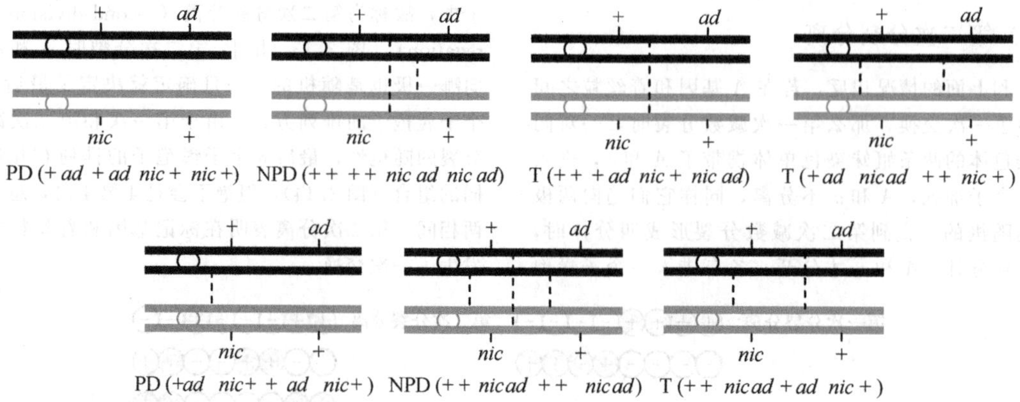

图 3.15　标记基因和着丝粒之间以及标记基因之间的不同重组产生了 7 种不同的子囊类型

再纵向来看第一纵行，为“＋＋*nic nic*”，这种排列方式是符合第一次分裂分离（$M_{Ⅰ}$），“*nic*”和着丝粒之间未发生交换重组。第二纵行为“*ad ad*＋＋”，也属于第一次分裂分离的排列方式，也表明“*ad*”与着丝粒之间未发生交换重组。

第 2 种子囊型“*nic*”和“*ad*”两个基因的组合方式（横向排列）也只有两种类型，“＋＋”和“*nic ad*”，和亲本都不同，故称为“NPD”。从纵向来看，第一行的排列方式为“＋＋*nic nic*”，第二行为“＋＋*ad ad*”，都属于 $M_{Ⅰ}$，即两个标记“*nic*、*ad*”与着丝粒之间都未发生交换重组。既然第一类和第二类子囊都未发生重组，那么为什么它们两个标记基因的组合（横向排列）又完全不同？这是由于在“*nic*”座位和“*ad*”座位之间发生了 1，4 四线双交换的结果（图 3.15），使得“*ad*”与着丝粒之间仍然为第一次分裂分离，实际上是发生了双交换，只是着丝粒与 *ad* 座位未发生重组。

第 3 种子囊的两个标记有 4 种不同的组合方式，称为四型（T），其中第一纵行为＋＋*nic nic*，属于 $M_{Ⅰ}$，表明 *nic* 与着丝粒之间未发生交换重组。而第二纵行就不同了，排列为＋*ad*＋*ad*，属于第二次分裂分离（$M_{Ⅱ}$），表明在着丝粒和 *ad* 之间曾发生过一次交换（1，4 二线单交换）（图 3.15），才能从第一种亲本的类型变为第三种子囊型。

第 4 种子囊也属于“T”，但和第 3 种子囊不同，其第一纵行的排列为“＋*nic*＋*nic*”，属第二次分裂分离，第二纵行为“*ad ad*＋＋”，属第一次分裂分离，也就是说“*nic*”和“*ad*”之间也发生了一次交换，但对于“*ad*”和着丝粒之间来说是发生 3，4 双线双交换（图 3.15），所以虽然发生了交换，但“*ad*”标记未发生重组。

第 5 种子囊中的两个标记的组合只有两种类型，即“＋*ad*”和“*nic*＋”，和亲本的组合相同，所以称为“PD”，但第一纵行和第二纵行的排列都属于 $M_{Ⅱ}$，即“*nic*”与着丝粒之间都发生了一次交换，使这两个座位都发生了重组，实际上在“*nic*”和着丝粒之间发生了一次 2，3 二线单交换（图 3.15），使“*nic*”和着丝粒发生了重组，而“*ad*”和“*nic*”是连锁的，因此也同时发生了重组。

第 6 种子囊中的两个标记的组合也只有两种，即“＋＋”和“*nic ad*”，和亲本的都不同，故属于“NPD”，第一纵行和第二纵行的排列都是属于 $M_{Ⅱ}$，即“*nic*”和“*ad*”两个座位与着丝粒之间都发生了重组，这种类型的产生较为复杂，从两个标记的组合和纵向的排列来看，是在第 4 种子囊型交换重组的基础上增加了一次 1，4 四线双交换，这次双交换发生在“*nic*”和“*ad*”之间（图 3.15）。

第 7 种子囊中的两个标记有 4 种组合，即为 T，两列纵向排列分别为“＋*nic*＋*nic*”和“＋*ad ad*＋”，都属于 $M_{Ⅱ}$，即两个标记和着丝粒之间都发生了交换重组。根据两个标记的组合及纵向排列方式不难推测是在第 5 种子囊型交换重组的基础上产生了 1，3 三线双交换，这次交换应发生在“*ad*”与着丝粒之间。

根据着丝粒作图公式我们可以计算出各标记与着丝粒之间的图距。着丝粒与“*nic*”座位之间的图距可通过各种子囊型中重组型的子囊数来计算，根据表 3.2 只有第（4）、（5）、（6）、（7）型子囊在“*nic*”和着丝粒之间才存在 $M_{Ⅱ}$，即发生交换重组，所以

RF(着丝粒-*nic*)

$=[(4)(5)(6)(7)/1000]\times 1/2\times 100\%$

$=[(5+90+1+5)/1000]\times 1/2\times 100\%$

$=5.05\%=5.05(\text{cM})$

同理 RF(着丝粒-*ad*)

$=[(3)(5)(6)(7)/1000]\times 1/2\times 100\%$

$=[(90+90+1+5)/1000]\times 1/2\times 100\%$

$=9.30\%=9.30(\text{cM})$

计算的结果告诉我们 *nic* 和着丝粒之间的距离为 5.05cM；*ad* 和着丝粒之间的距离为 9.03cM。目前知道了 *nic* 和 *ad* 是在同一条染色体上以及它们和着丝粒的距离，但还不知道具体的排列顺序。根据目前的信息有两种可能：①*nic* 和 *ad* 分别位于着丝粒的两侧；②*nic* 和 *ad* 位于着丝粒的同侧（图 3.16）。究竟属于哪一种情况呢？假设两个位点在着丝粒两侧，那么 *nic* 和着丝粒之间的重组与 *ad* 和着丝粒之间的重组各自独立，也就是说 *nic* 和着丝粒之间发生一次重组不会影响到 *ad* 和着丝粒之间的关系；相反，若两个座位都在着丝粒的同侧，一旦 *nic* 和着丝粒之间发生了一次交换，若不存在双交换的话，势必使 *ad* 和着丝粒也产生重组。从前面的资料来看，*nic* 和着丝粒之间产生重组的子囊为（4）、（5）、（6）、（7），共 101 个子囊，其中（5）、（6）、（7）型子囊共 96 个同时也发生了 *ad* 和着丝粒之间的重组，表明基本是符合第二种情况，那么为什么有 5 次不同步发生重组？从表 3.2 中不难看出，不同步的仅为第 4 种子囊型，两个座位分别为“M_{II}、M_{I}”，共 5 个子囊，从重组的图中很清楚地看到是由于在“*nic*”和“*ad*”之间发生了一次双交换，结果使“*ad*”和着丝粒之间未能重组。

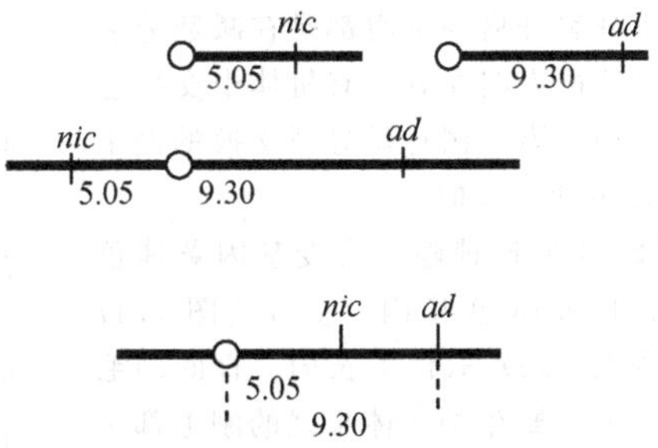

图 3.16　*nic*，*ad* 座位着丝点作图分析

因“*ad*”和着丝粒图距为 9.30cM，“*nic*”和着丝粒的图距为 5.05cM，几乎相差 1 倍，而重组是一个随机的过程，因此“*ad*”与着丝粒之间发生重组的交换点可能在“着丝粒-*nic*”的区域中，也可以发生在“*nic*-*ad*”的范围内。若是前者，则“*nic*”和“*ad*”同时发生重组。“*ad*”和着丝粒重组的子囊（M_{II}）共 186 个，其中“*nic*”未同步重组的（M_{I} M_{II}）为 90 个子囊，近似于“*ad*”重组子囊的一半，这和两个座位的距离之比是吻合的。

下面我们再来计算“*nic*”和“*ad*”之间的距离。根据计算重组值的原则：

重组值＝重组合/(亲组合＋重组合)×100%

那么，“*ad*”和“*nic*”之间的重组依据是什么？表 3.2 已表明两个标记的亲组合只有两种类型“＋*ad*”和“*nic*＋”，不同于这两种类型的子囊都是重组型。因此用下面公式可计算“*nic*”和“*ad*”之间的图距：

$\text{RF}=(\text{NPD}+1/2T)/\text{总子囊数}$

$=\{[(2)+(6)]+0.5[(3)(4)(7)]\}/1000$

$=\{(1+1)+0.5(90+5+5)\}/1000$

$=5.2\%=5.2(\text{cM})$

NPD 子囊（2 和 6 型）4 条染色单体都是重组型的，即整个子囊都是重组型，故无需再乘以 0.5，而 T 子囊中只有一半的染色单体为重组型，故需乘以 0.5。

从公式计算出“*nic*”和“*ad*”之间的图距为 5.20cM，而从图 3.16，我们用 *ad*-着丝粒之间的图距减去“*nic*-着丝粒”之间的图距也应等于“*nic*-*ad*”的图距，即为 9.30－5.05＝4.25cM，比用公式计算出的图距要小，或者说“着丝粒-*ad*”的图距应为 5.05＋5.20＝10.25cM，这样就大于前面计算的结果（9.30cM）。这是由于双交换的存在使“着丝粒-*ad*”之间的重组值低估了，从表 3.3 中可以看出低估的缘由。

从表 3.3 中可以看出着丝粒-*nic*＋*nic*-*ad*＝202＋208＝410≠着丝粒-*ad*（372），这是因为遗漏了 38 条重组型单体。现在的计算方法不是以子囊数而是染色单体数，所以分母应用子囊数乘 4，即低估的重组值为 38/4÷1000＝0.95%，9.30＋0.95＝10.25cM。

表 3.3 着丝粒-*ad* 间重组值的计算与低估

子囊型	重组的染色单体数/子囊			遗漏数	子囊数	总的重组型染色单体数			总遗漏数
	• -*nic*	*nic-ad*	• -*ad*			• -*nic*	*nic-ad*	• -*ad*	
2	0	4	0	4	1	0	4	0	4
3	0	2	2	0	90	0	180	180	0
4	2	2	0	4	5	10	10	0	20
5	2	0	2	0	90	180	0	180	0
6	2	4	2	4	1	2	4	2	4
7	2	2	2	2	5	10	10	10	10
总计	8	10	8	10	192	202	208	372	38

四、有丝分裂分离和重组

(一) 有丝分裂重组的发现

在正常情况下分裂分离和重组都是在减数分裂中发生的，但实验证据表明在有些有机体中交换也可发生在有丝分裂中。第一例有丝分裂交换的例子是由 C. Stern 在 1936 年发现的。

在交换中果蝇的 X 连锁隐性突变基因黄体色 (*y*) 取代了正常的灰体色基因 (y^+) [图 3.17 (a)]，短的曲形刚毛 (*sn*) 取代了长的、直的刚毛 (sn^+) [图 3.17 (c)]。野生型灰体果蝇的刚毛都是黑色的，而黄体突变果蝇的刚毛则是黄色的。

图 3.17 灰体曲刚毛 ($y^+ sn/y^+ sn$) 果蝇体表表型的分离 (引自 Russell, 1992)

sn 等位基因产生短的曲刚毛，*y* 等位基因控制黄体。(a) 在正常体色的背景上产生黄色斑；(b) 黄色斑和曲刚毛斑相邻排列；(c) 在正常体色的背景上产生曲刚毛斑

将一个灰体曲刚毛 ($y^+ sn/y^+ sn$) 雌果蝇和一个黄体直刚毛 (ysn^+/Y) 雄果蝇杂交，Stern 发现了正如所预料的那样雌性后代大部分为野生型，另一些雌果蝇有**孪生斑** (twin spot)，即两个相连的区域，一个为黄色直刚毛，另一个为黑色曲刚毛，呈现镶嵌表型，在孪生斑的周围都是野生型表型 [图 3.17 (b)]。Stern 注意到一个有趣的现象，即孪生斑的两部分是相连的，那么这种孪生斑一定是某种遗传事件的交互物。最好的解释是通过有丝分裂交换而产生，Stern 熟知在果蝇胚胎分化之后通过有丝分裂产生各种组织，所以他才提出这一解释。

通过有丝分裂交换产生孪生斑 (图 3.18)，若有丝分裂发生在着丝粒与“*sn*”位点之间，那么产生的两个子细胞的基因型将不同，它们进一步分离形成两个相近的克隆时，表现出孪生斑的特点。若交换发生在“*sn*”和“*y*”之间就会产生单个的黄斑。

在很少的情况下，在染色体复制后，同源染色体形成四分体，进行交换，然后再进入中期，复制后的两条染色单体各趋向一极分离，形成了有丝分裂交换。

(二) 真菌系统中的有丝分裂重组

1. 曲霉菌的生活周期

有丝分裂重组研究得较为深入的是真菌，我们将以曲霉属 (*Aspergillus*) 为例来说明。曲霉的有丝分裂是非常适合分析的，它的气生菌丝产生长链状的**分生孢子** (conidia)，这是一种无性孢子。每一个分生孢子都有一个单个的核。任何一个孢子的表型都和它的基因型是一致的，这样便于鉴别。若将两个单倍体品系混合，菌丝融合，两种类型的核都同时存在于胞质中，这种含有两个或更多个异源核的细胞称为**异核体** (heterokaryon)。和其他品系一样，异核体将产生单核的分生孢子。在少数情况下异核体中的两个单倍体核融合产生一个二倍体核，这一过程称为**二倍化** (diploidization)。二倍体品系的曲霉产生的无性孢子将具有二倍体核。二倍体细胞可能要经历有丝分裂交换，产生遗传重组。因为二倍体的核不稳定，最终通过有丝分裂产生单倍体核，此单倍体核含有来自两个单倍体亲本的等位基因的重组。由二倍体核形成单倍体核的过程称为**单倍化** (haploidization) (图 3.19)。在单倍化中，两

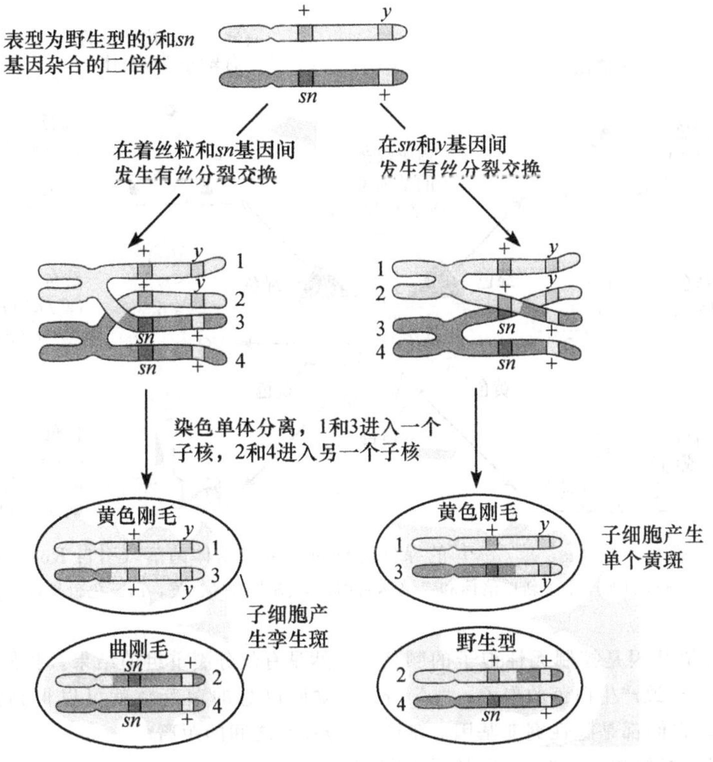

图 3.18　通过有丝分裂交换产生孪生斑（引自 Russell，1992）

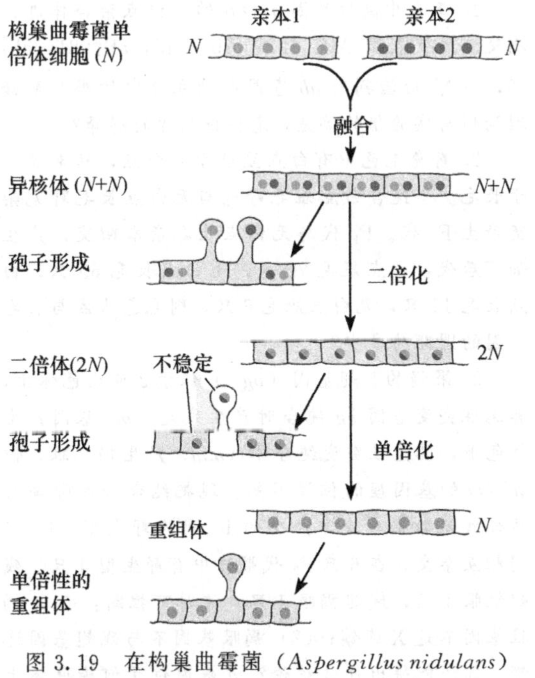

图 3.19　在构巢曲霉菌（*Aspergillus nidulans*）中的异核体和二倍体（引自 Russell，1992）

个同源染色体移动时，类似减数分裂，然后随机分离，各趋向一极。这种不同于减数分裂而导致基因重组的系统称为**准性生殖系统**（parasexual system）。真菌的准性生殖周期由以下步骤组成：①在多核菌丝中形成异核体；②在异核体中不同基因型的单倍体核偶尔融合；③在和单倍体核并排的二倍体融合核中进行有丝分裂交换；④二倍体融合核不经过减数分裂而完成单倍化（图 3.20）。

2. 曲霉的有丝分裂分析

进行有丝分裂重组分析时需要构建杂合子供研究。在构巢曲霉中，异核体由两个不同品系构成，然后再筛选出二倍体核。

如下面的两个单倍体品系：

品系 1：w　ad^+　pro　$paba^+$　y^+　bi

品系 2：w^+　ad　pro^+　$paba$　y　bi^+

等位基因 *ad*、*paba*、*bi* 对其野生型等位基因来说是隐性的，分别表示腺嘌呤（adenine）、对氨基苯甲酸（para-aminobenzoic acid）和生物素（biotin）。这两个品系在基本培养基上都不能生长，但异核体由于基因的互补是可以生长的。

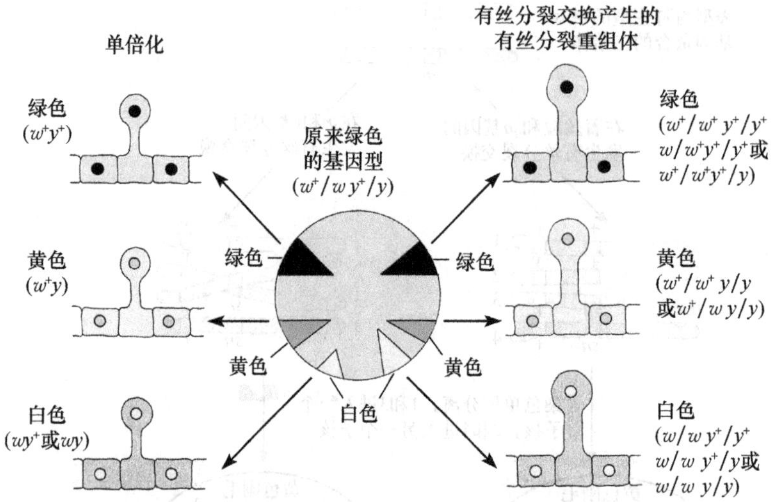

图 3.20 基因型为（w^+y^+/wy）的绿色构巢曲霉菌二倍体菌落（引自 Russell，1992）
通过单倍化和有丝分裂交换产生了新单倍体和二倍体基因型，图中的绿、黄、白三色分别以黑、灰、白来表示

“w”和“y”等位基因是控制无性孢子的颜色和菌落的颜色，“w”导致产生白色的孢子，“y”导致产生黄色的孢子，它们都是隐性突变基因。基因型为“w^+y^+”的品系是绿色的，“wy^+”品系为白色，“w^+y”品系为黄色，“wy”品系由于上位效应也是白色的。品系 1 和 2 都不是绿色的，然而异核体通常由黄色和白色的孢子混合，而且也有杂色孢子的存在。它们的颜色是由其基因决定的，而单倍化后的孢子也有绿色，不难看出这一定是重组的结果（表 3.4）。在单倍体中将有一半是白色的，若将白色分离出来，利用选择培养基就可以测出有的位点和亲本的基因型不同，如“pro”位点，原来白色亲本是“pro^-”，也就是在培养基中一定加入“Pro”才能生长，而分离出的白色单倍体却有一部分为“pro^+”，即不需加“Pro”就可以生长，这当

表 3.4 用于曲霉实验的单倍体和二倍体基因型

表型	基因型		
	单倍体	二倍体	
绿色	w^+y^+	w^+/w^+	y^+/y^+
		w^+/w	y^+/y^+
		w^+/w^+	y^+/y
黄色	w^+y	w^+/w	y/y
		w^+/w^+	y/y
白色	wy^+	w/w	y^+/y^+
	wy	w/w	y^+/y
		w/w	y/y

然是有丝分裂重组的结果。我们将重组类型的菌落数除以总的菌落数就可以得到这两个位点（w 和 pro）之间的距离。

习　题

1. 玉米中隐性基因 a 和 b 的双位点杂合体进行测交。后代表型 AB：122，Ab：118，aB：81，ab：79，用 χ^2 检验判断 ab 基因是独立分配的吗？解释理论值与实验值的偏差，怎样证明你的解释？

2. 野兔毛色中有白点显性于无白点，短毛显性于长毛。当纯合白点短毛野兔与无白点长毛野兔杂交产生 F_1 代。F_1 代与无白点长毛亲本回交，产生如下后代：白点短毛 72 只，无白点长毛 69 只，白点长毛 11 只，无白点短毛 6 只，则毛色基因与长毛基因的图距为多少？

3. 果蝇的长翅基因（vg^+）位于 2 号染色体上，其隐性突变基因 vg 纯合时产生残翅。m^+ 基因产生红色眼，其隐性突变纯合体（mm）产生褐色眼，但 m^+/m 的基因座的位置不知。现把纯合褐色雌蝇与纯合残翅雄蝇杂交，产生的 F_1 代为野生型。F_1 代间相互杂交，在 6 只 F_2 代果蝇中有野生型 4 只，残翅红眼 1 只，残翅褐眼 1 只。这时可推断：(1) 褐眼基因不是 X 连锁；(2) 褐眼基因不与残翅基因连锁。你还能得出什么结论？m 基因位于何染色体上（假定此时无交换产生）？

4. 应用下面的两点重组数据定位相关基因，给出各基因之间顺序及最小间距。

基因位点	重组率	基因位点	重组率
a，b	50	b，d	13
a，c	15	b，e	50
a，d	38	c，d	50
a，e	8	c，e	7
b，c	50	d，e	45

5. 基因 a，b 是相互连锁的，其重组率为 10%，现在有 $a^+b/ab^+ \times ab/ab$，则后代中的表型及分离比各为多少？

6. 基因 ab 是果蝇中的 X 连锁基因，两者相距 7 个图距单位，现有一 a^+b/ab^+ 雌蝇与野生型 a^+b^+ 雄蝇杂交：(1) 后代中雄蝇的表型是 a^+b^+ 或 ab^+ 的概率是多少？(2) 后代中雌蝇的表型是 a^+b^+ 的概率是多少？

7. 假定基因 a，b 是相互连锁，且发生交换的比率是 20%：(1) 当 AB/AB 个体与 ab/ab 个体杂交，F_1 代的基因型如何？F_1 代会产生何种配子，比例是多少？若 F_1 代测交，则后代中基因型及其比例如何？(2) 若 $Ab/Ab \times aB/aB$，F_1 代产生何种配子，比例如何？若 F_1 代测交，后代的基因型及各个比例如何？

8. 基因 a，b 位于同一染色体，相距 20 个单位，c，d 同位于另一染色体上，相距 10 个图距单位，基因 e、f 同位于第三条染色体上，相距 30 个图距单位。现有纯合 $ABCDEF$ 与 $abcdef$ 个体杂交，产生的 F_1 代与 $abcdef$ 亲本回交，后代中具有以下表型的概率为多少？(1) $A\,B\,C\,D\,E\,F$；(2) $A\,B\,C\,d\,e\,f$；(3) $A\,b\,c\,D\,E\,F$；(4) $a\,b\,C\,d\,e\,f$；(5) $a\,b\,c\,D\,e\,F$。

9. 脉孢菌中有如下杂交，试判断基因 a、b、c 的顺序及图距。

$$a^+b \times ab^+ \rightarrow (981a^+b) + (1000ab^+) + (10a^+b^+) + (9ab) = 2000$$

$$a^+c \times ac^+ \rightarrow (850a^+c) + (853ac^+) + (169a^+c^+) + (148ac) = 2000$$

$$b^+c \times bc^+ \rightarrow (850b^+c) + (850bc^+) + (140b^+c^+) + (160ac) = 2000$$

10. 基因 met 和 thi 在脉孢菌中连锁，为定位 arg，使 $arg{+}{+} \times {+}thi\ met$，得到如下囊孢子，试作图。

arg	thi	met	26	arg	+	+	51
arg	thi	+	17	+	thi	+	4
arg	+	met	3	+	+	met	14
+	thi	met	56	+	+	+	29

11. 现有一 mt^+ 交配型、粉色（p^-）酵母株与一 mt^- 交配型、灰色（p^-）酵母菌株杂交，产生如下的四分体，试问 p 和 mt 是否在同一染色体上？

四分体的数	四分体的种类			
18	p^+mt^+	p^+mt^+	p^-mt^-	p^-mt^-
8	p^+mt^+	p^-mt^+	p^+mt^-	p^-mt^-
20	p^+mt^-	p^+mt^-	p^-mt^+	p^-mt^+

12. 脉孢菌中一染色体的一个臂上有 a、b、c 三个基因，现 $ab{+} \times {+}{+}c$ 得到如下子囊，试判断基因顺序，并计算所有基因间及基因与着丝粒间的距离。

45	5	146	1	10	20	15	58
$a\,b$ +	$a\,b$ +	$a\,b$ +	$a\,b$ +	$a\,b$ +	$a\,b$ +	$a\,b$ +	$a\,b$ +
+ $b\,c$	a + +	$a\,b$ +	+ + +	a + c	+ + c	$a\,b\,c$	+ b +
a + +	+ $b\,c$	+ + c	$a\,b\,c$	+ b +	$a\,b$ +	+ + +	a + c
+ + c	+ + c	+ + c	+ + c	+ + c	+ + c	+ + c	+ + c

第四章　遗传信息的载体 DNA 与染色体

1916 年 C. B. Bridges 通过“染色体不分离”实验确证了 Sutton-Boveri 假说（见第二章），使人们接受了染色体是基因的载体这一观点。但此时，人们对“基因”及其载体的本质几乎是一无所知，更无法将基因、核酸和染色体联系在一起。

早在 1868 年，瑞典的一名年轻的生物化学家 F. Miescher 对从伤员伤口绷带的脓细胞中分离到的一种酸性物质产生了兴趣。他先从伤员的绷带中分离到脓细胞，用蛋白酶处理这些细胞，最后他得到了一种酸性物质，将它命名为**核素**（nuclein）。这种核蛋白的特别之处在于它含有大量的氮和磷，而这两种元素在当时被认为只共存于一些特殊的脂类当中。1869 年 Miescher 将他的发现整理成文寄往杂志社。然而，该杂志的编辑对此发现的真实性感到怀疑，决定亲自重复一下实验。因此，Miescher 的文章一直到 1871 年才得以发表，但这项重大的发现未受到人们的重视。1879 年德国化学家 A. Kossel 等发现核素是蛋白质和核酸的复合物，他小心地水解核酸，得到了组成核酸的基本成分：鸟嘌呤、腺嘌呤、胸腺嘧啶和胞嘧啶，还有些具有糖类性质的物质和磷酸。由于此项贡献 A. Kossel 荣获了 1910 年诺贝尔生理学或医学奖。Kossel 的学生 P. A. Levene 和 W. Jones 等在 1911～1934 年，对核酸的化学结构作了系统研究，并证明核酸中含有五碳核糖和脱氧核糖。但在 1929 年 P. A. Levene 和 E. S. London 却提出**“四核苷酸假说”**（tetranucleotide hypothesis），认为“核酸是一种简单的线形排列的四核苷酸多聚体”，“来源不同的各种脱氧核糖核酸，4 种碱基的克分子数相等”。这一假说当时被普遍接受，使人们误以为核酸不可能作为遗传物质，从而阻碍了遗传学的发展。

第一节　遗传物质的发现

在证实核酸（DNA 和 RNA）是遗传物质之前，遗传学家们就已认识到，遗传物质必须具备以下基本特点：①能携带生物的遗传信息；②能精确地自我复制；③在体细胞中结构相同，含量稳定；④在生殖细胞中其含量应当减半。

一、遗传物质的发现

直到 20 世纪 30 年代末，人们才逐渐将核酸化学的研究和遗传信息联系起来。1928 年英国医生 F. Griffith 进行了肺炎双球菌（*Streptococcus pneumoniae*）的转化实验。肺炎双球菌有光滑型（S 型）和粗糙型（R 型）两种，S 型菌其细胞壁的外面有一层多糖荚膜，感染小鼠后会导致小鼠患败血症而死亡，但将其加热杀死后再感染小鼠则不会致病；R 型菌外面没有荚膜，感染小鼠不会致死。Griffith 将 R 型菌和加热已杀死的 S 型菌混合后感染小鼠，结果小鼠却患病死亡，并从其心血中检出有活的 S 型菌（图 4. 1）。Griffith 认为这是由于那些加热被杀死 S 型菌使 R 型菌获得了生成荚膜的能力，称其为**转化作用**（transformation）。3 年后他发现在体外只需有加热灭活的 S 型菌的存在，也可导致 R 型双球菌发生转化。又过了 2 年，他进一步发现只需将 S 型菌的提取液加到 R 型菌培养物中，同样也能发生转化。Griffith 最初认为“接种物中的死细菌可能提供了某些特异的蛋白质为食料，使 R 型细胞能制造荚膜”。还有人提出病毒说和感染性诱变因素等假设。1944 年美国微生物学家 O. T. Avery 等通过体外转化试验终于揭示了转化的本质。他们重复了 F. Griffith 的试验，将 S 菌株的细胞内提取物加到培养 R 菌株的试管中，会使 R 菌株转变成 S 菌株。不同的是，他们为了弄清这些提取物中到底是何种物质引起了转化，使用一系列化学物质和酶将各种蛋白质、类脂、多糖和核酸从提取液中除去，然后观察处理后的提取液能否仍然起转化作用，来确定转化因子的化学本质（图 4. 2）。试验结果表明转化因子是 DNA，而不是蛋白质或其他的物质，但以上的实验结果尚不能使人们接受 DNA 是遗传物质。

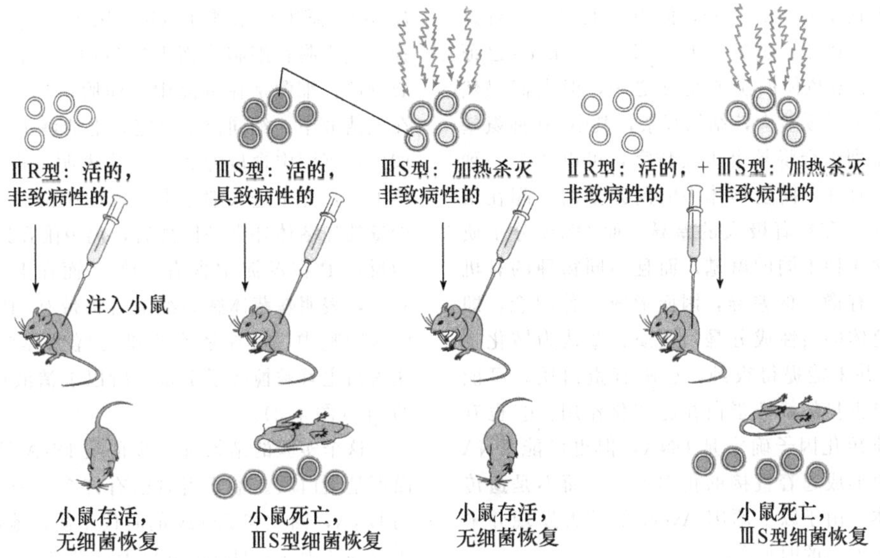

图 4.1　Griffith 的转化实验（引自 Russell，1992）

当小鼠被注入ⅢS 型肺炎双球菌会导致小鼠患败血症而死亡；小鼠被注入ⅡR 型或加热杀死的ⅢS 型肺炎双球菌后不致病。当小鼠被注入ⅡR 型和加热杀死的ⅢS 型肺炎双球菌后导致小鼠患败血症而死亡，在小鼠的心血中分离到活的ⅢS 型肺炎双球菌

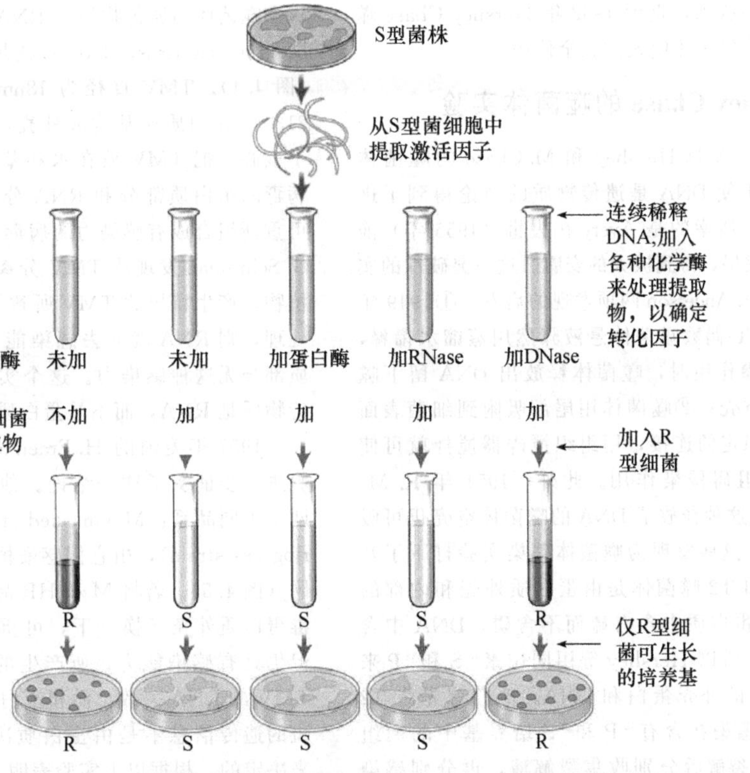

图 4.2　O. T. Avery 等进行肺炎球菌体外转化实验（转引自徐晋麟等，2008）

Avery 等在 S 型菌细胞提取液中分别加入破坏多糖、类脂、DNA、蛋白质和 RNA 的酶，以确定转化因子的本质。转化活性可被狗肠黏膜提取物所废除，而此提取物是能破坏 DNA 的，这样可以推测 DNA 是遗传物质

虽然上述实验十分严密，但当时人们仍怀疑这一结论，这是由于：①虽然 1924 年 R. Feulgen 已证明了 DNA 是染色体的主要组分之一，但人们仍然认为蛋白质分子质量大，结构复杂，其中 20 种氨基酸不同的排列组合将是个天文数字，可以作为一种遗传信息，且在不同生物体中的同源蛋白之间在结构的特异性上存在着极大的差异。而 DNA 分子质量小，只含 4 种不同的碱基，而且不同物种的有机体其核酸只有微小的差异，因而形成一种观念，即基因和染色体的活性成分是蛋白质；②认为转化实验中 DNA 并未能提得很纯，还附有蛋白质，可能正是这些极少量的特殊蛋白在起转化作用；③也有人认为即使转化因子确实是 DNA，但也可能 DNA 只是对荚膜形成起着直接的化学效应，而不是遗传信息的载体。由于以上原因 Avery 的重大发现并未能完全改变人们的旧观念。

1949 年 R. D. Hotchkiss 证实了和荚膜无关的细菌性状也能转化，用实验证明了 DNA 已提得很纯，其中蛋白质的污染已降到 0.02%，这种纯的 DNA 仍可转化，且纯度越高转化效率也越高，但还是未能改变人们的认识，直到 1952 年 Hershey-Chase 噬菌体侵染实验发表才使人们完全信服。

二、Hershey-Chase 的噬菌体实验

1952 年，A. D. Hershey 和 M. Chase 的噬菌体侵染实验终于使 DNA 是遗传物质的结论得到了进一步的证实。所幸的是 Avery 在去世（1955 年）前喜闻了这一成果，得到极大的安慰。这一突破性的实验受到了 T. F. Anderson 两项发现的启发：①1949 年 Anderson 将 T-偶数噬菌体悬液骤然用蒸馏水稀释，使其受到低渗作用时，噬菌体释放出 DNA 留下噬菌体头部的空壳；②噬菌体用尾部吸附到细菌表面上，形成不稳定的连接，用组织搅碎器搅拌就可使其脱落，而阻碍侵染作用。此外，1951 年 R. M. Herriott 发现这种释放了 DNA 的噬菌体空壳仍可吸附在细菌上。这些发现为噬菌体感染实验打下了基础。当时已知 T2 噬菌体是由蛋白质外壳和内部的 DNA 组成。蛋白质中含有硫而不含磷，DNA 中含磷而不含硫，所以 Hershey 等用同位素 ^{35}S 和 ^{32}P 来分别标记 T2 的外壳蛋白和 DNA。他们首先将 T2 噬菌体分别感染在含有 ^{32}P 和 ^{35}S 培养基中的两组 *E. coli*，细胞裂解后分别收集裂解液，再分别感染 *E. coli*，感染后培养 10min，用 Waring 氏搅拌器搅拌，使吸附在细胞表面上的噬菌体脱落下来，再离心分离。细菌是在沉淀中，而脱离的噬菌体是悬浮在上清液中。经同位素测定，上清液中 ^{35}S 的含量为 80%，沉淀中含量为 20%，这表明蛋白质的外壳脱落下来，并未进入细胞中。沉淀中的 20% 可能由于少量的噬菌体外壳经搅拌后，仍吸附在细胞上所致。相反，^{32}P 在沉淀中含有 70%，而在上清液中仅有 30%，表明噬菌体感染细菌后将带有 ^{32}P 的 DNA 已注入细胞中，可能还有少部分噬菌体尚未将 DNA 注入宿主就被搅拌了下来，所以上清液中约有 30% 的 ^{32}P（图 4.3）。

这个实验的结果进一步证实 DNA 是遗传物质，而不是蛋白质。鉴于当时已有许多研究者开始注意到 DNA，因此和 Avery 的时代不同，他们的结论很快得到了承认，Hershey 也因此荣获了 1969 年诺贝尔生理学或医学奖。

三、RNA 也是遗传物质

大部分生物的遗传物质是 DNA，但也有某些病毒和噬菌体的遗传物质是 RNA。烟草花叶病毒（tobacco mosaic virus，TMV）就是一种筒状 RNA 病毒（图 4.4）。TMV 直径为 18nm，长度为 300nm，由 2130 个蛋白质亚基构成外壳，环绕着一个 RNA 分子核心。把 TMV 放在水和苯酚中振荡，就可以把病毒的蛋白质部分和 RNA 分开；分开的两部分也可重新组合成有感染力的病毒。1956 年 A. Gierer 和 G. Schraman 发现从 TMV 分离出的 RNA 也能侵染植物，产生特异的 TMV 所致的病斑，如用 RNA 酶处理，则 RNA 就失去感染能力，而分离出的蛋白质部分无这种感染力。这个实验证明了 TMV 的遗传物质是 RNA，而不是蛋白质。

1957 年美国的 H. Fraenkel-Conrat 等用重建实验进一步证实了这一结论。他们从 TMV 中分离出两个不同品系：M（masked strain）和 HR（holmes ribgrass strain），由它们感染植物产生的病斑形态不同（图 4.5）。若将 M 和 HR 品系重建，即将两种病毒蛋白质外壳互换一下，可重建成“杂种”TMV，但仍具有感染能力，所产生的病斑形态和“杂种”TMV 的 RNA 一致，而和蛋白质无关。由此看来病斑的遗传信息不是由蛋白质决定的，而是由 RNA 来决定的。根据以上实验表明 RNA 也是遗传物质。

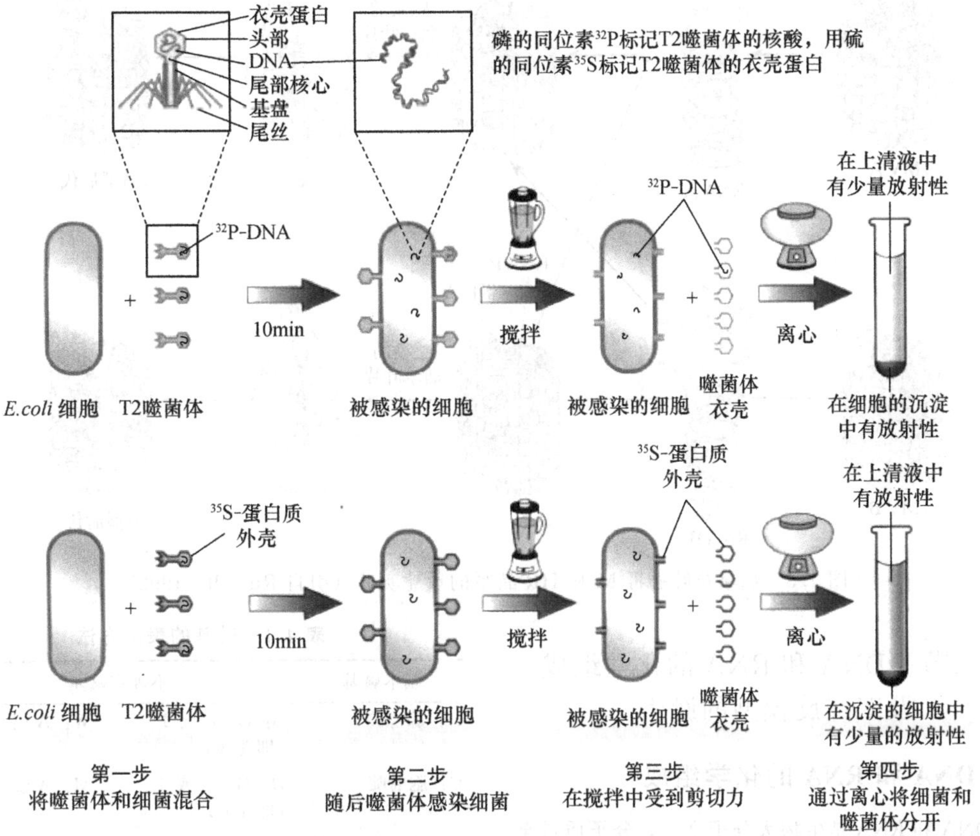

图 4.3　A. D. Hershey 和 M. Chase 的噬菌体侵染实验证实 T2 噬菌体的遗传信息存在于 DNA 中（引自 Simmons，2003）

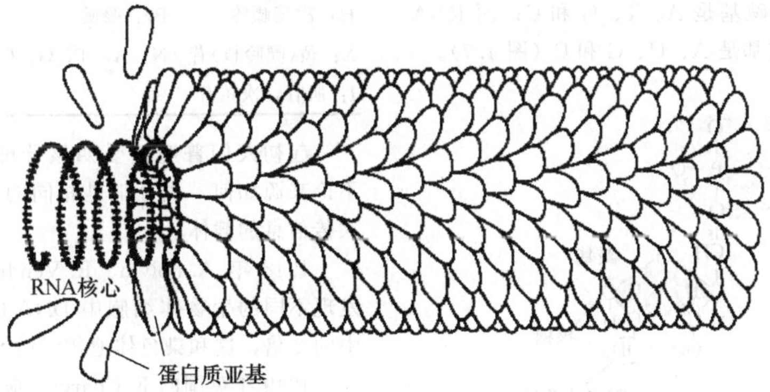

图 4.4　筒状的烟草花叶病毒（TMV）（引自 Russell，1992）

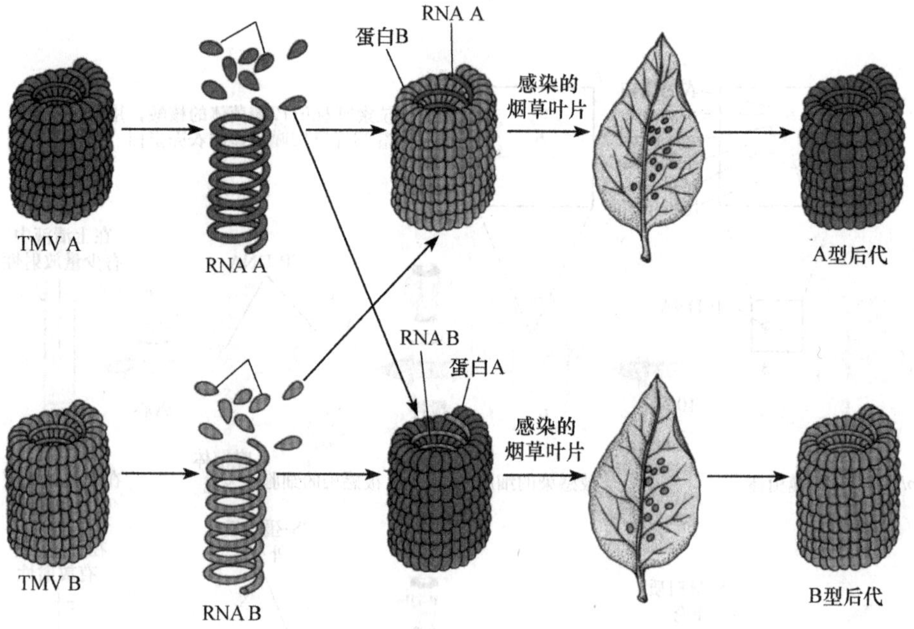

图 4.5 烟草花叶病毒 M 和 HR 品系的重建实验（引自 Russell，1992）

第二节 DNA 和 RNA 的化学组成及双螺旋模型的诞生

一、DNA 和 RNA 的化学组成

DNA 和 RNA 是生物大分子之一，分子质量至少在几千道尔顿。核酸经水解成**单核苷酸**（nucleotide）。单核苷酸由**磷酸基团**（phosphate group）和**核苷**（nucleotide）组成。核苷含有戊糖（pentose）和碱基（base）（图 4.6，表 4.1）。在 DNA 中戊糖是 D-2-脱氧核糖，碱基是 A、T、G 和 C；而 RNA 戊糖是 D-核糖，碱基是 A、U、G 和 C（图 4.7）。

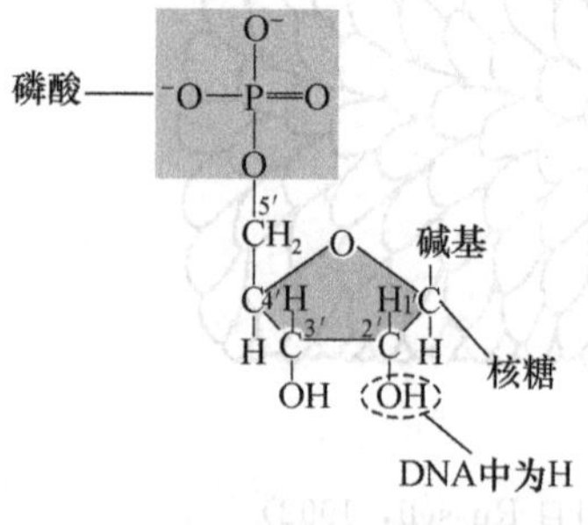

图 4.6 核酸由单核苷酸的重复结构组成，单核苷酸由磷酸基团、戊糖和碱基组成（引自 Madigan，2006）

表 4.1 碱基的表示方法

基本碱基	不确定碱基	
A：腺嘌呤	B：G、C 或 T（即非 A）	W：A 或 T
C：胞嘧啶	D：G、A 或 T（即非 C）	M：A 或 C
G：鸟嘌呤	H：A、C 或 T（即非 G）	K：G 或 T
T：胸腺嘧啶	V：A、C 或 G（即非 T）	S：G 或 C
U：尿嘌呤	Pu：嘌呤	Y：C 或 T/U(Pu)
H：次黄嘌呤	Py：嘧啶	R：A 或 G（Py）
X：黄(嘌呤核)苷	N：A、T、G、C	
I：肌苷，次黄苷		

起初人们普遍接受四核苷酸假说，认为 DNA 不论来源如何，成分都是相同的，因此不可能作为遗传信息的载体。

1948 年 A. Boivin、R. Vendrely 和 C. Vendrely 发现不同的生物体细胞中 DNA 的含量都是其配子中的 2 倍，这和染色体遗传学的原则完全一致。

1949 年英国的 E. Chargaff 应用当时先进的纸层析及紫外分光光度计对各种生物 DNA 的碱基组成进行了定量测定，他发现：①所有 DNA 中 A 与 T 的摩尔含量相等，即 [A]=[T]，G 与 C 的摩尔含量也相等，即 [G]=[C]，因此嘌呤的总含量和嘧

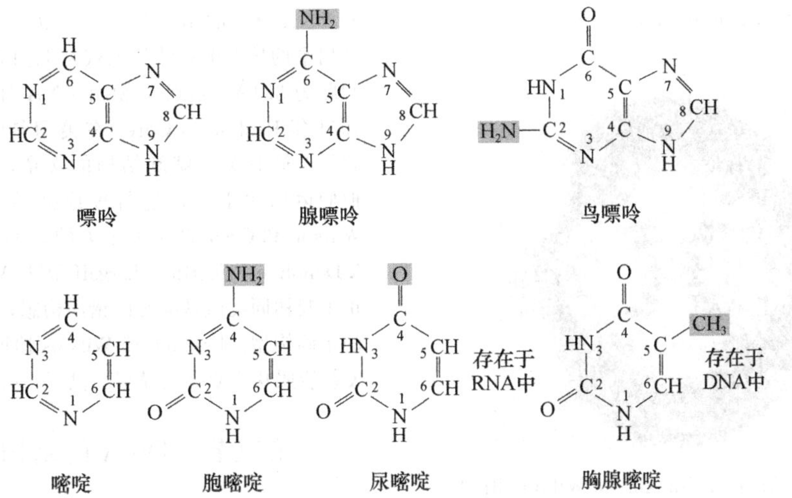

图 4.7　DNA和RNA中含氮碱基的结构（引自 Russell，1992）

它们的母体化合物是嘌呤（上部）和嘧啶（下部）。碱基之间的差异在于突出的基团

啶的总含量是相等，A+G=C+T，这一规律称为“Chargaff法则”（表4.2）；②不同生物的DNA碱基组成有明显的差异，表明具有物种的特异性，但没有组织的特异性和不同发育阶段的特异性，即各种生物的碱基组成是特异而稳定的，从而否定了四核苷酸假说。Chargaff谨慎地称这一发现“是DNA结构的某些重要面貌的反映”。在双螺旋模型未诞生之前，能有这样的“推测”是具有远见卓识的。实际上各种生物DNA碱基组成的特异性和稳定性表明DNA是可以携带遗传信息的。Chargaff法则的发现提示了A与T、G与C互补的可能性，为双螺旋模型的建立提供了重要依据。这一发现扭转了局面，使得DNA是遗传物质的观点迅速占据主流地位。

表 4.2　Chargaff 测定多种生物 DNA 的碱基组成的数据

生物	A∶G	T∶C	A∶T	G∶C	嘌呤∶嘧啶
牛	1.29	1.43	1.04	1.00	1.1
人类	1.56	1.75	1.00	1.00	1.0
母鸡	1.45	1.29	1.06	0.91	0.99
鲑鱼	1.43	1.43	1.02	1.02	1.02
小麦	1.22	1.18	1.00	0.97	0.99
酵母	1.67	1.92	1.03	1.20	1.0
流感嗜血杆菌	1.74	1.54	1.07	0.91	1.0
大肠杆菌K2	1.05	0.95	1.09	0.99	1.0
鸟类结核杆菌	0.4	0.4	1.09	1.08	1.1
黏质沙雷氏菌	0.7	0.7	0.95	0.86	0.9
芽孢杆菌	0.7	0.6	1.12	0.89	1.0

二、DNA双螺旋模型的诞生

20世纪50年代初人们对DNA的结构已产生了浓厚的兴趣。当时世界上从事这项研究的主要有三组科学家：一组是著名的美国理论化学家L. Pauling，他在1951年提出了蛋白质结构的α螺旋模型；另一组是英国剑桥大学从事DNA X射线研究的物理学家R. Franklin和M. H. F. Wilkins；第三组是到英国剑桥进修的美国青年学者J. D. Watson和剑桥大学卡文迪什实验室医学研究组的年轻学者F. H. C Crick。1952年的最后一天L. Pauling和R. B. Corey发表了DNA的三链模型，随后R. D. B. Fraser也提出另一个三螺旋模型。而Watson和Crick最初也接受了此模型，但很快他们就发现三螺旋模型存在一系列问题：①靠近轴的磷酸盐带有负电荷，将会相互排斥；②三螺旋模型中，有的范德华（van der Waals）键的距离太小。Fraser模型和L. Pauling等的模型不同，磷酸盐是在外侧，碱基是在内部，彼此通过氢键连接。然而，Watson和Crick发现Fraser模型太含糊不清。1952年末，R. Franklin和M. H. F. Wilkins拍到了一张十分清晰的DNA结晶X射线照片（图4.8）。Watson看到了这张照片后就确定双螺旋模型是正确的。1953年*Nature*杂志同时发表了Watson和Crick题为《DNA双螺旋结构》的论文及Franklin和Wilkins所拍的DNA结晶X衍射照片，DNA双螺旋模型从此诞生。这是继孟德尔建立遗传学基本定律后的又一次最伟大的发现，也是自然科学中划时代的成就之一。Watson、Crick 和 Wilkins 分享了 1962 年诺贝尔化学奖。

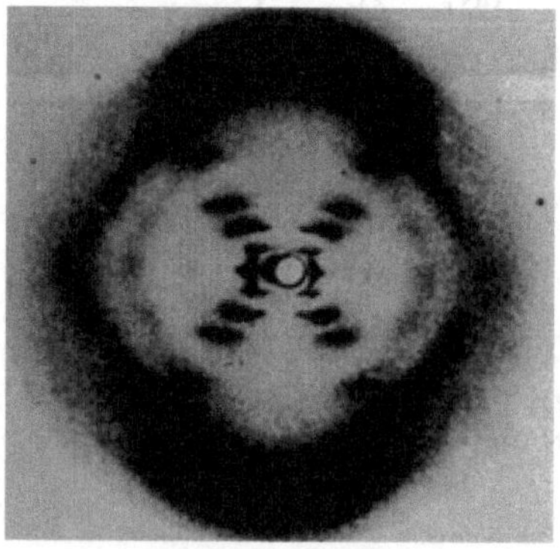

图 4.8　1952 年末 Franklin 和 Wilkins 拍到了一张十分清晰的 DNA 结晶 X 射线衍射照片（引自沃森等，2005）

双螺旋模型建立并非是一时的灵感，而是建立在许多前人科研成果的基础上。1938 年 W. T. Astbury 和 F. D. Bell 用 X 射线技术研究 DNA 的结构。1947 年他们拍摄了第一张 DNA 的衍射照片，并推断 DNA 分子的结构是：①柱状；②多核苷酸是一叠扁平的核苷酸；③核酸残基取向和分子长轴垂直，间距为 3.4Å。这已勾勒出 DNA 分子结构的雏形。1951 年 Pauling 和 Corey 在美国科学院报上连续发表了 7 篇有关 α 螺旋结构的文章，轰动整个世界，他们运用化学定律进行理论推导，此研究方法对 Watson 和 Crick 产生了很大的影响。美国晶体学者 J. Donohue 和英国的 Chargaff 帮助 Watson 和 Crick 纠正了起初同类碱基配对的错误构想，而提出碱基互补的正确构型。Franklin 和 Wilkins 拍得的 DNA 晶体的 X 射线照片为双螺旋模型提供了强有力的依据。

第三节　DNA 的结构和性质

一、DNA 双螺旋结构

Watson 和 Crick 提出的 DNA 双螺旋模型有以下特点：①DNA 分子由两条反向平行的多核苷酸链组成（图 4.9），形成右手双螺旋；②双螺旋的直径是 2nm，螺距为 3.4nm，上下相邻碱基的垂直距离为 0.34nm，交角为 36°，每个螺旋有 10 个碱基对；

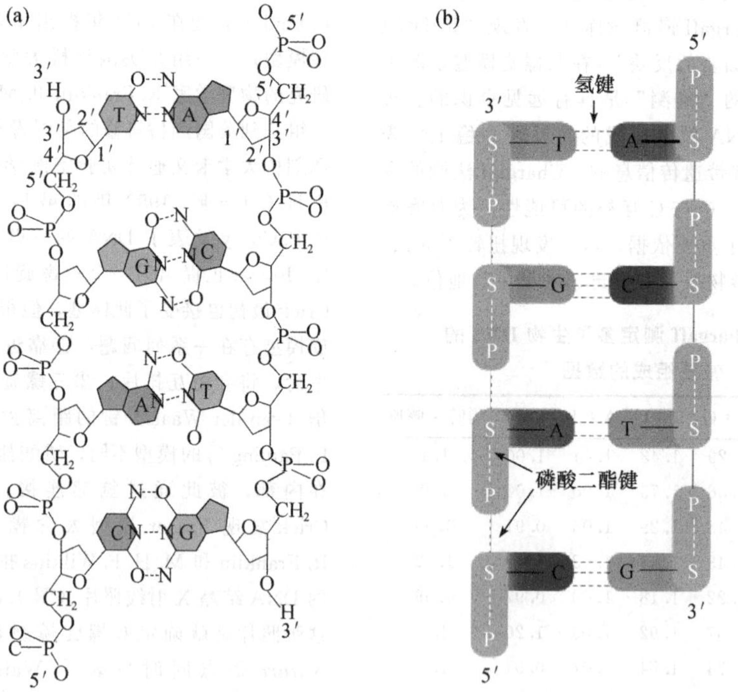

图 4.9　一个松散的 DNA 双链片段的结构（引自 Griffiths et al.，1999）

(a) 两侧为磷酸骨架，分子的中央是通过氢键互补配对的碱基；(b) 相同 DNA 片段中核苷酸反向平行排列的简化的形式，一个单核苷酸被显示成“L”形

③两条链反向平行，即两条链的 5′和 3′的方向相反；④糖-磷酸链是在双螺旋的外侧，两条链上的碱基通过氢键形成碱基对，使两条链连在一起，碱基对的平面与轴线垂直；⑤糖与附着在糖上的碱基近于垂直；⑥碱基配对时，必须一个是嘌呤，另一个是嘧啶；⑦DNA 双螺旋有**大沟**（major 或 wide groove）和**小沟**（minor 或 narrow groove）的存在（图 4.10）。

模型中的碱基配对十分重要：A-T 和 G-C 配对时可形成很好的线性氢键（图 4.11）；A-T 对和 G-C 对的几何形状一样，使双链中两侧脱氧核糖的 C_1-C_2 之间的距离相似，故不会使双螺旋丧失对称性而产生畸形；碱基对几乎处在同一平面内。在平面内有对称轴，垂直于平面。碱基对围绕对称轴旋转 180°仍保持原来的对称性。这就是说在一个螺旋中虽碱基对在平面上的投影位置各不相同，但每对都可保持在一个平面内。那么不论核苷酸的顺序如何，都不会影响双螺旋的结构。因此不同碱基组成的 DNA 双螺旋，其外形都是光滑而均匀的圆柱体，为 DNA 半保留复制奠定了基础。

在 DNA 双螺旋模型中的碱基对是处在同一平面内，实际上碱基对之间存在着一个小角度扭转，称为**螺旋桨式扭转**（propeller twist）（图 4.12）。此扭转使相邻碱基之间的重叠面积增大，从而增加了碱基间的堆积力，增强了双螺旋的稳定性。

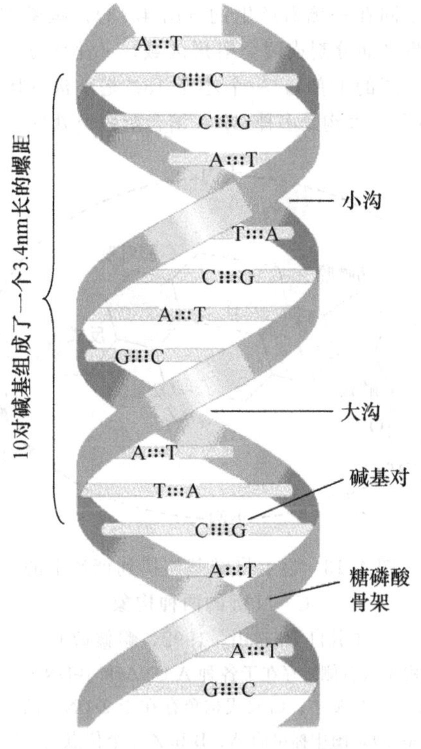

图 4.10　DNA 分子的结构
（引自 Griffiths et al.，1999）

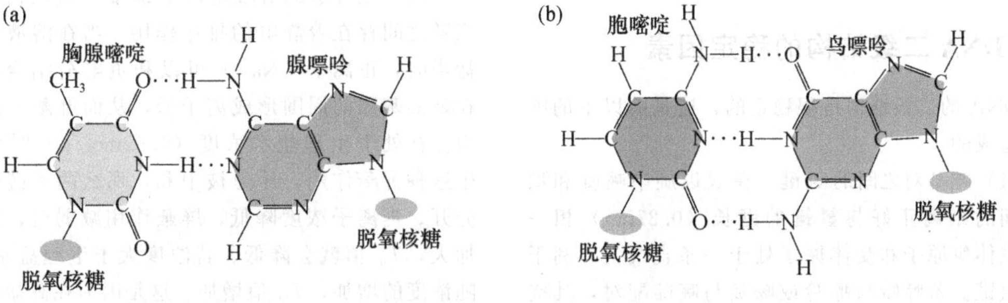

图 4.11　DNA 中碱基互补配对的结构（引自 Russell，1992）
图示嘌呤与嘧啶配对的两种情况：(a) 腺嘌呤和胸腺嘧啶通过 2 个氢键进行配对；(b) 鸟嘌呤和胞嘧啶通过 3 个氢键进行配对

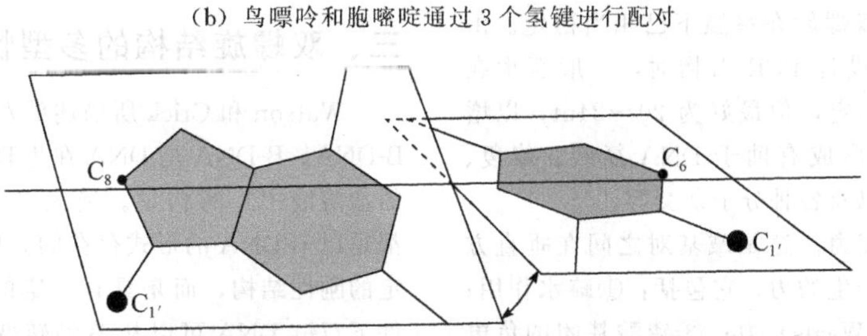

图 4.12　双螺旋中的一对互补配对的碱基之间存在着螺旋桨式扭转
（引自 http://cmgm.stanford.edu.biochem/）

DNA分子上大、小沟是由于碱基和核糖连接的糖苷键同在一侧而产生的（图4.13）。碱基对的糖苷键将平面分割成两个扇形区域，一个大于180°是大沟（图的上部），一个小于180°是小沟（图4.13的下部）。大沟是多种DNA结合蛋白所处的空间。

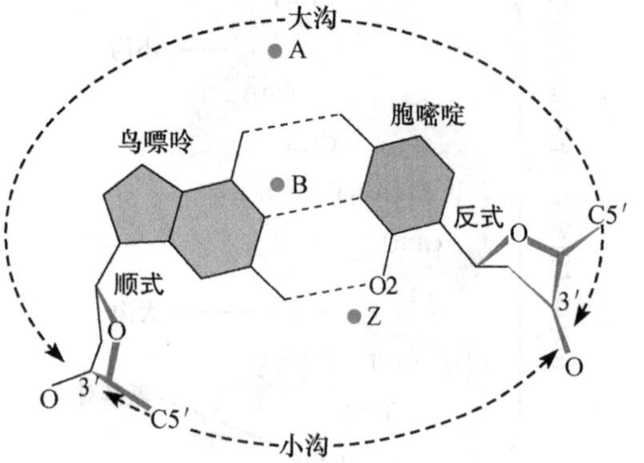

图4.13　显示将碱基连接到糖环上的C—N键的两种构象

（引自Russell，1992，略修改）

反式构象（右侧）存在于各种A-DNA和B-DNA以及Z-DNA的胞嘧啶中；而顺式构象存在于Z-DNA的鸟嘌呤中（左侧）。图中标出的A、B和Z三个位点表示三种类型DNA双螺旋的中轴位置。此中轴在A-DNA中位于大沟；在B-DNA中穿越碱基对；在Z-DNA中位于小沟

二、DNA二级结构的稳定因素

DNA的二级结构是很稳定的，这是由以下的因素所造成的。

（1）碱基对之间的氢键。在双螺旋中嘧啶和嘌呤之间的距离正好与氢键的键长（0.27nm）相一致。供体氢原子和受体原子处于一条直线上，利于形成氢键。若嘌呤与嘌呤或嘧啶与嘧啶配对，其空间的大小都不适合氢键的形成。单个氢键仍是不稳定的，分子平均的键能仅2.5kJ/mol，但由20个以上的碱基对组成的双螺旋在室温下已相当稳定。由于这个原因我们在设计PCR引物时，一般至少在16nt，以使其较为稳定，但最好为20～24nt，以增加特异性。氢键的形成有助于DNA复制、修复、重组、转录、翻译以及各种分子杂交等。

（2）碱基的堆集力。这是碱基对之间在垂直方向上的相互作用所产生的力。它包括：①疏水作用；②范德华（van der Waals）力；③磷酸基团的负电荷斥力。DNA的主链部分是亲水的，碱基的外围基团——氨基和酮基也是亲水的，但嘧啶和嘌呤本身带有一定程度的疏水性。因此在水溶液中，这些疏水基团自发聚集。从热力学的角度来看，DNA倾向于形成三维结构是有利于高溶性的磷酸基团与水的接触增加到最大限度，使碱基与水的接触减少到最小限度，从而使双螺旋内部相邻碱基相互聚集，形成双螺旋。在双螺旋中相邻碱基对的间隔是0.34nm，而范德华力的半径（指引力和斥力正好相平衡的距离）平均为0.17nm。

碱基间相互作用的强度与相邻碱基之间环的面积成正比。总的趋势是嘌呤与嘌呤之间＞嘌呤与嘧啶之间＞嘧啶与嘧啶之间。

$\frac{\overrightarrow{GC}}{\overleftarrow{CG}}$＝－3.4（kcal/mol），$\Delta G=-200$kJ/mol；

$\frac{\overrightarrow{CG}}{\overleftarrow{GC}}$＝－2.0（kcal/mol），$\Delta G=-9$kJ/mol。

三个终止密码子（UAA、UAG、UGA）中，UAA最有效。这是因为在64个密码子中，假如都有反密码子的话，$\frac{\overrightarrow{UAA}}{\overleftarrow{AUU}}$的$T_m$（解链温度）最低，在生理温度下也不稳定，故也很少产生抑制基因，UAA被自然界选择为终止密码子在热力学上是十分合理的。在碱基堆集中，处于DNA中间的碱基比两端的稳定，两端碱基越多，中间的堆集力越大，正因为这个原因，DNA双链两端经常**绽裂**（fraying）。

（3）核苷酸的磷酸基团上都带有负电荷，因此双链之间存在着静电的排斥作用。当在溶液中加入盐类时，正离子（Na^+）可以和负电荷结合，围绕在磷酸基团的周围形成离子云，从而屏蔽了静电斥力。在处于生理盐水浓度（0.02mol/L）时就可发生这种屏蔽作用，斥力被中和，那么两条链就不易分开。当离子浓度降低，屏蔽作用减弱时，排斥力加大，T_m值就会降低。若浓度大于生理盐水浓度，随浓度的增加，T_m值增加。这是因为在高盐的浓度下，碱基的溶解性降低，增加了疏水作用，促进了双螺旋的稳定。

三、双螺旋结构的多型性

Watson和Crick所描述的双螺旋结构实际上是B-DNA。B-DNA是DNA在生理状态下（在低浓度的盐溶液中）的构型。绝大多数活细胞中的DNA都是以B-DNA的形式存在的。但DNA不是一种固定的刚性结构，而是具有一定的弹性，在一定的条件下双链DNA可以从B型转变成其他的构象。现已知双螺旋的构象有A、B、C、D、E、T和Z共7类，常见的为A、B和Z三类（图4.14，表4.3）。

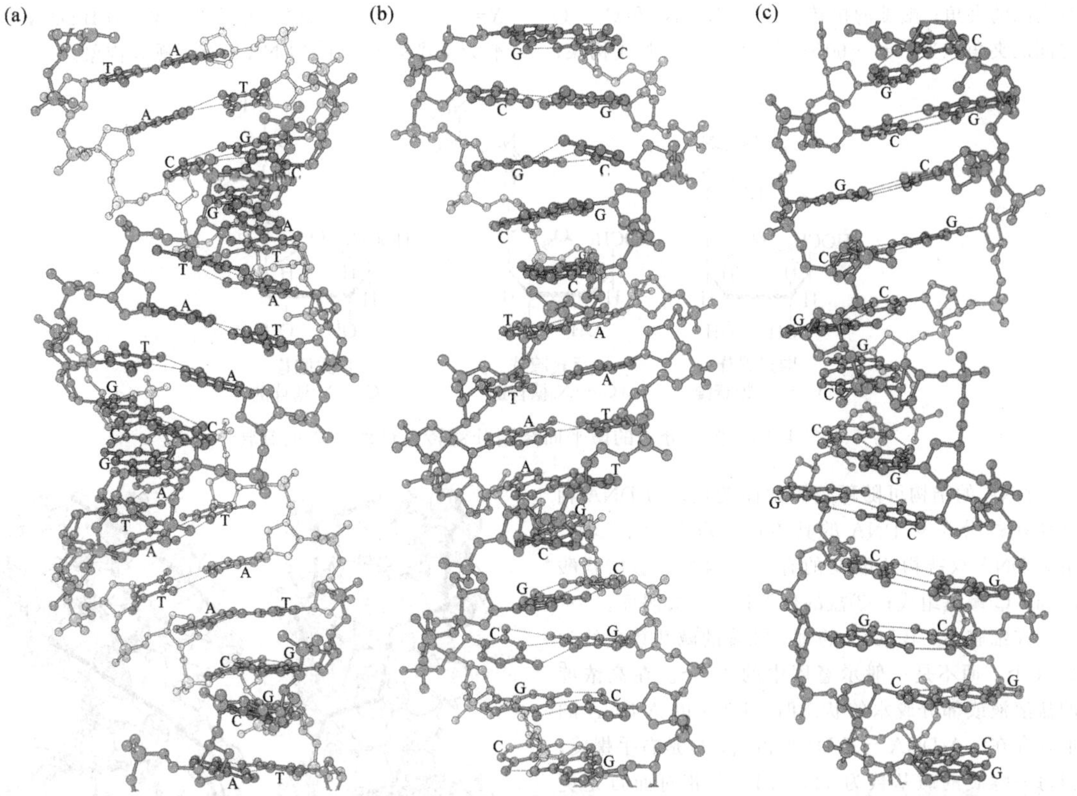

图 4.14　不同类型 DNA 结构的比较。显示了三种类型 DNA 的短片段（引自 Russell，1992）（见彩版）

(a) A-DNA；(b) B-DNA；(c) Z-DNA。中央为碱基对，两侧的链为糖-磷酸骨架。

注意：Z-DNA 的糖磷酸骨架呈“之”字形走向

表 4.3　A、B、Z 型双螺旋的特性

双螺旋类型	每螺旋内碱基对数	每对碱基的转角	每碱基对的间距/Å	直径/nm	存在的条件		沟型		糖苷键的构象	中轴位置
					相对湿度/%	盐的种类	大沟	小沟		
A	11	34.7°（右旋）	2.56	2.3	75	Na^+，K^+，Cs^+	窄，深	宽，深	反式（G，C）$C_{3'}$内式	大沟
B	10	34.0°（右旋）	3.38	1.9	92	Na^+，低盐	宽，中等深	窄，中等深	反式（G，C）$C_{2'}$内式	碱基对
Z	12	−30°（左旋）	3.71	1.8	43	Na^+，Mg^{2+}，高盐	平，浅	窄，深	反式（C），顺式（G），$C_{2'}$内式 $C_{3'}$内式（交替）	小沟

核酸中核糖的五元糖环不成一个平面，其中的 $C_{1'}$-O-$C_{4'}$三个原子一般共一个平面，而 $C_{2'}$或 $C_{3'}$都会偏离平面，这种偏离的差异使核糖产生了不同的构象（conformation）。若 $C_{2'}$或 $C_{3'}$偏离平面的方向与 $C_{5'}$相同，则称为**内式**（endo），若偏离平面的方向相反，则称为**外式**（exo）。

核苷的构象涉及**顺式**（syn）和**反式**（anti）。由于碱基可围绕糖苷旋转（图 4.15），造成碱基平面在糖环上的投影所形成的**扭转角**（torsion angle）X 会发生改变，嘌呤的扭转角 X 为 $C_{4'}$—N_9 的投影和 $C_{1'}$—

O之间的夹角；嘧啶的扭转角X为$C_{2'}$—N_1和$C_{1'}$—O之间的夹角。当$X=-60°\sim0°\sim120°$时为顺式构象，$X=120°\sim180°\sim-60°$时为反式构象。在B-DNA中一般为反式构象，在Z-DNA中存在顺式构象。

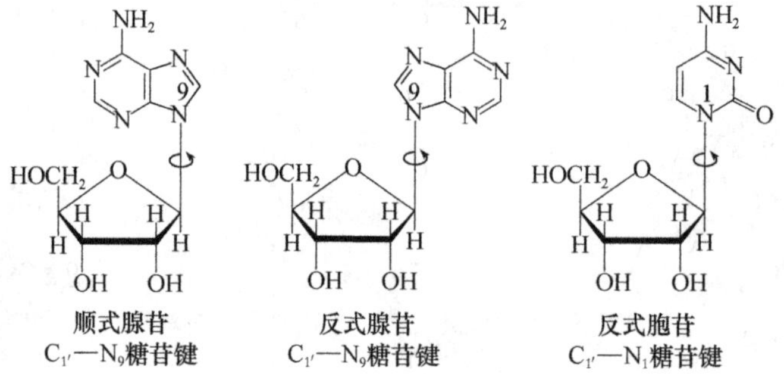

图 4.15　核苷分子的碱平面绕糖苷键转动可作 360°的旋转

DNA的结构可随环境因素而变化，与DNA相互作用的分子对DNA的具体构型也可产生影响。引起DNA双链构象改变的有以下因素：①核苷酸序列；②碱基组成；③盐的种类；④相对湿度。

在细胞内，B-DNA的每一螺旋的碱基数大约为10.4个，而不是一般示意图中的10个。在高浓度的盐溶液或部分脱水的状态时，DNA以A-DNA的形式存在。A-DNA与B-DNA相似，也是右手螺旋，但每一螺旋的碱基数为11。A-DNA相对而言是更短、更粗的螺旋，其螺旋直径为2.3nm。但在细胞内，几乎没有A-DNA的形式存在。

左旋DNA（Z-DNA）的发现是分子遗传学的重要发现之一。1972年F. M. Pohl等发现人工合成的嘌呤与嘧啶相间排列的多聚核苷酸顺序（GCGCGC）在高盐的条件下旋光性会发生改变。接着王惠君（A. H. J. Wang）和A. Rich对六聚体（CGCGCG）单晶作了分辨率达0.09nm的X射线分析，提出了Z-DNA模型。

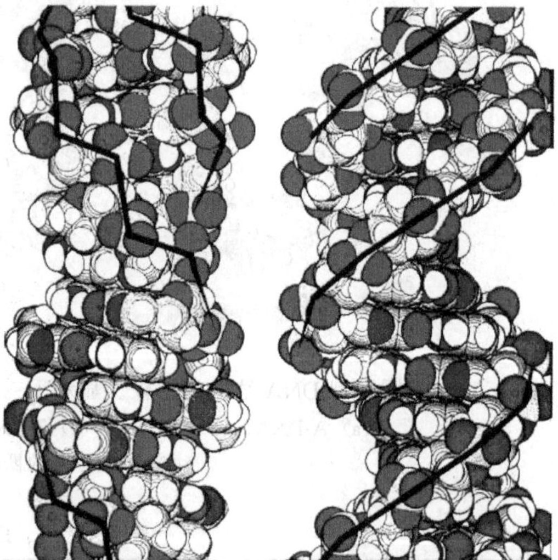

图 4.16　左旋DNA（左）和右旋DNA（右）
（引自 Griffiths et al.，1993）

（一）Z-DNA的结构特点

Z-DNA主要具有以下特点。①糖磷酸骨架呈**“之”字形**（zigzag）走向。在Z-DNA中C和核糖以反式连接，而G和核糖以顺式连接，由于GC的交替排列，随之，顺式、反式构象也交替排列，使主链P-G-P的行径与转轴平行，P-C-P的行径与主轴垂直（图4.16）而呈“之”字形。②左旋。因G的糖苷键呈顺式，不仅使旋转方向发生改变，而且使G残基位于分子表面［图4.14（c）］。③分子外形呈波形。这是由于碱基对向螺旋的外表面前移，中轴不再像B-DNA位于碱基对，而移向小沟（图4.13）。

（二）Z-DNA存在的条件

在以下的条件下DNA以Z型存在。①在高盐的条件下：NaCl的浓度超过2mol/L，$MgCl_2$的浓度要超过0.7mol/L。②嘌呤-嘧啶相间排列：poly $d\left(\frac{GC}{CG}\right)_n$。在一定的条件下poly $d\left(\frac{AC}{TG}\right)_n$甚至$d\left(\frac{AT}{TA}\right)_n$以及更为复杂的排列，如$\frac{CGCATGCG}{GCGTACGC}$也可形成Z-DNA。现在认为在适当的离子存在条件下，任何不少于6bp的嘌呤-嘧啶交替排列顺序都能形成

Z-DNA。③在活细胞中如果胞嘧啶被甲基化（^{m5}C），则无需嘌呤-嘧啶相间排列，在生理盐水的浓度下就可产生 Z 型，如 $\begin{matrix}{}^{m5}C\ \ GAT\ \ G\\ G^{m5}CTA^{m5}C\end{matrix}$。1981 年 M. Behe 发现这是由于甲基（m）伸向大沟含水的环境中，周围局部形成憎水区，有利于 Z-DNA 的稳定。用 Z-DNA 抗体实验表明果蝇的 X 染色体中就存在 Z-DNA。④其他条件：在体内有多胺化合物的存在，如精胺、亚胺和亚精胺，它们和阳离子一样，可和磷酸基团结合，减少负电荷的排斥作用，使 B-DNA 转变成 Z-DNA。某些蛋白质如 Z-DNA 结合蛋白带有正电荷，与 DNA 结合可使 DNA 周围形成局部的高盐浓度微环境，这也是在活细胞中形成 Z-DNA 的原因之一。在体内负超螺旋的存在也是 Z-DNA 形成的条件之一。抗体结合实验表明，将 poly（dG-dC）插入到质粒中，当质粒处于松弛状态时不能和 Z-DNA 抗体结合。

（三）Z-DNA 的生物学意义

Z-DNA 可能提供了某些调节蛋白的识别位点。在 SV40 的增强子中有三段 8bp 的 Z-DNA 存在，若将其中 2 个 Z-DNA 片段除去，再接到 β 珠蛋白基因上，则增强子失去活性。当将野生型 SV40 的 Z-DNA 中“T”和“C”转换成“C”和“T”时，不影响突变体的活性，但嘧啶转换成嘌呤时，由于破坏了嘌呤-嘧啶的相间排列，而使 Z-DNA 难以形成，从而 SV40 也失活（图 4.17）。

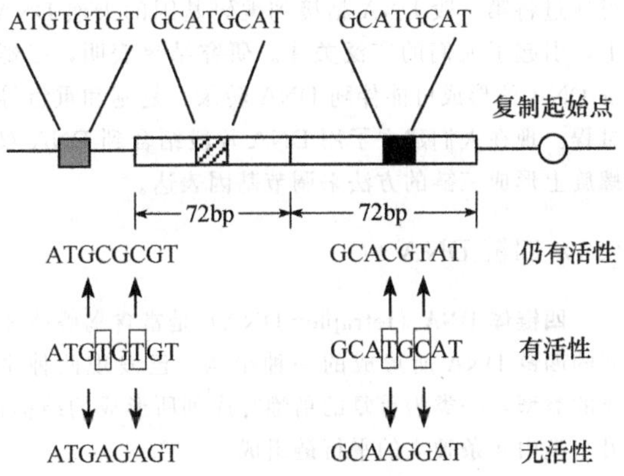

图 4.17　SV40 增强子中的 Z-DNA 及其突变后的影响

另一个例子是原生动物纤毛虫，它有大、小两个核，它们的 DNA 序列相同，但大核有转录活性，小核则与繁殖有关。用 B-DNA 抗体以荧光标记后，结果显示抗体和大、小两核都能结合，而以荧光标记的 Z-DNA 抗体显示仅和大核 DNA 结合，不和小核的 DNA 结合，说明大核 DNA 有 Z-DNA 的存在，可能和转录有关。

四、DNA 二级结构的类型

（一）三链 DNA

三链 DNA（triple-stranded DNA）也称为 **DNA 三链体**（triplex DNA），是 DNA 的一种特殊结构。是由第三条寡核苷酸链通过 Hoogsteen 碱基配对和双螺旋中的一条链以特殊的氢键相连，形成三螺旋结构（图 4.18）。

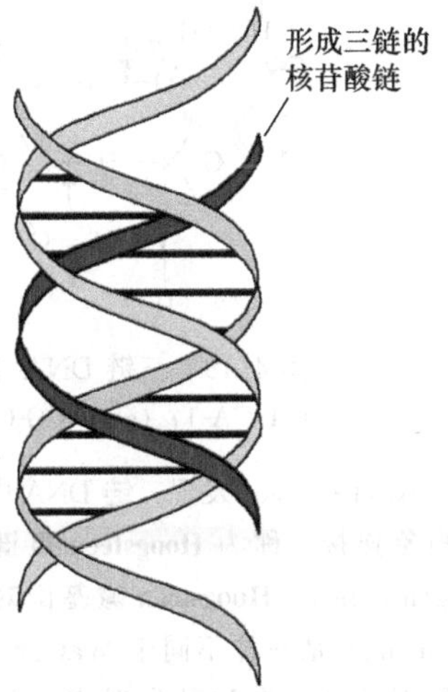

图 4.18　三螺旋结构的模型。第三条链嵌在大沟中与 DNA 双链结合（引自 Seidman and Glazer，2003）

三链 DNA 是一种 DNA 结构，在此结构中三条寡核苷酸彼此缠绕形成一个三螺旋（triple helix）。三链 DNA 基本结构可分为两类（图 4.19）：①Py-Pu-Py 构象（如 C∶G-C^+，T∶A-T）（C^+ 表示质子化的胞嘧啶）［图 4.19（a，b）］；②Pu-Pu-Py 构象（如 G∶G-C，A∶A-T）［图 4.19（c，d）］。在三链 DNA 结构中，一条链通过 Hoogsteen 或**反转 Hoogsteen 氢键**（reversed Hoogsteen hydrogen bond）与 B-DNA 的双螺旋结合。例如，T 通过 Hoogsteen 氢键与 Watson-Crick 碱基对 T-A 连接。一个 N-3 的质子化的胞嘧啶也能通过 Hoogsteen 氢键与 G-C 对结合［图 4.19（a）］。这样，通过 Hoogsteen 氢键，由两个**同型嘧啶**（homopyrimidine）和一个**同型嘌呤**（homopurine）组成三螺旋 DNA，而这个同型嘧啶第三条链是和同型嘌呤链平行的。

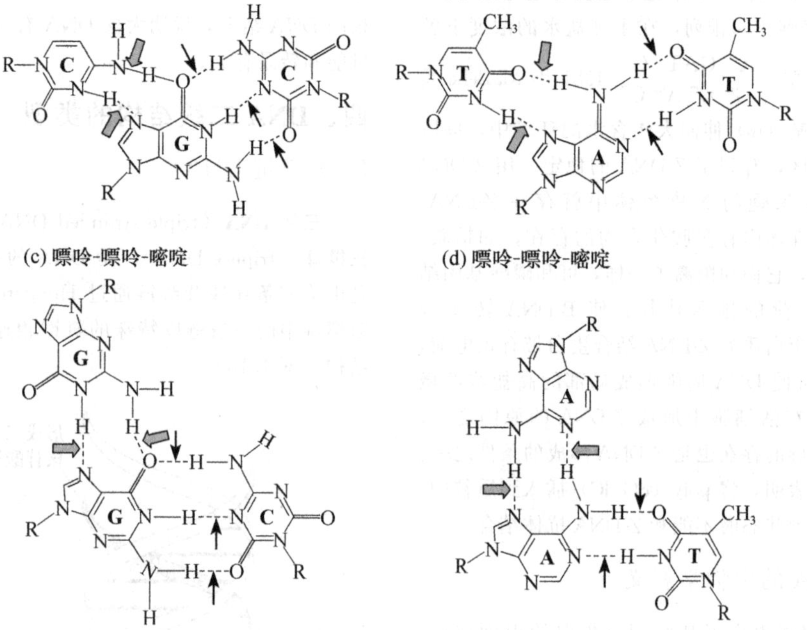

图 4.19　三链 DNA 中的碱基配对（引自 Seidman and Glazer，2003）

(a) C∶G-C；(b) T∶A-T；(c) G∶G-C；(d) A∶A-T。→表示 Watson-Crick 氢键；⇒表示 Hoogsteen 氢键

1963 年 K. Hoogsteen 发现三链 DNA 中的碱基能以不同的构象连接。称为 **Hoogsteen 氢键**（Hoogsteen hydrogen bond）。**Hoogsteen 碱基配对**（Hoogsteen base pairing）是一种不同于 Watson-Crick 配对的碱基的配对方式。在这种配对中，腺嘌呤的 6-NH_2 和 N-7 分别与胸腺嘧啶的 4-O 和 H-1 形成氢键，鸟嘌呤与胞嘧啶的配对要求胞嘧啶的 N-1 是质子化的，鸟嘌呤的 6-O 和 N-7 分别与胞嘧啶的 4-NH_2 和质子化的 N-1 形成氢键。Hoogsteen 配对中的嘌呤核苷酸的糖苷键是顺式的。DNA 三链结构中的第三条链与其中的双链的碱基形成 Hoogsteen 碱基配对。

一个同型嘌呤的第三条链能用反转 Hoogsteen 氢键模式与同型嘌呤-同型嘧啶双螺旋结合。在这种三链中，碱基 A 结合于 A-T 碱基对，G 结合于 C-G 碱基对。因此，在第三条链上的碱基是反转的。同型嘌呤的第三条链是与原来双链的嘌呤链反向平行的。

1957 年 G. Felsenfeld 等报道了 Poly（U）及 Poly（A）形成的双螺旋可与另一条 Poly（U）结合形成 A（U）2 的三螺旋结构，认为这种结构仅是体内的一个生物学过程。例如，在 *E. coli* 重组酶 RecA 作用中产生的一个中间体，当时他们未能弄清其功能。正因为平行的三螺旋结构（指三螺旋结构中的第三条链的序列与第一条链的序列相同，方向也相同）与基因的重组（recombination）有关，所以这种结构的 DNA 又称为 R-DNA。

1987 年 S. M. Mirkin 等在一种质粒的酸性溶液中发现了分子内的三螺旋 DNA，称为**铰链 DNA**（hinged DNA，H-DNA），同年 P. B. Dervan 等证实可通过将第三股 DNA 粘接到编码基因的天然 DNA 上，引起了人们的广泛关注。研究结果表明，三螺旋 DNA 的形成可能伴随 DNA 转录、复制和重组等过程。现在人们建立了用 DNA 片段结合到 DNA 双螺旋上形成三链的方法来调节基因表达。

（二）四链 DNA

四链体 DNA（tetraplex DNA）是富含鸟嘌呤序列的四链 DNA 所形成的一种结构。已发现两种主要的类型：一类为重复的鸟嘌呤序列所形成的结构；另一类由 4 条独立的平行链组成。

端粒的单链富含“G”的 3′突出端能形成**鸟嘌呤四联体**（G quartet），又称为 **G-四联体螺旋**（G-quadruplex）。例如，哺乳动物的端粒序列由重复 T_2AG_3 序列组成，而末端有一小段 150～200nt 的单链 G 丰富重复序列，悬在染色体的 3′端。1989 年 J. R. Williamson 等用 X 射线在体外分析了这段序列的晶体，发现这段序列可形成特殊的四链结构，特

别是在有 Na^+ 和 K^+ 存在的情况下，可以聚集形成四链结构。这是由于 4 个鸟嘌呤通过 Hoogsteen 氢键可形成环状的平面鸟嘌呤四联体，每个鸟嘌呤既可作为一个质子供体，又可作为其相邻质子的受体，所以，四联体通过 8 个氢键连接在一起。四联体可一个个堆叠，位于轴向的单价阳离子有利于堆叠的稳定（图 4.20）。四链 DNA 的生物学功能可能在于参与端粒 DNA 的复制。

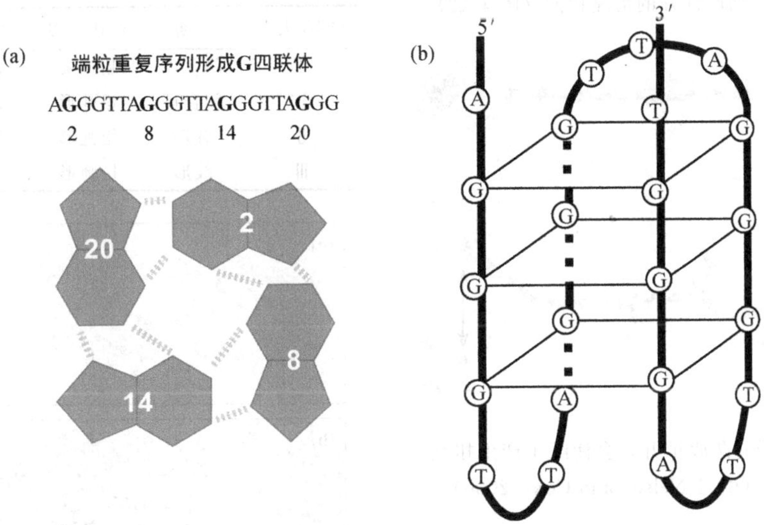

图 4.20　人类的 G 四联体（引自 Lewin，2004）

(a) 从人类端粒 3 个重复片段中获得的 G 四联体晶体结构。顶上的四联体包含来自每个重复单位的第一个 G，它堆叠在第二个 G 四联体（含 2，8，14，20 位的 G）和第三个 G 四联体（含 4、10、16、22 位的 G）上；(b) G 四联体形成的环状平面

五、超螺旋

E. coli 的 DNA 的总长度是其细胞长度的 100 倍，那么它的 DNA 怎样包装成**类核**（nucleoid）？原来其 DNA 存在着**超螺旋**（supercoil）。1963 年 J. Vinogred 在离心分离多瘤病毒（polyomavirus）的环状 DNA 时，原以为在离心管中只会出现一条带，结果出现了两条带，他认为一条可能是**松弛型 DNA**，另一条可能是**超螺旋 DNA**（supercoiled DNA），从而发现了 DNA 的超螺旋。

双链在**促旋酶**或称**旋转酶**（gyrase）的作用下，螺旋恢复到松弛状态（图 4.21），此酶沿拓扑异构复制叉的移动是通过**解旋酶**（helicase）来完成的，解旋酶可切断配对碱基之间的氢键，并逐步解开正

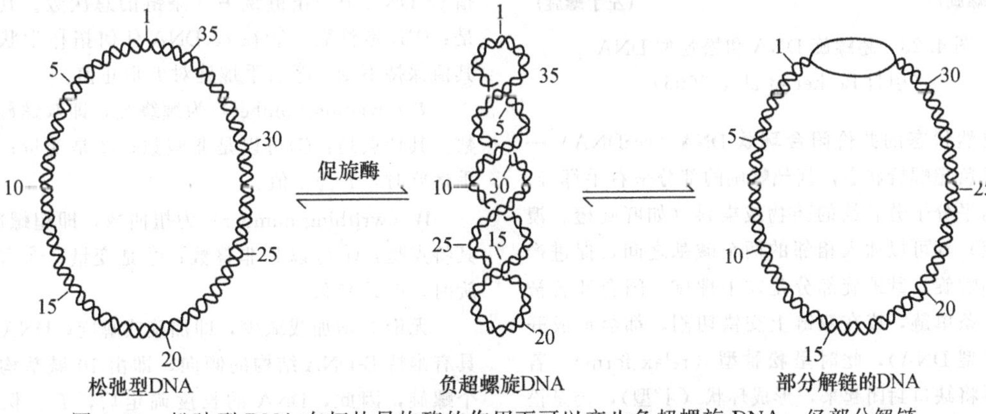

图 4.21　松弛型 DNA 在拓扑异构酶的作用下可以产生负超螺旋 DNA，经部分解链，负超螺旋可恢复成松弛型 DNA（转引自沃森等，2005）

在前进的 DNA pol Ⅲ前面的双螺旋。产生的单链 DNA 被**单链结合蛋白**（single-strand binding protein，SSB）所结合，使单链保持稳定，防止其重新形成双链。当 DNA 解旋时，它趋向形成**超螺旋**。这个过程和将绳子的两股扯开的情况相似（图 4.22）。

图 4.22　将绳子的两股扯开，会使绳子产生扭结，即“超螺旋”（引自 Nelson and Cox，2000）

超螺旋又分成**负超螺旋**（negative supercoil）和**正超螺旋**（positive supercoil）两种（图 4.23）。

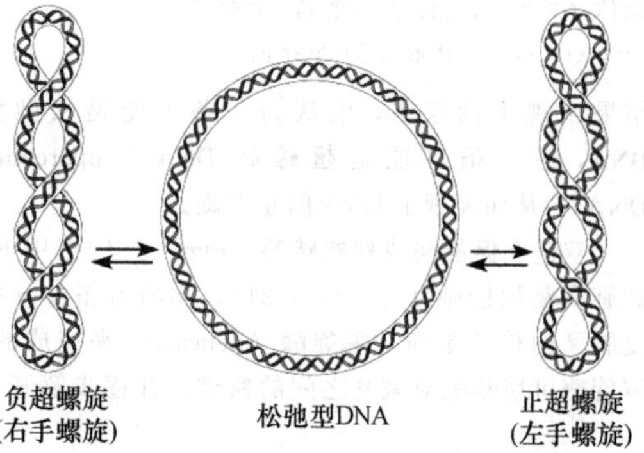

图 4.23　超螺旋 DNA 和松弛型 DNA
（引自 Becker et al.，2006）

自然状态的**共价闭合环状 DNA**（cccDNA）一般都呈负超螺旋状态，其超螺旋的部分呈右手螺旋。某些扁平分子芳香族的药物或染料（如吖啶橙、溴化乙锭）等可以插入相邻的两个碱基之间，促进产生正超螺旋，其螺旋部分是左手螺旋。闭合环若被切开一条单链，或在双链上交错切割，都会形成**开环**（Ⅱ型 DNA），此时呈**松弛型**（relax form）。若此时再将缺口封闭起来，形成环状（Ⅰ°型），仍是松弛型，无超螺旋存在。毫无疑问，线状的 DNA 是不可能形成超螺旋的。不同类型的 DNA 的沉降系数和泳动率不同，我们可以用密度离心和凝胶电泳来进行鉴别（表 4.4）。另外也可以用电镜来直接观察超螺旋结构（图 4.24）。

表 4.4　不同类型 DNA 的三级结构及性质

DNA 类型	形态	拓扑结构	沉降系数	电泳迁移率
Ⅰ	闭合环	超螺旋	1.41	最快
Ⅰ°	闭合环	松弛形	1.14	最慢
Ⅱ	开环	松弛形	1.14	同Ⅰ°型
Ⅲ	线形	松弛形	1.00	中等速度

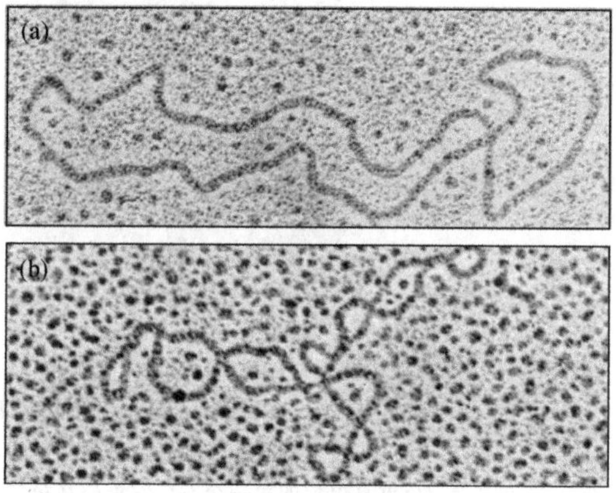

图 4.24　超螺旋 DNA 的电镜照片
（引自沃森等，2005）
（a）松弛型的环状 DNA，它是伸展的；（b）超螺旋 DNA，是扭曲而凝缩的

超螺旋是可以定量描述的。J. H. White 在 1969 年通过微分几何的研究建立了 White 方程（$L=T+W$）来说明环绕数和超螺旋的关系

L（linking number）为链环数或称拓扑环绕数，指 cccDNA 中一条链绕另一条链的总次数。其特点是：①L 是整数；②在 cccDNA 任何拓扑学状态中其值保持不变；③右手螺旋对 L 取正值。

T（twisting number）为缠绕数，即双螺旋的圈数。其特点是：①可以是非整数；②是变量；③右手螺旋时，T 为正值。

W（writhing number）为扭曲数，即超螺旋数。其特点是：①可以是非整数；②是变量；③右手螺旋时，W 取负值。

无论 L 增加或减少，即加旋或解旋，DNA 分子具有维持 B-DNA 结构的倾向，即由 10 碱基构成一个螺旋，因此，DNA 的长度确定后，T 会保持不变，加旋和解旋的影响由三极结构的扭曲来抵消。现举例说明这三者之间的关系。例如，有松弛的

B-DNA，共有 420bp，一条链绕另一链 42 次，正好形成 42 圈螺旋，则 $L=T=42$，所以 $W=0$，无超螺旋。若固定一端，另一端按顺时针方向旋转 6 圈，使双螺旋解开 6 圈，再将双链连接成闭合环，而 DNA 仍要保持 B-DNA 的结构，每个螺旋由 10bp 组成，T 又变成最初的 42，即有 42 个螺旋，则 $L=36$，$T=42$，所以 $W=-6$，即形成了 6 个负超螺旋（右旋），在此情况下，T 值保持不变，$\Delta T=0$，$\Delta L=\Delta W$。

第四节　DNA 的变性与复性

DNA 双链依靠氢键彼此互补地连接在一起。A-T 对有两个氢键，G-C 对有三个氢键。如果缓慢地加温，就可以使氢键断裂，双链解开，产生单链的 DNA 分子，这一过程就称为 DNA 的**变性**（denaturation）或**解链**（melting）。已经变性的单链 DNA 分子若骤然冷却，仍保持为单链；但若缓慢冷却，单链就重新彼此靠近，随机碰撞，重新结合成双链。若是非对应段的结合，即使有短暂的结合，又会发生分离。互补的两条链首先是中心部分互补碱基对之间形成氢键，此称为**成核作用**（nucleation），接着像拉拉链一样，其余部分随之形成互补双链，此称为**拉拉链作用**（zippering）。核酸分子在变性后分开的互补链缓慢冷却，重新形成互补双链的过程称为**复性**（renaturation）或**退火**（annealing）。

DNA 的复性对片段有两个要求：①互补序列的碰撞和排列；②碱基的正确配对和氢键的形成，但不需要完全配对，即不需要两条链完全互补。

一、DNA 变性的影响因素

高温、酸、碱及某些变性剂如尿素、甲酰胺和甲酸等都可导致 DNA 变性。DNA 变性后形成单链，其物理性质也相应发生了变化：①流体力学的性质发生改变，黏度下降，而沉降速度增加；②由于发色基团隐藏在 DNA 的内部，变性后裸露出来，从而提高了对紫外线的吸收能力，此称为**增色效应**（hyperchromic effect）。例如，双链 DNA 的 $A_{260}=1.00$（浓度为 50μg/ml 时，对波长 260nm 紫外线的吸收能力）；单链 DNA 的 $A_{260}=1.37$；游离碱基或核苷酸的 $A_{260}=1.60$。表示变性特征的简便参数是**解链温度**（melting temperature，T_m）或熔点，T_m 是 A_{260} 值升高达到极大值一半时的温度，或者说是变性温度范围的中点。在生理条件下 T_m 一般在 85～95℃（图 4.25）。

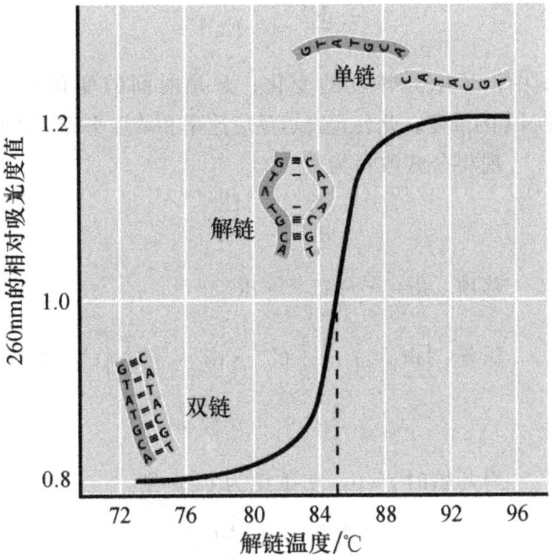

图 4.25　DNA 的解链曲线。DNA 在不同的温度范围内可能呈现的不同构象（引自 Madigan，2006）

影响变性的因素有外部条件和内部结构两类。外部条件如温度和正离子的浓度。如前所述，正离子对磷酸骨架负电荷的中和及屏蔽以及对碱基疏水性的增加，可影响到双链的打开。在正离子浓度低于 0.4mol/L 时，单价阳离子浓度增高 10 倍，T_m 增加 16.6℃。

影响变性的内部结构主要是 GC 含量及分子类型。当 GC 的含量上升 1%，则 T_m 上升 0.4℃。可以通过**马默多蒂**（Marmur-Doty）**关系式**来换算 GC 百分比与 T_m 的关系：

$$T_m = 69.3 + 0.41(G+C)\%,$$
$$\text{或 } GC\% = (T_m - 69.3) \times 2.44$$

DNA 分子的类型不同，T_m 也不同，环状比线状稳定，所以其 T_m 高于线状分子。在进行 PCR 引物设计时要求一对引物的 T_m 相近，就需考虑 GC 含量和引物的长度来调整其 T_m。

二、DNA 的复性动力学

复性动力学的研究可以用来推测原核基因组的大小，以及区分单一顺序和复杂顺序等。对于复性反应我们可以简单地写成 $2ssDNA \underset{K}{\overset{K_2}{\rightleftharpoons}} dsDNA$，即两条单链 DNA 形成双链 DNA，$K$ 为反应的速率常数，其大小由溶液的阴离子浓度、反应温度、DNA 片段长度和复杂性所决定。此反应符合化学动力学二级反应速率方程：

$$\frac{dC}{dt}=-KC^2$$

式中，dC 表示浓度的变化；dt 是时间的变化；C 是 DNA 的浓度。此公式表示反应速率和浓度平方成正比。

现将公式改写为

$$\frac{dt}{dC}=-\frac{C^{-2}}{k}$$

移项：$dt=-\frac{1}{k}C^{-2}\cdot dC$

积分：$\int dt=\int-\frac{1}{k}C^{-2}\cdot dc=-\frac{1}{k}\int C^{-2}dc$

$$t=\frac{1}{k}C^{-1}+\text{常数}\cdots\cdots \quad (1)$$

当开始时 $t=0$，初浓度为 C_0，则

$$\text{常数}=-\frac{1}{k}C_0^{-1} \quad (2)$$

将（2）代入（1），则

$$t=\frac{1}{k}C^{-1}-\frac{1}{k}C_0^{-1}=\frac{1}{kC}-\frac{1}{kC_0}$$

移项：$\frac{1}{kC}=t+\frac{1}{kC_0}=\frac{kC_0t+1}{kC_0}$

移项得：$\frac{C}{C_0}=\frac{1}{1+kC_0t}$

初始时单链 DNA 的浓度 C 即是 C_0，因为 $\frac{C}{C_0}=1$，全部复性时 $\frac{C}{C_0}=0$

那么复性进行一半时：

$$\frac{C}{C_0}=\frac{1}{2}=\frac{1}{1+kC_0t_{1/2}}$$

所以

$$C_0t_{1/2}=\frac{1}{k}$$

因为 k 是和 DNA 分子的大小 N 成反比的（$k\propto 1/N$），所以复性反应进行一半时的浓度和时间的乘积和 DNA 分子大小（N）成正比：

$$C_0t_{1/2}\propto N$$

根据复性动力学公式我们可以知道：

（1）单链 DNA 的浓度“C”随着时间“t”的增大而减小。

（2）反应速率取决于初始单链的浓度 C_0。

（3）我们可以用反应浓度为纵坐标，以 $C_0t_{1/2}$ 的对数为横坐标绘制出各种 DNA 的复性曲线。

（4）因为 $C_0t_{1/2}$ 和基因组的大小成正比，我们就可以通过 $C_0t_{1/2}$ 值的测定来推测原核生物和噬菌体的分子质量。例如，已知大肠杆菌的基因组为 4.2×10^6 bp，$C_0t_{1/2}=9$ mol/L · s，那么我们只要测出某原核生物的 $C_0t_{1/2}$，用下列公式就可以计算其基因组的大小。

已测出的某原核生物的 $C_0t_{1/2}\div9$(mol/L · s)＝某基因组大小÷(4.2×10^6 bp)

（5）不同的原核生物因基因组大小不同，复性曲线也不同（图 4.26）。

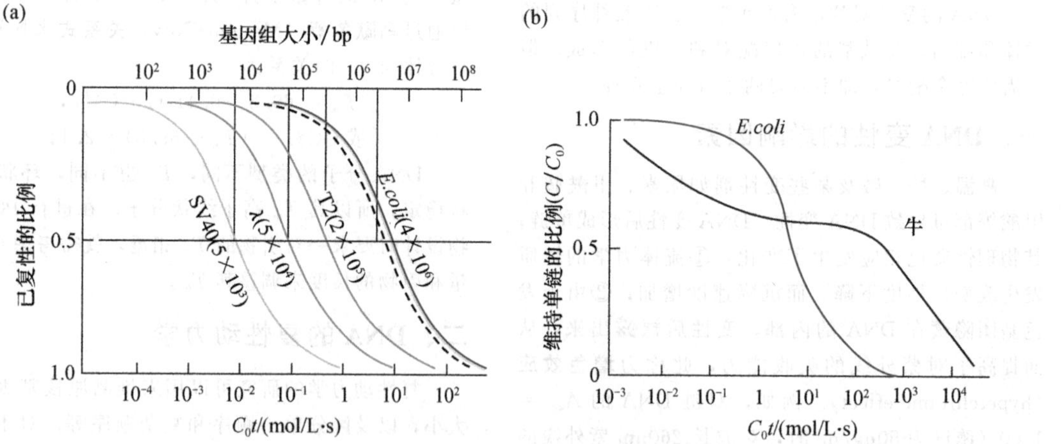

图 4.26 不同 DNA C_0t 区段（引自 Russell，1992）

（a）显示了小基因组生物（*E. coli*、噬菌体 T2 和 λ 及小病毒 SV40）的 C_0t 区段。虚线表示推测基因组大小与 *E. coli* 相当的生物的 DNA C_0t 区段。（b）以一个 C_0t 区段来比较牛胸腺 DNA 与 *E. coli* DNA 的复性动力学。*E. coli* 的 DNA 几乎全部都是单一序列。而牛的 C_0t 曲线与 *E. coli* 的完全不同，显示某些序列复性很慢（曲线的右侧），而有的又比 *E. coli* 还要快一些（曲线的左侧）

(6) 可以用来区分真核生物和原核生物的基因组。R. J. Britten 和 D. E. Kohne (1968) 通过对 DNA 复性动力学的研究提供了基因组中序列分布的信息，指出了原核生物和真核生物基因组明显不同之处。真核生物的 DNA 有重复序列，而原核生物多为单一序列。单一序列的复性曲线常只有一个拐点，而重复序列常有多个拐点。即使有些真核生物中的单一序列只有一个拐点，但其 C_0t 比值变化范围和原核也不同。我们可以通过曲线的拐点（即反应进行一半时的这一点）作切线，在横坐标上的两个交点即为 C_0t 比值变化范围，原核生物的 C_0t 比值为 100 之内，而真核生物 DNA 的 C_0t 比值将大于 100（图 4.27）。

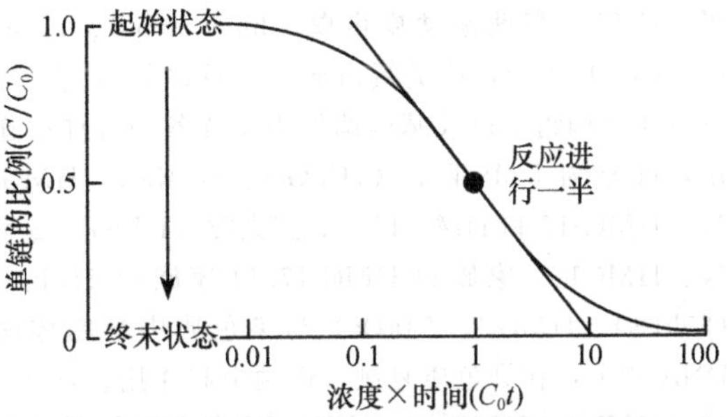

图 4.27　DNA 单一序列复性曲线的判断。DNA 开始时是单链，复性终止时是双链。复性曲线的 80%跨越了 $2\log C_0t$（引自 Russell，1992）

复性反应也受到以下因素的影响：①DNA 片段的大小；②DNA 的浓度；③DNA 复杂性，即原核为单一序列，所以 DNA 复性较为稳定，而真核 DNA 具有各种重复序列，所以较为复杂；④温度，复性温度一般比 T_m 低 25℃为最佳；⑤盐的浓度，复性时要求盐的浓度达到足够高，如 NaCl 为 0.15～0.50mol/L。

一般我们可以通过以下两种方法检测在复性反应中单链是否已经结合成双链。

(1) **减色效应**（hypochromic effect）：和增色效应相反，由于双链逐渐增多，对 260nm 的紫外光吸收会相应减弱。因此测定光密度，即 **OD 值**（optical density）即可。DNA 从单链变成双链，OD_{260} 减少 30%。

(2) 羟基磷灰石柱层析：羟基磷灰石的特点是对双链 DNA 吸附较牢，但不易吸附单链。我们将样品过柱，然后用不同浓度的缓冲溶液洗脱，就可分别收集单链和双链 DNA，计算相对浓度。

第五节　真核生物的染色体

DNA 是遗传信息分子水平的载体，而染色体是遗传信息亚细胞水平的载体。在真核细胞分裂的中期，由染色质凝聚成的在显微镜下可观察到的棒状物称为**染色体**（chromosome）。它们由 DNA、组蛋白、非组蛋白和少量的 RNA 组成，每条染色体都具有一个着丝粒和两个端粒，有的染色体还有一个核仁形成区。每个物种的染色体都具有特定的数目和形态。

虽然早在 19 世纪 80 年代，科学家们已用碱性染料染色，在光学显微镜下观察到了染色体，但对染色体结构的认识却晚于 DNA。

一、染色质

染色质（chromatin）是间期细胞核内能被碱性染料染色的物质，是染色体的基本成分，可分为伸展状态的常染色质和凝缩状态的异染色质。

常染色质（euchromatin）是指间期核内染色质纤维折叠压缩程度低，处于伸展状态，用碱性染料染色时着色浅的那些染色质。在常染色质中，DNA 包装比约为 1/1000～1/2000，即 DNA 实际长度为染色质纤维长度的 1000～2000 倍。构成常染色质的 DNA 主要是单一序列 DNA 和中度重复序列 DNA（如组蛋白基因和 tRNA 基因）。常染色质并非所有基因都具有转录活性，处于常染色质状态只是基因转录的必要条件，而不是充分条件。

异染色质（heterochromatin）为细胞间期及早前期时仍处于凝集状态的染色质；具有强嗜碱性，染色深，染色质丝包装折叠紧密，与常染色质相比，异染色质是转录不活跃部分，多在晚 S 期复制。异染色质分为**组成型异染色质**（constitutive heterochromatin，又称结构性异染色质）和**兼性异染色质**（facultative heterochromatin）（又称功能性异染色质）两种类型。组成型异染色质是指各类细胞在整个细胞周期内处于凝集状态的染色质，多位于着丝粒区、端粒区，含有大量高度重复序列的 DNA，即卫星 DNA。兼性异染色质只在一定细胞类型或在生物发育的一定阶段发生凝集，如雌性哺乳动物含一对 X 染色体，其中一条始终是常染色质，但另一条在胚胎发育的第 16～18 天变为凝集状态的异染色质，该条凝集的 X 染色体在间期形成染色深的颗粒，称为**巴氏小体**（Barr body）（图 4.28）。

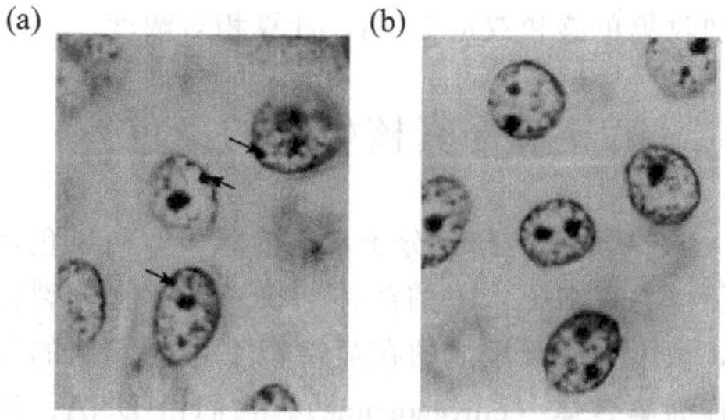

图 4.28 巴氏小体（转引自 Russell，1992）
(a) 正常女性的细胞，在核膜附近存在巴氏小体（箭头所指）；(b) 正常男性的细胞，在核膜附近无巴氏小体

组蛋白是组成染色体的最主要蛋白质。它的作用是和染色体中带有负电荷的 DNA 相结合。组蛋白是比较小的碱性蛋白质；在细胞正常 pH 时，组蛋白带有正电荷，这样它们就可以和 DNA 结合，这个正电荷主要存在于碱性氨基酸 Lys 和 Arg 的 $—NH_3^+$ 上。其实，组蛋白约含 25% 的 Arg 和 Lys，比其他蛋白质的 Arg 和 Lys 的含量都多。

和真核 DNA 结合的有 5 种类型的组蛋白为 H1、H2A、H2B、H3 和 H4。组蛋白的总量和 DNA 的总量大致相等，这个总量和比例在各种真核细胞中都是如此。来自小牛胸腺 DNA 的组蛋白的特点如表 4.5 所示。H2A、H2B、H3 和 H4 这 4 种组蛋白的序列是通过各种生物测定的结果。比较这个序列表明，它们的一级结构是高度保守的。这 4 种组蛋白的保守性在已知的所有蛋白质中算是最高的。氨基酸序列的保守性明显表明组蛋白在各种真核生物染色体的组成中起到相同的作用。

表 4.5 小牛胸腺 DNA 的组蛋白的特点

组蛋白类型	碱性氨基酸		氨基酸数	分子质量/Da
	Lys	Arg		
H1	29%	1%	215	23 000
H2A	11%	9%	129	13 960
H2B	16%	6%	125	13 775
H3	10%	13%	135	15 340
H4	11%	14%	102	11 280

各种细胞中的 H1 组蛋白虽不完全相同，但紧密相关。这种组蛋白有一定的氨基酸核心区域，是通过进化而保留下来的，其余分子都缺少这种保守性。但某些组织中 H1 并不存在，而被其余的组蛋白所取代，如在鸟类的红细胞（和哺乳动物的红细胞不同，鸟类的红细胞有核）中 H5 取代了 H1。

非组蛋白（nonhistone protein，NHP）是指细胞核中组蛋白以外的酸性蛋白质，分子质量 10～15kDa。在染色质中的蛋白质成分里，组蛋白占有相当大的比例，而且，在性质上相对较为均一。非组蛋白虽然含量很少，但表现出极端的不均一性，在控制基因表达中发挥重要功能（见第十二章）。非组蛋白主要包括与 DNA 和组蛋白的代谢、复制、重组和转录调控等密切相关的各种酶类，如组蛋白甲基化酶、DNA 合成及修复过程中的 DNA 聚合酶和连接酶、RNA 聚合酶，以及核酸和蛋白质（如组蛋白）在修饰过程中所需要的酶，此外还包括 DNA 结合蛋白、组蛋白结合蛋白和调节蛋白。由于非组蛋白常常与 DNA 或组蛋白结合，所以在染色质或染色体中也有非组蛋白的存在，如染色体支架蛋白。非组蛋白还包括**高速泳动族蛋白**（high mobility group protein，HMG），这类蛋白质携带较高的电荷，在染色质结构组成以及基因调控中发挥各种各样的作用，可分为 5 个亚型（HMG-1、HMG-2、HMG-14、HMG-17 和 HMG I/Y）、三大类（HMG-1/2 家族、HMG1/Y 家族和 HMG-17/14 家族）。HMG-1（25kDa）、HMG-2（24kDa）与染色质中核糖体间 DNA 相关，在染色质复制、运输中起作用。HMG-14（11kDa）、HMG-17（9kDa）结合在新复制的染色质核糖体中心轴上。HMG-17/14 可积聚于活化的染色质上，推测这一现象有助于染色质较高级结构的解聚。HMG I/Y 家族的非组蛋白的确切作用还不十分清楚，但已知其优先与含有 AT 重复序列的 DNA 相结合；并且，和 H1 型组蛋白类似，它们可以被周期蛋白依赖性激酶所磷酸化。在包装和转录激活等过程中，HMG 蛋白的另一个重要作用是使 DNA 产生角度较小的弯曲，在包装的过程中 DNA 呈现出这种特殊的三维构象，而在转录过程中，在其相邻的不同位点上将结合调节因子（如增强子）。还有一类非组蛋白是鱼精蛋白（protamine），它可以促进 DNA 包装进精子头部。这类蛋白质排列在 DNA 双链相邻的大沟中，使 DNA 折叠成高度致密的一束平行纤维结构。

二、染色体的四级结构

真核生物染色体含有一条很长的单个 DNA 分子。例如，黑腹果蝇基因组中最长的染色体含有一个完整的 DNA 分子，含有 6.5×10^7 bp，线性双链 DNA 长约 22mm。图 4.29 是实验果蝇的 DNA 放射自显影照片，其长度超过了 36×10^6 bp。

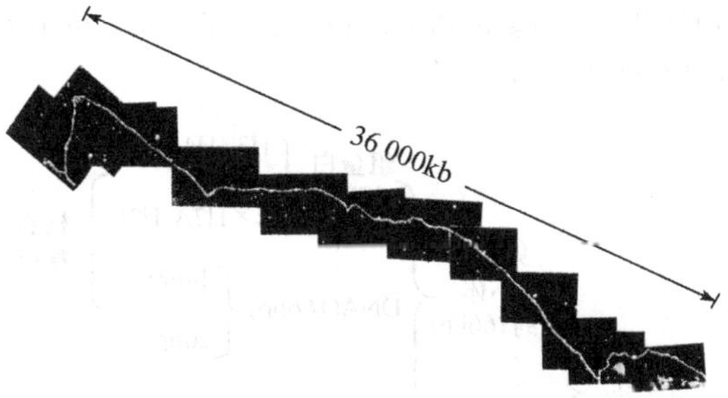

图4.29　果蝇的一条DNA分子，含有36 000kb，长12mm（转引自Hartl and Jones，2006）

从DNA到染色体，不论是形态还是长度都相差很大。人类最长的1号染色体全长仅10μm，但其DNA分子却长达7.2cm，含有2.23亿个碱基对，而一个细胞核直径仅5μm，在这样一个小小的空间中却要容纳下全长近200cm的DNA，人们不禁要问DNA如何形成染色体，纳入小小的核中？解决这个问题同样是由很多科学家经过20年的努力，最终提出了为大多数人能接受的模型——侧环模型。

早在1956年为双螺旋模型提供X射线证据的M. H. F. Wilkins和另一位科学家V. Luzzati对染色质进行了X射线研究，发现染色质中具有间隔为100Å的重复性结构。蛋白质和DNA本身的结构从来不会表现出这种重复性。推测可能是组蛋白和DNA的结合方式迫使DNA折叠或缠绕成具有100Å周期的重复结构。

R. J. Clark和G. Felsenfeld于1971年首先用**葡萄球菌核酸酶**（staphylococcal nuclease）来作用染色质，发现有一些区域对核酸酶敏感，有一些则不敏感，不敏感的区域比较均一，这暗示染色体中存在着某些亚单位。接着D. R. Hewish和L. A. Burgoyun（1973）用内源核酸酶消化细胞核，再从核中分离出DNA，结果发现一系列DNA片段，它们相当于长约200bp的一种基本单位的多聚体。这表明在DNA上组蛋白是以一种有规律的方式分布，以致产生对核酸酶敏感的只是某些限定区域。Noll（1974）用外源核酸酶处理染色质，然后进行电泳，证实了以上结果，他测得前3个片段的长度分别为205bp、405bp、605bp（图4.30），每个片段相差200bp，即染色质可能以200bp为一个单位。这正好和以下电镜观察的结果相符。与此同时A. L. Olins和D. E. Olins夫妇（1974）及P. Chambon等（1975）在电镜下观察到大鼠胸腺和鸡肝染色质的"念珠"状结构（图4.31），小球的直径为100Å，Olins并把这种小球称为ν**小体**（ν-body），有时译成**钮体**（nu body）。

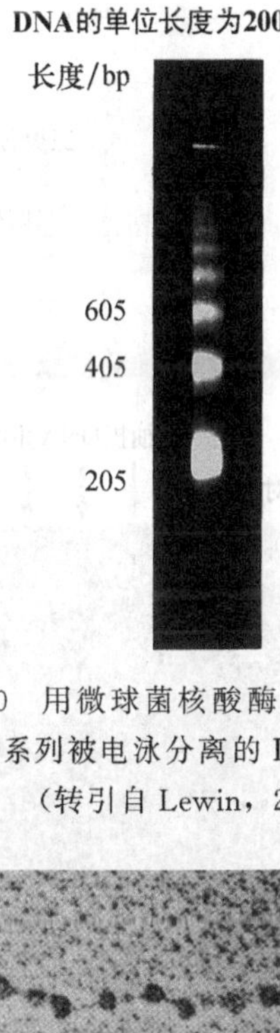

图4.30　用微球菌核酸酶降解染色质后产生一系列被电泳分离的DNA电泳条带（转引自Lewin，2004）

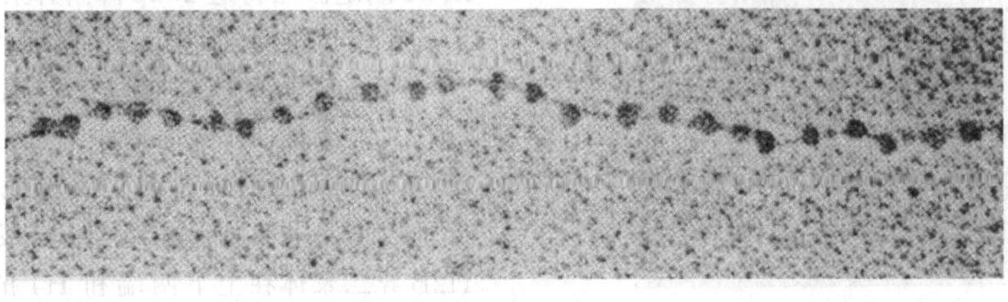

图4.31　染色质念珠结构的电镜照片（转引自Russell，1992）

X射线图表明组蛋白的多聚体都是紧密相联，并无可容纳像DNA分子那样大小的孔洞，所以不可能由DNA之"绳"穿过组蛋白之"珠"，而只可能是DNA缠绕在"珠"的表面。电泳的结果和电镜观察到"念珠"结构之间是什么样的关系呢？R. D. Kornberg和J. O. Thomas 1974年用实验回答了这一问题。他们先用小球菌核酸酶稍稍消化一下染色质，切断一部分200核苷酸对单位之间的

DNA，使其中含有单体、二聚体、三聚体和四聚体等，然后经离心将它们分开。每一组再通过凝胶电泳证明其分子大小及纯度，再分别用电镜来观察各组的材料。结果单体均为一个 100Å 的小体，二聚体则是两个相联的小体，同样三聚体和四聚体分别由 3 个小体和 4 个小体组成，表明 200 核苷酸的电泳片段长度级差正好是电镜观察到的一个“念珠”单位（图 4.32），他们称其为**核小体**（nucleosome）或核粒。

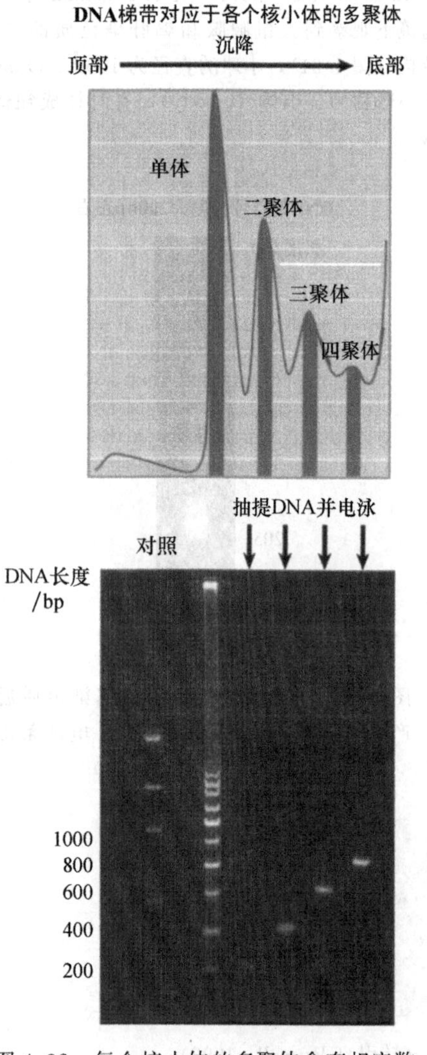

图 4.32　每个核小体的多聚体含有相应数目的单位长度 DNA（引自 Lewin，2008）

人们接着用化学交联、高盐分离组蛋白及 X 射线等方法进一步研究组蛋白多聚体的结构、排列，以及怎样和 DNA 结合，从而建立了核小体模型。1984 年 A. Klug 和 P. J. Butler 进行了修正。核小体的构造可用图 4.33 表示。

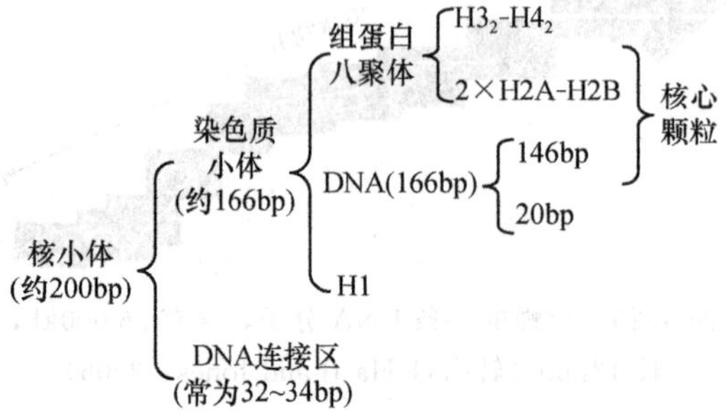

图 4.33　核小体的组成

经**微球菌核酸酶**（micrococcal nuclease）轻微消解染色质得知：每一个核小体结合的 DNA 总量为 200bp 左右，变化范围一般为 150～250bp。连接两个核小体的**连接 DNA**（linker DNA）最容易受到这种酶的作用，因此微球菌核酸酶在连接 DNA 处被切断，此时每个重复单位的 DNA 长约 200bp，而且是和 5 种组蛋白相结合，保持着核小体的结构。也就是“念珠”结构的“绳”被切断，剩下一个一个的“珠”。

用这种酶进一步消解连接 DNA 的尾巴，结果释放出了 H1，留下了**核小体核心颗粒**（nucleosome core particle），它由组蛋白八聚体和围绕其四周的 146bp 的 DNA 组成。此 146bp 的 DNA 因和八聚体组蛋白核心相结合，所以对酶不敏感。连接 DNA 的长度变化也比较大，小到 8bp，长到 114bp 不等。实际上在 H1 未释放前，DNA 消解到最短时不是 146bp，而是 166bp，这是因为在 146bp 两端还各有 10bp 的 DNA，从核心颗粒上翘起来，能与 H1 组蛋白结合。H1 像一个“搭扣”，将绕在八聚体上的 DNA 固定。当将这 20bp 降解掉后，H1 也随之脱落了。在核心颗粒上 146bp 的 DNA 中有 80bp 的 DNA 是紧密地与八聚体结合，正好围绕八聚体的一周（图 4.34）。除 H1 外，4 种组蛋白有相互作用形成聚合体的趋势。H3 和 H4 的亲和力最强，首先由两分子的 H3 和 H4 呈轴对称结合成四聚体；H2A 和 H2B 异二聚体在上下两端和 H4 的侧面结合形成八聚体（图 4.35）。由于组蛋白八聚体的立体构象形成了沟，沟的位置决定了 DNA 绕在其上的走向为左盘绕，此与 DNA 在溶液中自身环绕成的超螺旋的方向正好相反，然而都是负超螺旋。核小体除去组蛋白之后，DNA 能产生负超螺旋，当绕在组蛋白上就处于松弛状态。

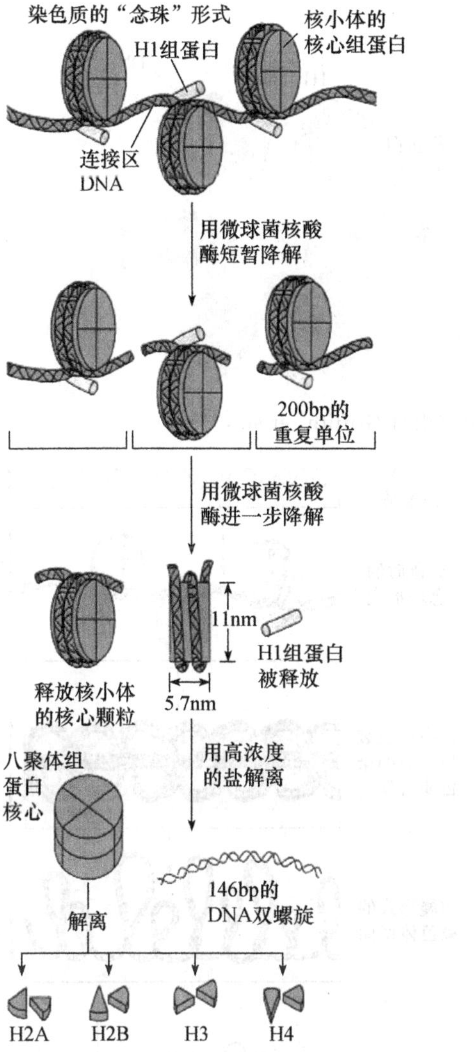

图 4.34　核小体的结构（转引自 Russell，1992）

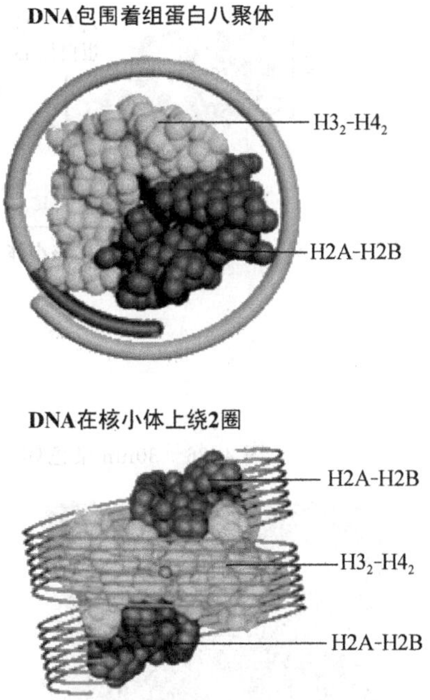

图 4.35　用空间填满模型（space-filling model）来描绘组蛋白核心八聚体的晶体结构，其中 $H3_2$-$H4_2$ 四聚体以浅色表示，H2A-H2B 二聚体以深色表示。从上面俯视只能看到一个 H2A-H2B 二聚体，这是因为另一个隐藏在下面。在俯视图中 DNA 以窄管表示（DNA 直径的 1/4）；在侧视图中，以 20Å 宽的一束平行线来表示（转引自 Lewin，2004）

在活细胞中染色质并不以“念珠”状存在，而是保持高度紧密的状态。关于染色质高度折叠的一些细节现在仍不清楚，染色质在细胞周期中发生的一系列规律性变化的细节也不大清楚。相邻核小体彼此紧密相联使染色质形成直径为 10nm 的**核丝**（nucleofilament）。那么核丝怎样形成更高级的结构？1976 年 J. T. Finch 和 A. Klug 提出了**螺旋管模型**（solenoid model）。他们用小球菌核酸酶消解鼠肝细胞的核，制备了含有 10～100 核小体的染色质，再进行电镜观察，发现在 0.2mmol/L 镁离子存在的条件下 10nm 的核丝进一步螺旋化，形成直径为 30～50nm 的核丝，因而提出 10nm 的染色质纤丝螺旋缠绕成直径为 30nm 的螺旋管，内径为 10nm。螺旋的每一周由 6 个核小体组成（图 4.36）。组蛋白 H1 在形成 30nm 的纤丝的过程必定起到了重要的作用，因为 H1 用完时仍能形成 10nm 的染色质丝，却不能形成 30nm 的纤丝，但组蛋白 H1 在 30nm 纤丝的什么部位目前尚不清楚。这一模型符合很多学者所观察到的 30nm 的染色体丝（图 4.37），因此广为人们所接受。

对于 30nm 的螺旋管如何形成更高级的结构，至今尚不明确。科学家们提出了很多的模型。现在一般认为 30nm 的纤丝结合在核骨架上，形成一系列的侧环，结合点是富含 AT 的**核骨架附着区**（scaffold attachment region，SAR）或**核基质结合区**（matrix association region，MAR）。每个侧环长 10～90kb。带有侧环的非组蛋白骨架进一步形成

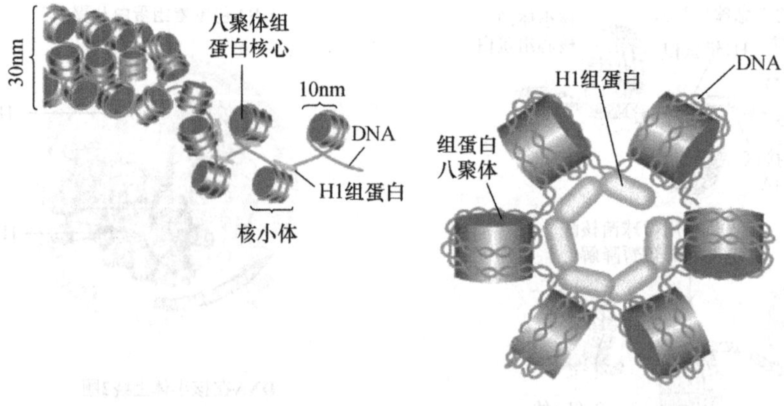

图 4.36　30nm 染色体螺旋管的模型（引自 Griffiths et al.，1999）

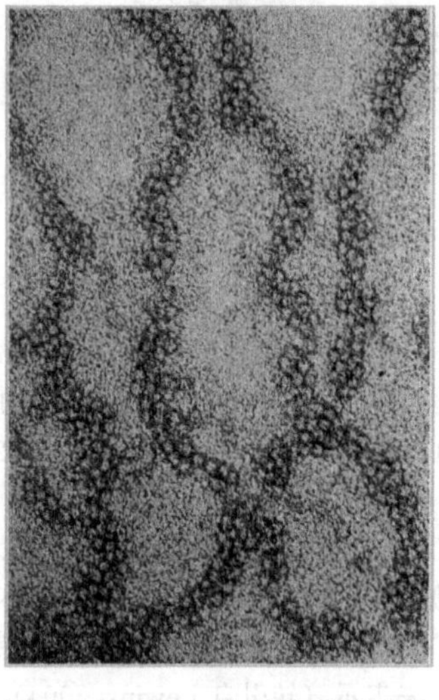

图 4.37　30nm 的纤维是卷曲的结构（转引自 Lewin，2004）

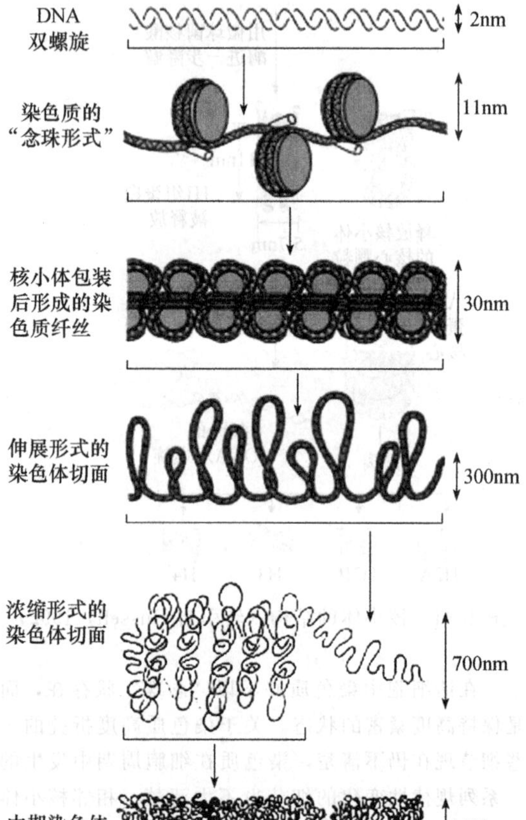

图 4.38　染色体结构的侧环模型（转引自 Russell，1992）

直径为 700nm 的螺旋，这就是染色单体（图 4.38），而由两条姐妹染色单体形成的中期染色体直径为 1400nm，螺旋的方向是相对的。染色体包装的侧环模型和增强子作用机制的成环模型也能相吻合。

三、着丝粒

在真核细胞有丝分裂和减数分裂时，染色体复制，两条染色单体分离并趋向于分裂细胞的两端，这种分离受到纺锤体微管的控制，附着纺锤体微管的染色体区域称为**着丝粒**（centromere）。每条姐妹染色单体上的着丝粒区由微管附着，并拖向两极。而染色体上的黏结蛋白（cohesin）可使姐妹染色单体连接在一起，直到细胞分裂的末期，随着黏结蛋白的降解，姐妹染色单体才先从着丝粒处分开。分裂后期当染色体向两极移动时，着丝粒的位置决定染色体的形状是否呈棒状、J 状或 V 状。在少数物种中，牵引丝沿染色体的长轴附着。这种染色体为多着丝粒（polycentric）或有一个**漫散着丝粒**（diffuse centromere）。一条已复制的染色体含有两条染色单体，它们在着丝粒区结合在一起。**动粒**（kinetochore）为一种附着于着丝粒区外侧的圆盘状结构，是一些蛋白质的复合结构，由内外两层组成，内层是和着丝粒 DNA 结合的**着丝粒结合蛋白**（centromeric-binding protein）；外层是**微管结合蛋白**（microtubule-binding protein），供微管附着。动粒能捕获来自于两极纺锤体中一侧的微管（图 4.39）。

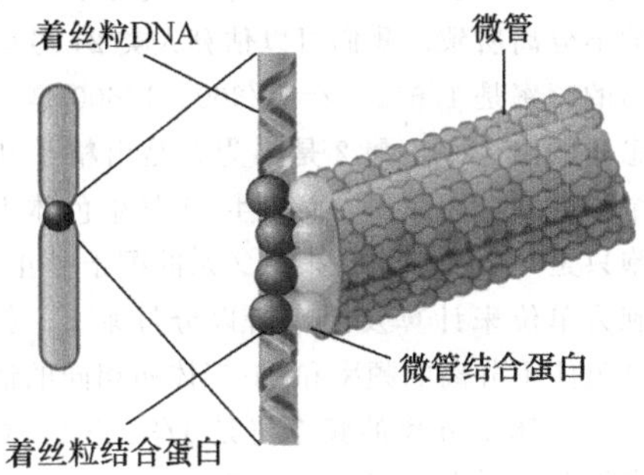

图 4.39　着丝粒是通过与特殊蛋白质（着丝粒结合蛋白）结合的 DNA 而被鉴别的，这些蛋白质本身并不能和微管结合，但确立了微管结合蛋白的结合位点（引自 Lewin，2008）

中期染色体的着丝粒区比染色体的其他区域狭窄，因此称为染色体**主缢痕**（primary chromosomal constriction），着丝粒是含有 DNA 重复序列的异染色质，且复制晚。从结构上看，着丝粒有两种主要的类型，一种在染色体 DNA 上占非常小的区域（约 200bp）；另一种则占有较大的区域（40kb～5Mb）。酵母（*S. cerevisiae*）着丝粒属第一种类型。着丝粒的 DNA 序列称为 CEN 序列，至少有 10 种酿酒酵母的 CEN 顺序已被确定。没有一个已知的 CEN 区和另一个的 DNA 序列及组成完全相同。但 4 种酵母的 CEN 区也存在着关键的序列信息，即保守序列。它们的核心着丝粒区都由 3 个功能区组成。中部的元件Ⅱ是最大的功能区，由 80～90bp 组成，A+T 含量高，>90%；左侧的元件Ⅰ含有 PuTCACPuTG 顺序（Pu 是嘌呤），而右侧的元件Ⅲ是由 26bp 组成的保守区，此区也是 A-T 丰富区（图 4.40）。有趣的是，所有真核生物的着丝粒功能都相同，但其 DNA 却具有种的特异性。

较大的染色体有区域化的（regional）着丝粒，这种着丝粒可同时结合 30～40 根微管。例如，果蝇（*D. melanogaster*）着丝粒含 420kb DNA，由简单重复的 DNA 片段组成。此区亦为富含 AT 的片段，可起结合微管的作用。在果蝇 2 号染色体的着丝粒内有 4 个具转录活性的基因已被作图。拟南芥（*Arabidopsis thaliana*）着丝粒的长度变化范围在 1.4～1.9Mb，约占染色体 DNA 的 7%。在全部的 5 条染色体上，着丝粒区内有 180bp 的序列可重复上百次。在着丝粒区富含与反转录转座子（retroposon）相似的序列。拟南芥的着丝粒区域中有大约 200 个基因，

(a)

	Ⅰ	Ⅱ	Ⅲ
CEN3	GTCACATG CAGTGTAC	←84bp(93%AT)→	TGTATTTGATTTCCGAAAGTTAAAAA ACATAAACTAAAGGCTTTCAATTTTT
CEN4	GTCACATG CAGTGTAC	←78bp(93%AT)→	TGTTTATGATTACCGAAACATAAAAC ACAAATACTAATGGCTTTGTATTTTG
CEN6	ATCACGTG TAGTGCAC	←84bp(94%AT)→	AGTTTTTGTTTTCCGAAGATGTAAAA TCAAAAACAAAAGGCTTCTACATTTT
CEN11	GTCACATG CAGTGTAC	←84bp(94%AT)→	TGTTCATGATTTCCGAACGTATAAAA ACAAGTACTAAAGGCTTGCATATTTT
	←8bp→		←26bp→

(b)

PuTCACPuTG PyAGTGPyAC	← 78~86bp(>90%AT)→	TGTTTATGNTTTCCGAAANNNAAAAA ACAAATACNAAAGGCTTTNNNTTTTT
←8bp→		←26bp→

图 4.40　着丝粒 DNA 的特异区域和保守序列（转引自 Russell，1992）

(a) 在酿酒酵母的着丝粒 DNA 中 CEN3、CEN4、CEN6 和 CEN11 之间的同源区域；

(b) 酿酒酵母的着丝粒的保守序列

其中许多基因是没有活性的；但至少有 50 个基因具有转录活性。

在人类的着丝粒上有一种重复序列，称为**α 卫星 DNA**（α satellite DNA），长 171bp，在着丝粒中平均重复约 18 000 次。动粒蛋白结合于着丝粒的中央区域，纺锤体微管附着在动粒上（图 4.41）。通过荧光标记的 α 卫星 DNA 探针和人类染色体进行杂交，结果表明所有的着丝粒都含有丰富的 α 卫星 DNA。但**人类人工染色体**（human artificial chromosome，HAC）着丝粒上仅带有少量拷贝的 α 卫星 DNA，在有丝分裂时也可分离，因此 α 卫星 DNA 对于姐妹染色体分离有什么作用还不清楚。

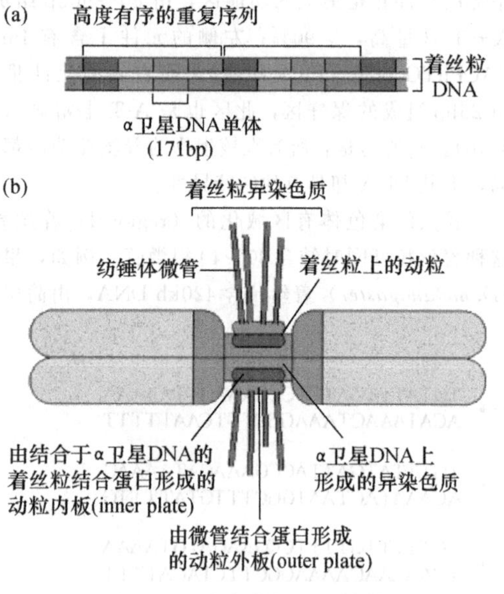

图 4.41　人类着丝粒的结构
（引自 http://kimberye.bokee.com/）

在人类基因组中至少有 68 214 个单体的 α 卫星序列。人类的着丝粒区大小为 0.3～5Mb。着丝粒区域平均长度若以 3Mb 计算，那么 23 条着丝粒的总长度就占整个基因组的 2%。不同着丝粒的 α 卫星区长度变化较大，着丝粒区域中的 α 卫星序列的功能现在仍是未知的。

单体 α 卫星序列占基因组的 0.3%，这些少量的 DNA 看来似乎是着丝粒中不重要的"逃亡者"或"化石着丝粒"。但 α 卫星 DNA 的总量占基因组的 2%～5%。这样巨大数量序列是不包含在数据库中的。如果加上这些化石着丝粒，估计垃圾 α 卫星 DNA 的量总计约为基因组的 1%。

在有丝分裂和减数分裂中复制后的染色体要能均匀准确地分配到两个子细胞中，其关键在于纺锤丝附着在染色体的着丝粒上，使染色体向两极移动。失去了着丝粒的染色体片段就不能精确地分离，也不能和其他的染色体在末期汇聚在一起形成核，而是在细胞质中逐渐凝聚为**微核**（micronuclei）。

在人类中发生染色体不分离的频率较高，但这种配子通常早在子宫中就死亡了，像 21-三体和某些 X 染色体异常的患者常因其母亲形成配子时由于染色体的不分离所致。我们可以估算人类 21 号染色体不分离的频率是 1/600×2＝1/300。1/600 是唐氏综合征患儿的出生率，乘 2 是因为人是由精子和卵细胞两个细胞结合而成的，而发生 21 号染色体不分离的细胞只是其中的一个。来自父亲的配子是正常的，以细胞为单位来计算发生率所以分母乘 2。若其他各条染色体不分离的频率和 21-三体病相同的话，那么人类染色体不分离的频率将是 1/300×22（22 为人类常染色体对数）＝22/300＝7%。

目前正在研究着丝粒结合蛋白及其他的一些因素。一个主要的问题是解决纺锤丝附着到着丝粒的具体机制，以及揭示着丝粒中重复序列所承担的功能。

四、端粒

端粒（telomere）是真核染色体天然末端结构，为一特定的 DNA-蛋白质复合体结构。它可以保持染色体的稳定性，使 DNA 分子的末端不会成为 DNA 修复系统及核酸外切酶的靶标。端粒还可以使真核生物的线形染色体能顺利进行复制。

早在 1938 年著名的遗传学家 H. J. Müller 用 X 射线来处理果蝇进行诱变，发现在染色体的末端很少发生缺失和倒位的现象，于是推测在染色体的两端一定存在着一种特殊的结构，这种结构对于染色体的稳定性是至关重要的，并将它称为端粒。

同年，一直在研究玉米染色体的美国女科学家 B. McClintock 通过玉米染色体的断裂端容易融合，而正常的染色体彼此间不发生连接的现象，推测染色体末端有端粒的存在。端粒虽然发现很早但一直被忽视，随着分子遗传学的飞速发展，在 20 世纪 70 年代的末期终于有了突破。1978 年 E. H. Blackburn 等研究了四膜虫（*Tetrahymena*）大核中的 rDNA 分子，发现其末端是由 6 个核苷酸组成的串联重复 $[5'G_4T_23']_n$，总长度为 370～520bp，重复几十次。不同种的四膜虫其 rDNA 结构完全一样。1982 年 Blackburn 和 J. Szostak 证明端粒的在染色体复制中的作用及其在不同生物中的保守性。1985 年 E. H. Blackburn 和她的女弟子 C. W. Greider 等发现了端粒酶（见第二章）。由于这三位科学家的突出贡献而荣获了 2009 年诺贝尔生理学或医学奖。

在大部分真核生物中，端粒含有两种类型的重复序列：端粒 DNA（telomeric DNA）和亚端粒 DNA（subtelomeric DNA）；后者也称为**端粒相关序列**（telomere-associated sequence，TAS）。端粒 DNA 含有一段简单的短串联重复序列，不同生物的端粒重复单位不同（表 4.6），通常通过原位分子杂交（ISH）可直接定位端粒或 TAS（图 4.42）。

表 4.6　几种生物端粒的重复单位

生物	物种	DNA 来源	重复单位（5′→3′）
四膜虫	*Tetrahymena*, *Paramecium*	大核	TTGGGG
尖毛虫	*Stylonchia* *Oxytricha*	大核	TTTTGGGG
鞭毛虫	*Trypanosoma*, *Leishmania*	微染色体	ATGGG
酵母	*Saccharomyces*	染色体	$T(GT)_{1\text{-}3}G_{2\text{-}3}$
拟南芥	*Arabidopsis*	染色体	ATTTGGG
泥毛霉菌	*Phyparum*, *Dictyostelium*	rDNA	ATGGG
人	*Homo sapiens*	染色体	TTAGGG

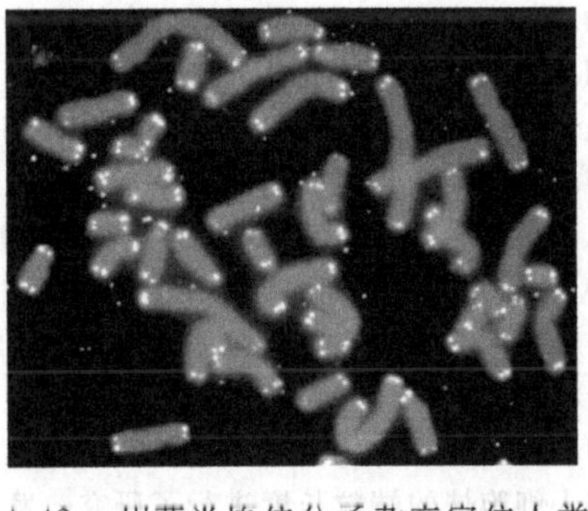

图 4.42　用荧光原位分子杂交定位人类染色体的端粒（引自 Hartwell et al.，2000）

尽管在低等真核生物中，简单的端粒序列多种多样，但都有以下的共同特点。

(1) 在所有的真核生物中端粒的结构是保守的。四膜虫的端粒由丰富的串联 GT 重复序列 $(TTGGGG)_n$ 组成，是典型的端粒 DNA 序列。每一个端粒都含有一系列的短的正向重复顺序（表 4.6）。这些序列都可用 $C_n(A/T)_m$ 这一通式来表示，其中 $n>1$，而 m 为 1～4。这种短的重复序列不仅给端粒酶提供了识别信号以及端粒酶中的 RNA 互补结合的位点，还为端粒末端的特殊结构提供了基础。1981 年 L. A. Klobutcher 等在尖毛虫中发现端粒中富含 GT 的链突出，产生一条 14～16nt 的单链（图 4.43）。G 链突出端的长短具有物种的特异性，如尖毛虫端粒的延长端长 16nt，人和小鼠的延长端长 50～100nt。如果因突变而改变了 G 链延长端的长度，也会影响到端粒的功能，所以其长度对于端粒的功能而言是重要的。

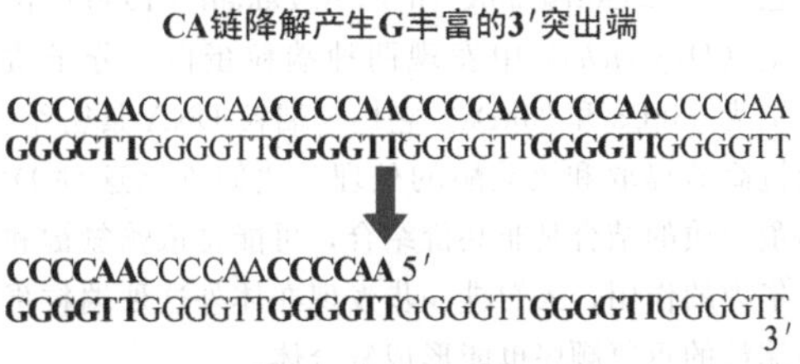

图 4.43　典型的端粒具有简单的重复序列结构，富含 GT 的链比富含 CA 的链长出一段，这是由于富含 CA 的链被有限降解而产生的（引自 Lewin，2004）

(2) 在端粒区域中有一种特殊的不连续排列，产生单链断裂的形式，这种断裂结构并不能被连接酶封闭起来，而在正常情况下连接酶是可以作用 DNA 链上的缺口（nick）。这表明这种断裂所形成的缺口较大。因为连接酶只能连接相邻的两个 3′-OH 和 5′-P 末端之间形成磷酸二酯键，而不能封闭大的裂缺（gap）。提纯的天然端粒区可直接用 *E. coli* DNA 多聚酶 Ⅰ 进行**缺口平移**（nick translation），表明在端粒区确有缺口存在，缺口中的 3′-OH 为缺口平移时新链的合成提供了引物。

(3) 在端粒区的最末端以某种方式被封闭起来，可能带有 3′-OH 的单链末端回折成了发夹（hairpin）结构，因此它们不被核酸酶所识别。1987 年 E. Henderson 等用非变性聚丙烯酰胺凝胶电泳、吸热变性分析及核磁共振光谱分析了四膜虫端粒的末端结构，证实了端粒末端回折形成发夹结构，而这一结构并不是由通常的 Watson-Crick 配对，而是通过 G-G 配对而形成（图 4.44），富含 G 的特点在形成特殊的 G-G 配对及染色体的复制时有着重要意义。

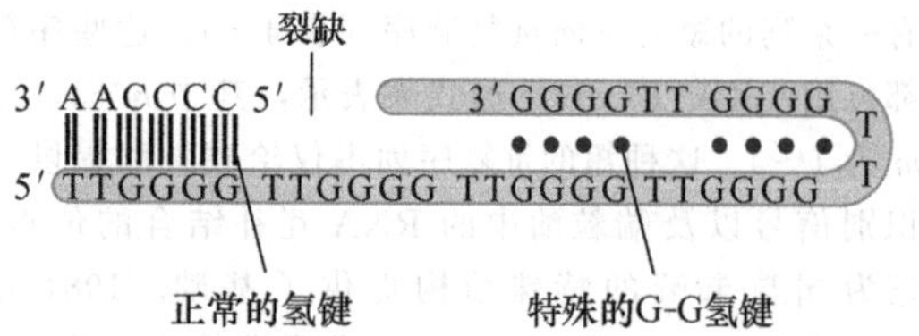

图 4.44　四膜虫端粒 DNA 3′延长端形成的发夹结构（引自 Lwein，2000，略加修改）

（4）在细胞中，端粒总是和一些非组蛋白相结合形成复合体，常表现为异染色质或构成染色体的末端结节，所以我们在对染色体处理后进行硝酸银染色时，发现端粒部位出现浓染，其他部位出现浅染或不染色。D. E. Gottschling 和 K. A. Zakian（1986）在尖毛虫（*Dxytricha*）中发现两种端粒蛋白，分子质量分别为 55kDa 和 26kDa。它们与端粒 DNA 紧密结合，能抗高盐提取和核酸酶的处理。他们推测这种 DNA 与蛋白质的结合是非共价结合，可能是依赖氢键和范特华力的作用。人们进一步发现在体外这种端粒蛋白与端粒的重复顺序也能形成复合体。

（5）1999 年 J. D. Grffith 等发现了与端粒 DNA 结合的端粒蛋白。他们发现在哺乳动物的细胞中，染色体的末端有一个大的末端环，称为**三链-DNA 替代环**（three-stranded DNA displacement loop）或 **D 环**（D loop）和 RNA 替代环或 **R 环**（R loop）。通过电镜的观察将这些新结构称为“t 环”，即**端粒环**（telomere loop）之意。双链端粒 DNA 长的末端延伸弯曲成环，而单链的末端插入到双链 DNA 分子中，置换了其中的一条链，这样保护了染色体的末端（图 4.45，图 4.46）。

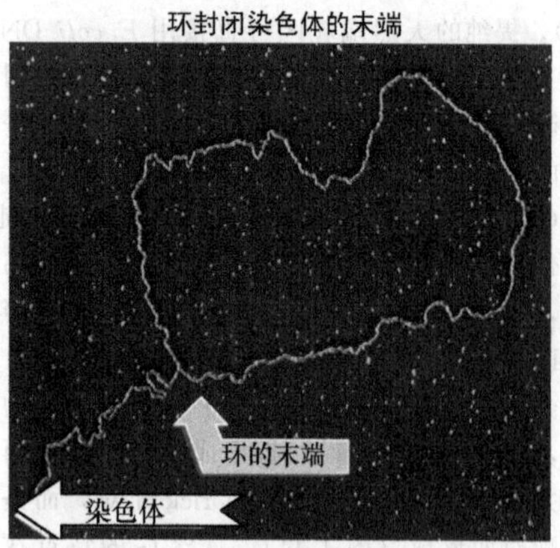

图 4.45　染色体的末端形成一个环（转引自 Lewin，2004）

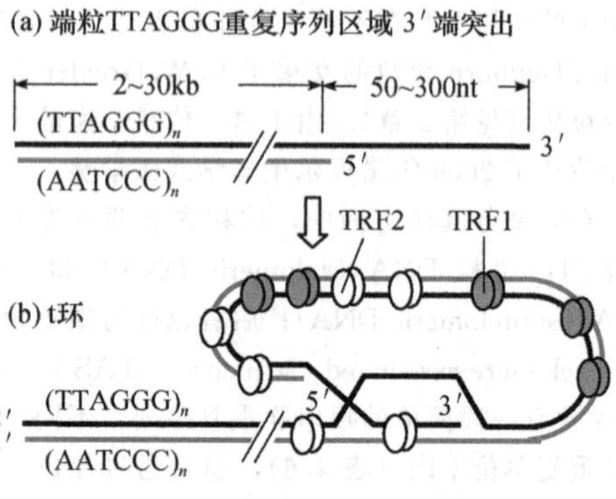

图 4.46　人类染色体 t 环的形成

（a）端粒重复序列区域 3′端突出；（b）G 链的 3′突出端折回，插入双链区，替代同源链和 C 链结合，形成 t 环

端粒 DNA 结合蛋白 2（TTAGGG repeat binding factor-2，TRF2）以二聚体形式与端粒重复序列 TTAGGG 结合，并与 TRF1 等蛋白质组成复合物，在端粒动态平衡维持过程中起重要作用，进而影响整个基因组的稳定性。此外，TRF2 在细胞 DNA 损伤应答过程中可能发挥重要作用。

端粒除了保持染色体的稳定和线形 DNA 的顺利复制以外，随着研究的逐步深入，人们又发现它还有一些其他的生物功能，如与染色体的行为、细胞的寿命、遗传信息的复制和表达以及核骨架的组成都有一定的关系。

人们发现无论是同源染色体还是异源染色体，它们的端粒常发生暂时性的并合。在第一次减数分裂前期，端粒聚集在一起并处于核膜的周围，使染色质呈“花束”（bouquet orientation）状排列。这种端粒与端粒之间的互相作用的意义还不太清楚，但人们认为可能影响到染色体的行为，如重组等。

20 世纪 90 年代前期的研究证明生殖细胞可以重建与延长端粒的 DNA，而体细胞则随着复制次数的增加端粒 DNA 会逐渐缩短。C. B. Harley 等（1989）用人的端粒重复片段为探针对胎儿、新生儿、青年和老年人细胞株的端粒长度进行了研究，发现随着年龄的增加，人成纤维细胞端粒的长度不断减短。因此端粒 DNA 可能决定了细胞的寿命，并与细胞的自然凋亡与癌变密切相关。1990 年 Harely 等则认为端粒的长度可反映细胞有丝分裂的次数。最有力的证据是分离培养 0（胚胎组织）至 93 岁不同年龄人的成纤维细胞，其端粒的长度与细胞分裂有关，细胞分裂的次数与细胞最初的端粒长度成正比。以上表明端粒就好像是细胞分裂的“计数器”。

习　题

1. 在Griffith发现转化以后，Avery等进一步地研究了相同的现象：(1) 他们的实验是怎样设计的？比Griffith的实验有何发展？(2) 在试验中加DNA酶的作用是什么？

2. 简述Hershey和Chase的噬菌体侵染实验。该实验说明什么问题？有何重大意义？

3. 有什么证据表明烟草花叶病毒（TMV）的遗传物质是RNA？

4. 有什么证据表明DNA是遗传物质？

5. DNA双螺旋模型建立的基础是什么？

6. 什么是Z-DNA？其特点是什么？有何生物学意义？

7. 什么是DNA的顺式构象？什么是反式构象？什么是内式？什么是外式？

8. 从细菌的噬菌体中分离了DNA，经鉴定此DNA含33%A、26%T、18%G和23%C，从此资料中可以推测此噬菌体的DNA的结构如何？

9. 何谓超螺旋？它是怎样形成的？有何生物学意义？

10. 复性动力学公式有何意义？如何通过复性动力学实验来鉴别真核基因组？

11. 马默多蒂（Marmur-Doty）关系式有何应用价值？

12. 试述DNA的三链和四链结构。它们有何生物学意义？

13. 试述真核生物核小体和染色体的四级结构。

14. 染色质的侧环模型与基因表达调控有何关系？

15. 简述核小体的结构。核小体是否为真核生物所特有？

16. 试述染色质的种类及功能。

17. 着丝粒有何生物学功能？其结构有何特点？有何应用价值？

18. 端粒有何生物学功能？其结构有何特点？是怎样发现和证实的？

第五章 基因组和基因组学

基因组（genome）这个术语是由德国汉堡大学的植物学家 H. Winkler 在 1920 年首先提出的。“genome”一词是由“genes”和“chromosome”组合而来，是指一种生物体具有的所有遗传信息的总和，即单倍体细胞核、细胞器或病毒粒子所含的全部 DNA 分子或 RNA 分子。**基因组学**（genomics）是由 T. Roderick 在 1986 年提出的，指的是研究基因组结构、功能及表达产物的学科，包括测序、基因组作图和基因组分析。其实，早在 20 世纪 70 年代 F. Sanger 等就测定了噬菌体 ΦX 174 的全序列和一个线粒体完整的基因组，从而建立了测序、基因组作图、资料储存和生物信息学分析技术。但基因组的测序仅是基因组学的一个重要分支，而完整的基因组学还包括功能基因组学，主要是涉及在不同条件下的基因表达模式。最重要的工具为芯片技术和生物信息学。基因组学包括三个不同的亚领域：**结构基因组学**（structural genomics）、**功能基因组学**（functional genomics）和**比较基因组学**（comparative genomics）。

结构基因组学是研究基因组的物理特点；功能基因组学是研究基因产物和基因表达的模式。目前基因组学的大部分内容仍是在研究基因组的结构阶段。但在某些模式生物中已开始进入功能基因组学的研究阶段。比较基因组学是研究基因的起源和基因组的进化。

基因组学现已成为遗传学或分子生物学最为活跃的领域之一，随着测序技术的不断改进，被测序的生物将会更多，特别是重复序列较多，测序难度较大的植物和两栖类生物可望成为科学家们破译基因组的目标。当前生命科学发展的趋势是基因组学的研究正在走向功能基因组学和蛋白质组学研究。

蛋白质组（proteome）是指在一定条件下，存在于一个体系（细胞、亚细胞器和体液等）中的全部蛋白质的集合。**蛋白质组学**（proteomics）是研究各种基因组在细胞中全部蛋白质的组成、结构、功能和表达模式的学科。“蛋白质组”这一术语是 K. L. Williams 和 M. R. Wilkins 于 1994 年将“protein”和“genome”两个词“重组”而杜撰出的。1997 年 P. James 又提出了蛋白质组学这一新概念。**表型组学**（phenomics）和蛋白质组学的概念是不同的，它是指研究生物个体形态发生和生理特征发育的过程中，基因组和环境因子相互作用而产生生物表型多样性的学科。

虽然蛋白质组是基因组产物的集合，但二者之间并不是一对一的关系。从蛋白质修饰的角度来看，蛋白质组的蛋白质数多于其相应的可读框的数目，因为 mRNA 的剪切、外显子的选择性表达和编辑可使一个可读框产生多种蛋白质，蛋白质翻译后的修饰，如糖基化、磷酸化也同样增加蛋白质的种类。氨基酸序列一致的一级结构在一定条件下可以形成功能完全不一样的、具有不同空间结构的蛋白质，如朊病毒（prion）（见第二十章）。但基因组并不能同时表达所有的蛋白质，而是在不同的组织、不同的发育生长时期合成不同的蛋白质，所以蛋白质组是一个动态的概念，不是固定和静止的。因此 1977 年 I. H. Smith 和 S. J. Cordwell 等提出了**功能蛋白质组**（functional proteome）的概念，是指细胞在一定时期、一定的生理状态下产生的所有的蛋白质。

蛋白质组学的研究不仅可以和基因组研究互相补充，合理地解释各种复杂的生命现象，而且和人类的异常、遗传病以及生物制药直接相关，使人们对蛋白质组学产生极大的兴趣和关注。现在世界上一些国家先后成立了蛋白质组研究中心，很多种细胞的蛋白质组数据库已经建立，有关的国际互联网站也纷纷面世。在蛋白质组学研究中，双向凝胶电泳、质谱分析及蛋白质芯片等已成为重要的方法。

1986 年 3 月，著名的科学家、诺贝尔奖获得者 R. Dulbecco 在 *Science* 上发表文章《癌症研究的转折点：测序人类基因组》，回顾了 1970 年以来肿瘤研究的状况，认为要彻底阐明癌症的发生、演进、侵袭和转移的机制，必须对人体细胞的基因组进行全测序。接着著名的人类遗传学家 V. McKusick 将基因组学定义为从整个基因组的视角来研究遗传学的科学。这一观念的提出促进了基因组全序列分析的迅猛发展。首先是使美国能源部已提出的**“人类基因组计划”**（Human Genome Project，HGP）得到了广泛的响应和支持。经过3年多的激烈争论和筹划，美国政府于1990年10月正式启动一项耗资30亿美元的15年计划，由美国国立卫生研究院（NIH）和能源部两个人类基因组国家研究中心负责协调，预期到2005年完成人类基因组大约30亿个碱基的全序列测定的人类基因组计划。其宏伟的程度堪与曼哈顿原子弹计划和阿波罗登月计划相提并论。

HGP的主要任务是人类基因组以及一些模式生物体（细菌、酵母、线虫、果蝇等）基因组的作图、测序和基因识别。该计划一经提出，很快扩展成为世界范围的研究计划，并以惊人的速度前进。1995年H. O. Smith等40位学者首开先河，在*Science*上报道了第一个细菌基因组——流感嗜血杆菌（*H. influenzae*）全基因组序列。此后约200种原核生物和近20种真核生物的基因组全序列陆续发表（表5.1），使遗传学的发展进入了一个新的时代——基因组和蛋白质组时期。

表5.1　一些模式生物和重要生物的基因组数据

物种	基因组大小/Mb	基因数目	物种	基因组大小/Mb	基因数目
生殖道支原体	0.58	470	恶性疟原虫	21.8	5 049
沙眼立克次体	1.83	8.34	约氏疟原虫	23	5 900
甲烷球菌	1.66	1 738	秀丽隐杆线虫	97	18 424
流感嗜血杆菌	1.83	1 743	玻璃海鞘	117	1 600
硫化裂片菌	2.25	2 977	黑腹果蝇	165	13 601
枯草芽孢杆菌	4.2	4 100	冈比亚按蚊	260	14 519
结核分枝杆菌	4.41	3 924	家蚕	828.7	18 510
大肠杆菌	4.64	4 288	河豚	400	30 000
裂殖酵母	12.5	4 929	鸭嘴兽	2 200	18 500
酿酒酵母	13.5	6 034	灰色短尾负鼠	3 400	18 000～20 000
盘基网柄菌	47	7 000	小鼠	3 300	70 000
拟南芥	119	25 498	猕猴	2 870	20 000
水稻（籼稻）	466	30 000	人	3 300	31 000

第一节　病毒、噬菌体和原核生物基因组

一、病毒和噬菌体基因组

病毒、噬菌体是没有细胞结构的，不属于原核生物。它们的基因组是最小的（表5.2），有DNA也有RNA；有线状也有环状；有单链也有双链；有连续的也有节段的，如呼肠孤病毒（Reoviruses）可分为10个节段，而每个节段编码一种蛋白质。不同病毒和噬菌体基因组的大小悬殊。例如，基因组最小的病毒——烟草花叶病毒（TMV）的基因组仅有6.4kb，共编码4个基因；而基因组最大的病毒痘病毒（Poxvirus）却有130～300kb，编码150～330个基因。

表5.2　噬菌体和病毒基因组的大小和形态

种类	宿主	核酸结构	形态	基因组大小/kb	基因数
噬菌体					
T4	*E. coli*	双链DNA	线状；环状排列末端有RS	168.90	300
T7	*E. coli*	双链DNA	线状；单一顺序	39.94	41
λ	*E. coli*	双链DNA	线状；单股黏性末端	48.50	50
fd	*E. coli*	单链DNA	环状	6.307	10
Φ174	*E. coli*	单链DNA	环状	5.39	9
Qβ	*E. coli*	单链（+）RNA	线状	4.22	3

续表

种类	宿主	核酸结构	形态	基因组大小/kb	基因数
MS2	*E. coli*	单链 RNA	线状	3.57	4
病毒					
SV40	灵长类	双链 DNA	环	5.2	8
腺病毒	人类	双链 DNA	线状	35.9	11
微小病毒	人类	单链 DNA	线状	5.596	3
呼肠孤病毒	哺乳动物	双链 RNA	环状分 10～12 节段	22～28	10
TMV	烟草	单链 RNA	线状	6.4	4
SARS 病毒	人类	单链（+）RNA	线状	29.736	11
禽流感病毒	鸟类	单链（−）RNA	线装	14	8
痘病毒	脊椎动物	双链 DNA	线性	130～300	150～330

有些病毒其基因组的特点很像真核生物。例如，猿猴病毒 SV40 的**微染色体**（minichromosome）上具有核小体的结构（见第十二章），同时在其他许多方面同真核基因组的组织结构相类似。①基因组中具有增强子。其早期区的“*T*”和“*t*”基因中具有内含子，出现了割裂基因。②正链 RNA 病毒（如冠状病毒）和反转录病毒其 5′端有甲基化帽结构、3′端有多聚腺苷 poly（A）尾。这一结构和真核 mRNA 非常相近，也是其基因组 RNA 自身即可作为翻译模板的结构基础。③具有**“套叠基因”**（nested gene），即位于基因中的基因，通过选择不同的翻译终止位点而产生两种或更多种嵌套蛋白产物的单个基因。产生的机制可能是通过终止子的渗漏通读，或者是翻译时发生移码。例如，反转录病毒有两种 mRNA，全长的 mRNA 翻译成“Gag”和“Pol”的多聚物。若从起始密码读到第一个终止密码会产生“Gag”蛋白，若这个终止密码子被通读就会表达“Pol”蛋白。在不同的病毒中采用不同的机制来通读“*gag*”的终止密码，这取决于“*gag*”和“*pol*”读码框之间的关系，当“*gag*”和“*pol*”相连时，识别终止密码的谷氨酰胺-tRNA 被抑制，只产生一种蛋白质；当“*gag*”和“*pol*”在不同读码框时，核糖体移码（frameshift）只产生一种蛋白质。通常，通读的效率只有 5%，所以 Gag 蛋白的量是 Gag-Pol 蛋白的 20 倍。“Env”多聚蛋白是通过另一种方式表达的：剪切产生亚基因组 mRNA，然后翻译成“Env”的产物。

噬菌体的基因组不仅没有“核小体”，而且也没有“拟核”的结构，几乎是完全裸露的 DNA 或 RNA。和原核生物的基因组相似，噬菌体具有操纵子结构，也具有套叠基因，如噬菌体 Qβ 中的衣壳蛋白的表达。

噬菌体的基因组比较小，但又必须要编码一些维持其生命和复制所必需的基因，在选择的压力下，形成了一种充分利用碱基资源的机制——重叠基因。

所谓**重叠基因**（overlapping gene）是指两个或两个以上的基因共有一段 DNA 序列的不同可读框，编码不同的蛋白质（图 5.1）。重叠基因有多种重叠方式。例如，大基因内包含小基因；前后两个基因首尾重叠（如大肠杆菌色氨酸操纵子中 *trpE* 与 *trpB*，*gal* 操纵子中 *galT* 与 *galK* 之间的重叠）；几个基因的重叠等。基因的重叠不仅是为了节约碱基，能经济有效地利用 DNA 遗传信息量，更重要的可能是对基因表达具有调控作用。

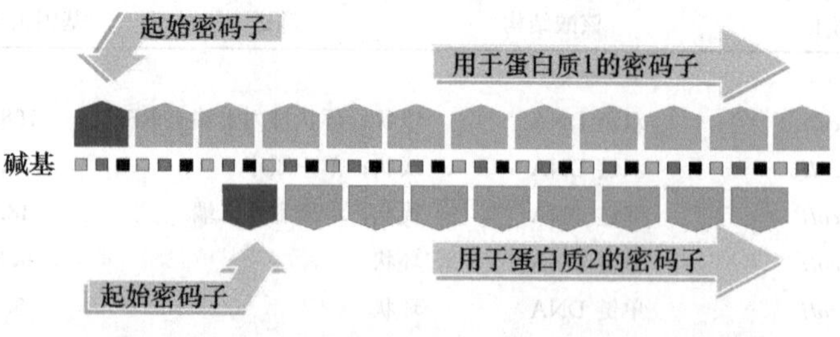

图 5.1　通过阅读不同的可读框，两个基因可以共享同一个 DNA 序列（引自 Lewin，2004）

DNA区，有两个或两个以上的基因共享时，称此基因为重叠基因。1977年英国著名的科学家F. Sanger建立了DNA测序方法，他就用这种测序方法对环状单链的噬菌体ΦX174进行了测序。结果测出其基因组由5386个核苷酸组成，共有11个基因，构成3个转录单位，由3个启动子（*pA*、*pB*、*pD*）启动（图5.2）。这些基因的产物都已被分离，证明ΦX174确实存在重叠基因。

自20世纪60年代中期遗传密码被破译后，人们一直认为在同一段DNA序列内是不可能存在重叠的读码结构。但1976年B. G. Burrell等报道了在噬菌体ΦX174中存在着重叠基因。所含的氨基酸已远远地超过了5386个碱基所能编码的量，即ΦX174含有的5386nt最多能编码1795个氨基酸，若每个氨基酸的平均分子质量为110Da，则总的蛋白质分子质量为197 000Da，但实际蛋白质总的分子质量为262 000Da，因此推测有重叠基因的存在。在同一

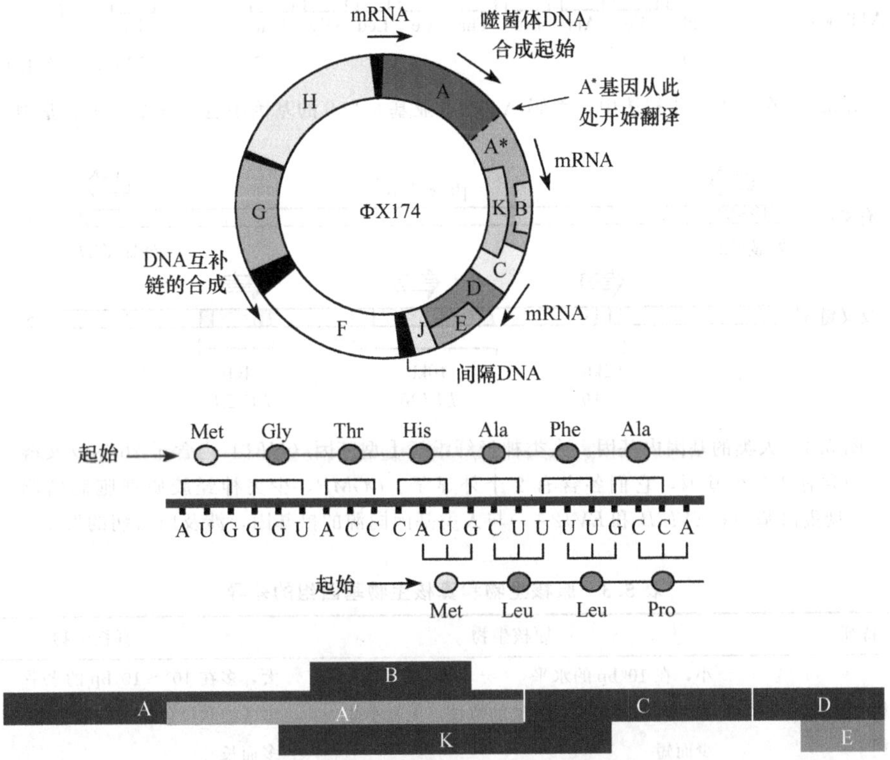

图5.2　噬菌体ΦX174的重叠基因（引自Simmons，2003）

重叠基因常存在于排列紧密的基因组中，如噬菌体、病毒（如HBV和HIV）。在人类的线粒体中，编码ATPase亚基6和8的基因中也存在2个重叠基因（图5.3）。近年来通过多种真核生物的DNA全序列分析发现，果蝇蛹的上皮蛋白基因位于另一个基因的内含子之中；在哺乳动物高密度基因区也常存在重叠基因。例如，人类位于6p21.3的HLA复合体Ⅲ区，有若干重叠基因的存在。偶然还会出现一个完整的基因包含在另一较大基因的内含子中。例如，人类神经纤维病Ⅰ型基因（*NF1*）内含子26中含有3个小基因（由互补链编码）（图5.4）。

以上这些重叠基因的转录方向常不一致，这意味着重叠基因可能隐含着了一种调控功能，如反义调节。

二、细菌基因组的特点

原核生物和真核基因组差异很大（表5.3）。原核生物基因组较小，以*E. coli*为例，其基因组分子质量约为2.4×10^{9}Da，长度为4 639 221bp，形态为闭合环状，编码4288个基因。

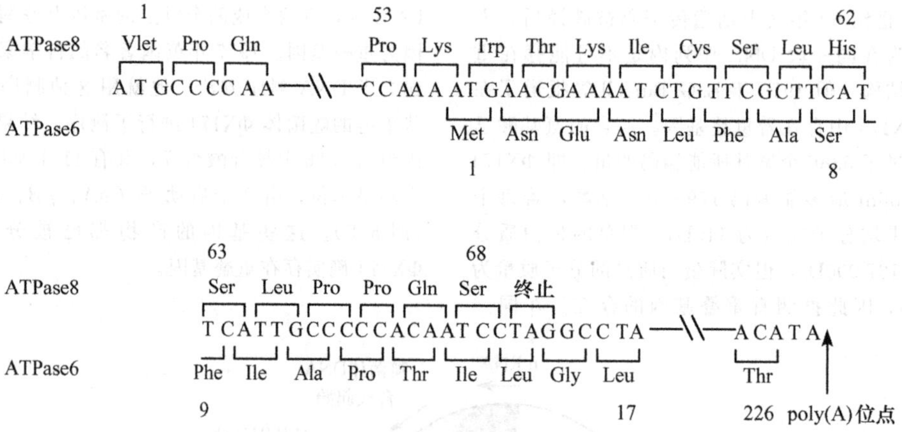

图 5.3　在人类的线粒体中，编码 ATPase 亚基 6 和 8 的基因中也存在 2 个重叠基因

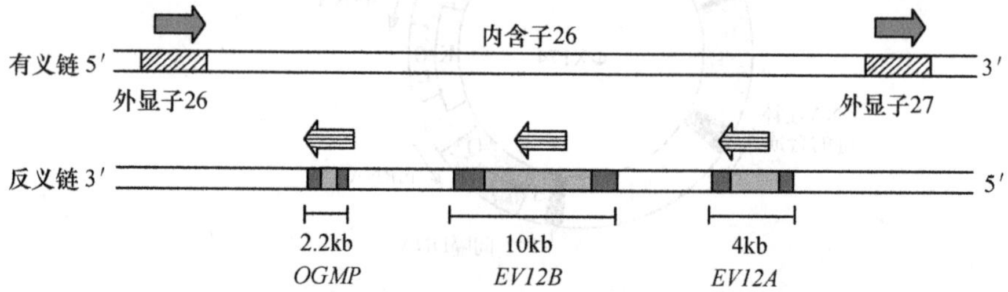

图 5.4　人类的基因内基因。人类神经纤维病Ⅰ型基因（*NF1*）内含子 26 的反义链中含有 3 个小基因，它们各含有 2 个外显子。*OGMP*，少突神经胶质细胞髓磷脂糖蛋白基因；*EV12B* 和 *EV12A*，与人类基因同源的鼠基因，涉及白血病的发生

表 5.3　原核生物和真核生物基因组的差异

特征	原核生物	真核生物
大小	小，在 10^6bp 的水平	大，多在 10^8～10^9bp 的水平
形态结构	单个环状，形成有支架的拟核，无核小体	多条线状染色体，有核小体
重复序列	少而短	多而长
编码序列比例	编码序列约占 75%	编码序列占 2%～3%
基因簇	相关基因组成操纵子	相似的基因组成基因家族
基因长度	平均长度为 1kb	平均长度为 8～10kb
细胞器 DNA	无	有细胞器基因组，如叶绿体、线粒体
质粒	多有环状质粒	除真菌和植物外，一般不含质粒
内含子	除少数外一般无	除少数外一般都有
基因组进化	主要增加基因的数目	主要增加调控的复杂性

原核生物的 DNA 位于细胞的中央，称为**类核**（nucleoid）或拟核。*E. coli* 的类核由**支架**（scafford）和向四周伸出的 100 个 DNA 环组成，支架的形状因染色体而异，长度为 3～5μm。支架是含 RNA 和蛋白质的复合结构，四周的每个环就是一个独立的功能区，40kb，长 13μm（图 5.5）。*E. coli* 在体内（*in vivo*）其基因组内含负超螺旋，每 200bp 就有一个负超螺旋（σ=0.05），即基因组中含 5% 的负超螺旋。每个功能区的末端保持超螺旋状态，而且一个区的超螺旋不影响另一个区的超螺旋，功

能区的相对独立性使得同在一个环状染色体上的基因可以独立表达和调控。基因组内的超螺旋以两种状态存在：①自由状态的超螺旋不受束缚，可在环内传递张力；②蛋白质结合在 DNA 上的超螺旋受到束缚，不能传递张力。

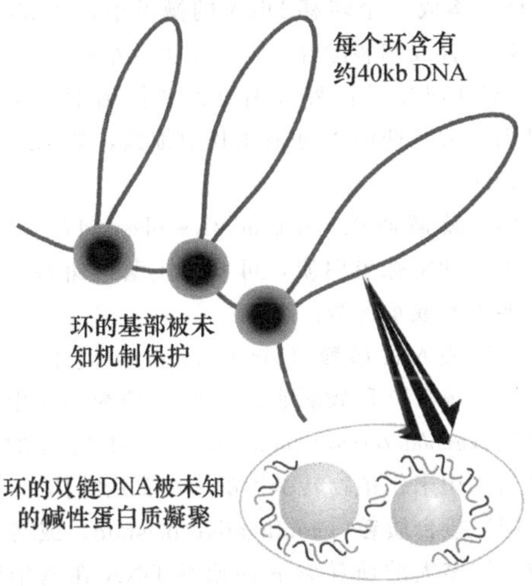

图 5.5　细菌基因组具有大量双链 DNA 环（以纤丝的形式），每个环的底部被蛋白质保护，形成独立的结构域（引自 Lewin，2004）

原核生物的 DNA 虽不像真核生物那样和组蛋白结合形成四级结构构成染色体，但也并非是完全裸露的，结构蛋白怎样和细菌的染色体结合呢？当 *E. coli* 的细胞被裂解后，类核区 DNA 就释放出去（图 5.6），形成环状，但可以观察到这些环状 DNA 并未伸展为游离的双链体，这是因为 DNA 和蛋白质结合变得更为紧密之故。

原核基因组（如大肠杆菌）具有以下的特点。①具有操纵子结构，而没有基因家族的形式，即功能上相关的结构基因串联在一起，受同一个启动子和操纵基因的调控，转录形成**多顺反子 mRNA**（polycistronic mRNA）。但是每个基因相应的 mRNA 的 5′端都有各自的核糖体结合位点（S-D 序列），独自与核糖体结合进行翻译；*E. coli* 共有 2584 个操纵子，几乎涵盖了所有的基因。基因排列紧密，基因间平均距离为 118bp。②除个别的种类［如鼠伤寒沙门氏菌（*Salmonella typhimurium*）、大螺杆菌和古生菌］的 rRNA 及 tRNA 中也发现有内含子以外，原核生物基因中一般不含内含子，即不存在割裂基因。③基因组中不编码的重复序列很少。原核生物 DNA 的 87.8%编码蛋白，0.8%编码 rRNA 和 tRNA，不编码的基因间区域占 11.4%，其中大部分（占基因组的 11%）为调节序列（如复制原点、启动子、终止子、操纵基因等）和其他功能（如复制的两个终止区域，*terE*、*terD*、*terA* 和 *terC*、*terB*），基因组仅有 0.7%为不编码的重复序列。④细菌基因组中一般没有重叠基因，仅有少数的基因出现基因重叠的现象，起到调控的功能。例如，大肠杆菌的色氨酸操纵子 *trpE* 的终止密码子与 *trpD* 的起始密码子的重叠；*trpB* 的终止密码子与 *trpD* 的起始密码子的重叠。*E. coli* 的 *gal* 操纵子中 Gal 转移酶基因（*galT*）与 Gal 激酶基因（*galK*）以另一种形式重叠来达到协调一致。再如，大肠杆菌的氨苄青霉素 C β-内酰胺酶基因（*ampC*）的启动子与延胡索酸还原酶操纵子（*frdABCD*）中的 *frdD* 基因有 10 个密码子重叠。*ampC* 的衰减子作为 *frdD* 的终止子（见第十章）。⑤编码蛋白质的基因均为单拷贝基因。仅有编码 16S rRNA、tRNA、23S rRNA、5S rRNA 的基因以基因家族的形式串联排列在一起，构成一个转录单位（图 5.7），重复 7 次，每个转录单位受同一启动子控制，转录成一个 RNA 分子，经转录后加工修饰后生成成熟的 rRNA 和 tRNA（见第八章）。⑥原核生物的细胞中除了主染色体以外，还含有各种质粒和转座因子。转座因子一般都是整合在基因组中，它们有着特殊的结构，并可以在基因组中移动（见第十四章）。

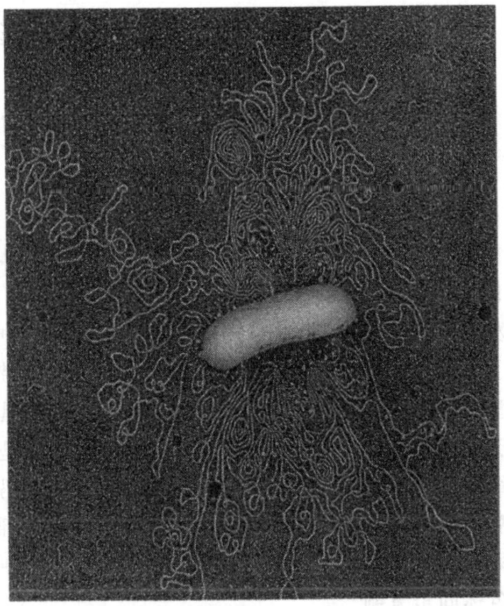

图 5.6　大肠杆菌细胞裂解后，其拟核释放出环状纤丝（转引自 Lewin，2008）

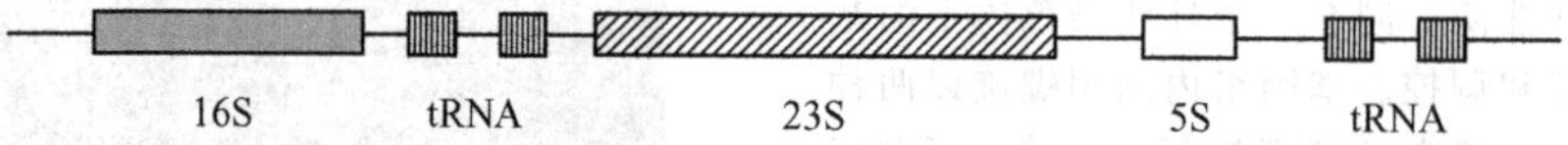

图 5.7　*E. coli* 的 16S rRNA、tRNA、23S rRNA 和 5S rRNA 基因的串联排列

三、质粒

质粒（plasmid）是一种能独立复制的染色体外的 DNA 分子。大部分质粒是环状的（图 5.8），但也发现少数质粒为线性的。几乎在所有的细菌中，除了染色体之外，还存在一些质粒。质粒上常带有一些特殊的基因，如抗生素的抗性基因。质粒具有自己的复制起始区，能自主复制。有些小质粒是使用细胞的酶来复制，而大型质粒本身就带有编码复制酶的基因，这样就可以依靠自己的复制酶来复制。另外一些质粒可以整合到宿主的染色体中，和细菌染色体同步复制。

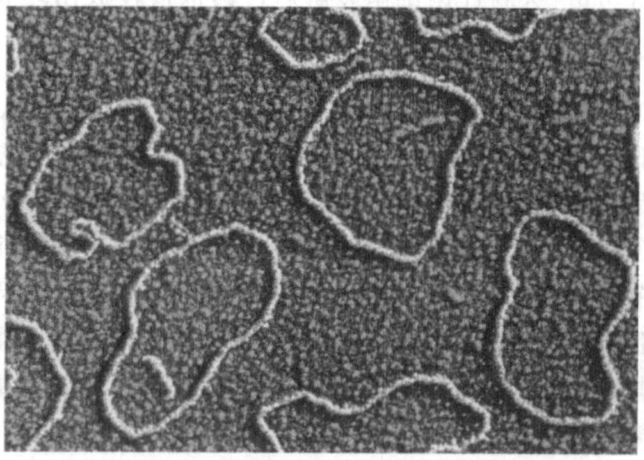

图 5.8　环状质粒的电镜显微照片
（引自 Griffiths et al.，1999）

质粒的大小很不相同，最小的长约 1kb，最大的可达 250kb 左右。质粒在细胞中的拷贝数也不尽相同，有的拷贝数很少，只有一两个拷贝，称为**严紧型质粒**（stringent plasmid）；另一些具有较高的拷贝数，约有 10 个以上，称为**松弛型质粒**（relaxed plasmid）。

在细菌中有很多不同的质粒，不同的细菌含有不同的质粒。质粒根据它们所带有的基因以及赋予宿主细胞的特点可以分为 6 种不同的类型。

（1）**抗性质粒**（resistance plasmid，R）：它们带有抗性基因，可使宿主菌对某些抗生素产生抗性，如对氨苄青霉素、氯霉素等产生抗性。不同的细菌中也可含有相同的抗性质粒，如 RP4 质粒在假单胞菌属和其他细菌中都存在。R 质粒还可以通过感染的形式在不同种的细菌中传播。

（2）**致育因子**（fertility factor，F）：可以通过接合在供体和受体间传递遗传物质。F 因子约有 1/3 的 DNA 构成一个转移 DNA 的操纵子，约 35 个基因，负责合成和装配性伞毛（见第六章）。

（3）Col 质粒：带有编码大肠杆菌素（colicin）的基因。大肠杆菌素可杀死其他细菌，如 *E. coli* 中的 ColE1。

（4）**降解质粒**（degradative plasmid）：这种质粒编码一种特殊蛋白质，可使宿主菌代谢特殊的分子，如甲苯或水杨酸。

（5）**侵入性质粒**（virulence plasmid）：这些质粒使宿主菌具有致病的能力。如 Ti 质粒是在根癌农杆菌（*Agrobacterium tumefaciens*）中发现的，现经过加工用来作植物转基因的一种常用载体。

（6）**接合质粒**（conjugative plasmid）或转移性质粒：许多大的质粒含有使质粒 DNA 在两细胞间转移的基因（见第六章）。不是所有的质粒都是接合质粒。大多数小的质粒是**非接合质粒**（nonconjugative plasmid），当细胞分裂时，它们能被保留在细菌的无性系中，这类质粒不含有装配菌毛和 DNA 转移所需的基因，因此它们不能够独立地转移。然而，它们能够利用重组连接到接合质粒上，通过形成共合体的机制，非接合型质粒暂时地搭乘接合质粒“便车”，从一个细胞转移到另一个细胞。这样非接合质粒也能在细胞之间转移 DNA。

第二节　真核生物基因组

真核生物的基因组分子质量很大，约为 3×10^{12}Da，长度多为 $10^8\sim10^9$bp；遗传物质都是以双链线状 DNA 的形式集中于细胞核中，并与组蛋白形成致密的染色质，再形成多条染色体。真核基因组除真菌外，基因组一般含有 1 万～3 万个基因。除核基因外，真核生物还含有核外基因，如线粒体 DNA、叶绿体 DNA 等。

一、基因组中的非编码序列

真核生物基因组中存在大量的**非编码序列**（non-coding sequence），包括基因内非编码序列和基因外的间隔 DNA。基因内不编码部分包括 5′端的前导序列、3′端的尾随序列、内含子和假基因。

(一) 间隔 DNA

间隔 DNA (spacer DNA) 是真核细胞基因组中的一些功能基因之间的不转录的片段，通常含有单一序列和重复 DNA。单一序列能以间隔序列存在，或散在分布于重复序列的侧翼。

间隔 DNA 的功能现在尚未知，亦称**垃圾 DNA** (junk DNA)，一般不编码，在人类基因组中约占 95%。推测它们可能和新基因的产生以及基因的修复有关。2004 年 F. Winston 等在酵母的垃圾 DNA 中发现了名为“*SRG1*”的新基因，这些基因不编码蛋白质，而是产生一种 RNA 可以屏蔽或抑制邻近基因的表达。这些 DNA 对于基因在正确的位置和正确的时间“开启”起调节的作用。

(二) 前导序列和尾随序列

前导序列 (leader sequence) 是位于结构基因起始密码子之前的一段核酸序列，包括核糖体结合位点。在原核生物中前导序列可能包括可被翻译的弱化子片段，它可在 RNA 聚合酶到达操纵子的第一个结构基因前终止转录。而真核生物的前导序列通常不翻译，在编码分泌蛋白和细胞器（如线粒体和叶绿体）蛋白质的基因中，前导序列是可以编码信号肽和导肽的。

尾随序列 (trailer sequence) 是 mRNA 3′端的在翻译终止信号后非翻译片段，不包括在 poly (A) 尾部在内。该尾随序列含有多腺苷酸化酶的结合位点。一些 mRNA 在其尾随序列中含有核苷酸模体，可结合受体分子以定位于细胞特定区域。有的 3′端“UTR”具有一个特异微管结合序列，通过一种能与微管末端结合的蛋白质附着于微管上，以此进行 mRNA 的定位。例如，1988 年 P. M. Macdonald 和 G. Struhl 证明在果蝇卵母细胞中由母体极性基因“*bicoid*”所编码的 625 个核苷酸的尾随序列使该 mRNA 定位于胚胎的前部。

(三) 内含子

真核生物基因组的一个重要特点是大部分基因都含有内含子。1977 年美国的 S. Sharp 和 R. J. Roberts 两组科学家分别用 **R 环** (R loop) 法同时发现了割裂基因。**割裂基因** (split gene) 是指编码区（外显子）被非编码区（内含子）打断的基因。这类遗传结构在大部分真核细胞基因和一些动物病毒基因组中非常典型。由于这项发现，S. Sharp 和 R. J. Roberts 于 1993 年荣获了诺贝尔奖。

在 S. Sharp 和 R. J. Roberts 发现内含子之前，法国的科学家 P. Chambon 也率领一个小组进行了有关实验。他们在思考一个问题：鸡的输卵管分泌卵清蛋白、卵黏蛋白和伴清蛋白，而红细胞（鸟类的红细胞上有核的）只合成血红蛋白，那么两种组织之间 DNA 有什么不同呢？于是他们提取两种组织的 DNA，分别用限制性内切核酸酶（*Eco*R Ⅰ 和 *Hind*Ⅲ）消解，电泳，再用卵清蛋白 mRNA 来制备 cDNA 探针和以上两片进行 Southern 杂交，结果两种组织中的 DNA 不论用哪一种酶来切，都出现了相同的多条阳性杂交带，表明不论是红细胞还是输卵管的细胞，虽基因表达不同，但 DNA 的结构没有差异。令他们不解的是，cDNA 序列内并没有 *Eco*R Ⅰ 和 *Hind*Ⅲ 的切点，为什么会出现多条阳性带。几个月以后 S. Sharp 小组和 R. J. Roberts 小组同时发现了腺病毒外壳蛋白**六邻体基因** (hexon gene) 前导区有断裂现象。他们用限制性内切核酸酶 *Eco*R Ⅰ 和 *Hind*Ⅲ 分别消解腺病毒的 DNA，得到了大小不同的很多片段，分别选择两种酶切片段中的最大的 A 片段 DNA 和六邻体基因的 mRNA 进行杂交，在电镜下可以观察到 *Eco*R Ⅰ 酶切的 A 片段的 3′端可以和上述 mRNA 形成杂合双链，但在杂合双链的 5′端逸出 3 个单链 DNA 环，说明它们不能和 mRNA 完全互补（图 5.9）。他们的解释是六邻体基因 5′端出现了断裂，即有些区域在 mRNA 中已被删除了，所以出现了不配对的单链环，而 *Hind*Ⅲ 酶切的 A 片段是腺病毒六邻体基因的 3′端区域，不含有这一断裂区域，故不出现单链环。S. Sharp 小组的 S. M. Berget 在冷泉港作了有关发现断裂基因的学术报告。P. Chambon 听了报告后便意识到，他们的实验结果也是可以用断裂基因来解释的，即卵清蛋白的基因上可能有多个断裂区（内含子）。在这些断裂区上有酶切位点的存在，可将卵清蛋白基因切成大小不同的片段，但它们都可以和 mRNA 进行杂交。事后 P. Chambon (1977，1981) 等用 S. M. Berget 等的实验方法进行了分子杂交，果然，卵清蛋白基因出现了 7 个单链 DNA 的环（图 5.10），表明有 7 个断裂区的存在，虽然他们错过良机，但证实了自己的推测仍然是很值得称赞的事。

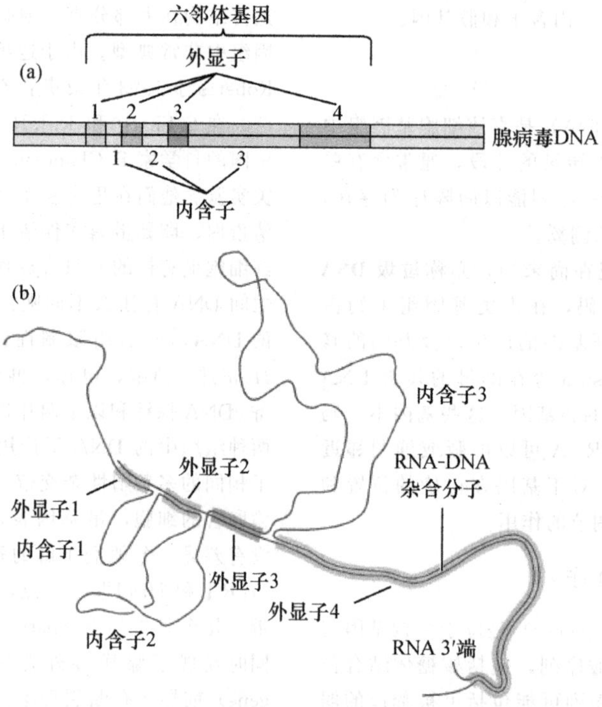

图 5.9　鉴别腺病毒 mRNA 中的内含子（引自 Cooper，2000）（见彩版）

(a) 编码腺病毒六邻体（病毒颗粒的主要蛋白）的基因含有 4 个外显子，它们被 3 个内含子隔开；(b) 根据六邻体 mRNA 和一部分腺病毒 DNA 之间进行分子杂交的电镜照片描绘成图，RNA 和 DNA 杂合的区域是外显子。外显子区被组成内含子的单链 DNA 环所隔开

1977 年继 S. Sharp 和 R. J. Roberts 后相继发现了兔子的 β 珠蛋白基因、鼠的 β 珠蛋白基因和卵清蛋白基因等的断裂基因。1978 年 W. Gilbert 创用了**内含子**（intron）和**外显子**（exon）两个名词，内含子是指在成熟的 mRNA 中不出现的序列，外显子是指在成熟的 mRNA 中出现的编码序列（图 5.11）。

内含子并非都不编码，有些Ⅰ类和Ⅱ类内含子是有可读框的，可产生具有三种蛋白质：①内切核酸酶；②反转录酶；③**成熟酶**（maturase），可与内含子 RNA 结合，折叠成有活性的结构，催化Ⅱ类内含子 RNA 的剪切。

内含子编码的内切核酸酶或反转录酶能剪切无内含子同源基因中特定序列，使该内含子的一个新拷贝插入到此同源部位，并稳定地遗传，此现象称为**内含子归巢**（intron homing）。

Ⅰ类内含子归巢是通过 DNA 介导（图 5.12）。例如，在酵母中有“ω^+”和“ω^-”两种品系，二者的差别就是“ω^-”缺乏一个相应的内含子。将“ω^+”和“ω^-”进行杂交，按酵母核基因遗传规律，应产生“ω^+”和“ω^-”两种后代，各占一半。但实际上其后代通常都是“ω^+”。为何会出现这种情况？正是因为在“ω^+”品系的内含子中可能编码一种内切核酸酶，它能识别“ω^-”基因组中内含子同源部位 18bp 的靶序列，并在靶序列插入位点交错切割双链，产生了凸出的单链末端，再通过 LINE 类似的转座机制（见第十四章），将内含子的一个新拷贝插入切开的靶位点中，使“ω^-”变成“ω^+”品系。

Ⅱ类内含子归巢是依赖 RNA 介导的，其机制与 LINE 的转座机制相似。

（四）假基因

假基因（pseudogene）又称拟基因，是指在多基因家族中，某些成员在进化过程中产生一个或多

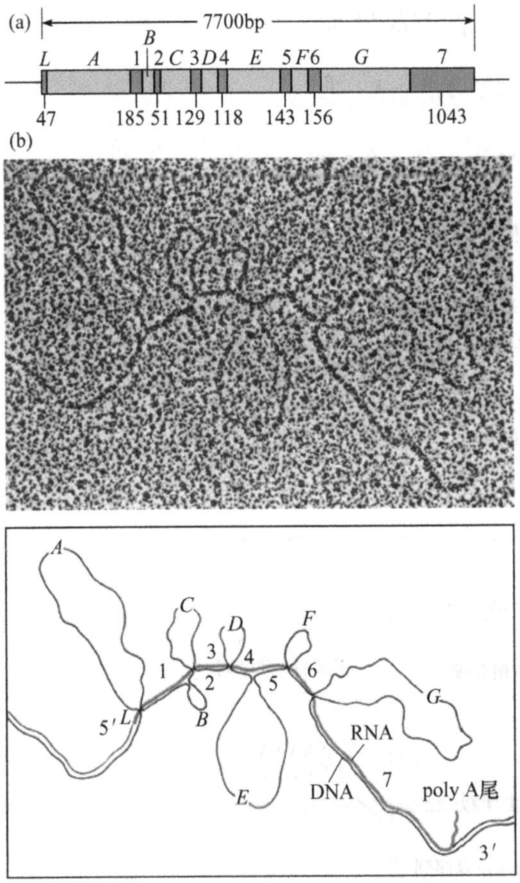

图 5.10 鸡卵清蛋白基因的组成
（引自 Russell，1992）

（a）整个基因中外显子（L1→7）和内含子（A→G）的排列，数字表示碱基对的数目；（b）经卵清蛋白基因和成熟的卵清蛋白 mRNA 进行分子杂交的结果：有 7 个内含子环从 DNA-RNA 杂交体双链中逸出

个突变而丧失了产生蛋白产物的能力，如人类珠蛋白基因家族中的 $\psi\zeta$、$\psi\alpha$、$\psi\beta$（图 5.13）。

加工假基因（processed pseudogene）是假基因的一种类型，其结构特点是：两端有短的同向重复序列；5′端有帽结构，3′端有 poly（A）尾巴；中间没有内含子。这反映了它们来自 mRNA，可能经过转录后加工，再反转录成 DNA，经转座插入到基因组中而形成（图 5.14）。

加工假基因也称为**反转录基因**（retrogene），也是通过 LINE 相同的机制产生的，所不同的是这种假基因来源的 RNA 分子是由 RNA 聚合酶Ⅱ转录合成的，其启动子是位于基因 5′端的上游启动子，转录的产物中不含启动子，因此反转录产生的 cDNA

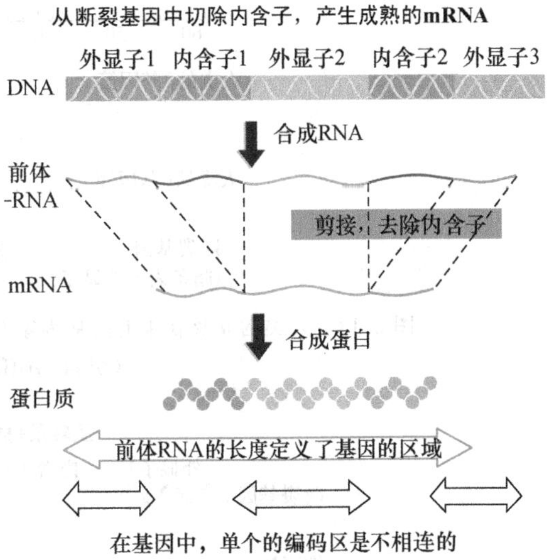

图 5.11 断裂基因（interrupted gene）表达产生前体 mRNA。当内含子切除后，外显子彼此连接。成熟的 mRNA 中仅含有外显子序列
（引自 Lewin，2004）

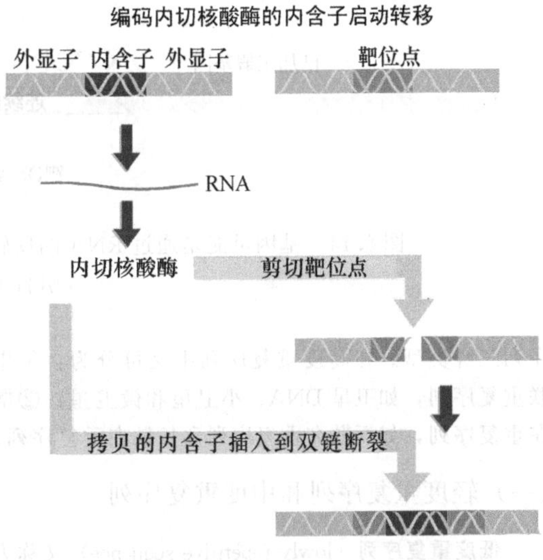

图 5.12 内含子编码的内切核酸酶在 DNA 上产生一个双链断裂点。内含子的序列被复制并插入到断裂点（引自 Lewin，2004）

分子上游没有启动子，由此形成的假基因也不能转录而失去活性。

二、重复序列

真核生物基因组中存在大量**重复 DNA 序列**（repetitive DNA sequence）。重复序列根据拷贝数的多寡可分为低度重复序列、中度重复序列和高度重复

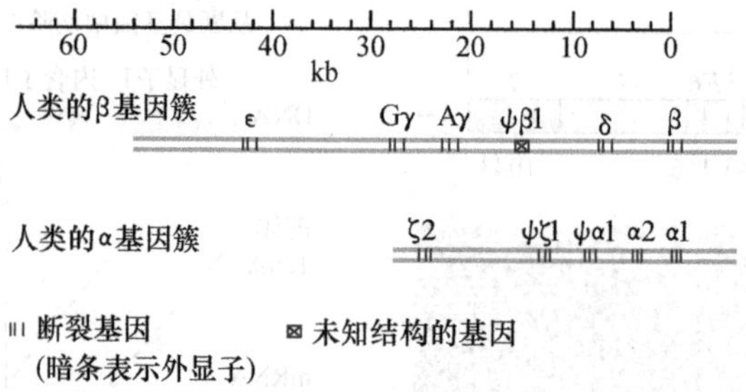

图 5.13　人类的 α 及 β 珠蛋白基因家族各组成一个基因簇，包括功能基因和假基因
(引自 Griffiths et al.，1999)

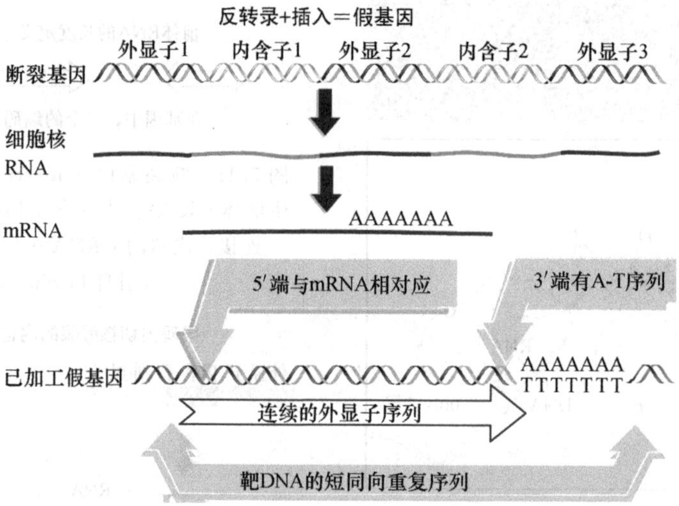

图 5.14　基因可能是通过 RNA 的反转录产生双链 DNA 再整合到基因组中而形成
(引自 Lewin，2004)

序列三种类型。在高度重复序列中又可分为：①串联重复序列，如卫星 DNA、小卫星和微卫星；②散在重复序列，如短散在重复序列和长散在重复序列。

(一) 轻度重复序列和中度重复序列

低度重复序列（lowly repetitive sequence）又称为**轻度重复序列**（light repetitive sequence）。在基因组中存在 2～10 个拷贝，多具有编码功能；少数在基因组中成串排列在一个区域，如人和小鼠的珠蛋白基因、卵清蛋白基因等，大多数与单拷贝基因分散排列。

中度重复序列（middle repetitive sequence 或 moderately repetitive sequence）长约 300bp，在基因组中其重复度为 10 到几千次，通常占整个单倍体基因组的 1%～30%，在小鼠中约占 20%。这些序列遍布整个的基因组，如 rRNA 和 tRNA 的基因（表 5.4）以及某些蛋白质的基因（如肌动蛋白、角蛋白等）。tRNA 基因一般都分布于基因组中，而 rRNA 常集中分布于核仁形成区。不同的 rRNA 的基因情况也不同。在爪蟾中，5S RNA 有两种类型：一种是卵母细胞型，有 24 000 个拷贝，存在于所有细胞内，集中分布于基因组中，但仅在卵母细胞中才表达；另一种是体细胞型，只有 400 个拷贝，分散分布于基因组中，在体细胞和卵细胞中都能转录表达，但在卵细胞中表达较弱。

表 5.4　几种生物基因组中多拷贝 rRNA、tRNA 基因

生物	18S/28S 基因	5S 基因	tRNA 基因
酿酒酵母	140	140	250
黑腹果蝇	250(XX)/150(XY)	165	850
人	280	2 000	1 300
爪蟾	450	24 000	1 150

Alu 重复序列通常归类于中等重复序列，但它在人类单倍体基因组中约有 30 万个拷贝。从三类重复序列的定义来看，其应属于高度重复序列，而不属于中等重复序列。

反向重复序列（inverted repeat，IR）是成簇存在于双链 DNA 分子中的、呈旋转对称的两段核苷酸序列。反向重复序列间可有一到几个核苷酸的间隔，也可以没有间隔，没有间隔的又称**回文序列**（palimdrome）。其变性 DNA 折叠成**发夹结构**（hairpin structure）或**十字形环**（cruciform loop）（图 5.15）。

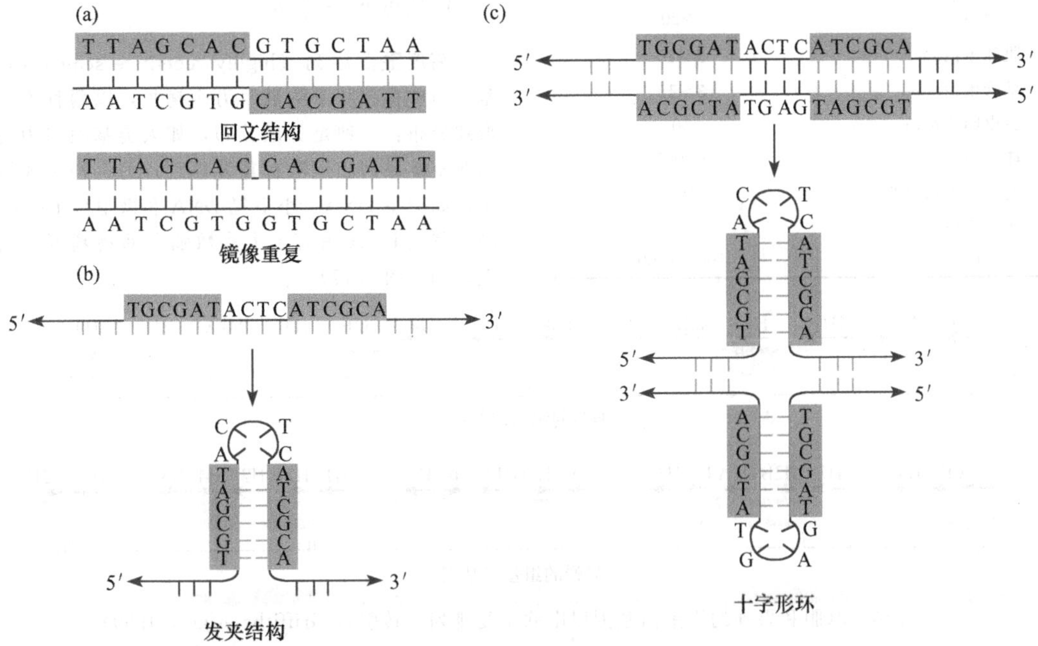

图 5.15　反向重复序列（引自 http://sm.nwsuaf.edu.cn/mb/admin/upload/files/gzk/htm/chapter2_2.htm）

(a) 反向重复又称回文结构，和镜像对称不同，是旋转对称的；(b) 单链反向重复序列可折叠成发夹结构；(c) 双链反向重复序列可折叠成十字形结构

在原核生物中也存在 IR，或存在于转座因子的两端，或存在于调控元件中（如操纵基因、CAP 位点、终止子和衰减子等），作为调节蛋白的识别信号；或分散在基因组中，作为限制性酶的酶切位点。在真核生物中这种序列拷贝数较多，存在于 DNA 的复制起点、内含子的内部引导序列或核心序列以及酶切位点等，在人类基因组中约占 5%。

轻度重复序列和中度重复序列在基因组中常以基因簇或基因家族的形式存在。在染色体上紧密排列在一起，来源相同、功能相关的一组基因称为**基因簇**（gene cluster）。一个基因簇中的基因，常编码催化同一代谢途径中不同步骤的酶的结构基因。例如，人类白细胞抗原（LHA）系统的 7 个连锁基因座，排列成 *A-B-D-DR-DQ-DP* 形成一个基因簇。**基因家族**（gene family）的含义和基因簇是不同的。基因家族是指由一个祖先基因经重复和变异所产生的一组同源基因，它们的结构和功能都是相同的。不同的基因家族其成员的多少（表 5.5）、结构和功能的相似性都不相同，分散的基因家族其成员不在同一基因簇内，有的不在同一染色体上，如小鼠珠蛋白基因家族有 5 个基因，一个是胚胎型的（*α-emx*），另两个是成体型的（*α-ad*1 和 *α-ad*2），它们都在 11 号染色体上，这 3 个基因都可以编码，*α-ad*1 和 *α-ad*2 所编码的蛋白质仅在第 68 位上的氨基酸不同。还有两个成员是没有功能的假基因（*α-ψ*3 和 *α-ψ*4）分别位于 15 和 17 号染色体上。另一些基因家族成员的结构和功能发生了较大的变化。例如，脊椎动物 β 珠蛋白基因簇的成员（图 5.13）不仅结构和功能不同，表达的时间也不同，有的在早期胚胎发育时期表达，有的在胚胎晚期表达，有的要到发育成成体才表达。复杂的多基因家族中各个成员都不相同，有的转录方向也不同，但仍执行相同的功能。例如，海胆和果蝇的组蛋白基因家族，每家族 5 个基因串联在一起，作为一个单位，重复多达千次（图 5.16）。

表 5.5　不同基因家族的组成

基因	基因家族成员数
肌动蛋白	5～30
角蛋白	>20
肌球蛋白	5～10
维管蛋白	3～15
昆虫卵壳蛋白	50
珠蛋白	达到 5
免疫球蛋白可变区	500
卵清蛋白	3
组蛋白	100～1000

多基因家族的一个以前的成员，其所在位置与该基因簇脱离。它含有编码区或是一个假基因，这类基因称为**孤独基因**（orphon），如一种不成簇的 tRNA 基因、血红蛋白假基因。孤独基因可能作为序列的储备，能进化产生新的功能。

（二）高度重复序列

高度重复序列（highly repetitive sequence）在基因组中存在几千到数百万个拷贝，以两种不同的形式分布：一种是分散分布，如人类基因组中的长散在重复序列和短散在重复序列；另一种是成簇分布，如卫星 DNA、小卫星 DNA 和微卫星 DNA 等。高度重复 DNA 占有了大多数哺乳动物基因组的很大比例（图 5.17）。

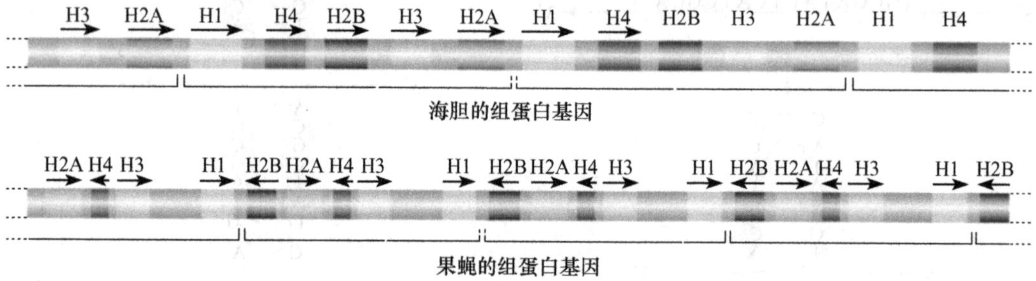

图 5.16　海胆和果蝇的组蛋白基因以串联重复排列（转引自 Griffiths et al.，1999）

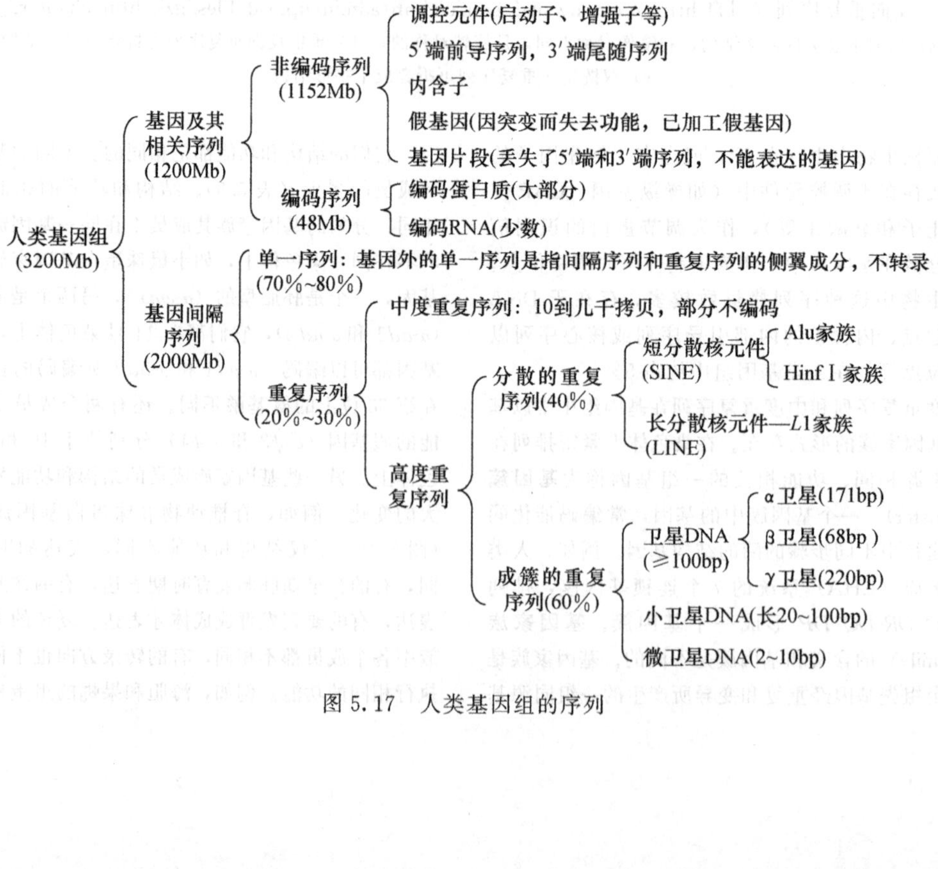

图 5.17　人类基因组的序列

1. 散在重复序列

长散在核元件（long interspersed nuclear element，LINE）也称**长散在重复序列**（long interspered repeated sequence），在高等真核生物基因组中以散在的形式分布于基因组中的较长的重复序列，其单元长度在6kb以上，可编码反转录酶（见第九章）。在哺乳动物基因组中的L1长约为6500bp，有6万个拷贝，由RNA聚合酶Ⅱ转录，为反转座子的病毒超家族。基因组中少数的LINE具有自主转座的功能，其他的因曾发生突变而不能转座。

短散在元件（short interspersed element，SINE）也称**短散在重复序列**（short interspersed repeated sequence），是散布在哺乳类基因组的一类短的高度重复序列。重复序列单元长度在70～300bp，几乎均为反转录转座子，如人类的Alu家族，因其具有限制性内切核酸酶*Alu* Ⅰ识别位点而得名。它广泛分布在非重复DNA序列中，在二倍体基因组中约有30万个拷贝（相当于每6kb就由一个）。单个Alu序列分散分布，几乎每个基因的附近都有Alu序列的存在，因此Alu序列也可作为人类DNA的特异标志。每个Alu序列约含300bp，由两个130bp序列串联重复组成（Alu左序列和Alu右序列），在二聚体的右边中部有31bp无关的序列插入在里面（图5.18）。这个插入序列来自7SL RNA（是信号识别蛋白SRP的一个成分）。7SL RNA长300nt，其5′端的90碱基和Alu序列左端同源，其中央的160个碱基和Alu并不同源，而3′端的40个碱基和Alu右端同源。编码7SL RNA的基因由RNA聚合酶Ⅲ转录，因此非活性的Alu序列可能是这些基因（或者相关基因）产生的。

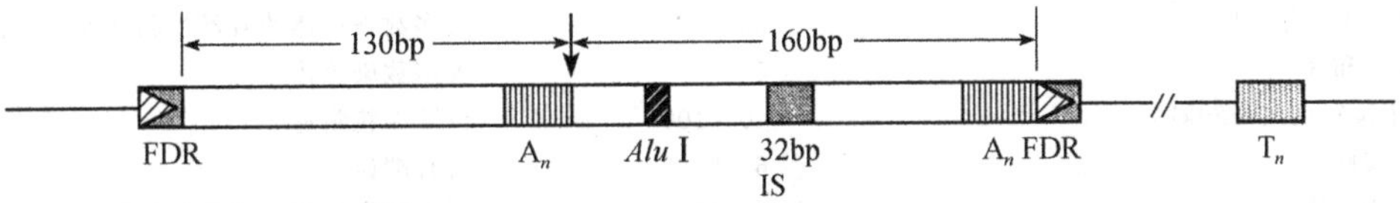

图5.18　人类Alu序列的结构。Alu序列由两个单体组成，二者的末端为（A)*n*/(T)*n*正向重复序列。在右单体中插入了32bp的插入序列

每个Alu家族的成员间同源性为87%。在小鼠中Alu相关序列称为B1家族（约5万个），也存在于大鼠和其他哺乳动物中，但在啮类动物中Alu相关序列为一个130bp左右的单体。

Alu家族的成员的结构和反转录转座子类似，两端都是短的正向重复，3′端具有poly（A）尾，内部没有内含子，家族中不同成员间的序列长度不相同。此外，由于它们来源于RNA聚合酶Ⅲ的转录产物，所以某些成员可能携带下游启动子。

Alu序列曾被认为是一种基因组内的“垃圾”、“寄生物”或**“自私DNA”**（selfish DNA），但对宿主并没有害。现在推测Alu家族具有多方面的功能。由于在许多核内不均一RNA（hnRNA）中含有大量的Alu序列，而且Alu序列含有与某些真核基因内含子剪接信号相似的序列，因而，Alu序列可能参与hnRNA的加工与成熟；Alu序列在人基因组中不寻常地大量存在，提示它可能与DNA重组、染色体不稳定性及转录调节有关。

2. 卫星DNA

卫星DNA（satellite DNA）是真核生物中一种串联排列的高度重复短序列，存在于着丝粒和端粒处。卫星DNA的碱基组成和基因组中的主体DNA差异很大。当将DNA切成片段进行氯化铯密度梯度超离心时，由于这种DNA富含A-T，所以浮力密度小，常常单独形成一条较窄的带，在主体DNA带的上面，故称为卫星DNA（图5.19）。

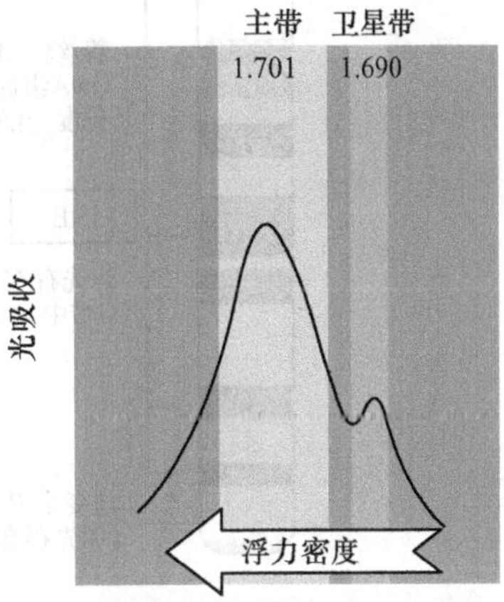

图5.19　通过氯化铯密度梯度离心，小鼠DNA被分离成主带和卫星带（引自Lewin，2004）

有的卫星DNA同样是高度重复的，但G-C的含量和基因组中其他DNA序列没有明显的差别，所以

用密度梯度离心就分不出一条卫星带来。这种高度重复序列称为**隐蔽卫星 DNA**（cryptic satellite DNA）。通过复性动力学等方法可将其从基因组中分离出来。

卫星 DNA 按浮力密度的大小可以分成 1、2、3、4 四类：卫星 1 的浮力密度 1.687g/cm^3，由 42bp 的单元组成，其中 17bp（ACATAAAATATAAAGT）为可变区，25bp（ACCCAAAAAGTTATTATATACTGT）为重复单元；卫星 2 的浮力密度为 1.693g/cm^3，由保守性差的 ATTCC 重复单元组成；卫星 3 的浮力密度为 1.697g/cm^3，是较保守的 ATTCC 的重复，且与 10bp 的序列（ATCGGGTTG）相间分布；卫星 4 的浮力密度为 1.700g/cm^3，即隐蔽卫星 DNA。

根据卫星 DNA 重复单位的长度和分布的位置可将其分为两类：一类是 α 卫星 DNA，它是灵长类特有的、单元为 171bp 的高度重复序列，最初是在非洲青猴基因组中发现，现在已确定分布在人染色体的着丝粒区；另一类是 β 卫星 DNA，其重复单元为 68bp，富含 GC，位于着丝粒的附近和核仁形成区的附近（表 5.6，图 5.20）。

表 5.6　人类串联重复 DNA 的主要类型

类型	重复单位大小/bp	定位
卫星 DNA（100kb 至几 Mb）	5～171	异染色质区（着丝粒和端粒）
α 卫星	171	所有染色体的着丝粒
β 卫星	68	1、9、13、14、15、21、22 号染色体和 Y 染色体的着丝粒
卫星 1（富含 AT）	25～48	大多数染色体的着丝粒和其他异染色质区
卫星 2 和 3	5	大多数染色体
小卫星 DNA（0.1～20kb）	10～100	位于端粒附近
端粒家族	6	所有端粒
高可变家族	9～64	所有的染色体，常靠近端粒
微卫星 DNA（<100）	<10	分散分布

资料来源：斯特罗恩等，2007；Lewin，2008。

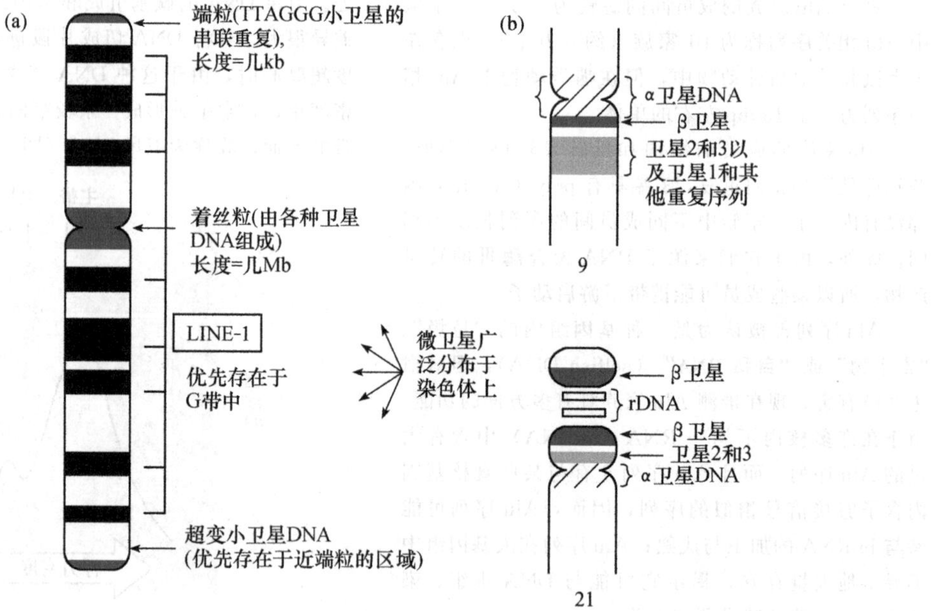

图 5.20　人类各种串联 DNA 的分布（仿斯特罗恩等，2007）

（a）各种串联 DNA 序列在染色体上的分布；（b）不同类型的卫星 DNA 序列在 9 号和 21 号染色体上的定位示意

在哺乳动物基因组中还有另一些串联重复序列，它们的总长度比卫星 DNA 要短得多，分布也不同。这类重复序列按其重复单元的大小和分布可以分为两类：小卫星 DNA 和微卫星 DNA。**小卫星 DNA** (minisatellite DNA) 重复单位由 6～40bp 的重复单元重复 6～100 次组成，又称为**可变数目串联重复** (variable number tandem repeat，VNTR)。这是一种特殊的串联重复，多存在于染色体的端粒附近，但不同个体的 VNTR 数目和位置都不相同，所以其 Southern 杂交带谱就具有高度的个体特异性，被称为 **DNA 指纹** (DNA fingerprint)，可用于亲子鉴定、法医排查等 (图 5.21)。

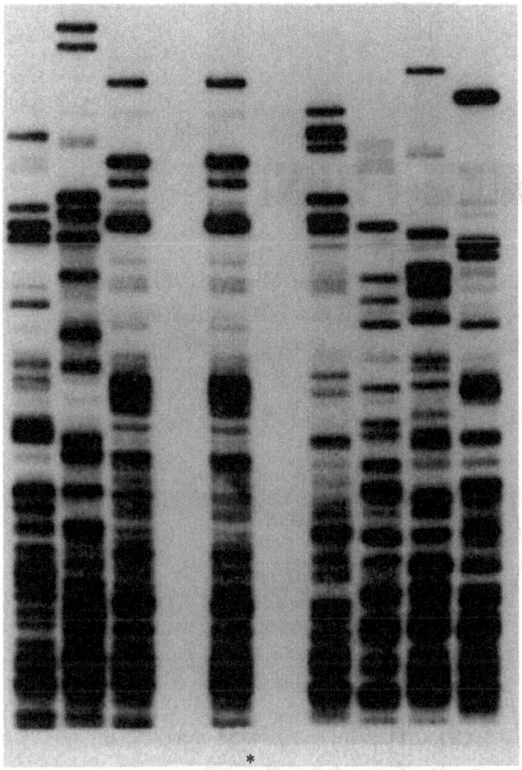

图 5.21 人类 DNA 指纹
(转引自 Griffiths et al.，1999)
来自犯罪现场的血迹指纹 (*) 和 7 个嫌疑者的血液指纹，其中标本 3 和犯罪现场的血迹指纹相同

另一类是**微卫星 DNA** (microsatellite DNA)，也称为**简单串联重复** (simple tandem repeat，STR)。这是一类分散的串联重复 DNA，由 2～6bp 的单元重复 10～60 次组成。1974 年 D. M. Skinner 在寄居蟹中首先发现了重复序列 $(TAGC)_n$。1981 年 R. Miesfeld 等在人类基因文库中也发现了这种重复序列的存在。1984 年 D. Tautz 和 M. Renz 在真核生物基因组中发现这种短的重复序列，并称之为**简单重复序列** (simple sequence repeat，SSR)。1989 年 M. Litt 和 J. A. Luty 在心肌肌动蛋白的基因内扩增到一种二核苷酸重复序列，并首创"微卫星"这一术语。

微卫星常存在于间隔序列和内含子等非编码区内。在人类和其他生物的基因组作图中，微卫星 DNA 可提供密集排列的分子标记。它具有数量大、分布广且均匀、多态信息含量高、检测快速方便等特点，目前被广泛应用于动植物基因定位、连锁分析、血缘关系鉴定、遗传多样性评估、系统发生树构建、标记辅助选择等方面。

第三节 结构基因组学

结构基因组学 (structural genomics) 是一门通过制作高分辨的遗传图、细胞图、物理图、序列图和转录图来确定生物基因组结构的学科。结构基因组学实际上是为功能基因组学做准备，一旦功能基因组学进入实质性的发展阶段，人类将可以从中获得更大的利益。

转录图 (transcription map) 又称**表达图** (expression map)，是以基因的外显子序列或**表达序列标签** (expressed sequence tag，EST) 为标记，精确地表明这些标记在基因组，或染色体上位置的物理图。EST 不仅为物理图谱的构建提供了大量的分子标记，而且来自不同组织和器官的 EST 也为基因的功能研究提供了有价值的信息。图 5.22 表示人类 5 号染色体上的糖皮质激素受体 (glucocoaicoid receptor) 编码区，就是一个很好的例子。早在 1997 年，人们用 EST 对人类基因组中的约 50 000 转录单位进行了作图，其中约 4500 个转录单位与已存在于数据库中的已知基因的资料相吻合。

一、遗传图

遗传图 (genetic map) 又称**连锁图** (linkage map)，通常是利用杂交所得到的重组值来确定染色体上连锁基因或遗传标记之间的相对位置和距离的线性图。使用的遗传标记越多、越密集，所得到的遗传连锁图的分辨率就越高。遗传图谱不仅是现阶段定位基因的重要手段，即使在人类基因组全物理图谱建立起来之后，它依然是研究人类基因组遗传与变异的重要手段。遗传图的计算单位是图距单位 (m. u.) 或厘摩 (cM)。连锁分析可用来构建连锁图谱 (图 5.23)。

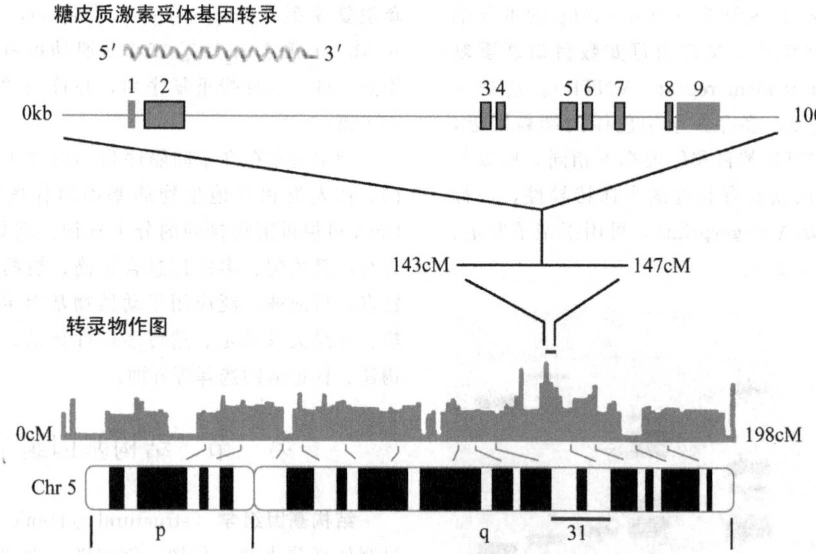

图 5.22 EST 转录物作图被用来作为人类染色体的定位标记（引自 Miesfeld，1999）

图中表明人类 5 号染色体上 EST 的分布和频率。将 5q31 邻近的染色体区放大，显示糖皮质激素受体基因的基因结构。它正好是 50 个转录物之一，被作图定位在 5 号染色体的末端附近的一个片段中。糖皮质激素受体编码序列含有 9 个外显子，跨越了近 100kb。深色的方块表示外显子，编码了受体蛋白主要部分的 777 个氨基酸。人类的转录物作图是可以通过互联网来查询的

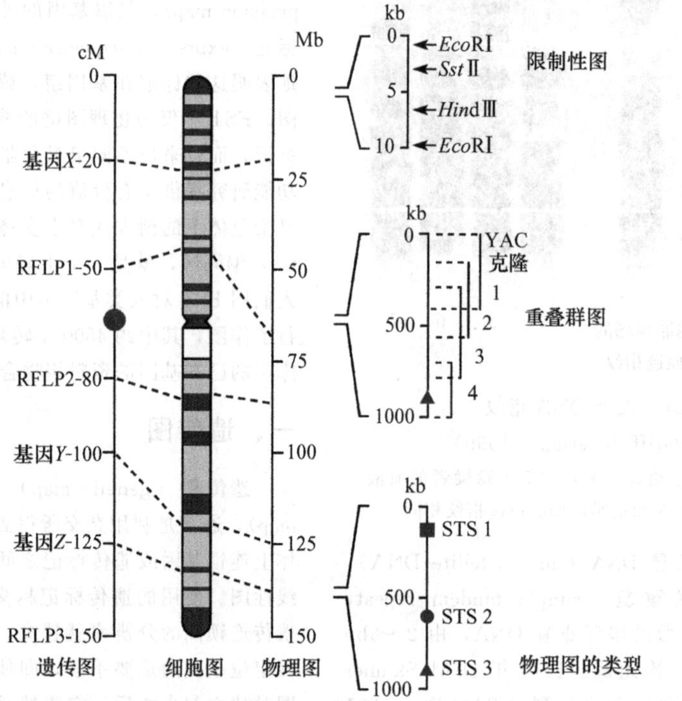

图 5.23 染色体的遗传学图、细胞学图和物理图的相关性（引自 Simmons，2003）

遗传学图的距离是根据交换率，是以重组的百分数或厘摩为单位。而物理图是以 kb 或 Mb 为单位。限制性图、重叠群图和 STS 图见文中的描述

连锁分析具有有一定的局限性，那就是在基因组的各个区域重组频率并不是一致的，而且有很多表型特点是由多基因控制的。构建人类的连锁图是很困难的，因为人类不可能进行杂交，只能通过大家族的遗传分析来进行研究。

来自亲本的遗传物质在减数分裂中被“洗牌”，这对于生物的进化是重要的，也为遗传学家提供了有用的统计工具。根据同一条染色体上两个连锁基因的重组频率可以计算出它们之间的距离。当两个基因彼此相距很近时，称为紧密连锁，或者说在减数分裂中，它们之间很少发生重组。相反，同一条染色体上的两个基因，如果相距很远（>10Mb），那么在减数分裂中有很大的可能发生重组。可想而知，在非同源染色体上的两个基因，在减数分裂中将是独立分配的。通过重组进行遗传作图是一种统计分析，它可用于构建遗传图谱。

一个遗传表型可能由于一个失去功能的隐性突变基因所致，或者是一个获得功能的显性突变所致。通过连锁分析制作的遗传图谱能提供基因在染色体上的近似位点。然而，连锁分析有一定的局限性，那就是在基因组的各个区域重组频率并不是一致的，而且有很多表型特点是由多基因控制的。构建人类的连锁图是很困难的，因为：①人类不能进行杂交；②后代样本太小不适合统计；③人类的基因组十分巨大，如通过连锁分析来定位人类致病基因都是很困难的。大部分带有已知表型的基因都不是通过重组分析来定位的，而是通过一些细胞学图和物理图加以鉴别的。

二、细胞学图

细胞学图（cytological map）表示基因定位在染色体特异部位的图谱，通常指定位在双翅目昆虫的多线染色体和人类有丝分裂染色体 G 带上的基因。

（一）唾腺染色体图

基因的第一张细胞图谱要归功于 1933 年 E. Heitz 和 H. Bauer 在果蝇唾液腺发现了多线染色体，成为细胞学研究染色体畸变的好材料，也为细胞学图谱建立奠定了基础。T. S. Painter 第一个意识到它们的重要性，在 1934 年发表了第一张黑腹果蝇（*D. melanogaster*）的多线染色体图，包括几个基因的染色体定位。在 1935 年和 1938 年，C. B. Bridges 发表了第一张多线染色体图谱，它是如此的精确，以至于直到今天我们仍在使用它。在做了大量染色体重排的工作后，Bridges 又构建了细胞学图谱，把基因排放在特定的部分甚至特定的带（图 5.24）。现在我们知道这些图绘制的相当精确，把基因定位在小于 100kb 的范围内。

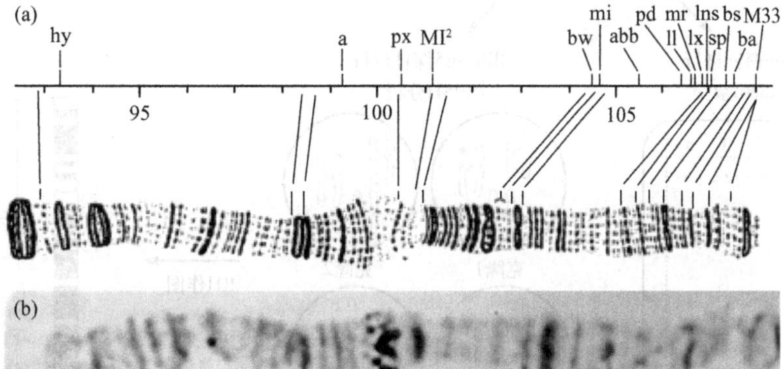

图 5.24　(a) 果蝇 2 号染色体顶端多线染色体图上的相关位置和连锁图。这个区域覆盖了 5Mb 的 DNA。(b) 用果蝇 DNA 的克隆片段与多线染色体进行原位分子杂交，建立了第一张克隆基因染色体定位的细胞学图谱。箭头所指表示克隆基因在多线染色体上的定位（引自 Rubin and Lewis，2000）

（二）用放射诱导染色体重排作图

高剂量的 γ 射线的照射能诱导体细胞中的 DNA 重组。通过电子的轰击使磷酸二酯键断裂，导致 DNA 破碎和染色体的重排。根据改变特异染色体的遗传图谱和物理图谱，放射性诱导果蝇的染色体重组可用来作为一种分离基因的方法。在人类和啮齿动物的融合体细胞系的遗传背景中，这个方法也可用于产生人类 DNA 的亚染色体片段。David Cox 及其同事在中国仓鼠和人类的杂种细胞系中进行放射诱导染色体重组，产生了人类 21 号染色体的放射杂种（RH）连锁图。相似的工作是在仓鼠和人类杂种细胞系中进行放射诱导人类的所有 24 条染色体的亚染色体。这些杂种细胞系可用来制备物理图谱、分离基因和连锁图谱。图 5.25 表明放射诱导亚染色体仓鼠和人类杂种细胞系是如何产生的。

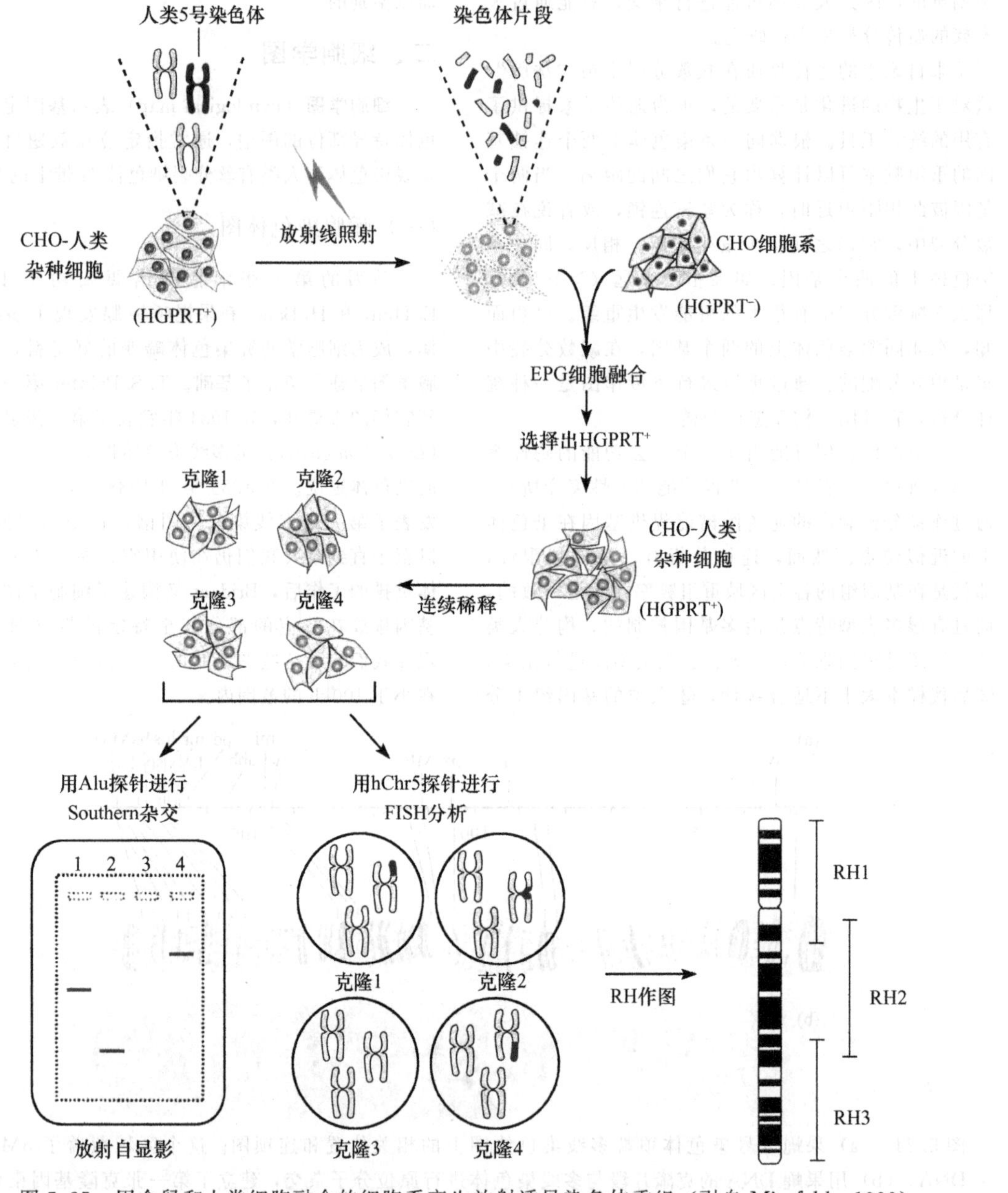

图 5.25 用仓鼠和人类细胞融合的细胞系产生放射诱导染色体重组（引自 Miesfeld，1999）

图中表示人类 5 号染色体（hChr 5）的亚片段是如何产生的，以及在杂种细胞系中如何维持。用放射线照射含有完整 hChr 5 的中国仓鼠卵巢（CHO）细胞系，诱导产生仓鼠和人类的染色体片段，再将此杂种细胞和不含有人类染色体的完整的 CHO 细胞融合。由于 hChr 5-CHO 细胞系具有野生型 $HGPRT^{+}$ 的基因，而供体的细胞系是突变型细胞系（$HGPRT^{-}$），这样可以通过加有 HAT 的培养基筛选分离出融合细胞。通过 Southern 杂交和荧光原位杂交（FISH）可分析具有人类染色体的亚片段的放射性杂种（RH）细胞系。在本实验中表示在 RH 细胞系 1，2 和 4 中含有 hChr 5 片段还有一种用放射诱导染色体重排作图的方法是用 3000 拉德（rad）[①] 的 X 射线来照射人类细胞，使染色体成为片段，然后将照射过的细胞与啮齿动物细胞进行融合，人类染色体片段大部分插在啮齿动物的染色体中（图 5.26）。首先要计算出在杂种细胞中各种人类分子标记的频率。

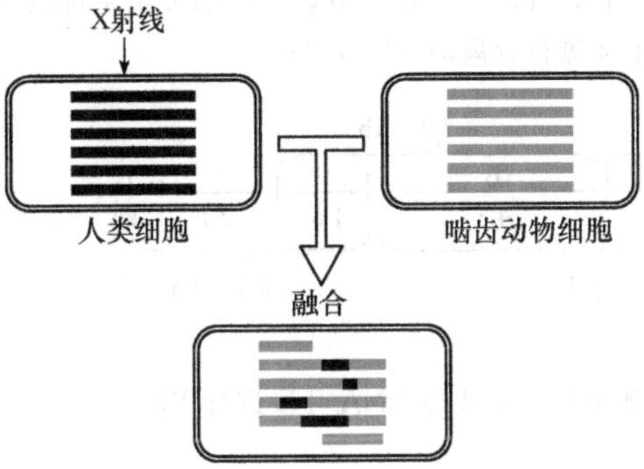

图 5.26　用 X 射线照射用同位素标记的人类的细胞，使染色体断裂。将处理过的细胞和啮齿动物细胞融合，筛选杂种细胞。人类染色体片段插在啮齿动物的染色体中，产生一系列不同的放射杂种细胞，用人类标记基因来分析共转移的频率，能获得连锁的资料

然后计算同时存在的一对人类分子标记的频率。假定接近连锁的标记联合在一起的概率较高，在两个位点之间因放射线而引起断裂的频率较低。距离较远的标记，或不同染色体上的标记出现的概率接近单个概率的乘积。一个作图单位是 cR_{3000}，近似于 0.1cM。

三、物理图

物理图（physical map）是用限制性内切核酸酶切位点、序列标志位点等分子标记通过凝胶电泳所作出的图谱。物理图谱比遗传图谱和细胞图谱的分辨率要高得多。它是以千碱基（kb）或兆碱基（Mb）为单位。物理图谱反映的是基因组中酶切位点和分子标记的具体位置及相互间的真实距离，与遗传图谱对照可鉴别基因在染色体上的物理座位。

物理图有多种形式，包括**限制性酶切图**（restriction map），用于小区域（如 kb 数量级）精细结构作图；细胞遗传学图，用于较大片段（如以 10^4kb 为长度数量级）区域的作图；还有 **STS 含量图**（STS content map）、**重叠群图**（contig map）和**放射性杂交图**（radio active hybridization）等，它们的分辨区域都大于 1Mb（1000kb）；**荧光原位杂交**（fluo-rescence *in situ* hybridization，FISH）图，使用荧光标记的 DNA 探针来探测克隆染色体 DNA 的物理图，从而以细胞遗传学图中一条带或一个荧光点来确定特定 DNA 序列在染色体上的具体位置。

对于人类、高等植物基因组来说，最粗放的物理图是通过染色体分带技术在染色体上的条带染色模式，最精细的物理图是测出 DNA 的完整碱基对序列。

物理图谱按其作图方法分为三类，即限制性酶切图、重叠群图和 DNA 序列图谱。

（一）限制性酶切图

限制性酶切图（restriction map）是基因组物理图的一种，标明 DNA 分子上限制位点的位置、数目、限制片段的大小及其排列顺序的图谱。

Ⅱ类限制性内切核酸酶能识别双链 DNA 上的特定靶序列，并进行特异性交错切割。这种靶序列通常是由特定的 4～6 个碱基组成的回文序列。不同的Ⅱ类限制性内切核酸酶识别不同的靶序列。限制性图中的距离直接用 kb 或 Mb（10^6 bp）作为距离单位。

限制性内切核酸酶在 DNA 分子上的识别和剪切位点能用作 DNA 标记。这些位点就像是一条公路上的里程碑，虽然酶切位点并不是等距离，也不能标明“公里”数，但可用来作为这一位置的独特标志。因此限制性位点的位置图对基因组分析通常很有价值。限制性酶切图常用单酶切和双酶切（或多酶切）两种方法以及末端标记法等。

1. 单酶切法

单酶切法是用某一种限制性内切核酸酶对待测 DNA 序列进行完全酶解和不完全酶解，然后进行比较，汇出酶切图。例如，用 *Eco*RⅠ对一个长 20kb 的 DNA 线性片段进行完全酶解，产生了 A、B、C、D、E、F 和 G 7 个片段，经凝胶电泳测得它们的长度分别为 5.6kb、4.3kb、3.0kb、2.3kb、2.1kb、1.6kb 和 1.2kb，而 *Eco*RⅠ的不完全酶解产生了长度分为 8.0kb、7.9kb、7.3kb、5.9kb、5.6kb、4.3kb、4.2kb、3.7kb、3.5kb、2.3kb 共 10 个片段。与完全酶解比较，可以发现其中 5.6kb、4.3kb 和 2.3kb 3 个片段是二者共用的片段，其余的片段是完全酶解产生的几个小片段之和：

$$7.9=5.6+2.3=A+D$$

① 1rad＝10^{-2}Gy。

7.3＝3.0＋4.3＝C＋B

6.5＝2.3＋1.2＋3.0＝D＋G＋C

5.9＝4.3＋1.6＝B＋F

4.2＝3.0＋1.2＝C＋G

3.7＝2.1＋1.6＝E＋F

3.5＝2.3＋1.2＝D＋G

上面的数据反映了片段相互重叠的状况，也就提供了片段邻接的信息，使我们能根据这些信息绘出这段 20kb DNA 序列的 *Eco*R Ⅰ 限制性酶切图（图 5.27）。

2. 双酶切或多酶切法

双酶切或多酶切法是用两种或多种限制性酶分别降解待测 DNA 序列，然后用这两种或多种酶同时降解，再进行比较。酶切片段的大小是可以用凝胶电泳进行分离的（图 5.28）。

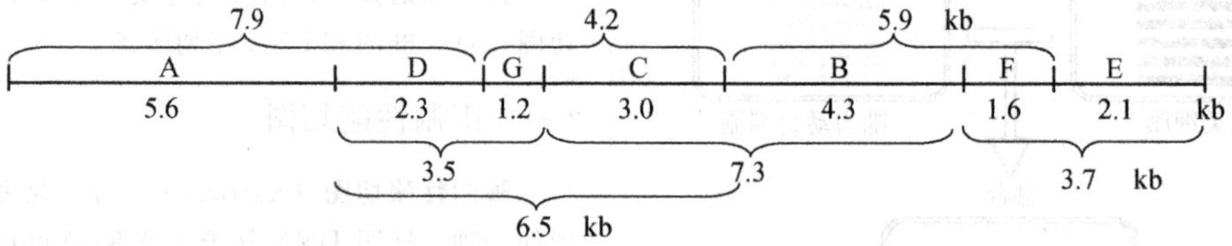

图 5.27　利用单个限制性内切核酸酶的不完全酶解对一个线性 DNA 片段进行作图

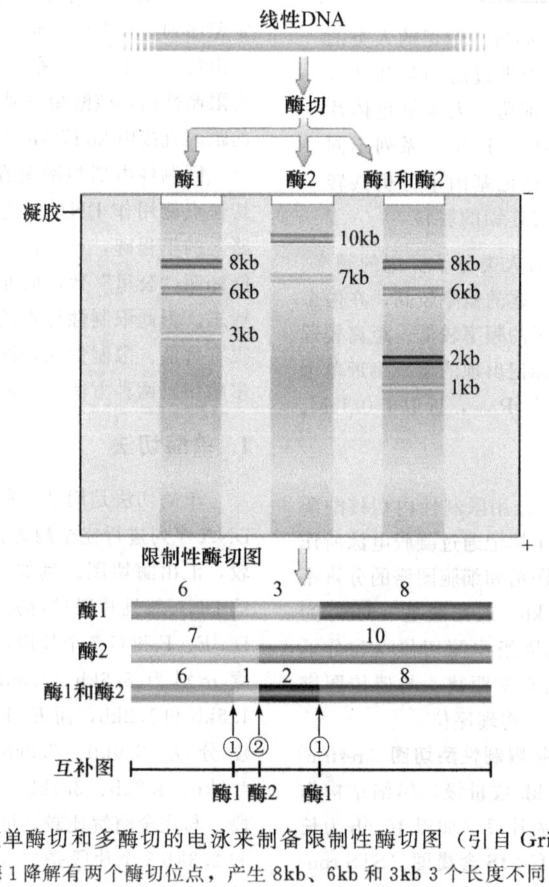

图 5.28　通过比较单酶切和多酶切的电泳来制备限制性酶切图（引自 Griffiths et al.，1999）

在这个简单的例子中，用酶 1 降解有两个酶切位点，产生 8kb、6kb 和 3kb 3 个长度不同的片段，但不能确定它们的排列顺序。用酶 2 降解产生了 7kb 和 10kb 两个片段。用酶 1 和酶 2 同时降解，除了产生了 6kb 和 8kb 的片段以外，还产生了 1kb 和 2kb 的两个片段。与以上比较不难发现，这是酶 2 将 3kb 的片段切开的结果。因 6＋1＝7，所以 1kb 的片段应和 6kb 相邻；由于 1＋2＝3，所以 2kb 片段应和 1kb 片段相连；因 2＋8＝10，所以 8kb 片段应位于外侧。这样就可以确定 17kb DNA 序列上两种酶的酶切位点的距离和排列顺序。从而作出限制性酶切图

3. 末端标记法

限制性酶切图谱的实际构建要求几种酶，因此需要解决由多种酶产生的重叠片段的复杂模式。常采用末端标记法来加以鉴别，即用一个放射性磷(^{32}P)来标记DNA分子的末端。带有放射性标记的末端片段可根据其放射性标记直接进行识别（图5.29）。

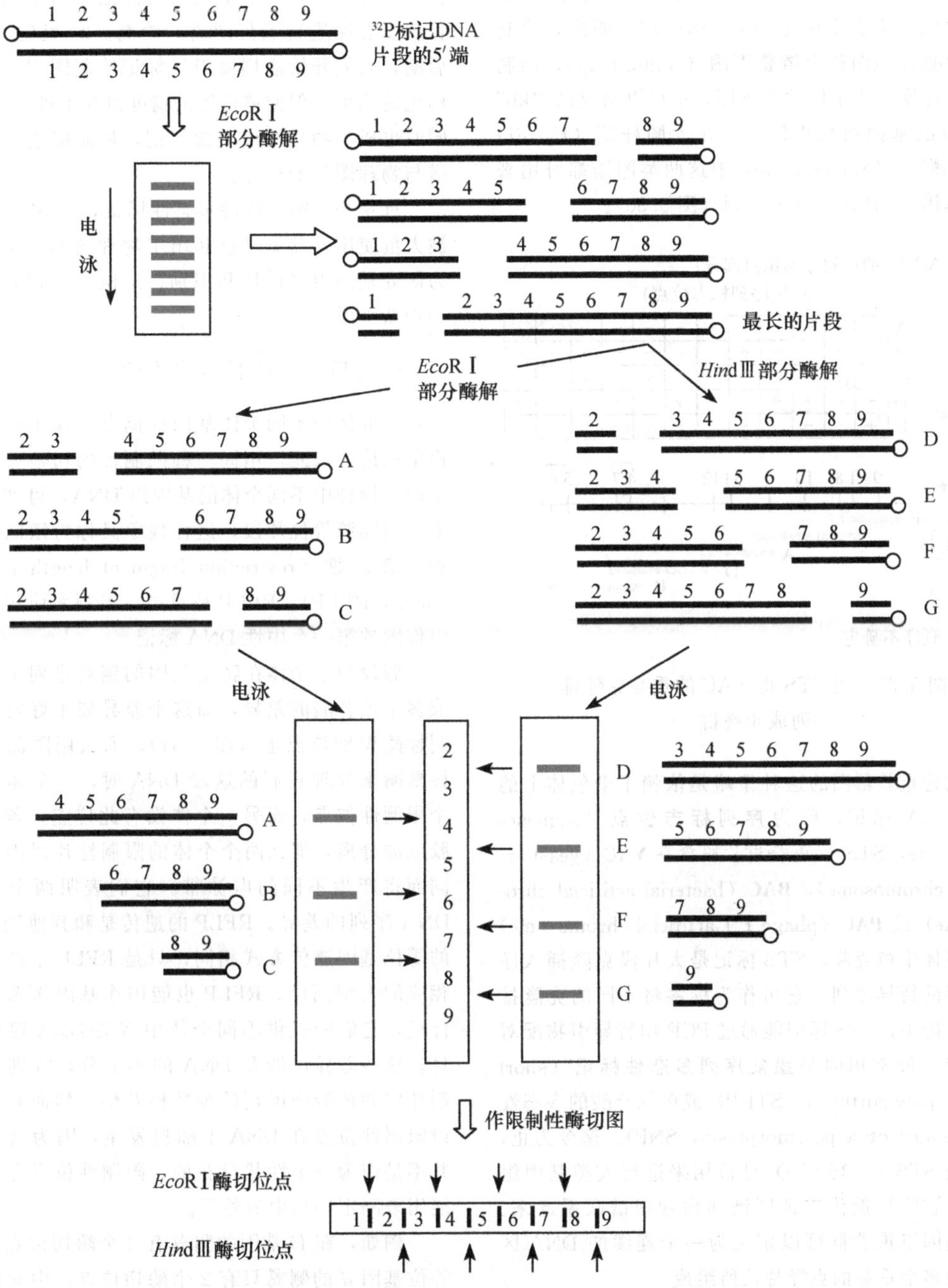

图 5.29　线性DNA分子上的限制性酶切位点序列的鉴别

这个分子的5′端已用^{32}P标记，然后用*Eco*RⅠ部分酶解，经电泳分离最长的标记片段，再分别用*Eco*RⅠ和*Hind*Ⅲ部分酶解，经电泳后根据电泳带就可直接确定该DNA分子上的两种酶切位点

（二）重叠群图

重叠群（contig）为一套重叠的 DNA 克隆。将收集克隆的 DNA 片段排列起来以使它们依次重叠而提供无间隙覆盖的染色体片段。根据克隆 DNA 片段之间的重叠来确定克隆 DNA 排列顺序，绘制成的物理连锁图称为**重叠群图**（contig map），能制备以“厘摩”为单位的连锁图，也可以制成以“kb”为单位的基因组物理图谱。在大肠杆菌（*E. coli*）和酿酒酵母（*S. cerevisiae*）中这两类图谱都可用来确定基因组 DNA 的完整序列（图 5.30）。

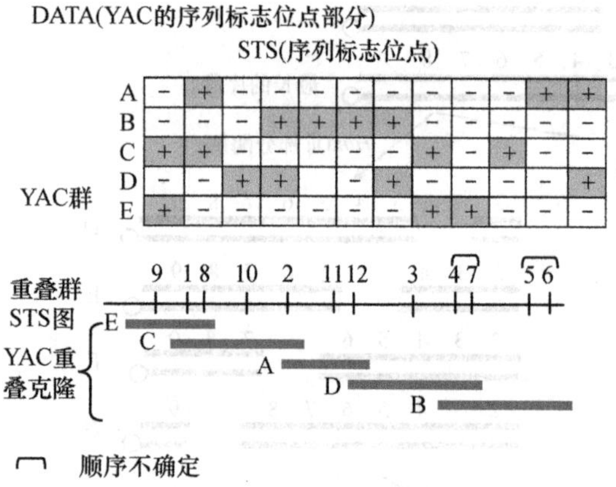

图 5.30　用 STS 将 YAC 的重叠克隆排列成重叠群

构建重叠群图的这种策略是依赖于染色体上的特异 DNA 标记，称为**序列标志位点**（sequence tagged site，STS）。重叠群片段含在 **YAC**（yeast artificial chromosome）、**BAC**（bacterial artificial chromosome）或 **PAC**（phage PⅠ artificial chromosome）克隆载体中被克隆。STS 标记是大片段克隆插入序列中短的特异序列。它可作为标签将不同的克隆排入重叠群中。STS 标记能通过 PCR 用特异引物配对来鉴定。最常用的是**重复序列多态性标记**（short tandem polymorthism，STRP）或单核苷酸的多态性（single nucleotide polymorphism，SNP）。迄今为止，大量的 STS（>15 000）已被用来进行人类基因组作图，它能将遗传连锁图谱和物理图谱联系起来。一个基因组重叠群可以定义为一个连续的 DNA 区域，由多个重叠的克隆片段所组成。

四、多态性的分子标记

在同一相互交配的群体中，存在适应值相同的两种或更多种基因型的现象称为**遗传多态性**（genetic polymorphism）。如果一个等位基因在种群中出现的频率大于 1%，就可视为多态化。

制备物理图除利用限制性酶切位点以外，常用多态性分子标记。最早应用的标记是用限制性片段长度多态性进行遗传图谱的绘制。20 世纪 80 年代后期，人们开始应用微卫星标记绘制图谱。微卫星标记的出现不但使遗传图的精度得到了进一步提高，同时也成为物理图谱上的标记，从而促进了遗传图谱与物理图谱的整合。

近年来，第三代的多态性标记，即 SNP 标记又被大量使用，其意义已超出了物理图的范围，而成为研究基因组多样性和识别、定位疾病相关基因的一种新手段。

（一）限制性片段长度多态性

在群体中不同个体基因的侧翼顺序不同，但可稳定遗传。因此，用同一种限制性内切核酸酶作用于同一物种中不同个体的基因组 DNA，可产生长度不同的同源等位片段，这种现象又称为**限制性片段长度多态性**（restriction fragment length polymorphism，RFLP）。RFLP 是通过重组频率应用于基因组作图的第一个中性 DNA 标记。

假设两个个体在特定基因的侧翼序列上有一个或多个核苷酸的差异，而这个差异如正好发生在限制性酶识别位点上（图 5.31），那么用限制性内切核酸酶来处理它们的这段 DNA 时，一个体具有一个限制性位点，而另一个体没有此位点。若再经凝胶电泳分离，那么两个个体的限制性片段因长度不同而将产生不同的电泳带。它们表明两个个体的 DNA 序列的差异。RFLP 的遗传是和其他编码性状的等位基因遗传方式相同，只是 RFLP 不产生任何相应的表型而已。RFLP 也能用作基因作图的分子标记，它们能提供不同个体中有关 DNA 序列的信息。这些差异仅涉及 DNA 的小部分，特别是由限制性内切核酸酶识别的少数核苷酸。然而我们可假设限制性位点在 DNA 上随机发生，因为这一位点并不是作为一个性状存在的。限制性位点存在与否能用来测定序列中的差异。

例如，在 *D* 基因的侧翼有 3 个酶切位点，在其等位基因 *d* 的侧翼只有 2 个酶切位点，中间的酶切位点由于碱基取代而消失了。如用这段序列的探针和此侧翼序列酶切片段进行 Southern 杂交，那么野生型（*DD*）会出现 2 条杂交带；突变型（*dd*）仅出

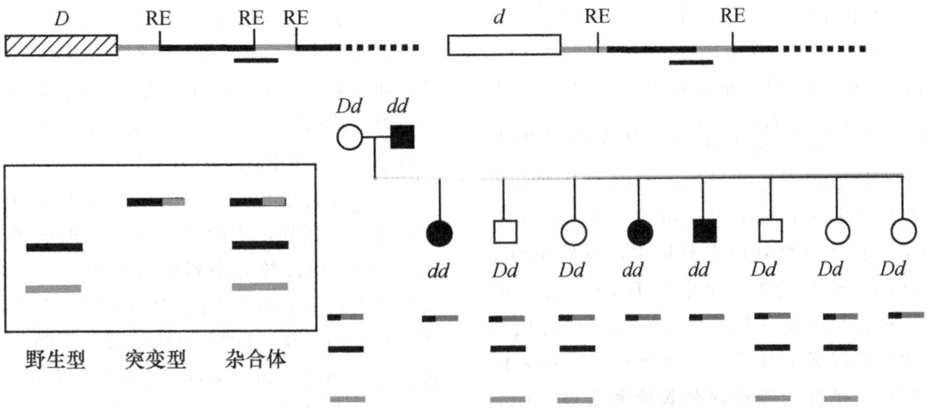

图 5.31　用 RFLP 作为基因的标记可确定基因型。第二代最后的成员为杂合体（*Dd*），但只有两条带，那是由于母体一对同源染色体发生重组的结果

现 1 条杂交带；杂合型（*Dd*）的一对同源染色体上分别带有 *D*、*d*，所以具有 3 条带，因此利用限制性片段长度可确定侧翼基因的基因型。

（二）小卫星标记

小卫星 DNA（即 VNTR）的第一个探针是在 1985 年由 Alec Jeffries 在肌红蛋白基因的第一个内含子中分离出的 132bp 的重复序列，内含 4 个重复单位，每个单位长 33bp，内有 13bp 为核心序列（GGAGGTGGGCAGG），他就用含有核心片段的序列为探针。尽管各串联重复序列并不相同，但都存在核心序列（图 5.32）。每个串联重复序列含有 5～50 重复单位，普遍存在于哺乳动物中，在群体中 VNTR 存在着多态性，因此和限制性片段长度多态性一样，也有可能作为等位基因的一种标记，即 *A* 和 *a* 一对等位基因所连锁的 VNTR 可能是不同的，可以通过鉴别不同的 VNTR 作为标记来确定 *A* 和 *a*。VNTR 多变的原因是个体的等位基因可能连锁着不同数量的重复单位，在减数分裂时它们之间可以发生重组，产生新的组合。

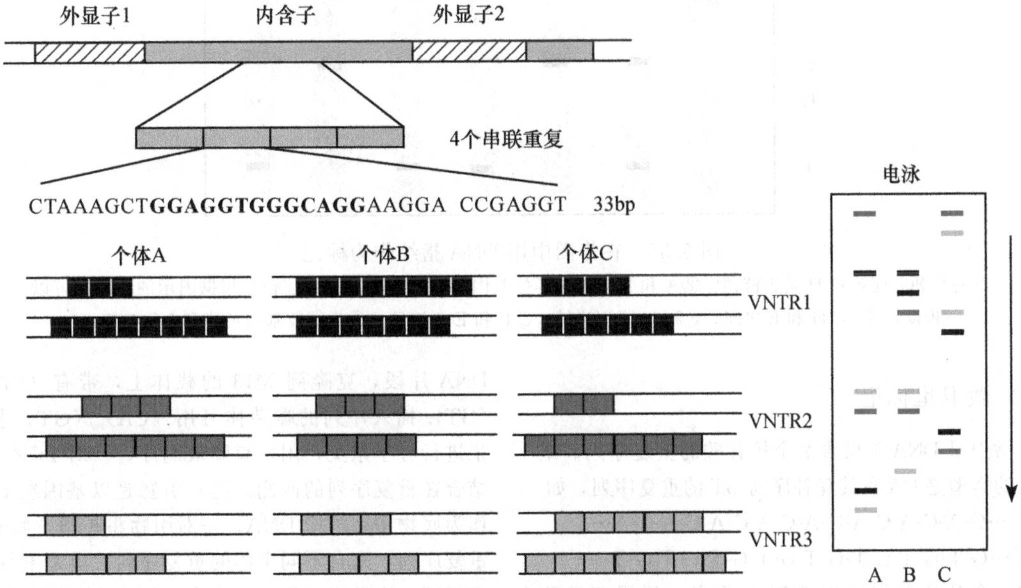

图 5.32　用 VNTR 为探针来获得 DNA 指纹

在 VNTR 序列中发生交换的频率是很高的，每 kb DNA 约为 10^{-4}。在人类基因组中核心序列为 10～15bp 的富含 G-C 的序列，而且 G 和 C 分别集中于两条链上，如 $\frac{\text{GGGCAGGAXG}}{\text{CCCGTCCTXC}}$ 每一单个的“小卫星”都有一个核心序列的变异体，但用一个核心序列制备的探针来做 Southern 杂交可检查出 100 个小卫星序列来。在动植物基因组分析中，虽然 RFLP 是已用于基因组研究的第一个中性 DNA 标记，但现在已大量地被短重复序列可变数所取代。短重复序列可变数是根据短串联重复序列重复的数目来标记的，这些标记被称为**简单序列长度多态性**（simple sequence length polymorphism，SSLP）。它们有两点优于 RFLP：①只有少数基因的侧翼具有限制性酶切位点，因此限制了它的应用，而这种 SSLP 不受此限制；②RFLP 的杂合性可能低。如果一个等位基因是相对稀少的，那么杂合子的比例就比较低，而杂合性是重组分析的基础，对作图来说又是十分重要。SSLP 在很多的等位基因中具有很高比例的杂合子，这对作图有利。在基因组中有两类 SSLP。

小卫星标记和遗传图谱联系起来可用于某些基因的定位。例如，用限制性内切核酸酶消化 DNA，用小卫星 DNA 核心序列作为探针，经 Southern 杂交和放射自显影后产生的“DNA 指纹”可用来对一些致病基因定位。DNA 指纹的带在不同的染色体位置上是不同的。如果来自双亲的某一条带是不同的，那么这个差异就成为杂合型位点而可用于作图。图 5.33 表示一个简单的例子。这种技术可广泛用于带有重复 DNA 的生物。

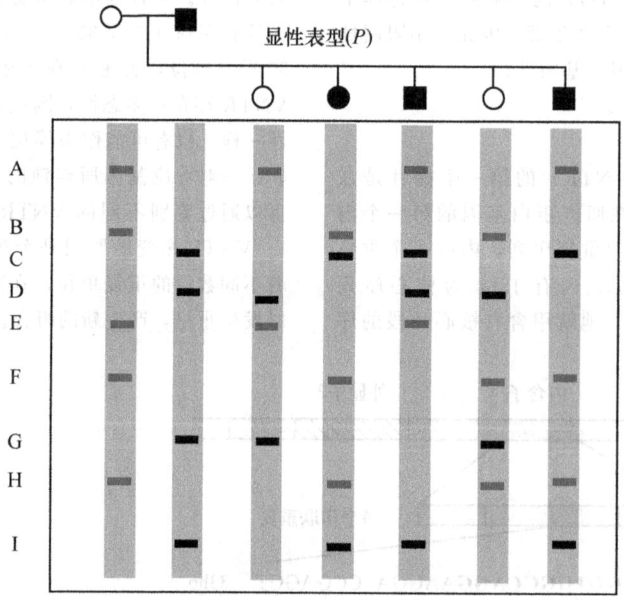

图 5.33　在作图中用 DNA 指纹作为标记

注意分析：①F 和 H 是否链锁？②A 和 B 是否是等位基因？③A 和 D 是否不连锁？根据图示的结果，可以推断：①F，H 和 E 之间，F 和 H 紧密连锁；②F 和 E 不连锁；③*P* 等位基因可能和 I 及 C 连锁

（三）微卫星标记

微卫星 DNA 常仅含 2 个核苷酸的重复序列。最常见的类型是 CA 和其互补序列 GT 的重复序列，如

5′…C-A-C-A-C-A-C-A-C-A-C-A-C-A-C-A…3′

3′…G-T-G-T-G-T-G-T-G-T-G-T-G-T-G-T…5′

测定这个片段的探针用 PCR 来置备。用限制性酶 *Alu* Ⅰ 消化人类的 DNA 产生平均长度为 400bp 的 DNA 片段，克隆到 M13 的载体上，带有 $(CA)_n/(GT)_n$ 插入序列的噬菌体可用 $(CA)_n/(GT)_n$ 探针来进行分子杂交，阳性克隆被测序，一对 PCR 引物结合在重复序列的两侧。这对引物是以基因组 DNA 作为底物用来扩增 DNA。一对引物将扩增它特有的重复序列，来自不同个体的重复序列大小是不等的。在不同大小扩增产物中一个高比例 PCR 引物至少可显示 3 个标记“等位基因”。图 5.34 表明用微卫星

作图的例子。数千对引物能产生数千个标记位点。在近年已完成了人类1号染色体的微卫星标记作图。RFLP和简单重复序列（SSR）分析的应用范围是不同的。RFLP分析对每个标记基因座需要一个特异的探针来检测。微卫星分析需要每个标记基因座的一对引物，但这些引物序列有通用性，世界各地都可共享，因此易于获得；而小卫星分析需要一个位于任何基因组中的重复元件的核心序列用作检测探针。SSR分析在真核生物基因组中分布广、多态性丰富；其产物进行测序凝胶电泳分离时单碱基分辨率高、遗传信息量大；SSR通常为显性标记，呈孟德尔式遗传，具有很好的稳定性和多态性，PCR扩增的可重复性高。但开发和合成新的SSR引物难度大；现有的SSR标记数量有限，不能标记所有的功能基因，不能构建饱和的SSR遗传图谱；SSR多态性的检测和应用很大程度上依赖PCR扩增的效果；SSR座位突变率高，这些缺点使SSR分析的应用也受到一定的限制。

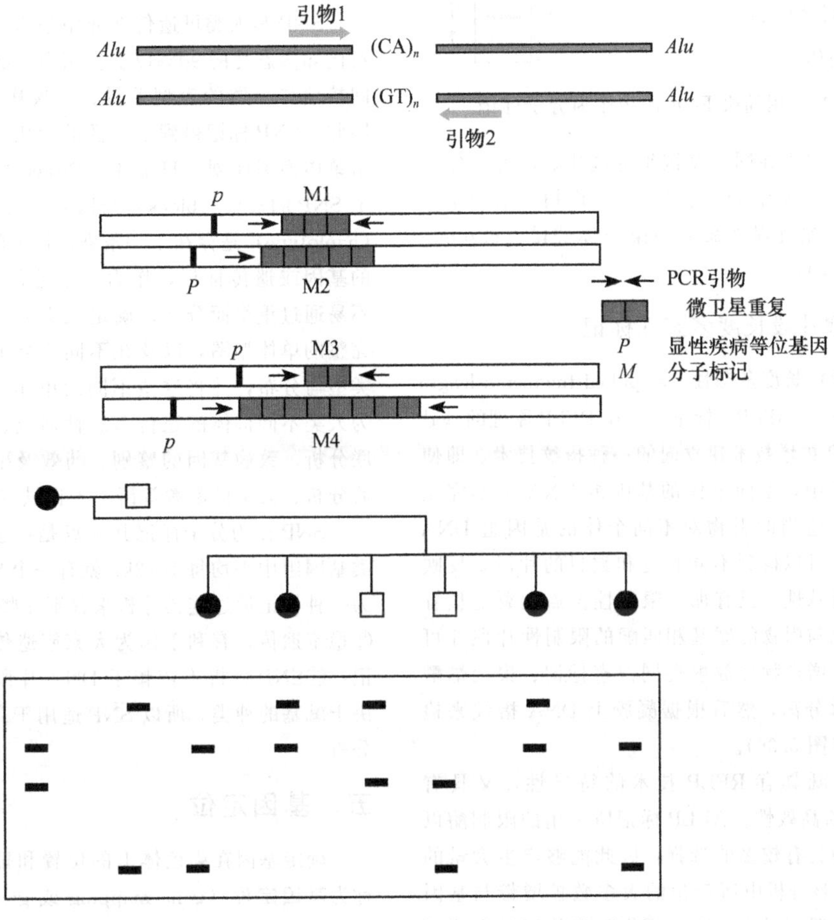

图 5.34　用微卫星重复序列作分子标记进行作图

（四）随机扩增多态性 DNA

一个PCR引物常可以随机扩增基因组的不同区域，两个反向的引物拷贝可同时使用，结果产生一套大小不同的DNA扩增带（图5.35），有的扩增带可能只在一个亲本中存在，这样就会产生杂合基因座位而被用来作图分析的分子标记。这样一套扩增DNA序列称为**随机扩增多态性DNA**（randomly amplified polymorphic DNA，RAPD），这是另一种类型的DNA指纹，也可以用于个体的鉴别。这种鉴别标签在常规遗传学分析或群体遗传学研究中都可应用。

在植物中，大量重复DNA使染色体步移难以进行，但在很多物种中以RAPD为标记可作出高密度物理图谱，这些标记有时与目的基因靠得很近，

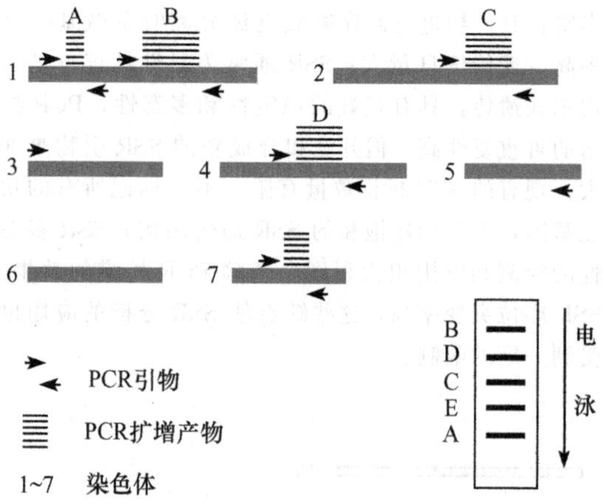

图 5.35　用随机 PCR 产物作为分子标记

足以将它们包含在同一基因组克隆中。因此，这些过程使得一个适当的标记可直接用作扫描基因组文库的探针，此过程被命名为**染色体登陆**（chromosome landing）。

（五）扩增片段长度多态性标记

扩增片段长度多态性（amplified fragments length polymorphism，AFLP）标记，是在 RFLP 原理的基础上利用 PCR 扩增技术建立起的一种指纹技术。即使在同一物种中，不同个体的基因组 DNA 也不完全相同。设计适当的引物对不同个体的基因组 DNA 进行扩增，可以得到不同长度和数目的片段，反映出个体的特殊性。只有那些限制性位点侧翼的核苷酸选择性地与引物的碱基相匹配的限制性片段才可被扩增。扩增产物经放射性同位素标记、聚丙烯酰胺凝胶电泳分离，然后根据凝胶上 DNA 指纹来检出多态性（图 5.36）。

AFLP 既具有 RFLP 技术的特异性，又具有 PCR 技术的高效性。AFLP 标记所采用的限制酶以及引物的种类有较多的选择，因此能够产生大量的标记。AFLP 分析中所产生的大多数扩增带与基因组的单一位置相对应，因此可作为遗传图谱和物理图谱的界标，用来构建高密度的连锁图。

（六）单核苷酸多态性标记

在同一物种不同个体基因组 DNA 的等位序列上单个核苷酸存在差别，从而在群体中形成了多态性，称为**单核苷酸多态性**（single nucleotide polymorphism，SNP）。SNP 标记反映的不是 DNA 的片段长度，而是等位序列里的单个碱基的差别。因此，SNP 是二等位多态性（在某一个体中，最多只能有两种类型，分别来自父母的同源染色体），群体中 SNP 最少类型的频率也不小于 1%，若其频率低于 1%，则视为点突变。SNP 在大多数基因组中存在较高的频率，估计在人类基因组中每 1330 个碱基就有 1 个 SNP。整个基因组中有 3～30 百万个 SNP。SNP 在基因组中的分布是不平均的，在编码区中，约为 1 SNP/2kb；在基因以外的区域中较为密集，约为 1 SNP/500bp。在编码区和非编码区 SNP 的分布差异给基因作图提供了标记。

SNP 是人类可遗传变异中最常见的一种，占所有已知多态性的 90%以上。相当一部分 SNP 直接或间接地与个体的表型差异、对疾病的易感性相关。因此，SNP 标记得到了广泛的应用。国际人类基因组单体型图计划（HapMap Project）也是以染色体上 SNP 的板块（block）结构为基础的。所谓**单体型**（haplotype）是存在于一条染色体上的一套紧密连锁的基因或遗传标记，作为一个遗传单位共同传递，不易通过重组而分离。确定人类经世代遗传仍保持完整的单体型图，以及在不同族群中这些单体型的类型与分布，并将这些不同的单体型标上标签，将为人类不同群体的遗传多态性研究、疾病和遗传关联分析、致病基因的鉴别、药效及副作用和疾病预后分析、人类的起源等研究等提供重要的依据。

SNP 作为分子标记其优点是：①密度高，在人类基因组中平均每 1～2kb 就有一个 SNP，有利于作为一种标记通过连锁分析来鉴别一些新的致病基因；②稳定遗传，有利于作为大家族遗传分析的分子标记；③SNP 分析不依赖于 DNA 片段的长度，而取决于碱基的种类，所以 SNP 适用于高通量的自动化分析。

五、基因定位

确定基因在染色体上的位置和排列顺序的过程称为**基因定位**（gene mapping 或 gene localization）。基因定位有两类。①遗传作图（genetic mapping）：用连锁分析来确定染色体上两个基因的相对位置。②物理作图（physical mapping）：用各种生物化学和分子生物学技术或信息来确定某基因在染色体上的实际位置。

基因定位的最终目的是克隆某个基因，特别是和疾病相关的基因。一旦一个基因被克隆，我们就能确定其 DNA 序列和其蛋白质产物。例如，在美国，**囊性纤维化**（cystic fibrosis，CF）是常见的致

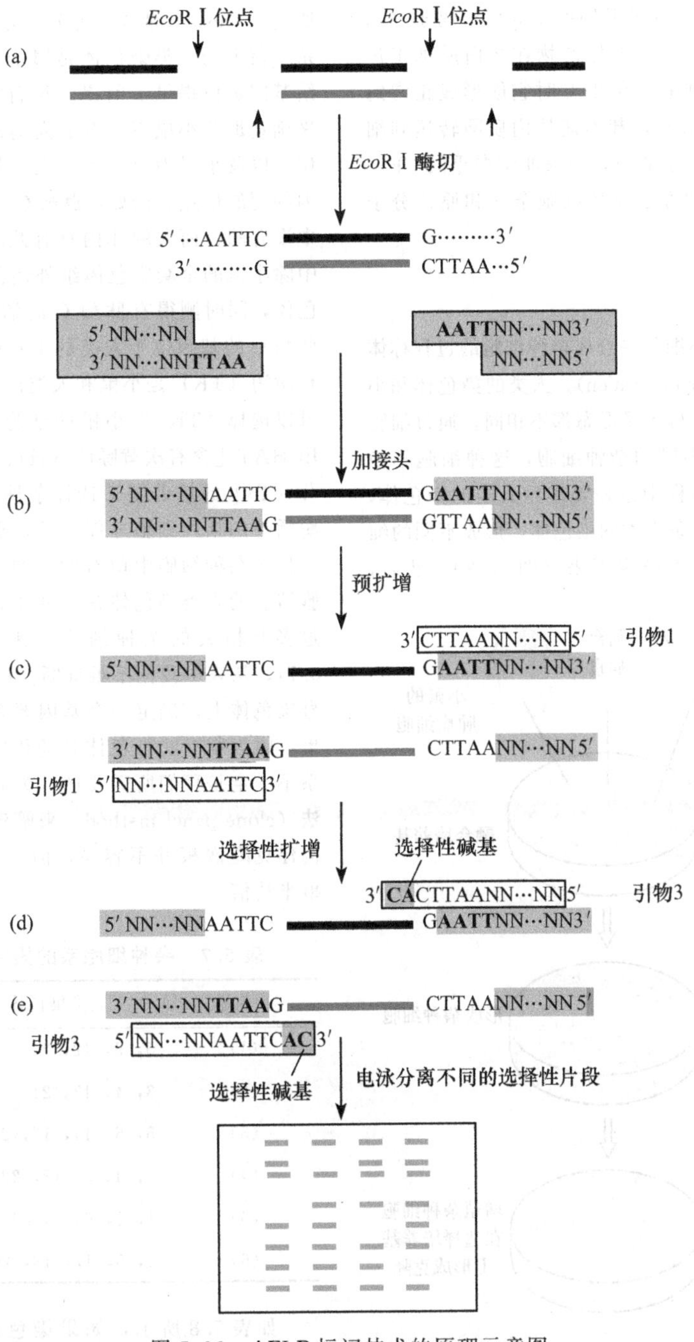

图 5.36　AFLP 标记技术的原理示意图

(a) 基因组 DNA 用 1 种（*Eco*RⅠ）或 2 种限制酶消化；(b) 加上引物接头；(c) 加引物进行预扩增进行 PCR 扩增；(d) 用选择性引物进行 PCR 扩增；(e) 用凝胶电泳分离不同的扩增片段

死性遗传病。在群体中携带者的比率为 1/2500，在 1985 年通过连锁分析 *CF* 基因被定位在 7q31-q32，4 年后 F. Collins 等克隆了这个基因。现在我们知道 *CF* 基因长 250kb，含有 27 个外显子，编码一个含 1480 个氨基酸的囊性纤维化跨膜传导调节蛋白（cystic fibrosis transmembrane-conductance regulator，CFTR）。CFTR 具有形成氯离子通道的功能，正常的氯化物的运输有利于稀释黏液并从黏液分泌腺中冲下黏液。CF是在该基因的第508密码子（苯丙氨酸）有一个缺失。突变体产物在蛋白质加工过程中产生温度敏感缺陷。在27℃时它能形成正常的氯离子通道；但在37℃，却不能从内质网转运到细胞膜，不能形成氯离子通道，导致非常严重的CF。

物理作图常用的方法是体细胞杂交和原位分子杂交。

（一）体细胞杂交

将不同来源的体细胞融合成杂种细胞的过程称**体细胞杂交**（somatic hybridization）。人类的染色体和小鼠的染色体无论是数目还是形态都不相同，通过细胞融合可以得到人和小鼠的杂种细胞，这种细胞不稳定，在有丝分裂的过程中总是要排斥人类的染色体，最终仍随机地留下几条人类的染色体，形成不同的细胞系或"克隆"，这才稳定下来（图5.37）。然后，

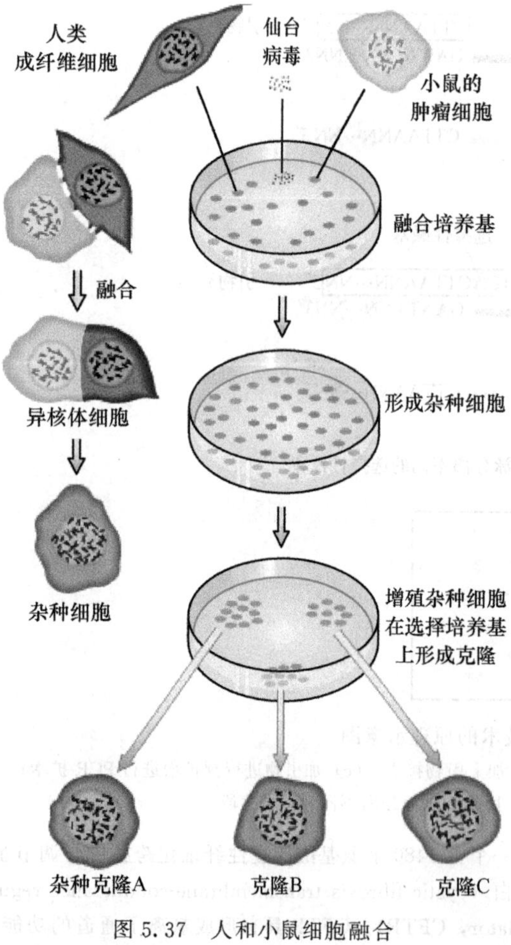

图5.37　人和小鼠细胞融合
（转引自Griffiths et al.，1999）

通过Giemsa分带或其他分析方法，可鉴别出各细胞系中留下的人类染色体是属于第几号染色体，这就给基因定位提供了前提。我们可通过测定酶的活性来确定那些小鼠不含有而人类却具有的酶的基因座位，以及小鼠为突变型、人类具有其野生型等位基因的酶的位点。例如，**肽酶C**（peptidase C）是小鼠中没有的，而人的体内具有此酶。若在杂种细胞系中除小鼠的全套染色体组外还留有一条人类1号染色体，同时测得有肽酶C的活性，那就可以推测，肽酶C的基因位于人类的1号染色体上。再如，胸苷激酶（TK）是小鼠和人类都具有的酶，那么我们可以选择"TK^-"小鼠的细胞和人类的细胞融合，用HAT［含有次黄嘌呤（H）、氨基蝶呤（A）和胸苷（T）］的培养基来选择杂种细胞，只有具有TK酶活性的杂种细胞才能存活，那么这个酶的基因一定位于杂种细胞中留有的人类染色体上。但杂种细胞留有的人类染色体常常并不止一条，这样就要通过多个相关的杂种细胞系来加以比较分析（表5.7），从表中我们不难推断*TK*基因位于人类的17号染色体上。确定一个基因要多个相关克隆并非易事，因为留下的染色体是随机的，所以获得的细胞系不一定是我们所需要的，为此人们采用**克隆嵌板法**（clone panel method）来筛选就要方便得多，虽构建克隆嵌板并不容易，但一经建立便一劳永逸，事半功倍。

表5.7　杂种细胞系的染色体和TK活性

细胞系	人类染色体	TK活性
(1)	5，9，12，21	－
(2)	3，4，17，21	＋
(3)	5，6，14，17，22	＋
(4)	3，4，9，18，22	－
(5)	1，2，6，7，20	－
(6)	1，9，17，18，20	＋

如表5.8所示，如果染色体组共有8条染色体，有3个不同的细胞系，每个细胞系含有基因组中的4条染色体，A系含有1、2、3、4号，B系含有1、2、5、6号，C系含有1、3、5、7号，那么如果B细胞系具有某个酶的活性，而A和C都不具有，那么这个酶的相应的基因一定位于6号染色体上；依此类推，就可以比较快速、准确地进行基因定位。

表 5.8　克隆嵌板

细胞系	残留的人类染色体							
	1	2	3	4	5	6	7	8
A	+	+	+	+	−	−	−	−
B	+	+	−	−	+	+	−	−
C	+	−	+	−	+	−	+	−

（二）原位分子杂交

细胞融合的方法只能将某个基因定位于某条染色体上，但却无法确定其具体的位置。用玻片**原位分子杂交**（*in situ* hybridization）就可以将已知的基因定位于染色体的一定区域。**原位分子杂交**首先要制备较好的人类中期染色体片，经变性处理使其DNA双链打开，然后将同位素标记或荧光标记的基因探针（probe）和载玻片上的DNA进行分子杂交，经放射自显影或在荧光显微镜下观察、摄影，就可以确定该基因在染色体上的具体位置，如人类的胰岛素基因就是用这种方法定位在11号染色体的1区5带上的。在用**荧光标记进行分子杂交**（fluorescent *in situ* hybridization，FISH）中，用荧光染料标记克隆作为探针，将部分退火的染色体和探针杂交，探针原位结合到染色体上，克隆片段结合的位置显示出荧光点（图5.38）。

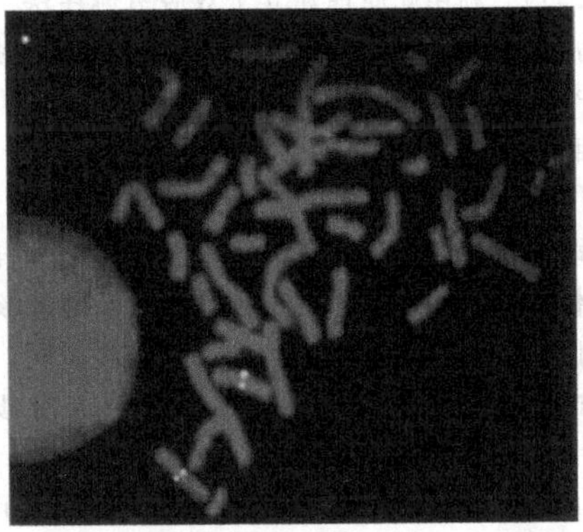

图 5.38　FISH分析，用荧光标记的肌蛋白基因探针和染色体进行原位分子杂交（转引自 Griffiths et al.，1999）

一种FISH的扩展是**染色体涂染**（chromosome painting）。来自特异染色体或染色体区域的一套已知克隆DNA用不同的荧光染料标记，这些染料使特异区域着色，这样在荧光显微镜下易于鉴别（图5.39）。如一个尚未定位的基因克隆用不同的染料标记，那么它的位置在一系列不同的染色带中被鉴别出。

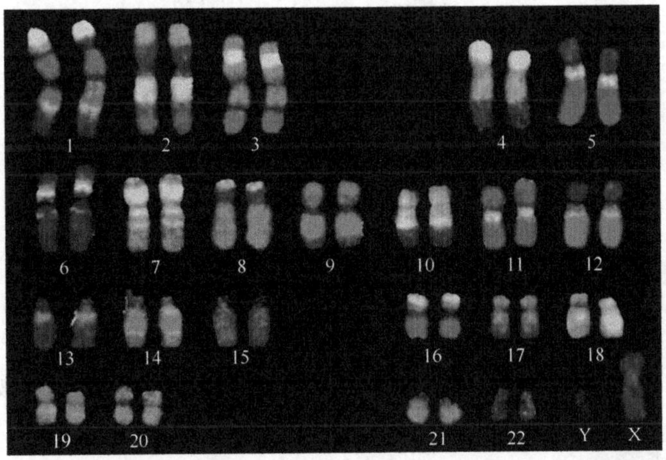

图 5.39　染色体涂染。用不同颜色的荧光染料标记不同的探针，再和染色体进行原位分子杂交，使染色体不同区域出现不同的颜色（转引自 Griffiths et al.，1999）（见彩版）

六、基因组测序

分辨率最高的作图是DNA测序。DNA测序的方法是在1977年由两组科学家创建的。一组是由美国的A. Maxam和W. Gilbert建立的化学裂解法，简称为**化学法**（chemical sequencing），另一组是由英国的F. Sanger建立的酶法。酶法的原理比化学法更适合自动测序，这是由于酶法具有标准化的程序。

M. R. Atkinson等发现用DNA聚合酶合成DNA时，如在反应物中加入一定量的2′,3′ddTTP（图5.40），因ddT的3′碳原子不含—OH，故DNA不能延伸。1982年Sanger又根据这个原理在酶法的基础上又建立了用于单链测序的**双脱氧序列分析**(dudeoxy sequence analysis)法，又称末端终止法(图 5.41)。利用此原理建立了双脱氧测序法。其原理和加减法相似，但不再是加一种 dNTP 或减一种 dNTP，而是加入某一种双脱氧核苷，来终止聚合反应。用此法测得 G_4 噬菌体基因组含 5577nt。20 世纪末，科学家们根据双脱氧法的原理又建立了 DNA 自动测序技术来适应生命科学的迅猛发展。自动测序技术是将 4 种荧光染料分别附着到 4 种寡核苷酸引物上，取代同位素标记。和双脱氧法相同，在一种 ddNTP 存在时，合成不同长度的 DNA 片段，每一个片段都带有结合了特异荧光染料的引物，将这些用 4 种不同颜色的荧光染料标记的大小仅相差一个核苷酸的 DNA 片段混合起来进行电泳，分析仪上装有激光发射器，发射的激光束对泳道进行扫描，产生不同的荧光。荧光通过不同的滤光片到达光电测定管，将信号再输入到计算机中，计算机自动地读出被测定的 DNA 序列(图 5.42)。

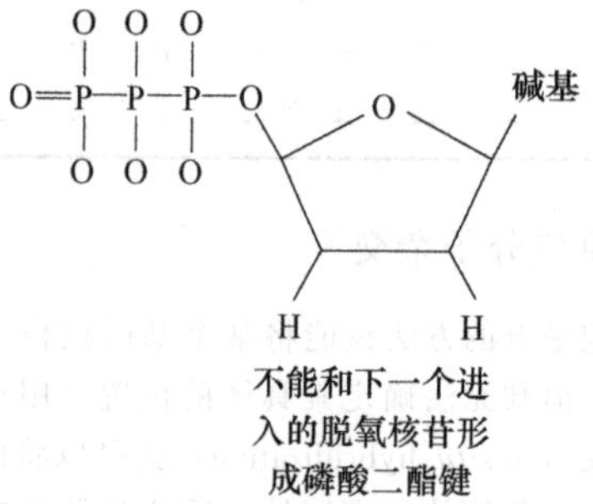

图 5.40　双脱氧核苷的结构

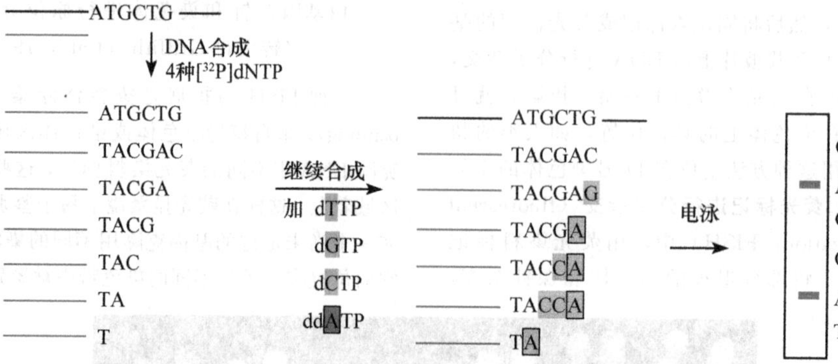

图 5.41　双脱氧法测序中的终止反应和电泳结果

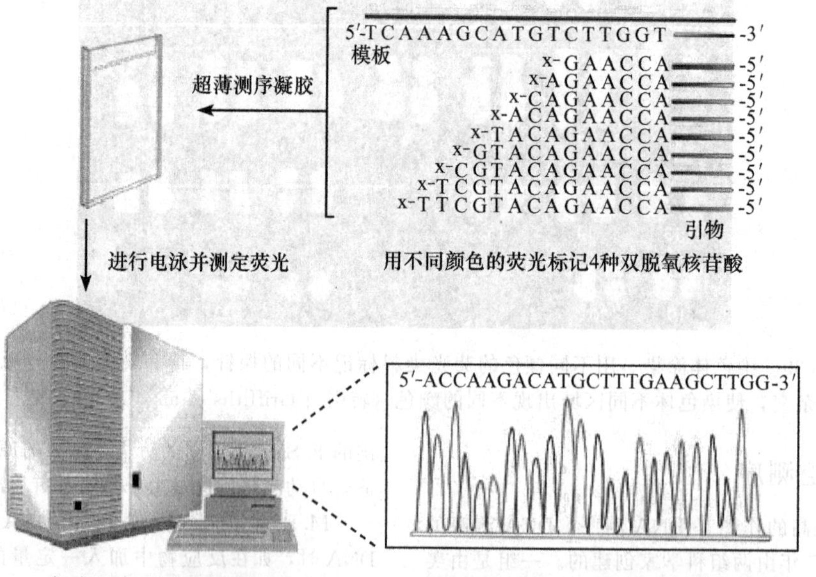

图 5.42　自动测序是用不同颜色的荧光标记 4 种双脱氧核苷酸，然后用激光激发荧光，进行荧光测定，再将荧光信号转变为数字信号，进行阅读(引自 Miesfeld，1999)

从 1995 年 J. C. Venter 等 40 位学者报道了第一个细菌基因组——流感嗜血杆菌（*H. influenzae*）全基因组序列起，截至 2009 年 1 月，据 GOLD（Genomes OnLine Database）网站统计，包括人类基因组在内已完成约 900 多种生物基因组的测序，正在进行测序的物种多达 4370 种。

第四节　功能基因组学

功能基因组学（functional genomics）又被称为**后基因组学**（postgenomics）。功能基因组的任务是进行**基因组功能注释**（genome annotation），了解基因的功能，认识基因与疾病的关系，掌握基因的产物及其在生命活动中的作用。功能基因组学以高通量、大规模实验方法及统计与计算机分析为特征，研究内容涉及基因表达谱的绘制、基因功能的研究、基因表达调控研究、分析基因间及基因产物之间的相互作用关系，绘制基因调控网络图、模式生物和比较基因组学研究等。采用的手段包括消减式杂交（subtraction hybridization）、差示杂交（differential hybridization）、抑制性消减杂交（suppression subtraction hybridization，SSH）、酵母双杂交系统（yeast two-hybrid system）、基因敲入（gene knockin）（以 ES 细胞培养技术和同源重组为基础，通过转基因将外源基因整合到特定的靶位点，利用靶位点全套的表达调控元件以实现特异性的异位表达）、基因敲除（gene knockout）（或基因剔除，将一个特地设计的 DNA 片段导入生物体中，通过同源重组使靶基因失活的实验技术）、基因敲落（gene knockdown）（用反义技术、RNAi 等降低或抑制靶基因的表达活性）、基因表达的系统分析（serial analysis of gene expression，SAGE）、DNA 芯片（DNA chip）以及蛋白质芯片等先进的分子生物学技术。

贺林、高波等（2001）通过对 3 个大家族的连锁分析，将人类 A-1 型短指（趾）症的致病基因（*IHH*）定位于 2q35-36 区，发现了 A1 型短指（趾）症致病基因的点突变，造成骨骼组织发生改变，最终导致中间指（趾）节的严重缩短甚至消失。2009 年贺林等敲除了小鼠的 *Ihh* 基因，产生了短指（趾）小鼠，证实了人类 *IHH* 基因在骨骼发育中的作用。

基因打靶技术已经产生了 500 多个不同的人类疾病小鼠模型，包括心血管疾病、神经退化类疾病、糖尿病和癌症等。有趣的是，很多可读框被敲除时并未显示表型效应，如称为“孤框”（orphan）的基因。这是杜撰的一个名词，指以前没有发现的编码蛋白质的可读框，通过基因组测序显示为它在任何生物体中没有明确的同源物；而另一些敲除的结果产生了致死。

功能基因组不仅要了解单个基因的结构和功能，而且还要了解基因之间的相互作用，这种作用常常是通过蛋白质与蛋白质之间的相互作用（非共价的分子相互作用）来体现的。用克隆的蛋白质通过蛋白质的相互作用来筛选 cDNA 表达文库的思路是来自 S. Fields 等的工作，这种体外蛋白质的相互作用法便称为**酵母双杂交筛选**（yeast two-hybrid screen）。

对于研究基因组的功能来说，芯片上的大量寡核苷酸可用来鉴别基因的序列（如 EST）或染色体的序列。将此芯片和荧光探针杂交可分离出在某些发育阶段表达的基因。芯片的特点是可以灵敏、快速、大剂量地筛选和检测特异的基因或蛋白质，是各类基因组学、蛋白质组学研究的重要工具。

现以酵母为例，其基因组有 6200 个基因，在已知的基因组序列中，有 20 个寡聚物是由 25 个碱基组成的。这些寡核苷酸以在染色体上相同的序列列阵于 4 个芯片中，这些列阵可用来决定细胞在不同生理条件下基因表达的差异。探针是由在不同条件下生长的细胞中提取的总 mRNA 制成的。

另一种方法的目的是定义一套重要的基因或蛋白质。传统的突变分析是通过收集突变体达到目的，而芯片技术是通过检测特异的 mRNA 达到目的。DNA 芯片也能用来检测突变。在分析时可通过与突变序列互补来制备寡核苷酸探针。与人类基因（如乳腺癌基因）中所有的突变互补的寡核苷酸可以排列在芯片上。

第五节　比较基因组学

比较基因组学（comparative genomics）是利用 FASTA、BLAST 和 ClustalW 等序列比对工具，对不同物种的同源基因在基因组水平上进行分析比较，以揭示其功能与进化规律的学科。利用模式生物基因组与人类基因组之间编码顺序上和结构上的同源性，克隆人类疾病基因，揭示基因功能和疾病分子机制，阐明物种进化规律及基因组的内在结构。

一、分析染色体的同线性

染色体同线性是不同物种的相同染色体的某些区

段具有相同的基因和排列顺序的现象。例如，人类和小鼠，人类具有 23 对染色体，小鼠具有 20 对染色体。从人类和小鼠相同基因的精细图谱中可以看到，人类中的很多紧密连锁的“板块”（block）（即染色体区段）在小鼠中也同样是紧密连锁的，这种区段称为**同线性**（synteny）或**同源板块**（homologous block）。同线性图显示一个物种中一些区段在染色体上的定位与另一物种相应区段的关联（图 5.43）。

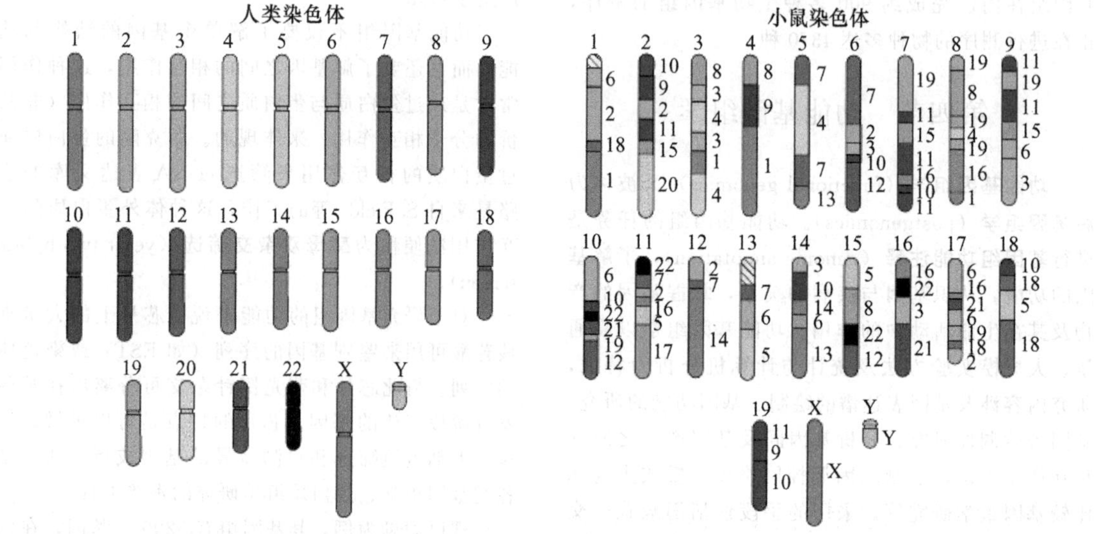

图 5.43　人类和小鼠染色体的同线性。自从二者在进化中产生分歧后，在它们的基因组中发生多相重排。图中以染色体涂染来表示小鼠染色体和人类染色体同源的区域（引自 Griffiths et al.，1999）（见彩版）

小鼠物理图谱的绘制（2002 年）证实小鼠与人的基因组存在着很高的相似性。研究发现，小鼠基因组共有约 27 亿个碱基对，比人类少 15%，但其包含的基因数目约为 3 万个，与人类基因数非常接近。分析还显示，鼠基因组中可能也存在与人类基因组中类似的由重复序列组成的“垃圾 DNA”，表明“垃圾 DNA”也许并非人类基因组所独有，它们的作用有待重新认识。人类和小鼠约 40% 的基因组完全相同，80% 的人类基因组可以在小鼠基因组中找到对应的部分，其中 90% 的基因与小鼠以及人类的基因相匹配。

禾谷类植物如水稻（*Oryza sativa*）（400Mb）、小麦（*Triticum aestivum*）（16 000Mb）、玉米（*Zea-mays*）（2500Mb）、谷子（*Setaria itallica*）（500Mb）、甘蔗（*Saccharum officinarum*）（3500Mb）、高粱（*Sorghum vulgare*）（1000Mb）和其他谷类也同样存在同线性。禾谷类植物基因组的大小变化非常大，基因组最小的是水稻，约 400Mb；最大的是小麦，约 16 000Mb。产生这样大的差别是由于小麦为异源六倍体，而水稻为二倍体。更重要的因素是这些物种之间 DNA 重复序列的类型和数量上都存在较大的变化。小麦的每条染色体含有的 DNA 大约是水稻每条染色体的 25 倍；玉米的基因组约为 2500Mb，介于禾谷类基因组大小的中间状态，与人类基因组大小相近。尽管禾谷类植物在染色体数量和基因组大小上变化很大，但都有一些连锁的单拷贝基因在重复 DNA 序列快速进化中仍非常保守，尤其是所有禾谷类植物中的每个保守的区域都可被鉴别，并涉及水稻基因组中相似的区域（图 5.44）。水稻染色体号数从 R1 到 R12，每条染色体内保守区域以小写字母表示，如 R1a 和 R1b。其他物种的每对染色体中标出了与水稻 DNA 的同源区域。例如，小麦单倍体染色体组从 W1 到 W7。W1 的一个区域含有与水稻的 R5a 片段序列同源的单拷贝序列，其另一区域含有与水稻的 R10 片段序列同源的单拷贝序列。W1 的另一区域仍含有与水稻 R5b 片段序列同源的单拷贝序列，其他禾本科的基因组也是如此。

二、构建进化树

比较基因组学可用来构建生物的进化树。通过基因组的比对，依据序列的相似性和差异可以判断物种间的亲缘关系，构建生物的进化树。例如，20 世纪 80 年代 N. R. Pace 等通过 16S rRNA 序列的比较，绘制出三界生物进化树（见第二十二章）。

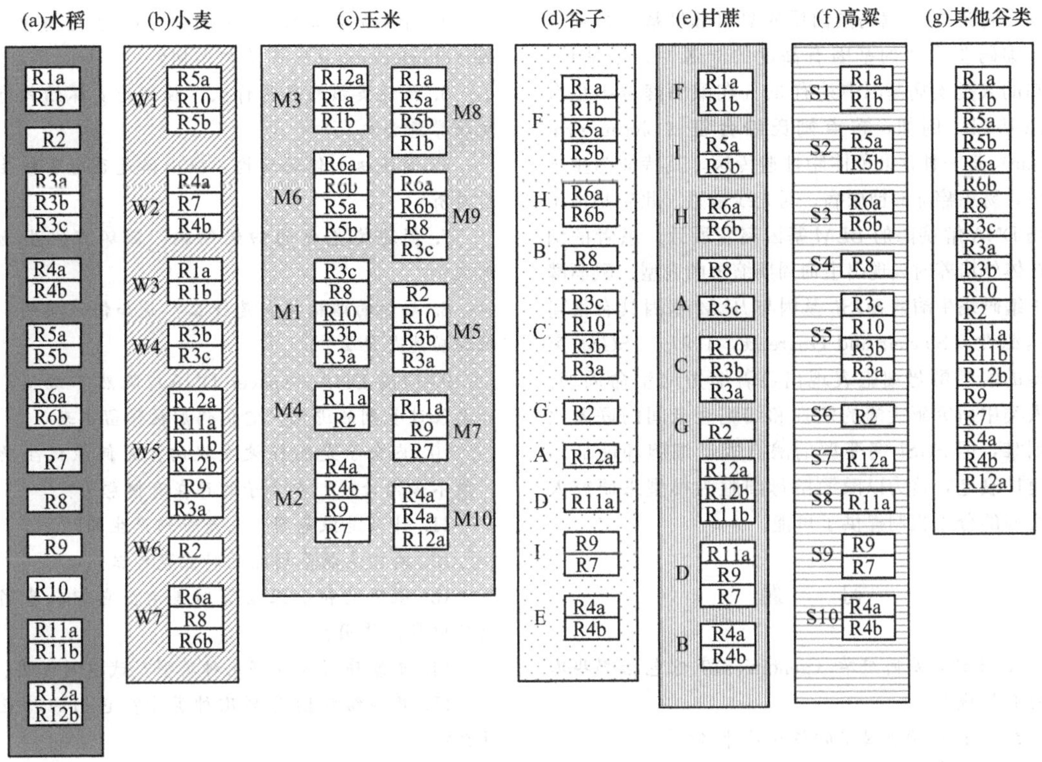

图 5.44　禾谷类植物基因组中的同线群。图中小麦等谷类不同染色体上的模块是和水稻同源的同线群

1987 年 A. Wilson 等通过来自世界各地不同种族的 147 名产妇，从她们婴儿的胎盘细胞中提取出 mtDNA，根据比对分析结果绘制出一个人类起源的系统。M. A. R. Mian 等（2005）运用 EST-SSR 标记对来自禾本科 2 个亚科 8 个属的 12 个代表性草本种进行系统分类分析，根据 EST-SSR 的多态性和含有这些 SSR 的 DNA 序列比对分别构建了相应的系统树。

三、揭示基因组进化规律

比较基因组学能揭示基因组进化规律。通过不同生物基因组的比较，发现随着生物的进化，基因组也会随之增加，这涉及基因组的结构进化和功能进化。结构进化包括基因组 DNA 含量和基因数的增加及重复序列的增加；功能进化包括编码基因家族的增大、基因增加新的功能及跨膜和膜外功能，以及基因调控模式的改变。

原核生物基因组 DNA 含量相对较小，在进化中基因组大小变化剧烈，但其复杂性改变不大；真核生物基因组大，在进化中基因组大小变化缓慢，但基因调控模式的改变很大（见第二十二章）。

四、鉴别调节元件

比较基因组学还能用于基因调节元件的鉴定。正常基因表达所需的启动子和增强子元件的鉴别是一项艰巨的任务，涉及培养细胞中的人工表达实验和转基因动物。但利用比较相关物种的种间同源基因，就能较为简便地鉴别基因编码区外的最保守的**模体**（motif）。只有具有高度保守功能的序列才能在两个基因组中同时出现。河豚（*Takifugu rubripes*）就提供了这方面研究的一个很好的模型，因其基因组仅有 400Mb，是脊椎动物中最小的，但其含有的基因数（3 万）却超过了人类（2 万～2.5 万）。

五、提供致病基因的相关信息

比较基因组学能够用来富集同源性检索所提供的信息，因为在相关的基因组中不仅个别蛋白质的功能相同，而且整个相关的信号转导通路、网络和复合物的功能都倾向于保守。例如，D. Botstein 等（1997）将所有的酿酒酵母基因同 GenBank 数据库中的哺乳动物基因进行比较（不包括 EST 顺序），发现有将近 31%编码蛋白质的酿酒酵母基因与哺乳动物编码蛋白质的基因有高度的同源性。据估计，已知的人类疾病基因中约有 30%在酿酒酵母中也有同源基因。例如，**布卢姆氏综合征**（Bloom syndrome）是一种常染色体隐性遗传病，其特征为生长迟缓，易患癌症和糖尿病，对光线敏感。此病是由于编码 DNA 解旋酶的 *BLM* 基因突变所致。患者的细胞在体外培养时表现出生命周期缩短的表型。酿酒酵母中编码蜗牛酶的 *SGS1* 基因与 *BLM* 基因具有很高的同源性（Sinclair and Guarente，1997）。*SGS1* 突变型的酿酒酵母细胞表现出显著缩短的生命周期。在人类中研究解旋酶的活性和细胞衰老间的联系比较困难，但 *SGS1* 突变型的酿酒酵母细胞却能显示加速性衰老，这为以酿酒酵母细胞为模型来研究人类疾病的分子机制提供了可能。

习　题

1. 什么是基因组学（genomics）？它包括哪些不同的亚领域？

2. 原核生物基因组的特点是什么？

3. 什么是重叠基因（overlapping gene）？重叠基因是如何发现的？真核生物中是否存在重叠基因？

4. 什么是套叠基因（nested gene）？它与重叠基因（overlapping gene）有何不同？

5. 试述类核的结构特点。独立的支环结构有何生物学意义？

6. 简述核小体的结构。核小体是否为真核生物所特有？

7. 简述染色体的四级结构。侧环有何生物学意义？

8. 端粒的结构特点是什么？是如何证实的？端粒的功能是什么？

9. 间隔 DNA（spacer DNA）既然不编码，为什么经过长期的进化，它们仍然被保留下来？

10. 内含子是怎样被发现的？为何原核生物中一般不含内含子？内含子的存在有何意义？

11. 什么是假基因？它是如何产生的？

12. 真核生物基因组的特点是什么？

13. 微卫星和小卫星有何差别？它们在基因组分析中有何作用？

14. 重复序列分成哪几种类型？试举例说明。

15. 基因组作图有哪几种类型？它们的特点是什么？

16. 什么是物理图谱？制作物理图谱有哪些方法？哪些分子标记可用于物理图谱的制作？

第六章　细菌和噬菌体的遗传重组

细菌及其噬菌体具有特殊的重组机制。一些细菌 DNA 序列通过多种途径可以水平传递。正是这种特征使细菌的遗传物质可在菌群内广泛传播，甚至可在物种之间播散。

细菌的 DNA 水平转移有三种途径：转化、转导和接合。其共同特点是：①单方向转移；②都产生部分二倍体；③外源基因只有整合到环状染色体上才能稳定地遗传。

介导 DNA 水平传递的可移动遗传因子可分为转座因子、附加体（episome，如 F 因子）和盒式元件（cassette element）三类。

细菌的遗传分析也需要突变体。在细菌中，影响代谢途径的突变或抗生素抗性的突变是特别有用的，有三种主要的突变类型。①抗生素抗性突变体：这些突变是能够生长在有抗生素［如链霉素（Str）或四环素（Tet）］存在的培养基上。②营养型突变体：野生型细菌是原养型的，可利用培养基中存在的简单分子来合成大多数复合营养物。营养型突变体不能合成生存所必需的营养成分，失去了在简单培养基中生长的能力，若要能维持生长，必须在培养基中加入必要的营养物质。③碳源突变体：这些突变体不能利用特定的物质或碳元素作为能量来源。例如，Lac^- 突变体不能利用乳糖来生长，所以不能在仅含有乳糖作为唯一碳源的培养基上形成菌落。

使所有野生型细胞都能形成菌落的培养基称为**非选择性培养基**（nonselective medium），通过在非选择性培养基上能否生长可将突变体和野生型区别开来。如果培养基仅能使一种类型的细胞生长（野生型或突变型），称为**选择性培养基**（selective medium）。

在细菌遗传学中，表型和基因型的命名按以下方式表示：表型以三个正体字母表示，第一个字母大写；上标“+”或“－”表示特指的特征是存在或是缺乏，“s”或“r”分别表示敏感性或抗性。基因型以小写的斜体字母表示（表 6.1）。因而一个 Leu 营养缺陷型细胞在没有添加 Leu 的培养基中不能生长，其表型是“Leu^-”，这通常是由于 Leu 生物合成所需的基因之一发生突变所致。上标“－”通常可以省略。

表 6.1　细菌中常用的基因符号

基因	功能	基因	功能
ara	不能利用阿拉伯糖	*pur*	不能合成嘌呤
att	原噬菌体附着点	*pdx*	不能利用吡哆醇
azi	叠氮化钠抗性	*pyr*	不能合成嘧啶
bio	不能合成生物素	*rha*	不能利用鼠李糖
gal	不能利用半乳糖	*str*	链霉素抗性
lac	不能利用乳糖	*thi*	不能合成硫胺素 B_1
mal	不能利用麦芽糖	*ton*	噬菌体 T1 抗性
man	不能利用甘露糖	*tsx*	噬菌体 T6 抗性
mtl	不能利用甘露糖醇	*xyl*	不能利用木糖

第一节　细菌转化的机制

转化（transformation）是受体菌直接吸收了来自供体菌的 DNA 片段，通过双交换，外源单链 DNA 片段取代了受体 DNA 的同源片段，组合到基因组中，从而获得供体菌部分遗传性状的现象。转化后的受体细胞称**转化体**（transforment）。**转染**（transfection）是转化的一种特殊形式，即用裸露的噬菌体完整 DNA 来感染感受态的细菌，并在受体中得到表达。用于真核细胞时，对任何裸露 DNA 的吸收都可称为**转染**。

1928 年 F. Griffith 发现了细菌转化的现象。1944 年美国微生物学家 O. T. Avery 等通过体外转化实验终于证明了转化的本质（见第四章）。直到 1964 年 M. S. Fox 和 M. K Allen 才揭示了细菌转化的机制，提出了转化模型。

在转化中，受体细胞从周围介质中吸收游离的 DNA 来获得基因［图 6.1（a）］。在实验室中，从供体细胞中分离出的 DNA 被加入到受体细胞的悬液。在自然界中，外源 DNA 可从自发裂解的供体细胞中获得。外源 DNA 双链一条被降解，另一条被摄入受体细胞［图 6.1（b）］；这条单链线状 DNA 片段和受体的环状染色体的同源部分进行联会，形成了三链结构［图 6.1（c）］；供体的单链 DNA 和受体双链 DNA 通过双交换进行重组［图 6.1（d)］；结果在双交换区域内受体染色体发生重组，形成杂合双链“a/a^+”，带有供体的“a^+”基因，经复制后产生了两种不同的后代，一种是“a^+/a^+”，另一种是“a/a”，预计各占一半。而被取代后释放出的线性单链 DNA 上却带有受体的等位基因“a”，后被降解；对于高度感受态的受体细胞，用过量的外源 DNA 片段进行转化，转化的频率约为 10^{-3}。

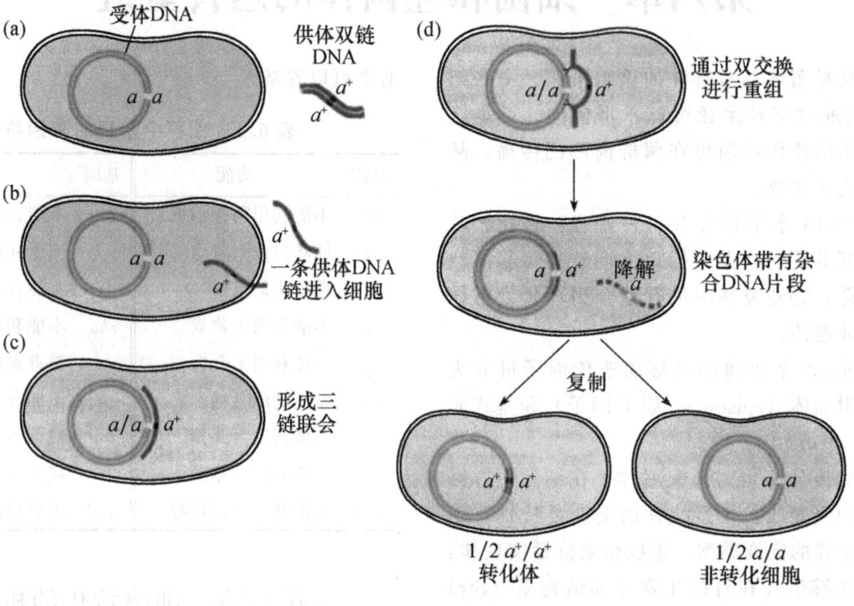

图 6.1　细菌的转化（转引自 Russell，1992）

(a) 细菌带有一个受体 DNA 和线性供体 a^+ DNA 片段；(b) 一条供体 DNA 的链进入细胞；(c) 供体转化 DNA 片段与细菌染色体的同源区联会；(d) 双交换的结果使同源染色体片段发生置换，然后通过复制产生的子细胞中，约 1/2 为 a^+ 转化体。交换的另一产物是一线性 DNA 片段，后被降解掉

在转化实验中，并非所有的受体细胞都被转化了，实际上只有很少比例的细胞吸收了外源 DNA，一旦供体的 DNA 被受体摄取，可以检测到重组的转化产物和受体细胞的染色体。

转化提供了一种基因作图技术。从供体菌中分离的 DNA 总是断裂成小的片段。如果“a”和“b”两个基因在供体染色体上距离较远，它们总是在两个不同的 DNA 片段上，那么，“a^+b^+”**共转化**(cotransformation) 即两个基因同时转化。“a^-b^-”受体的概率是每个标记的单独转化频率的乘积 ($10^3\times10^3$)，即每 10^6 个受体细胞转化一个野生型。然而，如果两个基因距离非常近，则它们常存在于一个供体片段中，那么共转化的频率近似等于单个基因转化的频率，或每 10^3 个受体细胞转化一个野生型。其原理如下：如果两个基因共转化的频率远远大于两个基因单独转化频率的乘积，表明两个基因在细菌染色体上是紧密连锁的。

对各种不同基因对的共转化能力的研究也能进行基因作图。例如，如果基因“p”和“q”能被共转化，基因“q”和“o”能被共转化，但是基因“p”和“o”不能共转化，那么基因顺序一定是“p-q-o”(图 6.2)。

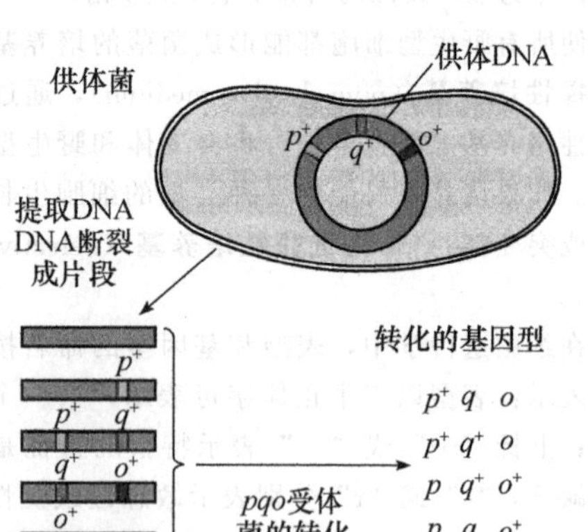

图 6.2　通过共转化确定基因的排列顺序（引自 Russell，1992）

许多种类的细菌都可以通过转化而重组。但变异的关键在于它们吸收供体 DNA 的能力。有的细菌如枯草杆菌（*Bacillus subtilis*）在试管中能很容易地被转化。但野生型 *E. coli* 并不容易转化，这是由于 *E. coli* 属革兰氏阴性菌，细胞膜由外膜、内膜和周质构成，外源 DNA 不易透过。经过多年的努力，科学家们发现了一种方法可以增加细胞吸收外源 DNA 效率的方法，就是用化学方法处理细胞，使其改变膜对 DNA 的通透性。这种状态的细胞就称为**感受态细胞**（competent cell），即细胞处于能摄入核酸分子时的生理状态。此方法已经成为基因工程的常规技术，它对于我们利用体外 DNA 重组技术来了解真核和原核生物的基因功能特别重要。细菌的转化有两种类型：一种是自然转化（natural transformation），在自然转化中细菌可以自由地吸收 DNA；另一种是工程转化（engineered transformation），在这种转化中，人为地提供一定条件，使细菌的通透性发生改变，从而能摄入并转化外源 DNA。枯草杆菌中的转化属于自然转化，*E. coli* 的转化就属于工程转化。

第二节 细菌的接合

一、*E. coli* 接合的发现

1946 年 J. Lederberg 和 E. L. Tatum 发现在细菌之间转移遗传物质的另一种方式——**接合**（conjugation）。接合是通过细菌的细胞与细胞的接触，使 DNA 从供体细胞转移到受体细胞的过程。

在 Lederberg 和 Tatum 发现细菌接合以前，人们已经对细菌的杂交进行了探索，但存在两大难题：①*E. coli* 杂交产生重组频率为 10^{-7}，也就是说要检查千万个菌落才能发现一个重组菌落，工作量太大；② $a^+b^- \times a^-b^+ \rightarrow a^+b^+$ 杂交后得到的重组子（a^+b^+）的频率和基因回复突变频率相近，难以排除 a^+b^+ 是由 a^+b^- 或 a^-b^+ 亲本回复突变而产生。Lederberg 和 Tatum 采用基本培养基来筛选原养型的方法，解决了重组子筛选的难题。他又采用了多重营养缺陷型（multiple auxotroph）品系作为亲本进行杂交，排除了回复突变的可能。

由于制备多重突变型的工作量很大，正好在此不久前斯坦福大学的 E. L. Tatum 分离出了各种 *E. coli* 的生化突变型，于是 J. Lederberg 便邀请了这位曾和 G. W. Beadle 合作建立“一基因一酶”学说的微生物学家合作。巧的是 E. L. Tatum 使用了他在教学工作中多年使用的 *E. coli* K12 品系，而正是这个品系才有 F 因子，这是事前并不知道的。如果当时采用了不含 F 因子的品系，至少接合的发现要延迟数年。因此他俩的这次合作在科学史上是一桩幸运的事。他们选用两个 *E. coli* K12 多重突变品系：

A 品系：$met^-\ bio^-\ thi^+\ leu^+\ thr^+$；

B 品系：$met^+\ bio^+\ thi^-\ leu^-\ thr^-$

将 A、B 品系分别接种于基本培养基上，都不能生长。若将它们混合后，经离心洗涤，除去完全培养基，再制成悬液，以与对照组相同的浓度接种于基本培养基，结果获得了野生型后代。其出现的频率为 10^{-7}。*E. coli* 许多生化突变型回复突变的频率也是 10^{-7}，假如由亲本 A 两个位点同时回复突变成野生型的话，其概率应为 $10^{-7} \times 10^{-7} = 10^{-14}$；若 B 品系 3 个位点同时回复突变的话，其概率应为 10^{-21}，与重组子出现的频率 10^{-7} 相去甚远，故可以排除回复突变产生原养型的可能性（图 6.3）。

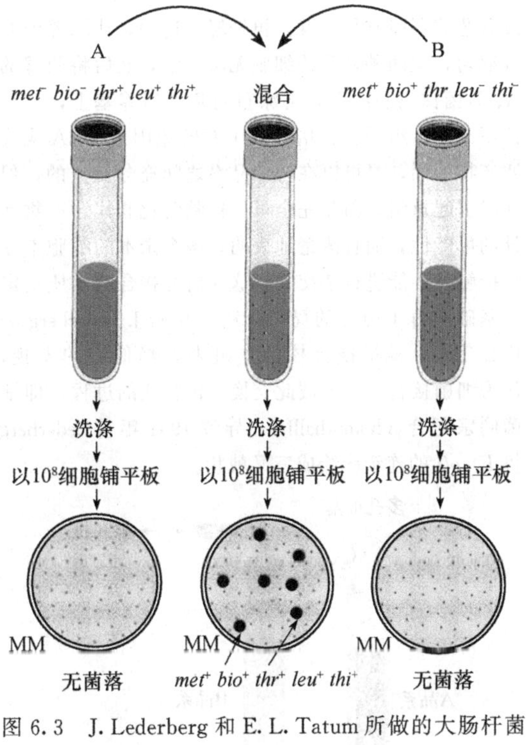

图 6.3 J. Lederberg 和 E. L. Tatum 所做的大肠杆菌杂交实验（引自 http://mun.ca/biochem/courses）

虽然回复突变的可能完全排除了，但人们仍提出以下质疑：①细菌的杂交实验获得的重组子可能是转化的结果，因为有可能一种亲本的细胞在处理过程中发生破裂，释放出 DNA 片段，转化到另一

亲本中，经重组产生部分的原养型；②培养基中含A、B品系的某些代谢产物，混合后这些产物互相补充了对方的不足，使突变品系能在基本培养基上生长。这两个问题是尖锐而深入的。为澄清这个问题，Lederberg和Tatum将一个亲本的培养基经过细菌漏斗过滤，除去细胞，然后再加入另一亲本的培养物中，结果并未产生原养型。如果杂交实验中可以产生DNA片段或某些可以互补的代谢产物，那么它们可以通过过滤器进入滤液中，进一步和受体作用，产生原养型，但结果正相反，说明也可以排除以上质疑，并提示A和B品系细菌的直接接触似乎是出现原养型的必要条件。1950年B. D. Davis设计了U形管实验，进一步支持了上述结论（图6.4）。U形管的底部有一砂芯横隔，砂芯上有微孔，可以通过0.1μm以下的颗粒，细胞无法通过。Davis将A、B品系分别放入U形管的两臂中，一臂塞上棉塞，另一臂接上注射器。当两种细菌培养物都增生到饱和状态时，用注射器轻轻地把培养液从一臂经过砂芯滤器吸到另一臂，再轻轻压过去，让培养液充分混匀，但两种品系的细胞无法接触，然后将两臂的A、B菌株离心洗涤后再涂布到基本培养基上，结果都不产生重组子。若培养液中有转化因子DNA或代谢产物的话，是可以在两个品系之间充分交流的，但并未引起重组，因此完全可以排除转化和代谢产物互补的可能性，而且清楚地表明，两个亲本的细胞不互相接触是不能进行杂交的，这为研究接合的本质奠定了基础。由于历史的局限，从一开始J. Lederberg和E. L. Tatum就根据真核的重组来解释他们的发现，认为细菌接合是一个彼此交换遗传物质的过程，即细菌同宗配合（homothallic），导致1951年J. Lederberg将*E. coli*的连锁图绘成三叉戟状。

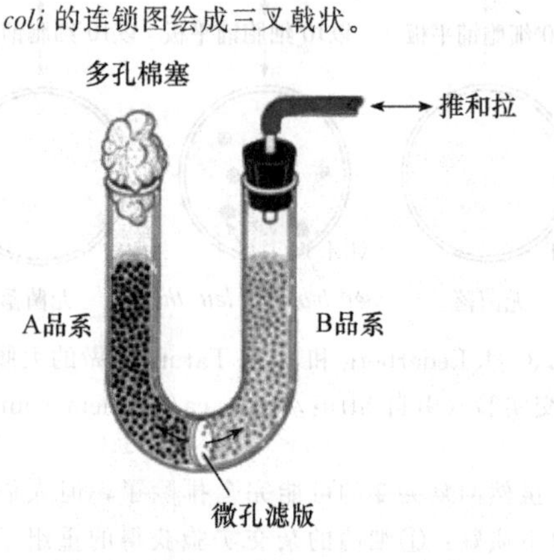

图6.4　Davis设计的U形管实验
（引自Russell，1992）

二、单向转移与F因子

大肠杆菌的杂交是否同真核生物一样由双亲对等地为子代提供遗传物质？1953年W. Hayes的意外发现动摇了“细菌同宗配合”的观点，使细胞接合的研究又转向正确的方向。W. Hayes在重复Lederberg和Tatum的细菌杂交实验之前，分别用高剂量的链霉素来处理A菌株和B菌株。根据高剂量的链霉素处理*E. coli*菌株不会立即将它们杀死，但可以阻止其细胞分裂这一特点，设计了本实验（现已证实，链霉素可抑制*E. coli*核糖体S12蛋白质的翻译而阻止细胞分裂，作用一定的时间可杀死*E. coli*）。

结果A品系受处理后，杂交结果不受影响，而B品系受处理后却完全阻止了重组的发生。这对W. Hayes来说意味着两个品系在杂交的过程中作用是不相同的，也就是说可能不是交互的过程。因为链霉素虽可以阻止细胞分裂，继而杀死细胞，但并不是立即生效，它还允许细胞延续生存一个短时间，而正是在这短时间即完成了交配。

A品系在交配后被杀死并不影响杂交结果，表明它是一种供体，像雄性动物一样，交配后被杀死，不会影响后代。而B品系像是一种受体，和雌性动物一样，受孕后被杀死的话，就无法产生后代。W. Hayes的结论认为细菌的接合是异宗配合（heterothallic）过程，两个亲本在杂交中所起的作用不同，有供体和受体之分，相当于“雄性”和“雌性”。

以上结论得出不久，W. Hayes将放在冰箱中有一年之久的一个菌种A（str^s）和B（str^s）品系进行杂交，A品系是推测的“雄性”，B品系是推测的“雌性”，结果和预期的不同，不能产生重组子。正如谚语“珍惜你的例外”所说，W. Hayes对这一偶然的意外情况并没有掉以轻心，而是继续进行实验和分析。他将此菌进行诱变，使其由“str^s”变成“str^r”，以便和A（str^s）菌株杂交，结果表明A（str^r）菌株是可育的，并产生了下一代A（str^r）菌株，再进一步和B（str^s）菌株杂交，结果产生可育的后代，说明原来是“雄”性的A品系，放置冰箱一年，变成了“雌”性，即从供体变成了受体［图6.5（a）］。此实验完成后不久，J. Lederberg和他的妻子E. M. Lederberg以及L. L. Cavalli也发现了这一现象，他们对此的解释是一致的［图6.5（b）］，所谓的供体或“雄性”是细菌的细胞内有一种**致育因子**（fertility factor，F），以F^+表示，而“雌性”品系缺乏这种F因子，以F^-表示。原先的“雄性”品系是F^+，放置冰箱一年后丢失了F因子，变成了F^-，作为F^-的A品系是不能和另一F^-的B（str^s）菌株杂交，所以不育。经诱变后其基因型由（str^s）变成了（str^r），但仍为F^-，故可与F^+的A（str^s）菌株杂交，经Str选择培养基筛选出重组子仍是F^+，和F^-（str^s）杂交仍然可育，这样便发现了F因子。

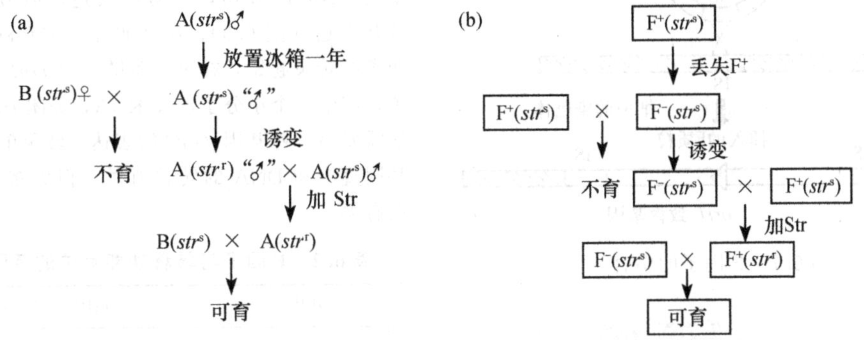

图 6.5　W. Haves 发现的意外情况和实验（a）及实验结果的解释（b）

F因子是一种低拷贝质粒，每个细胞有1～2个拷贝。它在每个细胞周期复制一次，在细胞分裂时分离到两个子细胞中。F因子由共价闭合环状DNA双链构成，全长94.5kb，主要分为三个区域（图6.6）：①重组区；②自主复制区；③转移区。重组区中有4个**插入序列**（insertion sequence，IS）（见第十四章），通过和宿主染色体上的IS同源重组或通过转座因子可以整合到宿主不同位点上（图6.7）。由于宿主染色体上的IS方向不同，所以整合的方向也随之不同。自主复制区有转移的起点和2个复制起点，复制起点*oriT*是在染色体转移时进行滚环复制的复制起点，*oriV*是在营养时期即游离在细胞质中独立复制时的复制起点，转移区主要有合成性伞毛的操纵子。性伞毛呈管状，又称**接合管**（conjugation tube），通过接合管可将供体和受体细胞相联。1957年拍到了第一张接合照片（图6.8）。当时对F因子知道得并不多，也不知道重组体是怎样产生的，但从各种实验的结果推论出以下结论：①有F因子的细菌称为F^+，细菌增殖时可把F因子传递给后代；②没有F因子的细菌称为F^-，细菌经吖啶橙处理会丢失F因子，而成为F^-，F因子一经丢失，细胞中便不再出现；③ F^+可以和F^-杂交，而不能和F^+杂交；④$F^+ \times F^-$的杂交后代可以是F^+，但不产生重组子；有时能以10^{-7}频率获得重组体后代，但这些后代都是F^-。

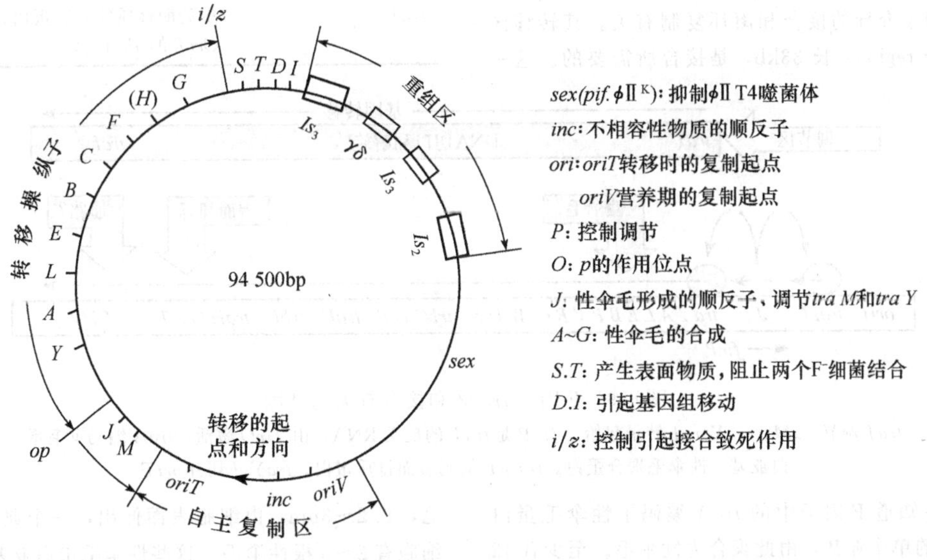

图 6.6　F因子的结构

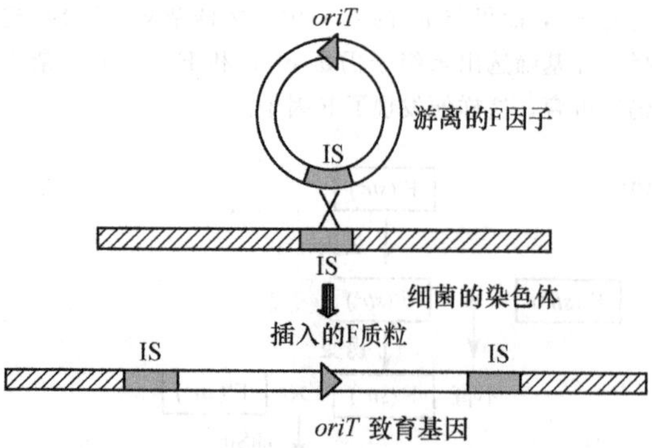

图 6.7　F 因子的整合

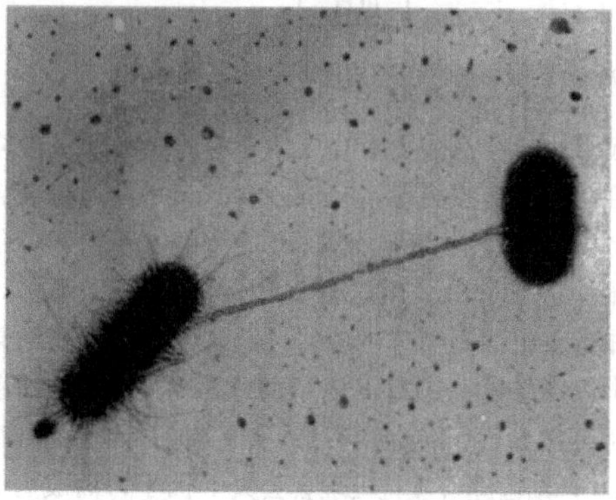

图 6.8　由性伞毛连接两个大肠杆菌细胞。其中一个细胞含有一个 F 质粒，F 质粒的基因编码菌毛。在 DNA 转移之前，菌毛收缩将两个细胞拉近（引自 Daniel et al.，2006）

F 因子介导的接合和滚环复制有关。其转移区（transfer region）长 33kb，是接合所需要的。这一段含有 40 个和 DNA 转移有关的基因（整个基因组约有 60 个基因），其中主要的基因及功能见表 6.2。这些基因称为 *tra*，其主要部分是一个 32kb 的转录单位（*tra Y-traI*），可协同表达，但 *traM* 和 *traJ* 分开表达（图 6.9）。*traJ* 调节 *traM* 和 *traY*、*traI* 两者的转录起始，在另一条链上的 *finP* 是一个调节子，产生一个小分子反义 RNA，关闭 *traJ*。它的激活需要另一些基因 *finO* 的表达。转录单位中的某些基因直接和 DNA 的转移有关，但大多和细胞的特点有关。

表 6.2　F 因子与转移功能有关的基因及功能

基因	基因产物的功能
treM	衣壳蛋白，可能涉及对受体 F^- 细胞的识别
traJ	是 *treM* 和 *tra* 操纵子转录的正调控因子
finP	是 *traJ* 的反向转录调节物
traY	内切酶，在 *oriT* 附近产生缺口
traA	编码性伞毛蛋白
traL，*E*，*K*，*B*，*V*，*C*，*W*	性伞毛的装配和修饰
trbC，*traU*，*F*，*H*，*G*	性伞毛的装配和交配接合物的稳定
traN	同上
traS，*T*	表面排斥阻止和 F^+ 接合
traD	是 F^+ 的内膜蛋白。接合时涉及 DNA 转运，可能是孔道部分
traI	解旋酶性质的复制蛋白，可切开 *OriT* 的 *nic* 位点

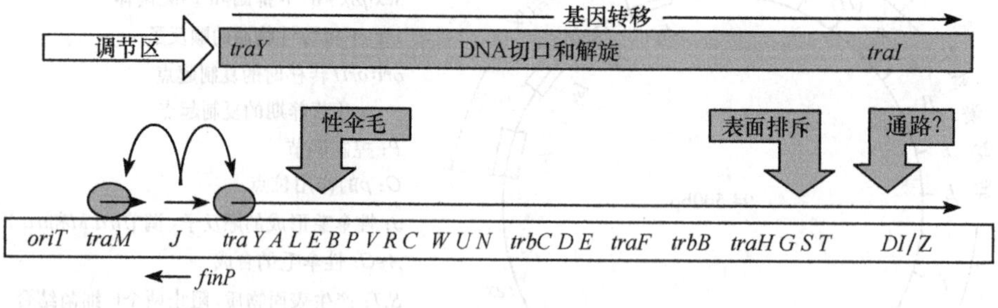

图 6.9　F 因子 *tra* 区和接合有关的基因

traJ 调节 *traM*、*traY-traI* 转录起始。*finP* 是 *traJ* 的反义 RNA，由 *finO* 激活。*traA* 编码伞毛蛋白亚基、性伞毛聚合蛋白。*traS-T* 编码表面排斥蛋白。*traY/I* 切开 *oriT*

现在知道 F 因子中的 *traA* 编码了性伞毛蛋白（pilin）的单个亚基，由此聚合为性伞毛。至少有 12 个 *tra* 基因是用于修饰和聚合性伞毛蛋白的。F 性伞毛，长 2～3μm，由细胞表面伸出，一个典型的 F^+ 细胞有 2～3 根性伞毛。这些性伞毛蛋白亚基聚合成中空的管子，直径 8nm，中间轴孔的内径为 2nm。

部分学者认为此是遗传物质转移的通道，但另一些学者持相反的观点。F性伞毛还可以提供RNA噬菌体和某些单链DNA噬菌体，如M52、R17、f1等吸附位点。因此F^+细菌对这些噬菌体是敏感的，F^-细菌则是抗性的。在供体细胞和受体细胞开始接触时是易断裂的，但另外一些*tra*基因起到稳定连接的作用，使接合的细胞紧密连接在一起。性伞毛对起始配对是必要的，但一旦起始以后即使性伞毛收缩和消失，接合的细胞已彼此紧密接触了。

DNA转移时必须有一个通道通过，但性伞毛可能不是这种通道。在性伞毛中尚未发现DNA的存在。而*traD*的产物可能提供了通道或通道的一部分。供体细胞不会接触其他F^+细胞，那是因为*traS*和*traT*编码了表面排斥蛋白，这种蛋白质使细胞有效地限制了F^+细胞间接合。

F因子的转移总是伴随着质粒的复制。这种转移与高频重组品系中F因子的转移是不同的，当F^+细胞和F^-细胞接触后，F因子开始以*oriT*为起点进行滚环复制，产生的线性单链的分支转移到受体细胞中（图6.10），进行半保留复制，形成双链。当转移完成时，转移的线性双链DNA在受体细胞中形成环状。因为一个拷贝保留在供体中而其他的被转移到受体中，转移之后，含有F的两个细胞的功能与供体相同，F^-细胞已转变成F^+细胞，但不产生重组子。

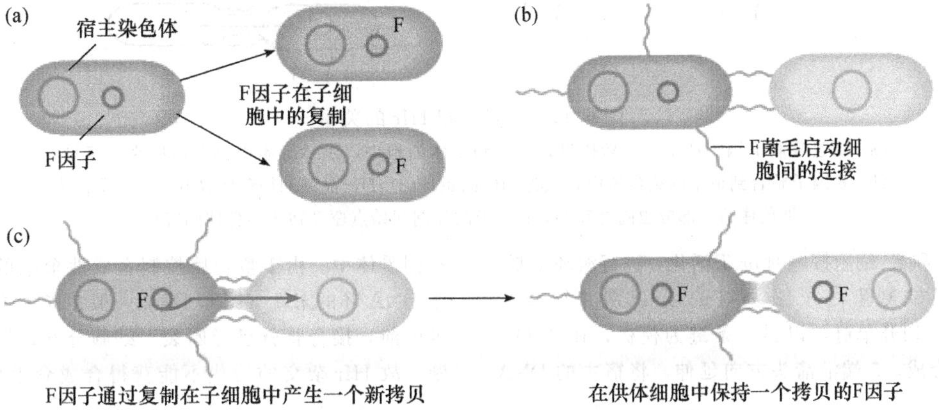

图6.10　F因子的一些特点（转引自Griffiths et al.，1999）

(a) F因子随着宿主细胞基因组的复制而复制；(b) F^+细胞和F^-细胞通过菌毛连接；(c) F^+细胞和F^-细胞结合，F因子通过复制转移到受体细胞中

第三节　高频重组品系

一、高频重组品系的发现

就在F因子发现之前，1951年L. L. Cavalli偶然发现用氮芥处理A品系后从存活的细菌中分离出一种新的品系，将这种新品系和B品系进行杂交所得到的重组体比一般的杂交要高出1000倍。这个品系就被称为**高频重组**（high frequence recombination，Hfr）品系。1954年W. Hayes也分离出了Hfr品系，称为Hfr H，而L. L. Cavalli分离出的Hfr品系就称为Hfr C。

高频重组品系和F^+菌株的特点有相同的地方，也有不同之处，归纳起来有以下几点。相同处：①都能和F^-进行杂交产生重组后代；②杂交时都要通过接合管和受体菌相连接；③用高剂量链霉素处理后都不影响杂交，说明它们都是作为一种供体。不同处：①产生重组子的频率不同，Hfr×F^-产生的重组子的频率为10^{-4}，而F^+×F^-产生重组子的频率仅为10^{-7}；②F^+×F^-的后代常为F^+，而Hfr×F^-的后代皆为F^-；③F^+经吖啶橙处理后会变成F^-，而Hfr经吖啶橙处理后仍为Hfr，可以和F^-杂交。

二、Hfr和F因子的关系

染色体上的基因在*E. coli*细胞间的转移最早是由J. Lederberg于1951年观察到的。当时并不了解产生重组后代是由于F因子已整合进细菌染色体中，即Hfr细胞。

F因子既可以游离于细胞质中，也可以整合在宿主的染色体上，这种质粒就称为**附加体**（episome）或游离基因。当处于游离状态时，细菌为F^+，当整合到宿主染色体上时即为Hfr品系，所以经吖啶橙处理不会丢失F因子。

在Hfr细胞中，虽然通过整合的F因子DNA

被扩大了约2%（图6.11）但细菌染色体仍保持环形。F的整合是一种很少发生的事件，但是含有整合的F因子的单细胞能被分离出来和培养。Hfr细胞在接合时，F因子的转移过程与F^+细胞以同样的方式开始。然而，由于F因子是通过“重组区”和细菌的染色体发生单交换而整合到细菌的染色体中，Hfr细胞接合时F因子的转移也将宿主的染色体DNA带到受体细胞中。

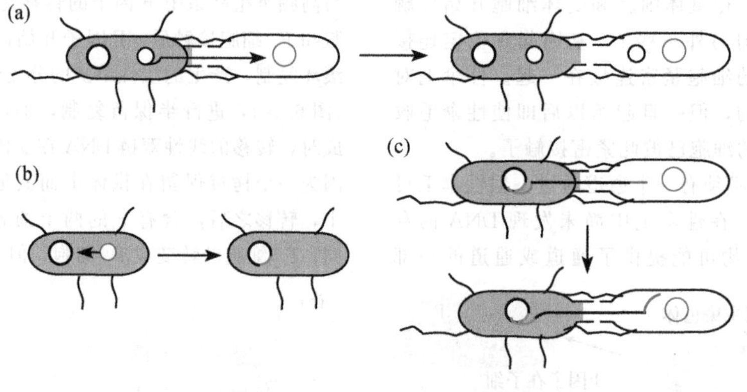

图6.11　F因子和Hfr的关系

（a）通过复制F因子产生一个新拷贝，转移到受体细胞中，供体细胞中仍保留原来的拷贝；（b）F因子整合到宿主的染色体中，成为Hfr品系；（c）Hfr品系的染色体复制，F因子作为染色体的一部分也随之复制，F因子的复制起始点驱动宿主染色体的转移

Hfr和F^-细胞接触时*oriT*活化，进行滚环复制。开始时，缺刻蛋白（Tra Y-Tra I）识别并结合在*oriT*区，切开单链，以另一条链为模板，在3′-OH上从头合成。5′端沿箭头方向延伸，将宿主的DNA移到受体中。由于整合后控制合成性伞毛的基因位于DNA环的末端（图6.12），一般在尚未进入受体细胞前，接合管就已经断裂，细胞分开，使转移中断，故Hfr杂交的后代不能获得合成伞毛的基因，

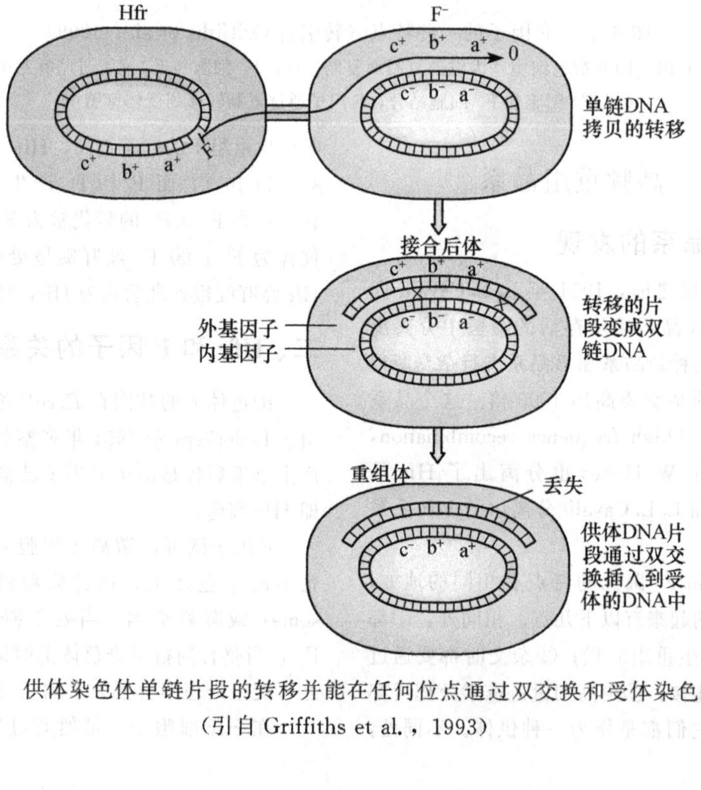

图6.12　供体染色体单链片段的转移并能在任何位点通过双交换和受体染色体重组

（引自Griffiths et al.，1993）

故不能产生伞毛而呈 F^- 的性状。$F^+ \times F^-$ 一般只能将 F 因子转入受体［图 6.11（a）］。只有在先整合到宿主的染色体上形成 Hfr 后才能在杂交时将宿主的基因转移到受体中，经重组产生重组子。F 因子整合的概率是 10^{-3}，Hfr×F^- 产生重组子的概率是 10^{-4}，所以从 $F^+ \times F^-$ 产生重组子的频率是 10^{-7}。

在 F^+ 转移和 Hfr 转移之间有几处明显的不同。①在通常条件下，Hfr 品系的细菌其全部染色体的转移需要大约 100min，而 F^+ 因子的转移仅需 2min 左右。时间的差异是由于 F 因子和细菌染色体的相对大小（100kb 与 4600kb）而决定的。②在 Hfr DNA 转移到受体细胞中时，在转移全部的染色体之前，接合管通常就断裂，接合的细胞会分开。在细胞分离开之前，一般只有几百个基因被转移。③Hfr 和 F^- 细胞间进行的接合中，F^- 受体细胞保持 F^-，因为转移时 F 因子的“转移区”通常位于 Hfr 品系基因组的最后部，难以进入受体细胞中。④在 Hfr 的转移中，转移的 DNA 片段的一些区域合并到受体染色体中，并入的区域取代了受体染色体的同源区域，结果是一些 F^- 细胞变成含有来自供体细胞 Hfr 的一个或多个基因的重组体。例如，在 Hfr leu^+ 和 F^- leu^- 之间的接合，一些细胞出现 F^- leu^+。然而，供体 Hfr 细胞的基因型保持不变。⑤F 因子的转移，会使受体细胞由 F^- 变成 F^+，但不产生重组子。

遗传分析要求鉴别重组受体，因为重组体来自于受体细胞，需要一种方法来排除供体细胞。一般的方法是利用一个含有选择标记的 F^- 受体。当以接合这种方式进行杂交时，通过生长条件所选择的转移标记（如此例中的 leu^+）称为**选择标记**（selected marker），用来阻遏供体（如此例中的 str^s）生长的标记称为**反选择标记**（counterselected marker）。选择和反选择在细菌接合中是必需的，因为尽管命名为高频重组，实际上重组体仅占整个细胞群体的一小部分。

大多数接合细胞在反选择标记被转移之前就分离开了，而选择标记基因一定进入了受体细胞中。然后用选择性试剂来选择 F^- 受体细胞，并排除 Hfr 供体。抗生素抗性基因可作为选择标记。例如，在 Hfr leu^+ str^s 和 F^- leu^- str^r 细胞之间接合后，接种在含有链霉素的培养基中，Hfr str^s 会被选择性地杀死。选择性培养基缺少 Leu，可用来区分非重组与重组受体。F^- leu^- 亲本细胞在缺少 Leu 的培养基中不能生长，但是重组的 F^- leu^+ 细胞则能生长，因为它们具有 leu^+ 基因。因此，在含有链霉素和缺少 Leu 的选择性培养基中只有 leu^+ str^r 的重组体受体细胞才能形成菌落。

三、不同的 Hfr 品系证明 *E. coli* 的染色体是环状的

在 Hfr 染色体中 DNA 转移开始于特定位点（F 整合位点）并以线性进行。供体标记首先进入受体细胞的时间能按顺序排列，产生一个细菌基因组图。由于 F 质粒整合到细菌染色体上有多个位点，通过分析不同品系 Hfr 转移的基因顺序能证实细菌的染色体是环状的（图 6.13）。

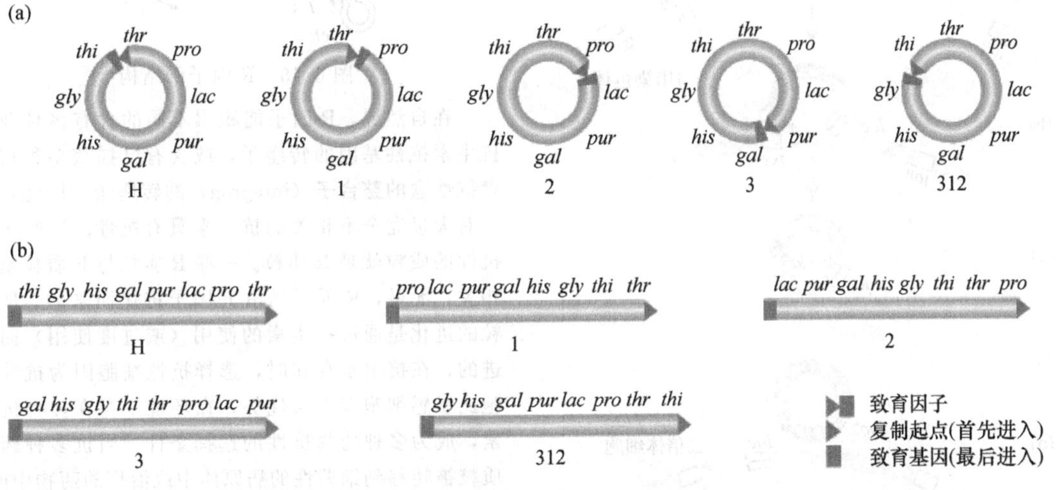

图 6.13　*E. coli* 的环状染色体（引自 Griffts et al.，1999）

（a）在不同的 Hfr 品系（H、1、2、3、312）中致育因子插入的位置不同，实验结果表明 *E. coli* 的染色体是环状的。箭头表示各 Hfr 品系的复制起点。（b）各 Hfr 品系标记基因转移的线性顺序；箭头表示复制起点和转移方向

四、性导

1959 年 E. H. Adelberg 等在重复 Hfr×F^- 实验时，发现有一些品系回复成了 F^+ 状态，失去了高频供体的能力，但 F 因子已带有基因，被称为 F′因子。F. Jacob 和 E. H. Adelberg 发现这种品系以很高的频率将 lac^+ 传递给受体，使受体的表型变成 F^+ lac^+，但后代并不稳定，约有 10^{-3} 子细胞又变成 F^- lac^-，所以重组后代的基因型为 Flac^+/lac^-（图 6.14）。以 F′因子为媒介将特定的基因传递到受体中的现象就称为**性导**（sexduction）。现在已知 F′是由于有时 F 因子从 Hfr DNA 中被切离，通过 F 因子两端序列之间的交换，进行整合事件的逆转。然而，在某些情况下，切离过程不是整合的精确逆转，而是在非同源染色体间发生交换和重组，在 F 的边界和染色体 DNA 的附近（图 6.14）。异常的切离产生一个含有宿主染色体 DNA 片段的质粒，称为 **F′质粒**（F′ prime）。带有染色体不同区域的染色体片段的 F′质粒已被分离出来。这些元件非常有用，因为它们带有的染色体的片段而使受体细胞成为**部分二倍体**（partial diploid or merodiploidy），亦称**部分合子**（merozygote），即具有完整内基因子（endogenote）和部分外基因子（exogenote）的细菌细胞。这种部分二倍体是不稳定的，如 F′-lac^+/lac^- 由于 F′的切离而变成 lac^- 细胞。

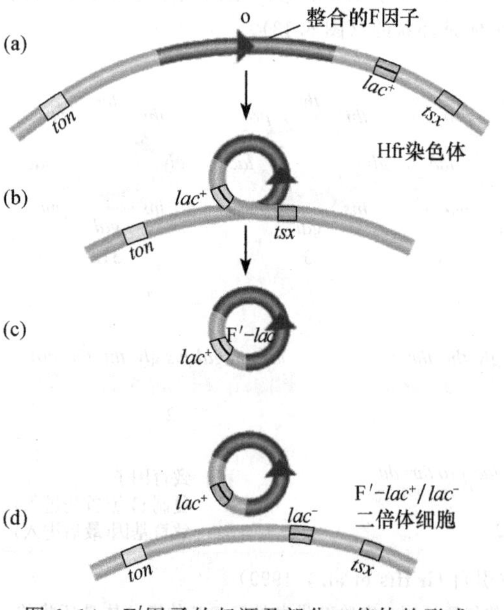

图 6.14 F′因子的起源及部分二倍体的形成
（引自 Griffiths et al.，1999）

F′和 F 因子不同：①F′品系转变成 Hfr 品系的频率要高于 F^+ 品系；②F′变成 Hfr 时 F′因子整合到同一（所带基因的同源）位点上，而 F^+ 变成 Hfr 时可整合到不同位点；③F′×F^- 可高频传递特定的基因，形成部分二倍体。而 F^+×F^- 要么产生 F^+ 但不转移任何基因，要么以 10^{-7} 将宿主的基因按顺序转入受体，但受体仍为 F^-，所转移的基因不是特定的。

F. Jacob 和 E. H. Adelberg 发现了 F′-*lac* 后，其他的因子又先后陆续被发现，其中之一是抗药性质粒，也称为**抗性因子**（resistance factor，R factor）。Watanabe 和 Fukasawa（1960）经研究证实了抗药性传递是由于一种新的附加体——他们称之为**抗性转移因子**（resistance-transfer factor，RTF），即 R 因子。结构如图 6.15 所示，其结构和 F 因子相似，不同的是其中的转座因子中携带各种抗药性基因，故可产生抗药性。

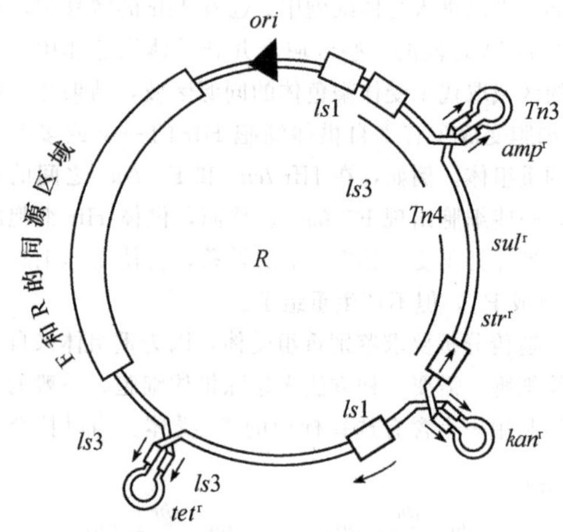

图 6.15 R 因子的结构

在自然界，R 因子能积累不同的含有多种独立抗生素抗性基因的转座子，或含有已捕获多种抗生素抗性盒的**整合子**（integron）的转座子，因此，质粒对大量完全不相关的抗生素具有抗性。这些多重抗性的质粒就是 R 质粒。一些 R 质粒与 F 质粒紧密相关，无疑，R 因子是由 F 因子进化而来的。R 质粒的进化是通过抗生素的使用（或过度使用）而促进的，在抗生素存在时，选择抗性细胞因为抗性细胞比敏感细胞有生长优势，在环境中存在多种抗生素，成为多种药物抗性的选择条件。当抗多种药物质粒被转移到细菌性的病原体中或治疗的药物中时，导致严重的临床并发症。某些含有 R 因子的病原体的感染是非常难治疗的，因为病原体可以抗大多数或全部的抗生素。

五、重组频率的计算

细菌染色体中的基因可通过 Hfr×F$^-$ 的接合来作图。然而，遗传学图完全不同于真核细胞中的连锁图，不是根据减数分裂的重组而是根据其转移的顺序。我们可以用不同的方法来计算 *E. coli* 的基因重组频率，绘制出 *E. coli* 的染色体图。

（一）中断杂交作图

1955 年 F. Jacob 和 E. L. Wollman 利用中断杂交的方法建立了另一种绘制 *E. coli* 染色体图谱的方法。他们将 Hfr×F$^-$ 杂交，在混合后不同时间进行搅拌，以使接合管断裂，中止供体染色体向受体细胞转移。越是位于前面的基因，进入受体的概率越高；反之，越是位于后面的基因，进入受体的概率越小，因此，利用不同时间进行中断杂交就能推断出基因的顺序。Jacob 和 Wollman 所用的亲本是：

供体：Hfr H　$str^s\ thr^+\ leu^+\ azi^r\ ton^r lac^+\ gal^+$

受体：F$^-$　　$str^r\ thr^-\ leu^-\ azi^s\ ton^s lac^-\ gal^-$

交配后在不同时间将样品搅拌 2min，然后稀释防止重新接合，再把它们涂布在含有链霉素的选择培养基上，选出 $thr^+\ leu^+\ str^r$，再测定不同时间中断时各非选择标记的频率，结果如表 6.3、图 6.16（a）所示，thr^+ 和 leu^+ 是选择标记，首先进入受体细胞，形成部分二倍体，即细胞具有全套的内源基因和部分的外源基因，经双交换形成重组子。azi^r 约在杂交后 9min 进入受体并重组，随着时间的增加，其相对重组率（$azi^r/thr^+\ leu^+\times 100\%$）迅速升高，这是由于随时间延长，重组的机会增大了，20min 左右达到 90%，趋于平衡，不再上升。这一频率极值反映了 azi^r 和 $thr^+\ leu^+$ 同时重组入受体染色体的频率，因此不可能达到 100%，而且和选择标记相距越近，重组的机会也越高。

表 6.3　Hfr×F$^-$ 中断杂交中不同时间非选择标记的重组频率

取样时间 /min	选择标记	非选择标记的重组频率/%			
	$thr^+\ leu^+$	azi^r	ton^r	lac^+	gal^+
5	0	0	0	0	0
10	100	12	3	0	0
15	100	70	31	0	0
20	100	88	71	12	20
40	100	90	75	38	20

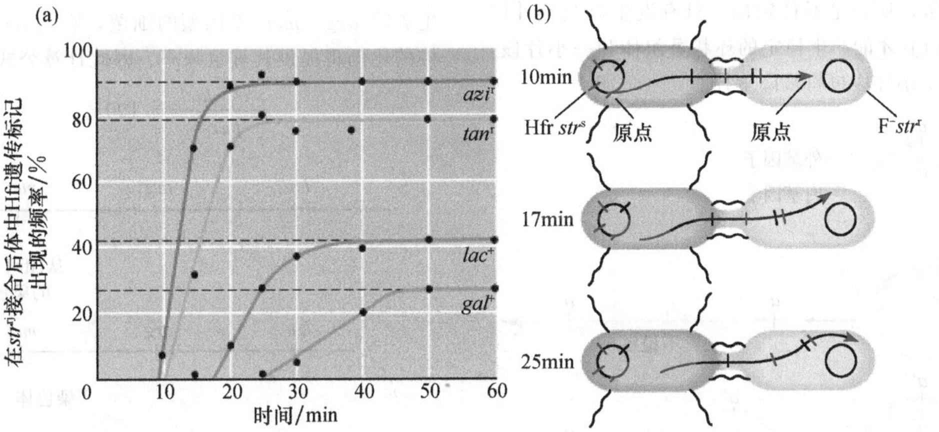

图 6.16　用 *E. coli* 的 Hfr 品系（$str^s\ thr^+\ leu^+ azi^r\ ton^r\ lac^+\ gal^+$）和 F$^-$ 细胞（$str^r\ thr^-\ leu^-\ azi^s\ ton^s\ lac^-\ gal^-$）杂交进行中断作图接合实验（引自 Griffiths et al.，1999）

（a）每个代谢标记在不同交配时间的重组频率图，供体细胞中的各个标记转移的次序取决于该标记在染色体上排列的位置；（b）表示不同标记转移的时间

ton^r 约在 10min 进入受体细胞并重组，20min 后相对重组率接近 80%；lac^+ 约在 17min、gal^+ 约在 20min 进入受体并重组。以上特点是：①不同的非选择标记进入受体且重组的时间不同，但都是稳定的；②每条曲线具有一个线性的区域，表示各基因的重组频率随着时间的增加而增加，直至极值；③按时间顺序，先重组和后重组的基因，重组率的极值在逐步减少。

根据以上实验，表明特定基因进入受体的时间和该基因在染色体上的排列顺序成正比。因此利用中断杂交实验也可以进行 *E. coli* 的染色体作图（图 6.17）。

并不是所有的供体细胞在同一时间开始转移 DNA，所以重组体的数量随时间增加而增加。转移开始于 Hfr 染色体的特定点（F 复制起点）。基因以线性的顺序转移到受体中，基因进入的时间是细菌

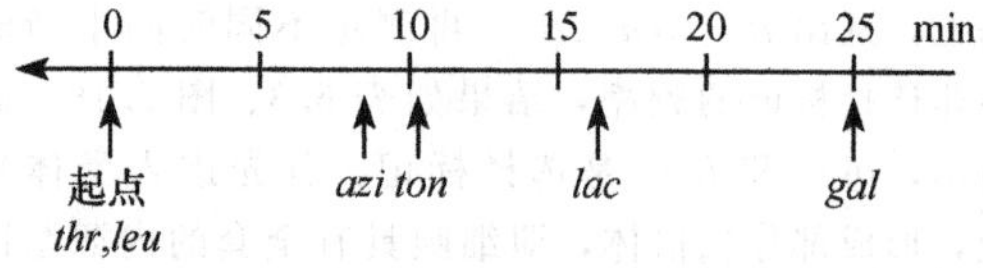

图 6.17 利用中断杂交对 *E. coli* 进行染色体作图

群中基因首先进入受体菌的时间。接合细胞的分离阻止了 DNA 进一步的转移，并限制了在特定时间所看到的重组体的数量。用于杂交中的基因进入的时间仅描述了图谱中的位置，如图 6.17 所示。在此图上，数字是标记之间的遗传距离，以分钟来测量它们进入的时间。

（二）通过重组频率进行高分辨作图

接合重组的过程有两个要素：①基因要能在供体、受体分开前进入受体细胞；②要和选择标记一道通过双交换整合到受体的基因组中才能稳定地遗传和表达。在原核细胞中重组并非发生在两个完整的基因组之间，而是在部分二倍体中［图 6.18 (a)］。若外基因子和内基因子之间发生一次单交换，那么产物是线状的［图 6.18 (b)］，不仅不能复制，且易降解，所以是不稳定的。只有发生双交换［图 6.18 (c)］才能产生稳定的环状重组体和一小片段，同样这个小片段也将被降解掉。

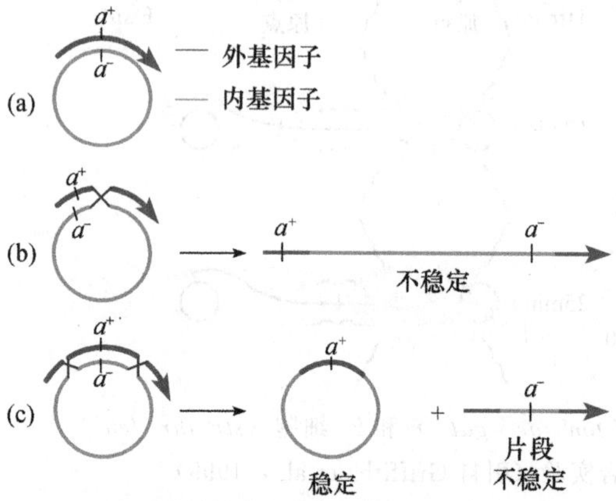

图 6.18 在部分二倍体中外基因子和内基因子之间的重组（引自 Griffiths et al.，1993）

绘制染色体图就必须较精确地计算基因之间的距离，中断杂交虽然能以转移的时间来确定基因的顺序和距离，但较为粗放，在 2min 之内就难以精确测定。以相对的重组频率为依据可作出一张较精细的细菌遗传图。

例如，通过检测基因间的重组频率对 *met*、*arg* 和 *leu* 三个基因进行作图。为了检测这些基因之间的重组，进行 Hfr H str^s leu^+ arg^+ met^+ × F^- str^r leu^- arg^- met^- 杂交实验。通过“中断接合”分析可确定这三个基因的排列顺序，leu^+ 是这三个基因中的最后一个基因。在此基础上，我们将 leu^+ 作为选择标记，将 str^s 基因作为反选择标记，将 arg^+ met^+ 作为非选择标记，将供体和受体菌充分混匀后洗涤，铺在含有 Str、Met 和 Arg 而不含 Leu 的平板上进行培养，选择 leu^+ 接合后体。既然 leu^+ 标记基因进入受体，那么另外两个基因（arg^+ met^+）也必然在部分二倍体中（图 6.19）。在部分二倍体中只有发生双交换才能产生接合后体。其中一次交换一定发生在 str^s-leu^+ 之间，即 str^s 标记不能进入受体，否则，接合后体不能成活；而另一次是可以在 leu^+ 右侧的不同位置。因此，由于 *leu* 和 *arg* 之间产生重组，产生了 leu^+ arg^- met^- 重组子。在 leu^+ 接合后体中带有这种基因型的细菌的比率即是 *leu* 和 *arg* 之间的重组率。在 leu^+ 接合后体中，*met* 和 *arg* 之间重组将产生 leu^+ arg^+ met^- 的基因型。这种基因型接合后体的比率即是 *leu* 和 *arg* 之间的重组率。另一次交换若发生在 *met* 和 *arg* 之间，则产生 leu^+ arg^+ met^- 基因型的细菌，它与 leu^+ 接合后体的比例将提供其重组频率。因此计算公式为

$$\frac{pur^+\ lac^-}{pur^+} \times 100\%$$

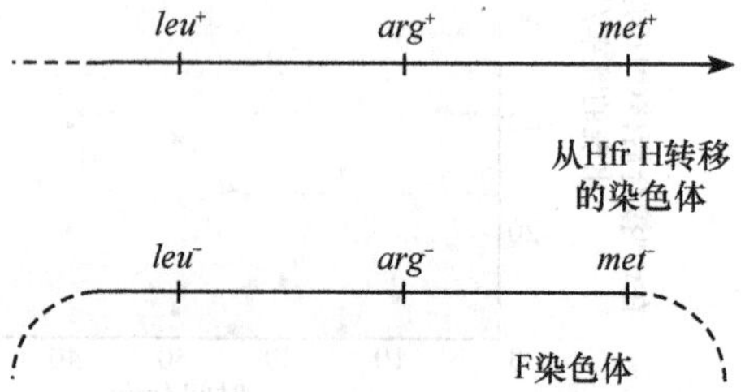

图 6.19 Hfr H str^s leu^+ arg^+ met^+ × F^- str^r leu^- arg^- met^- 产生的部分二倍体

图 6.20 显示产生这些重组基因型的重组事件。实际检测获得三种基因型的接合后体与 leu^+ 接合后体的比率，即三个主要基因型的百分比如下：leu^+ arg^- met^- 为 4%；leu^+ arg^+ met^- 为 9%；leu^+ arg^+ met^+ 为 87%。这表明 *leu-arg* 之间的距离为 4cM；*arg-met* 之间的距离为 9cM。

已经对 *E. coli* 染色体进行了许多这种作图的实验，其数据经过综合提供了一个完整 *E. coli* 染色体的约 2000 个基因的精确图谱（图 6.21）。

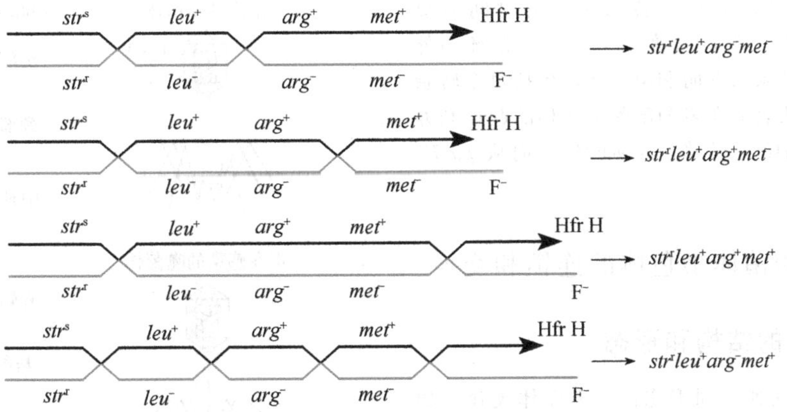

图 6.20　Hfr H str^s leu^+ arg^+ met^+ ×F⁻ str^r leu^- arg^- met^- 杂交实验，产生不同的重组类型

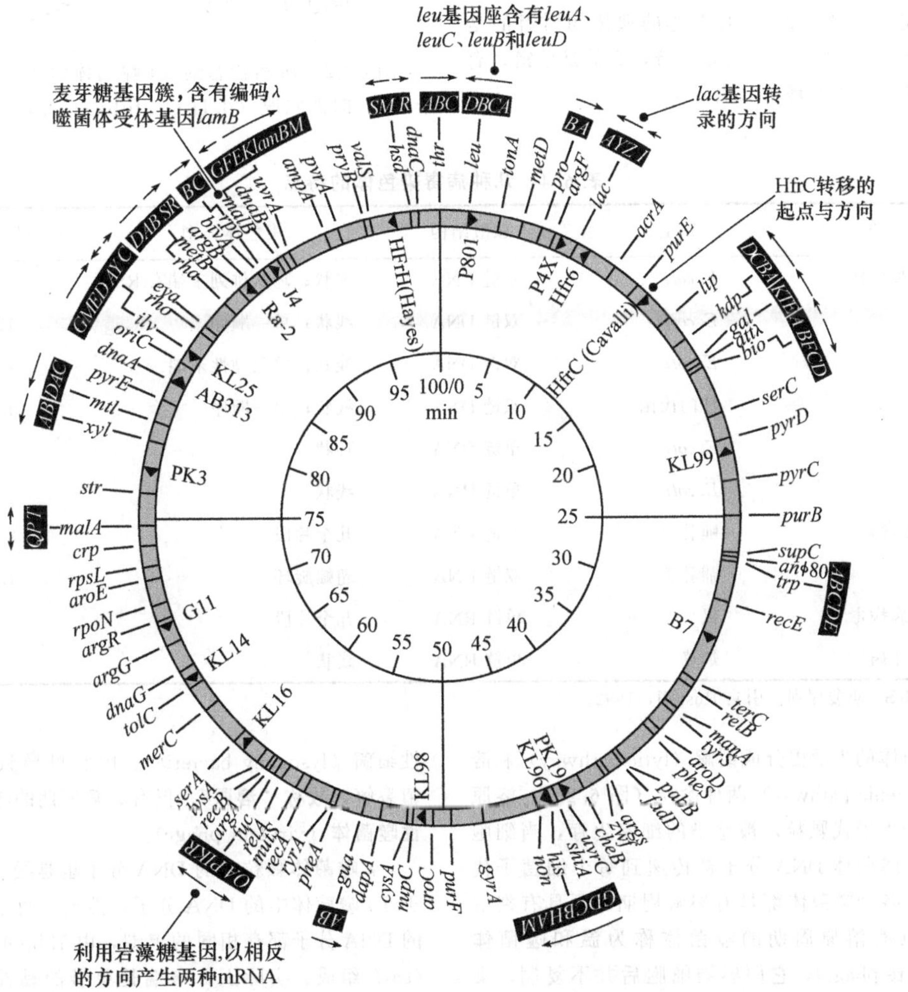

图 6.21　以分钟为单位的 *E. coli* 环状遗传图谱，总长 100min（引自 Daniel et al.，2006）
有的基因座编码有功能的相关基因产物，黑框表示基因簇；箭头表示转录方向和转录物的长度；三角箭头表示众多的 HfrH 品系转移的次序和方向

E. coli 全部的染色体转移所需的时间需要100min，所以整个图的长度是100min。在环的外侧，箭头表示转录的方向和编码区，包括每个转录物的长度。箭头表示许多 Hfr 菌株转移的起点和方向。例如，从 Hfr C 转移，经逆时针方向从 *purE*、*acrA*、*lac* 开始。

第四节　噬菌体染色体的连锁和交换

一、噬菌体的结构和形态

噬菌体有三种不同形态：二十面体无尾，如 PM-2；二十面体有尾，如 SPO1；丝状，如 M13。有尾噬菌体一般有头、颈、核心、鞘、尾板、尾丝几部分组成（图 6.22）。噬菌体的遗传物质有的是 DNA，有的是 RNA；有的是双链，有的是单链；有的是线状，有的是环状（表 6.4）。

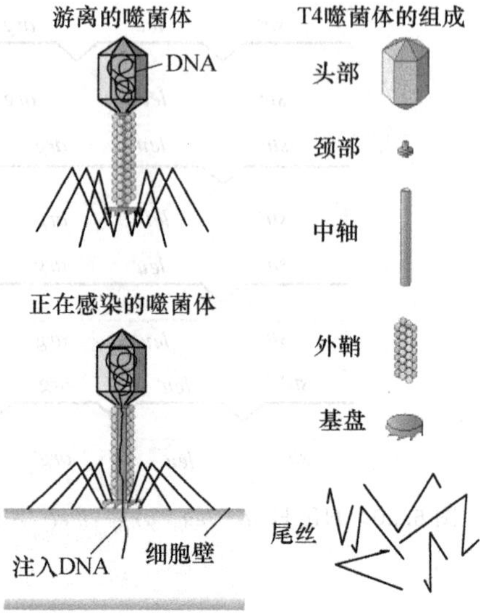

图 6.22　游离状态的 T4 噬菌体和其感染 *E. coli* 时的状况（引自 Griffiths et al.，1999）

表 6.4　几种病毒染色体的特点

病毒	宿主	核酸结构	染色体类型	染色体长度/μm
T 偶数噬菌体	*E. coli*	双链 DNA	线状；环状排列末端有 RS	60
T7	*E. coli*	双链 DNA	线状；单一顺序	12
λ	*E. coli*	双链 DNA	线状；单股黏性末端	16
P22	沙门氏菌	双链 DNA	线状；单一顺序	14
ϕ174	*E. coli*	单链 DNA	环状	1.8
Qβ	*E. coli*	单链 RNA	线状	1.4
(呼肠病毒)	哺乳类	双链 RNA	几个片段	8.3
SV40	哺乳类	双链 DNA	超螺旋环	1.7
鼠白血病病毒	鼠	单链 RNA	几个片段	
烟草花叶病毒	烟草	单链 RNA	线状	

注：RS，重复序列。引自 Russell，1992。

噬菌体的生活史分成**裂解**（lytic pathway）和**溶原**（lysogenic pathway）两种途径（图 6.23）。溶原周期不产生子代颗粒，被感染的细菌生存，当细胞分裂时，噬菌体 DNA 分子被传递到每个细菌子代细胞中。各种噬菌体都具有裂解周期。既具有裂解周期又具有溶原周期的噬菌体称为**温和噬菌体**（temperate phage），它们感染细胞后并不复制。染色体整合到宿主的染色体中，此时的噬菌体称为**原噬菌体**（prophage）。带有原噬菌体的细菌称为**溶原性细菌**（lysogeny bacteria）。因它可导致敏感性细菌裂解，故称**“溶原”**。仅有裂解周期的噬菌体为**烈性噬菌体**（virulent phage）。

λ 噬菌体颗粒中的 DNA 分子也是线性的。不同于 T4 噬菌体中的 DNA 分子，然而，每个 λ 噬菌体的 DNA 分子都有相同的末端，由 12bp 的回文序列（*cos*）组成。实际上，末端是单链的黏性末端，在序列上是互补的，所以当 λ 噬菌体感染 *E. coli* 后，切开的 *cos* 区能够配对连接，形成一个环形的分子。

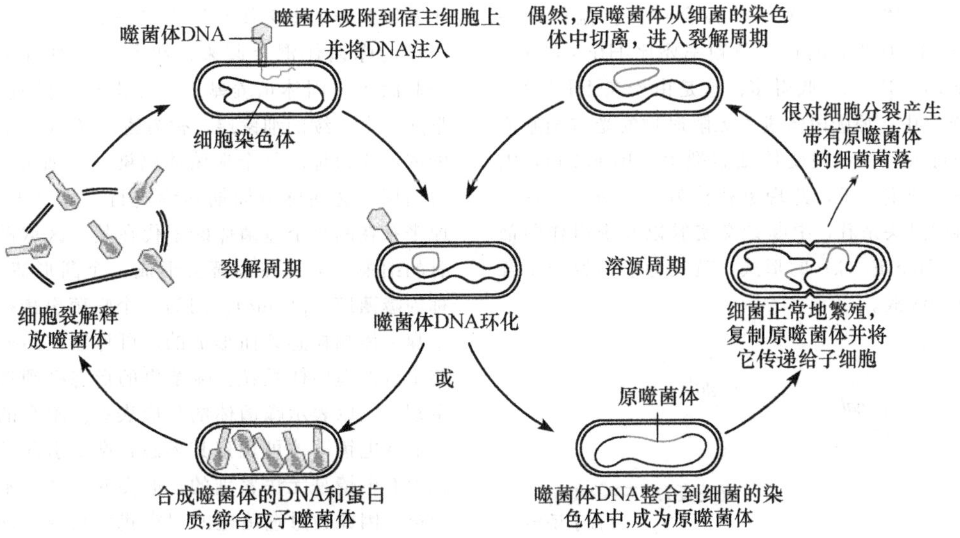

图 6.23　λ 噬菌体裂解周期和溶原周期（引自 Gampbell et al.，1998）

在裂解周期中，噬菌体感染细菌，独立进行复制和繁殖，裂解宿主细胞，释放子噬菌体，再去感染新的细胞；在溶原周期中，噬菌体感染细胞后，其环状 DNA 整合到宿主的基因组中，随着宿主的基因组的复制而复制，不裂解宿主细胞

二、λ 噬菌体

1951 年 E. M. Lederberg 证明了 J. Lederberg 和 E. L. Tatum 用来杂交的 *E. coli* K12 品系中有原噬菌体，并命名为“λ”，属温和噬菌体。经 10 年的研究搞清了溶原化的实质。

当处于裂解周期时，游离在细胞质中的 λ 可以进行滚环复制，产生多个拷贝，并合成头部和尾部蛋白，包装成完整的 λ 噬菌体，使细胞裂解，释放出 λ 噬菌体再感染新的细胞。

因为 λ 噬菌体的 DNA 可以两种状态存在，既可以整合在染色体上，又可以游离于细胞质中，所以也可称其为附加体。但和 F 因子不同，λ 噬菌体有细胞外形式，而 F 因子无细胞外形式。

细菌处于裂解周期时，噬菌体 DNA 进入一个细胞中，反复地复制，噬菌体核糖体被用来产生噬菌体蛋白质的成分，新合成的噬菌体 DNA 分子被包被在蛋白质衣壳中，形成子代噬菌体，细菌被裂解时，子代噬菌体从细胞中释放。

细菌若被一种噬菌体感染，除发生突变外，子代的基因型和亲本相同。然而，若两个不同基因型的噬菌体感染同一个细菌细胞，通过遗传重组能产生新的基因型。此过程与真核细胞的遗传重组完全不同：①在不同的细胞中参与重组的 DNA 分子数不同；②在一个受感染的细胞中，产生交互重组体的频率不总是相同的。

当细胞是溶原化的时候，噬菌体基因成为细菌的部分染色体，所以细菌的表型会随之发生改变。原噬菌体中的大多数基因通过噬菌体阻遏蛋白的作用保持沉默状态。噬菌体基因的产物之一——阻遏蛋白是通过感染而起始合成的。编码阻遏物的基因 *cI* 通常只是在溶原性细菌中表达。如果溶原性细菌再被相同类型的噬菌体感染时，细胞内来自原噬菌体的阻遏物将抑制新感染噬菌体基因的表达。能抵抗与原噬菌体相同噬菌体感染的现象也称为免疫（immunity）。因此，噬菌体在含有原噬菌体的细菌中不能形成噬菌斑，因为被感染的细胞是免疫的。

溶原性细胞几乎能无限地复制，不释放子代噬菌体。然而，有时宿主菌 DNA 受到损伤，原噬菌体能从细菌的染色体上切离下来而进入裂解周期，产生子代噬菌体的现象被称为**原噬菌体诱导**（prophage induction）。当 λ 噬菌体处于溶原周期时，细菌细胞质中有一些 λ*cI* 基因的产物 CI 蛋白，这是一种阻遏蛋白，可以阻止 λ 左、右两个早期启动子的转录，使之不能产生一些与复制及细胞裂解有关的蛋白质。原噬菌体 DNA 将随着宿主的染色体复制而复制。但在 UV 诱导下 Rec 蛋白可降解 CI 蛋白，诱导 90% 的细胞裂解。另外，λ 噬菌体有时也可自发地（10^{-5}）从宿主的染色体上游离出来，进行复制，最终导致宿主细胞的裂解，此过程称为自愈或**消除**（curing）。

Jacob 和 Wollman（1956）发现了**合子诱导**（zygotic induction）现象，并利用合子诱导确定了几个

E. coli 染色体上原噬菌体的整合位点。他们发现 Hfr(λ)×F⁻ 所得到的重组子频率要比 Hfr×F⁻ (λ) 或 Hfr(λ)×F⁻ (λ) 低得多。这是由于在 Hfr(λ)×F⁻ 的杂交中，原噬菌体进入无阻遏物的受体细胞质中，进行大量复制使受体细胞裂解（图 6.24），因此不易得到重组子，此现象就称为合子诱导。现在我们再回过头来看，中断杂交实验以及重组作图都是采用 Hfr×F⁻ (λ) 的形式，就是为了不致产生合子诱导的缘故。

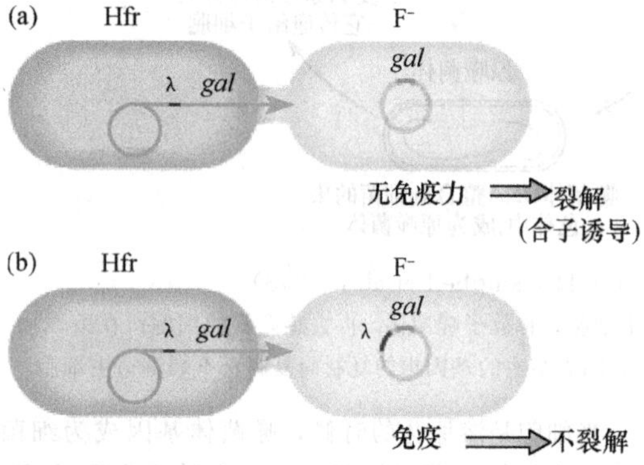

图 6.24　合子诱导（引自 Griffiths et al.，1999）

(a) 受体细胞中无 λ 噬菌体，当供体细胞中已插入 λ 噬菌体的基因组经滚环复制转移到受体细胞时，导致了无免疫力的受体细胞裂解；(b) 受体细胞基因组中已有 λ 原噬菌体存在，当已插入 λ 噬菌体的供体细胞基因组转移到受体细胞时，不会导致已有免疫力的受体细胞裂解

三、噬菌体的基因重组

1936 年 F. M. Burnet 发现了噬菌体能产生突变体，其噬菌斑的外形和野生型的有明显区别，可惜当时未能引起重视，以致噬菌体遗传学延迟了 10 年才得以建立。

1946 年第 11 届冷泉港学术讨论会上，G. W. Beadlr 和 E. L. Tatum 宣布了"一基因一酶"学说；J. Lederberg 作了"细菌杂交实验"的报告，与此同时 A. D. Hershey 和 S. Luria 也宣布发现了噬菌体的 *r*，*h* 突变。M. D. Delbrück 和 A. D. Hershey 发表了他们各自发现的噬菌体重组，这 4 项重大的发现分别在 1958 年和 1969 年获得了诺贝尔奖。后两项的发现有力地推动了噬菌体遗传学的发展。

噬菌体的基因重组和细菌不同，而与真核生物的重组十分相似。杂交是用不同标记的噬菌体之间进行的（图 6.25）。然后计算重组噬菌体占总的子代噬菌体的比例来确定重组值。一般可以选用 2～4 个基因差异的噬菌体来混合感染细菌。首先把不同类型的噬菌体混合起来，和大量的细菌（约 10^8）一起涂布在固体培养基上，在生长一段时间之后，形成一个连续的细菌层，称为**菌苔**（lawn）。噬菌体的浓度要很稀。每个噬菌体感染一个细菌，经过裂解周期，这些感染周期连续进行，几个小时之后，原来存在的每个噬菌体的子代在某一区域破坏了所有的细菌，结果在菌苔上形成一个圆形清亮的斑，称为**噬菌斑**（plaque）。因为一个噬菌斑最初是由一个噬菌体颗粒感染而形成的，可计数在培养基中最初出现的噬菌体颗粒。噬菌斑的形态必须选择容易鉴别的，以表示噬菌体的相应表型。单个的噬菌体只能在电镜下才可观察其形态，突变引起其形态变化没有电镜是无法鉴别的，但突变会产生不同的噬菌斑，因此通过噬菌斑的观察我们很容易观察基因型的变化与重组。

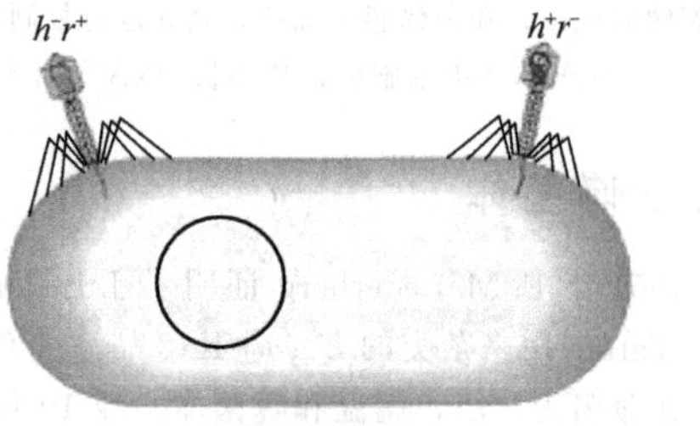

图 6.25　hr^+，h^+r 双重感染 *E. coli* 进行的杂交（引自 Griffiths et al.，1999）

A. D. Hershey 等用 T2 噬菌体的两个不同表型特征——噬菌斑的形态和宿主范围来进行杂交。一个噬菌体的基因型是 h^+r，另一个噬菌体的基因型是 hr^+。h^+ 表示**宿主范围**（hostrange）是野生型，能在 *E. coli* B 菌株上生长，r 表示快速溶菌（rapid lysis)，产生的噬菌斑大，边缘清楚。h 噬菌体能在 *E. coli* B 和 B/2 品系上生长，r^+ 产生小而边缘模糊的噬菌斑。若将 h 噬菌体接种在 *E. coli* B 和 B/2 菌苔上，能产生透明的噬菌斑。而 h^+ 因只能裂解 *E. coli* B，所以在 B 和 B/2 的混合菌苔上产生的噬菌斑是半透明的。杂交时 hr^+ 和 h^+r 混合感染 *E. coli* B 和 B/2 混合菌苔上出现了 4 种噬菌斑（表 6.5，图 6.26），表明 hr^+ 和 h^+r 之间有一部分染色体在 B 菌株的细胞中进行了重组，释放出的子噬菌体有一部分的基因型为 h^+r^+ 和 hr。我们利用下面的公式就可以计算出这两个位点的重组值：重组值$=\dfrac{h^+r^+ + hr}{\text{总噬菌斑数}}\times 100\%$。此重组值也表示两个连锁基因之间的遗传距离。

表 6.5　$hr^+ \times h^+r$ 混合感染 *E. coli* B 和 B2 的结果

表型		推导的基因型
透明	小	hr^+
半透明	大	h^+r
半透明	小	h^+r^+
透明	大	hr

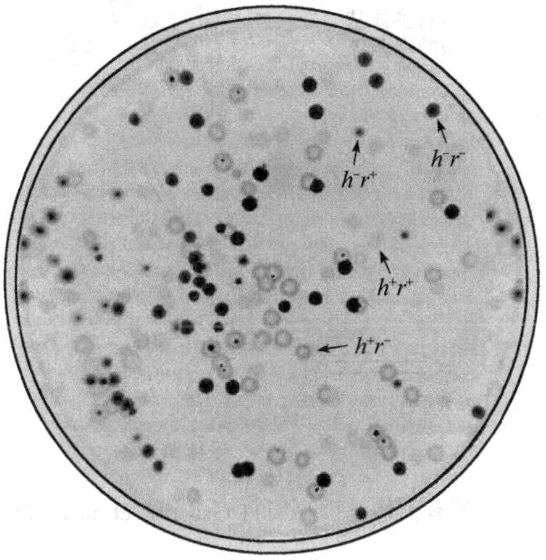

图 6.26　$hr^+ \times h^+r$ 在大肠杆菌菌苔上出现的 4 种不同的噬菌斑 hr^+，h^+r，h^+r^+，hr（引自 Griffiths et al.，1999）

第五节　转　导

通过噬菌体感染将供体菌的基因转入受体菌中并得到表达的过程称为**转导**（transduction）。通过转导而表达外源基因的受体细胞称为**转导子**（transductant）。转导有两种：**普遍性转导**（generalized transduction）和**特异性转导**（specialized transduction）。普遍性转导是通过噬菌体将供体菌的任何基因传递给受体菌的过程。特异性转导又称为**局限性转导**（restricted transduction），是指噬菌体只能传递供体菌特定的基因。

一、转导的发现

1952 年 J. Lederberg 和他的学生 N. Zinder 在鼠伤寒沙门氏菌（*Salmonella typhimurium*）中研究遗传重组，所用的方法和 *E. coli* 的杂交实验相似。他们用 $phe^- trp^- tyr^- \times met^- his^-$，结果获得了 10^{-5} 的原养型重组子（$phe^+ trp^+ tyr^+ met^+ his^+$）。但与 *E. coli* 杂交不同，当将两个亲本放在 U 形管的两臂中，结果也能同样获得重组子。为此，他们推论以上的杂交并不需要细胞的直接接触，而可能是以一种滤过性因子（F_A）为媒介来传递遗传物质。根据 F_A 和沙门氏菌中的温和噬菌体 P22 之间具有以下平行关系而推测 F_A 因子正是噬菌体 P22：①P22 的侵染性和 F_A 的能力都可被一些酶（如 DNase 和胰蛋白酶）所抑制；②F_A 的大小和质量与噬菌体 P22 相同；③用噬菌体 P22 抗血清处理可以使噬菌体和 F_A 失活，且失活速率相同；④F_A 和 P22 的宿主范围相同。就这样他们发现了细菌传递遗传物质的第三种途径——转导。

二、普遍转导

由于在 20 世纪 50 年代沙门氏菌的遗传学仍是未知的领域，所以转导的发现未能得到发展。1955 年 E. Lennox 发现了 P1 噬菌体可在 *E. coli* 中转导遗传物质。因 *E. coli* 研究得较多，所以 P1 噬菌体的转导就得以发展。现在已知 P1 噬菌体的 DNA 为双链线状，宿主为 *E. coli*，它既有溶原周期又有裂解周期。P1 噬菌体的特点是：①感染宿主后每次可释放 100 个子代噬菌体；②其 DNA 分子质量为 66×10^6 Da，约 10^5 bp；③P1 噬菌体编码一种核酸酶，能降解 DNA，但作用较慢。当噬菌体开始包装时，宿主的 DNA 大部分才降解成为分子质量为 $10^7 \sim 10^8$ Da 的一些片段，因 P1 噬菌体包装不严格，其中约有 1/100 的宿主片段可能会被错误地包装到噬菌体中，称为"偷渡"。大部分转导颗粒中含有 $20 \times 10^6 \sim 25 \times 10^6$ Da 的 DNA，外源 DNA 片段的长度只能共转导 3% 的遗传距离。转导过程如图 6.27 所示，噬菌体感染 *E. coli* a^+ 后，进行繁殖，同时使宿主的 DNA 降解成小片段，P1 噬菌体包装时有部分错误地将宿主的 DNA 包装到头部，细胞裂解后一并释放出来。当带有宿主 a^+ 基因的转导颗粒再去感染 *E. coli* a^- 时，因其不含 P1 噬菌体完整的 DNA，所以不能复制、繁殖和裂解，但将含 a^+ 的 DNA 片段导入新的 a^- 受体，经双交换发生重组，使"a^-"细胞转导成"a^+"，带有"a^-"的片段是线状，可被降解掉。对于任何特定的基因来说，大约以 10^{-5} 的频率形成转导颗粒。因转导颗粒不能裂解，所以不形成噬菌斑，因此侵染受体总的 P1 噬菌体应为噬菌斑数加转导子数。故转导频率为

$$\text{转导频率} = \frac{\text{转导子数}}{\text{侵染的 P1 颗粒数}} \times 100\%$$

$$= \frac{\text{转导子数}}{\text{噬菌斑数} + \text{转导子数}} \times 100\%$$

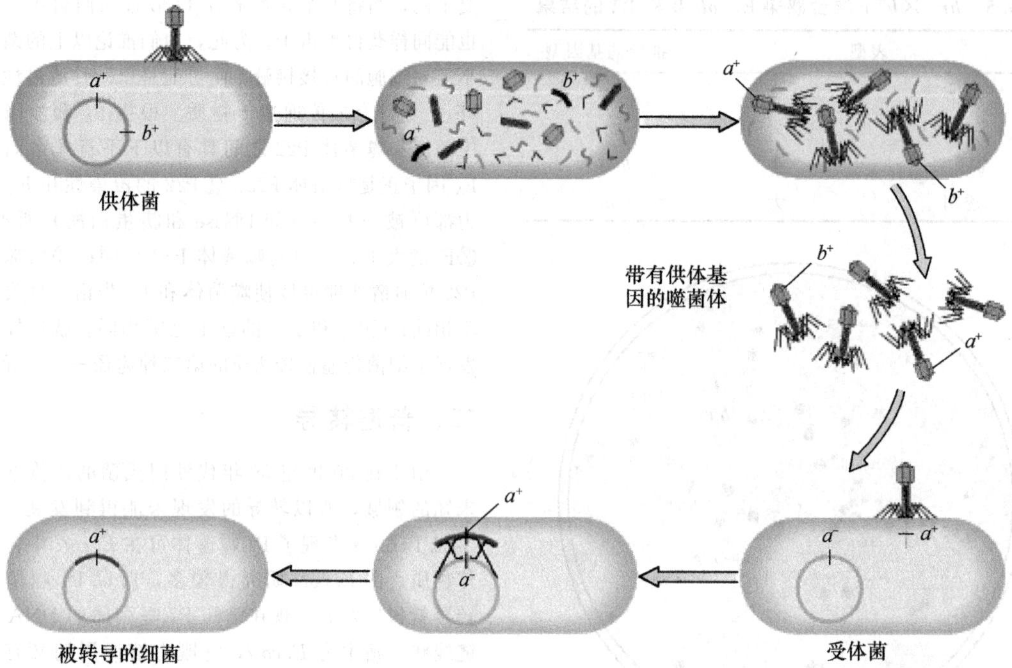

图 6.27 普遍性转导的机制。其实只有很少的噬菌体后代（10^{-5}）带有供体基因（引自 Griffiths et al.，1999）

三、共转导

一个以上的基因同时被转导的现象称为**共转导**(cotransduction)。共转导也可用来作图。

在转导颗粒中含有细菌 DNA 的小片段中约有 50 个基因。所以转导提供了一个有价值的工具，用来研究细菌基因组短区域的遗传连锁。

中断杂交实验方法复杂，且结果不精确，重组作图构建交互突变的品系也不容易，而采用共转导的方法既简便又精确，同时无须构建交互突变的供体、受体品系。由于转导的片段较短，因此可以提供紧密连锁的资料。现以 *E. coli* 供体为 $thr^+ leu^+ azi^s$，受体为 $thr^- leu^- azi^r$，用 P1 噬菌体进行转导，结果如表 6.6 所示，如果两个标记离得很近，那么共转导的可能性就大，若离得较远，那么共转导的可能性就小。当 leu^+ 为选择标记时，azi^r 共转导的频率为 5%，而 thr^+ 仅为 2%，可见这 3 个基因中 leu^+ 离 *azi* 较近，按此它们有两种可能的排列：

表 6.6 P1 共转导实验结果

实验	选择标记	非选择标记
1	azi^r	azi^r 5%，thr^+ 2%
2	thr^+	leu^+ 3%
3	$thr^+ leu^+$	azi^r 0%

thr leu azi　　*thr azi leu*

为了进一步搞清这两种排列中哪一种正确，只要知道 *thr* 离 *leu* 和 *azi* 的远近便可知晓，所以再进行第二组实验（表 6.6）。当以 thr^+ 为选择标记时 leu^+ 的共转导频率高于 *azi*，说明 *thr* 离 *leu* 较近，也就是第一种排列是正确的。我们还可以用实验来确定一下这一结论。假设第二种排列是正确的，那么当我们选择 thr^+ 和 leu^+ 为标记时，夹在中间的标记除存在双交换之外，应以很高的频率共转导。但实验结果正好相反，*azi* 的共转率为零，说明这一假设不能成立，而只有第一种排列是正确的。

产生转导子是概率很低的随机事件，加上噬菌体能携带细菌的 DNA 的总量受其头部的大小容量限制，所以无论是 a^+ 还是 b^+，被错误地包在噬菌体头部的机会和它们的距离成正比。若 *a* 和 *b* 距离十分近，可以同时包在转导噬菌体中的话，就会产生 a^+b^+ 共转导。两个或多个基因的共转导是紧密连锁的一种很好的指标。两个共转导基因之间的距离可以通过转导来确定，建立精细的连锁图。

用普遍性转导作图，常借助于 2 或 3 个因子的转导实验。如由 a^+b^+ 供体转导给 *ab* 受体，可产生 a^+b、ab^+ 和 a^+b^+ 转导体，我们选择 a^+ 或 b^+ 就可

以确定这两个基因连锁距离，公式为

$$RF_{ab}=\frac{单个转导子数}{总转导子数}\times 100\%$$

当我们选择标记为 a^+ 时，公式为

$$RF_{ab}=\frac{a^+\ b}{a^+\ b+a^+\ b^+}\times 100\%$$

当我们选择标记为 b^+ 时，公式为

$$RF_{ab}=\frac{ab^+}{ab^++a^+\ b^+}\times 100\%$$

四、特异性转导

（一）λ 噬菌体的定点整合

特异性转导是由 J. Lederberg 和他的学生发现的。他们设计了一个实验，目的是想了解 λ 噬菌体是否像 P22 噬菌体那样将供体的基因传递给受体，结果发现了特异性转导。他们用紫外线诱导野生型 *E. coli* K12 （λ）gal^+ 中的原噬菌体，使细胞裂解，收集裂解液去感染非溶原状态的 gal^- 品系，结果在基本培养基上选择到 10^{-6} gal^+ 的转导体。进一步发现：①这些转导子是溶原的，具有“免疫力”，说明噬菌体已整合到受体的染色体上；② gal^+ 转导子遗传特点不稳定，有 1%～10% 又变成 gal^-，表明它又失去了 λgal^+，因此推论 λgal^+ 是插入到受体的染色体中，而不是通过双交换产生的，实际上既有插入，又有双交换，不稳定的部分确实由整合、环出或切离所造成；③ gal^+ 转导子在细菌裂解时不能产生成熟的噬菌体，即产生缺失-取代颗粒（deletion-substitution particle）。现已知道 λ 噬菌体和 *E. coli* 之间有一个同源的特定位点叫做**附着位点**（attachment site，att）。*E. coli* DNA 上的称为 *attB*（又叫 *att* λ）由“B、O、B′”3 个序列组成，“B”是“bacteria”的缩写；λ 噬菌体 DNA 上的称“*attP*”，由“P、O、P′”3 个序列组成，“P”是“phage”的缩写。正常的 λ 染色体可通过 *att* 位点整合到 *E. coli* 的染色体中，呈原噬菌体状态［图 6.28（a）］，进入溶原周期。在紫外线的诱导或消除时，λ 染色体又可以切离出来，但切离有两种情况，一种是正常的切离，切离出的基因组是完整的；另一种是非正常切离，将宿主 *att* 位点附近的 *gal* 或 *bio* 错误地环出，而将本身的 DNA 部分片段遗留在 *E. coli* 的基因组中［图 6.28（b）］。“λ*dg*（λ*d gal*）”是指带有“*gal*”基因的缺陷型 λ，其尾部基因 *J* 丢失，不能复制；“λ*pgal*”

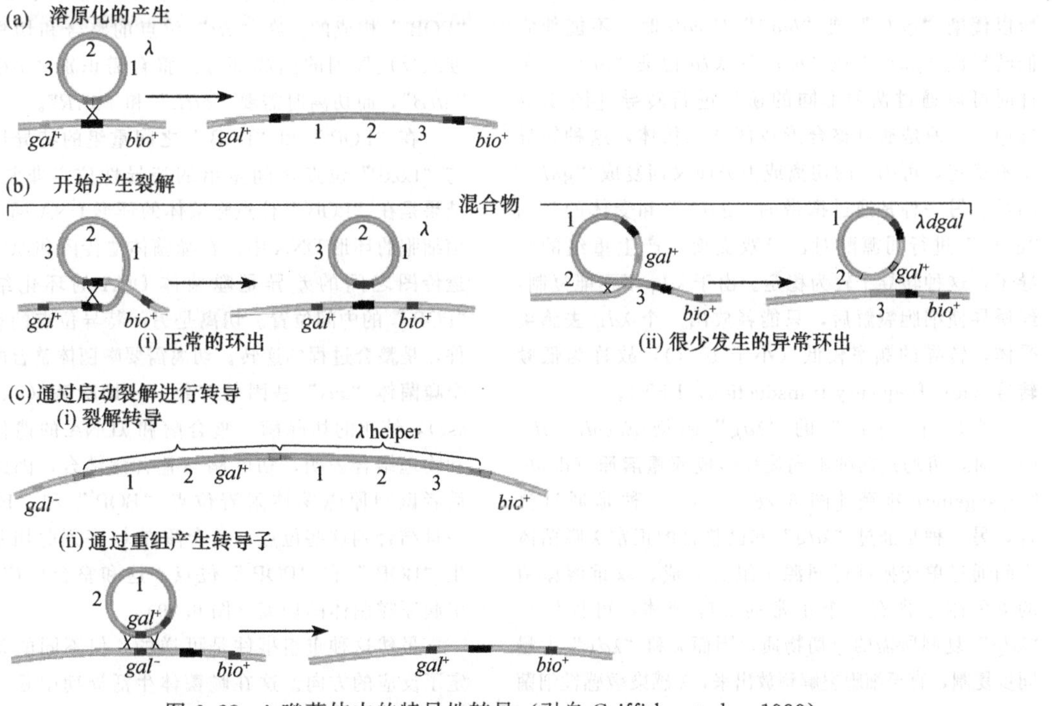

图 6.28　λ 噬菌体中的特异性转导（引自 Griffiths et al.，1999）

（a）λ 噬菌体通过特定区域的交换，整合到细菌的染色体中，产生溶原化；（b）裂解细菌可释放出正常的 λ，偶尔也可产生缺陷型 λ（λ*dgal*），这种缺陷型 λ 是转导颗粒；（c）通过裂解混合物可以产生 gal^+ 转导子

表示带有“*gal*”基因的另一种缺陷型λ，仅丢失了b区，菌体仍然裂解，形成噬菌斑，“*p*”表示噬菌斑（plaque）。“λ*dbio*”表示带有宿主的“*bio*”基因，而丢失了反终止蛋白基因“N”，故不能形成噬菌斑；“λ*pbio*”是表示带有“*bio*”而丢失了“*int*”和“*xis*”基因，这两个基因和整合有关，不影响裂解，故可以形成噬菌斑。

当λ噬菌体的溶原菌的DNA受到破坏产生诱导时，原噬菌体通常从染色体上精确地切离。然而，若在10^6或10^7细胞中产生切离错误，断裂点和愈合点被置换。断裂和愈合的置换位点是不确定的，以致产生的DNA长度能装配进λ噬菌体的头部，DNA可能太大或太小，但有时形成一个能复制和包装的分子。在λ溶原菌中，原噬菌体位于“*gal*”和“*bio*”基因之间，因为在细菌DNA上的异常剪切既能在原噬菌体的右侧又能在左侧，异常的噬菌体颗粒或携带“*bio*”基因（右侧剪切）或携带“*gal*”基因（左侧剪切），它们被称为“λ*dbio*”和“λ*dgal*”转导颗粒。这些是特异性转导噬菌体，因为它们只能转导特定的细菌基因“*gal*”或“*bio*”，与P1噬菌体普遍性转导颗粒能转导任何基因不同。

野生型λ噬菌体因未携带“gal^+”或“bio^+”，所以侵染“gal^-”或“bio^-”*E. coli*时，不能使它们转导成“gal^+”或“bio^+”；λ*dg*侵染“gal^-”菌株时可以通过两种不同的途径进行转导［图6.28(c)］：一种是通过整合形成部分二倍体，这种转导子不稳定，可因λ的切离或丢失而又回复成“gal^-”品系。另一种是通过携带的“gal^+”和受体的基因“gal^-”进行同源配对，经双交换，产生重组的转导子，这种转导子较为稳定。由于λ*dg*多不能复制，经诱导使细胞裂解后，只能释放出一个λ*dg*去感染受体，转导的频率较低（小于10^{-6}），故称为**低频转导**（low-frequency transduction，LFT）。

当带有“gal^+”的“λ*dg*”感染*E. coli* gal^-(λ)时，可通过两种不同途径形成**双重溶原**（double lysogenic）细菌［图6.28(c)］，一种是通过整合，另一种是通过“λ*dg*”和已整合的正常λ噬菌体之间通过单交换进行同源重组所组成。双重溶原菌的染色体上含有一个正常的λ噬菌体，可提供给“λ*dg*”复制所需的一切物质，因而λ和“λ*dg*”大量同步复制，直至细胞裂解释放出来，λ感染敏感性细菌可形成噬菌斑，噬菌斑数既表示正常λ噬菌体数，也表示“λ*dg*”的总数。“λ*dg*”可感染“*E. coli* gal^-”受体，进行转导。由于一个细胞能释放出多个“λ*dg*”，所以转导频率较高，故称为**高频转导**（high-frequency transduction，HFT）。

λ噬菌体的特异性转导是**位点专一重组**（site-specific recombination）最典型的例子。位点专一重组是指两个DNA分子仅在特定的序列发生重组。λ噬菌体在裂解周期，其DNA是以环状分子独立存在于细菌的细胞质中；在溶原化状态时的λDNA以原噬菌体状态整合在细菌的染色体中。通过位点特异性重组这两种状态是可以相互转变的。

进入溶原状态时游离的λDNA必须**整合**（intergrate）到宿主的DNA中；从溶原周期进入裂解周期时原噬菌体DNA从宿主的染色体中切离出来。噬菌体λ的整合和切离是在特异*att*位点，通过**整合酶**（intergrase）完成的。整合酶是催化DNA序列切离、整合及位点专一重组的酶。

细菌的“BOB′”和在噬菌体的“POP′”区域中的“O”序列是共有的同源序列，被称为核心(core)序列，长15bp，重组就发生在此序列上。两侧序列“B”、“B′”和“P”、“P′”是作为臂（arm）；臂序列各不相同。由于感染细菌后的λDNA是环状的。重组时它插入到细菌染色体中呈线状。原噬菌体两端的*att*位点是由重组产生的“BOP′”和“POB′”构成的。在“*att*”位点的整合和切离并不涉及反应序列的同源部分。整合需识别“*attP*”和“*attB*”，而切离时需要“*attL*”和“*attR*”。

在“POP′”和“BOB′”之间重组的特异性位点与“LoxP”位点之间重组的特异性位点非常相似。结果是在“BOB′”位点噬菌体的环形DNA插入到细菌细胞的环形DNA中。在噬菌体遗传图和原噬菌体遗传图之间的差异是噬菌体DNA的环化结果和“POP′”的中间位置。切离是另一特异位点的重组事件，是整合过程的逆转。切离需要噬菌体整合酶和一个噬菌体“*xis*”基因的产物——**切除酶**（excisionase），纯化的切除酶、整合酶和λDNA的遗传证据和物理结合表明，切除酶与整合酶结合，因此能使后者识别原噬菌体附着位点“BOP′”和“POB′”。一旦结合到这些位点，整合酶在O序列剪切并再产生“BOB′”和“POP′”位点。这和整合反应相反，引起原噬菌体的切离（图6.29）。

虽然这种重组事件是可逆的，但不同的条件决定了反应的方向。这在噬菌体生活周期中是一个重要的特点。噬菌体一旦整合进入溶原周期不会立即被切离，反之亦然。整合和切离反应作用位点是不同的，因此这两个反应所依赖的蛋白质也不完全相

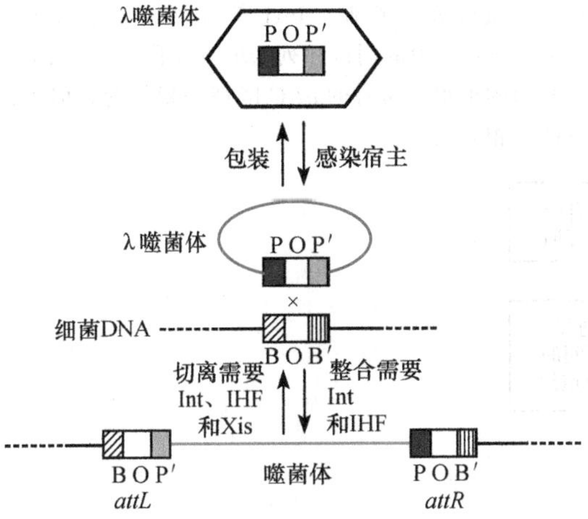

图 6.29　λ 噬菌体的整合和切离

同。整合（*attB*×*attP*）反应需要噬菌体“*int*”基因的产物和宿主整合因子（integration host factor，IHF）。切离（*attL*×*attR*）反应需要切除酶以及 Int 和 IHF 蛋白的参与。两个反应都需要 Int 和 IHF，而切除酶在控制方向上起到重要的作用。它是切离所需要的，对整合起抑制作用（图 6.29）。

IHF 是由 *E. coli* 编码的 20kDa 蛋白质，含两个不同的亚基，分别由基因“*himA*”和“*himD*”编码。IHF 不参与细菌的同源重组。“*him*”基因的突变就会阻断 λ 的位点特异性重组，也能被“*int*”突变所抑制，表明 IHF 和 Int 可相互作用。

位点特异重组能通过 Int 和 IHF 在体外来完成。它涉及精确的断裂和重接而不需要任何 DNA 合成。“*attP*”的功能需要一个 240bp 序列，而“*attB*”仅需 23bp 的片段（−11～+11）就具有功能。在核心区中有 7bp 是交错剪切的序列。“*attB*”和“*attP*”的大小就表明它们在重组中所起的作用是不同的。“*attP*”提供了附加的信息，以区别于“*attB*”。

特异位点重组酶的另一个例子是一种称为“Cre”的重组酶，它是由 *E. coli* 噬菌体 P1 中的一个基因所编码的。“Cre”识别序列称为“*loxP*”，长度为 34bp，含有中心不对称的核心序列。在两个“*loxP*”位点之间重组时仍保持了“*loxP*”序列，因为参与重组的位点是完全相同的，因此，重组反应是可逆的。某些特异位点重组酶倾向催化两个分子结合在一起，形成一个共合体，即将两个复制子通过共价连接形成一个大的复制子。相反，另一些特异位点重组酶，包括“Cre”则倾向催化一个共合体解离成两个分离的分子。某些特异位点的重组酶将相似的而不是相同的重组位点结合在一起；在这些情况下，重组不能保存识别位点，所以反应是不可逆的。“Cre”也可催化两个“*loxP*”位点之间序列的倒位（图 6.30）。

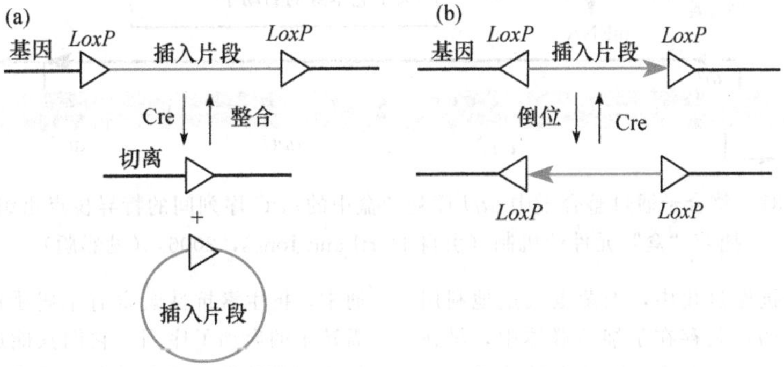

图 6.30　Cre 整合酶可催化两个 *LaxP* 之间的序列切离（a），也可催化两个 *LoxP* 位点之间序列发生倒位（b）

（二）整合子

整合子（integron）是继发现质粒和转座因子（1986）后发现的第三种可转移抗生素抗性基因的一种可移动性元件。它是由一段高度保守的编码整合酶的核心序列和一段可捕获编码抗性基因的识别区构成的。通过整合酶的作用它可整合到转座子 5′端或 3′端的保守序列中，利用转座子两端的插入元件在不同的遗传载体和细菌间传播扩散，并通过位点特异性重组持续捕获不同抗药性基因，导致抗药性基因群集，产生严重的多重抗药性。整合子捕获的元件称为盒式（cassette）元件。在上述整合子中，盒式元件是一个环形的抗生素抗性编码区，位于整合子识别区（*att*）的侧翼。因为特异位点重组酶能整合盒式元件，整合子重组酶通常被称为整合酶。

盒式元件包括一个保守的重组酶（*intl*）基因和一个带有抗磺胺抗生素基因（*sul1*）的编码区。Ⅰ类整合子的分子结构如图 6.31（a），显示了捕获抗生素抗性盒的机制。Int1 整合酶催化整合子中 *attI* 序列和盒中的同源序列 *attC*（亦称为 59-base 元件）间的重组。所有的 *attC* 区都是相似的，但也没有两个相同的。

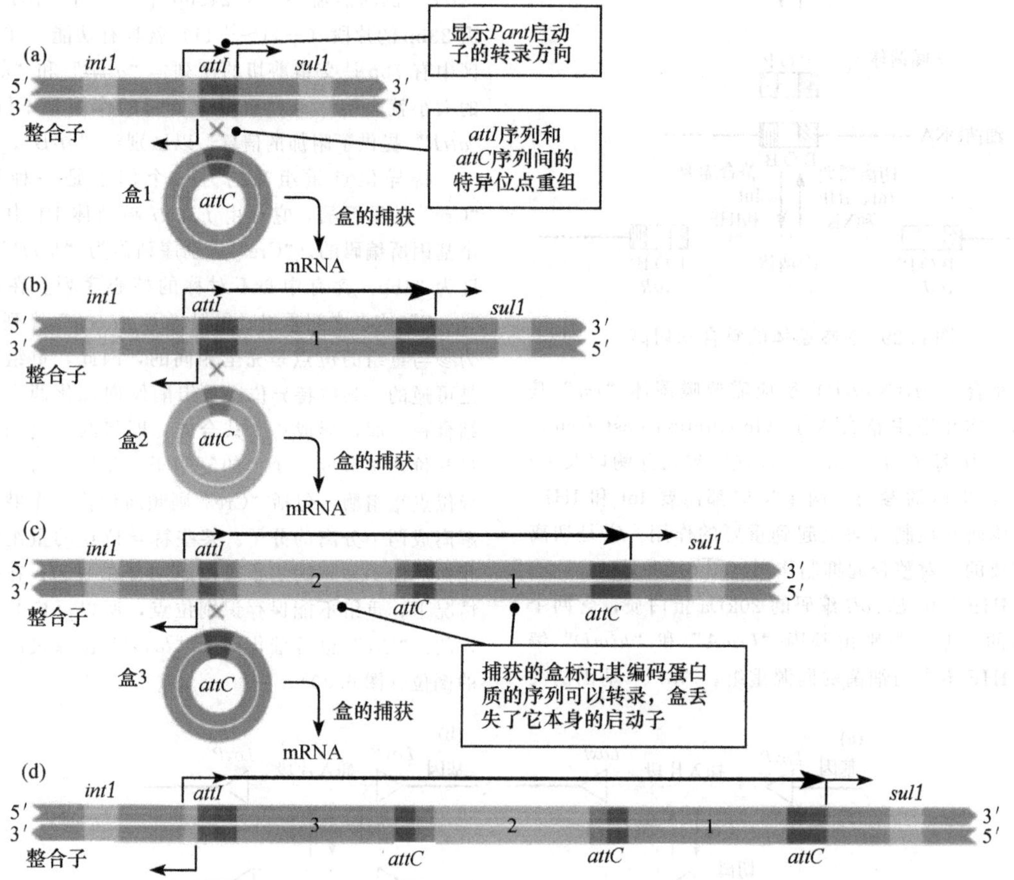

图 6.31　整合子通过整合子中 *attI* 序列和盒中的 *attC* 序列间的特异位点重组连续捕获“盒”元件的机制（引自 Hartl and Jones，2006）（见彩版）

在多种抗生素抗性进化中，细菌也大量地利用一组特异位点重组酶，其存在于细菌群体中，早在抗生素时代之前，特异位点重组酶就在其他特征的进化中发挥作用。每个类型的特异位点的重组酶接合在双螺旋 DNA 的特异的核苷酸序列上。当位点各存在于两条双螺旋 DNA 上时，重组酶将这两个位点接合在一起，催化双链间的互换。特异位点的重组酶将一个环形的 DNA 分子接合进线性的 DNA 分子中。这种反应亦能以反方向进行，从共合体中释放出环形 DNA。

图 6.31（a）显示整合子是如何通过 *attI* 和 *attC* 序列之间的特异位点重组而捕获一个盒式元件。通常，抗生素抗性盒含有编码蛋白质区，但缺少所需转录的启动子序列。它们只能通过由相邻启动子的通读而转录。整合子在 *attI* 位点上游的位置提供了所需的启动子 P_{ant}，所以当一个盒式元件被捕获时，编码序列能够表达。有 40 多个不同的无启动子盒式元件已被鉴定出来，其编码的蛋白质为抗生素抗体，包括 β-内酰胺、氨基糖苷、氯霉素、甲氧苄氨嘧啶和链丝菌素。

一旦一个盒式元件在适当的位置［图 6.31（b）］，利用它的 *attC* 与 *attI* 之间的重组，新的盒式元件（盒 2）能被整合子再次捕获，立刻整合到盒 1 相邻的 *attI* 位点，由启动子 P_{ant} 启动转录，产生

mRNA。图 6.31（c）中，第三个盒式元件被加到整合子中，从 P_{ant} 启动子开始转录的 mRNA 变得更长了。当有更多的盒式元件时，它们都能由 P_{ant} 转录，但是位于下游的编码序列通常转录得较少，因为在它们得到延伸之前，转录被终止的概率较大。这种约束能有效限制转录的盒式元件的数量，但是已发现有的整合子有多到 10 个抗生素抗性的盒式元件。

Int1 整合酶也能催化盒式元件捕获的逆向反应，即盒式元件的解离和释放，但水平较低。这种反应通常利用两个 *attC* 位点（图 6.32）。在两个相邻 *attC* 位点之间的特异位点的重组释放出一个环形的，含有一个无启动子编码序列的盒式元件。盒式元件不能复制，因为它缺少复制起始点，但是捕获反应是十分高效的，盒式元件常通在同一细胞中通过相同的整合子或不同的整合子被捕获。

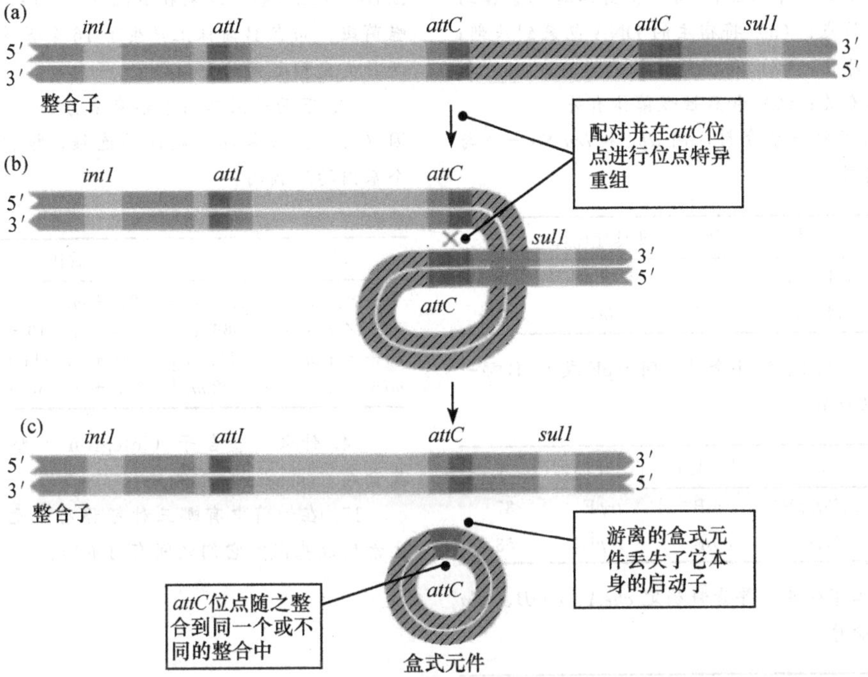

图 6.32　盒式元件通过两个 *attC* 位点之间的位点特异重组从整合子中切离的机制
（引自 Hartl and Jones，2006）

虽然整合子本身不能够移动，但它们存在于转座子、接合质粒和非接合质粒中，以及在细菌染色体中，因此整合子属于可移动的 DNA 元件，在抗生素抗性的进化中尤其重要，因为它们能捕获抗生素抗性盒式元件，因此，不仅可使编码抗生素抗性的序列转录，而且可使它们具有可移动性。

习　题

1. 若一个营养缺陷型 *E. coli A* 只能生长在含有 Thr 的培养基上，另一个营养缺陷型 *B* 能生长在含有 Leu 的培养基上，你将怎样测定 A 品系的 DNA 是否能转化 B 品系？

2. *E. coli* 的 F^-、F^+、F' 和 Hfr 品系之间的差别是什么？

3. 在 $F^+ \times F^-$ 的杂交中，F^- 受体以很高的频率变成为 F^+，然而在 $Hfr \times F^-$ 中很少有受体变成了 F^+，解释为什么？

4. 转化、接合、广泛性转导之间有何差别？

5. 普遍性转导和特异性转导之间的区别是什么？

6. 用中断杂交技术对 4 个 *Hfr* 品系的顺序进行检测，他们将一定量不同的基因传递到 F^- 受体中。每一 *Hfr* 品系传递的基因的顺序都各不相同（如下表所示）。问原来的基因顺序是怎样的？Hfr 4 个品系的原点和方向如何？

Hfr 品系	传递顺序
1	*Q—F—B—A—E—M*

2　　$R-H-M-E-A-B$

3　　$E-M-H-R-C-X$

4　　$O-G-X-C-R-H$

7. 指出下列的9种特点是属于何种转导？普遍性转导（GT）；特异性转导（ST）；二者兼有（B）；二者中的一个（N）。（1）噬菌体带有细菌的DNA或本身的复制起点，或二者都没有；（2）噬菌体带有自己的DNA并与细菌DNA共价连接；（3）噬菌体整合到宿主的特异位点；（4）噬菌体随机整合到宿主的任何位点；（5）将宿主的DNA包装到头部；（6）宿主溶原化；（7）原噬菌体状态存在；（8）和温和噬菌体有关；（9）和烈性噬菌体有关。

8. 分析下列转导资料，问 *dhl* 和 *leu* 哪一个与 *ace*F 紧密连锁？

供体	受体	选择标记	非选择标记	%
$ace\mathrm{F}^+ dhl$	$ace\mathrm{F}^- dhl^+$	$ace\mathrm{F}^+$	*dhl*	88
$ace\mathrm{F}^+ leu$	$ace\mathrm{F}^- leu^+$	$ace\mathrm{F}^+$	*leu*	34

9. 分析下列P1转导资料，问 trpE 或 trpB 哪一个 cysB 紧密连锁？

供体	受体	选择标记	非选择标记	%
$cys\mathrm{B}^+ trp\mathrm{E}$	$cy\mathrm{B}\ trp\mathrm{E}^+$	$cys\mathrm{B}^+$	$trp\mathrm{E}$	37
$cys\mathrm{B}^+ trp\mathrm{B}$	$cy\mathrm{B}\ trp\mathrm{B}^+$	$cys\mathrm{B}^+$	$trp\mathrm{E}$	53

10. 根据下列共转导资料确定 *cheA*、*cheB*、*eda* 和 *supD* 的顺序。

标记	*cheA-eda*	*cheA-supD*	*cheB-eda*	*cheB-supD*	*eda-supD*
共转导频率/%	15	5	28	2.7	0

11. 将T4噬菌体原液稀释到10^{-8}，吸0.1ml 10^{-8} *E. coli* B/ml的菌液及2.5ml的已溶解的琼脂，涂布在一个琼脂平板的表面上，次日出现了20个噬菌斑，问原来T4噬菌体的浓度是多少？

12. 噬菌体T4的 *r*Ⅱ突变型能在 *E. coli* B菌株中生长，但不能在 *E. coli* K12中生长。将两个 *r*Ⅱ突变型双重感染 *E. coli* B，将裂解液稀释6×10^7倍接种于 *E. coli* B中，将裂解物稀释2×10^5倍接种于 *E. coli* K12（λ），结果在K12（λ）品系中产生12个噬菌斑，而在B菌株上产生了16个噬菌斑，计算这两种突变型之间的重组数。

13. 下面是用二因子杂交来分析噬菌体λ4个基因（*c*、*mi*、*s* 和 *co*）之间的连锁，根据资料画出4个基因的连锁图。

亲本	后代			
$c+\times+mi\longrightarrow$	1213 $c+$	1205 $+mi$	84 $++$	75 $c\ mi$
$c+\times+s\longrightarrow$	566 $c+$	808 $+s$	19 $++$	20 $c\ s$
$co+\times+mi\longrightarrow$	5162 $co+$	6510 $+mi$	311 $++$	341 $co\ mi$
$mi+\times+s\longrightarrow$	502 $mi+$	647 $+s$	65 $++$	56 $mi\ s$

14. 什么是整合子（integron）？整合子如何捕获盒式（cassette）元件？

15. 在细菌中有哪三种可移动性元件可转移抗生素抗性基因？它们之间有何不同？

第七章　DNA和染色体的复制

作为遗传物质必须能精确地自我复制。**DNA 复制**（DNA replication）是指亲代 DNA 合成子代 DNA 的过程。1953 年 J. D. Watson 和 F. H. C. Crick 根据 DNA 的双螺旋模型就提出了 DNA **半保留复制模型**（semiconservative replication model）：亲代 DNA 的两条链解开，每条链作为合成新链的模板，形成两个子代 DNA 分子，其中的每一个子代 DNA 分子都含有一条亲代链和一条新合成的链。

真核生物的 DNA 和组蛋白结合，以染色质的形式存在。其 DNA 的复制必然涉及染色体的复制。这就要面临两个问题：一是真核 DNA 复制模型的建立；二是组蛋白八聚体的合成是否也是半保留的？

DNA 的合成分为三个步骤：①合成的起始；②链的延伸；③合成的终止。DNA 复制也受到一些蛋白质因子以及反义 RNA 的调控。有些调控形式属于表观遗传（见第二十一章）。

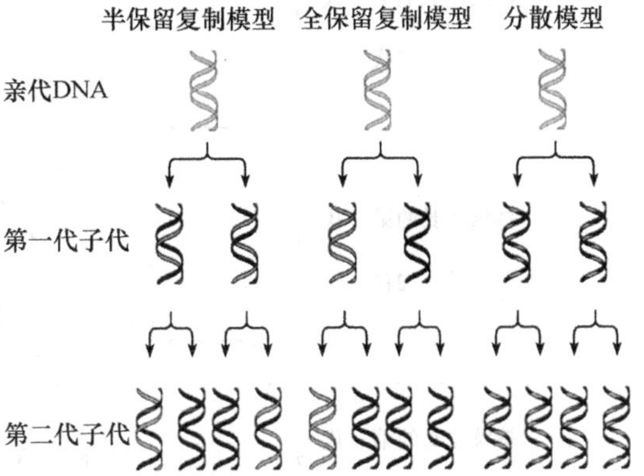

图 7.1　三种不同的复制假设模型
（引自 Simmons，2003）

第一节　半保留复制的验证

20 世纪 50 年代，人们对半保留复制模型是持怀疑态度的，产生最大的疑问是双链如何打开？所需的能量从何而来？人们为了避开这些难题，又提出了另外两种模型：一种是**全保留复制模型**（conservative replication model），另一种是**分散模型**（dispersive model）。全保留模型提出：DNA 复制时以两条母链为模板，新合成完整的子代 DNA 双链分子。分散模型提出：亲代 DNA 双链随机断裂成小片段，再与新合成的 DNA 片段交错连接成子代分子（图 7.1）。这三种模型究竟哪一种是正确的？科学家们用各种实验雄辩地证实只有半保留模型才是正确的。现在我们首先介绍的 Meselson-Stahl 实验。

一、Meselson-Stahl 实验

1958 年 M. Meselson 和 F. W. Stahl 采用重同位素 ^{15}N 作 DNA 标记。^{15}N 会导致 DNA 分子密度显著增加，这样可以通过密度梯度离心将亲本链和子代链区分开来。大肠杆菌在含 ^{15}N 的培养基中生长，所以它们的 DNA 被广泛标记上重同位素（重链）。然后细胞被转移到含正常 ^{14}N 的培养基中，DNA 从经过一到两轮复制的细胞中分离出来。DNA 用浮力密度离心分离，分辨重链 DNA、正常的轻链 DNA 及包含一条重链和一条轻链的 DNA“杂合链”。在一轮复制之后，DNA 都是在“杂合链”的密度中，而在两轮复制后，有等量的“杂合链”和轻链密度。这些结果与半保留复制模型相符，可以排除全保留模型，但却不能排除分散模型（图 7.2）。为了进一步确定分散模型是否正确，Meselson 等还做了第二项实验，就是将第一代的 ^{14}N/^{15}N 杂合链变性使双链分开，然后再将变性前后的双链和单链分别进行 CsCl 密度梯度离心。变性前杂种双链只有一种带，密度为 1.717g/cm^3，变性后两条单链的密度不同，因而呈现了两条带，一条为 ^{15}N 带，另一条为 ^{14}N 带。而同时用作对照的样品是从肺炎球菌（*D. pneumoniae*）中提取的 DNA，变性前后都只有一条带（^{14}N 带）。这一结果完全符合半保留复制预期的结果，并彻底否定了“全保留模型”及“分散模型”。

二、Taylor 实验

1958 年 H. Taylor 用 ^{3}H 标记蚕豆根尖细胞的 DNA，通过放射自显影证实了真核生物的 DNA 复制也符合半保留模型。

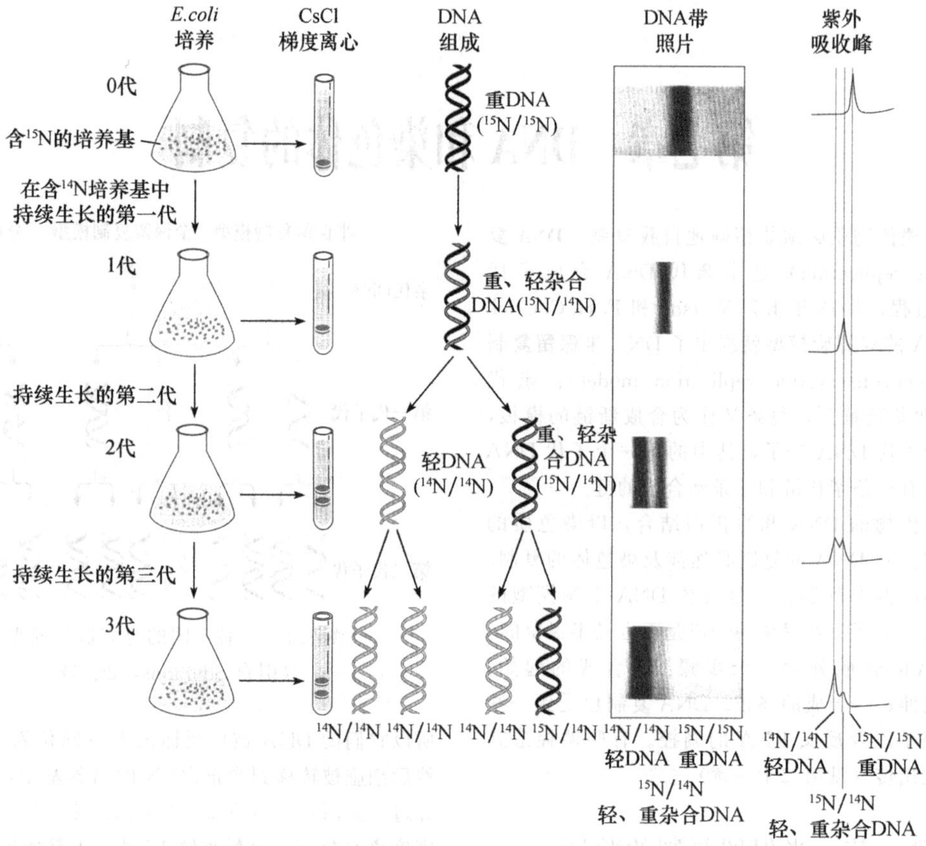

图 7.2　Meselson-Stahl 实验（引自 Russell，1992）

在大肠杆菌中证明半保留复制。细胞在含有^{15}N 的培养基中生长多代，然后转移到含有^{14}N 的培养基中。经培养几代后取样，提取 DNA，通过 CsCl 超速离心进行分析。图中显示在各代中的 DNA 的条带和紫外吸收峰

真核细胞的每一条染色单体由一条 DNA 双链组成分子，Taylar 用^{3}H 标记蚕豆根尖细胞的 DNA 到第二周期后去除标记。他预期蚕豆 DNA 若按半保留模型复制，双链复制应如图 7.3（a）所

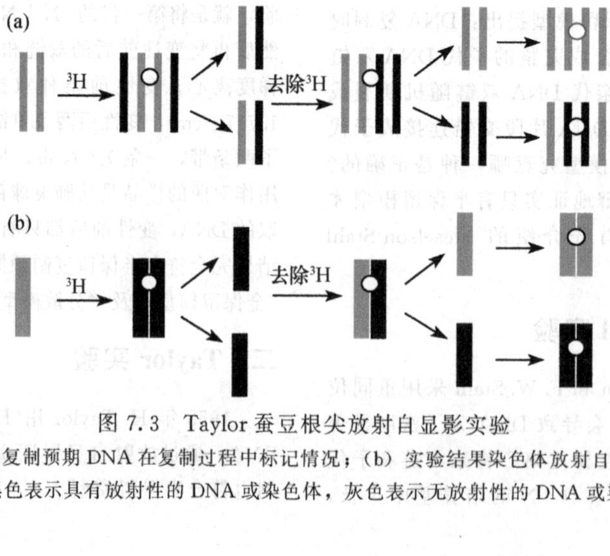

图 7.3　Taylor 蚕豆根尖放射自显影实验

(a) 按半保留复制预期 DNA 在复制过程中标记情况；(b) 实验结果染色体放射自显影的图示。图中黑色表示具有放射性的 DNA 或染色体，灰色表示无放射性的 DNA 或染色体

示。经放射自显影后，第一周期的中期（M1）染色体中的两条单体都被标记；到第二周期的中期（M2）染色体中仅一个单体被标记；到第三周期的中期（M3）时，染色体有两类，一类是染色单体都未标记，另一类是有一个染色单体被标记，两类染色体比例相等，这一结果［图 7.3（b）］和预期的情况完全符合。其他一些真核生物的实验结果与此相似，证明 DNA 的复制都是以半保留方式进行的。

三、姐妹染色单体差别染色法

真核生物的半保留复制也可用姐妹染色单体差别染色法加以证明。在复制过程中将胸苷尿嘧啶的类似物 **5-溴脱氧尿嘧啶**（5-bromodeoxy uridine，BUdR）掺入到新合成的 DNA 中。这样母链中含有胸苷（T），而新合成的链中含的是 BUdR。若用荧光染料染色的话，正常链和 T/BUdR 杂合链都可以染色，但含 BUdR 的双链是不能染色的，这样在荧光显微镜下可观察到两条姐妹染色单体的荧光强弱不同。这种方法称为**姐妹染色单体差别染色方法**（sister-chromatid differential staining）。

1974 年 J. R. Korenberg 和 E. F. Freedlender 改进了这一技术，在掺入“BUdR”后经紫外线照射，可损伤含有“BUdR”的双链，这样再用 Giemsa 染色，只有含“T”双链或“T/BUdR”杂合链可被染色，而含“BUdR”的双链则因 DNA 破坏而染不上色（图 7.4）。这样在培养的第三周期中期染色体的两个姐妹染色单体中一条染成深紫色，另一条不染色，若姐妹染色单体间发生交换，就会产生染色深浅相间的**斑色染色体**（harlequin chromosome）（图 7.5）。和前面的道理一样，这种差别染色也能很好地证实真核 DNA 的半保留复制。

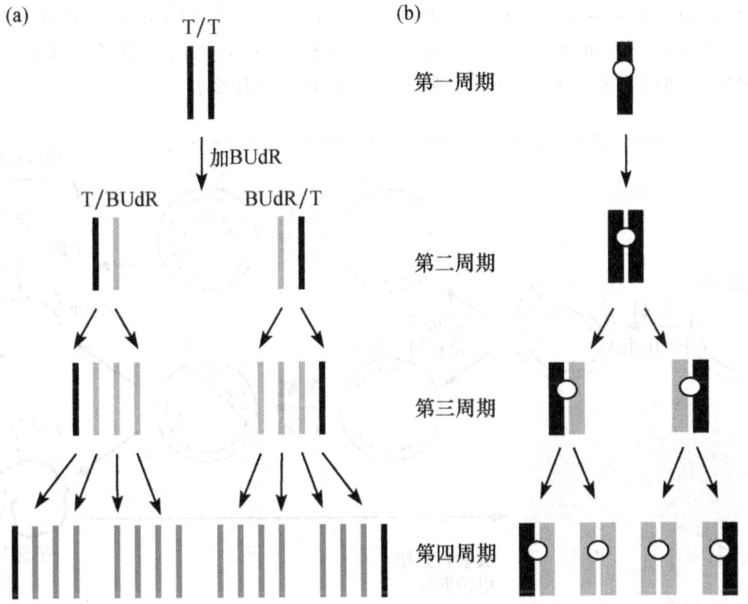

图 7.4 姐妹染色单体差别染色的原理

（a）按半保留复制推测可能出现的深染和浅染的 DNA 分子；（b）按半保留复制推测可能出现的深染和浅染的染色单体

四、Cairns 复制模型

M. Meselson 和 F. W. Stahl 的实验是证明 DNA 半保留复制的一个经典实验，但仍有可质疑之处。在其实验中除了完成完整复制周期的 DNA 以外，还应当有一些节段已复制了两次而其他部分连一次都未复制的情况，那么这些重、轻嵌合分子也应出现，但图 1.2 中却没有显示，即未能反映复制叉延伸的问题。1963 年 J. Cairns 设计的实验就解决了这个问题。他将 *E. coli* 放在含有同位素标记的胸腺嘧啶培养基中培养，新合成的 DNA 链中含有 ^3H，按半保留复制模型，培养一代后产生的环状“子染色体”中应有一条单链是被标记的。那么继续在此培养基中再培养半代时，每个环状染色体含 ^3H 的部分

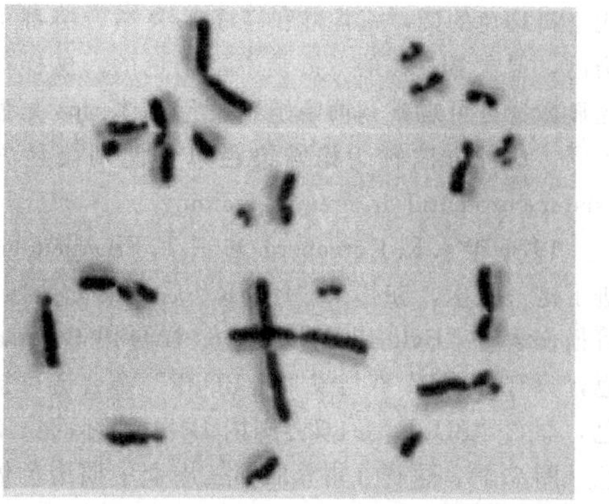

图 7.5　中国仓鼠的斑色染色体（引自 Russell，1992）

如图 7.6④所示。此时将溶菌酶缓慢裂解细胞壁，以提取完整的环状 DNA 置于纤维膜上，进行放射自显影，然后在电镜下观察、摄影。结果观察到了 θ（theta）形结构（图 7.6⑥）。因此现在对环状染色体的半保留复制也称“θ 型复制”。实验结果首先证明了 F. Jacob 和 E. L. Wollman（1957）有关 *E. coli* 基因组为圆形排列的推断。放射自显影照片还表示 *E. coli* 环状染色体在复制 1.5 轮时的情况。第二轮尚未复制的部分（A 和 C）已标记了一条链，叫做“热链”，未被标记的是“冷链”，冷链在放射自显影图中是显示不出的。这表明 *E. coli* 的 DNA 复制确实是半保留的。第二轮复制时只有部分环进行了复制，形成了**复制叉**（replication fork），其模板一条是未标记的亲代链（D），另一条是第一轮新复制的被标记的链（A），所以在第二轮复制时，A、B 两条链都被标记过，显影较深，C 只有一条链含 ^{3}H，显影较浅。这样不仅证明了半保留的正确性，还显示了环状 DNA 复制时的拓扑学形态，表明复制是有一定顺序的，在一轮复制未完成前，DNA 有的部分已复制，有的部分尚未复制。用这张照片还可以直接度量出 *E. coli* 基因组的大小（全长为 1100μm）。因每个螺旋长 34Å（3.4×10^{-3} μm），含 10bp，按此计算 *E. coli* 的基因组含有 $1100\div3.4\times10^{-3}\times10=3.2\times10^6$ bp。但现在通过基因组测序已知 *E. coli* 的基因组实际长为 4.2×10^6 bp，二者相差 10^6 bp，请读者思考一下，产生这种误差的可能原因是什么？

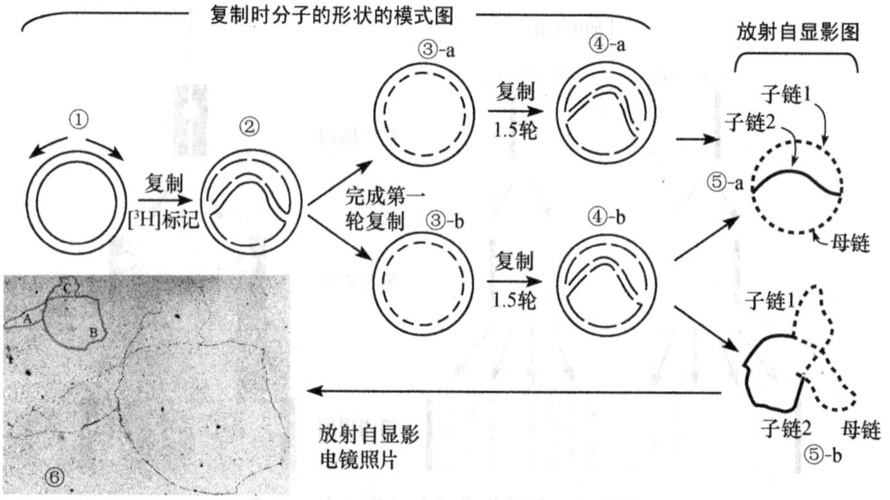

图 7.6　Cairns 实验的原理和结果

①细菌的开始复制的 cccDNA 分子；②用［^{3}H］标记新合成的链；③当第一轮复制完成时，将产生两个分子，每个分子中新合成的链是被标记的，以不连续线表示（热链）；④第二轮复制进行一半，就终止复制，并进行放射自显影。⑥在电镜照片中标记浅的（A，C 链）是第二轮复制时的母链（A 链）和子链 1，图⑤中用虚线表示；在照片中标记深的（B 链）是第二轮复制时的母链和子链 2 合在一起，图⑤中用粗实线表示（转引自 Lewin，2008）

第二节　复制的起点、方向和终点

Cairns 推论 *E. coli* 的复制有起始点，且单向复制。他的推理是否正确？实际上从 Cairns 模型中尚不能解决这些问题。从 θ 模型可以推测有复制起始点，但进一步要问这个起始点是否固定？在染色体的什么位置？作为复制起始点有无特殊的序列和结构？至于复制的方向问题，从复制叉来看应有两种可能——单向和双向，具体确定必须要有进一步的实验证据。人们采用了各种巧妙的方法将这些问题都一一化解了。

一、研究方法

（一）同位素标记法

用同位素标记法有两种思路。一种思路是假设 *E. coli* 若有一个复制起始点，且双向复制，那么起始点和复制的终点应相对排列；若只有一个起始点，单向复制的话，起始点和终点在完成一轮复制后应重合。因此在第一周期末开始标记至第二周期起始。实验结果表明，第二周期复制起始的环状染色体上有两个相对排列的标记位点，这就是复制起点和终点，表明 *E. coli* 有一个复制起点，且为双向复制。这是由 R. L. Rodriguez 等于 1973 年提出的，为了保证同步复制，他选择了温度突变型（42℃只能延伸不能起始），先将细菌在 42℃下培养，直到复制停止，再放到 25℃下培养，这样同步进入新周期。另一种思路就是仅在复制开始时进行轻标记，然后继续再进行重标记，如果两个 Y 形复制叉都被标记，说明复制是单起点、双向复制；若仅一个复制叉被标记，说明单向复制，轻重标记可以显示复制的先后顺序（图 7.7）。

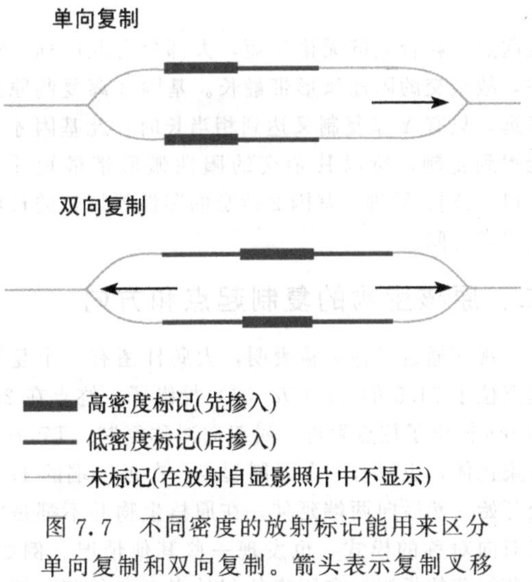

图 7.7　不同密度的放射标记能用来区分单向复制和双向复制。箭头表示复制叉移动方向（引自 Lewin，2004）

（二）用噬菌体插入标记法

这种方法是由 R. E. Bird 等于 1972 年建立的。Mu 噬菌体是一种可引起突变的噬菌体，它可以插入到大肠杆菌基因组的多个位点中。当它插入到某一个基因内时，该基因便失活，使细胞突变成了相应的缺陷型，因此我们通过选择培养基可以将突变型选出来，并推测出 Mu 噬菌体的插入位置（图 7.8）。Mu 噬菌体的结构和序列已十分清楚，用其基因组中的特殊序列制作探针，进行分子杂交便能确定大肠杆菌基因组中已插入的 Mu 噬菌体拷贝数。λ 噬菌体只在 *att* 位点整合到 *E. coli* 的染色体中，但整合时不会导致任何基因的突变。由于在每个 *E. coli* 基因组中仅有 1 个 λ 噬菌体的拷贝，因此，λ 的拷贝数可以用来表示复制的周期数。有了这两项前提就可以采用“同步培养”和“不同步培养”来测定复制的起点和方向。所谓“同步培养”法就是将各种噬菌体的插入突变型同时培养一定的时间，若有固定复制起始点，那么越是靠近复制起始点的位点复制得越早（图 7.9）。“不同步培养”是将不同突变体的群体进行培养，在不同时间里抽样检查。若有固定复制起点，那么越是靠近复制起始点的位点，复制的拷贝数越多（图 7.9）。这种方法不仅解决了有无复制起点及是否单、双相复制的问题，还能确定具体的复制起点和终点。实验结果表明：*ilv* 基因附近的区域是复制起点；*trp* 基因附近的区域是复制的终点。

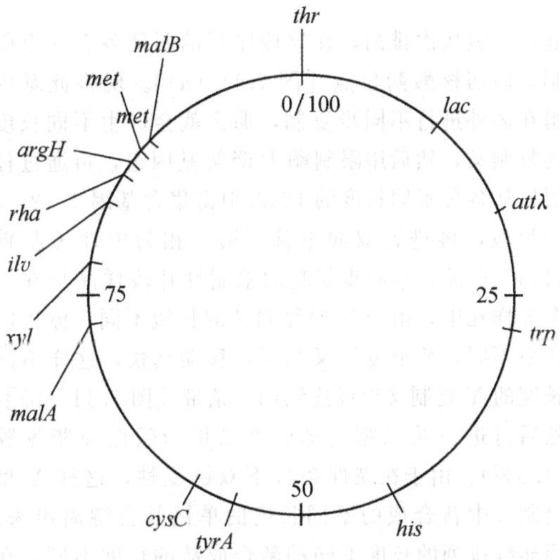

图 7.8　大肠杆菌染色体的 Mu 噬菌体插入位置（转引自盛祖嘉等，1988）

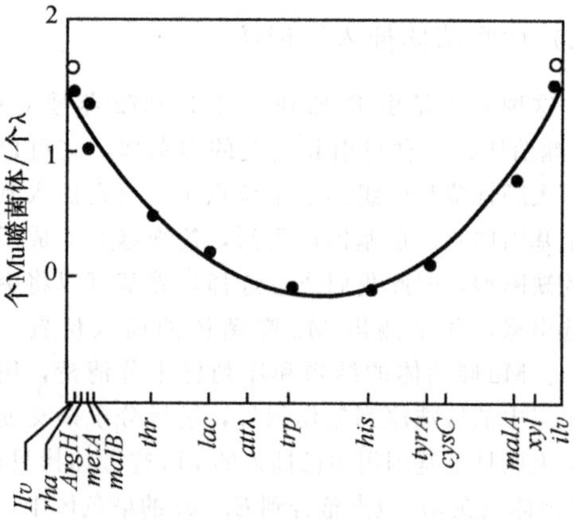

图 7.9　大肠杆菌在非同步培养条件下 DNA 复制的测定（转引自盛祖嘉等，1988）

（三）变性定位法

变性定位法（denaturation mapping）是由 R. Inman 和 M. Schnös 于 1970 年建立的。该方法是将 DNA 分子加热到刚能出现解链的温度时，A-T 丰富区便解链形成“小泡”，若加入变性剂甲醛，并使 DNA 冷却，小泡依然存在。这样不同位置上的小泡就成了可以用电镜观察到的标记，作为固定的参照点。复制时就可以根据复制叉和小泡的相对位置来确定复制起始点和复制方向（图 7.10）。

（四）双向电泳法

这是现代测定某个基因与复制起始点之间距离的方法（图 7.11）。现假设有基因 1、2、3 在复制

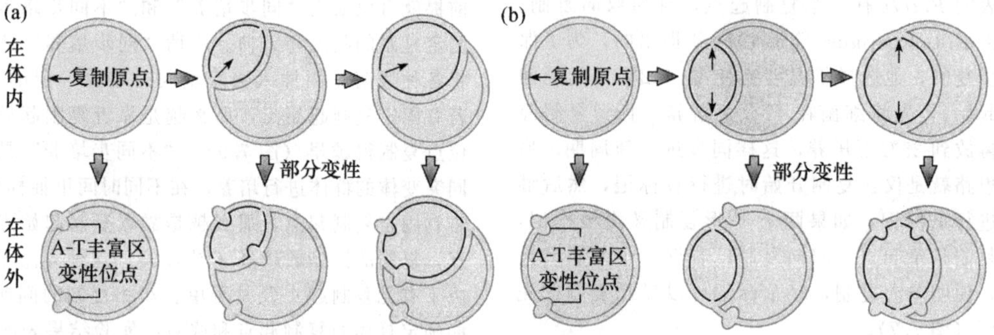

图 7.10　用 Schnös 和 Inrnan 的方法，按变性的逻辑作图来区别染色体的单向复制（a）和双向复制（b）（引自 Simmons，2003）

起点一侧按次排列，在这段序列的两侧各有一个限制性内切核酸酶位点［图 7.11（a）］。现将此基因组在体外进行不同步复制，那么就会产生不同长度的复制叉，然后用限制酶 R 降解基因组，再通过柱层析从各种不同长度的 DNA 中富集含基因 1、2、3 的片段，再进行双向电泳。第一相为中性琼脂糖（1%）电泳，不同步复制的限制性片段样品加在一个加样孔中，由于 Y 型复制叉的长短不同，泳动的速率不同，Y 型复制叉越短，移动越快，这样不同长度的 Y 复制叉形成连续的一条带［图 7.11（b）］，然后再进行第二相电泳。第二相为碱性琼脂糖胶（1.5%）。由于在碱性条件下双链变性，这样 Y 型复制叉中新合成的不同长度的单链就会游离出来。原连续排列的长度不同的新合成链的长度不同，在胶上以弧形排列。把此胶移到尼龙膜上，分别用 1、2、3 三个基因的探针来进行杂交，由于基因 1 最靠近起点，新合成链无论长短，大部分有此序列的存在，故杂交的阳性弧形带最长。基因 3 离复制原点最远，只有 Y 型复制叉达到相当长时，此基因才可能得到复制，所以其杂交的阳性弧形带最短［图 7.11（c）］。同理，基因 2 杂交的阳性弧形带的长度在二者之间。

二、原核生物的复制起点和方向

现在通过各种实验表明，大肠杆菌有一个复制起点位于 74.5′的 *ilv*（*ile-val*）操纵子，终点在 25′的 *trp* 操纵子位点附近，属双向对称复制。T7 是线性染色体，也只有一个复制起点，在近一端的 17% 处开始，然后向两端延伸。在原核生物并不都是定点双向对称的模式，也发现一些其他情况。例如，枯草杆菌的复制虽有固定的起始点双向复制，但为不对称的复制。一侧复制基因组的 4/5，另一侧复

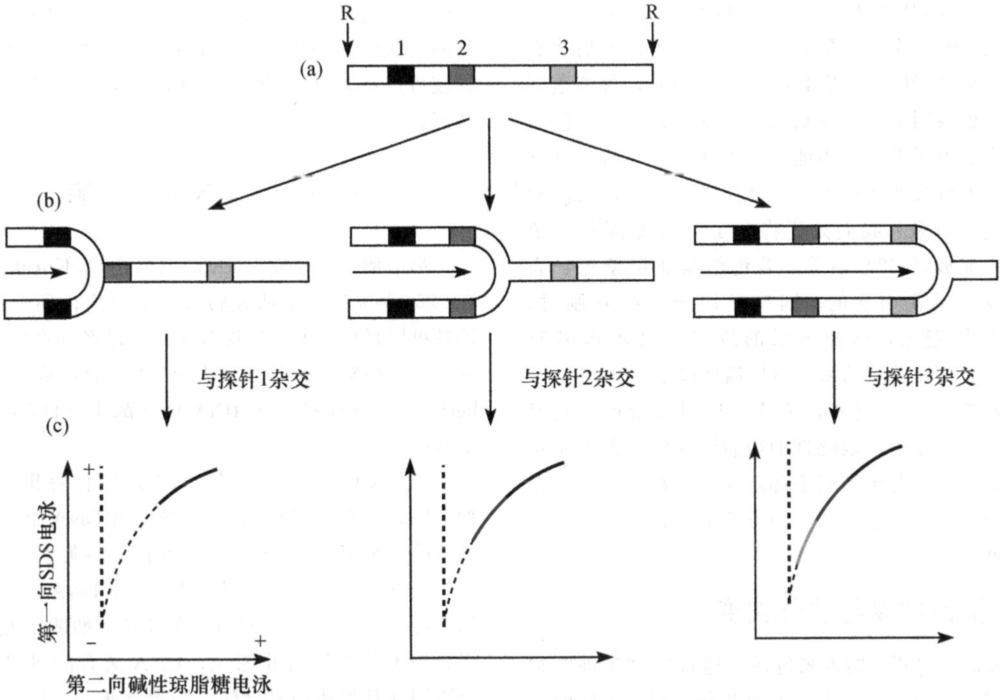

图 7.11　用双向电泳分子杂交的方法进行定位复制起点

(a) 一条DNA的限制性内切核酸酶切片段上有1、2、3三段序列，R表示酶切位点。(b) 在环状染色体上，这三段序列依次复制，箭头表示复制叉移动方向。(c) 进行双向电泳，第一相为中性琼脂糖（1%）电泳，纵向粗虚线表示非同步复制的限制性片段样品成连续的一条带；第二向为碱性琼脂糖（1.5%）电泳，弧形的细虚线表示碱处理后释放出的新合成片段。用标记的1、2、3序列的探针进行分子杂交。可显示出这三个片段在电泳胶上的位置

制基因组的1/5，即终点不在起点的对面。质粒R6K早期为单向复制，复制了约1/5基因组时进行双向的晚期复制。质粒Col E1有固定起始点，但却为单向复制。

第三节　DNA复制突变型的筛选

为了进一步研究复制过程有哪些酶和蛋白质参与，人们采用筛选各种突变型的方法进行分析。DNA复制的各种突变型都导致不能合成DNA，最终致死，但可分为两类：一类是可以补偿的，这种突变型是由于某些基因的突变不能合成某种核苷酸所致，只要我们给它加入所缺乏的原料（核苷酸）便可顺利合成DNA；另一类是不可补偿的，这类突变型可能是不能合成某种复制所需的蛋白质因子或酶，因此难以补偿。若能分离研究这些突变型，就能使我们了解复制过程中需要哪些蛋白质和酶，以及它们的结构和功能。因为它们是致死突变，所以只有选择条件致死的品系才能将它们保存下来加以研究。筛选的方法很多，其思路大同小异，现介绍常用的几种。

一、根据温度敏感性筛选

将诱变剂处理细菌，引起突变，然后倒平板，在30℃（低温）条件下培养，再影印到另一培养皿中，在42℃（高温）条件下培养，不能长出的菌落是温度敏感性突变。用这个方法筛选出了*dnaA*、*dnaB*、*dnaC*、*dnaD*、*dnaE*、*dnaF*和*dnaG*与复制有关的基因。

二、质粒温度敏感性的筛选

这是F. Jacob等于1963年建立的方法，质粒的复制和宿主的复制机制有关，因此筛选出质粒的复制突变型也能用于研究复制所需的蛋白质和酶。人们用*E. coli* F*lac*（lac^-/lac^+）品系，即细菌本身为lac^-，它带有一个含lac^+的F′因子。将此细菌诱

变，在EMB培养基（伊红美蓝培养基）上培养，当基因正常时可引起发酵，菌落为深紫色。然后将它们影印到EMB培养基上，在42℃培养，若菌落不是深紫色表明 *lac*⁺ 突变成 *lac*⁻。那么进一步要问这种突变是由于F′因子不能复制所致，还是 *lac*⁺ 基因的调控元件发生了改变（即高温时不表达，低温时才表达）所致？我们只要将在42℃含非深紫色菌落的平皿放回32℃培养，若仍然是非深紫色，表明突变是复制引起的。因当F′因子不能复制时，宿主照样繁殖，这样大量的后代中已不再带有F′*lac*⁺，变成 *lac*⁻ 品系，所以温度降下来也无济于事。若放回32℃培养，菌落又呈现深紫色，表明以上变化属于温度敏感性的功能性变化，那么质粒仍然能复制，每个细胞中都还含有F′*lac*⁺，只是在低温中才表达而已，用这种方法分离出了 *dnaN* 的突变型。

三、快停突变与慢停突变

复制的过程总的说来包括“起始”、“延伸”和“终止”三个阶段，一轮一轮地进行。每一阶段的蛋白质和酶不完全一样，有的是某一阶段所特有的，我们如何把这种蛋白质或酶的基因筛选出来？**快停突变**（fast-stop mutant，F）和**慢停突变**（slow-stop mutant，S）就是一种较好的筛选方法。所谓的快停突变，就是当把培养温度提高以后（42～45℃）复制迅速停止（图7.12），说明这种突变所涉及的产物和链的延伸有关，而和起始无关。慢停突变是指将培养温度提高以后，DNA合成并不立即停止，还会继续一段时间。为什么会产生这种情况？那是因为复制是一轮一轮地进行，如果第一轮已经启动了，这时将温度提高若引起与起始复制有关蛋白质和酶的突变，并不会影响DNA的延伸，所以合成继续

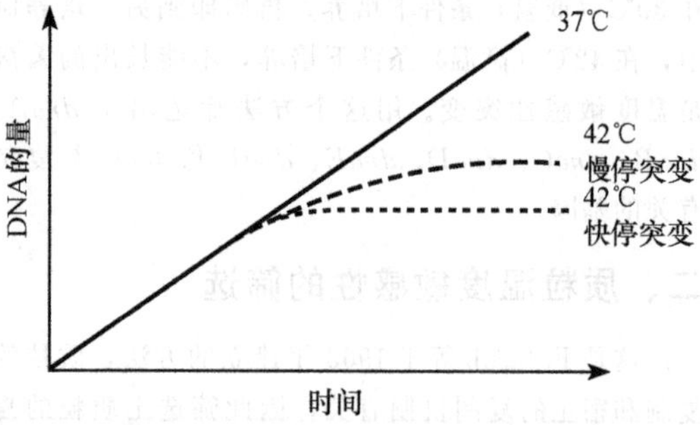

图7.12　慢停突变和快停突变示意图
当提高培养温度时快停突变的DNA合成立即停止，而慢停突变则缓慢停止

进行，直到第二轮合成起始时才会因某种蛋白质或酶的功能改变而不能进行，使DNA合成停下。这样就可以筛选出与合成起始有关的蛋白质或酶的基因。

第四节　DNA聚合酶

第一例体外合成DNA的实验由A. Kornberg等在1956年完成，他从大肠杆菌中分离得到一种酶，该酶可以将核苷酸共价连接在一条已经存在的DNA链上。这种酶开始时被称为DNA聚合酶或“Kornberg酶”，现在则称为**DNA聚合酶Ⅰ**（DNA polymerase Ⅰ）。

与DNA聚合酶Ⅰ一样，DNA聚合酶Ⅱ也是一种DNA修复酶，但它只占大肠杆菌DNA聚合酶总酶活的一小部分。DNA聚合酶Ⅱ由一条多肽组成，具有5′→3′DNA聚合酶活性及3′→5′DNA外切核酸酶活性，但不具有5′→3′DNA外切核酸酶活性。与聚合酶Ⅰ及聚合酶Ⅱ相比，DNA聚合酶Ⅲ是由多个不同亚基组成的复合酶。与聚合酶Ⅱ一样，DNA聚合酶Ⅲ也有5′→3′DNA聚合酶活性及3′→5′DNA外切核酸酶活性，但它还具有只作用于单链DNA的5′→3′DNA外切核酸酶活性。DNA聚合酶Ⅳ和Ⅴ在带有损伤的DNA的复制过程中有重要作用。大肠杆菌的几种DNA聚合酶的结构与活性如表7.1所示。

表7.1　大肠杆菌的5种DNA聚合酶

酶	基因	功能
Ⅰ	*polA*	主要的修复酶
Ⅱ	*polB*	复制重新开始
Ⅲ	*polC*	复制
Ⅳ	*dinB*	跨损伤复制
Ⅴ	*umuD′₂C*	跨损伤复制

资料来源：Lewin，2004。

目前已知的DNA聚合酶，无论其来自于真核还是原核生物，都具有相同的合成活性，都可以在3′-OH上加核苷酸使链延伸（图7.13），其速率为1000nt/min。DNA聚合酶的共同特点是：①需要提供合成模板；②不能从头起始（*de novo* initiation）新DNA链的合成，必须要有引物提供3′-OH；③合成的方向都是5′→3′；④除聚合DNA外还有其他功能。

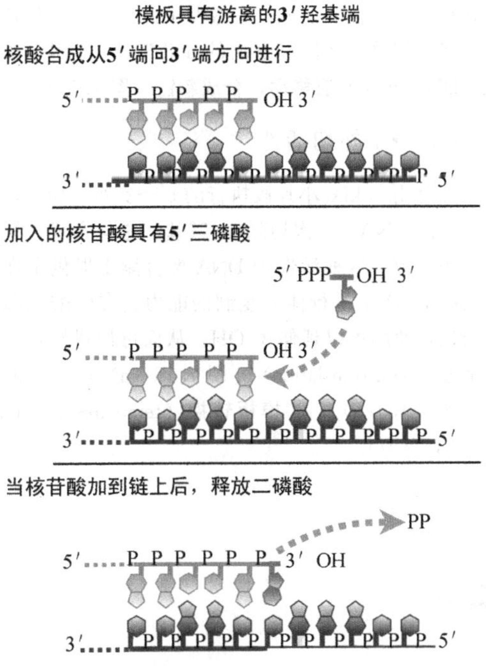

图 7.13　DNA 合成是通过将核苷加到生长链的 3′-OH 上进行的，因此新链的生长方向是从 5′→3′端。DNA 合成的前体（三磷酸核苷）在反应中失去两个末端的磷酸基团（引自 Lewin，2004）

复制的忠实性问题会影响到翻译的精确性。这种忠实性主要是依赖于碱基的特异性配对。但估计每个碱基对将有 10^{-3} 的概率会发生错配，而实际的错配率只有 10^{-8}～10^{-10}。DNA 多聚酶能增加互补碱基特异性，选择的特异性主要是两方面的作用：①它能够通过匹配的化学特点加以识别，检查进入的碱基是否和模板互补，这是合成前的一种预防措施，称为合成前错误控制；②在新的碱基加到链上以后，再检查碱基是否配对，若发生错配，会将刚加上的错误碱基切除掉，进行**校正**（proofreading）（图 7.14）。

细菌的三种 DNA 聚合酶都具有 3′→5′外切核酸酶活性，可对 DNA 合成进行逆向“检查”，提供校正功能。在链的延伸阶段，一个核苷酸进入生长链的末端形成键，聚合酶就向前移动一个碱基对，准备下一个碱基对的进入。若产生了一个错误，聚合酶就向后退，切除最后加进来的这个碱基，用正确的碱基来取代它。不同 DNA 聚合酶校正的效率是不同的。反转录酶和 *Taq* 酶都没有校正功能。

一、DNA 聚合酶Ⅰ

DNA 聚合酶Ⅰ是一个多功能的酶，由 *polA* 编码的单个肽链，分子质量为 103kDa，可被枯草杆菌蛋白切成两个片段，小片段位于 N 端，分子质量为

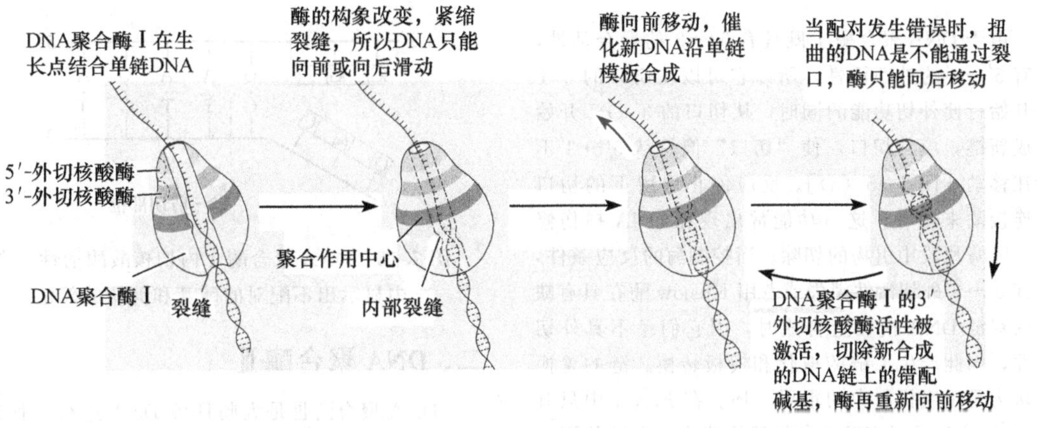

图 7.14　错配的碱基加入 DNA 后的校正（引自 Russell，1992）

35kDa，具有 5′→3′外切核酸酶活性；大片段位于 C 端，分子质量为 68kDa，称为**克列诺片段**（Klenow fragment）。

DNA 聚合酶Ⅰ有 6 个结合位点：①模板结合位点；②引物结合位点；③引物 3′-OH 结合位点；④底物 dNTP 结合位点；⑤5′→3′外切核酸酶结合位点；⑥3′→5′校正位点。聚合酶Ⅰ的催化功能有以下几个方面。

（一）5′→3′聚合功能

DNA 聚合酶Ⅰ的聚合酶活性主要用于 DNA 的修复和后随链中 RNA 引物的置换。它使用模板的

范围较宽，有三种：①有引物的 ssDNA（无论线状或环状）；②有缺口（无论大小）的 dsDNA；③有切口（nick）的双链 DNA。而 DNA 聚合酶Ⅲ只能利用<100nt 缺口的 dsDNA 作模板。

（二）3′→5′外切活性

DNA 聚合酶Ⅰ的 C 端有一纵沟，沟底由 6 个反向平行的 β 折叠构成，宽 2.0～2.4nm，沟的两侧面由 α 螺旋构成，深 2.5～3.0nm，可以容纳一条 DNA。聚合活性区域在 C 端，3′→5′外切活性区域在中间部位。在新合成的 DNA 链中，错误的碱基即使是蒙混过关进入 DNA 中，但插入的速率很低，同时也不能形成正确的氢键，使双螺旋发生形变，直径加大，DNA 不再能在沟中向前滑动，只有倒退，错误碱基正处在外切活性功能域，它激发了此区 3′→5′外切活性，将其切除，转换成游离的 dNMP，“障碍”排除后，DNA 继续向前移动，合成新链（图 7.14）。

（三）5′→3′外切活性

此是由 35kDa 小片段执行的 5′→3′外切功能，切除小片段 DNA，一次切除 10 碱基。这与合成、校正活性相一致。这种活性为 DNA 聚合酶Ⅰ提供了在有缺刻的 DNA 上进行体外复制的能力。在磷酸二酯键断裂处，此酶可以延伸 3′-OH，从而可以进行：①**切口平移**（nick translation）［图 7.15（a）］；②链的置换［图 7.15（b）］；③**模板转换**（template-switching）［图 7.15（c）］。

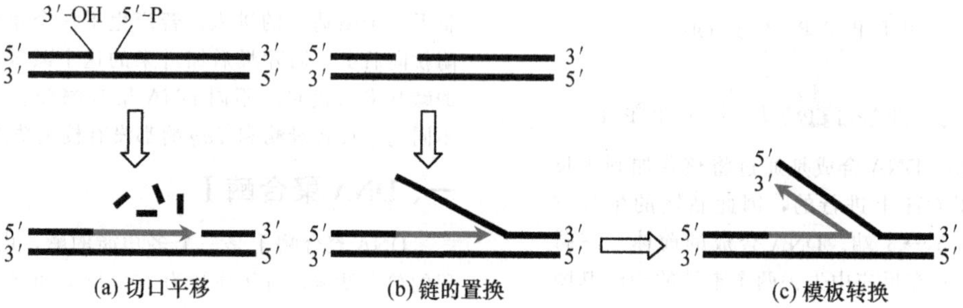

图 7.15　DNA 聚合酶Ⅰ 5′→3′外切活性的功能

由于 DNA 聚合酶Ⅰ既具有 5′→3′的聚合活性，又有 5′→3′的外切活性，所以它可以在切口的 5′-P 处开始行使外切功能的同时，从切口的 3′-OH 开始合成新链，填补切口，使“切口”像是从 5′→3′不断在移动［图 7.15（a）］。反应停止后留下的切口由连接酶来填补。这一功能常出现在 DNA 损伤修复、冈崎片段中引物的切除。当控制酶的反应条件，使其 5′→3′外切活性消失或者用 Klenow 酶在具有缺口的双链 DNA 模板上合成时，因它们已不具外切活性，因此产生了链的取代和模板转换。链的置换被认为是重组机制中的重要一环。在 *E. coli* 中只有 DNA 聚合酶Ⅰ具有独立的链置换能力。在其他蛋白质的帮助下，前导链可进行链的置换（置换了互补链），但后随链中无此现象。模板转换尚未发现实际的例子。④内切核酸酶活性：当 DNA 存在不配对碱基时，DNA 聚合酶Ⅰ具有内切核酸酶活性，在不配对碱基的 5′-P 端的后面切开磷酸二酯键（图 7.16）。这一功能主要用于切除修复系统中，在正常复制中无此活性。

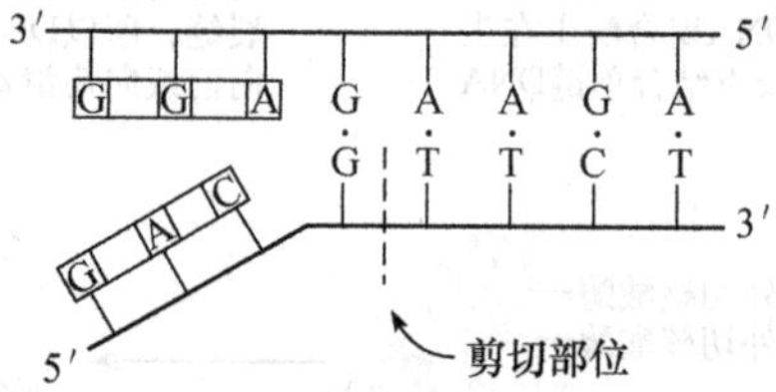

图 7.16　DNA 聚合酶Ⅰ内切核酸酶活性。图中显示出不配对的碱基和剪切的部位

二、DNA 聚合酶Ⅲ

DNA 聚合酶Ⅲ是大肠杆菌 DNA 进行半保留复制时起作用的 DNA 复制酶（replicase），它的发现源于对一个 *dnaE*⁻ 基因突变株的分离和研究。该突变株在 25℃生长时可产生有活性的 DNA 聚合酶Ⅲ，但该 *dnaE*⁻ 突变株从 25℃转移到 43℃生长时，DNA 的复制过程被终止，这表明 *dnaE* 的表达产物是 DNA 合成必须的。随后，*dnaE* 基因被证实编码的是 DNA 聚合酶Ⅲ的 α 亚基，α 亚基具有 5′→3′ DNA 聚合酶活性。

DNA 多聚酶Ⅲ相当复杂，其结构和各亚基的功能如图 7.17 所示。DNA 聚合酶Ⅲ具有 5′→3′聚合功能，但对模板的要求很高，仅有缺口＜100bp 的 dsDNA 才可作模板。3′→5′的外切活性和 DNA 聚合酶Ⅰ相同，有校对的功能。但 5′→3′的外切活性不同，仅能以单链为底物，因此不能进行缺口平移。DNA 聚合酶Ⅲ是合成 DNA 的“主角”，一般合成长片段，如前导链的合成和冈崎片段的合成。

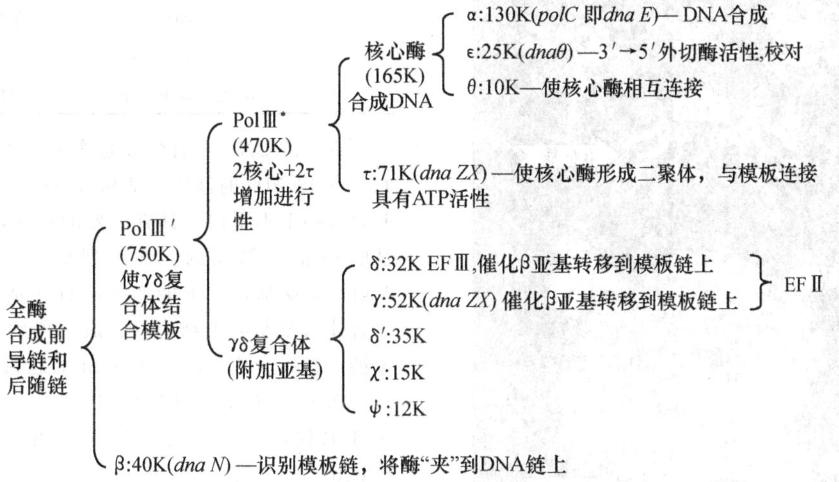

图 7.17　DNA 聚合酶Ⅲ的成分与功能

现在对 DNA 聚合酶Ⅲ有了进一步的了解。它的结构和半不连续复制的机制是相吻合的。其“核心酶”含有 α、ε 和 θ 3 个亚基（图 7.18）。α 亚基具有合成 DNA 的能力，ε 亚基具有 3′→5′外切酶的功能，起到校正的作用，而 θ 亚基可能在组装中发挥功能。但核心酶的进行性很低，通常合成 11 个碱基左右就从模板上解离下来。τ 亚基加到核心酶上有助于使其“二聚化”，进一步产生“聚合酶Ⅲ*”。最后 γ 复合体加入到“聚合酶Ⅲ*”，形成聚合酶Ⅲ′复合体。“γ 复合体”是由 γ、δ、δ′、χ 和 ψ 亚基组成，其作用是作为固定 β 亚基这个“滑动钳”的支架（图 7.19）。β 亚基加盟后就形成 DNA 聚合酶Ⅲ全酶。这是一种不完全对称的结构，左侧负责前导链的合成，右侧负责后随链的合成。值得注意的是全酶只有一个 γ 复合体。

全酶在 DNA 上的组装分为三个阶段。①一个 β 二聚体加上一个 γ 复合体识别引物模板形成一种前起始复合物。在此反应中，γ 复合体水解 ATP 并将 β 亚基转运到引发模板上。一对 β 亚基形成一个“滑动钳”，夹在 DNA 的后随链上。γ 复合体成为这种“钳子的支架”，负责水解 ATP，移动 β 亚基结合 DNA。②DNA 在 β、γ 复合体结合的位点构象发生改变，而对核心酶产生了高亲和性。使核心酶能与 DNA 结合。③τ 二聚体结合核心聚合酶，使其二聚化，也就是与另一个核心聚合酶结合，第二个核心酶又和另一个 β“滑动钳”结合，这样组装好全酶。

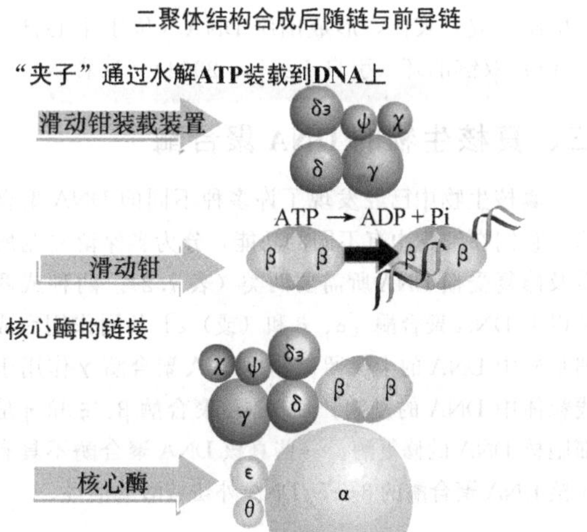

图 7.18　DNA 聚合酶Ⅲ全酶分阶段组装，产生一个合成 DNA 两条新链的酶复合物（引自 Lewin，2004）

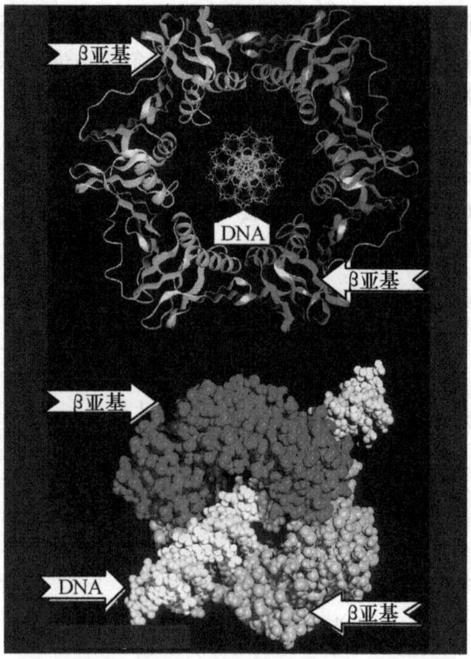

图 7.19 DNA 聚合酶Ⅲ全酶的两个 β 亚基头尾相连组成二聚体，形成围绕 DNA（位于中心部位）双链的环（引自 Lewin，2004）（见彩版）

三、真核生物的 DNA 聚合酶

真核生物中已经发现了许多种不同的 DNA 聚合酶，它们在细胞中有不同的功能，分为半保留复制所需及修复受损 DNA 所需要两类（表 7.2）。两种或两种以上 DNA 聚合酶［α、δ 和（或）ε］共同作用完成细胞核中 DNA 的半保留复制；DNA 聚合酶 γ 作用于线粒体中 DNA 的复制；而 DNA 聚合酶 β、ξ 和 η 是细胞核 DNA 的修复酶。一些真核 DNA 聚合酶不具有原核 DNA 聚合酶的 3′→5′ DNA 外切核酸酶活性。

表 7.2 真核细胞中的 DNA 聚合酶

DNA 聚合酶	功能	结构
高保真复制酶		
α	起始前导链和后随链，具有引发酶活性	350kDa 四聚体
δ	合成前导链	250kDa 四聚体
ε	参与合成后随链及其他功能	350kDa 四聚体
γ	线粒体复制	200kDa 二聚体
高保真修复酶		
β	碱基切除修复	39kDa 单体

续表

DNA 聚合酶	功能	结构
低保真修复酶		
ξ	绕过胸腺嘧啶二聚体	异源二聚体
η	碱基损伤修复	单体
ι	减数分裂所必需	单体
κ	缺失和碱基替换	单体

真核的 DNA 聚合酶 α 是作为一种复合体存在，它含有 180kDa 的催化亚基和另一小亚基相连，小亚基含有两个小蛋白，具有引发酶活性，以上两种活性的功能是偶联的。若解偶联（产生 60kDa 和 50kDa 小亚基）就不能产生有催化活性的引物酶。复合体与复制起点结合，合成一段约 10nt 的 RNA 短链，然后合成一段 20～30nt 的**起始 DNA**（initiator DNA，iDNA）。随后聚合酶 α/引发酶将被聚合酶 δ 取代，这一取代过程称为**聚合酶转换**（pol switch）。

DNA 聚合酶 δ 具有高持续力，可连续合成前导链，即用于前导链的延伸。δ 酶由两个亚基组成，分子质量分别为 125kDa 和 25kDa，具 3′→5′外切核酸酶活性。

DNA 聚合酶 ε 可能参与合成后随链，同时也发现了它还有其他功能。

通常认为，真核生物复制叉包括了一个 DNA 聚合酶 α/引发酶复合物和两个其他的 DNA 聚合酶复合物。其中一个复合物是 DNA 聚合酶 δ，另一个复合物是第二个 DNA 聚合酶 δ，也可能是 DNA 聚合酶 ε。复合物 DNA 聚合酶 δ/ε 的功能是沿着 DNA 模板进行链的延伸，其中一个合成前导链，另一个合成后随链的冈崎片段。外切核酸酶“MFI”去除冈崎片段上的 RNA 引物，最后由 DNA 连接酶来封闭缺口。

第五节 与 DNA 合成有关的其他蛋白质

一、DNA 连接酶

1966 年 B. Weiss 和 C. C. Richardson 分离出了 **DNA 连接酶**（DNA ligase）。这是一种封闭 DNA 链上缺口的酶，借助 ATP 或 NAD 水解提供的能量催化相邻核苷酸的游离 5′-PO_4 与 3′-OH 生成磷酸二酯键。其作用机制分三步进行（图 7.20）：①ATP 或 NAD 与连接酶结合产生酶-AMP 复合物；② 酶-AMP 复合物上的 AMP 转移到 DNA 的 5′-PO_4 上使其活化；③活化的 5′-PO_4 与相邻的 3′-OH 聚合酶作用形成 3′→5′磷酸二酯键，并释放出 AMP。

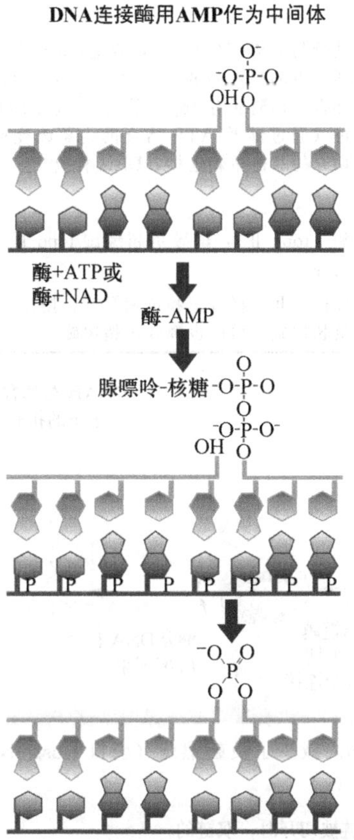

图 7.20　DNA 连接酶通过酶-AMP 封闭相邻核苷酸之间的缺口（引自 Lewin，2004）

连接酶不能连接单链，必须要有模板的存在。也不能连接 3′-OH 和 5′-PPP 以及 DNA 与 RNA。DNA 连接酶在后随链的合成、DNA 的损伤修复、重组及转座中都发挥着重要的作用。

二、单链结合蛋白

单链结合蛋白（single strand binding protein，SSB）又称为**双螺旋去稳定蛋白**（helix destabilizing protein）。当解旋酶将双链打开以后，单链 DNA 具有一种潜在的恢复原来双链的能力，重新形成氢键。而且单链本身若有反向重复也会形成发夹结构，这两种情况都会影响复制，但 SSB 可以解决这一问题。SSB 并不是酶，是由 177 个氨基酸组成的蛋白质，存在于原核细胞中，*E. coli* 的 SSB 以四聚体存在，分子质量为 74kDa，结合在单链上，每个分子可以覆盖 32nt，使 DNA 受到保护，不被酶水解，也不回复成双链，因此可以降低 DNA 的 T_m 值。SSB 对于细菌复制叉结构的作用和解旋酶是同等的。

SSB 与 DNA 的结合具有协同效应：若第一个 SSB 的结合能力为 1，则第二个 SSB 的结合能力为 10^3。这可能因为：①SSB 之间的相互作用；②第一个 SSB 和 DNA 的结合改变了 DNA 的结构。

真核生物的复制系统中具有复制因子 A（RF-A），其作用相当于 SSB，但无协同效应。

三、解旋酶

解旋酶（helicase）是一类解开氢键的酶，由水解 ATP 来供给能量。它们常常依赖于单链的存在，并能识别复制叉的单链结构。大肠杆菌有 12 种不同的解旋酶，一般为多聚体，常见类型为六聚体。解旋酶通常在邻近双链的单链区结合单链 DNA，利用它的多聚体结构沿 DNA 移位，并解开双链，一般每解开一对碱基需要水解一个 ATP（图 7.21）。

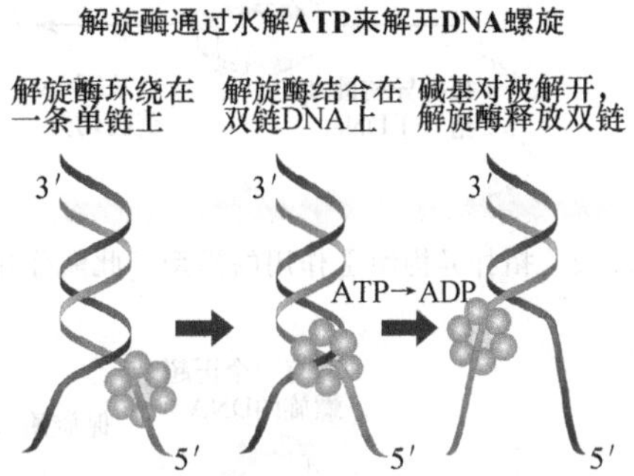

图 7.21　六聚化的解旋酶沿着 DNA 的一条链移动。当它与双链的 DNA 结合时可改变其构象，用 ATP 水解来分开双链，然后它仅与单链结合，构象又得到恢复（引自 Lewin，2004）

四、DNA 拓扑异构酶

DNA 拓扑异构酶（topoisomerase）可以在 DNA 中引入或解开超螺旋，因为它可以改变闭合 DNA 分子中两条链之间的交叉次数，即在切割 DNA 的单链或双链后，让 DNA 通过断裂点再重新闭合。DNA 拓扑异构酶可分为两类：Ⅰ型拓扑异构酶和Ⅱ型拓扑异构酶（表 7.3）。

拓扑异构酶Ⅰ可以切单链，然后封口，其作用是使负超螺旋松弛，复制中 DNA 解旋（图 7.22）。

拓扑异构酶Ⅱ则切开双链，通过水解 ATP 使松弛型 DNA 产生超螺旋（图 7.23）。

表 7.3 大肠杆菌和真核生物的拓扑异构酶

	Ⅰ型拓扑异构酶	Ⅱ型拓扑异构酶
剪切	单链	双链
机制	酶非共价与 DNA 结合。剪切单链，3′磷酸基团共价与激活位点的酪氨酸残基结合。完整无缺的链从缺口处通过。打断的链重新连接	酶非共价与 DNA 结合。剪切双链，5′磷酸基团共价与激活位点的酪氨酸残基结合（这涉及对回旋酶和核拓扑真异构酶Ⅱ有 4bp 交错）。一完整的双链从缺口通过（通过涉及 ATP 结合的构象改变而得以进行）切开的双链重新连接，DNA 释放
需要 ATP	不	是
大肠杆菌	topo Ⅰ（ω蛋白）：释放负超螺旋 topo Ⅲ	促旋酶（topo Ⅱ）：诱导负超螺旋 topo Ⅳ：去连接连锁的环
真核生物	拓扑异构酶Ⅰ：释放正和负超螺旋。拓扑异构酶Ⅲ：释放负超螺旋（弱活性），不能去连接	拓扑异构酶Ⅱ：释放正和负超螺旋。拓扑异构酶Ⅳ：释放负超螺旋，可能也释放正超螺旋

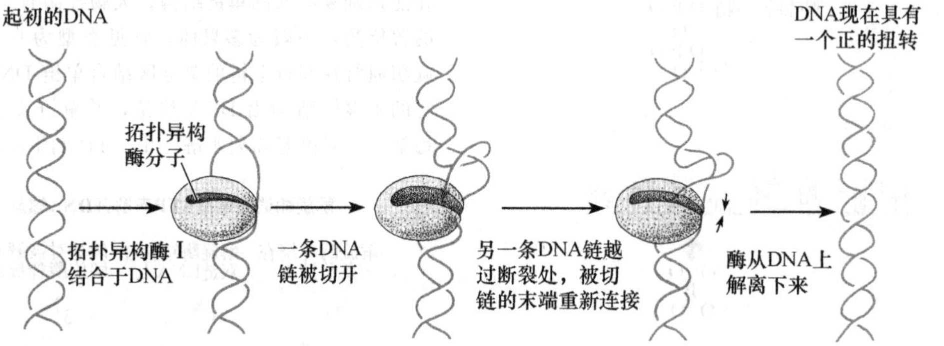

图 7.22 拓扑异构酶Ⅰ作用的模型。此酶作用的结果之一是 DNA 减少了负超螺旋（引自 Russell，1992）

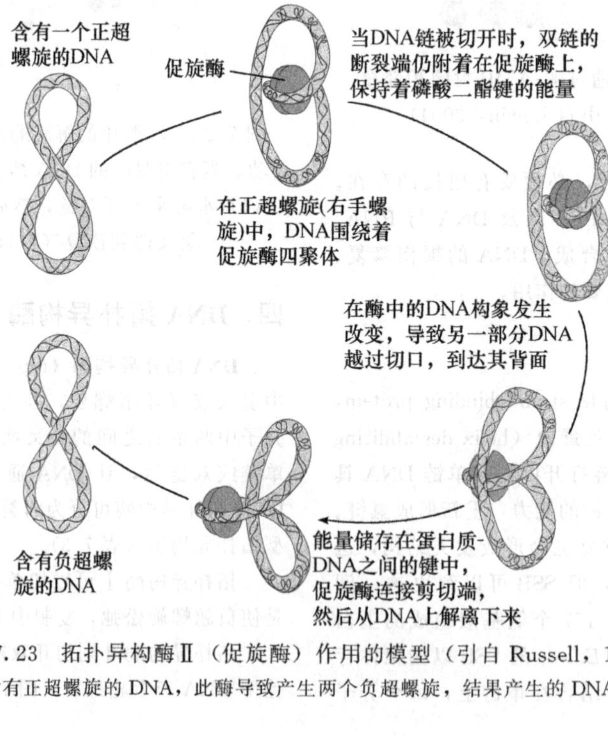

图 7.23 拓扑异构酶Ⅱ（促旋酶）作用的模型（引自 Russell，1992）

开始是一个含有正超螺旋的 DNA，此酶导致产生两个负超螺旋，结果产生的 DNA 含有负超螺旋

E. coli 有4种拓扑异构酶，分别称为拓扑异构酶Ⅰ、Ⅱ（DNA促旋酶）、Ⅲ和Ⅳ。拓扑异构酶Ⅰ和Ⅲ属于Ⅰ型拓扑异构酶，拓扑异构酶Ⅳ和DNA促旋酶属于Ⅱ型拓扑异构酶。大多数真核生物有单一的拓扑异构酶Ⅰ，为复制叉移动和解开转录时产生的超螺旋所需；拓扑异构酶Ⅱ则与复制后染色体的分离有关；其他拓扑异构酶与重组和修复有关。

E. coli 中与复制有关的蛋白质及其基因见表7.4。

表7.4　*E. coli* 中与复制有关的基因及其产物

基因座	产物	功能
dnaA	DnaA单体	起始蛋白
dnaB	DnaB六聚体	解旋酶
dnaC	DnaC单体	与DnaB结合，组成引发体，辅助起始位点的定位
dnaE	聚合酶Ⅲ全酶的α亚基	DNA聚合和校对
dnaG	引发酶，单体	起始冈崎片段，合成RNA
dnaN	聚合酶Ⅲ全酶的β亚基	链的延伸
dnaQ	聚合酶Ⅲ全酶的ε亚基	校对功能
dnaT	i蛋白，引发体成分	参与前引发
danZX	聚合酶Ⅲ全酶的γ亚基	形成复合体，水解ATP并将β亚基转运到引发模板上
danZX	多聚酶Ⅲ全酶的τ亚基	DNA聚合和校对
gyrA	DNA回旋酶亚基α	解除正超螺旋，引入负超螺旋
gyrB	DNA回旋酶亚基β	解除正超螺旋，引入负超螺旋
lig	DNA连接酶，单体	封闭冈崎片段之间的裂隙
ori	复制起点	与DnaA、DnaB、DnaC结合，形成复制起始复合体
polA	DNA聚合酶Ⅰ	修复，切除引物并填补冈崎片段间的空隙
rnhA	RNase H	降解引物
ssb	单链结合蛋白	使DNA单链保持稳定，暂不形成双链
priA	解旋酶（3′→5′）	位点识别，（一个分子/复制叉）取代SSB
priB	引发体成分	参与前引发
priC	引发	参与前引发
ter	复制终止区	供终止蛋白识别、结合，终止复制
tus	终止蛋白	识别、结合复制终止区，终止复制

第六节　DNA复制的过程

一、原核DNA的复制起点

在细菌的染色体中，每条染色体通常只有一个复制的起点，并由这个起点开始进行双向复制，从而形成两个方向相反的复制叉。含有一个复制起点的独立复制单位称为一个**复制子**（replicon）。大多数原核基因组只含有一个复制子。

人们将*E. coli* 的复制起始的区域切下，然后用外切酶逐步消解两侧，每次消解留下的片段都接到一个含有抗药性标记但没有复制原点的质粒上，转化细菌，观察能否复制，一直到留下片段失去复制启动功能为止，然后将该片段从质粒上切下测序。结果表明，大肠杆菌有一个复制起点，位于74.5′的 *ilv*（isoleucine-valine）操纵子处，终点在25′的 *trp* 操纵子附近，属双向对称复制。

E. coli 复制起始区称为 *oriC*，包含245bp，其左侧有3个13bp近乎相似的回文序列和4个9bp的重复序列（R1、R3正向，R2、R4反向），它们是DNA与蛋白质的结合位点。复制起始区的结构特点是：①富含A-T，这可能和双链易于解开起始复制有关；②含有多个回文结构（9～14个GATC，*E. coli* 含有11个），8个GATC较保守，CATC中的“A”已甲基化；③具有R1、R2、R3、R4 4个反向重复序列，作为蛋白结合位点；④此序列的右侧毗邻区域有两个启动子，其可能的作用是转录产

生引物，产生复制必要的蛋白质，产生调节功能的RNA，起转录激活作用。

在*E. coli oriC*的复制起始的体外实验表明需要6种蛋白质形成起始复合物：Dna A、Dna B、Dna C、组蛋白样蛋白（HU）、促旋酶及单链结合蛋白（SSB）（表7.5），从而使环状超螺旋模板转变为广泛解旋的形式。

表 7.5　在*oriC*上前引发所需的6种蛋白质

蛋白质	功能	对蛋白质的要求
DnaA	协同结合于9bp和13bp重复序列	20～40单体
DnaB	结合于DnaA，提供解旋酶活性	1～2六聚体
DnaC	和DnaB形成复合体	6个单体
HU	组蛋白样蛋白，激发复合体形成	约5个双体
Gyrase	促旋酶，解除正超螺旋，引入负超螺旋	催化
SSB	稳定单链	化学剂量，四聚体

Dna A单体首先结合到*oriC*的4个9bp重复序列上，然后20～40个DnaA单体结合到*oriC*上形成一个核心。在DnaA的作用下，位于*oriC*右侧的3个13bp重复序列开始解链形成**开放复合体**（图7.24）。

随后DnaB和DnaC加入开放复合体，形成**引发体**（primosome）。引发体中每个DnaB六聚体结合6个DnaC单体形成480kDa的直径为6nm的球状复合体（图7.25）。

DnaB提供解旋酶活性，使DNA解旋形成复制叉。DnaB还具有激活DnaG（引发酶）的能力。解旋反应还需要另外两种蛋白质——促旋酶和SSB。促旋酶的作用是解除正超螺旋，引入负超螺旋。若没有这步反应，解开双链时就会产生DNA的扭曲。SSB可使已形成的单链处于稳定状态。

HU是*E. coli*中一般的结合蛋白，在体外复制起始并不一定需要它的存在，但它能刺激复制起始。

二、半不连续复制

E. coli DNA的复制由*oriC*区域开始，进行双向复制，从而形成两个方向相反的复制叉，复制叉上两条单链分别为模板，以5′→3′方向合成新链，链的合成方向和复制叉移动方向相同的是**前导链**（leading strand），相反的是**后随链**（lagging strand）。

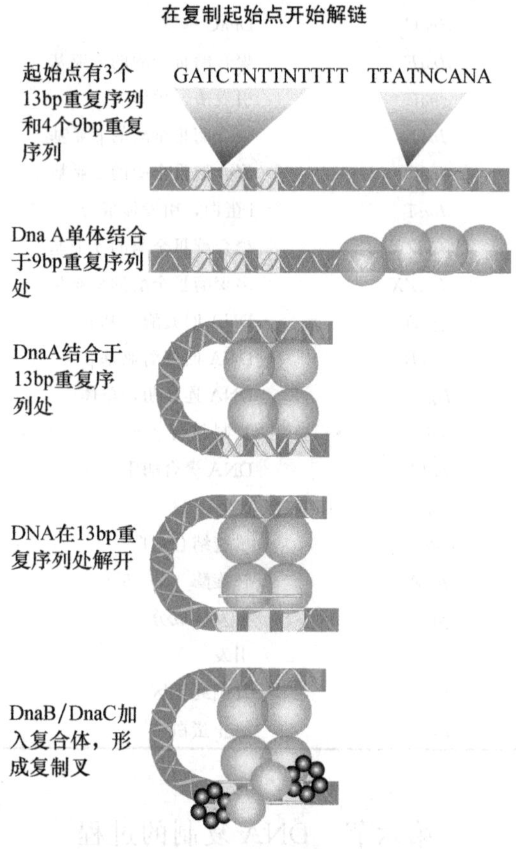

图7.24　预引发需要有序地结合蛋白质，形成复合体，导致DNA的解链（引自Lewin，2004）

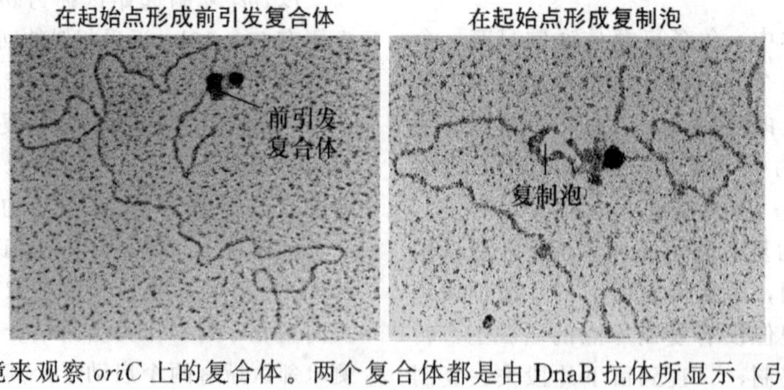

图7.25　通过电镜来观察*oriC*上的复合体。两个复合体都是由DnaB抗体所显示（引自Lewin，2004）

而 DNA 聚合酶合成方向都是在引物 3′-OH 上合成，这样在前导链和后随链上的聚合酶似乎要背道而驰。究竟在前导链和后随链上 DNA 是如何合成的？

（一）不连续复制模型

为了解决上述问题，1968 年日本的冈崎（Reiji Okazaki）等提出了**不连续复制模型**（discontinuous replication model）。他们做了两个实验。一个是**脉冲标记实验**（pulse-labeling experiment）。以 *E. coli* 为材料，在其培养基中加入 ^3H 标记的 dT，经 30s 后，DNA 刚开始复制不久，就分离全部的 DNA，然后在碱中沉淀，使其变性，让新合成的单链和模板链分开，再进行 CsCl 密度梯度离心，以沉降的快慢来确定片段的大小，经检测放射标记，结果表明被 ^3H 标记的片段，也就是新合成的片段，沉淀系数为 20S 左右，据此推算，这些 DNA 都是长为 1000～2000nt 的片段，而分离到的亲本链要比它大 20～50 倍。第二个实验是**脉冲追踪**（pulse-chase experiment）**实验**。目的是检测早期合成的 DNA 片段的状态，是保持原来的短片段，还是连接成了长片段。他们先进行 30s 脉冲标记培养，后移到无放射性同位素的培养基中继续长时间培养，再分离 DNA 并在碱中沉淀，检测结果。合成的标记 DNA 不再是短片段，而和总 DNA 的情况相似，是沉淀系数为 70～120S 较长的片段［图 7.26（a)］，这意味着刚开始合成的片段都是短片段，以后再连接成长片段［图 7.26（b)］。最初合成的短片段就称为**冈崎片段**（Okazaki fragment）。这个实验结果使人们普遍接受这样的观点，认为无论是前导链还是后随链都是先合成小片段，然后再连成大片段，即 DNA 的复制是**“不连续复制”**（discontinuous replication）。

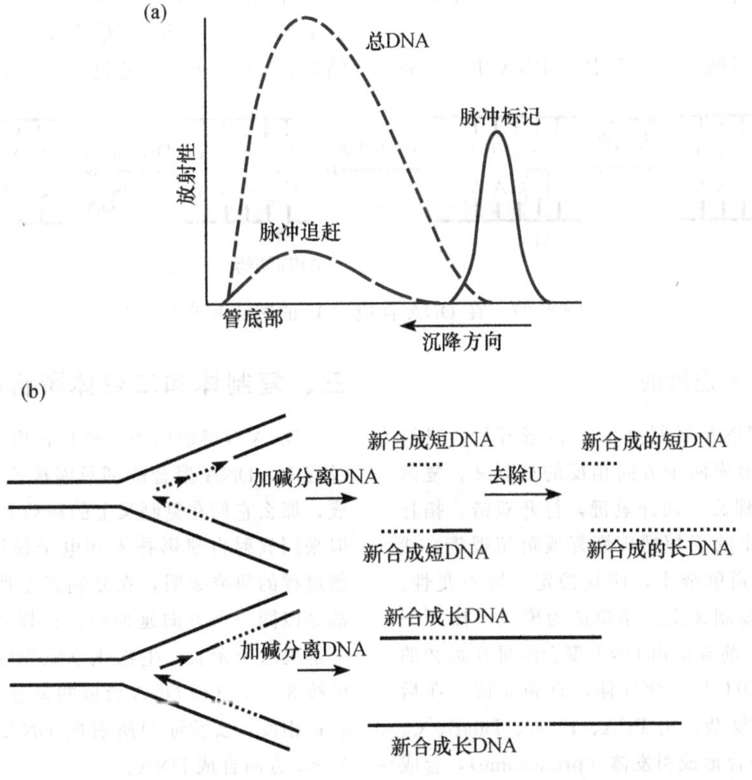

图 7.26 （a）脉冲标记 DNA（实线）和脉冲追踪 DNA（长虚线）的碱性沉降所获得的数据。总 DNA 是非放射性 DNA 和放射性 DNA 之和，用光吸收表示。沉降物质的 S 值从右到左递增。由图可知，经多轮复制所得到的总 DNA 为长片段；经短时间复制（脉冲标记），前导链和后随链上所合成的都是短片段 DNA；经稍长时间复制（脉冲追赶）合成的 DNA 都是长片段，仅数量上远低于总 DNA。（b）在脉冲标记时及追踪后，放射性 DNA（虚线）的部位，表示存在于碱溶液中的放射性分子。除去尿嘧啶后，前导链得到较长的片段（引自弗雷费尔德，1991a）

（二）半不连续复制模型

后随链为不连续复制是容易理解的，而前导链的合成是顺着复制叉的移动方向，完全没有必要以不连续的方式合成，但冈崎实验的结果确实是不连续的，如何解释这个现象？1978 年 B. M. Olivera 提出了**半不连续复制模型**（semidiscontinuous replication model），认为前导链上的合成是连续的，而后滞链上的合成才是不连续的。现已经弄清原来是由于细胞内都存在 dTTP 和 dUTP，而 DNA 聚合酶Ⅱ却并不能区分它们，因此也会误将 dUTP 加入到 DNA 中，形成 A-U 对。那么在 DNA 中为什么没有 U 的存在？这是因为 *E. coli* 细胞里有双重“保险”，防止了 U 的“混入”。第一道关是细胞里的**脱氧三磷酸尿苷酶**（dUTPase），能使脱氧三磷酸尿苷（dUTP）变成脱氧单磷酸尿苷（dUMP），dUMP 不能作为 DNA 合成的底物，这样它就不再能加入 DNA 中。

但总还有些漏网之“鱼”混入 DNA 中，这就靠第二道关来清除“异己”，这道关是依赖**尿嘧啶 N-糖苷酶**（uracil *N*-glycosylase），它可以切断混入尿苷的糖苷键，形成**无 P 嘌呤和无嘧啶位点**（apurinicorapyrimidinic，AP），再由 AP 内切酶在 AP 位点切出一个缺口，进一步进行切除修复（图 7.27）。在细胞内，尿嘧啶 *N*-糖苷酶作用较快，而 AP 酶作用较慢，在新链合成之初约 1200bp 就有可能掺进一个“U”，但很快就被尿嘧啶 *N*-糖苷酶切断糖苷键，在 AP 酶未作用前，在脉冲标记实验中就提取了 DNA，用 NaOH 沉淀时，AP 位点易断裂，所以前导链也成了小片段。以下实验证实了这个解释。①在 *dut*⁻（dUTPase 缺失）突变体中冈崎片段比在 *dut*⁺ 中为短，这是因为 U 掺入机会增加。②在 *ung*⁻（尿嘧啶 *N*-糖苷酶缺失）突变体中，新合成的 DNA 约有一半由片段组成，这是因为尿嘧啶 *N*-糖苷酶缺失，不会切除 U 的糖苷链，也就不会出现 AP 位点，所以碱沉淀时不易断裂，从而保持了半不连续的原貌。③在 *dut*⁻ *ung*⁻ 双突变体中，结果和实验②相同，更进一步证实了此推测。

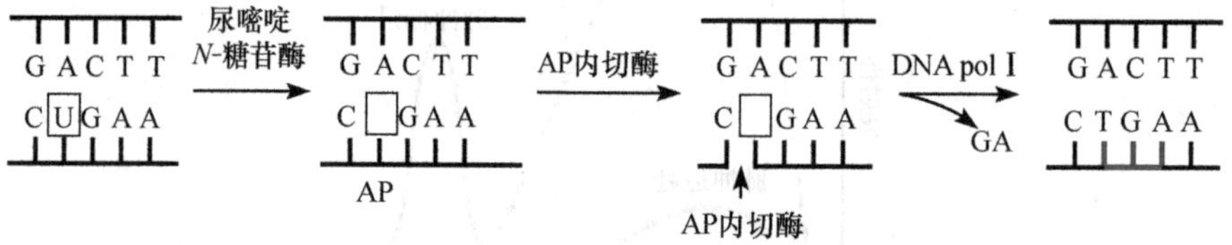

图 7.27 在 DNA 合成中 U 的切除和修复

（三）复制是半不连续的

E. coli 中的 DNA 复制由 *oriC* 区域开始，进行双向复制，从而形成两个方向相反的复制叉。复制过程由解旋酶解螺旋，切开氢键，打开双链，拓扑异构酶使解旋产生的正超螺旋恢复成负超螺旋，然后 SSB 蛋白结合到单链上，使其稳定，暂不复性。聚合酶Ⅲ分别以复制叉上两条单链为模板，按 5′→3′方向合成新链。前导链由 DNA 聚合酶Ⅲ在最初的 RNA 引物的 3′-OH 上连续延伸，直到完成。在后随链上合成甚为复杂。由 PriA、B、C、DnaB、C、DnaT 及引发酶结合形成**引发体**（primosome），合成 2～5nt 的引物 RNA，DNA 聚合酶Ⅲ在引物 RNA-3′-OH 上加入 dNTP 合成 1～2kb 的冈崎片段，然后由 DNA 聚合酶Ⅰ用 5′→3′外切酶活性切除引物，再从冈崎片段的 3′端合成短片段 DNA，填补空缺。相邻两片段之间的缺刻由连接酶封闭，完成半不连续复制（图 7.28，图 7.29）。

三、复制体和二聚体聚合酶模型

DNA 双链的两条单链具有相反的极性，在合成过程中，DNA 聚合酶都只能按 5′→3′进行 DNA 合成，那么它们在复制叉上的移动方向按理是相反的。但采用放射自显影技术和电子显微技术对 DNA 复制过程的研究表明，在复制叉上所合成的两条新链都是以同一个方向延伸的，这样就形成了矛盾。为了解决这个矛盾，生物化学家们曾经试图找到一种可按 3′→5′进行 DNA 合成的聚合酶，然而却一无所获；相反，实验证明所有的 DNA 聚合酶都只能从 5′→3′方向合成 DNA。

后来人们发现每一个复制叉含有特别大的聚合酶Ⅲ复合体，此复合体是一个不对称的二聚体，可能同时催化两条链。在电镜下观察到真核生物的双螺旋 DNA 聚合酶 α 也同样具有两个活性部位，推测双螺旋复制也是同向复制的。

所谓**复制体**（replisome）是由解旋酶、引发酶

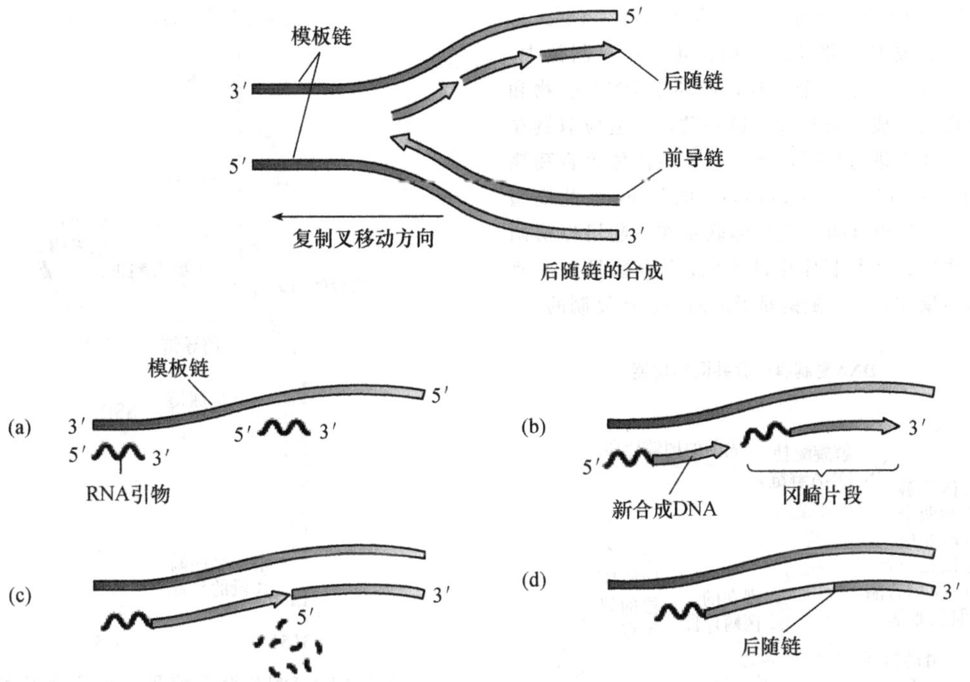

图 7.28　生长中的复制叉的全部结构（上）和后随链合成的步骤（引自 Griffiths et al，1999）

(a) 从 DNA 拷贝的 RNA 寡聚核苷酸（引物）；(b) DNA 聚合酶Ⅲ延伸，在 RNA 引物上合成新 DNA；(c) DNA 聚合酶Ⅰ切除邻接片段的 5′RNA，并填补缺口；(d) DNA Ⅰ连接酶封闭两个片段间的缺刻

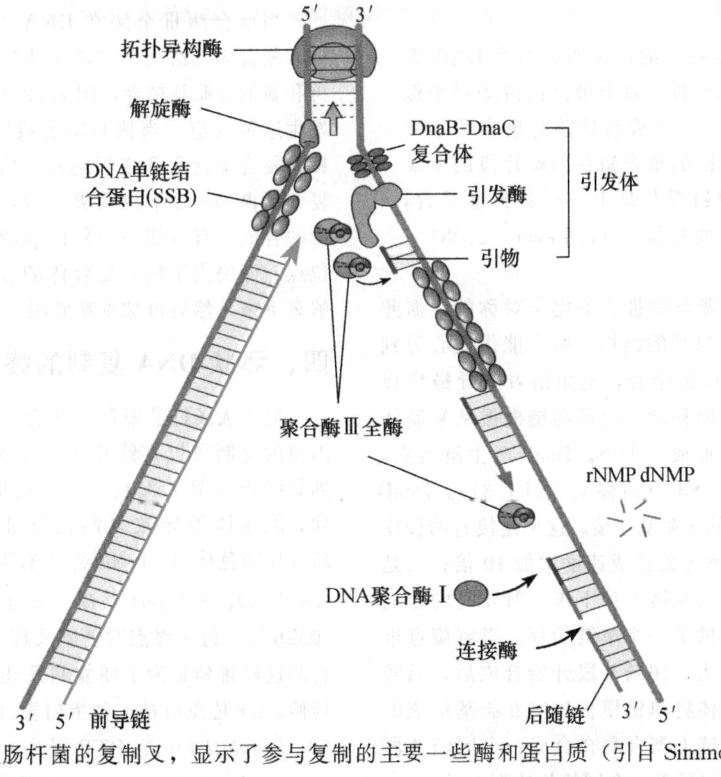

图 7.29　大肠杆菌的复制叉，显示了参与复制的主要一些酶和蛋白质（引自 Simmons，2003）

rNMP，ribonucleoside monophosphates（核苷-磷酸）

和 DNA 聚合酶Ⅲ全酶组成的复合体，它在 DNA 合成时，沿着复制叉移动的方向推进。在复制体中，后随链模板形成了一个回环，使环中 RNA 引物和冈崎片段的合成方向与前导链一致，以适应双链在同一复制体上进行复制，此模型称**二聚体聚合酶模型**（dimeric polymerase model）（图 7.30）。此模型的特点是：①聚合酶和引发体联系在一起可以协调它们的作用；②复制体中的 DNA 聚合酶Ⅲ是两侧对称的多聚体；③后随链是形成回环进行复制的。

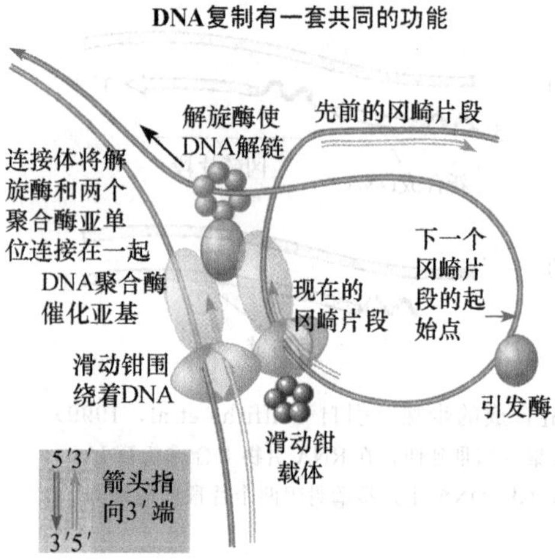

图 7.30　形成复制叉的解旋酶和两个 DNA 聚合酶催化亚基相连接，每个都是由滑动钳来保持与 DNA 的结合。合成前导链的聚合酶连续移动；合成后随链的聚合酶在冈崎片段的末端解离，然后在单链模板环上与引物再度结合，合成下一个冈崎片段（引自 Lewin，2008）

实际上 DNA 聚合酶Ⅲ是不完全对称的，据此人们进一步推测复制叉的结构。两个催化核心分别和 DNA 的两条模板链结合，全酶沿着前导链模板随着复制叉的移动而移动，而后随链模板从复制体上“拉出”一段，形成一个环。DnaB 产生解链点，并沿着后随链以 5′→3′方向移动（图 7.31）。DnaB 与 DNA 聚合酶Ⅲ的 τ 亚基连接。这个连接有两种作用：一是可以使 DNA 的合成速度增加 10 倍；二是防止前导链的聚合酶从链上掉下来。前导链的合成为后随链的合成提供了一个单链的环。当解旋点推进时这个环变得更大。冈崎片段开始合成后，后随链上的酶核心复合体将单链模板拉向 β 亚基形成的“滑动钳”。在后随链上聚合酶在合成一个冈崎片段之前，单链至少需要延伸一个冈崎片段那么长。

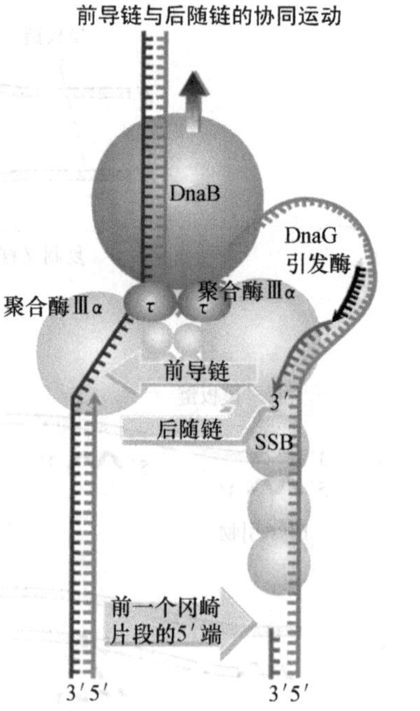

图 7.31　DNA 聚合酶Ⅲ的两个催化核心分别合成一条子链，DnaB 负责推动复制叉的前移（引自 Lewin，2004）

当聚合酶Ⅲ全酶在 DNA 上遇到一个裂口时，核心复合体和滑动的“滑动钳”离开，然后在别处再和新的 β 亚基结合，图 7.32 表示在冈崎片段末端发生这种反应。当核心酶合成完一段冈崎片段时，核心复合体就会和模板解离，将环释放出来，核心复合体再和一个 β 滑动夹结合，起始下一个冈崎片段的合成。有可能一个新的 β 滑动钳已存在于起始位点。而失去了核心复合体的 β 滑动钳将从模板上解离下来，然后再被重新使用。

四、环状 DNA 复制的终止

对于大肠杆菌染色体和有些质粒而言，环状基因组的复制可以在终止区（称为 *ter* 位点）特定序列处终止（图 7.33）。*ter* 位点是一个 23bp 的短序列，能在体外导致复制的终止，且具有方向性。*E. coli* 染色体的 *ter* 位点含有两对反向重复序列（*terE*、*D*、*A* 和 *terC*、*B*），位于相遇点的任意一侧 100kb 处。每一终点对复制叉移动的方向是特异的，它们这样排列是为了使复制叉能通过另一个终点而延伸。*ter* 位点可被一种蛋白质（*E. coli* 中是 Tus 蛋白，*B. subtilis* 中是 RTP 蛋白）所识别，***tus***（terminus utilization substance）基因编码的结合蛋白

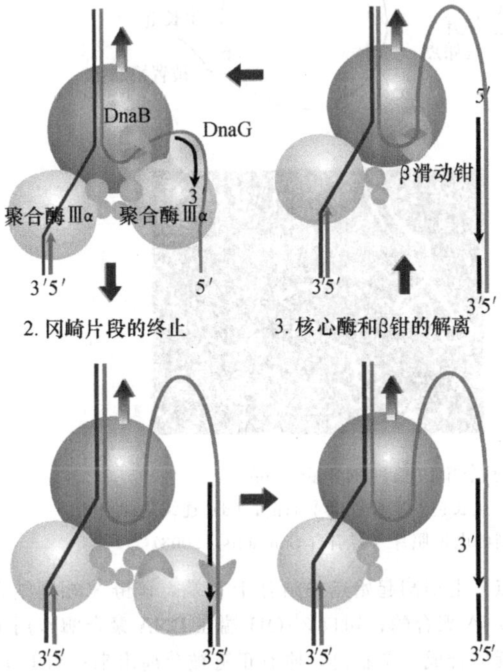

图 7.32 聚合酶Ⅲ的核心酶与 β 滑动钳在冈崎片段合成之后解离，并在下一个起点重新结合（引自 Lewin，2004）

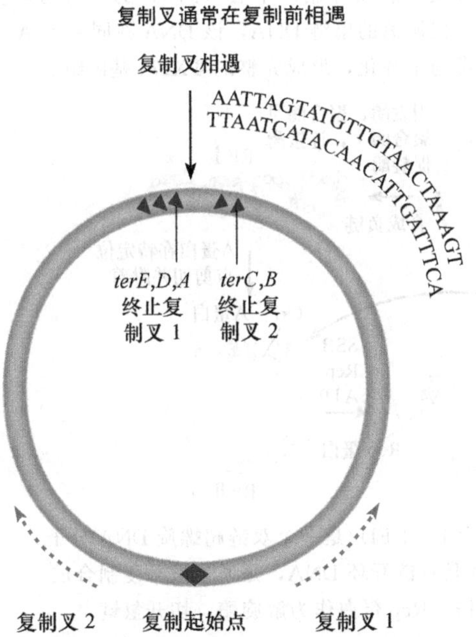

图 7.33 *E. coli* 的复制终止位点在复制叉实际相遇点的两侧（引自 Lewin，2008）

Tus（36kDa）通过与 *ter* 位点形成复合物来阻止复制叉前进而终止复制。

有的环状染色体并没有特定的终止位点，如 λ 噬菌体就是通过简单的碰撞而终止的。

五、滚环复制模型

许多噬菌体 DNA 的复制都采用了**滚环复制**（rolling circle replication）的方式。滚环复制又叫 **σ 复制**（σ replication），由 W. Gilbelt 和 D. Dressler 在 1968 年提出。σ 复制不同于 θ 复制的模式。ΦX174 基因组的复制、λ 的增殖、接合以及真核生物 rDNA 的扩增都是以这种模式复制的。

（一）滚环复制过程

在滚环复制过程中，复制叉沿着环状 DNA 模板无限制地绕圈复制新链；每绕一圈，新合成的子链就替换了上一圈新合成的子链，并产生一条多聚体的单链尾巴（图 7.34）。从这条多聚体单链尾巴上切下一个单位长度，就可形成一个线性拷贝，线性拷贝可保持单链状态（如噬菌体 ΦX174），也可通过合成一条互补链而转换为双链；线性拷贝环化后可形成与模板一致的环状 DNA。

（二）滚环复制的特点

滚环复制有以下的特点。①共价延伸。θ 复制是以引物的 3′-OH 为起点，以亲代链为模板从头合成一条新链，新链和旧链不分开。但 σ 复制是先在一条亲代链（正链）上切一缺口，然后以另一负环为模板，在正链切口上的 3′-OH 上延伸，新合成的链和正链连在一起。②模板链和新合成的链分开。θ 复制是半保留合成的，一条新合成的单链总是和模板链互补地结合在一起形成一条子链。而 σ 复制 3′端不断沿环状模板合成，5′端脱离负环，随着复制游离的 5′端越来越长，和环形模板完全分开。③不需 RNA 引物，可在正链 3′-OH 上延伸。④只有一个复制叉，而 θ 复制一般都有两个复制叉。⑤形成**多联体**（concatemer）。5′端游离的部分经半保留复制形成双链，并含有多个基因组，串联在一起称为多联体。

参与滚环复制的除 A 蛋白和 SSB 以外，还有 Rep 蛋白（解旋酶）、DNA 聚合酶Ⅲ、DNA 聚合酶Ⅰ、RNA 聚合酶、连接酶等，形成复制体，催化连续复制和半不连续复制。

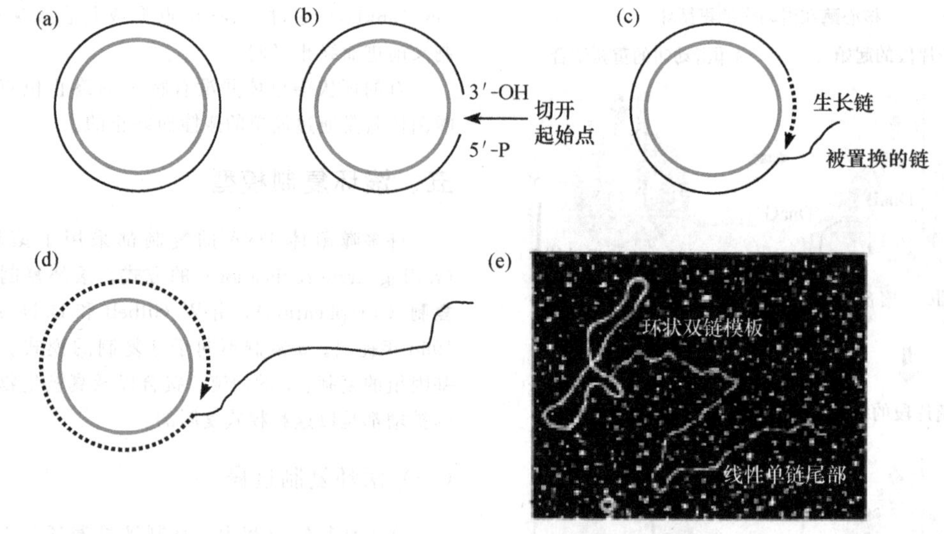

图 7.34　DNA 的滚环复制产生多个单位长度的单链尾部

(a) 环状双链 DNA 模板；(b) 复制在一条链上起始；(c) 生长链的延伸置换了旧链；(d) 连续延伸产生的被置换链达到了多个单位长度；(e) 滚环复制的电镜照片（转引自 Simmons，2003）

六、噬菌体环状 DNA 的复制

噬菌体 ΦX174 的是 DNA 为单链环状，基因组为正（+）链。其复制的第一步是合成一条互补的负（−）链，产生双链环，称为**复制型**（replication form，RF）；然后通过滚环复制产生新的正链基因组。

其复制过程中，双链环先转换成超螺旋的共价闭合环状结构；A 蛋白（由噬菌体基因组编码）可在双链 DNA 的正（+）链的特定位点（复制起始点）上切割起始点并结合于 5′端，该链 3′端则结合 DNA 聚合酶；切口 3′-OH 端在 DNA 聚合酶作用下延伸合成一条新链，原有正链被分离出来；当 DNA 聚合酶合成的新链绕达起始点并替换起始点后，先前的 A 蛋白可再次识别复制起始点，在复制起始点产生切口，并结合于新切口的 5′端；这样，新一轮滚环复制启动并循环下去（图 7.35）。新切口会产生一段游离的单链 DNA，该 DNA 在同一个 A 蛋白的参与下环化，形成完整的 ΦX174 基因组。

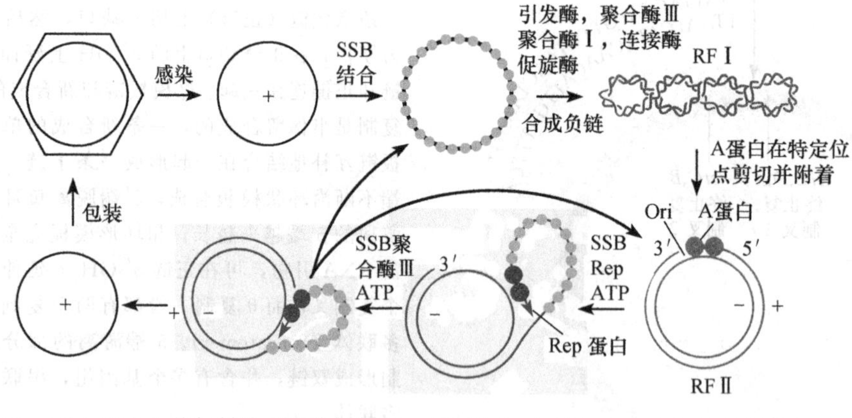

图 7.35　ΦX174DNA 的复制涉及两种复制型。复制型Ⅰ（RFI）是一个双链超螺旋 DNA 分子，是以正链为模板合成一条互补的负链而形成的。RFI 是双链开环 DNA，是通过滚环复制合成新的正链。A 蛋白识别一个发夹结构，切开单链。Rep 蛋白作为解旋酶，切开氢键

ΦX174 基因组的复制特点是滚环复制产生的单链不再进行半保留复制，而单独形成环，每环含一个基因组，因此又称为**成环滚环复制**（looped rolling circle replication）。

七、噬菌体线状 DNA 的复制

噬菌体线状 DNA 的复制的起始有两种类型：一种是从中间起始，如 T7；另一种是从末端起始，如腺病毒。

（一）T7 噬菌体 DNA 的复制起始

T7 噬菌体是线状 DNA 噬菌体，整个基因组为 39 937bp，在标明的 56 个基因中，已鉴定了 44 个基因的产物。T7 是位于基因组的近左端约 17%处的基因 1～1.1 之间的长 184bp 的区域（图 7.36）。复制起始区包括两个长 23bp 的启动子（φ1.1A 和 φ1.1B），两者序列不完全相同，但同源性很高；在两个启动子之间有一 RNase Ⅲ 的切点。另外还邻接一个长 61bp 的 A-T 丰富区，在 A-T 丰富区中有 7 个短的回文序列 TTAA。

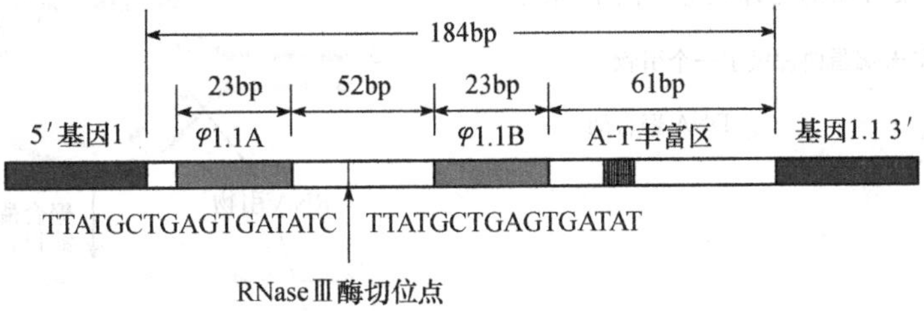

图 7.36 T7 噬菌体复制起始区的结构

复制时 φ1.1 A 和 φ1.1 B 两个启动子中任一个都可以起到激活的作用，在邻接的 A-T 丰富区打开双链，并为前导链的合成提供了引物。在 A-T 丰富区 DNA 聚合酶利用 RNA 3′-OH 为起点继续合成 DNA 前导链。A-T 区形成开放复合体后，基因 4 的产物就结合在一条单链上，水解三磷酸核苷，为复制提供能量，并起到解旋酶活性，沿 5′→3′方向解开双链。在 A-T 丰富区遇到 5′TGGTC 3′时，激发引发酶活性，合成短片段 pppACCC 或 pppACCA 的 RNA 作为后随链的引物。

（二）腺病毒复制的起始

病毒线状双链 DNA（sdDNA）的复制有的是从一端开始的，像这种情况如何提供引物是一个十分有趣的问题。现已分离了一些与末端起始复制有关的蛋白质，研究得较清楚的是腺病毒（adenovirus）、Φ29 DNA 和脊髓灰质炎病毒（poliovirus）。我们以腺病毒为例来介绍 DNA 末端起始复制。

腺病毒全长 35 937bp，是一种较大的线性 dsDNA，两端各有反向重复序列 103～162bp，两末端各有 50bp 为复制起点，其复制是用**单链取代**（strand displacement）的机制。新链的合成开始于两端的任意一端，并取代同源非模板链。当复制叉到达分子另一末端时，被置换链释放出来，形成一条游离的单链。这条单链进行独立的复制，首先是通过两端的反向重复序列相互配对，形成一个大的“平锅形”茎环，作为双链复制的起始点(图 7.37)。

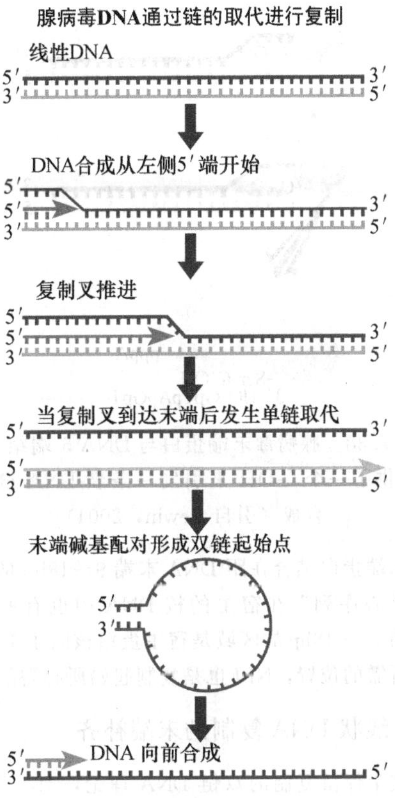

图 7.37 腺病毒 DNA 在分子两端启动复制，并通过单链取代进行延伸（引自 Lewin，2004）

腺病毒的这种复制机制需要在 DNA 的 5′端共价附着一个**末端蛋白**（terminal protein，TP），该蛋白质的丝氨酸通过磷酸二酯键与病毒 DNA 的 5′端相连。这种 80kDa 蛋白质实际上是起始复制的特异蛋白。但在成熟的病毒中，它被切成较小的蛋白质保留在病毒中。

末端蛋白携带一个胞苷，其游离的 3′-OH 为 DNA 聚合延伸反应提供引物。末端蛋白和 DNA 聚合酶形成一个复合物，该复合物可结合在腺病毒 DNA 的端部，并由末端蛋白的胞嘧啶核苷酸游离的 3′-OH 来引发 DNA 聚合酶的延伸反应（图 7.38）。

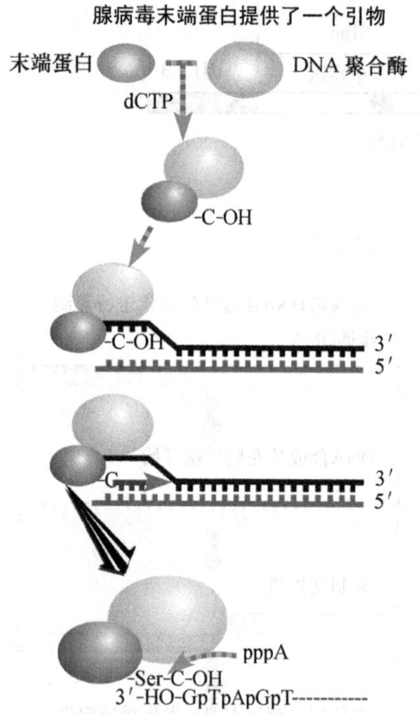

图 7.38　腺病毒末端蛋白与 DNA 5′端结合，提供了一个 C-OH 来引发一条新 DNA 链的合成（引自 Lewin，2004）

末端蛋白结合在距 DNA 末端 9～18bp 的区域，此“核心序列”在宿主的核 DNA 中也有所发现。相邻的 17～48bp 的区域是宿主蛋白核因子 I（NFI）结合所需的位置，NFI 也是复制起始所必需的。

（三）线状 DNA 复制的末端补齐

按半保留复制的双链 DNA 理论，当 5′端引物被切除后，因没有 3′-OH 的存在，而 DNA 聚合酶不能从头起始，必须在引物的 3′-OH 上延伸，所以无法将缺少的一段补起来，这样一来，新合成的链每一轮会减短一个引物的长度（图 7.39）。所以线性基因组需要特殊的策略来完成它的 5′端，而环形基因组因首尾相连而避免了这个难题。很多线性复制子则通过在它们的复制循环中采取一环形构象来解决末端问题（如 λ 噬菌体）。腺病毒利用末端蛋白在 DNA 分子两端启动复制也是解决 5′端缺失的一种策略。串联体模型则是解决 5′端缺失的另一种策略。

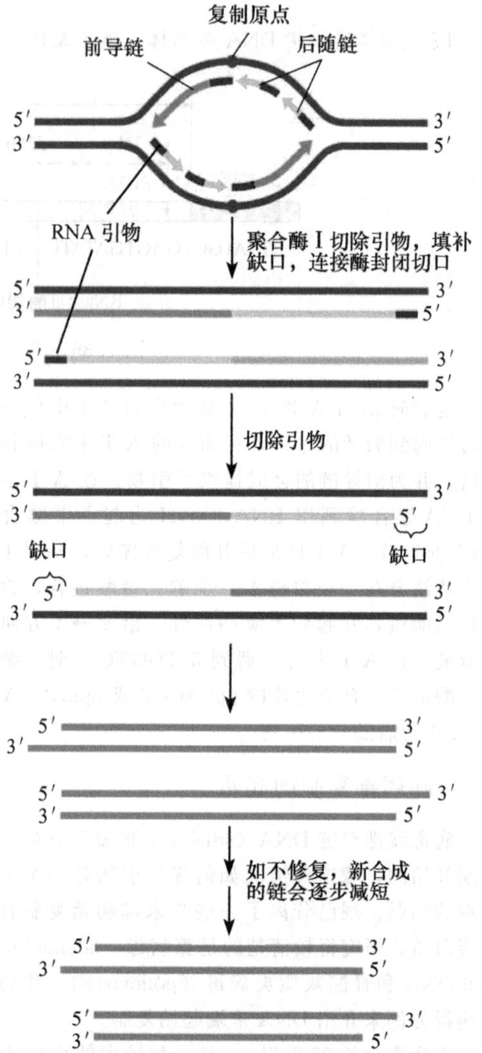

图 7.39　线性 DNA 复制，后随链 5′端会留下缺口，不同的生物将采取不同的策略避免这种情况的发生（引自 Becker et al.，2009）

1972 年 J. D. Watson 提出了“末端复制问题”，他同时建立了**串联体**（concatemer）假说，并推测真核生物需要一种特殊机制来确保线性染色体末端的完整复制。串联体假说首先解决 T7 线形染色体复制终止的难题。T7 噬菌体线形染色体的两端具有

丰余末端（redundant end），为长 160bp 的重复序列。当 T7 线性 DNA 分子复制时，并没有产生单个的后代分子，而是产生很长的端端相连的串联体，它们含有重复的完整基因组。串联体模型如图 7.40 所示，两个 5′端有空缺的分子通过 3′端凸出的重复序列互补配对。然后 DNA 多聚酶 Ⅰ 从 3′端延伸填补起这个空缺，留下最后的裂隙由连接酶封闭，产生了一个大分子串联体，再由限制酶在连接处交错切割，产生 3′凹端，由 DNA 多聚酶 Ⅰ 在 3′-OH 上延伸填补新的缺口，产生两条完整的双链。由于在 T7 侵染的细菌中分离到了 T7 的串联体，因此这一模型也得到了承认。

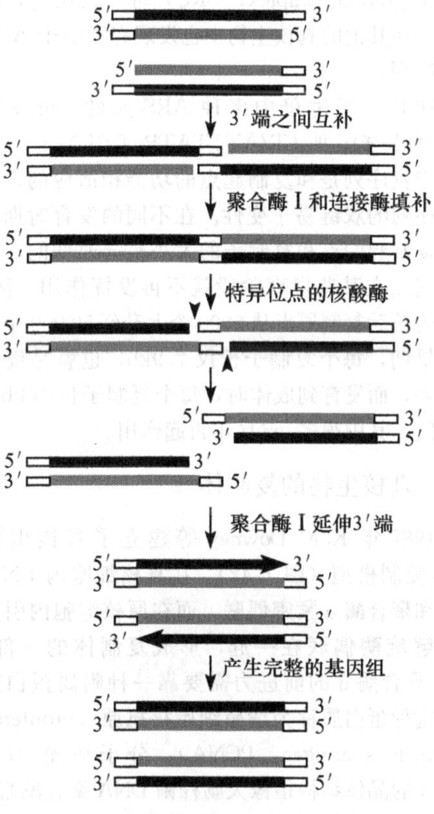

图 7.40　T7 噬菌体的线性 DNA 复制终止的串联体（concatemer）模型（引自 Simmons，2003）

第七节　真核生物的 DNA 复制

真核生物的 DNA 复制在很多方面都与原核生物相似。虽然真核生物的 RNA 引物及冈崎片段都比原核生物短些，但其半不连续的复制模式和原核生物是相同的。真核生物的染色体结构相对比较复杂，所以真核 DNA 的复制也有其不同的特点。

如前所述，真核 DNA 被包装在称为核小体的结构中。这些核小体会参与复制叉的移动吗？如果不会，那么复制体又如何越过核小体？在复制过程中，核小体是完全或是部分解开？还是保持原始状态，而由复制体在缠绕核小体的 DNA 上滑行来完成复制的？最后，由于真核染色体是线性的，如何解决复制终止时所产生的 5′端空缺问题，一直是个难题。

一、真核生物 DNA 复制的特点

真核生物的 DNA 合成只发生在细胞周期中相对较短的时间里，而原核生物的 DNA 合成却是连续进行的；真核染色体一般包含有多个复制起点，而原核生物一般只有一个复制起点；原核生物在复制叉上仅用一种 DNA 聚合酶的复合体，分别复制前导链和后随链，而真核生物在复制前导链和后随链时需要不同的聚合酶起作用；在原核生物中第一轮复制尚未结束前第二轮复制又从 *ori* 区开始了，此称为**成熟前起始**（premature initiation），而在真核生物一般情况下要等第一轮复制结束后第二轮才开始。

（一）真核染色体有多个复制子

每一条真核生物的染色体都是一条线状双链 DNA 分子，若每条染色体只有一个复制起点的话，那么要完成整套染色体的复制要花费很多时间。例如，人类单倍体基因组（23 条染色体）有 2.75×10^9 bp，平均每条染色体长约有 10^8 bp，在人的细胞中复制的速率为 2kb/min，那么将要花费 830h 才能完成一条染色体的复制。实际上人的细胞周期为 72h。若每个细胞的周期要比人类胚胎发育时间还要长的话，那么妊娠的时间就需要许多年而不是“十月”怀胎了。实际上真核 DNA 复制比以一个 *ori* 推算的结果快得多。例如，果蝇基因组要比 *E. coli* 的大 36 倍，但果蝇胚胎二倍体整个染色体只需 3min 就可复制完，这比 *E. coli* 的染色体复制要快 6 倍。果蝇 DNA 复制之所以这样快，主要是因为在其基因组中有多个复制起点，在真核生物中普遍如此。

表 7.6 表明细菌和真核生物的复制子数目、平均长度和复制叉移动的速率。真核生物基因组的复制子相对于原核生物较小，且复制的速率要比原核生物慢得多。酵母和果蝇的复制子一般为 40kb，动

物细胞一般为 100kb 左右。真核的复制起始点的数目和复制单位的大小是随着细胞的特点变化而改变的，如不同生长速率的细胞和不同组织的细胞。

表 7.6　细菌和真核生物复制的比较

生物	复制子数	复制子长度/kb	复制速率
细菌（*E. coli*）	1	4 200	50kb/min
酵母（*S. cerevisiae*）	500	40	3.6kb/min
果蝇（*D. melanogaster*）	3 500	40	2.6kb/min
爪蟾（*X. laevis*）	15 000	200	500bp/min
小鼠（*M. musculus*）	25 000	150	2.2kb/min
蚕豆（*V. faba*）	35 000	300	

在生物的基因组中，并非所有的复制子都同时进行 DNA 复制，而是有一定的起始时间顺序。不同类型的细胞复制起始的顺序也不同，现在尚不清楚控制复制早迟的分子机制。图 7.41 表明一段 DNA 上的两个复制子在不同的时间开始复制，当两个相邻的复制叉延伸，融合后染色体就变成了两条染色单体。在一般情况下随着一组复制起点的同步激活，染色体 DNA 片段开始复制。该过程可通过放射自显影研究证实。

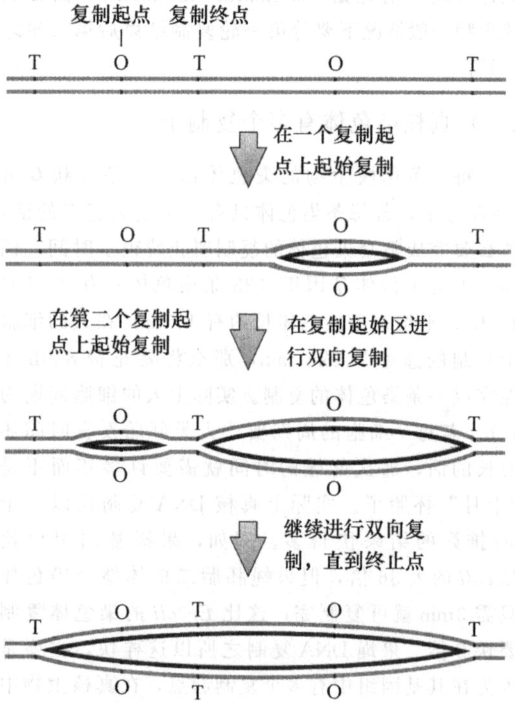

图 7.41　真核生物具有多个复制起点

（引自 Simmons，2003）

（二）自主复制序列

真核染色体的复制起始点也由特定的 DNA 序列组成。在酿酒酵母（*S. cerevisiae*）基因组中，具有能充当复制起始位点的 DNA 序列称为**自主复制序列**（autonomously replicating sequence，ARS）或 **ARS 元件**（ARS element），起始点识别复合物（origin recognition complex，ORC）可与其结合，启动复制。在其他的真核生物中也发现有类似于 ARS 元件的序列。

比较一下酵母中多种 ARS 元件，可发现有 11bp 的保守序列（T/ATTTATPuTTTA/T）。这个 A-T 丰富序列是和复制起点的功能相适应的，因为这段序列的双链易于变性。在不同的发育时期，真核的复制起始点和复制子的大小是会改变的，有些复制起点在某些发育阶段就不再发挥作用。例如，果蝇受精后复制原点从 5000 个上升到 50 000 个。在发育早期，每个复制子长仅 7.9kb，也就是说复制子较多，而发育到成体时，每个复制子长 40kb，毫无疑问，其中很多 *ori* 区不再起作用。

（三）真核生物的复制体

1987 年 K. M. Downey 等建立了真核生物的 DNA 复制模型（图 7.42）。在真核细胞内 DNA 引发酶和聚合酶 α 紧密偶联，而在原核细胞内引发酶是和解旋酶偶联在一起，形成复制体的一部分。DNA 聚合酶 δ 的前进力需要靠一种附属蛋白来维持，这种蛋白质称为**增殖细胞核抗原**（proliferating cell nucleus antigen，PCNA），分子质量 37kDa。PCNA 的晶体结构很像大肠杆菌 DNA 聚合酶Ⅲ的 β 亚基，其三聚体可形成一个围绕 DNA 的环，所以它的功能可能是通过形成一个"滑动钳"把 DNA 聚合酶 δ"夹在"在 DNA 模板上。此外还有两种蛋白质——**复制因子 A**（RF-A）和**复制因子 C**（RF-C），前者相当于原核的 SSB 蛋白，结合单链，使其保持稳定；后者是滑动钳的安装器，负责组装 PCNA，维持复制的前进性。这两类生物的复制体的差别见表 7.7。

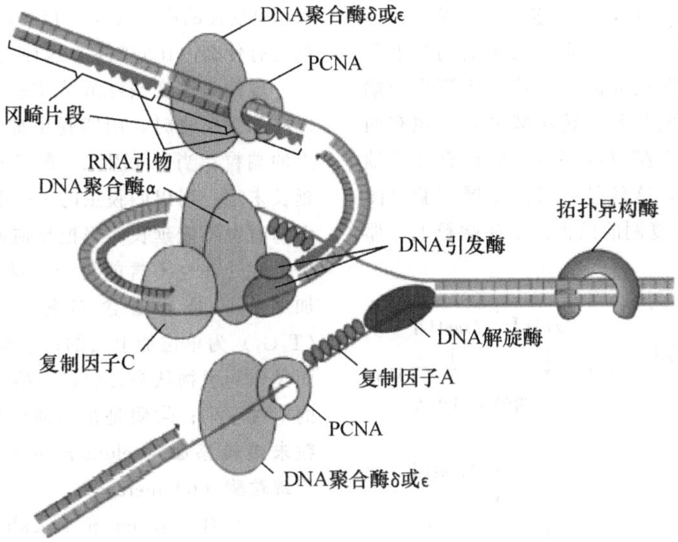

图 7.42　在真核生物复制叉上至少有两个 DNA 聚合酶，即 α、δ 或 ε 起作用。DNA 聚合酶 δ 或 ε 复制前导链，并完成冈崎片段的合成；DNA 聚合酶 α 起始后随链上的复制。增殖细胞核抗原功能类似于滑动钳（引自 Simmons，2003）

表 7.7　细菌和真核复制体的成分和性质

复制体性质/成分	细菌	真核生物
一般性质的比较		
复制起点	单个	很多
延伸速度	100kb/min	2kb/min
冈崎片段	1～2kb	100～200bp
引发策略	引发酶产生引物，由聚合酶Ⅲ延伸	由聚合酶 α 延伸，由聚合酶 δ 完成
复制多聚酶	单体有不同进行性的异源二聚体	每条链有不同的酶，有不同的进行性
拓扑学	疏松和卷曲之间存在平衡，净为负超螺旋	浓缩在核小体中的负超螺旋。高级结构影响拓扑学
复制体成分的比较		
复制多聚酶	聚合酶Ⅲ全酶	聚合酶 δ/聚合酶 α
进行性因子	β 亚基	PCNA
定位因子夹	γ 亚基	RF-C
引发酶	DnaG	polα：引发酶
解旋酶	DnaB（定位需要 DnaC）	Dna2 和 FEN1 等
引物去除	RNaseH 和聚合酶Ⅰ	RNaseH1 和 MF-1 核酸酶
后随链修复	聚合酶Ⅰ和 DNA 连接酶	polδ/polε 和 DNA 连接酶Ⅰ
拓扑异构酶	促旋酶	topo Ⅱ
单链结合	SSB	RF-A

二、端粒酶与真核生物 DNA 复制的终止

真核生物的染色体也是线形的，复制终止时也像 T7 会面临 5′端空缺的问题。这在真核染色体中是依赖端粒酶（telomerase）的复制来解决的。

（一）端粒酶的发现

1984 年 J. Shampay、J. W. Szostakand 和 E. H.

Blackburn 构建了线性质粒，两端连接了四膜虫的端粒，转化到酵母后，这一线性质粒的两端仍加上了酵母的端粒。当将线性质粒的一端连接四膜虫的端粒，另一端连接酵母的端粒，转化酵母后发现有四膜虫端粒的一端仍加上酵母的端粒，而在有酵母端粒的另一端保持不变，这就是有名的加尾实验（图 7.43），结果表明端粒复制的模板并不在端粒上，那么模板在何处？

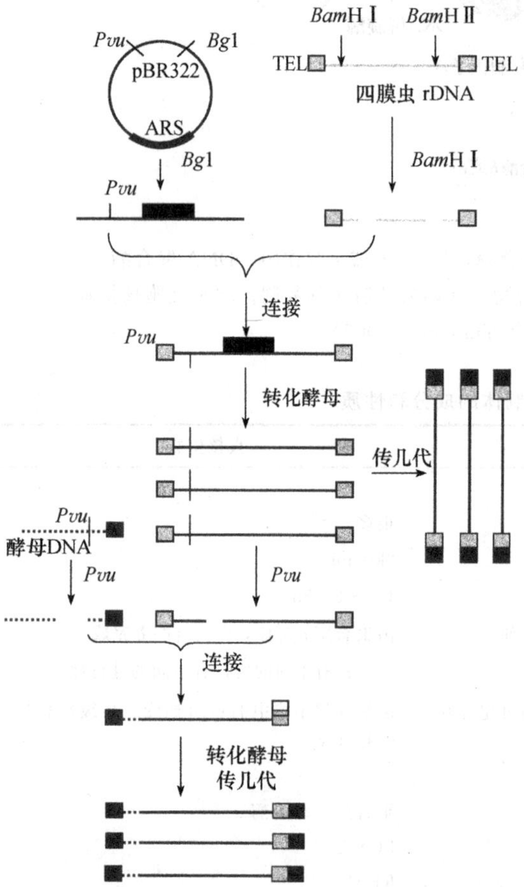

图 7.43　四膜虫与酵母 TEL 的拼接及酵母细胞将其特有的 TEL 加到四膜虫的 TEL 上（参考 Shampay et al.，1984）

1985 年 C. W. Greider 和 E. H. Blackburn 进行了体外实验来寻找端粒复制酶的线索。她们用四膜虫无细胞抽提物在体外进行了端粒的“加尾”实验，即以四膜虫末端重复序列 $(G_4T_2)_4$ 为引物，以同位素标记的 dGTP 和 dTTP 为底物进行“加尾”，结果抽提物可以使引物延伸几百个 nt，且以 6 个 nt 序列 (G_4T_2) 为单位往返重复，既然末端序列不作为模板，但延伸的序列又和它相同，那么加尾和末端结构到底有什么内在的联系？这种复制酶是否需要识别？

她们又改变条件继续实验，当以酵母的末端重复序列为引物时，用四膜虫抽提物加上的仍是四膜虫的端粒；当以 pBR322 的片段为引物时，则不能延长末端；当以四膜虫的另一条互补链 $(C_4A_2)_4$ 为引物时也不能延长；当把反应基质加热到 90℃ 或用蛋白酶处理也不再能延长末端。这表明：①端粒的加尾方向是按富含 G 链 5′→3′ 延伸，每次以 (T_2G_4) 为单位加上去的；②端粒本身不作为模板，而是作为引物从头合成；③酶系能识别拟被“加尾”的末端序列；④酶是蛋白质性质的。她们称其为**端粒末端转移酶**（telomere terminal transferase），现称**端粒酶**（telomerase）。

1987 年 Greider 和 Blackburn 分离纯化了端粒酶，其分子质量为 200～500kDa。进一步分析发现端粒酶是一种含 RNA 的反转录酶，RNA 长 159nt（图 7.44）。

（二）端粒酶与端粒的复制

1989 年，Greider 和 Blackburn 建立了端粒的复制模型（图 7.45）。反应分三步进行。①结合：首先是端粒酶与端粒 DNA 结合，端粒酶中的 RNA 与凸出的 3′端引物配对。②延伸：以端粒酶中的 RNA 为模板，在 DNA 的 3′端合成 DNA，延伸 6nt。③移位：合成一个重复单位后，端粒酶向 DNA 模板新合成的 3′端移动，引物再和模板配对，就这样循环往复，周而复始。

端粒酶合成单个的重复单位，将重复单位加到前导链 DNA 的末端，但它本身不控制重复单位的数量。另一些蛋白质决定了端粒的长度，这些蛋白质可能与端粒酶结合，并通过控制端粒酶与底物的接近来决定端粒的长度。然后，互补链通过聚合酶 α/引发酶复合物用常规引物合成，填补了 5′端的缺口。去除引物后，染色体 DNA 突出的 3′端回折成**端粒环**（telomere loop）（见第四章）。

三、线粒体的 D 环复制

按共生学说，真核生物的线粒体来源于原核生物，它的染色体也是环状的，但复制十分特殊（图 7.46）。哺乳动物的线粒体 DNA（mtDNA）有两个复制起点，一个在重链（H）上，另一个在轻链（L）上。这部分的亲代 L 链被新 L 链所取代，形成一个**取代环**（displaced loop），也称 **D 环**（D loop），

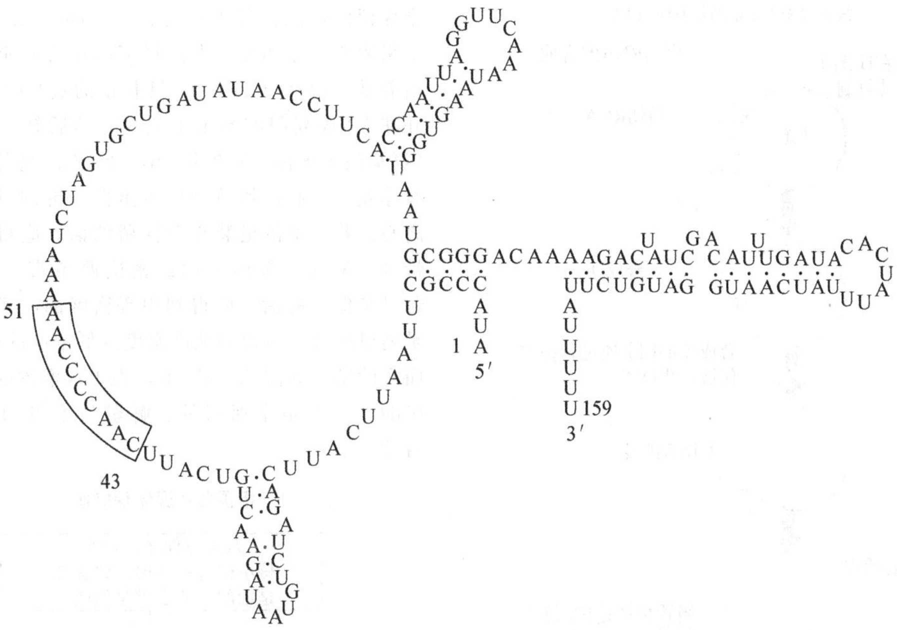

图 7.44　四膜虫端粒酶中含有的小分子 RNA，框内为合成端粒的模板序列
（引自 http://www.newworldencyclopedia.org/entry/RNA）

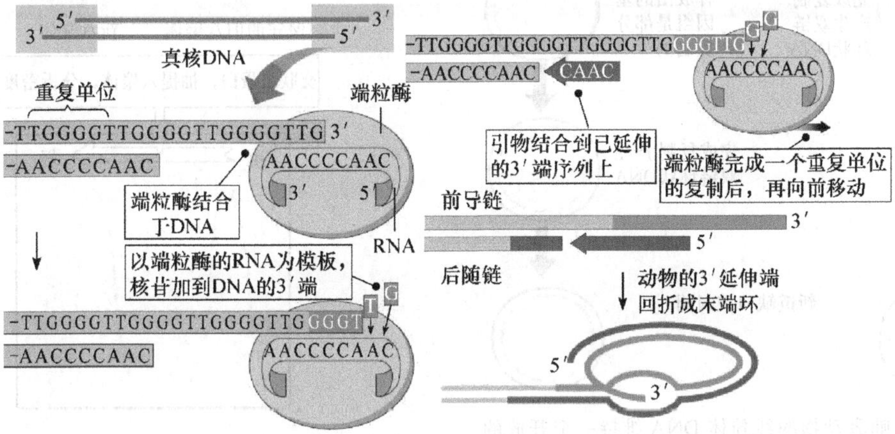

图 7.45　端粒的复制模型（引自 http://www.mun.ca/biology/）
端粒酶通过酶内部的 RNA 模板与 DNA 3′端单链突出端配对来实现自身的定位，以 3′端—OH 为引物，在模板的指导下逐个添加 T 和 G，完成一个重复单位的复制后，再向前移动，合成下一个重复单位。在动物中，延伸的 3′端回折成末端环

长 500～600bp。随着 L 链的合成，D 环不断扩展。当置换环达到 mtDNA 2/3 处时，L 链上的复制起点（*ori*）暴露出，新 H 链开始合成。新的 L 链完全合成后，释放出子代的 L 环，此时亲代 L 环部分进行了复制。经继续合成，最终也完成复制产生带一个缺口的双环。两个新的 L 链和 H 链的缺口被封闭起来，完成全部复制。有的生物（如爪蟾）的线粒体只有一个长的 D 环，而另一些生物有几个短的 D 环，如四膜虫线性 mtDNA 就有多达 6 个 D 环。在高等植物的叶绿体中有 2 个 D 环。

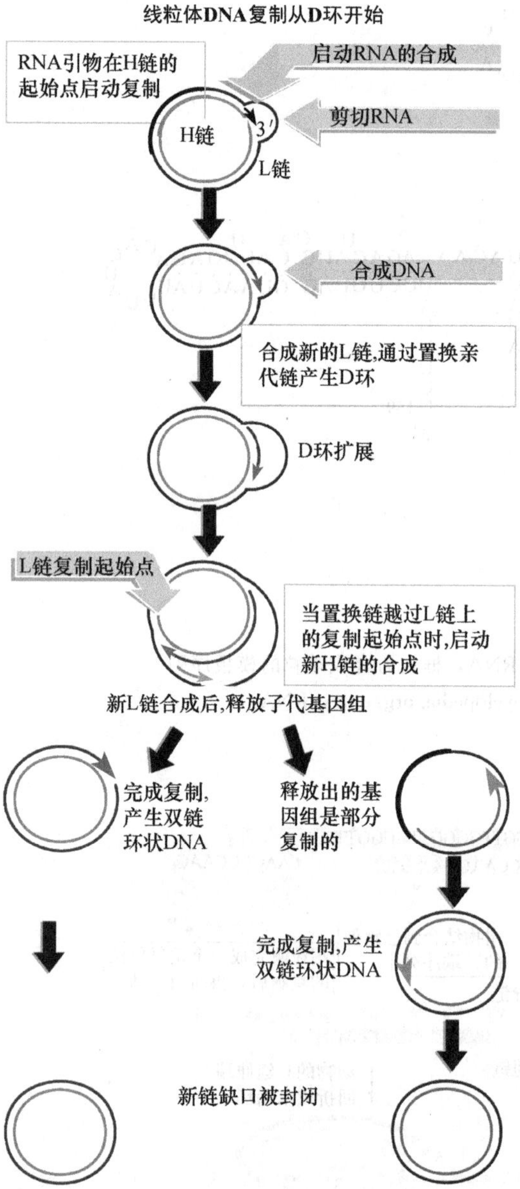

图 7.46　哺乳动物的线粒体 DNA 维持一个开放的形式，在每条连上各有一个复制起点，相互分开（引自 Lewin，2004）

四、组蛋白八聚体的组装

在真核 DNA 复制中必然会涉及组蛋白八聚体的组装。真核生物的染色质是有核小体存在的，在 DNA 复制时，核小体也应随之复制重新组装。八聚体的组装是全保留、半保留还是随机组合？这是个令人困惑的问题。以前人们曾认为八聚体的组装是全保留的，但蛋白质的交联（crosslinking）试验的结果表明并非如此。人们将细胞在含有重同位素的培养基（含有^{14}C、^{15}N和^{3}H标记的氨基酸）中生长，并在 DNA 复制前鉴定组蛋白，然后转到轻培养基（氨基酸未重标记）生长 1h，让 DNA 进行复制，八聚体发生交联，然后分离组蛋白，再进行密度梯度离心。若八聚体组装是全保留的话，应得到高密度带（原来的八聚体）和低密度两条带（图 7.47）；若是半保留的话，应得到中等密度的一条带；如果是随机组装，应得到从高密度到低密度的弥散型带。而实验结果如图 7.48 所示，表明八聚体的组装是随机的，而不是全保留的。解聚与重组的方式还不清楚。

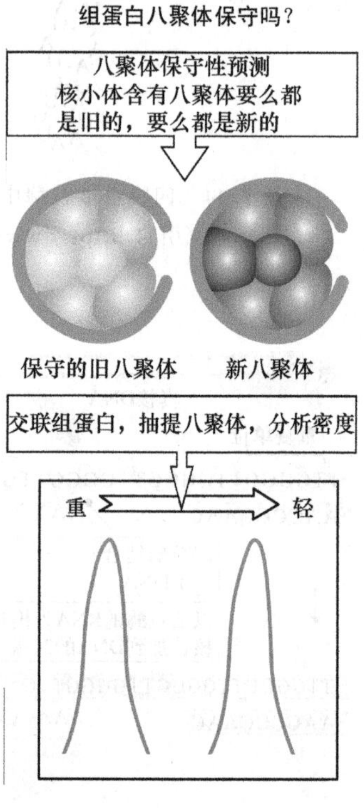

图 7.47　如果组蛋白八聚体是保守的，当八聚体在含有轻氨基酸中复制时，新、旧八聚体的带将位于不同密度处（引自 Lewin，2004）

五、复制的调节

复制调节的例子多发现在质粒中，而且在不同的质粒中存在着相同的调节机制。在质粒复制的调节中广泛地存在着的反义 RNA 调节，即较短的反义 RNA 与一个功能性 RNA 的互补结合，阻遏其活性。这是由于质粒拷贝数的维持要求存在一个不稳

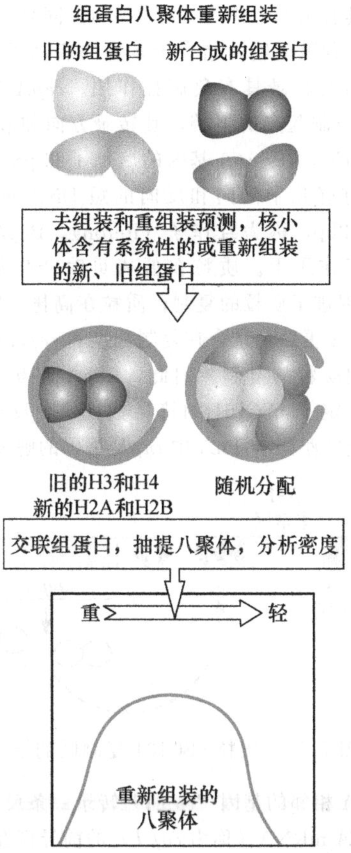

图 7.48 当重八聚体在含有轻氨基酸中复制时，新八聚体的带既不同于重八聚体，也不同于新八聚体，表明八聚体发生过解聚和重聚（引自 Lewin，2004）

定的调节物，以便使质粒群体可以对标准拷贝数的偏离迅速作出反应。RNA无疑是这种不稳定调节物的最佳候选者。下面举两个例子来说明这种调节。一个例子是ColE1质粒，另一个例子是pSC101质粒。

ColE1质粒的复制是由RNA聚合酶由其复制原点（*ori*）上游555bp前的启动子转录出一段RNAⅡ，称为**前引物**（preprimer），其二级结构可被核酸酶RNase H识别剪切，当它延伸越过复制原点时，RNase H在复制原点处将它切断，聚合酶可将其作为引物，在其3′-OH延伸，进行复制（图7.49）。但在质粒复制原点上游445bp处有一个反向的启动子在ColE1，RNA聚合酶由此处转录出另一条RNA，称为RNAⅠ，RNAⅠ和RNAⅡ有一个重叠区，所以它们之间可互补配对，即RNAⅠ为RNAⅡ的反义RNA。当RNAⅠ和RNAⅡ配对形成双链时，RNAⅡ不能形成可被RNase H识别的二级结构，因此不能作为复制的引物，这样复制也无法启动（图7.50）。

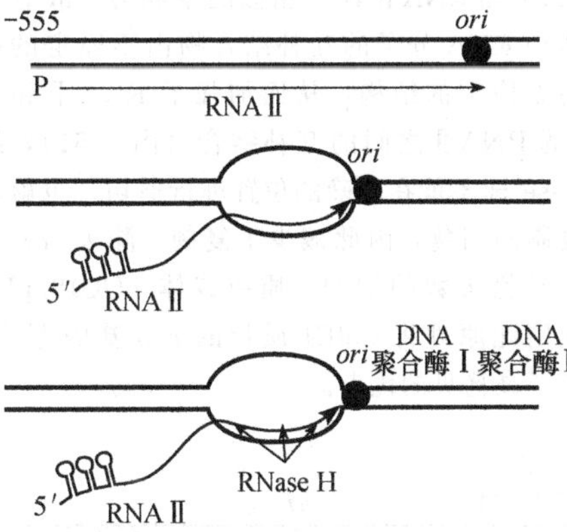

图 7.49 Col E1质粒复制原点前有一个启动子。转录RNA Ⅱ，在复制起点处可被RNase H剪切，产生3′-OH，作为复制的引物

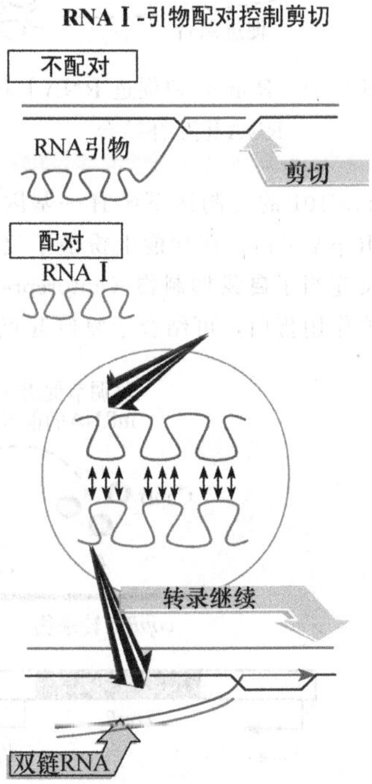

图 7.50 与RNA Ⅰ的碱基配对能改变引物RNA序列的二级结构，结果阻止了产生3′-OH的剪切（引自 Lewin，2004）

在复制原点下游有个基因“*rom*”（RNA Ⅰ modulator）或“*rop*”（repressor of primer），它编码一种“Rom（或称Rop）”蛋白，Rom是含有63

个氨基酸的同型二聚体，每个亚单位含有螺旋-转角-螺旋（H-T-H）的模体，因而此二聚体是由4个α螺旋组成的呈双重对称的紧密束状结构。Rom蛋白与RNAⅠ和RNAⅡ具有相似的亲和力，故它能促使这两种RNA分子的互补结合物由不稳定的中间体变为更稳定的结构，从而加强了RNAⅠ和大于200nt的RNAⅡ之间的互补结合（图7.51），结果使RNase H不能在正确的位置进行剪切，也就不能产生复制的引物，因此减少了复制。除去*rop*基因则有利于拷贝数的增加。质粒载体pUC18/pUC19正是利用此原理将ColE1质粒的*rop*基因删除掉，而获得了高拷贝的优点。

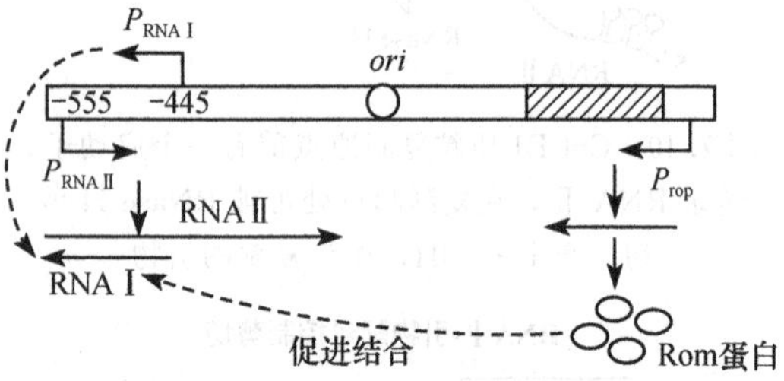

图7.51　Rom蛋白促进RNAⅠ和RNAⅡ互补结合

质粒pSC101的复制区下游有一基因“*repA*”，它编码的RepA蛋白，在功能上扮演了复制活化因子的同时又充当了**自我抑制物**（autorepressor）。这是一种顺式作用蛋白，可结合于复制起点，对复制的起始具有正调节作用（图7.52）。同时，RepA又可作为一种阻遏物，结合于本身的启动子上，对其自身基因的转录具有负调控作用。*repA*基因位于pSC101复制起点的下游，其转录方向和pSC101复制方向相反。在*repA*基因的启动子和pSC101复制起点中有好几个同向和反向的短DNA重复序列，长18～22bp，称为**互作子**（iteron）。RepA蛋白会结合在互作子上。质粒在低拷贝时产生低浓度的RepA，促进了质粒的复制；质粒在高拷贝时产生大量的RepA蛋白，结合在复制起点和*repA*的启动子上，抑制质粒的复制。因此，RepA和互作子的相互作用决定了pSC101的拷贝数。这种反馈调节功能与原核转座因子TnA中*tnpR*编码的解离酶相似。

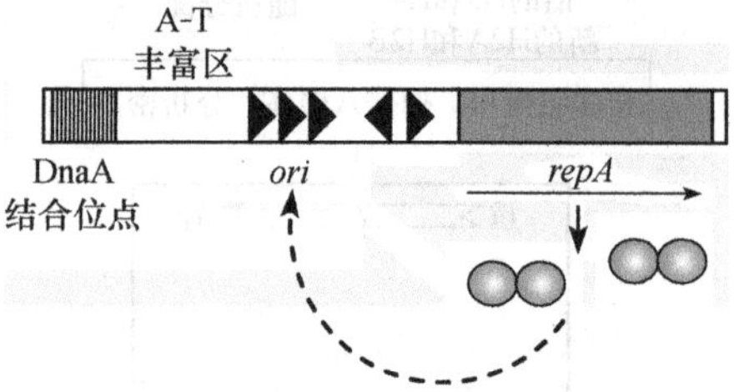

图7.52　质粒pSC101复制区的结构

*repA*相邻的基因“*copA*”转录一条反义RNA，它与*repA* mRNA（称为*copT*）的前导区互补结合，阻止mRNA的翻译（图7.53）。CopB蛋白可促进二级结构的形成，所以，如能抑制*copB*的表达，将会促进pSC101的复制。

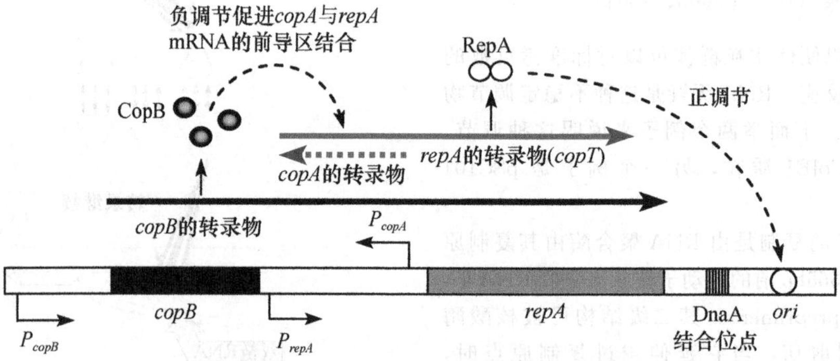

图7.53　pSC101质粒复制的调控机制

真核复制调控的例子是复制的**执照因子**（replication licensing factor，RLF），也称许可因子，是真核细胞中一类能够参与启动DNA复制，但随后便失去其启动活性的蛋白质分子。其存在能严格控制真核细胞DNA在一个细胞周期中只能复制一次。

复制执照因子对于限制基因组DNA的复制是必需的。人们从爪蟾卵中提取的活性RLF经分析含有RLF-B和RLF-M两种成分。RLF-M含有小染色体维持（minichromosome maintenance，MCM）蛋白家族的复合体。RLF-B还未弄清。MCM蛋白是作为允许复制启动的执照因子（图 7.54）。在细胞周期中它们结合于 DNA，起调节作用，即 MCM 蛋白只能在 G_1 期结合于复制区，当细胞进入到 S 期起始 DNA 的复制，一旦完成起始，MCM 蛋白就从复制起始区解离下来，通过分裂期，直到下一轮 G_1 细胞的 DNA 都不能复制。

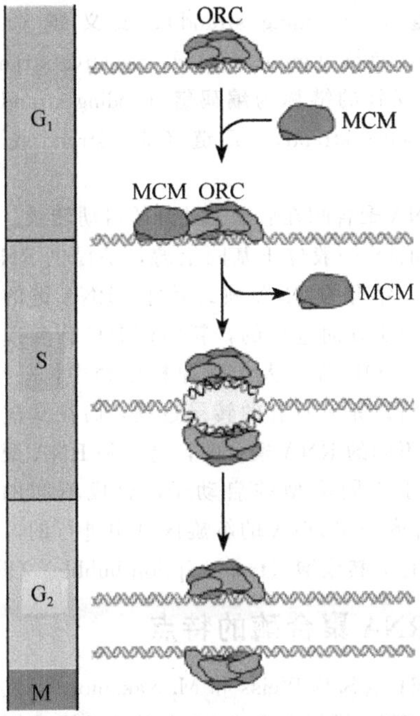

图 7.54　真核细胞中执照因子对细胞周期的调控
（引自 Gooper，2000）

习　题

1. 原核生物复制起点的结构有何特点？

2. *E. coli* 复制起始复合物有哪些蛋白质组成？它们的功能是什么？

3. DNA pol Ⅰ和 pol Ⅲ的功能有什么不同？

4. pol Ⅲ 由哪些亚基组成的？它们的功能是什么。

5. 什么是 DNA 的二聚体聚合酶模型（dimeric polymerase model），或复制体模型？

6. 什么是滚环复制？它有何特点？举出原核和真核生物滚环复制的例子。

7. 哪些重要的实验证实了复制半保留模型？

8. 有哪些方法可以确定原核环状 DNA 的固定的复制起始点，以及是单向复制还是双向复制？

9. 解释用双向电泳确定离复制起点不同距离位点的顺序。

10. λ 的复制起始点的结构特点是什么？起始复合体中有哪些蛋白因子？其功能是什么？

11. 以 T7 为例说明噬菌体线性 DNA 的复制终止机制。

12. 冈崎脉冲实验的结果表明新合成的 DNA 片段都是小片段，这和半不连续复制模型是不相吻合的，你怎样加以解释？

13. 以 SV40 为例说明真核生物的复制是怎样起始的。

14. 真核生物复制起始时有哪些蛋白因子和酶介入，它们的功能是什么？

15. 真核生物的复制特点和原核生物的复制特点有什么不同？

16. 快停突变和慢停突变能帮助我们筛选出什么物质？

17. 端粒是怎样复制的？

18. 简述端粒酶的结构特点及功能。

19. 试解释在研究端粒的加尾实验中，将线性质粒的一端连接四膜虫的端粒，另一端连接酵母的端粒后转化酵母，发现有四膜虫端粒的一端仍加上酵母的端粒，而在有酵母端粒的另一端保持不变，这是为什么？

20. 什么是 D 环复制？有何特点？

21. 什么是互作子（iteron）和执照因子（replication licensing factor，RLF），有何功能？

第八章 基因转录和转录后加工

转录（transcription）是以 DNA 为模板合成 RNA 的过程，是基因表达的第一阶段，也是基因调节的主要阶段。转录可产生 DNA 复制的引物，在反转录病毒感染中也有重要的作用。

转录仅以 DNA 的一条链作为模板。从 RNA 聚合酶识别的转录起始位点至转录终止区这一段 DNA 序列称为**转录单位**（transcription unit）。在原核生物中，一个转录单位可能是一个基因，也可能是一个操纵子中的基因簇。在真核生物中，一个转录单位通常就是一个基因。

在 *E. coli* 中 RNA 聚合酶合成各种 RNA（mRNA、tRNA 和 rRNA）。在真核细胞中有三类不同的 RNA 聚合酶，它们的功能不同。

转录后的加工（posttranscriptional modification）是指将各种前体 RNA 分子加工成成熟的各种 RNA。其中也含有表观遗传的作用（见第二十章）。

加工（processing）有 4 种形式。①减少部分片段：如切除 5′端前导序列、3′端尾和中部的内含子。②增加部分片段：5′加帽，3′加 poly（A），通过归巢插入内含子。③修饰：对某些碱基进行甲基化等。④以指导 RNA（gRNA）为模板在 mRNA 上插入或删除一些碱基，其作用是增加信息量，校正遗传信息和调控表达。

第一节 RNA 的酶促合成

转录是以基因编码区的 DNA 为模板，由 RNA 聚合酶催化，合成互补的 RNA 分子的过程。

一、RNA 合成的基本特征

RNA 合成的机制与 DNA 合成相似，但是有以下几点不同：①前体物是核糖核苷三磷酸而非脱氧核糖核苷三磷酸；②只有一条 DNA 链作为模板指导 mRNA 的合成；③RNA 链合成的启动不需要引物的存在；④合成的 RNA 链要和 DNA 的模板链分离，最终被释放出，并转运到细胞质中。

在转录时，DNA 双链中，作为模板指导 RNA 合成的一条链称为**模板链**（template strand）或**非编码链**（non-coding strand）、**反义链**（antisense strand）、**负链**（minus strand，negative strand）；与模板链互补的链称为**编码链**（coding strand）或**有义链**（sense strand）、**正链**（plus strand 或 positive strand）。

RNA 聚合酶在启动子处开始启动转录。**启动子**（promoter）一般位于基因上游，是提供 RNA 聚合酶识别、结合的 DNA 顺式元件。RNA 链的合成也是从 5′→3′方向进行的，新的核糖核苷酸残基加在新链的 3′-OH 端。大多数原核生物中，一个 RNA 聚合酶可以完成所有的转录过程，而在真核生物中有三个不同的 RNA 聚合酶，这三种 RNA 聚合酶分别作用于不同类型的启动子，合成不同的 RNA。RNA 合成是在 DNA 的解旋区域中进行的，这个区域有时称为**转录泡**（transcription bubble）（图 8.1）。

二、RNA 聚合酶的特点

1961 年 S. B. Weiss 和 M. Nakamoto 等发现了一个能在 DNA 模板上合成 RNA 的酶系统，称为 **DNA 依赖的 RNA 聚合酶**（DNA-dependent RNA polymerase），简称为 **RNA 聚合酶**（RNA polymerase，RNA pol），使得 mRNA 假设得到了更有力的支持。几乎所有的细胞中都有这种酶，其共同特点是：①以核糖核苷三磷酸（rNTP）为底物，以 DNA 为模板；②按 5′→3′方向合成；③无需引物能从头（*de nove*）起始链合成；④合成时，第一个引入的 rNTP 是以三磷酸形式存在的；⑤RNA 聚合酶无校正能力。

三、细菌的 RNA 聚合酶

每种细菌都能编码 RNA 聚合酶，大肠杆菌 RNA 聚合酶是四聚体的**核心酶**（core enzyme），分子质量大约为 465kDa，包含 α 和 β 亚基（图 8.2，表 8.1）。其中 α 亚基与四聚体核心部分（$\alpha_2\beta\beta'$）的组装有关，并能与强启动子的上游 UP 元件结合；β 亚基带有核糖核苷三磷酸的结合位点；β′亚基可锚

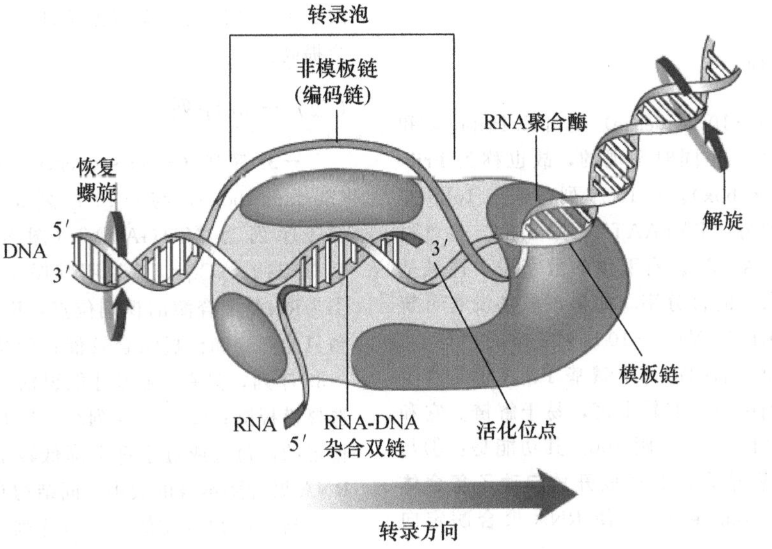

图 8.1　在 mRNA 合成时，转录泡中的 RNA 聚合酶的活化状态。转录泡的长度通常为 17bp
(引自 David and Michael，2000)

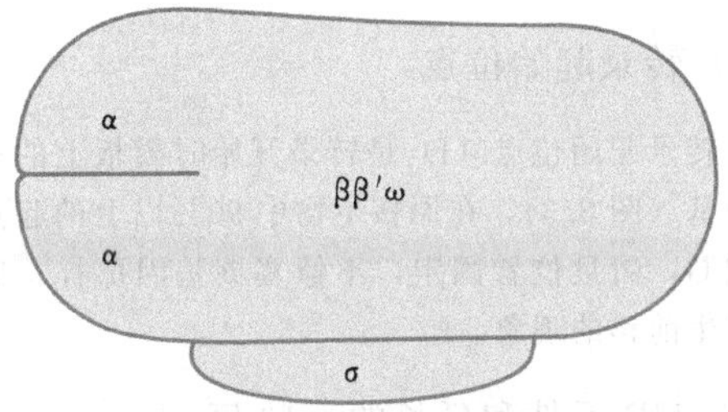

图 8.2　细菌 RNA 聚合酶具有 5 种亚基
(引自 David and Michael，2000)
在不同的细菌种类之间 α、β 和 β′亚基大小相似，
但 σ 亚基变化较大

定于 DNA 模板的结合区域。核心酶可承担合成 RNA 的任务，但不能识别启动子，转录起始还需要一个称为 σ 因子的亚基，加入 σ 亚基后称为**全酶**(holoenzyme)。

表 8.1　细菌 RNA 聚合酶 5 种亚基的相关基因和功能

亚基	在复合物中的拷贝数	基因	MW	功能
α	2	*rpoA*	40	结合蛋白质
β	1	*rpoB*	155	结合核苷酸
β′	1	*rpoC*	160	结合模板
σ	1	*rpoD*	32～90	起始转录
ω	1	*rpoZ*	11	调节

σ 因子的主要功能是能识别和结合启动子的保守区，介导 RNA 聚合酶与启动子结合。σ 因子有 4 个结构域，结构域 4 具有螺旋-转角-螺旋（H-T-H）的模体，结构域 2 也有一个 α 螺旋。这两个结构域分别可识别并结合－35 和－10 序列。

RNA 的合成需要 DNA 模板、Mg^{2+} 和 4 种 3-磷酸核苷（ATP、UTP、CTP 和 GTP）底物，缺少其中任何一种底物转录不能进行。

E. coli 的 RNA 聚合酶是一种复合酶，可以合成 tRNA、mRNA 和 rRNA。

RNA 聚合酶需执行多种功能：①识别 DNA 双链上的启动子；②使 DNA 在启动子处解链成单链；③通过阅读启动子序列，RNA 聚合酶确定它自己的转录方向和模板链；④最后当它达到终止子时，通过识别终止子而停止转录。

第二节　原核生物的启动子

启动子是基因 5′端的调控区，当 RNA 聚合酶识别这个区域中的模体并与之结合后，启动转录。一般将 DNA 上的转录位点定位“＋1”来排序，其下游（右侧）为正值，其上游（左侧）为负值。原核生物不同基因的启动子虽然在结构上有一定的差异，但具有明显共同的特点：①结构典型，一般都含有识别（R）、结合（B）和起始（I）三个元件；②序列保守，如－35 序列、－10 序列结构都十分保守；③位置和距离都比较恒定；④直接与聚合酶相结合；⑤都在其控制基因的上游；⑥决定转录的启动和方向。

(一) －10 序列

－10 序列（－10 sequence）是由 D. Pribnow 和 H. Schaller 于 1975 年同时发现的，故也称为 **Pribnow 框**（Pribnow box）。－10 序列位于－10bp 左右，其保守序列为“TATAAT”（图 8.3），也可写成 $T_{80}A_{95}T_{45}A_{60}A_{50}T_{96}$。右下角的数字表示该碱基在这个位置上出现的百分率（如果该碱基没有可辨认的偏爱率，则记为 *N*）。－10 序列 3′端的“T”几乎完全保守，而 5′端的前两个碱基 T、A 也是高度保守的。该序列中 A、T 较丰富，易于解链。它和转录起始位点“I”一般相距 5bp。其功能是：①与 RNA 聚合酶紧密结合；②形成**开放启动子复合体**（open promoter complex）；③使 RNA 聚合酶定向转录。

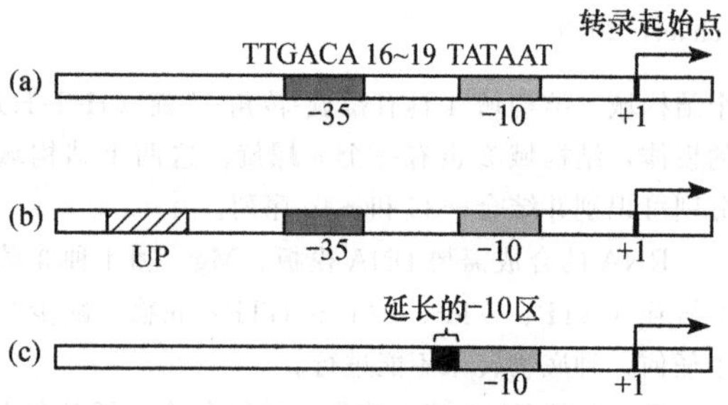

图 8.3　细菌三种类型的启动子

(a) 典型的启动子，具有－35 序列、－10 序列和起始点三个元件；(b) 在强启动子上游具有 UP 元件；(c) 另一类型的启动子，缺乏－35 序列，而在－10 侧翼有一个额外的短序列

－10 序列的碱基组成对转录的效率影响很大，若－10 序列发生以下突变：$\boxed{T}$ ATAAT→$\boxed{A}$ATAAT，则转录效率会下降，故称为**减效突变**（down mutation）。

若 *lacO* 的－10 序列发生以下突变：TAT $\boxed{G}$ TT→TAT $\boxed{A}$ TT，则转录效率会上升，故称为**增效突变**（up-promoter mutation）。

前者造成减效突变可能是因为$\frac{\overrightarrow{TA}}{\overleftarrow{AT}}$的堆集能要小于$\frac{\overrightarrow{AA}}{\overleftarrow{TT}}$的堆积能，所以突变后双链比突变前要多消耗能量，从而影响转录效率；后者造成增效突变可能是因为$\frac{\overrightarrow{TG}}{\overleftarrow{AC}}\rightarrow\frac{\overrightarrow{TA}}{\overleftarrow{AT}}$不仅堆集能降低了，而且氢键能也减少了，所以比突变前更易打开双链，转录效率也会提高。

(二) －35 序列

－35 序列（－35 sequence）又称为 **Sextama 框**（Sextama box），与－10 序列相隔 16～19bp。其保守序列为“TTGACA”（图 8.3），也可写成：$T_{82}T_{84}G_{78}A_{65}C_{54}A_{45}$来说明其保守性。它的功能是：①为RNA 聚合酶的识别位点，RNA 聚合酶的核心酶只能起到和模板结合及催化的功能，并不能识别－35 序列，只有 σ 亚基才能识别－35 序列，为转录选择模板链；②－35 序列和－10 序列的距离是相当稳定的，过大或过小都会降低转录活性，这可能与 RNA 聚合酶本身的大小空间结构有关。

与－10 序列相似，－35 序列的突变也可能造成减效突变或增效突变。通常－35 序列的突变影响启动子与 RNA 聚合酶的起始结合；－10 序列的突变影响 RNA 聚合酶-DNA 复合物中 DNA 双链的解开。

(三) 转录起始位点

转录起始位点（I）是转录开始时模板上的第一个碱基（图 8.3），在原核生物中 90%以上的起点是 A 或 G，而且位置固定，不像真核基因那样，有时会发生前移的现象。

(四) UP 元件和延长的－10 区

R. L. Gourse 等（2001）发现 **UP 元件**（UP element）是位于细菌强启动子－35 区上游的一段富含 AT 的序列，能够在体内和体外提高转录效率 30 倍。它是作为一个独立的启动子组件发挥作用的，当将其插入到其他启动子中也能增强转录。UP 元件与启动子中其他元件不同，它是被 RNA 聚合酶 α 亚基羧基端结构域（αCTD）所识别，而不是被 σ 因子所识别。UP 元件增强转录的效应，使它有希望被构建成通用的高效表达系统。

有一种类型的启动子缺乏－35 序列，而是在－10 序列的左侧翼有一个额外的短序列，称为“延长的－10 区”（图 8.3），RNA 聚合酶和此区的结合弥补了－35 序列的缺失。*E. coli* 的 *gal* 基因启动子就具有这种元件。

第三节　原核生物的转录

转录可分为起始（initiation）、延伸（elongation）和终止（termination）三个阶段。

一、转录的起始

起始的过程可分为 4 个阶段：①核心酶在 σ 因子的参与下与模板 DNA 接触，生成非专一的、不稳定的复合物在模板上移动；②起始识别，全酶与模板启动子结合，形成酶-启动子**封闭二元复合物**（closed binary complex）；③酶紧密地结合在启动子的 −10 序列处，模板 DNA 局部变性，形成启动子**"开放二元复合体"**（open binary complex）；④酶移动到转录起始点上，第一个 rNTP 转录开始，σ 因子释放，形成酶-启动子-rNTP **三元复合体**（ternary complex）（图 8.4）。

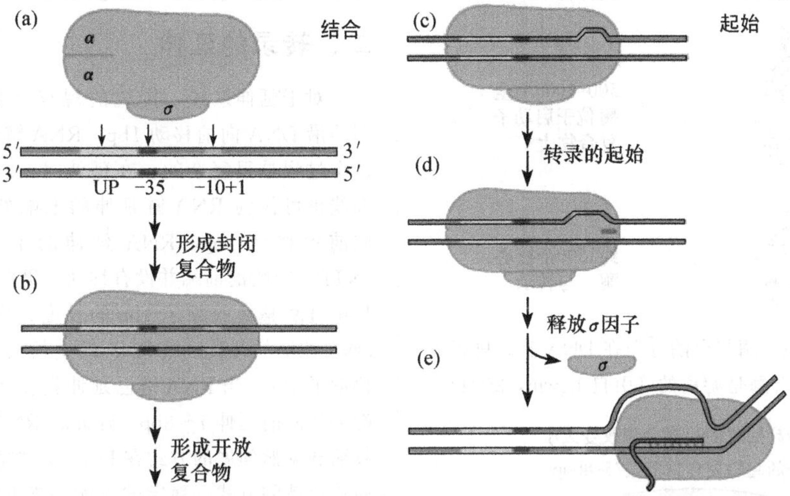

图 8.4　转录的起始（引自 David and Michael，2000）

（a）全酶与模板结合，形成不稳定复合物；（b）全酶与启动子结合，形成封闭二元复合物；（c）形成开放二元复合物；（d）形成三元复合体，释放 σ 因子；（e）形成转录延伸三元复合体，开始转录

全酶-启动子反应开始于通过形成封闭复合体产生的一种松散的结合反应。由于这种封闭二元复合体的形成是可逆的，所以常以平衡常数 K_B 来描述它。K_B 值的变化范围宽。由于酶的结合，被结合的 DNA 中有一个很短的区域（−10 序列）解链，使这个封闭复合体变成一个"开放复合体"（open complex），此过程被称为紧密结合（tight binding）反应。下一步是底物中头两个核苷酸的结合，然后在它们两之间形成磷酸二酯键。这样就产生了含有 RNA、DNA 和酶的三元复合体。酶不用向前移动，核苷酸可以进一步加到 RNA 链上，直到增长 9 个碱基。当每个碱基加上后，酶可能释放 RNA 链。转录的启动也像发动马达一样，开始常常是失败的，在合成一个短片段寡核苷酸之后即停止，聚合酶回到起始位置，此称为**流产起始**（abortive initiation）。一个流产起始循环通常仅合成一个 2～9 碱基的寡核苷酸。通常在模板上形成 10 个或更多的碱基后转录开始。当起始成功后，酶就释放 σ 因子并形成一个由 RNA 聚合酶的核心酶-DNA-新生 RNA 构成的"转录延伸三元复合体"。

RNA 核心酶和全酶在 DNA 上的分布为（图 8.5）：① σ 因子和 1/3 的 RNA 聚合酶结合成全酶分布于非特异位点的松散复合体和启动子上的二元复合体之中；②其中有半数 RNA 聚合酶的核心酶从事转录；③余下的核心酶大量存在于闭合松散复合物中，因为这些酶加入复合物快，而离开复合物慢，故即使有游离的核心酶，也非常少。

转录起始期，RNA 聚合酶全酶结合到 DNA 上形成起始复合物，起始复合物从 −55 一直延伸到 +20，覆盖了 77～80bp，涉及起始区 DNA 的解链及 RNA 链的合成和延伸。很快，σ 因子就离开核心酶，使转录进入延伸期，RNA pol 从 −55 收缩到 −33，只覆盖 60bp 的 DNA，形成了开始的延伸复合物；因为 −35 序列是起始时供 σ 因子识别时用，现已经起始，而且 σ 因子也已和核心酶分开，上游区域已经不再必需了。当 RNA 链延伸到 15～20 碱基时，核心酶就向前移动，形成普通的延伸复合物，此时核心酶只覆盖 30bp（图 8.6）。目前还不知这种变化是否涉及重要酶的形态改变，也不知是否为 DNA 解除了一些紧张状态（RNA 多聚酶长度为

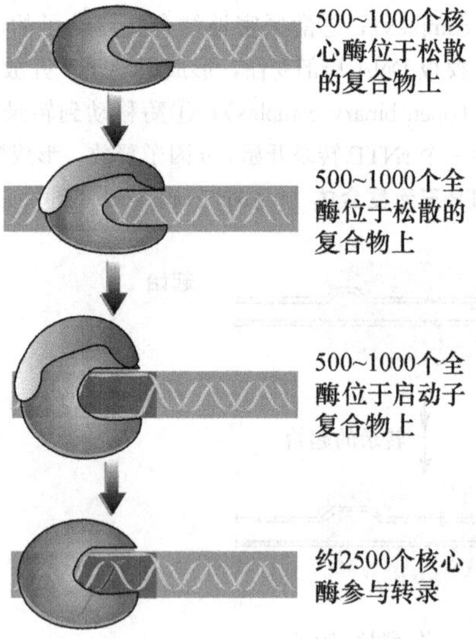

图 8.5　RNA 核心酶与全酶分布在 DNA 上，只有极少的 RNA 聚合酶是游离的（引自 Lewin，2004）

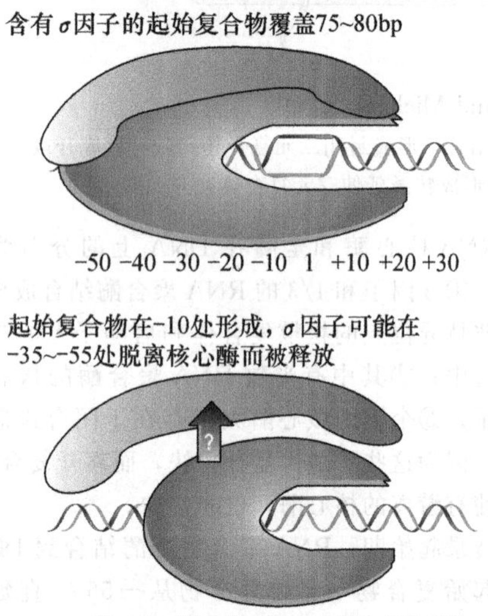

图 8.6　RNA 聚合酶开始接触－55～＋20 的区域。当σ因子解离时，核心酶与－30 区接触；当酶移动到一个新的碱基对时，通常成为较紧密的延伸复合物（引自 Lewin，2004）

160Å，可覆盖松弛形 DNA 50bp），这就意味着若和更长的 DNA 结合，必然涉及 DNA 的弯曲。

在转录起始过程中，启动子的－10 序列与－35 序列有重要作用。其中－35 序列是起始时供σ因子识别用的，RNA 聚合酶的全酶运动到－10 序列时解开 DNA 双链，运动到转录起点位置时开始加上第一个 rNTP［图 8.4（e）］。

二、转录的延伸

对于延伸来说，传统的观点是很单调的过程，即酶沿 DNA 向前移动 1bp，RNA 链伸长 1nt，其实这个过程是很复杂的。在延伸时，酶后端边缘的分界线也可作为 RNA 链延伸的末端处，即酶的后端向前每移动 1bp，RNA 延伸的末端就加上一个 rNTP，但酶的前端并没有移动，仍保持原来的位置，只不过酶整体收缩了 1bp 的长度。酶内部所覆盖的 DNA 双链的开放区及 RNA 的生长点（3′端）都向前移动了 1bp。当 RNA 链已延伸到多个 nt 时，酶的前端突然向前延伸 7～8bp。延伸时 RNA 聚合酶以稳定收缩和突然伸展的方式在 DNA 上“爬行”，像是尺蠖向前运动的方式。稳定的收缩是指 RNA 聚合酶从覆盖 35bp 连续地收缩到 28bp，然后前端又突然向前伸展 8bp，RNA 聚合酶又恢复到 35bp。

三、原核生物转录的终止

原核生物转录终止处有特殊结构的存在，称为**终止子**（terminator）。RNA pol 能识别终止位点并在此处停止，然后释放 RNA，最终 RNA 聚合酶也脱离模板，终止转录。对于真核生物转录如何终止至今知之甚少。

在原核细胞中有两种不同的终止子，一种是强终止子，另一种是弱终止子。强终止子在体外实验中无需其他任何因子的帮助就可以终止转录，这种终止子也称为**内在终止子**（intrinsic terminator）。弱终止子需要在一种蛋白因子——**ρ 因子**（rho factor）的帮助下才能终止，所以又称为 **ρ 依赖性终止子**（rho-dependent terminator）。

（一）内在终止子

此终止子的结构有三个特点（图 8.7）：①有回文结构存在，由它转录的 mRNA 可形成茎环结构，使 RNA 聚合酶的移动暂时停顿；②茎的区域内富含 G-C，使茎环不易解开；③ 3′端有 6 个 U，由于它和模板形成的连续 U-A 配对较易打开，从而便于释放出 RNA（图 8.8）。

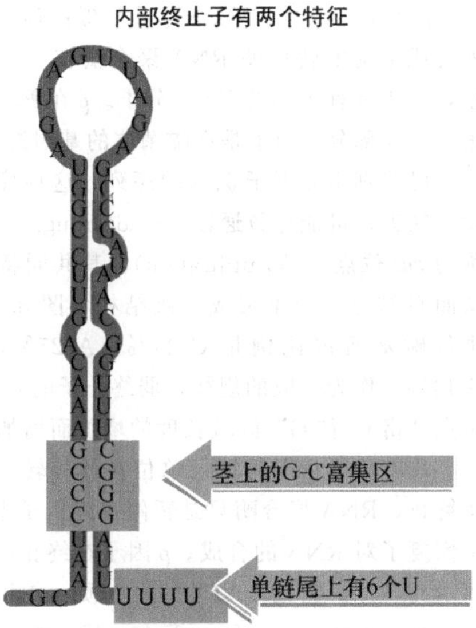

图 8.7　内部终止子（强终止子）含有一个回文区，可形成长度为 7～20bp 的发夹结构。这些茎环结构含有 G-C 富集区，随后是一串 U 残基（引自 Lewin，2004）

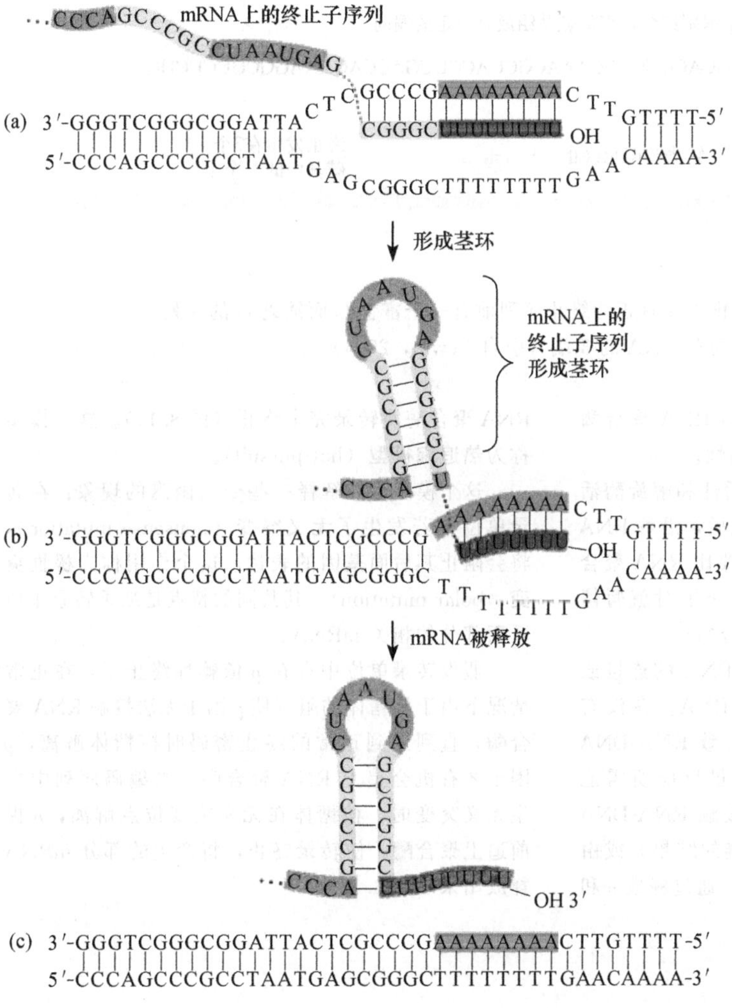

图 8.8　原核生物转录的终止
（引自 www2. hawaii. edu/～johnb）
(a) 转录到终止子处；(b) mRNA 上的终止子序列形成稳定的茎环结构；(c) mRNA 从 DNA 模板上解离下来

（二）ρ依赖性终止子

另一类终止子是弱终止子，它也可形成茎环结构，但在其茎中GC含量少，茎环易打开，在其3′端也没有寡聚U（图8.9），因此已转录的mRNA难以脱离DNA模板，必须依赖于ρ因子的帮助才能发生终止。

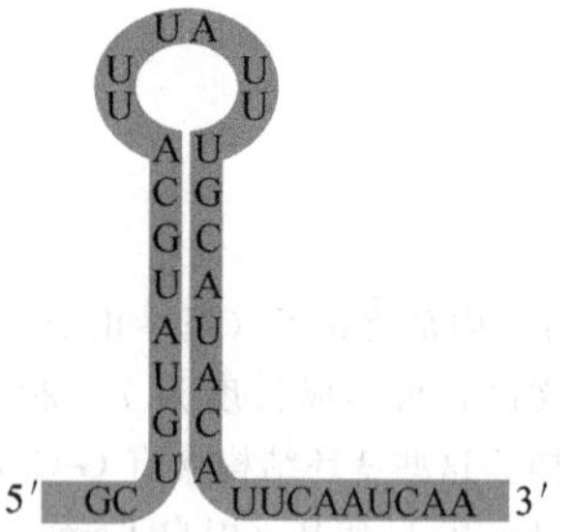

图8.9　一种可形成茎环结构的ρ依赖性终止子结构

ρ因子是*E. coli*的一种重要蛋白质，若加到体外合成系统中就可使RNA聚合酶在一定的位点终止，产生带有3′端的RNA分子。ρ在*E. coli*中种类很少，大部分ρ因子是在噬菌体的基因组中编码。

已鉴别出ρ因子识别的序列，这种序列若上游发生缺失，可能导致**通读**（readthrough），这段序列称为***rut*位点**（*rho* utilization），其共同特点是C丰富而G缺乏，但不形成二级结构（图8.10）。此例中各碱基所占比例是C 41%、A 25%、U 20%、G 14%。作为一般的规律，弱终止子的效率随着*rut*位点"富C/贫G"区域长度的增加而增加。

具有弱终止子的转录单位在体外转录时并不发生终止，RNA聚合酶只是暂停在终止子上，但很快又恢复了对RNA的合成。ρ因子在终止阶段可单独显示其功能。它是46kDa的蛋白质，作用时可能作为一种六聚体（275kDa）存在。其功能是作为RNA

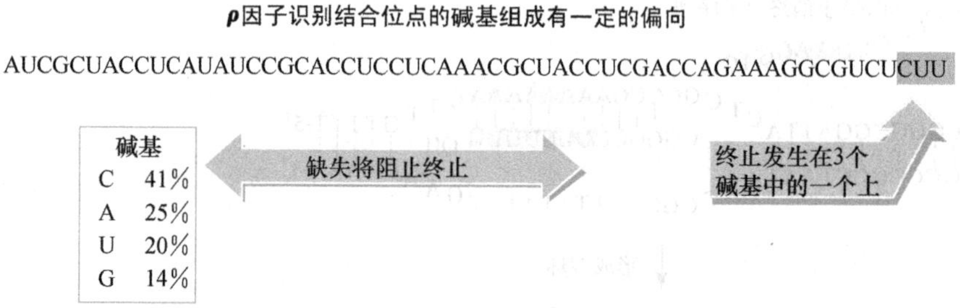

图8.10　*rut*依赖性终止子在真正的终止序列前有一个富含C而缺乏G的序列，此序列在RNA的3′端（引自Lewin，2004）

聚合酶的一种辅助因子，当其浓度为RNA聚合酶浓度的10%时在体外可发挥最高的活性。

ρ因子依赖于RNA的ATPase活性和解旋酶活性。ρ结合到RNA链5′端的*rut*位点后，沿着RNA向3′端移动，ρ因子沿着RNA移动要比RNA聚合酶移动得快。当RNA聚合酶达到终止子时就暂停下来，此时ρ因子就可追上RNA聚合酶。

ρ因子可通过直接作用DNA和RNA的连接或间接通过作用RNA聚合酶来释放RNA。在没有RNA聚合酶的情况下，ρ因子可以导致RNA-DNA杂合链的解旋，ATP的水解用来提供反应所需能量。ρ因子很可能直接在转录泡中接触RNA-DNA杂合链，并导致其解链；或由于解链的结果，或由于ρ因子和RNA聚合酶的相互作用，通过释放ρ和RNA聚合酶使转录完全终止（图8.11）。这一模型称为**热追踪模型**（hot-pursuit）。

这个模型可以解释一些令人困惑的现象：在转录单位中若发生了无义突变（nonsense mutation），将会阻止其后面基因的表达，这个作用称为**极性突变**（polar mutation）。其共同的特点是缺乏转录单位后面部分的相关mRNA。

假设转录单位中存在ρ依赖性终止子，在正常情况下由于核糖体的阻隔使ρ因子无法接触RNA聚合酶，直到遇到正常的终止密码时核糖体解离，ρ因子才有机会追上RNA聚合酶。当编码序列中发生无义突变时，核糖体在无义突变位点解离，ρ提前追上聚合酶，使转录终止，将产生的部分mRNA释放出来（图8.12）。

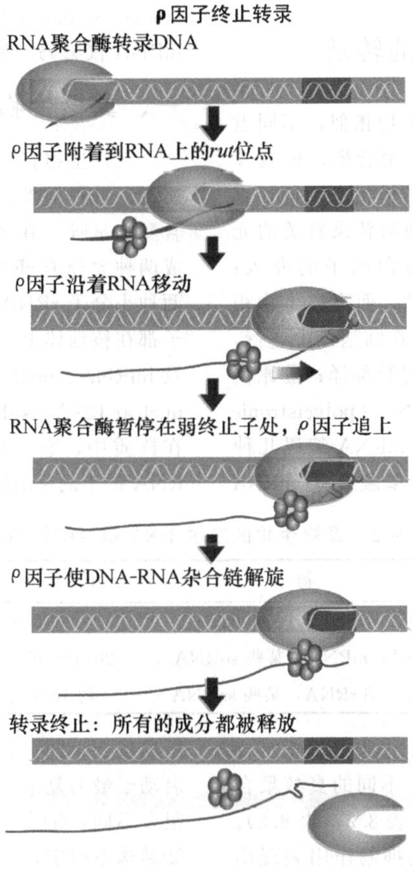

图 8.11　ρ 因子结合 RNA 上的 *rut* 位点并沿 RNA 移动，直到在弱终止子处追上 RNA 聚合酶，使 RNA-DNA 解旋，从 DNA 释放出 RNA（引自 Lewin，2004）

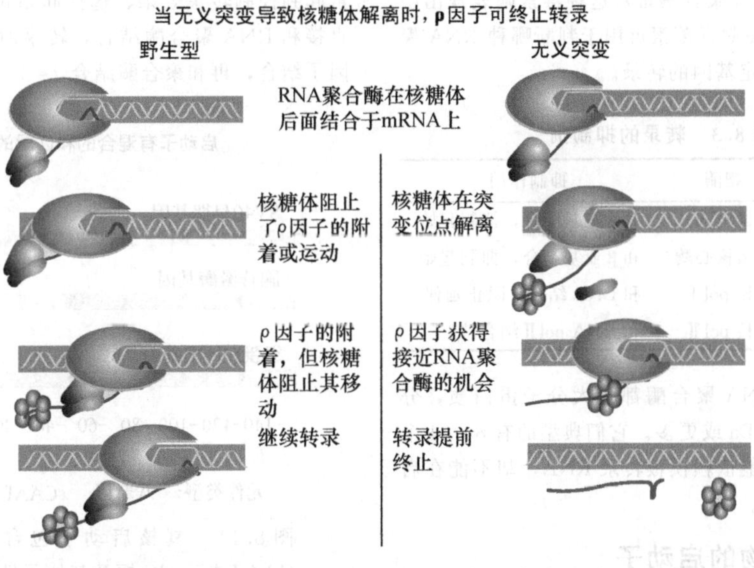

图 8.12　当 ρ 依赖性终止子位于无义突变的下游邻近处时，ρ 因子可能在转录和翻译之间起连接作用（引自 Lewin，2004）

第四节 真核生物的转录

真核生物的转录过程与原核生物相似，不同点在于：①原核生物只有一种 RNA 聚合酶，而真核生物有三种聚合酶；②启动子的结构特点不同，真核生物有三种不同的启动子和其他与转录有关的元件；③真核生物的转录有很多蛋白因子的介入；④原核生物的转录和翻译是偶联的，而真核生物相反，转录和翻译是分开的。转录是在细胞核中进行，合成的 mRNA 转运到细胞质中再进行翻译；⑤原核生物的转录物常为**多顺反子 mRNA**（polycistronic mRNA），即一个转录单位合成的 mRNA 编码几种肽链，而真核生物的转录物常为**单顺反子 mRNA**（monocistronic mRNA），即一个转录单位合成的 mRNA 仅编码一种肽链。

一、真核生物的 RNA 聚合酶

真核生物有三种 RNA 聚合酶，其特点如表 8.2 所示。每种酶涉及合成不同类型的 RNA。RNA 聚合酶Ⅰ是唯一在核仁中的 RNA 聚合酶，它催化合成两种大分子 rRNA（28S rRNA 和 18S rRNA）和两种小分子 rRNA 中的一种（5.8S rRNA），这些分子都在核糖体上。RNA 聚合酶Ⅱ只在核质中，它涉及 hnRNA、mRNA 和某些核内小分子 RNA（small nuclear RNA，snRNA）的合成。RNA 聚合酶Ⅲ也在核质中，它合成 tRNA、5S rRNA 和某些涉及 RNA 加工的 snRNA。

表 8.2 真核生物的三种 RNA 聚合酶的特点

RNA 聚合酶	位置	产物	相对活性	对 α-鹅膏菌素的敏感性
pol Ⅰ	核仁	28S，18S，5.8S rRNA	50%～70%	不敏感
pol Ⅱ	核质	hnRNA，mRNA，某些 snRNA	20%～40%	高度敏感
pol Ⅲ	核质	tRNA，5S rRNA，某些 snRNA	约 10%	片段特异，中等敏感

RNA 合成抑制剂主要分两类，一类是模板结合抑制剂，另一类是聚合酶抑制剂，不同的真核聚合酶对各种抑制剂的敏感性也不同（表 8.2，表 8.3）。三种 RNA 聚合酶对 α-鹅膏菌素的抑制作用表现出不同的敏感性。RNA 聚合酶Ⅰ对 α-鹅膏菌素不敏感，RNA 聚合酶Ⅱ的活性可以被低浓度的 α-鹅膏菌素完全抑制，RNA 聚合酶Ⅲ对这种毒素则表现出中度敏感。所以，α-鹅膏菌素可用于判断哪种 RNA 聚合酶催化了某特定基因的转录。

表 8.3 转录的抑制剂

抑制剂	靶酶	抑制作用
利福霉素	细菌全酶	和 β 亚基结合，抑制起始
链霉溶菌素	细菌核心酶	和 β 亚基结合，抑制起始
放射线素 D	真核 pol Ⅰ	和 DNA 结合，阻止延伸
α-鹅膏菌素	真核 pol Ⅱ	和 RNA pol Ⅱ结合

所有真核 RNA 聚合酶都是大分子蛋白质，分子质量可达 500kDa 或更多。它们典型的有 8～14 个亚基。提纯的酶能依赖模板转录 RNA，却不能在启动子上选择起始。

二、真核生物的启动子

由于真核生物中有三种不同的 RNA 聚合酶，所以各有不同的启动子，其中以 RNA 聚合酶Ⅱ的启动子最为复杂。真核生物和原核生物的启动子有很多不同：①有多种转录因子识别和结合的元件；②结构不恒定，不同启动子中各种元件的位置、序列、距离和方向都不完全相同（图 8.13）；③有的有远距离的调控元件存在，如增强子；④这些元件常起到控制转录效果、选择起始位点的作用；⑤不直接和 RNA 聚合酶结合，转录时先与其他蛋白质因子结合，再和聚合酶结合。

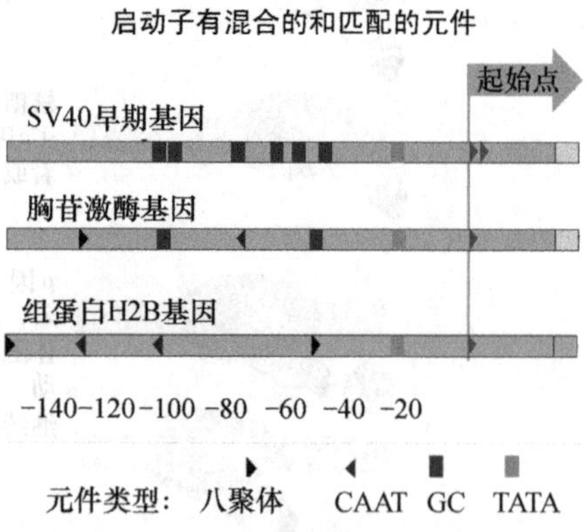

图 8.13 真核启动子包含 TATA 框、CAAT 框、GC 框及其他元件的不同组合（引自 Lewin，2004）

(一) RNA 聚合酶Ⅱ启动子和调控区

RNA 聚合酶Ⅱ启动子由**核心元件**（core element）和**上游启动子元件**（upstream promoter element，UPE）组成。核心元件包括“TATA 框”和转录起始位点附近的起始子。在起始位点一般没有同源序列，但 mRNA 的第一个碱基倾向“A”，另一侧翼由“Py”组成（原核启动子的 CAT 起始序列也有这种情况），称为**起始子**（initiator，Inr）。起始子一般由“$P_{Y2}CAP_{Y5}$”构成，位于“－3～＋5”，可能提供 RNA 聚合酶Ⅱ的识别信号。无论“TATA 框”是否存在，Inr 对于启动子的强度和起始位点的选择都是十分重要的。

1. 核心元件

TATA 框又称“Hogness 框”、“Goldberg-Hogness 框”，其一致序列是“T_{85} A_{97} T_{93} A_{85} A_{63} A_{83} A_{50}”，一般位于起始位点上游－25 左右，相当于原核的“－10 序列”。但－10 序列是不可缺少的，而真核启动子中有的缺乏 TATA 框。

TATA 框的作用如下。①选择正确的转录起始位点，保证精确起始，故也称为**选择子**（selector）。当有的基因缺少 TATA 框时，可能由 Inr 来替代它的这一作用，如鼠的脱氧核苷转移酶基因就没有 TATA 框，但有 17bp 的 Inr。②影响转录的速率。TATA 框的 8bp 的保守序列一般由 A-T 对组成，少数情况在其中两个位点上由 G-C 取代了 A-T，因此它较容易打开。当它的序列因发生突变和缺失而改变时，就会影响它和酶的结合能力，从而影响转录效率。在伴清蛋白基因中，当 TATA 框突变为“TAGA”后，转录效率大大降低。当兔的珠蛋白基因 TATA 框的保守序列“ATAAAA”定向突变为“ATGTAA”后，转录效率下降 80%。人的β-珠蛋白基因的“ATAAAA”序列突变为“ATGAAA”或“ATAG/CAA”后，因珠蛋白产量大大降低而出现地中海贫血症。

2. 上游启动子元件

上游启动子元件包括 CAAT 框、GC 框、八聚体（octamer）、κB、ATF 等（表 8.4），它们的保守序列和结合的蛋白质因子也各不相同。

表 8.4　哺乳动物 RNA 聚合酶Ⅱ上游转录因子结合的元件

元件	保守序列	结合 DNA 的长度/bp	蛋白质因子	大小/kDa	丰度（每个细胞中）	分布
TATA 框	TATAAAA	约 10	TBP	27	?	普遍
CAAT 框	$GG^{C}_{T}CAATCT$	约 22	CTF/NF1	60	30 万	普遍
GC 框	GGGCGG	约 20	SP1	105	6 万	普遍
八聚体	ATTTGCAT	约 20	Oct-1	76	?	普遍
八聚体	ATTTGCAT	23	Oct-2	52	?	淋巴细胞
κB	GGGACTTTCC	约 10	NFKB	44	?	淋巴细胞
κB	GGGACTTTCC	约 10	H2-TF1	?	?	普遍
ATF	GTGACGT	约 20	ATF	?	?	普遍

CAAT 框的保守序列是 GG^{C}_{T} CAATCT，一般位于上游－75bp 左右，紧靠－80bp。CAAT 框能和 CTF（识别 CATT 的转录因子）相结合，其功能是控制转录起始活性。

GC 框的保守序列是$^{G}_{T}$ GGGCGG$^{GGC}_{AAT}$，常以多拷贝形式存在－90bp 处。在真核生物和病毒的一些启动子中常存在 GC 框，它可被转录因子 SPI 识别，作用也是控制转录效率。

3. 远端调控区

1) 增强子

远端调控区较常见的是**增强子**（enhancer），又称**远上游序列**（far upstream sequence）。增强子的存在可以增强启动子的转录活性，其特点如下。①具有远距离效应。常位于远上游，但可增强远处启动子的转录，即使相距十几 kb 也能发挥其作用。②无方向性。无论它在靶基因的上游、下游或内部都可发挥增强转录的功能。③顺式调节。一般只调节位于同一染色体上的靶基因，而对其他染色体上的基因无作用。④无物种和基因的特异性，可以插到异源基因上发挥作用。⑤具有组织的特异性。例如，SV40 的增强子在 3T3 细胞中的作用比多瘤病毒中的要弱，但在 HeLa 细胞中 SV40 的增强子比多瘤病毒的要强 5 倍；抗体基因的增强子只有在 B 淋巴细胞中才起作用。⑥增强子的效应需特定的蛋白质因子参与。⑦有相位性，其作用与基质结合区（MAR）及绝缘子的位置有关（见第十二章）。⑧有的增强子可以对外部信号产生反应。例如，热激基因在高温下才表达；编码重金属蛋白的金属硫蛋白基因在镉和锌存在时才表达；某些增强子可以被固醇类激素激活。

最先被描述的病毒 SV40 增强子的结构如图 8.14 所示。它由 2 个 72bp 的重复序列组成，位于上游－200bp 处。每个 72bp 的单元中都有 A、B 两个功能域。增强子的某些结构特征和启动子相似，如它们都是被某些蛋白因子所识别的**顺式作用序列**（*cis*-acting sequence），只不过增强子的作用距离比启动子要大得多。

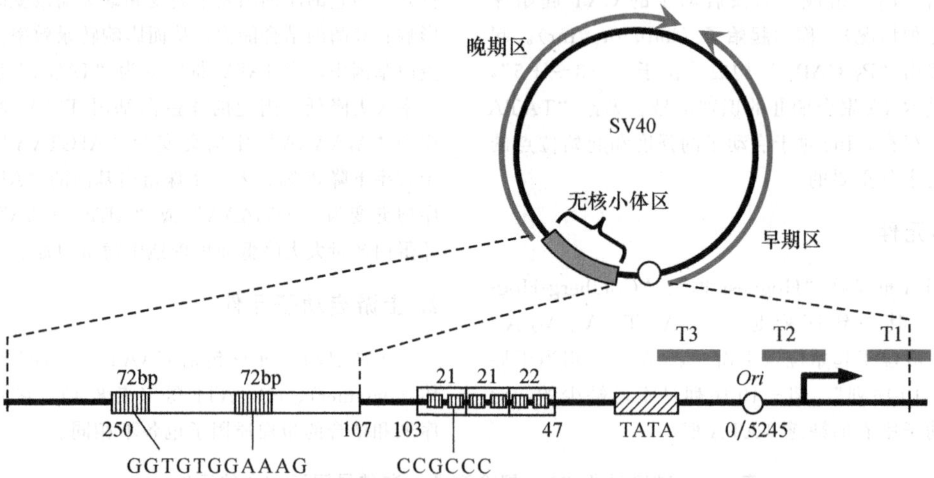

图 8.14　SV40 增强子的结构

成环模型认为增强子通过一些蛋白因子的介导使 DNA 形成了一个环，从而与远距离的启动子结合，促使其转录。成环模型也符合染色体的侧环模型和核基质的调控理论，即 DNA 的特殊序列可以和核基质结合形成侧环，在某些细胞中有些基因通过环的形成让增强子区和启动子区相互靠近，使这些基因得以表达（图 8.15）。

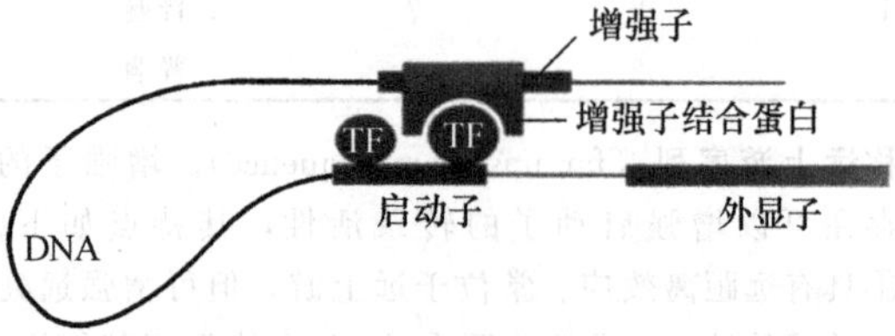

图 8.15　增强子的成环模型

（引自 http://www.wic.edu/classes/bios/）

增强子通过一些蛋白因子的介导形成环，从而与远距离的启动子结合，促使其转录。TF 为转录因子

2）减弱子

在某些基因的上游远端或下游远端具有负调节元件，其作用不受距离和方向的影响，称为**减弱子**（dehancer）。例如，*C-mos* 基因上游 0.8kb 或 1.8kb 处有一序列，使 *C-mos* 不易被反转录病毒的长末端重复序列（LTR）激活。在 *C-myc* 基因的 3′端也存在着减弱子。

3）沉默子

在酵母交配型转换的盒式模型中，左右两个沉默框（见第七章）都不表达，这是因为在这两个框盒上游 1.5kb 处都有一个 E 片段，它可和阻遏沉默框表达的蛋白 SIR（1～4）（silent mating type information regulation）结合，起抑制作用，故称**沉默子**（silencer），可作用 2.5kb 的启动子（见第十二章）。

4）上游激活序列

上游激活序列（upstream activating sequence，UAS）是酵母的远端上游序列，类似于增强子。它仅影响转录程度，对位点选择不起作用。和增强子不同的是它有方向性，不能在启动子的下游起作用。它结合的转录因子是“GCN4”和“GAL4”，识别序列为“ATGACTCAT”。

（二）RNA 聚合酶Ⅰ启动子

RNA 聚合酶Ⅰ启动子负责转录编码核糖体 RNA 的多顺反子转录物。脊椎动物 RNA 聚合酶Ⅰ

的启动子由两部分组成，包括转录起点附近的**核心启动子**（core promoter）和起点5′端上游100bp左右的**上游启动子元件**（upstream promoter element，UPE）。核心启动子从“－45”到“＋20”，负责转录的起始；而UPE从“－180”延伸到“－107”，可增加核心元件的转录起始效率。

RNA聚合酶Ⅰ需要两种辅助因子：UBF和SL1。UBF是一个单链多肽，它可以和UPE的GC富集区结合，结果使DNA围绕该蛋白质一圈，从而使核心启动子与UPE靠得很近，并导致第二个因子SL1与核心启动子结合（图8.16）。核心结合因子SL1含有4个蛋白质和1个TATA框结合蛋白（TBP）。SL1本身对这种启动子来说并非是特异的，但一旦UBF和DNA结合了，那么SL1就可以协同结合在DNA上。当这两个因子都结合上了，RNA聚合酶才能和核心启动子结合起始转录。

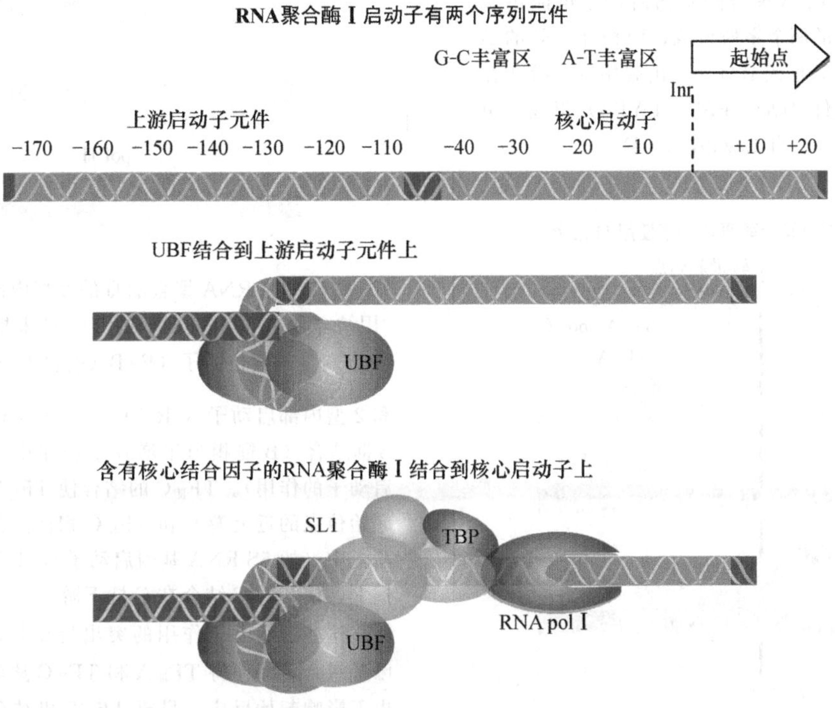

图8.16 RNA聚合酶Ⅰ的转录单位具有与上游启动子元件相距约70bp的核心启动子。UBF结合到UPE上，以增加核心结合因子结合到核心启动子上的能力。核心结合因子使RNA聚合酶Ⅰ定位于起始位点上（引自Lewin，2004，略有修改）

（三）RNA聚合酶Ⅲ启动子

RNA聚合酶Ⅲ启动子可由不同的转录因子以不同的方法来识别。RNA聚合酶Ⅲ启动子有三种类型：两种内部启动子和一种上游启动子。5S RNA和tRNA的启动子位于起始位点下游的转录区内，因此也称为**下游启动子**（downstream promoter）、**内部启动子**（intragenenic promoter）或**内部控制区**（internal control region，ICR）。snRNA基因的启动子和常见的启动子一样，位于起始位点的上游，称为**上游启动子**（upstream type of promoter）。

下游启动子又可分为1型和2型。1型内部启动子含有两个分开的“boxA（TGGCNNAGTGG)”和“boxC（CGGTCGANNCC)”序列；而2型内部启动子含有两个分开的“boxA”和“boxB”，且“boxA”和“boxB”之间的距离较宽。3型启动子为上游启动子或称为基因外启动子，由分开的几个序列（Oct、PSE、TATA）组成（图8.17）。

1. RNA聚合酶Ⅲ内部启动子

图8.18表示1型内部启动子起始转录的各个阶段，起始事件是$TF_{Ⅲ}A$结合在“boxA”上，以便$TF_{Ⅲ}C$结合在“boxC”上；而图8.19表示2型内部启动子起始转录的各阶段，首先是$TF_{Ⅲ}C$与“boxA”

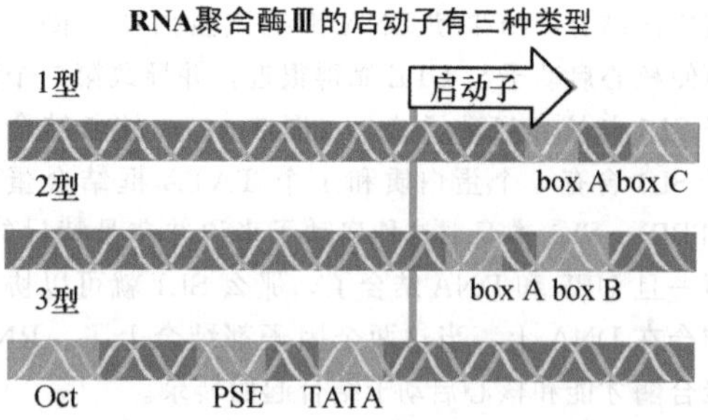

图 8.17　RNA 聚合酶Ⅲ的启动子可能由起始点下游的两个序列组成，即相互分开的 A 框序列和 C 框或 B 框；或由起始点上游相互分开的元件（Oct、PSE、TATA）组成（引自 Lewin，2004）

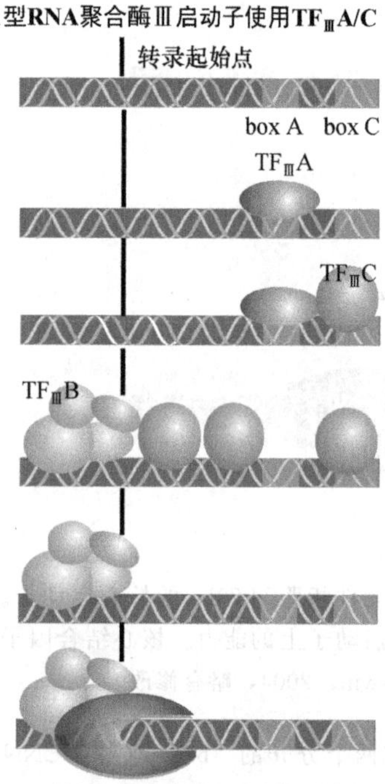

图 8.18　在 RNA 聚合酶Ⅲ的 1 型内部启动子，用结合到 A 框和 C 框上的装配因子 $TF_{Ⅲ}A$ 及 $TF_{Ⅲ}C$ 来招募 RNA pol Ⅲ 的定位因子 $TF_{Ⅲ}B$（引自 Lewin，2004）

及“boxB”的结合引发后续事件。

这两种内部启动子涉及三个起始因子。$TF_{Ⅲ}A$ 是一种含有 9 个锌指的蛋白质（zinc finger protein）（见第十一章）。$TF_{Ⅲ}B$ 含有 TBP 和两个其他的蛋白质。$TF_{Ⅲ}C$ 是一种大分子蛋白复合物，至少有 5 个亚基，分为两个功能域 τA（300kDa）和 τB，分别

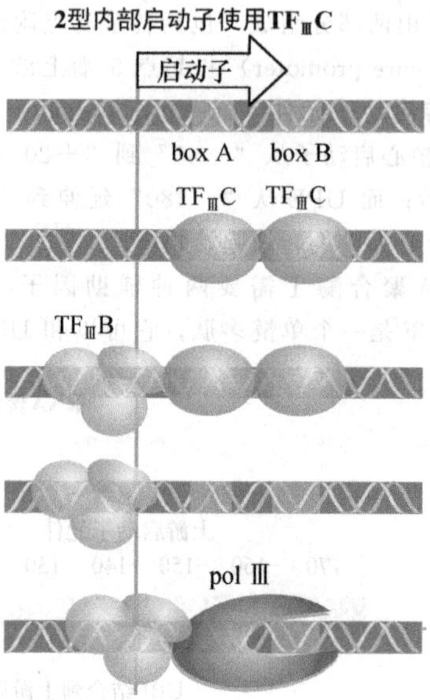

图 8.19　在 RNA 聚合酶Ⅲ的 2 型内部启动子中，用结合到 A 框和 B 框上的 $TF_{Ⅲ}C$ 来招募 RNA 聚合酶Ⅲ的定位因子 $TF_{Ⅲ}B$（引自 Lewin，2004）

和 2 型内部启动子（tRNA 基因启动子）的 A 框和 B 框结合（B 框相当于增强子的作用，A 框相当于启动子的作用）。$TF_{Ⅲ}C$ 的结合使 $TF_{Ⅲ}B$ 依次结合在起始位点的近上游并和 $TF_{Ⅲ}C$ 相连。在 1 型内部启动子中（如 5S RNA 基因启动子），$TF_{Ⅲ}A$ 结合在 C 框上，使 $TF_{Ⅲ}C$ 结合在 C 框下游。

这些起始因子作用的突出特点是，一旦 $TF_{Ⅲ}B$ 已经结合，即使将 $TF_{Ⅲ}A$ 和 $TF_{Ⅲ}C$ 从启动子上除去也不影响起始反应；只要 $TF_{Ⅲ}B$ 仍结合在起始点的附近，就能使 RNA 聚合酶Ⅲ正确地结合在转录起始点。因此，只有 $TF_{Ⅲ}B$ 才是 RNA 聚合酶Ⅲ所必需的起始因子。$TF_{Ⅲ}A$ 和 $TF_{Ⅲ}C$ 仅是一种**装配因子**（assembly factor），它们的作用是辅助 $TF_{Ⅲ}B$ 结合到正确的位置上。

$TF_{Ⅲ}B$ 是一个**定位因子**（positioning factor），负责使 RNA 聚合酶Ⅲ结合到正确位置上，就像聚合酶Ⅰ中的 SL1 那样，功能类似于原核的 σ 因子。$TF_{Ⅲ}B$ 本身缺乏与 DNA 的结合能力，但可以和结合在 DNA 上的其他蛋白结合。$TF_{Ⅲ}B$ 含有 TBP，而 SL1 也含有 TBP，TBP 可能作为 $TF_{Ⅲ}B$ 的一个亚基，直接和 DNA 相互作用。

内部启动子虽然赋予这些基因转录的能力，但起始点上游区域对起始点也有一定的影响。若改变起始点上游区域就会改变转录效率。看来内部启动

子的作用是提供识别；起始位点的作用是控制转录效率。

2. RNA 聚合酶Ⅲ上游启动子

Ⅲ型启动子是 RNA 聚合酶Ⅲ的上游启动子。它有三个上游元件，这些元件仅在 snRNA 启动子中被发现，有的 snRNA 是由 RNA 聚合酶Ⅱ转录，有的是由 RNA 聚合酶Ⅲ转录。这些上游元件在一定程度上和聚合酶Ⅱ启动子相似。

上游启动子转录起始发生在起始点上游的一个很短的区域中，且含有 TATA 框。**次近端序列元件**（proximal sequence element，PSE）和八聚体（Oct）元件的存在大大增加了转录效率，结合在这些元件上的转录因子相互协调、共同作用（图 8.20）。

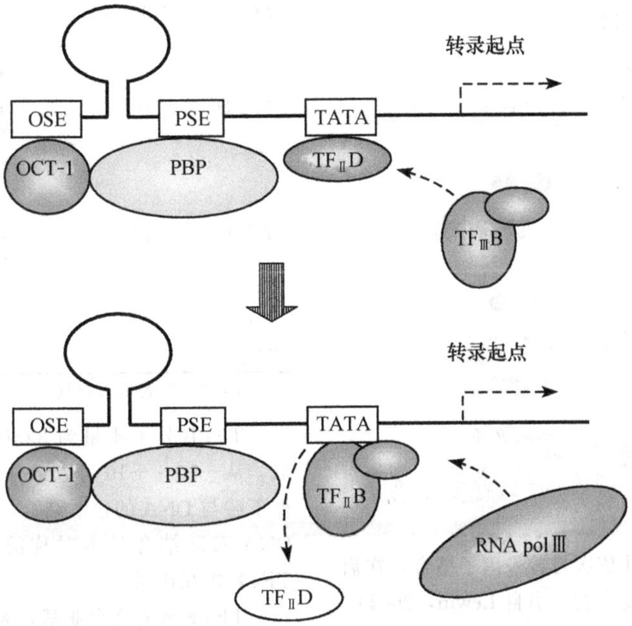

图 8.20　真核 RNA 聚合酶Ⅲ上游启动子的结构与转录起始

TATA 元件是供 TBP 识别的，TBP 亚基本身识别 DNA 序列，其结合的其他蛋白质有的可以和 RNA 聚合酶Ⅲ结合，有的对 RNA 聚合酶Ⅱ特异，这就可以解释为什么 RNA 聚合酶Ⅲ和这些启动子的特异结合。TBP 及其结合蛋白的功能是使 RNA 聚合酶Ⅲ正确地结合在起始位点上。

TBP 也是 RNA 聚合酶Ⅱ起始因子中的重要成分，它是定位因子的关键成分，通过不同机制结合在各种类型的启动子上。无论哪种启动子，TBP 都是起始复合物的组成部分，在与 RNA 聚合酶的相互作用中发挥共同的作用。

三、RNA 聚合酶Ⅱ的转录起始

RNA 聚合酶Ⅱ转录起始的第一步是转录启动因子 $TF_{Ⅱ}D$ 和 TATA 框结合形成复合物，为 RNA 聚合酶Ⅱ指明结合位置（图 8.21）。现在已知 $TF_{Ⅱ}D$ 含有两种蛋白质：一种是识别 TATA 框的 **TATA 框结合蛋白**（TATA-binding protein，TBP），它是分子质量为 30kDa 的小蛋白质；另一种是 **TBP 缔合因子**（TBP-associated factor，TAF）。有些 TAF 与 TBP 是等当量的，而另一些 TAF 的存在量较少。很可能 $TF_{Ⅱ}D$ 含有不同的 TAF 以识别不同的启动子。

这种观点认为 TBP 和不同的 TAF 结合可以使其他的聚合酶识别启动子。$TF_{Ⅲ}B$ 是用于聚合酶Ⅲ内部的启动子，SL1 是用于聚合酶Ⅰ的启动子，但这两者都被分成是 TBP 和特殊 TAF 结合的一种成分。任何单个的 TBP 分子，其本身并不是对所有启动子都是必需的，而是和 TAF 结合，用于特殊的启动子。在各种启动子上 TBP 必须具备和 TAF 或聚合酶相互结合的能力，在酵母中 *TBP* 基因突变会影响不同类型启动子的转录。

TBP 作为第一个和 DNA 接触的因子十分引人注目。由于 TATA 框离转录起始位点的距离是固定

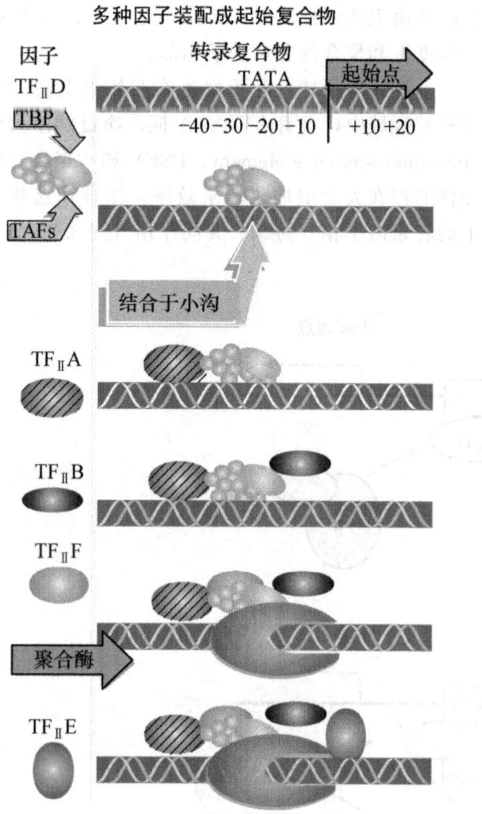

图 8.21　RNA 聚合酶Ⅱ依次与转录因子结合，在启动子上组装转录起始复合物（引自 Lewin，2004）

的，所以识别它对 RNA 聚合酶是重要的。TBP 在启动上对各种聚合酶所起的共同作用是将它们组入转录复合物中。

TF$_{Ⅱ}$A 含有几个亚基（在酵母中有 2 个，在哺乳动物中有 3 个），当它加入复合物中时，TF$_{Ⅱ}$D 所保护的 DNA 区域就延伸至更上游的区域。它可能通过解除 TAF 的阻遏作用而激活 TBP，它的参与使 TF$_{Ⅱ}$D 和 TATA 框结合得更稳定（表 8.5）。

表 8.5　人类Ⅱ型基因的转录因子

因子	分子质量/kDa	功能
RNA 聚合酶Ⅱ	≥10	依赖模板合成 RNA
TF$_{Ⅱ}$A	12，19，35	稳定 TF$_{Ⅱ}$D 和 DNA 的结合，激活 TBP 亚基
TF$_{Ⅱ}$B	33	结合模板链（－10～＋10），起始 RNA 聚合酶Ⅱ结合，和 TF$_{Ⅱ}$E/F 相互作用
TF$_{Ⅱ}$D	30	TBP 亚基识别 TATA 框，将聚合酶组入复合物中 TAF 识别特殊启动子
TF$_{Ⅱ}$E	34（β） 57（α）	结合在 RNA 聚合酶Ⅱ的前部，使复合物的保护区延伸到下游
TF$_{Ⅱ}$F	38，74	大亚基具解旋酶活性，小亚基和 RNA 聚合酶Ⅱ结合，介导其加入复合物
TF$_{Ⅱ}$H	—	具激酶活性，可以磷酸化 RNA 聚合酶Ⅱ C 端的 CTD，使 RNA 聚合酶Ⅱ逸出，延伸
TF$_{Ⅱ}$I	120	识别 Inr，起始 TF$_{Ⅱ}$ F/D 结合
TF$_{Ⅱ}$J	—	在 TF$_{Ⅱ}$ F 后加入复合物，不改变 DNA 的结合方式
TF$_{Ⅱ}$S	—	RNA 合成延伸

注：“—”表示未查到。

TF$_{Ⅱ}$B 分子质量为 33kDa，它在起始点邻近区域，从－10～＋10 可以部分地保护模板链在 TATA 框下游与 DNA 的松散结合，形成复合物。TF$_{Ⅱ}$B 与 DNA 双链结合是不对称的，其作用是使 TF$_{Ⅱ}$ E/TF$_{Ⅱ}$F 相互作用。

TF$_{Ⅱ}$F 含有 2 个亚基，大亚基 RAP74 具有 ATP 依赖性 DNA 解旋酶活性，它和起始时 DNA 链的熔解链有关。其小亚基是 RAP38，与细菌的 σ 因子有部分同源，紧密地与 RNA 聚合酶Ⅱ结合，介导聚合酶Ⅱ和其他蛋白结合转录成复合物。TF$_{Ⅱ}$F-polⅡ和复合物连接时，与 TF$_{Ⅱ}$B 的相互作用是重要的。

RNA 聚合酶Ⅱ结合位点在模板链上达到下游＋15，在非模板链上达到＋20，其长度贯穿了整个复合物，上游也被其保护了。

TF$_{Ⅱ}$E 结合在聚合酶的前部，使复合物的保护区延伸到下游双链的＋30 处。

TF$_{Ⅱ}$H 和 TF$_{Ⅱ}$J 在 TF$_{Ⅱ}$F 之后也加入复合物中，但并不改变 DNA 的结合方式。TF$_{Ⅱ}$H 具有激酶活性，可以磷酸化 RNA 聚合酶Ⅱ尾巴上的 CTD，CTD 的磷酸化使聚合酶Ⅱ从转录因子中释放出来，这样就能离开启动子开始延伸。

这一起始过程和细菌 RNA 聚合酶催化的反应是相似的。RNA 聚合酶的结合产生了闭合复合物。在最后阶段双链打开产生开放复合物。这种转变和下游位点复合物体影响的增加有关，多半涉及 TFⅡ

因子的释放。起始反应的双链分离阶段是需水解ATP的，可能要释放某些转录因子。在基本因子和聚合酶Ⅱ的相互作用中，TBP和酶尾部的CTD之间的作用也是重要的。

在没有TATA框的启动子上起始如何发生？这种起始同样需要一些基本的转录因子，其中也包括$TF_{II}D$。$TF_{II}D$可能带有一个或多个TAF来直接识别Inr，并与之结合。现在还不清楚在和TATA框结合中$TF_{II}D$怎样发挥作用。Inr序列可能作为一种位置元件，让转录因子结合于其上，且锚定这种复合物。$TF_{II}D$可能必须以某种方式进入复合物而不是结合在TATA框上。在这些启动子上TBP的功能很像在聚合酶Ⅰ的启动子上和聚合酶Ⅲ的内部启动子上的功能。

很多基本因子含有多种亚基，所以多数的分子质量是很大的，可能涉及约20多种肽，总分子质量达500kDa，聚合酶Ⅱ约有10个亚基，分子质量约500kDa，可见RNA聚合酶的起始要涉及非常大的复合物。

聚合酶Ⅱ起始复合物提供了一个和原核转录有关的对照。细菌的RNA聚合酶很容易和DNA结合；σ因子对于起始是必要的，但无助于延伸，因为起始后它就被释放出来了。真核聚合酶Ⅱ只有在起始因子和DNA结合后才和启动子结合。这些因子的作用类似σ因子，是聚合酶识别启动子的特殊序列，但已进化得比较独立。

四、真核基因转录的终止

真核生物的RNA大部分都要经过加工，包括剪切和加poly（A）尾，因此对于其终止的情况了解很少，只有少数例子研究得比较清楚。例如，在爪蟾rDNA基因中有两个重要的转录终止位点T2和T3。T2位于28S rRNA序列3′端下游约235bp处，T3排列在下一个转录单位的上游约200bp处（图8.22）。T2和T3都含有7个碱基的保守序列：5′-GACTTGC-3′。T2是前体rRNA转录的初始终止位点，T3是“失败-保险”的终止位点，由于rDNA转录单位是串联排列的，所以“失败-保险”终止系统让RNA聚合酶可能在一个转录单位上起始和转录。

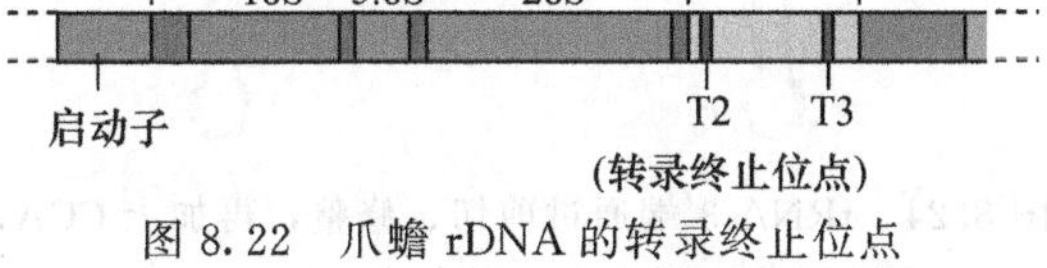

图8.22 爪蟾rDNA的转录终止位点
（引自Russell，1992）

第五节 转录后加工

转录后加工（posttranscriptional modification）是指将各种前体RNA分子加工成成熟的各种RNA。在原核和真核生物中，mRNA、tRNA和rRNA都是来自于转录，在真核中还有第4种RNA分子，即snRNA（见第二十章），同样也是转录的产物。表8.6列举出RNA加工反应的类别。碱基化学修饰和RNA编辑属于表观遗传的范畴（见第二十章）。

表8.6 RNA加工反应的分类

加工反应	举例
剪切	使rRNA和tRNA从多顺反子转录物中释放，终止真核生物mRNA转录
内切降解	加工rRNA和tRNA产生成熟末端
核酸转移	转移CCA到某些tRNA的3′端
碱基化学修饰	mRNA和rRNA的甲基化，tRNA和snRNA普遍碱基修饰
核酸切除和替换	tRNA鸟嘌呤的过度修饰产生二氢尿嘧啶（Q）和假尿嘧啶（W）
加帽	在真核生物mRNA 5′端加上7-甲基鸟嘌呤
多腺苷酸化	在大多数真核生物和少数细菌mRNA 3′端加上多腺苷酸尾巴
剪接（转接）	去除大多数内含子（经常是顺式，偶尔反式）
剪接（连接）	去除tRNA内含子
编辑	通过碱基修饰改变mRNA所携带信息，在编码区中插入或缺失碱基

一、原核生物tRNA和rRNA的加工

在翻译过程中参与蛋白质合成的tRNA和rRNA都不是最初的转录物，这是由于：①其5′端都是单磷酸，而原始的转录物5′端应是三磷酸；②分子比初始转录物小；③tRNA含有特殊的碱基，这些碱基只有通过一些化学修饰才可以产生。

（一）原核tRNA的加工

原核tRNA的初始转录物多为**多顺反子**（polycistron）的，即几个tRNA分子串联在一起。有三种不同的情况：①串联的tRNA分子都是相同的，如位于27′处的$tRNA^{Tyr}$-$tRNA^{Tyr}$；②串联的tRNA

分子是不同的，如位于 71′ 处的 $tRNA^{Ile}$-$tRNA^{Ala}$-$tRNA^{Thr}$；③由 tRNA 和 rRNA 串联组成。少数 tRNA 前体为**单顺反子**（monocistron），如位于 43′ 处的 $tRNA^{Ser}$（图 8.23）。

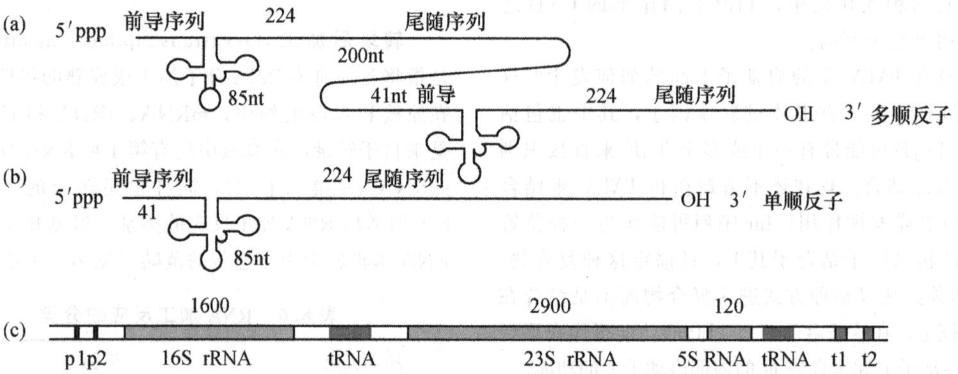

图 8.23 三种 tRNA 前体分子（参照弗雷费尔德，1991b）

(a) 多顺反子 tRNA 前体分子；(b) 单顺反子 tRNA 前体分子；(c) tRNA 和 rRNA 串联排列

将前体分子加工为成熟 tRNA，需要将多余的序列用内切核酸酶或外切核酸酶去除（图 8.24）。tRNA 的加工过程分成三个阶段。

(1) "斩头"，形成 5′端。RNase P 是一种由蛋白质和 RNA 组成的复合物。其 RNA 长 375nt，分子质量为 130kDa。RNase P 具有核酶的活性，可切除 *E. coli* 前体 tRNA 5′端的前导序列（41nt）。此酶不识别一级结构，但识别二级结构——特殊的发夹结构。这就是 S. Altman 提出的外部引导理论，即**外部引导序列**（external guide sequence）是处在底物内的高级结构区，可供 RNase 识别，最终仍存在于成熟产物中。

(2) "去尾"，形成 3′-OH 末端。此过程由内切核酸酶和外切核酸酶共同参与，但还不知道是哪一种内切核酸酶。前者识别发夹结构，后者识别 CCA 序列，对于具有 CCA 末端的 1 型 tRNA 前体修整 3′端的外切核酸酶是 RNase D，在 CCA 末端它依次切除（或逐步切除）3′端的碱基。对于没有 CCA 序列的 2 型 tRNA 前体分子来说，还不清楚是通过何种 RNase 来切。

在真核中所有前体分子都是Ⅱ型的。加 CCA 是由 **tRNA 核苷转移酶**（tRNA nucleotidyl transferase）来完成的，加 CCA 后的 tRNA 分子才成为有活性的 tRNA 分子。

(3) 修饰。前体 tRNA 的一些专一部位的碱基需要通过甲基化酶、硫醇酶、假尿嘧啶核苷化酶等的作用进行修饰而成为特殊的碱基，如氨基酸臂上 5′端的 4-硫尿苷（4tu）、D 臂上的 2-甲基鸟苷（2mG）、TφC 臂上的假尿苷（ψ）及反密码子环上的 2-异戊腺苷（2ipA）（图 8.25）。

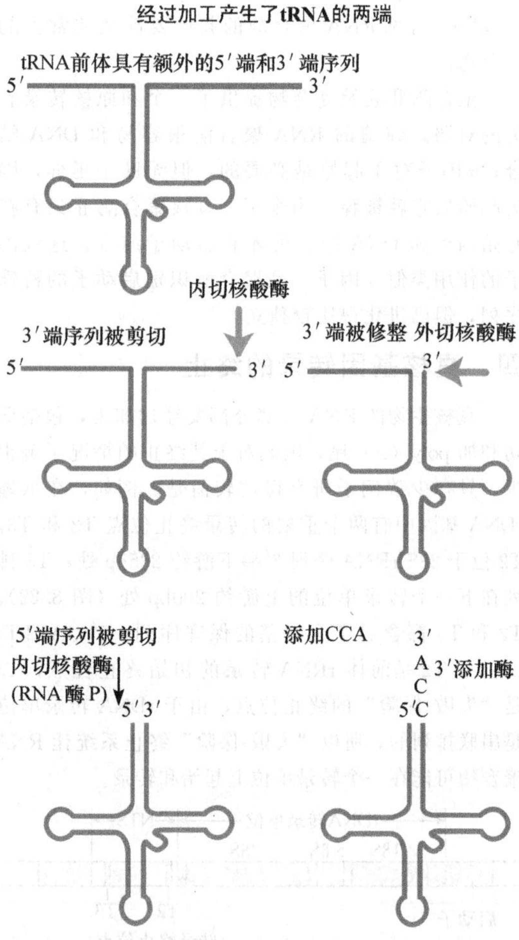

图 8.24 tRNA 3′端通过剪切、修整，再加上 CCA；5′端经剪切而产生（引自 Lewin，2004）

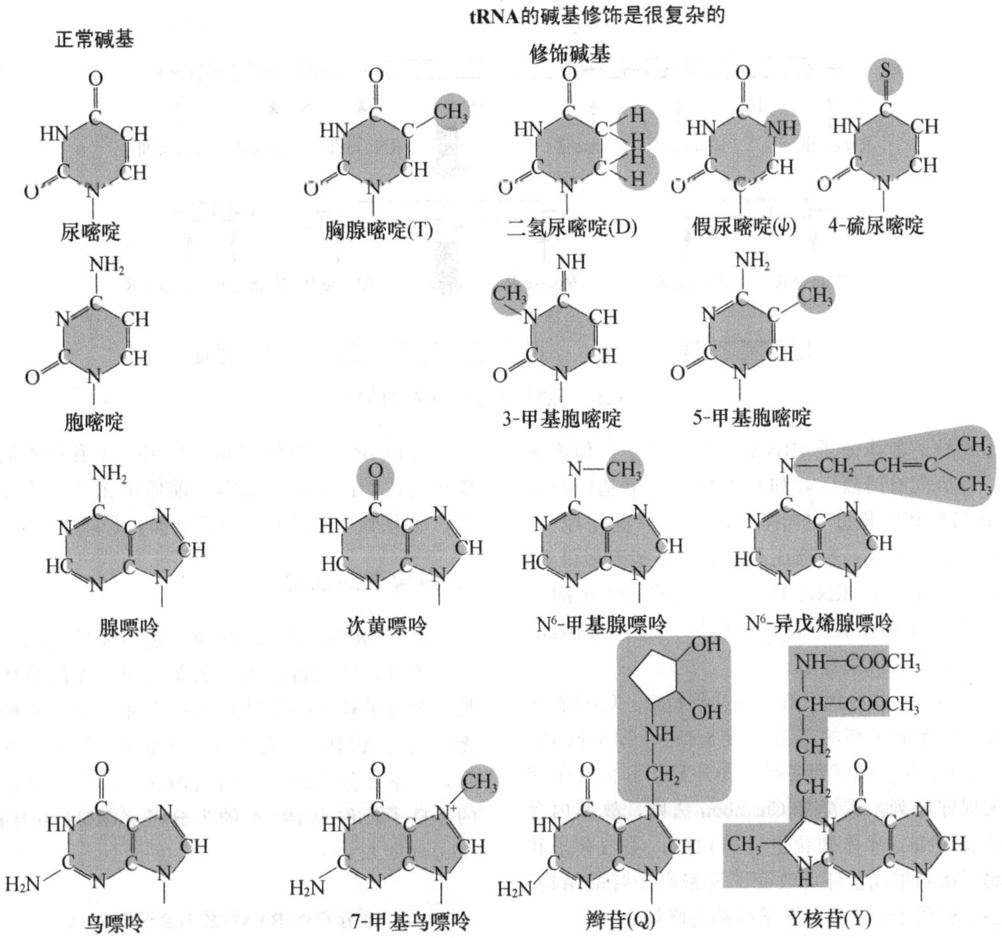

图 8.25　tRNA 中的 4 种碱基类型都可能被修饰（引自 Lewin，2004）

（二）原核 rRNA 的加工

在 *E. coli* 中 rRNA 有 7 个转录单位，名为 *rrnA*～*rrnG*，它们在染色体上并不紧密连锁。rRNA 序列是保守的，每个转录单位都含有 16S rRNA、23S rRNA、5S rRNA 及一个或几个 tRNA。但 tRNA 的数量、种类及位置都不固定，或在 16S rRNA 和 23S rRNA 之间的间隔序列中，或在 3′端 5S rRNA 之后。每个转录单位中含有等比例的 16S rRNA、23S rRNA、5S rRNA，因为它们仅存在于核糖体中且是等比例的，因此串联转录单位保障了它们的等量关系。

每个转录单位转录成单个的 RNA 前体分子，经剪切后变为成熟的 RNA 分子。在 16S 和 23S 之间为 400～500bp 的转录间隔序列（TS）。在此区域中有一个或多个 tRNA 基因。rRNA 前体的加工是由 RNase Ⅲ负责的。在 *rnc*⁻ 的细胞中不存在成熟的 rRNA，只积聚了 30S 的前体 rRNA 分子。这种前体分子在体外能被 RNase Ⅲ切割为成熟的 16S rRNA、23S rRNA 和 5S rRNA（图 8.26）。

RNase Ⅲ由 2 个亚基组成，不含 RNA，起内切核酸酶的作用。它可能鉴别一级结构和二级结构相结合的某种特征。在 30S 前体 RNA 中，p16S 和 p23S 各自的 5′端和 3′端都能互补配对，形成含有 1600nt 和 2900nt 的茎环，RNaseⅢ在二者的茎上交错切割（而不在单链泡上切开）产生了 p16S、p23S 和 p5S rRNA 前体。再进一步由外切核酸酶进行修正，切除多余的部分形成各种成熟的 rRNA 分子。

二、真核生物 tRNA 和 rRNA 的加工

（一）真核 tRNA 的加工

真核生物与原核生物的 tRNA 基因有许多不同

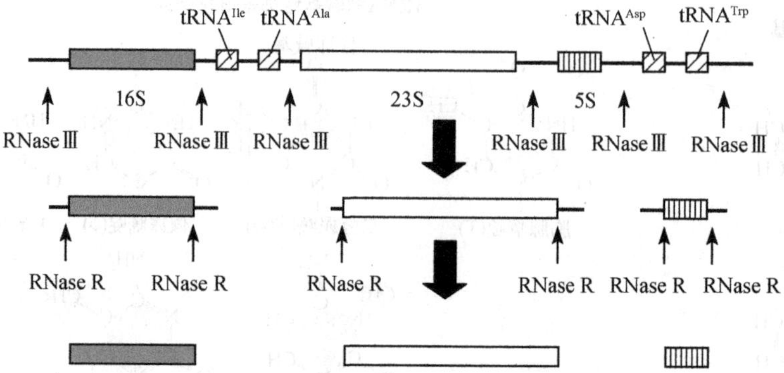

图 8.26　原核生物 rRNA 的加工

点：①真核的前体分子 tRNA 是单顺反子，但成簇排列，基因间有间隔区，如在爪蟾中每个基因组中各个 tRNA 基因超过 200 拷贝，是一种重复序列；②真核 tRNA 基因一般都比原核 tRNA 基因多得多，如酵母约有 400 个 tRNA 基因；③真核 tRNA 的 5′端都有单磷酸核苷酸，表明已被加工过；④tRNA 的前体分子中含有内含子。

真核 tRNA 的内含子有一些共同特点：①位置相同，都在反密码子环的下游（图 8.27）；②不同 tRNA 的内含子长度和序列各异；③外显子和内含子交界处无保守序列，不符合 Chambon 法则，故其内含子是依靠 RNase 异体催化进行剪切的；④内含子和反密码子配对形成茎环，改变了反密码子臂的结构，保护了反密码子，使其免受某些酶的降解。

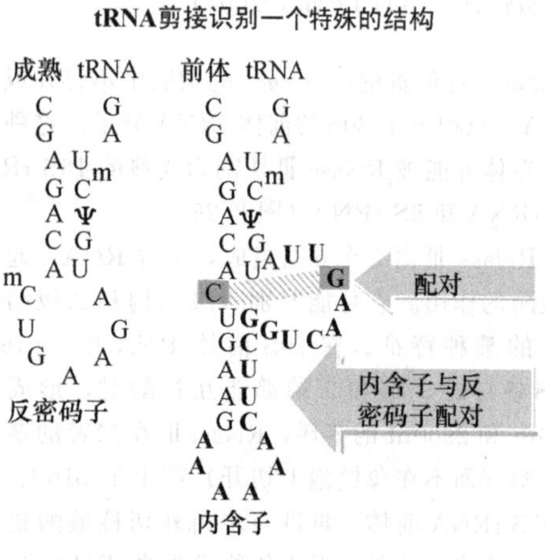

图 8.27　酵母苯丙氨酰-tRNA 中的内含子可与反密码子环配对，从而改变反密码子臂的结构。茎上的一个突出的碱基（C）与内含环上的一个碱基（G）之间的配对对剪接可能是必需的（引自 Lewin，2004）

真核 tRNA 的加工和原核 tRNA 有所不同，主要区别在于：①真核 tRNA 前体中无二聚体和多聚体；②增加了剪接内含子的过程；③都要加 CCA。

1. 内含子的切除

酵母 tRNA 在未处理前先进行凝胶电泳，只显示一条带，且跑得较慢，表明此 tRNA 的前体分子是一个分子较大的完整序列；当加入内切核酸酶后无需加入 ATP，反应后再进行电泳，结果出现两条带，一条是剪切后游离出的内含子，另一条是互补的外显子，称为 **tRNA 的半分子**（tRNA half-molecule）（图 8.28）。

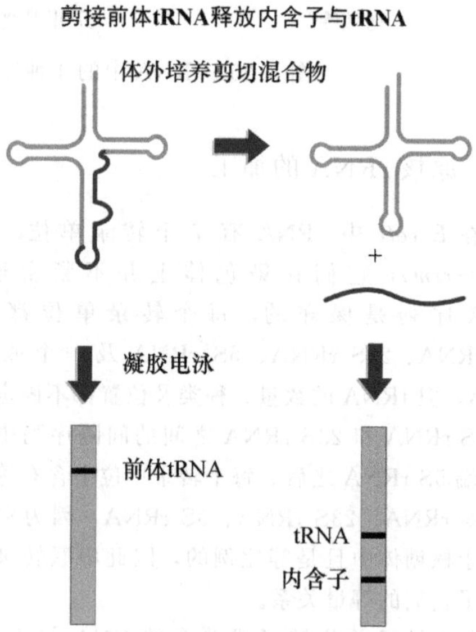

图 8.28　酵母 tRNA 的体外剪接，并可通过凝胶电泳来分析其 RNA 前体及产物（引自 Lewin，2004）

2. 外显子的连接

切除 tRNA 内含子的核酸酶很特殊，不是形成 3′-OH 和 5′-P，而是产生了 2′-3′环磷酸和 5′-OH，因此不能直接连接。此步反应无须 ATP，但必须通过**环磷酸二酯酶**（phosphodiesterase）将 2′-3′环磷酸打开，形成 3′-OH 和 2′-P。然后 5′端须在激酶作用下将 5′-OH 磷酸化，再通过连接酶将两个半分子连接起来（图 8.29）。

哺乳动物的 tRNA 连接酶可将 2′-3′环磷酸与 5′-OH 直接连接起来，无需环磷酸二酯酶和激酶的介入。

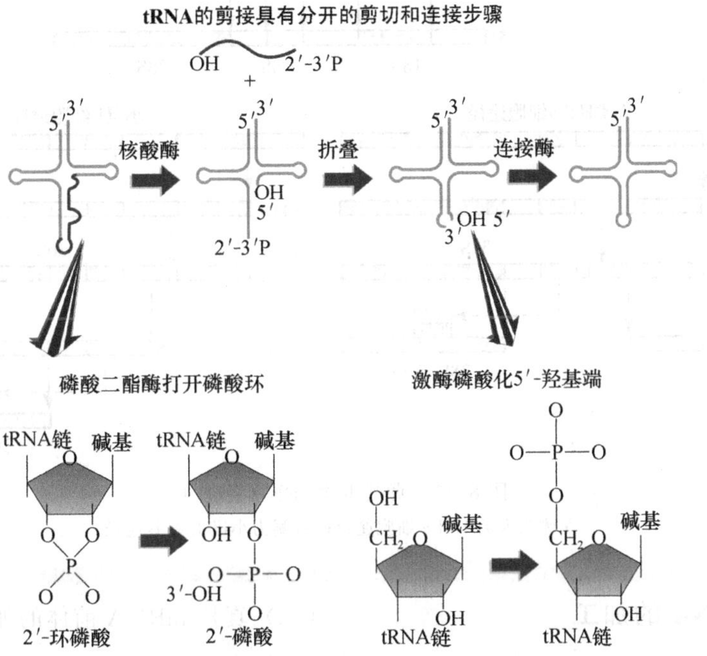

图 8.29　tRNA 的剪接需要核酸酶和连接酶的活性（引自 Lewin，2004）

首先被核酸酶在外显子-内含子交界处切开，产生 2′-3′环磷酸和 5′端羟基。环磷酸被打开，产生 3′-OH 和 2′-P，5′-OH 被磷酸化。内含子被释放后，余下的 tRNA 半分子折叠成一个含有 3′-OH 和 5′-P 缺口的类 tRNA 结构。后通过连接酶将缺口封闭

真核 tRNA 内含子的切除和其他内含子的切除是不同的：①既没有交界序列，也没有内部引导序列；②是依赖于蛋白质的 RNase，而不是核酶或 snRNP；③反应的本质不是转酯反应。

真核 tRNA 内含子的精确剪切依赖于对 tRNA 共同的二级结构的识别，而不是内含子的保守序列，所以内含子的突变并不影响剪切。前体 $tRNA^{Lle}$、$tRNA^{Len}$、$tRNA^{Tye}$ 及 $tRNA^{Phe}$ 等内含子的上游切点都是在反密码子 3′端之后的一个核苷酸上，另一切点常在不配对的泡上。这些 tRNA 的反密码子和内含子的序列都不同，可见剪切的核酸酶不识别一级结构，而是依赖于 tRNA 的二级结构。tRNA 分子不同部分的区域对于剪切是重要的，包括受体臂、D 环、TψC 环和反密码子环。

现在发现内含子环中的一个碱基与茎上的一个碱基进行配对对剪切来说十分重要（图 8.27），影响此配对的其他位点的突变也会影响剪接（如产生另一种配对），这说明内含子的结构并非完全与剪切无关。

（二）真核 rRNA 的加工

真核生物的 18S、5.8S 和 28S rRNA 基因串联在一起形成一个转录物，初始转录物为 45S RNA（低等真核生物如酵母的是 35S RNA）。5S rRNA 是和 18S rRNA、5.8S rRNA 和 28S rRNA 分开转录的，这和原核 rRNA 基因不同。

在真核 rRNA 加工中 rRNA 和其他的真核基因也不同，通常它没有内含子［但在一些原生动物（如四膜虫）的 rRNA 中存在内含子］，因此加工时，无需剪切内含子这一步。真核生物 rRNA 前体的加工过程要通过 4 个阶段，所以速率相对较慢，因此

主要的中间产物可从各种细胞中分离出来，从而使哺乳动物的 rRNA 加工过程可以清楚地描述。

不同真核生物的加工顺序可能有些不同，但几乎所有真核生物都有相似的加工反应：多数情况下 5′端由切割直接产生，而 3′端由切割加上 3′→5′修整反应而产生（图 8.30）。我们现在还不清楚加工的细节，但已知道 45S RNA 能立刻与蛋白质结合，在核糖体上进行加工，而不是以游离的 rRNA 进行加工。

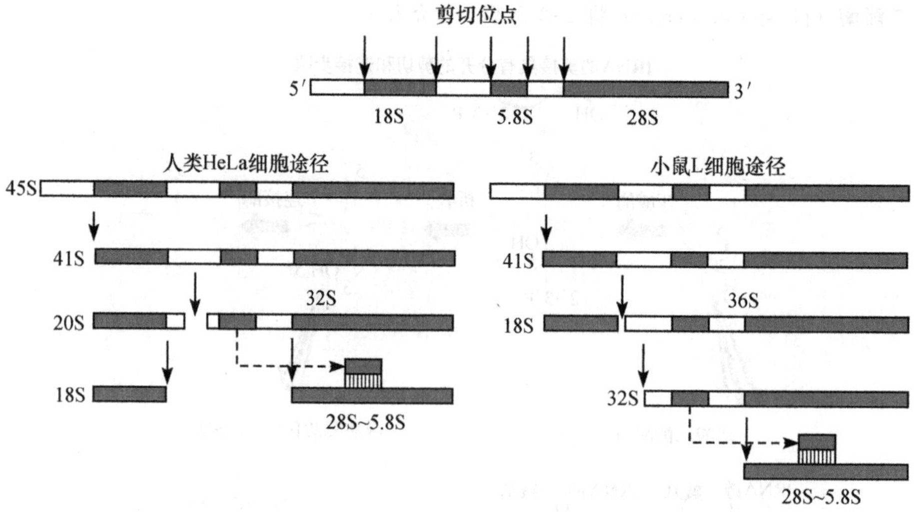

图 8.30　真核生物 rRNA 的加工

左侧为人类 HeLa 细胞途径；右侧为小鼠 L 细胞途径

三、前体 mRNA 的加工

（一）原核前体 mRNA 的加工

前体 mRNA 分子的加工主要指真核 mRNA 前体的加工，原核生物的 mRNA 很少经过加工，由于转录和翻译偶联（在转录的同时进行翻译），中间没有可加工的间歇时间。但在少数情况下多顺反子 mRNA 先被内切核酸酶切成较小的单位，再成为翻译的模板。例如，*E. coli* 基因组上 89′～90′处有一个操纵子含有 4 个基因：*rplj*（*L10*）、*rplL*（*L7/L12*）（核糖体大亚基蛋白）、*rpoB*（RNA 聚合酶 β 亚基）、*rpoC*（RNA 聚合酶的 β′亚基）。转录后先产生一个单个的多顺反子 mRNA，然后经 RNase Ⅲ 将其切开，4 个基因两两分开，最后再各自进行翻译。

T7 噬菌体早期转录区中含有 6 个基因，它们同在一个转录单位中，转录后产生一个大的多顺反子 mRNA，每个 mRNA 之间存在着茎环结构。由 RNase 在茎环处切开前体 RNA 分子，形成单个的 mRNA 进行翻译。RNase Ⅲ 对 T7 的切割和 rRNA 前体的切割有所不同。切点在不配对的“泡”上，而不在茎上。

（二）真核 mRNA 前体的加工

1. 核内不均一 RNA

在真核细胞核内可以分离到一类含量很高、分子质量很大但不稳定的 RNA，称为**核内不均一 RNA**（heterogenous nuclear RNA，hnRNA），其平均分子长度为 8～10kb，长度变化范围从 2kb 左右到 14kb 左右，比 mRNA 的平均长度（1.8～2kb）长 4～5 倍。估计 hnRNA 仅有总量的 1/2 转移到细胞质内，其余的都在核内被降解。

hnRNA 的结构有以下特点：①5′端有帽结构；②3′端有 poly（A）尾巴；③帽结构后有 3 个寡聚 U 区，每个长约 30nt；④有重复序列，位于寡聚 U 区后；⑤有茎环结构，可能分布于编码区（非重复序列）的两侧；⑥非重复序列中有内含子区。

人们经分析认为 hnRNA 是 mRNA 的前体，证据如下。①hnRNA 和 mRNA 有相同的序列。小鼠核内分离出的 1.5kb（15S）的 hnRNA 分子和 10S β-珠蛋白 mRNA 分别都可与小鼠的 β-珠蛋白基因进行分子杂交，形成 R 环（图 8.31）。hnRNA 中存在与 mRNA 相同的序列，但比 mRNA 更为复杂，这是 hnRNA 是 mRNA 前体的最有力的证据。②hnRNA 在体外能作为模板翻译蛋白，这也是 hnRNA 是 mRNA 前体的直接证据。③两者 5′端都有帽结构，其他的 RNA 分子和前体都没有这种特殊的结构。④两者的合成均不为低剂量放线菌素 D 所抑制，但能被高剂量放线菌素 D 所抑制，表明两者为相同的聚合酶所合成。⑤两者的 3′端都有多聚腺苷尾巴，这也是其他 RNA 分子所没有的。

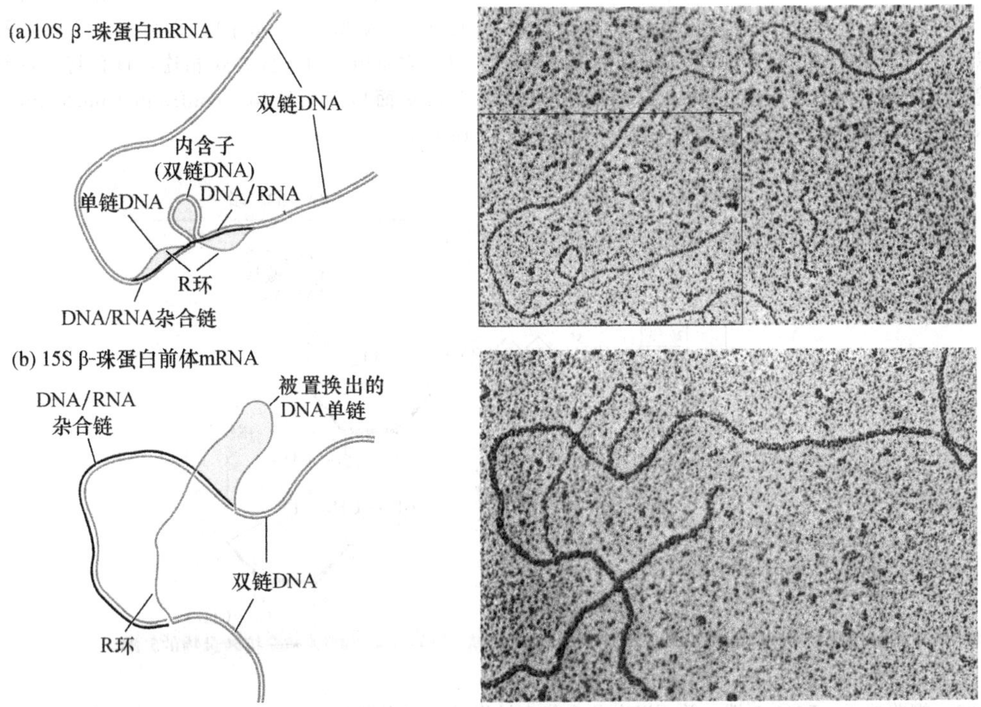

图 8.31　小鼠 β-珠蛋白基因含有一个内含子（引自 Russell，1992）

(a) 在 10S 成熟的 β-珠蛋白 mRNA 和 β-珠蛋白基因之间形成 R 环；(b) 在 15S β-珠蛋白前体 mRNA 和 β-珠蛋白基因之间形成 R 环

根据以上证据表明，hnRNA 和 mRNA 之间关系密切，至少部分 hnRNA 是 mRNA 的前体。但由于 hnRNA 已有 5′帽结构和 3′poly（A）尾巴，所以它不可能是初始转录物，而是已经通过初步加工了的。β-珠蛋白的 15S RNA 与其 DNA 杂交形成的环是完全互补的，而 10S RNA 与其 DNA 杂交的 DNA 出现了 R 环，这表明 15S RNA 尚未切除内含子，所以可以完全互补，而 10S RNA 是已切除内含子的 mRNA，它和 DNA 杂交时可使内含子区域环出。由此可见 hnRNA 虽已加帽、加尾，但尚未切除内含子。

2. 真核 mRNA 前体的加工方式

所有的真核 mRNA 有相似的加工模型。加工过程可分为 5 个阶段：①5′加帽；②3′加尾；③切除内含子；④修饰；⑤某些 mRNA 前体分子还要进行编辑。

1）加帽

加帽（caping）是真核生物 mRNA 合成后的一种加工形式，在酶的催化下产生 mRNA 5′-帽结构，通常是 7-甲基鸟苷（$^{m}7G$）与 mRNA 的 5′端通过 3 个磷酸基团形成 5′-5′连接。

mRNA 的 5′端的修饰是在细胞核中进行的，所有的真核生物都是如此。转录开始是用一个三磷酸核苷（通常是一个嘌呤，A 或 G），第一个核苷酸的 5′端仍保留三磷酸基团，其 3′端和下一个核苷酸的 5′位点形成磷酸二酯键，转录物的起始序列可能是

$$5'ppp\genfrac{}{}{0pt}{}{A}{G}pNpNpNp\cdots\cdots$$

但当人们在体外用酶处理成熟的 mRNA，并未产生预期的 pppA 或 pppG，而是得到了 5′-5′三磷酸连接的 2 个核苷酸，而且末端的碱基总是一个 G，它是在转录后加在原来 RNA 分子上的。加帽反应

的第一步是在鸟苷转移酶（加帽酶）催化下在5′端加上鸟苷，这个反应在转录后立即发生，该反应是在GTP和原来的RNA 5′端三磷酸之间进行的缩合（condensation）反应。第二步才是进行甲基化，此反应是在*S*-腺苷基甲硫氨酸的作用下进行的甲基化。

以上在前体RNA的前导序列5′端加上的修饰结构就称为**“帽”**（cap）。不同生物中帽的结构也有几种不同形式：在“帽”上仅在末端鸟苷的第7位上存在单个甲基化位点的称**0型帽**（cap0）；除第7位上以外在次末端核苷酸核糖上的2′-O位点上还有一个甲基位点的称**1型帽**（cap1）；除末端以外，在第3个核苷酸的核糖上（2′-O）有甲基化位点的称**2型帽**（cap2）（图8.32）。这三种“帽”都有7-甲基鸟核苷三磷酸（$^{m}7Gppp$），它与下一个核苷酸以5′与5′方向相对的连接方式相连，这种特殊的结构称为**面对面核苷酸结构**（confronted nucleotide structure）。

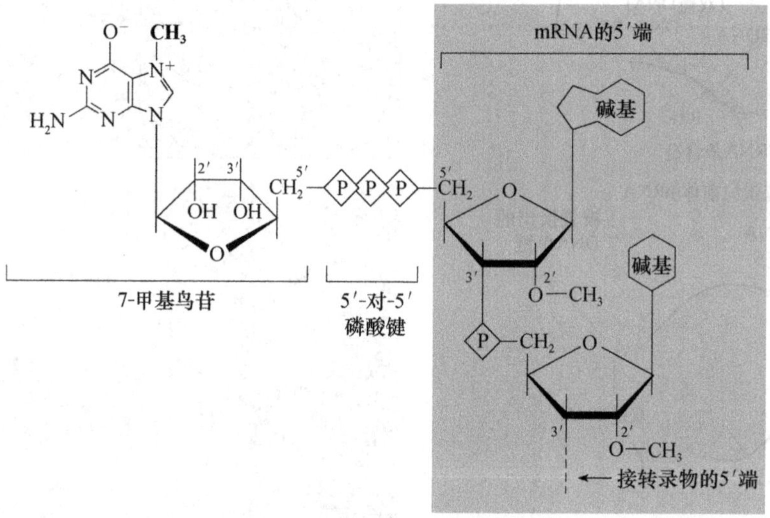

图8.32　帽覆盖了mRNA 5′端，并可以在几个位点被甲基化（引自http://www.mun.ca/biochem/courses/）

帽结构的功能主要表现在三个方面：①有助于mRNA越过核膜，进入胞质；②保护5′端不被酶降解；③翻译时供起始因子（eIFⅢ）和核糖体识别（见第九章）。将有“帽”和无“帽”的呼肠病毒（reovirus）的mRNA注入表达系统使其表达，结果有“帽”的更加稳定，鸟嘌呤在不带甲基时翻译效果差，但稳定性不变，若起始密码子离5′端很远，或者核糖体与mRNA亲和力很强，则“帽”就显得不那么重要了。

2）加尾

RNA聚合酶Ⅱ转录的mRNA前体的3′端都被切除，然后加上多聚腺苷的尾巴。在高等生物中（酵母中无此特点）mRNA的共同特点是在poly（A）上游11～30nt处有一特殊序列“AAUAAA”，这一序列是高度保守的，称为**加尾信号**（tailing signal）（图8.33）。体外多腺苷化系统的建立和发展使人们可以了解加尾反应的途径（图8.34）。第一步将各种3′端加工成分组装成复合物，**剪切活化因子**（cleavage factor，CF）在加尾信号的下游切断3′端

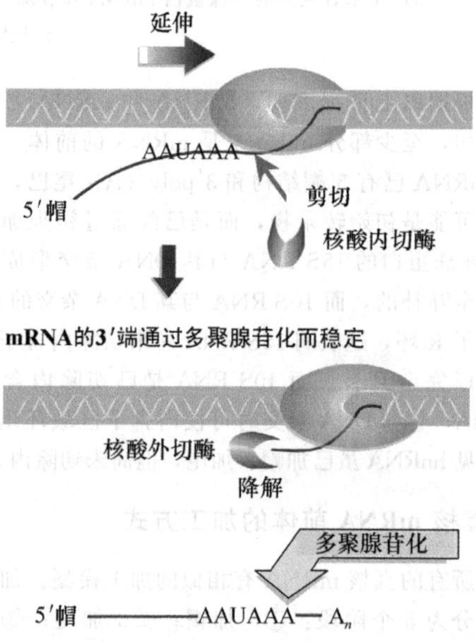

图8.33　序列AAUAAA是剪切产生3′端和多聚腺苷酸化所必需的（引自Lewin，2004）

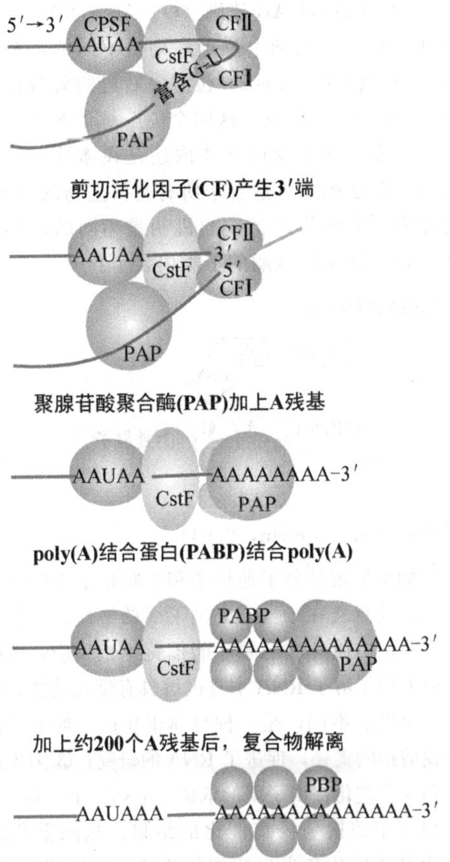

图 8.34　3′端加工复合物具有多种活性，CPSF 和 CstF 都具有多个亚基；其余成分为单体。复合物总的大小在 900kDa 以上（引自 Lewin，2004）

尾巴，由**聚腺苷酸聚合酶**［poly（A）polymerase，PAP］在**剪切多腺苷酸化专一性因子**（cleavage polyadenylation specificity factor，CPSF）指导下在 3′端加一个短的寡聚 A 序列（10nt）。此反应依赖于“AAUAAA”序列。第二步是寡聚 A 尾巴延伸到 240nt 的长度。此反应并不需要“AAUAAA”序列，但需要一个识别寡聚 A 延伸的刺激因子——**poly（A）结合蛋白**（polyadenylate binding protein，PABP）指导 poly（A）聚合酶加 A，增加约 200 个 A 后反应停止，复合物解离。PABP 被认为通过一未知的机制，控制多腺苷尾巴的长度。

有的 mRNA 是不进行多聚腺苷化的，其 3′端的形成和前者不同。典型的例子是编码组蛋白的 mRNA，其 3′端的形成需依赖于末端的二级结构（图 8.35）。

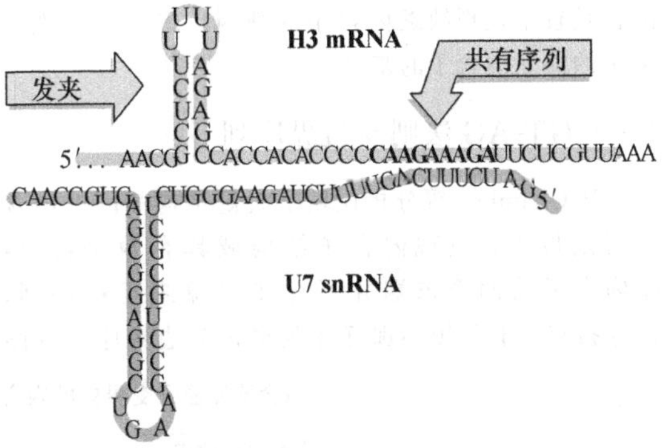

图 8.35　组蛋白 H3 mRNA 3′端的形成依赖于保守的发夹结构和与 U7 snRNA 碱基配对的序列（引自 Lewin，2004）

3）甲基化

在真核生物和病毒的 mRNA 分子上某些位点的腺嘌呤是经过甲基化的，具体的甲基化位点还不太清楚，只知道在 HeLa 细胞、鸟类肉瘤病毒的 mRNA 和 SV40 晚期转录的 mRNA 中 ^{m6}A 主要出现在 Ap^{m6}ApC 和 Gp^{m6}A pC 两种序列中，但有的真核生物和病毒的 mRNA 中并没有 ^{m6}A，有人推测这一序列可能为 mRNA 的剪切提供信号。

四、内含子的剪接

内含子**剪接**（splicing）和**剪切**（clearvage）是 mRNA 转录后加工中最为复杂的一环，也是发展很快的研究领域之一。不同内含子的剪切和剪接，其机制、类型和酶都不完全相同。

内含子的存在被证实后（见第五章），研究者发现大量的真核基因中都存在着内含子。实际上，在高等动植物中这种不连续的基因比连续的基因更为普遍。例如，在非洲爪蟾（*X. laevis*）的基因组中，编码卵黄蛋白原 A2 的基因包含有 33 个内含子，鸡的 1α2 胶原质基因中包含至少 50 个内含子，该胶原基因的长度为 37 000bp，而在成熟的 mRNA 中只有 4600nt。其他一些真核基因包含相对较少的内含子，但有些内含子非常大。例如，果蝇的 *Ubx*（ultrabithorax）基因包含一个大约 70 000bp 的内含子。人体最大的基因之一是杜兴氏肌营养不良致病基因 *DMD*（Duchenne muscular dystrophy），全长 25×10^5 bp，含有 78 个内含子。

虽然高等动植物的大多数基因都有内含子存在，但它们并不是必须的，因为并不是所有基因都包含内含子。海胆的组蛋白基因与4种果蝇热激蛋白基因就是较早发现缺乏内含子的基因，现在已发现了更多的缺乏内含子的基因。

（一）GT-AG法则与边界序列

P. Chambon等分析比较了大量结构基因的内含子切割位点，发现内含子结构域具有两个特点：①内含子的两个末端并不存在同源或互补序列；②连接点具有很短的保守序列也称为边界序列（图8.36）。100种内含子的5′端都是GT，3′端都是AG，因此称为**GT-AG法则**（GT-AG rule），又称为Chambon法则。这两个位点序列是不同的，左边的剪接位点称供体（donor）位点，右边的剪接位点称受体（acceptor）位点。这两个位点对于剪接非常重要，一旦发生突变无论在体内还是在体外，都会抑制剪接。此法则几乎适合于所有真核生物的核基因，这意味着它们切除内含子的机制是相同的，但不适用于可自体催化的核酶的Ⅰ类内含子。

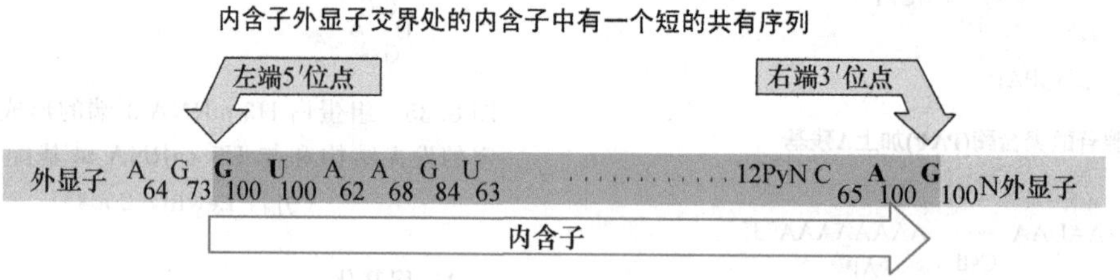

图8.36 内含子的末端用GT-AG法则界定（引自Lewin，2004）

（二）核酶与内含子剪接类型

核酶（ribozyme）是T. Cech等（1981）在研究四膜虫rRNA时发现的，1982年T. Cech将核糖核酸（ribonucleic acid）和酶（enzyme）这两个词“重组”成一个新的词“ribozyme”，它是指本质为RNA或以RNA为主含有蛋白质辅基的一类物质。

迄今，人们发现的核酶有三种类型：①剪接型酶，包括Ⅰ类和Ⅱ类内含子，此类酶催化转酯反应；②水解型酶，如加工tRNA的RNaseP；③剪切型酶，如病毒和植物类病毒、拟病毒中可自我剪切的RNA。核酶在自然界中广泛存在，在三界生物（真核生物、真细菌和古生菌）中都有核酶存在。

核酶具有催化功能，但和一般的酶又有区别，主要表明在两个方面：①一般的酶是纯的蛋白质，而核酶是RNA或带有蛋白质的RNA；②核酶既是催化剂又是底物，随着反应的进行，自身随之消失，而酶却不同，仅催化反应，反应前后其本身的质和量都不发生改变。

核酶的发现是分子遗传学和生物化学中的一项重大突破。其意义在于：①突破了酶的概念，人们一直笃信具有蛋白质性质的酶才能催化生化反应，核酶的发现使人们了解了RNA本身也可具有催化功能，但和酶的催化机制不同，是一种自体催化；②揭示了内含子自我剪接的奥秘，促进了RNA的研究；③为生命的起源和分子进化提供了新的依据（见第二十二章）。

内含子剪接是核酶催化的结果。核酶催化的反应分为自体催化和半自体催化两类。自体催化包括：①Ⅰ类内含子的自我剪接；②Ⅱ类内含子的自我剪接；③植物类病毒和拟病毒的自我剪切。半自体催化包括：①核mRNA内含子的剪接；②锥虫SLRNA的反式拼接；③tRNA 5′端加工，此项不属于转酯反应，但也是核酶的活性之一。

除核酶外，核酸酶和由内含子本身编码的成熟酶也参与某些内含子的剪切，如真核tRNA内含子和酵母*cob*基因的内含子2的剪接。不同内含子的结构特点及剪接反应见表8.7所示，下面我们将分述不同内含子的剪接反应特点。

表8.7 不同类型内含子的结构特点和剪切/剪接反应

酶	催化类型	加工对象	剪切/剪接模式	识别信号	特殊结构	反应	中间体
核酶	自体催化	植物类病毒 植物拟病毒	剪切	13nt的保守顺序	锤头结构和杂种RNA	内切	
		Ⅰ类内含子	顺式拼接	分界顺序	核心顺序和内部引导序列	转酯反应	L19 IVS
	半自体催化	Ⅱ类内含子	顺式拼接	分界顺序	分支序列	转酯反应	套索
		核mRNA	顺式拼接	分界顺序	分支序列	转酯反应	套索
		锥虫VSG	反式拼接	分界顺序		转酯反应	Y形结构

续表

酶	催化类型	加工对象	剪切/剪接模式	识别信号	特殊结构	反应	中间体
内切酶、连接酶、核酸酶	异体催化	tRNA 5′端加工	剪切 5′端	发夹结构	外部引导序列	内切	半分子
		tRNA 内含子	剪切	茎和环上的一对碱基	内含子和反密码子配对形成的环	内切	
成熟酶	自体催化	酵母 *cob* 内含子	剪切	?	?		

（三）Ⅰ类内含子的自我剪接

Ⅰ类内含子的自我剪接发现于线粒体基因组中，也存在于极少数单细胞真核生物（如嗜热四膜虫）的核基因组中。噬菌体中少数内含子也是Ⅰ类内含子（如 T4 噬菌体胸苷合成酶基因）。

1981 年 T. R. Cech 等用四膜虫（*T. thermophila*）为材料来研究真核生物染色体的结构对基因表达的影响，他们分离得到了 35S 的前体 rRNA，它含有一个长 413bp 的内含子。这个 35S rRNA 无论是否加入核的抽取物，只要加入一价或二价阳离子及 GTP 就可以在体外释放出 413bp 的线性内含子；若继续保温，该线形内含子又可形成环状的 RNA（图 8.37），这意味着 35S RNA 在 GTP 的作用下可以自我剪接。这个新发现突破了人们的传统观念，不免会提出疑问，是否有少量酶含在其中造成的假象？为了澄清这个问题，T. R. Cech 等又用了大量的 SDS-酚来抽提，或用蛋白酶来处理，以较彻底地去除蛋白，但结果仍然可以**自我剪接**（self-splicing or autosplicing）。为了进一步证实这种自我剪接，排除其他可能的异体催化，他们设计了一个很有说服力的实验：将四膜虫 rRNA 的内含子（413bp 的序列）插到β-半乳糖苷酶的第 10 个密码子中，再转化 β-gal^- *E. coli*（图 8.38）。β-半乳糖苷酶基因由于外源片段的插入而失活，就不能使底物 X-gal 变蓝，菌落为白色；如果插入的β-半乳糖苷酶基因能自我剪切掉，那么β-半乳糖苷酶基因的活性就可得到恢复，使 X-gal 发酵变蓝。实验结果确实有部分的菌落变成蓝色，说明内含子的确可以自我剪切。这个实验设计的缜密之处还在于：①转化实验是用提纯的 DNA 进行转化，即使是含有微量蛋白质，也不能被转化到受体细胞中；②*E. coli* 本身是没有内含子的，也不含可以帮助内含子剪切的任何酶类，证明内含子的剪切是自我剪切；③可引入突变的剪切信号，以便探究剪切信号的作用。而体内实验难以进行这项工作。

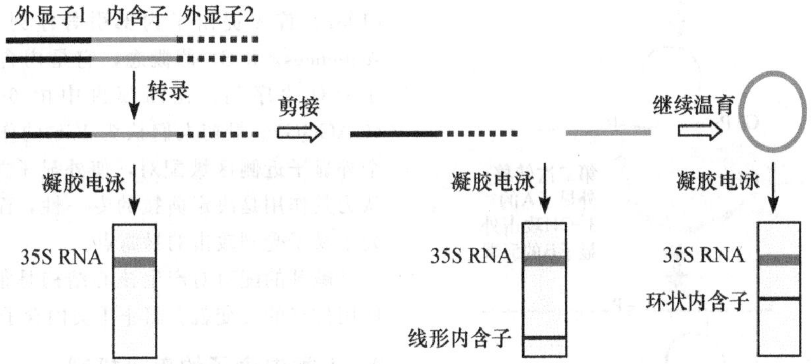

图 8.37　四膜虫 35S RNA 保温前后的电泳结果

1982 年 T. R. Cech 小组提出了四膜虫 35S rRNA 自我剪接的模型（图 8.39），认为其化学反应的本质是**转酯反应**（transesterification reaction）。他们用同位素标记的 GTP 加入到分离的 35S rRNA 中，发现它留在 413nt 的内含子内，因此推测 GTP 上的 3′-OH 对内含子 5′和外显子交界处的 U-A 之间的磷酸二酯键发起**亲核进攻**（nucleophilic attack），切下外显子，而其 3′-OH 和内含子 5′端（G）的磷酸形成了新的磷酸二酯键，从而结合到内含子上，使酯键从一个位置转移到另一个位置，这就是转酯反应；切下的外显子，3′端的—OH 基又对内含子 3′端交界的磷酸二酯键作亲核进攻，切下 414nt 的内含子，而和外显子 2 以新的磷酸二酯键相连。切下的 414（413 IVS 加上外加的鸟苷）内含子其 3′-OH 又对本

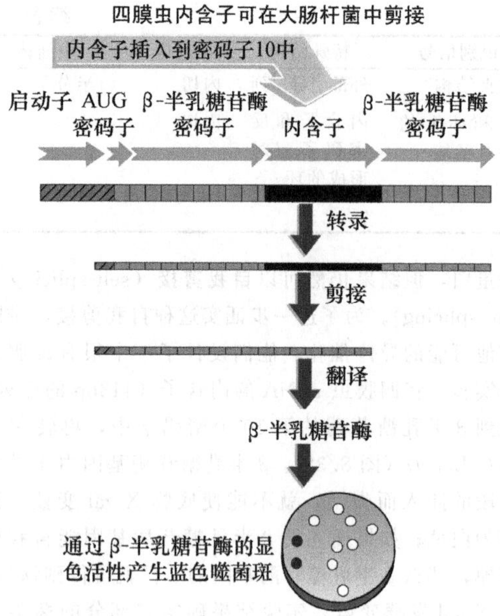

图 8.38 将四膜虫的内含子插入到 β-半乳糖苷酶编码而建立一种在大肠杆菌中分析自我剪接的方法（引自 Lewin，2004）

通过加入一种可被 β-半乳糖苷酶催化而显示蓝色的物质，来检测该酶的表达。由于这个序列是由噬菌体携带的，因此可通过检测蓝色噬菌斑来显示成功剪接

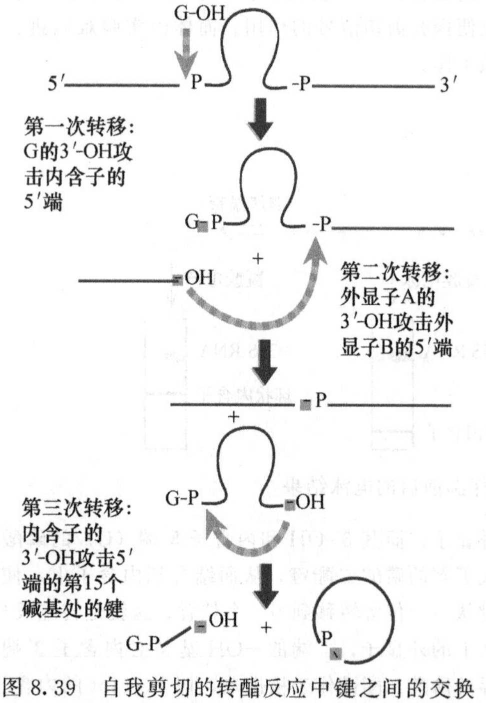

图 8.39 自我剪切的转酯反应中键之间的交换是直接进行的，图中的每一步所产生的化学键用小方块表示（引自 Lewin，2004，略有修改）

身 5′端第 15、16 两个碱基之间的磷酸二酯键进行亲核进攻，切下 15nt 的小片段，余下的 399nt 的**间插序列**（intervening sequence，IVS）（即内含子）首尾相连而呈环状；环形内含子可进一步水解，在首尾相接处切开磷酸二酯键，成为 399nt 线形内含子，因为已丢失了 15nt，故称其为 L-15 IVS，“L”是“lose”的缩写。L-15 IVS 3′端的-OH 再次对其本身 5′端第 4 或 5 碱基之间的磷酸二酯键发动亲核进攻，切下 4nt 的小片段，余下环形的 395nt 内含子，经再次水解，产生了 395nt 线状的内含子，因前后一共丢失了 19nt 的小片段，故称其为 L-19 IVS。

1. Ⅰ类内含子的结构特点

Ⅰ类内含子的结构特点是：①其边界序列为 5′U↓—G↓3′（↓表示剪切位点）；②具有**中部核心结构**（central core structure）；③具有内部引导序列。

所有的Ⅰ类内含子中都可以形成一种特征性的二级结构。四膜虫内含子中共有 9 个配对区（P1～P9），其中有 2 个配对区（P4 和 P7）是Ⅰ类内含子中共有的保守序列。P4 由 P 和 Q 序列形成，长 10nt，有 6～7 个碱基是可以配对的。P7 是由 R 和 S 序列构成的，长 12nt，但只有 5 个碱基可配对。其他的配对区在不同的内含子中是不同的，突变分析表明，P3、P4、P6、P7 是核心结构，也就是可以执行催化的最小区域（图 8.40）。R. W. Davies 等（1982）首先提出了**内部引导序列**（internal guide sequences，IGS）的概念，它是内含子中可与外显子配对的序列，在四膜虫中由 6nt 的序列组成（GAGGG）。最初人们认为 IGS 的作用是通过和两个外显子近侧区域配对，使外显子并在一起，现在认为其作用是决定剪接的专一性，而且使切点的 U 处于易于受到攻击的暴露点。

碱基的配对对产生核心结构是很必要的，顺式作用位点的突变就会阻止Ⅰ类内含子的剪接。

2. Ⅰ类内含子的剪接机制

核酶具有多种催化活性，对于Ⅰ类内含子来说这些活性是由于它可以产生特殊的二级和三级结构，形成活性位点，相当于传统酶的激活位点。图 8.41 就表示在这些位点上进行的剪接反应。内含子的二级、三级结构形成了鸟苷酸结合位点和底物结合位点，后者依赖于内部引导序列的配对来确定。核心结构和内部引导序列又使这两个位点彼此靠近，便于相互作用。

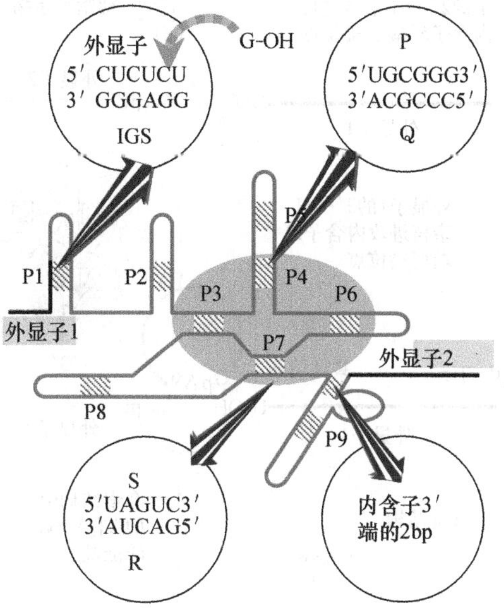

图 8.40　Ⅰ类内含子具有由 9 个碱基配对形成的共有二级结构。这个区域的 P4 和 P7 序列是保守的，含有 P、Q、R 和 S 序列元件。P1 区是由左边的外显子和内含子的 IGS 配对而形成的；P7 和 P9 之间的区域和内含子的 3′端配对（引自 Lewin，2004）

在剪接过程中，首先是 GTP 进入 G 结合位点，左边外显子的 3′端通过和引导序列的互补配对进入底物位点。GTP 的 3′-OH 作用左边外显子和内含子交界处的磷酸二酯键，本身结合到内含子的 5′端，被切下的 5′外显子仍保持在底物位点上，并未游离。第二步内含子的 G414（3′交界序列上的 G）又进入了 G 结合位点，切下的外显子的 3′-OH 又对 G 结合位点上的“G”与 3′外显子之间的磷酸二酯键发动亲核进攻，切开磷酸二酯键，而其 3′-OH 和 3′外显子的“P”重新形成磷酸二酯键而连接起来，这样就完成了内含子的剪接。内含子成为线形的 413nt 的 RNA 分子。第三步，内含子 5′端和引导序列相邻的序列通过引导序列互补配对，进入底物位点。仍然留在 G 结合位点上的 G414，其 3′-OH 再作用底物位点上的序列，切下 19nt 的内含子 5′端，并和余下内含子的 5′-P 形成二酯键，产生 414nt 的环状内含子。

（四）Ⅱ类内含子的自我剪接

Ⅱ类内含子在植物和低等真核生物的细胞器基因组中发现。Ⅱ类内含子的剪接和Ⅰ类内含子不同，与核 mRNA 内含子的剪切有些相似。

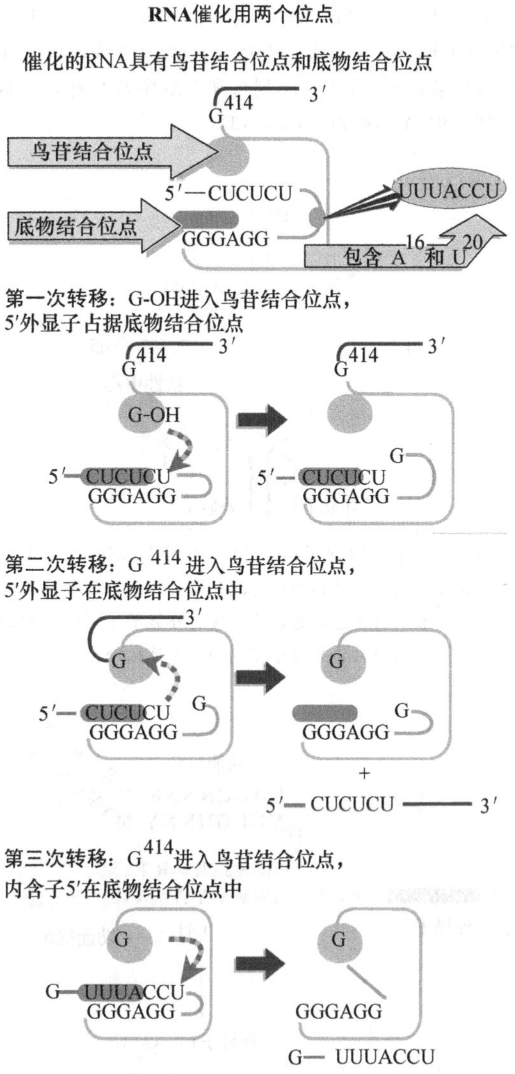

图 8.41　在四膜虫的 rRNA 中，Ⅰ类内含子的切除过程包括从占据鸟苷结合位点到占据底物结合位点之间的一系列连续反应（引自 Lewin，2004）

1. Ⅱ类内含子的结构特点

Ⅱ类内含子的结构有以下特点：①其边界序列为 5′↓GUGCG—YnAG↓，符合 GT-AG 法则；②二级结构的形成使两个相邻的功能区靠近，功能区 5 和功能区 6 被 2 个碱基隔离开，功能区 6 含有 1 个不配对的“A”残基，其上带有的 2′-OH 首先进行转酯反应（图 8.42）；③在内含子的近 3′端具有**分支点序列**（branch-point sequence），也就是在第 6

功能区有 6～12nt 保守序列，在哺乳动物中为“YNCURAY”（Y 表示嘧啶，R 表示嘌呤，N 表示任何核苷酸）。分支点序列可和上游序列互补，形成茎环，但 A 不配对（图 8.43）。

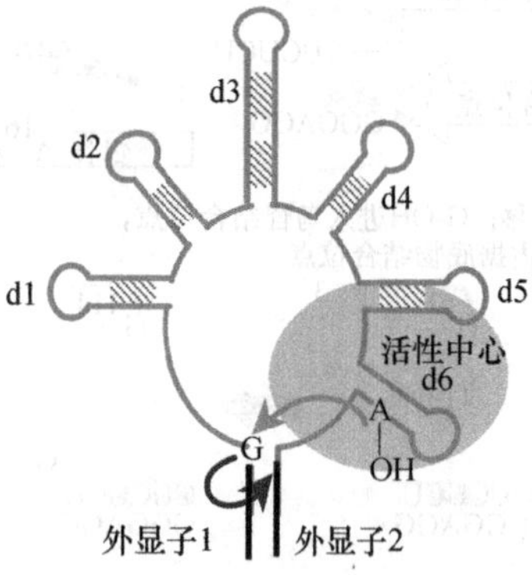

图 8.42　Ⅱ类内含子的结构（引自 Lewin，2004）

其剪接反应由两次转酯作用完成：第一次是游离羟基攻击外显子 1 和内含子连接处，第二次是外显子 1 末端产生的羟基攻击外显子 2 与内含子连接处

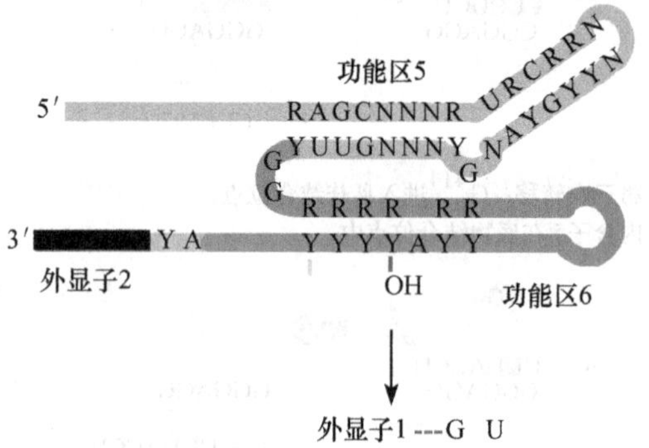

图 8.43　Ⅱ类内含子剪接反应的活性中心（引自 Lewin，2004）

2. Ⅱ类内含子的剪接机制

Ⅱ类内含子的剪接无需鸟苷的辅助，但需镁离子的存在。首先是分支点“A”的 2′-OH 对 5′端外显子和内含子交界处的磷酸二酯键发动亲核进攻，切下外显子 1，内含子 5′端的边界序列上“G”的 5′磷酸和分支点“A”的 2′-OH 形成磷酸二酯键，从而产生了**套索**（lariat）结构（图 8.44）；第二步是切下的外显子 1，其 3′-OH 继续对内含子 3′端的交界序列进行亲核进攻，切下的外显子 2 的 5′磷酸和外显子 1 的 3′-OH 形成磷酸二酯键，连接在一起，同时释放出套索状的内含子。

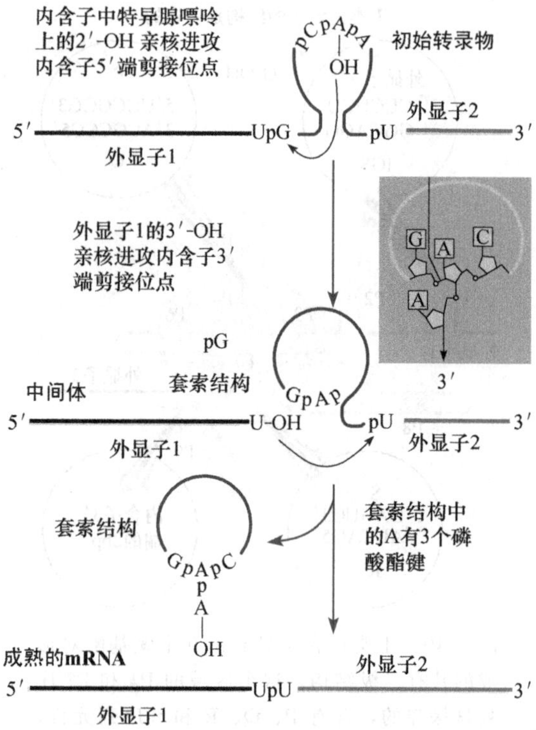

图 8.44　Ⅱ类内含子的剪接机制（参照 http://statistics.arizona.edu/）

（五）核 mRNA 的剪接

核 mRNA 的剪接过程与Ⅱ类内含子十分相似，但根本的不同点是核 mRNA 前体的剪接本身不能形成二级结构，必须依赖于 snRNP（U1、U2、U4、U5、U6）的帮助才能形成剪接体，进行自我剪接。

1. 核 mRNA 内含子的结构特点

核 mRNA 内含子有以下特点。①边界序列。其边界序列完全符合“GU-AG”法则。②分支点序列。它和Ⅱ类内含子相似，也具有分支点序列，位于内含子 3′端上游 18～40nt 处，序列为 $Py_{80}NPy_{87}Pu_{75}APy_{95}$，其中“A”为百分之百的保守，且具有 2′-OH。③内含子 5′端有一保守序列（5′GUAAGUA3′）可以和 U1 snRNA 5′端的保守序列（3′CAUUUCAU5′）互补。

2. 核 mRNA 内含子的剪接机制

核 mRNA 的剪接是一个复杂的过程（图 8.45），首先要解决的是如何识别剪接位点，一般通过两种途径：①存在一种酶可以特异识别它们，并将两者的保守序列拉到一起；②通过 RNA 的碱基配对产生二级结构，再由一种酶来识别。

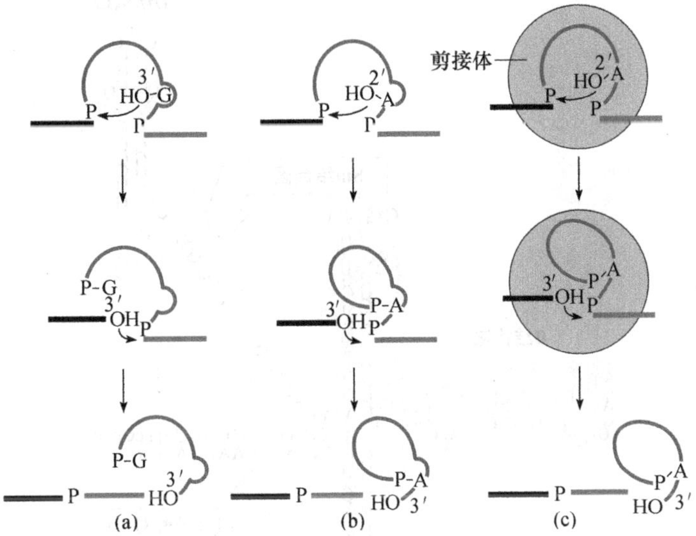

图 8.45　三种不同内含子剪切步骤的比较（引自 Berg 等，2002）
(a) Ⅰ类内含子的剪切，不产生套索结构；(b) Ⅱ类内含子的剪切，产生套索结构的中间体；(c) 核 mRNA 内含子的剪切程序和Ⅱ类内含子相同，但要复杂得多，需要多种 snRNP 的参与，形成剪切体

核 mRNA 的剪接可能要依赖于**反式作用 RNA**（*trans*-acting RNA）。在真核生物中都含有很多不连接的小分子 RNA 片段，在高等生物中其长度为100～300nt，在酵母中长度可达 1000nt，其丰度很高。仅位于核内的这些 RNA 称为**小分子核内 RNA**（small nuclear RNA，snRNA），在细胞质内的称为**小分子胞质内 RNA**（small cytoplasmic RNA，scRNA）。在自然状态下，它们以核糖核蛋白（snRNP）的形式存在。在剪接装置中会有几种 snRNP 和大量的附加蛋白，常称为剪接因子，这些 snRNP 是 U1、U2、U5 和 U4/U6。U1、U2 和 U5 snRNA 每种都含有单个的 snRNA 和几种蛋白质，而 U4/U6 含有 U4 和 U6 snRNA 及几种蛋白质。

U1 snRNA 自我配对形成了多个茎环结构，从而构成了不同的功能区（图 8.46）。U1 snRNA 的“Sm”结合位点是与其他 snRNP 相互作用的区域。其 5′端有一保守序列（3′CAUUCAU 5′），这一序列可与核 mRNA 内含子 5′端的边界序列互补结合，这对于剪接反应是很重要的。以腺病毒 12S RNA 的 5′端边界序列为例，如果此序列从“GUGAGG”突变成为“GUGAAU”，虽然仅两个碱基发生改变，配对的碱基数仍然未变，仅减少了一个氢键，但结果却不能剪接。若在此基础上 U1 RNA 的 5′端序列也发生相应的突变，使得突变的碱基也能配对，结果又恢复了剪接能力（图 8.47）。由此可见 U1 RNA 5′端保守序列和内含子 5′端剪接位点的配对对于剪接反应来说是十分重要的。其作用可能是通过配对使 U1RNP 可以和核 mRNA 3′剪接位点牢固地结合，再通过 U1 和其他 snRNP 的相互作用使 5′剪接位点与 3′剪接位点彼此靠近，弥补了核 mRNA 本身不能通过形成特殊的二级结构将两个剪接位点拉近的问题，使剪接能顺利进行。

剪接体的装配首先是内含 5′端的剪接位点由 U1 snRNP 通过 RNA 碱基的互补配对来识别；其 3′端的剪接位点有一个多聚嘧啶区（Py)$_n$，供 U2 辅助因子（U2 auxiliary factor，U2AF）结合，形成“E (early) 复合体”或**受命复合体**（commitment complex），作为桥梁将内含子和其两个剪接位点连接起来。U2 AF 招募 U2 snRNP，并使其 RNA 与内含子 3′剪接位点上游的分支点序列进行碱基配对，形成**前剪接复合体**（pre-spliceosoma），即“A 复合体”。随之，进入 ATP 依赖阶段，U4/U5/U6 三聚体结合上来，水解 ATP，形成大的**剪接体**（spliceosome）；然后 U1 和 U4 分开，形成了催化剪接体。催化反应是通过 U4 的释放来启动的，这也需要 ATP 的水解，U4 snRNA 的作用可能是“抓住”U6 snRNA，

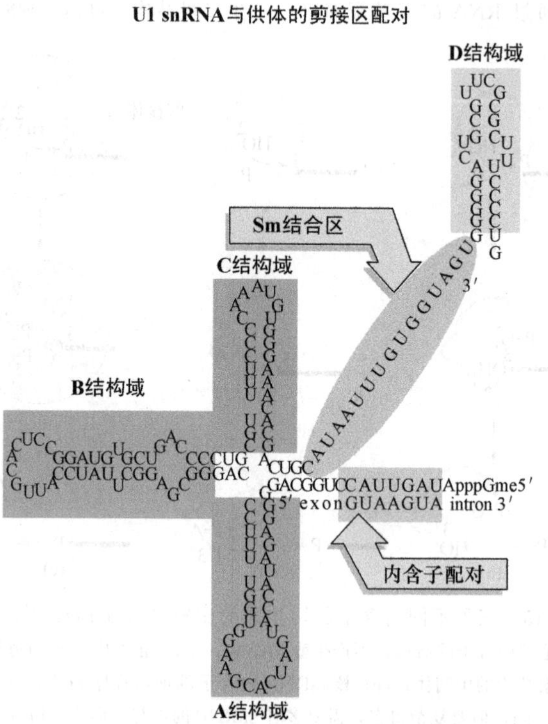

图 8.46　U1 snRNA 有一个配对结构，它产生一系列结构域。其 5′端保持着单链结构，并能与内含子 5′剪切位点配对（引自 Lewin，2004）

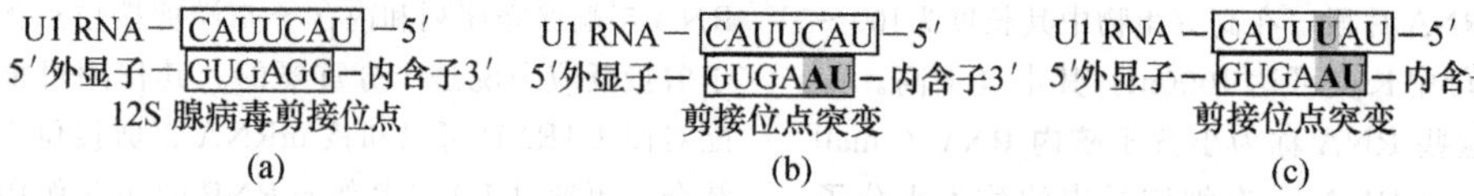

图 8.47　U1 snRNA 5′端剪切位点功能的突变能被 U1 snRNA 上的互补突变所抑制，而恢复碱基配对
(a) 野生型 U1 snRNA 与 12S 前体 mRNA 碱基配对，正常剪接；(b) 野生型 U1 snRNA 与突变的 12S 前体 mRNA 碱基不完全配对，不剪接；(c) 突变的 U1 snRNA 与突变的 12S 前体 mRNA 碱基配对，恢复剪接

直到 U6 参加反应。

在剪接位点执行两个**转酯反应**，导致外显子的连接和内含子以套索的形式被切除（图 8.48）。细胞中，在典型的多内含子 RNA 上剪接体组装的早期阶段可能与简单的单个内含子 RNA 的体外剪接有所不同。

以上几种内含子的剪接机制是不同的，现总结如表 8.8 所示。

表 8.8　几种不同内含子剪接反应的区别

	酵母 tRNA	Ⅰ类内含子	Ⅱ类内含子	核 mRNA 前体
边界序列	无	5′U↓-G↓3′	5′↓GU-AG↓3′	5′↓GU-AG↓3′
特殊顺序	C（茎上）－G（环上）	内部引导序列	分支点顺序	分支点顺序，5′外显子顺序
二级结构	茎环构象	核心结构	5、6 功能区	剪接体
基因外的成分	内切核酸酶，连接酶	GTP，镁离子	镁离子	U1U2，U4，U5，U6
能量要求	ATP	不	不	ATP
中间型分子	半分子 tRNA	环状 L-19 IVS	套索	套索

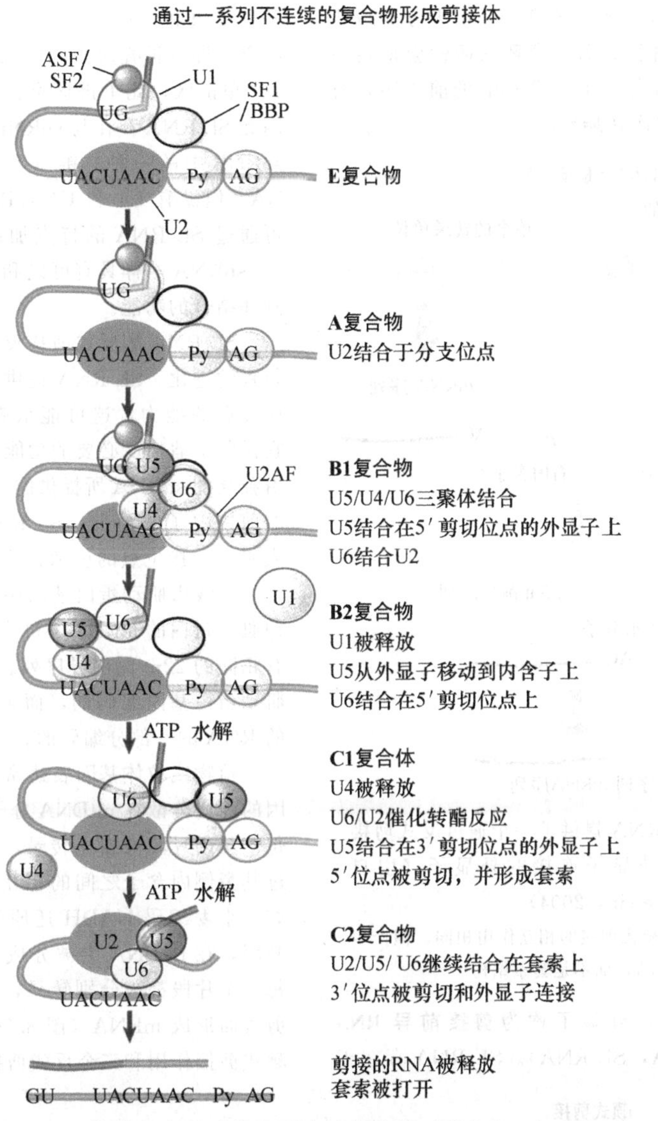

图 8.48　剪接反应经过几个不连续的阶段（引自 Lewin，2008）
在此过程中剪接体的形成涉及各组分的相互作用，这些组分能识别保守序列

（六）反式剪接反应

内含子的剪接一般都发生在同一个基因内。切除内含子，相邻的外显子彼此连接，称为**顺式剪接**（*cis*-splicing）；但也有另一种情况，即不同基因的外显子剪接后相互连接，此称为**反式剪接**（*trans*-splicing）。

反式剪接的情况较少，较典型的例子是锥虫**表面糖蛋白**（variable surface glycoprotein，VSG）**基因**、线虫的**肌动蛋白基因**（actin gene）和衣藻（*Chlamydomonas*）叶绿体 DNA 中含有的 *psa* 基因（植物光合系统基因）的内含子剪接。

Von der Ploeg 等（1982）发现在锥虫（*Trypanosome*）中许多 mRNA 的 5′端都有共同的 35nt 前导序列，但在每个转录单位上游并未编码这个前导序列，1986 年 W. J. Murphy 和 R. E. Sutton 证实这是一种反式拼接。这种前导序列来源于基因组中位于别处的重复序列所转录的小片段 RNA，每个重复单位长 135nt，前面 35nt 的前导序列可以通过转酯反应加到 VSG mRNA 的 5′端，反应如图 8.49 所示。其反应机制和核 mRNA 内含子的剪接是相似的。在 VSG mRNA 右侧内含子上有分支点，可以和重复序列的内含子相连接。因为这两段序列是反式结构，所以形成Y形中间体而不形成套环，用去分支酶处理就可以得到两个片段，若是套环的话就会得到一个片段。切下的5′端外显子，即35nt的前导序列的3′端可以再进行第二次转酯反应。

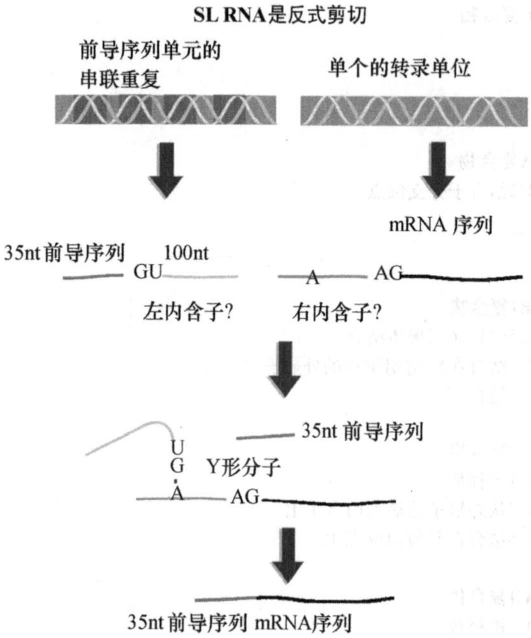

图8.49　锥虫SL RNA提供了一个通过反式剪接与mRNA第一个外显子连接的外显子（引自Lewin，2004）

这个反应和细胞核的顺式剪接的相互作用相同，但产生Y形RNA，而不是套索结构

反式剪接的5′端外显子称为**剪接前导RNA**（splicing leader RNA，SL RNA）。SL RNA存在于几种锥虫和线虫（*C. elegan*）中，它们具有共同的特点，即可折叠成相同的二级结构，有3个茎环和1个单链区，此单链区类似于U1的Sm结合位点。因此SL RNA存在与snRNP相似的形式，可能作为snRNP中的一种。锥虫具有U2、U4和U6 snRNA，但没有U1和U5 snRNA。U1snRNA的缺乏可通过SL RNA的特点加以解释，即SL RNA和U1 snRNA一样具有可以和内含子5′端剪接位点识别并结合的功能。

SL RNA的反式剪接反应可能表现了核内剪接装置的进化。SL RNA提供了顺式剪接中识别5′端剪接点的能力，这可能依赖于RNA的特殊构象。它保留了剪接所必要的功能，在其mRNA剪接中是由独立的snRNA所提供的。无需像U1 snRNP之类的剪接因子的帮助，SL RNA就能执行剪接功能，表明5′剪接位点的识别直接依赖于RNA。

在线虫肌动蛋白基因中也存在类似的情况。三种肌动蛋白的mRNA（和某些其他的RNA）在5′端有相同的22nt的前导序列。这个前导序列并不是由肌动蛋白基因编码的，而是由长100nt的单独转录的RNA的一部分编码的。

植物线粒体基因表达常经反式剪接。当一个基因的片段分散在mtDNA分子上时，发生反式剪接。每个基因片段被独立转录，不同转录物的外显子通过其旁侧内含子之间的相互作用而被一起剪接。例如，小麦编码NADH还原酶的一个亚单位的*nadl*基因，在mtDNA中被分成4个片段。这些片段的每一个片段都被分别转录，导致转录物随之被一起剪接而形成mRNA（图8.50）。这个过程需要一个顺式剪接作用和三个反式剪接作用。

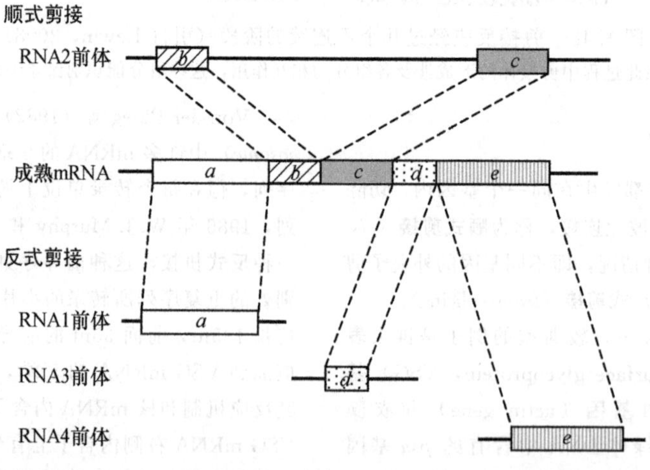

图8.50　线粒体中的反式剪接。小麦编码NADH还原酶的基因由4个不同的mRNA前体拼接而组成

五、剪切型核酶

剪切型核酶包括锤头核酶、发夹核酶、瓦库德卫星核酶及丁型肝炎病毒的核酶。这类核酶的特点是分子较小，通常在几百核苷酸以内。它们的基本构成都是由活性中心及侧翼序列组成，活性中心决定核酶的催化活性；侧翼序列则决定核酶 RNA 识别与裂解靶 RNA 的特异性。

（一）植物类病毒、拟病毒的自我剪切

植物类病毒、拟病毒中具有自我剪切的小分子 RNA，长约 350 个碱基，可以进行自我剪切反应，其中包括锤头结构、发夹结构的**卫星 RNA**（satellite RNA）。

类病毒（viroid）是感染性 RNA 分子，独自具有功能，外面不包被任何蛋白外壳。**拟病毒**（virusoid）与类病毒结构相同，但包被在植物病毒内。它和植物病毒的基因组一起被包装。拟病毒本身不能复制，必须依赖病毒的帮助，这种拟病毒有时称为**卫星 RNA**（satellite RNA）。

类病毒和拟病毒两者复制都要经过滚环复制。RNA 链被包被在病毒中，称为**正链**（plus strand），在复制时产生的互补链称为**负链**（minus strand）。现在发现了正链和负链的**多聚体**（multimer）。两种类型的单体可能是通过剪切滚环的尾巴产生的。环状的正链单体可能由一个线状单体末端相连而成（图 8.51）。

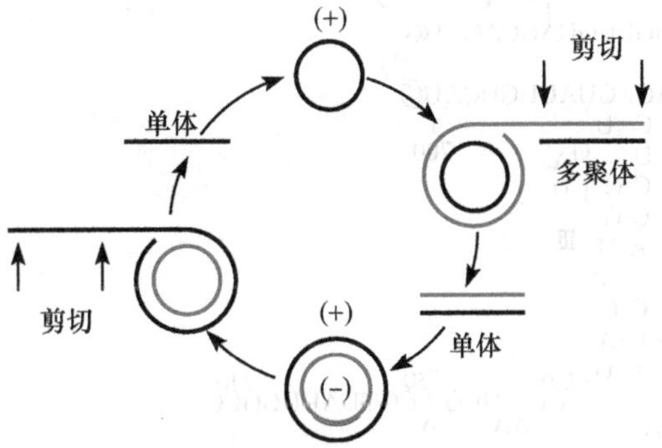

图 8.51　植物类病毒和拟病毒的复制与剪切

类病毒和拟病毒的正负链两者在体外都要经过自我剪切。此剪切反应是由二价阳离子启动的，它产生 5′-OH 和 2′-3′环磷酸二酯末端。这类 RNA 一些在体外生理条件下剪切，而另一些都要先加热和冷却后再以同样处理才能剪切。这表明分离的 RNA 有一种不适当的构象，但经变性、复性后能产生一种有活性的构象。

1987 年 R. H. Symosn 和 A. C. Forster 提出了**锤头二级结构**（hammerhead secondary structure）模型来解释某些类病毒、拟病毒和卫星 RNA 的自我剪切机制。1988 年，J. Haseloff 和 W. L. Gerlach 构建了锤头状核酶。

大部分类病毒和拟病毒的自我剪切取决于形成的锤头二级结构（图 8.52 上部）。这些结构的序列对于剪切是充分条件。当周围序列缺失时，则不再需要经过解链和退火的循环，小分子 RNA 就能进行自我剪切，这表明外围序列可影响到锤头结构的构型。

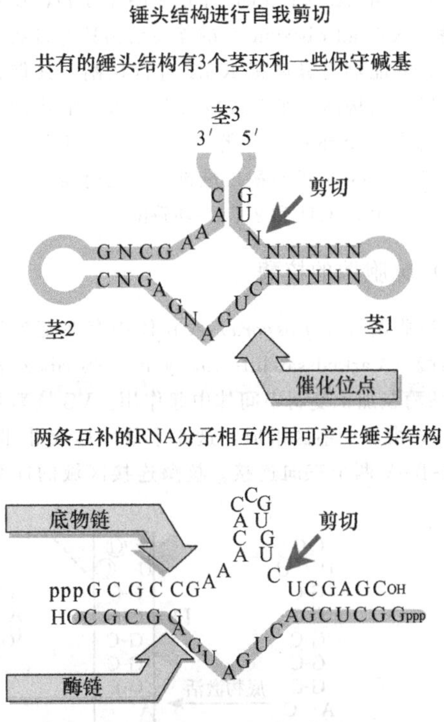

图 8.52　类病毒和拟病毒的自我剪切位点具有共有序列，可通过分子间配对形成锤头二级结构。底物链和酶链配对也可形成锤头结构（引自 Lewin，2004）

剪切的活性位点是仅有 58nt 的序列。锤头结构含有 3 个茎环区，其位置和大小是固定的。另外还含有 13nt 的保守序列，在此区域联结成结构的中心。这 13 个保守碱基和双链的茎形成了一个具有自我剪切能力的 RNA。

一个活性锤头结构也可以通过两条 RNA 的互补配对而构成（图 8.52 下部）。这种杂种 RNA 结构和锤头结构很相似，由 19nt 的 RNA 分子和另一个

24 个碱基的 RNA 分子杂交形成，仅少了 Ⅰ 环和 Ⅱ 环。当两个小分子互补结合时，剪切就发生在锤头结构固定的靶位点上，因此这个 19nt 的 RNA 是带有内切酶活性的核酶。

（二）丁型肝炎病毒核酶

丁型肝炎病毒（hepatitis delta virus，HDV）是乙肝病毒（HBV）的一个卫星病毒，它具有一个长约 1700nt 的环形单链 RNA 基因组，其中 70%是自身互补的。HDV 是目前已知的唯一具有核酶活性的动物病毒。

1991 年 A. D. Branch 首先证明了 HDV **斧头状核酶**（axehead ribozyme）的斧头结构具有自我剪切活性，并能够对异体靶 RNA 进行切割，其催化效率比锤头结构高。斧头状核酶自身折叠形成的二级结构含有两个环和三个茎（图 8.53），其剪切位点位于 685～686nt 的磷酸二酯键。剪切时需要二价阳离子，产生 5′-OH 和 2′、3′-环磷酸。

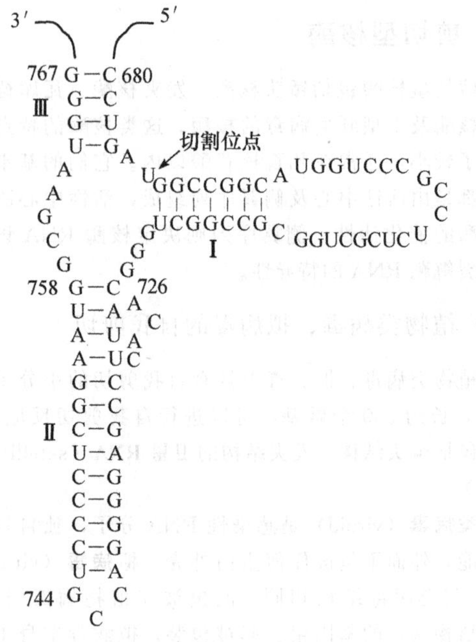

图 8.53　丁型肝炎病毒（HDV）斧头状核酶

（三）脉胞菌的核酶

脉胞菌（*Neurospora*）线粒体中存在**瓦库德卫星核酶**（Varkud satellite ribozyme，VS ribozyme），VS 核酶在加工复制中间体中起作用。VS 核酶长约 150nt，由 6 个茎区组成，这 6 个茎区形成Ⅱ-Ⅲ-Ⅵ和Ⅲ-Ⅳ-Ⅴ两个三向连接。核酶连接区域的序列对核酶茎区的共轴堆积至关重要。核酶的催化中心位于茎区Ⅵ的 A730 内环中，而核酶的切割位点位于茎区Ⅰ内环中 G620/A621 之间。茎区Ⅰ末端环中的“GUC”3 个碱基可以与茎区Ⅴ末端环的“GAC”形成远距配对。此相互作用将核酶的切割位点折到了催化中心处（图 8.54）。

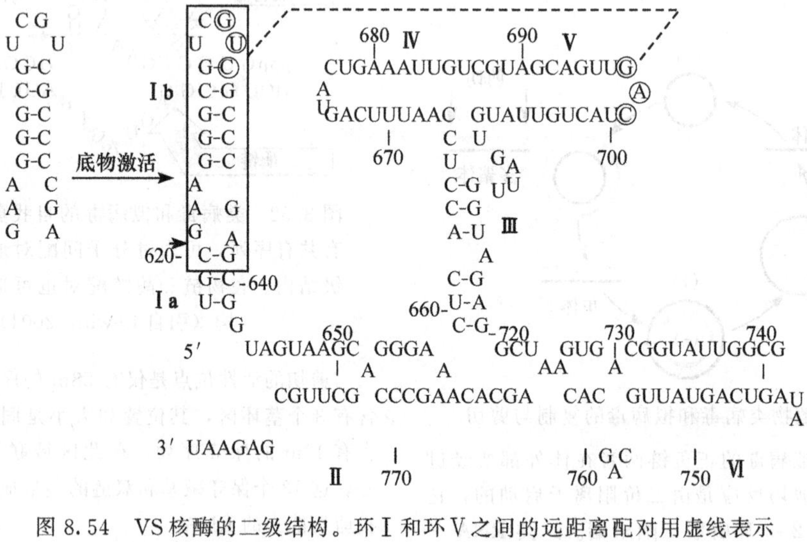

图 8.54　VS 核酶的二级结构。环Ⅰ和环Ⅴ之间的远距离配对用虚线表示

习　题

1. 转录和复制都是合成的过程，二者有何不同？

2. 细菌的RNA聚合酶由几个亚基组成？各组分有何功能？

3. 原核生物启动子结构有什么特点？真核生物启动子和原核生物启动子有何不同？

4. 什么叫终止子？可分为哪几类？特点如何？

5. 真核生物的转录和原核有何不同？

6. 真核生物有几类启动子？它们的主要结构特点是什么？

7. 远上游调控序列有哪些？各有何特点？

8. 增强子为何可在远距离调节启动子，为何没有方向性？

9. 原核生物转录后加工主要包括哪些方面？

10. 原核生物的mRNA是否经过加工？试举例说明。

11. 真核生物mRNA加工主要包括哪些步骤？

12. 真核生物tRNA的内含子的结构有何特点？简述其剪切的分子机制。

13. 真核生物mRNA的内含子有几种？其特点如何？

14. Ribozyme是如何发现的？有哪几类？有何意义？

15. 什么是转酯反应？哪些生物学过程涉及转酯反应？

16. 剪切型核酶有哪几类？它们自我剪切的机制是什么？有何应用价值？

17. 什么是反式剪接？试举例说明。

第九章　遗传密码和翻译

决定多肽特异氨基酸顺序的DNA信息称为**遗传密码**（genetic code）。遗传密码是编码20种氨基酸和多肽链翻译起始及终止的一套64个三联体密码子。遗传密码的破译给“基因”注入了灵魂，为遗传学的发展提供了阶梯，是基因工程得以实现的重要的工具，同时也证实了碱基是最小的突变单位和重组单位。

在细胞中，mRNA的碱基顺序信息转变成多肽的氨基酸顺序的过程称为**翻译**（translation）。

第一节　遗传密码的破译

要破译一个未知的密码，一般的思路就是比较编码的信息，即密码和相应的译文。对于遗传密码来说，最简单的破译方法应是将DNA序列或mRNA序列和多肽序列相比较。但和一般破译密码不同的是，遗传信息的译文——多肽的序列是已知的，未知的却是密码。1954年F. Sanger用纸层析分析了胰岛素的序列后，人们对蛋白质的氨基酸序列了解得越来越多。但是直到1965年前后，经历了10余年，在多位科学家的辛勤探索下才破译了遗传密码，其中最为重要的几项工作其构思之新颖、方法之精巧都体现了科学家们的睿智和创新精神。

密码子的破译需要科学家们回答以下几个问题：①遗传密码是几联密码？②20个氨基酸是由哪些密码子来决定的？③翻译是否有固定的起始密码子和终止密码子？④遗传密码是否有重叠？⑤遗传密码是否是连续的（没有“逗号”）？⑥遗传密码在生物界是否是通用的？

早在1944年理论物理学家E. Schriodinger在他编著的《什么是生命》一书中就大胆地预言，染色体是由一些同分异构的单体分子连续组成的。这种连续体精确得组成了遗传密码。他认为同分异构单体可能作为一般民用的摩尔斯电码的两个符号——“·”和“—”，通过排列组合来储存遗传信息。10年后DNA双螺旋模型才得以建立，在这样的背景下能将遗传信息设想成一种电码的形式，实在是一种超越时代的远见卓识。1953年DNA双螺旋模型的建立，给予科学家们很大的激励，破译遗传密码也就成了势在必行的工作。

一、遗传密码的试拼

1954年俄国物理学家、天文学家G. Gamov首先对破译密码发起了挑战。他以《奇异王国的汤姆金斯》等优秀的科幻作品而著称，具有丰富的想象力。是年，他在*Nature*杂志首次发表了研究遗传密码的文章，指出“氨基酸正好按DNA的螺旋结构进入各自的洞穴”。他设想若一种碱基与一种氨基酸对应的话，那么只可能产生4种氨基酸，而已知天然的氨基酸约有20种，因此不可能是1种碱基编码一种氨基酸；若2个碱基编码一种氨基酸的话，4种碱基共有$4^2=16$种不同的排列组合，也不足以编码20种氨基酸。因此他认为3个碱基编码一种氨基酸就可以解决问题。虽然4个碱基组成三联密码，经排列组合可产生$4^3=64$种不同形式，要比20种氨基酸大3倍多，但若是四联密码，就会产生$4^4=256$种排列组合。相比之下只有**三联体**（triplet）较为符合20种氨基酸的形成。他也许是考虑到效率的问题，认为一个碱基可能被重复读多次，也就是说遗传密码的阅读是完全重叠的（图9.1），因此氨基酸数目和核苷酸数目存在着一对一的关系。这一假定非常简洁地解释了核苷酸间距和多肽链上邻接氨基酸间距（0.36nm）之间显示的明显相关性。若真是如此，重叠密码对多肽链上氨基酸的序列就形成了一种限制。例如，具有完全重叠密码的密码子ATC，后面接着的密码子一定是TC开头，那么相应的氨基酸的序列也会受到限制。再者，若是重叠密码，则任何一个碱基的突变都会影响到相连的3个重叠密码子，即3个氨基酸都会发生改变，但事实并非如此。1957年S. Brenner发表了一篇令人兴奋的理论文章，他通过氨基酸序列分析，发现不存在氨基酸的邻位限制作用，从而否定了遗传密码重叠阅读的可能性。同时人们也发现镰状细胞贫血，是血红蛋白中的一个氨基酸发生了改变，说明G. Gamov提出的密码子可以重复阅读的推论是不能成立的。这也印证了“智者千虑，必有一失”的箴言。紧接着F. H. C. Crick等提出了一种非重叠式的三联密码（图 9.2）。按此假设，每个三联体仅决定一种氨基酸。接下来的问题是如何阅读？任何一条 DNA 序列都有三种可能的读法，是三种都正确，还是其中仅一种读法是正确的？若是如此，如何选择正确的读法？随着遗传密码研究的深入，这些问题也就迎刃而解。

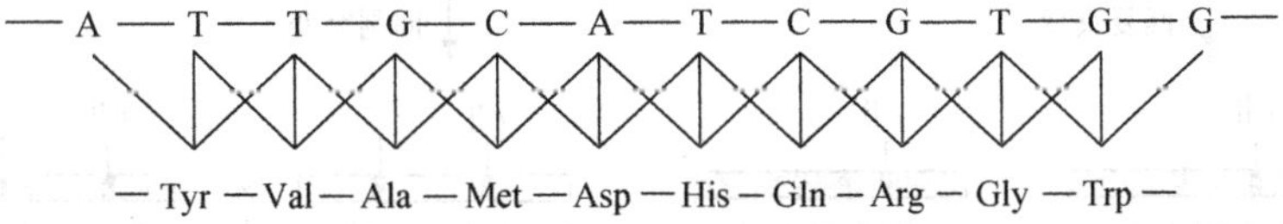

图 9.1　G. Gamov 设想的重叠式密码。相应的氨基酸是假设的，并不正确

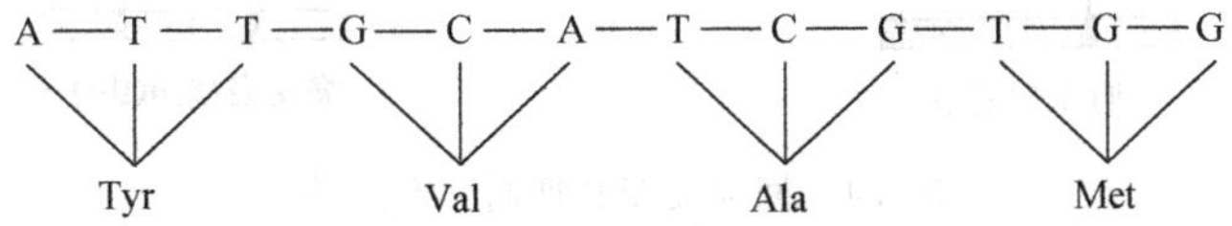

图 9.2　F. H. C. Crick 设计的三联密码。相应的氨基酸是假设的，并不正确

二、利用突变来解读密码

1960 年 A. Tsugita、H. Fraenkel-Connrat 小组和 H. G. Wittmann 小组试图将突变型和野生型进行比较来确定肽链上氨基酸取代的位点和类型，以此来解读密码。这个思路是正确的，而且，一个有利条件是当时烟草花叶病毒（TMV）肽链的一级结构已被揭示，它们是由 158 个氨基酸组成；另一个有利条件是当时已知亚硝酸人工诱变可将 mRNA 中的 A 突变为 G，或 C 突变为 U。他们采用了用亚硝酸对 TMV 进行诱变，并收集了大量的 TMV 自发突变和诱变所获得的突变株，经氨基酸测序后和野生型进行比较，他们推测诱变的产生必定是由于 mRNA 中的 A 突变为 G，或 C 突变为 U。那么取代与被取代的氨基酸之间，一定有两个碱基是相同的，原来氨基酸的第三个碱基应是 A 或 C，而取代的氨基酸的第三个碱基应为 G 或 U。他们一共获得了约 200 个突变株，经反复比较分析结果，破译了少数几个密码子，离全部破译尚有很大的距离。但他们直接证实了密码子是不重叠的。因诱发突变是随机的，并不能按他们的愿望来获得必需的突变株，若经过更多时日，使他们能获得充分的资料，也许他们可以破获全部的遗传密码。但时不待人，1961 年的夏天，美国国立卫生研究院（NIH）的青年科学家 M. W. Nirenberg 已捷足先登，为破译遗传密码建立了更为快速的方法。

三、Crick-Brenner 实验验证三联密码

1961 年 F. H. C. Crick 和 S. Brenner 等设计了一个实验，有力地证实了三联密码的真实性。他们将 T4 染色体上的一个基因（*r*Ⅱ）用**原黄素**（proflavin）进行处理，使单个碱基 A 插入或删除，插入称为“加字”突变，删除称为“减字”突变，无论“加字”还是“减字”都可以引起**移框突变**（frameshift mutation）（图 9.3）。Crick 小组用这种方法获得一系列的 T4 “加字”和“减字”突变，再通过杂交进行重组来获得增加或减少 2 个、3 个不同碱基数的系列突变。他们开始把用原黄素诱导的突变称“FCO”，突变株只能在 *E. coli* 的 B 菌株上生长形成噬菌斑，而不能在 K 菌株上生长，然后他们再用原黄素诱导产生回复突变，在 *E. coli* K（λ）菌株中出现了噬菌斑。用遗传学的方法和野生型杂交分析这些“回复突变体”，表明此回复突变并非是突变位点又精确地回复到原来的状况。实际上这种所谓“回复突变”是在不同位点发生第二次突变而引起的。这种第二次突变“抑制”了原来 FCO 的表达。这种突变称为**抑制基因突变**（suppressor mutation），它可校正或抑制前一次突变的效应，其特点如下。①抑制基因突变是在第一次突变不同位点发生的，因此可以通过野生型和回复突变型之间的杂交又回复为突变型（图 9.4）。②校正突变或发生在同一基

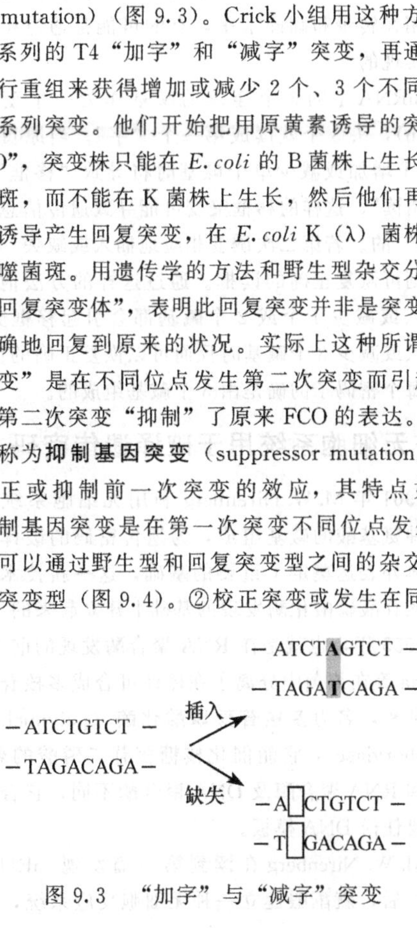

图 9.3　“加字”与“减字”突变

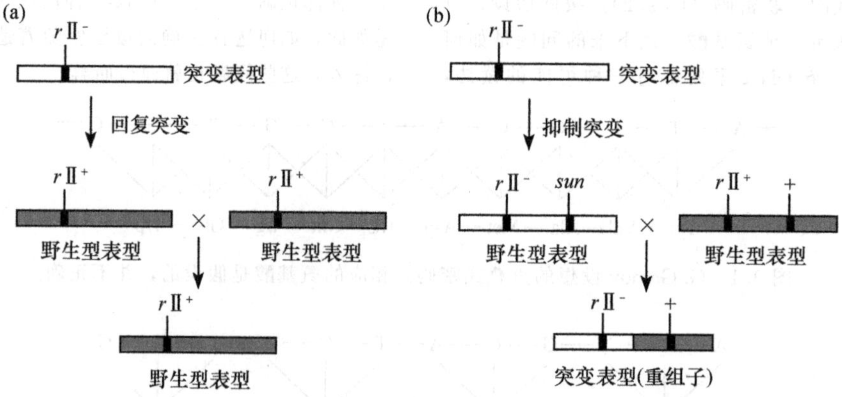

图 9.4　回复突变和抑制突变的差异

(a) 回复突变是突变位点本身发生改变，它和野生型杂交产生的后代全部是野生型；(b) 抑制基因是原突变基因以外的位点发生了突变，所产生的回复突变型和野生型杂交后，部分后代经交换重组可产生突变型

因中，称**基因内抑制**（intragenic suppression）；或发生在不同基因中，称**基因间抑制**（intergenic suppression）。③不同抑制的作用方式不同，如有的抑制作用在转录和翻译水平，有的可能是通过生理功能来实现的。

mRNA 上的 3 个连续的碱基作为一个**密码子**(codon)，头 3 个就读成第一个“字”。当原黄素使 DNA 上增加或减少单个碱基时将导致“移框”，产生“错读”，这样的移框突变可能导致遗传信息变成“无义”的。若第二次诱变相应地插入或缺失一个碱基，则可恢复正确的读框。通过这样的方法他们发现加入或减少 1 个或 2 个碱基都会引起移框突变，而加入或减少 3 个碱基时反而可以恢复正确的读框，表明每个密码子的确是由 3 个碱基组成的。

四、无细胞系统用于破译遗传密码

1961 年 M. W. Nirenberg 利用无细胞系统确定了各种氨基酸的碱基组成，为遗传密码的破译和以后的体外表达奠定了重要的基础，这一新技术又是在多核苷酸磷酸化酶发现的基础上建立起来的。

1955 年，也就是在 RNA 聚合酶发现的前 5 年，S. Ocha 等在细菌中分离了在体外可合成多核苷酸的另一种酶，名为**多核苷酸磷酸化酶**（polynucleotide phosphorylase)，它能催化核糖核苷二磷酸的聚合。此酶和 RNA 聚合酶及 DNA 聚合酶不同，它合成时不需要任何 DNA 模板。

M. W. Nirenberg 在读到第一篇发现 mRNA 的报道之后，就酝酿建立一种无细胞反应系统，来揭开遗传密码之谜。他采用的方法如下。①去模板：用 DNase 处理 *E. coli* 抽提物，使 DNA 降解，除去原有的转录模板。抽提物中含有核糖体、tRNA 及各种氨基酸，除 mRNA 外，是一个完整的翻译系统。由于 DNA 被降解，所以不再转录产生新的 mRNA，即使原来残留有 mRNA，因其半衰期很短，也会很快被降解掉。这样从理论上来说，若加入任何外源 mRNA 就可以按新的信息合成蛋白质。②在研究中他采用先易后难的方针，先加入 polyU。M. W. Nirenberg 用了多核苷酸磷酸化酶，仅以尿苷二磷酸为底物，人工合成了 polyU。当他把人工合成的 polyU 加入这种无细胞系统中来代替原有的 mRNA 时，惊喜地发现果真合成了单一的多肽，即多聚苯丙氨酸，这一结果不仅证实了无细胞系统的成功，同时还表明“UUU”是苯丙氨酸的密码子。他们用同样的方法分别加入 polyA、polyC 和 polyG，结果相应地获得了多聚赖氨酸、多聚脯氨酸和多聚甘氨酸，从而顺利地破译了 4 个密码子。③按比例加入两种核苷合成混合的多聚物。因当时还未分离出 RNA 聚合酶，无法按设计的模板来合成 RNA，但除了“UUU、CCC、AAA、GGG”外，还必须破译其他的密码子，Nirenberg 又想出了一种新的方法，就是按一定的碱基比例来合成 RNA。例如，在底物中加 5 份的“UDP”和 1 份的“GDP”，碱基比为 U∶G＝5∶1，它们能组成的三联体不外乎 8 种：UUU、UUG、UGU、GUU、GGG、GGU、GUG 和 UGG。“U”和“G”将随机加入到三联体中，但各个位点上进入“U”和“G”

的概率不同，如 UUU：UGG=(5×5×5)：(5×1×1)=25：1；同理 UUU：UUG=5：1，根据这样的推测，在无细胞系统中以这种比例合成的 mRNA 产生的氨基酸的比例也应是相应的，这样可以推测出密码子的组成。如氨基酸测定结果：

苯丙氨酸（UUU）：半胱氨酸（UGU)=5：1

苯丙氨酸（UUU）：缬氨酸（GUU)=5：1

苯丙氨酸（UUU）：甘氨酸（GGU)=24：1

苯丙氨酸的密码子是已知的，由 3 个“U”组成，那么半胱氨酸一定是由 2 个 U、1 个 G 组成；缬氨酸同样如此；甘氨酸应是由 1 个 U、2 个 G 组成。

1963 年 S. Ochoa 及合作者获悉 M. W. Nirenberg 用 polyU 大获成功之后，利用自己保存的多种多聚核苷酸也开展了破译密码的研究，采用的方法也是加入不同比例的混合多核苷酸。两组展开了激烈的竞争，经过两个组一年多的努力，最终弄清了各种氨基酸的碱基组成，但并不知其排列序列。M. W. Nirenberg 于 1964 年又有了新策略，创用三联体结合实验，一举破译了所有密码，取得了重大的突破。

五、三联体结合实验

从上面的实验结果不难看出，按比例合成 RNA 的方法不能解决最关键的序列问题，此时擅长 RNA 合成的 H. G. Khorana 就担负起直接合成有序多核苷酸的重任，1965 年正当 H. G. Khorana 刚刚奋力完成了第一批多核苷酸重复共聚物的排列时，M. W. Nirenberg 和 P. Leder 等又有了新的突破，使破译密码的艰难工作迅速达到了光辉的顶点，这种新的突破就是建立了三联体结合实验的新方法。

三联体结合实验的原理是建立在两项基础上的：①tRNA 和氨基酸及三联体的结合是特异的；②上述结合的复合物大分子不能通过硝酸纤维滤膜（NC）的微孔，而 tRNA-氨基酸的复合物是可以通过的。

1965 年，M. W. Nirenberg 采用了“一把钥匙开一把锁”的思路，进行密码破译。他首先发现当将简单特定的核苷酸加到 *E. coli* 的核糖体上时，它们并不促使蛋白质的合成，而使相应的 tRNA 及其携带的氨基酸结合到核糖体上，形成大的复合物。因此他每次在无细胞系统中仅加一种已知序列的三联体 RNA（如 CUC），同时在氨基酸中只用 ^{14}C 标记一种氨基酸（如 Ser），若 CUC 进入核糖体后，如果 CUC 不是 Ser 的密码子，$tRNA^{Ser}$ 和其携带的 Ser 就不能与核糖体上的 CUC 特异结合形成大的复合物，而从 NC 膜上透过，然后测定透过 NC 膜的氨酰-tRNA 小复合物是否带有放射性标记，如带有放射性标记，就可以确定输入的三联体 CUC 不是 Ser 的密码子，那么就再重新输入另外的三联体 RNA，一直到 tRNA 所带有的标记的氨基酸不透过 NC 膜为止，说明此三联体 RNA 正好就是被标记氨基酸的密码子，就这样 M. W. Nirenberg 小组一举破译了除终止密码子以外的全部遗传密码（图 9.5）。

六、利用重复共聚物破译密码

1967 年，H. G. Khorana 以不同的思路和方法也巧妙地破译了除终止密码子以外的全部密码，他发挥了自己合成 RNA 的特长，用已知碱基组成 2 个、3 个或 4 个核苷酸合成重复共聚物 mRNA，在体外翻译系统中加入同位素标记的氨基酸，然后分析所合成多肽的氨基酸序列，再进行比较分析。

H. G. Khorana 采用了有机合成一条短的单链 DNA 重复序列，然后用 DNA 聚合酶 Ⅰ 合成其互补链，再用 RNA 聚合酶及不同的底物合成两条重复的 RNA 共聚物（图 9.6），作为翻译的模板 mRNA，加入体外表达系统中，根据合成肽链的相应序列来推测各种氨基酸的密码子，如表 9.1 所示。当重复序列为 $(UC)_n$ 时，组成的重复 RNA 无论怎样阅读，只可能是 UCU-CUC，翻译的多肽也是由丝氨酸和亮氨酸相间排列的重复序列，但尚不能确定这两种氨基酸的相应密码子。当重复序列为 $(UUC)_n$ 时，无论怎样阅读，都只产生三种多聚氨基酸，即 poly Ser、poly Leu 和 poly Phe。和第一次比较，只有一个密码子 UCU 相同，但同样都有 Ser 和 Leu，所以仍不能确定。再看第三行重复序列 $(UUAC)_n$，无论怎样读，只会是 4 个密码子的循环，即 UUA-CUU-ACU-UAC，但合成的肽链中氨基酸只有 3 种（Leu-Leu-Thr-Tyr）。将密码子和氨基酸与第二次作对照，彼此共有密码子 CUU 和氨基酸 Leu，所以可以确定 CUU 是 Leu 的密码子。那么第二栏中既然 CUU 已知是亮氨酸，毫无疑问 UCU 是丝氨酸。第一栏中原来 UCU-CUC 难以确定哪一个是 Ser，哪一个是 Leu，现已确定 UCU 是 Ser，那么余下的 CUC 一定是亮氨酸了。H. G. Khorana 就用这种方法将所有的遗传密码都破译了。这项实验还同时证实了三联密码的正确性及简并性的存在。遗传密码如表 9.2 所示，氨基酸缩写符号如表 9.3 所示。

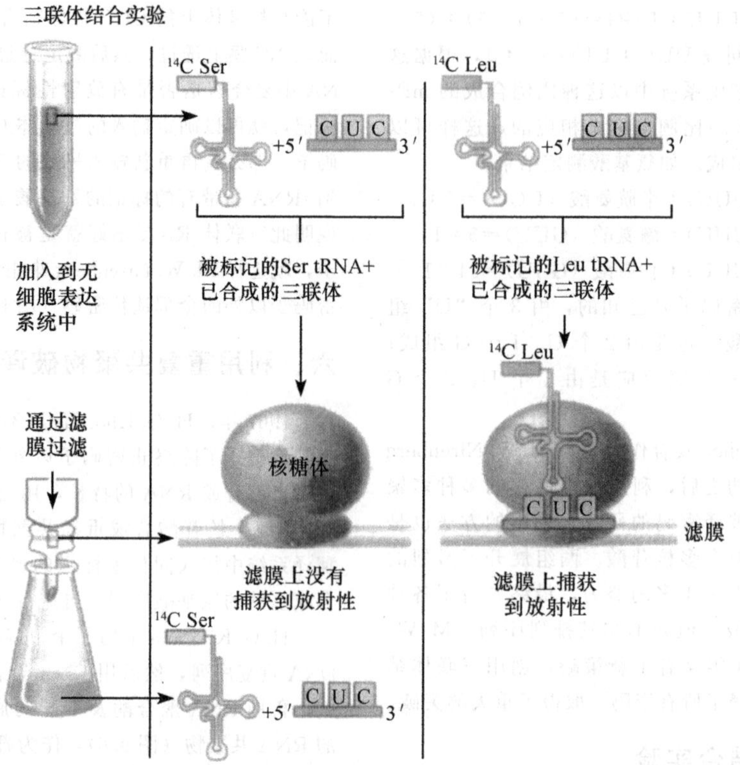

图 9.5　M. W. Nirenberg 建立的破译遗传密码的三联体结合实验（引自 Hartwell et al.，2000）

用同位素^{14}C 标记特定的氨基酸，如图中的 Ser 和 Leu，然后加入任何一个三联体（CUC），如果被标记的氨酰-tRNA（Ser tRNA）不能和加入的三联体结合成复合物，经吸滤就可流入吸滤瓶中，故滤膜上捕获不到放射性；如被标记的氨酰-tRNA（Leu tRNA）能和加入的三联体（CUC）结合成复合物，因分子较大，不能通过滤膜，故滤膜上可测到放射性，表明该三联体（CUC）就是被标记氨基酸的密码子

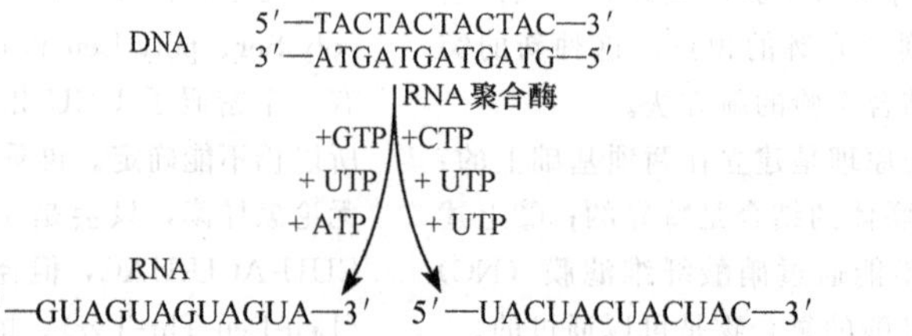

图 9.6　重复共聚体 RNA 的合成途径

表 9.1　Khorana 用 2 个、3 个或 4 个核苷酸构建重复共聚体来确定密码子

重复序列	可组成的三联密码	多肽的氨基酸组成
$(UC)_n$	UCU-CUC	Ser-Leu
$(UUC)_n$	(UUC)，(UCU)，(CUU)	poly Phe，poly Ser，poly Leu
$(UUAC)_n$	(UUA-CUU-ACU-UAC)	Leu-Leu-Thr-Tye

表 9.2　遗传密码

第一位 \ 第二位	U		C		A		G		第三位
U	UUU	Phe	UCU	Ser	UAU	Tyr	UGU	Cys	U
	UUC		UCC		UAC		UGC		C
	UUA	Leu	UCA		UAA	终止	UGA	终止	A
	UUG		UCG		UAG	终止	UGG	Trp	G
C	CUU	Leu	CCU	Pro	CAU	His	CGU	Arg	U
	CUC		CCC		CAC		CGC		C
	CUA		CCA		CAA	Gln	CGA		A
	CUG		CCG		CAG		CGG		G
A	AUU	Ile	ACU	Thr	AAU	Asn	AGU	Ser	U
	AUC		ACC		AAC		AGC		C
	AUA		ACA		AAA	Lys	AGA	Arg	A
	AUG	Met	ACG		AAG		AGG		G
G	GUU	Val	GCU	Ala	GAU	Asp	GGU	Gly	U
	GUC		GCC		GAC		GGC		C
	GUA		GCA		GAA	Glu	GGA		A
	GUG		GCG		GAG		GGG		G

表 9.3　氨基酸缩写符号

缩写		氨基酸		缩写		氨基酸	
Ala	A	alanine	丙氨酸	Met	M	methionine	甲硫氨酸
Cys	C	cysteine	半胱氨酸	Asn	N	asparagine	天冬酰胺
Asp	D	aspartic acid	天冬氨酸	Pro	P	proline	脯氨酸
Glu	E	glutamic acid	谷氨酸	Gln	Q	glutamine	谷氨酰胺
Phe	F	phenylalanine	苯丙氨酸	Arg	R	arginine	精氨酸
Gly	G	glycine	甘氨酸	Ser	S	serine	丝氨酸
His	H	histidine	组氨酸	Thr	T	threonine	苏氨酸
Ile	I	isoleucine	异亮氨酸	Val	V	valine	缬氨酸
Lys	K	lysine	赖氨酸	Trp	W	tryptophan	色氨酸
Leu	L	leucine	亮氨酸	Tyr	Y	tyrosine	酪氨酸

七、起始密码子和终止密码子的确定

在 M. W. Nirenberg 的三联体结合实验和 H. G. Khorana 的重复共聚物的体外翻译实验中，合成能从任何碱基起始。但在体内却并非如此，而是需要一个**起始密码子**（initiator codon）。相对而言，起始密码子是不难确定的。将各种蛋白质的氨基酸序列和其编码序列相比较，起始时都是 AUG 密码子，读码也都相同，在原核细胞中它编码甲酰甲硫氨酸，在真核细胞中编码未经修饰的甲硫氨酸。当正常的 AUG 起始密码子缺失时，GUG 也能成为起始密码子。但在离体条件下 GUG 的起始翻译效率要比 AUG 低得多，可能因为它和甲酰甲硫氨酸-tRNA 的亲和力较低，这也可以作为调控该基因表达的一种手段。

终止密码子的确定就不那么容易了。1964 年 C. Yanofsky 在研究 *E. coli* 色氨酸合成酶 A 蛋白时推测**无义密码子**（nonsense codon）（即终止密码子）的存在。他是从两个不同的角度进行推测的：一是编码 trpA 的 mRNA 还编码了 trpB、trpC、trpD 和 trpE。那么有可能在翻译中途的某个位点（两个肽的连接处）停止，然后再从下一个新的起点翻译，这样可以使各个肽链分开，而不至于产生一条很长的肽链，这就意味着存在一种**终止密码子**（stop codon）。二是他发现 *E. coli* Trp^- 的突变株不能合成完整的色氨酸合成酶，但继续对它进行诱变可以得到回复突变。回复突变有两种，一种是个别氨基酸发生了变化，另一种是完全回复，没有任何氨基酸组成的变化，这表明，*E. coli trp*$^-$ 不可能是移框突变的结果，那么这类突变很可能携带有阻止氨基酸合成的无义密码子。到 1965 年，M. Weigert 和 A. Garen 根据碱性磷酸酶基因中色氨酸位点的氨基酸置换，证明 *E. coli* 中无义密码子的碱基组成，并揭示它们分别是终止密码子 UAG 和 UAA。当时 64 个密码中的 61 个已破译，只留下了 UAA、UAG 和 UGA 有待确定。A. Garen 等为了鉴定无义密码子，他们从 *E. coli* 的碱性磷酸酯酶基因（*pho A*）中的一个无义突变品系中分离了大量的回复突变株，然后进行比较分析。结果从图 9.7 中可以看出无义密码子是从该基因的色氨酸位点的密码子上产生的。在回复突变中，无义密码子变成了 Trp、Ser、Tyr、Leu、Glu、Gln 和 Lys 的相应密码子。仅有 Trp 的 UGG 变成 UAG，然后在此基础上回复突变成 7 种氨基酸，因此 Trp 产生的无义突变的密码子就是 UAG。此项工作同时也证明了突变的最小单位是单个碱基。第三个终止密码子 UGA 则在 1967 年由 Brennr 和 Crick 证实。

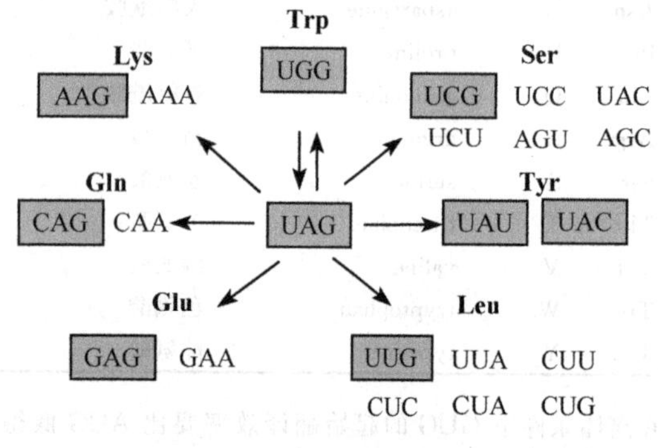

图 9.7　A. Garen 等将琥珀无义突变密码鉴定为 UAG
他们从大肠杆菌中分离出一个突变株（Pho^-）（缺乏碱性磷酸酯酶），在其 *phoA* 基因中产生了琥珀突变。他们从突变株（Pho^-）中又分离了一组回复突变（Pho^+），但它们的碱性磷酸酯酶功能的恢复不是由于抑制基因的突变。通过对此酶的氨基酸序列分析发现，它们在多肽的同一位置上存在不同的氨基酸置换，而野生型的碱性磷酸酯酶在该位置上为色氨酸残基。图中每一组密码子为一个氨基酸的同义密码子，加框的密码子则是 UAG 通过单个碱基的改变而产生的密码子。此图也揭示了基因突变的最小单位是单个碱基

如果 mRNA 的可读框中因为突变而出现终止密码子 UAG、UAG 和 UGA，它们可以决定多肽链的终止，这种突变称为终止密码突变，也称**无义突变**（nonsense mutation）。这种突变缩短了基因产物，因为多肽链会失去正常的羧基端。其中 UAG 的突变称为**琥珀突变**（amber mutation），该突变一般是致死的，以符号 am 表示。琥珀变异株（带有琥珀突变的细菌或噬菌体）在基因的结构与功能研究中具有十分重要的作用。终止密码子 UAG 也称为**琥珀密码子**（amber codon）。这个名字的由来是因为这个密码子是在大肠杆菌噬菌体 T4 的琥珀突变种中发现的。T4 突变种的发现者是德国的 H. Bernstein，而“Bernstein”这个词在德语中意为“琥珀”。后来，UAA 和 UGA 终止密码子也被赋予了相似的命名：**赭石密码子**（ochre codon）和**蛋白石密码子**（opal codon）。

八、遗传密码的证实和特点

（一）遗传密码的证实

遗传密码虽已破译，但是否正确无误，还必须经过验证。因当时 DNA 测序方法尚未建立，只能采用一些经典的实验来检测。1965 年，在遗传密码表问世不久，S. Ocha 等就采用了他们所擅长的方法对遗传密码进行了验证，即加入一定比例的两种核苷来合成短片段 RNA，再输入到无细胞系统中进行表达，观察所合成的肽段是否符合按遗传密码所预期的比例。实验结果表明遗传密码是完全正确的。

1966 年，G. Sterisinger、A. Tsugita 等采用和上述实验完全不同的方法进行验证。他们采用的方法与 Crick 等的原黄素诱发移码突变的方法相同，使 T4 噬菌体的溶菌酶基因产生了移框突变，根据突变后所指令合成的蛋白质，将其一级结构和野生型溶菌酶氨基酸序列进行了比较。采用 T4 溶菌酶为材料是因为该酶比较小，易于纯化，而且其氨基酸序列是已知的。结果表明，根据移框后密码子的改变所产生的肽与按照破译的遗传密码推测的结果完全一致，证明遗传密码是正确的（图 9.8）。

（二）遗传密码的基本特点

遗传密码具有以下特点。①遗传密码子是由核苷酸组成的三联密码子。②密码子的阅读方向是从 5′到 3′。③遗传密码子是不重叠的（nonoverlapping）。一条 mRNA 上的每个核苷酸都只属于一个密码子，除非因为某些基因重叠。④遗传密码子间

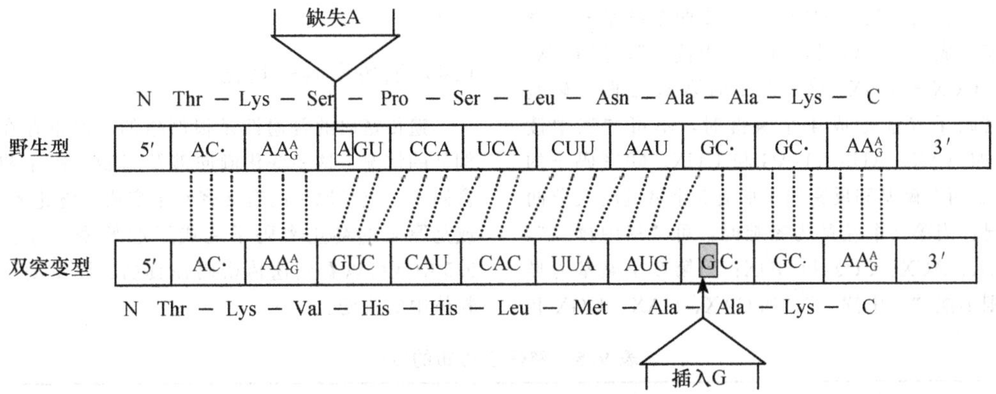

图 9.8　T4 噬菌体的溶菌酶基因经原黄素诱发的插入突变和缺失突变

没有逗号的分隔，在翻译过程中密码子是连续读取的。⑤遗传密码子具有**简并性**（degeneracy）。除 AUG（Met）和 UGG（Trp）外，其他的氨基酸都有两个或两个以上密码子（表 9.2）。⑥密码子的使用具有一定的偏好。密码虽有简并性，但它们使用的频率并不相等，有的密码子使用的机会较多，有的几乎不用。如 Leu 有 6 个不同的密码子，“CUG”使用率很高，而“UUA”使用率就很低。每种氨基酸所具有的密码子数目并不和该氨基酸在蛋白质中出现的频率成正比。⑦遗传密码子具有规则性（the genetic code is ordered）。决定某氨基酸的多个密码子或决定化学性质相近的几个氨基酸的密码子往往很相似，通常只有一个核苷酸的差别。⑧遗传密码子中包含有起始密码子和终止密码子。终止密码子没有相应的 tRNA 存在，可供释放因子识别来终止翻译。⑨遗传密码子具有通用性。除极少数例外，在所有的生物中密码子具有相同的译义，包括病毒和人类。

（三）摆动假说

1966 年，F. H. C. Crick 提出反密码子的**摆动假说**（wobble hypothesis）来解释密码子第三位的简并性。**反密码子**（anticodon）是 tRNA 反密码子环上的核苷酸三联体，翻译时可以和核糖体上 mRNA 的特异密码子互补配对。摆动假说提出：当 tRNA 的反密码子与 mRNA 的密码子配对时，前两个碱基严格遵守碱基互补配对法则，但第三个碱基有一定的自由度可以“摆动”（表 9.4，图 9.9）。

表 9.4　密码子第三个碱基的摆动

反密码子上的第一个碱基	相应密码子上的第三个碱基
A	U
U	A 或 G
G	C 或 U
C	G
I（次黄嘌呤）	U，C 或 A

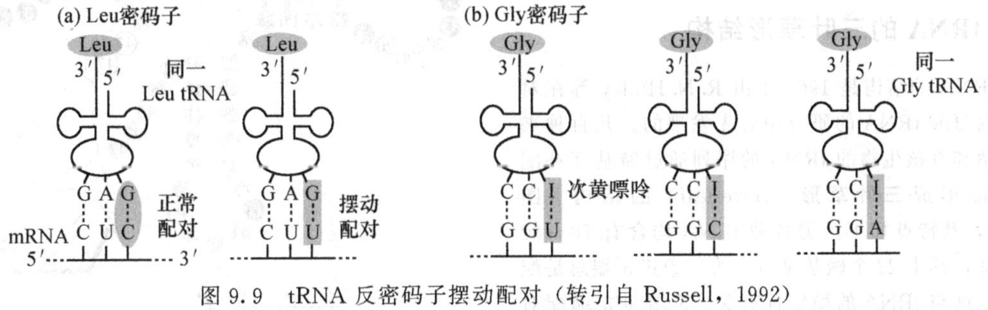

图 9.9　tRNA 反密码子摆动配对（转引自 Russell，1992）
（a）$tRNA^{Leu}$的摆动配对；（b）$tRNA^{Gly}$的摆动配对

摆动规则在不同物种中有所不同，反映了 tRNA 修饰的差异。摆动假说也称为“三中读二”（2 out of 3 reading）。遗传密码虽有 61 个**有义密码子**（sense codon），但反密码子由于摆动可能少于 61 个，如原核和真核细胞都只有约 30 种反密码子。

“三中读二”是由 tRNA 与密码子结合的稳定性

决定的。①当密码子的第 1、第 2 两个碱基和反密码子能形成 6 个氢键时，可“三中读二”，如 CCX、CGX、GCX 和 GGX。②密码子的第 1、2 两个碱基和反密码子仅能形成 4 个氢键时，不可“三中读二”，如 AAX、AUX、UAG 和 UUX。③密码子的第 1、2 两个碱基和反密码子形成 5 个氢键时又分两种情况：当第 2 个碱基为嘧啶时，可“三中读二”，如 UCX、ACX、CUX 和 GUX；当第 2 个碱基为嘌呤时则不能“三中读二”，如 CAX、GAX、UGX 和 AGC。

（四）遗传密码的歧化

遗传密码的普遍性是很严格的，但也存在一些例外的情况。这些变化倾向涉及起始密码子和终止密码子，或是原来的有义密码子变成了终止密码子，或是原来的终止密码子变成了起始密码子。在表 9.5 中就可以看到遗传密码在真菌、原生动物和线粒体中的改变。

表 9.5　密码子排布的变化

密码子	通用的翻译	系统	改变
AAA	Lys	一些动物的线粒体，如果蝇线粒体	Asp
AGR	Arg	大部分动物线粒体，如脊椎动物线粒体	Ser
AUA	Ile	一些动物和酵母线粒体	Ser
CUG	Leu	圆柱念珠菌（*Candida cylindracea*）细胞核基因组	终止
CUN	Leu	酵母线粒体	Thr
UAR	终止	一些纤毛虫（ciliate）细胞核基因组，如四膜虫（*Tetrahymena*）	Glu
UGA	终止	动物和酵母线粒体基因组，支原体基因组	Try
UGA	终止	一些纤毛虫细胞核基因组，如游纤虫属（*Euplotes*）	Cys

纤毛虫是从真核生物进化早期分化出来的，其遗传密码的改变的一种解释是：当时的密码仍然有很大的错误倾向，带有不稳定的终止子。其实缺乏固定终止使得在任何位点上蛋白质合成都可能终止。进化的结果使终止仅在三个密码子处变得有效，从而增加了蛋白质的合成。但在支原体和纤毛虫中某些原始的终止密码子仍被保留下来。

第二节　tRNA 与核糖体

一、tRNA 的三叶草形结构

tRNA 的结构是 1965 年由 R. N. Holley 等在对酵母丙氨酸 tRNA 的研究中首先发现的。几百种来自细菌和真核生物的 tRNA 的序列通过碱基互补配对都能形成**三叶草形**（cloverleaf）的结构（图 9.10），其特点如下。①各种 tRNA 均含有 70～80 个碱基，其中 22 个碱基是恒定的。②其 5′端总是配对的，这与 tRNA 的稳定性有关。5′端和 3′端配对（常为 7bp）形成茎区，称为**受体臂**（acceptor arm）或称氨基酸臂。在 3′端永远是 4 个碱基（XCCA）的单链区，在其末端有 2′-OH 或 3′-OH，是氨基酰化位点。此臂负责携带特异的氨基酸，其他的臂都

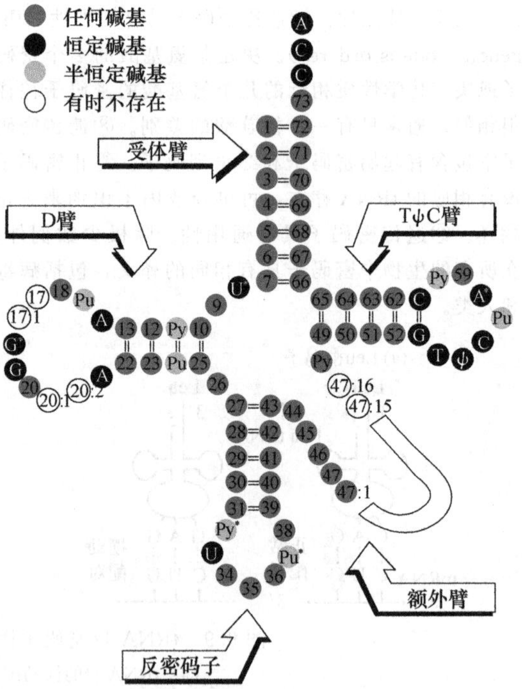

图 9.10　tRNA 结构的三叶草模型含有有恒定的和半恒定的碱基，碱基互补配对的保守位点（引自 Lewn，2000）

为茎环结构。③**TψC 环**（TψC loop）存在着特殊的碱基 ψ（假尿嘧啶），常由 5bp 的茎和 7nt 的环组成。此环负责和核糖体上的 rRNA 识别结合。④**反密码子环**（anticodon loop）常由 5bp 的茎区和 7nt 的环区组成，在环区的中央总存在着反密码子三联体，它负责对 mRNA 上的密码子的识别与配对。⑤**双氢尿嘧啶环**（DH loop）的茎区长度常为 4bp，环区有 4 个碱基不恒定，此环中的 17、17∶1、20∶1 和 20∶2 含有特殊的碱基 D（双氢尿嘧啶），故也称为 D 环。⑥**额外环**（extra arm）可变性大，从 4nt 到 21nt 不等，也称为**可变环**（variable loop），其功能是在 tRNA 的 L 形三维结构中负责连接两个区域（D 环-反密码子环和 TψC-受体臂）。

二、tRNA 的 L 形结构

tRNA 的三叶草结构并没有使我们明确 tRNA 的各个臂在空间上是如何排列的。通过 X 射线来研究 tRNA 的晶体获得了 tRNA 的三维构象。对几种酵母 tRNA 晶体的研究表明，各种 tRNA 存在共同的三维结构。它主要是依靠茎中的碱基配对来维持，形成了稳定的 L 形结构（图 9.11）。①氨基酸受体臂位于 L 形的一侧，距反密码子环约 70Å。②D 环和 TψC 环形成了“L”的转角。③在一些保守和半保守的碱基之间形成很多的三级氢键，使分子形成“L”形，并使结构稳定。④使三维结构得以形成的这些碱基配对涉及与磷酸核糖主链相互作用的三级结构的磷酸二酯键分布在核糖的 2′-OH 上。⑤几乎所有的碱基朝向相同，使得碱基平面之间产生堆积作用（图 9.12）。这种作用也是 tRNA 构象稳定的主要因素之一。⑥在反密码子环中仅有很少的三级氢键，这可能由于在蛋白质合成时，便于反密码子区的相对方向发生改变。

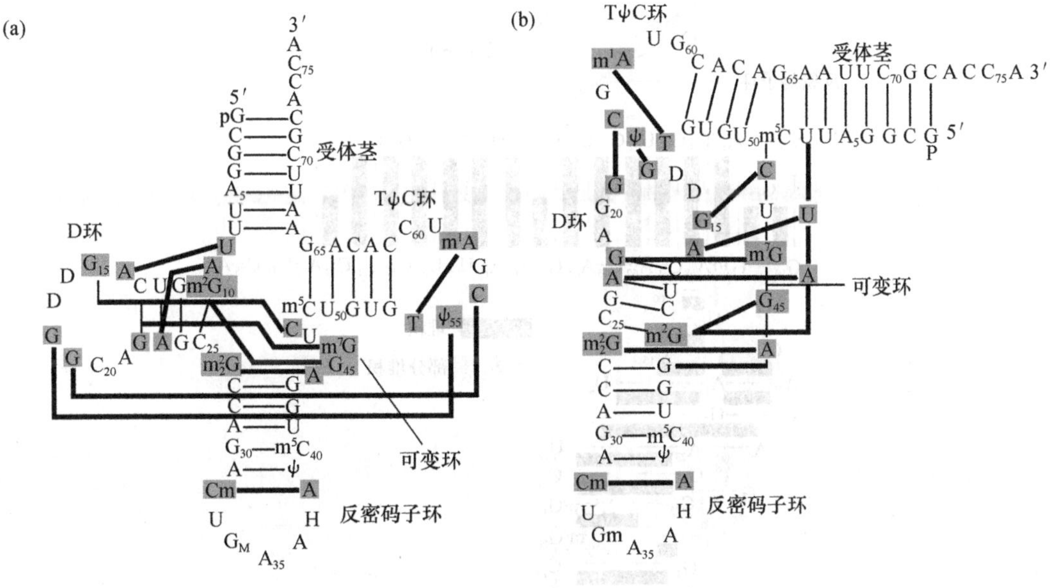

图 9.11　酵母苯丙氨酸 tRNA 中三级键相互作用（引自 Watson et al.，1987）
(a) 三叶草模型中，图有方框的碱基表示为可变的碱基。深色的线表示三级氢键。(b) 三叶草形的 tRNA 经三级氢键的牵拉，形成了倒 L 形

三、核糖体的结构

核糖体（ribosome）是蛋白质合成的场所，由核糖核蛋白大复合物组成。细菌的核糖体附着在 mRNA 上，真核细胞中核糖体总是和细胞骨架或粗面内质网的膜相结合。核糖体能以独立的**单核糖体**（monosome）行使功能，但更常见的是它们成簇结合在一条 mRNA 上形成**多核糖体**（polysome）。

所有的核糖体都由大亚基与小亚基组成，每一亚基含有几种核糖体 RNA（ribosomal RNA，rRNA）和多种核糖体蛋白（ribosomal protein，r-protein）。它们的相对大小常常用沉降系数单位来表示（表 9.6）。

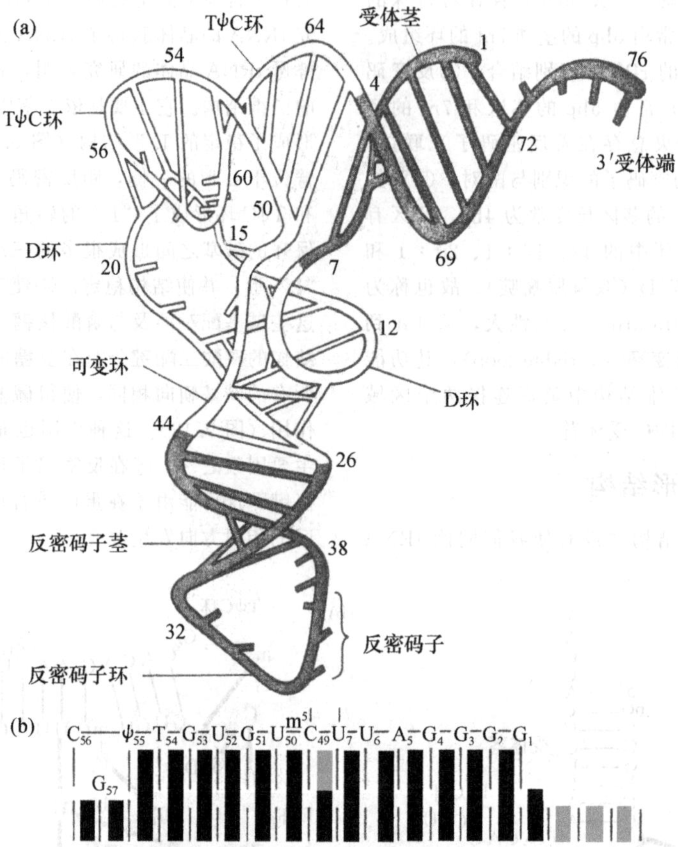

图 9.12　酵母 tRNA^{Phe}结构（转引自 Watson et al.，1987，2005）

(a) 显示基于 X 射线而得到的 tRNA^{Phe}的 L 形三维结构；(b) 显示 L 形 tRNA^{Phe}核苷间氢键的堆积。黑色表示堆积，灰色表示部分堆积。第 34 位的 G 是反密码子上的第三个碱基，由于是半堆积的，可以自由地摆动

表 9.6　原核和真核生物核糖体的组成及功能

核糖体	亚基	相对分子质量	rRNA/bp	蛋白质	RNA 的特异序列和功能
细菌 70S 分子质量 2.5MDa； 66%RNA	50S	16×10^5	23S=2904 5S=120	约 34 种 (L1～L34)	含 CGAAC 和 GTφCG 互补
	30S	9×10^5	16S=1542	21 种 (S1～S21)	16S RNA (CCUCCU) 和 S-D 序列 (AGGAGG) 互补
哺乳动物 80S 分子质量 4.2MDa； 60%RNA	60S	28×10^5	28S=4718 5.8S=160 5S=120	49 种	有 GAUC 和 TφC G 互补
	40S	14×10^5	18S=1874	33 种	和 Cap$^{m^7}$G 结合

细菌中的所有核糖体都已鉴定出来，*E. coli* 中的 rRNA 都已被测序。其小亚基（30S）是由 16S rRNA 和 21 种蛋白质构成的，大亚基（50S）是由 23S rRNA 和小分子的 5S rRNA 及 34 种蛋白质构成的。

真核生物的核糖体要比细菌的大得多，主要是真核生物中 RNA 分子较长，并有很多的蛋白质，而 RNA 在量上仍占主导地位。

细胞器的核糖体和胞质中的核糖体是不同的，具有各种不同的类型，最大的和细菌的核糖体大小相似，含 70%的 RNA，最小的仅有 60S，所含 RNA 小于 30%。

细菌、叶绿体和真核细胞质核糖体的形态十分相似（线粒体核糖体的形态尚不清楚），其小亚基是平的，而大亚基是凸形的结构。完整的 70S 核糖体具有不对称的结构，在小亚基的头部和中部与大亚基结合形成了 V 形的隧道。图 9.13 表明 tRNA 的大小与核糖体的比例关系。tRNA 可能插入到大的表面“裂口”(cleft) 中，而不会插入完整核糖体的内部空隙中。

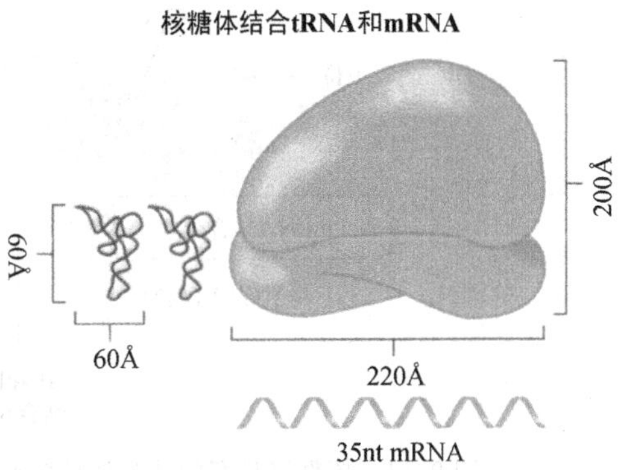

图 9.13　比较大小，表明核糖体足以与 tRNA 及 mRNA 结合（引自 Lewin，2008）

四、核糖体的活性部位

根据核糖体的位点和功能，我们可以区分出核糖体的几种活性（表 9.7）。70S 核糖体可能具有供 tRNA 结合的两个功能部位：A 位和 P 位。**A 位**

表 9.7　核糖体的活性部位

活性部位	功能	位置	组分
mRNA 结合部位	结合 mRNA 和 IF 因子	30S，P 位附近	S1、S18、S21 及 S3、S4、S5、S12 16S rRNA 3′端区域
P 位	结合 fMet-tRNA 和肽酰-tRNA	大部分在 50S 亚基	L2、L27 及 L14、L18、L24、L33 16S 和 23S rRNA 3′端附近区域
A 位	结合氨酰-tRNA	大部分在 30S 亚基	L1、L5、L7/L12、L20、L30、L33 16S 和 23S rRNA（16S 的 1400 区）
E 位	结合脱酰-tRNA	50S	23S rRNA 是重要的
5S RNA	和 23S rRNA 结合	P 位和 A 位的附近	L5、L18、L25 复合物
肽酰基转移酶	将肽链转移到氨酰-tRNA 上	50S 的中心突起	L2、L3、L4、L15、L16 23S rRNA 是重要的
EF-Tu 结合部位	氨酰-tRNA 的进入	30S 外部	
EF-G 结合部位	移位	50S 亚基的界面上，L7/L12 附近，近 S12	
L7/L12	GTP 酶需要	50S 的柄	L7、L12

（氨酰-tRNA 部位，amino acyl-tRNA site）在延伸过程中与进入的负载 tRNA 结合，而 **P 位**（肽酰-tRNA 部位，peptidyl-tRNA site）与携带新生多肽链的 tRNA 结合。细菌核糖体具有 **E 位**（退出部位，exit site）（图 9.14），脱酰 tRNA 从此部位被排出。大亚基具有肽基转移酶结构域，提供肽键形成的催化活性位点、GTP 酶结构域，其活性是核糖体在 mRNA 上移位所必需的。

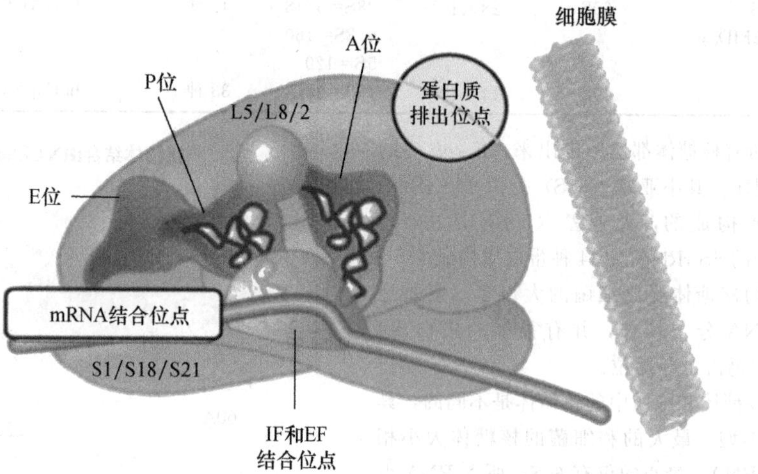

图 9.14　核糖体具有的几个活性中心。核糖体可能与膜相连。mRNA 由 A 位转入 P 位时形成一个转角。E 位在 P 位旁侧。肽酰转移酶位点（未显示）越过了 A 位、P 位的顶部（引自 Lewin，2008）

肽酰转移酶的中心在 50S 亚基上，EF-G 结合位点及负责移位的部位都在 50S 大亚基上。核糖体另外的区域是多肽**输出功能域**（exit domain），核糖体通过这个区域附着在膜上。多肽链从一个功能区进入另一个功能区，通过一个离肽酰转移酶有一定距离的出口被排出。

在细菌中 tRNA 进入 A 位，通过移位再进入 P 位，然后通过 E 位离开细菌的核糖体。A 位和 P 位必定涉及两个亚基，这是由于 tRNA 要和 30S 小亚基上的 mRNA 配对，但肽链的转移又发生在 50S 大亚基上。通常设想 A、P 两个部位离得很近，这样易位时便于 tRNA 由一个部位移到另一部位。E 位又被设想在 P 位的附近。各种核糖体活性位点之间在功能上的相互关系尚没有完全弄清楚。核糖体可能有一种高度相互作用的结构，在这些结构中某一位点发生改变就会明显地影响到其他位点的活性。

第三节　氨酰-tRNA

一、tRNA 对氨基酸的识别

tRNA 通过反密码子和 mRNA 上的密码子相互配对，将特定的氨基酸运送到核糖体上肽链的合成位点上，但 tRNA 识别特定的氨基酸涉及 tRNA 的**“身份”**（identity）问题，这个问题是核酸研究领域的热点之一。人们需要解决几个问题：①tRNA 怎样接受特定的氨基酸，氨酰-tRNA 合成酶怎样识别 tRNA；②tRNA 中的哪些结构和接受特定氨基酸有关。

1988 年，Y. M. Hou 和 P. Schimmel 首先取得了这方面的突破。他们采用的方法是选用色氨酸合成相关基因（*trpA*）发生琥珀突变（UGG→UAG）的突变体来进行研究。这种突变体必须在加有色氨酸的培养基上才能生长。当含有校正 tRNA 时，此缺陷型细菌可在基本培养基上生长（见第五章）。此校正 tRNA 携带着 Ala，但反密码子突变成 CUA，因此可以和终止密码子 UAG 相配对，这样校正了色氨酸的琥珀突变，在色氨酸突变位点加入了 Ala。转化 *E. coli* 后只要校正率达到 3%，该 *trp*⁻ 菌株就可在基本培养基上生长。然后他们用点突变的方法来改变校正 tRNA（Ala）上的各个位点，观察对识别 Ala 有何影响，以此来确定与识别特异氨基酸的有关位点。他们用上述方法证明了 Ala tRNA 的 G3∶U70 碱基对，仅一对碱基决定了丙氨酰 tRNA 合成酶与 tRNA 的识别，他们就把这种很小的组件称之为 tRNA 的"identity"，或称为**副密码子**（paracodon）。简而言之，副密码子是 tRNA 分子上被氨酰-tRNA 合成酶识别，从而决定其携带何种氨基酸的区域和部位。

P. Schimmel、Y. M. Hou 等用合成的微螺旋做氨基酸接受试验，证明只要具有 Ala tRNA 受体臂那样长的微螺旋，或者具有该 tRNA 受体臂和 TψC 茎连在一起的小螺旋，且在受体臂有相当于 G3∶U70 的碱基对，它们就能接受 Ala。已发现带有三种不同反密码子（CUA、GGC、UGC）的 Ala tRNA 都具有 G3∶U70 副密码子。

表 9.8 表明这些位置的共同特点是：①关键位点的数很少（1～5 个）；②副密码子较集中在反密码子和受体臂上，这与 tRNA 的 L 形三维结构和氨酰-tRNA 聚合酶结合的空间构型有关；③由于一个碱基对不足以使 20 套 tRNA 被普遍的识别，因此不同的 tRNA 有自己特殊的规律来进行识别。

表 9.8 氨酰-tRNA 合成酶通过几个特殊碱基来识别其同质 tRNA

tRNA	合成酶识别的碱基
Ⅰ类氨酰-tRNA 合成酶	
Val	反密码子上的三个碱基
Met	反密码子上的三个碱基
Ile	反密码子上的 C34 修饰碱基
Gln	U35（反密码子）；U1-A72 和 G73（受体臂）
Ⅱ类氨酰-tRNA 合成酶	
Phe（酵母）	反密码子上的三个碱基，G20（D 环）；A73（末端）
Ser	G1-C72；G2-C71；A3-U70（受体臂）；C11-G24（D 环）
Ala	G3-U70（受体臂）

二、氨酰-tRNA 的形成

tRNA 分子在蛋白质合成中的重要功能是将特异的氨基酸运送到核糖体与 mRNA 的复合物上，氨基酸和 tRNA 的结合首先要经过氨基酸的活化，然后再形成氨酰-tRNA。

氨基酸进入蛋白质合成途径要通过**氨酰-tRNA 合成酶**（aminoacyl-tRNA synthetase），这种酶将氨基酸和特异的 tRNA 连接起来。所有这种合成酶的功能都是分两步来进行的（图 9.15）。

活化：氨基酸＋ATP＋E→氨酰-ATP-E＋ppi（E 表示酶）

转移：氨酰-ATP-E＋tRNA→氨酰-tRNA＋AMP＋E

这种合成酶将 tRNA 和氨基酸分拣到相应的位点，每种合成酶都能识别单一的氨基酸和所有的 tRNA，然后将相应的氨基酸和 tRNA 组装起来。合成酶对 tRNA 的识别被描述成它的关联 tRNA 或**同族 tRNA**（cognate tRNA）。通常它们的反密码子是不同的。

这种合成酶尽管功能相同，但可分成不同的类型。它们的分子质量从 40～100kDa 不等，有的是单体，而有的是双体或三体。根据其 tRNA 结合区的结构不同，氨基酰合成酶一般分为两类，各有 10 种酶。它们之间的同源性很小，可能是由不同的蛋白质进化而成。两类酶都具有催化功能区（ATP 和氨基酸结合区）、tRNA 受体双螺旋结合区、tRNA 反密码子结合区、寡聚物形成区，但排序不同（图 9.16）。

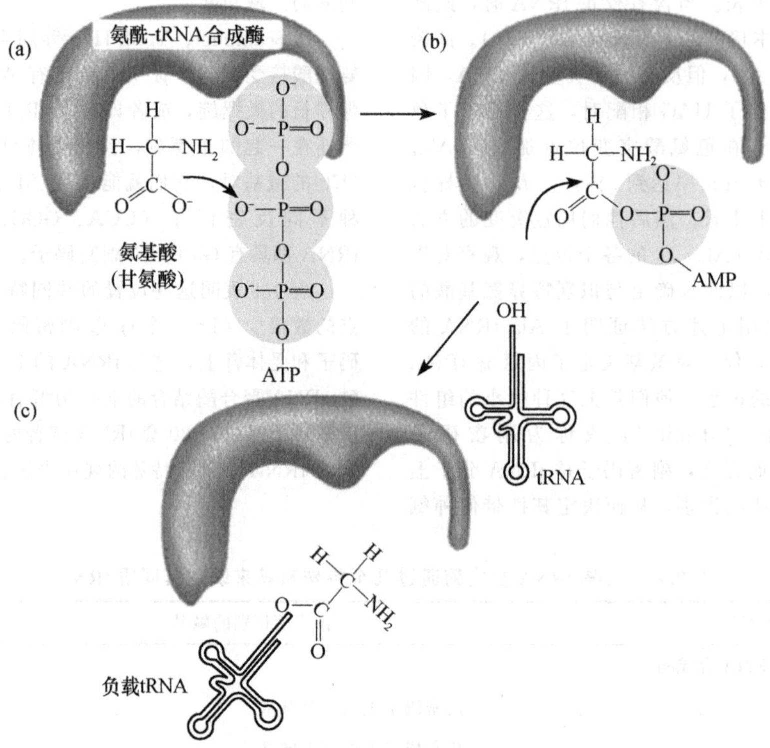

图 9.15　氨酰-tRNA 合成酶将氨基酸加载到 tRNA 上（引自 http://www.cs.stedwards.edu/）

(a) 氨基酸与 ATP 形成氨酰 AMP；(b) tRNA 的 3′-OH 和氨基酸-AMP 结合；(c) tRNA 负载了氨基酸

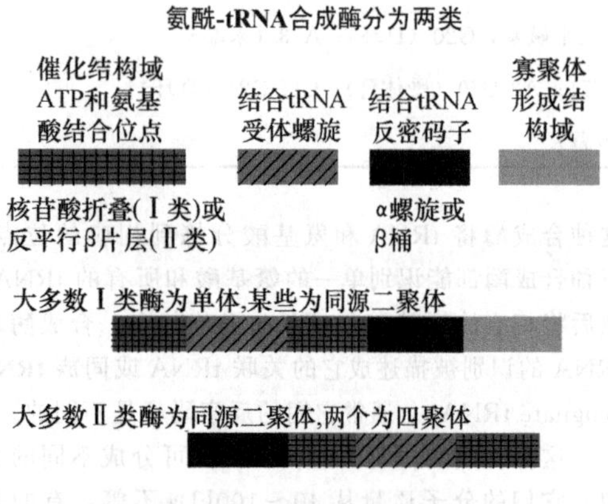

图 9.16　氨基酰 tRNA 合成酶含有 3～4 个功能区（仅多聚体的合成酶具有寡聚体形成结构域）（引自 Lewin，2004）

根据结晶所作的模型（图 9.17），可看到两类酶与 L 形 tRNA 不同的侧面相接近，彼此呈镜像对称的关系。

Ⅰ型酶（Gln-tRNA 合成酶）接近 tRNA 的 D 环一侧，而在受体茎末端的结合位点是识别其小沟，同时也识别另一端的反密码子环。①反密码子环上的 U35 和 U36 被拉开而进入蛋白质中；②受体茎的末端明显变形，使“U1∶A72”碱基对被分开，此茎单链末端插入合成酶蛋白质的深处，在此处也含有 ATP 结合位点（图 9.18）。这个结构印证了副密码子的功能，即当 tRNA 的“U35∶G73”或“U1∶A72”碱基对若发生改变会影响到氨酰-tRNA 合成酶对 tRNA 的识别。

Ⅱ型酶（Asp-tRNA 合成酶）从另一侧与 tRNA 接触，识别可变环及受体茎的大沟。受体茎保持着规则的双螺旋构象，ATP 可能结合在末端腺嘌呤的附近。在结合位点的另一端紧密地和反密码子环结合，环的构象发生改变，随之和蛋白质紧密结合。

三、氨酰-tRNA 合成酶的校正作用

（一）动力学校正

图 9.19 表明 tRNA 和合成酶的结合通过两步反应来进行，相关 tRNA 对结合位点有很高的亲和

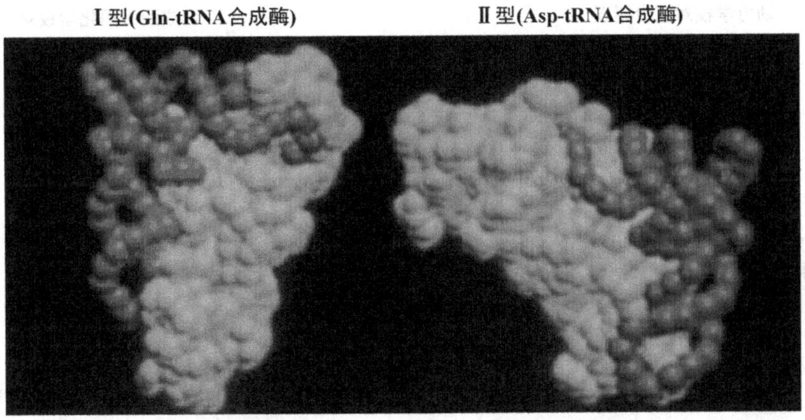

图 9.17　晶体结构显示Ⅰ型和Ⅱ型氨酰-tRNA 合成酶结合在其 tRNA 底物的相反面（引自 Lewin，2004）

tRNA 用深色表示，蛋白质用浅色表示

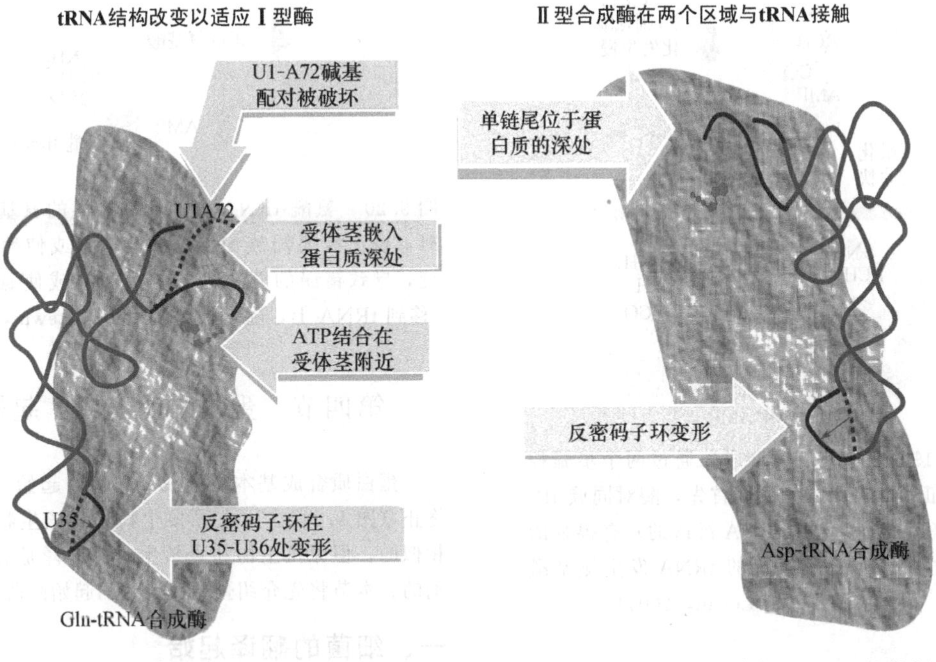

图 9.18　Ⅰ类氨酰-tRNA 合成酶与 tRNA 受体茎的小沟和反密码子环接触（左）；Ⅱ类氨酰-tRNA 合成酶与 tRNA 受体茎的大沟和反密码子环接触（右）（引自 Lewin，2004）

性，因此结合较快，解离较慢。随着与 tRNA 的结合，此酶就要“审查”这个被结合的 tRNA。若是正确的 tRNA，那么通过酶构象的改变使结合更为稳定，接着迅速地发生氨基酰化。若是错的 tRNA，构象不会发生改变，结果反应过程变得很慢，这样增加 tRNA 在负载前从酶中解离出来的机会。这种控制的类型称为**动力学校正**（kinetic proofreading）。

（二）化学校正

在氨酰-tRNA 合成酶中，氨基酸的特异性通过逆反应进行校正，称为**化学校正**（chemical proofreading）。在校正一个错误氨基酸时有两个阶段：

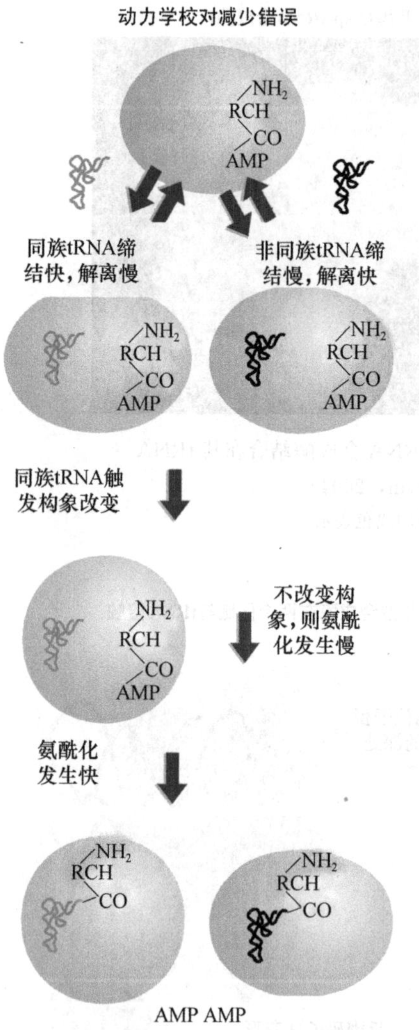

图 9.19　氨酰-tRNA 合成酶通过两个步骤控制对正确 tRNA 的识别。首先，酶对同族 tRNA（可被同一氨酰-tRNA 辨认的）有很强的亲和力；其次，不正确的 tRNA 发生氨基酰化很慢（引自 Lewin，2004）

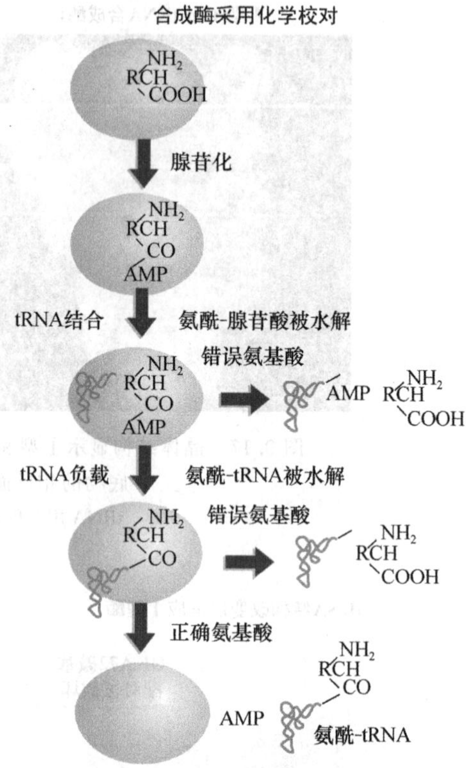

图 9.20　氨酰-tRNA 合成酶和错误的氨基酸结合时，校正需要同族 tRNA 结合，它或使酶构象改变，导致错误的氨酰-腺苷被水解，或使氨基酸转移到 tRNA 上，随之被水解（引自 Lewin，2004）

一个是校正错误的氨酰-腺苷酸（图 9.20）；另一个是校正错误的氨酰-tRNA。两个步骤都需要正确的 tRNA 存在。

当 tRNA 与错误的氨酰-腺苷酸结合时，氨酰-腺苷酸可被水解。这一过程需要一个连接和水解的持续循环，直到一个正确的氨基酸转移到 tRNA 上为止。若校正发生在氨酰-腺苷酸形成之前的阶段，正确 tRNA 的存在对于触动校正是必要的。

第四节　蛋白质的合成：起始

蛋白质合成基本分为三个阶段：起始、延伸和终止（图 9.21）。这在原核生物和真核生物中都是相似的，但原核生物和真核生物的翻译是有明显差别的。本节将先介绍蛋白质合成的起始阶段。

一、细菌的翻译起始

（一）细菌的翻译起始因子

细菌核糖体以 70S 形式存在时承担着多肽链延伸的任务。翻译终止时它们仍以这种形式从 mRNA 上释放出来，然后进入到游离的核糖体库中。在细菌生长时，核糖体的主要任务是合成蛋白质。游离的核糖体库约保持 20% 的核糖体。核糖体在游离库中可解离成分开的亚基，这样游离的 70S 核糖体

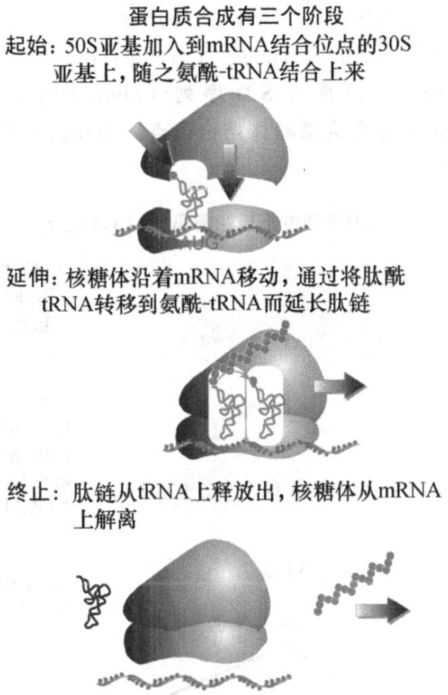

图 9.21　蛋白质合成的三个阶段（引自 Lewin，2004）

与分开的 30S 和 50S 亚基以一种动态平衡的形式存在。完整的核糖体并不具有起始蛋白质合成的功能。起始是由分开的亚基来完成的，在起始反应中它们再重新组装成完整的核糖体（图 9.22）。

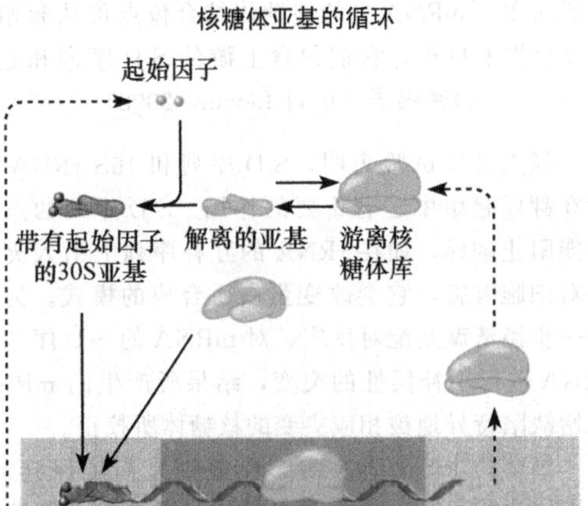

图 9.22　翻译起始需要游离的核糖体亚基。当核糖体在上次翻译终止被释放时，其 30S 小亚基就与起始因子结合，然后解离产生游离的亚基。当亚基重新组合，产生在起始时具有功能的核糖体，释放出起始因子（引自 Lewin，2008）

当小亚基在 mRNA 的核糖体结合位点结合成起始复合物时，产生对 mRNA 的识别；然后大亚基结合到复合物上形成完整的核糖体。这样大、小亚基在 mRNA 的核糖体结合位点缔合成完整的核糖体。30S 亚基本身并没有结合 mRNA 和 tRNA 的这种反应能力。它需要起始因子（initiation factor）的结合才能和 mRNA 及氨酰-tRNA 结合。

当缔合产生 70S 核糖体时，释放出起始因子。起始因子的释放使翻译从起始转入延伸阶段。细菌有三种起始因子——IF-1、IF-2 和 IF-3。IF-3 是 30S 亚基与 mRNA 起始位点特异结合时所必需的；IF-2 特异地与起始 tRNA 结合并把它带到起始复合物中；IF-1 结合于 30S 亚基的 A 位，以阻止氨酰-tRNA 的进入，并阻止 30S 亚基与 50S 亚基结合，维持 30S 亚基的稳定性（图 9.23）。

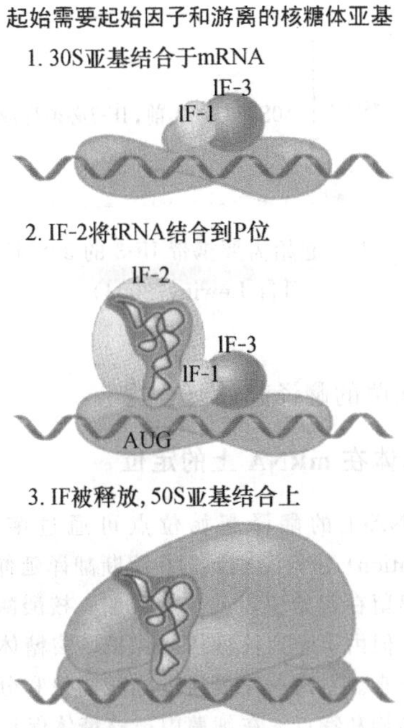

图 9.23　起始因子使游离的 30S 亚基稳定，并使起始 tRNA 结合到 30S mRNA 复合物上（引自 Lewin，2008）

IF-3 因子具有双重功能（图 9.24）。首先是控制核糖体游离态和结合态之间的平衡。IF-3 和游离的 30S 亚基相结合，但不与 70S 核糖体结合。当 IF-3 与 30S 亚基相结合时，阻止了 30S 亚基和 50S 亚基的结合，其作用实际上是**抗缔合因子**（antiassociation factor）。IF-3 的第二个功能是控制 30S 亚基与

mRNA结合的能力，小亚基失去此因子就不能和mRNA形成起始复合物。但mRNA上S-D位点的选择是核糖体亚基的功能。因此合成起始复合物需要IF-3，但IF-3并不涉及特异位点的选择。在30S亚基和50S亚基结合之前，IF-3被释放出来。30S亚基不能在结合IF-3的同时又与50S亚基结合。

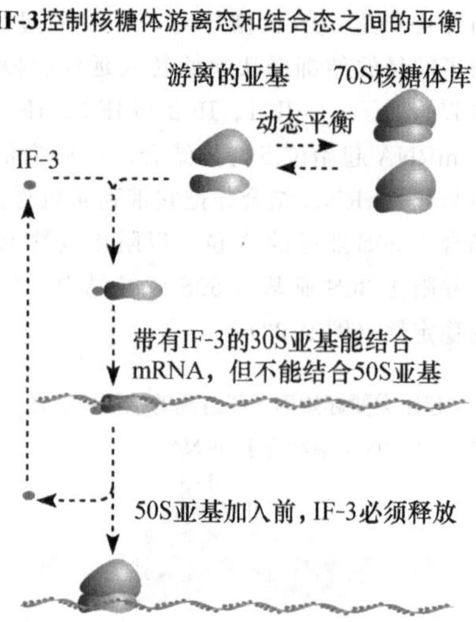

图 9.24　起始需要携带IF-3的30S亚基（引自 Lewin，2004）

（二）细菌的翻译起始复合物

1. 核糖体在mRNA上的定位

mRNA上的翻译起始位点可通过**酶足迹法**（footprintion）进行鉴别，即在阻断翻译延伸时，使核糖体停留在起始位点上，然后加入核酸酶，降解mRNA，但由于受到核糖体的保护，核糖体附着区被保留下来。对这一片段通过分离纯化和分析就可了解其结构和特点。在细菌中被核糖体保护的mRNA区域长35～40nt。在不同的细菌中这段序列同源性很弱，它们只有两个共同的特点：①这一区域中总含有起始密码子（多为AUG）；②有一个序列和16S rRNA 3′端附近的序列互补结合。带有IF-3的30S亚基以此识别结合在mRNA上的S-D序列，使下游邻接的"AUG"精确定位在小亚基的P位上，产生开始的读框。这段很短的保守序列位于起始密码子AUG的上游10个碱基（5′-AAACAGGAGG-3′）以内，其中的4～6个碱基（5′-AGGAGG-3′）高度保守，是与16S rRNA互补结合的核心（图9.25）。它是由澳大利亚的J. Shine和L. Dalgarno于1975年首先发现的，故称为**S-D序列**（Shine-Dalgarno sequence），也称为**核糖体结合位点**（ribosome-binding site）。

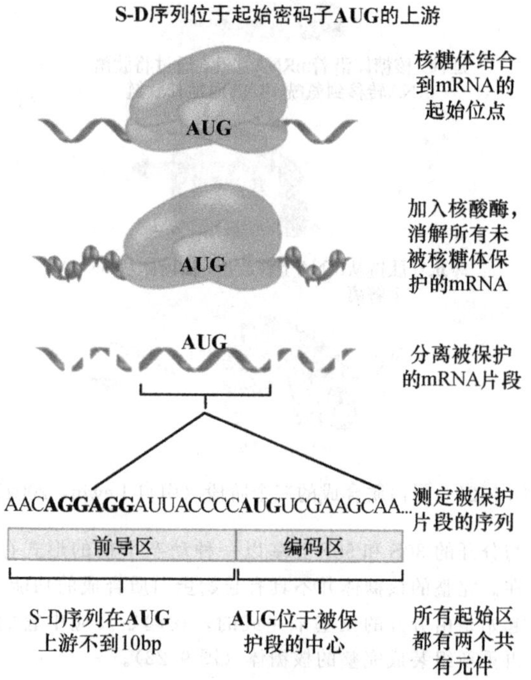

图 9.25　mRNA上的核糖体结合位点可从起始复合物上再现，它们包含上游的S-D序列和起始密码子（引自 Lewin，2008）

经点突变试验表明，S-D序列和16S rRNA配对在翻译起始中起着重要的作用。S-D序列的点突变能阻止翻译。如在rRNA的互补序列上引入突变将对细胞有害，它会改变蛋白质合成的模式。为了进一步搞清碱基配对反应，对mRNA的S-D序列和rRNA进行了补偿性的突变，结果所产生的mRNA起始缺陷特异地被相应突变的核糖体所校正。

细菌的16S rRNA的3′端序列是高度保守的。它可以自我互补，形成发夹结构。发夹的一部分可以和mRNA的S-D序列互补。在起始反应时发夹的末端可能打开而与mRNA配对（图9.26）。起始以后，mRNA-rRNA的双链又因发夹结构重新形成而断开。这一机制可能适应在特殊位点形成一个稳定起始复合物，然后此复合物又要沿着mRNA移动的需要。

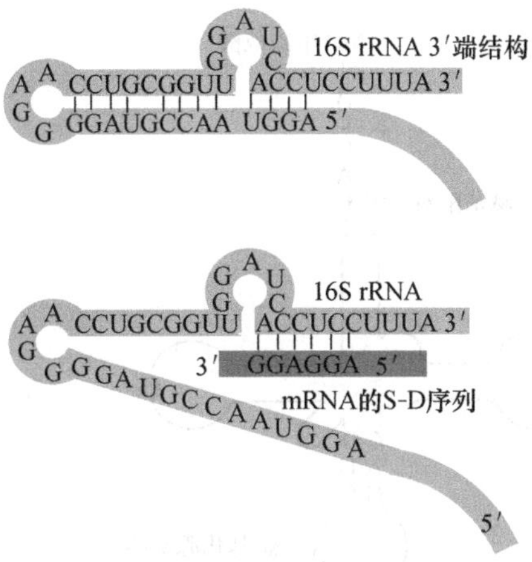

图 9.26　S-D序列与16S rRNA 3′端的发夹结构配对

2. 起始子 fMet-tRNA$_f$

起始密码子通常是用AUG，但在细菌中GUG或UUG有时也被用作起始密码子。AUG是相对于Met的密码子，而两种类型的tRNA都能携带Met，但一个是用于起始，另一个是用于延伸。

在细菌和真核细胞中起始tRNA携带着一个被甲酰化的甲硫氨酸残基，形成了*N*-甲酰甲硫氨酸-tRNA（*N*-formyl-methionyl-tRNA）分子，通常缩写成fMet-tRNA$_f$。

在生成起始子*N*-甲酰甲硫氨酸-tRNA过程中，起始tRNA首先负载甲硫氨酸产生了一个Met-tRNA，然后通过甲酰化反应封闭了甲硫氨酸中自由的NH_2基，使其不可能参与链的延伸，但羧基端可以延伸肽链（图9.27）。

细菌的起始子甲硫氨酸-tRNA是甲酰化的

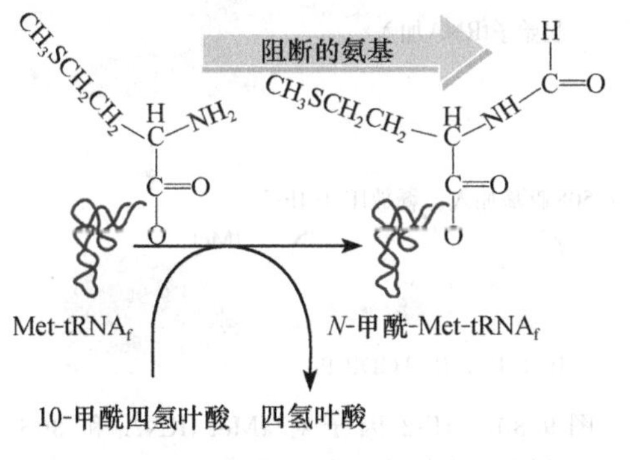

图 9.27　起始子fMet-tRNA$_f$由甲硫氨酰-tRNA经甲酰化而产生，甲酰四氢叶酸为辅助因子（引自Lewin，2004）

这种fMet-tRNA$_f$仅用于起始，它识别密码子"AUG"或"GUG"（偶尔也识别UUG）。这些密码子的识别并非是同等的。当"AUG"被"GUG"取代时起始的效率会下降一半，若用"GUG"时起始效率又要下降一半。

负责识别延伸中的"AUG"密码子的是Met-tRNA$_m$，这个tRNA的甲硫氨酸没有被甲酰化，它仅负责延伸的"AUG"密码子。

"AUG"和"GUG"密码子的意思取决于"上下文"关系，当"AUG"用于起始时，它是作为甲酰-甲硫氨酸的密码子。"GUG"的"含义"主要取决于其位置，当它位于第一个密码子时它被读成甲酰-甲硫氨酸，参与起始反应；当它位于基因中时，它被Met-tRNA$_m$所识别。

只有fMet-tRNA$_f$才能成为起始复合物的一部分，称为**起始子**（initiator，Inr），其特点是可以直接进入"P位"，来识别其相应的密码子。当大亚基加入到复合物中，这个起始子fMet-tRNA$_f$位于新的完整的"P位"，而与第二个密码子互补的氨酰-tRNA可进入"A位"。第一个肽链在起始子fMet-tRNA$_f$和第二个氨酰-tRNA之间形成，此起始子tRNA的行为是作为肽酰-tRNA的类似物。

起始的fMet-tRNA$_f$与延伸的Met-tRNA$_m$的结构有几点不同（图9.28）。①在Met-tRNA$_m$受体臂末端的一对碱基是"G-C"，可形成三个氢键，达到饱和状态；而在fMet-tRNA$_f$受体臂末端的一对碱基是"C"、"A"，C和A不能配对，这样就可以用氢键与延伸因子IF-2结合，形成"肽酰-tRNA"的形式，正因为如此，它们可以进入核糖体小亚基的"P位"。②fMet-tRNA$_f$的反密码子茎上有三对G-C，若发生突变将会阻止其进入"P位"。③fMet-tRNA$_f$的反密码子3′端邻接的碱基是"A"，而Met-tRNA$_m$的反密码子3′端邻接的碱基是烷基化腺嘌呤（A*）。④fMet-tRNA$_f$的TψC环近末端是"AAA"，Met-tRNA$_m$的相应位置是"AGA"，作用不清。

3. 起始复合物的形成

起始子fMet-tRNA$_f$是由IF-2结合到30S mRNA复合物上的（图9.29）。首先，IF-2和30S mRNA复合物结合，同时GTP和30S mRNA复合物结合，然后fMet-tRNA$_f$通过IF-2结合到30S mRNA复合物上，形成起始复合物，IF-2-fMet-tRNA二元复合物再与30S mRNA复合物结合。只有起始tRNA才

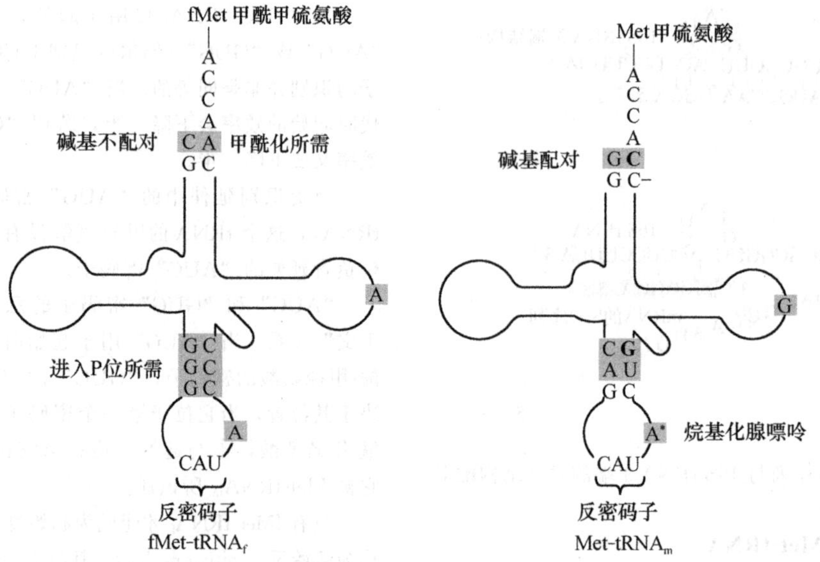

图 9.28 起始 tRNA$_f$-Met 和延伸 tRNA$_m$-Met 的差异

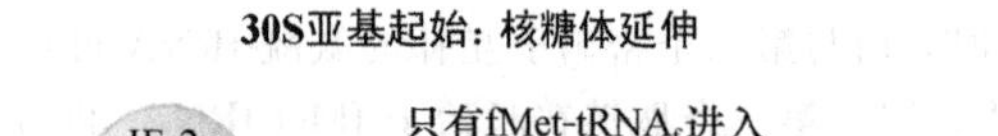

图 9.29 只有 fMet-tRNA$_f$ 才能被 30S 亚基用于起始；只有其他的氨酰-tRNA 才能被 70S 核糖体用于延伸（引自 Lewin，2008）

能和 IF-2 结合，其他任何氨酰-tRNA 都不能参加起始反应（图 9.30）。在这一阶段，IF-2 保留在 30S 亚基上，可以进一步发挥作用。这个因子具有**核糖体依赖性 GTP 酶活性**（ribosome-dependent GTPase activity），负责水解存在于核糖体上的 GTP，释放出高能键中储存的能量。

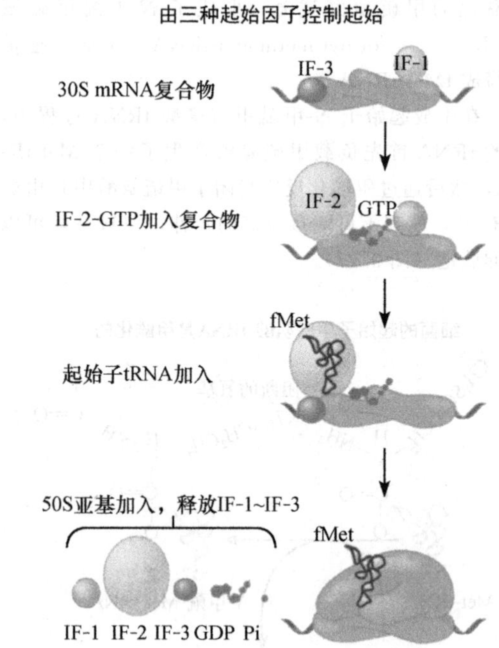

图 9.30 IF-2 因子对 fMet-tRNA 和 30S mRNA 复合物的结合是需要的，50S 亚基结合上后，所有 IF 因子将被释放，GTP 水解成 GDP（引自 Lewin，2008）

当50S亚基和30S亚基结合形成完整的核糖体时，GTP已被水解（图9.31）。IF-2本身并不是GTPase，但可以激活带有这种功能的核糖体蛋白。GTP的水解可能涉及核糖体构象的改变，这样结合后的亚基变成了有活性的70S核糖体。

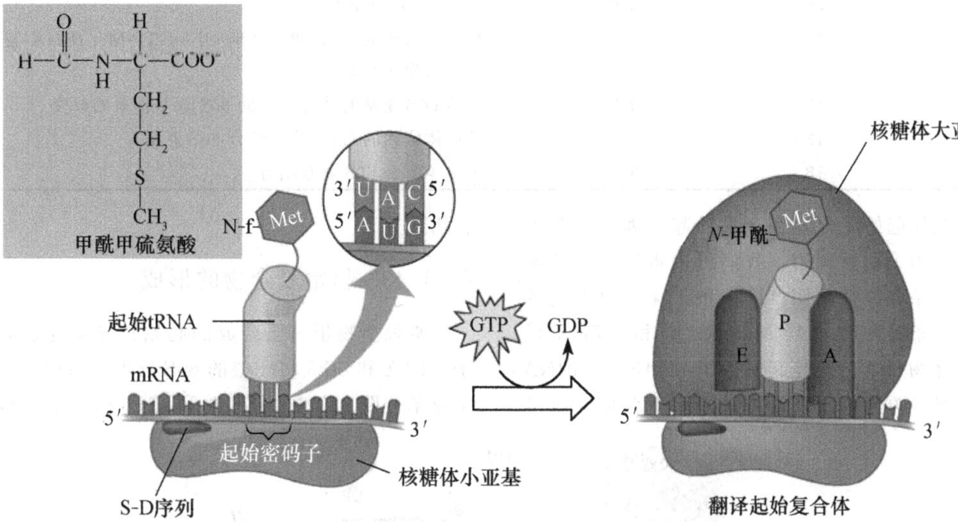

图9.31 50S亚基和30S亚基结合形成完整的翻译复合体（引自 http://www.bio.miami.edu/dana/）

二、真核生物蛋白质合成的起始

真核生物蛋白质合成的起始机制与细菌的相同，其主要的区别在于：①各种成分装配的次序不同；②真核起始因子数目较多，名称和原核的相似，但在前面加上"e"，表示是真核生物的起始因子；③真核生物翻译的起始和延伸都使用相同的甲硫氨酸，只在使用的tRNA自身的结构上有区别；④真核生物的起始tRNA和小亚基的结合总是发生在与mRNA结合之前。

真核生物蛋白质合成的起始非常复杂，涉及很多的起始因子。目前已鉴定的真核起始因子共有13种［eIF1、eIF1A、eIF2（α、β、γ）、eIF2A、eIF2B、eIF3、eIF4F（A、E、G）、eIF4B、eIF4H、eIF5、eIF5A、eIF5B、eIF6］。这些起始因子与核糖体之间存在着大量的相互作用，构成了一个相互作用网络（表9.9）。

表9.9 真核生物各种翻译起始因子

因子	分子质量/kDa	结构	功能
eIF1	12	单体	帮助识别起始密码子AUG
eIF1A	16	单体	RNA结合蛋白。可稳定Met-tRNA$_i$与40S亚基间的结合，激活mRNA的结合，阻止40S亚基与60S亚基结合，参与扫描起始密码子
eIF2	125	异源三聚体	磷酸化酶，参与形成eIF2-GTP-Met-tRNA$_i$复合物
eIF2A	65	单体	抑制内部核糖体进入位点介导的翻译起始
eIF2B	270	五聚体	eIF2的鸟苷酸交换因子
eIF3	约800	十三聚体	阻止40S亚基与60S亚基的结合；帮助其他eIF结合到40S亚基上；使eIF4F-mRNA复合物定位到40S亚基上
eIF4B	140	二聚体	激活eIF4F的活性
eIF4F	240	三聚体	5′帽结合蛋白，具有解链酶活性和激酶活性
eIF4A	44.4	单体	RNA解旋酶
eIF4E (CBP-Ⅰ)	24	单体	识别结合mRNA 5′端帽结构，解链mRNA

续表

因子	分子质量/kDa	结构	功能
eIF4G	200～250	单体	支架蛋白，协同不同起始因子间的作用和增强它们的活性
eIF4H	28	单体	激活 eIF4F 的活性
eIF5	50	单体	核糖体依赖的 GTP 酶，帮助 eIF2-GTP-Met-tRNA$_i$ 复合物结合到小亚基上
eIF5A	18	单体	激活 60S 亚基的结合，协助 80S 亚基构象的改变
eIF5B	139	单体	核糖体依赖的 GTP 酶，结合 60S 亚基
eIF6	18	单体	阻止 40S 和 60S 亚基结合

真核翻译起始复合物在众多的起始因子参与下逐步形成。为了便于理解，我们可以将这一复杂的过程分成三条路线来阐明。第一条是 43S 复合物的形成；第二条是 eIF2 介导 Met-tRNA$_i$ 和 GTP 形成的三元复合物；第三条是起始因子 eIF4F 与 mRNA 的结合。然后再与 43S 复合物进一步组合成 48S 复合物。

（一）43S 起始复合物的形成

真核生物蛋白质合成的起始首先是通过起始因子 eIF1A 和 eIF3 将完整的 80S 核糖体解离为大小两个亚基（图 9.32）。eIF1A 和 eIF3 相当于原核生物

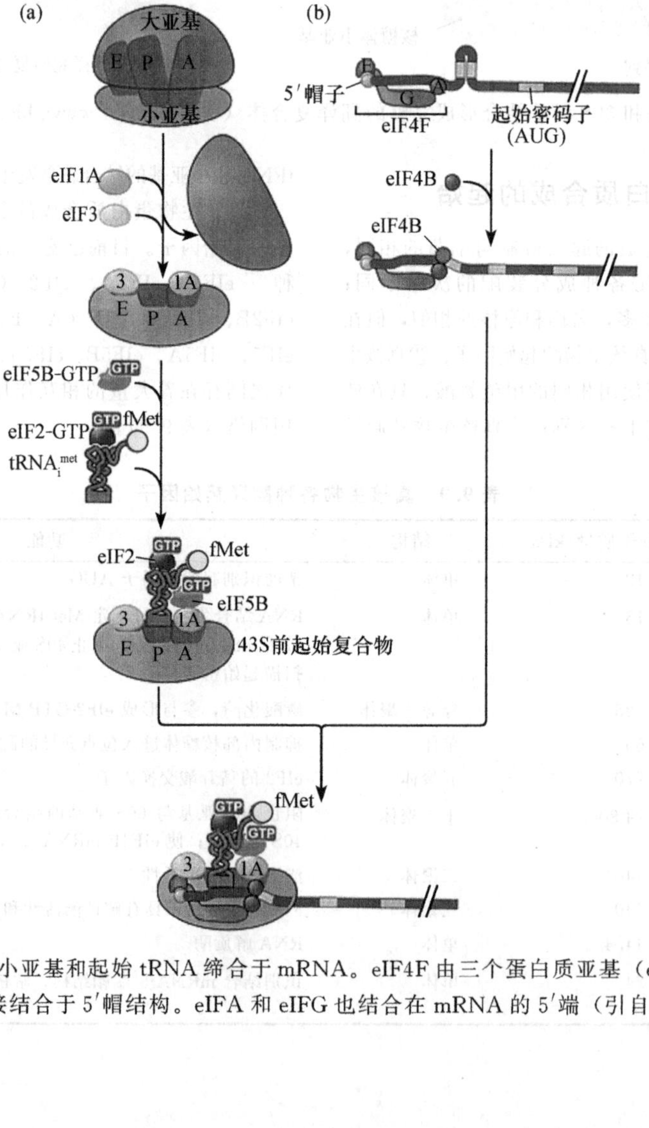

图 9.32　真核细胞的小亚基和起始 tRNA 缔合于 mRNA。eIF4F 由三个蛋白质亚基（eIFA、eIFE 和 eIFG）组成。eIFE 直接结合于 5′帽结构。eIFA 和 eIFG 也结合在 mRNA 的 5′端（引自沃森等，2005）

的起始因子 IF1 和 IF3。eIF1A 可阻止 40S 亚基与 60S 亚基结合，稳定 Met-tRNA$_i$ 与 40S 亚基间的结合。同时它是一种 RNA 结合蛋白，可激活 mRNA 的结合，并参与扫描起始密码子。eIF3 是由 13 个亚基（a、b、c、d、e、f、g、h、i、j、k、l 和 m）组成的多聚体，是介导这一相互作用网络的中心点，它的一些亚基可与 eIF1、eIF1A、eIF2、eIF4B、eIF4G、eIF5 及核糖体 40S 亚基相互作用，从而形成稳定的复合物参与翻译的起始；同时也可能存在一些动态的相互作用，使得翻译起始的过程成为可调控的过程。

eIF3 可阻止 40S 亚基与 60S 亚基的结合；帮助其他起始因子结合到 40S 亚基上；使 eIF4F-mRNA 复合物定位到 40S 亚基上。

eIF5B 是核糖体依赖的 GTP 酶，相当于原核生物的 IF2，它与小亚基的作用依赖于 eIF1A。

结合了 eIF1A 和 eIF3 的 40S 亚基保持游离状态，eIF2 因子将已经形成的三元复合物结合到 40S 亚基上。通过协同作用，eIF5B-GTP 和 eIF2-GTP 这两个 GTP 结合蛋白将 Met-tRNA$_i$ 安置在小亚基未来的 P 位上，形成 43S 复合物（图 9.33）。

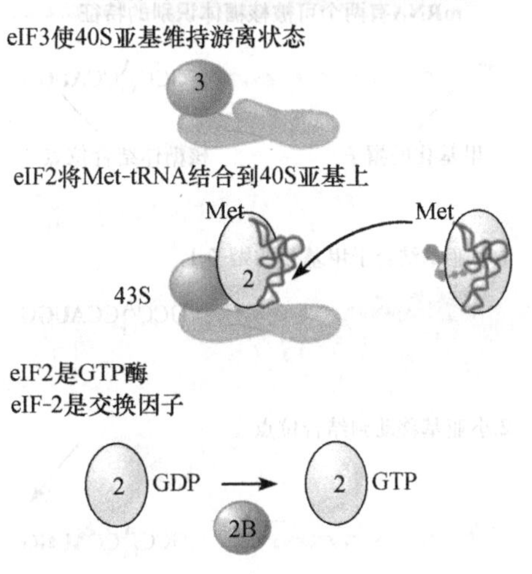

图 9.33　eIF2 将起始 Met-tRNA 结合到 40S 亚基上，形成 43S 复合物。在以后的反应中，GTP 水解，eIF2 以 eIF2-GDP 的形式释放出来。eIF-2B 再使 eIF2 形成活化形式（引自 Lewin，2008）

（二）三元复合物的形成

eIF2 可与 Met-tRNA$_i$ 结合形成三元复合物，eIF2 是一种单体 GTP 结合蛋白，由 α、β、γ 三个亚基组成。当它结合 GTP 时有活性，而与 GDP 结合时没有活性。在 60S 核糖体亚基结合上来之前，eIF5 激活了 eIF2 的 GTP 酶活性，从而将结合的 GTP 水解为 GDP。eIF2-GDP 就从 40S 核糖体亚基上被释放出来。游离的 eIF2 GDP 在鸟苷酸交换因子 eIF2B 的作用下，被重新转换为 eIF2-GTP，从而可以再次参与起始过程（图 9.34）。

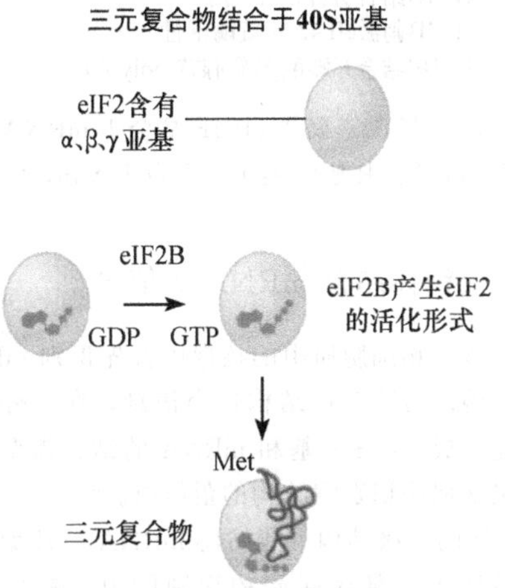

图 9.34　在真核生物的翻译起始中，eIF2 与 Met-tRNA$_i$ 形成三元复合物。此复合物与游离的 40S 小亚基结合，此小亚基再与 mRNA 的 5′端结合。后来在反应中，GTP 水解，eIF2 以 eIF2-GDP 的形式被释放出来。eIF2B 再重新形成活化的形式（引自 Lewin，2008）

（三）起始因子与 mRNA 的结合

eIF4F 通过帽结构来识别 mRNA。eIF4F，即**帽结合蛋白**（cap binding protein，CBP），它有三个亚基（eIF4A、eIF4E 和 eIF4G），其中 eIF4E 结合 5′端的甲基化帽子，其他的两个亚基与 mRNA 非特异性结合。

除了和 5′端帽结构结合以外，CBP 与结合在尾部的 **poly（A）结合蛋白**（polyadenylate binding protein，PABP）相互作用，使 mRNA 形成环状（图 9.35）。从而使第一轮翻译完成，所释放的核糖体立即移动到 mRNA 的翻译起始位点，加速了翻译的循环，节省了能量。

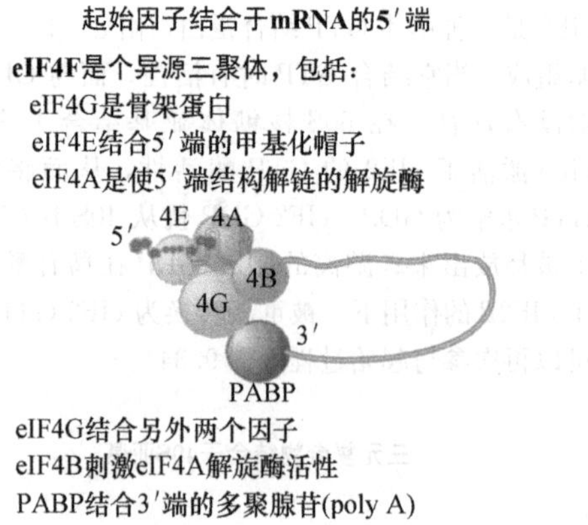

图 9.35　异源三聚体 eIF4F 结合于 mRNA 的 5′端，也结合其他的因子（引自 Lewin，2008）

（四）核糖体结合 mRNA 的信号

真核生物细胞质中的核糖体首先识别 mRNA 5′端帽结构。若除去帽结构这个信息，在体外便不能有效地合成。40S 亚基和 mRNA 的结合需要各种因子，包括那些识别帽结构的蛋白质。

5′端的二级结构可能妨碍 mRNA 与核糖体的结合，降低了对翻译起始的识别能力。帽结合蛋白（CBP）的功能之一就是使 mRNA 前导序列解链，来帮助 mRNA 的核糖体结合位点以单链的状态存在，以保证有效识别。

少数病毒的 mRNA［如脊髓灰质炎病毒（poliovirus）］的 5′端是不加帽子的。它们具有不需要帽子而进行翻译的一些位点，叫做**内部核糖体进入位点**（internal ribosome entry site，IERS）。此位点是一种可以形成二级结构的模体，可使蛋白质合成从内部起始。在果蝇中触角足复合基因座也存在此位点。这对某些病毒是有利的，如脊髓灰质炎病毒感染时可抑制宿主 mRNA 的翻译，就是通过阻碍细胞 mRNA 起始所必需的 CBP 来实现的。这样就不会影响脊髓灰质炎病毒本身无帽结构的 mRNA。

（五）48S 起始复合物的形成

43S 起始复合物对 mRNA 的识别是通过对帽结构的识别开始的。和 CBP 结合的 mRNA 再与 eIF4B 结合，eIF4B 激活 CBP 中 eIF4A 亚基的 RNA 解旋酶活性，解开 mRNA 5′端的二级结构，使其便于被 40S 小亚基识别和结合。通过 CBP 和 eIF3 的相互作用，将 mRNA 缔合到 43S 前起始复合物上，形成 48S 起始复合体（图 9.36）。

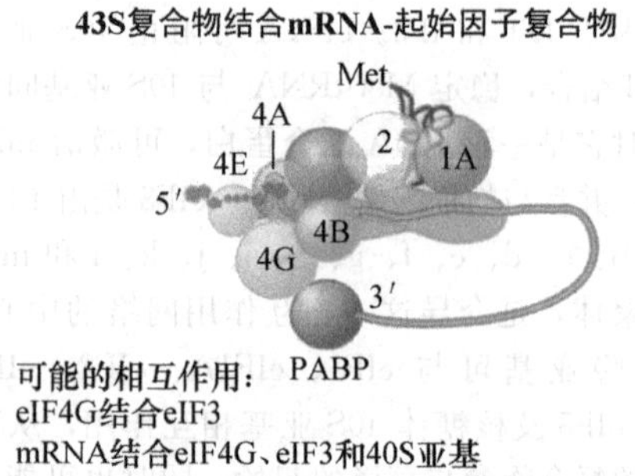

图 9.36　当 mRNA 结合于 43S 复合物时，起始因子间的相互作用是很重要的（引自 Lewin，2008）

（六）80S 起始复合物的形成

当 48S 起始复合物组装好后，就沿着 5′→3′方向移动，开始扫描，寻找起始密码子。此移动依赖于 ATP，由 eIF4A 的 RNA 解旋酶活性所驱动。有时 AUG 起始密码位于 mRNA 5′端 40 个碱基处，但也有很多 mRNA 的帽结构和 AUG 相隔有一段距离，最长的可达 1000nt。帽结构的存在对于在起始密码子处形成稳定的复合物仍然是必要的。核糖体怎样能在两个相隔很远的位点上发挥作用呢？图 9.37 代表核糖体

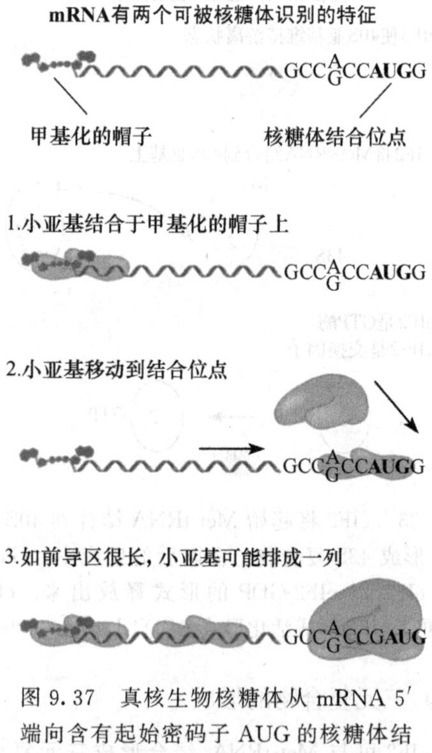

图 9.37　真核生物核糖体从 mRNA 5′端向含有起始密码子 AUG 的核糖体结合位点移动（引自 Lewin，2008）

的扫描（scaning）模型，认为 40S 亚基开始识别 5′端的帽子，然后再沿着 mRNA 开始扫描。它们使稳定性小于 30kcal 的发夹结构解链，但稳定性大的发夹会妨碍或阻止核糖体的移动。

当 40S 亚基移动到 AUG 起始密码子时就停下来。通常（但不总是如此）第一个 AUG 三联体就是起始密码子。此 AUG 三联体本身并不足以使移动停下来，很可能当具有正确的邻接序列时它仅作为起始密码子提供有效识别。

核糖体结合位点由起始密码子所决定，在某些起始密码子上游邻接序列也可能十分重要，被称为 **Kozak 序列**（Kozak sequence），其保守序列为 ACC AUG G，其中含有起始密码子“AUG”。位于 AUG 前面的第三个碱基“A”或“G”和 AUG 后面邻接的“G”是最重要的，如发生改变，转录效率将减少到原有的 1/10。Kozak 序列相当于原核的 S-D 序列，是由女科学家 M. Kozak（1987）经统计分析而发现，故名之。Kozak 序列已被应用于表达载体的构建中。前起始复合物结合 5′端甲基化的帽结构上并沿着 mRNA 扫描，借助 Kozak 序列搜寻第一个起始密码子。

核糖体扫描必须从 mRNA 5′端开始，这和真核 mRNA 为单顺反子的特点是一致的。某些例外的情况是一些病毒的 mRNA 含有一个以上的编码区，在这些情况下，靠 mRNA 编码区最近的 5′端先被翻译。其他序列只有在此 mRNA 被剪切后，在中部起始密码子处产生一个新的 5′端才能被阅读。此现象表明，中部的起始位点不能被直接识别。

当前导序列较长时，更多的 40S 亚基能识别第一个起始密码子前面的 5′端，沿着前导序列核糖体排成一排，直至起始位点（图 9.37）。

当 Met-$tRNA_i$ 的反密码子和起始密码子正确配对时，在 eIF5 的调节下，eIF2（阻止大亚基的结合）和 eIF3（结合起始子 tRNA）从 48S 起始复合物上解离，它们防止核糖体亚基在胞质中相互作用。eIF5A、eIF5B 介导 60S 大亚基的结合，形成 80S 起始复合物（图 9.38）。eIF5B 是核糖体依赖的 GTP 酶，大亚基的结合又刺激了 eIF5B 的活性，水解 ATP，使剩余的起始因子释放。这时，Met-$tRNA_i$ 正位于 80S 起始复合物的 P 位，为 A 位接纳第一个氨酰-tRNA 形成第一个肽键做好了准备，从而完成翻译的起始。

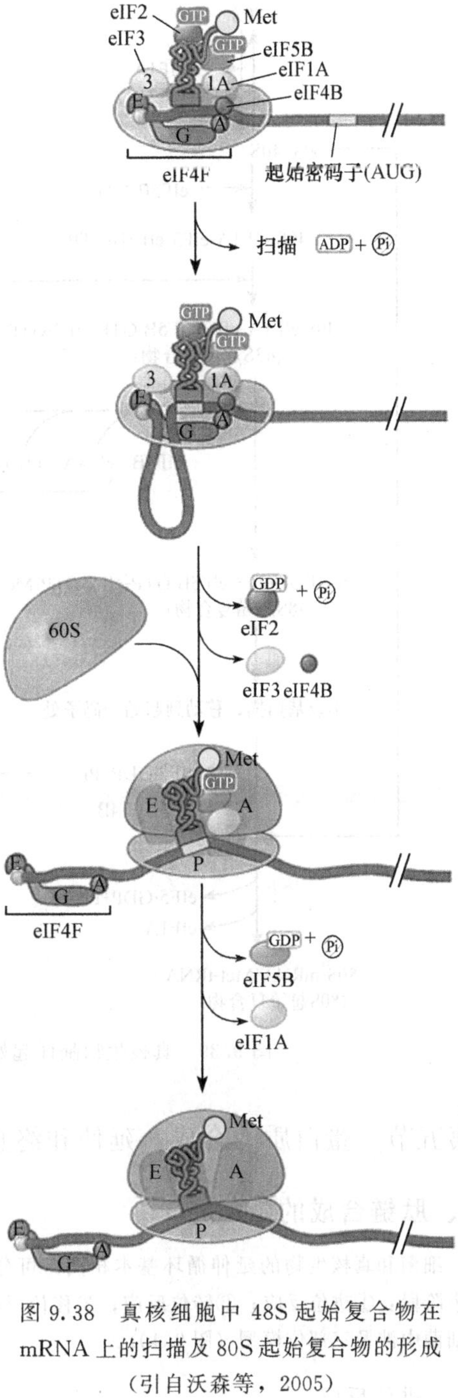

图 9.38　真核细胞中 48S 起始复合物在 mRNA 上的扫描及 80S 起始复合物的形成（引自沃森等，2005）

综合以上的各个步骤，汇集成一幅总图（图 9.39），以便读者系统地掌握真核生物翻译起始的复杂过程。

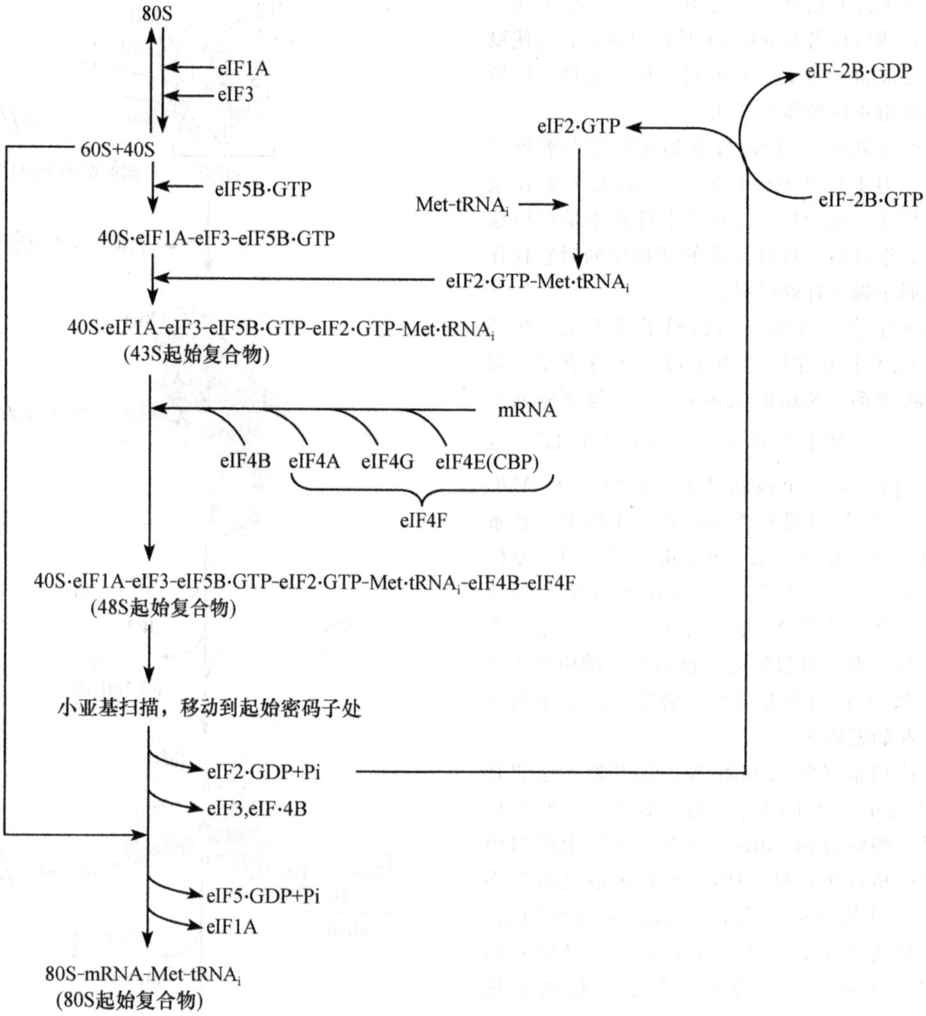

图 9.39 真核生物翻译起始所涉及的各种因子及相关的复杂过程

第五节 蛋白质的合成：延伸和终止

一、肽链合成的延伸

细菌和真核生物的延伸循环基本相同，可分为三个阶段：①进位反应；②转位反应；③移位反应。在细菌中涉及三部位模型（图 9.40）。

（一）进位反应

一旦在起始密码子处形成了完整的核糖体，就开始进位反应阶段，肽酰-tRNA 占据 P 位，而氨酰-tRNA 进入核糖体的 A 位，这样不断往返循环。除了起始子以外，任何氨酰-tRNA 只能由**延伸因子**（elongation factor）介导才能进入 A 位。

正像起始中的 IF-2 一样，EF-Tu 仅在氨酰-tRNA 将进入核糖体时，它才和核糖体结合，一旦氨酰-tRNA 到位了，EF-Tu 即被核糖体释放出来，再与下一个氨酰-tRNA 结合，这样构成了 EF-Tu 与核糖体结合和解离的循环。

图 9.41 表示进位反应。**EF-Tu** 带有一个鸟苷，鸟苷的状态控制这个因子的活性：当 GTP 存在时，EF-Tu 呈活性状态；当 GTP 水解成 GDP 时，EF-Tu 便失活；当 GDP 被 GTP 取代后，它又恢复了活性。EF-Tu GTP 的二元复合物与氨酰-tRNA 结合成氨酰-tRNA EF-Tu GTP 三元复合物。此三元复合物只有当 P 位已被肽酰-tRNA 占据时才能与 A 位结合。这一步是使氨酰-tRNA 和肽酰-tRNA

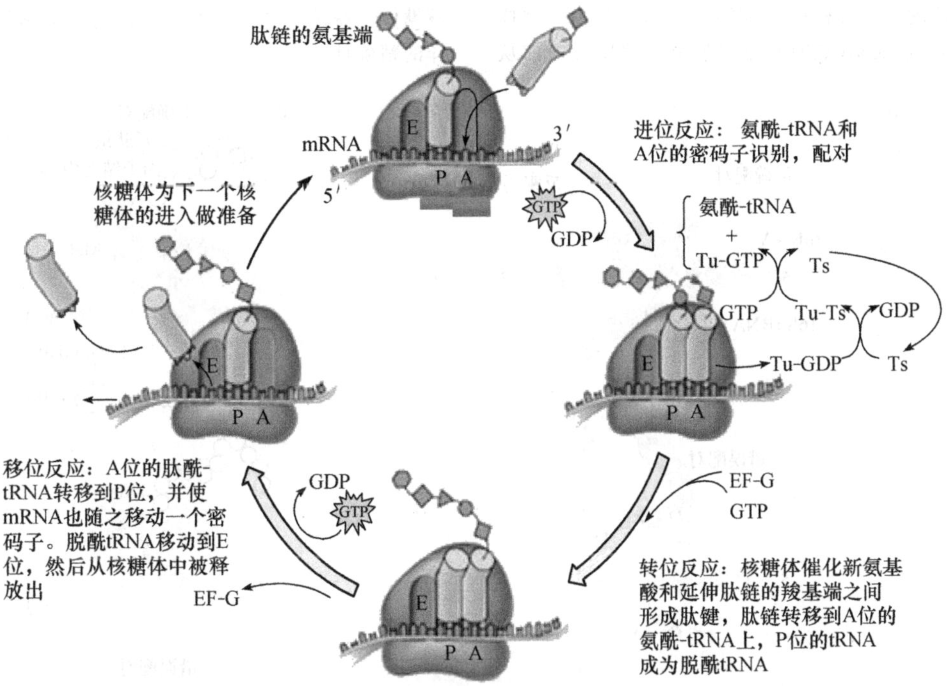

图 9.40 肽链合成、延伸及相关延伸因子的作用（引自 http://www.bio.miami.edu/dana/）

处于正确位置进而形成肽链的关键反应。氨酰-tRNA位于A位后GTP被水解，同时释放出EF-Tu GDP。此时的EF-Tu处于失活状态，不能和氨酰-tRNA结合。

另外，因子EF-Ts是一种交换因子，可使失活的EF-Tu GDP变成为有活性的EF-Tu GTP。首先EF-Ts从EF-Tu中置换出GDP，形成EF-Tu EF-Ts复合因子，然后EF-Ts再被GTP取代，重新形成EF-Tu GTP释放出EF-Ts进入再循环。延伸因子EF-Tu是在游离态和结合态之间进行循环的（图9.41）。

在进位反应中如何保证新进入A位的氨酰-tRNA不会产生错误是翻译精确性的关键之一。另一个关键是依赖氨酰-tRNA合成酶的把关，使tRNA和相应的氨基酸结合，其差错率低于10^{-5}。但翻译的错误率为10^{-3}～10^{-4}，即在进位反应中也会产生差错，但差错率不高。那么是什么机制保证了核糖体选择了一个正确的氨酰-tRNA进入A位？密码子和反密码子结合的特异性并不很高，在溶液中，tRNA和三联体密码子的结合错误率可高达10^{-1}～10^{-2}，因此密码子和反密码子的识别能力不足以保证翻译的正确性。而决定正确的氨酰-tRNA进入有三种选择机制。①核糖体小亚基的16S rRNA结构影响了翻译的精确性［图9.41（a）］，通过改变16S rRNA的结构，翻译的精确性也随之改变。经X射线实验发现，当反密码子和密码子正确配对时，前两个碱基对所形成的螺旋上的小沟可与16S rRNA的两个相连的腺嘌呤相互作用，稳定了这个结构。这两个相连的腺嘌呤并不能识别“G∶C”或“A∶U”，只识别正确配对产生的小沟，间接地识别了反密码子和密码子的正确配对。这个作用最终导致正确配对的tRNA从核糖体上解离的速度要远低于非正确配对的tRNA。②EF-Tu的GTP酶的活性有助于保证反密码子和密码子正确配对［图9.41（b）］。EF-Tu从tRNA上的释放需要水解GTP。只有反密码子和密码子正确配对才能激活EF-Tu的GTP酶活性，如反密码子和密码子未能正确配对，则EF-Tu的GTP酶活性将急剧下降，使翻译无法进行。③EF-Tu释放后校正［图9.41（c）］。当氨酰-tRNA与EF-Tu GTP复合物进入A位后，其3′端背离肽键形成位点。为了成功地进行肽酰转移反应，氨酰-tRNA必须调转方向，使3′端进入到核糖体大亚基的肽酰转移酶活性部分，这一过程称为**调向**（accommodation）。非配对的氨酰-tRNA在调向过程中常从核糖体上解离下来。有假设认为，氨酰-tRNA的旋转为反密码子和密码子的配对产生了扭转张力，而只有正确配对的反密码子才能维持这种张力。这样错配的氨酰-tRNA就有可能在肽酰转移反应之前从核糖体上脱落下来。以上的三种选择机制加强了翻译的精确性。

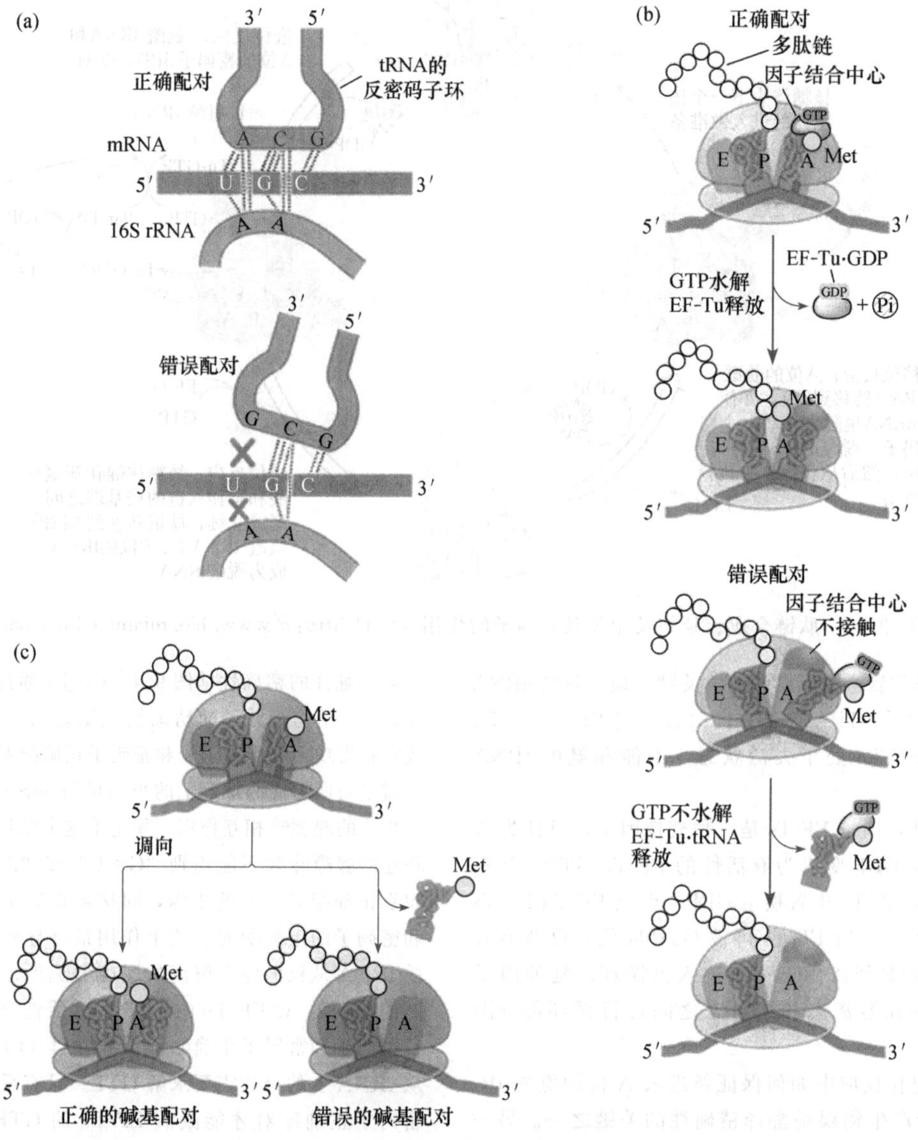

图 9.41　保证 tRNA 和 mRNA 正确配对的三种机制（引自沃森等，2005）

(a) 只有当密码子和反密码子正确配对时，16S rRNA 的两个腺嘌呤与配对碱基对的小沟才能形成额外的氢键；(b) 正确的碱基配对使结合氨酰-tRNA 的 EF-Tu 与因子结合中心相互作用；(c) 只有配对正确的氨酰-tRNA 在肽键形成的过程中才能转向进入正确的位置，保持与核糖体的结合，这一转向过程称为调向

(二) 转位反应

当多肽链从 P 位的肽酰-tRNA 上转移到 A 位的氨酰-tRNA 上时，核糖体仍保持在原来的 mRNA 位置上，图 9.42 就表示该反应。负责肽链合成的活性被称为**肽基转移酶**（peptidyl transferase）。

肽的转移是核糖体大亚基（50S 或 60S）发挥的功能。肽转移酶是在核糖体上肽酰-tRNA 和氨酰-tRNA 的末端彼此靠得很近的这一部位，rRNA 和 50S 亚基蛋白对肽的转移是必要的，实际上此催化

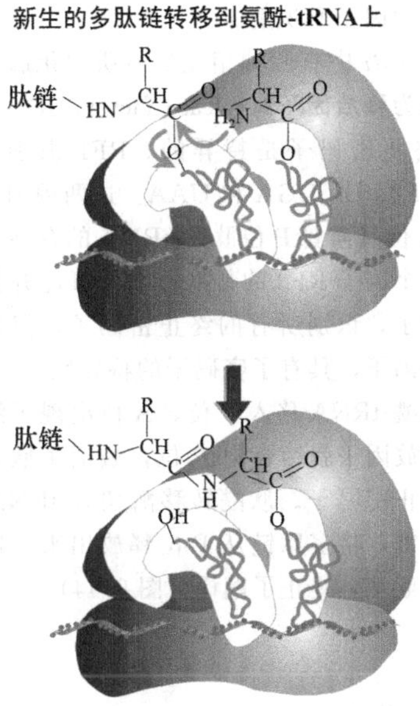

图 9.42　肽键通过 P 位的肽酰-tRNA 的肽链和氨酰-tRNA 的氨基酸之间的反应而形成（引自 Lewin，2004）

活性是核糖体 RNA 和 50S 亚基的一个特点，而不是任何单个蛋白质的特点。

（三）移位反应

氨基酸加到增长的肽链上这一循环是依赖于**移位**（translocation）来完成的（图 9.43），在图 9.43 中核糖体沿着 mRNA 向前移动一个密码子。移位导致脱酰-tRNA 从 P 位移出，进入 E 位，使新的肽酰-tRNA 可以进入 P 位，空着的 A 位为下一个密码子相应的氨酰-tRNA 的进入做好准备。

以前，人们普遍认为核糖体上仅有 A 位和 P 位，即二部位模型。1989 年德国的 K. H. Nierhaus 等提出了三部位模型，现已被普遍接受。该模型认为，细菌 70S 核糖体不仅具有提供 tRNA 结合的两个功能部位（A 位和 P 位），可能还具有第三个 E 位（图 9.14）。细菌的 tRNA 及 mRNA 相对于核糖体发生移位后，脱酰-tRNA 并未立即从核糖体上解离下来，而是移到了 E 位，当新的氨酰-tRNA 结合到 A 位时，E 位的脱酰-tRNA 才解离下来。此过程涉及核糖体构象的变化。核糖体具有两种构象状态，一种是移位前状态，A 位、P 位对 tRNA 有较高的亲和力，E 位的亲和力减弱，从而使占据 E 位的脱酰-tRNA 得以释放。另一种是移位后状态，即肽酰-tRNA 移入 P 位时，E 位的亲和力增强，使脱

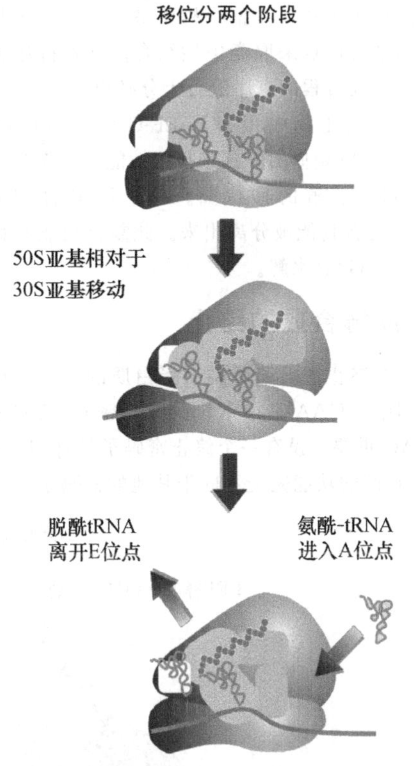

图 9.43　移位模型分两个阶段。首先是肽键的形成，在 A 位的 tRNA 的氨基酰端移入 P 位，然后 tRNA 的反密码子端移入 P 位（引自 Lewin，2004）

酰-tRNA 可进入 E 位；而 A 位的亲和力减弱，使氨酰-tRNA 不能立即进入 A 位，从而给核糖体有足够的时间从众多的氨酰-tRNA 中选择合适的氨酰-tRNA。

移位需要 GTP 和另一种延伸因子 EF-G，这种因子是细胞中的一种主要成分。每个细胞中约有 2000 个 EF-G 分子，每个核糖体约有一个拷贝的 EF-G。EF-G 结合于核糖体上发动移位，然后当 GTP 水解时它就被释放出来。当 GDP 取代 GTP 时结合仍然发生，表明鸟苷的存在对结合是必要的，但它的水解对于移位反应的发生并不是必需的。此因子并不催化 GTP 的水解，此活性是核糖体的功能。

核糖体不能同时与 EF-Tu 及 EF-G 结合，EF-Tu 和 EF-G 交替与核糖体结合并从其中释放出来。这样在 EF-G 结合前，EF-Tu GDP 必须被释放出来；而在氨酰-tRNA-EF-Tu GTP 结合前也必须释放出 EF-G。现在尚不知道延伸因子之间的这种排斥作用

是通过作用于核糖体整个构象来介导的，还是对于共同的结合位点采取竞争性结合。这种排斥作用对蛋白质合成过程的有序进行十分必要。

在真核生物中相当于 EF-G 的蛋白质因子是 eEF-2，它以相似的方式来执行功能——作为一种依赖于 GTP 水解的移位酶。一个稳定的 eEF-2 和 GTP 的复合物能被分离出来。此复合物能和核糖体结合，使 GTP 水解。

二、肽链合成的终止

三个终止密码子可结束蛋白质的合成。在细菌的基因中，UAA 是最常用的终止密码，UGA 又要比 UAG 重要。没有一个终止密码子具有相应的 tRNA。它们的功能完全不同于其他的密码子，而是直接被蛋白质因子所识别。

在 *E. coli* 中有两种相关蛋白质催化肽链合成终止，被称为**释放因子**（release factor，RF），它们对不同的终止密码子是特异的。RF1 识别 UAA 和 UAG；RF2 识别 UGA 和 UAA。这两种因子作用于核糖体 A 位且需要 P 位肽酰-tRNA 的存在。它们都需要第三个因子 RF3 的帮助。细菌可能开始只有一种释放因子，识别所有的终止密码子，但后来它进化成两种因子，具有了密码子的特异性。

当肽酰-tRNA 移入 P 位，A 位出现了终止密码子时，释放因子就结合到 A 位，激活了肽酰转移酶来应答终止密码子。肽酰转移酶切开 tRNA 和肽链相连的肽键，将多肽链从 P 位释放出来。核糖体分离成两个亚基，终止了翻译（图 9.44）。

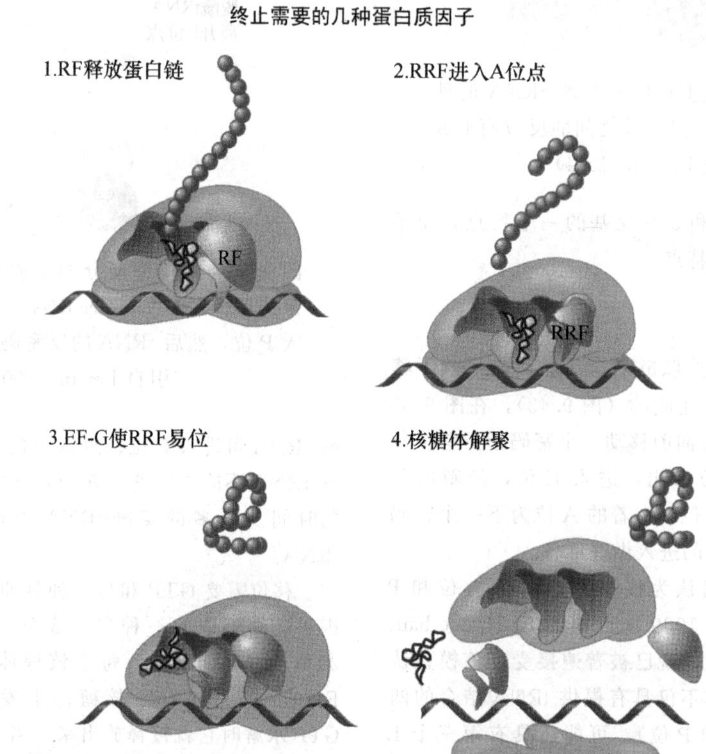

图 9.44 释放因子通过释放蛋白链，终止蛋白质的合成。由于核糖体被解离，核糖体循环因子（ribosome recycling factor，RRF）释放最后的 tRNA、EF-G 和 RRF 本身（引自 Lewin，2004）

在真核生物中，eRF（GTP 依赖因子）识别所有的终止密码子，但效率不同，有时会发生**通读**（readthrough），特别对弱终止密码子，这反映了释放因子与 tRNA 之间的竞争。终止密码子的错读是翻译调节的重要方面，并可能受 mRNA 二级结构的影响。

终止反应涉及完整的多肽从最后一个 tRNA 上释放出来，tRNA 也从核糖体中排出。这个反应可能是释放因子识别终止位点并与之结合，激活了核糖体大亚基的肽基转移酶，水解了 P 位上多肽与 tRNA 之间的键，然后释放了多肽和 tRNA。现在尚不清楚核糖体如何从 mRNA 上解离下来。有可能是 RF 因子的触动改变了核糖体的构象而导致解离。

一个 DNA 序列可能有三种读框，但只有一种具有编码的作用，称为**可读框**（open reading frame，**ORF**）。有的读框因终止密码频繁出现故不能生成蛋白，这种读框称为**阻断读框**（block reading frame）。若一个序列所有的三个读框都是阻断的，则它无编码蛋白质的功能。一个可翻译的序列有一个可读框，开始于 AUG 起始密码子，通过一系列有义密码子，直到终止密码子结束。

当获得了一个未知功能的 DNA 区域的序列后，要通过分析来确定读框是开放的还是封闭的。在任何一个 DNA 序列中往往只有一个可读框。ORF 似乎并不是随机存在的。一个 ORF 未鉴别出蛋白质产物，有时称其为**未鉴定可读框**（unidentified reading frame，URF）。

第六节　翻译后的加工

一些前体蛋白是没有活性的，常常要进行一系列的翻译后加工，才能成为具有功能的成熟蛋白。加工的类型是多种多样的，一般分为 4 种：N 端甲基的甲酰化或甲基的切除、二硫键的形成、化学修饰和蛋白质剪接。

一、N 端甲基的去甲酰化或甲基的切除

由于同一个氨基酸被用于所有多肽链的起始，有时须切除这个不需要的残基，这个反应发生很快，当新生肽链达到 15～16 个氨基酸时就会发生。在细菌和线粒体中，新合成的肽链，其 N 端不保留甲基的甲酰化（fMet），大约半数蛋白质由**去甲酰酶**（deformylase）除去甲酰基，产生一个正常的 NH_2 末端，留下 Met 作为第一个氨基酸。若甲硫氨酸是蛋白质 N 端的氨基酸，那么只需要这一步反应。在原核及真核细胞中，当成熟肽链 N 端的第一个氨基酸不是甲硫氨酸时，该肽链末端的甲硫氨酸再被**氨肽酶**（aminopeptiase）切除，产生一个新的 R2 末端。水解的过程有时发生在肽链合成的过程中，有时发生在肽链从核糖体上释放以后。至于脱甲酰还是除去 fMet 常与邻接的氨基酸有关。如第二氨基酸是 Arg、Asn、Asp、Glu、Ile 或 Lys，以脱甲酰基为主；如邻接的氨基酸是 Ala、Gly、Pro、Thr 或 Val，则常除去 fMet。

二、二硫键的形成

二硫键是指蛋白质内两个半胱氨酸残基相距较远的硫氢基之间氧化形成的共价键，产生 mRNA 中没有相应密码子的胱氨酸。在蛋白质中，二硫键可存在于同一条多肽链内，也可以存在于不同的多肽链之间。对于许多蛋白质而言，二硫键是它们最终折叠产物的永久特征。很多细胞外蛋白质中都有二硫键的形成，如胰岛素和免疫球蛋白。二硫键的存在对于维持蛋白质空间结构稳定性、保持其生理活性具有至关重要的意义。长期以来，人们通常认为二硫键是固定的、结构性的蛋白质化学修饰，而不像蛋白质磷酸化那样高度动态，并且参与细胞信号转导、调节细胞功能。但研究发现，少数定位在细胞质中的蛋白质也会受细胞氧化还原状态影响形成暂时的二硫键，从而影响蛋白质功能与细胞性状。

三、化学修饰

化学修饰是蛋白质加工的重要组成部分，修饰的类型也很多，包括磷酸化（如核糖体蛋白的 Ser、Tyr 和 Trp 残基常被磷酸化）、糖基化（如各种糖蛋白）、甲基化（如组蛋白、肌蛋白）、乙酰化（如组蛋白）和羟基化（如胶原蛋白）。还有各种辅基如大卟啉环结合在叶绿蛋白和血红蛋白上。糖基化是真核细胞中特有的蛋白质加工，这些蛋白质常和细胞信号的识别有关，如受体蛋白等。

四、蛋白质剪切和剪接

很多前体蛋白质要经过剪切后才能成为成熟的蛋白质。在原核生物中常常产生一种多蛋白的前体需经剪切后才能成为成熟的蛋白质，如反转录病毒中有三个基因 *gag*、*pol* 和 *env*，其中 *pol* 基因长约 2900nt，其产物经剪切后产生反转录酶、内切核酸酶和蛋白酶三种蛋白质。其他两个基因的产物也要经过加工才能产生核心蛋白和外壳蛋白。

在真核生物中有些蛋白质要经过切除才能成为有活性的成熟蛋白，最有名的例子是高等生物的胰岛素，它是一种分泌蛋白，具有信号肽。新合成的**前胰岛素原**（preproinsulin），在内质网中切除信号肽变成了**胰岛素原**（proinsulin），它是单链的多肽，由三个二硫键将主键连在一起，弯曲成复杂的环形结构。其分子由 A 链（21aa）、B 链（31aa）和 C 链（33aa）三个连续的片段构成。当转运到胰岛细胞的囊胞中后，

C链被切除，成为由A、B两条分开的链，由三个二硫键连接成成熟的胰岛素（见第二十章）。

内含肽（intein）曾称为**蛋白内含子**（protein intron），是1994年由F. B. Perler等首先提出的。内含肽是存在于某些蛋白质前体肽内部的一些肽段，在转变为成熟蛋白质时，通过非酶促的转肽反应被切除，与其对应的是保留于成熟蛋白质中的**外显肽**（extein）。内含肽具有核酸酶活性。内含肽的基因不是单独的可读框（ORF），它插入在外显肽的基因中，和内含子的区别在于它可以和外显肽的基因一同表达，而不是其mRNA被切除，产生前体蛋白后再从前体中被切除掉，余下的外显肽连接在一起成为成熟的肽链，这也不同于胰岛素，胰岛素的A链和B链本身是不相连接的，仅仅通过二硫键将两个片段连在一起。

习　题

1. 遗传密码是如何破译的？
2. 遗传密码的特点是什么？
3. 什么是摆动假说？有何生物学意义？
4. 线粒体遗传密码和通用密码有何不同？这意味着什么？
5. 各种密码子的使用机会是否相同？有何生物学意义？
6. tRNA的二维、三维结构的特点是什么？
7. tRNA对氨基酸如何识别？
8. 细菌核糖体有哪些活性位点？其功能位置是怎样的？
9. 氨酰-tRNA是如何形成的？
10. 氨酰-tRNA合成酶如何控制识别正确的tRNA和氨基酸？
11. 什么是蛋白质合成的三部位假设？
12. 在细菌翻译起始中，有哪些起始因子参与？它们有何功能？
13. 起始tRNA有何特点？
14. 有哪些机制保证了翻译的精确性？
15. 真核生物的翻译起始和原核生物有何不同？
16. 在原核和真核细胞中，翻译的终止有哪些因子介入？其功能是什么？
17. 在真核生物中为什么采用单顺反子mRNA的策略，而不用多顺反子mRNA？
18. 什么是蛋白内含子？它和一般的蛋白质的剪切加工有何不同？

第十章 原核生物和病毒的基因表达调控

在一个原核细胞中一系列基因产物合成的改变要涉及调控机制，即控制基因的表达，也就是在基因的拷贝数、转录和翻译等不同层次来调节蛋白质的合成。在每一层次又以不同的形式来进行调节。一般情况下，根据细胞或生物的需要，其活性可以受到**调节型基因**（regulated gene）的控制。另一些基因的产物维持了生长和细胞分裂的正常功能，不论环境条件如何，这些基因总是处于活性状态，这些基因就叫做**组成型基因**（constitutive gene），也叫**看家基因**（housekeeping gene）。若环境突然变得对正常细胞功能不利时，细胞就会通过特殊调节机制来降低表达，这样调节型基因和组成型基因间的差别也就淡化了。

原核基因表达的调控可以在转录水平和翻译水平上以不同的形式进行调节，转录水平的调节是最有效、最经济的方式，可以说也是最主要的调节方式。

噬菌体的时序调控一般都是通过转录水平来控制的。不同的噬菌体采用的策略不同，常见的有三类：①σ因子的替换；②核心酶的修饰；③核心酶的替换。其中σ因子的替换更为普遍。

第一节 转录水平的调控

转录水平的调控是大多数功能蛋白编码基因表达调控的主要步骤。转录调控是通过各种转录因子及反式作用蛋白对特定DNA位点的结合与解离引起DNA构象的变化来实现的。

一、操纵子模型

1961年法国科学家M. F. Jacob和J. Monod提出了一个控制细胞基因表达的模型，称为**操纵子**（operon），此模型的提出使基因概念又向前迈出了一大步，表明人们已认识到基因的功能并不是固定不变的，而是可以根据环境的变化进行调节的。随之人们发现无论是真核生物还是原核生物，转录调节都涉及编码蛋白的基因和DNA上的元件。这一发现获得了1965年诺贝尔奖。

一个基因就是一段编码有功能产物的DNA序列。基因的产物可以是蛋白质或是RNA（如tRNA和rRNA）。DNA元件是DNA上的一段保守序列，由于它只能作用同一条DNA，因此称为**顺式作用元件**（*cis*-acting element）。

基因可以根据它们的产物分成不同的类型。编码细胞必要的蛋白质，如酶或结构蛋白的基因称为**结构基因**（structural gene）。这类基因在细胞中占绝大部分，承担着细胞各种蛋白质的结构和功能。编码调节蛋白的基因称**调节基因**（regulator gene）。调节蛋白可调节其他基因的表达。由于调节基因的产物可以自由结合到其相应的靶上，因此属于**反式作用因子**（*trans*-acting element）。反式作用因子是指通过直接或间接作用于DNA、RNA分子的各类蛋白质因子，对基因的表达可起到激活或抑制的作用。

调节的关键是调节蛋白通过和DNA上特殊位点的结合来控制转录。顺式作用元件被反式作用因子识别可以以“正”或“负”的形式调节靶基因。顺式作用位点通常总是在靶基因的上游。

（一）调节基因和结构基因

当在细菌培养基中加入某些底物（如Lac）时可以诱导相应基因的表达，这些基因称为“可诱导的”基因。使基因进入转录状态的各种因子称为**诱导物**（inducer）。它是一类小分子效应物（effector）的成员之一，与很多调节基因的表达控制有关。

可诱导的基因和组成型基因两者是不同的。当可诱导的基因其**控制位点**（controlling site）受到诱导物和调节蛋白作用时，RNA聚合酶结合在启动子上并起始转录，产生RNA并合成相应的酶，诱导物使基因进入转录状态的作用称为**诱导**（induction）。

组成型基因在细胞生长和分裂时总是在持续表达。它们的启动子也总是得到RNA聚合酶的结合，所以基因的转录是持续的，并恒定地产生必要的基因产物。这些组成型基因是在启动子的控制之下。组成型基因可能也有控制位点，但这些位点只能控制合成的速率。例如，在一定的条件下，组成型基因的表达也需要减少或阻断。这些条件包括热休克和饥饿状态，即培养基中氨基酸耗尽或在缺少某种氨基酸的培养基中生长。

（二）正调控和负调控

任何促进转录的调节都称为**正调控**（positive regulation），任何阻碍转录的调节都称为**负调控**（negative regulation）。

根据对调节基因表达的小分子所作出反应的特点，操纵子分为**可诱导**（inducible）和**可阻遏**（repressible）两类。

例如，在细菌的培养基中只有在加入代谢诱导物后，细菌才能产生一种酶，这就是可诱导的操纵子。如在培养基中加入足量的某些合成物的成分，就可以阻遏合成时所需的一系列酶的产生，这就是可阻遏操纵子。可诱导操纵子只有在小分子诱导物存在的情况下才有功能；可阻遏的操纵子只有在小分子**辅阻遏物**（corepressor）缺乏的情况下才有功能。

用于可阻遏系统的术语是：操纵子的活性状态称为**去阻遏**（derepressed）或被诱导；若操纵子发生突变而不能去阻遏的话有时被称为**超阻遏**（super repressed）或不可诱导。

无论是正调控还是负调控，都是利用调节蛋白与小分子诱导物或辅阻遏物之间的相互作用来完成诱导和阻遏的。图 10.1 表示 4 种相似的调控类型，每一个诱导物使阻遏物失活或活化激活蛋白产生诱导；辅阻遏物可活化阻遏蛋白或使激活蛋白失活而产生阻遏。

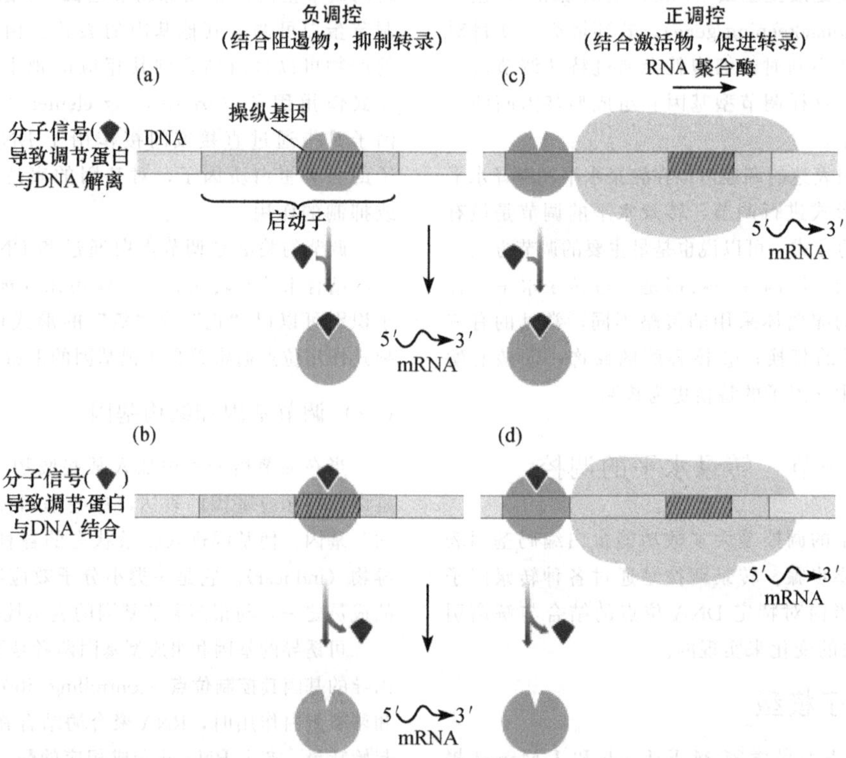

图 10.1　基因转录的正调控和负调控（引自 David and Michael，2000）

二、乳糖操纵子

（一）结构和功能

操纵子（operon）是原核生物中受同一蛋白调控的一个转录功能单位，由**启动子**（promoter）、**操纵基因**（operator）和**结构基因**（structural gene）组成。例如，**乳糖操纵子**（*lac* operon，*lacO*）包含了乳糖代谢所需的三个结构基因 *lacZ*、*lacY*、*lacA*，它们紧密连锁在一起，形成一个**基因簇**（gene cluster），被乳糖诱导。这些基因按 *lacZ*、*lacY*、*lacA* 的序列排列，由启动子 *lacP* 转录成多顺反子 mRNA（表 10.1）。

表 10.1 乳糖操纵子的结构和功能

	P	*lacI*	*PO*	*lacZ*	*lacY*	*lacA*
DNA/bp		1040	82	3510	780	825
mRNA						
编码的氨基酸		360		1021	260	275
分子质量/kDa		38		125	30	30
产物		阻遏蛋白		β-半乳糖苷酶	透性酶	乙酰转移酶
结构		四聚体		四聚体	膜蛋白	二聚体
分子质量/kDa		152		500	30	60
功能				水解乳糖→半乳糖＋葡萄糖	将β-半乳糖苷转运入细胞	将乙酰基从乙酰辅酶 A 转移到β-半乳糖苷上

在 *lac* 操纵子中有三个调节元件：①在启动子区的－62bp 附近有一个正调节元件，是供“CAP-cAMP”复合物结合的**激活物位点**（activator site，AS）；②在启动子的－35～－6bp 区域是 RNA 聚合酶的识别位点（－35 序列）和结合位点（－10 序列）；③在启动子下游邻接区含有的一段回文序列，它不编码，仅供阻遏蛋白识别和结合，称为**操纵基因**（operator）（图 10.2）。操纵基因和操纵子是两个不同的概念。操纵基因仅是操纵子中的一个顺式负调节元件。位于操纵子上游的 *lacI* 基因编码阻遏蛋白，因 *lacI* 的本身启动子中没有调节元件，所以是组成型表达的。

阻遏蛋白识别并结合在操纵基因上，阻遏了转录，*lac* 操纵子在有葡萄糖存在或没有乳糖的情况下是被阻遏的。乳糖的代谢产物**别乳糖**（allolactose）与阻遏蛋白结合，通过改变其 DNA 结合结构域的构象而使其失活（图 10.3）。

分解代谢物激活蛋白（catabolite activator protein，CAP）也称为 **cAMP 受体蛋白**（cAMP receptor protein，CRP）或**代谢物基因激活蛋白**（catabolite gene activator protein，CAP）。CAP 是个二聚体，每个单体可与一个分子的 cAMP 结合，形成复合体（图 10.4）并结合于和 RNA 聚合酶相邻的 CAP 结合位点上。

CAP 是一种正调控因子。CAP-cAMP 复合物与启动子的相互作用促使 RNA 聚合酶和启动子的结合，促使转录有效进行。

CAP-cAMP 的活性依赖于细胞内 cAMP 的水平，后者与细胞内葡萄糖水平成反比。所以，*lac* 操纵子在乳糖存在且葡萄糖缺乏时才被激活。原则上 CAP 有两种方法来激活转录：①它可能直接与 RNA 聚合酶相互作用；②或者作用于 DNA，以某种方式改变 DNA 构象，从而帮助 RNA 聚合酶结合。其实 CAP 具有作用于 RNA 聚合酶和 DNA 两方面的功能。cAMP 是由**腺苷环化酶**（adenylate cyclase）催化合成的，此反应是以 ATP 为底物，以磷酸二酯键将 3′-5′端相连接，产生了环状 AMP 结构，若编码腺苷环化酶的基因发生突变（cya^-），就会出现分解代谢的阻遏。CAP 这个调节蛋白是直接作用在靶操纵子上的。它是一个正调控因子，启动子上的转录起始需要它的存在。这种蛋白质只有在 cAMP 存在时才有活性。cAMP 作为一种小分子的诱导物（图 10.5），若 cAMP 的水平减少就会使这种蛋白质不能结合在控制区，从而阻止 RNA 聚合酶起始转录。因此在减少 cAMP 水平中，葡萄糖的作用是剥夺了一个操纵子表达时所需要的正调控因子，这就是**葡萄糖效应**（glucose effect）或**葡萄糖抑制**（glucose repression）。所谓葡萄糖效应，是指微生物在混合碳源的培养基上生长时，优先利用葡萄糖的现象，其实质是使糖分解代谢操纵子受阻遏蛋白的作用，丧失其基因表达的能力。

葡萄糖效应的另一机制是葡萄糖可通过葡萄糖磷酸转移酶系统（PTS）（包括一系列负责在转移过程中从磷酸烯醇式丙酮酸向葡萄糖转移磷酸基团的蛋白质）转入细胞，并使乳糖通透酶失活。乳糖的缺失使 *lac* 阻遏物关闭操纵子。当葡萄糖缺失时，乳糖才可输入，随后使乳糖阻遏物失活，打开操纵子（图 10.6）。

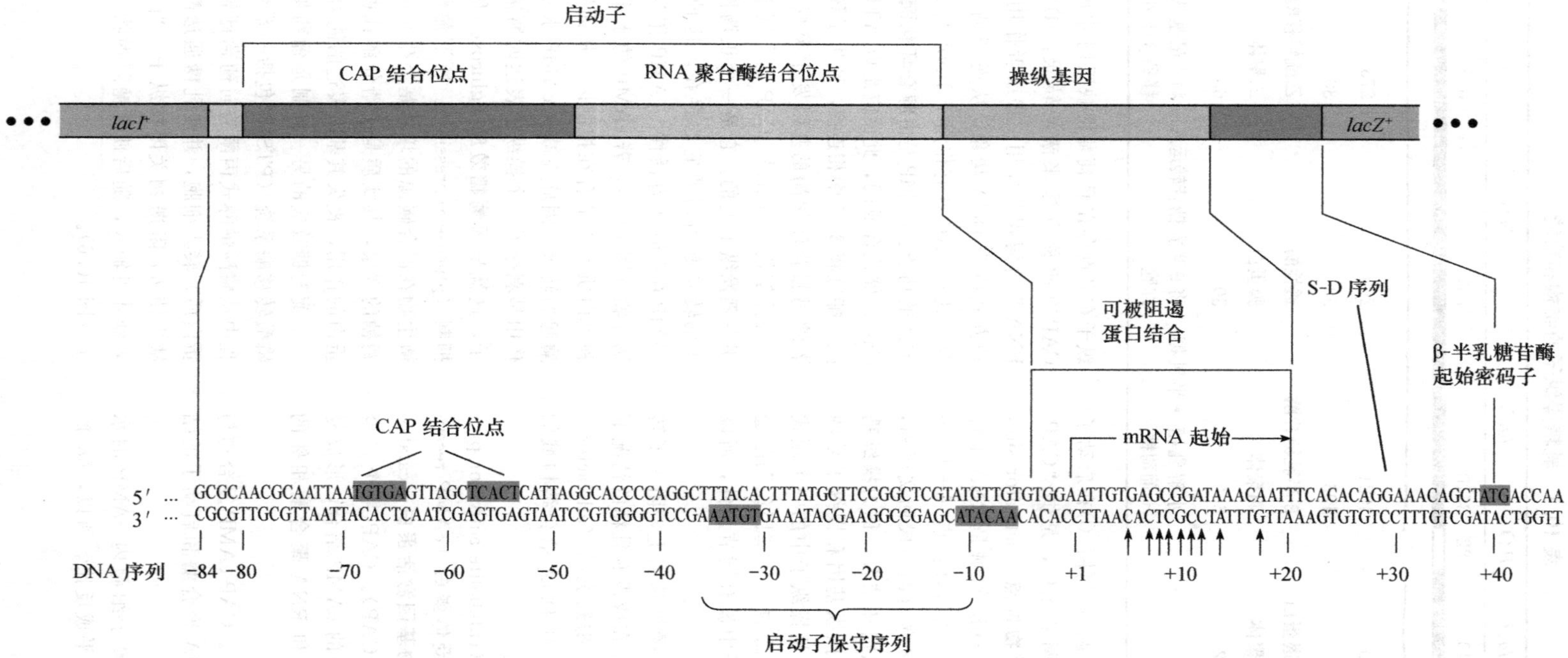

图 10.2 *E. coli* 乳糖操纵子中调控位点启动子和操纵基因的碱基序列，序列下面箭头表示已知的 $lacO^C$ 突变位点（引自 Russell，1992）

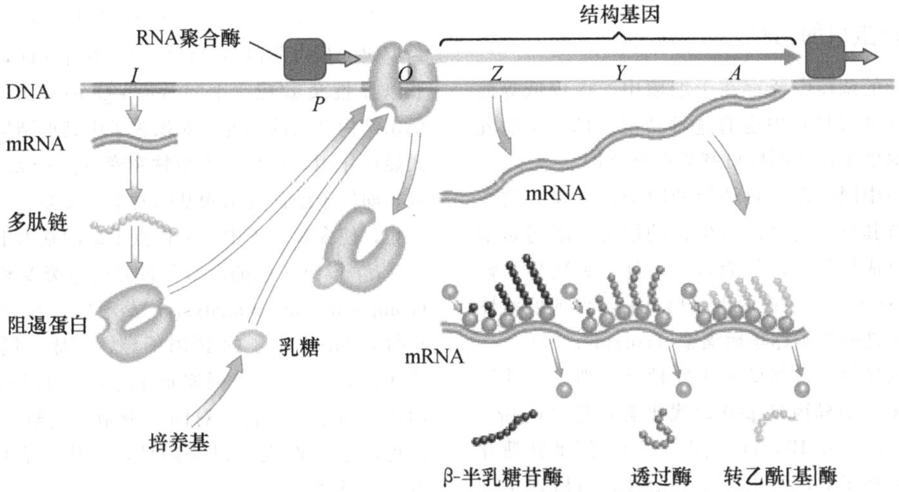

图 10.3　乳糖操纵子的调节（引自 Griffiths et al.，1999）

此阻遏物结合于操纵基因（*O*）区，阻止 RNA 聚合酶从邻近的结构基因移向启动子（*P*）。当乳糖存在时，乳糖和阻遏物结合并改变其构象，使阻遏物不能继续和 *O* 结合。这样 RNA 聚合酶便能转录 *Z*、*Y* 和 *A* 结构基因，产生三种酶

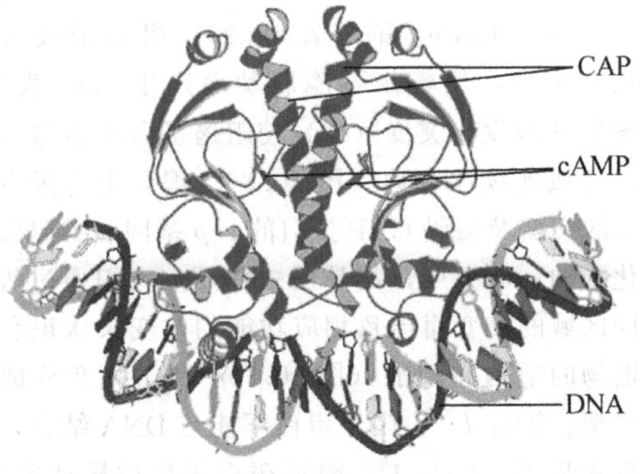

图 10.4　CAP-cAMP 复合物的三维结构模型（引自 Parkinson et al.，1996）（见彩版）

CAP 以二聚体的形式和两个分子的 cAMP 结合，形成复合物。当复合物与 DNA 结合时，使 DNA 弯曲，构象发生改变，增加了 DNA 对 RNA 聚合酶的亲和性

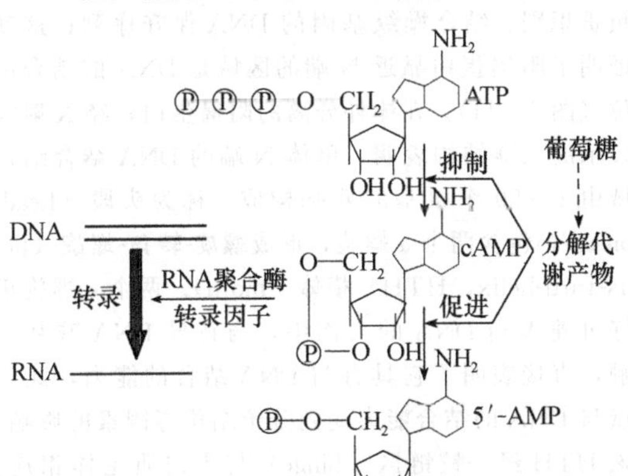

图 10.5　cAMP 调控转录的机制

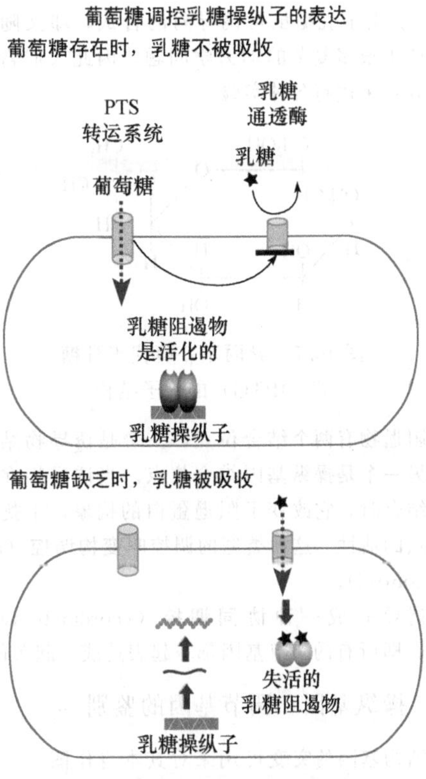

图 10.6　葡萄糖是通过 PTS 系统输入的，这导致乳糖通透酶失活。乳糖缺乏使乳糖阻遏物关闭操纵子，当葡萄糖缺乏时，乳糖能够进入，并使乳糖阻遏物失活，从而使操纵子打开（引自 Lewin，2004）

（二）阻遏蛋白的活性

可诱导的调控广泛存在于细菌中，在较低等的真核生物（如酵母）中也有这种情况。*E. coli* 的乳糖操纵子提供了这种调控机制的典型范例。

在细菌中同时存在着诱导和阻遏的现象。诱导是细菌调节其分解底物供给生长的能力。阻遏是细菌调节其合成代谢产物的能力。小分子底物称为**诱导物**（inducer）。某些使阻遏蛋白具有活性或使活性蛋白失去活性的物质称**辅阻遏物**（corepressor）。

某些诱导物与自然的β-半乳糖苷相似，但并不能被酶分解，如**异丙基-β-D-硫代半乳糖苷**（isopropylthiogalactoside，IPTG）（图 10.7）。其半乳糖苷键中用硫代替了氧，失去了水解活性，但硫代半乳糖苷和同源的氧代化合物与酶位点的亲和力相同，IPTG 虽不为β-半乳糖苷酶所识别，但它是 *Lac* 基因簇十分有效的诱导物，能诱导酶的合成，但又是不被分解的分子，故称为**安慰诱导物**（gratuitous inducer）。由于乳糖虽可诱导酶的合成，却又随之分解，产生很多复杂的动力学问题，因此人们常用安慰诱导物来进行各种实验。

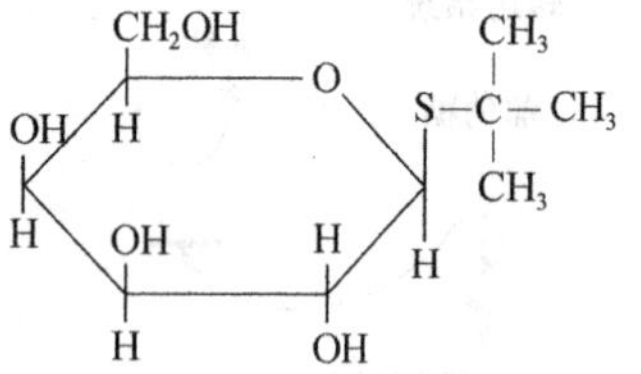

图 10.7 异丙基β-硫代半乳糖苷（IPTG）的分子结构

阻遏物有两个结合位点，一个是诱导物结合位点，另一个是操纵基因结合位点。当诱导物在相应位点结合时，它改变了阻遏蛋白的构象，干扰了另一位点的活性。这种类型的调控叫**变构调控**（allosteric control）。

诱导完成一种**协同调控**（coordinate regulation），即所有的一组基因都一起表达或一起关闭。

（三）操纵基因和调节基因的鉴别

结构基因的突变可用来对其本身作图。这些突变常为隐性的，因同一细胞中的野生型等位基因可提供有功能的产物。

lacZ 和 *lacY* 的突变可产生 *lac* 突变表型（不能利用乳糖），而 *lacA* 突变无表型效应，因为这个基因和乳糖分解途径无关，它可能与乳糖类似物的互变有关。*lacZ* 或 *lacY* 的突变偶尔是显性的，这是因为编码的蛋白质以多聚体的形式发挥功能，突变的多肽以**显性负效应**（dominant negative）方式起作用。偶尔结构基因的突变会对操纵子中其他结构基因有顺式显性作用，这是产生**极性突变**（polar mutation）所致，即位于前面的结构基因发生无义突变，导致翻译终止，使多顺反子中突变位点下游的基因不能表达。

lac 操纵子中的调节元件是通过突变和**互补分析**（complementation analysis）发现的。互补分析需要将带有 *lac* 操纵子的 F′因子导入细胞，制备部分二倍体。*lac* 操纵子中调控元件的突变可以影响单个基因或一组基因，它们对同一细胞中的野生型等位基因可以是显性也可以是隐性，其作用有的是顺式，有的是反式。

lac 操纵子中调节元件的突变影响所有三个基因（*lacZ*、*lacY* 和 *lacA*）的表达。启动子、CAP-cAMP 结合位点和操纵基因（*O*）的突变是**顺式显性**（*cis* dominance）的（表 10.2）。启动子或激活位点的突变，使转录不能启动而产生 Lac^- 表型；而操纵基因发生突变（O^c）使阻遏蛋白不能与其结合，造成连续性表达（图 10.8）。编码阻遏蛋白的 *lacI* 的突变及编码 CAP 蛋白的 *crp* 基因和编码腺苷环化酶的 *cya* 突变，都是反式作用。人们通过 *lacI* 不同区域的突变而导致相应功能的改变来认识乳糖阻遏物的结构和功能（图 10.9）。*lacI* 突变分成三种类型。①$lacI^{-d}$：阻遏蛋白不能与 DNA 结合，且呈反式显性。②$lacI^{S}$：阻遏蛋白不可诱导性突变，阻遏蛋白失去诱导物结合位点。③$lacI^-$ 属于功能缺失性隐性突变，阻遏蛋白不能形成寡聚物。$lacI^{-d}$ 突变成簇位于 *lacI* 基因的最左端，结果导致阻遏蛋白不能和 DNA 结合（图 10.10），这意味着此区是负责识别、结合操纵基因的 DNA 保守序列；这就证明了阻遏蛋白靠近 N 端的区域是 DNA 的结合部位（图 10.11）。在体外分离的阻遏蛋白，经 X 射线显示的三维结构表明，单体 N 端的 DNA 结合结构域由 1～59 个氨基酸残基构成，称为头段（headpiece），包含两个α螺旋，形成**螺旋-转角-螺旋**（helix-turn-helix，HTH）**模体**（motif）。两个α螺旋正好可插入到 DNA 的大沟中，与特异 DNA 碱基接触，直接表明了它具有与 DNA 结合的能力，此位点与 DNA 的结合能力受到分子结构等因素的影响。该 HTH 经一铰链区（hinge）与蛋白质主体相连。在阻遏蛋白 DNA 结合形式中，铰链区形成α螺旋，但是当阻遏蛋白不与 DNA 结合时，该区结构则呈

无序状态。HTH 和铰链区一起构成头段。

表 10.2　在单倍体和部分二倍体中 β-半乳糖苷酶透过酶的合成

基因型	β-半乳糖苷酶		透过酶	
	不诱导	诱导	不诱导	诱导
$I^+Z^+Y^+$	−	+	−	+
$I^-Z^+Y^+$	+	+	+	+
$I^+Z^-Y^+/FI^-Z^+Y^+$	−	+	−	+
$I^-Z^-Y^+/FI^+Z^+Y^+$	−	+	−	+
$I^-Z^-Y^+/FI^-Z^+Y^-$	+	+	+	+
$\Delta(I, Z, Y)/FI^-Z^+Y^+$	+	+	+	+
$O^+Z^+Y^+$	−	+	−	+
$O^+Z^+Y^+/FO^+Z^-Y^+$	−	+	−	+
$O^cZ^+Y^+$	+	+	+	+
$O^+Z^+Y^-/FO^cZ^+Y^+$	+	+	+	+
$O^+Z^+Y^+/FO^cZ^-Y^+$	−	+	+	+
$O^+Z^-Y^+/FO^cZ^+Y^-$	+	+	−	+
$I^sO^+Z^+Y^+/FO^cZ^+Y^+$	+	+	+	+

注：Δ 表示缺失；+表示酶以最高水平存在；−表示酶以最低水平存在。上角 c 表示组成型突变；上角 s 表示不可诱导性突变。

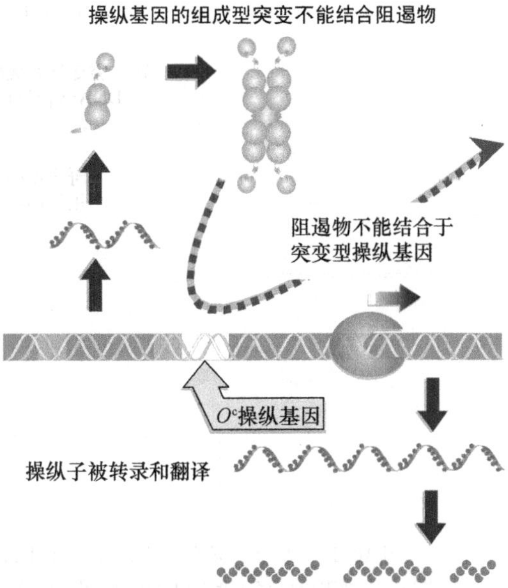

图 10.8　由于操纵基因不能结合阻遏蛋白，操纵基因突变是组成型的，使 RNA 聚合酶不受限制地作用启动子。O^c突变是顺式作用的，因为它们仅作用邻近的结构基因（引自 Lewin，2004）

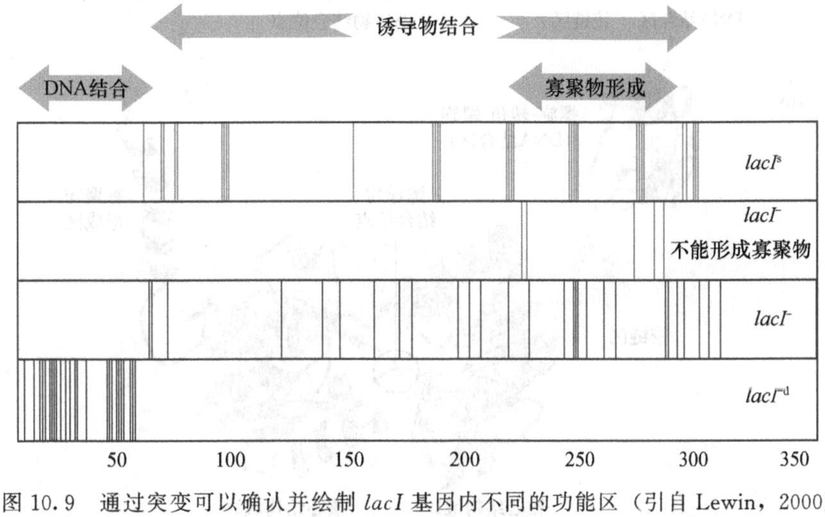

图 10.9　通过突变可以确认并绘制 *lacI* 基因内不同的功能区（引自 Lewin，2000）

DNA 结合区通过 N 端的 $lacI^{-d}$突变确认；如果发生了 $lacI^-$ 突变则在 220～280bp 不能形成四聚体，其他的 $lacI^-$ 突变在整个基因中都存在；$lacI^s$ 突变在 62～300bp 呈规律性分布

当用胰蛋白酶来处理阻遏蛋白时，在第 59 个氨基酸处切开阻遏蛋白，C 端的片段含 60～360 个氨基酸，称为抗胰蛋白酶核心（trypsin-resistant core）。

铰链区长 60～80 个氨基酸，其余的 81～360 个氨基酸组成核心区和寡聚物形成区，具有和诱导物结合及聚集成四聚体的能力，但不能与操纵基因相结合。

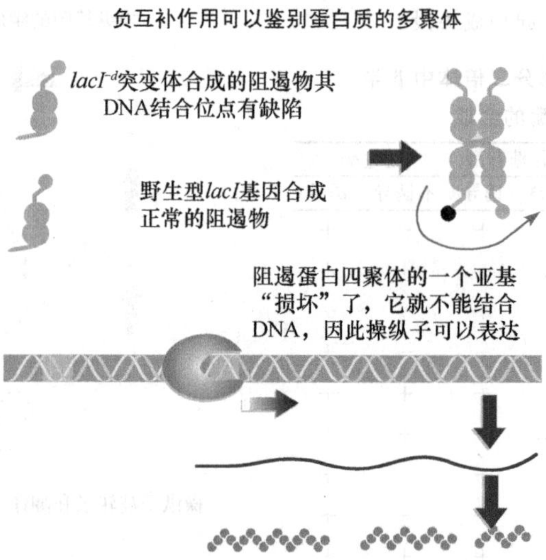

图 10.10　$lacI^{-d}$突变基因产生一个DNA结合位点有损伤的单体（引自 Lewin，2004）

当同一个细胞中也存在野生型基因时，由两种类型的亚基随机组成四聚体的阻遏物。其中只要有一个亚基是$lacI^{-d}$突变型，就可使阻遏物失去活性。这就解释了$lacI^{-d}$突变的显性负效应作用

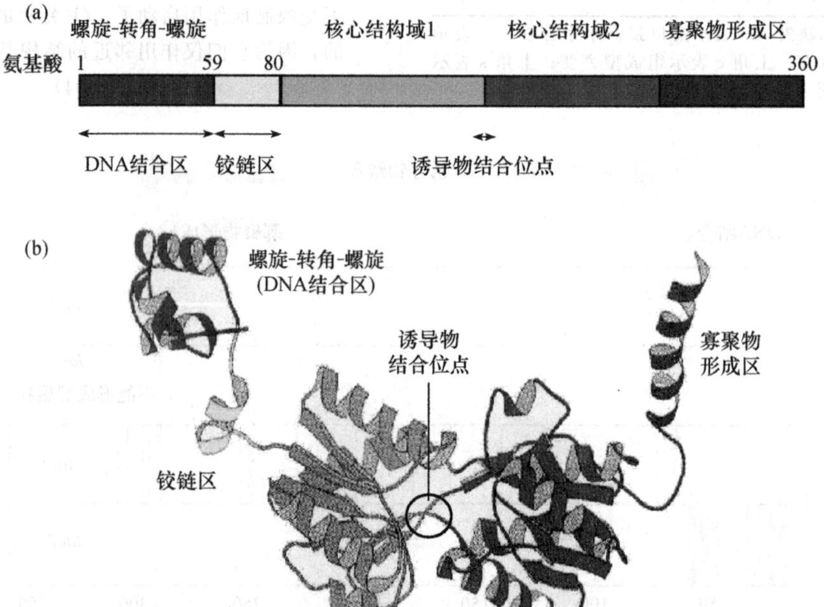

图 10.11　阻遏蛋白单体的结构域和执行的功能（引自 Lewis，1996）（见彩版）

(a) 阻遏蛋白单体结构的示意图；(b) 阻遏蛋白单体的三维结构

核心区由两个相似的结构区组成，分别称为核心结构域1和核心结构域2。每一个核心结构域都有6个平行的β折叠，其两侧是α螺旋。诱导物就结合在这两个区域之间的裂缝中。在C端有一个α螺旋，在α螺旋上有2组亮氨酸的重复，每组7个亮氨酸，形成**亮氨酸拉链**（leucine zipper），依赖亮氨酸的疏水性，这两个α螺旋彼此结合，形成阻遏物的二聚体，进而形成四聚体（图10.12）。

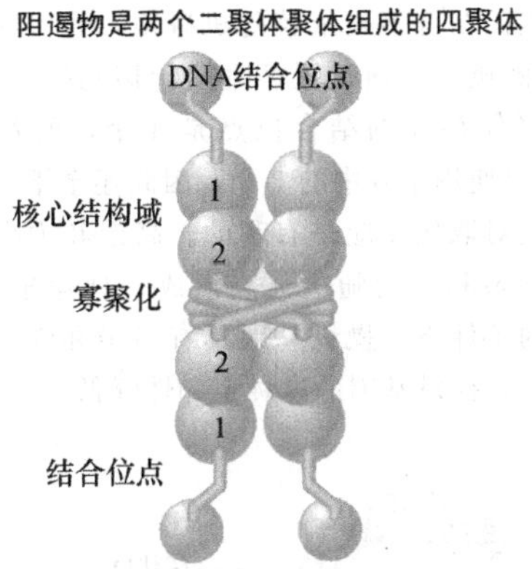

图 10.12　阻遏物四聚体是由两个二聚体聚体组成（引自 Lewin，2008）

通过各种实验表明诱导物的结合可导致阻遏蛋白产生重要的构象改变。两个分子的诱导物和四聚体阻遏蛋白相结合就足以使诱导物释放。诱导物结合后改变了头部片段相对于核心区的方向，结果使二聚体的两个头部片段不能较久地同时结合于 DNA。这就排除了多聚体阻遏物的优势，从而降低了对操纵基因的亲和性，使阻遏物从操纵基因上解离（图 10.13）。

不可诱导型 *lacI*^{S} 突变使阻遏蛋白对诱导物不起反应。这是因为阻遏蛋白失去了其结合诱导物的插入位点，或因为它已不能将其作用传递给 DNA 结合位点。

（四）阻遏物四聚体和 DNA 的结合

阻遏蛋白如何能与操纵基因的 DNA 特异结合？

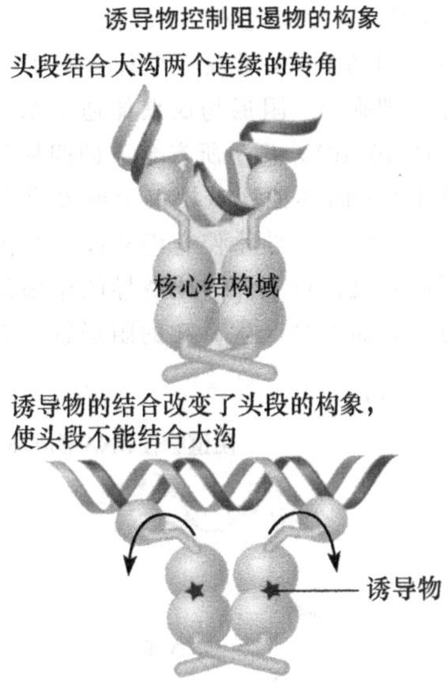

图 10.13　诱导物改变了核心结构域的结构，因此阻遏物二聚体的头段不能长时间地保持与 DNA 结合的定向（引自 Lewin，2008）

这是由于操纵基因有一段具回文结构的保守序列（图 10.14）。用酶保护法测出，DNA 上与因阻遏蛋白结合受到保护而不被核酸酶消解的区域位于对称区内，它是从“－5～＋21”的 26 个碱基，组成型突变体被鉴定的结合区甚至更小，它位于从“＋5～＋17”的中心区内，仅有 8 个碱基位点，其中任何一个碱基被替换都会引起组成型突变。这就反映了在与蛋白质结合的 DNA 序列中，只有其中的几个为特异的接触位点。

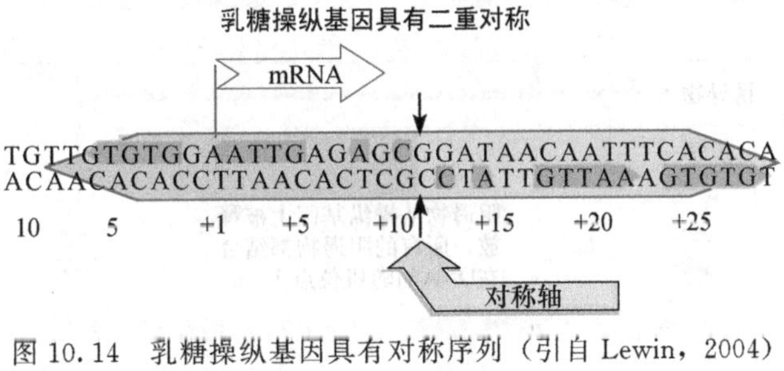

图 10.14　乳糖操纵基因具有对称序列（引自 Lewin，2004）

序列中碱基的序号是相对于转录起始点＋1 标定的。左右两个箭头表示两个二重重复序列。方块表示回文的对称位点

操纵基因具有保守序列的对称性表明蛋白质也具有相应的对称性。由此看来一个操纵基因应结合一个阻遏蛋白二聚体，那么为什么形成完整阻遏需要四聚体？这是由于在乳糖操纵子起始区中还有另外两个操纵基因位点。**原操纵基因**（original operator）O_1 正好位于 *lacZ* 基因的起始区，它与阻遏蛋白亲和力最强。还有两个弱的操纵基因［有时称为**假操纵基因**（pseudo-operator）］位于 O_1 的两侧，称为 O_2、O_3，它们分别位于转录起始点下游的 410bp 处和起始点上游的 83bp 处。当 Lac 阻遏蛋白

与 O_1 结合时，会同时与另一个弱操纵基因结合，这使结合点之间的 DNA 形成一个环（图 10.15）。在未被诱导的细胞中，阻遏物四聚体通常结合在操纵基因上（图 10.16）。几乎所有余下的四聚体都随机地结合在 DNA 的其他区域，很少或没有四聚体游离于细胞中。加入诱导物使它们从操纵基因转移到亲和力低的随机位点上。因此诱导的作用是改变四聚体的分布，而不是产生游离的阻遏物。阻遏物和操纵基因的结合不是依赖随机碰撞，而可能是沿着 DNA 从随机位点通过置换直接转移到操纵基因上。每个四聚体存在的结合位点是 4 个，而每次结合 DNA 时只使用了其中的 2 个，因此还余下 2 个结合位点，这对取代反应是有利的。高亲和力操纵基因与很多低亲和力的随机位点形成一种竞争的态势。在阻遏的条件下，操纵基因具有高亲和性；但在诱导条件下，操纵基因的这种亲和性降低。

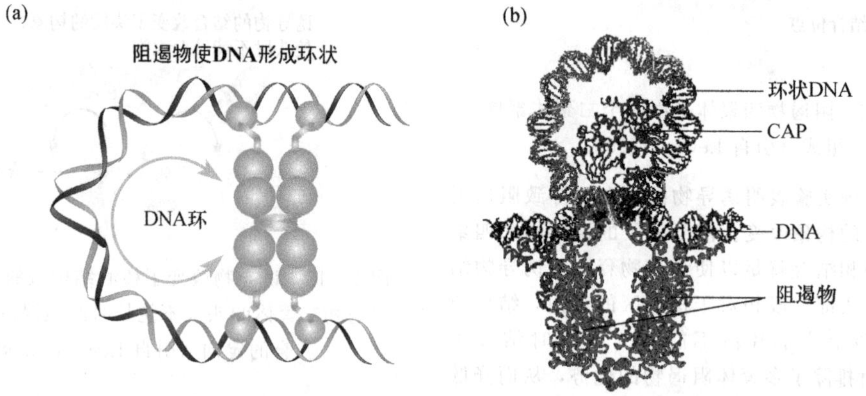

图 10.15　当阻遏物四聚体与两个操纵基因结合时使 DNA 形成环状（转引自 Lewin，2004）
(a) 示意图；(b) 三维结构图

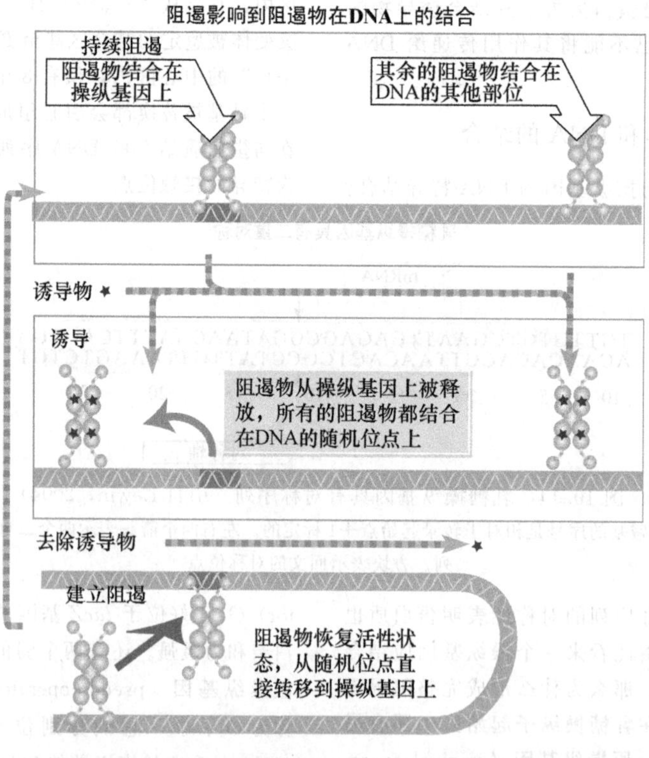

图 10.16　实际上细胞中的所有阻遏物都结合在 DNA 上（转引自 Lewin，2004）

lac 操纵子的表达水平在诱导和阻遏之间的实际差别是 10^3 倍。从这一角度来看，即使是缺乏诱导物，也存在本底水平的表达，约为诱导时表达水平的 0.1%。若阻遏蛋白存在较多，那么表达水平就下降，若其存在较少，表达水平就上升。若每个细胞中阻遏蛋白少于 10 个就不可能建立起严密的阻遏。若阻遏蛋白太多，诱导操纵子也变得较困难。

第二节　操纵子的其他调控形式

乳糖操纵子是原核生物转录调控的一个典型，但原核生物中还存在一些其他特点的操纵子。

一、半乳糖操纵子

（一）半乳糖操纵子的结构和功能

半乳糖也是 *E. coli* 的一种碳源，它的分解要涉及三种酶的催化：半乳糖激酶（galactokinase，K）、半乳糖转移酶（galactose transferase，T）和半乳糖表面异构酶（galactose epimerase，E），它们催化的反应如下：

$$\text{Gal}+\text{ATP}\xrightarrow{\text{K}}\text{Gal-1-P}+\text{ADP}+\text{H}^+$$

$$\text{Gal-1-P}+\text{UDP-Glu}\xrightarrow{\text{T}}\text{UDP-Gal}+\text{Glu-1-P}$$

（UDP-Glu：尿苷二磷酸葡萄糖）

$$\text{UDP-Gal}\xrightarrow{\text{E}}\text{UDP-Glu}$$ （Glu 为葡萄糖）

总的反应式为：

$$\text{Gal}+\text{ATP}\longrightarrow\text{Glu-1-P}+\text{ADP}+\text{H}^+$$

半乳糖操纵子（galactose operon，*galO*）结构如图 10.17 所示，其特点如下。①有 2 个启动子 P_1 和 P_2，当有活性的 CAP 存在时，P_1 启动其－10 序列位于－12～－6 处，称为“$-10S_1$”，其转录的起始点为“+1”；当 CAP 缺乏时 P_2 启动子启动，从“－5”开始转录，其“－10”序列位于“－17～－11”处，称作“$-10S_2$”。②*gal* 操纵子无“－35”序列。③具有 2 个操纵基因 O_E 和 O_I，O_E 在上游，位于 CAP 位点之内，O_I 在基因 *gal* 内部；无论是 O_E 还是 O_I，距启动子都有一段距离，不直接邻接（图 10.18）。

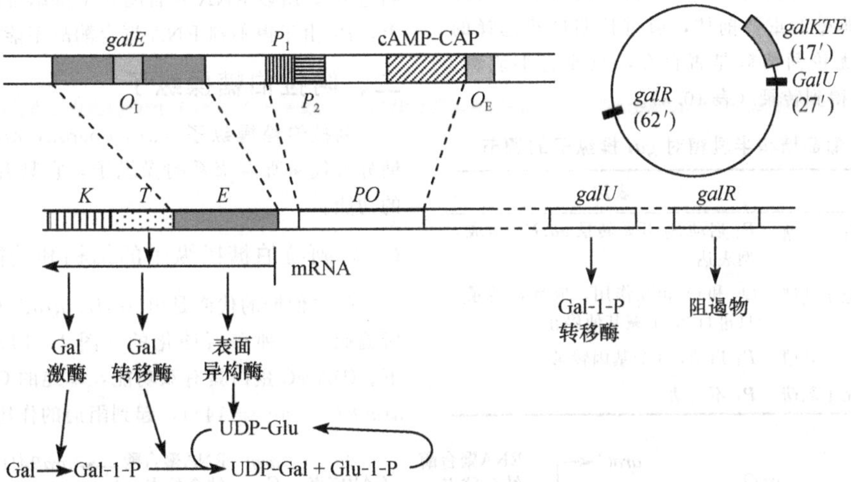

图 10.17　大肠杆菌 *gal* 操纵子的结构、在染色体上的分布及相关产物的功能

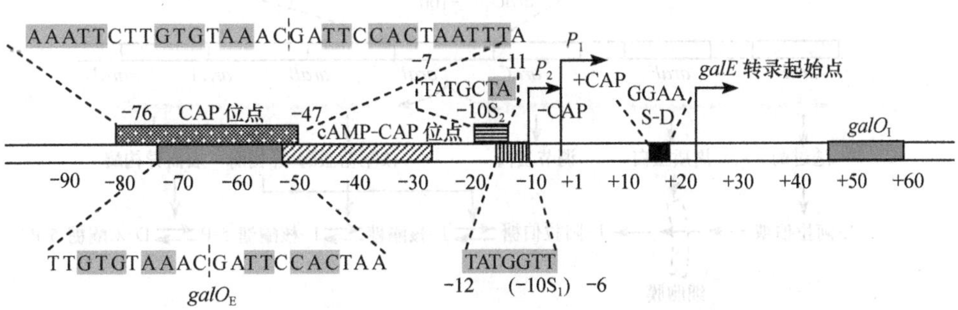

图 10.18　*gal* 操纵子具有双启动子（P_1，P_2）和双操纵基因（$galO_E$，$galO_I$）

（二）半乳糖操纵子的调节

在没有葡萄糖而有半乳糖存在时，*galR*（位于62'）编码的阻遏物失活，CAP结合在－47～－23的区域，RNA聚合酶结合在$-10S_1$区，CAP和RNA聚合酶直接相互作用，使P_1顺利转录；当无半乳糖时，GalR结合在$galO_E$上，$galO_E$具有回文序列可供CAP结合。它离启动子有一段距离，当Gal R结合在$galO_E$上时，不大可能像*lac*操纵子中*lac*阻遏物那样去阻碍RNA聚合酶的结合。它阻断S_1的转录可能有两种机制：或是影响cAMP-CAP和RNA聚合酶的作用来阻断；或通过干扰cAMP-CAP与DNA的相互作用来阻断。

在葡萄糖存在的情况下，cAMP-CAP含量少，当Gal存在而无GalR时，P_1不能启动而P_2启动，RNA聚合酶结合$-10S_2$序列上，$-10S_2$（TATGCTA）和$-10S_1$（TATGGTT）序列相似，二者重叠了两个碱基（TA）。当从S_2开始转录时，仅转录*galE*，另外的两个基因——*galT*和*galK*不转录。由于半乳糖既可以作为碳源，同时UDP-Gal又是合成细胞壁的重要前体，通过长期自然选择的结果，导致无论葡萄糖是否存在，只要有半乳糖，*galE*总可以得到转录（表10.3）。

表10.3　葡萄糖和半乳糖对*gal*操纵子的调节

条件		表达
有葡萄糖	有半乳糖	P_2启动S_2开始转录*galE*，组成型表达
	无半乳糖	O_E和O_I相互作用，成环，转录只进行20个碱基便停止
无葡萄糖	有半乳糖	P_1启动，3个基因转录
	无半乳糖	P_1不启动

在有葡萄糖存在的情况下，若无半乳糖存在，Gal R可结合在*gal* O_E和O_I上，并相互作用形成环。S_2位点阻遏作用的机制与S_1的阻遏机制完全不同，在上述条件下，即使有Gal R存在，P_2仍不受阻遏开始转录（组成型），但由于O_I上也有Gal R的结合并且成环，故转录只进行20个碱基便停止了，这个过程是如何发生的尚不清楚。

cAMP-CAP的存在可以激活P_1，但由于CAMP-CAP占据了一定的空间，使余下的P_2区域空间窄小，难以纳入RNA聚合酶，从而抑制了P_2的启动。

Gal R这个阻遏物对P_1和P_2两个启动子都是负调节，但在cAMP-CAP含量少时P_2仍可转录，其机制还不清楚。

P_1启动子与RNA聚合酶的亲和力远远大于P_2启动子与RNA聚合酶的亲和力。这可以解释为什么在没有葡萄糖但有半乳糖存在时，P_1转录，而P_2不转录。二者可能竞争RNA聚合酶，而RNA聚合酶在细胞中的数量一定，由于P_1的亲和力大大超过P_2，所以RNA聚合酶几乎都结合到P_1启动子上，P_2由于得不到RNA聚合酶故不能启动。

二、阿拉伯糖操纵子

阿拉伯糖操纵子（*ara* operon，*araO*）是合成糖分解代谢所需酶系的操纵子，它具有正、负调节的功能。

（一）阿拉伯糖操纵子的结构和功能

阿拉伯糖的代谢是由*araB*、*araA*和*araD*基因所编码的三种酶所催化的（图10.19），其特点如下。①AraC蛋白具有双功能，单纯的C蛋白结合于$araO_1$（－100～－144），起到阻遏的作用；而当C蛋

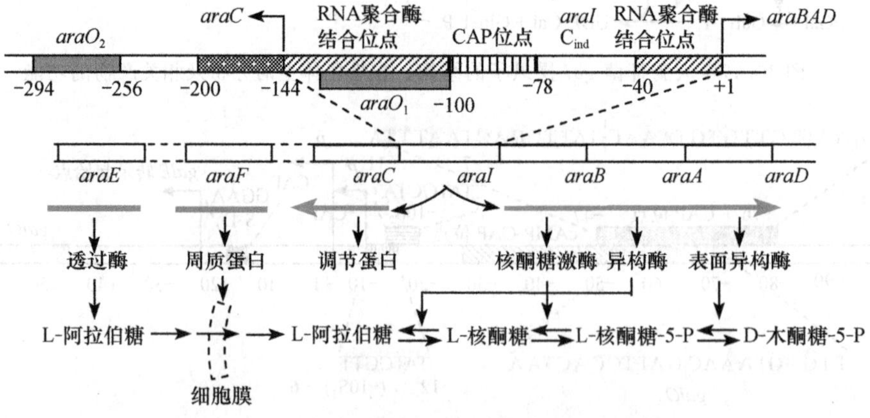

图10.19　*ara*操纵子的结构及其编码蛋白的功能

白和诱导物阿拉伯糖结合形成复合体时为“C_{ind}蛋白(ind是induction的缩写)”，即诱导型的C蛋白，它结合于*araI*区（−40～−78），使RNA聚合酶结合于P_{BAD}位点（+140），转录*B*、*A*、*D*三个基因。②C蛋白结合*araO*$_1$时也反馈性地阻遏了其本身的表达。③C蛋白的两种状态（C_{ind}和C_{rep}）的功能不同，结合的位点也不同。C_{ind}结合于*araI*；C_{rep}可结合于*araO*$_1$和*araO*$_2$。④*ara*操纵子的C蛋白还可以调节分散的基因*araE*和*araF*，故此转录单位也称**调节子**（regulon）。所谓调节子是一组受共同调节基因所调控的位于染色体不同部位或不同染色体上的一组基因所构成的调控系统。⑤该操纵子有两个启动子P_C和P_{BAD}，可以双向转录。⑥P_C启动子和*araO*$_1$重叠。

（二）阿拉伯糖操纵子的调控

当葡萄糖和阿拉伯糖都存在时，*araC*本底转录，产生少量的C蛋白，与*araO*$_1$结合（−106～−144），使RNA聚合酶不能结合*araP*$_C$，使*araC*的转录受到阻遏（表10.4）。

表10.4　*ara*操纵子的调控

条件		表达
有阿拉伯糖	有葡萄糖，无CAP	araC本底转录→少量C_{rep}结合O_1→阻止转录
	无葡萄糖，有CAP	Ara+C→C_{ind}→*araI*→*araP*$_{BAD}$的转录
无阿拉伯糖	C_{rep}	C_{rep}过量→结合O_1阻遏*araP*$_C$或结合O_1和O_2成环，阻遏P_C或P_{BAD}

当有阿拉伯糖存在，而没有葡萄糖存在时，阿拉伯糖可作为糖源。此时阿拉伯糖和少量的C蛋白结合形成了诱导型的C蛋白（C_{ind}），它作为正调控因子与*araI*结合，促进了*araP*$_{BAD}$的转录，产生了三种酶，促使阿拉伯糖分解（图10.20和表10.4）；当阿拉伯糖不存在或用完了，过量的C蛋白则可以结合到*araO*$_1$上，阻碍RNA聚合酶在此区域结合，从而关闭了操纵子；过量的C蛋白也可以结合到*araI*（−40～−78）和*araO*$_2$上，彼此相互作用形成环，阻遏P_{BAD}和P_C的启动（图10.21）。

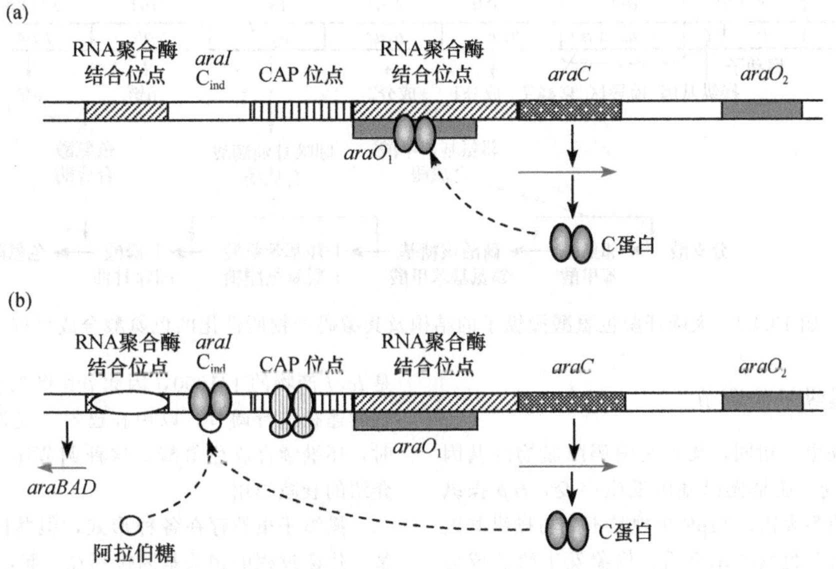

图10.20　*ara O*的调节

(a) 当有阿拉伯糖和葡萄糖、无CAP时，*araC*本底转录，产生少量的C蛋白，结合于*araO*$_1$，关闭了操纵子。(b) 当有阿拉伯糖、无葡萄糖时，阿拉伯糖可作为糖源。此时阿拉伯糖和少量的C蛋白结合形成了诱导型的C蛋白-C_{ind}，它作为正调控因子结合于*araI*，促进了*araP*$_{BAD}$的转录，产生了三种酶，促使阿拉伯糖分解

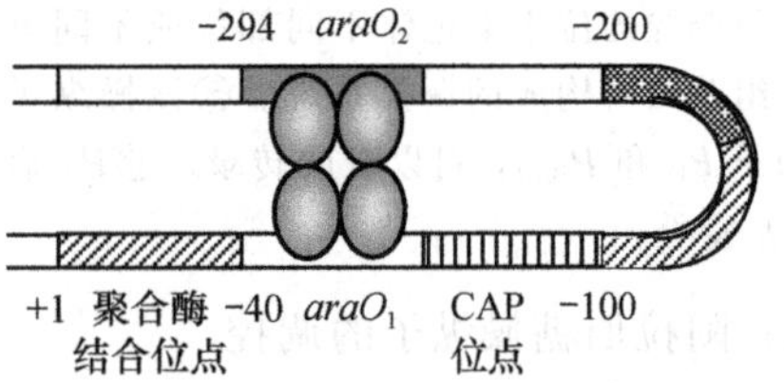

图 10.21　当阿拉伯糖不存在或用完了，过量的 C 蛋白可以结合在 $araO_1$ 上，阻碍 RNA 聚合酶在此区域结合，从而关闭了操纵子，或者结合到 *araI*（－40～－78）和 $araO_2$ 上，彼此相互作用形成了环，阻遏 P_{BAD} 和 P_C 的启动

三、色氨酸操纵子

色氨酸操纵子（tryptophan operon，*trpO*）控制合成代谢，最终的产物是色氨酸，不难想象，只有在培养基中缺乏色氨酸时操纵子才能打开，而加入色氨酸时将促进色氨酸操纵子的关闭，也就是最终产物色氨酸将对转录起到阻遏作用，而不是诱导作用。正由于色氨酸操纵子是一个合成系统，不同于分解系统，因此一般不受葡萄糖效应的影响，所以在其操纵子中也就不存在 cAMP-CAP 位点。

色氨酸操纵子是合成代谢途径中最具有代表性的例子。M. F. Jacob 和 J. Monod 提出，在 *E. coli* 中由 5 个 *trp* 顺反子构成的基因簇形成了另一类型的操纵子，它不同于 *lac* 操纵子，色氨酸阻遏物只有与色氨酸结合才具有活性，结合到操纵基因上，阻遏转录，这种类型的控制途径是在酶活性的水平上来进行调节的。这种调节叫做**反馈抑制**（feedback inhibition）。在此代谢途径中的第一个酶（邻氨基苯甲酸合成酶）是由 *trpE* 和 *trpD* 基因编码的，它受到色氨酸本身的抑制。

（一）*trp* 操纵子的结构和功能

trp 操纵子（图 10.22）是由 5 个结构基因 *trpE*、*trpD*、*trpC*、*trpB* 和 *trpA* 组成的一个多顺反子的基因簇，启动子、操纵基因、前导序列和衰减子区域位于 5′端。其特点是：①阻遏物基因 *trpR*（89′）和结构基因（*trpEDCBA*）不紧密连锁；②操纵基因在启动子区域内；③启动子、操纵基因不直接和结构基因邻接，中间有一段前导序列；④有衰减子结构。在一些合成代谢的操纵子的前导区内，存在着类似终止子结构的一段 DNA 序列，称为**衰减子**（attenuator），该序列可以辅助阻遏作用进行转录调控，1981 年 C. Yanofsky 提出了衰减模型。

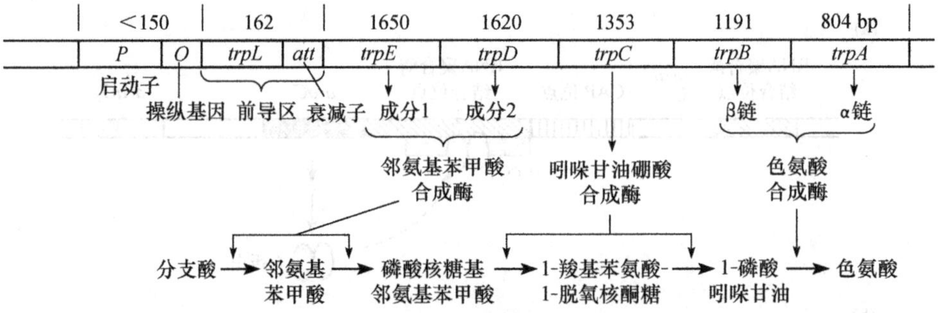

图 10.22　大肠杆菌色氨酸操纵子的结构及其编码产物所催化的色氨酸合成反应

（二）*trp* 操纵子的调节

和乳糖操纵子相同，无论是编码阻遏物的基因 *trpR* 发生突变，还是操纵基因发生突变，*trp* 操纵子将出现组成型表达。TrpR 单独是不能与操纵基因结合的，只有与色氨酸结合后，构象发生改变成为具有活性的阻遏物才能与操纵基因结合，使 RNA 聚合酶不能和启动子结合而抑制了转录。色氨酸作为一种可与调节蛋白结合后阻止转录的小分子化合物，称为**辅阻遏物**（corepressor）（图 10.23）。

trp 操纵子的阻遏物 TrpR 的阻遏能力较低，仅是 *lacI* 产物的 1/1000，因此 *trp* 操纵子还必须依赖别的途径进行调节，以免在已有一定浓度的色氨酸时，还继续合成色氨酸，这种调节途径正是下面要介绍的衰减作用。

操纵子虽然存在各种形式，但共同特点是催化某一代谢过程的相关基因排列在一起，形成基因簇，受到同一个调控蛋白的控制。现在进一步要问，操纵子为何仅存在于原核生物中，在真核生物中至今都没有发现操纵子结构？可能由下列原因所致。①原核生物存在遗传物质的横向传递，相关基因以操纵子的形式连锁在一起，有利于相应功能得到完

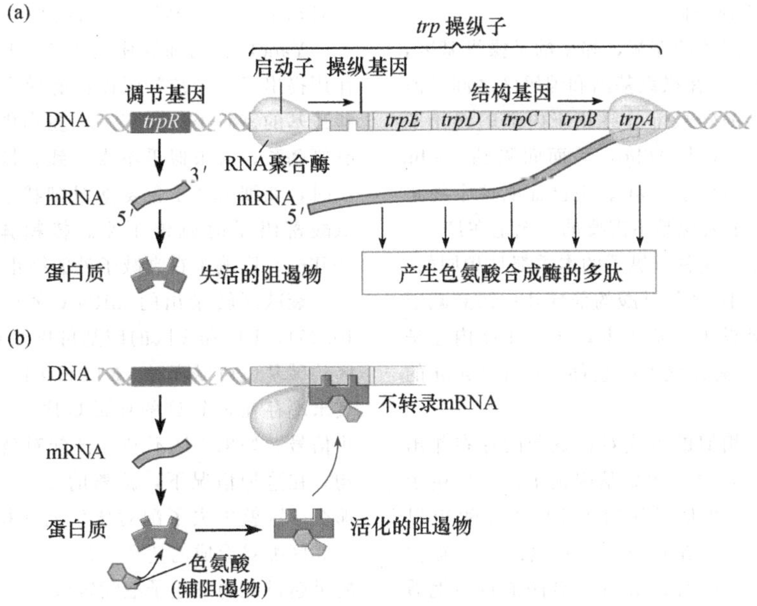

图 10.23 色氨酸操纵子的调节

（a）细胞内缺乏色氨酸时，阻遏物无活性，操纵子打开，结构基因进行转录和翻译；（b）当色氨酸合成后，阻遏物被色氨酸激活，可阻遏 *trp* 操纵子的转录

整的传递；真核生物中是以完整的基因组进行纵向传递，故不需要操纵子这种调控形式。②原核生物结构简单，资源有限，必须对外部环境的变化作出短期调节，以节约能量，如在没有乳糖存在的情况下就关闭乳糖操纵子，使相关的基因都不表达。而真核生物结构复杂，资源丰富，其长期调节是受内在程序化的控制，和外界环境的变化关系不大。③真核生物的基因组分散在多条染色体上，而且每个基因由于外显子的不同选择可编码不同的蛋白质，相关基因难以连锁，操纵子的形式也难以实现基因的多种功能。

第三节 mRNA 二级结构调控转录的终止

一、衰减作用

C. Yanofsky 于 1978 年分离了多顺反子 *trp* 操纵子的 mRNA，测序后发现，在 trp 的 5′端邻接着一个长 160nt 的序列，其前部可编码 14 个氨基酸，称为**前导序列**（leader sequence）。当发生缺失突变时（缺失了一个 130～160bp 的片段）产生的 mRNA 总是最高水平的，Yanofsky 称这个元件为衰减子（图 10.24），当色氨酸存在时，由于衰减子的作用导致

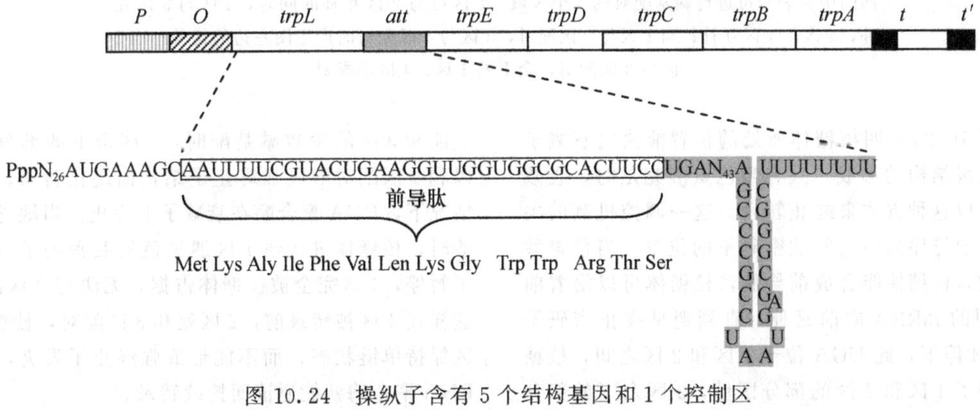

图 10.24 操纵子含有 5 个结构基因和 1 个控制区

控制区由启动子、操纵基因、前导序列和衰减子构成。前导区编码 14 个氨基酸，其中有 2 个是色氨酸

mRNA 转录速率迅速下降。

转录开始于基因簇的左端，邻接的是操纵基因，TrpR 就结合于此区。在操纵基因和编码区之间是前导序列。结构基因的转录部分终止于内部的终止子 *trpt*，它在编码区外，长 36bp，后面间隔约 250bp 还有一个 ρ 依赖性终止子 *trpt'*。现已证明这个终止位点对于 *trp* 操纵子来说是不需要的。无论在 *E. coli* 还是在沙门氏菌中，这种操纵子的本质都是相同的。①前导序列编码了 14 个氨基酸的前导肽；②衰减子为结构基因的转录设了一道关卡，无论在体内还是在体外，RNA 聚合酶在此处终止都只产生 140nt 的转录物。

阻遏与衰减以相似的方式对色氨酸的存在作出反应，当色氨酸存在时，操纵基因被阻遏，但由于阻遏的能力很弱，使大部分的 RNA 聚合酶得以"逃脱"，继续向前，可是最终还是在衰减子处被拦了下来。当去除色氨酸时，RNA 聚合酶能自由地通过启动子，也不大会过早被终止。

Yanofsky 对前导序列中 1～130bp 这段序列的作用提出了"衰减"假设：前导序列含有 2 个色氨酸残基的密码子，在 *E. coli* 蛋白中色氨酸是属于稀有氨基酸，看来似乎不太一致。核糖体开始翻译导肽时，如细胞处于色氨酸饥饿状态，核糖体到达色氨酸密码子时就停下来。**核糖体延宕**（ribosome stalling）影响了在衰减子处的终止。

衰减区转录出的 mRNA 含有 4 个配对区（图 10.25），1 区和 2 区的碱基可以互补配对；3 区和 4 区的碱基也可以配对。3 区和 4 区配对产生的发夹，其末端存在 8 个 U 的寡聚 U 序列，这实质上是强终止信号。如果 1 区不和 2 区配对就会形成不同的结构。在这种情况下，游离的 2 区可以和 3 区配对，那么 4 区就失去了配对伙伴而保持单链状态，2 区和 3 区配对形成的茎环区是个弱终止子，RNA 聚合酶可越过此弱终止子继续转录。

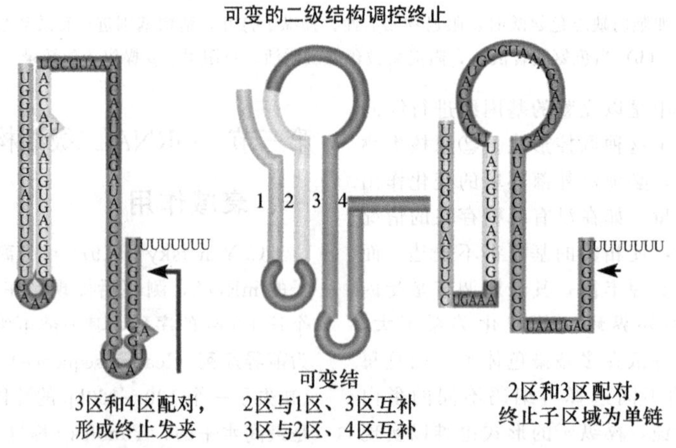

图 10.25　色氨酸前导区存在可变的碱基配对构象（引自 Lewin，2008）

图的中央表示可进行碱基配对的 4 个区域。1 区可与 2 区互补的同时，2 区与 3 区互补，3 区与 4 区互补；当 1 区与 2 区配对，3 区与 4 区配对时产生图左边的构象；当 2 区与 3 区配对，余下的 1 区、4 区不配对

图 10.26 表明核糖体所处的位置能决定衰减子不同二级结构的形成。只有当色氨酸充足时，衰减作用才以这种方式来终止转录。这一调控机制的关键在于前导序列中色氨酸密码子的位置。当色氨酸存在时，核糖体能合成前导肽，核糖体可以沿着前导序列的 mRNA 向前延伸，直到遇见终止密码子 UGA 才停下，此 UGA 位于 1 区和 2 区之间，核糖体覆盖了 1 区和 2 区的部分区域，2 区余下的部分只能和 3 区的少数碱基配时，3 区余下的部分仍可以和 4 区配对形成强终止子结构而终止转录。在此情况下，RNA 聚合酶在衰减子上终止。当缺乏色氨酸时，核糖体进行到 1 区遇见色氨酸密码子时出现了暂停，1 区完全被核糖体占据，无法与 2 区配对，这样在 4 区被转录前，2 区就和 3 区配对，使整个 4 区保持单链状态，而不能形成强终止子发夹，这样 RNA 聚合酶就能通读而持续转录。

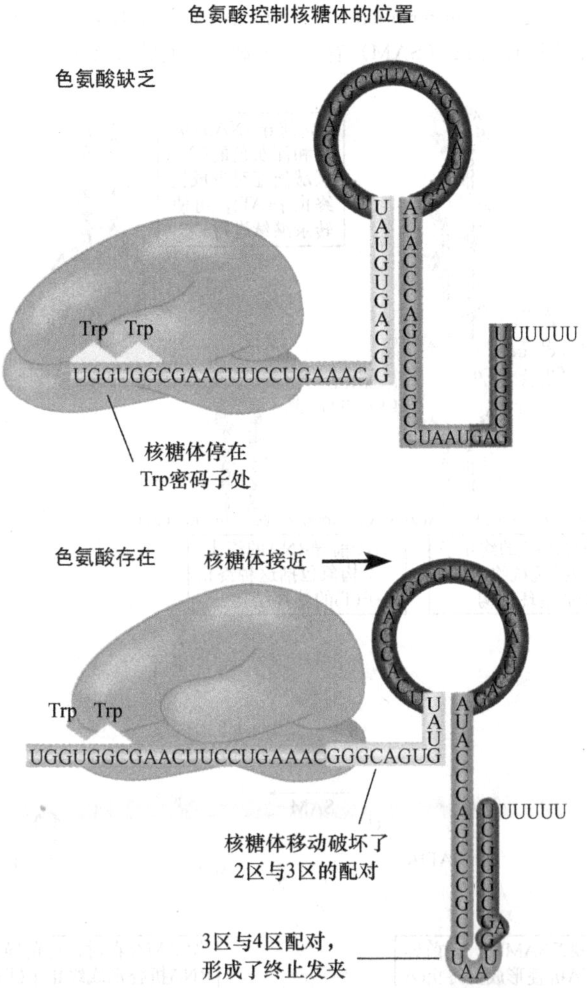

图 10.26　RNA 聚合酶对衰减子的选择取决于核糖体所处的位置，以便决定 3 区与 4 区是否能形成终止发夹（引自 Lewin，2008）

衰减子控制转录的终止仅发生在原核生物的分解代谢操纵子中。核糖体延宕的位置决定了二级结构形成的方式，从而控制转录的终止，因此必须转录和翻译偶联才行。

衰减作为细菌操纵子中的一种调控机制至少存在于氨基酸合成代谢的 6 种操纵子中。由氨基酸水平来反馈对蛋白质的合成，这对经济合理地合成酶可能是有利的。

二、核开关

核开关（riboswitch）是 1999 年 R. Breaker 发现的一类通过结合小分子物质调控基因转录的 mRNA 元件。它位于特定的 mRNA 区域，可以不依赖任何蛋白质因子直接结合小分子代谢物（配体），继而发生构象重排，影响该 mRNA 的活动。核开关在特定细菌中参与调控，包括维生素 B_{12} 和甲硫氨酸生物合成等在内的代谢途径。核开关的发现，尤其是它可以特异性紧密结合特定配体，精确调控生物基本代谢途径的特征，使人们开始关注它在基础理论研究和医学应用方面的潜力。在真核生物中也存在核开关的调节方式（见第十二章）。

（一）代谢产物介导转录调控

yitJ 基因是芽孢杆菌（*Bacillus subtilis*）中与甲硫氨酸生物合成有关的基因。2003 年 T. M. Henkin 等报道，在 *yitJ* RNA 前导区有两个序列（深色和浅色）的配对能形成**抗抗终止**（anti-antiterminator，AAT）的茎环结构和**终止子**（terminator，T）结构

(图 10.27)，也可以形成**抗终止子**（antiterminator，AT）茎环结构。当有 S-腺苷甲硫氨酸（SAM）存在时，此前导 RNA 由 AT 结构变成为 AAT 结构和 T 结构，使转录终止。

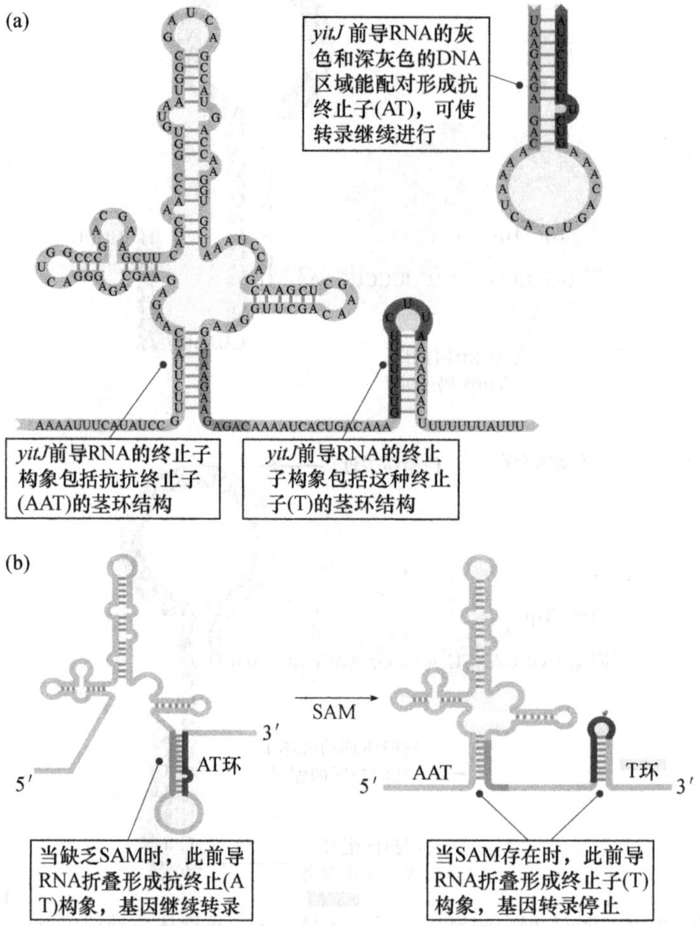

图 10.27　在芽孢杆菌中通过 *yitJ* 基因前导 RNA 进行转录终止的核开关调节

（引自 Hartl and Jones，2006）

(a) 非转录的 *yitJ* 基因前导 RNA 的结构模型，被描绘成终止子的构象（T），它含有一个抗抗终止（AAT）的茎环结构。在这种 AAT 中和 T 茎环中，灰色区域和深灰色区域配对也能形成抗终止（T）结构；(b) 在 SAM 存在时，*yitJ* 基因前导 RNA 由 AT 结构变成 AAT 结构和 T 结构，使转录终止

(二) 蛋白质介导 RNA 开关

细菌基因调控的经典机制涉及核糖体（转录衰减）或蛋白因子的结合导致 mRNA 二级结构的可逆性改变。大肠杆菌的 *trp* 操纵子的转录衰减是利用转录的过程来决定细胞中色氨酸的水平。1992 年，C. Yanofsky 等发现在芽孢杆菌中 *trp* 基因的表达受到一个称为**色氨酸 RNA 结合衰减蛋白**（Trp RNA-binding attenuation protein，TRAP）的负调控。TRAP 也称为 MtrB 蛋白，含有 11 个相同的亚基组成的一个对称的环状复合体，复合体的每个成员结合一个色氨酸和一个三核苷酸（GAG 或 UAG）。在芽孢杆菌中，色氨酸特异的 mRNA 分子绕在 TRAP 分子上，就像轮胎上缠着防滑链。在色氨酸浓度高时，色氨酸和 TRAP 结合，并触发改变蛋白质的结构，允许复合体结合新生的 *trp* mRNA，RNA 绕着复合体形成圈状（图 10.28），使抗终止子序列折叠而隐藏，而转录被终止。当色氨酸浓度

低时，蛋白质复合体便不能和新生的 mRNA 结合，衰减子的抗终止茎形成，使完整 mRNA 得以转录。

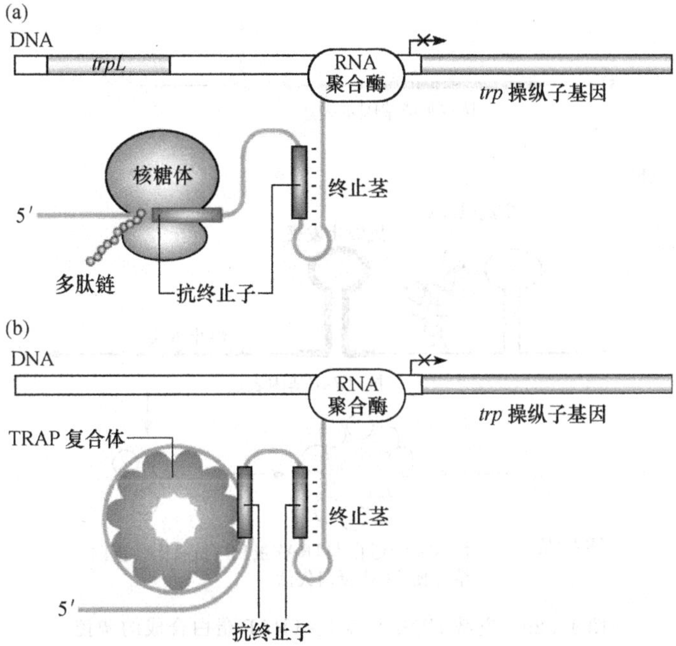

图 10.28 大肠杆菌的衰减（a）和芽孢杆菌中蛋白质介导衰减调控（b）的比较（引自 Mandal and Breake，2004）

TRAP 蛋白可以调节芽孢杆菌 *trp* 操纵子基因的表达，同时 TRAP 蛋白又受 $tRNA^{Trp}$ 的调控。2001 年 C. Yanofsky 和 A. Valbuzzi 在枯草杆菌中首先发现了一种抗 TRAP 蛋白（anti-TRAP，AT）。当空载 $tRNA^{Trp}$ 结合在编码 AT 蛋白的 mRNA 上时，可抑制此 mRNA 中终止发夹的形成，而合成 TA 蛋白。TA 蛋白可与 TRAP 蛋白结合，使其失去活性，从而阻止 TRAP 结合 RNA，mRNA 分子不形成强终止子结构，转录因而得以完成，从而合成制造色氨酸所需的蛋白质。结果，不抑制 *trp* 操纵子基因的表达（图 10.29）。

综上所述，枯草芽孢杆菌 *trp* 操纵子基因的表达同时受色氨酸和 $tRNA^{Trp}$ 的调控。当色氨酸存在时，不需要继续合成即可通过色氨酸活化 TRAP 蛋白，抑制 *trp* 操纵子基因的表达。当缺乏色氨酸时，存在空载 $tRNA^{Trp}$，它可活化抗-TRAP 蛋白，使 TRAP 蛋白失活，*trp* 操纵子基因又能得到表达。

（三）核酶介导的转录调控

2004 年，R. R. Breaker 实验室又发现了一种特殊的核开关，它存在于枯草杆菌（*B. subtilis*）等至少 17 种革兰氏阳性菌中。*glmS* 基因 mRNA 的 5′ UTR（5′untranslated region，非翻译区），是一种核酶，具有切割活性，其活性受代谢产物葡糖胺-6-磷酸（glucosamine-6-phosphate，GlcN6P）的调节。

glmS 基因编码谷氨酰胺-果糖磷酸转氨酶，可利用果糖-6-磷酸（fructose-6-phosphate，Fru6P）和谷氨酰胺合成 GlcN6P，参与糖代谢和细胞壁的生物合成。

glmS mRNA 编码区的前面含有 246nt 的 5′端非翻译区（5′UTR）。在此 UTR 中存在一个保守序列，可形成茎环结构，并具有催化自我剪切的活性，表明它是一种 RNA 核酶。研究发现，GlcN6P 可以特异性结合在 246nt 的区域，并使之发生构象改变。在一定范围内，核酶活性随 GlcN6P 浓度的升高而增强，两者成线性相关。核酶活性依赖 Mg^{2+} 和 pH，生理条件下的 Mg^{2+} 和 pH 使之折叠成有催化活性的结构。*glmS* 核酶的功能是当 GlcN6P 浓度上升时活性增高，切断前导 mRNA，减少 *glmS* 基因的表达（图 10.30）。

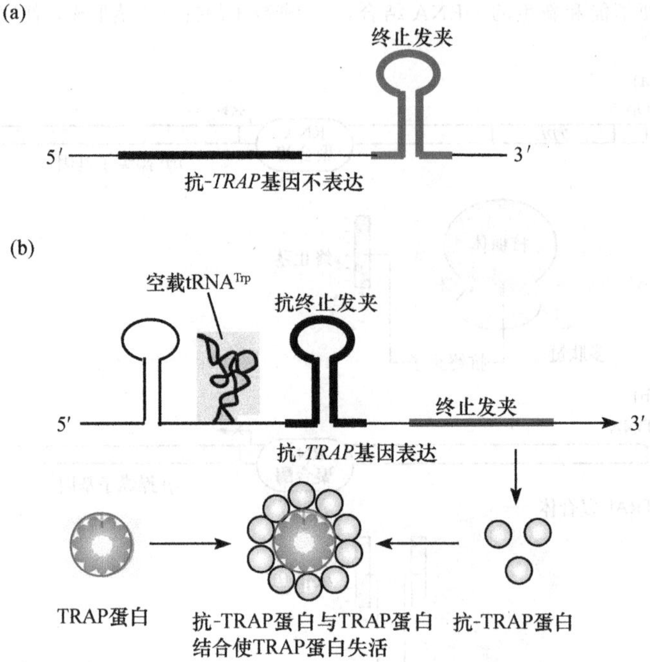

图 10.29　空载 $tRNA^{Trp}$ 对抗-TRAP 蛋白合成的调控

(a) 色氨酸存在时，无空载 $tRNA^{Trp}$，抗-*TRAP* 基因的 mRNA 的前部形成终止发夹，使基因不表达。
(b) 当缺乏色氨酸时，存在空载 $tRNA^{Trp}$，它和抗-*TRAP* 基因的 mRNA 结合形成抗终止发夹，基因表达，合成抗-TRAP 蛋白，并于 TRAP 蛋白结合，使其失去活性

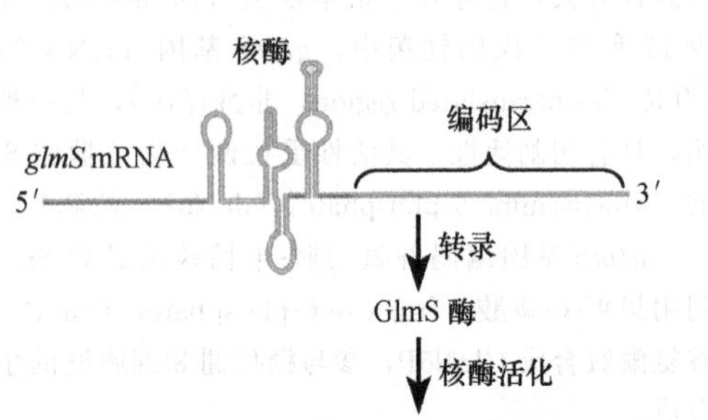

图 10.30　合成葡糖胺-6-磷酸的酶其 mRNA 的 5′端非翻译区含有一段核酶，它被代谢产物所激活。核酶通过剪切使 mRNA 失活（引自 Lewin，2008）

第四节　DNA 重排对转录起始的调控

在真核生物中通过 DNA 重排调节转录，产生不同产物的例子是免疫球蛋白及酵母交配型转换，而在原核生物中也有通过 DNA 交替重排来调节转录的，最有名的例子是 Mu 噬菌体的重排及沙门氏菌（*S. typhimrium*）的相转变。沙门氏菌的相（phase）是由于它的两种鞭毛蛋白 H1 和 H2 交替表达，以此来逃脱宿主的免疫攻击。

一、沙门氏菌的相转变

在沙门氏菌的鞭毛合成中，通过启动子方向的改变来调节不同鞭毛蛋白的合成。细菌是通过摆动其鞭毛来运动的，许多沙门氏菌因它们具有两个非等位基因控制合成鞭毛蛋白（鞭毛蛋白的亚基）而出现两相性（diphasic）。同一菌落既可以表达为 H1 型［细菌处于 1 相（phase1）］，也可以表达为 H2 型［细菌处于 2 相（phase2）］。在细菌的分裂中由一相转变为另一相的概率有 1/1000，称为**相转变**（phase variation）。

负责合成两种鞭毛的基因位于不同的染色体座位。图 10.31 表明鞭毛蛋白合成的循环调控。*h2* 基因和另一个编码 *h1* 阻遏物基因 *rh1* 紧密连锁，这两个基因协同表达。处于 2 相时，在 *h2* 基因表达的同时，阻遏物基因也得到表达，且阻抑 *h1* 基因的合成；在 1 相时，*h2* 基因和 *rh1* 基因都不表达，这样 *h1* 基因就进行表达。在此控制途径中，细菌的"相"取决于 *h2-rh1* 转录单位是否有活性。这个转录单位的活性是由与它相邻接的一个 DNA 片段来控制的，此片段长 995bp，两端是长 14bp 的反向重复序列（IR_L 和 IR_R）。*h2* 的起始密码子在反向重复序列 IR_R 右侧 16bp 处。

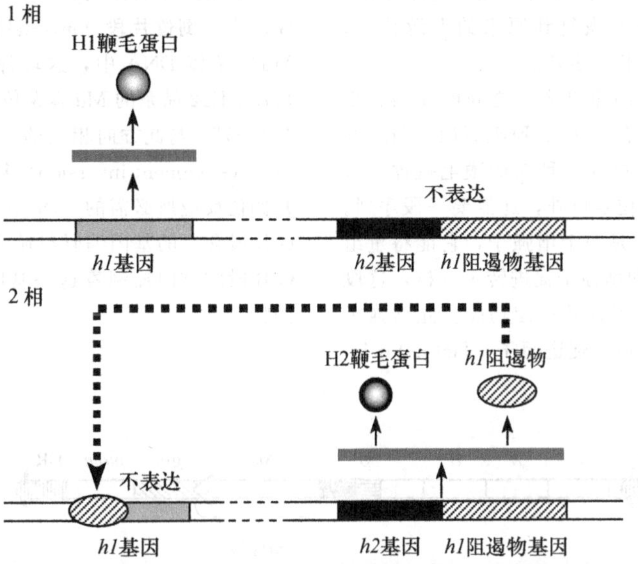

图 10.31　沙门氏菌通过 *h2* 转录单位的活性来决定鞭毛的"相"

含有 *hin* 基因的 DNA 片段在 IR_L（左反向重复序列）和 IR_R（右反向重复序列）之间，其产物 Hin（H segment inversion）蛋白（酶）通过反向重复序列之间的交互重组来介导整个片段的倒位（图 10.32）。*hin* 基因突变会使倒位的频率降低为野生型的 10^{-4}。

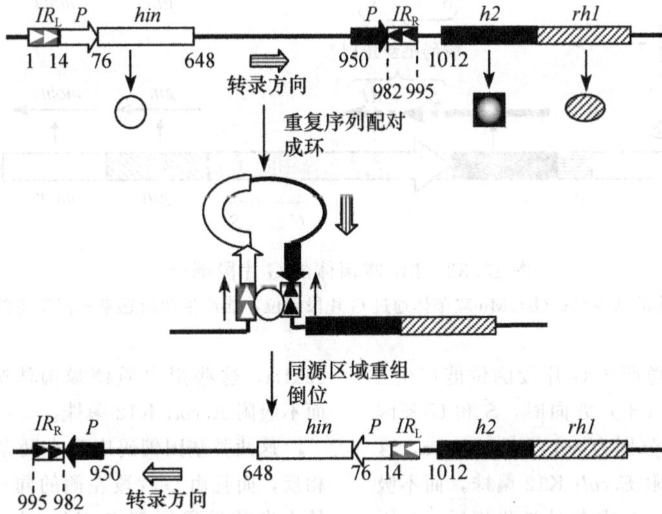

图 10.32　沙门氏菌相转变的位点特异性重组

hin 基因和 *h2-rh1* 转录单位各具有自己的上游启动子。这两个启动子及 *hin* 基因都位于倒位片段之中，但 *h2-rh1* 转录单位却在倒位片段的侧翼。这样倒位后，*hin* 基因和其启动子的相对位置没有改变，仍可以表达，介导下一轮的倒位，而 *h2-rh1* 转录单位的启动子不仅已远离，而且方向和原来相反，因此不能表达，出现了 1 相。经下一轮的倒位，*h2-rh1* 转录单位的启动子又恢复到原来的上游位置，可以正常转录，导致 2 相的表达。

Hin 酶可以催化反向重复序列之间的交换、重组，导致倒位。当细胞的生长受到阻碍时，Hin 酶的表达就会增高，以便更换一种新的鞭毛抗原。这个过程除需要 *hix* 重组位点以外，还需要一段序列。这段短序列长仅 60bp，是一个增强子，它能将重组效率提高约 1000 倍。和增强子促进转录一样，这段序列也能在离重组位点很远处行使功能。此增强子要起作用还需要细菌的**倒位促进因子**（factor for inversion stimulation，Fis）。Fis 和宿主整合因子（intergration host factor，IHF）一样，也是一个位点特异性的 DNA 弯曲蛋白。Fis 与 Hin 的相互作用对此重组过程是很重要的。

二、Mu 噬菌体的 G 片段倒位

在 Mu 噬菌体基因组右端有 3kb 的区域，称为 G 片段或**倒位片段**（invertable segment），在不同的 Mu 噬菌体 DNA 中，这段序列方向不同。在感染 *E. coli* K12 品系的 Mu 噬菌体中，G 片段的方向称为“G(+)”。与此方向相反的 G 片段，称为“G(−)”。*gin*（G segment inversion）基因位于 G 片段的右侧，是倒位反应所必需的（图 10.33），和 *hin* 基因同源。G 片段含有的基因编码与噬菌体吸附有关的蛋白质。G 片段的方向控制着这些基因的表达，决定了宿主的特异性。

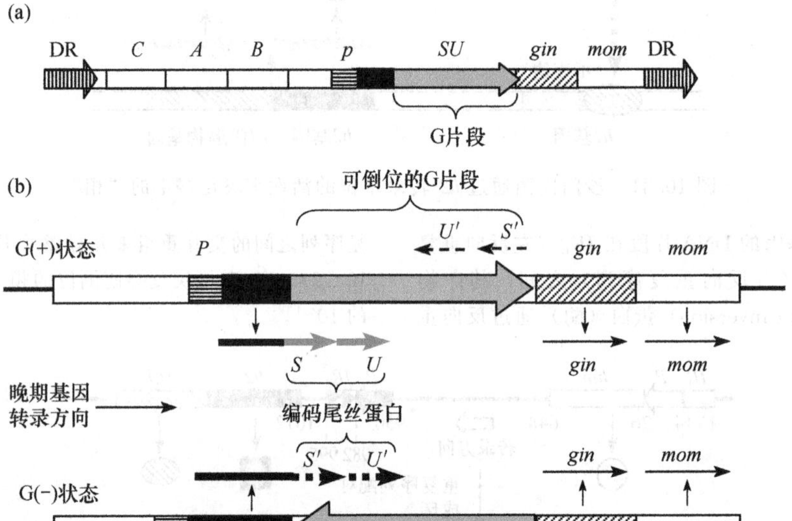

图 10.33　Mu 噬菌体的 G 片段倒位

（a）Mu 噬菌体的基因组；（b）Mu 噬菌体通过 G 片段倒位，能产生两组感染不同宿主的尾丝蛋白

图 10.33 表明 Mu 噬菌体 G 片段倒位能产生 4 种不同的尾丝蛋白。G（+）方向时，*S* 和 *U* 基因表达，产物的分子质量分别为 56kDa 和 21kDa，这些蛋白质可使噬菌体吸附 *E. coli* K12 菌株，而不吸附 *E. coli C* 菌株。G（−）方向时与此相反，基因 *S'* 和 *U'* 表达，它们产物的分子质量分别为 48kDa 和 26kDa，这些蛋白质使噬菌体吸附 *E. coli C* 菌株，而不吸附 *E. coli* K12 菌株。

这两类基因编码序列在两条互补链上，但方向相反，而且由 G 片段左侧的同一个启动子转录。两种方向的编码区都有 4kb，而 G 片段本身仅 3kb，因此还有 1kb 与启动子相连，在 G 片段上游邻接的

Sc 区（S 的恒定区），它是 S 和 S′蛋白 N 端共有的序列。倒位的部分提供了 S 蛋白的可变区（Sv 和 Sv′）。

Mu 噬菌体的 *gin* 基因和沙门氏菌的 *hin* 基因的功能相似，它们在体外实验中甚至可以互相替代。在 *E. coli* 中也有一类基因，称 *pin*。它能促使其邻接的约 7.8kb 长的 DNA 片段倒位。在这个可倒置片段的两端有 29bp 长的反向重复。现在尚不了解这个反应有何功能。

在体外亦可进行 Gin 蛋白或 Hin 蛋白介导的倒位反应，但还额外需要一个宿主编码的未知蛋白质及底物 DNA 必须具有超螺旋存在。另外，底物 DNA 上除重组位点外还要一段约 60bp 的 DNA 序列，这个序列可位于底物分子上的任何部位（除了十分靠近重组位点外）。此序列位置的任意性似乎与转录作用中的增强子类似，故有人称之为"重组增强子"。

第五节　翻译水平的调控

翻译过程的几个主要步骤——起始、延伸和终止都存在不同方式的调控，以达到某种产物的平衡，既满足细胞的需要，同时又不造成浪费。

一、翻译起始的调控

（一）框重叠与翻译调控

框重叠（frame overlapping）是指两个编码不同的基因利用同一段 DNA 序列的现象。在原核生物中常常出现操纵子相邻的基因有少量的 DNA 序列发生重叠，这不仅可以充分利用有限的碱基，而且有时可以起到调控的作用。下面举几个例子来说明这个问题。

1. 色氨酸操纵子中的重叠核苷酸

色氨酸操纵子中的 5 个基因中（图 10.22），*E* 和 *D* 分别编码邻氨基苯甲酸合成酶的不同亚基，组成四聚体。*E*、*D* 产物的量一定要保持一种严格的当量关系，否则就造成浪费；同样 *A* 与 *B* 基因也是分别编码色氨酸合成酶的 α 亚基和 β 亚基，产量也要求一致。那么如何来保证产物产量的一致性？仅仅依靠操纵子的调节还是不够的，因为往往上游基因的表达量会大于下游基因。

人们发现当 *E* 发生突变时 *D* 的产量也随着下降，但不影响下游的 *C* 基因，这是否是极性效应所致呢？回答是否定的。因为在这种情况下即使是 ρ 因子也发生突变，*D* 的产量仍不能恢复。在上游基因发生无义突变时，有义密码子突变成了终止密码子，细胞中无对应的氨酰-tRNA，因核糖体在此解离，紧跟其后的 ρ 因子可以沿着 mRNA 追上 RNA 聚合酶，从 DNA 上解离下来停止了转录。因此，上游基因的突变就会影响到下游基因的产量。若 ρ 因子的基因也发生突变就不会使 RNA 转录半途中止。但 ρ 因子发生突变，*D* 产物不能恢复，说明 *D* 产量的下降不是极性突变所致。那么影响到 *D* 产量的机制是什么呢？原来在 *E*、*D* 两个基因之间存在着翻译偶联效应。*trpE* 的终止密码子和 *trpD* 的起始密码子相互重叠。

…*trpE*-Thr-Phe-终止

…　ACU UUC UGA UG GCU

Met-Ala-*trpD*…

…*trpB*-Glu-Ile-终止

GAA AUC UGA UG GAA

Met-Glu-*trpA*…

当 *trpE* 翻译终止时，核糖体尚没来得及解离就已处于 *trpD* 的起始密码子上，使翻译偶联起来，这两个基因彼此协调，而与下游邻近的 *C* 基因就不存在这种翻译偶联的关系。*C* 基因是独自编码吲哚甘油磷酸合成酶的，也无需和 *trpE*、*trpD* 保持严格的一致性。

trpB 和 *trpA* 也同样以这种偶联的关系来保持协调一致。

2. 半乳糖操纵子中的重叠核苷酸

E. coli 的 *gal* 操纵子中的 *E*、*T*、*K* 三个基因中，*T* 与 *K* 以另一种形式重叠来达到协调一致：

…*GalT*-Gly-Val-终止

GGA G TG **TAA** GAA ATG AGT

S-D ---------------- Met-Glu-*Gal* ***K***…

galT 基因的终止密码子位于 *galK* 基因的 S-D 序列与起始密码子之间，当 *galT* 翻译终止时，核糖体仍牢固地结合在 mRNA 上，继续翻译，使 *galT* 和 *galK* 的翻译保持一致。而在上游的 *galE* 基因却不与 *galT* 偶联，这是由于 UDP-Gal 既可作为碳源，又是细胞壁的重要构筑材料，在无外源半乳糖时，可通过 *galE* 产物（异构酶）的催化将自己的 UDP-

Glu 转变为 UDP-Gal，因此 *GalE* 需要独立行动，所以无需和操纵子中另外两个基因偶联调节。

3. β-内酰胺酶操纵子中的重叠核苷酸

大肠杆菌的抗氨苄青霉素 C 的 β-内酰胺酶基因（*ampC*）操纵子与其他细菌的 *ampC* 操纵子结构不同，缺少调控基因 *ampR*。大肠杆菌 *ampC* 的启动子与延胡索酸还原酶（*frdABCD*）操纵子中的 *frdD* 基因有 10 个密码子重叠（图 10.34）。*frd-ABCD* 操纵子的转录终止子具有发夹结构，同时也作为 *ampC* 基因的衰减子，在这种衰减调控作用下，*ampC* 基因呈低水平表达。大肠杆菌 K12 菌株中的 *frd* 和 *ampC* 操纵子重叠，但在 C 菌株中没有重叠，相距约 1.1kb。

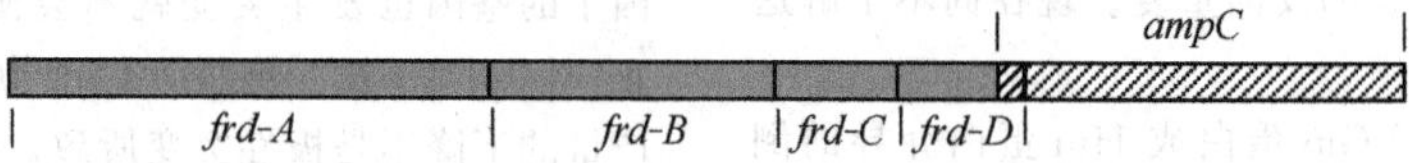

图 10.34　*E. coli* 中延胡索酸还原酶基因（*frd-D*）与氨苄青霉素 C(*ampC*) 基因的重叠

（二）r-蛋白的自主调控

翻译起始的调节存在一种和转录调控类似的形式；无论编码区的起始位点是否对核糖体有利，调节分子直接或间接地决定翻译起始。这种调节分子可能是蛋白质，也可能是 RNA。

有一种蛋白质可以结合到 mRNA 的靶区域阻止核糖体识别以达到阻遏的功能。图 10.35 表明这种机制的共同类型。在此调控机制中，调节蛋白可以直接结合到含有 AUG 的起始密码子的序列上，阻断核糖体的结合。图 10.36 中的 6 个操纵子的共同特点是某些基因受到一种产物的调节。在各种情况下产生调节蛋白的基因也是被调节的靶基因之一，这就是自主调控的例子。在 r-蛋白操纵子中，调节蛋白抑制了操纵子中邻近位点基因的表达，这是负自主调节的例子。

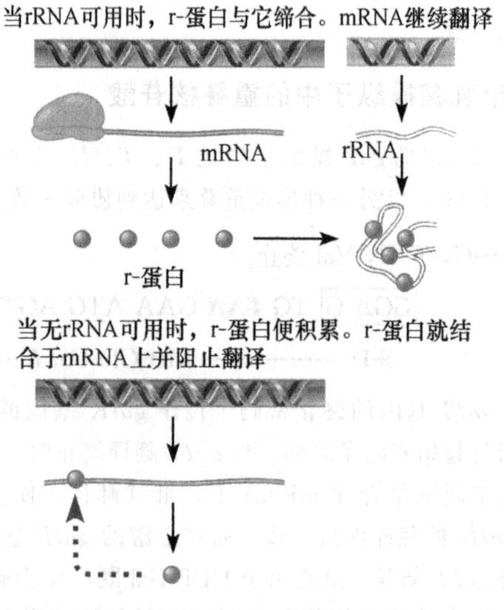

图 10.35　r-蛋白操纵子的翻译是自主调节的，以应答 rRNA 的水平（引自 Lewin，2008）

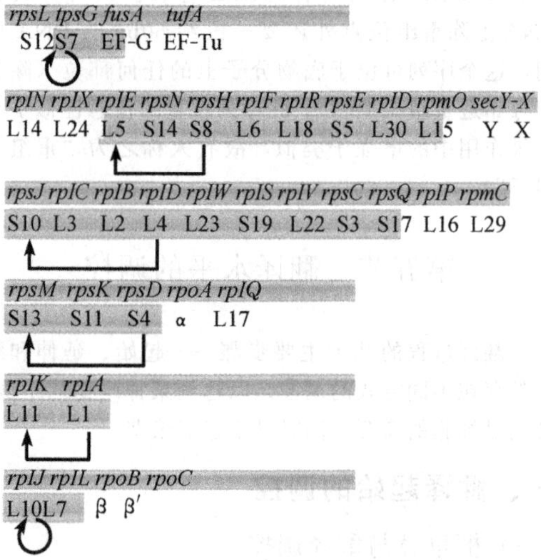

图 10.36　编码核糖体蛋白、蛋白质合成因子和 RNA 聚合酶亚基的基因分布在少数操纵子上，这些操纵子是自主调控的（引自 Lewin，2008）

箭头起始处表示调节因子（如 S7、S4、L1 和 L7），箭头所指处表示被调节的蛋白（如 L11）

在各种情况下，蛋白质的积累抑制其本身的进一步合成，而且还涉及其他基因产物。这种作用常存在于多顺反子的翻译水平，而且在各种情况下能在体外重复这种现象。这样游离核糖体蛋白的存在可以触发翻译的阻遏。

结合于 rRNA 的 r-蛋白所建立的自主调控表明存在一种 r-蛋白合成与 rRNA 合成连接的机制。图 10.35 表示 r-蛋白操纵子转录的自主调控模型。假设 r-蛋白在 rRNA 上的结合位点比在 mRNA 上的强。只要任何游离的可用的 rRNA 存在，新合成的 r-蛋白将与之缔合，装配成核糖体，mRNA 翻译将继续进行。一旦 rRNA 合成降低或停止，无 rRNA 可用时，游离的 r-蛋白就开始积聚。然后它们有效地结合到它们自己的 mRNA 上，阻遏进一步的翻译。这种循环保证了每个 r-蛋白操纵子以相同的方式对 rRNA 的水平作出应答：一旦 r-蛋白相对过剩，蛋白质的合成就会停止。

自主调控在噬菌体中是一种常见的调控方式（表 10.5）。T4 噬菌体基因 *32* 的产物 p32 蛋白就是一个典型的例子。此蛋白在遗传重组、DNA 配对和复制中起到举足轻重的作用，它的功能是凭借其结合单链 DNA 的能力来实现的。

表 10.5　结合 mRNA 起始区的蛋白可以阻遏翻译

阻遏物	靶基因	作用位点包含
R17 外壳蛋白	R17 复制酶	包含核糖体结合位点的发夹环结构
T4 RegA	T4 早期 mRNA	含有起始密码子的各种序列
T4 DNA 聚合酶	T4 DNA 聚合酶	S-D 序列
T4 p32	基因 *32*	单链 5′前导序列

图 10.37 表示基因 *32* 的调控模型，当噬菌体感染的细胞中存在单链 DNA 时，它容纳了 p32 蛋白。但在缺乏单链 DNA 或至少有过剩 p32 存在时，此蛋白就阻止其本身 mRNA 的翻译。据推测，其作用是由 p32 直接结合在 mRNA 上阻断了翻译的起始，结合位点有可能就在核糖体结合位点周围的 A-T 丰富区。

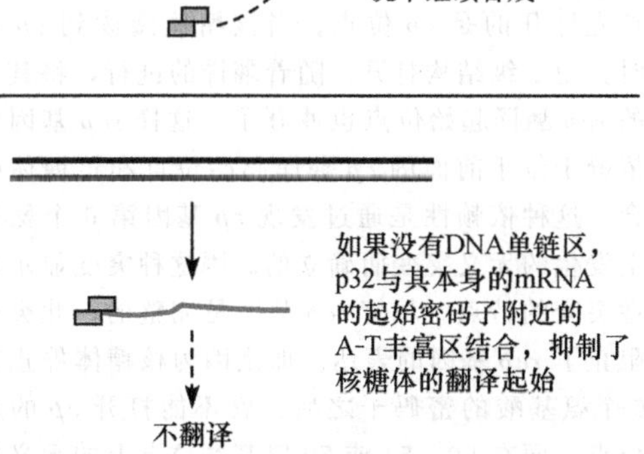

图 10.37　过量的 p32 蛋白与自身的 mRNA 5′端翻译起始区结合，从而阻断了翻译的起始

T4 噬菌体由 *regA* 基因编码的调节蛋白阻遏感染早期转录的各种基因的表达，这提供了一个普遍性的翻译调节的例子（表 10.5）。RegA 蛋白是通过与 30S 亚基在 mRNA 起始位点上的竞争来阻断这些基因的 mRNA 的翻译，其作用是直接与一种阻遏蛋白的功能互相补充，而这种阻遏蛋白是可以与多种操纵子相结合的。

在真核细胞中也存在类似的自主调控。例如，装配大分子的亚基进行自我调节的微管蛋白。微管蛋白是形成微管的单体，其 mRNA 的产生受到游离微管蛋白库的控制。当这个库达到一定浓度时，微管蛋白 mRNA 的进一步合成就受到阻碍。调节的靶位点是在编码区开始处的一个较短的序列，微管蛋白可能直接结合于 mRNA 上，或结合于新生肽存在的区域。无论哪一种模型都表明过量的微管蛋白可导致翻译受阻，这个反应的结果使微管蛋白的 mRNA 不稳定。

（三）核糖体分子开关

核糖体分子开关（molecular switch on the ribosome）是指核糖体通过其构象的改变来调节翻译的开启和关闭的现象。核糖体是细胞内合成蛋白质的场所，也是天然抗生素的主要靶标。德国的 J. M. Harms（2008）等发现，含硫多肽类抗生素的硫链丝菌肽（thiostrepton，Thio）和**微球菌素**（micrococcin，Micro）通过 L11 这一分子开关控制核糖体的翻译过程。

含硫多肽类抗生素能够作用于核糖体的 GTP 酶相关位点，同时结合核糖体中的 L11 蛋白和 rRNA。以往研究表明，硫链丝菌肽（Thio）和微球菌素（Micro）通过该途径影响细菌延伸因子 EF-G 的活性，但两者作用相反，Micro 可激活核糖体 GTP 酶活性，而 Thio 则抑制 GTP 酶活性。J. M. Harms 等采用 X 射线衍射技术，确定了 Thio、诺雪七（nosiheptide，Nosi）和 Micro 与耐辐射菌（*Deinococcus radiodurans*）的核糖体大亚基的结合位点及作用方式。核糖体蛋白 L11 和 23S rRNA 结合，使其螺旋结构形成裂隙。L11 的构象会发生变化，这种变化加宽此裂隙，从而使延伸因子 EF-G 得以插入，促使 GTP 水解，为肽链合成过程中的移位反应提供能量。Thio 能够与 L11 和 23S rRNA 结合，阻止 L11 的构象改变，阻止裂隙的形成，从而抑制 EF-G 的作用。与此相反，Micro 与 L11 的结合能够促进其构象发生改变，使其与核糖体蛋白 L7 结合，介导

L7与EF-G发生相互作用，促进GTP水解后焦磷酸的释放。由此可见，L11通过构象变化控制核糖体中蛋白质合成过程。L11结构相当保守，而且存在于所有生物体内，因此这种分子开关的作用可能广泛存在。

（四）二级结构和翻译的调控

在一些RNA噬菌体中二级结构在翻译调控中起了重要的作用。为了弄清这种调控的机制，首先我们需要了解这类噬菌体特殊的复制过程。

E. coli 的RNA噬菌体MS2、R17、f2和Qβ都非常小，是已知最简单的噬菌体。这类噬菌体的复制酶复合体是由本身合成的复制酶和宿主合成的Tu、Ts及S_1三种蛋白质组成的复合体。复制酶复合体以4种核苷三磷酸为底物，催化合成与噬菌体RNA序列互补的RNA链。反应的过程和DNA指导的RNA聚合酶所催化的反应相似。依赖于RNA的RNA聚合酶特异性很高，仅识别噬菌体自身的RNA。在噬菌体特异的RNA聚合酶装配好后不久，酶就吸附到正链RNA的3′端，以正链为模板由5′向3′方向延伸，合成出负链RNA。合成结束后，负链从模板上释放。同样的酶又吸附到负链RNA的3′端，并以负链为模板合成正链（图10.38）。

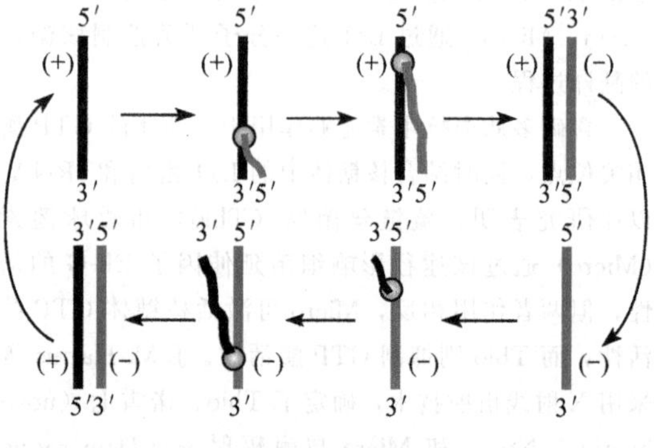

图10.38　RNA噬菌体（Qβ、MS2、R17、f2）的复制模型。由依赖于RNA的RNA聚合酶分别以正链RNA（黑色）和负链RNA（灰色）为模板由5′端到3′端延伸

这类噬菌体基因组长3600～4200nt，只含4个基因：*A*、*cp*、*rep*和*lys*。*cp*基因编码外壳蛋白（coat protein）；*A*基因编码附着蛋白（attachment protein）；*rep*基因编码复制酶（replicase）；*lys*(lysis)基因编码裂解蛋白，它和*cp*、*rep*基因重叠。

Qβ和MS2等不同，没有*lys*基因，但有A_1和A_2两个基因。A_2编码成熟蛋白，它兼有裂解蛋白的功能；A_1蛋白是主要的病毒粒子蛋白，它是核糖体通读外壳蛋白终止密码子“UGA”而产生的。

在噬菌体Qβ中，翻译产生蛋白质时，核糖体从正链5′端向3′端方向移动；而复制时复制酶要从模板RNA的3′端向5′端方向移动，这样核糖体和复制酶就可能发生“撞车”。但事实上并未发生这样的情况，这是由于复制酶可结合于*cp*基因的S-D序列上，阻断了核糖体在mRNA从5′端向3′端的移动，抑制了翻译，从而保证复制顺利进行（图10.39）。

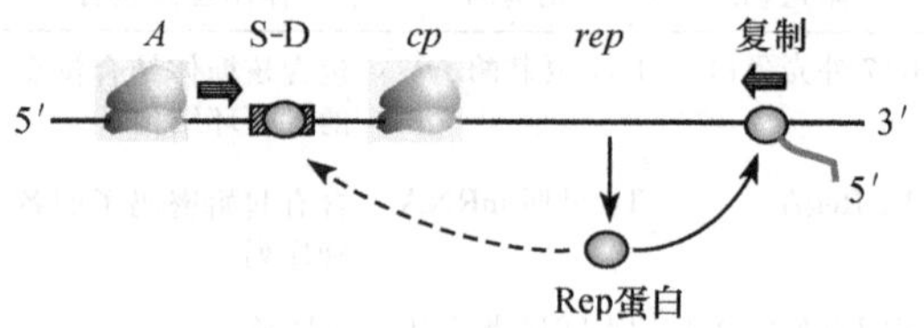

图10.39　噬菌体Qβ的复制酶可结合于S-D序列，阻断核糖体在mRNA从5′端向3′端的移动，抑制了翻译，以保证复制顺利进行

1. RNA噬菌体利用二级结构进行翻译调控

RNA噬菌体利用二级结构进行翻译调控的另一种方式是一个基因的翻译打开了二级结构，为下一个基因的翻译提供了条件。例如，噬菌体R17的基因组进入宿主细胞后，核糖体仅附着到*cp*基因开始的核糖体结合位点上，而不附着到*A*蛋白基因或*rep*基因的开始处。这是因为它们的核糖体结合位点被噬菌体RNA的二级结构所保护。相比之下，*cp*基因的起始密码子AUG曝露在二级结构的末端（图10.40），易被核糖体附着。由于*A*和*rep*两个基因的翻译位点被封闭在二级结构中，所以，首先打开的是*cp*位点。当核糖体阅读到*cp*基因时，使二级结构打开。随着翻译的进行，将其下游的*rep*翻译起始位点也冲开了。这样*rep*基因总是依赖于位于前面的*cp*翻译起始位点和核糖体的结合。这种依赖性是通过发现*cp*基因第6个氨基酸上发生的无义突变而确立的。因这种突变显示出极性突变的特点，尽管*rep*基因是完整的，此突变仍阻止了*rep*基因的表达。那是因为核糖体停止在第6个氨基酸的密码子之后，就不能打开*cp*的起始位点，而在50、54或70氨基酸位点上的无义突变并非是极性的，表明核糖体位于这些位点时，*rep*的翻译起始位点就已被打开了。虽然*rep*的核糖体

结合位点每次都被 *cp* 基因的翻译所打开，但 RNA 噬菌体的 CP 蛋白多肽链产生的量要比复制酶多得多，但新产生的外壳蛋白的亚基可以特异地附着到 *rep* 基因的核糖体结合位点，阻止了核糖体的附着。这样外壳蛋白就成了复制酶基因翻译的特异阻遏物。在感染 10min 后，外壳蛋白足以阻断复制酶的进一步合成。

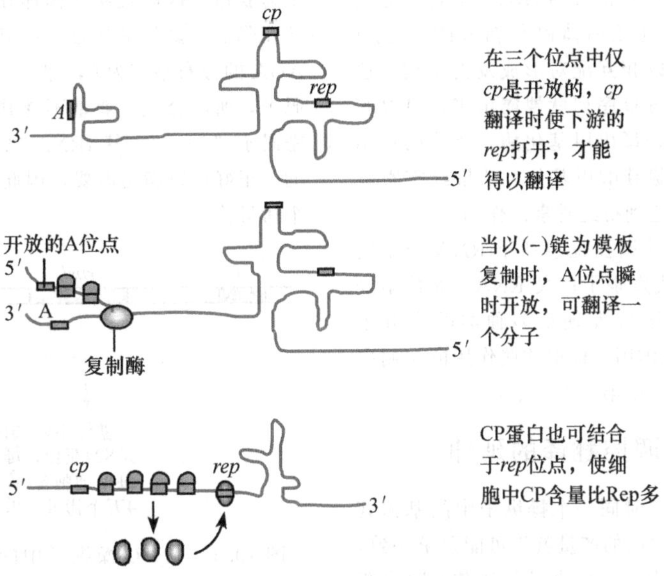

图 10.40　R17 噬菌体利用二级结构对翻译进行调控

A 蛋白的翻译是以负链为模板开始复制时，新合成的“+”链尚未形成二级结构之前将核糖体结合到其 *A* 位点上进行翻译，从而产生 A 蛋白。

2. 抗红霉素基因利用二级结构调控表达

衰减作用是原核生物利用 RNA 的二级结构来调控转录。利用相似的机制还可以对翻译进行调控，较典型的例子就是编码甲基化酶的抗红霉素基因利用 mRNA 二级结构的改变来调控表达，以对环境中是否存在红霉素作出反应（图 10.41）。抗红霉素基因 mRNA 的前导序列中有 4 段 RNA 序列，就像衰减子一样，可以相互配对形成二级结构。当无红霉素存在时，核糖体顺利翻译了前导肽，并从 mRNA 上释放下来，使得 1 区和 2 区、3 区和 4 区相互配

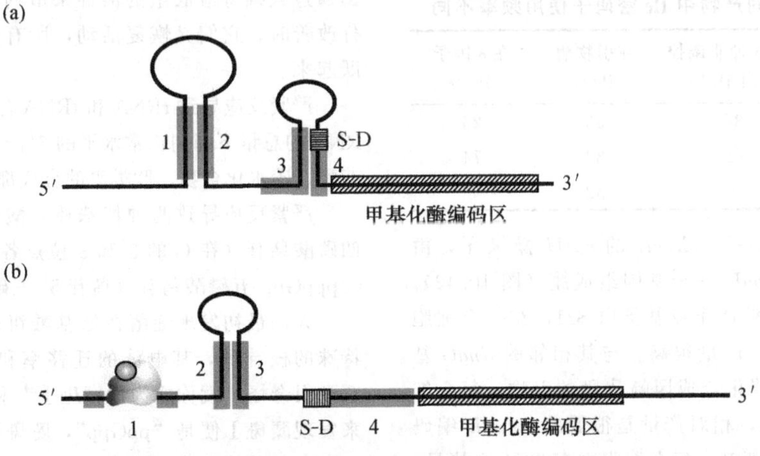

图 10.41　编码甲基化酶的抗红霉素基因的表达受到前导肽和 RNA 二级结构的调控

(a) 无红霉素时，呈关闭构象；(b) 红霉素存在时，呈开放构象

对，形成了二级结构。而其甲基化酶编码区的 S-D 序列正好处在 3 到 4 区之间，位于二级结构中，无法在翻译起始中发挥作用，因此甲基化酶不能产生，此时的 mRNA 呈现的是关闭构象。当红霉素存在时，它能与核糖体大亚基的 23S rRNA 结合，抑制了前导肽的翻译，因此核糖体停留在 mRNA 的 1 区，使 2 区和 3 区得以相互配对形成发夹结构。这样，甲基化酶基因的 S-D 序列就裸露出来，可以和第二个核糖体结合，翻译出甲基化酶。此酶的作用是使 23S rRNA 上的腺苷酸甲基化，结果红霉素就无法与其结合，从而达到抗红霉素的作用。

二级结构对翻译的调控也包括小 RNA 分子的调节。20 世纪 80 年代发现了反义 RNA，遗传学经过了 20 多年的发展陆续发现很多种类的小分子 RNA 具有反式调节的作用，根据这些作用的机制应纳入表观遗传的范畴（见第二十一章）。

二、稀有密码子调控翻译的延伸

在原核生物中，有时同一个操纵子中的基因其功能并不相关，那么它们的产量就不可能要求一致，但又同在一个操纵子中，如何来进行调节？除自我调控外还可以利用别的途径，如利用稀有密码子进行调控就是有效的方法之一。

所谓的稀有密码子是在一般的编码中利用频率很低的密码子。例如，在 25 种非调控蛋白中 Ile 的几种密码子频率如表 10.6 所示，其中 AUA 使用频率仅有 1%，它就是一种稀有的密码子。这就意味着在一般情况下，细菌中相应于 AUA 的 tRNA 比较少。

表 10.6　在不同产物中 Ile 密码子使用频率不同

密码子	在 25 种非调控蛋白中/%	在引物酶中/%	在 σ 因子中/%
AUU	37	36	26
AUC	62	32	74
AUA	1	32	0

现在再来看一下 *E.coli* 的 *rpsU* 操纵子，由 *rpsU*、*dnaG* 和 *rpoD* 三个基因组成簇（图 10.42）。*rpsU* 指令合成核糖体小亚基蛋白 S21，在每个细胞中有 4 万个分子，产量很高。与其相邻的 *dnaG* 基因编码引物酶，催化合成冈崎片段的引物，每个细胞中含 50 个拷贝，相对产量是很低的。*rpoD* 编码 RNA 聚合酶的 σ 亚基，每个细胞中有 2800 个拷贝，产量界于前二者之间。这三个基因连锁在同一操纵子上，它们产物的量何以能差异如此之大？表 10.6 中表明编码 Ile 的“AUA”在一般情况下使用频率仅有 1%，而在 *dnaG* 基因中它占有的频率是 32%，几乎占了 1/3，但细胞中其相应的 tRNA 含量很少，不易获得，这样就使核糖体在 mRNA 上发生延宕，从而降低了翻译的速度。*rpoD* 基因正好与此相反，AUA 的分布频率为 0，即根本就不使用这个稀有密码子，所以合成 σ 亚基不受其影响，而使用最多的密码子“AUC”，其 tRNA 也是细胞中含量最丰富的，正好可以满足需要，因此其产量可以高达 2800 个拷贝。

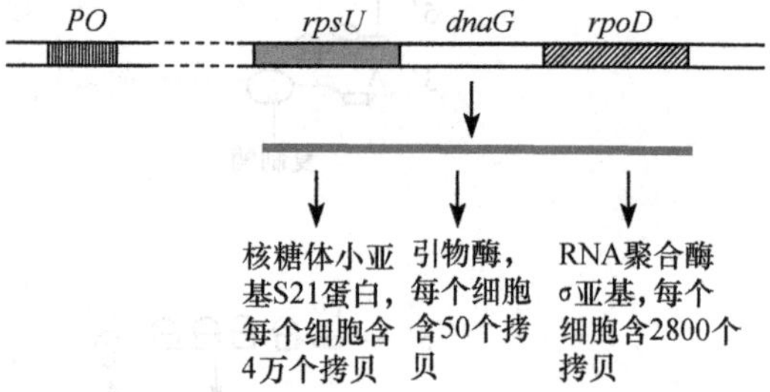

图 10.42　*rpoU* 操纵子中的三个基因编码的产物的拷贝数差异明显

三、翻译的终止调控

（一）严紧反应

当细菌发现它们自己生长在饥饿条件下，缺乏维持蛋白质合成的氨基酸时，它们将大部分活性区域都关闭掉，称为**严紧反应**（stringent response），这是它们抵御不良条件、保存自己的一种机制。细菌通过只维持最低量的活性来节约其资源，直到条件改善时，它们又恢复活动，所有代谢区域也都活跃起来。

严紧反应导致 rRNA 和 tRNA 合成大量减少，使 RNA 的总量下降到正常水平的 5%～10%。显然，核苷酸、碳水化合物、肽类等的合成都随之减少。

严紧反应导致两种特殊核苷酸积聚：①ppGpp-四磷酸鸟苷（在 G 的 5′和 3′位点各附着两个磷酸）；②pppGpp-五磷酸鸟苷（鸟苷 5′-三磷酸-3′二磷酸）。

人们最初发现细菌在氨基酸饥饿时，出现两种特殊的核苷酸，其电泳的迁移率和一般核酸不同，感到很奇怪，就称之为“魔斑Ⅰ”和“魔斑Ⅱ”，后来发现魔斑Ⅰ便是“ppGpp”，魔斑Ⅱ是“pppGpp”。

这些鸟苷是典型的小分子效应物，预期它们的功能是和靶蛋白结合以改变它们的活性，有时它们被称为“(p)ppGpp”。“(p)ppGpp”的功能是调节细胞活性大分子的协调性。它们的产生是由两种途径来控制的（图 10.43)。氨基酸的缺乏或氨酰-tRNA合成酶的失活突变都足以引起严紧反应，表明严紧反应的触发器是位于核糖体A位中的空载tRNA。但当氨酰-tRNA对一个特殊的密码子不能作出有效反应时，空载tRNA便能得以进入，这就阻断了核糖体的进程，而触发了一个**空转反应**（idling reaction)。

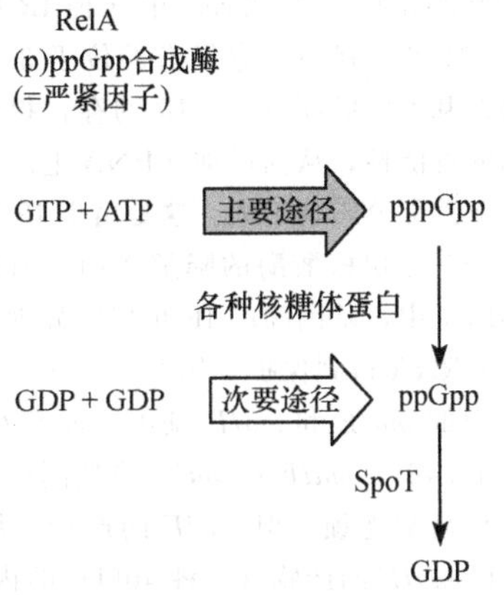

图 10.43　严紧因子催化 pppGpp 和 ppGpp 的合成。核糖体蛋白能使 pppGpp 去磷酸化而变成为 ppGpp（转引自 Lewin，2004)

通过空转反应产生（p)ppGpp的有关成分已通过**松弛型突变体**［relaxed mutant (*rel*)］被鉴别出来。*rel* 突变能去除严紧反应，这样氨基酸的饥饿便不会导致合成（p)ppGpp。松弛突变大部分位点位于 *relA* 基因中，此基因编码一种蛋白质，称为**严紧因子**（stringent factor)。

图 10.43 表示（p)ppGpp的合成途径，严紧因子(RelA）是一种（p)ppGpp的合成酶，它可以催化ATP将焦磷酸加到一个GTP或GDP的3′位点。

当条件恢复到正常时，由 *spoT* 基因编码一种酶，催化 ppGpp 迅速降解，其半衰期为 20s 左右。(p)ppGpp 合成结束时，严紧反应很快就消除。*spoT* 突变会提高 ppGpp 的水平，并会慢慢增加。

RelA 酶用 GTP 作为底物的频率较高，所以 pppGpp 的产生占优势。但 pppGpp 可以通过各种酶转化为 ppGpp。通过 pppGpp 产生 ppGpp 是最通用的路线，而 ppGpp 通常就是严紧反应的效应物。

图 10.44 表明核糖体对空载 tRNA 进入的反应与正常蛋白质合成的比较。当 ET-Tu 将氨基酸 tRNA 放在A位时，肽链随着核糖的移动而合成；但是当空载 tRNA 在A位与密码子配对时，核糖体仍保持不动，并进行了空转反应。

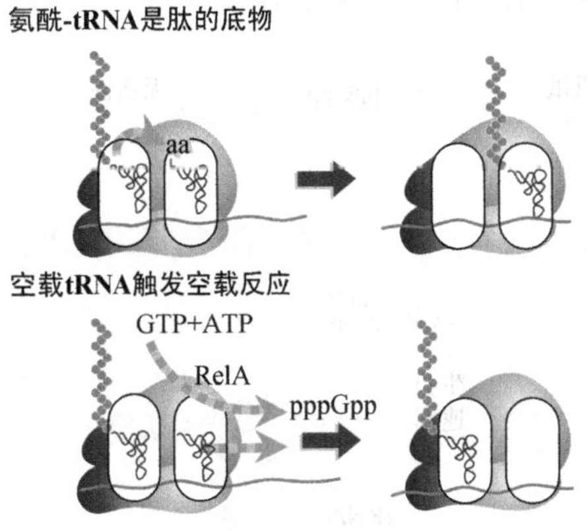

图 10.44　在正常的蛋白质合成中，在A位的氨酰-tRNA是肽基转移酶转移多肽链的信号，核糖体随着 EF-G 的催化而移动；但在严紧的条件下，空载 tRNA 的存在可导致 RelA 合成(p)ppGpp，并排出 tRNA（引自 Lewin，2004)

RelA 酶其本身是没有活性的，只有在核糖体存在时它才有活性。它的活性是由核糖体在合成蛋白中的状态所控制的。此控制的特点是通过另一个位点的松弛突变显示的，此突变原来称为 *relC*，现在弄清楚它就是编码 50S 亚基 L11 蛋白的 *rp1K* 基因。

L11 蛋白位于A位和P位的附近，它在此位置上对合适的密码子配对作出反应，空载 tRNA 在A位。L11 蛋白或某些其他成分构象的改变可能激活 RelA 酶，这样空转反应就代替了肽酰-tRNA 的转位。

(p)ppGpp 合成的每条途径都触发空载 tRNA 从A位释放出来，因此（p)ppGpp 的合成是一种对空载 tRNA 水平的持续反应。在饥饿条件下，当氨酰-tRNA 不能对A位的密码子作出有效反应时，核糖体便停滞不前。空载 tRNA 的进入触发了（p)ppGpp 分子的合成，并将空载 tRNA 排出，使A位重新空出来。核糖体是恢复多肽的合成，还是进行另一轮的空转反应，关键取决于氨酰-tRNA 是否有效。

ppGpp 是一系列反应的效应物，包括抑制转录（图 10.45)。许多反应已被报道，其中两个较为突出。①rRNA 操纵子的启动子的转录起始被严紧反应特异抑制了。严紧调节的启动子发生突变能消除严紧控制，表明此效应需要和特异启动子序列相互作用。②很多或大部分模板的转录延伸阶段被 ppGpp 缩短了，这是由 RNA 聚合酶停顿的增加引起的。此效应反映了在细胞内加入 ppGpp 时转录效率普遍下降。现在尚不清楚这种抑制的特异性，若不同操纵子之间这种抑制的变化很大，某些操纵子抑制作用更为显著的话，是不足为奇的。

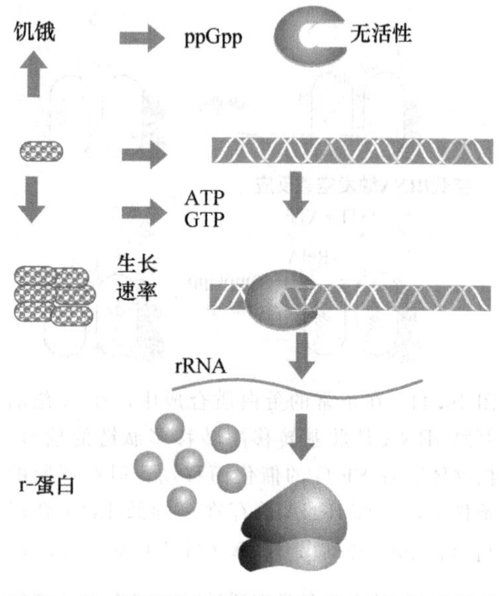

图 10.45　核苷酸水平调节了 rRNA 的转录起始（引自 Lewin，2004）

异常核苷酸在两种控制系统中都能发挥作用是很有趣的现象。这两种途径的抑制对细菌来说是特异的。在营养缺乏时鸟苷触发了严紧反应；而在缺乏葡萄糖时，cAMP 触发碳源利用的转换。

（二）mRNA 稳定性对翻译的调控

在 *E. coli* 中尚未发现 5′→3′外切活性的核糖酸酶，降解 mRNA 的酶有两种：RNase Ⅱ 和多核苷酸磷酸化酶，这两种酶都是 3′→5′的外切核酸酶，但 mRNA 的二级结构可以阻遏这些酶的作用。

在 *E. coli* 和沙门氏菌中，发现一种高度保守的反向重复序列（IR）（图 10.46），对 mRNA 的稳定性起着重要的作用。在 *E. coli* 中这种 IR 序列估计含有 500～1000 个拷贝。它们有的位于 3′端非编码区，有的在基因间的间隔区。IR 的存在提供了形成茎环结构的可能性，从而增加 mRNA 上游部分的半衰期，对下游部分影响不大。这是由于 IR 的存在可以防止 3′→5′外切核酸酶的降解作用。因此在多顺反子的操纵子中，基因间的 IR 可以特异地使其某些基因上游 mRNA 得到保护。例如，在 *E. coli* 的麦芽糖操纵子中的 *malE* 和 *malF* 基因之间存在两个 IR 序列（图 10.46）。*malE* 和 *malF* 虽然同在一个操纵子中，而且紧密连锁，但 *malE* 的产物（周质结合蛋白）要比 *malE* 的产物（一种 40kDa 的内膜蛋白）的含量高 20～40 倍。这可能由于 *malG* 和 *malF* 的 mRNA 区域不如 *malE* 的区域稳定，在 *malE* 3′端有两个 IR 存在，可以形成茎环而保护其不被外切酶所降解。若 IR 区缺失，那么 *malE* 产物的量就会减少到原来的 1/9。

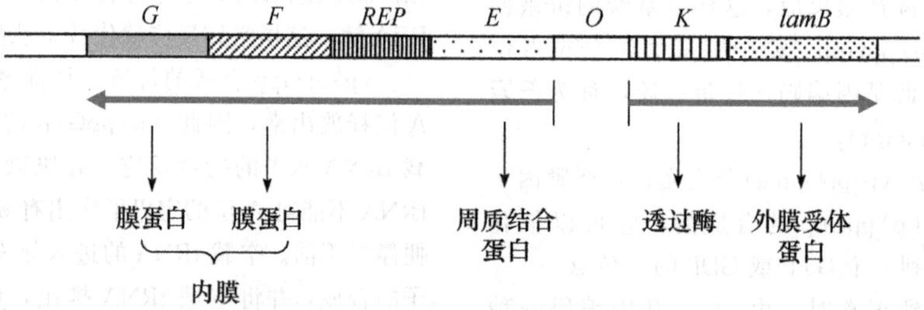

图 10.46　麦芽糖操纵子中的反向重复序列和 mRNA 的稳定性

（三）通读翻译

通读翻译（read-through translation）是指越过 mRNA 中正常的终止密码子而继续翻译的现象。除了终止密码子的突变外，一般通读翻译是由阻抑 tRNA、移码和旁通所致。

1. 阻抑 tRNA

阻抑 tRNA（suppressor tRNA）亦称为校正 tRNA，是一种反密码子发生突变的 tRNA，它能消除 mRNA 中有害的突变。

有些 tRNA 的突变体能阻抑基因突变，在 tRNA 校正系统中，第一次阻抑突变发生在 mRNA 上，改变了某个密码子，使有义密码子变成了无义密码子，因而合成的产物是截短的或**平截**（truncation）的，一般都是没有功能的。而第二次发生的阻抑突变或校正突变改变了 tRNA 上的反密码子，但它仍可识别突变密码子，当插入一个氨基酸后，可使蛋白质的功能得到恢复。此抑制称为依赖于原来突变特点的无义阻抑或错义阻抑。

在一个野生型细胞中，**无义突变**可被释放因子所识别而终止蛋白质的合成。**阻抑突变**（suppressor mutation）产生了一种氨酰-tRNA 能识别终止密码子，通过一个氨基酸的插入使蛋白质的合成能持续下去（图 10.47）。翻译系统这种新的能力使完整的蛋白质得以合成。如果阻抑 tRNA 所携带的氨基酸和野生型蛋白氨基酸不同的话，此蛋白质的活性可能会降低。

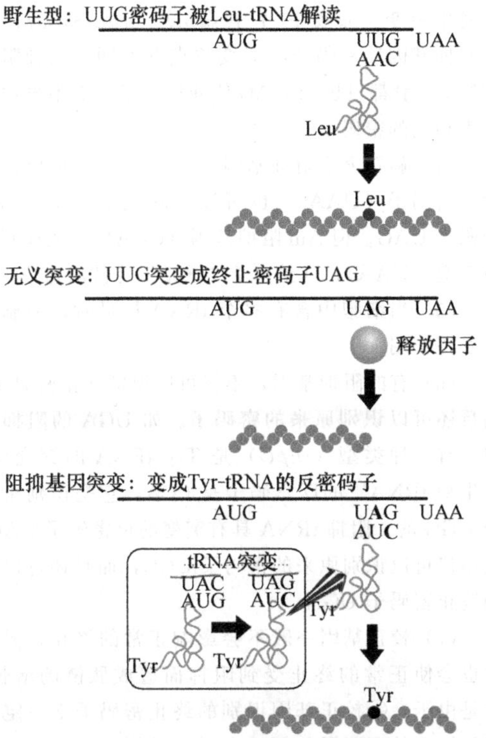

图 10.47　无义突变可被带有反密码子发生突变的 tRNA 所阻抑。这样抑制突变的密码子处插入了一个氨基酸，产生全长的蛋白质，原有的 Leu 被 Tyr 取代（引自 Lewin，2004）

1）无义阻抑

通过阻抑 tRNA 识别无义突变位点，将某种氨基酸插入该位点，使多肽链继续延伸而不中途停止，称为**无义阻抑**（nonsense suppressor）或**无义校正**（图 10.48）。无义阻抑是通过三个不同的途径来进行的：①tRNA 反密码子的突变；②副密码子或其他结构的改变；③tRNA 反密码子的化学修饰。

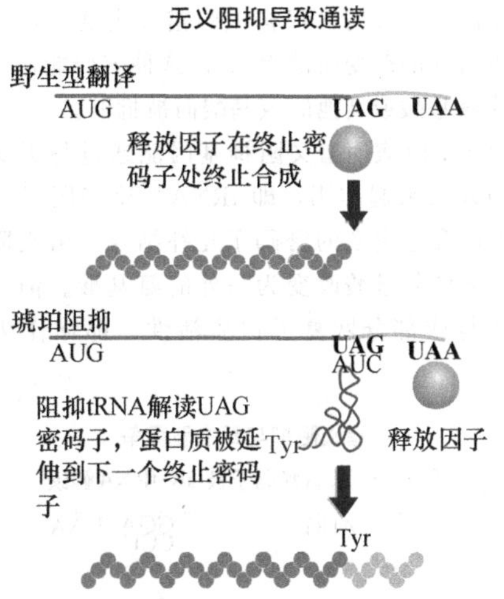

图 10.48　无义阻抑也能通读正常的终止密码子，合成的蛋白质比野生型的更长（引自 Lewin，2004）

tRNA 反密码子的突变是阻抑基因的主要途径。根据阻抑基因的反密码子，无义阻抑分为三类，对应于三个终止密码子。表 10.7 表示几种研究得最多的阻抑基因。最容易研究的是琥珀突变（Am）阻抑基因。在大肠杆菌中至少有 6 种 tRNA 突变后可识别密码子 UAG，所有的 Am 阻抑 tRNA 都有反密码子 CUA，它是由各种野生型 tRNA 反密码子中单个碱基的改变而产生的。

表 10.7　由反密码子突变而产生的无义阻抑基因

基因	tRNA	野生型		阻抑基因	
		识别的密码子	反密码子	识别的密码子	反密码子
supD(*su1*)	Ser	UCG	CGA	UAG	CUA
supE(*su2*)	Gln	CAG	CUG	UAG	CUA
supF(*su3*)	Tyr	UAC,UAU	GUA	UAG	CUA
supC(*su4*)	Tyr	UAC/UAU	GUA	UAA/UAG	UUA
supG(*su5*)	Lys	AAA/AAG	UUU	UAA/UAG	UUA
supU(*su7*)	Trp	UGG	CCA	UGA/UGG	UCA

2）错义阻抑

带有正确氨基酸反密码子突变的 tRNA 与错义突变的密码子结合，使错义突变得到阻抑的效应称为**错义阻抑**（missense suppressor）或错义校正。同样，错义阻抑也可通过不同的途径来进行。

错义突变（missense mutation）使其编码的氨基酸变成另一种氨基酸，这种新的氨基酸取代了蛋白质中某位点上原来的残基，可能使蛋白质失去功能（任何氨基酸的取代构成的错义突变，可以通过蛋白质活性的改变而被检测）。这种突变能通过插入原来的氨基酸或其他的氨基酸而被抑制。

图 10.49 表明错义阻抑基因能通过与无义阻抑相同的方法来起作用，即 $tRNA^{Gly}$ 反密码子发生突变，可以和已突变的密码子互补结合。错义阻抑涉及将原来的氨基酸改变为另外的氨基酸。但只要能完全恢复或部分恢复蛋白质活性，都称作为错义阻抑。

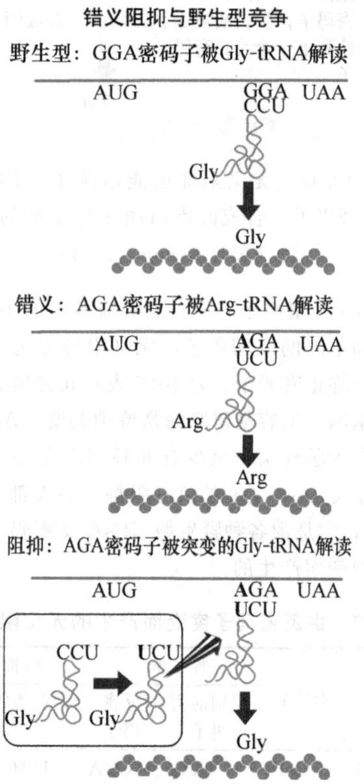

图 10.49 tRNA 的反密码子产生突变时，发生错义阻抑以应答错误的密码子。这种阻抑仅是部分的因野生型 tRNA 和阻抑 tRNA 两者对 AGA 都能作出应答（引自 Lewin，2004）

另有一种途径也可产生错义突变，即突变发生在 tRNA（或氨酰-tRNA 合成酶）对氨基酸的识别与连接上。虽然这种 tRNA 的反密码子没有改变，但它所携带的氨基酸却不同，这也可能导致错义阻抑。但这种类型的错义阻抑是很少的，因为不仅副密码子要发生突变，反密码子也要同时发生突变，使其能识别终止密码子方可达到阻抑。

阻抑突变具有以下特点。

（1）不是所有的阻抑基因都能产生有功能的蛋白质，起到抑制或校正的作用，关键要看氨基酸取代的情况。例如，由 Leu 的密码子“UUG”突变成“UAG”时，当阻抑基因所携带的氨基酸是 Tyr、Ser 或 Trp 时，都可起到阻抑的功能。若氨基酸是带电荷的 Lys、Gln 和 Glu，则蛋白质是没有功能的。

（2）校正的作用不可能是完全的。这是由两方面因素决定的：①校正的 tRNA 分子是有限的，而且还要和释放因子竞争，这样使得无义突变位点并不能全部得到校正；②若是错义阻抑的话，由于氨基酸发生取代，使蛋白质的活性有所降低。

（3）反密码子中，三个碱基中的任何一个都可能发生突变。如表 10.7 中 *supD*、*supE* 和 *supF* 三个阻抑基因反密码子的突变位点都不同。每种阻抑 tRNA 一般都只识别 UAG 终止密码子，而不再识别原来相应的密码子。

（4）赭石突变阻抑基因（UUA）不仅可以识别赭石密码子（UAA），也可以抑制琥珀突变（Am）密码子 UAG。但 Am 阻抑基因（CUA）不能抑制赭石突变（UAA），这是由于“摆动”缘故所造成。

（5）当细胞中含有多个 tRNA 拷贝时，抑制才能发挥作用。

（6）有的阻抑基因，不仅可以识别终止密码子，而且还可以识别原来的密码子。如 UGA 的阻抑基因，有一种类型（*supU*）是 Trp tRNA 的突变体。野生型 $tRNA^{Trp}$ 的反密码子是 CCA，它是识别密码子 UGG 的。阻抑 tRNA 具有突变的反密码子 UAC，它不仅可以识别原来的密码子 UGG，而且还可以识别终止密码子 UGA。

（7）校正基因一般不会影响正常的终止，但有时也会使正常的终止受到阻抑而造成肽链的增长。这是由于：①校正基因识别的终止密码子不一定和正常终止的密码子相同，有时正常终止位点有两个连续的终止密码子，而且结构不同，如 UAG-UAA；②释放因子和阻抑基因竞争与终止密码子的结合；③阻抑基因的效率很低，通常为 1%～5%，所以通常不会抑制正常终止。

2. 移框

当氨酰-tRNA 滑动一个碱基[向前移 1 位（+1）或向后退 1 位（−1）]时，读框改变而产生**读框移位**（reading-frame displacement），即**移框**（frame-shifting）（图 10.50）。这是一种**程序性移框**（programmed frameshifting），是正常情况下的一种基因调控模式，它发生在特定位点，发生的概率比非程序性的错读概率（3×10^{5}/密码子）高 100～1000 倍。在编码区也并未增加或减少核苷酸，和移码突变的概念是不同的。**移框突变**（frameshift mutation）是基因编码区内减少或增加的核苷酸数目不是 3 的倍数而造成的读框移动。

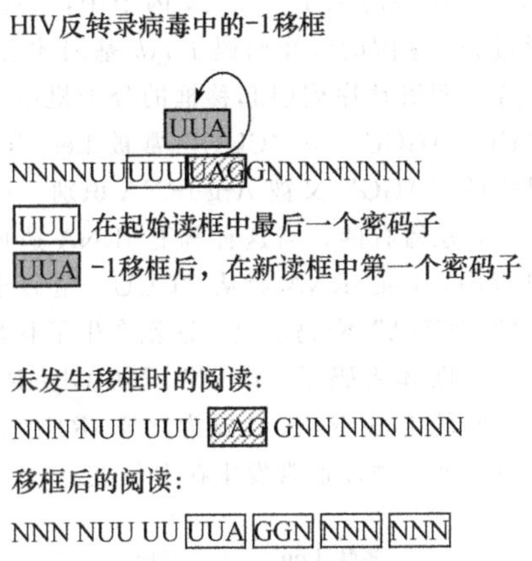

图 10.50　tRNA 滑动一个碱基后与密码子配对导致能阻抑终止的移框。其效率通常约为 5%

在以下两种情况下，移框与特异性 tRNA 有关：①一些突变的阻抑 tRNA 识别一种 4 碱基的“密码子”，而不是通常的 3 个碱基；②特定的“滑动”序列允许一个 tRNA 在核糖体的 A 位向前或向后移动 1 个碱基。

特殊的 tRNA 作为**基因外移框抑制因子**（extragenic frameshift suppressor）也能产生移框。例如，在 mRNA 上一个 G 可能会被插入几个连续的 G 序列中。移框突变抑制因子是在反密码子环上插入了一个额外碱基“C”的 $tRNA^{Gly}$，反密码子由原来的三联体序列“CCC”变为四联体“CCCC”。这种阻抑 tRNA 可以识别一个 4 碱基的“密码子”。另一些移框抑制因子可以识别多于一种的 4 碱基“密码子”。例如，细菌的 $tRNA^{Lys}$ 抑制因子既可以识别“AAAA”又可以识别“AAAU”，而不是通常的密码子 AAA。还有一种抑制因子可以识别任何一种前三位碱基为“ACC”的 4 碱基密码子，第 4 位的碱基不影响识别。在这些例子中，这种加长密码子中的第 4 位碱基并不符合通常的摆动规则。

特定的“滑动”序列产生的移框有两个特点：①具有一个保守的滑动序列，使氨酰-tRNA 与其配对，并向前（+1）或向后（−1）移动一个碱基，而与另一个与终止密码子重叠的密码子配对，从而越过终止密码子进行通读；②发生移框时，往往是因为相邻密码子需要一种稀有的氨酰-tRNA，或释放因子识别较慢的终止密码子，或是 mRNA 上一个可阻碍核糖体移动的假结，使核糖体在移框位点被延误。**RNA 假结**（RNA pseudoknot）是 RNA 中一种常见的三级结构元件。RNA 茎环结构上的序列与其他邻近部位的序列进行碱基配对，形成类似“打结”的性状。

在噬菌体和病毒中移框很常见，可能会影响蛋白合成的终止或通读，这并非是偶然的突变，而是由其特定编码 mRNA 固有的性质决定的。

例如，冠状病毒（SARS-CoV）基因组长 29～31kb，属正链 RNA 病毒。基因组编码区依次排列为编码 5′端帽状结构、复制酶（Rep）基因、刺突糖蛋白（S）、包膜蛋白（E）、基质膜糖蛋白（M）、核衣壳蛋白（N）和 3′端 polyA 尾。其中复制酶基因约占 2/3，由 ORF1a 和 ORF1b 两个可读框组成，编码的两个多聚蛋白经裂解后形成 RNA 依赖的 RNA 聚合酶和解旋酶。在位于 ORF1a 和 ORF1b 交叠的假节结构的上游（13 392～13 398nt）存在一个核糖体移码的**滑动序列**（slippery sequence）“UUUAAAC”，大多数核糖体移动到滑动序列时可以照常翻译，直至终止密码子，而有些核糖体则识别此序列，使可读框发生移位。假结的出现可暂停滑动序列上游的翻译，增加下游可读框的蛋白表达，这样产生的多聚蛋白会自动催化为成熟的木瓜蛋白酶样半胱氨酸蛋白酶（papain like cysteine proteinase，PLPpro）、胰凝乳蛋白（3C likeprotease，3CLpro）、RNA 聚合酶和 RNA 解旋酶等。

在逆转录病毒（如 HIV）中，第一个基因的翻译被无义密码子终止。第二个基因处于不同的阅读框中，移框可以使其在第二个阅读框中翻译（在一些病毒中），从而避开终止密码子。

在哺乳动物抗酶蛋白 1（antizyme 1）的表达自主调控中存在+1 移框（见第十二章）。在细菌中也存在“+1”移框，如 *E. coli* 中释放因子 *RF2* 基因表达的自主调控。RF2 介导核糖体在 UGA 和 UAA 处终止蛋白质合成。RF2 蛋白是由两个重叠的可读框编码的，第一个可读框仅编码 25 个氨基酸，其功能未知且很快被降解。“+1”核糖体移框发生在 ORF1 的最后一个密码子处（图 10.51）。这个序列是“UCC-U”，结果产生完整的有功能的 RF2。显然，ORF1 的终止密码子是 UGA，能被 RF2 识别，在切换位点低水平的 RF2 使翻译暂停，促成了“+1”核糖体移框，从而增加了 RF2 的合成，同时完成了一个自主调控。在这种途径中，细胞中RF2的水平成为移框的信号。

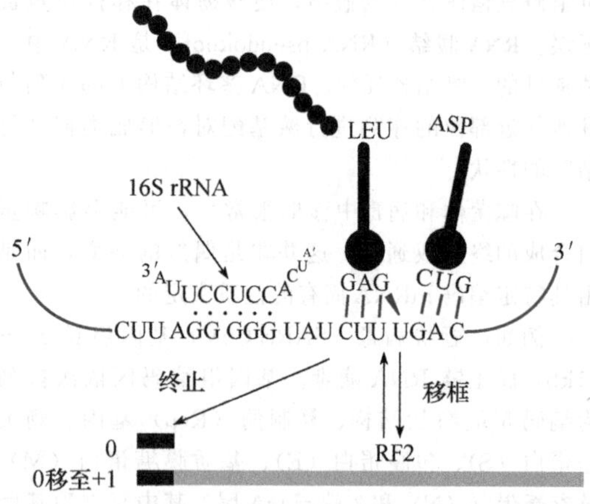

图 10.51　*E. coli* 中编码释放因子 *RF2* 基因的“+1”移框表达调控。移框的信号是由细胞中RF2的水平所提供（引自 Ivanov et al.，2000）

E. coli 中也存在一些“−1”移框的例子，如 *dnaX* 基因的两个多肽产物间建立的固定比例。这两个多肽产物是DNA聚合酶Ⅲ的两个亚基 τ 和 γ。它们在全酶中的比例为1∶1。在标准译框（standard recoding）时，产生长的肽链，为DNA聚合酶Ⅲ的 τ 亚基；进行“−1”移框时产生短的肽链，为DNA聚合酶Ⅲ的 γ 亚基。其氨基酸序列前2/3与 τ 亚基相同，但在羧基端加了一些氨基酸。在mRNA移框信号的作用下，半数核糖体在滑动序列（A-AAA-AAG）产生“−1”移框（图 10.52），编码序列的2/3为ORF1，核糖体移框后在新的终止密码子UGA处终止合成。因 γ 亚基比 τ 亚基少两个蛋白域（protein domain），所以它们的生物学活性也不同。

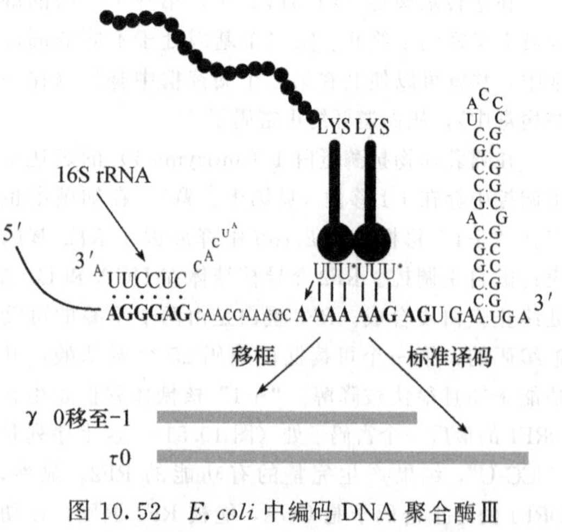

图 10.52　*E. coli* 中编码DNA聚合酶Ⅲ亚基的 *dnaX* 基因“−1”移框（引自 Ivanov et al.，2000）

酵母的反转录转座子Ty因子（见第十四章）是移框十分典型的例子。在Ty因子中，必须经过移框跳过 *tya* 基因的终止密码子 *tyb* 基因才会表达。图 10.53 表明滑动序列引起移框的分子机制。七核苷酸“CUUAGGC”中“CUU”常被Leu-tRNA识别，其中的“AGG”又被Arg-tRNA识别。但Arg-tRNA是十分稀有的，当这种稀有tRNA造成核糖体的延误时，Leu-tRNA会从“CUU”密码子滑动到重叠的“UUA”密码子上。这就产生了移框。因为下一个三联体密码子“GGC”是被Gly-tRNA识别的，这时的Leu-tRNA已成为肽酰-tRNA并携带新生肽链，所以滑动通常发生在P位点。

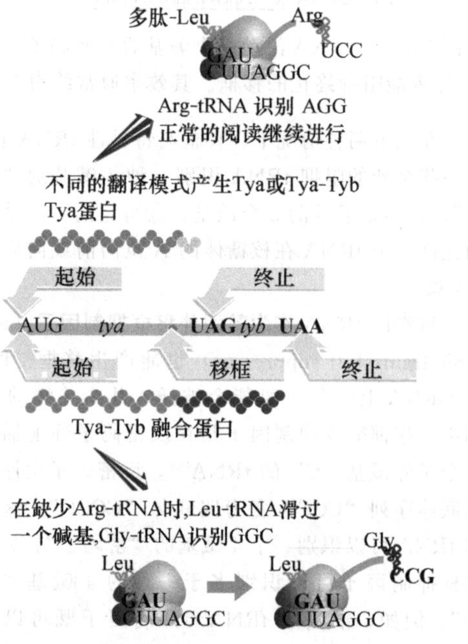

图 10.53　酵母Ty因子中 *tyb* 基因的表达需要“+1”移框。移框发生在一个7碱基序列上。这个序列有2个Leu密码子和随后的一个稀有的Arg密码子（引自 Lewin，2004）

3. 旁通

旁通（bypassing），即**框内跳译**（frame hopping），简称为跳码，是指在蛋白质翻译过程中，核糖体在mRNA上跳过两个或更多核苷酸进行翻译的过程（图 10.54）。1988 年，J. A. Gallant 发现在 T4 噬菌体基因 *60* 中产生框内跳译。在旁通模式中，核糖体 P 位被占用，从而使翻译停止。核糖体滑动到一个新位点，此处肽酰-tRNA 和一个新密码子在 P 位配对，重新合成蛋白质。

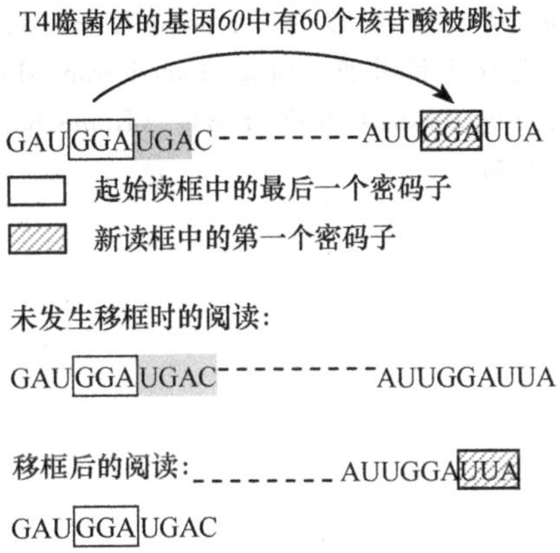

图 10.54　当核糖体沿着 mRNA 移动时，发生框内跳译，即 P 位的肽酰-tRNA 从与其配对的密码子上释放出来，然后与另一个更后面的密码子配对

程序性核糖体的旁通实例不多，最为典型的例子是在解读 T4 噬菌体基因 *60* 的 mRNA 中，核糖体沿 mRNA 移动，越过第 46 位和第 47 位之间的 60nt 间隔，肽酰-tRNA 从第 46 个密码子 GGA“起飞”，“起飞”密码子位于茎环结构上，与终止密码子相邻。带有肽酰-tRNA 的核糖体复合体沿着 mRNA 移动，进行扫描，直接“着陆”于第 47 位密码子，使其纳入核糖体的 P 位点。当一个氨酰-tRNA 进入核糖体 A 位时，翻译便重新开始。这个现象的发现，使人们意识到肽酰-tRNA 可能具有自由解离的功能。匹配的 GGA 密码子被第 62 位另一个匹配的密码子所取代，从而越过了一个较长的间隔区（图 10.55）。旁通也需要核糖体在起飞时发生暂停，使位于 P 位点的肽酰-tRNA 不会易位到 A 位，逃避了终止反应，并可与 mRNA 解离。起飞密码子处的茎环结构可能起到降低终止效率的作用，产生延误，为肽酰-tRNA 的起飞提供了所需的时间。真核生物中**转介**（transvection）现象的分子机制之一也是因**绝缘子旁通**（insulator bypass）所致（见第二十章）。

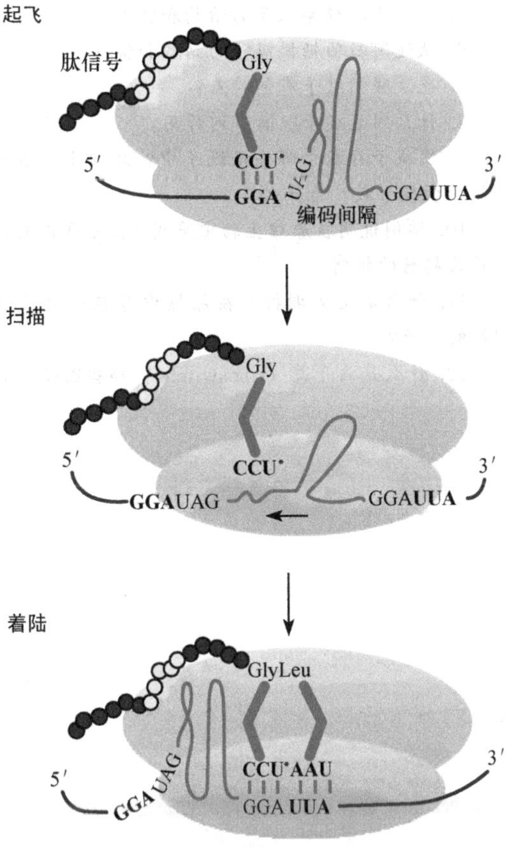

图 10.55　T4 噬菌体基因 *60* 中的旁通有效地越过密码子间隙区需要作为起飞和着陆位点的 GGA 密码子、一个终止密码子、一个茎环结构和一个新生的肽信号。在通用的模型中，肽酰-$tRNA_{Gly_2}$ [表示 GGA 的关联 tRNA（cognate tRNA），即可被同一氨酰 tRNA 酶识别的 tRNA] 从起飞位点 GGA 上解离下来，沿着 mRNA 移动，越过译码中心进行扫描，重新与着陆位点 GGA 配对（引自 Herr et al.，1999）

习　题

1. 什么是操纵子模型？操纵子的建立有何意义？真核生物中为何没有操纵子结构？
2. 何为正调控？何为负调控？何为诱导？何为阻遏？
3. 简述乳糖操纵子中阻遏蛋白的结构和功能。
4. 何为 CAP 结合位点？其存在有何意义？

5. 试述半乳糖操纵子的结构和特点。

6. 试述阿拉伯糖操纵子的结构和特点。

7. 色氨酸操纵子有何特点？

8. 什么叫衰减子？其有何作用？

9. 衰减子存在于哪些操纵子中？真核生物有无类似的调控形式？为什么？

10. 举例说明在原核生物中采用DNA重排来调控转录起始的机制。

11. 什么是反义调控？在原核中存在哪些反义调控的例子？

12. 什么是核开关（riboswitch）？哪些因子可介导核开关的调控？它们的分子机制是什么？

13. 原核生物和噬菌体在翻译水平上采用哪些调控策略？

14. 稀有密码子在调控中有何作用？

15. 在原核生物和噬菌体中有哪些作用可产生翻译的通读？这些作用的分子机制是什么？

16. 试述读框移位（reading-frame displacement）或程序性移框（programmed frameshifting）及旁通（bypassing）或框内跳译（frame hopping）的分子机制。

第十一章　噬菌体的裂解途径和溶原途径的选择及调控

在第六章中已介绍噬菌体的生活史中有**裂解途径**（lytic pathway）和**溶原途径**（lysogenic pathway）之分。**裂解周期**（lytic cycle）是噬菌体无性繁殖的周期，结果宿主细胞裂解而释放出子代噬菌体。**溶原周期**（lysogenic cycle）是指噬菌体基因组整合到宿主染色体中形成**原噬菌体**（prophage），并和宿主染色体同步复制。感染细菌后，可促使宿主细胞裂解的噬菌体称为**烈性噬菌体**（virulent phage）；可促使宿主菌溶原化而不发生裂解的噬菌体称为**温和噬菌体**（temperate phage）或溶原性噬菌体。烈性噬菌体感染细菌后只有裂解途径，如T噬菌体中的T4。**温和噬菌体**具有裂解和溶原两种途径，而且基因组都属于双链DNA，如λ噬菌体。

带有原噬菌体的溶原性细菌可阻抑同种噬菌体的再次感染，这种现象称为溶原性细菌的**免疫性**（immunity）。这种免疫性是由于原噬菌体产生的阻遏物CⅠ蛋白可阻遏再次感染的噬菌体早期转录的结果。

无论是烈性噬菌体还是温和性噬菌体，在它们进行生活周期时都采用了复杂的级联调控来处理和宿主生命系统的关系，以及调节裂解周期和溶原周期之间的相互转换。

第一节　λ噬菌体的基因组及早、晚期转录

一、裂解的级联调节

λ噬菌体基因组长48 514nt，共50个基因，其中32个较为重要（表11.1，图11.1）。在基因组中，基因按照功能形成基因簇。图11.1中显示了头部基因、尾部基因和它们的装配基因，与多数噬菌体相似，λ噬菌体的基因多以功能（如复制、重组和裂解）及表达时期的相关性成簇排列（图11.1）。

表11.1　λ噬菌体主要的调节元件及调节基因产物的功能

调控元件和编码基因	产物及功能
启动子（7个）	
P_L，O_L	即时早期左向转录的启动子和操纵子
P_R，O_R	即时早期右向转录的启动子和操纵子
P_{RE}	CⅠ蛋白建立启动子，由CⅡ蛋白激活
P_{RM}	CⅠ蛋白基因维持启动子，受CⅠ蛋白浓度调控
$P_R^{\prime}$	晚期转录的启动子
P_{AQ}	Q蛋白反义RNA启动子，由CⅡ蛋白激活
P_I	*int*基因启动子，由CⅡ蛋白激活
终止子	
t_{L1}，t_{L2}	左向转录的2个终止子
t_{R1}，t_{R2}，t_{R3}，t_{R4}	右向转录的4个终止子
各种位点	
*nut*L，*nut*R	N抗终止蛋白左向和右向的两个结合位点
qut	Q抗终止蛋白的结合位点
att	噬菌体λ整合到宿主DNA上的特异重组位点
cos（cohesive）	12bp的回文序列，由线状连接成环状的连接点，A蛋白切割位点

续表

调控元件和编码基因	产物及功能
编码基因	
cro	编码 P_L 和 P_R 的阻遏蛋白，并可阻遏 P_E，抑制 *c* Ⅰ表达
c Ⅰ	编码 P_L 和 P_R 的主要的阻遏物，其产物可自主调控 P_{RM}
c Ⅱ	其产物可以启动 P_{RE}、P_I 和 P_{AQ}，使λ进入溶原途径
c Ⅲ	其产物和CⅡ组成复合物，启动 P_E 产生 *c* Ⅰ及 *cro* 的反义 RNA
N	编码 t_{R1}、t_{R2} 及 t_{L1} 的抗终止蛋白
Q	编码 t_{R4} 的抗终止蛋白
O，*P*	编码 DNA 复制蛋白
S，*R*，R_2	编码裂解宿主所需的裂解酶
int	编码整合酶，使λ整合到宿主的染色体中
xis	编码切除酶，帮助已整合的λ从宿主染色体上切离
bet，*exo*	编码重组蛋白，帮助λ和宿主进行重组
W，*B*，*Nu3*，*C*，*D*，*E*，*F* Ⅰ，*F* Ⅱ，*Z*	编码头部蛋白的基因
U，*V*，*G*，*T*，*H*，*M*，*L*，*K*，*I*，*J*	编码尾部蛋白的基因
A	编码末端酶，识别 *cos* 位点，包装时将环连体切成单个的基因组

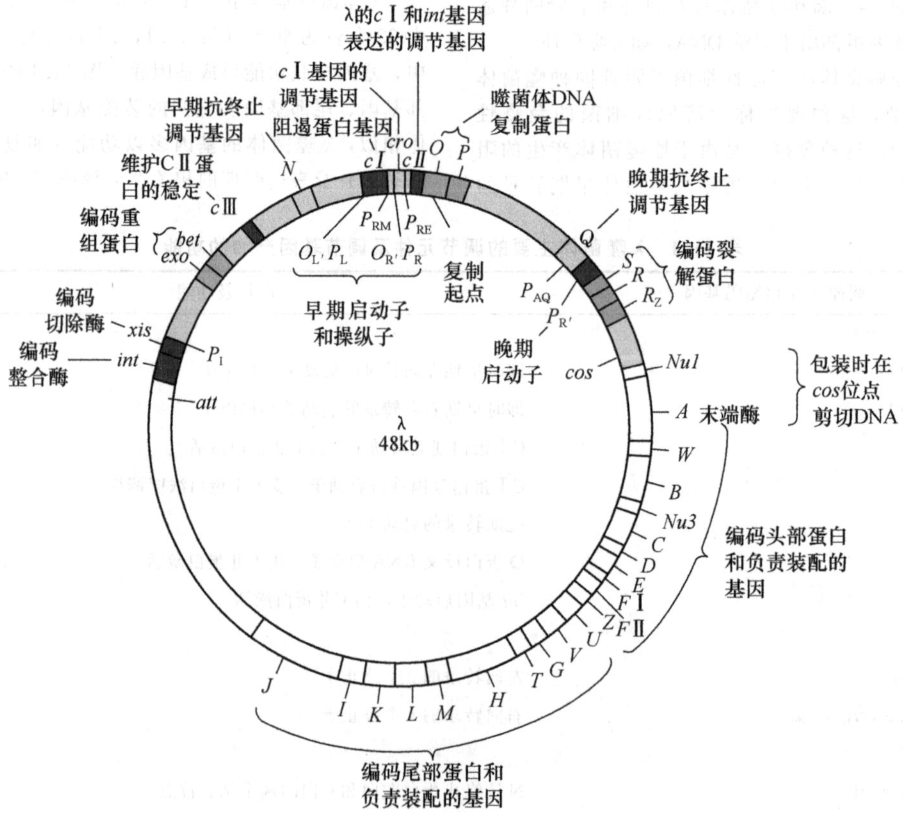

图 11.1　噬菌体λ的基因组图，显示一些主要的基因（引自 Russell，1992）

λ噬菌体基因组分为三个时期转录：①**即时早期基因**（immediate early gene）；②**迟早期基因**（delayed early gene）；③**晚期基因**（late gene）（图 11.2）。当λDNA 感染新的宿主细胞时，裂解和溶原化的途径并存。即时早期和迟早期的基因都需要表达，然后进行分化。若晚期基因得到表达，那么噬菌体就向裂解途径发育；若阻遏物CⅠ蛋白的合成被建立，那么就将进入溶原化途径。

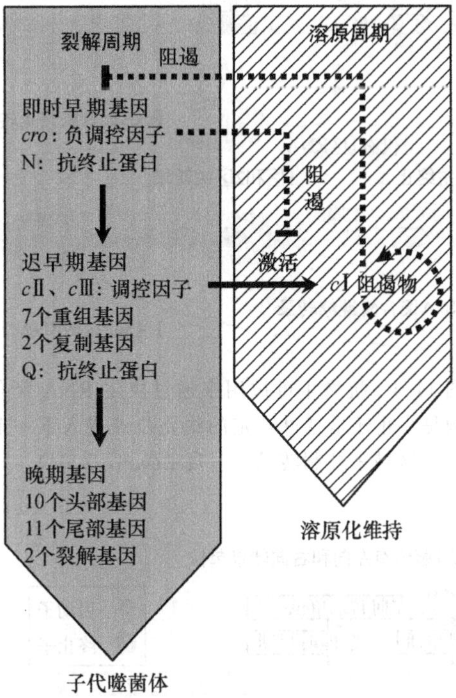

图 11.2　λ噬菌体裂解级联与溶原线路的相互作用

λ只有两个即时早期基因：*cro* 和 *N*，由宿主的RNA聚合酶转录。*N* 编码一种抗终止蛋白，它作用于 ***nut***（N utilization）位点，使即时早期转录不会在 t_{R1} 和 t_{L1} 处终止而进一步转录迟早期的一些基因。

Cro（control of repressor and other things）蛋白具有双重功能，它既可阻止CⅠ蛋白的合成，又可关闭早期基因的表达（在裂解周期的晚期不需要早期基因的产物）。

迟早期基因包括2个复制基因（裂解感染所需的）、7个重组基因（有的和裂解感染中的重组有关，其中有2个是λDNA整合到细菌染色体中所必需的）及3个调节基因（*c*Ⅱ、*c*Ⅲ、*Q*）。它们有着相反的功能。

CⅡ和CⅢ的复合物可启动 P_E 启动子，对于阻遏物CⅠ的合成是必要的。而Q蛋白也是一个抗终止蛋白，它使宿主的RNA聚合酶不是在终止子 t_{R3} 处终止，而继续转录晚期基因。因此我们可以将晚期基因分为两类：一类是噬菌体进入溶原化途径所必需的，另一类是控制进入裂解周期的。

晚期基因包括10个头部基因（*A*～*E*）、11个尾部基因（*U*～*J*）和2个裂解基因（*S*、*R*）。

为了搞清楚这两种途径，我们首先来考虑裂解途径。调节基因在重组和复制基因之间。在调节基因中，有即时早期基因 *N* 与 *cro*。它们是由不同的模板转录的，转录方向也不同，*N* 基因左向转录，*cro* 基因右向转录。抗终止蛋白N的产生使转录越过终止子，持续向前，向左进入重组区，向右进入复制区（图11.3）。晚期转录中，转录了在线状DNA右端的裂解基因、头部和尾部蛋白基因 *A*、*T*。晚期基因是作为单个的转录单位表达的，从位于 *Q* 和 *S* 之间的启动子 P'_R 开始，此启动子能被连续使用。但当Q蛋白缺乏时，晚期转录终止在 t_{R3} 位点，产生了长194nt的转录物，称为6S RNA。当Q蛋白存在时，它阻遏了 t_{R3} 的终止和6S RNA的表达，结果晚期基因得到表达。

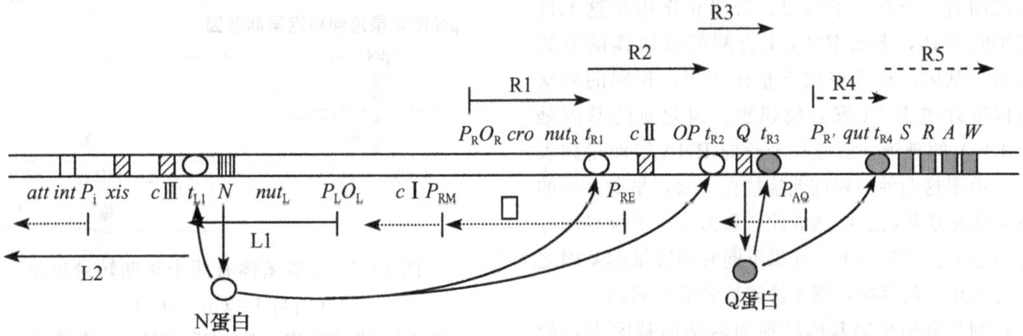

图 11.3　λ噬菌体裂解周期的转录

L1、R1为左、右两个方向的即时早期转录；L2、R2、R3为左、右两个方向的迟早期转录；R4、R5为晚期转录

晚期抗终止的作用与N蛋白抗终止的作用是相似的。pQ作用的 ***qut***（Q-utilization）正好位于晚期启动子的下游，RNA聚合酶经过此处时，pQ与其作用消除了终止。

晚期基因的转录并不在任何特殊位点终止，它转录所有的晚期基因，进入这些基因以外的区域。左边的迟早期转录与此相似，持续穿过重组基因区。每一方向的转录都有可能在 RNA 聚合酶闯入另一区域时被终止。

图 11.3 表示 λ 在感染前的线性 DNA 组成，在它被感染后，DNA 末端相互连接形成了一个环状的 DNA（图 11.1）。

晚期基因是作为单个转录单位表达的，从位于 *Q* 和 *S* 之间的启动子 P'_R 开始，此启动子是连续使用的。但当 Q 蛋白缺乏时，晚期转录终止在 t_{R3} 位点，产生了长 194bp 的转录物，称为 6S RNA。当 Q 蛋白存在时，它阻遏了 t_{R3} 的终止和 6S RNA 的表达，结果晚期基因得到了表达。

晚期抗终止的作用与 N 蛋白抗终止的作用是相似的。pQ 作用的 ***qut***（Q-utilization）正好位于晚期启动子的下游，RNA 聚合酶通过此处时，pQ 与其作用消除了终止。

晚期基因的转录并不在任何特殊位点终止，它转录所有的晚期基因，进入这些基因以外的区域。左边的晚早期转录与此相似，持续穿过重组基因区。每一方向的转录都有可能在 RNA 聚合酶闯入另一区域时终止。

二、抗终止作用

抗终止作用（antitermination）是细菌操纵子和噬菌体裂解途径中时序调节的一种调控机制。图 11.4 表示抗终止作用控制 RNA 聚合酶穿过终止子并通读后续基因，使早期基因表达转换到下一期基因表达。早期基因与下一期的基因是相连接的，但二者之间有一个终止子位点。若终止作用在这个位点被消除的话，那么 RNA 聚合酶就以通读的方式进入另一基因。这样在抗终止作用中，相同的启动子可以继续被 RNA 聚合酶识别。因此新的基因是通过 RNA 的延续，形成一个长的 RNA 链而得到表达的。由于这两种序列彼此连接在一起，早期基因的表达必然是连续的。既然如此，那么终止子位点的存在有何意义？试想一下，如果不同时期转录的基因之间没有终止子的存在，就无法转换到溶原周期。

控制从即时早期基因转换为迟早期基因表达的调节基因是 *N*，这是通过 *N* 基因的突变鉴别出来的。*N* 基因只能在即时早期转录，它的作用是维持早期基因的转录。λ 噬菌体早期区的遗传图如图 11.5 所示：*N* 和 *cro* 是即时早期基因，它们各自由

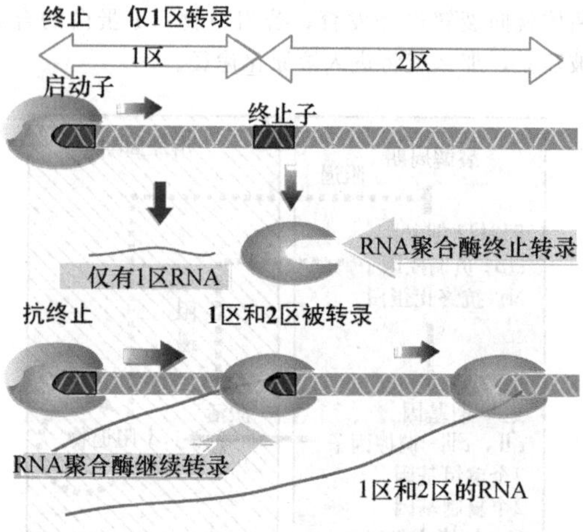

图 11.4　抗终止可被用来通过决定 RNA 聚合酶是终止还是越过特定的终止位点进入下一个区域来控制转录（引自 Lewin，2004）

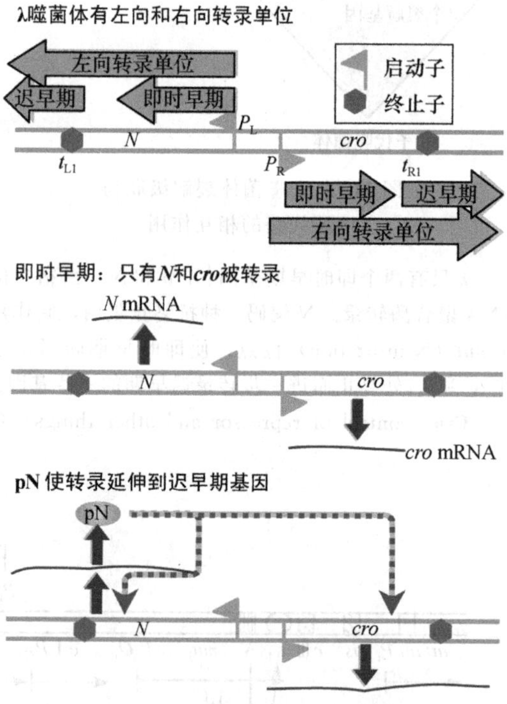

图 11.5　λ 噬菌体有两个早期转录单位（引自 Lewin，2004）

在“左向”单位中，“上方”的链是向左转录的；在“右向”单位中，“下方”的链是向右转录的。基因 *N* 和 *cro* 为即时早期功能，通过终止子与迟早期基因隔开。N 蛋白的合成使 RNA 聚合酶越过终止子 t_{L1} 和 t_{R1}

左向（P_L）和右向（P_R）启动子转录。在 *N* 和 *cro* 基因的末端是 t_{L1} 和 t_{R1} 位点，*E. coli* 的 RNA 聚合酶进行到此本应停下来，但 *N* 基因的产物 pN 是一种**抗终止蛋白**（antitermination protein），它使 RNA 聚合酶可通读 t_{L1} 和 t_{R1} 而进入了两侧的迟早期区。由于 pN 是高度不稳定的，其半衰期仅 5min，所以 *N* 基因的持续表达是维持迟早期基因转录所必需的。

就像其他噬菌体一样，对于晚期基因（编码噬菌体颗粒成分）的表达还需要另外的一些调控。作为迟早期基因之一的 *Q* 基因就可以参与调节。其产物 Q 蛋白是另一种抗终止蛋白，它可以使 RNA 聚合酶特异地起始晚期启动子 P'_R，通读它和晚期基因之间的终止子，通过抗终止蛋白的不同特异性可以构成基因表达的级联调节。

pN 抗终止的活性是高度特异的，但抗终止这个事件本身并不取决于终止子 t_{L1} 和 t_{R1}；pN 作用的识别位点叫做 ***nut***（N-utilization），负责左向和右向抗终止位点分别是 nut_L 和 nut_R。通过 *nut* 突变作图发现 nut_L 位于 P_L 的起始点和 N 编码区的起始点之间；nut_R 位于 *cro* 基因末端和 t_{L1} 之间，这意味着两个 *nut* 位点离它们转录单位的相对距离是不同的。nut_L 离启动子比较近，nut_R 离终止子比较近（图 11.6）。

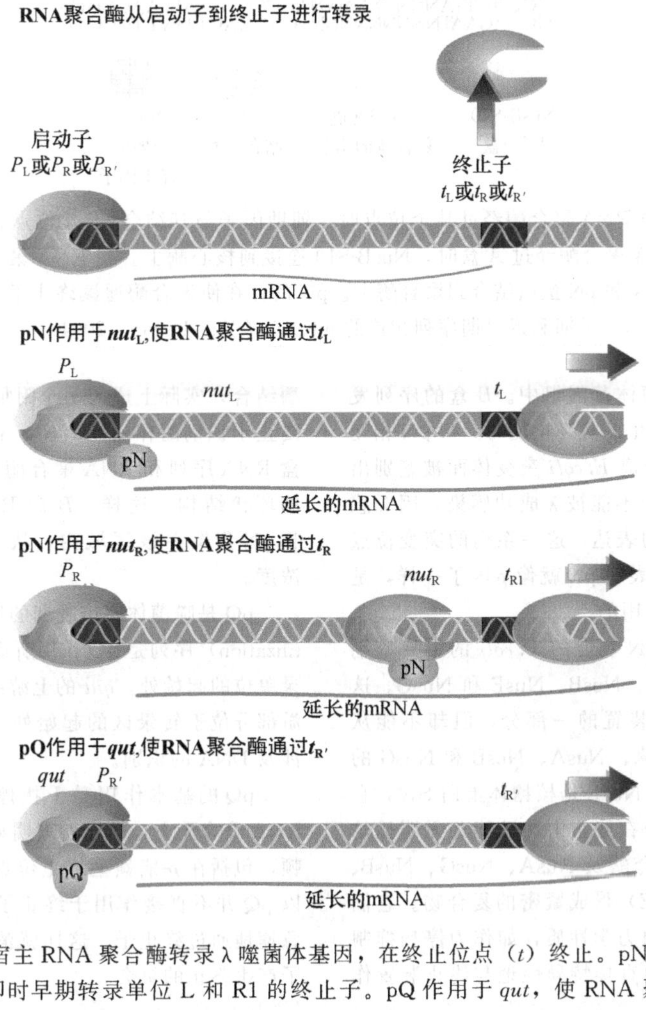

图 11.6　宿主 RNA 聚合酶转录 λ 噬菌体基因，在终止位点（*t*）终止。pN 使 RNA 聚合酶通读即时早期转录单位 L 和 R1 的终止子。pQ 作用于 *qut*，使 RNA 聚合酶通读 R′的终止子。pN 作用位点（*nut*）和 pQ 作用位点（*qut*）位于其转录单位的不同相对位置（引自 Lewin，2004）

pN 在识别 *nut* 位点时与之结合，当 RNA 聚合酶途经此处时 pN 再和 RNA 聚合酶相互作用，可使 RNA 聚合酶变成“穿壁的幽灵”，对终止信号毫不理睬而持续穿过。这个反应涉及在依赖 ρ-依赖型终止子产生的抗终止作用，但 pN 也能作用于**内部终止子**（intrinsic terminator）。λ 的 *nut* 位点含有两个序列元件，称为 *A* 盒（*boxA*）和 *B* 盒（*boxB*）（图 11.7）。*A* 盒在噬菌体和细菌的操纵子中对抗终止是必需的。大肠杆菌的 *rrn*（rRNA）操纵子中也存在 *A* 盒，涉及和 *nus* 相同的功能。*rrn* 操纵子中的前导区含有 *A* 盒序列。NusB-S10 二聚体能识别这些序列，当 RNA 聚合酶在通过 *A* 盒时二聚体与其结合，从而改变了 RNA 聚合酶的特性，使其能通读转录单位中的 ρ-依赖型终止子。

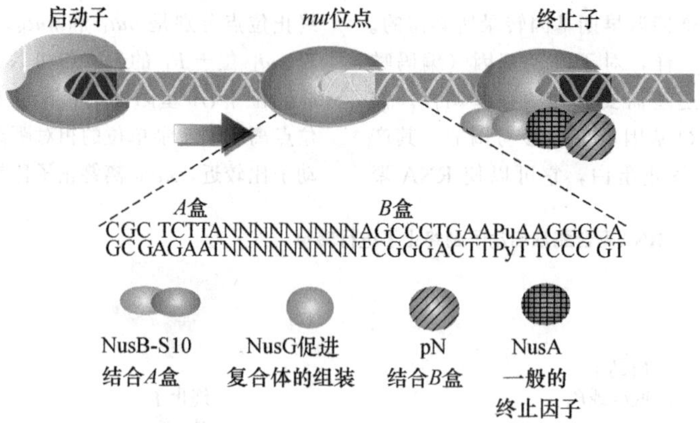

图 11.7　当 RNA 聚合酶经过某个位点时，辅助因子与其结合。*nut* 位点含有两种序列。当 RNA 聚合酶经过 *A* 盒时，NusB-S10 连接到核心酶上。当 RNA 聚合酶经过 *B* 盒时，NusA 和 pN 蛋白结合到聚合酶上。pN 的存在使聚合酶通读终止子，产生即时早期和迟早期序列相连的 mRNA（引自 Lewin，2004）

B 盒只存在于噬菌体基因组中。*B* 盒的序列发生突变就会消除 pN 产生的抗终止能力。和 pN 相互作用的蛋白因子通过分离 *E. coli* 突变体而被鉴别出来。这些细菌的突变株不能被 λ 成功感染，因 λ 感染后仅限于早期基因的表达。这一系列的突变位点都位于 *rpoB* 基因中，表明 pN 就像 ρ 因子一样，是与核心酶的 β 亚基相作用的。

通过另一种阻止 pN 功能的 *E. coli* 的突变鉴别出了 Nus 因子：NusA、NusB、NusE 和 NusG。这些蛋白质形成了转录装置的一部分，但却不能从 RNA 聚合酶中分离出来。NusA、NusB 和 NusG 的功能和转录终止相关。NusE 是核糖体蛋白 S10，它在 30S 亚基中的位置与在终止中的功能并无明显的关系。pN 与 RNA 聚合酶及 NusA、NusG、NusB、核糖体蛋白 S10（NusE）形成紧密的复合物。它们可能通过控制延伸的动力学性质，如作为停顿抑制因子直接作用，也可能直接特异性地与终止装置作用，改变模板的结构。

当核心酶通过 *B* 盒位点时，pN 并不单独与 DNA 或 *B* 盒结合，而是结合于转录复合体。pN 具有分开的结构域，可识别 *B* 盒 RNA 序列和 NusA 蛋白，在和转录复合体结合后，pN 仍保持和核心酶结合，实际上成为一个附加的亚基，起到改变对终止子识别的作用。其实，有可能 pN 仍继续与 *B* 盒 RNA 序列和 RNA 聚合酶二者结合，维持 RNA 的环状结构，这样，*B* 盒 RNA 的作用可部分地将 pN 集聚在该区域内，从而有效地增加其局部浓度。

pQ 是噬菌体感染晚期的抗终止蛋白。***qut***（Qutilization）序列是 pQ 作用所需要的，它位于晚期转录单位的起始处。*qut* 的上游部分位于启动子中。下游部分位于转录区的起始处，这意味着 pQ 的作用涉及 DNA 的识别。

pQ 的基本作用是干扰停顿，一旦 pQ 作用在 RNA 聚合酶上，这个酶就明显地在所有位点减少停顿，包括在 ρ-依赖型终止位点和内部终止位点。所以 pQ 并不直接作用于终止子本身，但它可以使酶急速地通过终止子。这样就消除了核心酶或附加因子产生终止的机会。

第二节　λ 噬菌体溶原周期的建立和维持

前面已经阐明 λ 噬菌体不仅有裂解周期，也存在溶原周期（图 6.23）。当宿主细胞营养耗尽或**感染复数**（multiplicity of infection，MOI）过高时，λ 噬菌体的 DNA 整合到大肠杆菌的染色体中，呈原噬菌体状态，随着宿主 DNA 的复制而复制，宿主细胞不再裂解。

一、λ 噬菌体溶原周期的建立

λ 噬菌体溶原周期涉及溶原周期的建立和维持。它们依赖两个不同的启动子（P_{RE}和 P_{RM}）的启动和调节。

λ 噬菌体进入溶原周期时，首先要启动 CⅠ蛋白的建立启动子 P_{RE}，“RE” 是阻遏物（repressor）和建立（establishment）的缩写。启动子 P_{RE}也称 P_E，是转录因子 CⅡ蛋白作用的三个 λ 启动子（P_{RE}、P_i、P_{AQ}）之一。当 P_{RE}被 CⅡ激活时，直接合成 CⅠ阻遏物。CⅠ阻遏物结合到 λ 噬菌体的两个主要的早期启动子 P_L 和 P_R 上，建立 λ 噬菌体的溶原化（图 11.8）。

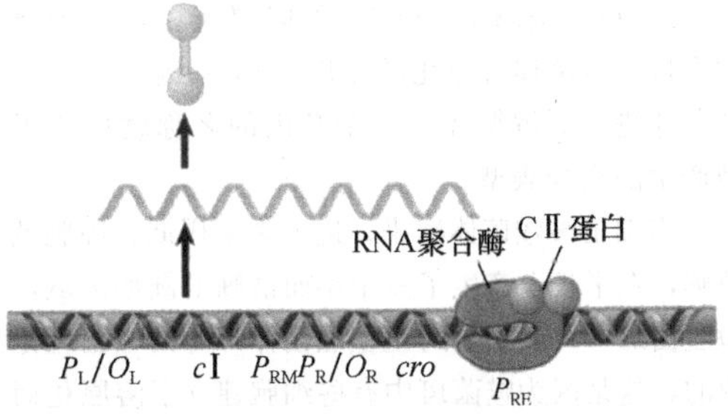

图 11.8　通过 CⅡ蛋白和 RNA 聚合酶作用于启动子 P_{RE}，开始从 *cro* 的反义链转录，穿过 *c*Ⅰ基因建立了阻遏物合成途径（引自 Lewin，2008）

噬菌体 λ 的两个启动子 P_L 和 P_R 位于 *c*Ⅰ（clear plaque）基因的两侧（图 11.9）。操纵基因 O_L 和 O_R 与 P_L 及 P_R 相联，阻遏物与 O_L、O_R 结合，阻遏 RNA 聚合酶起始转录。每个操纵基因的序列都和启动子重叠，以此进行控制，因此常常写为 P_L/O_L 和 P_R/O_R 操纵区。

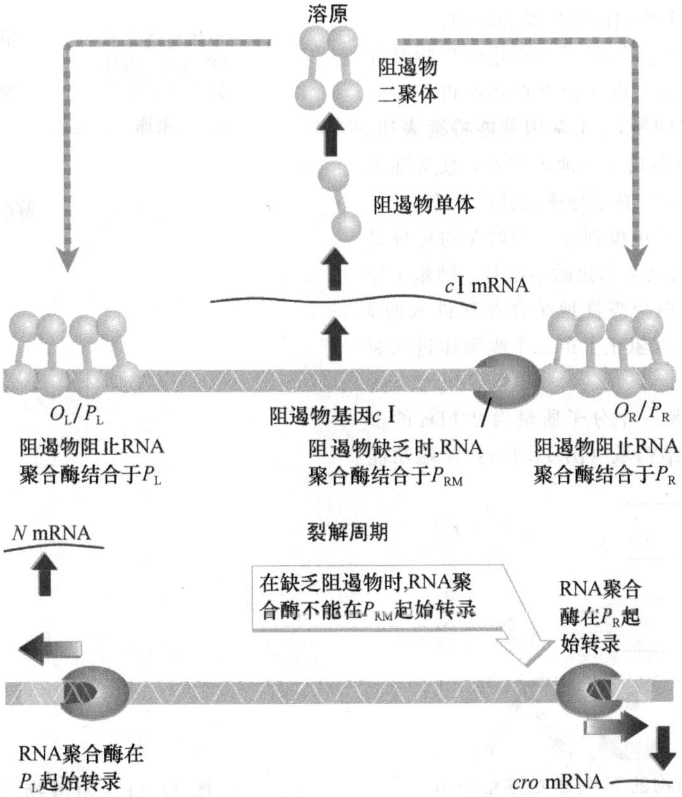

图 11.9　溶原现象通过自我反馈来维持。如果反馈调控被阻断，则开始裂解周期（引自 Lewin，2004）

cⅠ基因编码 P_L 和 P_R 的阻遏蛋白，起到建立和维持λ噬菌体溶原化的作用。cⅠ基因发生突变使噬菌体进入裂解循环。这个基因的名称就反映了感染产生的突变表型。

当细菌被噬菌体感染，进入裂解周期，细胞就被裂解，在平板上产生了一个小而清晰的圆形区域，叫做**噬菌斑**（plaque）。野生型噬菌体产生的噬菌斑是混浊的，这是因为噬菌斑中有些细胞建立了溶原化而不再裂解。cⅠ突变的作用是阻止溶原化，这样噬菌斑只含有裂解细胞，因此感染后只产生清晰的噬菌斑（clear plaque）。有三个基因（cⅠ、cⅡ、cⅢ）的名字和此表型有关。

CⅠ蛋白结合在 O_R 上不仅阻止了 RNA 聚合酶结合在 P_R 上，同时促进了 RNA 聚合酶结合到 P_{RM} 上。阻遏蛋白结合在 O_R 上阻碍了 P_R 的使用，这样 *cro* 和其他的右向早期基因就不能表达。由于阻遏物是 cⅠ的产物，这样产生了 CⅠ蛋白的自主调节循环。在此循环中，阻遏物的存在对它本身的持续合成是必需的。因此，结合在 O_R 上的阻遏物是起正调节作用的，这对 CⅠ蛋白的维持是必要的。

这种控制循环的特点解释了溶原化的生物学性质。溶原现象是稳定的，由于控制循环使得只要阻遏物的水平达到一定的量，cⅠ基因就能持续表达。结果 O_L 和 O_R 仍被阻遏物持续地占据着，使λ噬菌体不能进入裂解周期，维持了原噬菌体的状态。

阻遏的存在解释了免疫现象。所谓λ的免疫是当λ噬菌体 DNA 进入已溶原化的细胞时，细胞中原噬菌体合成的 CⅠ蛋白免疫性地结合在新进入的λ的 O_L 和 O_R 上，这样就阻止了第二个噬菌体进入裂解周期。

CⅠ蛋白的亚基是一个分子质量为 27kDa 的多肽，具有两个特殊的结构域（图 11.10）：N 端功能区（1～92 个氨基酸），提供了操纵基因结合区；C 端功能区（132～236 个氨基酸），负责形成二聚体。C 端和 N 端功能区由连接区（92～132 个氨基酸）相连接。当阻遏物被蛋白酶切开时，这两个功能区都能独立发挥功能。C 端片段能形成寡聚体，N 端片段能与操纵基因结合，但亲和力要比完整的阻遏物低。这样与 DNA 特异性结合的信息是在 N 端功能区，但通过 C 端功能区的附着可以增强与 DNA 的结合效率。

溶原化的原噬菌体经诱导进入裂解周期是由于阻遏物的连接区在 111～113 个氨基酸之间被切断所致。完整的 CⅠ蛋白的 C 端功能区形成二聚体，当它结合到 DNA 上时，两个 N 端功能区同时与 DNA 接触。但被剪切的 CⅠ蛋白失去了 C 端，N 端不能形成二聚体（图 11.11），打乱了单体和二聚体之间的平衡，这样阻遏物就从 DNA 上解离下来，接着就进入了裂解周期。在溶原化和裂解周期之间的平衡取决于阻遏物的浓度，因此阻遏物的行为对阻遏作用的影响很大。

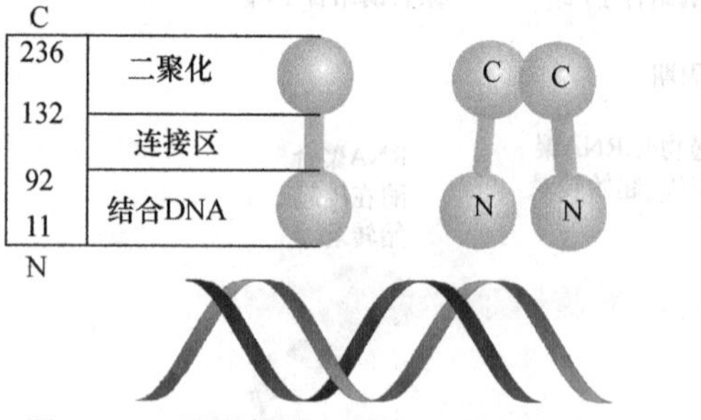

图 11.10　阻遏物的 N 端和 C 端形成分开的结构域。两个 CⅠ蛋白的 C 端结构域相互交联，形成二聚体；N 端结构域结合 DNA（引自 Lewin，2004）

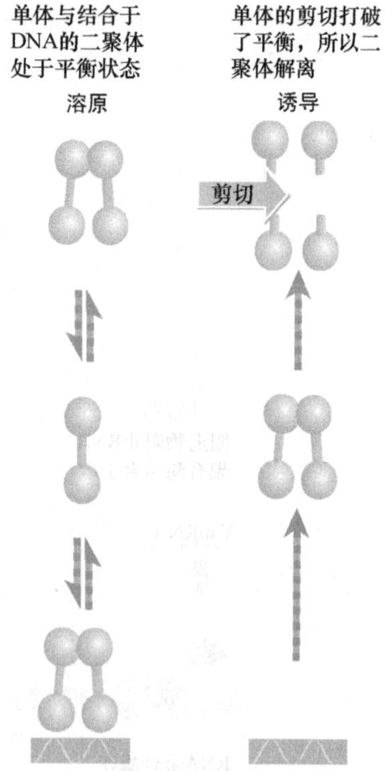

图 11.11　阻遏物二聚体结合于操纵基因 N 端结构域，C 端结构域的二聚化控制对 DNA 的亲和力（引自 Lewin，2004） λ噬菌体阻遏蛋白N端的两个α螺旋区以**螺旋-转角-螺旋**（helix-turn-helix，HTH）的模式和DNA结合（图11.12）。α螺旋3含有9个氨基酸，与DNA的大沟结合。Cro蛋白、CAP、Lac阻遏物和各种噬菌体的阻遏蛋白也是以HTH这种基序与DNA结合的。

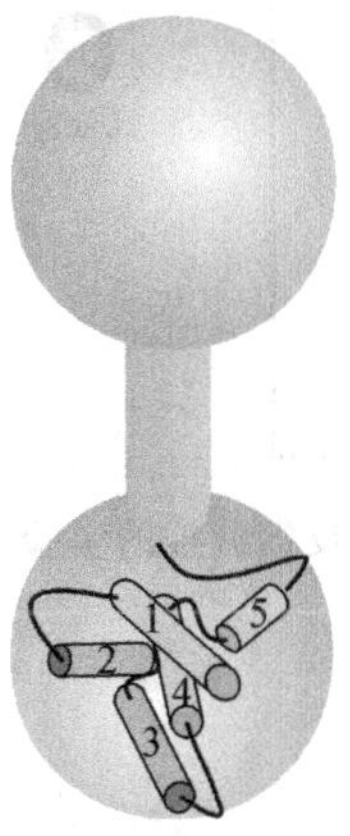

图11.12　λ阻遏物的C端结构域含有5个α螺旋。螺旋2和3涉及DNA的结合（引自Lewin，2004）

阻遏物二聚体对称地结合在每个回文序列上，每个二聚体的N端功能区都和相同的碱基位点相接触，因此单个的N端区和半个回文序列相结合（图11.13）。

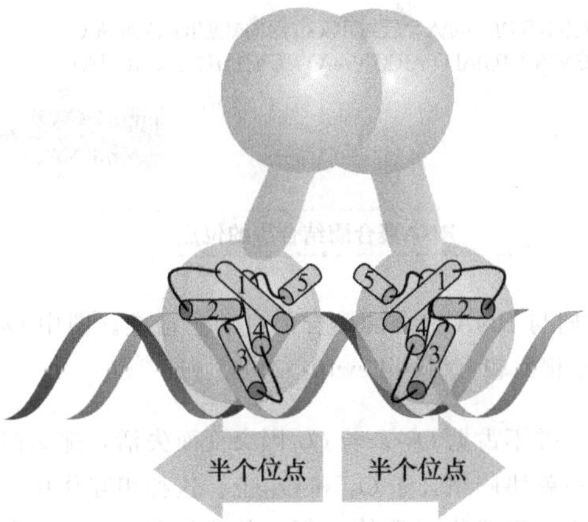

图11.13　在DNA结合的两个螺旋模型中，每个单体的螺旋3位于DNA同侧的大沟中，螺旋2跨越于大沟上（引自Lewin，2004）

二、溶原周期的维持

*c*Ⅰ基因是由启动子P_{RE}启动转录的，后由启动子P_{RM}［RM意为阻遏物的维持（repressor maintenance）］维持其按需表达。CⅠ蛋白独立地结合于两个操纵基因上，结合在O_L上能阻止RNA聚合酶与P_L的结合，因此阻止了左向早期基因的转录表达，从而阻断了*N*基因的表达。这样在早期基因表达前裂解周期就已被阻断了。

图11.14是研究CⅠ蛋白对维持启动子P_{RM}反馈调控的一个实验。此实验是在大肠杆菌细胞中导入两个质粒载体。一个载体（pMR1）上插入乳糖操纵子的启动子和操纵基因（*lacOP*），在其下游插入λ噬菌体的*c*Ⅰ基因。在另一个质粒上，插入λ噬菌体CⅠ蛋白的维持启动子P_{RM}，在其下游插入乳糖操纵子的结构基因*lacZ*。*lacZ*的产物是半乳糖苷酶，可使X-gal裂解，产生蓝色产物。实验时在细胞中加入安慰诱导物异丙基硫代半乳糖苷（IPTG），IPTG不是半乳糖苷酶的底物，但能与*lacI*产生的阻遏蛋白结合，使其失活，结果打开*lacOP*，表达λ *c*Ⅰ基因，产生CⅠ蛋白。CⅠ蛋白的表达量可由IPTG的量来控制。CⅠ蛋白又可打开启动子P_{RM}，使*lacZ*表达，这样*lacZ*的表达量就间接地由IPTG的量来决定。*lacZ*表达量的多少可用X-gal的显色反应来检测。实验结果表明，当IPTG浓度低时，菌落为白色，表示不产生LacZ，即启动子P_{RM}未打开；当IPTG浓度低时，菌落反而出现深蓝色，表示产生LacZ，即启动子P_{RM}打开，能合成半乳糖苷酶。这就意味着当CⅠ蛋白浓度低时，维持启动子P_{RM}打开，合成更多的CⅠ蛋白，以维持溶原状态；当CⅠ蛋白浓度低时，维持启动子P_{RM}关闭，暂停合成CⅠ蛋白，以免造成浪费，从而形成了"自动化"的反馈调控。

科学家们进一步研究了CⅠ蛋白反馈调控的分子机制，结果表明是由于CⅠ蛋白对λ噬菌体早期启动子中操纵基因的3个区域的亲和能力不同及维持启动子P_{RM}和早期启动子P_R的部分重叠所致。

λ噬菌体每个操纵基因都含有3个阻遏物结合区（O_{R1}-O_{R2}-O_{R3}和O_{L1}-O_{L2}-O_{L3}），每个区都是由回文序列组成，适合二聚体的结合。每个区的序列相似，但不完全相同（图11.15）。这样既可供给CⅠ蛋白识别和结合，但亲和力又不相同，为反馈调控创造了条件。在操纵基因中的每个结合区被3～7bp的A、T丰富区所分隔，O_R位点含有O_{R1}-O_{R2}-O_{R3}，

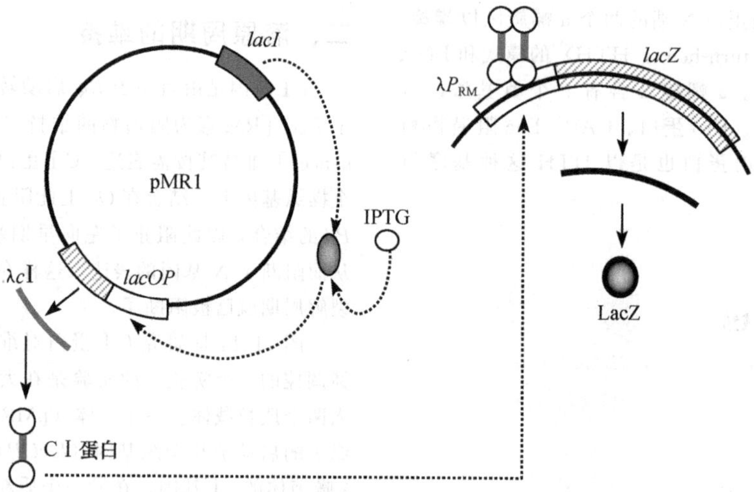

图 11.14 CⅠ蛋白对维持启动子 P_{RM} 反馈调控的实验

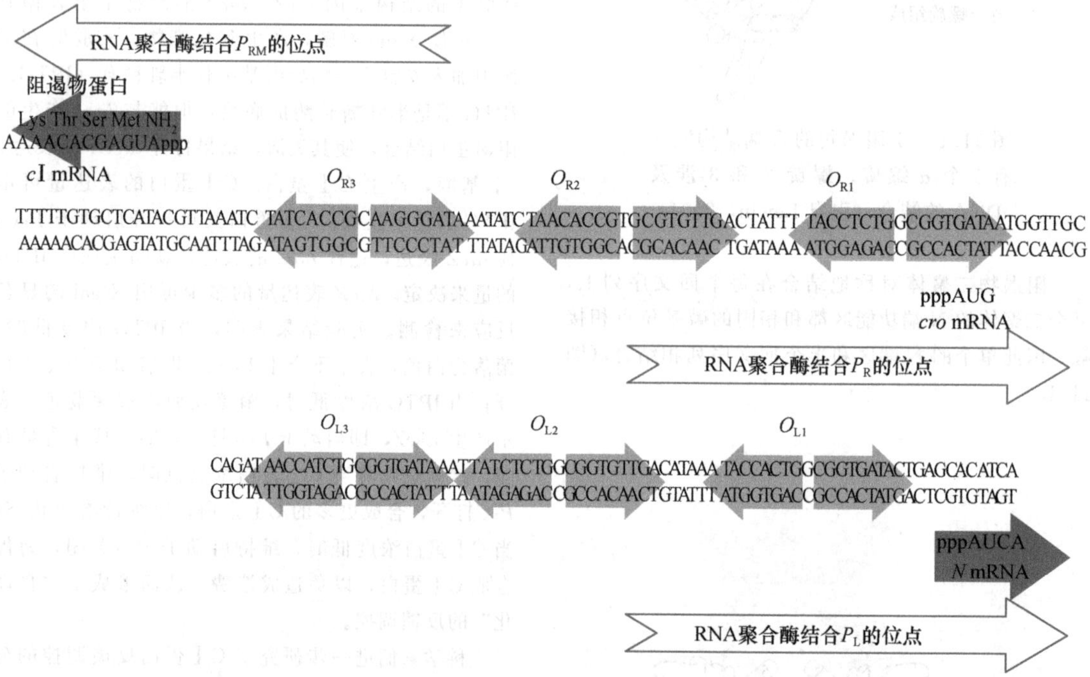

图 11.15 每个操纵基因都含有三个蛋白质结合位点，它们与 RNA 聚合酶结合的启动子重叠。图中 O_L 的方向放置与实际方向相反，以便和 O_R 相比较（引自 Lewin，2004）

O_L 位点含有 O_{L1}-O_{L2}-O_{L3}。二者的 1 区都紧靠着启动子的转录起始点，而 2 区和 3 区离启动子较远。

在每个操纵基因中 λ 的阻遏物结合两个区域时都具有协同效应。当 O_{R1} 存在二聚体时，它增加了第二个二聚体和 O_{R2} 的亲和力。当 O_{R1} 和 O_{R2} 都被占据时，阻遏物对 O_{R3} 上的阻遏物并不起作用。在溶原化时，阻遏物通常都结合在操纵基因 O_{R1} 和 O_{R2} 上，并不占据 O_{R3}。若 O_{R1} 因突变而失活，那么阻遏蛋白就协同结合于 O_{R2} 和 O_{R3} 上。这种相互作用直接发生在阻遏物二聚体之间，并不涉及 DNA 构象的改变。C 端结构域的功能不仅使两个阻遏物单体之间形成二聚体，还负责二聚物之间的**协同作用**（co-operative interaction）。图 11.16 表明每个二聚体的两个亚基都参与了这种协同作用，形成了四聚体。

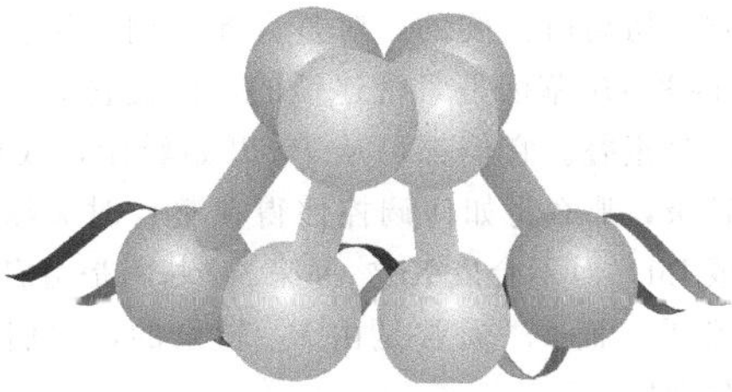

图 11.16 当两个 λ 的阻遏物二聚体协同结合，一个二聚体的每个亚基与另一个二聚体的一个亚基相连接（引自 Lewin，2004）

协同结合的结果使阻遏物在生理浓度下增加了和操纵基因的亲和力。这样使低浓度的阻遏物也能占据操纵基因，因此阻遏物的释放就比结合难。在和代谢有关的操纵子中，如果阻遏物丧失了作用，将会产生一些不需要的酶，造成浪费。若在 λ 噬菌体的溶原周期中，阻遏物丧失了作用，将会导致 λ 噬菌体从原噬菌体状态进入裂解周期。

O_{R3} 和 RNA 聚合酶在 P_{RM} 上的结合位点重叠。若阻遏物的浓度大到足以占据 O_{R3} 的话，c Ⅰ 的转录将被阻断，导致阻遏蛋白浓度的减少。O_{R3} 又被空出来，由于 O_{R2} 仍被占据，所以自我调节的循环又可以重新开始。这一机制使阻遏物的浓度不致太高。因此阻遏物是一种自我调节蛋白，在低浓度时它的功能是正调控，而在高浓度时起负调控作用。

每个操纵基因的 1 区比其他结合区具有更高的亲和性（约 10 倍）。当 1 区已被 CⅠ 蛋白结合时，由于协同效应使另一个 CⅠ 蛋白比较容易和相邻的 2 区结合，因此阻遏物总是首先和 O_{L1} 和 O_{R1} 结合。

从图 11.15 中我们可以看到 O_{L1} 和 O_{L2} 大致位于早期启动子 P_L 和 P_R 中 RNA 聚合酶结合位点的中心。O_{L1}-O_{L2} 和 O_{R1}-O_{R2} 如被占据，就完全阻塞了 RNA 聚合酶与 P_L 和 P_R 结合的空间位置，所以可阻遏裂解途径。

另外，由于协同效应发生在结合于相邻两个区的 CⅠ 蛋白之间，当 1 区和 2 区同时被 CⅠ 蛋白占据时，这种相互作用就不会扩大到 3 区，也就是说，在这种情况下，CⅠ 蛋白浓度不高时较难结合于 3 区。这样不仅 O_{R3} 区空了出来，同时也给和 O_{R3} 重叠的 P_{RM} 留出了空间。在这种情况下，既然聚合酶不能结合于 P_L 和 P_R，就在细胞中造成了积累，正好 P_{RM} 空置着，集聚了一定量的 RNA 聚合酶便较容易地结合于 P_{RM}，使 cⅠ 基因持续表达。

正因为 P_{RM} 的 RNA 聚合酶的结合位点正好是和 O_{R2} 相邻接，当 CⅠ 蛋白浓度高时，不仅结合于 1 区和 2 区，也将 3 区占据，这样也就占据了 P_{RM} 的 RNA 聚合酶结合位点，使 P_{RM} 关闭（图 11.17）。这就解释了阻遏物如何自主调节它本身的合成。

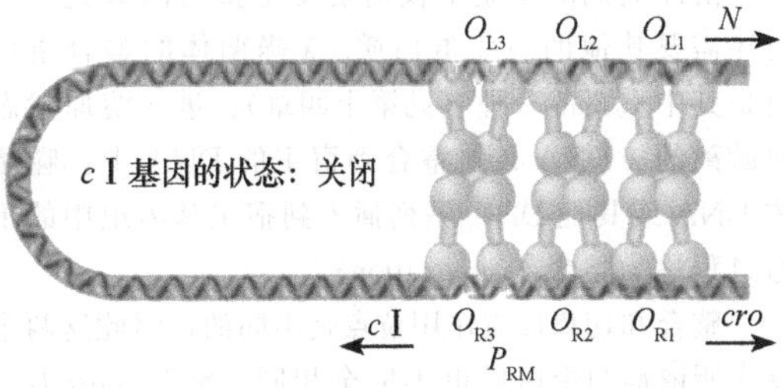

图 11.17 阻遏物在高浓度时，二聚体结合于 O_{L3} 和 O_{R3} 并相互作用，通过阻遏物形成多聚体，使 DNA 弯曲，O_{L3} 和 O_{R3} 彼此靠近（引自 Lewin，2008）

当两个二聚体结合在 O_{R1}-O_{R2} 时，在 O_{R2} 上的二聚体和 RNA 聚合酶相互作用（图 11.18），而这种作用是重要的。

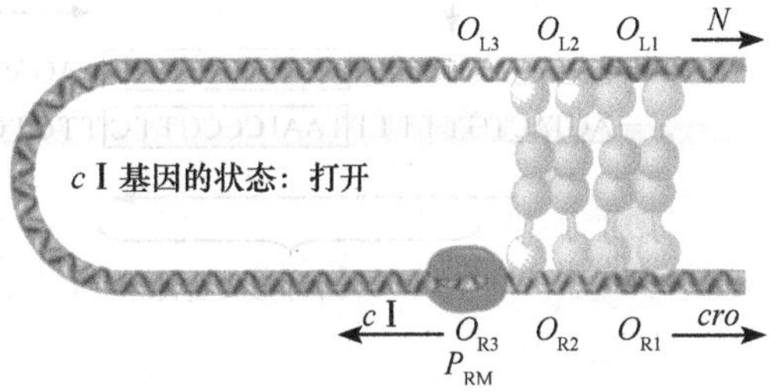

图 11.18 在溶原状态时，阻遏物结合于 O_{L1} 和 O_{L2} 上，并与结合在 O_{R1} 和 O_{R2} 上的阻遏物相互作用。RNA 聚合酶结合于 P_{RM}（与 O_{R3} 重叠）并与结合于 O_{L2} 的阻遏物相互作用（引自 Lewin，2004）

在 λ 噬菌体早期右向启动子 O_R 和 c Ⅰ 基因维持启动子 P_{RM} 之间显示出一种微妙的关系。RNA 聚合酶的结合位点恰好与 O_{R2} 毗连。这使我们能够理解阻遏蛋白进行自主调控的分子机制。当两个阻遏物二聚体优先结合在 O_{R1}-O_{R2} 时，O_{R2} 处的阻遏物二聚体的 N 端结构域与 RNA 聚合酶发生作用。

阻遏物所接触的 RNA 聚合酶上的靶位点是 σ^{70} 亚基，这个接触区域在启动子的 −35 区。阻遏物与 RNA 聚合酶的相互作用是使聚合酶从封闭型复合体转变成开放型复合体所必需的。这表明低水平的阻遏物可正调控其特有的合成。

三、和溶原化有关的调节

(一)整合酶的表达和调控

溶原周期的建立不仅需要CⅠ蛋白的表达，同时还需要其他的一些蛋白质。λ噬菌体的整合蛋白就是其中重要的一种（见第十四章）。进入溶原状态时游离的λDNA必须整合到宿主的DNA中。噬菌体DNA或其他DNA序列插入到宿主基因组中的重组过程称为**整合**（integration）。

整合和切离反应作用位点是不同的，因此这两个反应所依赖的蛋白质也不完全相同。整合（*att B*×*att P*）反应需要噬菌体*int*基因的产物和**宿主整合因子**（integration host factor，IHF）。切离（*att L*×*att R*）反应不仅需要Int和IHF蛋白，还需要噬菌体*xis*基因产物**切除酶**（excisionase）的参与，但Int和Xis所需要的量不同。整合和切离两个反应都需要Int和IHF，而Xis在控制方向上起到重要的作用。它是切离所需要的，对整合起抑制作用。但是*int*基因和*xis*基因是紧密连锁的，而且它们的编码区有部分重叠。它们都可从P_L开始转录，或从P_I开始转录，那么将如何调控使得在整合时λ噬菌体仅合成Int，而不合成Xis？原来*int*基因是由启动子P_I控制的，而*xis*通常是由P_L转录的，它们的调节十分微妙。

当噬菌体从P_L转录时，由于RNA聚合酶经过抗终止蛋白N的修饰可以通过终止子t_{L2}，这样RNA得以延伸，形成了核酸酶的靶位点*sib*（site in the b）。它首先被RNaseⅢ剪切，接着外切核酸酶从3′→5′降解mRNA，因此，这个位点是*int*基因下游的负调节位点，降解由下游向上游方向进行，故称其为**反向调节**（retroregnlation）（图11.19）。因此在进入裂解周期时，位点发生突变或RNase Ⅲ基因发生突变（rnc^-），那么P_L转录的mRNA也不被降解，且可翻译成Int蛋白。

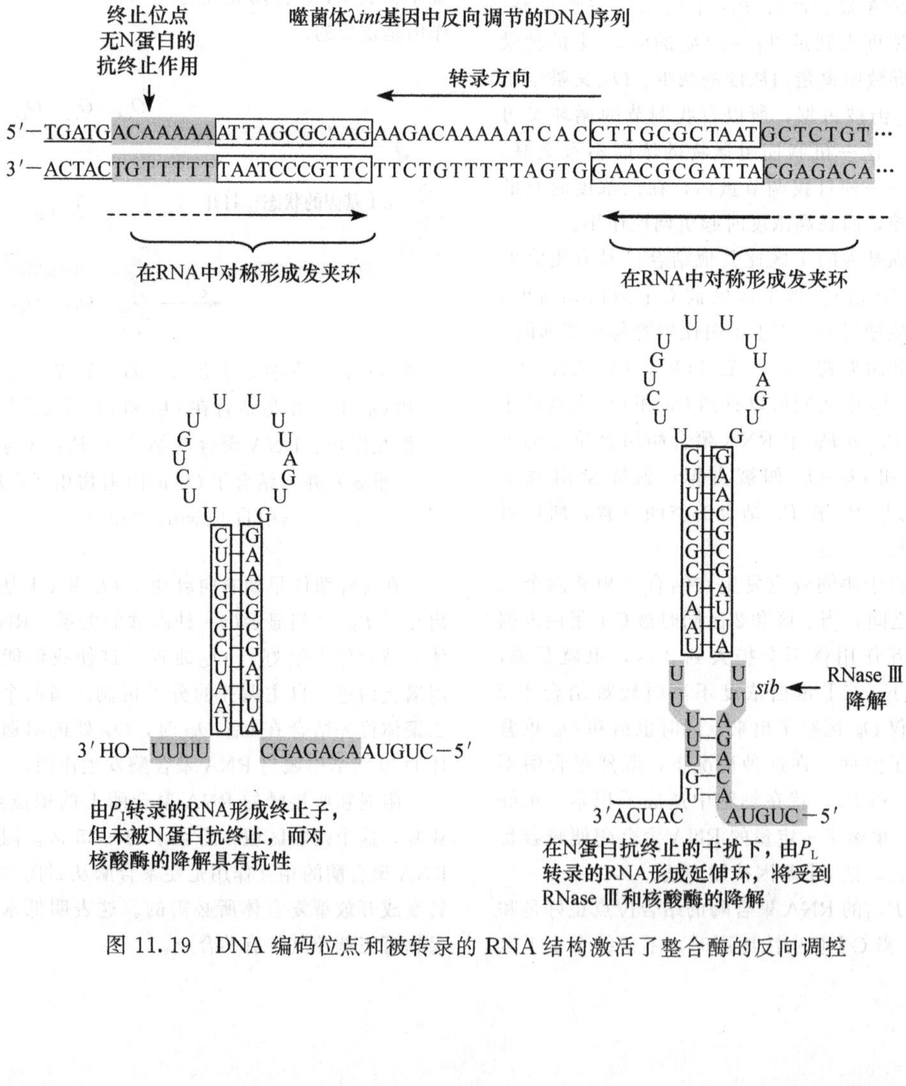

图11.19 DNA编码位点和被转录的RNA结构激活了整合酶的反向调控

sib 离 *int* 基因座最近，约 200bp，这个位点对于产生 Int 不是必需的。*sib* 位点的调节是转录后的顺式调节，*sib* 反向调节的基础是 *int* mRNA 3′端的茎环结构。

λ原噬菌体从宿主的染色体上切离后，在 *int* 的下游重新形成 *sib* 区。这使λ产生的 Xis 比 Int 多，一种情况是防止重新整合，倾向裂解生长。当 CⅠ失活，N 蛋白对下游终止子进行抗终止，P_L 转录 *xis* 和 *int* 区，这个长的 mRNA 含有 *sib* 区。*sib* RNA 序列形成了一个茎环结构，它能被 RNase Ⅲ降解，也降解了 *int* mRNA（图 11.19）。这样只有少量的整合酶（Int）产生。但 *xis* mRNA 序列保持完整，所以可产生一定量的 Xis。

当噬菌体新感染大肠杆菌时，环状的λ DNA 产生大量的 CⅡ和足够的 CⅠ，停止了从 P_L 的转录。当 CⅡ启动 P_I 转录 *xis* 和 *int* 并延伸时，N 蛋白未能对 *int* 的终止子进行抗终止。这种茎环不含 *sib* 位点，所以不是 RNase Ⅲ的底物，从而可产生整合酶，并发生整合，但从 P_I 转录物中并不产生 Xis，这是因为CⅡ启动的 P_I 转录物中，失去了 Xis 的翻译起点，翻译时，会越过 *xis* 的编码区，仅翻译 *int*，产生整合酶，因此在溶原生长时不会产生切除酶。

（二）CⅡ蛋白的作用

当λ基因组 DNA 进入新的宿主细胞时，RNA 聚合酶并不能转录 CⅠ，因为没有 CⅡ蛋白结合在 P_{RE}上，而 P_R 和 P_L 此时也没有阻遏物的结合。因此λ感染后首先转录的是 *N* 和 *cro* 基因，然后 N 蛋白使转录进一步延伸，当 *c*Ⅱ和其他基因在右边被转录时，*c*Ⅲ基因也在左边被转录（图 11.20）。

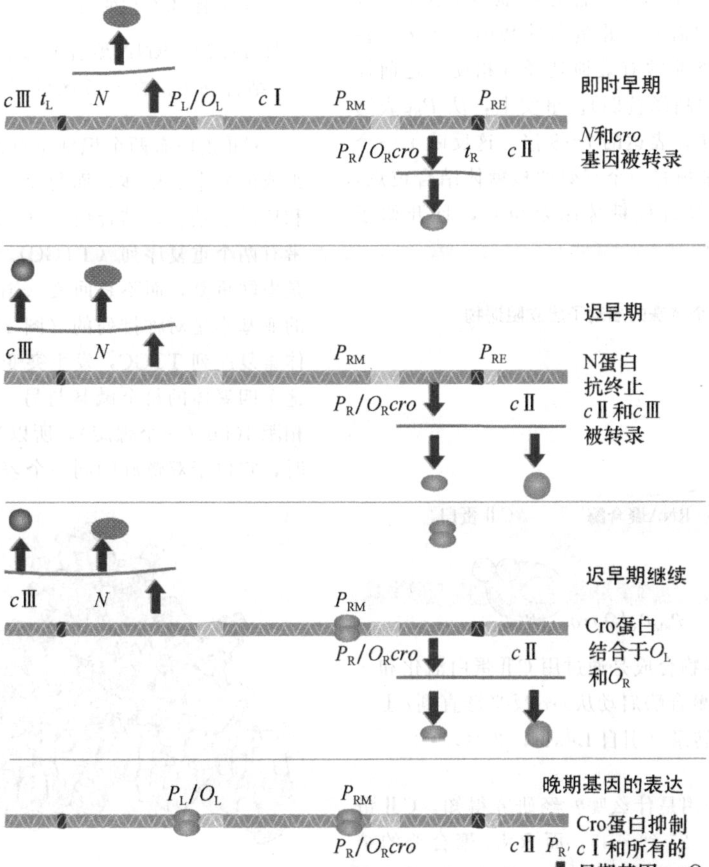

图 11.20　裂解的级联反应需要 Cro 蛋白。它直接阻止阻遏蛋白通过 P_{RM} 维持溶原，同时关闭迟早期基因的表达，间接阻止阻遏物的表达（引自 Lewin，2004） *c*Ⅱ和*c*Ⅲ基因共同促进P_{RE}的启动。如果它们发生突变的话，会导致出现清晰的噬菌斑，意味着产生了裂解。所不同的是，突变体不仅不能建立溶原，而且也不能维持溶原。而*c*Ⅱ和*c*Ⅲ的突变仅对建立溶原化有影响，当溶原化一旦建立，就可以通过CⅠ自我调节来维持，无需求助于*c*Ⅱ和*c*Ⅲ产物。

这表明*c*Ⅱ和*c*Ⅲ基因是正调控基因。阻遏蛋白建立和维持两个合成系统中的建立启动子（P_{RE}）是需要它们的产物。这个系统仅在*c*Ⅰ表达起始时才需要，以此弥补其自我调节不能从头合成的特点。

启动子P_{RE}在*cro*和*c*Ⅱ基因之间，只有在CⅡ蛋白存在时P_{RE}才能被RNA聚合酶所识别。其作用如图11.21所示。阻遏物的建立启动子P_{RE}是一个较弱的启动子，不仅其－10序列很弱，而且它又缺乏－35保守序列，在体外P_{RE}是不能被RNA聚合酶转录的，因此它需要CⅡ蛋白的帮助。在P_{RM}转录物上的编码区能非常有效地翻译（相反，之前提到的P_{RE}转录物的翻译较弱）。事实上，从P_{RE}表达的阻遏蛋白是从P_{RM}表达的7～8倍。这反映了一个事实，即P_{RE}转录物有一个有效的核糖体结合位点，而P_{RM}的转录物没有核糖体结合位点，且开始于AUG起始密码子。

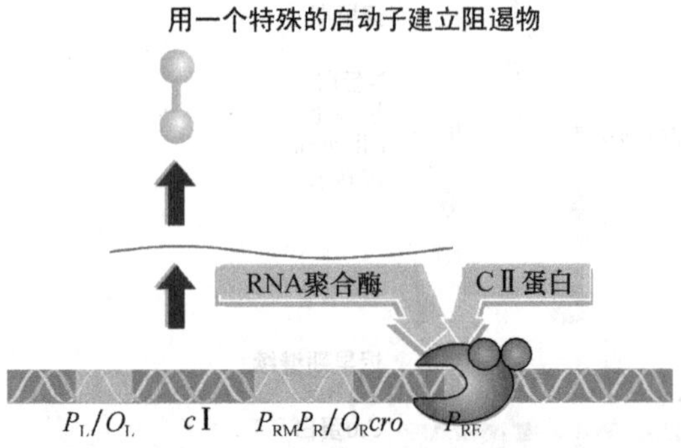

图11.21　阻遏物合成是通过用CⅡ蛋白活化和P_{ER}上的RNA聚合酶启动从*cro*反义链直到*c*Ⅰ基因的转录（引自Lewin，2004）

CⅡ蛋白的作用是什么呢？经研究得知，CⅡ蛋白结合的区域从－25到－45，而RNA聚合酶的结合区是从－12到＋13（图11.22）。显然，这两种蛋白质的结合位点是相互重叠的。这和后面所介绍的T4的MotA蛋白作用机制很相似。CⅡ蛋白可以通过与RNA聚合酶的相互作用来促进RNA聚合酶结合到P_{RE}上进行转录。

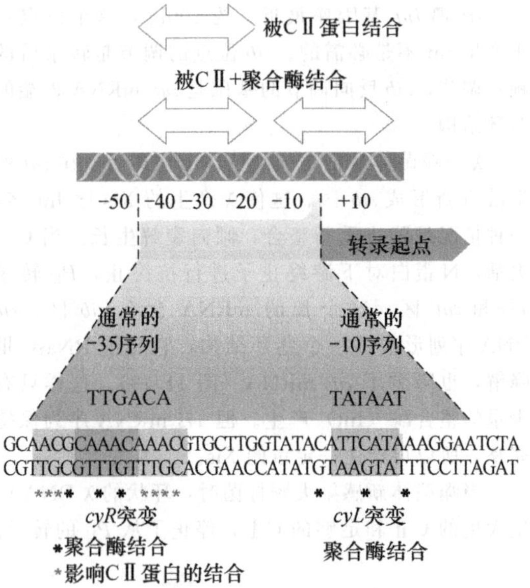

图11.22　RNA聚合酶仅在CⅡ蛋白存在时才结合到P_{RE}的－35区域（引自Lewin，2004）

CⅡ蛋白有两个识别位点，它是由4条相同的链组成的两个二聚体，而每个二聚体中仅有一条肽链和启动子结合，结合位点（TTGCNNNNNNTTGC）带有两个重复序列（TTGC）。由于这两个重复序列是串联重复，而不是回文（图11.23），因此蛋白质的亚基不是对称排列的（图11.23）。这种短的四聚体重复序列TTGC，发生突变就会阻止CⅡ的结合。这个四聚体的每个碱基与另一四聚体中的同源碱基相距10bp（一个螺旋），所以当CⅡ识别两个四聚体时，它位于双螺旋的同一个表面上。

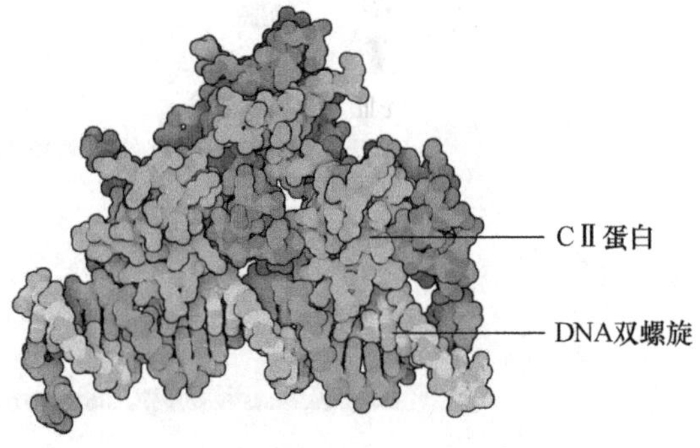

图11.23　CⅡ蛋白是由4条相同的链组成的两个二聚体，而每个二聚体中仅有一条肽链和DNA的大沟结合（引自Jian et al.，2005）（见彩版）

经启动子P_{RE}的转录建立溶原化是以两种途径

进行的。一种是直接作用，能转录 *c* Ⅰ 基因，产生阻遏蛋白。另一种是间接作用，转录以左向通过 *cro* 基因，RNA 的 5′端部分与 *cro* 的转录物（右向）反向重叠，并互补结合，抑制其翻译。这样通过反义 RNA 的作用对 *cro* 的表达起到负调节的作用。而 Cro 蛋白又是裂解周期所必需的，结果阻遏了裂解周期，有利于溶原化周期的建立。

在 P_{RE}转录物上的 *c* Ⅰ 编码区翻译的效率要比 P_{RM}转录物高得多。这反映了 P_{RE}转录物具有一种高效率的核糖体结合位点，而 P_{RM}转录物没有核糖体结合位点，而是用 AUG 直接起始密码子来启动翻译的，所以翻译效率较低。

此 P_{RE}启动子有一个不太好的－10 序列，且缺乏－35 序列。这个启动子在体外不能由 RNA 聚合酶转录，但加入 CⅡ 时就能转录。

现在我们来看看在新感染中溶原化是如何建立的。图 11.24 是早期阶段的概括，并表示 *c*Ⅲ 和 *c*Ⅱ 表达所产生的结果。CⅡ 的功能之一是使 *c* Ⅰ 基因从 P_{RE}转录，由这个转录物大量合成阻遏物，并立即结合于 O_L 和 O_R 上。

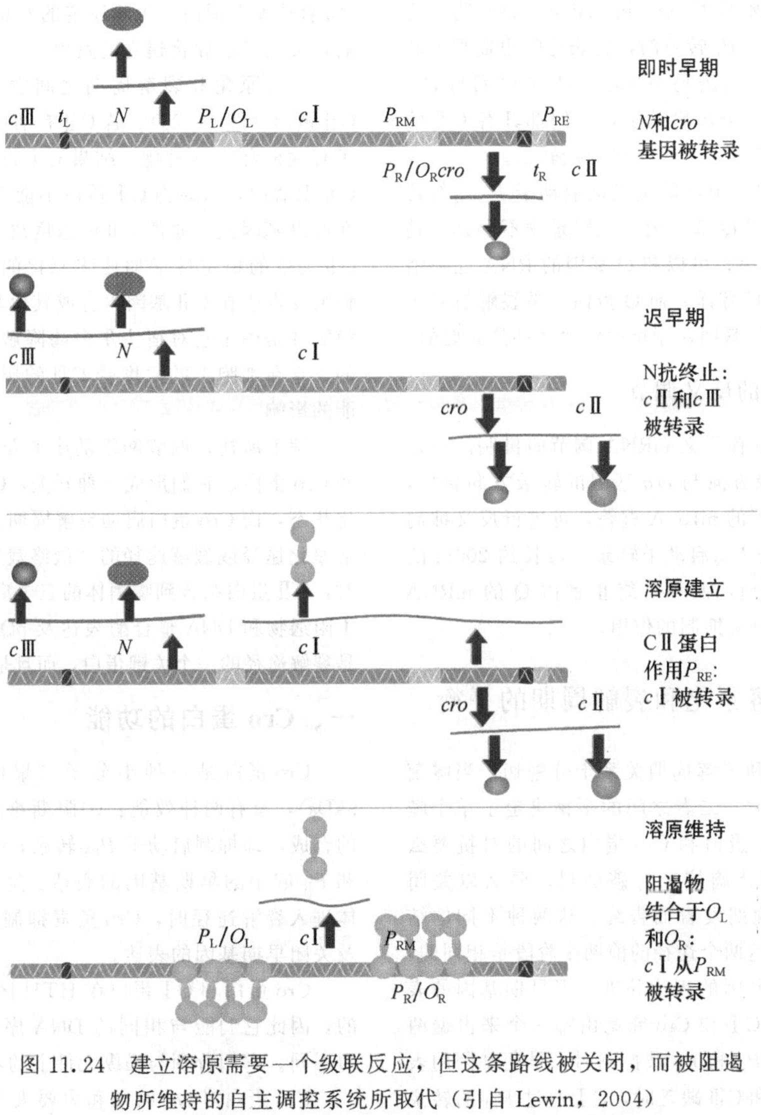

图 11.24　建立溶原需要一个级联反应，但这条路线被关闭，而被阻遏物所维持的自主调控系统所取代（引自 Lewin，2004）

阻遏物的结合直接抑制了 P_L 和 P_R 的转录，关闭了噬菌体所有的早期基因（除 *c* Ⅰ基因外）的表达。CⅡ和CⅢ的合成也被迫停止。但阻遏物是不稳定的，很快被降解，因此 P_{RE} 不能被长时期使用。通过“建立”这个途径合成阻遏物也被终止了。但现在已有阻遏物结合在 O_R 上，使CⅠ的合成由“建立”转换成“维持”途径，由启动子 P_{RM} 负责转录。虽然 P_{RM} 的功能是低水平的，但可以持续合成阻遏物。因此在打开维持循环的同时，开始关闭了高水平的“建立”循环，然后关闭了其他所有的功能。

λ噬菌体感染时其DNA必须插入到宿主的基因组中。此插入需要基因 *int*（insertion）的产物。这个基因是由启动子 P_I 转录的，它表达时也需要CⅡ蛋白。这是CⅡ蛋白的另一功能。P_I 的序列与 P_{RE} 是同源的，也是一个弱启动子，它们都具有CⅡ的结合位点，所以都需要CⅡ帮助启动转录。

CⅡ蛋白的第三个功能是发动启动子 $P_{anti\text{-}Q}$ 的转录，此启动子位于 *Q* 基因内。此转录物不翻译，是 *Q* 区域的反义RNA，可以和 *Q* 基因的RNA互补结合，阻断 *Q* 蛋白的翻译。而Q蛋白又是裂解发育所必需的，这些调节基因对于抗裂解途径都是必要的。

（三）λ噬菌体的反义调节

λ噬菌体也具有反义mRNA调节的机制。一是 P_{RE} 启动子的转录方向与 *cro* 基因的转录方向相反，其5′端和 *cro* 基因的mRNA重叠，可进行反义抑制 *cro* 的表达；二是 P_{AQ} 启动子转录一段长约200nt的RNA，不编码蛋白，而和抗终止蛋白Q的mRNA 5′端互补，起到反义抑制的作用。

第三节　溶原化和裂解周期的平衡

溶原化周期和裂解周期关系十分密切，当噬菌体感染一个宿主时，二者之间的平衡决定了单个噬菌体的命运。CⅠ蛋白和Cro蛋白之间的对抗要么由建立自主的维持调控来打破僵局，要么以关闭CⅠ的合成进入晚期发育而告终。这两种不同的结局如何决定呢？这两个途径的前两个阶段是相同的，它涉及即时早期基因的表达并进入迟早期基因的表达，所不同的是CⅠ和Cro究竟由哪一个来占据两个操纵基因。当 P_L 和 P_R 被抑制时，早期基因的表达受阻，当CⅡ和CⅢ缺乏时，CⅠ通过 P_{RE} 的转录也将停止。关键的问题是在 P_{RE} 停止转录后，P_{RM} 是接着激活而建立溶原化，还是 P_{RM} 不转录，而 P_Q 被激活，其产物使噬菌体进入裂解发育。图11.25显示了这一关键的阶段，此时CⅠ蛋白和Cro蛋白都被合成。

建立溶原化的起始是CⅠ结合 O_{L1} 和 O_{R1}。在此位点结合是很快的，然后通过协同效应阻遏物二聚体进一步与 O_{L2} 和 O_{R2} 结合，这样就关闭了Cro的合成，开始了 P_{RM} 的转录，维持CⅠ蛋白的合成。

进入裂解周期的起始是Cro结合在 O_{R3} 上，阻断了从 P_{RM} 开始的维持溶原化的循环，然后Cro还必须与 O_{R1}、O_{R2} 及 O_{L1}、O_{L2} 结合，阻断早期基因的表达。通过中断CⅡ蛋白和CⅢ蛋白的产生来抑制 P_{RE} 合成CⅠ蛋白。当不稳定的CⅡ和CⅢ蛋白消失后，关闭了溶原化建立的发生。

在溶原化和裂解周期之间发生转换的关键是CⅡ蛋白（图11.25）。若CⅡ有活性，通过 P_{RE} 启动子有效地合成阻遏物，结果CⅠ占据操纵基因。若CⅡ无活性，阻遏物CⅠ蛋白不能合成，Cro就结合在操纵基因上。通常CⅡ的浓度决定了感染的后果。CⅡ突变的稳定性增加使溶原化的频率也增加，这种突变发生在CⅡ基因本身或其他基因上。CⅡ的不稳定性是由于它对宿主蛋白酶降解的易感性所造成的。它在细胞中的浓度受CⅢ的影响，也受宿主功能的影响。

综上所述，调节网络的中心是CⅠ蛋白阻遏物和Cro蛋白。它们形成一种开关，CⅠ蛋白维持溶原化状态，而Cro蛋白启动裂解周期。CⅡ蛋白是选择溶原化途径或裂解途径的“最终裁判”。当时期正确时，CⅡ蛋白结合到噬菌体的三个启动子上，导致CⅠ阻遏物和DNA整合酶表达及pQ的抑制。Q蛋白是裂解途径的一个关键蛋白，而且是DNA的切除酶。

一、Cro蛋白的功能

Cro蛋白是一种小分子二聚体（每个亚基为9kDa），具有两种效能：①阻断维持循环中阻遏物的合成，即抑制启动子 P_{RM} 转录；②也可抑制从 P_L 和 P_R 起始的早期基因的表达。这就意味着当噬菌体进入裂解途径时，Cro负责抑制阻遏蛋白的合成及关闭早期基因的表达。

Cro蛋白和CⅠ蛋白在HTH区域的序列是相关的，因此它们能与相同的DNA序列结合，但亲和力不同。它们分别与操纵元件上的不同位点结合。

Cro蛋白对 O_{R3} 的亲和力要大于对 O_{R2} 或 O_{R1} 的亲和力，因此它首先与 O_{R3} 结合，这就阻止了RNA聚合酶与 P_{RM} 的结合，这样Cro蛋白的第一个作用

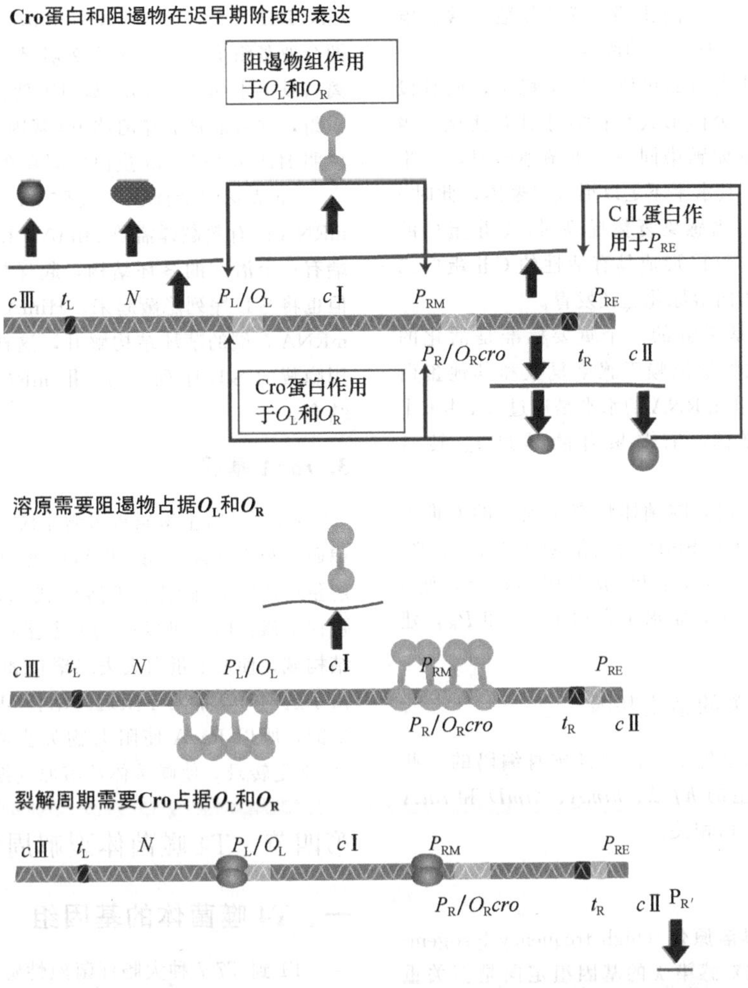

图 11.25　选择溶原化还是裂解途径的关键步骤是迟早期基因的表达。若 CⅡ蛋白导致合成足够的阻遏物，阻遏物占据了操纵基因，将进入溶原状态；否则，Cro 蛋白占据操纵基因，导致进入裂解周期（引自 Lewin，2004）

便是阻止溶原化的“维持”循环。然后 Cro 再与 O_{R2} 或 O_{R1} 结合，它与这两个位点的亲和力是相似的，且没有协同效应。在这两个位点中 Cro 只存在于其中一个位点就足以阻止 RNA 聚合酶利用启动子 P_R/P_L，并依次停止了早期功能的产物。由于 CⅡ是不稳定的，当其降解时导致 P_{RE} 的使用也被停止。同时 Cro 使 CⅠ蛋白的产生受到阻断。

二、影响 CⅡ蛋白含量的因素

影响 CⅡ蛋白含量的因素也间接影响溶原化和裂解周期的平衡。归纳起来有以下的几种：①CⅢ基因的表达；②噬菌体的感染复数；③宿主某些基因的影响；④宿主的生存状态等。

（一）CⅢ基因的表达

CⅡ蛋白不稳定，需要受到 CⅢ的保护才能发挥其正常功能。实际上 CⅢ不仅影响 CⅡ蛋白的水平，还能激活 *c*Ⅱ的转录。CⅢ蛋白既是 FtsH 的底物，又是其抑制物。它是一个具有两性螺旋结构的低聚物，可作为 FtsH 的竞争性抑制物（competitive inhibitor），替代 CⅡ蛋白而成为底物，消耗了部分 FtsH，使 CⅡ能保持一定的量。

（二）噬菌体的感染复数

噬菌体溶原化和裂解途径的决定还和噬菌体的**感染复数**（multiplicity of infection，MOI）有关，即感染时噬菌体与细菌的比例。感染复数直接影响细胞中CⅡ蛋白和CⅢ蛋白的浓度。

这是由于CⅡ蛋白的单体不仅不稳定，而且没有活性，只有以二聚体形式存在时才具有活性。当仅有1或2个噬菌体感染同一个细菌细胞时，产生的CⅡ蛋白很少，其水平不足以形成二聚体，此时λ倾向于裂解周期；当感染复数提高时，CⅡ蛋白的浓度也随之增加，可以形成具有活性的CⅡ蛋白二聚体，结果有利于向溶原化途径发育。

是溶原化还是裂解的一个重要标准是活化的CⅡ蛋白的量。此数量依赖于感染复数和其他蛋白质因子的作用。*c*Ⅱ mRNA的水平是通过pN由CⅠ和Cro蛋白控制的，需要聚合酶越过t_{R1}转录*c*Ⅱ基因。

当感染复数高时，噬菌体将产生大量的CⅢ蛋白，CⅢ蛋白抑制了FtsH蛋白酶对CⅡ的降解。CⅡ蛋白的集聚促进了*c*Ⅰ和*int*基因的转录，使λ整合到宿主染色体中，阻遏了启动子P_L和P_R，建立了溶原状态。

（三）与溶原有关的宿主基因

λ噬菌体的溶原化不仅涉及其本身编码的一些基因，同时和宿主的*hflA*、*himA*、*himD*和*racA*等基因的表达也密切相关。

1. *hfl*基因

*E. coli*的**高频溶原化**（high frequency lysogenization，*hfl*）基因对感染λ的基因组定向是至关重要的。它编码一种FtsH（HflB）蛋白，这是一种完整的ATPase和蛋白酶，可降解CⅡ蛋白。因此细胞中如缺乏FtsH，CⅡ蛋白便比较稳定；而FtsH过度表达可加速CⅡ蛋白的降解。在体外，纯化的FtsH可催化CⅡ蛋白依赖ATP的水解。而FtsH自身的活性受细胞生长状态的控制，虽然现在尚不知道这种控制是如何实现的，但已知在细胞生长良好时，FtsH活性高，CⅡ蛋白被有效地降解，因此阻遏物不能合成，噬菌体倾向于裂解生长；而当细胞营养耗尽时，FtsH活性低，CⅡ降解慢，因此阻遏物被积累，噬菌体倾向于溶原生长。这是由于细胞饥饿时，其中大量的cAMP和CRP抑制了*hflA*的转录与活化。因此高水平的cAMP导致HflA蛋白酶活性降低，噬菌体倾向于溶原化。

2. *himA*基因

*E. coli*中的**宿主整合因子**（integration host factor，IHF）是一种重组酶，由*himA*和*himD*编码的两个亚基组成，主要用于λ噬菌体的整合和精确切离（见第十四章）。*him*基因突变会抑制位点特异性重组，并且能被λ噬菌体*int*基因的突变所抑制，这说明IHF蛋白和Int蛋白之间存在着相互作用。

*c*Ⅱ表达的翻译也涉及宿主的HimA蛋白。*c*Ⅱ mRNA的有效翻译需要HimA。在*c*Ⅱ mRNA的5′端有一个潜在的茎环结构，起保护mRNA的作用，但也将S-D序列隐蔽起来。HimA蛋白的存在使*c*Ⅱ mRNA 5′端的茎环结构解开，这样，核糖体就能利用隐蔽的S-D序列，与*c*Ⅱ mRNA的起始密码子结合。

3. *racA*基因

*racA*是宿主编码重组酶系统中的一个基因，它编码一种多功能的酶，既可以剪切DNA，也可以水解蛋白质。若细胞处于溶原状态，当宿主中RacA蛋白被激活时，可以剪切CⅠ蛋白，除去其C端的结构域，使CⅠ蛋白失去二聚化和协同效应的功能。由于这两个功能对于阻遏物结合O_{R1}和O_{R2}是至关重要的，所以RacA使阻遏物失去功能，导致P_L和P_R恢复转录，使噬菌体从溶原周期进入裂解周期。

第四节　T4噬菌体裂解周期的级联调控

一、T4噬菌体的基因组

T1到T7 7种大肠杆菌烈性噬菌体被统称为T-噬菌体（T为type的缩写）。其中T2、T4、T6三种噬菌体的遗传结构和形态特征十分相似，统称为T偶数噬菌体；同时将T1、T3、T5、T7称为T奇数噬菌体。但T3和T7的DNA相似性较少。

T-噬菌体也被称为**裂解噬菌体**（lytic phage），这是因为它们感染*E. coli*后总是使宿主细胞裂解而死亡。T-噬菌体的遗传物质为双链DNA。T4基因组长168.90kb，约编码300个基因。除它们的衣壳（capsid）即头部之外，还有尾部和相关结构。尾部包括核心、尾鞘、基座和尾丝，这些组件都是由不同的蛋白质构成的。噬菌体的尾部相关结构涉及噬菌体吸附和DNA注入宿主细胞中。在噬菌体感染前，宿主细胞涉及其DNA复制、遗传信息的转录和翻译，而这些遗传信息与生物合成、生长和细胞分裂有关。感染后，噬菌体的DNA接管了宿主细胞的一套复制、转录和翻译的系统，利用这套系统产生形成新噬菌体颗粒所需要的核酸和蛋白质。

二、T4 噬菌体裂解发育的调控

T4 噬菌体裂解发育的调控策略归纳起来主要有三点：①关闭宿主大分子的合成；②采用修饰宿主 RNA 聚合酶的策略，使其识别专一的启动子并可越过终止子，从而达到了一举多得的效果；③噬菌体采用级联调控来实现基因的时序表达。

(一) 关闭宿主大分子的合成

T4 噬菌体感染不久，便合成一种蛋白质，它可有效阻抑宿主 DNA 的转录和复制。例如，噬菌体编码的 DNase 可迅速降解宿主细菌的 DNA，使宿主失去复制和转录模板，同时噬菌体又利用这些核苷酸作为 DNA 复制的原料。

这还不能完全说明问题，因为在噬菌体核酸酶合成之前，宿主的 DNA、RNA 和蛋白质的合成就已经关闭。人们将不含 DNA 的噬菌体，即**幽灵噬菌体**(phage ghost) 感染大肠杆菌，也能阻止宿主的 DNA、RNA 和蛋白质的合成，因此人们认为这是由于细菌的膜改变了通透性，影响了宿主染色体和膜的结合，而这两者的结合是宿主复制和转录所必需的。

(二) 宿主 RNA 聚合酶的修饰

噬菌体 T4 感染宿主后，需要转录早期 mRNA，并合成一些蛋白质，用来关闭宿主 DNA 的转录和复制，但是它自己尚来不及合成自己的 RNA 聚合酶，于是采用了节约、快速的策略，即利用宿主现成的 RNA 聚合酶，转录 T4 早期的启动子，合成噬菌体专一性蛋白质。这是由于 T4 早期启动子含有和细菌相似的 −10 和 −35 DNA 保守序列，因此这些启动子可被 *E. coli* RNA 聚合酶的 σ^{70} 亚基所识别，产生早期转录物，其中有的可用来修饰宿主 RNA 聚合酶。

转录中期和晚期基因时，T4 噬菌体采用修饰宿主 RNA 聚合酶的策略，使其不再能识别宿主的启动子，而专门识别噬菌体的一组中期和晚期启动子。

一种修饰方式是与 RNA 聚合酶 σ^{70} 亚基的**抗 σ 因子** (anti-sigma factor，AsiA) 蛋白紧密结合。这种相互作用是 T4 早期和中期转录之间转换的关键，因它抑制了对宿主启动子和 T4 早期启动子的识别，从而激活了 T4 中期的转录。T4 中期的转录的激活还需要一种 T4 转录激活因子——MotA 蛋白。T4 噬菌体的中期启动子很特殊，没有 −30 保守序列，但存在一种位于启动子 −30 序列中心的“Mot 框”(Mot box)，它是供 MotA 蛋白特异识别和结合的序列。两种 T4 修饰蛋白质的介入能有效地掌控 RNA 聚合酶全酶的转录特异性。

另一种修饰涉及起转换作用的小分子蛋白质。在 T4 噬菌体的头部含有几种小分子的内部蛋白，在感染后不久，随着 T4 的 DNA 被一道注入细菌。其中的一种转换蛋白能将小分子的 **ADP-核糖** (adenosine diphosphate ribose，ADP-R) 加到 α 亚基的精氨酸上，被 **ADP-核糖基化** (ADP-ribosylation)，这种修饰作用使 RNA 聚合酶全酶对其原先识别的启动子的亲和力减弱。这也表明 RNA 聚合酶的 α 亚基具有识别启动子的能力（见第八章）。

噬菌体 T4 编码了三种 **ADP-核糖转移酶** (ADP-ribosyltransferase，ADPRT)——Alt、ModA 和 ModB。这三种酶通过 ADP-核糖基化 (ADP-ribosylation) 的一套宿主蛋白而参与 T4 复制周期的调节。RNA 聚合酶及宿主的其他蛋白质被 ADP-核糖基化后指导了噬菌体最初的 mRNA 合成反应，逃脱了宿主的控制。其他的一些细胞蛋白后来被修饰，其作用是限制了噬菌体早期基因的转录，而参与噬菌体中期和晚期基因的转录。

由于修饰后的 RNA 聚合酶只识别噬菌体的启动子，不识别宿主的启动子，使宿主的基因得不到表达，这样宿主细胞中有限的氨基酸就专门供给噬菌体合成使用。同时由于噬菌体基因组中一些重要的基因成簇排列，使噬菌体按一定的顺序合成不同蛋白质，即建立合成的时序调节。例如，若在生活周期的早期就大量合成溶菌酶，则在子噬菌体形成前，细菌就裂解了；若在 DNA 复制前就合成头部蛋白并进行装配，则可能将刚注入的噬菌体 DNA 包装起来而无法复制。

(三) T4 噬菌体转录的时序调控

噬菌体的染色体是环状的，要进行级联时序调控，其基因的排列就必须按照不同的功能进行成簇有序排列。图 11.26 绘出了噬菌体 T4 的遗传图谱。用数字编号的基因是必需基因 (essential gene)，这些座位的任一突变都会阻断裂解周期。用三个缩写字母表示的基因是非必需 (nonessential) 基因。现在还不了解这些非必需基因所具有的功能，可能是提供给那些生存于不同条件下的噬菌体选择性地利用。T4 噬菌体遗传图的组织结构反映了裂解发育的顺序，这和操纵子的作用有些相似。T4 噬菌体中，编码相关功能的蛋白质基因按时序成簇排列，以便同期转录。这种组织形式允许用少数调控开关设置有序地控制裂解发育途径。

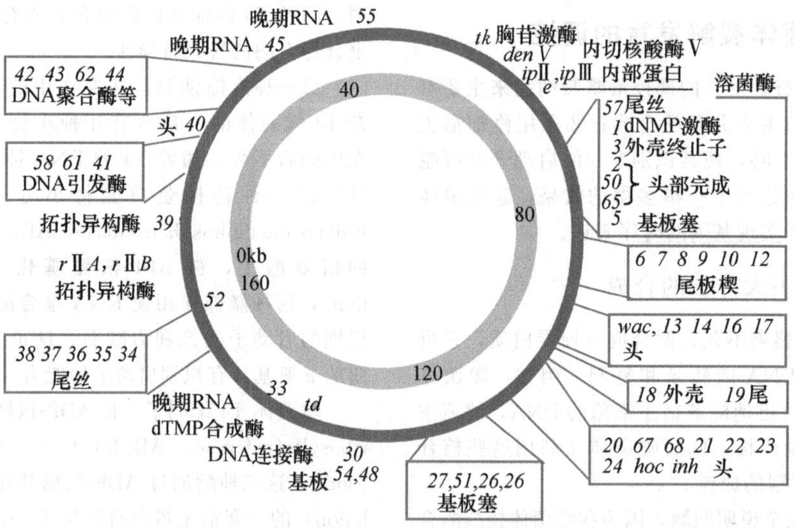

图 11.26 T4 噬菌体的基因组图谱为环状（引自 Lewin，2004）

编码噬菌体成分和 DNA 复制等过程的基因常成簇排列，但也有一些编码各种酶和其他功能的基因是分散排列的。必需基因用数字表示，非必需基因用字母表示。图中仅标出 T4 的一些代表性基因

T4 噬菌体的基因表达分三个阶段（图 11.27）。①早期转录。利用大肠杆菌 RNA 聚合酶转录噬菌体的早期基因，早期基因编码的蛋白质为 RNA 聚合酶的修饰因子，可改变宿主 RNA 聚合酶的识别能力。②中期转录。利用更改后的 RNA 聚合酶转录噬菌体的中期基因，结果产生了降解宿主 DNA 的酶、噬菌体基因组复制所需的 DNA 聚合酶、细胞结构修饰及转录和翻译等各种功能的酶。③晚期转录，主要合成噬菌体颗粒的头部和尾部蛋白质成分。除这些结构蛋白外，还有装配蛋白（assembly protein）用以构建噬菌体颗粒。当组装这些结构蛋白时，DNA 复制也相应达到了最大速率。于是基因组就被包装到中空的蛋白质头部，加上尾部后就形成了完整的噬菌体颗粒。最后裂解酶使宿主细胞裂解以释放新生的病毒颗粒。

在负责转录的一组基因中，两个必需基因具有调控的功能，它们的产物对于晚期基因的表达是需要的。T4 噬菌体的感染依赖于复制和晚期基因表达二者之间的联系机制。仅复制活跃的 DNA 才能用来作为晚期基因转录的模板。这种联系的产生是通过导入一个新的 σ 因子或其他修饰宿主 RNA 聚合酶，只有它们才能用复制后的 DNA 作为转录模板。这种联系的建立，使噬菌体蛋白质成分的合成和供包装的基因组数目之间具有相关性。

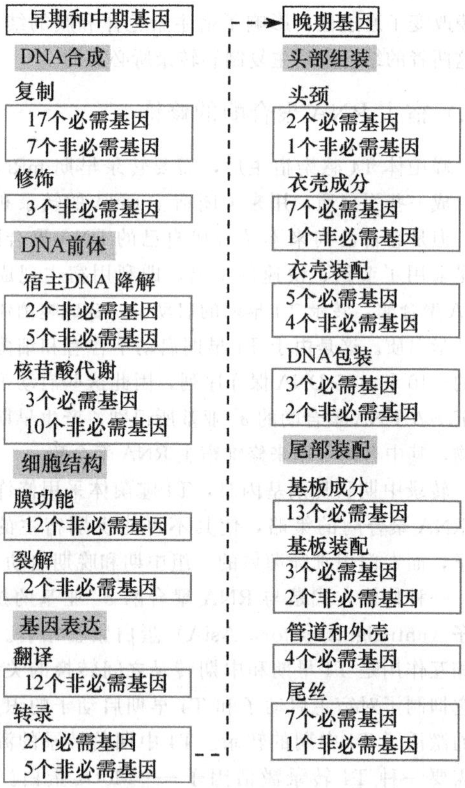

图 11.27 T4 噬菌体的裂解级联调控分成两部分：早期功能涉及 DNA 合成和基因表达；晚期功能涉及噬菌体粒子的装配

第五节 噬菌体 T7 和 SPO1 裂解周期的级联调控

一、T7 噬菌体的时序调控

T7 噬菌体是感染 *E. coli* 的烈性噬菌体，基因组长为 39 936bp，共编码 55 个基因，已鉴别了其中 44 个基因的产物，已知 30 个基因的功能。T7 噬菌体的基因根据其功能聚集成簇，并按其功能执行的先后顺序排列（图 11.28）。

T7 噬菌体在转录的时序调控中不是采用 σ 因子的级联取代，也不像 T4 噬菌体那样对核心酶进行修饰，而是根据自动感染的特点采用 RNA 聚合酶的代换来进行时序转录的调控。

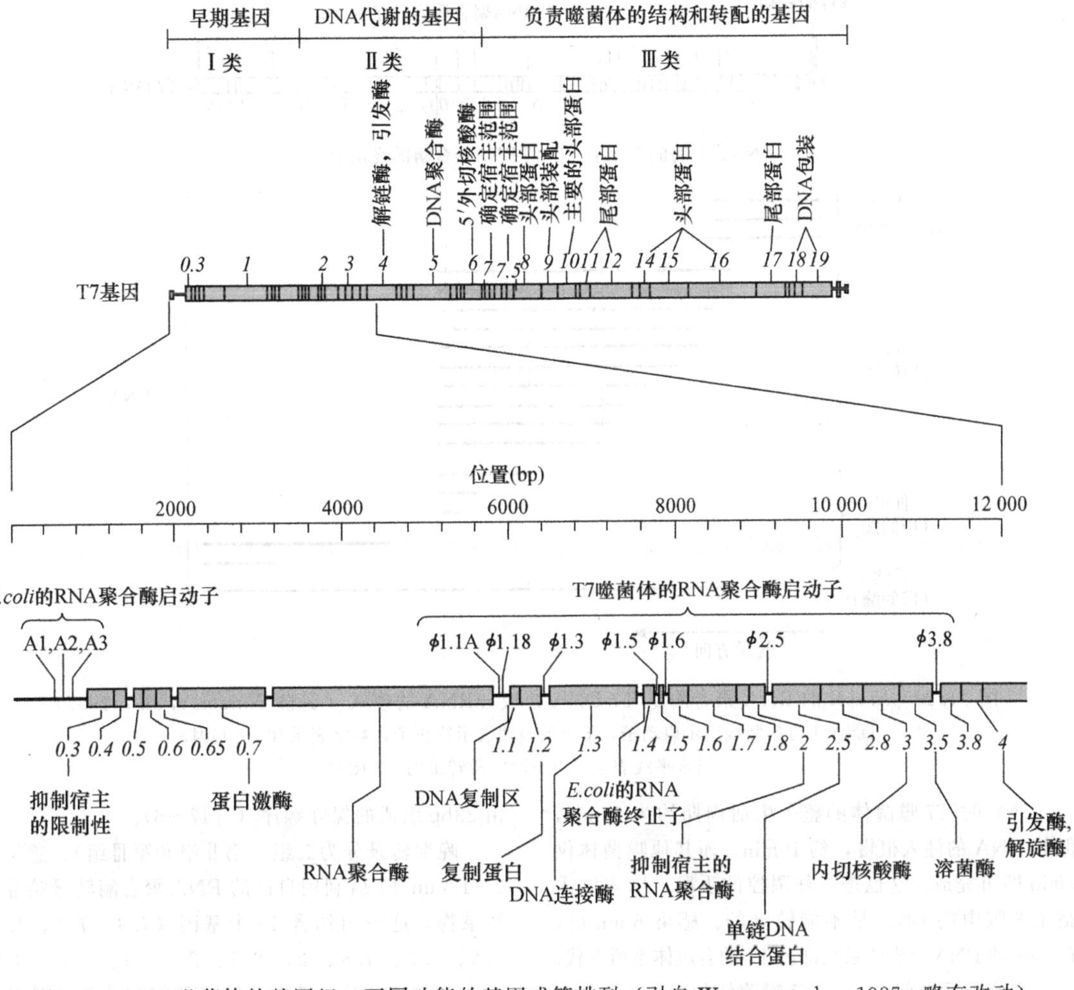

图 11.28 T7 噬菌体的基因组。不同功能的基因成簇排列（引自 Watson et al.，1987，略有改动）

T7 基因组的基因分为三组（表 11.2 和图 11.29）：第Ⅰ组为早期转录基因，第Ⅱ组和第Ⅲ组为晚期转录基因。这些基因产物中，有干扰宿主基因表达的酶和噬菌体的 RNA 聚合酶。噬菌体的酶负责表达第Ⅱ组基因（主要与 DNA 合成功能有关）和第Ⅲ组基因（与装配成熟的噬菌体颗粒有关）。

表 11.2 T7 噬菌体转录的时序调节

转录阶段	时间	聚合酶	转录组别	主要基因及功能
早期转录	前 6min	*E. coli* RNA pol	转录物Ⅰ	10 个基因。其中 *0.3* 基因编码抑制宿主限制酶；0.7 基因编码蛋白激酶、可磷酸化宿主的 RNA 聚合酶；*1* 基因编码 T7 RNA 聚合酶

续表

转录阶段	时间	聚合酶	转录组别	主要基因及功能
晚期转录	6～16min	T7 RNA pol	转录物Ⅱ	7个基因。基因 *2* 编码抑制宿主 RNA；编码合成复制酶系的基因
	12min 后	T7 RNA pol	转录物 Ⅲ	13个基因。编码与噬菌体粒子结构与装配有关的基因

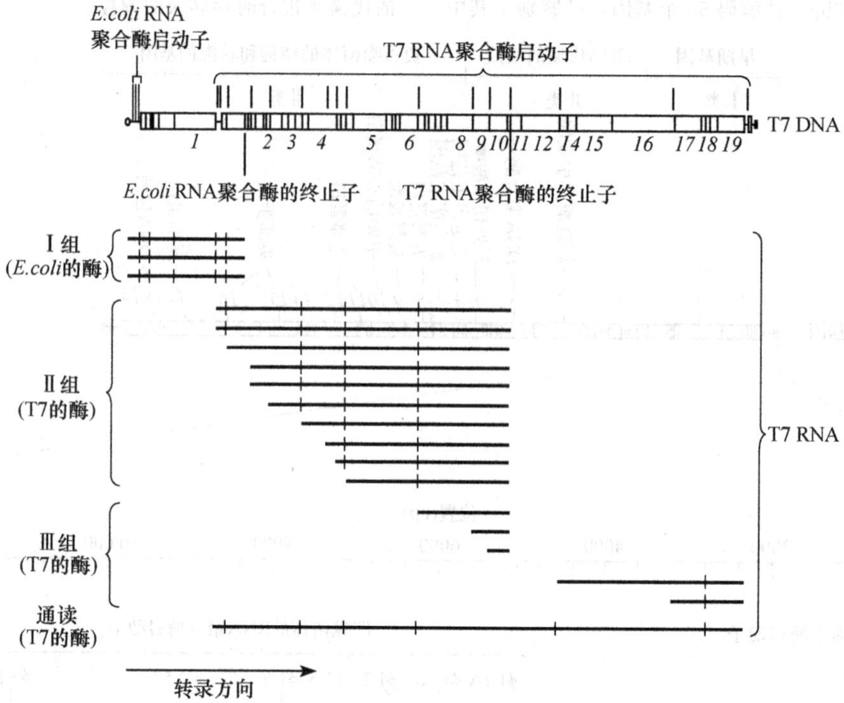

图 11.29　*E. coli* 的 RNA 聚合酶从 T7 DNA 合成 mRNA 的模式（引自 Watson et al.，1987）
DNA 上方的竖线表示启动子，下方的竖线表示终止子，数字表示 T7 的基因。
三组水平线表示三个不同阶段转录的 T7 RNA

30℃时 T7 噬菌体的整个生活周期约为 25min，但其DNA的注入很慢，约 10min，而其他噬菌体仅1min即可完成。这也是一种调控的手段，因未注入宿主细胞中的 DNA 是不能转录的。感染 6min 后，*E. coli* 的RNA合成体系全部被T7的合成体系所取代。

在感染后的前 6min，T7 噬菌体的 RNA 聚合酶尚未表达，因此仍使用了宿主 *E. coli* 的 RNA 聚合酶，转录的基因主要有 10 个（*0.3*、*0.4*、*0.5*、*0.6*、*0.65*、*0.7*、*1*、*1.1*、*1.2*、*1.3*），其中最为重要的是 5 个基因（*0.3*、*0.7*、*1*、*1.2*、*1.3*）。*0.3* 基因编码宿主限制酶的抑制蛋白，使 T7 进入宿主免遭降解；*0.7* 基因编码一种蛋白激酶，能将 *E. coli* 的 RNA 聚合酶磷酸化，为抑制宿主 RNA 聚合酶做准备；基因 *1* 编码 T7 RNA 聚合酶，分子质量为 98kDa，是一条单链肽，它所识别的启动子是由 23bp 组成的保守顺序（－17～6）。

晚期转录分为二组（第Ⅱ组和第Ⅲ组）。感染后6～12min T7 就利用自己的 RNA 聚合酶转录第Ⅱ组转录物。这一组约含 16 个基因（*1.3*、*1.4*、*1.5*、*1.6*、*1.7*、*1.8*、*2*、*2.5*、*2.8*、*3*、*3.5*、*3.8*、*4*、*5*、*5.5*、*6*），其中对转录调控有关系的是基因 *2*，其产物是 *E. coli* 聚合酶的抑制剂。宿主的 RNA 聚合酶先受到基因 *0.7* 产物的磷酸化，再经抑制完全失去了作用，此时 T7 已不再需要第Ⅰ组的转录物，因此废除了宿主 RNA 聚合酶的功能，而将自己编码的 RNA 聚合酶取而代之。第Ⅱ组基因多与 T7 复制酶系的合成及几种结构蛋白有关，但第Ⅱ组基因的启动子和复制的 *ΦOL* 启动子因其保守顺序中分别有 2～7 个碱基发生了改变，所以是较弱的启动子，但由于其位置排在第Ⅲ组基因启动子的前面，所以先进入宿主得以转录，而不与第Ⅲ组基因的启动子竞争。

晚期转录的就是第Ⅲ组转录物，它排在最后，故在感染 12min 后才得以表达。此组转录约含 15 个基因，它们主要编码头部蛋白、尾部蛋白及负责装配，这样使得 T7 噬菌体不至于过早地装配成粒子。这一组虽排在最后，但启动子的结构和保守序列完全一致，所以是极强的启动子，从而保证最后阶段结构蛋白的合成。

第Ⅰ组转录的终止位置在邻近 *1.4* 基因的上游区（*1.3* 和 *1.4* 之间），这是 *E.coli* RNA 聚合酶的终止子，它解离后 T7 RNA 聚合酶重新从第Ⅱ组起始转录。第Ⅱ组转录和第Ⅲ组转录都使用终止子 $t\varphi$，由于注入宿主缓慢，在第Ⅱ组转录时第Ⅲ组基因尚未注入，仍得不到表达。

$t\varphi$ 的终止效率是 90%，尚有 10%可以延长转录 T7 的末端。$t\varphi$ 位于基因 *10* 和 *11* 之间。基因 *10* 是主要的头部蛋白，需要量大，它排在第Ⅱ组末是合理的，既有强启动子的启动，又在转录后被终止，这样不仅满足了装配颗粒的需要，又不致造成浪费。而排在基因 *10* 后面的基因都是用来编码少量头部蛋白和尾部蛋白的，无需大量的转录，后面越过 $t\varphi$ 延长转录的 mRNA 就可满足需要了，这本身也是一种终止子对转录的调控。

二、SPO1 噬菌体 σ 因子的更替

噬菌体 SPO1 是一种烈性噬菌体，其不同时期基因的转录是通过几种 σ 因子发生连续更迭而得到调控的。

据 C. R. Stewart 等（2009）报道，噬菌体 SPO1 基因组长 132 562bp，包装在毒粒中的 DNA 具有 13 185bp 的末端冗余序列，总长为 145 747bp。预计共 204 个编码蛋白质的基因和 5 个 tRNA 基因，先前已定义了 61 个基因的功能。C. R. Stewart 等定义了 107 个启动子，其中大部分是以前已研究过的。

SPO1 的感染周期经历基因表达的三个阶段。感染后，噬菌体的早期基因立即被转录；4～5min 后，早期基因停止转录，而中期基因开始转录；8～12min，中期基因的转录被晚期基因转录所取代。

噬菌体的早期基因由宿主菌的全酶转录。这些基因本质上与宿主基因不能分辨，宿主基因含有能被 RNA 聚合酶 $\alpha_2\beta\beta'\sigma^{43}$ 识别的启动子。

噬菌体基因的表达需要从中期转换到晚期基因的转录。三个调控基因 *28*、*33* 和 *34* 控制着转录过程，它们的功能如图 11.30 所示。调控模式产生一种级联，在级联中宿主酶转录的早期基因产物是中期基因转录所必需的。这些基因转录后，两个中期基因编码的产物又是晚期基因转录所必需的。

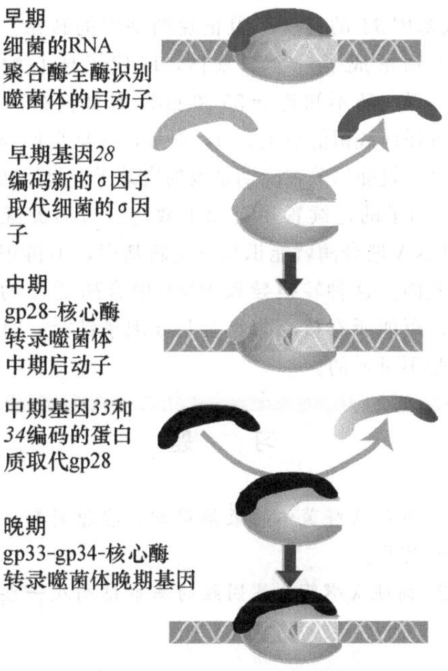

图 11.30　噬菌体 SPO1 基因的转录通过两个连续的 σ 因子的取代进行调节，这种取代更迭特异性起始（引自 Lewin，2004）

噬菌体 SPO1 中期和晚期启动子的 DNA 序列分析表明，它们不仅和由 σ^{55} 识别的标准的保守序列存在差异，也和其他启动子存在着差异（表 11.3）。

表 11.3　噬菌体 SPO1 中期和晚期启动子的保守序列与标准的芽孢杆菌保守序列相比较

启动子类别	−35 保守序列	−10 保守序列	识别启动子的 σ 因子
芽孢杆菌启动子	TTGACA	TATAAT	σ^{55}
SPO1 早期启动子	TTGACA	TATAAT	σ^{55}
SPO1 中期启动子	AGGAGA	TTTNTTT	σ^{28}
SPO1 晚期启动子	CGTTAGA	GATATT	$\sigma^{33\sim34}$

显然，中期和晚期启动子的保守序列能供给不同的σ因子（σ^{28}或$\sigma^{33\text{-}34}$）进行特异识别。其实，噬菌体SPO1提供了第一个证据，证明σ因子使RNA聚合酶具有识别启动子特异序列的能力。

早期基因 *28* 的突变体不能转录中期基因。基因 *28* 的产物是一个26kDa的蛋白质，称为gp28，它取代了宿主核心酶上的σ因子，这种取代是从早期基因转录转换成中期基因转录所必需的唯一事件。它产生的全酶不再转录宿主的基因，取而代之的是能特异转录中期基因。现在还不知道gp28如何取代σ^{43}，或宿主σ多肽发生了什么变化。

两个中期基因参与了下一步转换。无论是基因 *33* 或基因 *34* 的突变都阻止晚期基因的转录。这些基因产物形成了一个二聚体，取代了核心酶上的gp28。现在还不知道gp33和gp34是如何排斥gp28的（或任何残留的宿主σ^{43}），但是，一旦它们与核心酶结合，就能够只在晚期基因的启动子上起始转录。

σ因子的连续置换有双重效应。每当此亚基改变，RNA聚合酶就能识别一组新基因，不再识别原来的基因。这种转换导致RNA聚合酶活性的整体变化。可能所有核心酶都会与σ因子结合，且这种变化是不可逆的。

习　题

1. 简述λ噬菌体的裂解周期、溶原周期及二者之间的关系。

2. 简述λ噬菌体基因组的基本结构及一些重要基因的功能。

3. 简述λ噬菌体早期转录、晚期转录及其调控。

4. λ噬菌体启动子P_M和P_E各有什么功能？如何启动？

5. λ噬菌体的CⅡ蛋白和CⅢ蛋白的功能是什么？

6. 试述CⅠ蛋白的结构和功能？

7. 为什么CⅠ蛋白在低浓度时可以活化P_M启动子，而在高浓度抑制P_M启动子？

8. 为什么紫外线照射可以诱导溶原化的λ噬菌体裂解？

9. Cro蛋白的结构和功能是什么？

10. 抗终止蛋白抗终止的机制是什么？

11. 裂解或溶原化途径是如何决定的？

12. λ噬菌体无论是整合还是切离都需要整合酶，而切离酶仅在切离时才需要，这两个蛋白质的编码基因是相邻的，而且只有在溶原途径时P_I启动子才能被激活，请问λ噬菌体如何通过调控来解决这些矛盾？

13. 在λ噬菌体中有哪些属于反向调控？

14. λ噬菌体左向转录已转录了 *int* 基因，为什么 *int* 基因本身还需要有自己的启动子？

15. 为什么游离的λ噬菌体Pl启动的转录会产生sib位点，而Pi启动的转录就不会产生sib位点？当溶原状态时是否会产生sib位点？为什么？

16. 简述T4、T7和SPO1噬菌体裂解周期级联调控的特点。

第十二章 真核生物基因表达的调控

真核生物基因表达的调控要比原核复杂得多，特别是高等生物，不仅由多细胞构成，而且具有组织和器官的分化。真核细胞内被膜系统分隔成了不同区域，如细胞核、线粒体、叶绿体和内质网等，真核生物的这种亚细胞结构使基因表达过程在不同部位发生。基因表达过程的分区进行也使调控可以发生在不同部位，如在细胞核（DNA水平或RNA水平）或细胞质中（RNA水平或蛋白质水平）。

真核生物基因组不再是环状或线状近于裸露的DNA，而是以多条染色体的形式承载着全部的遗传信息。真核生物的个体还存在着复杂的个体发育和分化，因此真核生物的基因调控具有以下特点：①具有染色体、染色质水平的调控；②无操纵子和衰减子，但具有大范围的区域性调控元件（边界元件）及远距离顺式调控元件（增强子）；③具有信号转导的调节形式；④转录后要经过复杂的加工，其中内含子选择性剪接增加了基因产物的多样性；⑤具有同源异形盒的调节；⑥出现了表观遗传修饰（见第二十章）。

第一节 染色体水平的调控

真核生物和原核生物重要的区别之一就是具有染色体的结构，因此在基因表达的调控上多了染色体调控这样一个大幅度调控的层次。染色体调控常见的有丢失、扩增和重排等类型。

一、染色体丢失

染色体丢失（chromosome elimination）是指有的生物在个体发育的早期，其体细胞中要丢失部分染色体，而在生殖细胞中保持了全部的基因组，被丢失的染色体所携带的遗传信息可能对体细胞来说没什么意义，但对生殖细胞的发育是不可缺少的。例如，在马蛔虫（*Parascaris equoorum*）中，其受精卵细胞内只有一对染色体（$2n=2$）（另一亚种 $2n=4$），但染色体上有多个着丝粒。在发育早期仅一个着丝粒发挥作用，保证正常有丝分裂的进行。到发育稍后阶段，在纵裂的细胞中染色体分成很多小片段，其中部分含着丝粒，不含着丝粒的片段在分裂中丢失；而在横裂的细胞中染色体并不丢失。第一次卵裂是横裂，产生上下两个子细胞，由于受精卵中含有的各种物质并不是均一分布，而是从上面的动物极到下面的植物极呈一种梯度分布，它影响到未来分裂的方向和染色体的丢失。第二次卵裂时下面的子细胞仍进行横裂，保持着原有的基因组，而上面的子细胞却进行纵裂，丢失了部分染色体(图12.1)。这一过程不断进行，最下面的子细胞总是保持了全套的基因组，将来发育成生殖细胞。其余丢失了部分染色体片段的细胞则分化为体细胞。这种现象可能是由于在植物极中有特殊的物质存在，这种物质具有保护染色体不被丢失的功能。

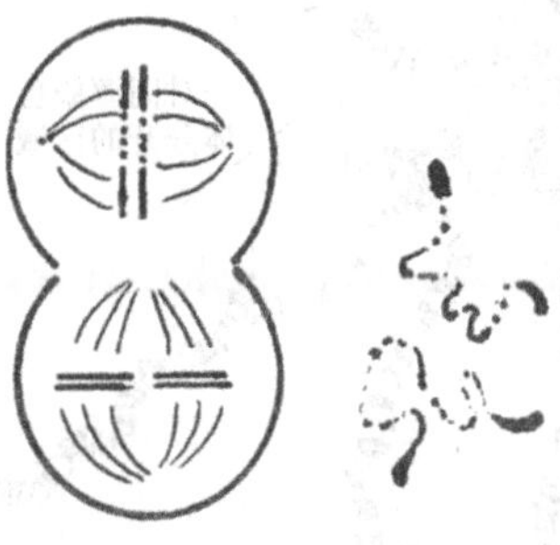

图12.1 马蛔虫染色体的丢失

小麦瘿蚊（*Mayetiole destructor*）受精卵的细胞核分裂，而受精卵不分裂，形成**合胞体**（syncytium）。当核第3次分裂后，有两个核移向卵后端的一个特殊区域，称为**极质**（polar plasma）。在极质中的核保持了全套的染色体（$2n=40$），将来分化为生殖细胞。而在一般的细胞质中，丢失了32条染色体，只保留8条，将来分化为体细胞。若在细胞核移向极质前，用细尼龙丝在极质处进行结扎，不让核移入极质或用紫外线照射极质，结果所有的核中都只保留了8条染色体。极质中有很多核糖体样的颗粒，可以保护染色体不被削减，当紫外线照射后破坏了颗粒的功能，导致染色体丢失，使极质最终不能发育为生殖细胞。

二、染色体的扩增

染色体的扩增（amplification）是指细胞内特定基因的拷贝数专一性大量增加的现象，其本质是基因扩增（gene amplification）。染色体的扩增可分为几种情况。

（一）组织中整个染色体组都进行扩增

在果蝇和其他双翅目昆虫的幼虫唾腺及某些其他组织中，细胞核的染色体比普通染色体增长了100～200倍，体积增大了1000～2000倍。由于这些细胞十分特殊，在幼虫阶段DNA可复制4～15次，但细胞都不分裂，染色体丝平行排列，同源染色体对紧密联会，产生含多达1000条染色单体的巨**大染色体**（giant chromosome），又称为**多线染色体**（ploytene chromosome）（图12.2）。

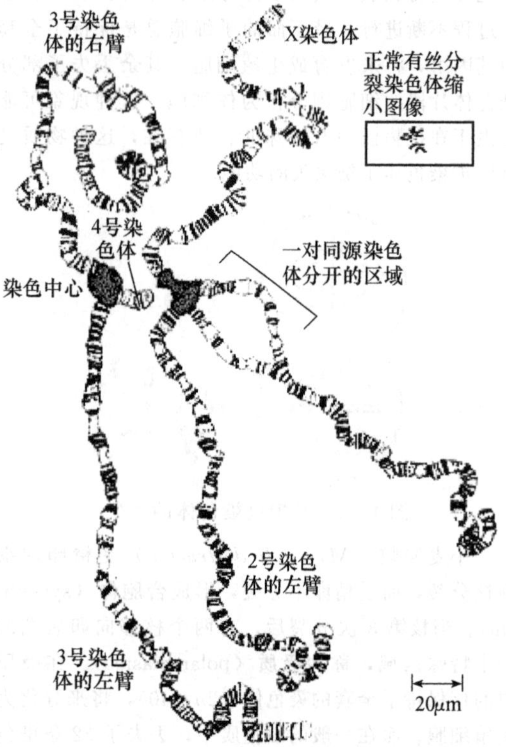

图12.2　果蝇唾腺细胞中的多线染色体
（转引自Alberts et al.，2002）

另外，哺乳动物肝细胞扩增为四倍体的现象也是典型的整个染色体组的扩增。

（二）发育中的编程性扩增

1. 特定基因簇的染色体外扩增

这类基因扩增的最好实例来自两栖动物卵母细胞的rRNA合成。例如，非洲爪蟾（*Xenopus laevis*）的每条染色体上约有450拷贝18S、5.8S和28S rDNA的串联重复单位，它们成簇排列，形成**核仁组织区**（nucleolar organizer region，NOR）。在卵母细胞中rDNA串联重复单位被切下环化，以滚环复制的形式进行扩增，使拷贝数扩大了1000倍以上，为胚胎的发育提供大量的蛋白质合成装置，直到发育成蝌蚪阶段。

2. 特定基因簇的原位扩增

在黑腹果蝇的发育中，卵壳蛋白（chrorion）基因类似于原核生物的成熟前复制而被扩增。卵壳蛋白是在多倍体的卵泡细胞中合成并被分泌的。昆虫的卵壳基因成簇排列，在黑腹果蝇中已鉴别出两组。在卵泡中，其中一组基因位于X染色体上，在表达之前经4次重复，扩增了16倍；另一组基因在3号染色体上，它们经6次重复，扩增了64倍。在这两组基因中，扩增区域延伸到卵壳基因一侧约4550kb处。扩增最多的是在卵壳基因周围约20kb的区域，产生一系列的**协同扩增子**（concentric amplicon）。这样就可通过在卵泡细胞中进行选择性扩增来满足短期内对卵壳蛋白的大量需求（图12.3）。

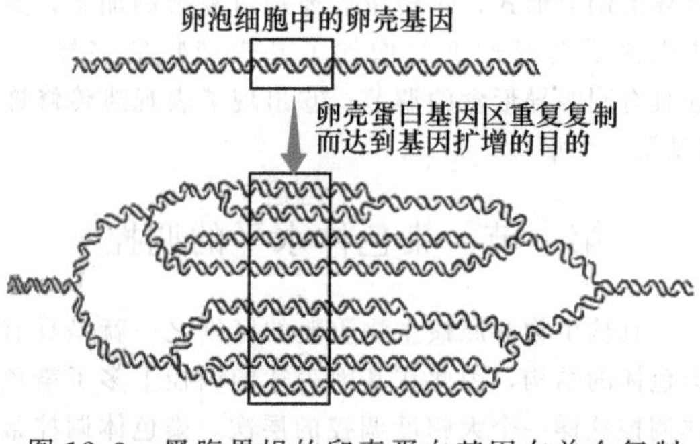

图12.3　黑腹果蝇的卵壳蛋白基因在单个复制子中局部区域通过多次起始复制来完成扩增
（引自Griffiths et al.，1993）

（三）哺乳动物培养细胞中定向的基因应激性扩增

某些试剂可使那些对其产生抗性的基因大量扩增。当用药物处理培养的哺乳类细胞来抑制特定的酶时，抗性细胞可以被分离并大量生长。氨甲蝶呤（methotrexate）是二氢叶酸还原酶（DHFR）的竞争性抑制剂，可阻断叶酸盐的代谢。野生型细胞对氨甲蝶呤十分敏感，但在加入氨甲蝶呤后的培养细胞中可以分离到能耐受氨甲蝶呤的细胞。对这种抗性细胞的DNA进行分析，有些是在*dhfr*基因中发生了突变，突变体改变了活性，使其对氨甲蝶呤产生抗性。在经过几轮筛选的高抗性细胞中，这个基因座可扩增上千倍。在这种高抗性的细胞染色体中，可以观察到扩增区域形成一个延伸的染色体带，称为**均匀染色区**（homogeneously staining region，HSR）或形成小的被称为**双微体**（double minutes，DMs）的点状染色体。*dhfr* 基因长约 31kb，但在染色体 HSR 中，重复单位的可变长度为 500～1000kb；在双微体中含有的 DNA 长度为 100～1000kb。这样类型的基因扩增现已发现 20 种以上。

dhfr 扩增仅发生在两个等位基因中的一个等位基因上。氨甲蝶呤抗性的增加是依靠这一基因座位的扩增程度来完成的。在抗氨甲蝶呤细胞中，*dhfr* 基因数目的变化为 40～400 个拷贝，拷贝数的多少取决于选择的程度和单个细胞系本身。抗氨甲蝶呤细胞系（mtx^r，methotrexate resistance）分为稳定系和不稳定系两类，二者的差别如图 12.4 所示。

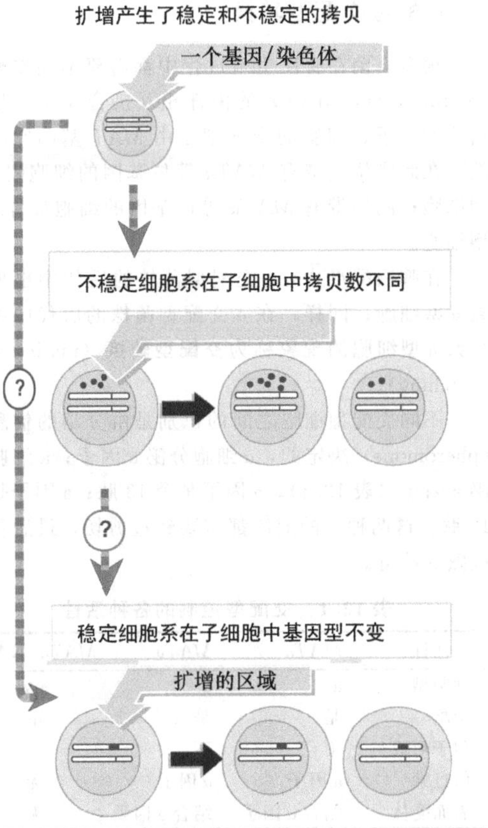

图 12.4　*dhfr* 基因能通过扩增而获得不稳定的染色体外拷贝（双微体）或稳定的染色体内拷贝。染色体外拷贝出现在早期（引自 Lewin，2004）

在稳定系中扩增的基因能够得以保持，仍位于染色体上的 *dhfr* 基因座上，其等位基因也保持正常的单拷贝。扩增的基因在染色体上形成一条增加的区域，用分带技术处理（如 G 带）后，这一区域不显示任何染色体带，表明带间的某一区域经历了一种扩增（图 12.5）。

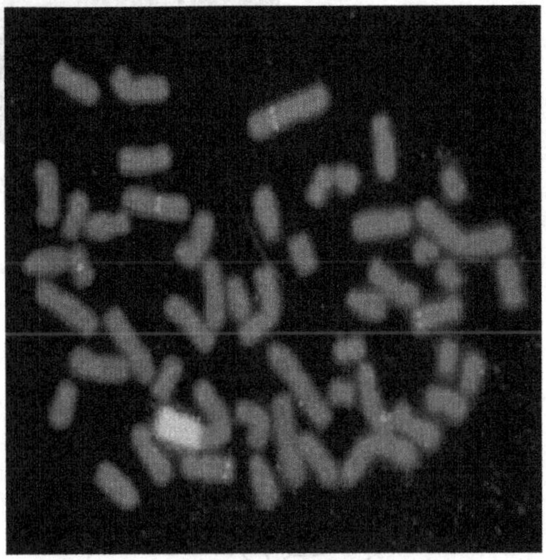

图 12.5　*myc* 基因扩增形成均染区（黄色）的核型（引自 Alberts et al.，2002）（见彩版）

在不稳定系统中，当选择压力消除时，扩增的基因至少会有部分丢失，而未丢失的以染色体外的双微体方式存在（图 12.6）。在典型的细胞系中，每个双微体带有 2～4 个 *dhfr* 基因。

双微体可以复制，但它们没有着丝粒，不能附着在有丝分裂的纺锤丝上，因此不能均等分离进入子细胞。虽然它的名字叫双微体，实际上可将其看成染色体外的微小染色体。

染色体外的拷贝产生的机制有两种可能：①复制的附加环可能在 *dhfr* 基因附近起始，然后通过 *dhfr* 拷贝之间的非同源重组而产生（图 12.7）；②或通过等位基因之间的非同源重组来起始这个过程。额外的拷贝可能是通过类似于重组的事件将其从染色体上释放出来的。根据这些事件的特点，不难推测，非同源重组的结果可能会产生出一个含有单个或多个拷贝的 DNA 分子。若双微体含有环状 DNA 的话，在任何情况下它们之间的重组似乎可以产生多体分子。基因扩增的这种形式取决于相关的特异基因座。有的细胞系趋向于产生双微体，而另一些细胞系较多的产生 HSR。

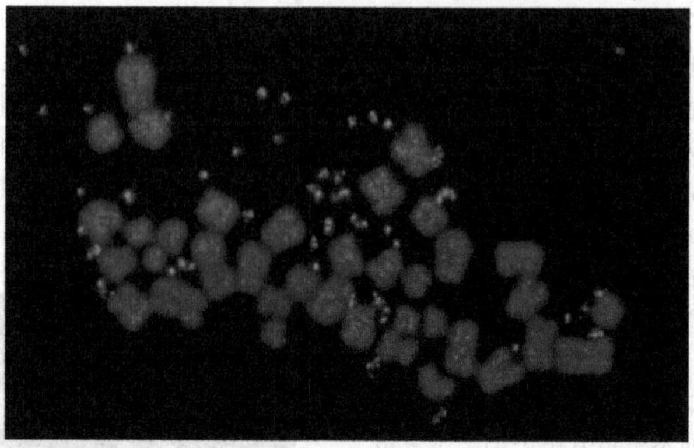

图 12.6　*myc* 基因扩增形成双微核（黄色）的核型（引自 Alberts et al.，2002）（见彩版）

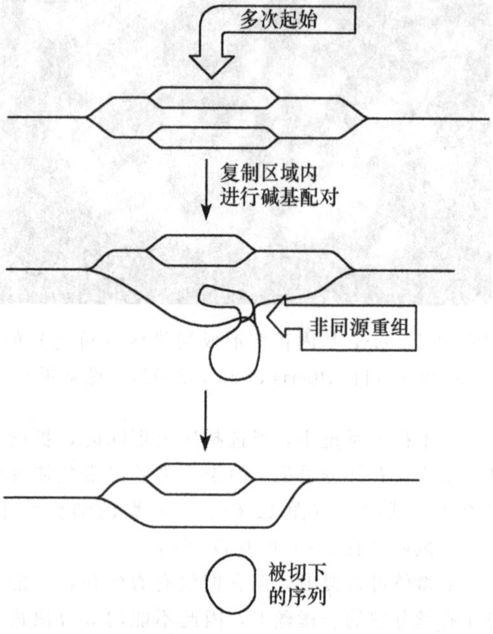

图 12.7　染色体外的 DNA 拷贝可能是通过复制子之间的非同源重组产生的，而这些复制子又可能是经多次起始复制所形成的

扩增的另一种形式表现在对**转氨甲酰酶**（transcarbamylase）抑制物的抗性。它是通过氨甲酰磷酸合成酶、天冬氨酸转甲酰酶和二氢乳清酸酶（carbamyl phosphate synthetase，aspartate transcarbamylase and dihydroorotase，CAD）基因的扩增来实现的。扩增的 CAD DNA 可在染色体中发现，被扩增的基因是以分散的形式分布在扩增区域，常涉及一条以上的染色体。

三、染色体的重排

在原核生物中，可通过特殊类型的基因组重排（如倒位）（见第十章）进行调控。而在真核生物中，染色体的重排更为复杂，涉及很多蛋白因子，并和转座密切相关（见第十四章）。最典型的例子是酵母的交配型转换和免疫球蛋白基因的体细胞重组（见第十六章）。

（一）酵母交配型转换

很多真菌在有性生殖过程中都需要不同**交配型**（mating type，MAT）的菌株相互接合才能产生二倍体的合子。细胞的交配型是由 *MAT* 基因座决定的，在此座位上带有 *MATa* 等位基因的细胞叫做 a 型细胞；同样带有 *MATα* 等位基因的细胞被称为 α 型细胞。

在啤酒酵母中，a 交配型菌株的后代中出现少数 α 型细胞；同样，在 α 交配型菌株的后代中出现少数 a 型细胞的现象称为**交配型转换**（mating type switching）。

不同交配型细胞之间的识别是由分泌的**信息素**（pheromone）决定的，α 细胞分泌 α 因子；a 细胞分泌 a 因子（表 12.1）。α 因子是个 13 肽；a 因子是个 12 肽。这两种肽的前体都需要经过剪切，最后释放成熟的肽链。

表 12.1　交配型控制的各种活性

活性	*MATa*	*MATα*	*MATa*/*MATα*
细胞型	a	α	a/α
交配	是	是	不
孢子形成	不	不	可
信息素	a 因子	α 因子	无
表面受体	结合 α 因子	结合 a 因子	无

1. 交配型的信号转导

一种交配型细胞带有另一种交配型信息素的表

面受体（图 12.8）。其原理是：由信息素和受体相互作用产生的信号，沿着级联调节传递，激活接合所需功能。当两种不同交配型细胞相遇时，它们的信息素与对方的受体相互作用，使细胞周期停止在 G_1 期，并发生各种形态学改变，包括产生胶着。在有效的接合中，细胞周期的停止使不同交配型的细胞和核得以融合，产生 α/a 二倍体细胞。二倍体细胞带有 *MATα* 和 *MATa* 等位基因，并具有和单倍体细胞不同的特点，尤其是二倍体细胞能形成孢子和进行减数分裂，而单倍体细胞不能。

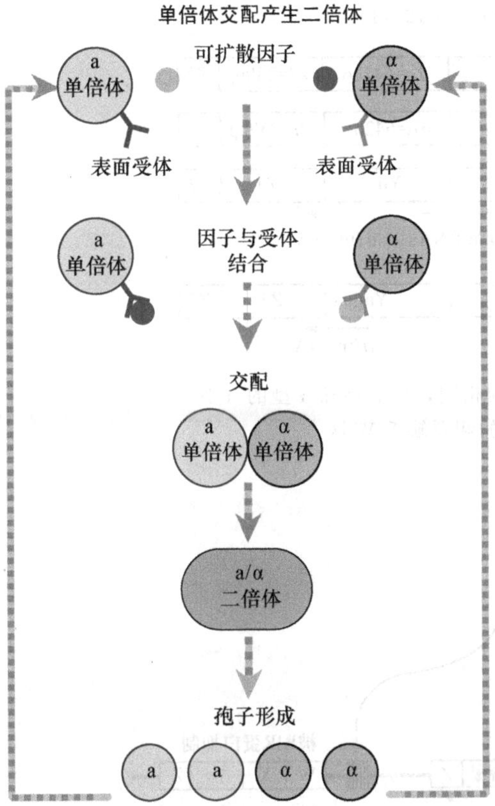

图 12.8　酵母的生活史：单倍体 *MATa* 和 *MATα* 交配产生杂合的二倍体，再通过出芽生成单倍体孢子（引自 Lewin，2004）

α 因子和 a 因子中任何一种因子-受体相互作用都可以激活反应途径，因此共同途径中某一步骤的突变不可能对两种细胞都起相同的作用。如 a 因子发生突变，只影响 a 因子和 α 细胞受体的相互作用使它们不能接合，但不影响 α 因子和 a 细胞受体的相互作用。

2. 交配型的转换

酵母具有转换交配型的能力，即从 a 型变成为 α 型，或从 α 型转变为 a 型。带有野生型 *HO* 基因的品系频繁地改变着它们的交配型，而 HO^- 突变型品系具有稳定的交配型，其交配型改变的频率仅约 10^{-6}。转换的存在表明所有的细胞都含有 *MATa* 型和 *MATα* 型的潜在信息。

1977 年，J. B. Hicks 等对酵母交配型的转换提出了**盒式模型**（cassette model）（图 12.9）。该模型中，*MAT* 是**活性盒**（active cassette），可以是 α 型，也可以是 a 型；*HML* 和 *HMR* 是**沉默盒**（silent cassette），都不能表达。通常 *HML* 带有 α 盒，而 *HMR* 带有 a 盒，所有的盒都带有编码交配型的信息，但只有 *MAT* 可以表达。当活性盒信息被沉默盒信息所取代时就发生了交配型转换，新“转进”活性盒的信息就可以表达。

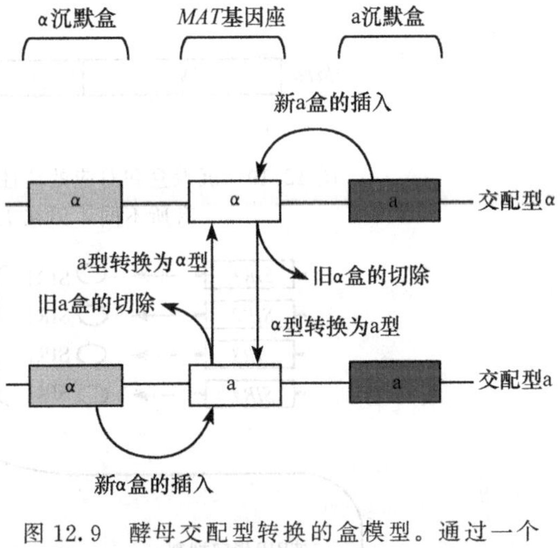

图 12.9　酵母交配型转换的盒模型。通过一个基因的到位过程产生盒转换，这个过程涉及一个特殊的酶——HO 蛋白，它可在 *MAT* 基因座中的特定位点交错剪切双链，然后，通过双链断裂重组用新的 *MAT* 取代原来的 *MAT* 拷贝

交配型转换是单向的，若 *MAT* 发生突变，在转换时它将被取代而永久消失，但新转换进的拷贝并不发生突变。*HML* 和 *HMR* 上的拷贝也会发生突变，在这种情况下进行转换可将突变的等位基因导入 *MAT* 位点。但 *HML* 或 *HMR* 仍保留着一份突变的拷贝，其实质属于复制型转座（见第十四章），供体元件在受体位点产生了一个新的拷贝，而在原来的位置上仍保留着先前的拷贝。

交配型转换是一个直接的事件。在转换中仅有一个受体（*MAT*），但有两个供体（*HML* 和 *HMR*），转换通常涉及 *MAT* 上的拷贝被 *HML* 或 *HMR* 上的拷贝所取代。80%～90%的转换是 *MAT* 位点上的等位基因被另外的不同交配型等位基因所取代。通过细胞表型的决定显示了这些基因的作用。

3. 沉默子对沉默盒的调控

最初科学家们推则 *HMLα* 和 *MHRa* 之所以"沉默"可能是由于它们缺乏启动子。但经比较沉默盒和活性盒的序列，发现每种"盒"序列都相似：侧翼序列 W、X 和 Z 夹着一个中心区 Y。在 a 和 α 型盒中仅 Y 区域是不同的，分别称之为 Ya 和 Yα。中心区的两侧区域本质上都是相同的，仅 *HMRα* 缺少了 W 区（图 12.10）。因 *MATα* 和 *MATa* 特异性 mRNA 的转录是在 Y 片段的内部起始的，而沉默盒和活性盒中的 Y 序列是相同的，必定具有相同的启动子，因此原来的推测不能成立。缺失突变分析表明在各个 *HML* 和 *HMR* 的上游具有阻遏它们表达的区域，称为**沉默子**（silencer），沉默子是真核细胞中可降低基因启动子转录活性的一段 DNA 顺式元件。与增强子作用相反。沉默盒左侧的称为 **E 沉默子**（E silencer），右侧的称为 **I 沉默子**（I silencer）（图 12.11）。

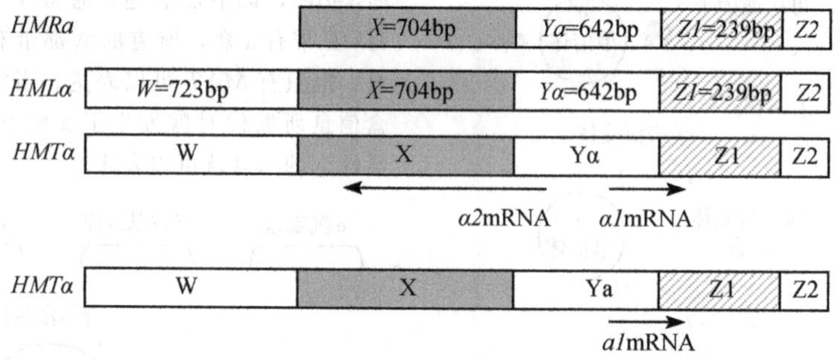

图 12.10　沉默盒和对应的活性盒结构相同，仅 a 型和 α 型的 Y 区有所不同，但在 *HMRa* 的侧翼缺乏 W 区

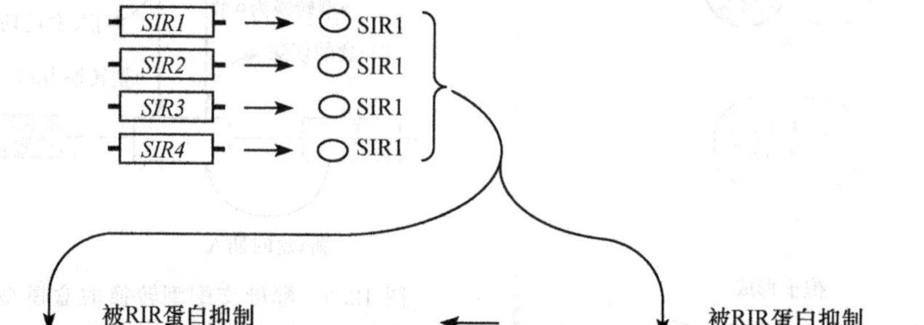

图 12.11　SIR 蛋白作用 E 区，关闭了 *HML* 和 *HMR* 基因。E 区位于启动子上游 1500bp 处，它们控制着 *HML* 和 *HMR* 基因的沉默。从 *MAT* 子开始双向转录

现已发现有 4 个**沉默信息调节基因**（silent information regulation gene，SIR 基因）的产物可抑制 *HMR* 和 *HML* 的转录，这些基因中任何一个发生突变都会失去抑制作用。因 SIR 蛋白的突变体对基因的作用和端粒近端异染色质的效应相同，所以现认为 SIR 蛋白和组蛋白相互作用，参与了异染色质的形成。SIR 蛋白可能是通过改变染色质的结构来阻止基因表达的，此机制的本质属于表观遗传（见第二十章）。

4. 交配型的转换机制

交配型的转换是由基因转换来完成的，即受体位点（*MAT*）被转变成供体型的序列（*HML* 和 *HMR*）。*MAT* 的突变可阻止交配型转换鉴别出转换所需的位点，这个转换过程具有单向性的特点。

在 *MAT* 的 Y 右边界上鉴别出的一个突变位点，它对于转换是至关重要的。Y 右端的缺失对转换没有影响，但一旦缺失越过这个位点，交配型就不再发生转换，此突变位点位于边界附近，此边界的性质就是通过和转换有关的一些点突变来界定的。Y-Z 的交界处是 DNA 改变的位点，它起始转换。

HO 内切核酸酶在 Y-Z 的交界处剪切产生了 4nt 的单链末端（图 12.12）。Y 区交界处周围的 24nt 的全部序列或大部分序列对于体外剪切来说都是必要的。仅活性盒才被 HO 蛋白识别剪切，而沉默盒对 HO 蛋白都不敏感，这和沉默盒不表达的机制是相同的。正是这种不敏感才形成了交配型转换的单向性。

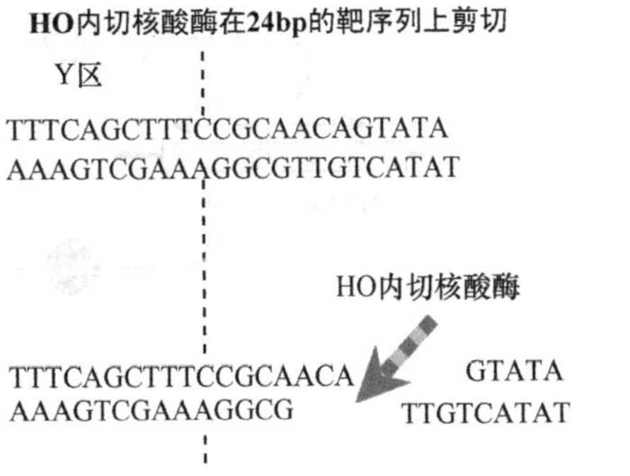

图 12.12　HO 内切核酸酶在 Y 区的近右侧交错剪切 *MAT*，产生 4 碱基单链突出的黏性末端（引自 Lewin，2004）

图 12.13 表明转换的分子机制，HO 内切核酸酶造成 DNA 双链断裂而重组，引发了盒替换。重组的起始需要 HO 酶的切割。*MAT* 的游离端插入 *HML* 或 *HMR* 基因座且和 Z 区配对，*MAT* 的 Y 区被降解直到 Y 区左侧的同源区。*MAT* 的左、右两侧可以和 *HML* 或 *HMR* 配对。以 *HML* 或 *HMR* 的 Y 区为模板合成新的序列取代 *MAT* 被降解的区域后，配对座位再彼此分离。这意味着 *HML* 和 *HMR* 的作用就是作为供体基因座。

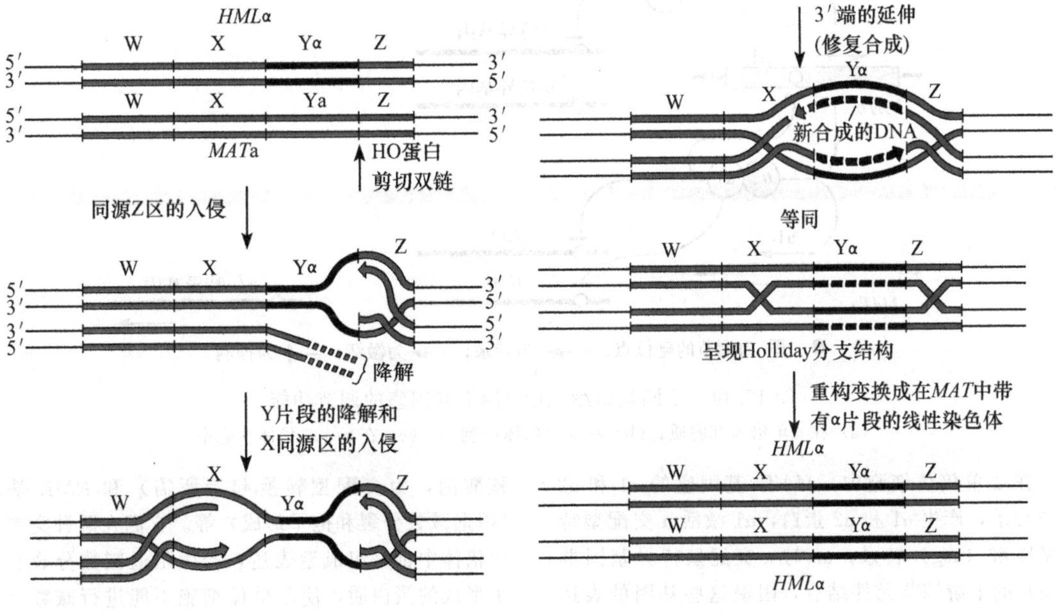

图 12.13　酵母交配型转换的分子机制（引自 Watson et al.，1987）

HO 蛋白切开双链，*MAT*Y 片段被降解。Z 和 X 的游离端侵入到 *HML* 基因的同源区中，产生短的杂合双链。3′端延伸，以 Yα 为模板进行修复合成，连接形成 Holliday 分支结构。重构使原来的 Ya 变换成 Yα

5. *MATa* 和 *MATα* 基因编码调节蛋白

α 细胞含有一套 α 特异性蛋白，而 a 细胞含有一套 a 特异性蛋白。α 特异性蛋白的基因仅在 α 细胞中转录，同样 a 特异性蛋白的基因也只在 a 细胞中转录。交配型基因座位的产物控制一组特化基因的表达。

MAT 座位的基本功能是调控外激素基因、受体基因及其他和交配有关基因的表达。每种类型的座位编码一些调节蛋白。*MATα* 编码两种调节蛋白：α1 和 α2；*MATa* 只编码一种调节蛋白 a1。α 蛋白和 a 蛋白直接调控目的基因的转录，它们通过正调控或负调控起作用。在单倍体中它们独立作用，在二倍体中协同作用（图 12.14）。

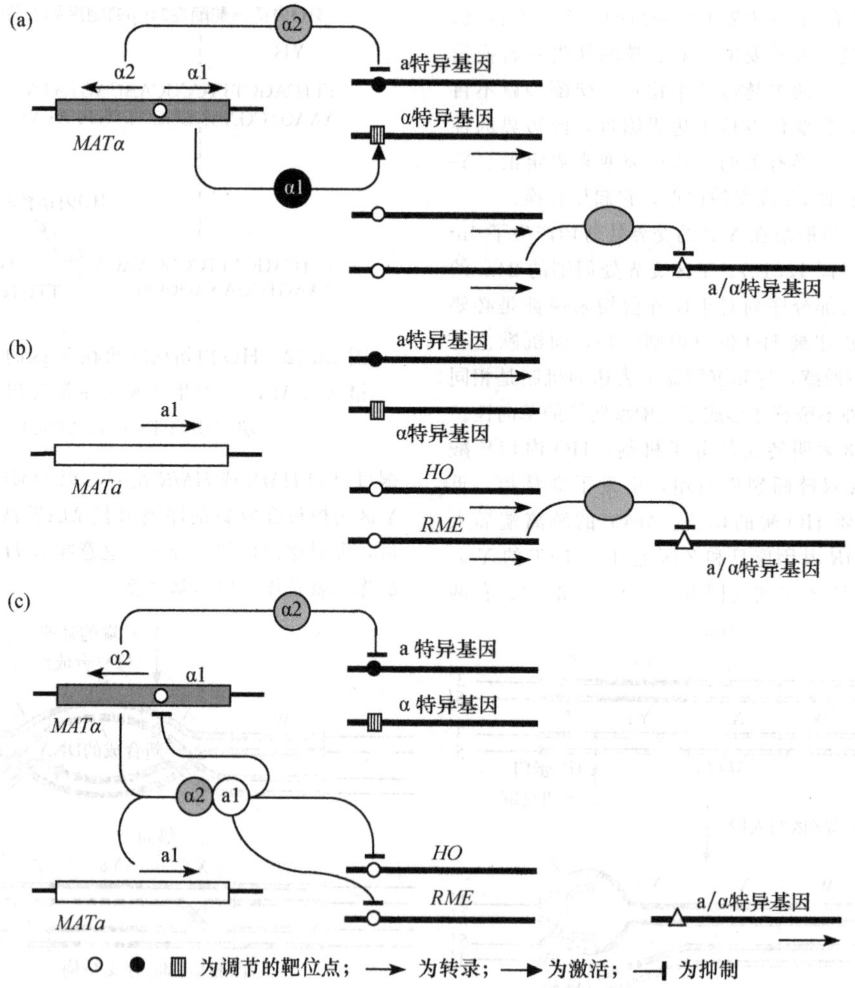

图 12.14　不同类型细胞中 *MAT* 基因座的调节功能

(a) 在 α 单倍体细胞质；(b) 在 a 单倍体细胞中；(c) 在 a/α 二倍体细胞中

在 α 单倍体细胞中，*MATα* 基因座的 *α*1 和 *α*2 反向转录，产生 α1 和 α2 蛋白，α1 激活 α 交配型特异基因群（*αsg*）转录；α2 与 a 交配型特异基因群（*asg*）的上游调节元件结合，阻遏这些基因的表达［图 12.14 (a)］。因此 *αsg* 只在 α 细胞中表达，它们包括 α 因子结构基因，a 因子的受体基因 *STE3*。

在 a 单倍体细胞中，*MATa* 座位中只有 *a1* 表达，a1 蛋白的功能不明，可能仅在二倍体细胞中起到阻遏单倍体特异基因群（*hsg*）的作用。*asg* 在 a 细胞中不受 α2 蛋白的阻遏，而呈组成型表达［图 12.14 (b)］。*asg* 包括 a 因子结构基因和编码 α 因子受体的 *STE2* 基因。这样 a 细胞能迅速产生识别 α 型所需的外源激素。

hsg 包括 *HO* 基因（编码一种位点特异性内切核酸酶，为交配型转换起始所需）和 *RME* 基因（阻遏减数分裂和孢子形成）等。它们在两种类型的单倍体中都是组成型表达，产生阻遏减数分裂和孢子形成的蛋白质，使单倍体细胞不能进行减数分裂及孢子形成。但在 a/α 二倍体中，*HO* 和 *RME* 基因等受到阻遏［图 12.14 (c)］。

在二倍体中，α2 蛋白仍可合成，其功能是：①阻遏 a 交配型特异基因群的表达；②和 a1 合作来共同阻遏 *a1* 及 *hsg* 的表达。α1 不能合成就无法启动 α 交配型特异基因群的表达。*hsg* 基因被阻遏就不能合成阻遏减数分裂和孢子形成的蛋白质，使二倍体特异基因群得到表达，从而可以进行减数分裂及孢子形成。

一种称为**信息素和受体转录因子**（pheromore and receptor transcription，PRTF）的蛋白质对交配

型是非特异的。PRTE 结合在一些很短的"P-box"的共有序列上，故以前被称为 P 盒转录因子。因为 P-box 存在于很多基因中，所以 PRTF 在基因调节中的作用相当广泛。在有些位点中，PRTF 起激活作用，而在另一些位点中，PRTF 又起到抑制的作用。因此其最终作用可能取决于结合 P-box 邻接位点的其他蛋白。

asg 可能只由 PRTF 激活，在 a 单倍体细胞中 PRTF 足以保证 *asg* 的组成型表达。在 α 单倍体细胞中，*asg* 受到 α2 蛋白和 PRTF 的共同作用而被抑制。α2 蛋白含有两个功能域，C 端功能域结合于含 32bp 保守序列一端的短回文序列上，但这并不导致阻遏；N 端的功能域起阻遏作用并负责和 PRTF 接触。PRTF 的结合位点是在调节元件中心的 P-box 处。其实，α2 和 PRTF 是协同结合在调节元件上的。

αsg 的表达需要 α1 的激活，α1 是另一种小蛋白，长 175 个氨基酸，*αsg* 转录的起始位点位于 UAS 元件中，此保守序列长 26bp，可分为两部分，第一部分 P-box 长 16bp，是 PRTF 结合处，相邻接的 10bp 序列形成了 α1 的结合位点，称"Q-box"。这两种蛋白质都不能单独结合于它们的靶框（box）上，但可以同时结合于靶框上，这是蛋白质与蛋白质相互作用的结果（图 12.15）。在 a 单倍体细胞中，由于缺乏 α1 蛋白，所以 *αsg* 不能表达，PRTF 也不能结合 P-box 而使其激活。

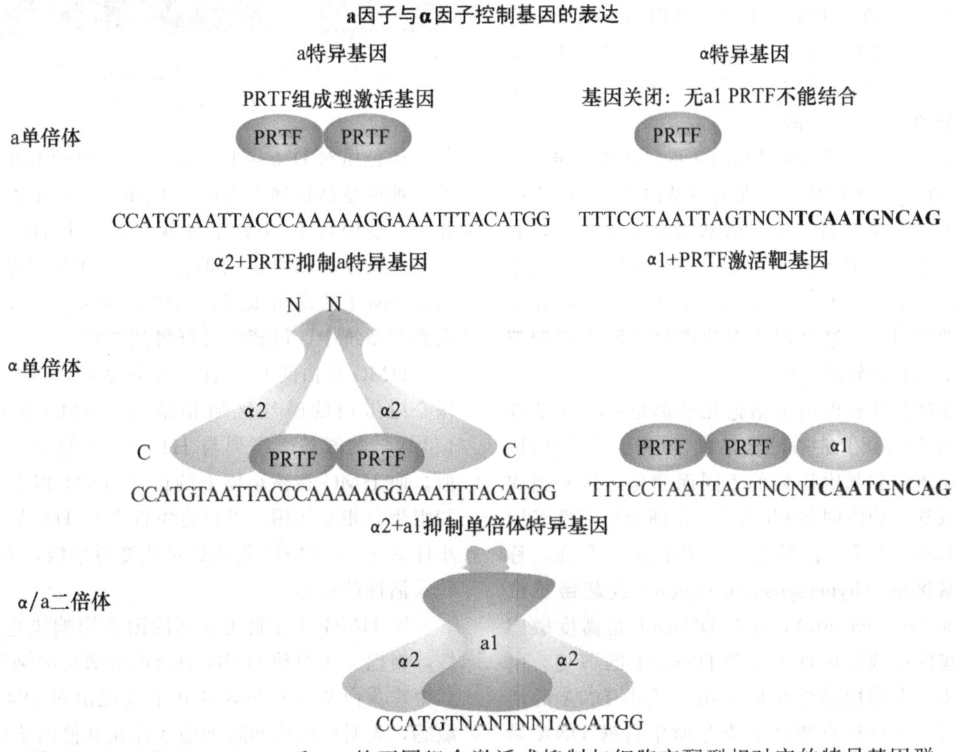

图 12.15　PRTF、α1、a1 和 α2 的不同组合激活或抑制与细胞交配型相对应的特异基因群
（引自 Lewin，2004）

α2 蛋白也可以和 a1 蛋白协作，这两个蛋白质的缔合共同识别一种不同的调节元件。此调节元件只有 α2 识别的回文序列。此序列和 *asg*、*αsg* 的特异序列都不同，比较短。在二倍体细胞中 α2/a1 复合蛋白可以结合于此模体上阻遏 *hsg* 的表达。

从这些结果中可以看到，每种细胞（a 或者 α 单倍体或 a/α 二倍体）的表型是由表达的 a 蛋白和 α 蛋白所决定的。一方面是单倍体和二倍体之间的区别，另一方面是 a 单倍体和 α 单倍体之间的区别。后者不仅涉及特有交配型相应基因的表达，而且还涉及类型转换的方向。

（二）免疫球蛋白基因的体细胞重组

免疫球蛋白基因通过特殊的体细胞重组而具有多样性，以应答外来各种抗原的侵入。这种重组的主要过程是由重组酶催化的剪切反应和非同源末端连接来完成的（见第十六章）。

第二节　染色质水平的调控

一、异染色质化

常染色质转变成异染色质的过程称为**异染色质化**（heterochromatinization）。例如，X染色体的**莱昂作用**（Lyonization）以及由于**易位**（translocation）而产生的**花斑位置效应**（variegated position effect）等，这些现象都属于表观遗传（见第二十章）。

二、DNase的敏感性和基因表达

当一个基因处于转录活性状态时，含有这个基因的染色质区域对DNaseⅠ（一种内切核酸酶）降解的敏感性要比无转录活性区域高得多。这是由于此区域染色质的DNA蛋白质结构变得松散，DNaseⅠ易于接触到DNA的缘故。

一个很好的研究系统是鸡的珠蛋白和卵清蛋白基因。在鸡胚红细胞的核中，珠蛋白基因对DNaseⅠ的降解敏感，而编码卵清蛋白的基因是不表达的，它对DNaseⅠ的降解不敏感。相反，在鸡输卵管的细胞核中，卵清蛋白基因对DNaseⅠ的降解要比珠蛋白基因敏感得多。这是因为在输卵管细胞中仅卵清蛋白的基因具有转录活性。

很多这类实验得出的结论几乎都是有转录活性的基因对DNaseⅠ的敏感性增加。DNaseⅠ敏感区的范围随组织和基因序列的不同而变化，从基因周围几千碱基对到两侧20kb不等。仔细分析活性基因周围的DNA区域，表明有一个中心区域存在，称为**超敏感区域**（hypersensitive region）或**超敏感位点**（hypersensitive site），它对DNaseⅠ是高度敏感的，这些位点或区域首先受到DNaseⅠ的剪切。由于对DNaseⅠ的敏感性反映了染色质中DNA的活性，我们将这些位点描述为染色质中特殊DNA暴露区域，一般位于转录起始点附近，即5′端启动子区域，少部分位于其他部位，如转录单元的下游。

超敏感位点建立于转录起始之前，转录的诱导物除去后，虽超敏感位点仍然存在，但转录却很快停止，说明超敏感位点的存在是转录起始的必要条件，但不是充分条件。

超敏感位点区域是低甲基化区，并可能有局部解链的存在，无核小体结构，此区因DNA的裸露易和多种酶或特异蛋白质结合，即易于和反式作用因子结合。研究表明，SV40微小染色体的核小体结构中有一个长约120nm的空缺（gap），这一空缺正好对应于核酸酶敏感区，说明了对核酸酶敏感性的提高与核小体的消除是相关联的（图12.16）。

SV40的染色体有一个核小体空缺

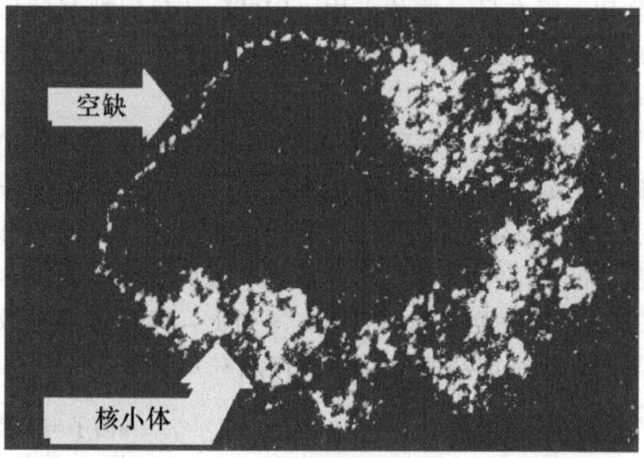

图12.16　SV40的微型染色体有核小体空缺区
（引自Lewin，2004）

染色质对DNaseⅠ的敏感性与两种非组蛋白有关，那就是高迁移率族蛋白HMG14和HMG17。活化染色质中每10个核小体就结合一个HMG分子。从红细胞中提取出这两种蛋白质，珠蛋白基因不再对DNaseⅠ表现出敏感，当将这两种蛋白质重新加入到此系统中，敏感性又可得到恢复。

HMG蛋白的C端含活性氨基酸，可与核小体核心组蛋白的碱性区域相结合。HMG蛋白N端1/3区域的氨基酸序列与H1和H5的C端十分相似。而HMG在核小体上的位置与H1相近，HMG和组蛋白相互作用，可以竞争性取代H1或H5，核小体缺乏H1和H5将使染色质变得松散，成为具有转录活性的状态。

除HMG外可能还有别的因素影响染色质的活性，当把上述两种HMG加到鸡脑细胞的染色质中，其中珠蛋白基因所在区域并不表现出对DNaseⅠ的敏感，表明红细胞和脑细胞还存在其他因子的差异，这些因子在盐抽提后仍留在染色质中，它们决定了红细胞珠蛋白基因区域在HMG14和HMG17存在时对DNaseⅠ敏感。

三、组蛋白对基因表达的调节

真核的染色体是由DNA与**组蛋白**（histone protein）、**非组蛋白**（nonhistone protein，NHP）构成的复合物。激活染色体上的基因需要改变染色质的状态，使转录因子得以接近启动子。组蛋白的修饰与基因转录有密切关系，基因转录的某些活化因

子可直接修饰组蛋白，如组蛋白的乙酰化；另一些转录的阻遏物则可以通过组蛋白的去乙酰化发挥作用。

（一）组蛋白对真核基因表达的作用

组蛋白在进化上是极端保守的，在各种真核生物中它们的氨基酸序列、结构和功能都十分相似。此外在生物体细胞中的5种不同类型的组蛋白都是以恒定的方式沿着DNA排列。显然组蛋白沿着DNA均匀分布所产生的系统不可能对成千上万个基因的表达进行特异调控。虽然如此，组蛋白仍可被修饰，如甲基化、乙酰基化和磷酸化。若被组蛋白覆盖的基因将要表达，那么组蛋白必须要被修饰，使其和DNA的结合由紧变松，这样DNA链才能和RNA聚合酶或调节蛋白相互作用。因此组蛋白的作用在本质上是真核基因调节的负调控因子，即它们是基因的抑制物。非活性的染色质要成为活性的染色质，其结构可能要发生改变，现有**占先模型**（pre-emptive model）和**动态模型**（dynamic model）来解释DNA表达状态的改变。

1. 占先模型

如在启动子上已形成了核小体，那么转录因子和RNA聚合酶是不能和启动子结合的；如转录因子和RNA聚合酶在启动子上已建立了稳定的起始复合体，那么组蛋白将被排除在外（图12.17），决定因素是转录因子和组蛋白谁先占据调控位点。DNA复制时，组蛋白八聚体解离，转录因子乘机结合到调控位点上，一直持续到下一个复制周期，抑制了组蛋白和DNA的结合。例如，当染色质上5S rRNA基因处有组蛋白结合时，转录因子TFⅢA不能激活此基因。而TFⅢA可与游离的5S rRNA基因结合，再加入组蛋白不能使此基因失活。含腺病毒启动子的质粒能被TFⅡD结合，再被RNA polⅡ转录，如先加入组蛋白，则不起始转录；如先加入TFⅡD再形成的染色质，其模板仍能转录。

2. 动态模型

研究表明，从特异DNA序列置换核小体中的组蛋白时需输入能量。染色质的转录依赖于那些通过水解ATP提供能量的蛋白因子。一些转录因子结合DNA时可裂解核小体，或建立一个可产生核小体定位结合位点的边界（图12.18）。如果蝇*Hsp70*

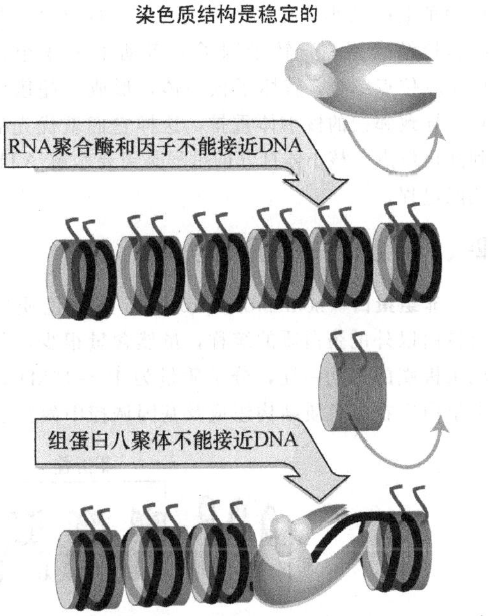

图12.17　如果核小体在启动子处形成，转录因子（和RNA聚合酶）就不能结合；如果转录因子（和RNA聚合酶）结合于启动子，建立一个用于起始的复合体，组蛋白就被排斥（引自Lewin，2004）

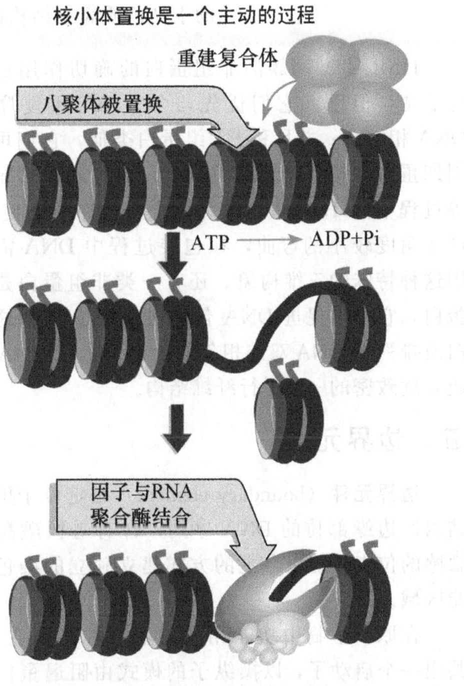

图12.18　染色质转录的动态模型依赖于一些因子，它使用ATP水解所提供的能量，取代特定DNA序列上的核小体（引自Lewin，2004）

启动子上的核小体在体外实行重建。GAGA（果蝇细胞核结合蛋白）转录因子与启动子中 4 个富含 $(CT)_n$ 位点结合，破坏了核小体，形成一超敏感位点，导致邻接的核小体重排，这样它们就优先插入到随机位点。核小体打开的过程是需要水解 ATP 的耗能过程。

四、非组蛋白的调节功能

非组蛋白（nonhistone protein）是染色质中除组蛋白以外的蛋白质的统称，虽然含量很少，但表现出极端的不均一性，分子质量为 10～15kDa，这类蛋白质在染色质结构组成及基因调控中发挥着重要的作用。非组蛋白主要包括与 DNA 和组蛋白的代谢、复制、重组、转录调控等密切相关的各种酶类（如 RNA 聚合酶、蛋白质磷酸化酶、拓扑异构酶等）。它们还包括形成染色质高级结构的支架蛋白和**高泳动族蛋白**（high mobility group，HMG），其中两种高丰富度小分子质量（30kDa）的 HMG14/17 家族可聚集于活化的染色质上，这一现象表明它们可能有助于染色质高级结构的解聚（图 12.19）。HMG 蛋白的另一个重要作用是使 DNA 成环，这种构象和 DNA 多种活性有关，如转录时在其相邻的不同位点上结合调节因子（如 SRY 因子和增强体）。

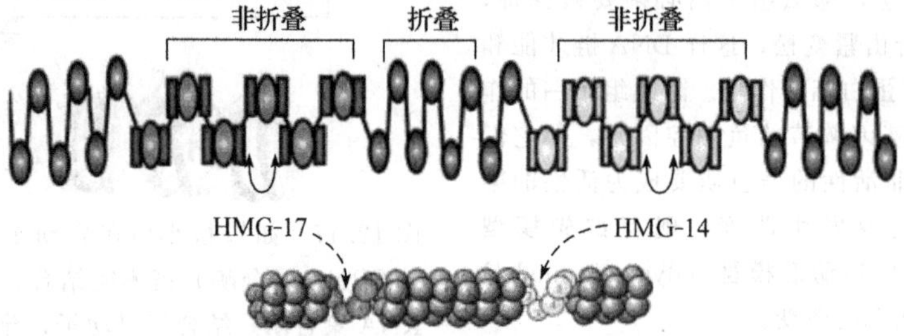

图 12.19　HMG14/17 家族可聚集于活化的染色质上，它们可能有助于染色质高级结构的解聚（引自 Postnikov et al.，1997）

HMG I/Y 家族的非组蛋白的确切作用还不十分清楚，但已知它们优先与含有 AT 重复序列的 DNA 相结合；并且和 H1 组蛋白类似，它们可以被周期蛋白依赖性的激酶磷酸化。在包装和转录激活等过程中，HMG 蛋白的另一个重要作用是使 DNA 产生角度较小的弯曲，在包装过程中 DNA 需要采用这种特殊的三维构象。还有一类非组蛋白是鱼精蛋白，它可以促进 DNA 包装进精子头部。这类蛋白质排列在 DNA 双链相邻的大沟中，使 DNA 折叠成高度致密的一束平行纤维结构。

五、边界元件

边界元件（boundary element）是定位于染色质结构区边缘部位的 DNA 序列，含有对核酸酶高度敏感的位点，能以自主的方式建立独立的染色质功能区域。

在原核生物中功能相关的基因常连锁在一起，共用一个启动子，以操纵子的模式由阻遏蛋白来调控，合成多顺反子 mRNA。而在真核生物中，形成基因簇的常是一个基因家族的成员，每个基因都有自己的启动子，基因间有很长的间隔区（spacer），不可能像原核生物那样，以操纵子的模式进行调控，而是以边界元件来调节基因簇中各个基因的启动子。现已鉴别出的边界元件有核基质附着区、绝缘子和基因座控制区。

（一）核基质附着区

1986 年，P. N. Cockcrill 和 W. T. Garrard 首先提出**核基质附着区**（matrix attachment region，MAR）的概念。MAR 亦称**核骨架附着区**（scaffold attachment region，SAR），是与核基质特异结合的 DNA 序列，长 300～1000bp，属于非编码序列，富含 75% 的 AT。MAR 位于 DNA 上各转录单位的交界处，是 DNA 在核基质或染色体支架上的附着点。MAR 独立存在于非编码区，位于功能转录框架附近。邻接 MAR 的往往是一些转录顺式调控元件，如启动子、增强子等。MAR 通过与核基质的结合，使染色质形成独立的环状结构（图 12.20），大小变化很大，为 1～300kb。每个环既是一个转录单位，也是一个复制单位和染色体包装单位。

MAR 中常存在拓扑异构酶Ⅱ的识别位点，因此 MAR 可能承担多种功能，不但提供基质的结合位点，也提供一些相关 DNA 发生拓扑结构变化的位点，使 MAR 发生解旋而将负超螺旋引入 DNA，促

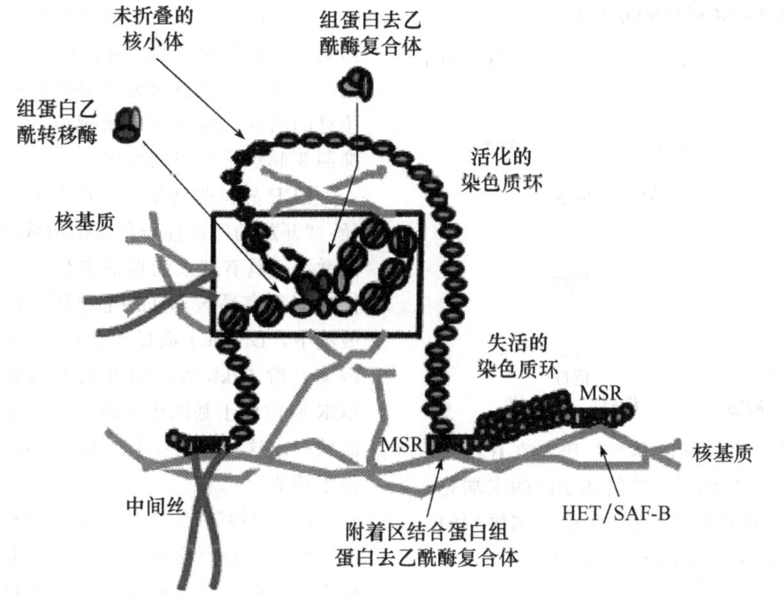

图 12.20　MAR 结合于核基质上，形成环状结构（引自 Davie，1997）。
HET/SAF-B 中的 HET 为"Hsp27 ERE-TATA binding protein"的缩写，SAF-B 为"scaffold attachment factor B"的缩写

进转录因子与启动子的结合，而对转录的起始具正调控作用。在特定发育时期的特异组织中，只有一部分 MAR 分子紧密结合在核基质上。这些 MAR 一般位于该组织中特异表达的基因侧翼。因此，MAR 对基因在不同发育阶段正确有序的表达可能起正调控作用。

MAR 广泛存在于从酵母到人类的所有真核生物基因组中。作为一个顺式调控元件，MAR 与经典的增强子不同，它不能增强内源基因的表达，但对整合到宿主细胞染色体上的外源基因表现出明显的转录增强作用。特定组织或细胞的核基质上具有特定的序列可与相应的 MAR 结合形成环，使增强子和启动子在蛋白质的介导下接近，发挥增强子的功能。而在另一些细胞中，因其核基质上序列并不相同，该 MAR 结合后，可能使增强子和启动子分隔在两个区域内，使增强子不能和启动子接近，从而不能表达相应的基因。

（二）绝缘子

在染色质中，存在一些 DNA 序列，这些序列可以从 DNA 一侧到另一侧阻断激活效应或失活效应，这些元件被称为**绝缘子**（insulator）。绝缘子位于增强子和启动子中间时，可抵消增强子对启动子的作用，使增强子只能作用于专一的启动子；相反，当一个基因位于异染色质附近时，绝缘子在活性基因和异染色质之间作为一个屏障，防止异染色质化的延伸而使基因失活（屏障效应）。通过这种阻断效应和失活效应，两个绝缘子可在它们之间确定一个染色质功能区域。

1985 年，A. Udvardy 等首先通过细胞生物学和生物化学等方法鉴别了一些绝缘子，它们一般定位于已知染色质功能区域的边缘部位，并含有核酸酶高度敏感的位点，这类元件包括果蝇**特化染色质结构**（specislized chromatin structure）（SCS 和 SCS′）（图 12.21）。果蝇的**热激蛋白**（heat-shock protein，HSP）分子质量为 70kDa，由位于 18kb 区域中的两个 *hsp* 基因编码，此区位于 87A7 带。编码区两端的 SCS（350bp）和 SCS′（200bp）对 DNase Ⅰ有高度的抗性，而在其两侧又具有超敏感位点。SCS 元件使 *hsp70* 基因与周围区域的因子隔离开，若我们将 SCS 单位取出放到基因组的任何区域都能行使功能，甚至包括异染色区。看来 SCS 单位在控制基因表达中并不能起到正、负调节的作用，而是起隔离作用。若附近区域有抑制因子，SCS 元件也可以阻断这个因子作用的延伸；当 SCS 元件缺失时，此区的功能会消失。

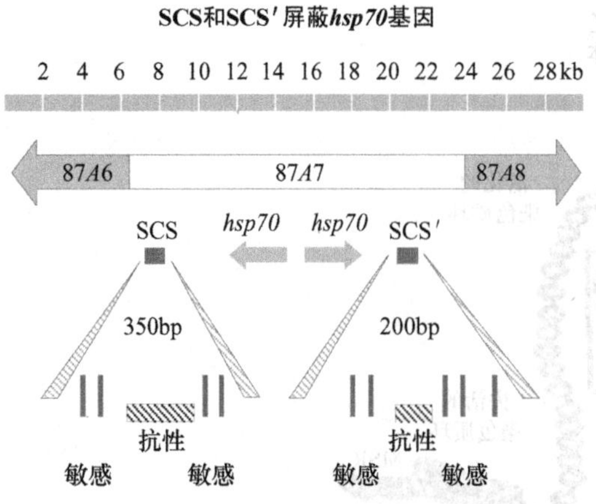

图 12.21　在黑腹果蝇的基因组中，含有超敏感位点的特化的染色质结构给功能区的末端充当了标记，屏蔽了基因，使之不受外侧序列的影响（引自 Lewin，2004）

（三）基因座控制区

基因座控制区（locus control region，LCR）是调控一群相邻基因表达的边界序列，如哺乳动物β-珠蛋白基因簇的 LCR，对基因簇中所有的基因在发育过程中正确有序地表达起调控作用，它是由位于基因簇 5′端的多个 DNA 酶高度敏感位点组成的。

通过 DNaseⅠ超敏感位点，在这个基因簇的上游和下游已鉴别出具有附加调节功能的区域。图 12.22 表示ε基因上游 20kb 的范围内有一组 4 个超敏感位点，在β基因下游 30kb 外有 1 个超敏感位点。将各种结构转染到小鼠的红白血病细胞株（murine erythroleukemia cell line，MEL）中表明，5′端的各位点之间的序列被切除后对β基因簇的功能没有大的影响，但若切除任何一超敏感位点就降低整个的表达水平。

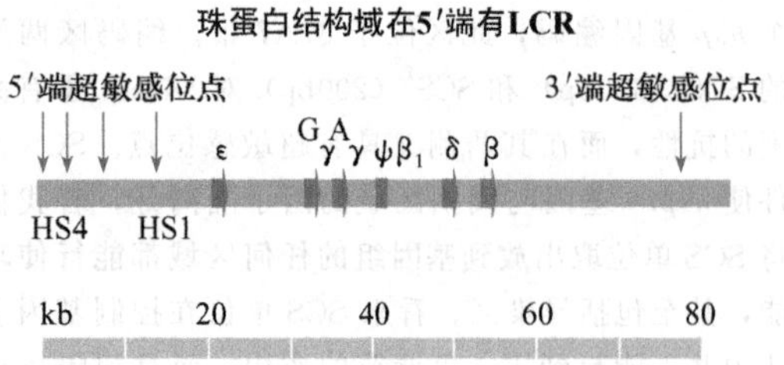

图 12.22　珠蛋白功能区的末端被超敏感位点所标记。5′端的一组位点构成了 LCR，它对于这个基因簇中所有基因的表达都是重要的（引自 Lewin，2004）

小鼠的β-珠蛋白基因簇含有一个与人类β-珠蛋白基因簇上游相似的区域，且显示出很强的保守性，这一簇超敏感位点被称为基因座控制区。3′超敏感位点的出现取决于 5′超敏感位点，5′LCR 的缺失将抑制 3′超敏感位点的出现。

LCR 异位驱动基因高水平表达可能通过两种途径：“开放的”活性染色质结构域的建立和直接的基因激活。具有转录活性的染色质结构域的开放构象使它们更容易被 DNaseⅠ作用。在人类α-珠蛋白基因簇中，DNaseⅠ高敏感位点即 LCR 座位定位于基因簇上游 60kb 处；而在人类β-珠蛋白基因簇中，LCR 座位位于基因簇上游 50～60kb 的一个 10kb 的区域内。这些 DNaseⅠ高敏感位点的 DNA 序列和增强子相似。

LCR 对基因簇中每个珠蛋白基因的表达是必需的，但每个基因的进一步调节是由它们自己特有的调控进行的。这些调控有的是“自治的”——可能 LCR 对整个区域的“打开”并使其有效转录是必需的。此功能区从一个 MAR 的 5′端延伸到相邻基因那一边的超敏感位点，看来离β基因约 100kb，此 MAR 限定在此功能域的 5′端，3′端由什么来限定尚不清楚。

如果我们将不同系统中所发现的各种结构放在一起，我们就可以较全面地了解染色体功能域所存在的一些特点。一个染色体功能域（在果蝇的染色体上作为一条斑带）可能含有若干个转录单元及一系列控制元件。这些控制元件包括了绝缘子、LCR 和 MAR（图 12.23）。绝缘子阻隔激活效应或阻遏效应的传递；LCR 可远距离作用于功能域内所有基因的表达；MAR 负责把染色质附着在核周边的某个位点。

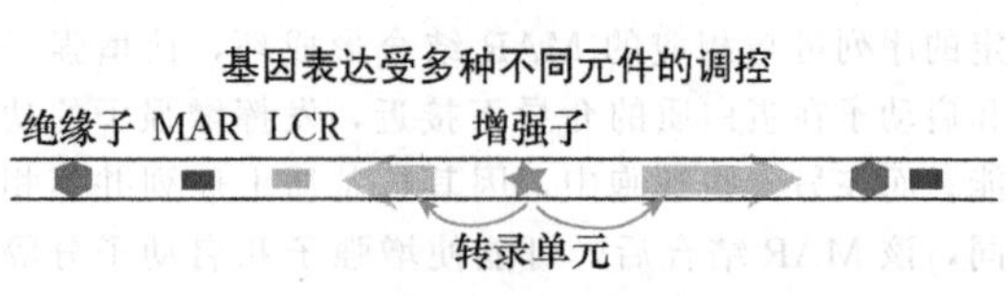

图 12.23　功能域可能具有三类位点：绝缘子阻止结构域间的扩散效应；MAR 将功能域附着在核基质上；LCR 是起始转录所需位点。增强子可作用于功能域内多个启动子（引自 Lewin，2004）

第三节　转录水平的调控

转录水平的调控是基因表达过程中最重要的一

步，由于蛋白质-蛋白质、蛋白质-DNA之间的相互作用及一些复杂大分子复合物的形成导致真核生物转录水平的调控是一个多级的复杂过程。

一、顺式作用元件

虽然真核生物基因转录最重要的顺式元件也是启动子，但结构特点和原核启动子有很大的差异（见第三章）。此外真核生物基因转录的顺式元件还具备以下特点。

（1）真核启动子不能直接被RNA聚合酶识别结合，需通过蛋白质因子的介导（见第四章）。

（2）具有三种类型的启动子，转录不同的RNA分子；第Ⅲ类启动子中还具有下游启动子。

（3）启动子元件类型多。这些元件都为不同的转录因子及蛋白质识别结合来调节转录。

（4）具有远上游控制元件，如增强子、减弱子和沉默子等。这些元件都具有远距离顺式调控启动子的功能，原核生物是没有这些调控元件的。

二、反式作用因子

在真核生物转录调控中，根据靶位点的特点，反式作用因子可分为三类：①通用反式作用因子，在一般细胞中普遍存在，主要识别一些启动子的核心启动成分TATA框（如TBP）、上游启动子成分CAAT框（如CTF/NF-1）、GC框（如SP1），以及识别八聚体核苷酸ct-1等；②特殊组织与细胞中的反式作用因子，如淋巴细胞中的Oct-2；③应答元件（response element）相结合的反式作用因子。应答元件如**热激应答元件**（heat shock response element，HSE）、**糖皮质激素应答元件**（glucocorticoid response element，GRE）、**金属应答元件**（metal response element，MRE）、**肿瘤诱导剂应答元件**（tumorgenic agent response element，TRE）和血清应答元件（serum response element，SRE）（图12.24和表12.2）。

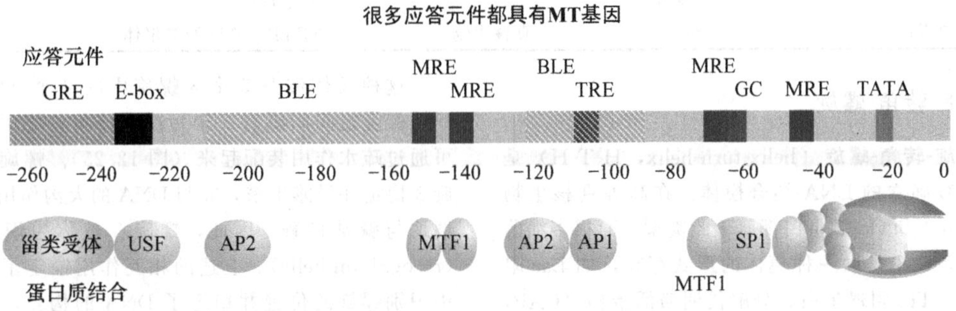

图12.24　人类金属硫蛋白（MT）基因调控区的启动子和增强子都含有调控元件，启动子含有应答金属诱导的序列，增强子含有应答糖皮质激素的序列。启动子元件在图的上部标出，基因相关序列的结合蛋白在图下部标出（引自Lewin，2004）

BLE：基础水平元件；GRE：糖皮质激素应答元件；MRE：金属应答元件；TRE：TPA应答元件

表12.2　结合于应答元件的特殊转录因子

调节剂	组件	保守序列	DNA长度/bp	因子	大小/kDa
热激	HSE	CNNGAANNTCCNNG	27	HSTF	93
糖皮质激素	GRE	TGGTACAAATGTTCT	20	受体	94
弗波酯	TRE	GACTCA	22	AP1	39
血清	SRE	CCATATTAGG	20	SRF	52

应答元件是启动子或增强子的上游元件，它们含有短的保守序列。在不同的基因中应答元件的序列密切相关，但并不一定相同，离起始点的距离并不固定，一般位于离上游小于200bp处，有的也可位于启动子或增强子中。

反式作用因子通过以下不同途径发挥调控作用：①蛋白质和DNA相互作用；②蛋白质和配体结合，如信号分子对基因表达的调节（见后）；③蛋白质之间的相互作用及蛋白质的修饰。

（一）蛋白质直接和DNA结合

反式调节蛋白常以**模体**（motif）的形式识别和结合DNA顺式调节元件。这些模体根据其结构的特点可分为不同的家族（表12.3）。这些模体中通常包含着一个侵入大沟的α螺旋，但是在另一些家族中，一个β带结构或环状结构代替了α螺旋的作用。相互作用涉及互补表面，可能改变DNA的构象。在原核生物的反式调节因子中虽然也是模体的形式作用于顺式调节元件，但类型较少，多为H-T-H。下面着重介绍在真核生物中常见的5种蛋白质模体。

表12.3 反式调节因子的识别结构

结构	识别	分类学分布	举例
螺旋-转角-螺旋	α螺旋	所有的	果蝇的触角足蛋白，大肠杆菌Lac阻遏物
HMG结构域	α螺旋	真核生物	大鼠的HMG1
锌指结构	α螺旋	主要在真核生物	小鼠的Zif268，果蝇的Tramtrack
类固醇受体家族	α螺旋	真核生物	人类维甲酸受体，大鼠糖皮质激素受体
双核基因簇	α螺旋	酵母	酵母GAL4
碱性结构域	α螺旋	真核生物	酵母GCN4，人类MyoD，小鼠Max
BPV E2模体	α螺旋	乳头瘤病毒	BPV E2蛋白
带-螺旋-螺旋和其他片层结构	β折叠	所有的	拟南芥TATA结合蛋白，大肠杆菌MetJ阻遏物
组蛋白-核心-接头	静电作用 α螺旋	真核生物	人类TAF_{II}31，TAF_{II}80 人类H5
Rel同源蛋白	环	真核生物	NF-κB p50同源二聚体

1. 螺旋-转角-螺旋

螺旋-转角-螺旋（helix-turn-helix，H-T-H）是第一个被确立的DNA-结合模体。在高等真核生物中的Oct-1和Oct-2蛋白都属于此类型。而很多细菌的调节蛋白也是以一种模体的形式存在，如Lac阻遏蛋白、Trp阻遏蛋白、分解代谢激活蛋白（CAP）和λ噬菌体阻遏蛋白（Cro）等。

这种模体涉及5个α螺旋中的2个（螺旋2、3），螺旋之间间隔有一个短的β转角，使两个螺旋可通过疏水作用装配起来（图12.25）。螺旋2使螺旋3稳定并暴露出来，并与DNA的大沟作用，特异性地与碱基接触。因此，螺旋3被称为**识别螺旋**（recognition helix）。上述的相互作用锚定了蛋白质中识别螺旋的位置并稳定了DNA的构象，从而调节不同蛋白质和其结合位点的亲和力。

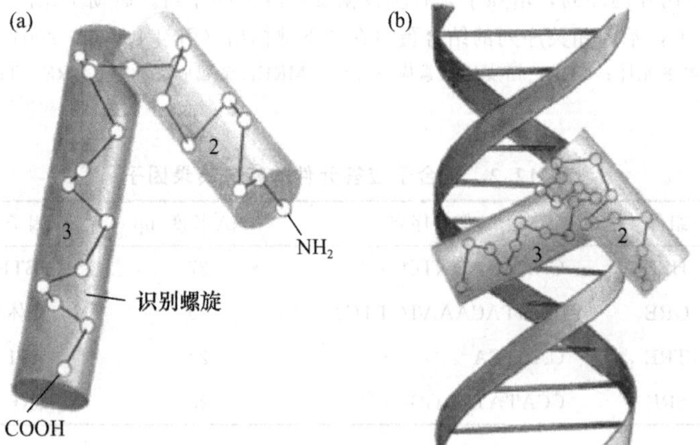

图12.25 与DNA结合的螺旋-转角-螺旋模体（引自Alberts et al.，2002）

(a) 模体中每一个白色的小环表示氨基酸中的碳，C端的螺旋（螺旋3）称为识别螺旋，它承担了DNA的特定序列的识别；(b) 螺旋3结合在DNA的大沟中，与碱基接触

2. 锌指结构

锌指（zinc finger）这个名称来源于它的结构，它由一小组保守的氨基酸和锌离子结合，在蛋白质中形成了相对独立的功能域，像多根手指伸向DNA的大沟。两种类型的DNA结合蛋白具有这种结构，一类是锌指蛋白，另一类是甾类受体。典型的锌指蛋白有一组锌指（图12.26），单个的锌指的保守序列是：Cys-$X_{2\text{-}4}$-Cys-X_3-Phe-X_5-Leu-X_2-His-X_2-His，这类锌指被称为Cys_2/His_2指（Ⅰ型锌指）。锌离子处于保守的Cys_2和His_2残基所形成的四面体结构中。“指”带有23个左右的氨基酸残基，“指”间通常由7或8个氨基酸残基连接。

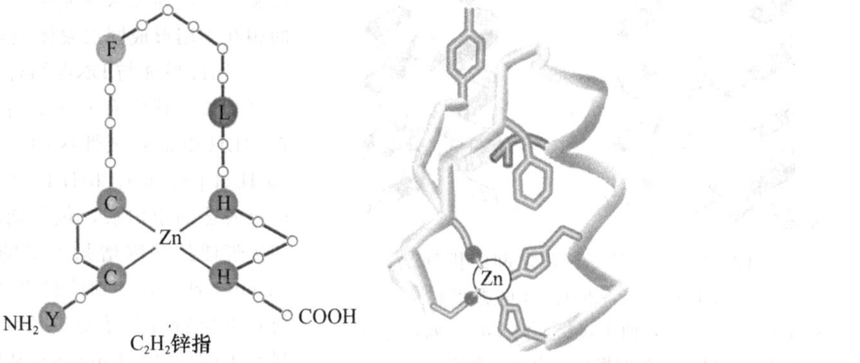

图12.26　锌指DNA结合功能域的结构模型（引自Griffiths et al.，1999）（见彩版）

有些甾类激素受体是转录因子，而甾类受体的DNA结合域也是一类锌指结构，它有Cys残基但没有His残基，即甾类受体（和另外一些蛋白质）具有另一种锌指，这类锌指被称为Cys_2/Cys_2型锌指（Ⅱ型锌指）。Cys_2/Cys_2型锌指的DNA结合位点是短的回文序列，这类锌指结构的保守序列为：Cys-X_2-Cys-$X_{1\text{-}3}$-Cy_3-X_2-Cys。

两种类型的锌指是有差别的。用甾类受体做实验，表明如经突变将后两个Cys变成His的话，这种受体就不能激活靶基因，因此这两类锌指是不能互相转变的。

3. 亮氨酸拉链

亮氨酸拉链（leucine zipper）是一种富含亮氨酸的肽链形成的二聚体模体，它本身在形成二聚体的同时还可以识别特殊的DNA序列。

一个亲水的α螺旋在其表面的一侧有疏水碱基（包括亮氨酸），另一侧表面带有电荷。两条肽链通过疏水界面上的亮氨酸形成二聚体。在一条肽链上两个亮氨酸残基之间相隔7个氨基酸，这样使它们在α螺旋中排列成一条直线（图12.27）。亮氨酸拉链的侧翼是DNA结合功能区，含有很多的Lys和Arg。二聚体的形成对于DNA的结合是必要的。很多原癌基因，如*c-jun*和*c-fos*都编码亮氨酸拉链蛋白，它们本身相互作用，形成**同二聚体**（homodimer）。C-Jun和C-Fos蛋白结合形成的**异二聚体**（heterodimer）比它们的同二聚体更为牢固。Myc、C/EBP（结合CAAT box和SV40核心增强子的一种因子）和AP1蛋白（异二聚体，结合于SV40的增强子）等都具有亮氨酸拉链结构。过去认为二聚体之间亮氨酸与亮氨酸是交错连接，像“拉链”一样，现在认为亮氨酸与亮氨酸是相对连接的（图12.28）。

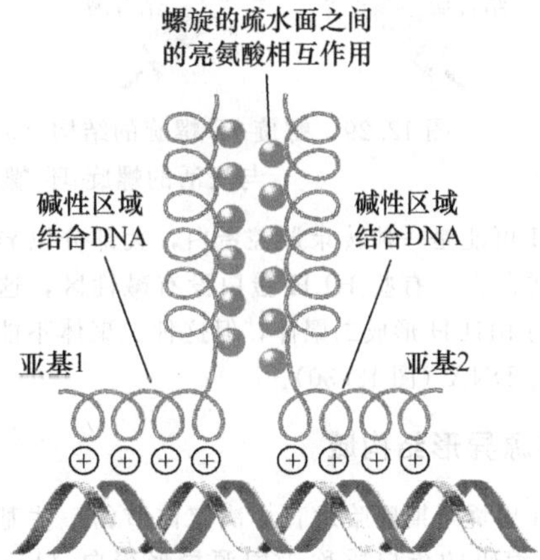

图12.27　当两个亮氨酸拉链的疏水面以平行的方向相互作用时，邻近拉链区的二聚化作用会将bZIP模体的碱性区域连接在一起（引自Lewin，2008）

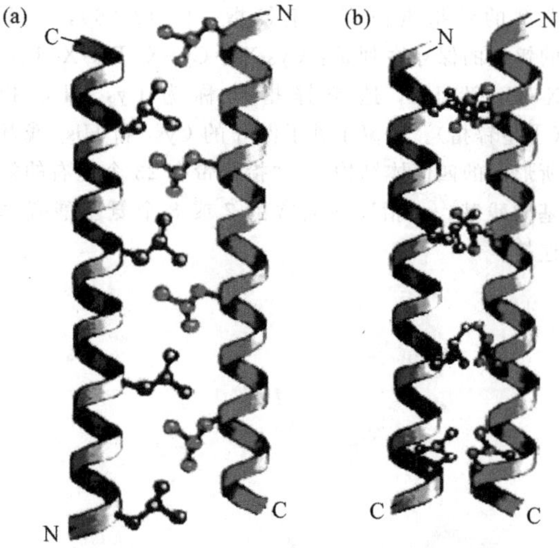

图 12.28　亮氨酸二聚体之间的排列
（引自 Freeman，2002）（见彩版）
（a）过去的概念认为，两个螺旋反向平行排列，亮氨酸交错连接；（b）现在的概念认为两个螺旋正向平行排列，亮氨酸相对连接

4. 螺旋-环-螺旋

螺旋-环-螺旋（helix-loop-helix，HLH）蛋白模体的共同特点是：两条肽链都含有两个 α 螺旋，链长为 40～50 个氨基酸，每个螺旋长 15 或 16 个氨基酸。两个 α 螺旋之间由很长的连接环相连，两条链上的连接环长度不等，一般为 12～28 个氨基酸。α 螺旋的一侧为疏水氨基酸，两条链依赖疏水氨基酸的相互作用形成同二聚体或异二聚体（图 12.29）。

HLH 模体与 DNA 结合于碱性区，此区长为 15 个氨基酸，其中有 6 个保守的氨基酸残基为碱性。在 HLH 中带有碱性区的肽链称为**碱性 HLH 蛋白**（bHLH protein）。bHLH 又分为两类，A 类是可以广泛表达的蛋白质，包括哺乳动物的 E12/E47（可和免疫球蛋基因增强子中的元件结合）和果蝇 *da*（daughterless，性别控制的总开关基因）的产物；B 类是组织特异性表达的蛋白质，包括哺乳动物的 MyoD（肌浆蛋白 myogen 基因的转录因子）和果蝇的 AC-S（achaete-scute，无刚毛基因的产物），这种

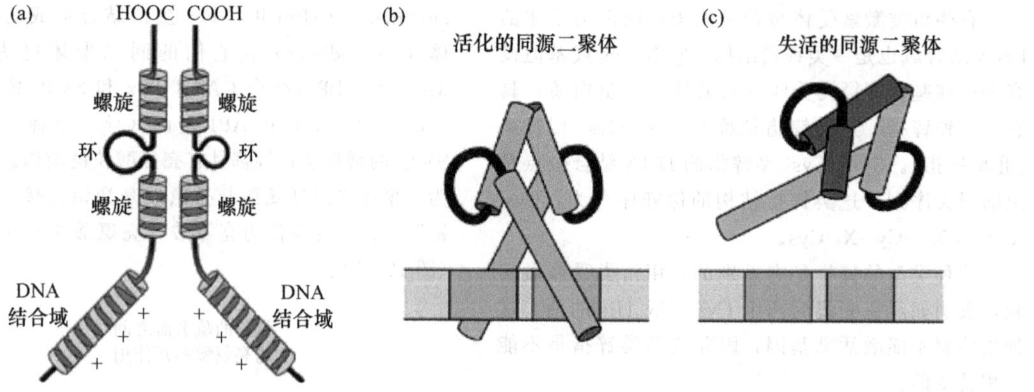

图 12.29　螺旋-环-螺旋的结构（a）（引自 Gilbert，2006）、活化的螺旋-环-螺旋（b）与失活的螺旋-环-螺旋（c）（引自 Alberts et al.，2002）

bHLH 可能是一种转录调控蛋白，大部分以异二聚体形式存在。有些 HLH 蛋白没有碱性区，这类蛋白可与 bHLH 形成二聚体，但这种二聚体不能专一地结合 DNA（图 12.30）。

5. 同源异形结构域

在果蝇早期胚胎发育中决定体节的一些基因如 bicoid 编码的蛋白质称为**同源异形蛋白**（homeotic protein），该蛋白质含有相似的 DNA 结合功能域，此模体称为**同源异形结构域**（homeodomain，HD）或**同源异形盒**（homeotic box）。这是一种编码 60 个氨基酸的序列，长 180bp，几乎存在于所有真核生物中，它的名字是来源于最初在果蝇中鉴别出的**同源异形基因座**（homeotic loci）。它存在于很多控制果蝇早期发育基因中，在高等生物中也发现了相关模体。HD 的 C 端区域和螺旋-转角-螺旋（HTH）模体同源，但也有几点不同：①HD 的 C 端由 3 个 α 螺旋构成，螺旋 3 结合于大沟，长 17 个氨基酸；而阻遏蛋白由 5 个 α 螺旋构成，识别螺旋 3 长仅 9 个氨基酸；②原核的 HTH 以二聚体形式与 DNA 结合，靶序列是回文结构；而 HD 是以单体形式与 DNA 结合，靶序列不是回文结构；③HD N 端的臂位于小沟，而 HTH 螺旋 1 的末端与 DNA 的背面接触（图 12.31）。

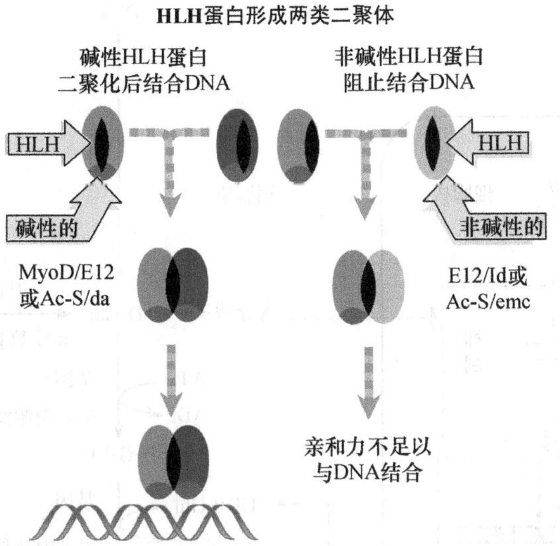

图 12.30　当两个亚基都是 bHLH 型时，HLH 二聚体才能结合 DNA，但二聚体中的一个亚基缺乏碱性区域时就不能结合 DNA（引自 Lewin，2004）

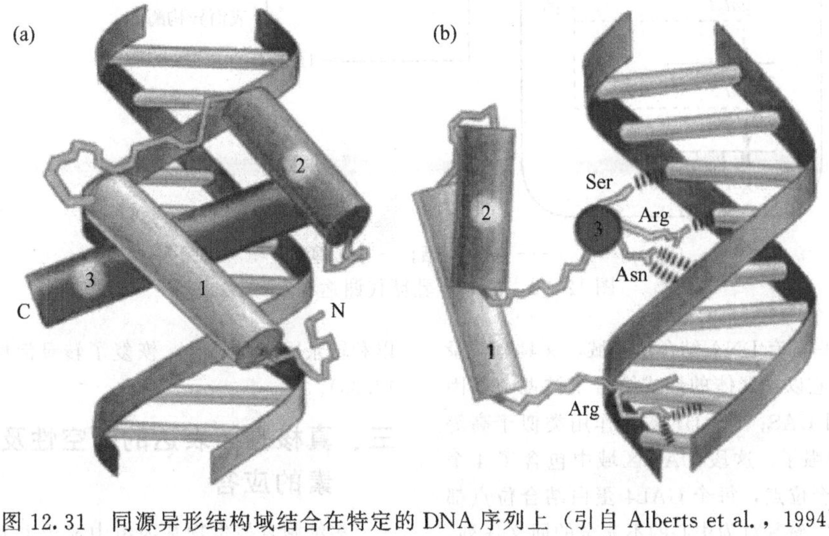

图 12.31　同源异形结构域结合在特定的 DNA 序列上（引自 Alberts et al.，1994）

（a）同源异形结构域折叠成三个螺旋，通过疏水作用它们紧密地压在一起。螺旋 2 和 3 很像 H-T-H 模体；（b）在与 DNA 大沟连接中识别螺旋（螺旋 3）起主要作用，如螺旋 3 的天冬酰胺（Asn）与 DNA 的腺嘌呤连接

（二）蛋白质之间的相互作用

反式作用因子的另一种调控形式是通过蛋白质与蛋白质之间的相互作用。酵母半乳糖代谢中 GAL80 和 GAL4 的相互作用就是很好的例子。酵母半乳糖代谢调控和原核生物 Gal 操纵子中的调控形式是完全不同的：①被调节的基因绝大部分都位于不同的染色体上，不连锁；②起负调节作用的蛋白 GAL80 不直接和 DNA 结合，而是通过与作为转录激活因子的 GAL4 蛋白结合，占据其功能域来阻遏转录的；③作为正调节因子不仅需要半乳糖作为诱导物，还需要 GAL4 蛋白作为转录因子，它不是像原核中的正调节蛋白仅和操纵子中的操纵基因结合，使整个基因簇得以转录，而是分别和各个被调节基因上游元件 UAS 结合，促进转录（图 12.32）。

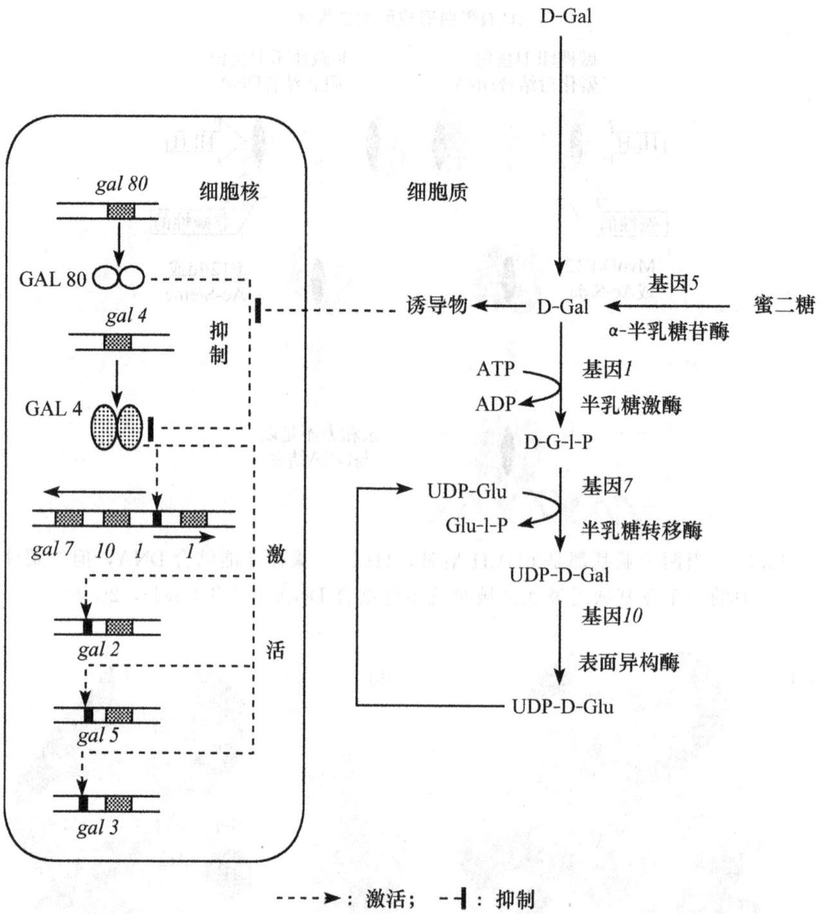

图 12.32　酵母半乳糖代谢途径及调控

GAL4 蛋白既有 DNA 结合功能域，又具有转录激活功能域，它以二聚体的形式结合于被调节基因上游特殊序列 UAS_G 上。UAS_G 的作用类似于高等真核生物的增强子。这段 UAS 区域中包含了 4 个 GAL4 蛋白结合位点，每个 GAL4 蛋白结合位点都是一段以 A∶T 碱基对为中心的不完全的回文序列。若 4 个位点都和 GAL4 结合的话，表达达到最高水平。

GAL4 的 768～881 氨基酸区域为转录激活功能域，可以和转录因子结合。这个区域中的 851～881 氨基酸区域又可特异地与 GAL80 蛋白相结合。当半乳糖缺乏时，GAL80 就在此区域与 GAL4 相结合，占据了其转录激活功能域，使其无法和转录因子结合，虽此时的 GAL4 仍可和 UAS_G 结合，但失去了转录激活能力，因此 *gal* 基因不转录；当半乳糖存在时 GAL4 可以和 GAL80 结合，可能使其构象发生改变，从 GAL4 上解离下来，这样 GAL4 又可以和转录因子相结合，恢复了转录活性的功能（图 12.33）。

三、真核基因表达的时空性及对环境因素的应答

多细胞真核生物基因组中成千上万的基因在正常情况下总是以可控的方式进行表达的，这种调控具有时空性。在发育过程中，基因表达的时空性表现尤为突出。

（一）真核基因表达的时序调控

在多细胞生物中，随着发育的进程，各种基因会按一定的时间顺序进行表达。有一组基因控制着这种表达的时序，称为**时序基因**（temporal gene）。1993 年，R. C. Lee 等在线虫（*C. elegan*）中发现了第一个在胚胎发育后期进行时序调控的基因 *lin-4*。时序基因中的某些突变可以改变细胞谱系的发育过

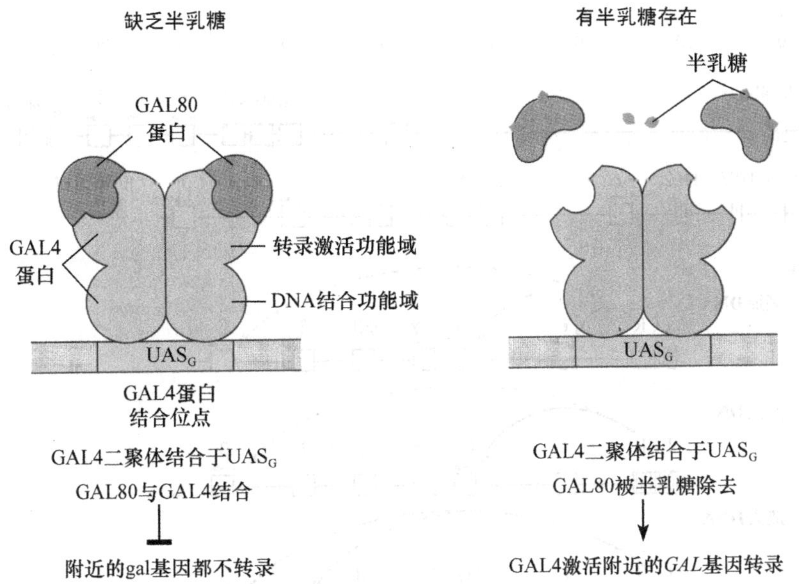

图 12.33　酵母的 gal 基因的激活模型（引自 Russell，1992）

程，使它们比正常个体提早或推迟进行。1995 年，A. Sehgal 和 J. Price 发现果蝇昼夜节律突变基因，称之为**无时序基因**（*timeless*，*tim*）。它和果蝇中编码控制生物钟的**节律性蛋白**（period，Per）基因 *per* 的表达方式很相似。*tim* 基因的突变会改变果蝇昼夜节律行为的周期长度。最重要的是，缺乏 *tim* 基因的果蝇其细胞核内没有 Per 蛋白；同样，缺乏 *per* 基因的细胞核内也没有 Tim 蛋白。

2000 年，B. J. Reinhart 等在线虫中发现了第二个异时性开关基因 *let-7*，并将这些长度约为 22 个核苷酸的小分子 RNA 称为**时序小 RNA**（small temporal RNA，stRNA）。时序小 RNA 是**微 RNA**（miRNA）家族的成员。

在高等生物的发育中，珠蛋白基因家族成员的差异表达是一个基因表达时间调控的好例子。人类的 α-珠蛋白基因簇和 β-珠蛋白基因簇分布不同。α′-珠蛋白基因簇位于 16 号染色体的一段长 28kb 的区域，β-珠蛋白基因簇位于 11 号染色体的一段长 45kb 的区域（图 12.34）。每个基因簇中的基因都源于相同的原始基因，所以它们组成了一个小的多基因家族。在进化的过程中，随着时间的推移，这些基因簇中的基因由于随机突变而产生歧化，各自编码略有不同的多肽。其中一些基因由于移码突变或无义突变而失去表达的能力，这些基因被称为**假基因**（pseudogene），图中用希腊字母 ψ 表示。

α-珠蛋白与 β-珠蛋白基因簇的典型特征之一是其成员基因可在发育过程的不同时间得到表达。位于基因簇一端的某些基因只在胚胎时期表达，位于中间的某些基因只在胎儿时期表达，位于基因簇另一端的某些基因则只在出生后才表达（图 12.34）。这种基因簇中基因从一端到另一端逐步活化的现象，表明在人体发育过程中需要产生略有不同的血红蛋白。胚胎、胎儿与新生儿有不同的氧需求、不同的循环系统，也处于不同的物理环境，因此这些珠蛋白基因表达的时间开关显然是适应这种变化的结果。

这种时序调控和基因簇上游的 LCR 有关。在胚胎期，LCR 作用 ε、两个 γ-和 β-珠蛋白基因的启动子，促进转录；在胎儿期 LCR 作用两个 γ-和 β-珠蛋白基因的启动子；在成人期，LCR 作用 δ-和 β-珠蛋白基因的启动子（图 12.34）。但具体的调控机制尚不清楚。

（二）植物微管蛋白基因表达的空间调控

编码植物微管蛋白的基因可作为基因表达的空间调控的例子。微管蛋白的作用是组成细胞内的微管系统，共有两种微管多肽：α 亚基与 β 亚基，两者都可组成一个二聚体结构。这些二聚体可以平行排列的方式组成直径 24nm 的中空圆柱状微管。

微管蛋白的 α 亚基与 β 亚基由不同的基因编码。通常，在基因组中每种微管蛋白可由几种不同的基因所编码。例如，在拟南芥（*Arabidopsis thaliana*）的基因组中有 6 种 α 微管蛋白基因和 9 种 β 微管蛋

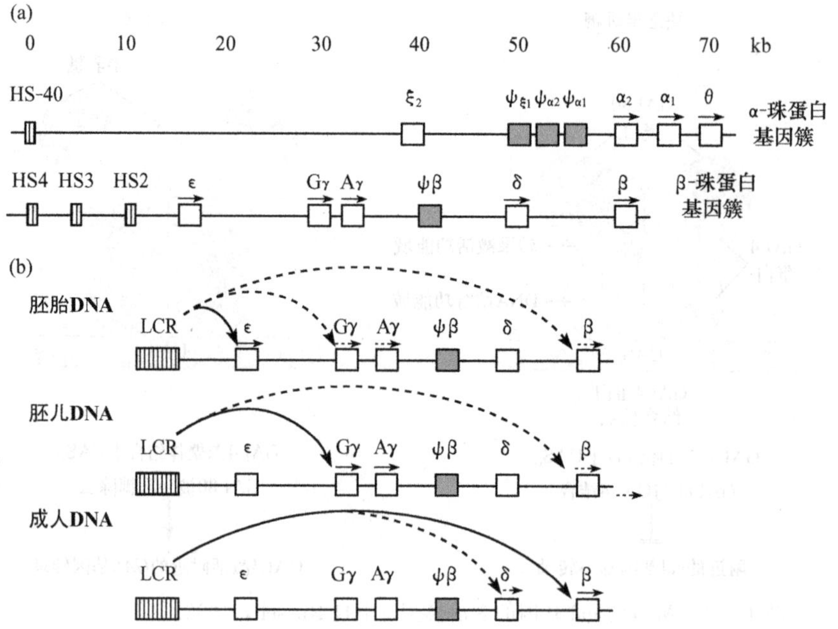

图 12.34　人类 α-和 β-珠蛋白基因簇的结构及 LCR 对 β-珠蛋白基因簇的调控（参照斯特罗恩等，2004）

(a) 人类 α-和 β-珠蛋白基因簇的结构。LCR 位于基因簇上游 DNase Ⅰ 的高敏感位点(HS-40 等)。箭头表示基因的转录方向。θ-珠蛋白基因的功能尚不确定，它未被掺入到血红蛋白分子中。(b) LCR 对 β-珠蛋白基因簇的调控。实线表示 LCR 作用于所示基因上的强增强子效应，导致高水平表达；虚线表示相对弱的效应

白基因。研究发现，这些基因都只在特定的空间中才得以表达。例如，*TUA 1* 基因编码的是一种 α 微管蛋白亚基，它主要在花粉粒中表达。该基因在发育中的花粉囊中也有一些表达，但极少或不在叶片、茎或根细胞中表达。相反，*TUB 1* 基因编码一种 β 微管蛋白亚基，则只在靠近根尖的根细胞中才表达。另一种 β 微管蛋白亚基的编码基因 *TUB 8*，通常只在植物的维管组织中表达。这些微管蛋白编码基因的空间特异性表达说明，拟南芥的不同部位需要不同的微管系统。

（三）环境对基因表达的影响

真核基因表达可以被环境因素如热或光所诱导，也可以被激素和生长因子等信号分子所调节。激素诱导的基因表达是通过激素与蛋白质的互作而介导的。一些激素受体可以直接作为转录因子结合于 DNA 区域，从而调控基因的活性；另一些激素受体通过信号转导的方式间接调控基因的转录。

2007 年英国的 E. Tauber 等发现果蝇野生欧洲种群由于进化 *tim* 基因产生了变异，变异种群比野生种群能更好地适应环境的变化。他们发现 *tim* 基因能使果蝇对外部光照和温度作出应答而进入类似于冬眠的生长停滞状态。F. Sandrelli 等发现这种应答是 *tim* 基因产物与相关蛋白相互作用的结果。

1. 温度对基因表达的影响

当生物经过高温的刺激后，它们可通过合成一系列蛋白质的反应来稳定细胞的内部环境，这些蛋白质称为**热激蛋白**（heat-shock protein，HSP）。HSP 是细胞或生物体受到热胁迫后新合成的一类遗传上高度保守的蛋白质，在原核生物和真核生物中普遍存在，它们之间的同源性达到 40%～50%，这一点也反映了两类生物在系统发育学上的关系。已发现许多热激蛋白家族的成员都具有**蛋白伴侣**（chaperones）的活性。热激蛋白最早在果蝇体内发现，它们在热激或其他条件的刺激下大量表达，以对抗环境中的不利因素并保护机体本身。

hsp 的表达调控是在转录水平上进行的，即热激诱导了这些蛋白质编码基因的转录（图 12.35）。在果蝇中，有一种热激蛋白 HSP70，它由定位于常

染色体上的两个基因簇之间的一组基因编码。在这两个靠近的基因簇之间，有5～6个*hsp70*基因的拷贝。当温度超过33℃时（相当于在夏天环境中），这些基因均可转录形成RNA，然后经过加工和翻译形成HSP70多肽。*hsp70*基因的这种热诱导需要一种称为**热激转录因子**（heat-shock transcription factor，HSTF）的帮助。HSTF是一种多肽，存在于果蝇细胞核中。当果蝇经过热激之后，HSTF被磷酸化。磷酸化的HSTF可特异性结合于*hsp70*基因的上游区域，促进RNA聚合酶Ⅱ与DNA的结合，从而刺激*hsp70*基因的转录。磷酸化HSTF结合于DNA的区域被称为**热激应答元件**（heat-shock response element，HSE）。

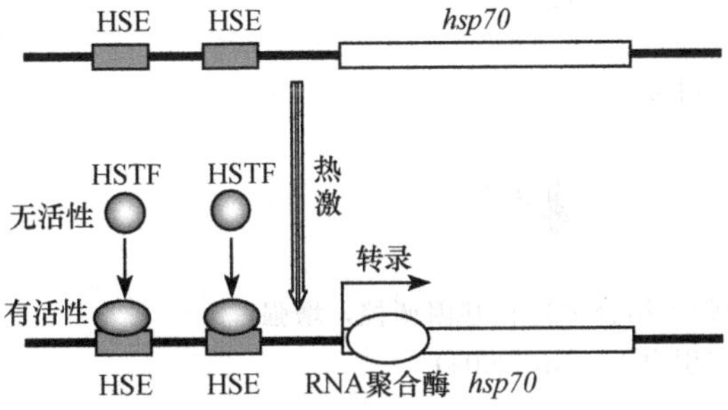

图12.35　热激诱导果蝇*hsp70*基因的转录。热激应答元件（HSE）位于转录起始位点上游的40～90bp。经热激后，游离状态无活性的热激转录因子（HSTF）结合于HSE，成为具有活性的热激转录因子，启动*hsp70*基因转录

2. 光调控植物的核酮糖-1,5-二磷酸羧化酶基因表达

核酮糖-1,5-二磷酸羧化酶（ribulose-1,5-bisphosphate carboxylase，RBC）是自然界存在最多、分布最广的蛋白质之一，它在绿色植物的光合作用中起着重要作用。光合作用需要依赖阳光，如果没有光能，光合作用就会中止，这时就不需要RBC的作用，因此当植物暴露于阳光下时RBC才被诱导产生也就可以理解了。

RBC是包含有大亚基和小亚基的复合酶，不同亚基由不同的基因编码。在一些植物中，编码复合酶大亚基和小亚基的基因都定位于叶绿体的DNA上；在另一些植物中，小亚基的基因（*rbcS*）定位于细胞核DNA（nDNA）上，而大亚基的基因定位于叶绿体DNA（cpDNA）上。*rbcS*呈多基因家族存在，其表达具有明显的组织特异性，在叶片中表达量很高，而在根中几乎检测不到。*rbcS*基因对光照有明显的应答反应，当植物暴露于阳光下时转录可明显增加。

目前对*rbcS*基因的光诱导过程尚不完全了解。在这一过程中，光能被细胞中的光敏色素（phytochroine）蛋白吸收，而一种称为发色团（chromophore）的分子可以与光敏色素蛋白结合。发色团吸收光能后可以引起光敏色素蛋白的构象改变，从而引发其他蛋白的改变。其中有一种蛋白质可以与*rbcS*基因转录起始点上游的**光调节元件**（light regulatory element）结合，从而激活该基因的转录。这一调控过程快速而强烈，可以在植物暴露于光线时迅速产生足量的*rbcS* mRNA。复合酶大亚基基因也存在相似的过程。因此，光线诱导了这一光合作用中的关键酶的合成。

3. 信号分子对基因表达的调节

在多细胞真核生物中，一些细胞可以通过分泌激素作为信号转导给另一些细胞。激素可通过循环系统到达全身，作用它的靶细胞，引发一系列可调节的基因表达事件。在动物体内存在两类激素：一类是固醇类激素，另一类是肽类激素。固醇类激素是衍生于胆固醇的一类小分子脂溶性物质，可以通过细胞膜进入细胞内。例如，雌性激素和黄体酮与雌性个体的生殖功能密切相关；睾丸激素是与雄性个体分化与行为有关的激素；肾上腺皮质激素与血糖浓度的调节有关。一旦这些激素进入细胞内，它们可以和激素受体分子结合，受体分子与激素的复合物可以进入细胞核中，作为转录因子调节特定基因的表达。

肽类激素（如胰岛素）可以调节血糖浓度；泌乳刺激素可作用于雌性哺乳动物乳房中的靶组织。由于肽类激素分子质量一般较大，难以自由通过细胞膜，它们所传递的信号需要通过细胞膜结合受体蛋白（membrane-bound receptor protein）转移到细胞内，这种信号转移方式称为**信号转导**（signal transduction），即当激素分子结合于细胞表面的受体蛋白时，可引起受体蛋白的构型变化（如磷酸化），进而引起细胞内其他蛋白质的改变。通过这一系列的变化，激素信号从细胞外转移到了细胞内和细胞核内，最后影响到特定基因的表达。

甾类受体蛋白等并不直接与DNA接触，而先和配体结合被活化。当甾类激素等配体进入细胞后，在细胞质中与受体结合，结合后受体构象发生改变，

形成二聚体，成为活化状态，然后进入细胞核。受体识别特殊的保守序列 GRE 并与之结合，从而活化了其下游的启动子，使糖皮质激素调节基因开始转录（图 12.36），诱导产生各种相应的蛋白质。

甾类受体蛋白一般都具有三个不同的功能区（图 12.37）：①N 端区是激活转录所需的区域，不同受体之间此区的同一性仅小于 15%；②DNA 结合及转录活化区，同一性较高，为 42%～94%；③C 端的激素结合和二聚体形成区，同一性为 15%～57%。

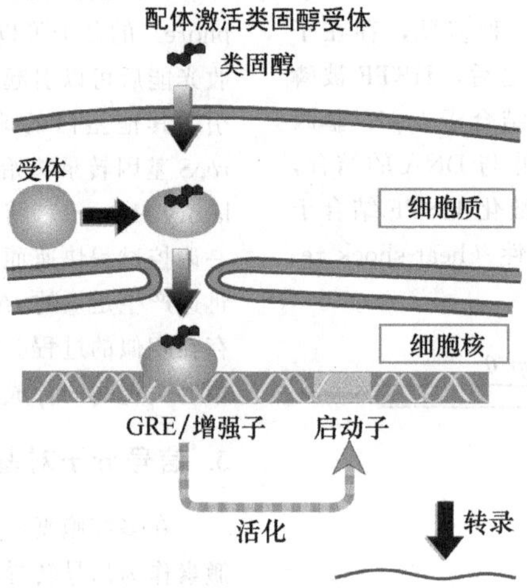

图 12.36　糖皮质激素通过使受体与增强子结合来进行基因调控，增强子为启动子行使功能所需（引自 Lewin，2004）

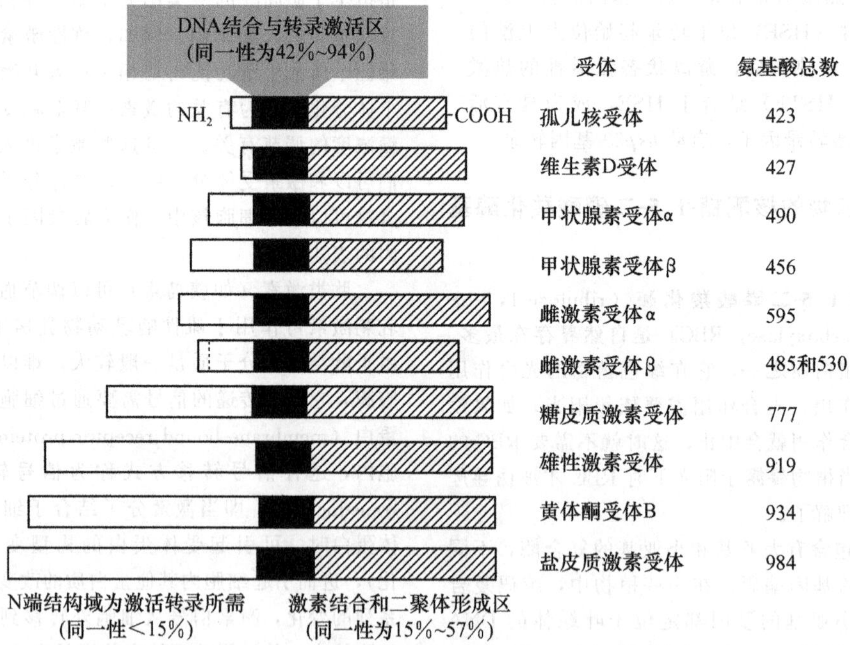

图 12.37　甾类激素与甲状腺激素受体结构相似，包含了一个独立的 N 端区、一个保守的 DNA 结合域和一个 C 端的激素结合域。注：孤儿核受体是鸡卵清蛋白上游启动子转录因子（COUP-TF1）

第四节　转录后调节

原核生物的转录和翻译是偶联的，mRNA 几乎不经过加工就直接进行翻译。而真核生物转录后要经过一系列复杂的加工（见第三章），加工的本身也是一种基因表达的调控，它可以使同一个基因在不同的组织中合成不同的产物。另一个转录后调控的环节是转录后沉默，这涉及微 RNA 家族。

一、内含子的选择性剪接

绝大多数真核基因都带有内含子。内含子从转录产物中去除后才可能使基因得以正确表达。mRNA 的剪接过程是在**剪接体**（spliceosome）中完成的。

有些断裂基因转录产生的 RNA 可进行**选择性剪接**（alternative splicing），即单个 RNA 产物由于改变了剪接连接处而产生了不同的 RNA 产物。在某些情况下，基因表达的最后产物由初级转录物决定，因为初级转录物使用了不同的 5′端或 3′端；另一些情况下，单个初级转录产物可经选择性剪接，产生不同外显子的组合。最终的结果是，同一个基因可编码产生功能不同的蛋白质。

二、不同启动子或 5′端的选择

有的基因具有两个启动子区，每一区都有它自己的组织调控元件，那么两个长度不同的转录本将会产生组织特异性的 mRNA 和蛋白产物（图 12.38）。例如，小鼠的唾腺、肝脏和胰脏都能合成 α-淀粉酶，但在 3 个组织中 α-淀粉酶的浓度不同。小鼠的 3 号染色体上有两个连锁的 α-淀粉酶基因 *amy-1* 和 *amy-2*，*amy-1* 在唾腺和肝中表达，*amy-2* 在胰脏中表达（图 12.39）。

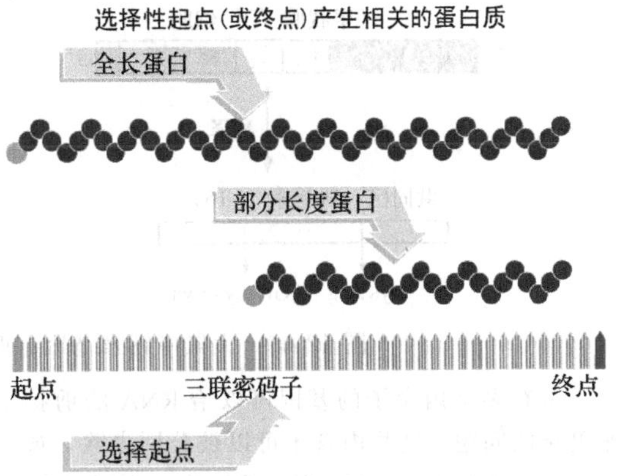

图 12.38　基因从不同的起点表达而产生不同的功能蛋白（引自 Lewin，2004）

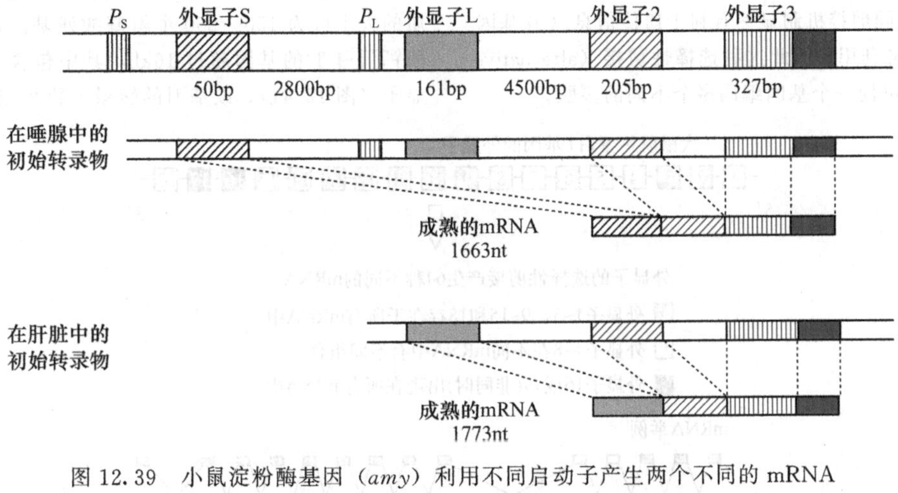

图 12.39　小鼠淀粉酶基因（*amy*）利用不同启动子产生两个不同的 mRNA

在唾腺中产生的 α-淀粉酶的浓度是肝中的 100 倍。这是由于在不同的组织中使用了 *amy* 基因 5′端的 2 个不同启动子。在唾腺中使用的启动子 P_S 较强，转录活性比肝脏中使用的启动子 P_L 高 30 多倍，但在唾腺细胞中 *amy* 的 mRNA 浓度要比肝脏中的高 100 倍，表明肝脏细胞中 *amy* 可能还受到其他调控因素的影响。

鸡的肌球蛋白（myosin）轻链基因在心脏和砂囊中转录后产生的成熟 mRNA 不同，前者为 LC1（light chain），后者为 LC3，它们具有相同的 3′编码区，但 5′编码区却不同，这也是源于它们转录的起始点不同。

三、3′端的选择

同样的一个基因在不同组织中由于3′端加尾位点的选择不同也可产生不同的mRNA，从而形成不同的产物。例如，大鼠甲状腺中合成的降钙素（calcitonin）和脑下垂体合成的神经肽（neuropeptide）都是由同一个基因编码的，由于3′端加尾位点的选择不同，使其mRNA的3′端的编码区不同，导致最终合成的产物也完全不同（图12.40）。

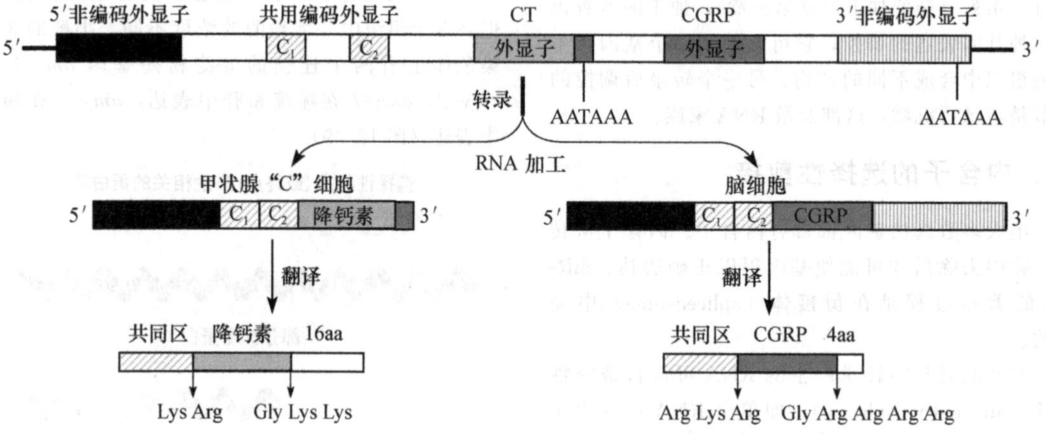

图12.40　大鼠降钙素基因有两个poly(A)位点和不同的剪接模式

带有多个内含子的基因可以给RNA的剪接带来复杂的问题。这些内含子可以被分别去除，或连同其中的外显子一道被去除，这取决于作用于RNA的剪接机制。这样，这套剪接机制就有可能通过去除部分外显子而修饰RNA的编码序列。这种对RNA的不同剪接机制显然有利于遗传信息（或基因组）的经济利用，因此这种**选择性剪接**（alternative splicing）可使一个基因编码多个不同的多肽。

选择性剪接的一个例子是**肌钙蛋白T**（troponin T）基因的表达，它编码的产物是脊椎动物骨骼肌中的一种蛋白质。大鼠的肌钙蛋白基因在不同的发育阶段及不同横纹肌种类中由于不同的选择性剪接内含子，结果产生了不同的肌钙蛋白T。这种蛋白质的大小可为150～250个氨基酸残基。在小鼠中，肌钙蛋白T的基因超过16kb，其中包含了18个外显子（图12.41）。该基因的转录产物可以通过不同

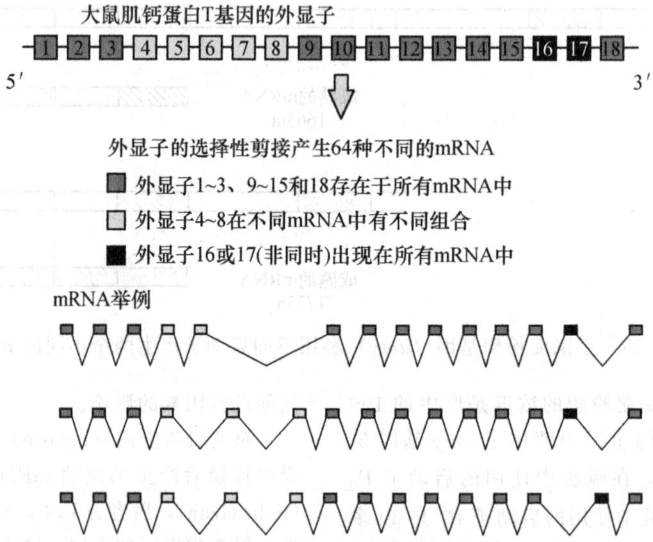

图12.41　肌钙蛋白T基因的选择性剪接。仅显示65个不同成熟mRNA中的3个

（转引自Simmons，2003）

的剪接方式而获得数量众多的一组 mRNA，这些 mRNA 翻译时便可形成许多不同的肌钙蛋白 T 多肽链。所有这些肌钙蛋白 T 都含有外显子 1～3、9～15 和 18，但外显子 4～8 是否存在则取决于剪接机制，它们可以随机组合。另一种变化位于外显子 16 和 17，当外显子 16 存在时，外显子 17 则被切除，反之亦然。不同的肌钙蛋白 T 的功能可能有一些细微的差别，以适应肌细胞功能的变化。

第五节　翻译的调控

真核生物的 mRNA 与原核的 mRNA 不同，5′端具有帽结构，3′端具有 poly（A）尾巴，没有 S-D 序列，而有 Kozak 序列。由于这些差异，使真核生物的翻译调控比原核生物更为复杂。

一、mRNA 的稳定性

mRNA 的降解是基因表达过程中的另一个控制点，半衰期长的 mRNA 可以支持长时间的多肽合成，而半衰期短的 mRNA 只能支持短时间的多肽合成。

被快速降解的 mRNA 需要不断通过新的转录来补充，否则它编码的多肽将停止合成。这种多肽合成的终止可以作为表达调控的一种方式，因为一旦一种多肽已经发挥了它的功能，它就可能不再有用，而它的持续合成就会变得有害。这种情况下，mRNA 的快速降解就成为防止这些多肽合成的有效方式。

mRNA 的降解开始于 poly（A）缩短或不依赖脱腺苷化的内切核酸酶剪切。在细胞质中所有的 RNA 都要受到**降解控制**（degradation control）。研究表明，mRNA 寿命可被多种因子所影响，如 poly(A) 尾的长度、3′端非翻译区的结构及细胞的生理状态等。通常核糖体中的 rRNA 和 tRNA 是很稳定的，而 mRNA 分子的稳定性很不一致，有的 mRNA 的寿命可延续好几个月，有的只有几分钟。我们在某些类型的细胞中加入调节物可使某些特殊蛋白的合成增加。这可能涉及相关基因转录速率的增加，也可能涉及 mRNA 稳定性的增加。

mRNA 降解速率的不同表现出与各 mRNA 结构特点有关，特别是 mRNA 的选择性降解在很大程度上是由于核酸酶和 mRNA 内部结构相互作用的结果。

3′端 UTR 中的顺式作用元件与调控蛋白结合可以调控 poly（A）缩短或内切核酸酶剪切，从而影响 mRNA 的稳定性。在很多短寿命的 mRNA 3′端非翻译区（UTR）中存在**富含 AU 元件**（AU-rich element，ARE）。ARE 长 50～150bp，一般包含一个或几个拷贝的“AUUUA”或者“UUAAUUUAU”。多种短寿命 mRNA 在其 3′端非翻译区都具有 AUUUA 序列的多次重复。将这段序列插入其他更为稳定的 mRNA 的 3′端非翻译区，可导致这些 mRNA 变得不稳定。

ARE 引起 mRNA 降解的机制可能是在 ARE 上存在**“富含 AU 去稳定模体”**（AU-rich destabilizing motif，ADM）。ADM 可以使 mRNA 的 poly（A）尾快速缩短至 20～40 个（A），从而加速 mRNA 的降解；ADM 也可与 mRNA 降解因子结合从而促进 mRNA 的降解。这些不稳定的 mRNA 多编码调控蛋白，如生长因子及其受体、细胞因子等。半衰期长的基因其 mRNA 3′端 UTR 含有另一种元件，可使 mRNA 保持稳定。例如，**运铁蛋白受体**（transferrin receptor，TFR）mRNA 的 3′端 UTR 内的铁离子应答元件（iron-responsive element，IRE）含有一个茎环结构。**铁离子调节蛋白**（ironregulatory protein，IRP）与 IRE 茎环结构的结合取决于细胞内铁离子的浓度。当细胞内铁离子浓度高时，IRP 与铁离子结合形成铁硫簇，与 mRNA 的亲和力降低，暴露了 TFR 3′端 UTR 内潜在的内源性核酸酶的剪切位点，使其易受核酸酶攻击，降低了 mRNA 的稳定性。在铁离子浓度低时，IRE 可与 IRP 结合，保护此剪切位点，阻止 mRNA 降解，从而可以合成更多的运铁蛋白受体而提高铁离子的利用率。

二、硒代半胱氨酸的插入

硒代半胱氨酸这种氨基酸与半胱氨酸类似，是以硒代替了硫，是**含硒蛋白**（selenoprotein）或**硒酶**（selenoenzyme）的几种基因产物的不同功能所需要的。硒代半胱氨酸是翻译后加工的产物，掺入前由丝氨酸修饰产生，然后与其对应的 tRNA 结合。硒代半胱氨酸由通常为终止密码子的 UGA 编码，在编码硒蛋白的 mRNA 中，称为**硒代半胱氨酸插入顺序**（selenocysteine insertion sequence，SECIS）的二级结构使蛋白合成装置翻译这种密码子。在细菌中，在 mRNA 编码区有 SECIS；而在真核生物中，在 3′端非翻译区发现了 SECIS。

在细菌中，紧跟在 UGA 密码子下游编码框内一个茎环结构的形成是将 UGA 解读为 Se-Cys 的必要条件。在真核生物中 SECIS 的作用方式与细菌中的茎环结构相似，SECIS 元件也呈茎环样结构（图 12.42），其中有三个保守的短核苷酸序列：①位于 SECIS 茎环顶部的 AAA 序列；②位于 SECIS 5′端侧茎臂上突出的 AUGA 序列；③位于 SECIS 3′端侧茎臂上突出的 UG 序列（图 12.43）。在大鼠三碘甲状腺原氨酸（T3）5′端脱碘酶（5′DI）mRNA 的编码区中，三联码 UGA 位于近中间的位置（382～384 位）。如果把该 mRNA 的 3′端 UTR 去掉，则其翻译产物不含硒代半胱氨酸并且完全失去了活性。可见在 5′端脱碘酶 mRNA 中，其 3′端 UTR 能正确指导将硒代半胱氨酸掺入硒代蛋白质分子中。

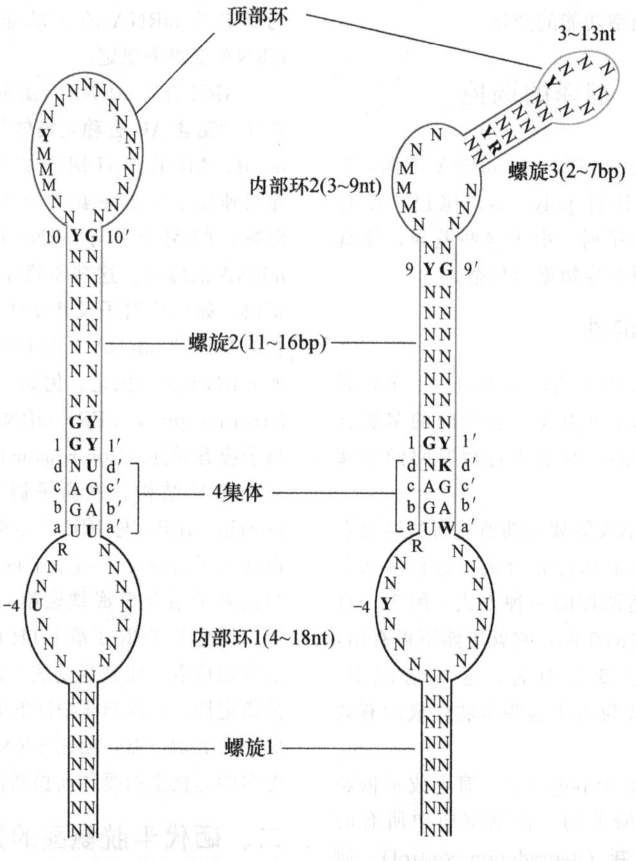

图 12.42　SECIS 元件是一个含硒蛋白质 mRNA 的 3′UTR 中的茎环结构。它与 SECIS 结合蛋白（SECIS binding protein，SBP2）结合，使终止密码 UGA 被读成硒代半胱氨酸。图中显示真核生物中两种类型的 SECIS 元件，第二种类型的 SECIS 元件较为普遍（引自 Chapple et al.，2009）

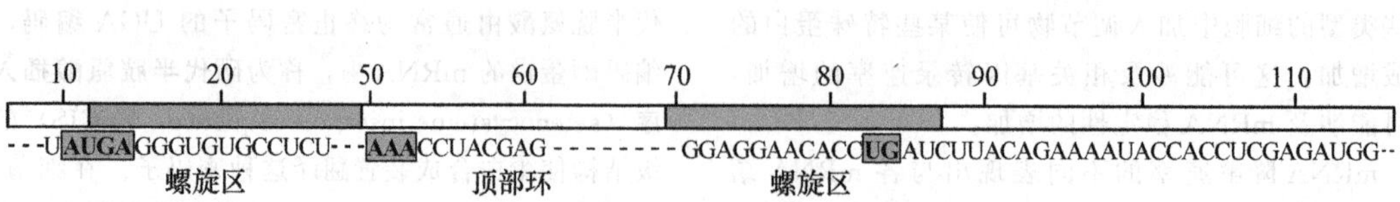

图 12.43　SECIS 元件一级结构中的保守序列

三、mRNA 的结构和翻译的效率

5′^{m7}G 帽结构是否存在和是否易于接近 eIF-4F 的程度对翻译效率有着明显的影响。起始密码子 AUG 的位置和其侧翼的序列对翻译的效率也有影响，这些因素主要是通过与调控蛋白、核糖体、RNA 等的亲和性改变影响起始复合物的形成，以致影响到翻译的效率。

5′端非翻译区的长度也会影响翻译的效率和起始的精确性，当此区长度为 17～80nt 时，体外翻译效率与其长度成正比，此区高级结构和高 GC 含量对翻译的起始都有妨碍。

5′端非翻译区的二级结构影响调控蛋白与帽结构的接近，阻碍 40S 前起始复合体的装配和在 mRNA 上的扫描，起负调控作用。但若二级结构位于 AUG 的近下游（最佳距离为 14nt），将会使移动的 40S 亚基停靠在 AUG 位点，增强起始反应。真核的系列翻译起始因子可使二级结构解链，使翻译复合体顺利通过原二级结构区，继续其肽链的延伸，而不会起阻碍作用。在这种情况下二级结构又起到了正调控的作用。

mRNA 3′端的 poly（A）不仅和 mRNA 穿越核膜的能力有关，而且影响到 mRNA 的稳定性和翻译效率。以组蛋白 mRNA 为例，它缺乏 poly（A）尾，其寿命也极短暂。有 ploy（A）的 mRNA 其翻译效率明显高于无 poly（A）的 mRNA，poly（A）长度和翻译效率有关。有人将 poly（A）比作翻译的计数器，随着翻译次数的增加，poly（A）在逐步缩短，也就是说，poly（A）越长，mRNA 作为模板使用的半衰期越长。poly（A）对翻译的促进作用是需要 poly（A）结合蛋白（PABP）的存在，PAPB 结合 poly（A）最短的长度为 12nt，当 poly（A）缺乏 PAPB 的结合时，mRNA 3′端的裸露易招致降解。PAPB 迁移到 AU 序列时，导致 poly（A）的暴露促进了 mRNA 的降解。

mRNA 的稳定性还受到细胞内一些化学因子如激素的影响。在蟾蜍（*Xenopus laevis*）中，卵黄蛋白原基因的转录可被雌性激素激活，而且雌性激素可以增强已经转录的卵黄蛋白原 mRNA 的稳定性。这些研究表明，对 mRNA 的降解调控也是整个表达调控中的一环。

四、翻译的起始调节

兔网织红细胞和大多数生物的网织红细胞一样是没有细胞核的，因此没有 DNA，而 mRNA 也早已加工好了，所以蛋白质的合成调节只能依赖于翻译水平，很多基因表达水平的资料就是从研究网织红细胞中获得的。血红素对珠蛋白合成的调控就是一例，这种调节是通过对翻译起始复合物的形成来控制的。

依赖 cAMP 的蛋白激酶（R_2C_2）是由调节亚基“R_2”和催化亚基“C_2”构成的，当它和 cAMP 结合则释放出自由的 C 亚基，成为活化的蛋白激酶，而血红素的存在对这一步反应是抑制的。游离的 C 亚基可催化无活性的**血红素控制的翻译阻遏物**（hemin-controlled translational repressor，HCR），又称 eIF-2 激酶，使其磷酸化而成有活性的 HCR，有活性的 HCR 又使 eIF-2 磷酸化而失去活性。血红素抑制这一系列反应就可使 eIF-2 不被磷酸化，保持活性状态，与细胞中的起始 tRNA 及 **eIF-2 激发蛋白**（eIF-2-stimulating protein，ESP）形成翻译起始复合物，开始合成珠蛋白。因此缺乏血红素时，珠蛋白也不能合成（图 12.44）。

五、选择性翻译

在原核生物中常通过操纵子来控制合成的相关蛋白浓度比，而在真核生物中不存在操纵子，所以就要采用别的方式，选择性翻译就是其中一例，如 α-和 β-珠蛋白的合成。众所周知，珠蛋白是由 2 条 α 链和 2 条 β 链组成的，但在二倍体细胞中却有 4 个 α-珠蛋白基因和 2 个 β-珠蛋白基因，如果它们相同水平转录和翻译的话，它们产物之间的浓度比应是 α∶β=2∶1，而实际上是 1∶1，那么怎样使它们的产物达到平衡呢？人们进行了以下的体外实验：在无细胞系统中加入等量的 α mRNA 和 β mRNA 以及少量的起始因子，结果合成的 α-珠蛋白仅占 3%，说明 β mRNA 和起始因子的亲和性远大于 α mRNA。当加入过量的起始因子时 α-珠蛋白和 β-珠蛋白之比为 1.4∶1，接近 1∶1，表明在翻译水平上存在的差异是和翻译起始因子的亲和性有关，这是由于 mRNA 本身的二级结构和高级结构所致。

六、3′端 UTR 对翻译的调控

在某些 mRNA 的 3′端 UTR 可以抑制翻译。调控的形式为某些基因 mRNA 的 3′端 UTR 内的负调控元件可与阻遏物结合，从而抑制翻译。例如，线虫（*C. elegan*）的 *fem-3* mRNA 中的同向重复序列及果蝇 *hunchback* mRNA 中 32bp 的 Nanos 应答元件

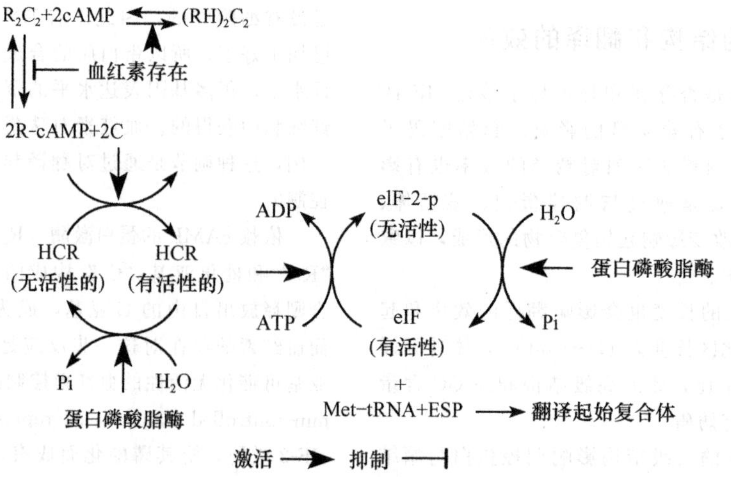

图 12.44　血红素对网织红细胞中蛋白质合成的调节

HCR，控制血红素阻遏物（hemin-control repressor）；ESP，eIF-2 刺激蛋白（eIF-2-stimulation protein）

（nanos response element，NRE）都可介导翻译沉默的现象。但也有一些真核生物 mRNA 3′端 UTR 具有激活翻译的正调控作用。例如，线粒体 ATP 合成酶 β 亚基 mRNA 的 3′端 UTR 内含有 150bp 高度保守的富含 AU 的序列，这段保守序列和内部核糖体进入位点（internal ribosome entry site，IRES）的作用方式相似，起到**翻译增强活性**（translation-enhancing activity，TEA）的作用。所谓 IRES 就是 Kozak 序列，它可供核糖体识别，并与其邻接的起始密码子结合。研究表明，这段保守序列的 TEA 作用与其在 mRNA 中的位置无关，无论将它插在报告基因的5′端或3′端都可显著增加报告基因的表达量。

七、移框

在原核生物的翻译调控中存在着移框，这种移框常和 tRNA 有关（见第十章）；在真核生物中也存在翻译的移框调控，但与原核生物不同的是这种调节要依赖于特定的蛋白质。例如，在哺乳动物中鸟氨酸脱羧酶抗酶的“＋1”移框的翻译调控要依赖一定浓度的抗酶。

鸟氨酸脱羧酶抗酶（ornithine decarboxylase antizyme，OAZ）简称为**抗酶**（antizyme），是第一个被确定具有抑制鸟氨酸脱羧酶（ODC）活性的负调控蛋白。OAZ 可以连接到 ODC 蛋白上，抑制其催化活性，并促使 26S 蛋白酶降解 ODC。抗酶的生物合成可被高浓度的多胺（polyamine）诱导，而 ODC 又是催化多胺生物合成的关键酶，这样形成了一个反馈调控环。多胺通过诱导 OAZ 蛋白的生成，又反过来抑制多胺在细胞内的浓度，使细胞在一个稳定的多胺水平中进行正常的生长分化。

OAZ 转录物具有 ORF1 和 ORF2 两个可读框。OAZ 蛋白其实是一个由短的、非保守的 ORF1 产物和高度保守的 ORF2 产物的嵌合。在大鼠中克隆了抗酶基因，结果显示抗酶蛋白 ORF2 中不含有翻译的起始密码子，取而代之的是和上游 ORF1 部分重叠，重叠在 ORF1 的 3′端终止密码子处，通常序列为 UGCUCC UGA UGCC（196～208）。在终止密码子的左侧为“UCC-U”，使 OAZ 可在重叠处以“＋1”移框方式进行翻译（图 12.45），结果产生了完全功能的抗酶蛋白。在抗酶 mRNA 上的翻译移框是抗酶调节环的一个关键组分，它充当了传感器的作用。

当细胞内多胺浓度较低时，核糖体移至 ORF 1 的 3′端终止密码子 UGA 处，翻译终止，仅合成含 68 个氨基酸残基的多肽链，无结合 ODC 酶的活性。当细胞内多胺浓度较高时，核糖体移动到 ORF 1 的 3′端终止密码子处时，发生向前“＋1”移框，核糖体跃过了一个碱基“U”，而结合到“UAG”上，以 ORF 2 为模板继续进行翻译，合成含 228 个氨基酸残基的、具有完全功能的完整抗酶。

八、翻译的自我调节

在真核生物中也存在蛋白质合成的自我调节。例如，微管蛋白是构成纺锤体的主要成分，而秋水仙素和长春花碱都能抑制维管蛋白的多聚化，从而使细胞中游离的微管蛋白浓度增加。若在组织培养

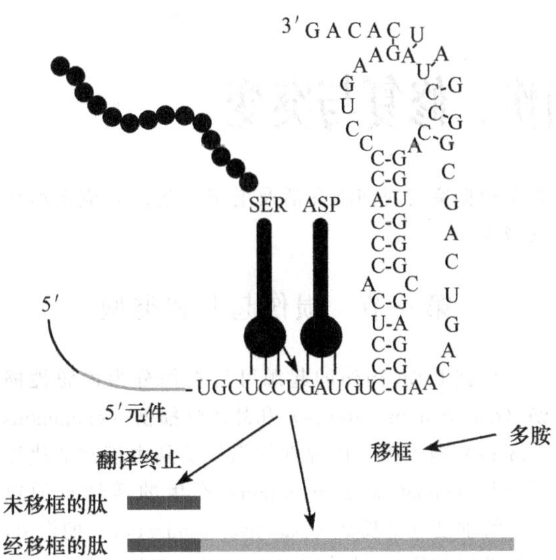

图 12.45　在哺乳动物抗酶表达的自主调控中存在"+1"移框的现象（引自 Ivanov et al.，2000）

细胞中加入秋水仙素或长春花碱则会使微管蛋白的 mRNA 消失，如果用微量注射器将微管蛋白注入哺乳动物细胞中，那么就会抑制微管蛋白的进一步合成，可能是过量的微管蛋白结合于核糖体的新生蛋白或 mRNA 上，阻止翻译，导致 mRNA 的降解所致。

习　题

1. 真核生物的基因调控有什么特点？

2. 为什么真核生物中没有发现操纵子这一调控形式？

3. 真核生物的基因簇也是连锁在一起的，它和原核生物的操纵子有何不同？

4. 什么是 DNA 的扩增？在真核生物中 DNA 扩增有几种形式？

5. 异染色质化的本质是什么？怎样用实验来证实？

6. 什么是 DNA 的重排？试举例说明真核生物中重排对基因表达的调控作用。

7. 真核生物在选择性加工时有几种调控途径？

8. 举例说明在真核生物中反义 RNA 的调控。

9. 什么叫做座位控制区？它有什么作用？

10. 什么叫做限定子（delimiter）或绝缘子（insulator）？它有什么功能？

11. 什么叫做核基质结合区？在调节中起什么作用？

12. 组蛋白和非组蛋白在真核生物基因表达调节中各起什么作用？

13. 什么是 DNase 敏感位点、超敏感位点？它与染色质结构有什么关系？

14. 顺式作用元件有哪些类型？

15. 反式作用因子和顺式作用元件的结合有哪几种结构模式？

16. mRNA 的稳定性和表达调控有什么关系？

17. 酵母半乳糖代谢调控和原核生物 Gal 操纵子中的调控形式有何不同？

18. 在真核生物和原核生物的翻译调控中都存在着移框调控，二者有何不同？试举例说明。

第十三章 DNA损伤、修复与突变

DNA 损伤（DNA damage）是指由细胞内的代谢产物或环境中的辐射或化学药物等引起的 DNA 物理结构的改变。

小的 DNA 损伤通常可通过 DNA 的修复加以纠正，而程度广泛的损伤可引起细胞的凋亡。

在不分裂或慢分裂细胞中，DNA 损伤可看成是一种特殊问题，未修复的损伤将会趋向于积累。但在迅速分裂的细胞中，将不会因阻断复制杀死细胞，而是倾向于错误复制，产生突变。

DNA 修复（DNA repair）是指所有的细胞识别 DNA 损伤并将其恢复为正常的 DNA 分子的过程。所有的细胞都具有特定的 DNA 修复酶系统，以确保遗传信息的正常传递。编码这些酶的基因的突变可能影响修复过程，并引起基因组一连串的不可修复的突变而导致细胞癌变。

基因突变（gene mutation）是由于辐射、病毒感染、转座以及化学诱变剂的作用而导致的细胞基因组中 DNA 序列的改变，并可稳定地遗传。

DNA 损伤和突变是 DNA 中两类主要的错误，二者之间既密切相关，也有明显的区别。DNA 损伤在复制或修复时常导致 DNA 发生碱基转换，从而改变了遗传信息，所以 DNA 损伤是造成突变的主要起因。有些因素既可引起 DNA 的损伤，也可导致突变。例如，X 射线既可使染色体发生断裂，也可使基因发生突变。很多基因的化学诱变剂也同时会造成 DNA 的损伤。

DNA 损伤和突变也具有本质上的不同。损伤是 DNA 物理结构的改变，如单链或双链断裂等。DNA 损伤可以通过酶来识别和修复。未损伤的互补 DNA 链或同源染色体都可以为修复提供模版。如果一个细胞保留了 DNA 损伤，则相关的基因不能转录，蛋白质的合成也将中断；复制也会被阻断，最终可能导致细胞的死亡。

与 DNA 损伤相比，突变是 DNA 序列的改变。突变一般不会被酶识别，一旦 DNA 链中存在碱基的改变，将不能被修复。在细胞水平上看，突变是导致蛋白质结构和功能的改变。在细胞分裂时，突变也将被复制。在细胞的群体中，突变细胞的频率将会根据突变对细胞存活及增殖所起的效应而增加或减少。

第一节 损伤起源和类型

根据 DNA 损伤的起源可将损伤分为**内源性损伤**（endogenous damage）和**外源性损伤**（exogenous damage）两大类。内源性损伤指受到由正常的代谢副产品（spontaneous mutation）产生的活性氧的攻击，特别是氧化脱氨（oxidative deamination）的作用；外源性损伤是由环境中存在的一些因素引起的。

一、内源性损伤

内源性损伤常包括碱基的水解、碱基的氧化、碱基的烷化和巨大加合物的形成（bulky adduct formation）等。内源性 DNA 损伤的共同特点是最终导致碱基对的转换而发生基因突变。引起 DNA 物理结构变化的情况并不多。

（一）碱基的水解

碱基的水解（hydrolysis of base）这类化学损伤最为常见的是脱嘌呤、脱嘧啶和脱氨基作用。

1. 脱嘌呤和脱嘧啶

在**脱嘌呤**（depurination）和**脱嘧啶**（depyrimidination）时，脱氧核糖和嘌呤或嘧啶之间的糖苷键断裂，碱基从 DNA 磷酸骨架上被切下来（图 13.1）。

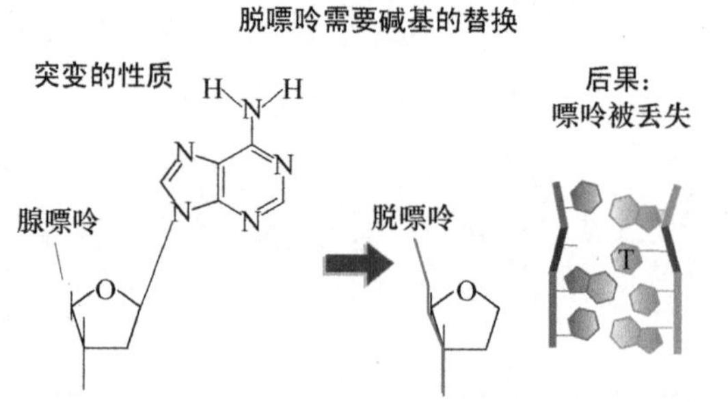

图 13.1 脱嘌呤作用去除了 DNA 中的碱基，阻碍复制和转录（引自 Lewin，2004）

在哺乳动物基因组中，由于脱嘌呤和脱嘧啶作用，每天每个细胞约失去 10^4 个嘌呤残基和 200 个嘧啶残基。在培养的哺乳动物细胞增殖期，有数以千计的嘌呤通过脱嘌呤作用而被失去，若这种损伤得不到修复的话，在 DNA 复制时，就没有碱基与之特异互补配对，而是随机地插入一个碱基，这样很可能产生一个与原来不同的碱基对，结果导致突变。

2. 脱氨基

脱氨基（deamination）作用是在一个碱基上除掉氨基。例如，在胞嘧啶上有一个易受影响的氨基，脱去这个氨基后产生了尿嘧啶（U）[图 13.2（a)]。在 DNA 中"U"并不是一个正常的碱基，修复系统就要除去大部分由 C 脱氨而产生的 U，使序列中发生的突变减少到最小程度。然而，如果 U 不被修复的话，在 DNA 复制中它将和 A 配对，结果使原来的 C：G 对转变成 T：A 对，产生了碱基转换。后面我们将要谈到亚硝酸的脱氨作用是另一个脱氨引起突变的例子。

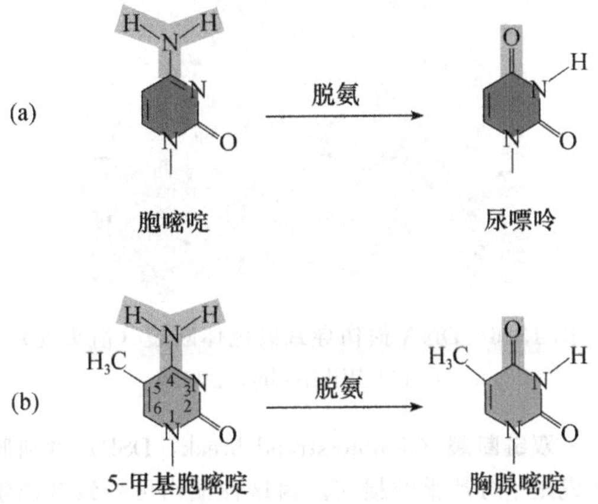

图 13.2 (a) 脱氨基作用：^{5m}C 脱氨产生胸腺嘧啶；(b) 胞嘧啶脱氨产生尿嘧啶（引自 Griffiths et al.，1999)

原核生物和真核生物的 DNA 含有相对少量的修饰碱基——5-甲基胞嘧啶（^{5m}C)，^{5m}C 去除一个氨基后产生了胸腺嘧啶［图 13.2（b)]。由于 T 是 DNA 中正常的核苷，所以没有一种修复机制能觉察和校正这种突变。基因组中 ^{5m}C 的位点常常被作为**突变热点**（mutational hot spot)，即在此位点发生突变的频率要比别处高得多。

（二）氧化损伤

细胞中有活性的氧化剂，如过氧化物原子团（O_2^-)、过氧化氢（H_2O_2）和羟基（—OH）等需氧代谢的副产物，可导致 DNA 的**氧化损伤**（oxidatively damaged)、突变和人类的疾病。胸苷氧化后产生胸苷乙二醇，鸟苷氧化后产生 8-*O*-7,8-二氢脱氧鸟嘌呤［8-*O*-鸟嘌呤（8-*O*-G）或"GO"]（图 13.3)。GO 可和 A 错配，导致 G 替换为 T［图 13.4（a)]。

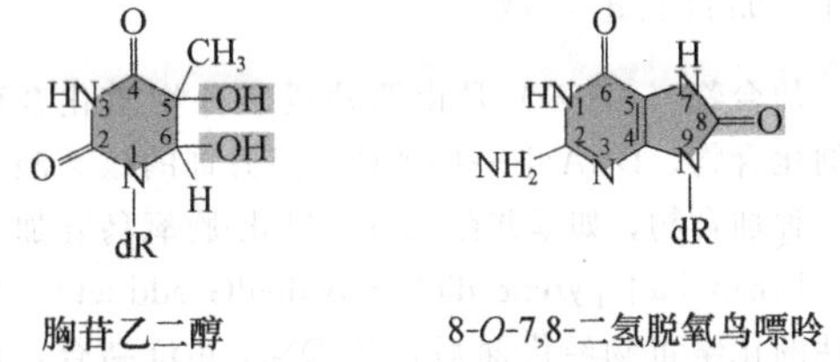

图 13.3 氧化作用产生的损伤碱基（引自 Griffiths et al.，1999)

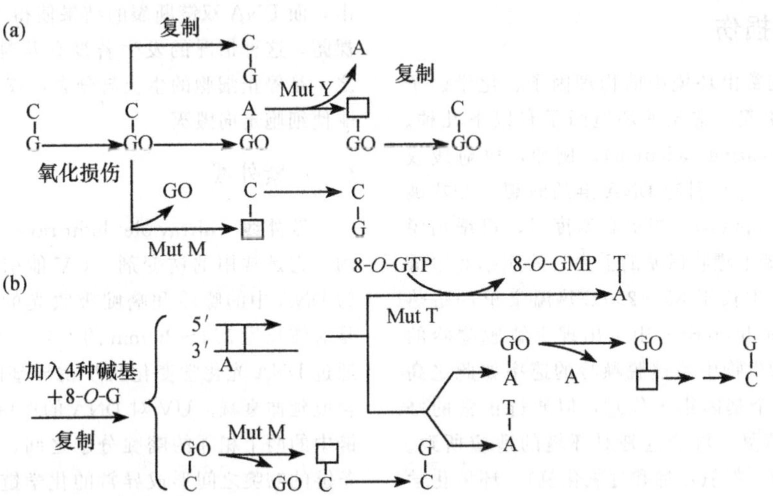

图 13.4 氧化作用损伤及 8-*O*-鸟嘌呤（8-*O*-G）GO 修复系统

（三）碱基的烷化

碱基的烷化（alkylation）通常是甲基化（methylation），如形成1-甲基鸟嘌呤、7-甲基鸟嘌呤（*N*-7-methylguanine）和6-*O*-甲基鸟嘌呤（*O*-6-methylguanine）（图13.5）。碱基的烷化可导致碱基的转换，产生点突变。环境中的一些烷化剂也会引起碱基的烷化。

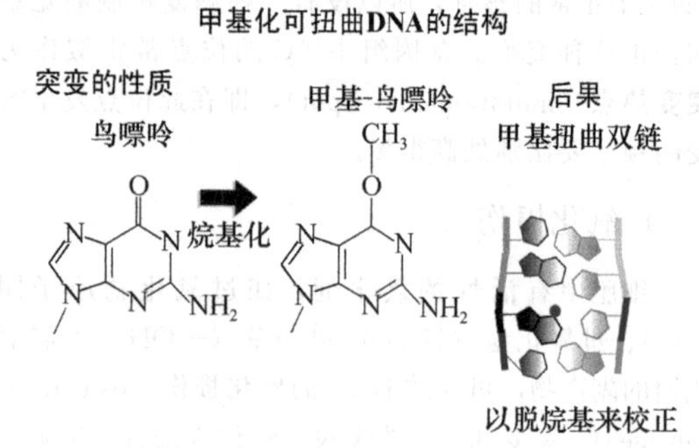

图13.5　碱基的甲基化可扭曲双螺旋并导致复制时的错配（引自Lewin，2004）

（四）加合物的形成

加合物（adduct）是由两种或多种物质化合而成的化合物。DNA中一些结构上经修饰的核苷酸也是一种加合物，如苯并芘二醇环氧化-脱氧鸟苷加合物（benzo [a] pyrene diol epoxide-dG adduct）。外源性的化学毒物经代谢后也与DNA共价结合，形成DNA加合物。DNA上加合物的存在阻遏了正常的复制和转录，如得不到修复将会导致基因的突变。

二、外源性损伤

外源性损伤常由环境中的物理因子、化学因子和生物因子所引起。常见的环境因子有以下几种。①电离辐射（ionizing radiation）。例如，放射线或宇宙线（cosmic ray）引起DNA链的断裂。②热破坏（thermal disruption）。当提高温度时，可增加脱嘌呤（DNA骨架上嘌呤碱基的丢失）的速率和单链断裂。例如，在生长于85～250℃热温泉里的嗜热菌（thermophilic bacteria）中可出现水解脱嘌呤的现象。在这些微生物中虽然脱嘌呤的速率如此之高[300个嘌呤/（个基因组·代）]，但通过正常的修复机制也可被修复，可能这是对环境的适应所致。③工业化学物质（如氯乙烯和过氧化氢）、环境化学物质（如烟中的多环烃、煤烟和沥青产生的各种DNA加合物；被氧化的碱基、被烷基化的磷酸三酯）等。④黄曲霉素（AFB1）结合产生的化学附加物。⑤病毒感染能够引起宿主细胞的DNA损伤应答。下面着重介绍放射线、紫外线和化学诱变剂这几种因素所引起的DNA损伤。

（一）放射线

电磁波谱中比可见光的波长短一些的部分（少于1μm）构成了非离子射线和离子射线，前者如紫外线，后者包括X射线、γ射线及宇宙射线。沿着每个高能射线的轨迹能发现一串离子，它们可启动很多的化学反应，其中包括突变。电离射线可诱导基因突变和染色体的断裂（图13.6）。

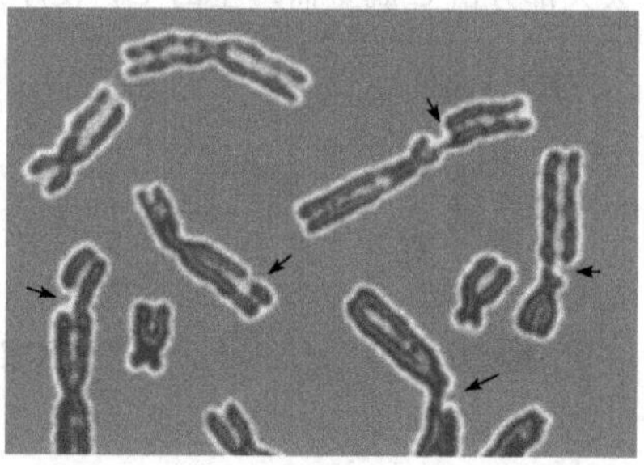

图13.6　DNA损伤导致染色体断裂（箭头处）（引自Wikipedia，2009）

双链断裂（double-strand break，DSB）对细胞来说是十分严重的损伤。因这种损伤可导致基因组的重排（genome rearrangement），所以对细胞而言也是最致命的。DNA单链的损伤在组蛋白的保护下，或许可以逃过更进一步的损害与化学物质的攻击，而DNA双链断裂的结果使得DNA的末端直接裸露，这种情况的发生若没有及时的修复，其后果之一是停止细胞的生长与分裂，或者启动细胞凋亡，驱使细胞走向毁灭。

（二）紫外线

紫外线（ultraviolet light ray，UV）是非电离化的，它是常用的诱变剂。UV能引起突变，这是因为DNA中的嘌呤和嘧啶吸收光的能力很强，特别是对波长为254～260nm的UV。这种波长的UV能通过DNA光化学变化初步诱导基因突变，使DNA合成延伸衰减。UV对DNA的作用之一是在同一条链中的两个相邻的嘧啶分子之间，或在双螺旋的两条链的嘧啶之间形成异常的化学链，形成**嘧啶二聚体**（pyrimidine dimer，PD）。大部分为DNA的两个相邻的T被诱导形成共价链，产生了胸苷二聚体（图13.7），常以$\widehat{TT}$表示。若嘧啶二聚体未能修复，将阻碍DNA的正常复制和转录，导致突变发生，在哺乳动物中可诱发皮肤癌。

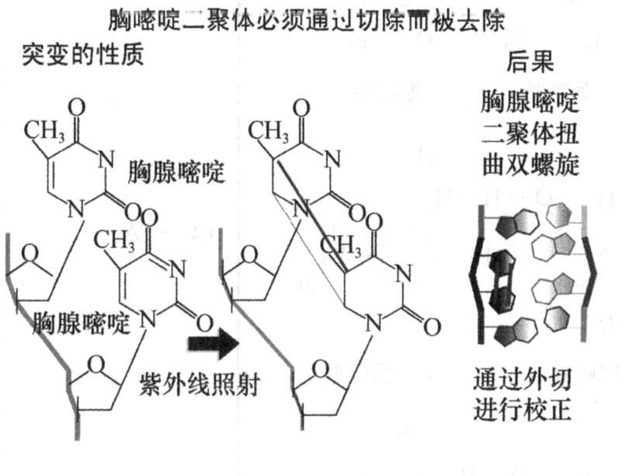

图13.7 紫外线照射导致两个相邻的胸腺嘧啶之间形成二聚体，它阻断复制和转录（引自Lewin，2004）

（三）化学诱变剂

1. 碱基类似物

1）5-溴尿嘧啶

5-溴尿嘧啶（5-bromouracil，5-BU）和T很相似，仅在第5个碳原子上由溴（Br）取代了T的甲基。5-BU有两种异构体，一种是酮式，另一种是烯醇式，它们可分别与A及G配对，这样在DNA复制中一旦掺入5-BU就会引起碱基的转换而产生突变（图13.8）。

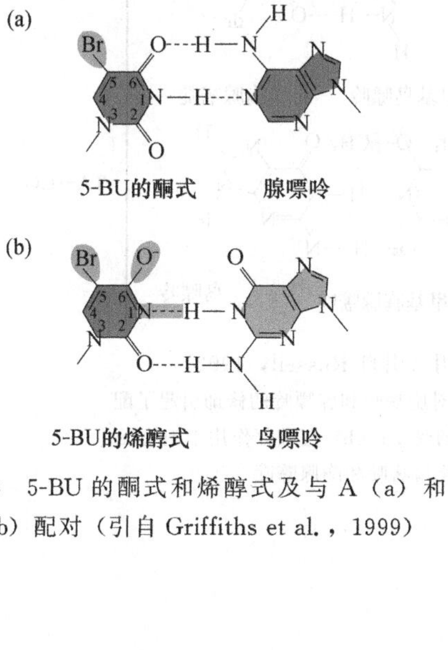

图13.8 5-BU的酮式和烯醇式及与A（a）和G（b）配对（引自Griffiths et al.，1999）

2）2-氨基嘌呤

2-氨基嘌呤（2-aminopurine，2-AP）也是碱基的类似物，它也有两种异构体，一种是正常状态，另一种是稀有状态，以亚胺的形式存在。它们可分别与DNA中正常的T和C配对结合（图13.9、图13.10）。DNA复制过程中当2-AP掺入时，由于其异构体的变换导致A：T→C：G或G：C→A：T，其机制与5-BU相似。

图13.9 BU的酮式和烯醇式分别与A、G配对

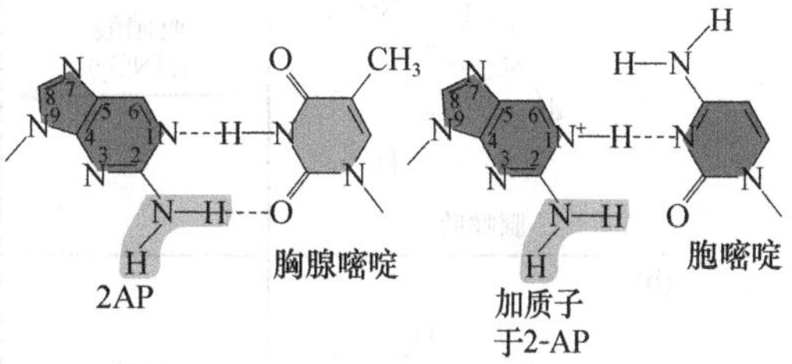

图13.10 2-AP的两种异构体的形式及与T、C的结合（引自Griffiths et al.，1999）

2. 碱基的修饰剂

有的诱变剂并不掺入到DNA中，而是通过直接修饰碱基的化学结构，改变其性质导致诱变，如亚硝酸、羟胺、烷化剂等（图13.11）。碱基修饰剂的作用最终导致基因组中碱基的转换，产生点突变。

1）亚硝酸

亚硝酸（nitrous acid，NA）具有氧化脱氨的作用，可使G第2个碳原子上的氨脱去，产生黄嘌呤（xanthine，X），次黄嘌呤（H）仍和C配对，故不产生转换突变。但C和A脱氨后分别产生U和次黄嘌呤H，产生了转换［图13.12（a）、图8.12（b）］，使C：G转换成A：T，A：T转换成G：C。

2）羟胺

另一种碱基修饰剂是羟胺（HA），它只特异地和胞嘧啶起反应，在第4个C原子上加上—OH，产生4—OH—C，此产物可以和A配对（图13.13），使C：G转换成T：A。

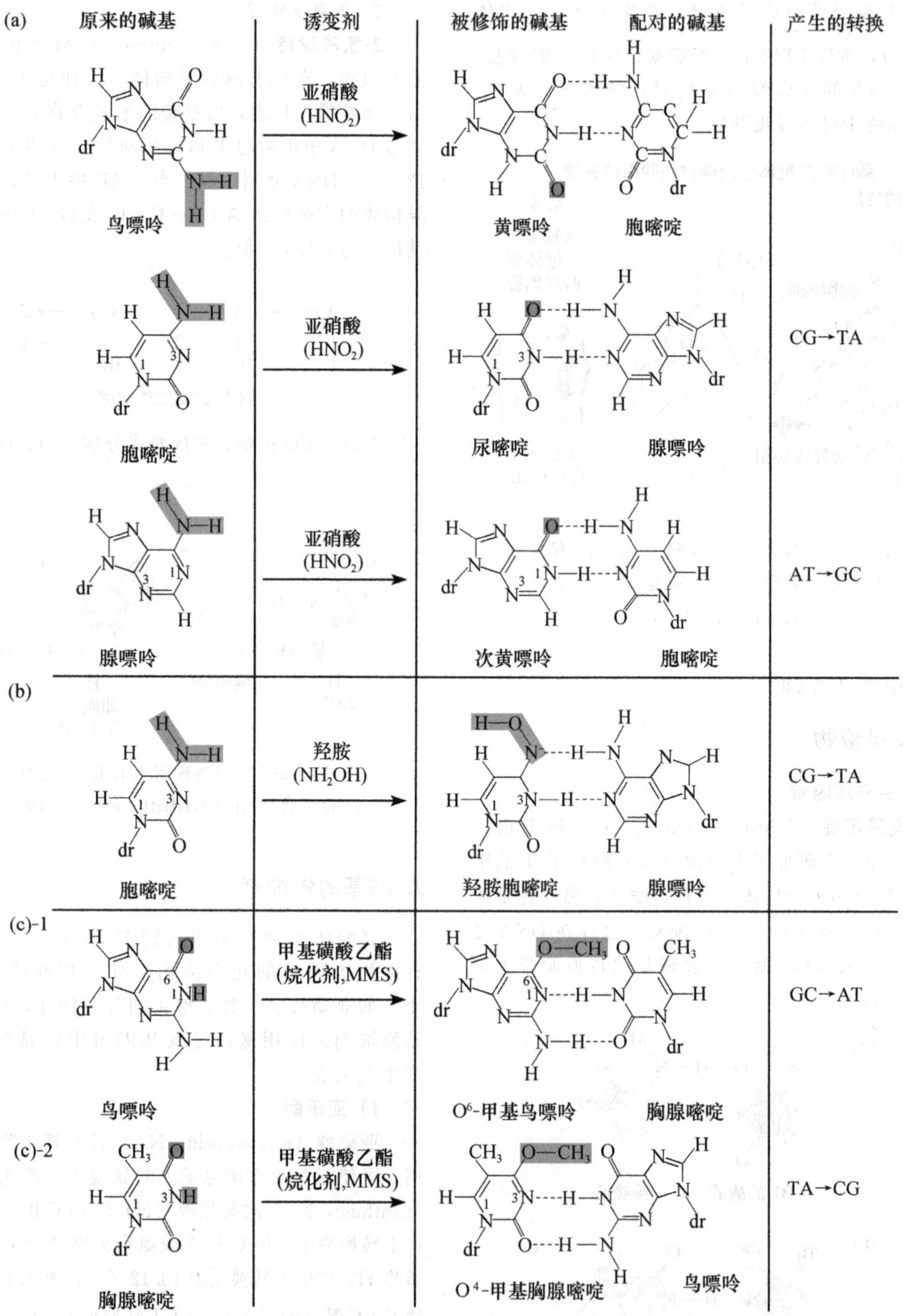

图 13.11　三种碱基修饰剂的作用（引自 Russell，1992）

（a）亚硝酸修饰鸟嘌呤、胞嘧啶和腺嘌呤。对胞嘧啶和腺嘌呤的修饰引起了配对的改变，而对鸟嘌呤的修饰并未引起配对的改变；（b）羟胺仅作用于胞嘧啶；（c）MMS 是一种烷化剂，烷化鸟嘧啶和胸腺嘧啶

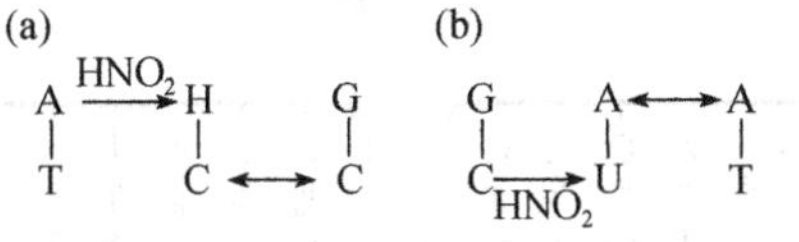

图 13.12　亚硝酸的氧化脱氨的作用

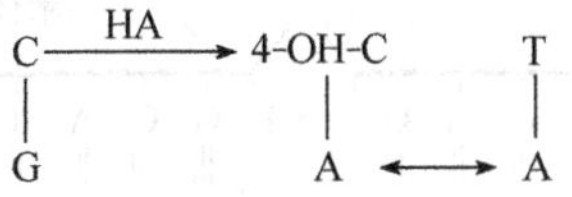

图 13.13　羟胺的修饰作用

3）烷化剂

甲基黄酸乙酯（EMS）、氮芥（NM）、甲基黄酸甲酯（MMS）和亚硝基胍（NG）等都属于烷化剂，它们的作用是使碱基烷基化。EMS使G的第6位烷化，使T的第4位烷化，结果产生的*O*-6-E-G和*O*-4-E-T分别与T、G配对，导致原来的G∶C对转换成A∶T对，T∶A对转换成C∶G（图13.14）。

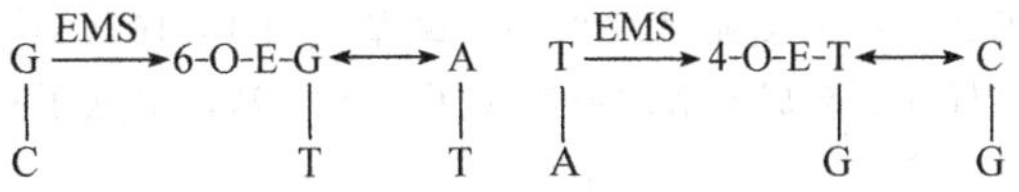

图 13.14　烷化剂导致碱基的转换

3. DNA插入突变剂

插入突变剂（intercalating mutagen）包括原黄素（proflavin）、吖啶橙（acridine orange）及ICR的复合物（图13.15）等。它们的化学结构都是扁平的分子，易于在DNA复制时插入到DNA双螺旋双链或单链的两个相邻的碱基之间，起到插入诱变的作用。若插入剂插在DNA模板链两个相邻碱基中，合成时新合成链必须要有一个碱基插在插入剂相对的位置上，以填补空缺。这个碱基不存在配对的问题，所以是随机插入的。新合成链上一旦插入了一个碱基，那么下一轮复制必然会增加一个碱基［图13.16（a）］。如果在合成新链时插入了一个分子的插入剂取代了相应的碱基，而在下一轮合成前此插入剂又丢失的话，

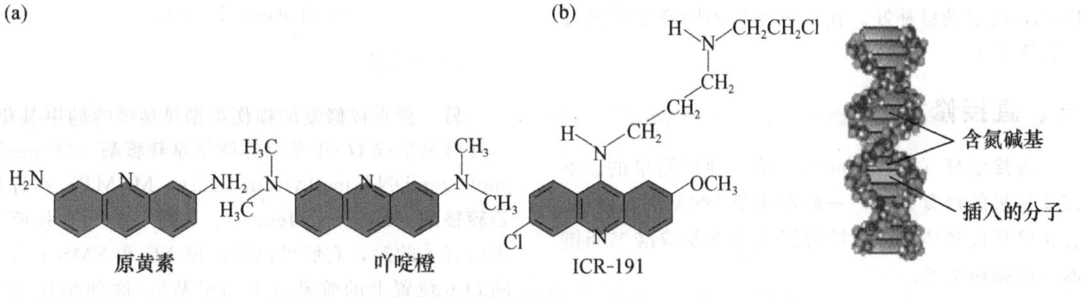

图 13.15　插入突变剂（引自Griffiths et al.，1999）

（a）普通插入剂原黄素、吖啶橙和ICR-191；（b）一个插入剂分子滑入堆积在DNA分子中间的两个含氮碱基之间，可能导致单个碱基对的插入或缺失

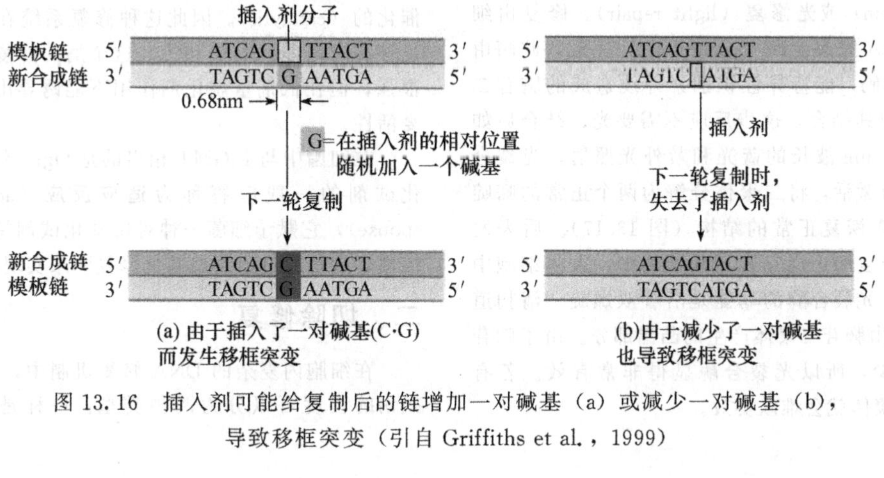

图 13.16　插入剂可能给复制后的链增加一对碱基（a）或减少一对碱基（b），导致移框突变（引自Griffiths et al.，1999）

那么下一轮复制将减少一个碱基［图 13.16（b）］，这样使新合成链增加或减少了一个碱基，引起了移框突变。

第二节　DNA 损伤的修复机制

既然存在着各种内源性和外源性的 DNA 损伤，细胞将如何应对？一种是消极的容忍，其结果是细胞的基因组受到一定程度破坏，使细胞无法维持正常生命活动而死亡，这是不符合生物的适应和进化规律的；另一种是积极的修复，以确保基因组的完整和正常，不仅可指令生命活动的正常运行，而且可不断地传递给子细胞。实际上无论是简单的原核生物还是复杂的真核生物，都具有不同的 DNA 修复机制，这是长期进化的结果。

原核和真核生物对于 DNA 的损伤都有很多的修复系统，所有这些系统都是通过酶来进行修复的。其中有的系统是直接改变 DNA 损伤；而另一些则是先切除损伤，产生单链的裂缺，然后再合成新的 DNA，将裂缺修补好。我们可以将不同修复途径分为以下几类。

一、直接修复

直接修复（direct repair）是一种较简单的、不需要模板的修复方式，一般都能使 DNA 恢复原貌。直接修复机制是特异地针对那些不涉及磷酸二酯键断裂的损伤类型。

（一）光复活

光复活反应是最早发现的由 UV 诱发的胸苷二聚体的修复方式。这种修复系统叫做**光复活**（photoreactivation）或**光修复**（light repair）。修复由细菌中的 DNA **光裂合酶**（photolyase）完成，此酶由 *phr* 基因编码，能特异性识别紫外线造成的胸苷二聚体，并与其结合，这步反应不需要光；结合后如受 300～500nm 波长的蓝光和紫外光照射，光裂合酶被光子所激活，将二聚体分解为两个正常的嘧啶单体，DNA 恢复正常的结构（图 13.17）。后来发现类似的修复酶广泛存在于动植物中，人体细胞中也有发现。光裂合酶的功能是沿着双螺旋“清扫道路”，寻找由胸苷二聚体产生的凸出部分。由于胸苷二聚体很少，所以光裂合酶显得非常有效。若有 4～6 个二聚体就会难以奏效。

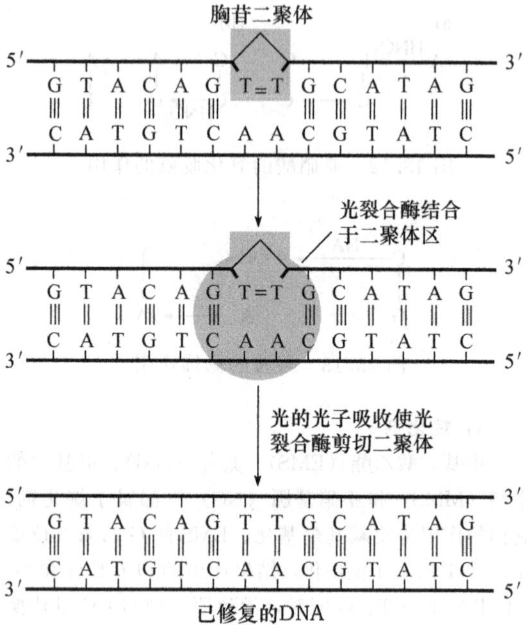

图 13.17　通过光复活修复胸苷二聚体

（引自 Russell，1992）

（二）烷基转移

另一种直接修复的损伤类型是鸟嘌呤的甲基化，这种修复依赖 ***O*⁶-甲基鸟嘌呤甲基转移酶**（O^6-methylguanine-DNA methyltransferase，MGMT）或称**烷基转移酶**（alkyltransferase）。这是一种和直接修复损伤有关的酶，它们可以切除掉 NG 和 EMS 加鸟苷的 *O*-6 位置上的烷基（常为甲基）。这种酶还可以将 *O*-6 上的甲基转移到蛋白质的半胱氨酸残基上而修复损伤的 DNA。这是一种昂贵的过程，因每一个 MGMT 分子仅能用一次，当转移后，酶就失去了活性，即是化学计量的（stoichiometric），而不是催化的（catalytic）。因此这种修复系统在烷基水平足够高时是能达到饱和的。这个酶的修复能力并不很强，但在低剂量烷化剂作用下能诱导出此酶的修复活性。

在细菌中与 MGMT 相当的是 Ogt。细菌对甲基化试剂的一般应答称为**适应反应**（adaptive response），它赋予细菌一种对烷基化试剂持续作用的抗性，这是通过上调烷基化修复酶来实现的。

二、切除修复

在细胞内复杂的 DNA 修复机制中，根据 DNA 损伤的程度可以分为两种类型：一种是**单链损伤**

(single strand damage)，另一种是DNA**双链断裂**(double-strand break)。DNA单链断裂是单链损伤中常见的损伤，如果仅是一个磷酸二酯键的断裂可由DNA连接酶直接修复。此酶在各类生物的各种细胞中都普遍存在，修复反应容易进行。

大部分的单链损伤需要切除修复来解决。当双螺旋的两条链中仅一条链有损伤时，另一条链可用作模板来指导损伤链的修复。为了修复两条配对的DNA分子中一条链上的损伤，有很多的切除修复机制来去除损伤的核苷酸，并用一个与未损伤DNA链互补的正常核苷酸来取代。这种修复过程称为**切除修复**(excision-repair)。

（一）一般切除修复

一般切除修复是生物体普遍采用的修复途径。这种修复的特点是：①损伤仅涉及一条DNA链上的个别碱基，但损伤明显，易于识别；②一般需要切开磷酸二酯键，无需剪切糖苷键；③修复的过程比较简单、快速。

一般切除修复常指的是紫外线损伤修复(Uvr)系统参与的修复，它也可修复UV诱发的胸苷二聚体。由于这种修复过程并不依赖于光的存在，故又称为**暗修复**(dark repair)。

此修复机制是1964年由P. Howard-Flander、R. P. Boyce及R. Setlow、W. Carrier两个组同时发现的。他们分离到某些对UV敏感的*E. coli*突变株，经UV照射后，在暗处具有比正常情况下高得多的诱发突变率。这些突变体是*uvr*(Uv/repair) A^-突变体。*uvr* A^-突变体只有在光照时才能修复二聚体，表明它们缺乏暗修复系统。因此野生型的生物在暗处能修复二聚体，野生型的结构以*uvr* A^+来表示。

*E. coli*中的切除修复系统不仅能修复嘧啶二聚体，也能修复DNA双螺旋的其他损伤。图13.18表示这个系统的修复机制为"先切后补"。这个双螺旋的结构变形可被Uvr系统所识别，如图13.19所示。首先是UvrAB组合在一起识别嘧啶二聚体和其他大的损伤；然后UvrA解离(需ATP)，而UvrC和UvrB结合，UvrBC复合体在损伤位点的两侧剪切，在损伤位点5′端相距7nt、3′端相距3～4nt处剪切，此过程也需ATP。UvrD是一种解旋酶，它可以帮助DNA解旋，让两个缺口间的单链片段(包含损伤位点)释放出来。大肠杆菌中的一些酶也能在体外切除嘧啶二聚体，包括具有5′→3′外切核酸酶活性的DNA聚合酶Ⅰ和单链特异的外切核酸酶Ⅶ。在这些切除中，任何一个相关基因发生突变，*E. coli*都会失去切除嘧啶二聚体的能力。DNA聚合酶Ⅰ似乎在体内担任最主要的切除任务。

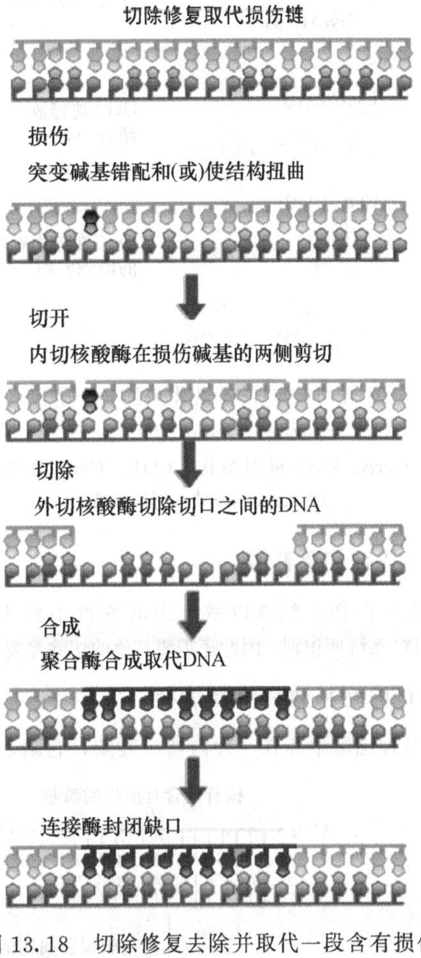

图13.18　切除修复去除并取代一段含有损伤碱基的DNA(引自Lewin，2004)

被切除的DNA片段平均长12nt，这种模型称为**短补丁修复**(short-patch repair)，在这个修复合成中涉及的酶可能也是DNA聚合酶Ⅰ。

短补丁修复可解决99%的切除修复，余下的1%和DNA延伸取代有关，长度可达1500nt左右，甚至可延伸到9kb以上，即**长补丁修复**(long-patch repair)。这种模型也需要*uur*基因和DNA聚合酶Ⅰ。

此修复系统可切除很多类型的损伤，包括UV产生的产物、黄曲霉素(AFB1)结合产生的化学附加物及苯并嘧啶的环氧化物等引起的损伤。

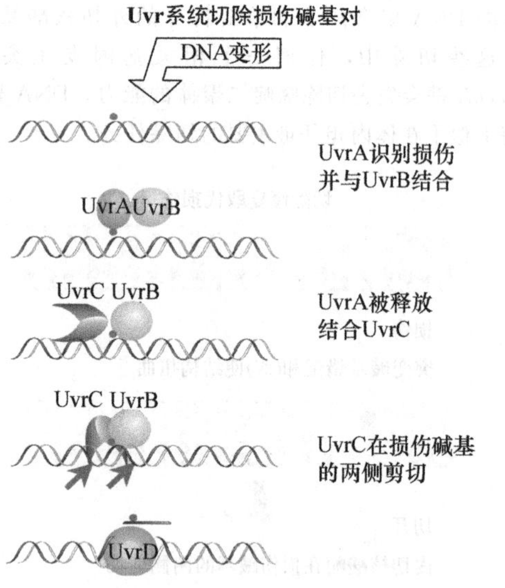

图 13.19　Uvr 系统作用的各个阶段
（引自 Lewin，2004）
UvrA、UvrB 识别损伤，UvrB、UvrC 剪切 DNA，UvrD 使标记区解旋

（二）特殊切除修复

有些损伤太细微以致产生的变形小到不能被 UvrABC 系统所识别，因此还需要其他的切除修复途径。

1. AP 内切核酸酶修复途径

各种细胞中都有一种内切核酸酶，它附着在自发丢失了单个嘌呤或嘧啶的位点上，这个无嘌呤（apurinic）和无嘧啶（apyrimidinic）位点就称为 **AP 位点**（AP site）。AP 内切核酸酶是细胞所必需的，因为自发脱嘌呤作用经常发生，这种酶可以通过剪切 AP 位点上的磷酸二酯键使链断裂。这是起始切除-修复，由切除酶、DNA 聚合酶Ⅰ和连接酶进一步进行修复。

由于 AP 内切核酸酶修复途径的功效，它可能是其他修复途径最后的一步。这样如果损伤的碱基对能被切除的话，那么就留下一个 AP 位点，AP 内切核酸酶就能使损伤完全得到修复。

2. 碱基的切除修复

碱基的切除修复是在修复中通过剪切糖苷键来去除错配碱基的一种途径。这些错配碱基若不及时修复，经过 DNA 的复制，就会使遗传信息发生改变而产生点突变。

由氧化、烷基化、水解或脱氨而引起的单个碱基的损伤通过 **DNA 糖基酶**（DNA glycosylase）来切除，故称为**碱基的切除修复**（base excision repair，BER）。DNA 糖基酶并不能剪切磷酸二酯键，但可以剪切 *N*-糖苷键，释放出改变了的碱基，产生一个 AP 位点。这样经过 AP 内切核酸酶切割磷酸二酯键，再由 DNA 聚合酶Ⅰ的外切核酸酶活性和 5′→3′的合成活性进行修复，最后由连接酶封闭裂缺（nick），完成修复（图 13.20）。

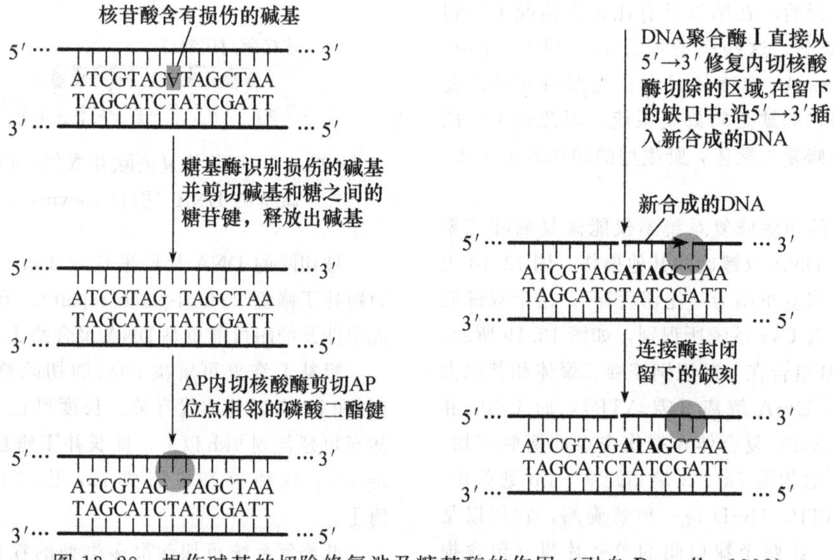

图 13.20　损伤碱基的切除修复涉及糖基酶的作用（引自 Russell，1992）
该酶可识别损伤的碱基并将其切除。AP 内切核酸酶切开 AP 位点相邻的磷酸二酯键，产生的单链缺口由 DNA 聚合酶Ⅰ和连接酶来填补

DNA 糖基酶有很多种，其中之一是尿苷-DNA 糖基酶，它可从 DNA 上切除尿苷（图 13.21）。C 因自发脱氨基而产生 U，若不修复可能导致 C→T 的转换。实际在 DNA 中只有A：T配对而没有 A：U 配对，这是由于偶尔掺入的 U 可被识别和切除的缘故。若 U 是 DNA 中的正常成分，那么这种修复就不需要了。

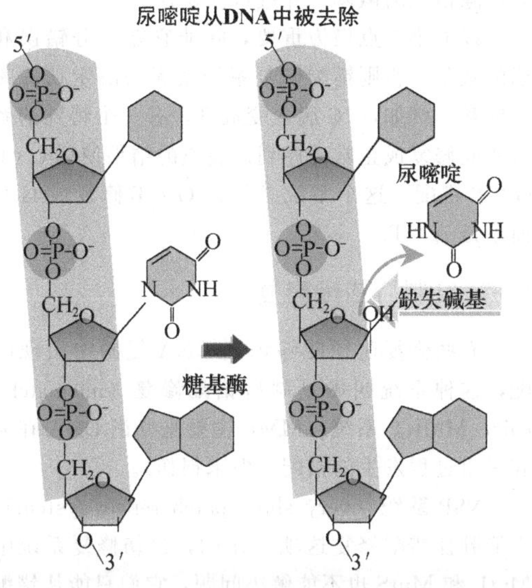

图 13.21　糖基酶通过剪切脱氧核糖和碱基之间的键而去除 DNA 上的碱基（引自 Lewin，2004）

还有一种糖基酶可识别和切除由 A 脱氨而产生的次黄嘌呤（H）；另一些糖基酶可切除被烷化的碱基（如$^{3\text{-m}}$A、$^{3\text{-m}}$G 和$^{7\text{-m}}$G）、开环嘌呤、氧化损伤的碱基以及在某些生物中的 UV 光化二聚体；一些新的糖基酶仍不断被发现。

3. 核苷酸切除修复

核苷酸切除修复（nucleotide excision repair，NER）可识别庞大的双链扭曲损伤，如嘧啶二聚体和 6,4 光生产物（6,4 photoproduct）。

NER 分 DNA 损伤的识别和切除两步进行。对于不同的情况，NER 可分为**全基因组修复**（global genome repair，GGR）和**转录偶联修复**（transcription-coupled repair，TCR）两种亚途径。这两种途径在开始部分有所不同：GGR 作用于 DNA 的非转录区，TCR 作用于活性转录区。一旦启动，后两者所利用的酶相同。如果损伤发生在转录的 DNA 非模板链，也进行 GGR，这需要对 DNA 损伤具有特殊亲和识别能力的 XPC/hHR23B 复合物来启动修复。XPC/hHR23B 复合物的形成是 NER 损伤识别的起始阶段。如果损伤发生在转录活性基因模板链上，则进行 TCR。TCR 是由 RNA 聚合酶在转录过程遇到核苷酸损伤，因无法识别而停滞时所激活的修复机制。RNA 聚合酶的停滞可作为一种信号，立即募集 NER 相关的修复蛋白 XPG（xeroderma pigmentosum，着色性干皮病）、CSA、CSB（CS，Cockayne syndrome，凯恩综合征）和 TFIIH。XPG 的作用是切除损坏的 DNA 链，CSA 和 CSB 可能使停滞的 RNA 聚合酶Ⅱ解离，以允许有足够的空间供给其他蛋白结合以进行 NER。CSB 参与了 DNA 的修复（图 13.22）。TFIIH 是转录因子的亚基，可使 RNA 聚合酶Ⅱ的构象发生改变，将形成钳形结构的 DNA 分子释放出来，但 TFIIH 不能识别 RNA 聚合酶Ⅱ，它需要 CSB 和 XPG 蛋白的引导。

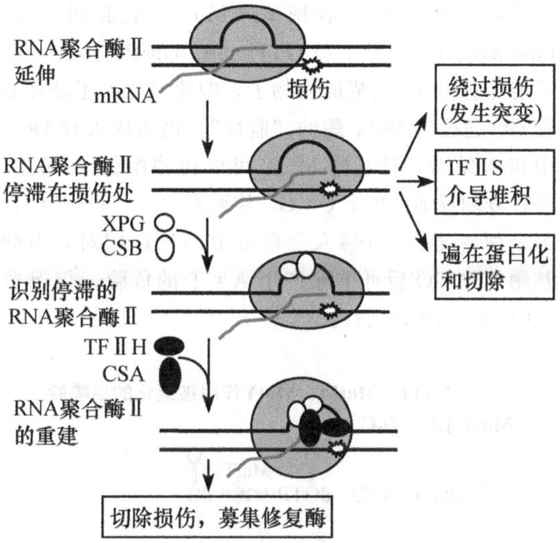

图 13.22　转录偶联修复的机制

TCR 修复比 GGR 迅速且效率较高，GGR 须漫长的等待。但正因如此，TCR 所修复的范围仅局限于能够转录 RNA 的 DNA 序列。TCR 修复也解释了患有凯恩综合征（Cockayne syndrome，一种罕见的常染色体隐性遗传病，患者对紫外线异常敏感，并伴有神经系统和发育异常，该病可分为两个亚群：CSA 与 CSB）的婴儿是因为在出生后不断积累转录上的缺陷，导致了细胞的死亡，造成了患者神经元的退化。

TCR 也是人类的一个极其重要的修复途径。有一种罕见的遗传病叫着色性干皮病就是一种切除修复酶的缺陷，该病患者的暴露部位易发生色素沉着、皮肤萎缩、角化过度和癌变，大部分患者在 30 岁前可能死于皮肤癌。由此可见 TCR 途径的作用是非常重要的。

4. GO 系统修复

mutM 和 *mutY* 基因产生的两种糖基酶的共同作用，可阻止突变产生的 8-氧-7,8-二氢脱氧鸟嘌呤（8-*O*-G）或胸苷乙二醇（GO）（图 13.4），这些糖基酶形成了 GO 系统。当 GO 丢失时，DNA 会因自发氧化作用造成损伤，切除 GO 损伤是由 *mutM* 基因编码的一种糖基酶完成的。如果在复制时产生氧化损伤形成了 GO，经复制，C 仍和 G 配对，而 GO 和 A 配对。若得不到修复就导致 C∶G→A∶T，但 *mutY* 编码的糖基酶 MutY 可切除错配的 A，经过复制恢复为 GO∶C（图 13.4）。如果在复制的底物中掺入了 8-*O*-G，一种情况是它可能和模板链上的 A 配对，但细胞中有一种糖基酶 MutT，它起到 dUTPase 酶的作用，使 S-*O*-GTP→8-*O*-GMP，这样它就不能作为 DNA 合成的底物了。即使如此，还是有部分 GO 逃过了 MutT 酶的“监视”，仍然掺入到 DNA 中和 A 结合，糖基酶 MutY 可以将错配的 A 切除，通过复制反而产生了 C∶G，使原来的 A∶T→C∶G。另一种情况是 GO 掺入到模板中，和 C 配对，当糖基酶切除 GO 后可排除产生 A∶T 的危险，仍保持 C∶G 对（图 13.23）。

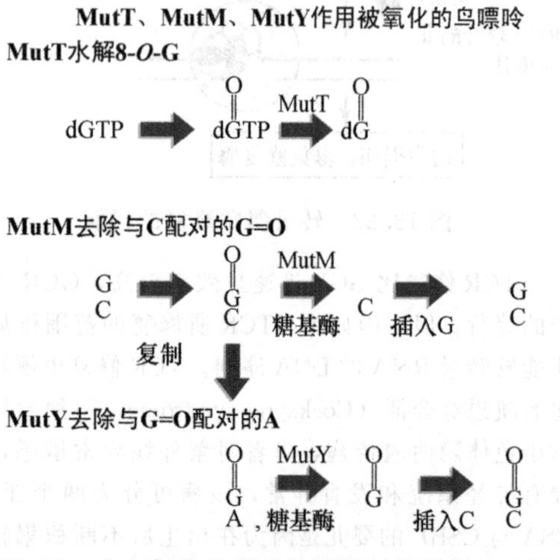

图 13.23　含有氧化鸟嘌呤的碱基对能被优先去除，使突变减少到最小（引自 Lewin，2004）

三、复制后修复

复制后修复（post-replication repair）是在非复制时期对 DNA 损伤区域的修复。通常这类修复发生在细胞周期的 G_1 期或 G_2 期，包括对 DNA 的错配修复、单链的损伤修复和双链的断裂修复。

假设需设计一个可以修复复制错误的酶，那么这个酶应当是什么样的呢？看来至少它要具备以下三个功能：①识别错配的碱基对；②对错配的一对碱基要能准确区别哪一个是错的，哪一个是对的；③切除错误的碱基，并进行修复合成。

以上第二点最为重要，除非它能区分错误和正确的碱基，否则错配修复系统就无法决定切除哪一个碱基。例如，$^{5\text{-}m}$C 脱氨变成 T，有一个特殊的系统要将此修复成正常的序列。脱氨的结果使得 C∶G→G∶T 错配，这个系统必须将 G∶T 修复成 G∶C，而不是 A∶T。

（一）复制后错配修复

有些修复途径能够识别 DNA 复制中出现的错配，这种系统叫做复制后**错配修复**（mismatch repair，MMR）系统。MMR 主要是校正 DNA 在复制和重组过程发生的错配（但未损伤）。

VSP 系统（very short patch repair system）是不能胜任错配修复这项工作的，损伤修复系统中的 MutL 和 MutS 也不能解决问题，它们只能从错配的 G∶T 和 C∶T 中切除 T，其他的如 MutY 可以将错配的 C∶A 中的 A 切除。这些系统的功能都是直接从错配碱基对中切除其中一个特定的碱基。MutY 是一种腺嘌呤糖基酶，它可以产生一个 AP 位点来进行切除修复。同样不能确定哪一个是错误的碱基。

E. coli 在复制中发生错配时，可以区分原来的模板链和新合成链，因为 DNA 刚复制后只有在亲本链上带有甲基，新合成的链尚在等待着甲基化。因此两条链的甲基化状态是不同的，这就给复制差错的校正系统提供了一个基础。

dam 基因编码了一个甲基化酶，它的靶位点是 GATC 上的 A，使 A 成为$^{6\text{-}M}$A，此半甲基化位点被作为复制中母链的标志，同样用于与复制相关的修复系统（图 13.24）。

图 13.25 表示可能的复制后错配修复模型，MutS 能识别错配位点、MutL 能作用新合成的链、UvrD 是解旋酶可使错配区双链打开，然后 SSB 结合在单链上防止复性，MutH 作为外切核酸酶将含有错配碱基的新链片段切除掉，再由 DNA 聚合酶 Ⅰ 进行修补，最后由连接酶将裂缺封闭好。这样就完成了复制后错配修复。

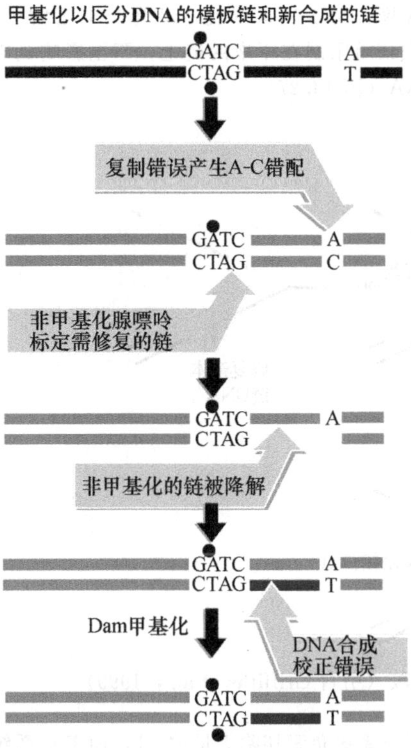

图 13.24 GATC 序列是复制后 Dam 甲基化酶的靶标。在甲基化前的一段时间，非甲基化的链是错配碱基修复的靶（引自 Lewin，2004）

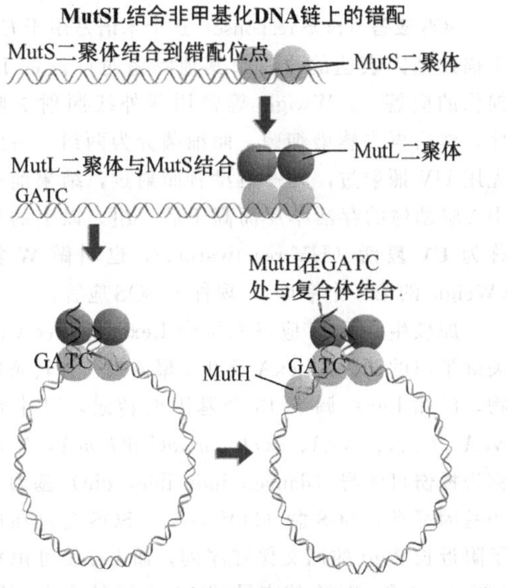

图 13.25 MutS 识别错配碱基而移位到 GATC 位点，MutH 在 GATC 位点剪切未甲基化的单链，内切核酸酶切除从 GATC 位点到错配位点之间的单链（引自 Lewin，2004）

高等真核生物中也存在 MutS/MutL 的同源物 MSH（MutS homolog）蛋白、MLH/PMS。它们的类型多，作用也不同，有的用于简单的错配修复；有的用于在短的重复序列（如微卫星）区，修复复制滑动而产生的错配。它们能识别结合复制滑动产生的突出于 DNA 双链的单链环，在外切核酸酶、解旋酶、DNA 聚合酶和连接酶的参与下去除环状错配区（图 13.26）。

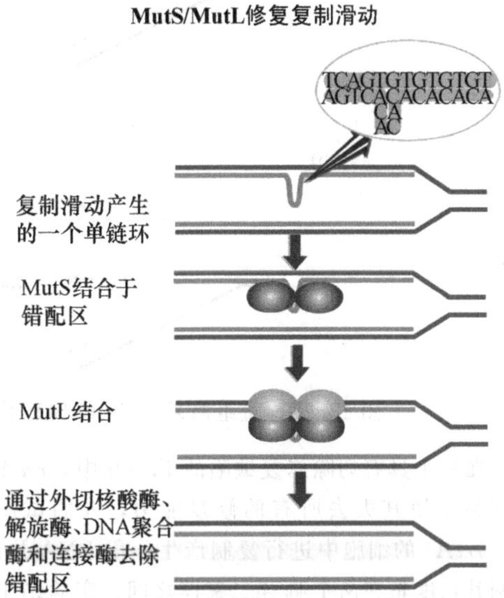

图 13.26 因复制滑动而产生的错配由 MutS/MutL 系统启动修复（引自 Lewin，2004）

（二）重组修复

重组修复（recombination-repair）系统是在 DNA 复制时模板链上含有损伤的碱基，导致新合成链上产生裂缺（gap）而进行重组的修复系统。此修复系统也属于复制后修复。

若 DNA 上的一条链含有结构变形，如嘧啶二聚体，当 DNA 复制时二聚体就使损伤位点失去模板的作用，复制就跳越过这一位点。DNA 聚合酶可能继续前进或在嘧啶二聚体附近重新开始合成。这样在新合成的链上留下了一个裂缺，使两个子链的性质不同。一条子链的亲代链上含有损伤，新合成的相应位点上有一个裂缺。另一条子链的亲代链是完好的，没有损伤，新合成的互补链也是正常的，恢复系统就利用了这条正常的子链。

新合成链因损伤产生的缺口由另一条正常亲本链上的同源片段通过重组来填补，随着单链交换（single-strand exchange），受体的双链中有一条是有损伤的亲本链，另一条是经重组后变正常的新合成链；而供体双链有一条是正常的新合成链和一条带有裂缺的母链，这个裂缺可通过一般的修复系统（DNA 聚合酶Ⅰ）来修复，最终产生正常的双链。这样损伤就限制在原来的链上，不至影响到新合成的 DNA（图 13.27）。

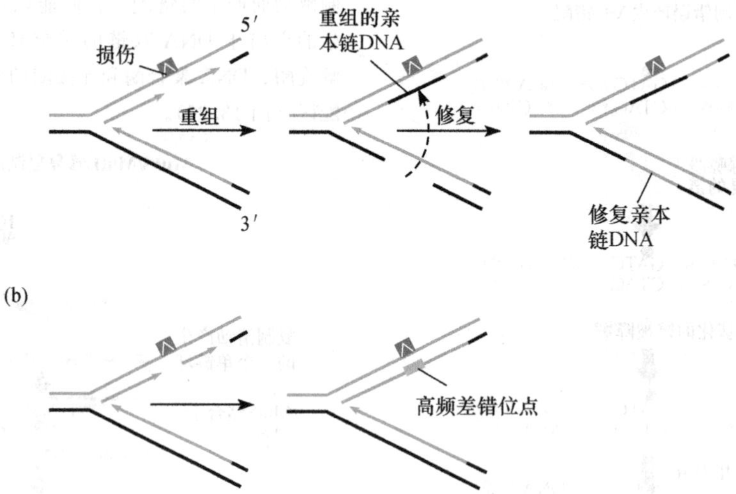

图 13.27　重组修复（a）和 SOS 修复（b）的比较（引自 Griffiths et al.，1999）

在一个具有切除修复缺陷的 *E. coli* 中，*recA* 基因的突变使其失去所有的修复能力，人们试图在 uvr^- $recA^-$ 的细胞中进行复制产生一段 DNA 片段，预期其长度是在两个胸苷二聚体之间。实验结果表明根本得不到复制的 DNA，而是细胞由于缺乏了 *recA* 的功能，妨碍了复制而致死。它解释了为什么突变体（uvr^- $recA^-$）的基因组中不能容忍超过 1 或 2 个二聚体，而野生型细胞允许存在多达 50 个。

RecA 蛋白的功能是促使 DNA 链之间的交换。在 DNA 重组和涉及重组修复的单链交换中 RecA 都起着重要的作用。它还涉及易错修复。

双突变体（uvr^- $recA^-$）的特点表明 RecA 参与两种 Rec 途径，将单个基因突变体的表型和双突变体进行比较，来测定二者的相关功能是部分相同还是不同。如果这些基因是在相同的途径中，那么双突变体的表型将和单个突变体的表型相同。如果这些基因是在不同的途径中，那么双突变体应影响两种途径而不是一种，因此影响的表型应比单个突变体的要多。通过这种方法发现，Rec 途径和 *recBC* 基因有关，另一个途径涉及 *recF*。

recBC 这两个基因编码外切核酸酶 γ 的两个亚基，它们的活性受 Rec 途径其他成分的限制。RecF 的功能尚不清楚，其他的 *rec* 座位也都通过影响重组和重组修复的突变被鉴别出来。

Uvr 系统负责切除大量的 $\widehat{TT}$，而 Rec 系统负责清除那些未被切除的二聚体。这些遗漏的二聚体虽数量不多，但常常是致命的。

（三）SOS 修复系统

SOS 应答（SOS response）这个术语是用于 *E. coli* 中描述基因表达的改变及其他细菌对广泛的 DNA 损伤的应答。J. Wwigle 等曾用紫外线照射 λ 噬菌体，然后再去感染细菌，而细菌分为两组，一组事先用 UV 照射过，另一组没有照射过，结果前一组中 λ 噬菌体的存活率反而高于后一组。以上的现象称为 **UV 复活**（UV-reactivation），也叫做 **W 复活**（Weigle 的第一个字母），现称为 SOS 应答。

原核生物 SOS 应答系统受 LexA 和 RecA 两种关键蛋白的调控。LexA 及其二聚体是一种转录抑制物，已知 LexA 调节 48 个基因的转录，其中包括 *recA*、*lexA*、*uvrA*、*uvrB*、*umuC* 和 *himA*，它们被称为**损伤可诱导**（damage inducible，din）**基因**。这些基因都具有 **SOS 盒**（SOS box）。SOS 盒是在启动子附近长 20nt 的回文保守序列，而 LexA 可识别并结合 SOS 盒。这个特点导致 LexA 可结合在不同基因的启动子上，产生 SOS 应答。不同基因座上的 SOS 盒也是不同的，但都有 8bp 的保守顺序。像其他的操纵位点一样，SOS 盒和启动子有重叠，在

LexA 座位属于自我阻遏物，其启动子附近有两个相邻的 SOS 盒。

SOS 应答和其他修复途径不同。其他修复途径的酶系是已存在于细胞中的，而 SOS 修复的酶系统是经损伤诱导才产生的。激活 SOS 应答的共同信号是 DNA 的单链区，此区是因复制延宕或双链断裂后经解旋酶的作用形成的。LexA 是一种小分子蛋白（22kDa），在被处理的细胞中是相对稳定的，它是很多操纵子的阻遏物。在起始阶段，RecA 蛋白与 ssDNA 结合，在 ATP 水解驱动下，产生 RecA-ssDNA 纤丝。RecA-ssDNA 纤丝激活 LexA 潜在的蛋白酶，使 LexA 自我催化本身的裂解，这样 LexA 失去了阻遏活性，同时诱导了它所结合的操纵子，使 SOS 基因得以转录（图 13.28），经进一步信号诱导，抑制细胞分裂，增加了蛋白质对损伤的应答水平。

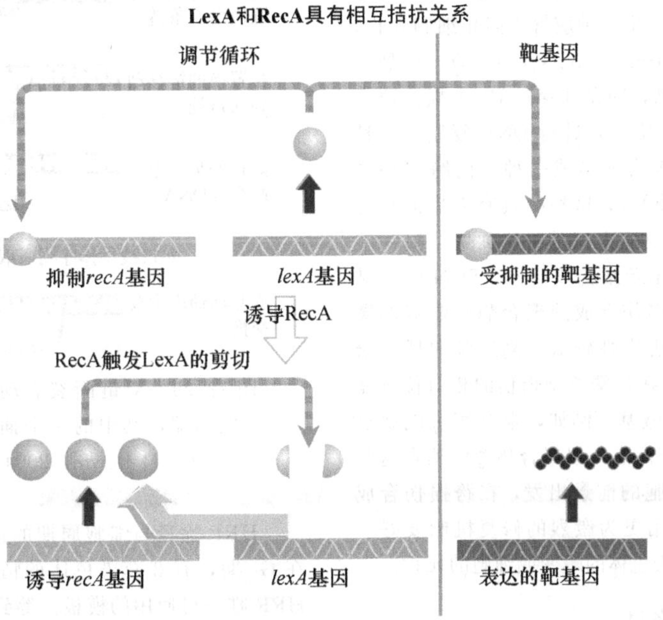

图 13.28　LexA 蛋白能抑制很多基因，包括具有修复功能的基因 *recA* 和 *lexA*。RecA 的激活导致了 LexA 的水解，而诱导了所有的相关基因（引自 Lewin，2004）

RecA 和 LexA 在 SOS 调节循环中互为靶位点和靶蛋白。RecA 触发 LexA 的剪切，LexA 又是 *recA* 的阻遏物。SOS 应答导致了 RecA 蛋白表达的增加和 LexA 阻遏物的裂解，打开了 SOS 基因群。

RecA 蛋白的增加对重组修复途径来说是必要的。据推测，在被诱导的细胞中，RecA 从基本水平约 1200 个分子/个细胞提高了 50 倍，这样高水平的 RecA 足以使所有的 LexA 蛋白被剪切，从而抑制 LexA 对靶基因的阻遏作用。

这种调控循环的重要性在于使细胞迅速恢复到正常状态。当诱导信号去除后，RecA 蛋白失去水解 LexA 的能力。此时，*lexA* 基因高水平表达，活化的 RecA 消失了，LexA 蛋白以非剪切形式迅速积聚，并关闭 SOS 基因群。

RecA 也触发细胞中其他靶物质的剪切。RecA 激活时使 UmuD 蛋白被剪切，并启动易错修复系统。在体外 RecA 的激活需要单链 DNA 和 ATP 的存在。这也表明激活信号可能存在于损伤位点的单链区。激活信号和 RecA 的相互作用非常迅速，SOS 应答在产生损伤的几分钟内就发生了。

从逻辑上讲，这些损伤修复基因在 SOS 应答开始时即被诱导。**易错跨损伤聚合酶**（error prone translesion polymerase），如 UmuCD′2（也称 DNA 聚合酶Ⅴ），被作为最后的一种手段，一旦启用 DNA 聚合酶Ⅴ或通过重组使 DNA 损伤被修复或绕过，细胞中单链 DNA 的数量就会减少。随着 RecA 纤丝数量的减少，剪切 LexA 同二聚体的活性也降低，然后 LexA 结合于启动子附近的 SOS 盒上，重新阻抑 SOS 基因群。

SOS 修复是细菌 DNA 受到严重损伤、处于危急状态时所诱导的一种 DNA 修复方式。修复结果只能由 SOS 修复酶类修补损伤所产生的缺口，以减少细胞的死亡数，但随着修复也带来了较多错误，使细胞有较高的突变率，故又称为**易错修复**（error-prone repair）。SOS 的作用不限于 UV 导致的损伤，不同种类的 DNA 损伤也能使此系统活化。

人们推测真核细胞也存在这种系统。当细胞遭到大损伤时，会诱导产生一种应答来阻止细胞死亡，如采用**跨损伤合成**（translesion synthesis）。这是一种对 DNA 损伤的容忍，即允许穿过 DNA 损伤位点（如胸苷二聚体或 AP 位点）进行 DNA 复制，这种复制将常规的 DNA 聚合酶换成一种专门跨损伤聚合酶（如 DNA 聚合酶Ⅴ），这种酶具有大量的活性部位，能在损伤的区域插入碱基。这种聚合酶的转换是通过进行性因子增殖细胞核抗原（PCNA）（见第二章）介导的。跨损伤合成的聚合酶与常规的聚合酶相比，其合成的忠实性较低（高度倾向插入错误的碱基）。然而，它在特殊类型损伤的相对位置能很有效地插入正常的碱基。例如，聚合酶 η 能绕过 UV 照射所产生的损伤位点，但聚合酶 ζ 可诱发这些位点发生突变。从细胞的前景出发，在跨损伤合成时，冒突变危险比采用更为激烈的修复机制要好一些，否则可能会导致染色体的畸变或细胞的死亡。

（四）双链断裂的修复

双链断裂对细胞的危害很大，幸好真核生物细胞已进化出数套途径，用来修复 DNA 双链断裂的产生，这些途径是同源重组、非同源末端连接和微同源介导末端连接。

1. 同源重组修复

同源重组修复（homologous recombination repair，HRR）是利用真核二倍体细胞内每一种染色体都具有一条同源染色体的特性。若其中一条染色体上的 DNA 发生双链断裂，则另一条染色体上对应的 DNA 序列即可作为修复的模板来恢复成断裂前的序列（图 13.29）。

HRR 常用于由电离辐射所造成的双链断裂（DSB）。但在 DNA 超螺旋变换时，拓扑异构酶也可导致两条单链或双链的断裂，特别是在复制叉附近容易引起断裂。这时，断裂的修复转而用同源染色体序列或姐妹染色单体（sister chromatid）作为模板。

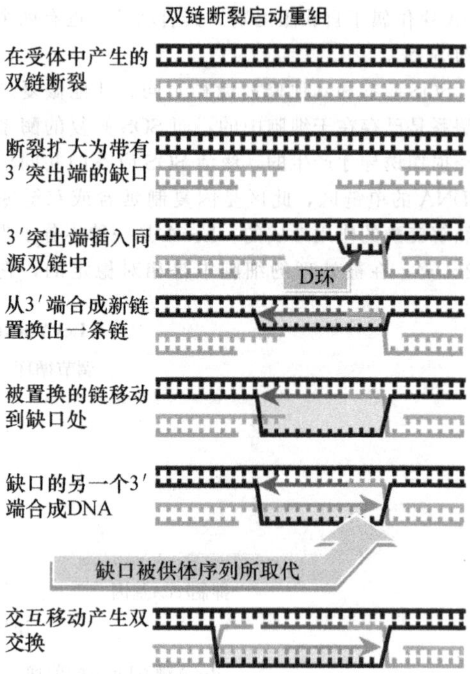

图 13.29　双链断裂启动重组，然后形成 3′突出端，其中的一个插入到同源双链中（引自 Lewin，2004）（见彩版）

HRR 途径与细胞周期的进行有很高的相关性。在 G_1 期，有 2 套染色体的情况下，同源染色体是 HRR 唯一可使用的模板。等到在 S 期/G_2 期有了姐妹染色单体，这时的细胞染色体已倍增为 4 套，HRR 机制就有更多的修复模板可供选择，因此一般认为 HRR 的运作是在 S 期/G_2 期比较活跃。

HRR 需要相同或相似的序列用来作为断裂修复的模板。在修复过程中，酶的作用和在减数分裂时促成染色体交换的作用相同。这种途径允许损伤的染色体用一条姐妹染色单体或同源染色体作为模板。

在减数分裂过程中，由 Spol1 蛋白催化形成断裂双链，RecA 蛋白系列结合于断裂的 DNA 末端形成 DNA-蛋白质细丝，能够催化同源配对，使单链 DNA 末端入侵其同源区段，Rad51 和 Dmc1 两个 RecA 的同源蛋白在此过程中起重要作用。但是科学家对入侵后的同源重组过程了解得比较少。

2. 非同源末端连接

非同源末端连接（non-homologous end joining，NHEJ）是修复与复制相关断裂的主要途径，这种断裂大部分是被电离辐射所诱导。NHEJ 修复机制与 HRR 最大的差异是 NHEJ 完全不需要任何模板的帮助。此机制的修复蛋白可以直接将双链裂断的末端彼此拉近，再通过 DNA 连接酶的作用，将断裂的双链重新连接。与 HRR 相比，NHEJ 的机制既简单又无需 DNA 模板，但 NHEJ 会导致核苷酸的丢失，产生较多的错误。在高等真核生物中，编码序列所占比例很小，丢失的核苷酸位于非编码区的概率很高，这样导致基因突变的可能性就比较小。因此基因组越复杂、包含越多垃圾 DNA（junk DNA）的生物体，NHEJ 的活性比 HRR 越活跃。基因组越简单，尤其是单细胞生物，NHEJ 很有可能会破坏基因组序列的完整性，反而不适合。

在 NHEJ 中，一种特异的 DNA 连接酶——DNA 连接酶Ⅳ和辅因子 XRCC4 可直接连接两个断裂端。参与 NHEJ 修复的蛋白质还有 ATM（ataxia-telangiectasia mutated）、NBS1 及 γ-H2AX。首先 NBS1 蛋白会将 ATM 蛋白招募到 DNA 断裂处，然后共同解开被蛋白质缠绕的 DNA，暴露出 DNA 的断裂点，使参与修复 DNA 的另一些蛋白质也能与断裂处接触，并发挥作用。ATM 及 NSB1 蛋白的另一作用是确保 XRCC4 能到达 DNA 断裂处进行修补。首先与 DNA 断裂处结合的是 ATM 蛋白，直到 XRCC4 蛋白到达时才置换出 ATM 蛋白。

为了指导精确的修复，NHEJ 依赖微同源的**短同源序列**（short homologous sequence），它位于 DNA 断裂端单链尾部。如果突出端是可配对的，修复通常是精确的。NHEJ 在修复时也可导致突变。在断裂位点失去损伤的碱基可导致缺失，而连接不匹配的末端可导致复制后错配。NHEJ 在细胞的 DNA 复制前特别重要，因没有模板来提供同源重组。

在脊椎动物免疫系统中，B 细胞免疫球蛋白的 V(D)J 重组和 T 细胞受体重组时，也需要 NHRJ 来连接编码端（见第十六章）。

3. 微同源介导末端连接

微同源介导末端连接（microhomology-mediated end joining，MMEJ）是修复 DNA 双链断裂的一种途径。此途径不同于其他的修复机制，是在连接前以 5～25 个碱基的微同源序列与断裂链连接，采用 Ku 蛋白和 DNA 依赖的蛋白激酶（DNA-dependent protein kinase，DNA-PK）的修复机制。Ku 蛋白是一种保守的 DNA 结合蛋白，能与 DNA 末端及 DNA 损伤导致的双链 DNA 断裂结合。在酵母中通过 Mre11 复合物的作用进行末端连接（图 13.30）。MMEJ 发生在细胞周期的 S 期，它是通过连接断裂端，切除不能互补的突出核苷酸区域，填补丢失的碱基完成修复的。当断裂发生在 5～25 同源的互补碱基对时，两条链被识别并作为微同源配对的基础。一旦连接，任何多余的碱基和链上错配的碱基都会被切除，而丢失的核苷酸被插入。这种途径建立在与断裂位点的上、下游微同源的基础上。MMEJ 连接 DNA 链时，无需检查链的一致性，切除不能互补配对的核苷酸片段而导致缺失。MMEJ 是一种易错修复的方法，可引起缺失突变而导致细胞癌变。在大多数情况下，细胞在难以获得 NHEJ 或不适合使用 NHEJ 时才不得已而采用 MMEJ 途径。

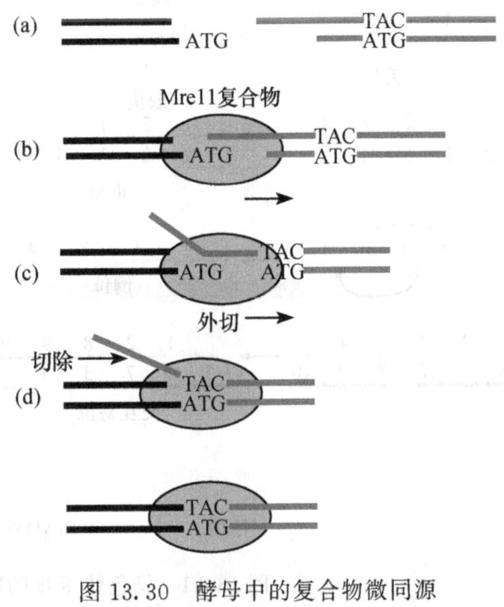

图 13.30 酵母中的复合物微同源介导末端连接模型

(a) 产生 DNA 断裂端，在单链突出端含有“ATG”序列（深色线），在断裂的另一端的双链区（浅色线）也存在“ATG”序列；(b) Mre11 复合物同时结合两个断裂端，5′突出端不能配对，Mre11 复合物的外切核酸酶活性作用断裂端（图右侧）；(c) 切除少量核苷酸后，突出端仍不能与另一端配对，于是，Mre11 复合物就进一步外切；(d) 直到将非突出端链上的 ATG 降解掉（右侧浅色线下端），露出其互补链上的“TAC”序列，产生了黏性末端，此时停止外切。左侧断裂端上的 ATG 与其互补结合，再通过连接酶封闭切口（nick），修整上部的链，将多余的核苷酸切除还需要别的酶

第三节　染色体畸变

突变包括染色体畸变和基因突变两部分。**染色体畸变**（chromosomal aberration）是指染色体结构或数目发生异常改变。很多染色体畸变导致细胞和生物功能的异常。**基因突变**（gene mutation）是指基因在分子水平上的改变，常见的是涉及单个碱基取代的**点突变**（point mutation）。

动物对染色体改变的耐受性不如植物。整套额外染色体组的获得不一定是有害的，尤其是植物。在一些植物谱系中，整套染色体的重复在基因组进化和物种起源上起着重要的作用。染色体畸变包括染色体结构的变异和数量的变异两种类型。

一、染色体结构的变异

染色体结构变异包括染色体缺失、重复、倒位和易位，结果将导致染色体片段的重新排列，称为**染色体重排**（chromosomal rearrangement）。这些畸变都是由于DNA分子发生双链断裂重接，使DNA序列产生了新的排列（图13.31）所致。电离辐射是可以诱发染色体重排的。转座因子转座时，也能诱发染色体的断裂、缺失和倒位（见第十四章）。

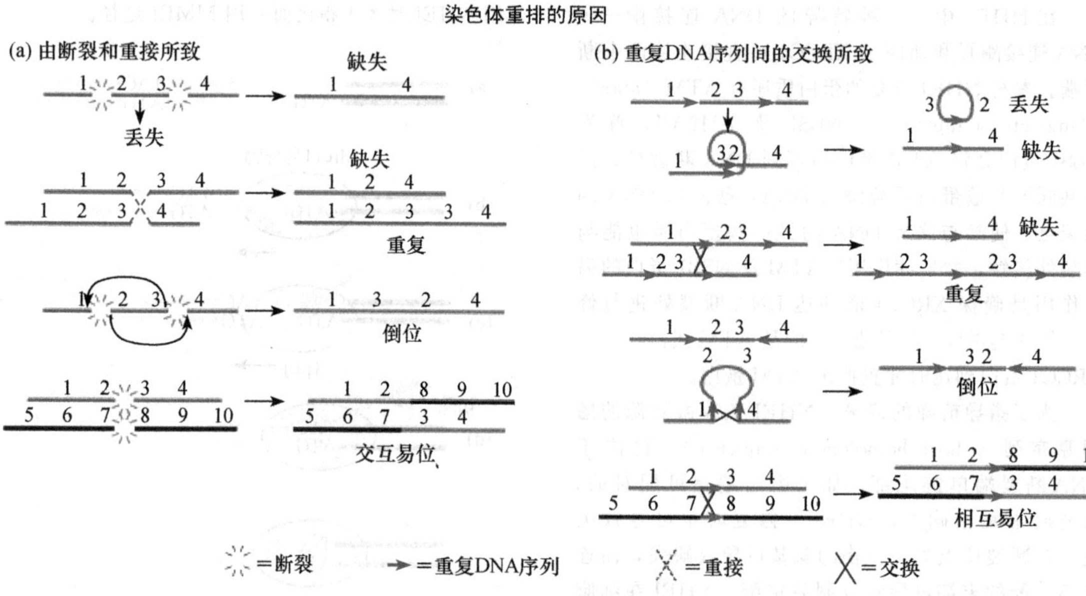

图13.31　染色体重排的原因（引自Griffiths et al.，1999）

重排有平衡（balanced）和不平衡（unbalanced）两种类型。平衡重排改变了基因的排列顺序，但未引起染色体上DNA的缺失和重复。倒位和交互易位属于简单的平衡重排。

一对同源染色体，其中一条是正常的而另一条发生了结构变异，含有这类染色体的个体或细胞称为**结构杂合体**（structural heterozygote）。若一对同源染色体产生了相同的结构变异，那么就称为**结构纯合体**（structural homozygote）。

（一）缺失

染色体上丢失了一个片段称为**缺失**（deletion，deficiency）（图13.32）。缺失的大小可从单个核苷酸到大片段DNA不等。如果丢失的部分是在染色体的末端，即称为**末端缺失**（terminal deletion），否则称为**中间缺失**（interstitial deletion）。末端缺失的染色体由于丢失了端粒，故一般不稳定，常和其他染色体断裂片段重新愈合形成双着丝粒染色体（图13.32）或发生易位；也有可能自身首尾相连，形成**环状染色体**（ring chromosome）（图13.33）。双着丝粒染色体和环状染色体在有丝分裂中都可形成**断裂融合桥**（breakage fusion bridge）或称**染色体桥**（chromosomal bridge）（图13.34），由于分裂时桥的断裂点不稳定，所以又可造成新的重复和缺失。中间缺失是染色体中部缺失了一个片段，这种缺失是较为稳定的，故较常见。

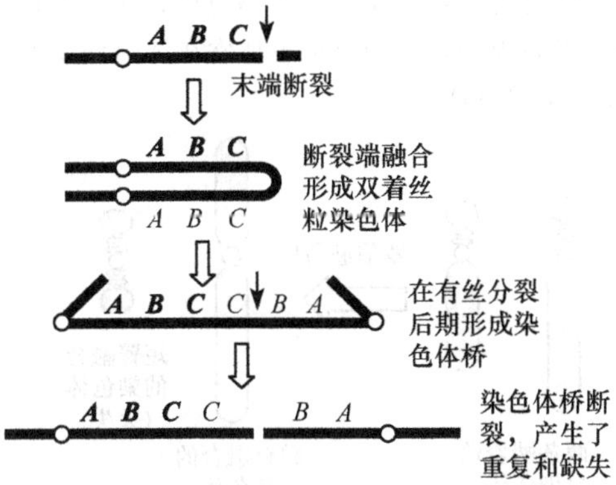

图 13.32 末端断裂的染色体，复制后易形成双着丝粒染色体。后期形成染色体后期桥，染色体断裂后产生重复和缺失

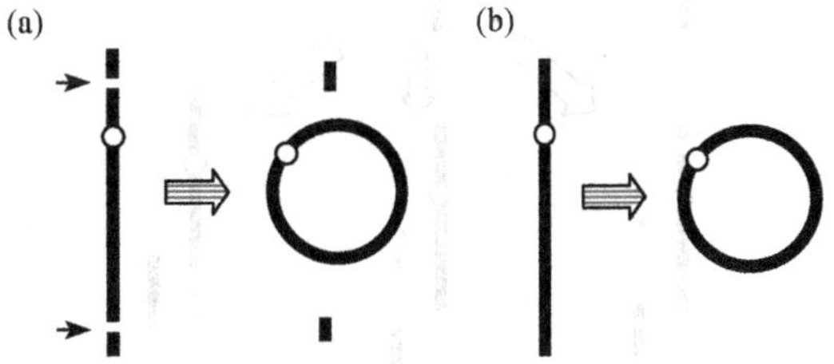

图 13.33 环状染色体的形成
(a) 末端断裂，首尾相连；(b) 端粒融合

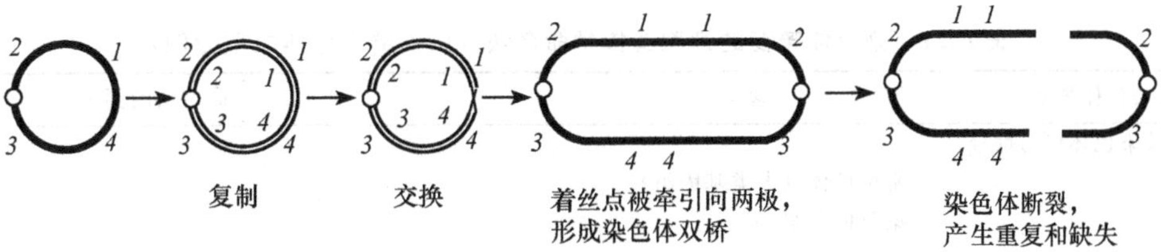

图 13.34 环状染色体形成的断裂融合桥，后期导致染色体的重复与缺失

（二）重复

重复（duplication）的广义定义是染色体上基因数目的增多，狭义定义是指染色体上增加了一段相同的 DNA 片段（图 13.32）。重复具有以下不同的类型：①**顺接重复**（tandem duplication），重复序列所携带的遗传信息的序列和方向与染色体上原有的相同；②**反接重复**（reverse duplication），与上述相反，重复序列所携带 DNA 序列和原有的相反；③**异位重复**（displaced duplication），重复的片段来自其他非同源染色体，即广义的重复，是易位的结果。

（三）倒位

倒位（inversion）是指染色体上的两个断裂点间的片段倒转 180°后又重新连接（图 13.32）。倒位区内不含着丝粒的称为**臂内倒位**（paracentric inversion），含着丝粒的称为**臂间倒位**（pericentric inversion）。二者的遗传效应有所不同，减数分裂联会时倒位杂合体会形成**倒位环**（inversion loop）。有些倒位属于正常的调控，如 Mu 噬菌体中 G 片段的倒位和沙门氏细菌中的相转变等。

（四）易位

非同源染色体之间染色体片段相互交换或单向的转接称为**易位**（translocation）或**染色体间易位**（interchromosomal shift）。前者称为**相互易位**（reciprocal translocation）；后者称为**单向易位**（simple translocation）。在同一条染色体中染色体片段的移动称染色体**移位**（shift）或**染色体内移位**（intrachromosomal shift）（图 13.35）。在相互易位中又分为对称型和非对称型，非对称型染色体产生双着丝粒染色体及无着粒染色体片段，此片段可形成微核或丢失。

平衡易位（balanced translocation）是相互易位中的一种类型。这种易位虽有染色体的重排，但对整个配子而言基因组仍保持完整，没有重复和缺失。而**非平衡易位**（unbalanced translocation）情况则相反，易位的结果使细胞中的遗传物质增加或减少。

罗伯逊易位（Robertsonian translocation）也称为**着丝粒融合**或**整臂融合**（whole-arm fusion），这是一种交互非平衡易位，由两个非同源的端着丝粒染色体的长臂相互重接成一条长的中央着丝粒染色

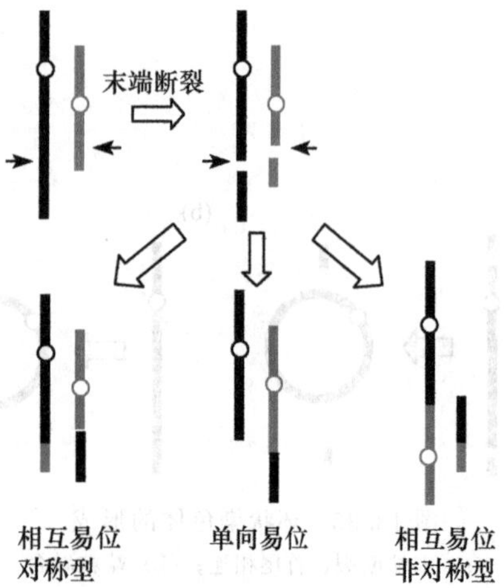

图 13.35　染色体的易位

体，短臂相互连接成了一个小染色体，其上含有一些不重要的基因，这种小染色体常在细胞分裂中被丢失（图 13.36）。

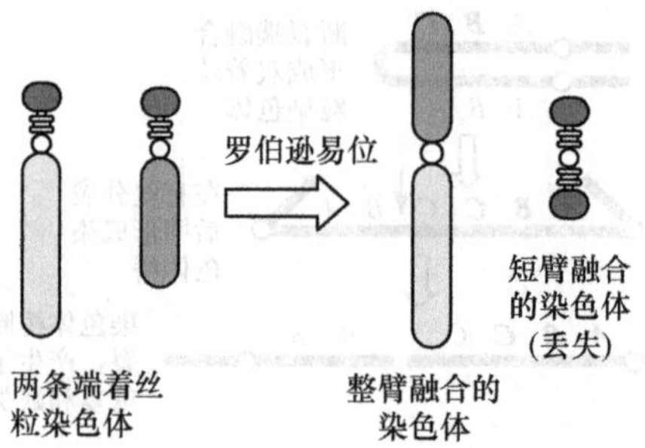

图 13.36　人类染色体的罗伯逊易位
（引自 http://www.ucl.ac.uk/）

染色体畸变的细胞遗传学命名见表 13.1。

表 13.1　染色体畸变的细胞遗传学命名法（以人类染色体核型为例）

染色体核型	含义	命名法的例子
染色体及染色体臂的符号		
1～22	常染色体（人类基因组）	
A～G	染色体分组	
X，Y	性染色体	
p，q	相对的短臂与长臂	
pter，qter	短臂与长臂的末端部分	
表明突变的符号		
ace	无中心的	
cen	着丝粒	
dic	具双着丝粒的	
（/）	分隔细胞系的斜杠表示嵌合体	
（+）	附加的染色体或染色体部分*	47，XY，+21
（−）	丢失的染色体或染色体部分*	46，XX，17q−
del	缺失：末端	46，XX，del(12)（p13.3-pter)
	中间	46，XX，del(12)（p12.1-p12.3)
der	染色体衍生物	der（12）
dup	重复	46，XY，dup（2）（q21.1-q23.1）
fra	脆性位点	46，XY，fra（Xq27）
h	附加的异染色质（次缢痕）	46，XX，16qh+
i	等臂染色体	46，X，i(Xq)
inv	倒位：臂间的	46，XY，inv(2)（p12.1q23.2)
	臂内的	46，XY，inv(2)（p11.1p12.3)
marker	标记染色体	47，XY，+marker
r	环状染色体	46，XY，r(19)（p13q13)
s	额外卫星物质（随体）	46，XX，21ps+
t	易位：交互易位	46，XX，t(7；19)（q34.2；p13.1)
	罗伯逊易位	45，XX，−14，−21，t(14q；21q)

*“+”和“−”放在染色体标志之前，表示额外增加或缺失的染色体（如+21）；放在染色体标志之后，表示增加或缺失不明确的片段（如 17q−）。

二、染色体数量的变异

染色体突变的第二种类型是染色体数目的改变。这种改变有两种基本类型：一类是整套染色体的改变，产生异常的**整倍性**（euploidy），即增减整套的染色体；另一类是部分染色体套数的改变，产生**非整倍体**（aneuploid），又称**异倍体**（heteroploid），即染色体组中增减一条或几条完整染色体的细胞或二倍体生物体。

（一）整倍体

具有物种特有的一套或几套整倍数染色体组的细胞或个体称为**整倍体**（euploid）。具有两套相同染色体组的细胞或个体称为**二倍体**（diploid），通常，一套来自于父本，另一套来自于母本，常以 $2n$ 表示。大部分真核生物都是二倍体。例如，人类有两套染色体，除性染色体外，每套有 22 条。

具有和该物种配子染色体数相同的细胞或个体称为**单倍体**（haploid）。大部分真核生物的配子只有一套染色体，都是**单倍性**（haploidy）的。

具有一套基本的染色体数目的细胞或个体称为**一倍体**（monoploid）或**单元单倍体**（mono-haploid）。一倍体和单倍体两个概念常容易混淆，应注意区分。

染色体的基本套数称为**单倍体数**（monoploid number），以“X”表示。带有若干单倍体数染色体的生物体或细胞称为整倍体。多于两套染色体的整倍体称为**多倍体**（polyploid）。多倍体的类型是以染色体套数定名的，如三倍体（triploid）（$3X$）、四倍体（tetraploie）（$4X$）等。单倍体数（n）已被经常使用，确切地说，是指配子中的染色体数，大部分我们所熟悉的动植物多为二倍体，其一倍体数和单倍体数是相同的，n 和 X 可交替使用。但小麦有 42 条染色体，为六倍体，它带有 6 套相似而不相同的染色体（每套 7 条），因此 $6X=42$，$X=7$，但小麦配子中含有 21 条染色体，所以 $n=21$，$2n=42$。由此可以看出小麦的配子 $n=3$，是单倍体，但不是一倍体。

雄性蜜蜂、黄蜂和蚁都是一倍体。在这些昆虫中，雄性由孤雌生殖发育而成，即由未受精的卵发育而成。在大部分物种中一倍体个体是不正常的，在自然群体中很少产生这种异常的个体。

（二）多倍体

多倍体可分为**同源多倍体**（autopolyploid）和**异源多倍体**（allopolyploid），同源多倍体是由同一物种的染色体组通过加倍所组成的多倍体。而异源多倍体物种有来自两个或多个不同祖先物种的全套染色体。它们来自于不同二倍体间偶然的杂交，受精卵中染色体经**核内再复制**（endoreduplication）产生出杂种植物，其带有来自两个祖先物种的全部的二倍体基因组，在减数分裂中每条染色体都能配对。通过杂交和核内再复制而形成的异源多倍体在植物进化和育种中是非常重要的过程。至少有一半自然发生的多倍体是异源多倍体。

同源多倍体由于在减数分裂时常形成多价体，染色体分离时不能有规律地分离，故多不育。因为多套染色体常使植株高大，细胞、花、果实都比二倍体的要大一些，因此具有商业价值。

偶数异源多倍体一般是可育的。在减数分裂时同源染色体配对，形成（$n/2$）X 个二价体，是可育的。栽培的小麦提供了一个异源多倍体的极好的例子。

三倍体通常是同源的，是由 $4X$（四倍体）和 $2X$（二倍体）之间自然或人工杂交产生的，$2X$ 配子和 $1X$ 配子结合形成三倍体。

三倍体的特点是不育，这与减数分裂时染色体分离有关。无论是同源三倍体还是异源三倍体，在减数分裂的后期，性原细胞的每一条染色体中都有两条同源染色体彼此分离，向两极移动，而第三条染色体可随机地趋向于一极。只有当各号染色体中的第三条染色体同趋于一极时，才能获得染色体平衡的配子，否则是不育的。因此，产生有效配子的概率为 $(1/2)^{(X-1)}$。这个可能性很小，故无论是同源三倍体还是异源三倍体都是不育的。

香蕉就是同源三倍体，每套染色体含 11 条染色体，产生有效配子的概率是 $(1/2)^{(11-1)}=1/2048$，也就是说约在 5×10^6 次［$(1/2048)\times(1/2048)$］机会中仅有一次可以由两个有效配子形成合子，因此香蕉是不育的，香蕉中没有种子。

中国水仙（*Narcissus tazetta* L. var. *chinensis* Roem）是我国很普及的一种观赏植物，它也是三倍体植物（$X=10$，$3X=30$），故只开花不结实，一般依靠鳞茎营养繁殖。

1928 年 G. Karpechenko 第一个培育出人工异源多倍体。他希望培育一种可育的杂种蔬菜，地上部分长有甘蓝（卷心菜 *Brassica*）的叶子，而地下部分长萝卜（*Raphanus*）。甘蓝和萝卜这两个物种都是 $2n=18$，而且亲缘关系比较近，能够进行杂交并获得可以生存的杂种后代。其两亲本的染色体数虽相同，但不同源，所以不能正常地配对联会，因此杂种是不育的，可是不育杂种染色体偶然自发地加倍，产生了几粒种子，这些种子播种后长成了带有 36 条染色体的异源多倍体，它们是可育的。这种异源四倍体也称为**双二倍体**（amphidiploid）。萝卜甘蓝虽然和预期的目的正相反，长出了萝卜的叶子和甘蓝的根，但仍很有意义。因这是人工创造出的第一个新种，称为萝卜甘蓝（*Raphanobrassica*）（图 13.37）。

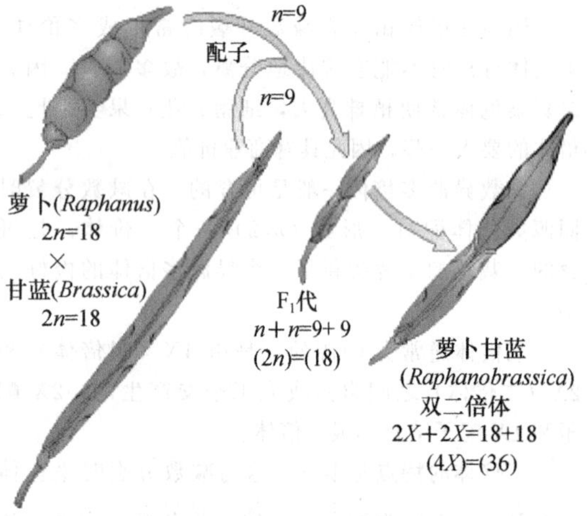

图 13.37　双二倍体萝卜甘蓝来源于甘蓝和萝卜。双二倍体由不育的杂种（$2n=18$）通过染色体加倍而产生（参考 Griffiths et al.，1999）

多倍体普遍存在于某些植物群体中。在各种有花植物中，30%～80%的现存物种被认为起源于某些多倍体形式。一些农作物和经济作物是多倍体的，包括小麦、燕麦、棉花、马铃薯、香蕉、咖啡、甘蔗、花生、茶树和苹果等。

多倍体的植物是常见的，而多倍体动物就十分罕见了，但也发现一些例子，如无脊椎动物中的扁形虫、水蛭和海虾。多倍体在动物中罕见的原因是性染色体很难有规律地分离。例如，具有 XXXX 的雌性和 XXYY 雄性的四倍体动物能产生 XX 卵和 XY 的精子（如果所有的染色体配对形成二价体），所以子代将全部为 XXXY，与其双亲不同。因此多倍体动物是通过孤雌生殖的方式繁殖。多倍体的例子也不只是在低等动物中，在鱼类、两栖类和爬行动物中也都存在多倍体，它们有各种繁殖的方式。多倍体蛙和蟾蜍的雌雄个体可进行有性生殖，而多倍体蝾螈和蜥蜴是进行孤雌生殖的。

人类的多倍体受精卵可因细胞分裂发生差错而产生，但大部分在胚胎期死亡，偶然会降生一个三倍体的婴儿，但无一例成活。

多倍体的产生有两条主要的途径：一是**有性多倍化**（sexual polyploidization），染色体数目的增加发生在减数分裂中，形成未减数配子（unreduced gamete），其合子具有 2 倍的正常染色体组；二是**无性多倍化**（asexual polyploidization），染色体数目的加倍发生在有丝分裂中。通过异常有丝分裂的染色体加倍称为**核内再复制**（endoreduplication）。在植物中，经自花授粉，核内再复制产生一个新的、遗传稳定的物种。

（三）非整倍体

少数的二倍体生物增加或减少了一条或几条完整的染色体，而不是整套染色体的增减，故称为**非整倍体**（aneuploid）。其产生的原因可能是在有丝分裂或减数分裂中个别染色体的不分离或丢失所致。在大部分情况下，动物中的非整倍体是致死的，非整倍在植物中发生的频度是较高的，可能是由于在植物中非整倍体常得以生存的缘故。

正常的个体是完整的二倍体（$2n$），又可称为**双体**（disomy），在此基础上我们可将非整倍体分成以下几种类型。

（1）**缺体**（nullisomy），$2n-2$。个体丢失了一对同源染色体，又称为零体，一般是致死的，因丢失染色体上带有的基因是其他染色体所不具有的，无法补偿其功能；但在异源多倍体植物中常可成活，但长得较弱小。

（2）**单体**（monosomy），$2n-1$。当二倍体生物丢失了单条染色体时，称为单体性。在大多数生物中，染色体丢失（导致单体性）比染色体的增加（导致三体性）更频繁。然而，在表 13.2 中，单体性显然在自然流产中缺少资料。个体丢失某一条染色体，虽然其同源染色体存在，但由于以下的原因单体仍出现异常表型或特征：①染色体的平衡受到破坏；②某些基因产物的剂量减半，有的会影响性状的发育；③随着一条染色体的丢失，其携带的显性基因随之丢失，其隐性等位基因就可得以表达。

表 13.2　10 万名胎儿中染色体的异常数

染色体结构	自然流产的胎儿数	成活的胎儿数
正常	7 500	84 450
三体		
13	128	17
18	223	13
21	350	113
其他常染色体	3 176	0
性染色体		
47，XYY	4	46
47，XXY	4	44
45，X	1 350	8
47，XXX	21	44
易位		
平衡易位（整倍体）	14	164
不平衡易位（非整倍体）	225	52
多倍体		
三倍体	1 275	0
四倍体	450	0
其他（嵌合体）	280	49
总计	15 000	85 000

(3) **三体**（trisomy），$2n+1$，个体多了某一条染色体，由于染色体平衡的破坏和基因产物剂量的增加，三体也显示出异常表型特征。在人类中常见有三种三体：①21-三体，即唐氏（Down）综合征；②18-三体，即 Edward 综合征；③13-三体，即 Patau 综合征。唐氏综合征是由于 21 号染色体具有 3 个拷贝。

21-三体原称为先天愚型（mongolism），它是由英国医生唐（L. Down）首先描述其症状的，故现称为**唐氏综合征**（Down syndrome）。1959 年法国遗传学家 J. Lejeune 发现此病是由于多了一条 G 组染色体所致，后确定这条染色体是 21 号染色体，故此病又称为 21-三体综合征，发病率约为 1/750。该病主要症状是智力低下，但也有多种身体畸形，如心脏缺陷。患病的儿童身材小，因为骨骼系统成熟迟滞；他们的肌肉缺乏正常伸缩性，导致特有的面部外貌（图 13.38）；他们的寿命较短，通常不超过 50 岁。然而，对于大多数染色体畸变，症状相对轻微，大多数唐氏综合征的儿童能与其他人相处。大部分唐氏综合征的病例是由于母亲在减数分裂中同源染色体不能分离所致，即 21 号染色体不分离的结果使一个配子含有一对 21 号染色体，另一配子中则没有。如果具有两个拷贝的配子参与受精，那么产生 21-三体的合子。没有拷贝的配子可能也参与受精，但是 21 单体的受精卵不能存活。

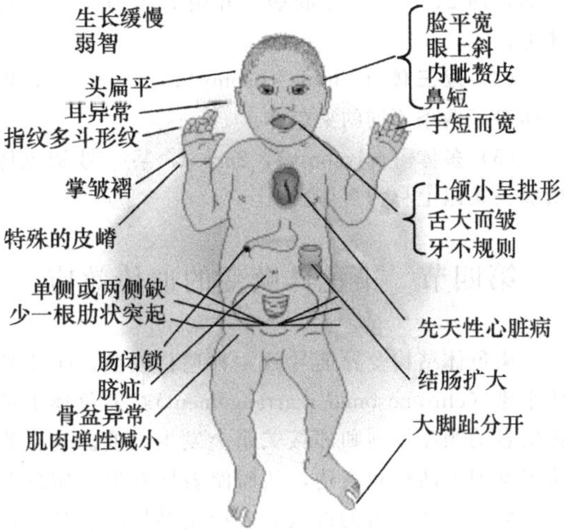

图 13.38　唐氏综合征的特征（引自 Griffiths et al.，1999）

21 号染色体是一条小的染色体，因此在减数分裂中比相对较长的染色体发生交换的可能性小。非交换型的二价体有时很难排列到中期赤道板上，因为缺少将它们结合在一起的交叉，所以增加了不分离的风险。21 号染色体的不分离更可能发生在卵子发生时，而不是在精子发生时，所以通常唐氏综合征异常的配子是卵子。此外，21 号染色体不分离的风险随着母亲年龄的增加而显著增加，母亲的年龄在 45 岁以上的话，患唐氏综合征的风险达到 1/46（图 13.39）。因此年龄较大的孕妇接受产前诊断是较好的选择。

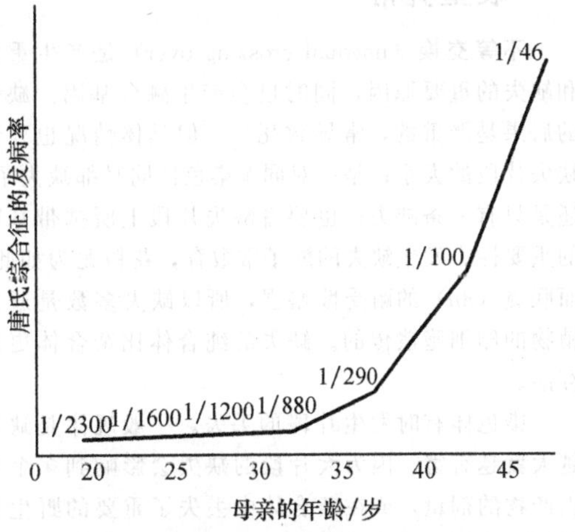

图 13.39　母亲的年龄和唐氏综合征的发病率（引自 Griffiths et al.，1999）

唐氏综合征的病例中约有 3%不是由于染色体不分离造成的，而是由于双亲之一的染色体易位引起的，即 21 号染色体断裂，并附着到另一条染色体上。

(4) **双三体** (double trisomy)，$2n+1+1$，即个体多了两条不同的染色体。

(5) **多体** (polysomy)，$2n+n$，某一号染色体增加一条以上称为多体。

第四节　染色体畸变的遗传效应

染色体结构变异能导致 4 种遗传效应。①染色体重排 (chromosomal rearrangement)：染色体上遗传信息的顺序排列和邻接关系会发生改变。这会影响到基因的活性和表达，从而使表型发生一定的变异和异常。②核型的改变：若产生结构纯合体，就会影响到核型的改变，这是进化中产生新物种的一种途径。③形成新的连锁群，由于染色体易位会产生新的连锁关系，改变了原来的连锁群，这也是物种进化的一种途径，但对个体来说常常产生表型异常。④减少或增加染色体上的遗传物质：染色体的缺失和重复会使染色体上的遗传物质减少或增加，有的也影响到整个基因组的 DNA 含量，对于个体来说会产生表型变异或畸形，但在群体上也是一种进化的重要途径，就整个进化趋势而言，从低等到高等，从简单到复杂，基因组含量从少到多，这就涉及染色体的重复。

一、缺失、重复和融合基因所引起的表型异常

不等交换 (unequal crossing over) 是产生重复和缺失的重要原因，同时也会产生融合基因。缺失的后果是严重的，常导致死亡，但具体情况也要看缺失片段的大小；是一对同源染色体同时都缺失了，还是只有一条缺失；也要看缺失片段上所携带基因的重要性。发生缺失的配子常败育，花粉尤为如此，而胚囊 ($8n$) 的耐受性略强，所以缺失多数是通过植物的卵细胞遗传的。缺失的纯合体比杂合体更难存活。

染色体有时发生片段的丢失。一般规律是缺失越大就越有害。因为大片段的缺失会影响到多个基因产物的剂量，或在杂合体中丢失了重要的野生型基因。然而，结合体即使是小的缺失通常也是致死的，因丢失了同源染色体上的某对重要的等位基因。

（一）缺失导致的猫叫综合征

缺失小片段染色体有时虽不致死，但也会产生严重的异常，最有名的例子是人类的**猫叫综合征** (cri-du-chat syndrome 或 cat cry syndrome)。此综合征是 J. Lejeune 等在 1963 年首先报道了 3 例，患儿的哭声似猫叫，故得名。它是由于 5 号染色体短臂缺失 ($5p^-$) 所致（图 13.40），因而又称 $5p^-$ 综合征，发病率约为 1/50 000，女性多于男性，并且生长和智能发育不全。

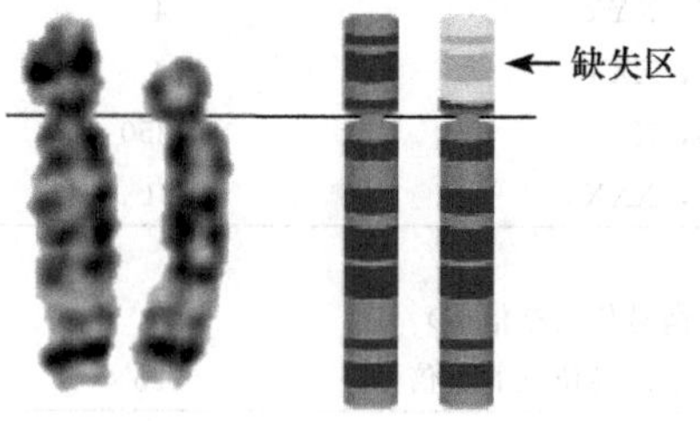

图 13.40　人类的猫叫综合征是由于 5 号染色体短臂缺失所致

（二）拟显性

一个显性基因的缺失，致使同源染色体上隐性非致死等位基因的效应得以显现，这种现象称为**拟显性** (pseudo-dominance)。例如，玉米糊粉层的花斑有的是由于拟显性形成的（图 13.41）。玉米的胚乳是 $3n$，胚乳的颜色由多对基因控制，只要其中任何一对发生突变，都不能形成色素。C 基因就是其中之一，它位于 9 号染色体上。当胚乳细胞为杂合状态时（其他控制色素的基因都为野生型）仍产生色素，但是若载有“C”基因的片段缺失后，其相对的隐性基因“c”的效应就得以显现，因此该细胞就不能形成色素。胚乳中有的细胞是正常的（产生色素），有的存在 C 的缺失，因此胚乳出现了花斑。

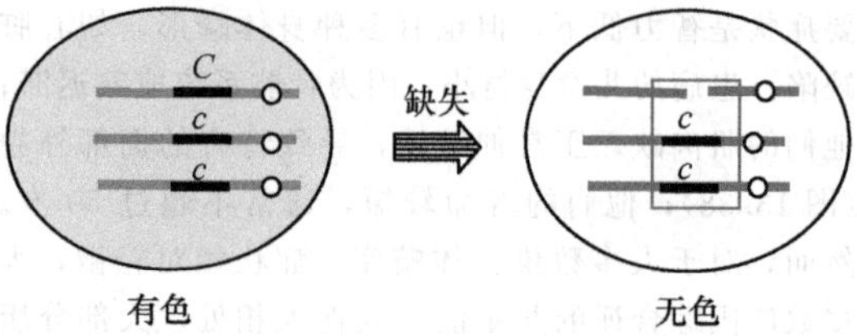

图 13.41　玉米胚乳颜色的拟显性

另一个典型的例子是果蝇的**缺刻翅** (notch)（图 13.42），即在果蝇翅的边缘有缺刻，胸部小刚毛分布

错乱。这是由于亲代雌果蝇的一条X染色体C区的2～11区域缺失了，而这一区域正是控制红眼（w^+）和白眼（w）的座位。果蝇缺刻基因（*Notch*）的缺失片段非常大，连同邻近的野生型红眼基因（w^+）也被丢失。当这些缺失的染色体与带有白眼隐性等位基因（w）的正常结构的染色体杂合时，果蝇为白眼。因此，F_2代雌果蝇中有1/2是白眼，这是野生型红眼等位基因座位（w^+）发生缺失，使隐性基因（w）得以表达的结果。在雄果蝇中有一半的F_1代其性染色体是由一条带有缺失的X染色体和Y染色体构成，Y染色体没有相应的等位基因，不能利用互补效应来弥补缺失的功能，因而致死（图13.43）。

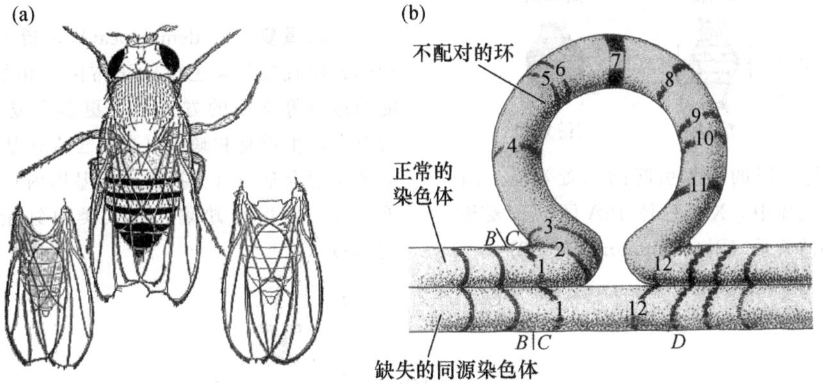

图13.42 果蝇的缺刻翅

（a）显示果蝇的缺刻翅（引自http://www.healthvalue.net/notch.html）；
（b）显示雌果蝇多线染色体C区的2～11区缺失所形成的染色体环（引自Russell，1992）

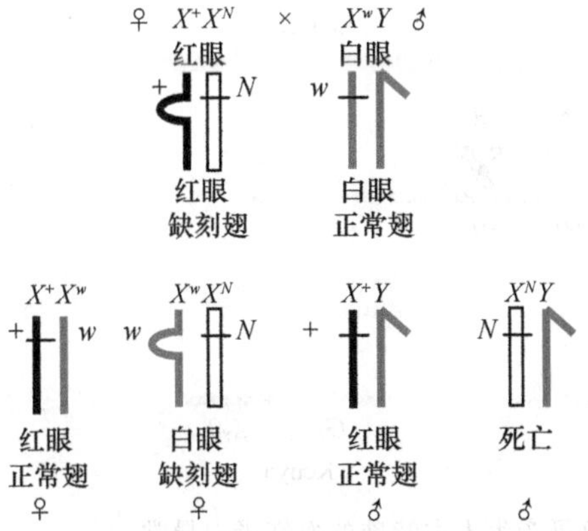

图13.43 缺失引起白眼基因的拟显性表达

缺失的区域除了含有控制眼色的基因外，还有控制翅形及刚毛分布的基因，因此同时出现了缺刻翅和胸部小刚毛分布错乱的表型。

（三）位置效应

染色体畸变特别是易位改变了一个基因与其邻近基因或与其邻近染色质的位置关系，从而使其表型效应也发生变化的现象称为**位置效应**（position effect）。这是由A. H. Sturtevant于1925年提出的。通常基因位置的改变并不影响其遗传效应。但也存在因为基因所处的位置不同而改变其表型效应的现象。位置效应有两类，一是**稳定位置效应**（stable position effect），又称为S型位置效应。所谓S型位置效应，是指两个突变基因排列为顺式（*ab*/＋＋）和反式（a＋/＋b）时表型不同。例如，关于果蝇（*D. melanogaster*）的星状眼（*star*）和星体眼（*asteroit*），顺式时（*s ast*/＋＋）果蝇复眼大小近于正常（稍小），与之相反，反式时（*s*＋/＋*ast*）复眼便显著变小。另一是**花斑位置效应**（variegated position effect），也称为V型位置效应（Lewis，1950），常由易位引起。关于V型位置效应，常由于位于常染色质的基因经过染色体重排移到异染色质附近区域，不能表达，表现出不稳定的表型效应，属于表观遗传的范畴（见第二十章）。

重复（duplication）是染色体的一些区域以二倍或多倍存在。重复的染色体具有额外的基因，大区域的重复同样具有致死效应。小区域的重复会导致生物体的表型异常。例如，果蝇的棒眼（*Bar*）基因*B*为显性，位于X染色体16区A段，在正常情况下没有发生重复，果蝇的复眼由779个小眼组成，呈椭圆形，但16A区发生重复时复眼中的小眼数随之减少，复眼呈长形，故称为棒眼。16A重复的次数和排列方式有规律地影响着棒眼的程度（图13.44和表13.3）。棒眼基因的重复引起的位置效应属于稳定位置效应。

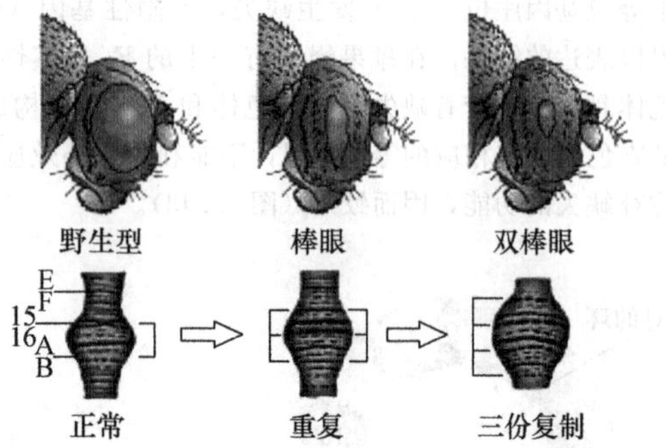

图 13.44　果蝇基因的重复引起的位置效应。图表明在唾腺染色体中，X 染色体 16A 区的重复和棒眼大小的关系（引自 Simmons，2003）

表 13.3　果蝇棒眼基因的重复和小眼数

B 重复的情况	*B/B*	*BB/B*	*BB/BB*	*BBB/B*	*BBB/BB*	*BBB/BBB*
小眼数	779	358	68	45	36	25

（四）不等交换导致的人类血红蛋白异常

串联重复（tandem repeat）是指重复片段以相同的方向直接与染色体的正常区域相邻。串联重复能通过不等交换的方式产生更多重复区域的拷贝，有时会产生重复和缺失（交换位点在基因间），有时会产生融合基因（交换位点在基因内）。融合基因也能导致一些遗传缺陷，如人类血红蛋白异常（图 13.45）等。

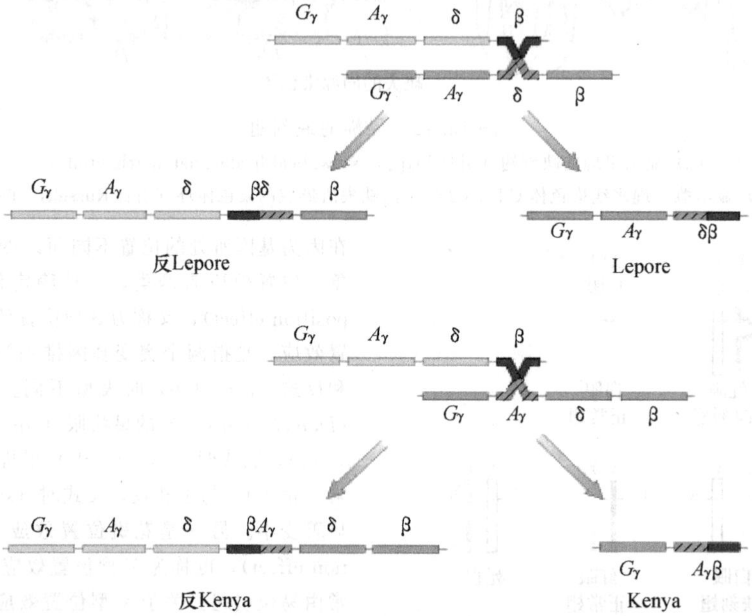

图 13.45　通过在 γ-δ-β 基因区域内的不等交换可产生人类特殊的血红蛋白异常（引自 Griffiths et al.，1999）

人类血红蛋白由 2 条 α 链和 β 链构成，在 11 号染色体上有 β-珠蛋白的基因家族。珠蛋白 γ-δ-β 连成一组。而有些地中海贫血症的患者，其 β-珠蛋白的亚基中只有部分 δ 和部分 β（Lepore 珠蛋白），或者只有部分的 γ 和部分 β（Kenya 珠蛋白），这些异常的血红蛋白可能是不等交换产生的。Lepore 是不等交换产生缺失的产物，必然还存在另一个相应的重复产物，这就是反 Lepore（图 13.45）。Kenya 产生的机制和 Lepore 产生的机制相同，但目前尚未发现**反-Kenya**（anti-Kenya）。

二、染色体畸变引起的假连锁

（一）倒位引起的假连锁

无论是臂间倒位还是臂内倒位，在减数分裂时都会形成环（图 13.46）。

在减数分裂中倒位染色体和非倒位同系物之间产生**倒位环**（inversion loop），环内发生交换将产生异常的染色单体。在杂合的臂内倒位内的交换，产生一个无着丝粒的染色体和一个双着丝粒的染色体，

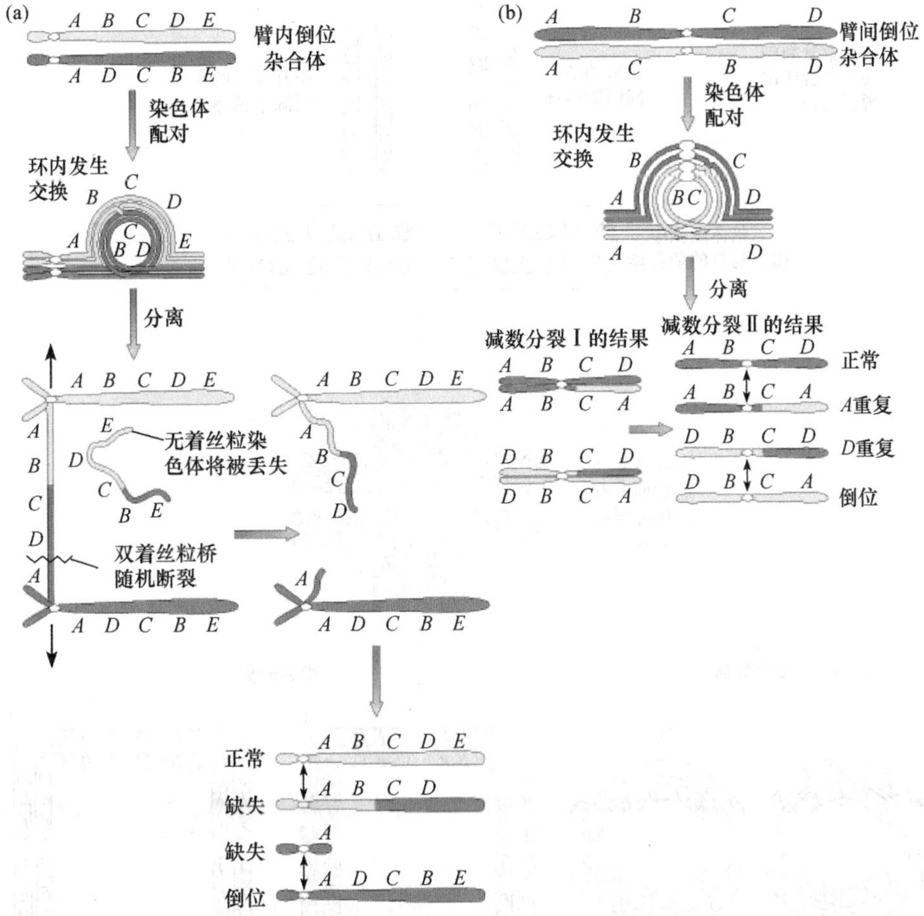

图 13.46　倒位产生的假连锁（引自 Griffiths et al.，1999）

臂内倒位（a）和臂间倒位（b）的染色体在减数分裂时形成倒位环，若倒位环内产生一次重组，分裂时重组的染色体将产生缺失和重复，含有这种染色体的配子常是无功能的

无着丝粒染色体常被丢失；双着丝粒染色体在着丝粒之间可形成染色单体桥。在减数分裂后期染色单体桥被随机拉断，会产生重复和缺失。在杂合的臂间倒位内的交换，产生单着丝粒的染色体，但都具有重复和缺失。含有这种重复或缺失的配子是不能成活的，这样在后代中就不会出现重组的类型，似乎是抑制了重组，实际上是重组的类型不能成活，故称这种现象为**假连锁**（pseudolinkage）。

（二）易位引起的假连锁

相互易位的染色体结构杂合体，通常只产生约一半的正常子代，称为半不育（图 13.47）。这是由于在减数分裂中染色体形成异常的“十”字配对，后期可能出现两种分离：一种是**相间分离**（alternate segregation），此分离是“十”字配对中不相邻的染色体同趋于一极，在减数分裂中期Ⅰ形成“8”字形的四体环，同源染色体分向两极，产生了染色体正常的配子和平衡易位的配子。平衡易位虽有染色体的重排，但对整个配子而言基因组仍保持完整，没有重复和缺失。若无位置效应及重排则无严重影响，配子是可育的。这种分离的另一特点是未易位的染色体（N_1 和 N_2）总是同趋向一极，同时进入一个配子；交互易位的染色体（T_1 和 T_2）总是同趋向另一极，同时进入另一个配子，形成了假连锁。另一种分离是**相邻分离**（adjacent segregation），即四体环中相邻的两条染色体同趋向于一极，这又有两种情况：一种是非同源染色体同趋向一极（$N_1+T_2 \leftrightarrow N_2+T_1$），此模式称为相邻分离 1（adjacent-1 segregation）；另一种情况是同源染色体同趋向一极（$N_1+T_1 \leftrightarrow N_2+T_2$），此模式称为相邻分离

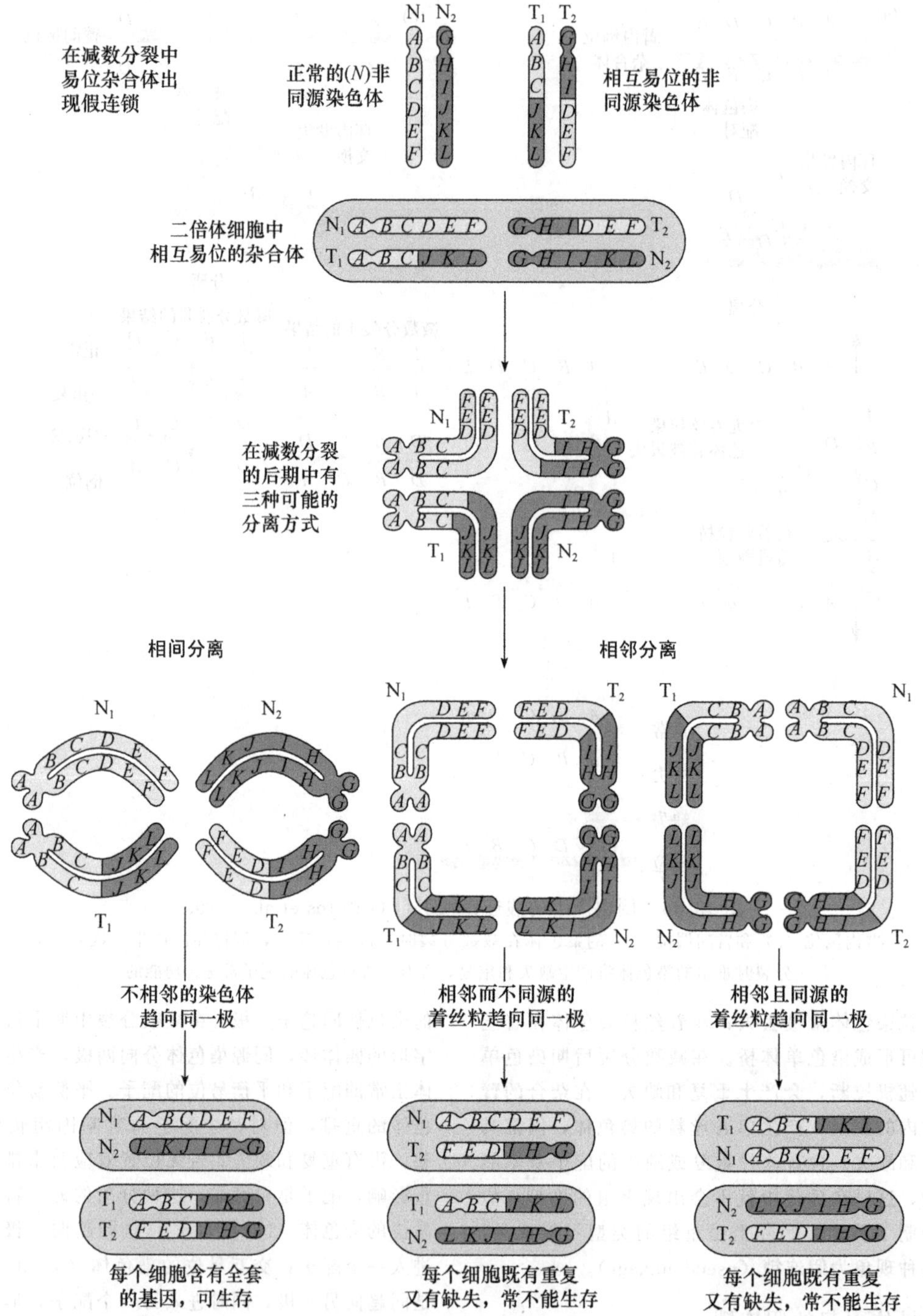

图 13.47　相互易位在减数分裂中形成了“十”字配对和四体环，不同分离的结果产生了假连锁（引自 Russell.，1992）

2 (adjacent-2 segregation)。无论是相邻分离 1 还是相邻分离 2，所形成的全部配子都具有较大的重复和缺失，皆不可育，而自由组合产生的重组类型只存在相邻分离中，它们的配子又都不可育。以上表明非同源染色体上的基因各自都是不连锁的，由于邻近分离的产物不可育，只有交互分离的产物才可育，这样自由组合的类型都不会出现在后代中，而原本不连锁的基因总是同时出现在一个配子中，似乎是“连锁”的，故称其为假连锁。虽然预期各种分离的频率约为：相邻分离 1∶相邻分离 2∶相间分离＝1/4∶1/4∶1/2，但实际上，这些发生分离类型的频率主要是受到以下因素的影响：①易位断裂点的位置；②在着丝粒和每个断裂点之间的间隙区交叉的数量和分布；③二价体在中期板上是否展开形成环形结构。相邻分离 1 通常发生频繁，即认为实际上所有易位杂合子都是半不育的。

易位半不育出现在植物和动物的不同生活史阶段，植物的生活周期中有精细的配子体阶段——单倍体阶段中复杂的代谢和发育过程需要充分的基因活性。大量的重复和缺失在配子体阶段是致死的，这是由于重复和缺失通常会改变这些基因活性。因此，在较高等的植物中半不育是由于花粉或种子致死所致。相反，在动物配子中只需要最小的基因活性，尽管有非常多的重复和缺失，但需要的基因仍有活性。因此，在动物中，半不育通常是合子致死。

第五节　基因突变

突变涵盖遗传物质的改变和这一改变的过程两层意思。一个因基因突变而带有新表型的生物称为**突变体**（mutant）。

对于一个多细胞生物来说，如果突变仅发生在体细胞中，那么这种突变是不会传递给后代的，这种类型的突变称为**体细胞突变**（somatic mutation）。但若突变发生在的生殖细胞中，那么这种突变就能通过配子传递给下一代，这种突变称为**种系突变**（germ-line mutation）或生殖细胞突变。

如果突变发生于某个基因的特定位点，则称为**点突变**（point mutation），点突变包括一碱基对发生置换和碱基的插入或删除。现在，“突变”一词常用来专指点突变。

一、基因突变的类型

根据突变的性质可分为三种类型（图 13.48）。

- 点突变，碱基替换
  - 转换　Py与Py、Pu与Pu之间变换，多见
  - 颠换　Py与Pu之间变换，少见
- 移码突变 ——
  - 插入1或2个碱基
  - 丢失1或2个碱基
- 缺失突变 —— 缺失大片段DNA(十几到几千个碱基)

图 13.48　根据突变的性质可将突变分为三种类型

有了以上这些背景，我们现在就可以介绍有关基因突变的一些术语。

碱基对取代突变（base-pair substitution mutation）是指在基因中一个碱基对被另一个碱基对所取代。**转换**（transition）是碱基替换中的一种类型，是指嘌呤与嘌呤之间或嘧啶与嘧啶之间的替换，如 G∶C 对被替换成 A∶T 对。**颠换**（transversion mutation）是碱基替换中的另一种类型，是指嘌呤与嘧啶之间的替换，如 A∶T 被替换成了 T∶A 或 C∶G。

根据突变表型和野生型相比较，将点突变分成两类：一类是**正向突变**（forward mutation），其突变方向是从野生型突变成突变型；另一种是**回复突变**（reverse mutation），其突变方向是从突变型突变成野生型。回复突变可使突变基因产生的无功能或有部分功能的多肽恢复部分功能或完全功能。当 DNA 碱基对发生改变，使其 mRNA 中相应的有义密码子得到恢复，可以编码某种特殊的氨基酸，这个改变的密码子可以是原来野生型的相应密码子或者是其他氨基酸的密码子。

突变的作用还可以通过其他位点的突变得到减弱或校正，这便是前面已介绍过的**抑制突变**（suppressor mutation）（见第九章）。

碱基置换突变（base substitution mutation）是指在基因中一个碱基对被另一个碱基对所取代。例如，Tyr 的 DNA 密码子中 C∶G 对变成 A∶T 对。

根据突变后密码子的含义将突变分为无义突变、同义突变和错义突变三种类型（表 13.4）。

表 13.4　点突变的类型（以 Tyr 的密码子为例）

	无义突变			同义突变		错义突变	
DNA→	TAC→	TAA，	AAG	TAC→	TAT	TAC→	TCC
	↓	↓	↓	↓	↓	↓	↓
RNA→	UAC	UAA	UAG	UAC	UAU	UAC	UCC
	↓	↓	↓	↓	↓	↓	↓
肽链→	Tyr	Och	Amb	Tyr	Tyr	Tyr	Ser

错义突变（missense mutation）是指改变密码子含义的碱基替换，导致编码的多肽链中某一个氨基酸残基被另一种氨基酸所取代（表 13.4）。如果新的氨基酸具有与原来氨基酸同样的化学性质，这个错义突变是保守（conservative）的；如果原来的氨基酸被具有不同化学性质的氨基酸所取代，错义突变是非保守（nonconservative）的。例如，AAG 突变为 GAG，编码的氨基酸由亮氨酸变成谷氨酸。错义突变的影响不仅取决于它是保守还是或非保守的，还取决于被替换的残基在多肽链功能中的重要程度。保守的替换一般是中性的，除非突变发生在一个关键的残基（如酶的活性位点），而非保守的替换一般会破坏多肽链的结构和（或）改变多肽链的性质，从而产生突变的表型。有些错义突变的影响十分微妙，可能只在一定的环境条件下（如高温）表现出来。

无义突变（nonsense mutation）是将一有意义的密码子改变成无义密码子（终止密码子）的碱基替换（表 13.4）。翻译时在相应的位点会导致提前终止而产生一条不完整的多肽链，通常是没有功能的。无义突变效应的严重性取决于突变位点在编码区的位置。5′端的无义突变导致产生很不完整的多肽链，引起多肽链功能的丧失；3′端的无义突变可能对编码多肽链的结构影响不大，但可能影响 mRNA 的稳定性。在真核基因中的无义突变偶尔会在剪切中引起外显子跳跃。

根据突变产生的无义密码子类型将突变分成**琥珀突变**（amber mutation）(突变为终止密码子 UAG)、**乳白突变**（opal mutation）(突变为终止密码子 UGA）和**赭石突变**（ochre mutation）(突变为终止密码子 UAA)。

导致获得原先没有的功能的突变称为**功能获得突变**（gain-of-function mutation）；相反，导致丢失原有功能的基因突变称为**功能失去突变**（loss-of-function mutation）。使一对杂合等位基因成为纯合状态的突变称为**杂合性丢失**（loss of heterozygosity, LOH）突变。可检测其表型的突变称为**可见突变**（visible mutation）；相反，不能检测到其表型改变的突变称为**不可见突变**（invisible mutation）。

渗漏突变（leaky mutation）指某基因发生突变后其产物仍具有原来的功能，但活性比野生型弱，也称为**亚效等位基因**（hypomorph）。

中性突变（neutral mutation）基因序列中密码子的改变并没有改变产物的功能，即为不影响生物适应性的突变和不影响生物表型效应的突变。中性突变在群体中可产生多态性。

沉默突变（silent mutation）是中性突变中的一种特殊情况，即不影响密码子的含义的碱基替换，因而对多肽链结构没有影响，实际上就是**同义突变**（表 13.4）。沉默突变的发生是由于遗传密码的简并性。例如，ATT 突变为 ATC，两者都编码异亮氨酸。

移框突变（frameshift mutation）是由于基因中增加或减少碱基（改变的碱基数不是 3 或 3 的倍数）所致。一较短的 $3n+1$ 个核苷酸的插入与缺失，使可读框发生变化，大部分读框有读框外（out-of-frame）的终止密码子，所以移框突变往往造成蛋白质合成的提前终止，产生不完整的多肽链。即使不提前终止，但由于肽链的一级结构发生了很大的改变，所以产生的蛋白质常是无功能的。移框突变的效应取决于它的位置，位于 5′端突变的后果要比 3′端突变更为严重。

非移框**插入/缺失突变**（indel mutation）（indel 是“insertion”和“delete”前缀的组合，表示插入或缺失的统称）是指较短的 $3n$ 个核苷酸的插入与缺失。这类突变不破坏可读框，往往是可以容忍的，但蛋白质一级结构的改变也可能影响或丧失其原有的功能。

通读突变（readthrough mutation）是将终止密码子转变成有义密码子，造成通读，使多肽链延长，如 TAG（终止密码子）突变为 CAG（谷氨酰胺）。通读突变可能影响多肽链的性质和 mRNA 的稳定性。一般情况下，多肽链不会延长太多，因为在天然终止密码子的下游有不定位置的终止密码子存在。

突变的作用还可以通过其他位点的突变而得到减少或校正，这便是前面已讨论过的抑制突变。

二、突变的原因

自然发生的突变是**自发突变**（spontaneous mutation）。一些物理或化学的**诱变剂**（mutagen）都能增加这种自发突变的频率，但不改变突变的方向。诱变剂处理所诱发的突变称为**诱发突变**（induced mutation）。这两种突变之间并没有本质的区别。无论是自发突变还是诱发突变，除复制差错以外，多是 DNA 损伤未能修复所致。

自发突变是在自然中发生的，不存在人类的干扰。长期以来遗传学家们认为自发突变是由环境中固有的诱变剂诱导所产生的，如放射线和化学物质，但证据表明并非如此。自发突变可能由很多因素中的一种引起，包括 DNA 复制中的错误、DNA 自发的化学改变。自发突变也可能由于转座因子或病毒基因组的插入而引起。

人们对突变的发生进行定量时常使用两种不同的术语：**突变率**（mutation rate）和**突变频率**（mutation frequency）。突变率是指在单位时间内（如一代），在细胞或微生物群体中，某种突变发生的概率；突变频率是指在一个细胞群体或个体中，某种突变发生的数目，即每 10 万个生物中发生突变体的数目，或每百万个配子中突变的数目。有时，突变频率和突变率可变通使用。

在果蝇中自发突变率为 10^{-4}～10^{-5}/(代 · 个基因)，在人类中为 10^{-4}～4×10^{-6}/(代 · 个基因)，而细菌是 10^{-5}～10^{-7}/(代 · 个基因)。自发突变频率受到生物遗传特征的影响，如在雄性和雌性果蝇中相同的性状其突变频率不同，不同的性状可具有不同的突变频率。

（一）DNA 复制错误

1. 碱基错配

在复制中有 10^{-3} 的概率可能发生**碱基错配**（base mismatch），经 DNA 聚合酶的校正，实际的错配率为 10^{-8}～10^{-10}，但毕竟仍有错配的存在而造成遗传信息的改变（图 13.49）。

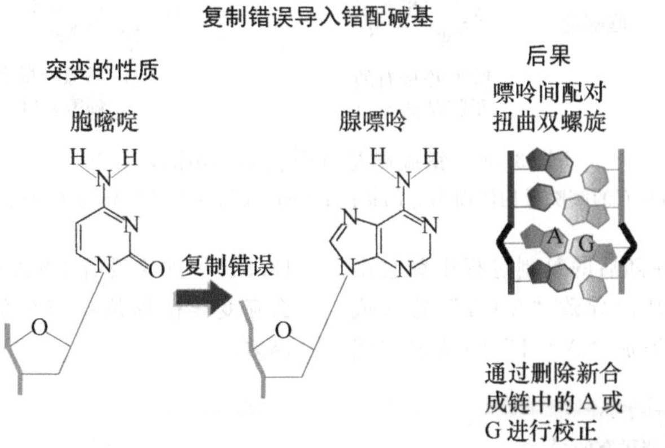

图 13.49 复制错误产生错配的碱基对，这可以通过替换一个碱基来进行校正，如未校正，在一个双螺旋中会产生一个突变（引自 Lewin，2004）

在 DNA 复制时可能产生碱基的错配，如 A∶C 配对。当带有 A∶C 错配的 DNA 重新复制时，一条子链双螺旋在错配的位置上形成 G∶C 对，而另一条子链的双螺旋在相应位点将形成 A∶T 对。这样就产生了碱基对的转换。

原核 DNA 聚合酶都具有 3′→5′外切核酸酶活性，可对复制中错误掺入的碱基进行校正，使得 DNA 复制中实际的差错率大大减少。在真核生物中 DNA 聚合酶 δ 也具有 3′→5′外切核酸酶活性。在介绍原核 DNA 聚合酶结构时已说明 DNA 聚合酶 3′→5′外切核酸酶功能是 ε 亚基承担的，若编码这个亚基的基因发生突变，那么就失去校正的功能，引发点突变。

2. 互变异构移位

由于碱基本身存在着**互变异构体**（tautomer），所以也能形成错误的碱基对，当碱基以它常见的形式出现时就可能和错误的碱基形成配对。J. D. Watson 和 F. H. C. Crick 曾指出，DNA 的碱基结构并不是静态不变的，在嘌呤或嘧啶中的氢原子可以从一个位置移到另一个位置上。例如，从氨基基团转移到位于环上的氮，这种现象称为**互变异构移位**（tautomeric shift）。这种互变异构移位很少发生，但它在 DNA 代谢中十分重要，因为它可能导致碱基配对的改变。我们在第四章详细阐述的 DNA 结构是一种最常见的稳定性的结构，其中的腺嘌呤总和胸腺嘧啶配对，而鸟嘌呤总和胞嘧啶配对。胸腺嘧啶和鸟嘌呤较为稳定的酮型结构可能因互变异构移位而变为烯醇式结构，而腺嘌呤和胞嘧啶较为稳定的氨基型结构也可能因互变异构移位而变为亚胺基型结构。这些碱基只能在很短的时间内处于这些较不稳定的结构形式，但是如果它们处于这种不稳定构型时正好 DNA 复制到此处或正好被加入到新生的 DNA 链中，就会产生一个突变。在这种很少见但又不稳定的烯醇型或亚胺基型情况下，可以形成腺嘌呤与胞嘧啶的配对或鸟嘌呤与胸腺嘧啶的配对（图 13.50）。

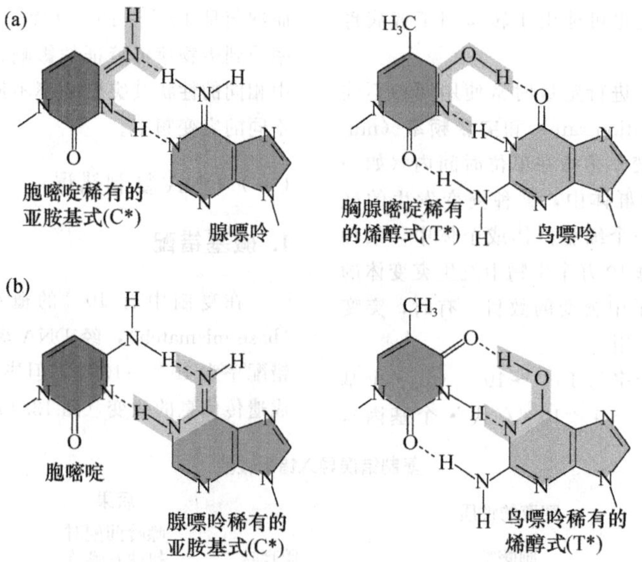

图 13.50　错配碱基（引自 Griffiths，1999）

（a）因稀有的嘧啶异构体而引起的错配；（b）因稀有的嘌呤异构体而引起的错配

这些错配发生后，在随后的复制过程中就会出现错配碱基对的分离，从而导致“A∶T”置换成“G∶C”或“G∶C”置换成“A∶T”的情况（图 13.51）。如果没有 DNA 聚合酶校正活性的话，那么互变异构移位所产生的突变要比实际发生的多得多。

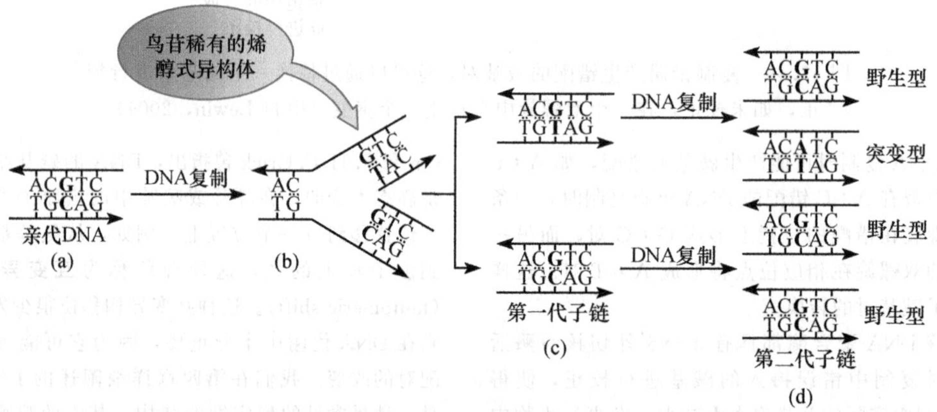

图 13.51　DNA 的碱基通过互变异构移位而突变（引自 Griffiths et al.，1999）

（a）图中的例子是鸟嘌呤经过互变异构移位，在复制时，产生其稀有的烯醇式（G*）；（b）它以烯醇式与胸腺嘧啶配对；（c）和（d）在下一次复制中鸟嘌呤变回较稳定的酮式。在（b）中，胸腺嘧啶与鸟嘌呤的烯醇式配对，而在随后的复制中[（c）和（d）]，胸腺嘧啶直接与腺嘌呤配对。最终的结果是，G∶C 对突变为 A∶T 对。如果一个鸟嘌呤经过了互变异构移位，在配对时，从普通的酮式形成了稀有的烯醇式（图中，它作为一个三磷酸核苷，而不是作为模板链），它将和模板链上的胸腺嘧啶配对，导致 A∶T 对突变为 G∶C 对

3. 复制滑动

复制滑动（replication slippage）或称复制跳格，是指在极短的重复序列区域，新合成的子链与其模板链间发生重排，于是 DNA 聚合酶向后滑动并产生多余的重复单位。子链中的这些重复

单位突出形成单链环。它们能被 MutSL 的同源物修复（图 13.52）。

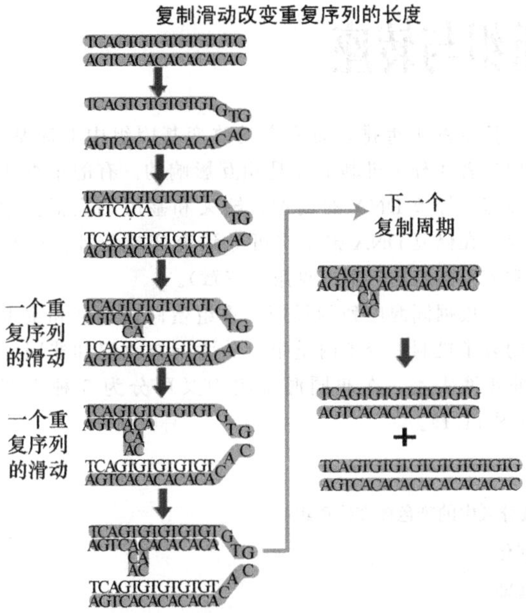

图 13.52　当子链滑回一个重复序列单位与模板链配对时，发生复制滑动。每个滑动事件会使子链增加一个重复单位，增加的重复单位作为单链环向外伸出。在下一周期中，子链经复制产生了一个重复单位数增加了的双链 DNA（引自 Lewin，2004）

在 DNA 复制中少量碱基的增加和缺失也能自发产生，这可能是由于新合成链或模板链错误地环出［跳格（slipping）］而产生的。若新合成链的环出增加一个碱基对，在模板链上的环出则会缺失一个碱基对。DNA 中少量碱基的增加和减少，除增加或减少 $3n$ 个碱基以外，都会引起移码突变。

（二）DNA 损伤的后果

DNA 的化学损伤如未能修复，则常导致基因组中碱基的转换，这种转换如果在基因的编码区，就会引起基因的点突变。

（三）转座因子的作用

转座因子（transposable element）转座时不仅能诱发染色体的断裂、缺失和倒位，也能因其插入到某基因内而导致该基因的失活。病毒也能引起基因的插入失活。

习　题

1. 什么是 DNA 损伤？有哪几种类型？
2. DNA 损伤修复有哪些途径？
3. 突变和 DNA 损伤有何联系及差异？
4. 什么是切除修复？修复的机制是怎样的？
5. 一般的切除修复分为几种类型？
6. 试述 AP 内切核酸酶的修复途径。
7. 全基因组修复（global genome repair）和转录偶联修复（transcription-coupled repair）有何相同和差异？
8. 双链断裂是通过哪些途径修复的？
9. 试述重组修复的机制。
10. SOS 修复是怎样发现的？
11. 在染色体结构中有哪 4 类主要的畸变？
12. 什么叫做位置效应？产生的机制是什么？
13. 什么是假连锁？哪些类型的染色体畸变会产生假连锁？
14. 单倍体和一倍体有何区别？
13. 为什么三倍体是不育的？
14. 亚洲野生棉（*Gossypium arboreum*）有 13 对染色体，美国野生种（*G. thurberi*）也有 13 对染色体。物种间的杂交是不育的，因为在减数分裂时染色体高度无规则配对。美国栽培棉花（*G. hirsutum*）具有 26 对染色体，是完全可育的。在 *G. arboreum* 和 *G. hirsutum* 间的杂交及 *G. thurberi* 和 *G. hirsutum* 间的杂交产生的植株，在减数分裂中，显示 13 对染色体（二价体）和没有配对的 13 条染色体（单价的）。用这些细胞学数据告诉我们什么是有关现在的美国栽培棉的遗传起源。
15. 在一所医院中出生的新生儿 94 075 人，其中有 10 人患软骨发育不全（是一种自发显性突变）。在这 10 个患儿中有 2 人的其中一个亲本也是患者，问软骨发育不全的突变率是多少？
16. 导致基因突变有哪些因素？

第十四章　重组与转座

重组（recombination）是已经存在的遗传物质产生新组合的过程。广义的重组包括由于独立分配和染色体交换在后代中出现重组合的过程；而狭义的重组仅仅是指DNA的交换或重排而产生的重组。分子间或染色体间重组是通过真核染色体减数分裂时的独立分配和自由组合，而分子内或染色体内重组是酶促反应过程，通过DNA的剪切和连接产生新的重排。

重组和突变是产生遗传变异的两大主要因素，但二者的分子机制截然不同：重组是已经存在的遗传信息发生重排，而突变是改变基因组中的碱基。但二者在分子机制上又是相互影响的。有的重组如转座会导致DNA的倒位、缺失和基因的失活。相反，在修复DNA损伤（可导致突变或致死）时也常需要重组的过程（见第十三章）。

根据同源序列的长短、重组蛋白的类型和重组的分子机制，分子内重组可分为同源重组和非同源重组两大类。在非同源重组中又可分为5种类型（图14.1）。

- 重组
  - 分子间重组：染色体的独立分配和自由组合
  - 分子内重组
    - 同源重组
      - 交互重组：减数分裂中的染色体交换重组
      - 单向重组
        - 转化
        - 转染
        - 广泛性转导
        - 接合
    - 非同源重组
      - 保守性位点特异重组：如λ噬菌体的整合、切离和Mu噬菌体的倒位
      - 转座重组：各种转座因子的转座
      - 选择模板重组：如反转录病毒合成DNA时的模板转换和内含子归巢
      - 非同源末端连接：如免疫球蛋白基因的*V*-(*D*)*J*-*C*重组
      - 同源特异重组：如酵母交配型转换和锥虫表面糖蛋白的转换

图14.1　重组的类型

同源重组（homologous recombination）或**普遍性重组**（generalized recombination）涉及大片段同源DNA序列之间的交换。例如，在真核生物减数分裂过程中发生重组，这种重组是一种**交互重组**（reciprocal recombination）；在细菌的转化、接合和广泛性转导中所产生的重组是一种**单向重组**（unidirectional recombination），即仅受体发生重组，供体并未发生改变。催化这一过程的蛋白质（如大肠杆菌中的RecA）不是序列专一性的，而是同源依赖的。

非同源重组（nonhomologous recombination）包括以下5种类型。

（1）**保守性位点特异性重组**（conservative site-specific recombination，CSSR）：这种重组的特点是重组发生在特异位点，此位点含有短的同源序列，供位点特异性重组酶识别；重组过程涉及蛋白质催化的交错切割。CSSR能产生三种不同类型的DNA重排：①位点特异整合和切离，如λ噬菌体在*att*位点整合到*E. coli*的基因组中，形成原噬菌体，原噬菌体也可从*E. coli*的基因组中切离出来；②既能整合和切离，又能发生倒位，如噬菌体P1依赖重组酶Cre识别和剪切特异序列*loxP*，可进行整合和切离，也可发生倒位；③特定片段仅发生倒位，而不发生整合和切离，如沙门氏菌鞭毛蛋白的相变位和Mu噬菌体中G片段的倒位（见第十章）。

CSSR所使用的重组酶为**丝氨酸重组酶**（serine recombinase）家族。该酶活性位点的丝氨酸残基的侧链可对识别位的特定磷酸二酯键进行攻击（图14.2），使DNA分子单链断裂，并在丝氨酸和DNA断裂点的一个磷酸之间形成一个共价连接。

（2）**转座重组**（transposition recombination）：转座的机制依赖DNA的交错剪切和复制，但不依赖于同源序列。转座涉及转座酶，解离酶识别重组

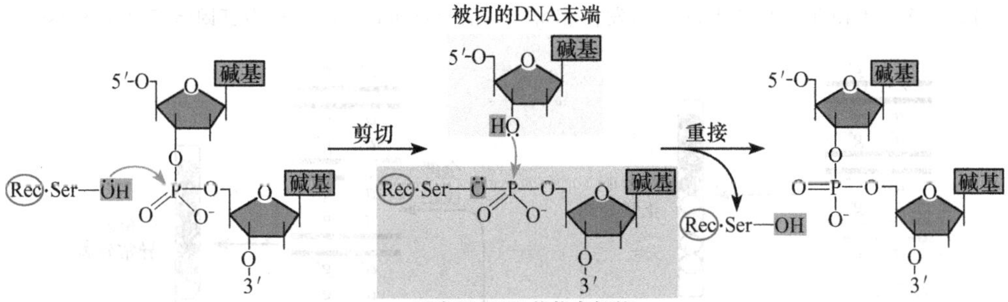

图 14.2 丝氨酸重组酶和酪氨酸重组酶的共价中间体。如图中所示，丝氨酸活性位点的一个羟基攻击磷酸基团，导致重组位点的一条单链断裂，然后，断开的 DNA 上的羟基再攻击蛋白质-DNA 共价中间体的共价键，从而逆转了断裂反应，使 DNA 连接，并释放蛋白质。Rec 为重组酶（引自沃森等，2005）

分子中的短特异序列。转座的过程中会形成共合体，两个转座因子之间的重组会引起缺失和倒位。

转座是重组中的一种特殊类型，它是由转座因子产生的特殊行为。转座和其他类型的重组不同，转座因子不依赖于供体和受体位点序列间的同源性。转座因子的共同特点是：①两端有反向重复序列；②转座后靶位点形成正向重复；③都编码与转座有关的蛋白质；④可以在基因组中移动。

转座因子可以作为基因组中的一种“便携式同源区”（portable region of homology）发挥重组的功能。转座因子在基因组中的移动可导致基因的沉默，DNA 的缺失、插入、倒位和易位。

转座重组使用的重组酶为**酪氨酸重组酶**（tyrosine recombinase）家族，其作用机制和丝氨酸重组酶相同。

（3）**模板选择性重组**（copy choice recombination）：反转录病毒在形成 TLR 的过程中，经过两次跳跃反应，在 DNA 合成时因模板转换而产生了重组。这种重组的类型称为**模板选择**（copy choice）。内含子归巢也属于此种类型（见第五章）。

（4）**非同源末端连接**（non-homologous end joining，NHEJ），以前称为**特殊重组**（special recombination）。在哺乳动物的体细胞中，免疫球蛋白成熟的 *V-J-C* 区的 DNA 重排、类别转换都是以这种方式进行重组的（见第十六章）。另外在 DNA 双链断裂的修复中，也涉及这种重组（见第十三章）。此重组机制涉及很特殊的蛋白因子，如重组激活蛋白（RAG）、连接酶Ⅳ等，但重组的结果会导致核苷酸序列较多的改变。

（5）**同源特异重组**（homologous-special recombination）：酵母交配型的转变与以上有的类型具有相似之处，但又有明显的不同。例如，交配型转变同样涉及同源大片段 DNA 的同源配对，但重组位点仅特异地在 Z/Y 交界区，而且伴随着复制过程；切割时仅受体位点双链被切。这些特点很像复制型转座，但与转座重组的根本区别在于：①位点特异；②在结构上无反向重复，也不形成靶位点的正向重复；③不涉及转座酶和解离酶，因此应将其另列为一个类型，称为同源特异重组。另一个例子是锥虫表面糖蛋白（VSG）的改变。

第一节 重组机制

在 20 世纪 60 年代之前虽然 DNA 双螺旋模型已经建立，但分子遗传还处在孕育之中，对复杂的 DNA 重组机制尚不能从分子水平加以诠释。1937 年英国的植物遗传学家 C. D. Darlington 就提出了染色体重组的**断裂重接模型**（breakage joining model）。这个模型简单而直观，能解释高等真核生物减数分裂中产生的染色体重组现象，易被人们所接受。但此前科学家们已经发现与 DNA 重组紧密相关的一些现象：①基因转变；②极化子现象；③基因转变往往伴随着两侧基因重组这一现象。一个合理的同源重组模型必须能圆满地解释这些现象，而断裂重接模型却无法解释这些现象，因此陆续产生了新的重组模型。

一、同源重组模型

（一）基因转变与模板选择模型

早在 1930 年德国的 H. Winkler 首先发现了真菌在减数分裂过程中不规则分离的现象，产生的子囊孢子正常的分离方式是 4∶4，但也出现了少数的 5∶3、3∶5；6∶2、2∶6 或 3∶1、1∶3 的异常分离（图 14.3）。他将这种异常分离解释为同源染色体联会时，一个基因使相对位置上的基因发生相应的变化所致，因而称为**基因转变**（conversion）。

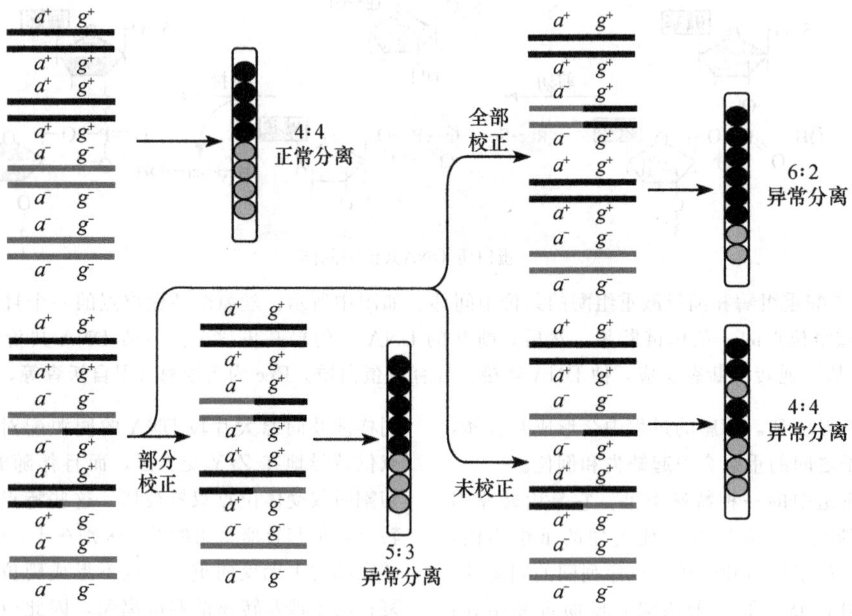

图 14.3 基因转变和减数后分离

1948 年，A. D. Hershey 提出了**模板选择**（copy choice）模型，认为复制时新合成的染色单体各以一个单体模板进行复制，在复制过程中更换相应模板，从而造成重组（图 14.4）。当时，DNA 双螺旋模型尚未问世，人们对 DNA 复制的机制仍一无所知，而模板选择模型能够很好地解释基因转变的现象，因此受到科学界的推崇。

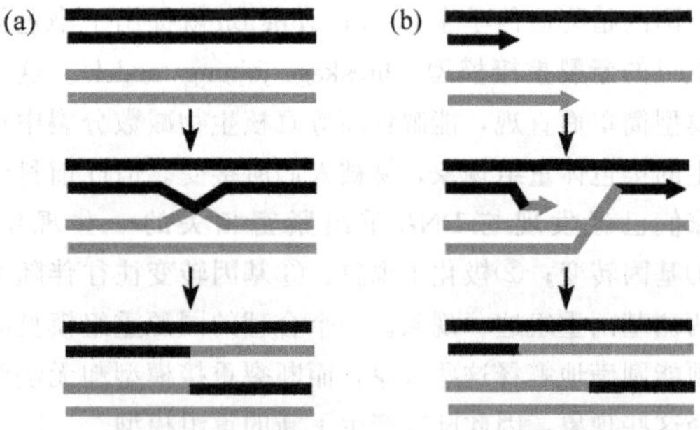

图 14.4 染色体重组的断裂重接模型 (a) 和模板选择模型 (b) 的比较

1953 年，J. D. Watson 和 F. H. C. Crick 的 DNA 双螺旋模型诞生了。同年他们又提出了 DNA 半保留复制模型，1958 年 M. Meselson 和 F. W. Stahl 用同位素标记实验证实了 DNA 的半保留复制。这一划时代的成就促使人们对 DNA 重组的模板选择学说进行了重新认识，发现这一假说提出的一条姐妹染色单体以另一条单体为模板进行复制，属于全保留复制，这在理论上就违背了 DNA 半保留复制的基本原理，所以不能成立。

（二）Holliday 模型

1964 年美国学者 R. Holliday 提出了著名的 **Holliday 模型**（Holliday model）（图 14.5），很好地解释了 DNA 的重组和真菌中发现的基因转变的现象。在 20 世纪 70 年代，H. Potter 和 D. Dressler 在噬菌体中的拍摄到“X”形结构的 DNA 电镜照片（图 14.6），为 Holliday 模型提供了一个有力的证据。Holliday 模型解释了以下的几种现象。①染色单体转变和半染色单体转变：在图 14.3 中，表明在真菌的杂交中有时会产生一些异常分离，如出现 6∶2 或2∶6的比例，似乎在减数分裂中有一整条染色体发生了转变，这一过程就称为**染色单体转变**（chromatid conversion）；另外也有 5∶3 或 3∶5 的异常分离，似乎是半染色体发生了转变，故称为**半染色单体转变**（half-chromatid conversion）。以上的异常分离比例可以解释为在交换的过程中产生了异源双链［图 14.5（k），（m）］和错配，由于不同的校正而产生了三种不同的异常比例（图 14.3）。②在发生基因转变的异源双链区的侧翼常会出现基因的重组［图 14.5（m）］。③极化效应：1960 年 P. Lissouba 和 G. Rizet 用 *Ascobolus immersus* 作为研究材料，发现在同一基因内部的各个突变位点的转变频率常从基因的一端向另一端递减，具有这种现象的一段 DNA 称为**极化子**（polaron），这一现象称为**极化子效应**（polaron effect），一个极化子相当于一个基因。在发生重组时，DNA 的异源双链部分并不是完全随机形成的，而是在染色体的某一特定部位开始形成，并且越靠近这个部位，基因转换的频率越高。这是由于交换产生的错配只发生在异源双链 DNA 区，而这一区域正好位于 Holliday 结构的断裂点和分支点之间［图 14.5（m)］，即分支点移动的区域。在 Holliday 连接体拆分时，外侧区域仍然形成同源双链。

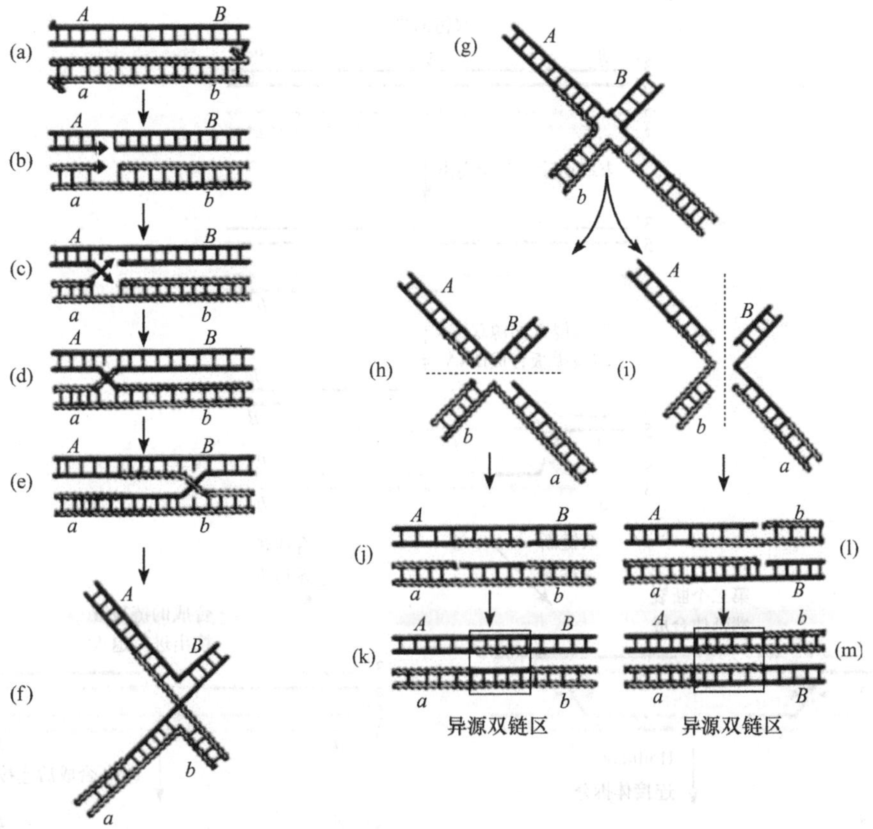

图 14.5　DNA 重组的 Holliday 模型（引自 Potter and Dressler，1976）

(a) 两条同源的双链 DNA 分子联会；(b) 每条 DNA 双链中有一条单链断裂，形成切口（nick）；(c) 单链侵入（invade）；(d) 单链取代；(e) 分支迁移；(f) 形成 Holliday 连接体（Holliday junction，HJ）；(g) 分子的下端 180°旋转；(h)，(i) Holliday 连接体两种拆分的模式；(j) Holliday 连接体拆分的产物之一；(k) 中部形成异源双链，侧翼基因未发生重组；(l) Holliday 连接体拆分的产物之二；(m) 中部形成异源双链，在异源双链区的两侧出现重组 *A-b* 和 *a-B*

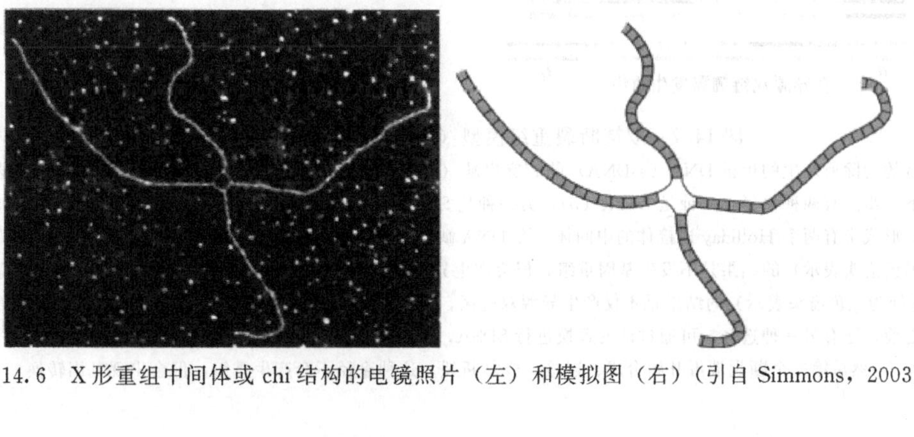

图 14.6　X 形重组中间体或 chi 结构的电镜照片（左）和模拟图（右）（引自 Simmons，2003）

（三）双链断裂重组模型

Holliday 模型虽然很好地解释了重组与基因转变及极化子效应的关系，而且又有电镜照片为证，确为一个很好的重组模型，但两条同源双链 DNA 分子的相应位置同时断裂，似乎难以使人置信。针对这个问题科学家们又相继提出了一系列的重组模型，其中比较广为接受的是双链断裂重组模型（model of double-strand breaks recombination）。这个模型是在 1983 年由 J. W. Szostak 提出的（图 14.7）。该模

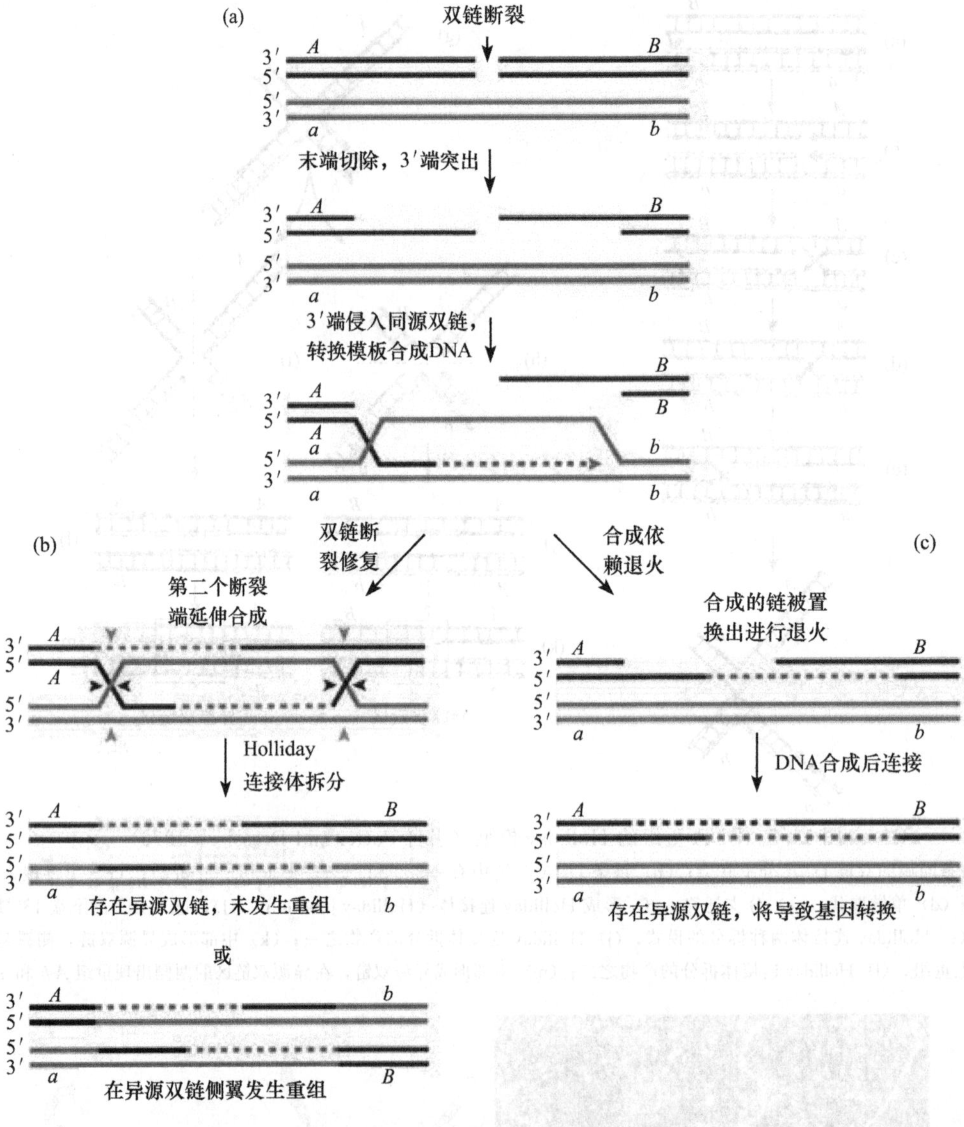

图 14.7 双链断裂重组模型（引自 Sung and Klein，2006）

(a) DSB 的切除所产生的单链 DNA（ssDNA）的 3′突出端（overhang）侵入同源双链序列中而启动，然后侵入端继续延伸。下一步又有两种途径：一种是 DSBR (b)，另一种是 SDSA (c)；(b) 在单联侵入和延伸后，第二个 DSB 端也相继合成，形成带有两个 Holliday 连接体的中间体。在 DNA 缺口被封闭后，拆分 Holliday 连接体，这有两种模式：一种拆分（黑色箭头表示）的结果是不发生基因重组，但会产生异源双链区；另一种拆分（在一个 HJ 处为灰色箭头，在另一个 HJ 处为黑色箭头表示）的结果是不仅产生异源双链区，而且在此区的侧翼还会发生基因重组；(c) 在第二个断裂端延伸之前，还有另一种选择，可通过链的置换进行 SDSA，即已延伸的 3′端被置换出，与第二个断裂端的 5′端连接，然后第二个断裂端再开始合成、连接。修复断裂。这种途径不会产生重组，但会出现基因转换

型认为不是在两条同源双链 DNA 分子的相应位置同时断裂，而是一条染色体的双链断裂（double-strand break，DSB），断裂是由内切核酸酶水解磷酸二酯键的结果。DNA 断裂之后由外切核酸酶扩大缺口，接着断裂链的游离 3′端插入到具有完整双链的同源染色体中，形成 D 环结构。在 DNA 聚合酶的作用下，断裂的两条链分别以完整链为模板开始合成，最后再通过断裂重接过程完成重组。这种双链断裂发生的可能性要比 Holliday 模型中两条同源双链 DNA 分子的相应位置同时断裂更为合理，而且这个模型也同样很好地解释了重组与基因转变及极化子效应的关系。

双链断裂模型所描述的同源重组（homologous recombination，HR）的过程也是一种 DNA 损伤修复的过程。它由两种途径所介导，即双链断裂修复（double-strand break repair，DSBR）和依赖合成的链的退火（synthesis-dependent strand annealing，SDSA）（见第十三章）。

二、同源重组和酶

DNA 分子之间的交换仅涉及 DNA 分子重组机制和限制区域的这一部分，而不是整个染色体。但分子事件的一般程序是相同的：①由断裂分子产生的单链与非姐妹染色单体的双链相互作用；②配对区的延伸；③外切核酸酶解离配对的双链。现在已经知道以上每一步都需要酶的催化（表 14.1）。

表 14.1　大肠杆菌中涉及产生重组 DNA 的重组基因

基因	功能
RecBCD 系统	具有核酸酶、解旋酶和 ATPase 活性。在 *chi* 位点产生单链 3′游离末端
RecB、RecC、RecD	RecBCD 是 ATP 依赖的外切酶和解旋酶（外切酶 V），它与双链断口结合，解开 DNA 并导入裂口，其倾向性位点称为 *chi*（参见重组热点）。RecBCD 酶产生 RecA 可以作用的底物
RceA	①具有蛋白酶活性；②在单链 DNA 和 ATP 存在的条件下 RecA 能启动 DNA 单链和与之互补的双链分子进行碱基配对
RceG	具有解旋酶活性，可解离 Holliday 连接
RuvAB 系统	具有解离 Holliday 连接的活性
RuvA	可识别 Holliday 连接的结构
RuvB	是一种 ATPase，它可发动迁移反应
RuvC	具有内切核酸酶活性，可特异识别 Holliday 分支，它在体外可切这个连接体，解离重组中间体

在细菌中用于重组的酶已通过 rec^- 突变而被鉴别出来。rec^- 突变体的表型特征是不能进行重组的。现已鉴别出 10～20 个基因座。

已发现了一种产生合适末端的机制，它是重组热点存在的结果。这些位点是在 λ 噬菌体突变体中发现的，称为“十”字形（*chi*），是由于单个碱基对的改变产生了刺激重组的位点。这一位点是由 8 个碱基组成的非对称序列：$\frac{5'\text{GCTGGTGG}3'}{3'\text{CGACCACC}5'}$

这个 *chi* 序列在自然的 *E. coli* DNA 中每隔 5～10kb 就存在一个拷贝。但野生型 λDNA 无此序列，而其他遗传因子中也无此序列，表明它不是重组所必需的。

chi 序列促进了其邻近区域相距 10kb 范围发生的重组。*chi* 位点能被双链断裂所激活，断裂在其右侧几千碱基对的地方。这种方向的依赖性表明重组的装置必须和 DNA 的断裂端相连接，然后才能沿着一个方向在双链上移动。

chi 位点是 *recBCD* 编码的一种酶的靶序列。RecBCD 复合体有几种活性：①是一种强的核酸酶，可降解 DNA，初始它被鉴定为外切核酸酶 V；②具有解旋酶活性，在单链结合蛋白（SSB）存在时它可以解开双链；③具有 ATPase 活性。它在重组中的作用是提供带有游离端的单链区。

当 RecBCD 结合在 DNA *chi* 位点的右侧时，它沿着 DNA 移动，使 DNA 解旋，并降解带有 3′端的单链。当到达 *chi* 位点时它停顿下来，并切开上面的一条单链 DNA，切点在 *chi* 3′端离 *chi* 位点 4～6bp 处。*chi* 位点的识别导致 RecD 亚基的解离或失活，结果使复合物 RecBC 失去了核酸酶的活性，但继续发挥其解旋酶的作用（图 14.8）。

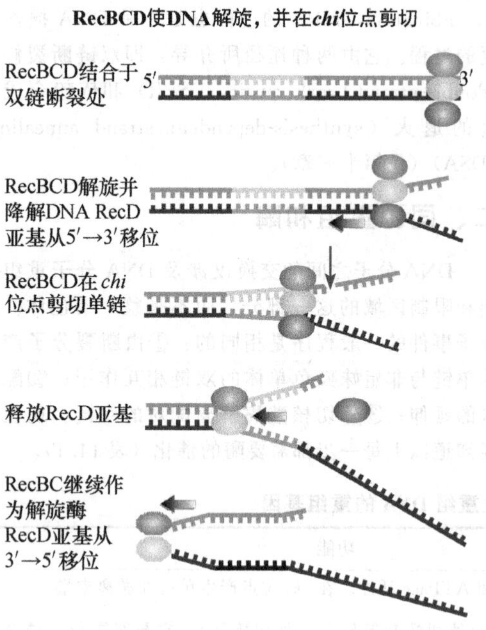

图 14.8 RecBCD 核酸酶从一侧向 *chi* 序列移动，当它前进时降解 DNA；在 *chi* 位点，它充当内切核酸酶进行剪切，释放 RecD 后它仅有解旋酶的活性（引自 Lewin，2004）

RecBCD 介导的解旋和剪切可产生 3′游离末端，用来起始异源双链连接的形成。当 RceBCD 在 *chi* 位点剪切时，RceA 酶能使带有 3′端的单链释放出来，并利用它和同源双链序列起反应，从而产生连接的分子。

RceA 有两个完全不同的活性：①在 SOS 反应中它具有蛋白酶活性；②能启动 DNA 单链和与之互补的双链分子进行碱基配对。RecA 的后一种活性需要单链 DNA 和 ATP；RecA 的活性与体内重组之间的相关性尚不十分清楚，但和几种类型的重组机制的反应有关。

RecA 能催化单链 DNA 取代双链分子中同源的链，此反应称为**单链取代**（single-strand uptake）或**单链同化**（single-strand assimilation）。这种取代反应能发生在各种形状的 DNA 分子之间（图 14.9），但一般要具备三个条件：①其中一个 DNA 分子需要有一个单链区域；②其中一个 DNA 分子必须要有一个游离的 3′端；③此单链区域和 3′端必须和另一个 DNA 分子有互补区。

在 *E. coli* 中，*ruvA*、*ruvB* 和 *ruvC* 基因编码的蛋白质也和重组有关。*ruvA* 和 *ruvB* 的产物可促进异源双链结构的形成。RuvA 可识别 Holliday 连接结构；

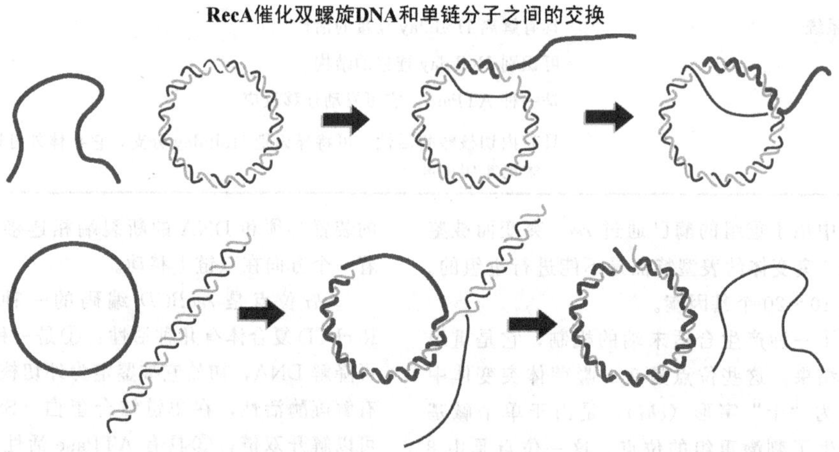

图 14.9 在一条反应链存在游离端时，RecA 就可促进单链入侵到双链 DNA 中（引自 Lewin，2004）

RuvB 是一种 ATPase，它可发动迁移反应，图 14.10 表示复合体的功能。RuvA 结合在交换点上的所有 4 条链上。RuvB 是六聚体，它围绕在交换点上游的每一条 DNA 双链的周围。此 RuvAB 复合体能导致分支点以每秒 10～20bp 的速率迁移。RecG 解旋酶也具有相似的活性。RuvAB 解旋酶在反应时能将 RecA 从 DNA 中置换出来。RuvAB 和 RecG 都具有解离 Holliday 连接的活性，使重组得以完成。若二者发生突变，那么 *E. coli* 则完全失去了重组的活性。

ruvC 编码一种内切核酸酶，可特异识别 Holliday 分支结构，它在体外可切这个连接体，解离重组中间体。一个共同的四核苷酸序列为 RuvC 提供了解离 Holliday 连接的热点，此序列是对称的，这样可以直接决定在哪一对链上产生缺刻，从而决定

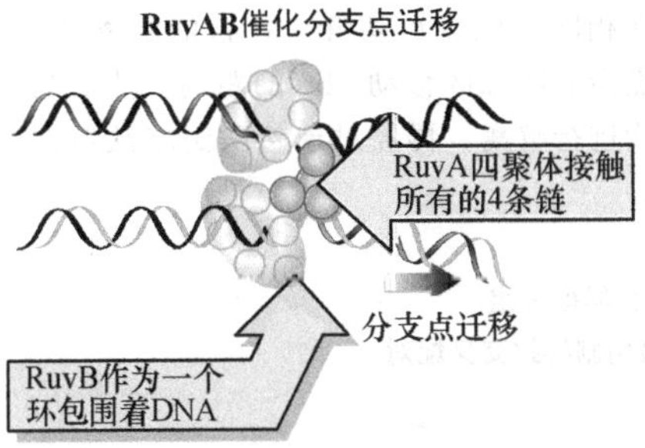

图 14.10　RuvAB 是一个不对称的复合体，它促进 Holliday 连接体的迁移（引自 Lewin，2004）

了补丁重组的形成（并非全部重组）或剪接重组（在两个侧翼标记间重组）。

RecA 的同源蛋白在原核生物中普遍存在，在真核中生物中也发现了相关的蛋白质。在酵母中（*S. cerevisiae*），*DMC1* 和 *rad51* 两个基因所编码的蛋白质与 RecA 相关。这些基因的突变会导致产生相似表型；突变体聚积双链断裂，且不能形成联会复合体（SC）。这些现象强调了一种观点：DNA 双链之间的交换和 SC 的形成有关，而且提出了染色体联会可能和细菌的同化反应相关，但在真核生物中 RecA 的同源蛋白并不形成"细丝"，因此在真核生物中的反应机制可能和原核不同。

第二节　位点特异重组和同源特异重组

一、保守性位点特异重组

（一）λ 在 *att* 位点的整合

位点特异性重组最典型的例子是 λ 噬菌体对 *E. coli* 的整合和切离（见第十一章）。这是在特异的**附着位点**（attachment site，*att*）通过重组完成的。在细菌染色体上的特异位点称 att^{λ}，若这个座位发生突变就会失去功能而抑制 λ 的整合。

细菌的 att^{λ} 位点称为 ***att B***，其序列的成分是 BOB′，在噬菌体上的 *att* 位点，称为 ***att P***，含有 POP′（图 14.11）。"O"序列是 *att B* 和 *att P* 共有的同源序列，被称为核心序列，长 15bp，重组就发生在此序列上。两侧序列 B、B′和 P、P′作为臂（arm）；臂序列各不相同。由于 λDNA 是环状的，重组时它插入到细菌染色体中呈线状。原噬菌体两端的 *att* 位点是由重组产生的 BOP′（*att L*）和 POB′（*att R*）构成的（图 14.11）。

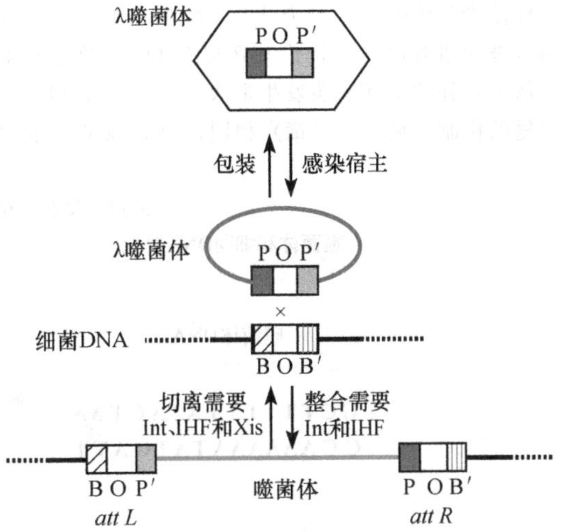

图 14.11　λ 噬菌体的整合和切离

在 *att* 位点的整合和切离并不涉及反应序列的同源部分。整合需识别 *att P* 和 *att B*；而切离时需要 *att L* 和 *att R*。

虽然这种重组事件是可逆的，但不同的条件决定了反应的方向。这在噬菌体生活周期中是一个重要的特点。噬菌体一旦整合进入溶原周期，不会立即被切离；反之亦然。

整合和切离的作用位点是不同的，因此这两个反应所依赖的蛋白质也不完全相同。整合（*att B*×*att P*）反应需要噬菌体 *int* 基因的产物和**宿主整合因子**（integration host factor，IHF），切离（*att L*×*att R*）反应需要噬菌体 *xis* 基因的产物及 Int 和 IHF 蛋白的参与。两个反应都需要 Int 和 IHF，而 Xis 在控制方向上起到重要的作用。它是切离所需要的，对整合起抑制作用。

IHF 是由 *E. coli* 编码的 20kDa 的蛋白质，含两个不同的亚基，分别由基因 *himA* 和 *himD* 编码。IHF 不参与细菌的同源重组，*him* 基因的突变会阻断 λ 位点的特异性重组，也能被 *int* 突变所抑制，表明 IHF 和 Int 可相互作用。

位点特异重组能通过 Int 和 IHF 在体外来完成。它涉及精确的断裂和重接而不需要任何 DNA 合成。*att P* 的功能需要一个 240bp 序列，而 *att B* 仅需 23bp 的片段（−11+11）就具有功能。在核心区中有 7bp 是交错剪切的序列。*att B* 和 *att P* 的大小表明它们在重组中所起的作用是不同的，*att P* 提供了附加信息，以区别于 *att B*。

图 14.12 显示在噬菌体 λ 位点特异地整合到大

肠杆菌染色体中时，*att P* 和 *att B* 都在整合酶的作用下被交错剪切，产生了 3′-P 和 5′-OH。反应看上去像是互补的单链末端发生退火，但实际上和重组修复的机制（见第十三章）相同，每条双链上的对应链在相同的位点被切开，各自的游离 3′端互换，分支点沿着同源区移动 7bp 的距离，然后酶切开分支结构进行解离，再经过连接酶封堵缺口即完成了反应。

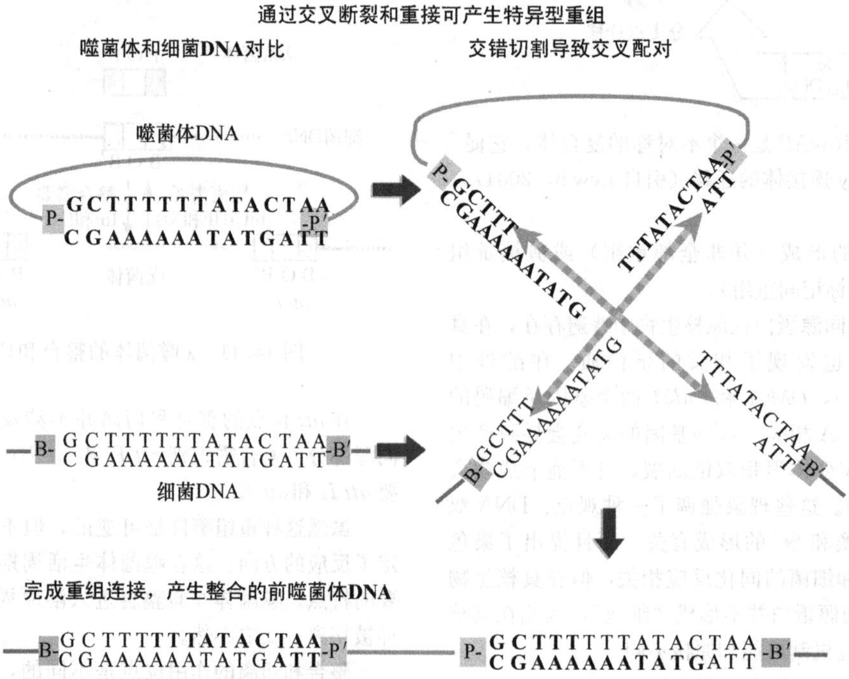

图 14.12　在 *att P* 和 *att B* 共有的核心序列中产生交错剪切，导致“十”字形重接，产生交互的重组连接（引自 Lewin，2004）

很多位点特异重组复合体都是调节反应所需的，所以当病毒进入溶原状态时先进行整合；当原噬菌体进入裂解周期时，先进行切离。通过 Int 和 Xis 量的控制将进行相应的反应（见第十一章）。

（二）倒位重组

沙门氏菌（*Salmonella*）的相转变和 Mu 噬菌体 G 片段的移位都属于位点特异性重组。沙门氏菌的 *hin* 基因长 995bp，它和 Mu 噬菌体 G 片段的相应基因 *gin* 同源性很强，功能也能在互补实验中互相替代。P1 噬菌体中决定 C 片段倒位的 *cin* 基因也和 *him*、*gin* 同源。转座子 Tn3 的 tnp^R 基因产物和 Hin 也有一定的同源性。Mu 噬菌体 G 片段两端 34bp 的反向重复序列与 Him 片段的 IRL 和 IRR 也是高度同源的。倒位的机制是 IRL 和 IRR 互相配对，形成一个环，Hin 蛋白介导它们的重组，切离和重组方式与 Tn3 共合体解离相似。

二、同源特异重组

酵母交配型的转变这种重组方式有以下特点：①需要特殊蛋白 HO；②需长的同源序列；③位点是特异的，仅在 Y 区重组；④重组时产生 *chi* 结构；⑤HO 识别特殊位点并交配切割；⑥复制过程中涉及修复性复制（见第十二章）。以上特点表明，这种重组既不同于同源重组，也不同于位点特异性重组，因此应单列为一类型，称为同源特异重组。

第三节　转座和转座因子

可移动的遗传因子可分为三类：①转座因子；②附加体（episome），如噬菌体 λ；③盒式元件，如锥虫的可变表面糖蛋白盒、酵母的交配型盒（参见第七章）以及整合子。转座因子是其中最为复杂的一类。

转座（transposition）是一种特殊类型的重组，通常指特定的遗传因子从宿主 DNA 的一个位点移动到另一个新位点。这些可移动的遗传因子称为**转座因子**（transposable element）、**转座子**（transposon）或**跳跃基因**（jumping gene）。它们可直接以 DNA 的形式或以 RNA 为介导进行转座。转座时能给基因组带来新的遗传信息，也能诱发突变；在某些情况中又能像一个开关那样启动或关闭某些基因。现在一些转座因子已被改建为转基因的载体。用于基因功能的转座因子的发现，证明了基因组并不是一个静态的集合，而是一个不断改变自身构成的动态有机体。

一、转座因子的发现

1950 年 B. McClintock 首先在玉米中发现并描述了转座因子，打破了传统遗传学上关于基因在染色体上固定排列及同源染色体交换的观念，揭示了基因的可移动性。

1938 年 M. M. Rhoades 分析了来自于一种籽粒呈紫色的纯种自花授粉的玉米，在它后代的籽粒中表现出一种修饰性孟德尔分离比，即紫色∶斑点∶无色＝12∶3∶1。这种比例属于基因互作中的显性上位（见第二章），当时的 M. M. Rhoades 很自然地从基因互作这个角度来分析这个奇特的现象。他假设色素和斑点是由两个不连锁的基因控制的，即 A_1 基因（位于玉米的 3 号染色体上）控制玉米粒产生色素，突变呈隐性基因 a_1 时则不产生色素。*Dt*(*Dotted*) 基因位于玉米 9 号染色体上，控制产生色素斑点，突变成隐性基因 *dt* 时不产生斑点。基因型为 A_1A_1dtdt 品系的表型是纯紫色而无斑点的，只有发生双突变后才会产生了 A_1a_1Dtdt 的植物（其表型仍然是纯紫色无斑点的），自交后才能产生了 12∶3∶1 的后代（图 14.13）。但按理说 $a_1a_1Dt\_$ 基因型中 a_1 为隐性，并不能合成色素，即产生的斑点不应有色，但根据分离比（3/16）只有这种基因型才符合，那是什么因素导致产生紫色斑点？M. M. Rhoades 认为可能是在体细胞中产生了 $a_1 \to A_1$ 的回复突变，而且具有极高的回复突变频率。他将这种"回复突变率很高的等位基因"称为**不稳定突变等位基因**（unstable mutant allele）。这是一个十分大胆的假设，因为按传统的观念，基因的回复频率是很低的。接着 M. M. Rhoades 设计了一个很巧妙的实验来证实他的推断（图 14.14）。因花药是单倍体，基因型和表型是一致的。M. M. Rhoades 根据这个原理在基因型为"$a_1a_1Dt\_$"的无性系花斑植株的花中找到相应的有色的花药。他推测，这些花药所含的花粉粒可能是回复突变型，携带产生色素的基因（A_1）。而他用这些花粉与 a_1a_1 的植株测交，结果有的后代完全是有颜色的，表明在亲本中每个斑点实际是回复突变的结果。因此 a_1 基因就是第一个称为不稳定突变等位基因的例子，然而这种等位基因的不稳定性是依赖于不连锁的 *Dt* 基因的存在。一旦发生了回复突变，它们就变得稳定了。除掉 *Dt* 基因的品系仍然保持 A_1 性状。毫无疑问，也许 a_1 表型是一个缺陷型的转座因子插入所引起的，但此转座因子本身是不能移动的，而是受到 *Dt* 基因的诱导而转移，*Dt* 基因是可以移动的，使 a_1 回复成 A_1。在缺乏 *Dt* 时，A_1 等位基因是不能移动的。

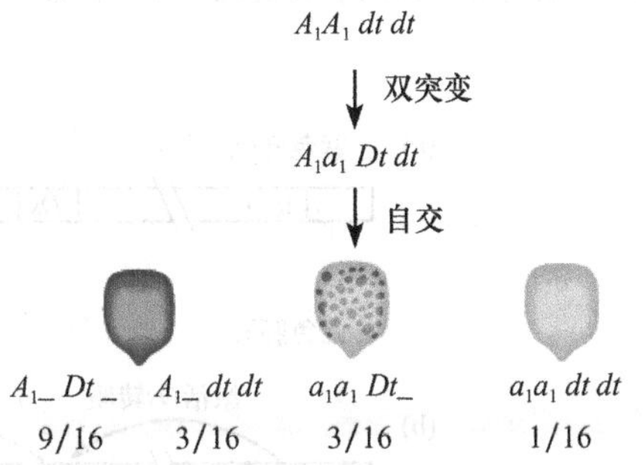

图 14.13　M. M. Rhoades 对玉米中斑点表型的遗传学解释。基因 A_1 控制色素形成，基因 *Dt* 控制产生斑点，并使 a_1 回复突变成 A_1。基因型 A_1/a_1；*Dt*/*dt* 是因 $A_1 \to a_1$ 和 $dt \to Dt$ 双突变而产生的。通过自交，获得了 12∶3∶1 分离比的三种表型的后代

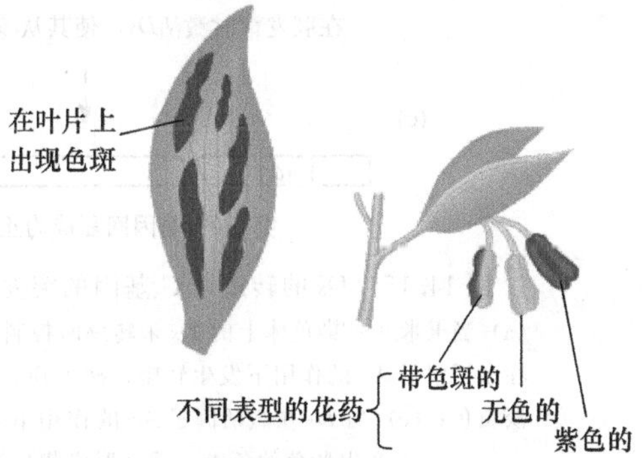

图 14.14　M. M. Rhoades 使基因型 a_1a_1 $Dt\_$ 的玉米发芽，检测它们是否带有产生色素斑的基因（引自 Griffiths et al.，1999）

虽然 M. M. Rhoades 发现了不稳定基因，而且这种不稳定性是由调控元件 *Dt* 引起的，但真正发现这种调节因子的是 B. McClintock。她在 1940～1950 年第一个观察了玉米中的转座因子。根据大量遗传学实验和观察，她描述了大量的调控元件（controlling element），这些调控元件在玉米中具有修饰和抑制的活性。她研究的性状之一是玉米胚乳上的色素。当时已知很多基因共同控制红色花青素的合成，使玉米胚乳呈紫色。这些基因中任何一对基因发生突变都会影响色素的合成，使胚乳呈白色。B. McClintock 研究了玉米胚乳的紫色、白色及白色背景上带有紫色斑点这些表型的相互关系。她根据自己的遗传学和细胞学研究推断，“花斑”这种表型并不是由一般的突变产生的，而是由一种控制因子的存在导致的。我们现在知道这就是转座因子。

她对胚乳的花斑是这样解释的：若玉米带有野生型 *C* 基因，则胚乳呈紫色；*C* 基因的突变阻断了紫色素的合成，那么胚乳呈白色。在胚乳发育的过程中，突变发生回复导致斑点的产生。回复突变发生在早期发育阶段，紫斑就比较大。B. McClintock 推测原来的 *C* 突变（无色素）是由一个“可移动的控制因子”引起的，称**解离因子**（dissociator，*Ds*），它可以插入到 *C* 基因中。我们现在知道这是发生了转座。另一个可移动的控制因子是**激活因子**（activator，*Ac*），它的存在可激活 *Ds* 转座，进入 *C* 基因或其他基因，也能使 *Ds* 从基因中转出，使突变基因产生“回复突变”，这就是 *Ac*-*Ds* 系统（图 14.15）。B. McClintock 还发现 *Ds* 存在于玉米 9 号染色体的一条臂上（带有结节），*Ds* 可导致染色体断裂，而在表型上出现拟显性，使同源染色体上的隐性基因（*c*、*sh*、*bz* 和 *wx*）得到表达（图 14.16）。

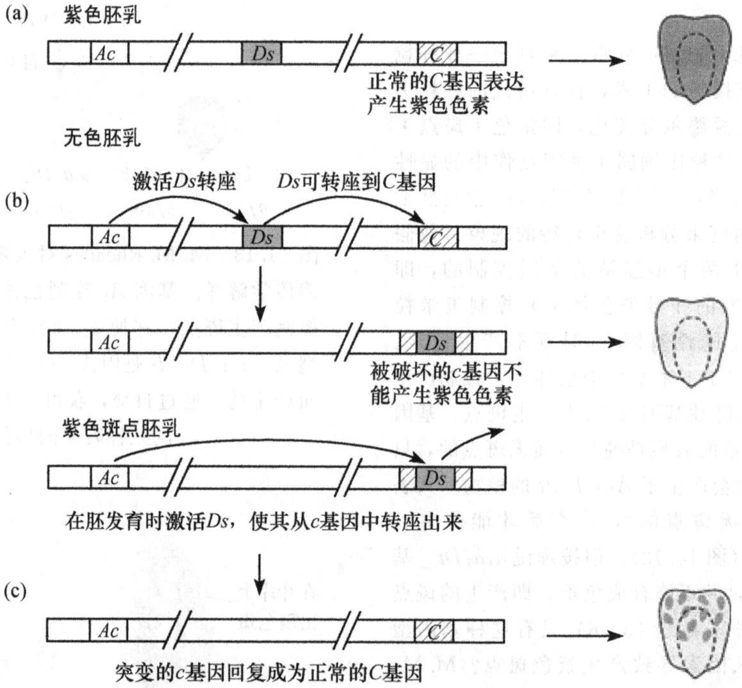

图 14.15　*Ds* 的转座与 *C* 基因的突变和回复突变（参照 Russell，1992，略有修改）

(a) 当玉米 9 号染色体上的 *Ds* 未转座时控制色素的基因 *C* 基因正常表达，胚乳呈紫色；(b) 当 *Ds* 在激活因子 *Ac* 的作用下发生转座，插入到 *C* 基因中，使 *C* 基因失活，不能产生紫色色素，胚乳呈淡黄色；(c) 当 *Ds* 在激活因子 *Ac* 的作用下发生转座，离开 *c* 基因，使 *c* 基因恢复了原有的功能，产生紫色的色素，就会形成紫色的斑点。*C* 基因离开得越早，色斑也就越大

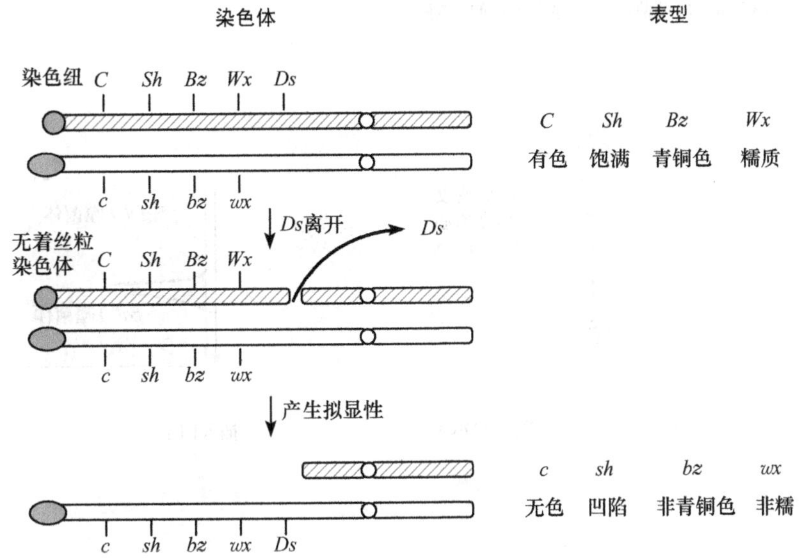

图 14.16　解离因子（*Ds*）在激活因子（*Ac*）的作用下，离开插入位点，使原插入处的染色体断裂，产生无着丝粒染色体片段，该片段丢失后，出现拟显性，即同源染色体上的隐性基因得到表达

二、原核生物中的转座因子

1969 年 J. A. Sharo 用 *E. coli* 半乳糖操纵子突变进行分析，发现原核生物中也存在转座因子。后发现细菌转座因子除了在转座中起作用的基因外，还携带能对抗生素产生抗性的基因。虽早在 1951 年 B. McClintock 就在玉米中发现了转座因子，但由于人们受到基因在染色体上有序排列的传统观念的桎梏而难以接受“跳跃基因”这一新的概念，所以直到 1967 年 J. A. Shapiro 才在 *E. coli* 中发现了转座因子。

Shapiro 在半乳糖操纵子中发现了一种极性突变。*gal* 操纵子有三个基因：*gal K*、*gal T*、*gal E*，它们编码三种酶催化半乳糖的分解代谢（见第十章）。其中间产物 Gal-1-p 是有害的，因此 $galT^-$ 在含半乳糖的培养基上因使 Gal-1-p 积累而难以成活。那么在此培养基上能生长的各种突变型，应是 $galT^-$ 的回复突变及突变体 $galK^-$ $galT^-$，但发现 $galE^-$ $galT^-$ 也能生存，按理说这种突变型可使 Gal-1-p 积累，是不可能存活的，却居然生长良好，其原因何在？经进一步研究发现 $galE^-$ 是极性突变，由于它的突变使远离操纵位点的 *galK* 活性大大下降，因而细胞中不会积累 Gal-1-p。

以上的这种极性突变又和一般的极性突变不同，它有以下的特点：①能回复突变，表明不大可能是缺失或移码突变；②用诱变剂对其处理并不能提高回复突变率，因此推测可能不是点突变。既然排除了点突变、缺失和移码突变，那么还有什么样的作用能引起极性突变？此时人们已知道了 F 因子和 λ 噬菌体的整合功能，因此他们推测 $galE^-$ 的突变可能也是部分 DNA 的插入（突变）和切离（回复突变）所致。接着他们设计了一系列实验来证实这一推测。

（一）密度梯度离心实验

J. A. Sharo 等分别进行了以下实验：他们将含有 gal^+ 和 gal^m（上述极性突变）的 λ 噬菌体分别分离出，同时加入到离心管中进行 CsCl 密度梯度离心，结果出现了两条带（图 14.17），$\lambda dgal^m$ 的密度 $> dgal^+$，表明 $dgal^m$ 有可能具有小片段 DNA 的插入。

（二）分子杂交实验

将 $\lambda dgal^m$ 和 $\lambda dgal^+$ 进行分子杂交，若 $\lambda dgal^m$ 有额外片段，那么在电镜下可以观察到它们的存在和所处的位置。实验结果在杂交链上出现了一个额外的茎环结构，长 800nt（图 14.18、图 14.19），这就是插入序列 1，或称为 **IS1**（insertion sequence 1）。

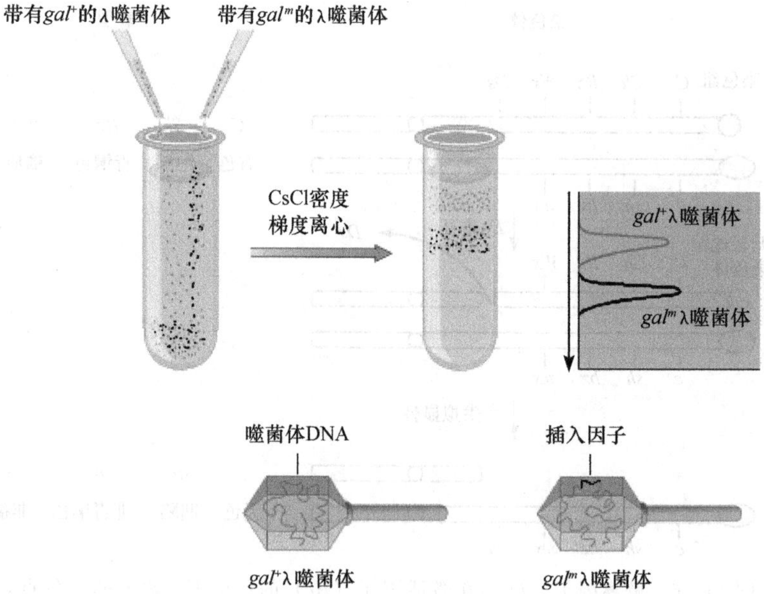

图 14.17　将含有 gal^+ 和 gal^m（上述极性突变）λ 噬菌体分别分离出，同时加入到离心管中进行 CsCl 密度梯度离心，结果出现了两条带（引自 Griffiths et al.，1999）

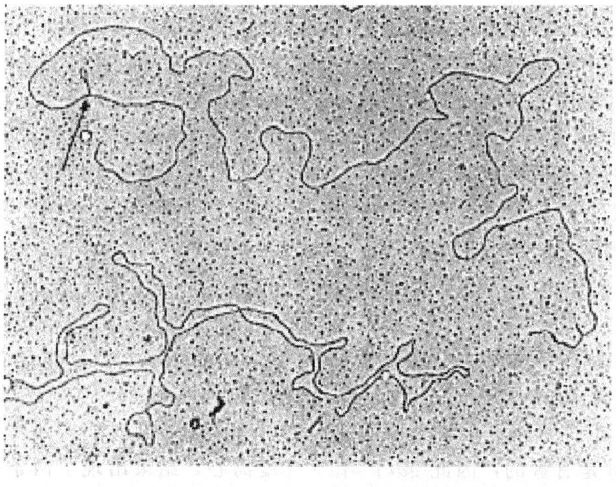

图 14.18　$\lambda dgl^+/\lambda dgl^m$ 杂合双链 DNA 的电镜照片。出现了棒糖状结构（引自 Griffiths et al.，1999）

三、转座因子的类型

转座因子根据转座过程中的介导物分为两类（表 14.2）。一类称为**Ⅰ型转座因子**（Ⅰ class of transposable element），也称为**反转录转座子**（retrotransposon）或**逆转座子**（retroposon），它们通过RNA 分子介导，用 RNA 聚合酶、内切核酸酶、反转录酶催化转座；另一类称为**Ⅱ型转座子**（Ⅱ class of transposable element）或**转座子**（transposon），它们通过 DNA 介导用转座酶和 DNA 聚合酶催化转座。这两类转座子广泛存在于很多物种中，但在真核生物中反转录转座子占优势，在细菌中转座子占优势。

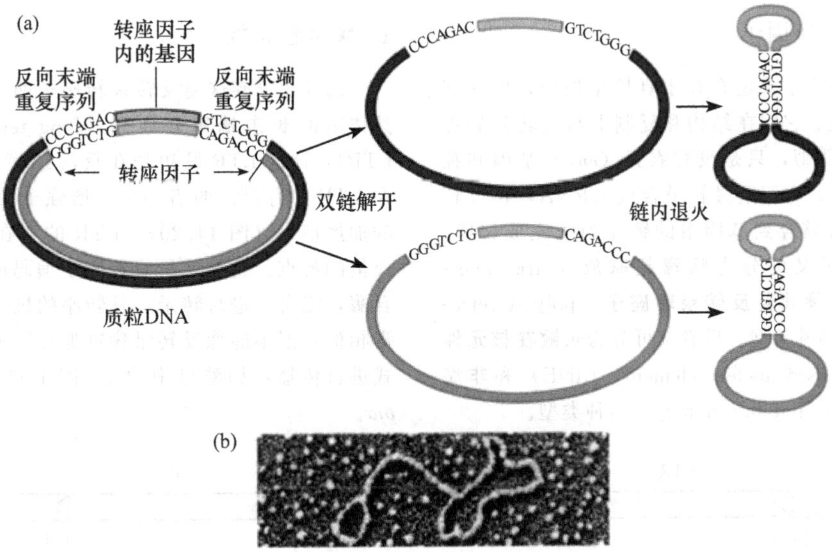

图 14.19　转座子中含有反向重复序列

(a) 含有 IS 的双链 DNA 经变性后产生两条单链，单链经复性产生茎环结构，茎的部分是由 IS 两端的反向重复序列互补结合而形成的；(b) 经变性和复性后，在电镜下可以观察到茎环结构的存在（引自 Weaver，1999）

表 14.2　不同类型转座因子的转座机制和主要的结构特点

类别	转座机制	结构特点	转座因子（举例）	生物
一、Ⅰ型转座子	由 RNA 介导转座			
1. 病毒超家族	整合转座	有 LTR，编码反转录酶和整合酶	*Ty*	酵母
			copia，*gypsy*	果蝇
2. 聚腺苷酸反转录转座子		无 LTR，3′端带有聚腺苷酸序列		
(1) LINE	靶序列引发反转录	编码反转录酶/内切核酸酶	*L1*	人类
			E，*G*，*I*，*HeTA*，*TART*	果蝇
(2) 非病毒超家族	靶序列引发反转录	不编码转座酶	*SINES*，*Alu* 家族	人类
			B1、*B2*、*ID*、*B4*	小鼠
二、Ⅱ型转座子	由 DNA 介导转座			
1. 简单转座子	切割-粘贴（非复制型）	两端为 IR，编码转座酶	IS 和类插入序列	细菌
			Ac/*Ds*	玉米
			P，*mariner*，*hobo*，*minos*	果蝇
			Tc1 elements	线虫
			睡美人（sleeping beauty）	鲑鱼
2. 复杂转座子	复制-重组（复制型）	两端为 IR，编码转座酶、解离酶和抗性标记	*TnA* 等	细菌
3. 复合转座子	切割-粘贴（非复制型）	两端为 IS，编码转座酶和抗性标记	*Tn5*、*Tn9*、*Tn10* 等	细菌

（一）Ⅰ型转座因子

反转录转座子普遍存在于真核生物中，但在细菌中也有发现。它们在结构和复制上与反转录病毒（retrovirus）类似，只是没有衣壳（*env*）基因和独立感染的形式；它们通过转录合成 mRNA，再反转录合成 cDNA 整合到基因组的靶序列中完成转座。反转录转座子又可分为**病毒超家族**（vira superfamivly）和**多聚腺苷反转录转座子**（poly-A retrotransposon）两种类型。后者又可分为**长散在核元件**（long interspersed nuclear element，LINE）和**非病毒超家族**（nonviral suberfamily）两种类型。

1. 病毒超家族

病毒超家族这类反转录转座子两端具有调节表达作用的**长末端重复序列**（long terminal repeat，LTR），这些 LTR 最初是在反转录病毒中发现的。在 LTR 中有很强的启动子、增强子及 mRNA 3′端的加尾信号（图 14.20）。LTR 的存在是这个家族成员的特点。这类反转录转座子编码反转录酶或整合酶，能自主进行转录，其转座的机制同反转录病毒相似，但不能像反转录病毒那样以独立感染的方式进行传播，如酵母中的 *Ty* 因子和果蝇中的 *copia*。

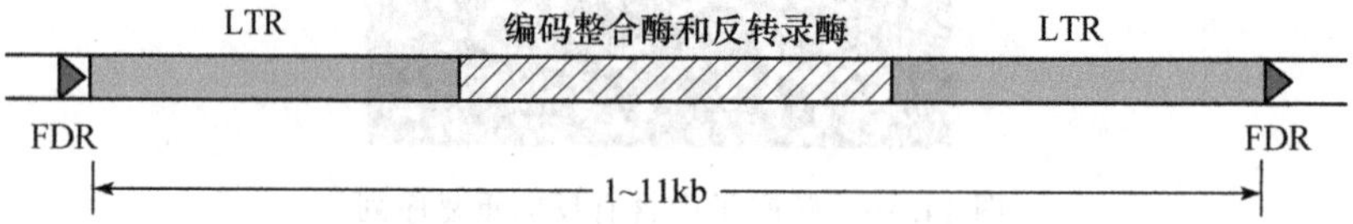

图 14.20　病毒超家族的反转录转座子的结构与反转录病毒相似，仅不编码衣壳蛋白，两端具有 LTR，这是此类转座因子的特点。在其两侧有侧翼顺向重复序列（FTR）

2. 多聚腺苷反转录转座子

多聚腺苷反转录转座子的特点是两端没有 LTR，而 3′端都有 poly(A) 尾。根据是否编码转座酶，将其分为长散在核元件和非病毒超家族两类。

长散在核元件两端没有 LTR 结构，但含有 5′UTR 和 3′UTR（非翻译区），3′端带有多聚腺苷酸序列的 A-T 碱基对，中央区含有不同的可读框（图 14.21）。它们最初是在哺乳动物中发现的，但现在知道它们的分布范围广泛，包括真菌中也有发现。在哺乳动物中一般是 LINE1 家族，也称为 L1。LINE2 家族发现较晚。L1 与反转录病毒相似，编码反转录酶和内切核酸酶及其他一些蛋白质。LINE 全长约 6.5kb，含有 ORF1 和 ORF2 两个可读框，ORF1 编码一种 RNA 结合蛋白；ORF2 编码具有反转录酶和内切核酸酶活性的蛋白质。在人类中约有 10 000 个拷贝的 LINE，但其中有绝大多数大多拷贝的 5′UTR 有缺失，因而失去了转座能力，不能自主地进行转座，而依赖在细胞内已有的酶系统进行转座。

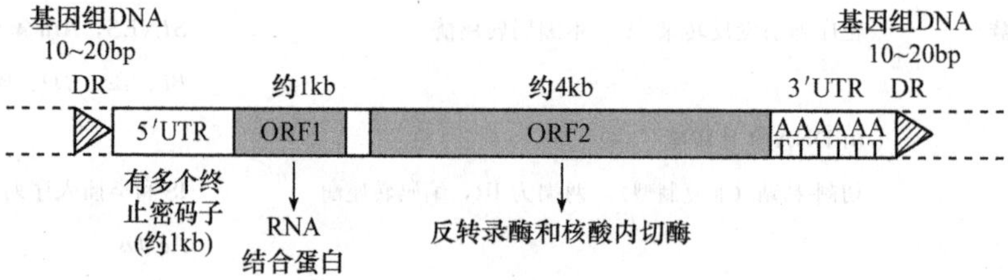

图 14.21　LINE 的代表 L1 的结构。全长 6kb，两端没有 LTR，而具有 10～20bp 的侧翼重复序列（FDR），中央区含有两个基因：ORF1 编码 RNA 结合酶，ORF2 编码反转录酶（*rvt*）、内切核酸酶（*en*）和一个半胱氨酸丰富功能区（cysteine-rich domain，C-rich）。5′UTR 含有内部启动子。3′UTR 含有加尾信号和 poly(A) 序列

LINE 这类反转录转座子家族的转座机制是用**靶序列引发反转录**（target primed reverse transcription，TPRT）转座的模式。LINE 元件两端没有 LTR，但其 ORF2 编码反转录酶和内切核酸酶。靶序列的剪切不依赖转酯反应，而由内切核酸酶来完成。转座的过程如图 14.22 所示。①靶序列的第一

次剪切，由内切核酸酶在靶位点（富含 A＋T，常为保守序列 TTAAAA）的 A 和 T 之间切开一个切口；②转录产物 RNA 和靶序列的结合，被剪切的链解开，其 3′端游离的单链 TTTT 与 RNA 分子其 3′端的 poly(A) 序列互补结合，使 LINE 元件成为合成 cDNA 的模板，而 TTTT 的 3′-OH 为反转录提供了引物；③靶序列的第二次剪切，第二条链的剪切发生在第一个切口下游 7～20nt 处，产生的 3′-OH 作为引物，引发 L1 cDNA 第二条链的合成；④两条 cDNA 链的延伸填补了 L1 两端的缺口，形成了靶位点重复序列（TSD）。

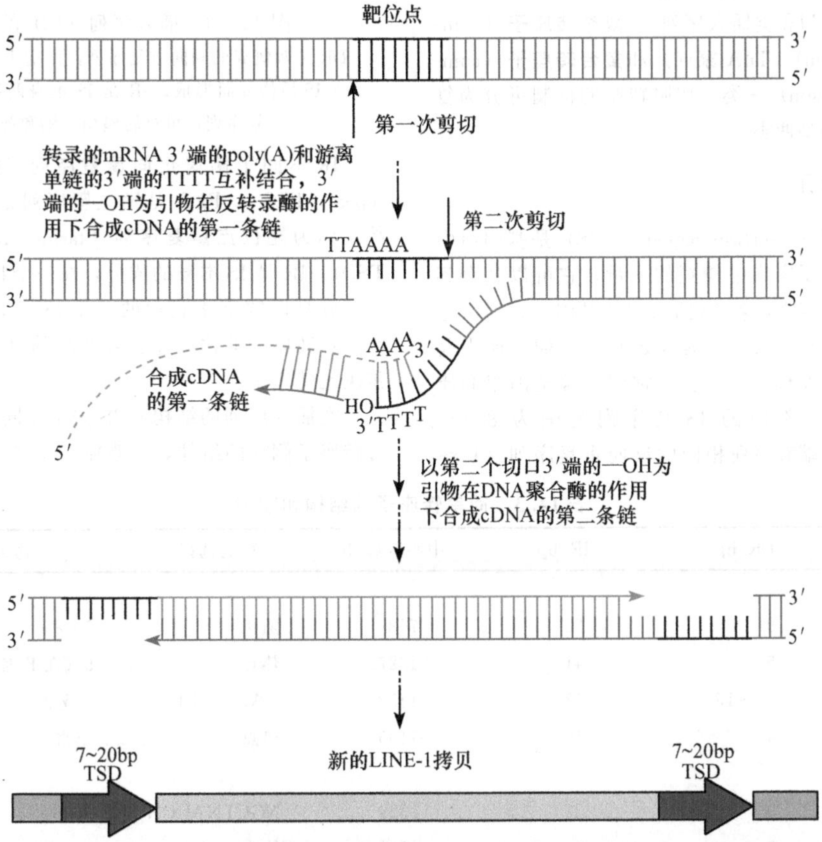

图 14.22　ORF2 编码的内切核酸酶在靶序列（富含 A＋T，A 常和保守序列 TTAAAA 相似）先切第一条链，剪切发生在互补链的 T 和 A 之间。被剪切的链游离出并和 L1 mRNA 的 poly（A）尾互补结合。DNA 游离的 3′端—OH 基作为引物引发 cDNA 第一条链的合成。DNA 第二条链的剪切发生在第一个切口的下游 7～20nt，游离的 3′端—OH 基引发 L1 cDNA 第二条链的合成。第二条链的合成过程尚未完全阐明。整个过程的结束形成 L1 DNA 的新拷贝。侧翼产生了靶序列的重复。TSD 为靶位点重复序列

非病毒超家族的成员没有 LTR 结构，3′端带有多聚腺苷酸序列的 A-T 碱基对，但不编码转座酶或整合酶，所以不能自主进行转座，而在细胞内已有的酶系统作用下进行转座。这一家族最典型的例子是**短散在重复元件**（short interspersed repetitive element，SINES）。

人类中的 ***Alu* 家族**（*Alu* family）是基因组中最常见的短散在 DNA 重复序列（见第五章）。*Alu* 序列具有反转录转座子的特征，可由 RNA 聚合酶转录成 RNA 分子，再经反转录酶的作用形成 cDNA，然后重新插入基因组，使其广泛散布于整个基因组。这个过程与 LINE-1 的转座机制相似（图 14.22）。

非病毒超家族存在于很多物种中，如果蝇中的 *jockey* 重复序列。

（二）Ⅱ型转座子

转座子是直接以 DNA 形式在基因组中移动的遗传因子，广泛分布于原核、真核及质粒的 DNA 中。转座子可编码转座酶，其两端具有供转座酶识别和剪切的**反向重复序列**（inverted repeat，IR）。转座子按照结构可分为**简单转座子**（simple transposon）（插入序列和类插入序列）、**复杂转座子**（complex transposon）（TnA 家族）和**复合转座子**（composite transposon）三类。按照转座的机制可分为复制型和非复制型两类。

1. 简单转座子

插入序列（insertion sequence，IS）是基因组中可移动遗传因子家族中较短的成员，它可以整合到宿主非同源位点上，若 IS 插入到某基因内，通常这个基因就会失活。人们正是通过它们的插入所引起的基因突变来发现它们的。正常的细菌基因组和质粒都含有 IS。不同的 IS 其序列范围为 800～2000bp，其两端有序列相同的反向重复序列（10～40bp）（图 14.23），因此如果质粒上有 IS，那么经变性和复性后，在电镜下可以观察到茎环结构的存在［图 14.19（b）］。

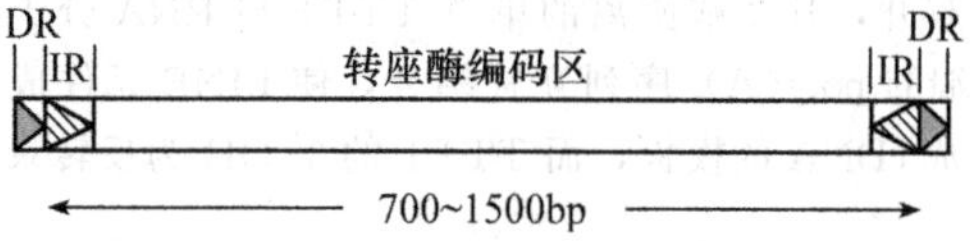

图 14.23　插入序列（IS）的结构

DR 是两侧翼的同向重复序列，由宿主的靶序列插入 IS 后修复而形成。IR 是 IS 本身两端的反向重复序列，可被转座酶识别和剪切

IR 不同于**侧翼正向重复序列**（flanking direct repeat，FDR），FDR 是宿主靶序列重复而产生的，故又称为**靶位点重复序列**（target site duplication，TSD）。IR 是 IS 本身的成分，在一个物种中 IS 的每个家族是以数字来表示的，如 IS1、IS10 等。IS 编码一种转座酶催化转座。转座酶的量可以调节并初步决定转座率。

类插入序列的结构和 IS 完全相同，但是作为复合转座子侧翼的组件，不能独立存在（表 14.3）。

表 14.3　简单转座子的结构和功能

	DR/bp	IR/bp	中心区域/bp	靶的选择	拷贝数
插入序列					
IS1	9	23	768	随机	5～8
IS2	5	41	1327	热点	5（在 F 因子上为 1）
IS4	11～13	18	1428	$AAN_{20}TTT$	1 或 2
IS5	4	16	1195	热点	丰富
类插入序列					
IS10R	9	22	1329	NGCTNAGCN	
IS50R	9	9	1531	热点	
IS903	9	18	1057	随机	

2. 复杂转座子

转座子（Tn）是较长的转座因子，也称为复杂的转座子，大小为 2500～21 000。它和 IS 的区别在于其中心区不仅编码转座所需的转座酶，通常还编码一个**抗药性基因**（drug resistance gene）或其他的标记基因，如 *Tn3*（图 14.24）。

3. 复合转座子

另一种类型的转座子称为复合转座子，在其两端由 IS 元件构成其两“臂”。其中的一个 IS 有功能或两个都有功能，IS 编码转座酶，而复合转座子中心区编码抗药性基因或其他选择标记（表 14.4）。复合转座子有可能是由两个 IS 插在一个基因的两侧而产生的。一个 IS 组件可转座其本身，也能转移整个的转座子。一个复合转座子两端的 IS 组建如相同时，每个都能产生转座，如 *Tn9*。若不同时，它们之间的功能可能有差异。转座可能依赖于其中的一个组件，如 *Tn10*（图 14.25）、*Tn5*（图 14.26）。复合转座子可能由两个独立的 IS 和一个中心区连接演化而来。当一个 IS 识别并转座到其附近的受体位点时，可能会产生这种情况。如果这两个 IS 比较起来有一个具有选择优势，那么这种优势可被固定下来，使其在复合转座子中承担转座的功能。

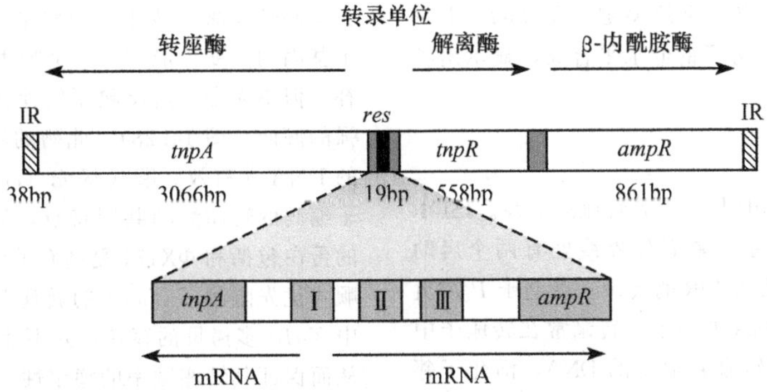

图 14.24　TnA 的结构与转录

表 14.4　复合转座子的结构和功能

转座因子	长度/bp	遗传标记	末端组件	方向	二组件的关系	组件的功能
Tn903	3100	kan^R	IS 903	反向	相同	二者皆有功能
Tn9	2500	cam^R	IS 1	正向	推测相同	预计有功能
Tn10	9300	tet^R	IS 10R			有功能
			IS 10L	反向	有 2.5%的差异	无功能
Tn5	5700	kan^R	IS 50R			有功能
			IS 50L	反向	1bp 的改变	无功能

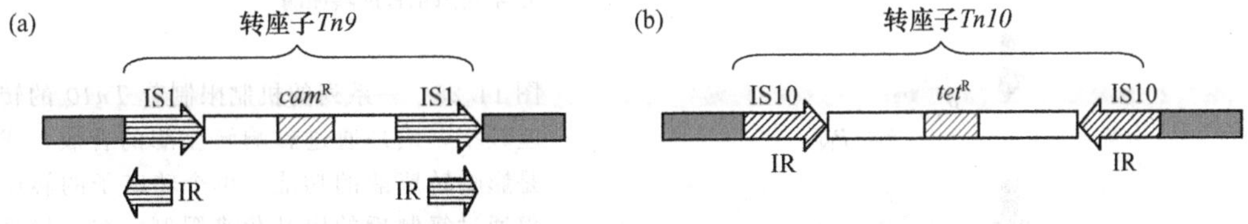

图 14.25　两种不同的转座子含有不同的 IR 区域和不同的抗性基因

(a) *Tn9* 含有一个短的 IR 区，因两个 IS1 元件以相同的方向排列，每个元件都有一个 IR 序列；(b) *Tn10* 含有一个长的 IR 区，两个 IS 成分方向相反

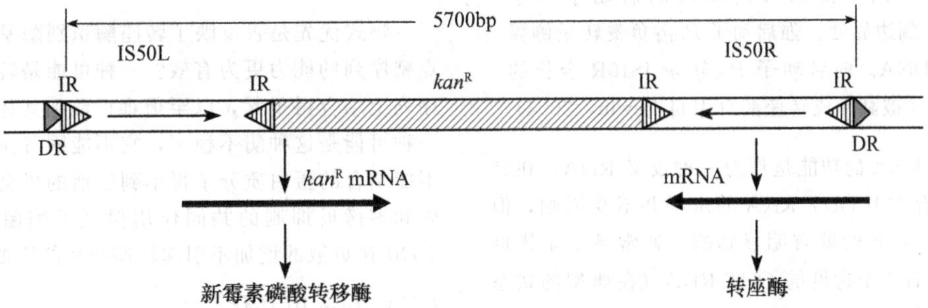

图 14.26　复合转座子 *Tn5* 的结构

两侧翼有靶序列形成的同向重复（DR），两端由类插入序列 IS50L 和 IS50R 反向排列而构成。IS50R 编码转座酶，*Tn5* 编码卡那霉素抗性基因，即新霉素磷酸转移酶基因

四、转座频率的调节

转座频率的调节对于细胞来说是重要的，一个转座子必须能维持一个最低频率才能存活，若频率太高又会损伤宿主细胞。每一个转座子具有控制转座频率的机制，在 *Tn10* 中转座频率具有多向调控。

转座酶的数量常是决定转座的关键。在 *Tn10* 中每个细胞每代只有 0.15 分子的低水平合成，显示出各种有趣的调节机制。

（一）多拷贝抑制

Tn10 的右侧 IS10R 提供了其转座的活性。IS10R 的组成如图 14.27 所示。紧靠分界线处有两个启动子。启动子 P_{IN} 是负责 IS10R 的转录；启动子 P_{OUT} 负责侧翼相连的宿主 DNA 的转录，转录常在转座子中终止，但有时可持续转录到宿主的 DNA，活化了邻接细菌的基因。当将 IS10R 的组件装到一个多拷贝质粒上，然后将重组质粒导入细菌中，结果在细菌染色体上的 *Tn10* 因子转座能力不仅没有增加反而会减少，称为**多拷贝抑制**（multicopy inhibition）。多拷贝抑制需要 P_{OUT} 启动子的存在，并以一定的水平进行转录。其作用就在于 P_{IN} 转录本的 5′端和 P_{OUT} 的 69 个碱基的转录本有重叠。P_{OUT} 转录的 RNA 比 *IN* RNA 的量要大 100 倍。这有两个原因：①P_{OUT} 比 P_{IN} 强得多；②*OUT* RNA 比 *IN* RNA 较为稳定。

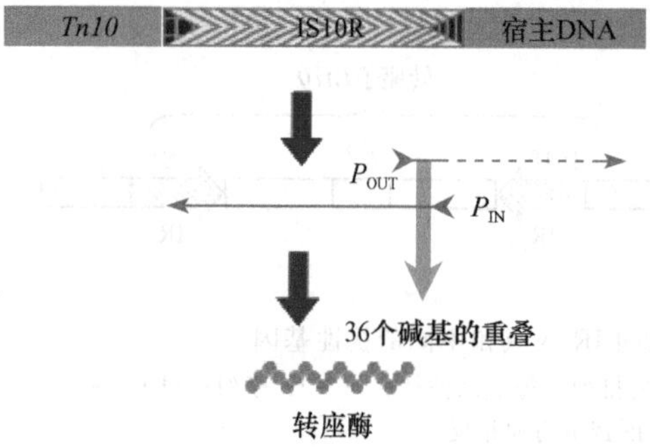

图 14.27　两个排列方向相反的启动子位于 IS10R 外侧边界处。强启动子 P_{OUT} 负责转录侧翼的宿主 DNA。弱启动子 P_{IN} 转录 IS10R 全长的 RNA，并被翻译成转座酶（引自 Lewin，2004）

OUT RNA 的功能是作为一种反义 RNA，在其以单拷贝存在时 *OUT* RNA 的水平并不受影响，但当大于 5 个拷贝时就有明显影响。通常是 1 个拷贝的 IS10 就有 5 个拷贝的 *OUT* RNA（在典型的状态下相当于约 150 的 *OUT* RNA）。*OUT* RNA 碱基与 *IN* RNA 配对，过量的 *OUT* RNA 可在 *IN* RNA 和核糖体附着前迅速地与 *IN* RNA 互补结合，使 *IN* RNA 不能被翻译。

（二）顺式优先

在 IS10R 的一条链上存在着一个连续的可读框，它编码转座酶。转座酶的水平决定了转座频率。这个基因的突变体能被另一个野生型 IS10 因子反式互补，但不完全。这反映了转座酶对顺式作用具有很强的倾向（图 14.28）。此酶的功能只对带有其模板的 DNA 才有效。**顺式优先**（*cis*-presence）是 IS 因子编码的转座酶的共同特点，另一些显示顺式优先的蛋白包括和 ΦX174 复制有关的 A 蛋白。转座酶的顺式优先限制了 *Tn10* 的转座频率，使在一个细胞中 *Tn10* 多拷贝的存在，并不能增加转座酶的浓度，从而保证其转座频率的稳定性。

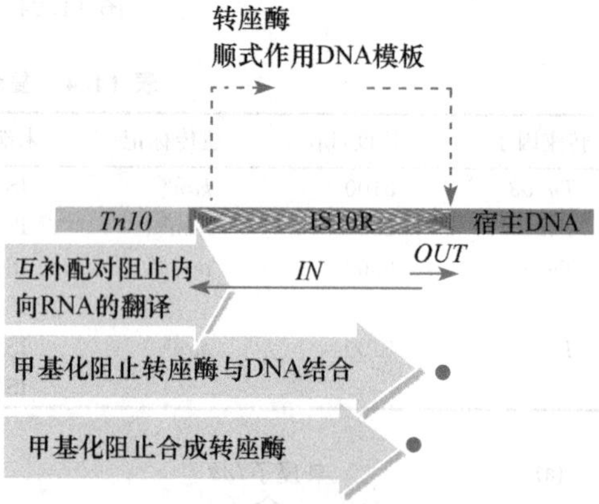

图 14.28　一系列的机制限制着 *Tn10* 的转座频率，或是通过影响转座酶的合成，或是影响转座酶的功能。单个转座子的转座仅通过复制后的甲基化来限制。在多拷贝情况下，转座子通过顺式优先限制靶位点的选择，而 *OUT*/*IN* RNA 的互补配对抑制了转座酶的合成（引自 Lewin，2004）

顺式优先是否反映了转座酶识别酶基因邻近位点靶序列的能力更为有效？一种可能是转座酶在靶序列上结合得很紧，以至很难扩散到其他地方；另一种可能是这种酶不稳定，它不能固着在 DNA 上，不能结合的蛋白质分子得不到激活的机会。顺式优先和多拷贝抑制的共同作用保证了细菌基因组中 *Tn10* 拷贝数的增加不引起转座频率的增加。

（三）*dam* 甲基化

两个位点的 *dam* 甲基化为单个转座因子提供了最重要的调节系统。一个位点在 IS10R 末端的 IR 中，是转座酶结合的地方，此位点的甲基化抑制了转录酶和 DNA 的结合；另一个位点是在 P_{IN} 中，这是转座酶基因的启动子，该位点的甲基化抑制转录活性（图 14.28）。

五、转座的分子机制

不同的转座因子转座机制是不同的，总体可以分成两类，一类是由 DNA 介导的，无需通过反转录；另一类是由 RNA 介导的，必须通过反转录。前者又可分为两类：**剪切-粘贴转座**（cut-and-paste transposition）和**复制型转座**（replicative transposition）；后者属**非复制转座**（non-replicative transposition），又称**简单转座**（simple transposition）、**直接转座**（direct transposition）或**保守转座**（conservative transposition）。

（一）DNA 介导的转座

1. 剪切-粘贴转座

剪切-粘贴转座即为非复制型转座，其重组过程包括转座子从 DNA 上原来的位置切除并将这个切下的转座因子整合到新的 DNA 位点上。此过程可分为以下的 6 个步骤（图 14.29）。①由转座因子的基因编码合成转座酶。②转座酶的亚基识别并结合于转座因子两端特定的反向重复序列（IR）上，使转座因子的两端聚集在一起形成**转座体**（transpososome）或**联合复合体**（synapticcomplex），其功能是确保转座因子移动所需的 DNA 断裂和重接能在转座因子的两端同步发生，并能保护转座因子的游离端，使其免受细胞中酶的作用。③转座酶在 IR 上交错剪切，然后再由其他的蛋白质第二次剪切，切下转座因子。关于第二次剪切的机制尚未阐明。④由切下转座因子的 3′-OH 亲核进攻靶序列，通过**转酯作用**（transesterification）交错切开受体位点的靶序列，已切下的转座子插入到切开的靶序列中，以其游离的 3′-OH 和靶序列切口的 5′-P 相连接。⑤转座因子和靶序列连接后两端各留下了一个缺口（gap）由 DNA 聚合酶 Ⅰ 修补，形成**靶位点重复序列**（target site duplication，TSD），或称结果形成了同向重复（DR），侧翼同向重复序列（FDR）。⑥最后留下的切口（nick）由连接酶封闭。TSD 长度是由靶序列的两个切点之间的

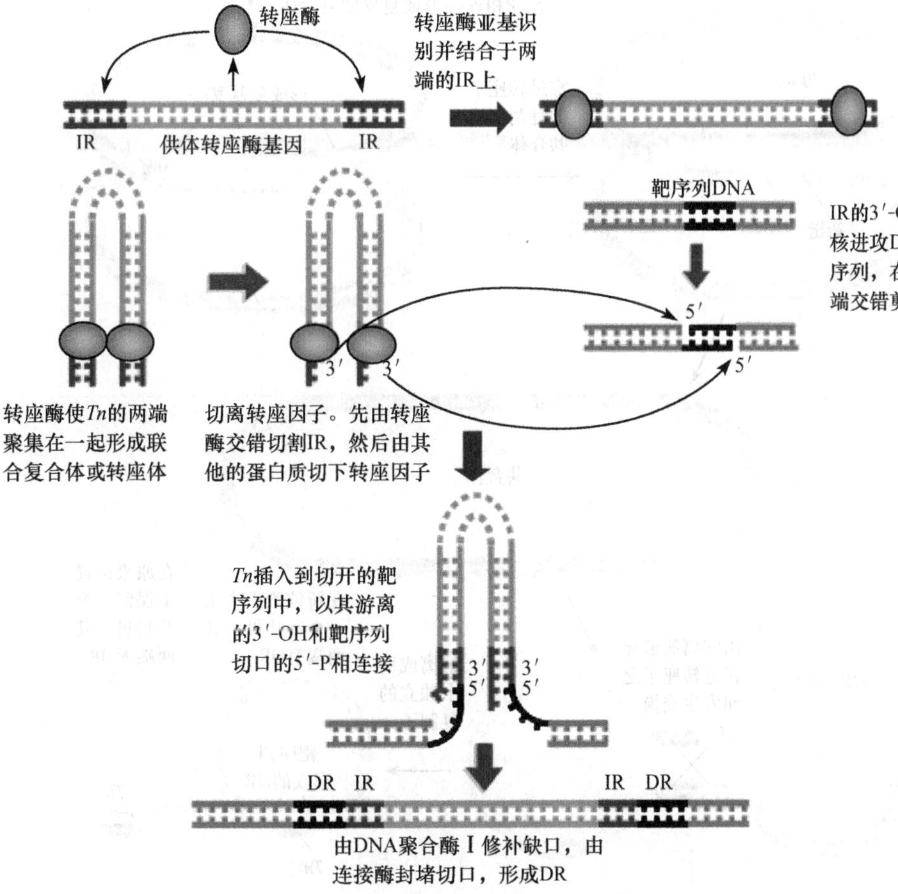

图 14.29　剪切-粘贴转座的分子机制

距离决定的，一般为 2～20bp。除靶序列引发反转录之外，其他类型的机制有些步骤与上述机制相同，像玉米 *Ac-Ds* 因子的转座机制就属于这一类。

2. 复制型转座

转座子的 DNA 经复制产生一份新拷贝，并插入到另一受体位点，原来的位置上仍保留着一份转座因子拷贝，这种转座方式称为复制型转座。

1979 年，由 J. A. Shapiro 提出了 TnA 家族转座的一种模式（图 14.30）。转座因子在转座期间先复制一份拷贝，而后拷贝转座到新的位置，在原先的位置上仍然保留原来的转座因子。复制转座有**转座酶**（transposase）和**解离酶**（resolvase）的参与，然后由解离酶催化两个转座因子拷贝间进行拆分，从

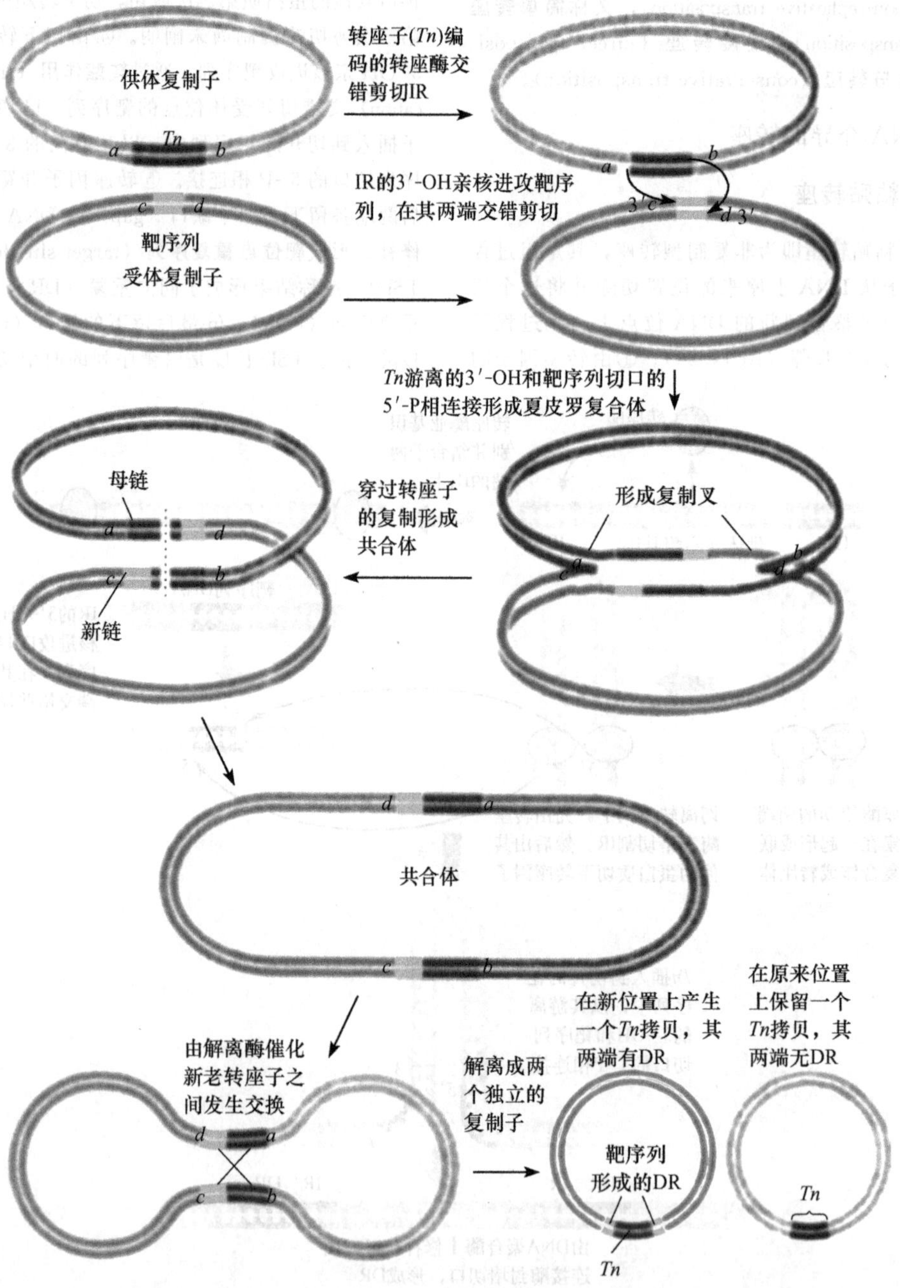

图 14.30　IS 和复合转座子以复制型转座的模式进行转座（参照 Russell，1992，改绘）

而产生两个分离的 DNA 分子，每个均带有一个拷贝转座因子。复制型转座模型提出转座开始是形成**单链转移复合体**（strand transfer complex），也称为**交换复合体**（crossover complex）或**夏皮罗复合体**（Shapiro complex），即供体和靶的单链连接，这样转座子的两个末端分别与靶及供体单链相连接。连接转移复合体产生了一个交换形成的结构在双链转座子处结合在一起，这个交换结构（共同中间体）决定了转座方式的命运。交换结构的每个交错末端含有一个单链区。这个区域是个假的复制叉，它提供了 DNA 合成的模板。若复制继续，那么它的延伸将经过转座因子，将它的链分开，在其末端终止复制，然后由连接酶封闭缺口。这个结构变成了**共合体**（cointegrant）。在转座因子与复制因子之间的连接处有 DR。复制可能由宿主编码的酶来完成。

原核生物的简单转座子、复杂转座子和复合转座子的转座机制都属于此类。

复制型转座和剪切-粘贴转座之间的主要差别在于：①剪切-粘贴转座无须复制；②剪切-粘贴转座的转座因子经两次剪切，完全从 DNA 上切离下来，而复制型转座只经过一次剪切，虽产生游离的 3′-OH，但转座因子未脱离 DNA（图 14.31）。

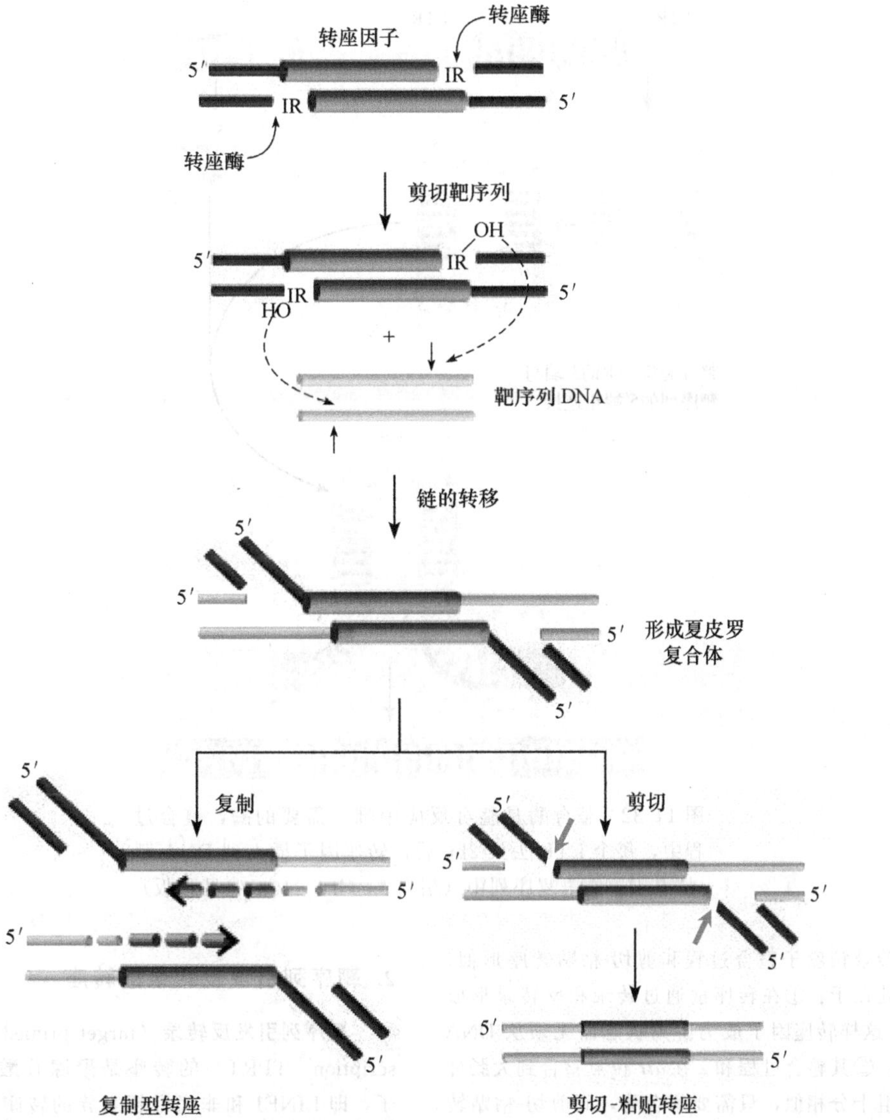

图 14.31　复制型转座和剪切-粘贴转座之间的相同点和差别（引自 Choi and Harshey，2009）

(二) RNA 介导的转座

反转录转座子的转座都是由 RNA 介导的，其中又分为整合转座和靶序列引发反转录转座两种类型。

1. 整合转座

整合转座（integrative transposition）是一类 LTR 反转录转座子，即病毒超家族的转座方式。整合转座的具体步骤是：①基因组中的反转录转座子的病毒超家族（或反转录病毒）转录起始于左侧 LTR 中的启动子，在 RNA 聚合酶的作用下，越过整个的整合转座因子，合成全长的 RNA；②然后再依赖反转录酶合成游离于宿主基因组之外的 cDNA 分子；③由反转录转座子编码的整合酶交错剪切两端的 LTR；④整合酶交错剪切靶 DNA 序列；⑤整合酶催化 3′端短缺的反转录转座子与切开的靶序列 5′端连接，进行单链转移；⑥由 DNA 聚合酶Ⅰ修补缺口，连接酶封闭最后留下的切口，产生 DR（图 14.32）。

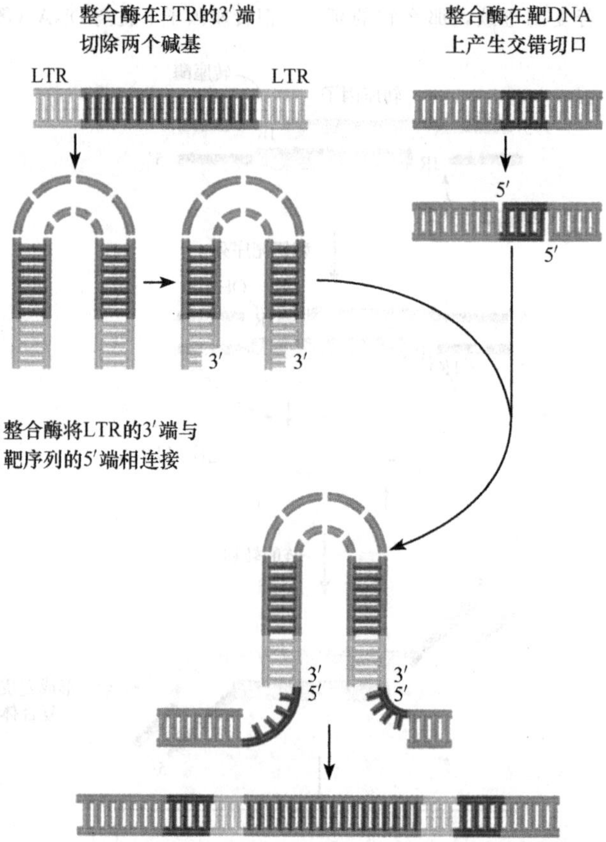

图 14.32　整合酶是整合反应中唯一需要的酶，整合过程中，每个 LTR 丢失 2bp 后，转座因子插入到 DNA 靶位点 4bp 的重复序列中（引自 Lewin，2008）（见彩版）

反转录转座子整合过程和剪切-粘贴转座形似，不同之处在于：①在转座前通过转录和反转录形成 cDNA，这样转座因子成为游离状态而无须从 DNA 上切下；②其整合过程和 λ 在 *att* 位点整合到大肠杆菌基因组十分相似，只需要整合酶，而剪切-粘贴转座的过程需要转座酶和切离酶。

2. 靶序列引发反转录的转座

靶序列引发反转录（target primed reverse transcription，TPRT）的转座是聚腺苷酸反转录转座子，即 LINE1 和非病毒超家族的转座方式。例如，细胞内 RNA 聚合酶对整合因子的转录（图 14.22）。

尽管启动子在5′UTR内，它仍能指导RNA合成起始于转座因子序列的第一个核苷酸。新合成的RNA被转运到细胞质中，ORF1负责合成RNA结合蛋白，ORF2负责合成具有反转录酶和内切核酸酶活性的蛋白质，这些蛋白质与编码它们的RNA相结合。转座因子以这种方式促进了自身的转座，而不为其他竞争因子提供蛋白质。

六、真核的转座因子

（一）玉米中控制因子家族

以DNA介导转移的转座因子并不限于细菌中，在很多真核生物中也存在，如果蝇中的*P*因子、*copia*、*mariner*元件，植物中的调控元件（controlling element）。实际上玉米中调控元件的一般结构和细菌中的转座因子是相同的，其两端具有反向重复序列（IR），中央区编码转座酶。*Ac*因子的两端DNA序列和*Ds*因子的完全相同，只不过*Ac*因子的中央区编码了转座酶，而*Ds*因子的中央区发生了缺失。因此*Ds*因子本身不能转座，必须有完整转座因子*Ac*的存在方能转座，这是由于*Ac*因子为*Ds*因子提供了转座酶。因转座酶是反式作用的，因此*Ac*因子不论存在于基因组的任何位置都能激活*Ds*因子，使其转座。由于*Ac*因子提供了能识别、剪切其两端IR的转座酶，所以属于自主转座因子。*Ac*因子和*Spm*因子是最有特色的家族。在植物基因组中每个家族有不同的成员，根据*Ac*/*Ds*家族的自主和非自主成员的分析，已掌握了很多成员的信息。

在*Ac*-*Ds*系统中，大部分自主因子*Ac*的长度由含5个外显子的单个基因组成，其产物是转座酶，它的末端有11bp的IR和8bp的DR，DR由靶位点重复而成。

各种*Ds*因子的长度和序列都不相同（表14.5），但和*Ac*相关，其末端同样有11bp的IR。*Ds*比*Ac*短，其缺失的长度不同，一个极端的例子是*Ds9*因子仅缺失194bp，另一个例子是*Ds6*因子长仅有2kb，相当于*Ac*两端各1kb。一个复合重复*Ds*因子具有一个*Ds6*序列以各种方向插在其他的*Ds*中（图14.33）。

表14.5　玉米转座因子的结构

因子	拷贝/基因组	长度/bp	mRNA/bp	蛋白产物	IR/bp	靶（DR）
Ac	约9	4563	3500	1	11	8
Mul	>10	1367	?	4?	213	9
Spm（*En*）	?	8287	2400	1（+2?）	13	3

注："?"表示不确定。

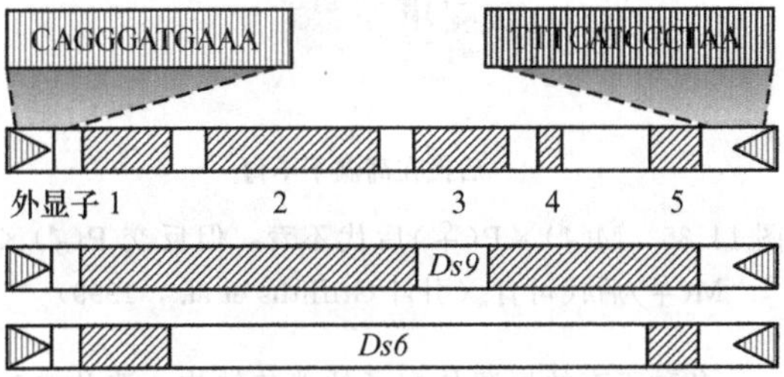

图14.33　*Ac*元件有5个外显子，编码转座酶；*Ds*元件存在内部缺失

B. McClintock不仅发现了*Ac*-*Ds*系统，还发现了其他系统，这些因子的成员、类型和位置在玉米各品系中都是特异的。每个转座子家族的成员可分为两类。①**自主性因子**（autonomous element）有切离和转座的能力。由于自主因子的持续活性，它们可以插入到任何位点而产生一个不稳定的或"可突变"（mutable）的等位基因。自主因子本身的丢失就使可变的等位基因变成稳定的等位基因。②**非自主性因子**（nonautonomous element）是稳定的，它们自己并不能转座或自发地改变条件，当同一家族中的不稳定成员存在于基因组中时，不论此自主因子位于何处，都能使非自主因子变得不稳定。当通过一个自主因子反式互补时，非自主因子所显示出的一般活性程度和自主因子有关，包括转座到新位点的能力。非自主因子是来自于失去了反式作用功能的自主因子，而不能自主转座。

控制因子家族是通过自主因子与非自主因子的相互作用来划定的。一个家族由单个类型的自主因子组成，这些因子由各种非自主因子相伴随。一个非自主性因子根据它被什么自主因子反式激活就将它划归到这种自主因子的相关家族。在玉米中主要的控制因子家族如图14.34所示。

Ac/*Ds*发生的转座是通过非复制机制。克隆分析表明*Ac*/*Ds*总是发生在供体复制之后，这与细菌的转座因子*Tn10*的转座行为相似。受体位点常在供体所在的同一条染色体上，而且靠得很近。

由自主因子变为非自主因子经历了各种改变，这些改变有的是遗传的（如缺失、突变）；有些表型

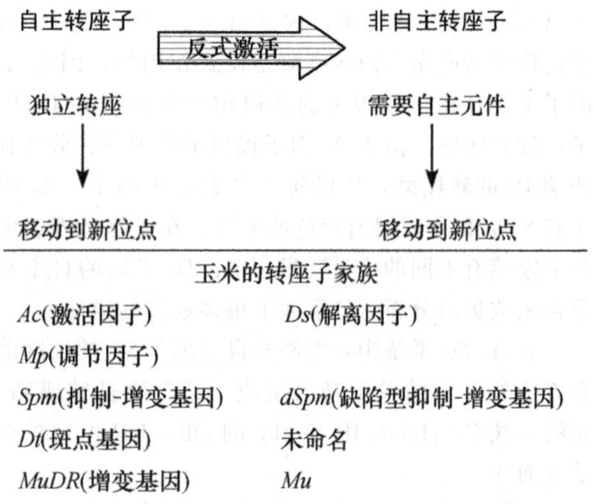

图 14.34　玉米的转座子家族，每个调节元件都分为自主元件和非自主元件两类成员。自主元件是完整的转座因子；非自主元件是缺陷型转座因子。每对自主元件和非自主元件可分为 4 个以上的家族（参照 Lewin，2004，改绘）

的改变并非是 DNA 序列发生了改变，而是由于 DNA 受到化学修饰所致，属于表观遗传的（epigenetic）。例如，自主因子经受了“相的改变”（change of phase），其特点是产生可遗传的改变，但这些改变是不稳定的，即在植物发育中，这些因子以可逆失活的形式在有活性和失活之间产生一种循环。此“相”可影响转座的时间和频率。在 *Ac* 和 *Mu* 型自主因子，两者中“相”的改变是由于 DNA 甲基化产生的。具有活性和失活的控制因子对限制性酶的易感性表明这些因子的失活是在其靶序列位点被甲基化了。每个因子具有各种靶位点，我们还不知道这些靶位点的控制作用。人们希望搞清楚是什么在控制此元件的甲基化和去甲基化。

真核生物转座因子的转座可能存在着自我调节控制。在基因组中 *Ac* 因子数量的增加会减少转座频率。*Ac* 因子可能编码转座的抑制物；具有转座功能的某些蛋白质可能带有这种活性。

（二）果蝇中的 P 因子

在某些果蝇品系中进行杂交产生的二倍体是“杂种不育”品系。它们含有一系列缺陷，包括突变、染色体畸变、减数分裂的异常分离和不育，这些相应的缺陷称为**“杂种不育”**（hybrid dysgenesis）。

在果蝇中已鉴别出两个系统与杂种不育有关。在第一个系统中，果蝇分为诱导型（inducer，I）雄果蝇和反应型（reactive，R）雌果蝇，它们杂交看来会降低生育力，但反交并不如此。第二个系统的果蝇分为 P 型（父本贡献的，paternal contributing）和 M 型（母本贡献的，maternal contributing）。图 14.35 表示 M（♂）×P（♀）后代不育，但反交 P（♂）×M（♀）后代可育。

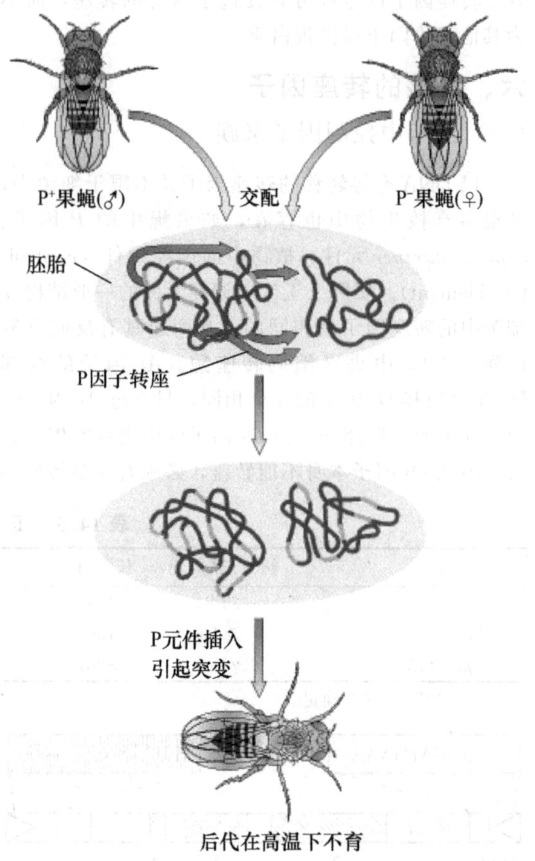

图 14.35　M(♂)×P(♀)后代不育，但反交 P(♂)×M(♀)后代可育（引自 Griffiths et al.，1999）

杂种不育的根源是配子的遗传结构。涉及 P-M 系统的杂交中，F_1 代具有正常的体细胞组织，但在生殖细胞迅速开始分裂时，它们的性腺并不能发育。

在 P 型雄果蝇和 M 型雌果蝇杂交中，雄果蝇的任何一条染色体甚至染色体中的各区域都能导致不育。这表明 P 型雄果蝇具有大量的 P 因子，这个因子存在于很多不同的染色体位置上。这些位置在 P 品系的个体之间也是不同的。而在 M 型雌果蝇的染色体上都没有这种 P 因子。

通过对杂种不育果蝇的 *w* 突变体的 DNA 作图发现，不育是 P 因子的存在所导致的。所有的突变体（产生白眼表型）都是由于 *w* 基因座插入了 DNA

片段，这个插入序列被称为**P 因子**（P element）。P因子的插入形成了一种可转座系统。各个 P 因子长度不同，但序列同源。图 14.36 表示 P 因子的结构和转录。初始转录本存在 2.5kb 和 3.0kb 两种不同的长度，差别在于有的缺失了终止密码子。在不同的组织中 P 因子可产生两种蛋白质。

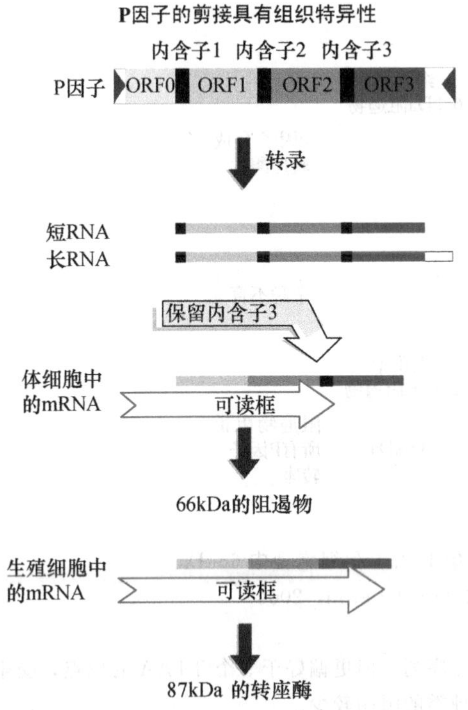

图 14.36 P 因子具有 4 个外显子。前 3 个经剪接，一起在体细胞中表达；而所有的 4 个外显子经剪接，一起在生殖细胞中表达（引自 Lewin，2004）

所有的 P 因子末端都具有 31bp 的反向重复，而且使靶序列产生 8bp 的 DR。长的 P 因子长约 2.9kb，有 4 个可读框。短的 P 因子经常出现，其内部发生了缺失。在某些较短的 P 因子中至少失去了产生转座酶的能力，但可以被完整 P 因子编码的酶反式激活。

一个 P 品系果蝇带有 30～50 拷贝的 P 因子，其中约 1/3 具有完整的结构。M 品系中失去了这种因子。在一个 P 品系中，这些因子是作为基因组中没有作用的成分。但当 P 雄果蝇和 M 雌性杂交时，它们被激活转座。

在 P-M 杂种不育果蝇的染色体中，P 因子插入到很多新的位点。典型的杂种不育果蝇染色体在热点发生断裂，所谓热点是对 P 因子敏感的位点。P 因子对 M 染色体的平均转座率约是每代一次。

P 因子的激活是组织特异性的，它仅发生在生殖细胞中。但 P 因子在体细胞和生殖细胞中都转录。组织特异性表现在以特殊方式发生变化。①在体细胞中，第三个内含子不被剪切掉，而其中含有终止密码子，翻译时到此终止，产生了 66kDa 的蛋白质，这种蛋白质是转座子活性的阻遏物。②在生殖系统中，3 个内含子都被剪切掉，4 个可读框全部拼接在一起形成 mRNA，它翻译产生一个 87kDa 的转座酶。

两种实验证实了第三个内含子的剪切对转座是必要的。首先，若使其剪切信号发生定点突变，再将 P 因子导入果蝇则不能进行转座；其次，若第三个内含子缺失，那么体细胞也和生殖细胞一样发生转座。

是什么负责组织的特异拼接呢？体细胞中含有一种蛋白质，它结合在第三个外显子上的序列上，阻止第三个内含子的剪接。在生殖细胞中缺乏这个蛋白质，因此可以剪接第三个内含子产生编码转座酶的 mRNA。

P 因子的转座需 150bp 左右的末端 DNA。转座酶结合在 10bp 的序列上，该序列和 31bp 的 IR 邻接，通过一种 *Tn10* 式的“切割和粘贴”机制发生转座（它以两种方式产生杂种不育。转座因子在新位置的插入可导致突变。在供体位点留下的断裂对果蝇具有有害效应）。有趣的是，一定比例的供体 DNA 缺口被同源序列所修复，若同源序列有一个 P 因子，则被修复的供体位点中也经常产生一个 P 因子。若同源序列中无 P 因子，那么修复后的供体位点也没有 P 因子。这就产生了一个精确的删除。

杂种不育依赖于杂交的性别定向，表明细胞质和 P 因子同样重要。图 14.37 表明 M(♂)×P(♀) 后代不育，而反交 P(♂)×M(♀) 后代是否可育取决于 66kDa 蛋白抑制转座的能力。含有 P 因子的雌果蝇与无论是否带有 P 因子的雄果蝇杂交，其卵中存在的 66kDa 蛋白将抑制转座酶的合成或激活。但当雌果蝇为 M 型时，在卵中无阻遏物，这样导致了来自雄果蝇中的 P 因子产生的转座酶活化，从而使 P 因子发生转座，插入到多个基因座中，从而导致后代不育。

30 年前在野外捕到的果蝇几乎都是 M 品系，而最近 10 年捕到的几乎都是 P 品系。这是否意味着最近几年 P 因子家族已侵入到果蝇的群体中了？

推测杂种不育系统是在某些地区通过转座产生的。另一些因子可能在其他地区产生另一些不育系

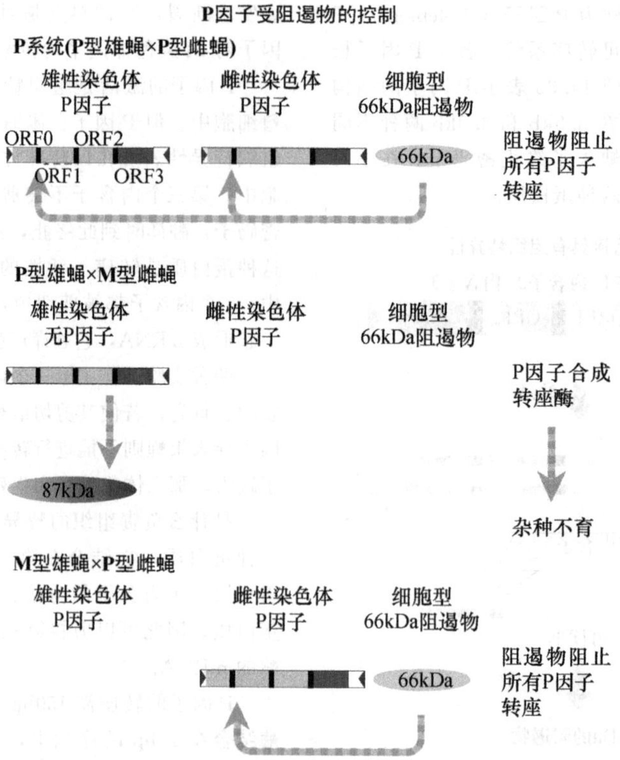

图 14.37　果蝇的杂种不育是由基因组中 P 因子和细胞型中 66kDa 阻遏物之间的相互作用而决定的（引自 Lewin，2004）

统。两个不同区域的果蝇是属于不同的不育系统，若杂交将产生杂种不育。这种杂种不育群体将出现隔离，进一步的隔离可能还会发生，多个杂种不育系统将导致它们之间不能交配而形成新种。

（三）昆虫中的其他转座因子

1. PB 因子

PB 因子（PB element）属于真核生物的第二类转座因子，“PB”是“piggyback（卡车拖车）”的缩写。其来源于粉纹夜蛾（*Trichoplusia*），是一个自主因子，长 2.5kb，两端有长为 13bp 短的反向重复序列（IR），另外还存在不对称分布的内部反向重复序列（19bp），中央区有一个长 2.1kb 的可读框，编码转座酶（图 14.38）。可读框的上游有 1 个 RNA 聚合酶Ⅱ启动子区和典型的 Kozak 翻译起始信号；可读框的 3′端具有 poly（A）加尾信号。PB 转座因子反向重复序列的 5′端以 2 或 3 个 C 碱基结束，3′端的 G 碱基在切出位点的选择过程中起作用。PB 切出和转座总是发生在特征性的 TTAA 四核苷酸靶位点序列，但更偏好于 9 个 TTAA 的位点，受生物体种类的限制较少。

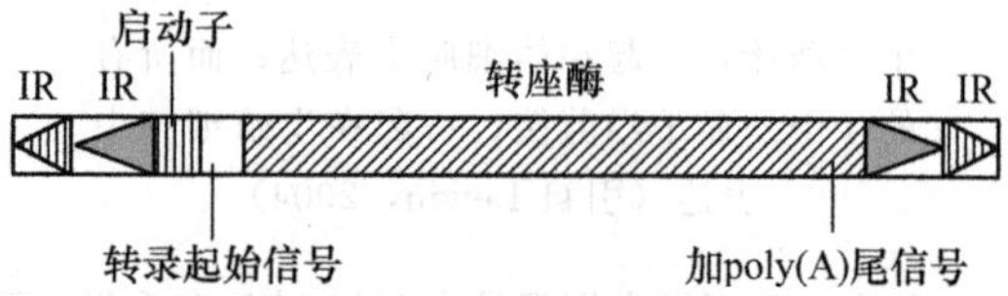

图 14.38　PB 转座子的结构

2005 年 T. Xu 等成功改造了来源于飞蛾的 PB 因子并将其应用于哺乳动物。PB 可在人和小鼠细胞株中高效导入基因并稳定表达，为体细胞遗传学研究和基因表达提供了一个高效、便捷的新系统。

2. 水手因子

水手因子（mariner element）是首先从毛里求斯果蝇（*Drosophila maurintiana*）中被鉴别出的一种转座因子，存在于多种昆虫中。水手因子长 1286bp，两端为 28bp 的反向重复序列，中间区编码含有 345 个氨基酸的转座酶（图 14.39）。水手因子家族转座元件和从线虫中发现的 *Tc1* 元件家族一起组成一个更大的转座因子超级家族。水手转座因子和 *Tc1* 转座因子非常相似，*Tc1* 长度为 1.6～1.7kb，两端反向重复长 20～460bp，不同之处在于两者转座酶的氨基酸序列。

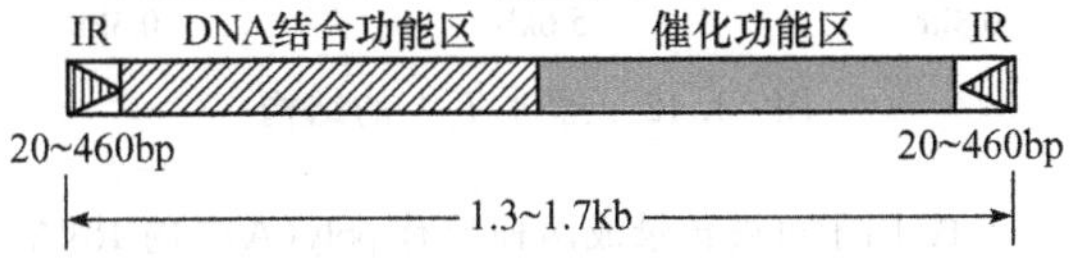

图 14.39 *Tc1* 和 *mariner* 转座因子的结构

水手因子属于 DNA 介导的转座子，它的转座机制与 P 因子相似，也是遵循一种“剪切-粘贴”的转座机制。水手因子在转座时依赖其自身编码的转座酶结合在两端的反向重复序列上，将转座子从供体位点上切割下来，切除时常在 3′端留下 3bp 的反向重复；在供体位点留下的缺口通过宿主自身的缺口修复机制（gap repair）修补。其转座作用只与转座酶有关，与品种特定的宿主因素无关，这可能导致了其在自然界不同物种中的广泛分布。

水手转座因子是一种很有发展前景的转基因载体，可以在异源昆虫甚至跨界物种之间进行转座。例如，可在两种不同种类的昆虫按蚊（*Anopheles*）和绿色草蜻蛉之间“跳跃”，并达到稳定的整合。现在人们已在昆虫纲的鳞翅目、双翅目、鞘翅目、革翅目、缨尾目和蚤目等中发现了水手因子。

3. 迈诺斯因子

迈诺斯因子（Minos element）是海地果蝇（*D. hydei*）中一种新转座因子，属于转座因子 *Tc1*/水手因子家族的一个成员，长 1.8kb，两端带有 255bp 长的 IR，一侧的基因编码转座酶，可使迈诺斯因子精确地切离和整合。迈诺斯因子可插入到 AT 2 核苷酸中，导致靶序列重复。Minos 转座酶能启动非自主转座子的整合。迈诺斯因子可作为载体将外源基因导入到疟蚊（*Anopheles stephensi*）的生殖细胞中，已成功地制备出转基因蚊，对疟原虫的感染具有限制性。

4. *hobo* 因子

***hobo* 因子**（*hobo* element）来源于黑腹果蝇，是除 P 因子外应用较多的转座因子，1983 年由 W. McGinnis 等克隆和鉴别。其结构和 *Ac* 相似，全长 3kb，两端具有 12bp 的 IR 和 8bp 的靶位点重复序列（TSD）。中央区有 ORF0（96bp）和 ORF1（1983bp）两个可读框，ORF1 编码 *hobo* 的转座酶和成为 S 区的模体，此模体由“ACTCCAGAA”（编码苏-脯-谷氨基酸）的串联重复序列构成（图 14.40）。

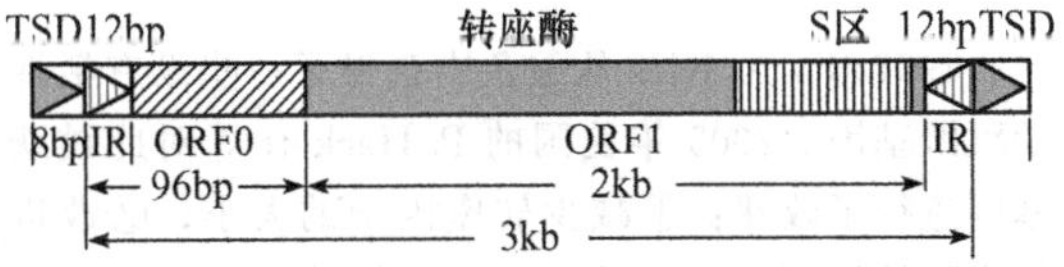

图 14.40 果蝇中 *hobo* 转座子的结构

不同的 *hobo* 因子，此重复序列的拷贝数不同。*hobo* 元件不局限在生殖细胞中，人们已在黑腹果蝇中建立了 *hobo* 因子的转基因系统。*hobo* 因子的转移频率虽然因昆虫种类而不同，却均显示了一定的活性。

5. FB 因子

黑腹果蝇中另一个转座因子家族的成员称为 **FB 因子**（FB element）。FB 是 foldback（折回）的缩写。FB 家族具有长度不同的反向末端重复序列（图 14.41）。有的 FB 因子仅由两个紧密相连的反向重复构成。而另一些两端是反向重复序列，中间有非重复的 DNA 区域。所有 FB 家族成员虽然其反向重复序列长短各异，但都是同源的。它们的结构解释了这一特点，即它的反向重复是由相同序列的 DNA 串联拷贝所组成，被不同长度的 DNA 序列所隔开，形成了 FB 的末端，相似序列单位的长度也就增加了，开始有 10bp，然后延伸到 20bp，最终达到 31bp。单个 FB 因子中两个拷贝的反向重复序列是不同的。

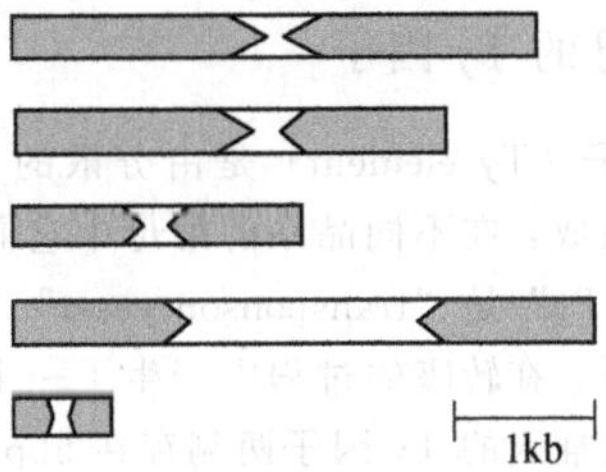

图 14.41 FB 家族的结构

关于 FB 因子的末端结构提出一个难题，现在还不知道是什么赋予它们转座的能力。有时两个不相同的 FB 因子可以协同转座插在两个 FB 之间的一个大片段 DNA 序列，可能以细菌转座子相似的方式转座（在 FB 因子之间的 DNA 的长度可能要比细菌的长得多，有的可达 200kb）；也可能是通过两个末端的 FB 因子使任何 DNA 序列折叠成一个单位进行转座。

（四）脊椎动物中的转座因子

1997 年，Z. Ivics 从鲑鱼中获得了一些没有活性的跳跃基因。2005 年美国的 P. Hackett 等对此跳跃基因进行了改建：①减少转座因子的大小；②改进转座酶的识别序列和插入序列，使其能定向打靶以减少其插入到其他基因中引起的基因突变；③增加转座酶的表达量，以提高转座能力。

科学家改建的结果再次激活了在千万年进化过程中处于沉睡的跳跃基因，并可作为哺乳动物的克隆载体，因此被命名为**"睡美人"**（sleeping beauty，SB）。SB 是 *Tcl*/水手转座因子超家族中的一员，长 1.6kb，两侧是 250bp 的 IR，中央区编码一个转座酶，催化转座。它能够将自己插入到基因或基因之间，活化或关闭一个基因的正常功能。实验证明，SB 能将外源基因插入到脊椎动物培养细胞中，包括小鼠的胚胎干细胞及人类细胞。

SB 转座子是用经典的"切割与粘贴"机制进行转座的。在转座酶的作用下，转座子从原整合位点切割，然后整合到另一新位点。

SB 转座子作为真核生物基因转移载体比病毒载体更适用。①SB 转座系统结构简单，便于操作；②携带的外源基因的长度限制较小；③两端无 LTR，不会影响到受体细胞中其他基因的表达；④减少了致癌的潜在危险，因此 SB 转座子在基因治疗、功能基因研究和基因捕捉技术方面均有广泛的应用前景。

七、真核生物中的反转录转座子

（一）酵母的 Ty 因子

Ty 因子（Ty element）是由分散的 DNA 重复序列家族组成，在不同品系的酵母中它们所处的位点不同。"Ty"是"transponson yeast"（酵母转座子）的缩写。在转座的过程中产生了一个特征性的足迹：在已插入的 Ty 因子两侧存在 5bp 的靶 DNA 正向重复序列，Ty 的转座频率要比细菌转座因子低，为 $10^{-7}\sim10^{-8}$，在单个 Ty 因子之间可能有歧化。大部分 Ty 因子可分为两类：*Ty1* 和 *Ty917*。它们的一般结构相同，每个 Ty 因子长 6.3kb，两端有 330bp 的正向重复，称为**"δ"**（图 14.42）。各种类型中的每个 Ty 因子都有一定的差异，酵母基因组中约有 30 个拷贝的 *Ty1* 和 6 个拷贝的 *Ty917*。另外有约 100 个拷贝的独立 δ。δ 序列也显示出异质性。一个 Ty 因子的两个重复序列似乎相同或密切相关。与 Ty 因子连接的 δ 比单独存在的 δ 要保守得多，表明对重复序列的识别可能与转座有关。

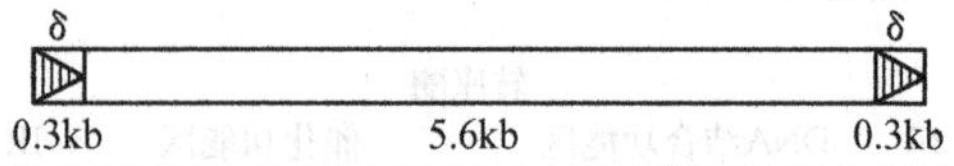

图 14.42　酵母 *Ty1* 的结构

Ty 因子可被转录成两种带有 poly(A)$^+$ 的 RNA，其含量占单倍酵母细胞总 mRNA 的 5%以上。这两种 RNA 的转录都是由左边 δ 因子内的启动子中起始，一个在 5kb 之后终止；另一个在 5.7kb 之后终止，位于右端的 δ 序列内。

Ty 序列有两个可读框，以相同方向表达，但可读框不同，有 13 个氨基酸的重叠。*tyA* 的序列编码一种 DNA 结合蛋白。*tyB* 序列含有的区域与反转录病毒的反转酶、蛋白酶及整合酶序列具有同源性（图 14.43）。

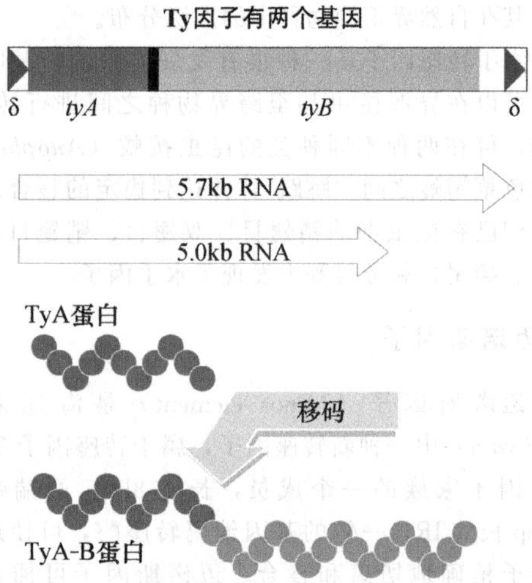

图 14.43　Ty 因子的两端是同向重复序列，Ty 因子转录成两个重叠的 RNA。它们具有两种可读框，与反转录病毒的 *gag* 和 *pol* 基因相关（引自 Lewin，2004）

tyA 和 *tyB* 的组成及功能与反转录病毒的 *gag* 和 *pol* 相似。*tyA* 和 *tyB* 是在两种可读框中表达。TyA 蛋白由 *tyA* 可读框编码，在其末端终止。但 *tyB* 可读框仅表达成为连接蛋白的一部分。通过特殊的移框通读了终止密码（见第十章），将 *tyA* 区域和 *tyB* 区域融合在一起。这与反转录病毒中 *gag*-

pol 的翻译相似。

Ty 因子提供了一个较小的同源区，此同源区也就是由宿主系统介导的重组事件的靶子。这种重组常导致染色体的损伤。当重组发生在同一条染色体上的两个 Ty 因子之间时，会导致缺失或倒位；当重组发生在不同染色体上的 Ty 因子之间时会导致更为剧烈的改变。

Ty 因子之间的重组看来是突然发生的，当检测到一个 Ty 因子时，发现另一个的可能性就会大大增加。基因的转变发生在不同座位的 Ty 因子中，结果是一个因子被另一个因子所取代。

Ty 因子通过 δ 序列之间的同源重组可以被切离（图 14.44）。染色体上存在大量单独的 δ 因子，可能就是切离后留下的“脚印”。切离这一特点可能和 Ty 插入所引起突变的回复有联系，回复的途径可能取决于左侧的 δ 序列。

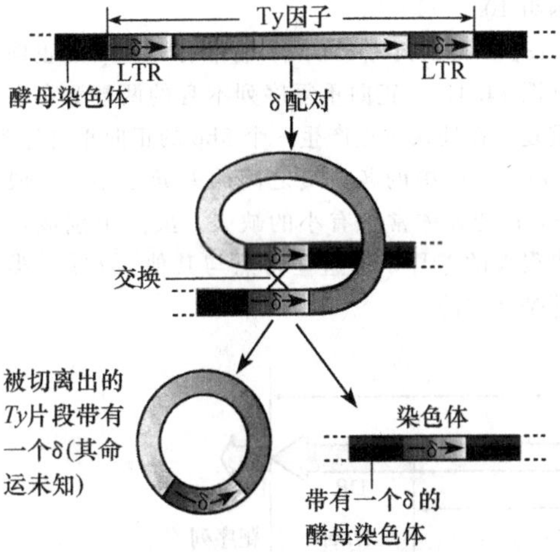

图 14.44　Ty 因子通过反向重复元件 δ 之间的同源重组而被切离，在原来的 Ty 插入位点留下了一个 δ 元件（引自 Russell，1992）

一个独特的观点认为两个 δ 因子具有相同的序列。在 δ 中的一端存在一个有活性的启动子，在另一端存在有活性的终止子。相似的特点也在其他的转座因子中被发现，包括反转录病毒。

Ty 因子是典型的反转录转座子，由 RNA 介导转座。科学家们改变 Ty 一端 δ 元件的序列，以此作为实验标记，并将内含子插入到一个 Ty 序列中，在 Ty 序列的 5′端插入半乳糖启动子来启动 Ty 因子的转录，然后导入到酵母细胞中。半乳糖启动子可以通过加入半乳糖来打开。启动子的诱导有两种作用：一是可促进被标 Ty 因子的转座；二是可观察启动子的活性对 Ty 因子在酵母染色体上转座频率的影响。转座的结果使酵母的基因组中存在多个拷贝的转座子，但它们都没有内含子（图 14.45），而且两端 δ 的序列都是被改变的。我们知道只有一种途径可以切除内含子，那就是 RNA 的拼接。另外，原来仅改变了 Ty 一端的 δ 序列，而转座后两端的 δ 序列都被改变，与反转录病毒两端 LTR 的形成相似。这表明 Ty 的转座机制和反转录病毒是相同的，即 Ty 因子被转录成 RNA 并被拼接装置所识别。被剪接的 RNA 被一种转录酶所识别，以其为模板合成了双链 DNA 拷贝。

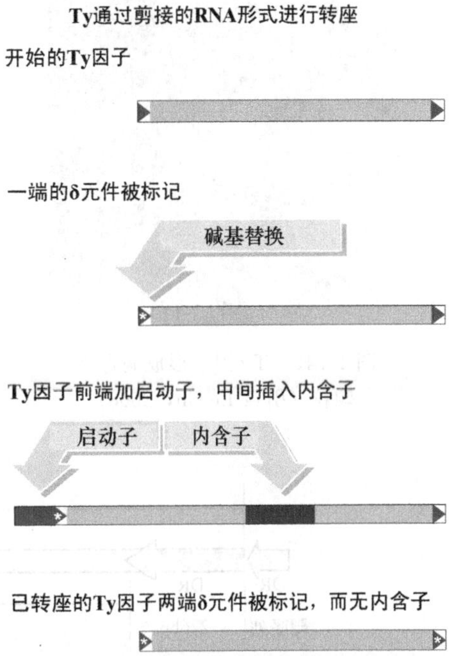

图 14.45　一个独特的 Ty 因子，用基因工程使其加入一个内含子，而转座产生的拷贝却失去了内含子。这些拷贝具有相同的末端重复序列（δ），它们是由原先 Ty 因子的一个末端产生的（引自 Lewin，2004）

Ty 因子与反转录病毒有 4 点相似。①Ty 因子两端 δ 序列的形成和反转录病毒两端 LTR 的形成（见第十八章）相似。②转座是由 Ty 因子内的基因控制的，这就意味着 Ty 因子的产物能反式作用于其他的 Ty 因子（实际是作用于它们的 RNA）。③虽然 Ty 因子不产生感染颗粒，但在经诱导发生转座的细胞中存在着 Ty **病毒样颗粒**（virus-like particle，VLP）（图 14.46），它们含有全长的 RNA、双链

DNA、具反转录酶活性的产物及带有整合酶活性的 *tyB* 的产物。*tyA* 的产物如 *gag* 产物一样被剪切成 VLP 的核心蛋白，显示了 Ty 转座子和反转录病毒十分相似。它们的不同之处在于 Ty 因子没有 *env* 基因，因此不能包装它的基因组。④仅有某些 Ty 因子在任何酵母基因组中都有活性；大部分没有转座能力，这与惰性的内源性前病毒相似。由于这些无活性的 Ty 因子保留了 δ 重复序列，这些序列在对活性 Ty 因子的产物作出反应的过程中提供了转座的靶序列。

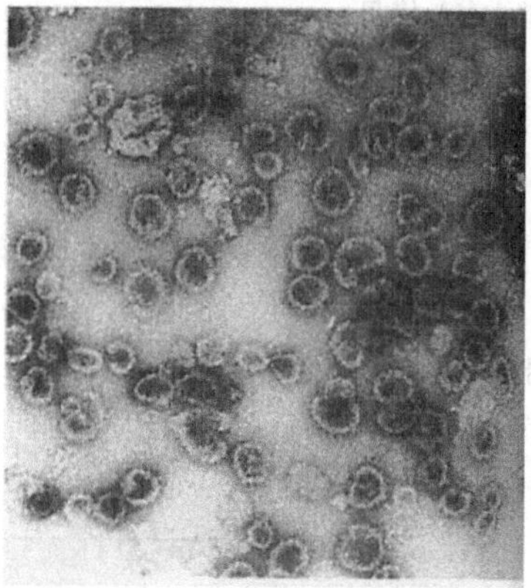

图 14.46　Ty 因子形成病毒样颗粒（引自 Lewin，2008）

（二）果蝇中的反转录转座子

1. *copia* 因子

***copia* 因子**（*copia* element）是最为特殊的反转录的家族。它的名称反映了存在大量密切相关的编码高丰度 mRNA 的序列。*copia* 家族是作为各种其他类型因子的一个范例，这些因子并不相关，但结构和行为相似。

copia 因子的多拷贝取决于果蝇的品系，一般为 20～60 拷贝。这个家族数量巨大，分布广泛，在不同品系的果蝇中它们所在的位置不同，这种差异是在长期进化中形成的。比较近代产生歧化的品系（超过 40 年以上）在实验室中繁殖的结果，使少数的变异得到了恢复，而且拷贝数也增加了 2～3 倍。增加的因子存在于新的位点。在合适的培养条件下它们以未知的方式暂时性地增加了转座频率，为每基因组 10^{-3}～10^{-4}。

copia 因子长约 5kb，末端带有 276bp 的正向重复（图 14.47）。正向重复序列本身的两端又存在反向重复。在插入位点产生一个 5bp 的正向重复序列。在 *copia* 家族中的各成员之间的差异很小，一般小于 5%；变异体常含有小的缺失。虽然个别成员显示出很大的差异，但这些特点与其他 *copia* 一类家族都是共同的。

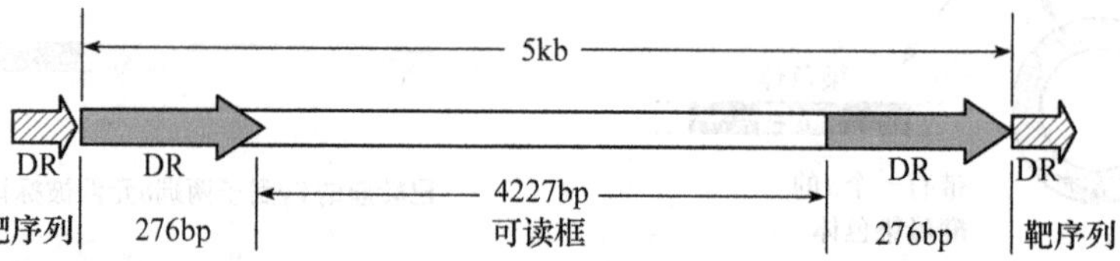

图 14.47　果蝇 *copia* 因子的结构

每个 *copia* 两端的正向重复序列都是相同的，这意味着在相关的过程中它们可能相互作用，或者二者都是在转座中由一祖先因子的一个正向重复序列产生的。这与 Ty 因子相似，表明了与反转录病毒的关系。

在基因组中的 *copia* 因子总是完整的，单拷贝的末端重复序列未检测到。有时发现 *copia* 因子形成了环状的分子。长型的有两个末端重复，而短型的只有一个。

copia 序列含有一个长 4227bp 的可读框，可读框的一部分与反转录病毒的 *gag* 和 *pol* 序列同源，但没有与反转录病毒的 *env* 序列同源的部分，表明 *copia* 和 Ty 一样不能产生病毒样颗粒。

copia 的转录本是高丰度 poly(A)＋mRNA。它有两种形式，一种是完整长度的转录本，另一种是部分长度的转录本，二者有相同的 5′端，这是由于在一个末端重复序列的中部起始转录所致。不同蛋白质的产生可能涉及 RNA 的拼接及多肽的剪切。

虽然现在还缺乏 *copia* 产生转座的直接证据，但 *copia* 有很多与反转录病毒结构相似之处，看来 *copia* 可能有一个与反转录病毒相关的起源。现只知道它可以转座，还很难说明它具有多少反转录病毒的功能，也没有证据表明它们有感染能力。

2. 吉卜赛因子

吉卜赛因子（*gypsy* element）比 *copia* 因子要大一些，不仅含有 *gag* 和 *pol* 基因，还含有一个与 *env* 相似的基因（图 14.48）。*copia* 和 *gypsy* 在果蝇细胞中都能形成病毒样颗粒，但仅有含 *gypsy* RNA 的颗粒才能穿过细胞膜。可能由于此颗粒含有 *gypsy* 的 *env* 基因产物，因此 *gypsy* 因子看来是一个真正的反转录病毒。在果蝇中还存在其他很多反转录病毒样的转座子，但它们的活性很低。

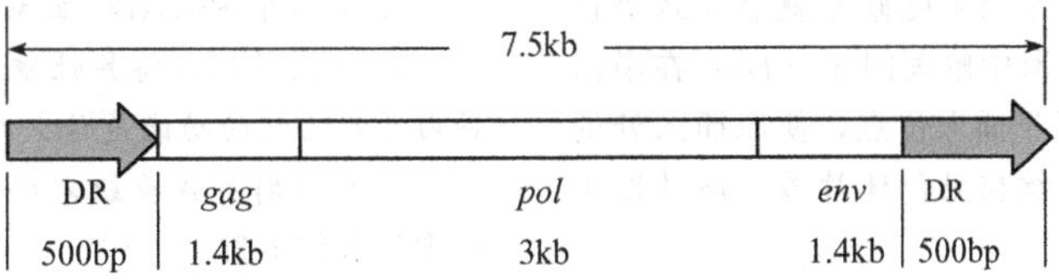

图 14.48　果蝇 *gypsy* 因子的结构

八、转座的遗传效应

转座因子能给基因组带来新的遗传信息，也能诱发突变，同时还能导致 DNA 的重排。从这个角度来说，基因组并不是一个静态的集合，而是一个不断改变自身构成的动态有机体。转座因子的遗传效应可归纳为以下几点。

（一）诱发突变

当一个转座因子插入到结构基因中时，破坏了原有的基因结构，使其沉默。例如，玉米中 *Ds* 基因插入到色素基因 *C* 中时，使其失去功能而不能合成相应的色素。当 *Ds* 基因进一步转座到别处时，*C* 基因又回复了原有的功能。在这种情况下，转座因子又能像一个开关那样启动或关闭某些基因。基因打靶或敲除技术也正是应用了转座因子的插入可使靶基因沉默这一原理。

（二）导致 DNA 重排

转座因子不仅能破坏基因或阻断它们的调节，而且还能导致 DNA 的重排，包括缺失、倒位、易位等。由于转座因子之间能进行同源重组，当转座因子经转座产生一个新拷贝时，这两个拷贝成为潜在的重组底物，转座因子也就成为一种**便携式同源区**（portable region of homology）。重组的结果取决于两个转座因子相互间的排列方向。若排列方向相同则会产生**缺失**（deletion）[图 14.49（a）]；若排列方向相反则会产生**倒位**（inversion）[图 14.49（b）]。

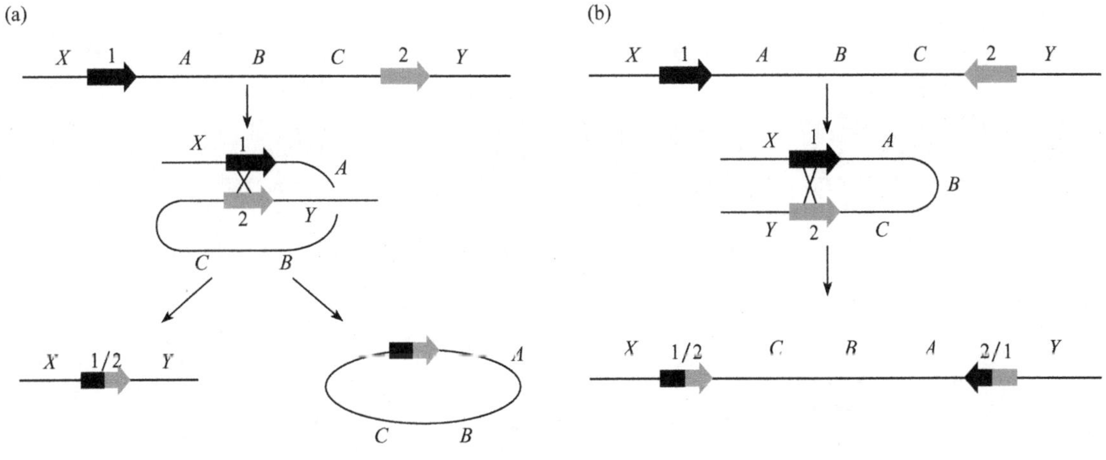

图 14.49　重组发生在同一条染色体的两个转座因子（或两个重复序列）之间

（a）如这两个转座因子的排列方向相同，重组的结果会导致缺失并产生一个含有缺失区的环形分子；（b）如这两个转座因子的排列方向相反，重组的结果会导致这两个转座因子之间的区域倒位

当中间夹着一段短 DNA 序列的两个转座因子（如 IS）发生转座时，可像复合转座子那样，插入到一个新的位点，同时也使那个短片段 DNA 发生易位（在不同的两条染色体上）或移位（在同一条染

色体上)。

(三) 诱发染色体断裂

当发生非复制型转座时，转座子从原来的供体位点离开转移到一个新的受体位点时，宿主必须对原供体位点加以修复，如果未能修复就会导致染色体的断裂。例如，在玉米中解离因子（*Ds*）在激活因子（*Ac*）的作用下离开插入位点，使原插入处的染色体断裂，产生无着丝粒染色体片段，该片段丢失后，出现拟显性等。

(四) 使抗性基因转移

复合转座子和 TnA 家族的转座因子除编码转座酶以外，还编码抗生素的抗性基因。这些转座因子的转移也将抗性基因带到了受体位点。

(五) 激活癌基因

反转录病毒也是一种由 RNA 介导的转座因子。即使是基因组中不含有病毒癌基因的慢性致癌病毒，通过在宿主染色体上的转座，一旦移动到原癌基因的邻近区域，也会导致原癌基因的激活（见第十七章）。

习　题

1. 重组有几种重要的形式？它们的特点是什么？
2. 为什么模板选择模型不能被接受？
3. 什么是 Holliday 模型？为什么这种模型能被广泛接受？
4. 细菌中 RecBCD 酶系在重组中起什么作用？各有哪些活性？
5. 细菌中 RuvABC 酶系有何功能？
6. 什么是位点特异性重组？这种重组涉及哪些蛋白质？它们的功能是什么？
7. 位点特异性重组需要短的同源顺序，此与同源重组有何不同？
8. 倒位重组有几种类型？
9. 转座因子可分为几种类型？它们的结构特点是什么？它们的转座机制有何不同？
10. 转座的结果可能产生哪些遗传效应？
11. 什么叫做 *Ac*-*Ds* 因子？有何功能？
12. 在果蝇杂种不育品系中，为什么 P×M 不育，而 P×P 和 M×P 可育？
13. 转座因子有何应用价值？试举例说明。
14. 什么是反转录转座子？试举例说明。
15. Ty 因子有哪些特点和反转录病毒相似？
16. 如何用实验证明 Ty 因子是一种反转录转座子？

第十五章　核外遗传

染色体以外的遗传物质所表现的遗传现象称为**核外遗传**（extranuclear inheritance）或**细胞质遗传**（cytoplasmic inheritance）。

这些核外的遗传物质存在于细胞质中的叶绿体、线粒体、共生菌、质粒及其他的细胞器中，所以也常称为**细胞质遗传**（cytoplasmic inheritance）、**细胞器遗传**（organelle genetic）、**染色体外遗传**（extra-chromosomal inheritance）。由于位于细胞质中的遗传物质在细胞分裂时不能均衡地分配到子细胞中，因此杂交后代表型的比例不符合孟德尔分离比，所以又称为**非孟德尔遗传**（non-Mendelian inheritance）。

核外基因通常显示逐代出现**单亲遗传**（uniparental inheritance）的现象，即所有的后代不论雌雄都只表现一个亲本的某一表型（这与性连锁是不同的）。最典型的是高等真核生物中，仅母亲的性状在后代中得到表达，这种现象称**母体遗传**（maternal inheritance）。这是由于卵细胞中含有大量的细胞质，而精子中几乎不含细胞质，因此合子的细胞质基本上来自母本（图 15.1），而细胞质中含有大量的细胞器，如线粒体和叶绿体等。有的细胞器带有核外基因，形成了母体遗传。而核基因的正反交第一代结果相同都显示显性亲本性状；至于性连锁基因正反交第一代结果不同，性状和性染色体的类型有关；核外基因正反交第一代结果不同，但 F_1 代都显示母本的情况，和显隐性及性染色体的类型无关。核外遗传主要特点是：①正反交的结果不同；②不出现孟德尔式分离比；③母本的表型决定了所有 F_1 代的表型；④遗传信息在细胞器 DNA 上，不受核移植的影响；⑤核外基因一般不发生重组，故不能通过杂交来制作遗传图。

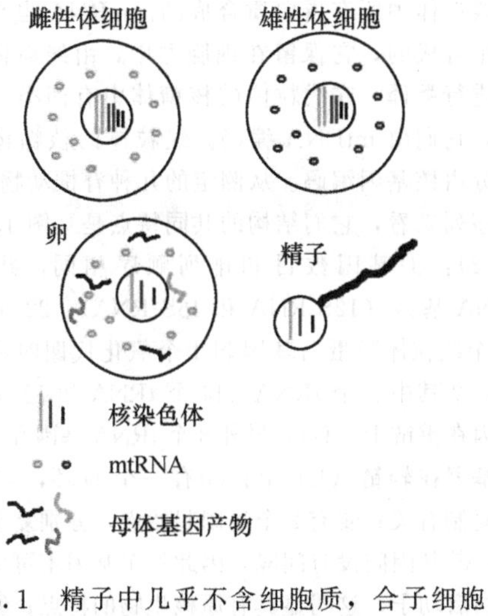

图 15.1　精子中几乎不含细胞质，合子细胞质中的各种成分是由卵细胞提供的（引自徐晋麟等，2009）

第一节　细胞器基因组的结构

绝大多数细胞器基因组都是闭合环状的 DNA 分子，在线粒体中的称为**线粒体 DNA**（mitochondrion DNA，mtDNA）；在叶绿体中的称为**叶绿体 DNA**（chloroplast DNA，ctDNA 或 cpDNA）。在一些低等真核生物［如四膜虫（*Tetrahymena pyniform*）、草履虫（*Paramecium aurelia*）及衣藻（*Chlamydomonas*）等］中，线粒体基因组是线状 DNA 分子。在单个的细胞器中，常有多个拷贝的细胞器基因组。细胞器基因组编码部分细胞器蛋白质，而不是全部的蛋白质。

一、线粒体基因组

线粒体是好氧动物和植物细胞质中的细胞器，它们含有三羧酸循环的酶类，执行氧化磷酸化及脂肪酸的生物合成。线粒体 DNA 发现于 20 世纪 60 年代，最初是通过电子显微图片显示线粒体内类似 DNA 的纤维（图 15.2）。随后，这些纤维被提取出来并加以描述。重组 DNA 技术，为详尽地分析 mtDNA 提供了可能。事实上，许多不同物种的 mtDNA 分子的全部核苷酸序列现在已被确定。线粒体 DNA（mtDNA）的一些特点如表 15.1 所示。

表 15.1 nDNA、mtDNA 和 cpDNA 的性质

		nDNA		mtDNA		cpDNA	
		% GC	基因组	% GC	基因组	% GC	基因组
动物	人	41	3.3Gb	41×10^{9}	16.6kb	—	—
	鸡	43	1.0Gb	49×10^{9}	15kb	—	—
	海胆	39	814Mb	45×10^{9}	13kb	—	—
	果蝇	42	180Mb	22×10^{9}	18kb	—	—
真菌	脉孢菌	53	40Gb	42×10^{9}	65kb	—	—
	酿酒酵母	44	12.068Mb	18×10^{9}	75kb	—	—
藻类	衣藻	64	1.6Mb	71×10^{9}	15.8kb	36	200×10^{3}
植物	玉米	49	2.0Gb	48×10^{9}	600kb	39	13×10^{3}
	烟草	38	1.1Mb	51×10^{9}	200kb	47	15×10^{3}
	豌豆	35	9.4Mb	38×10^{9}	110kb	46	12×10^{3}

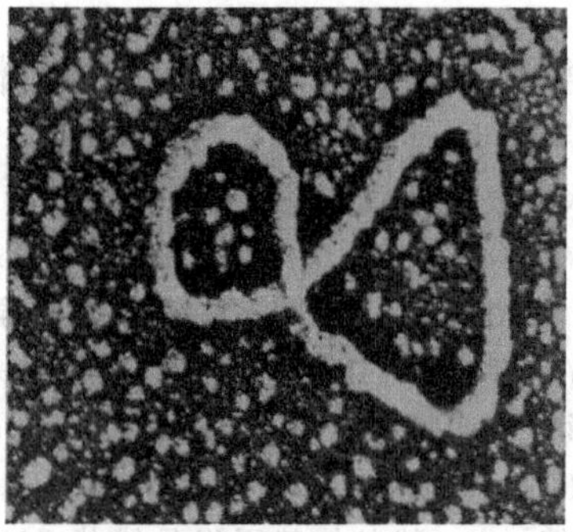

图 15.2 线粒体 DNA 的电镜照片
(转引自 Russell，1992)

不同物种的真核生物线粒体基因组大小差异很大，但含量是恒定的，高等植物 mtDNA 链长 250～2000kb，如玉米的 mtDNA 基因组有 600kb（200μm）。真菌、昆虫到哺乳动物显示出一种趋势，即从低等到高等真核生物 mtDNA 越来越小、排列越来越紧密，如酵母约 75kb，脉孢菌 60kb，曲霉 32kb；爪蟾 17 533bp，牛 16 338bp，小鼠 16 295bp，人类仅 16 569bp。链长的差异是由间隔区和内含子的数目及长度决定的，以上表明高等生物 mtDNA 基因排列是最经济的，这与核基因组的情况正好相反。

mtDNA 是双链环状的分子，由于缺乏组蛋白，故不组成核小体（图 15.2）。在线粒体中有和细菌细胞中相似的**类核区**（nucleoid region），每个类核中含有几个拷贝的线粒体染色体。例如，酵母每个线粒体含有 10～30 个类核，每个类核含有 4 或 5 个 mtDNA 分子。由于每个酵母细胞中有 1～45 个线粒体，这样每个细胞就有很多 mtDNA 分子。线粒体染色体的多重性对于细胞的整体活性而言，其贡献与核基因组相比显得更为重要。

(一) mtDNA 的基因组成

线粒体 DNA 含有大量线粒体成分的信息，如 tRNA、rRNA 和蛋白质。线粒体含有的核糖体是负责线粒体中所有蛋白质合成的。mRNA 也是在线粒体中合成的，它保留在细胞器中，由线粒体的核糖体进行翻译。在线粒体的核糖体中有两类 rRNA 分子，它们由 mtDNA 编码。线粒体的核糖体蛋白大部分由核基因编码。从测定的几种脊椎动物 mtDNA 全序列来看，它们结构的共同特点是（图 15.3 和表 15.2）：①基因数目和排列顺序相同，共有 2 个 rRNA 基因（12S RNA 和 16S RNA）、22 个 tRNA、13 个线粒体膜蛋白基因和 1 个氧化代谢时所需的基因；②其中 2 个 rRNA、14 个 tRNA 和 12 个蛋白质基因在重链上（H），另外 8 个 tRNA 基因和 1 个蛋白质基因在轻链（L）上；③有一个 D 环，与 mtDNA 的复制有关；④有 2 个复制起始点，分别复制 H 和 L 链；⑤基因间没有间隔，因此每个基因不可能都有自己的启动子，这明显具有原核生物的特点；⑥某些蛋白质的密码子与核基因通用密码子不同（见第九章）；⑦ mtDNA 主要编码 rRNA 和 tRNA 分子，mtDNA 仅编码氧化呼吸酶类的少部分亚基，其大部分亚基由核基因编码。

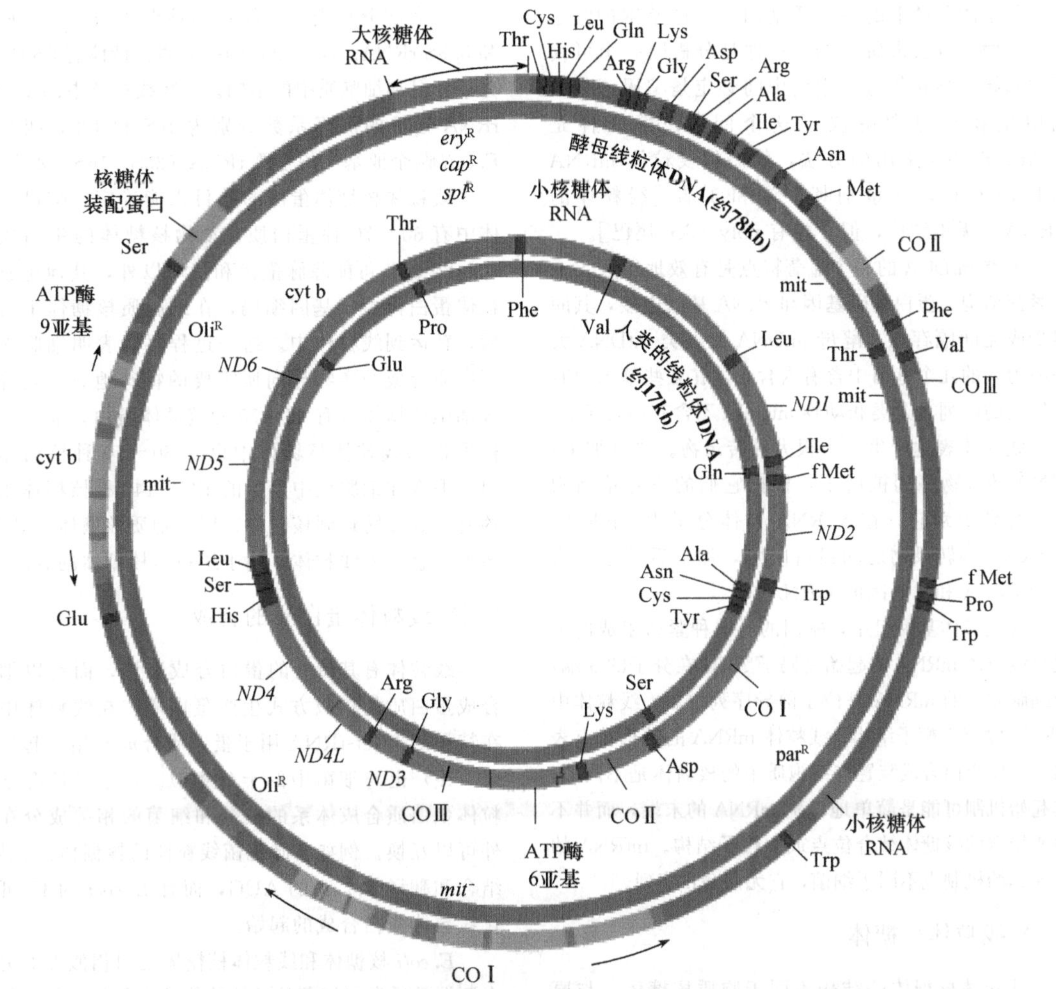

图 15.3　酵母和人类的 mtDNA 基因组图（转引自 Griffiths et al.，1999）

COⅠ、COⅡ、COⅢ，细胞色素氧化酶（cytochrome c oxidase）亚基；cyt b，细胞色素 b（cytochrome b）

表 15.2　线粒体基因组

	人类	酵母	脉孢菌	高等植物
基因组大小/kb	约 17	78	60	250～2000
rRNA				
大亚基	16S	21S	21S	26S
小亚基	12S	15S	15S	18S
5S RNA	—	—	—	+
tRNA	22	23～25	23～25	约 30
核糖体蛋白	—	Var-1	Var-1	19
细胞色素 c 氧化酶 1、2、3 亚基	+	+	+	+
脱辅基细胞色素 b	+	+	+	+
ATP 酶				
亚基 6	+	+	+	+
亚基 8	+	+	+	+
亚基 9	—	+	—	+
F1 ATP 酶 α 亚基	—	—	—	+
NADH-CoQ 还原酶亚基	5	0	6	6

位于两条链上的蛋白质基因是怎样鉴别的？这是通过两种方法来研究的：一种是分析同一个可读框的起始和终止信号，它们中间必定是编码区，人们用生物信息学解决了这个问题；第二种是G. Attardi小组采用的方法，他们将线粒体mRNA和DNA相比较来鉴别其5′端和3′端［线粒体的mRNA 5′无帽结构，但3′端有poly（A）尾巴］。

人类mtDNA的一个显著特点是有效地组成了一个紧密结构。蛋白编码基因和rRNA基因连接，其间很少或无间隔存在。酵母mtDNA比人类mtDNA大是因为它的几个基因中含有内含子，在某些基因间有不编码的序列。人类和动物mtDNA不含有内含子。

线粒体表达产生一个很大的转录物。通过加工，tRNA转录物序列被剪下，根据它们的三叶草结构是很容易识别它。在大RNA前体分子中，mRNA和tRNA的转录物之间没有间隔，加工后产生了成熟的tRNA和单基因的mRNA。

在线粒体基因组中，基因的另一种紧密组成的情况是线粒体mRNA的起始密码子AUG在分子的5′端，而细胞质中的mRNA是位于前导序列之后。线粒体中mRNA没有5′帽子结构。线粒体mRNA的结构特点表明线粒体蛋白合成装置与细胞质中的核糖体是不同的。其起始机制可能是简单地识别mRNA的末端，而并不需要特殊的核糖体结合位点或5′帽子结构。mtRNA的翻译起始机制也不同于细菌，它无需S-D序列。

（二）线粒体核糖体

线粒体核糖体的结构不同于胞质核糖体，与原核生物核糖体相似，但它们的蛋白质和RNA的比例要比*E. coli*核糖体的高得多，表15.3表明了人类和酵母线粒体核糖体的结构特点。在动物中线粒体糖体大小大约相同，其分子质量和体积略大于*E. coli*的核糖体。由于高的蛋白质/RNA比值，所以浮力密度相对较低，为55～60S。在真菌（如酵母和链孢霉）中，线粒体核糖体的沉降系数为70～75S。

表15.3 人类和酵母线粒体核糖体和细胞质核糖体的大小

成分	人类（HeLa）		酵母	
	线粒体	细胞质	线粒体	细胞质
核糖体	60S	74S	75S	80S
大亚基	45S	60S	53S	60S
小亚基	35S	40S	35S	40S
rRNA				
大亚基	16S	28S	21S	26S
小亚基	12S	18S	15S	18S

在大部分情况下，线粒体核糖体缺乏5S rRNA和5.8S rRNA。高等植物的线粒体核糖体有5S rRNA分子，但和细胞质中的不同。动物线粒体中两个亚基rRNA分子的沉降系数分别为16S和12S，明显比*E. coli*两个亚基中的主要rRNA（23S、16S）要小。

线粒体核糖体蛋白的数目未能确定。酵母核糖体中有60～70种蛋白质，动物核糖体的蛋白质为70～80种。可能除脉孢菌和酵母以外，其他生物线粒体蛋白都由核基因编码，在细胞质核糖体上合成后，转运到线粒体中。这一过程再次表明细胞能将蛋白质合成的产物导向所需要的特殊地方。高等真核细胞核糖体含有65～70种核糖体蛋白，而低等真核生物的线粒体核糖体中也有60～70种核糖体蛋白。那么在细胞质中产生的125～140种核糖体蛋白约有半数要转运到核仁中，用于胞质核糖体的装配，余下的就运入线粒体，用于线粒体核糖体的装配。

（三）线粒体蛋白质的合成

线粒体有其特有的蛋白合成装置，而且以细菌合成蛋白质的相似方式生产蛋白质。在线粒体中存在特异的fMet-tRNA用于蛋白质合成起始。起始因子（IF）也与细菌中的十分相似。在很多情况下线粒体蛋白质合成体系的成分和细菌的相关成分在体外可以互换。例如，脉孢菌线粒体的核糖体能识别、结合和翻译*E. coli*的AUG，而且*E. coli*的IF可催化线粒体蛋白合成的起始。

*E. coli*核糖体和线粒体核糖体之间相似性的另一个证据是后者对细菌核糖体功能的大部分抑制剂都是敏感的，其中包括链霉素、新霉素和氯霉素等。在有的情况下对这些试剂（大部分是抗生素）的敏感程度与*E. coli*不同。线粒体核糖体对有的抗生素不敏感，但这些抗生素对细胞质核糖体是敏感的，如放线菌酮。通过选择性使用抗生素能发现线粒体蛋白质合成的位置。例如，放线菌酮的存在可抑制细胞质核糖体，但某些线粒体蛋白照常合成，表明此蛋白质是在线粒体核糖体上合成的。有些细胞质核糖体蛋白在氯霉素存在下可以合成，而氯霉素可抑制线粒体核糖体的合成。用这种方法科学家们发现了酵母线粒体中细胞色素氧化酶有7个亚基，其中4个是在细胞质中合成的，其余3个是在线粒体中合成的。

二、叶绿体基因组

叶绿体是一种只存在于绿色植物中的细胞器，主要负责光合作用。和线粒体相似，叶绿体也含有自己的基因组，但目前对叶绿体基因组的了解不如线粒体那样多。

（一）结构

叶绿体基因组在很多方面与线粒体基因组的结构是相似的。表 15.1 表明了 cpDNA 的某些特点。cpDNA 为双链环状，缺乏组蛋白和超螺旋。然而，在一些植物中，尤其是具有大的 cpDNA 的物种中，也不排除有的为线性排列。cpDNA 中的 GC 含量与核 DNA 及 mtDNA 有很大的不同，因此可用 CsCl 密度梯度离心来分离 cpDNA。

在高等植物中，典型的 cpDNA 大小范围为 120～160kb，在藻类中为 85～292kb。在伞藻属（*Acetabularia*）的几种绿藻中，cpDNA 更大，约 2000kb。

每个叶绿体中 cpDNA 的拷贝数随着物种的不同而不同，但都是多拷贝的。在高等植物中每个细胞中约有 20～40 个叶绿体。每个叶绿体含有 20～40 个 cpDNA 分子。在衣藻中仅有单个的叶绿体，其中含有 500～1500 个 cpDNA 分子。

对地钱（*Marchantia polymorpha*）、烟草（*Nicotiana tabacum*）和水稻（*Oryza sativa*）的叶绿体全序列分析（表 15.4）表明 cpDNA 基因组成有以下特点：①基因组由两个反向重复序列（IR）和一个**短单拷贝序列**（short single copy sequence，SSC）及一个**长单拷贝序列**（long single copy sequence，LSC）组成（图 15.4）；②IRA 和 IRB 长各 10～24kb，编码相同，方向相反；③cpDNA 启动子和原核生物的相似，有的基因产生单顺反子 mRNA，有的为多顺反子 mRNA；④尽管 cpDNA 大小各不相同，但基因组成是相似的，而且所有基因的数目几乎是相同的，它们大部分产物是类囊体的成分或与氧化还原反应有关（表 15.5）；⑤其 tRNA 基因（IRA、IRB 上各有 7 个，LSC 上有 23 个，共 37 个）中有内含子存在，最长达 2526bp，这与原核 tRNA 不同，有的内含子位于 DH 环上，这与真核生物核 tRNA 内含子常位于反密码子环上也不相同；⑥所有叶绿体基因转录的 mRNA 都由叶绿体核糖体翻译。

表 15.4　叶绿体基因组的组成

	地钱/bp	烟草/bp	水稻/bp
反向重复序列	10 058	25 339	20 798
短单拷贝序列	19 813	18 482	12 335
长单拷贝序列	81 095	86 684	80 592
总基因组	121 024	155 844	134 525

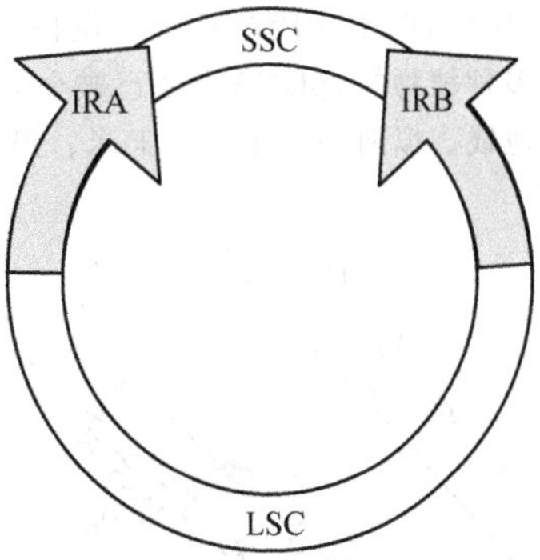

图 15.4　线粒体 DNA 的电镜照片
（转引自 Russell，1992）

表 15.5　叶绿体基因组编码的各种蛋白

	基因	类型	拷贝
RNA 编码	16S	1	2
	23S	1	2
	4.5S	1	2
	5S	1	2
	tRNA	30	37
基因表达	r 蛋白	19	22
	RNA 聚合酶	3	3
	其他	2	2
类囊体膜	光系统Ⅰ	2	2
	光系统Ⅱ	7	7
	细胞色素 b/f	3	3
	H^+-ATPase	6	6
其他	NADH 脱氢酶	6	6
	铁氧化还原酶	3	3
	核酮糖 BP 羧化酶	1	1
	未鉴定	29	29
	总计	115	129

并不是所有的叶绿体都含有 IR。IR 上含有 4 种 rRNA 基因，根据它们排列的情况，叶绿体可分为三类。Ⅰ类：有 IR 序列，4 种 rRNA 中各有 2 个拷贝，对称分布在 IR 上（图 15.4），其 cpDNA 也较大，如玉米、烟草、水稻、菠菜、地钱、衣藻大部分叶绿体都属此类。Ⅱ类：无 IR，16S rRNA、23S rRNA 以正向串联重复的形式（各 3 个拷贝）排列在 cpDNA 的一侧，如裸藻（*Euglena gracilis*）等少数低等植物；Ⅲ类：无 IR 和 DR，rRNA 只有一个拷贝，如豌豆（*Posum satirum*）等。这可能在进

化的过程中因DNA片段的重复和倒位而造成的。至今已有多种植物的cpDNA分子已被全部测序，包括烟草、地钱、拟南芥、水稻、玉米、黑松和一些藻类植物等。烟草cpDNA（155 844bp）可能含有约150个基因，地钱cpDNA（121 024bp）含有136个基因（图15.5）。

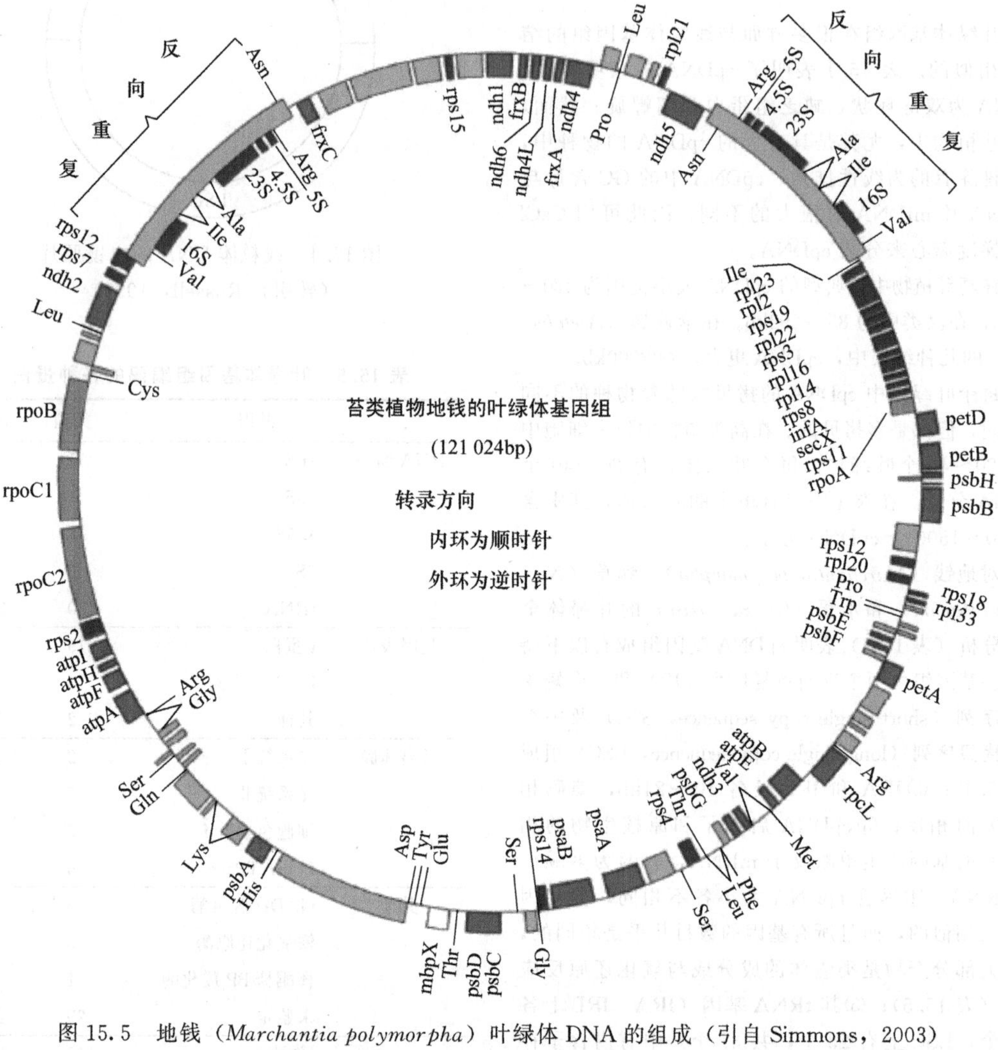

图15.5 地钱（*Marchantia polymorpha*）叶绿体DNA的组成（引自Simmons，2003）

rpo，RNA聚合酶；*rps*，小亚基核糖体蛋白；*rpl*和*secX*，大亚基核糖体蛋白；4.5S、5S、16S、23S，标明不同大小的rRNA；*rbs*，核酮糖二磷酸羧化酶；*psa*，光合系统Ⅰ；*psb*，光合系统Ⅱ；*pet*，细胞色素b/f复合体；*atp*，ATP合成；*infA*，起始因子A；*frx*，硫铁蛋白；*ndh*，假定的NADH还原酶；*mbp*，叶绿体透性酶；tRNA基因用氨基酸的缩写表示

（二）复制

cpDNA是以半保留复制的，可能与线粒体相似。叶绿体特异性酶被用于此复制过程，这些酶不同于核和线粒体的复制酶系。大部分叶绿体复制酶是由核基因编码，合成后转运到叶绿体中。叶绿体本身的生长和分裂是与线粒体相同的方式进行的。

（三）叶绿体的核糖体和蛋白质的合成

叶绿体中所有的核糖体与线粒体核糖体、胞质核糖体完全不同。它们的沉降系数为70S，由大小不等的两个亚基（50S和30S）组成，与原核生物的核糖体十分相似。

核糖体的大亚基至少含有23S和5S两个rRNA

片段，每个片段一个拷贝。小亚基含有一个拷贝的16S rRNA，很多核糖体蛋白是由核基因编码在细胞质核糖体上合成的。大部分资料来自于对裸藻的研究，结果表明叶绿体产生9种核糖体蛋白，另外12种是在胞质中合成的。

叶绿体中蛋白质合成的过程与原核生物相似，fmtRNA用于各种蛋白质的起始，甲酰化反应是由位于叶绿体中的转甲酰酶催化的。叶绿体中所用的翻译起始因子和延伸因子与细胞质中蛋白质合成系统是不同的。

叶绿体核糖体像线粒体核糖体一样对氯霉素（可抑制细胞质核糖体）具有抗性，但对所有阻断原核蛋白合成的抑制剂都是敏感的。叶绿体中的核糖体本身也分为游离的和膜结合的两种。

第二节　叶绿体系统的核外遗传

第一个非孟德尔遗传的例子是在1909年由C. Corrans发现的。他研究了大量显花植物的花斑叶片，这些表型中很多都显示了典型的孟德尔遗传，但也发现了一些不符合孟德尔法则的例外情况，并经过系统实验、观察和分析，发现了叶绿体系统的核外遗传。C. Corrans是发现孟德尔定律的三位植物学家之一。

一、紫茉莉枝条花斑的遗传

植物叶片有时会出现花斑模式（图15.6），某些部分是绿色的，某些部分是白色的，还有的部分是

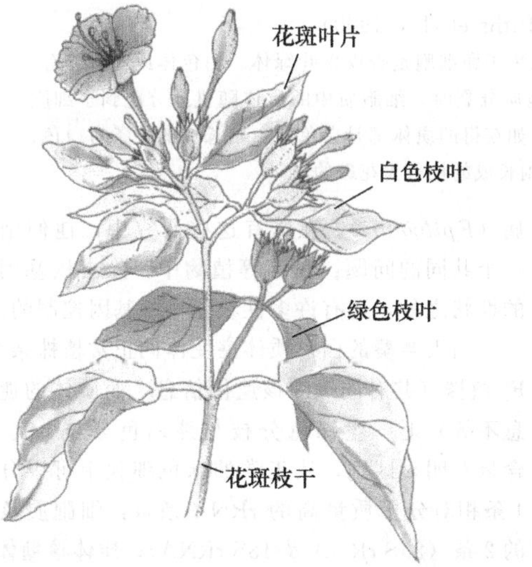

图15.6　紫茉莉（*Mirabilis jalapa*）的花斑叶片和枝条。在花斑、绿色和白色枝条上都可以开花。这些花可用来杂交（引自Griffiths et al.，1999）

白色和绿色相间的，也能出现介于白色和黄绿之间的颜色。这些镶嵌模式常作为一种装饰特性受到人们的喜爱，许多研究者对这种花斑模式的研究特别感兴趣。

在很多情况下叶的斑色性可被解释为在细胞分裂期间对不同类型叶绿体的分拣而造成的（图15.7）。含有叶绿体的细胞能产生叶绿素，其他不含叶绿体的细胞则不能产生。

在一个细胞内两种类型的细胞器混合称为**异质性**（heteroplasmy）。在一个细胞内存在一种类型的细胞器称为**同型异源性**（homoplasmy）。当一个异质性的细胞分裂时，两种类型的叶绿体以不规则的方式被分配到子细胞中。经过几次分裂，这种不规则的分布可产生一个完全缺少生成色素的叶绿体的细胞，随后这种细胞增殖为绿色叶中的白色部分。以这种过程产生的白色部分的大小、形状和位置都是不规则的（在某些植物中，白色部分的形成是确定的，叶的模式是可预测的。这些部分不是由于叶绿体的分拣，而是在叶内的时间和空间构架中，由调节合成色素的生理系统所产生的）。

叶杂色性的遗传学研究首先是在1909年由德国的植物学家C. Correns和E. Baur进行的。C. Correns研究紫茉莉的花斑品系，他对绿色和花斑品系间进行了系统地杂交。在这些杂交中，有可能使用的是由花斑植株白色枝条上开的花。Correns观察了这种杂交的子代在表型上总是和产生雌配子的组织相同（表15.6和图15.7）。因此，绿色植物的胚珠和花斑植物中白色枝条上的花粉受精只产生绿色子代。然而，杂色植株白色部分的胚珠和绿色植株的花粉杂交只能产生纯白色子代。这种精确的母体遗传被解释为植株的颜色是由胚珠传递的，而不是由花粉传递的。显然叶绿体中含有这些因子。

表15.6　紫茉莉花斑植物杂交的结果

母本枝条表型	父本枝条表型	后代表型
白色	白色	白色
	绿色	白色
	花斑	白色
绿色	白色	绿色
	绿色	绿色
	花斑	绿色
花斑	白色	花斑、绿色、白色
	绿色	花斑、绿色、白色
	花斑	花斑、绿色、白色

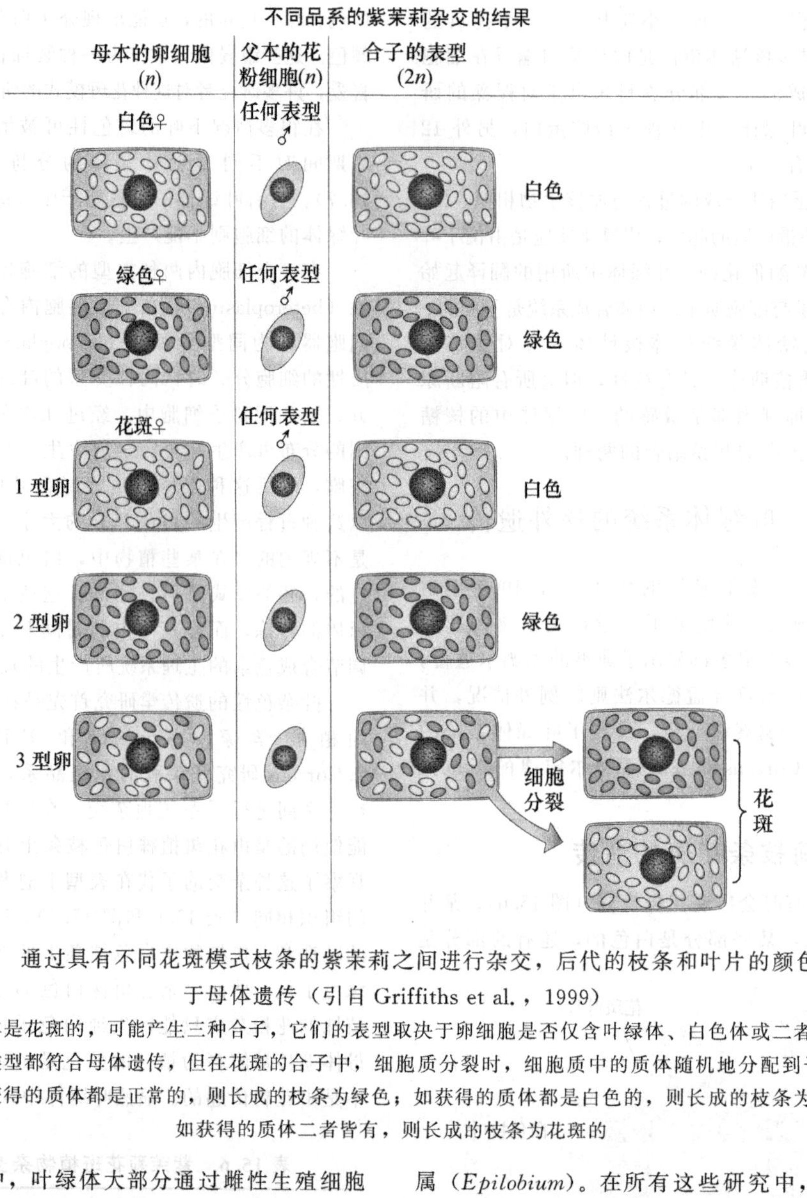

图 15.7　通过具有不同花斑模式枝条的紫茉莉之间进行杂交，后代的枝条和叶片的颜色取决于母体遗传（引自 Griffiths et al.，1999）

如果母本是花斑的，可能产生三种合子，它们的表型取决于卵细胞是否仅含叶绿体、白色体或二者皆有。这三种类型都符合母体遗传，但在花斑的合子中，细胞质分裂时，细胞质中的质体随机地分配到子细胞中。如获得的质体都是正常的，则长成的枝条为绿色；如获得的质体都是白色的，则长成的枝条为白色；如获得的质体二者皆有，则长成的枝条为花斑的

在紫茉莉中，叶绿体大部分通过雌性生殖细胞传递。当一株植物从其雌性亲本那里遗传了有色素的和无色素的叶绿体的混合体时，它的组织在发育期间可由于两种类型的叶绿体自身的分拣而呈现出杂色。

E. Baur 研究了天竺葵（*Pelargonium zonale*）的叶片。当将白色突变体同正常野生型杂交后，后代中除表现两个亲本的表型植株外，还出现花斑性状的植株，但花斑类型和亲本类型植株的比例在正反交之间有很大的不同，表现为明显的非孟德尔遗传。除此以外，高等植物中对细胞质遗传研究的比较充分的材料还有月见草属（*Oenothera*）及柳叶菜属（*Epilobium*）。在所有这些研究中，他们阐明了一个共同的问题：在高等植物中，除去核基因控制的性状之外，还有许多性状是核外基因控制的。

当天竺葵的白色质体突变体同正常植株杂交时，F_1 植株（共有同等的核遗传信息，而质体的遗传信息不等）上产生绿色分枝与纯白色分枝，其 RNA 含量有明显区别，从正常的绿色细胞中可以分离出 4 条相对分子质量高的 rRNA 条带：细胞质核糖体的 2 条（25S rRNA 及 18S rRNA）；质体核糖体 2 条（23S rRNA 及 16S rRNA）。在质体突变体的白色细胞中 rRNA 的电泳条带发生了改变，没有发现质体核糖体 23S rRNA 及 16S rRNA 电泳条带，而细胞

质核糖体 25S rRNA 及 18S rRNA 则存在。这就表明，缺少质体核糖体是质体基因突变的结果。

二、衣藻的抗生素抗性

光合作用的绿藻类是生物圈中的一个重要部分。它们在海洋中是丰富的，构成了食物链的基础，但它们也存在于陆地上。莱茵衣藻（*Chlamydomonas reinhardtii*）被广泛用于遗传学研究。这种单细胞、单倍体生物有两根鞭毛和一个含有多个 cpDNA 的叶绿体，图 15.8 表明它们的生活周期。它们有两种交配型 mt^+ 和 mt^-，通常简写成“+”和“-”，它们是由一个基因座上的一对等位基因控制的。莱茵衣藻繁殖过程属有性生殖。合子是由两个大小相同的细胞融合而成，它们含的细胞质的量也是相等的，但交配型不同。厚壁的胞囊发育成合子，经减数分裂后产生了 4 个单倍体的子代细胞，由于交配型是由核基因决定的，所以子代“+”、“-”交配型的比为 1∶1。衣藻中的许多其他的孟德尔分离模式的核基因已被鉴定出来。

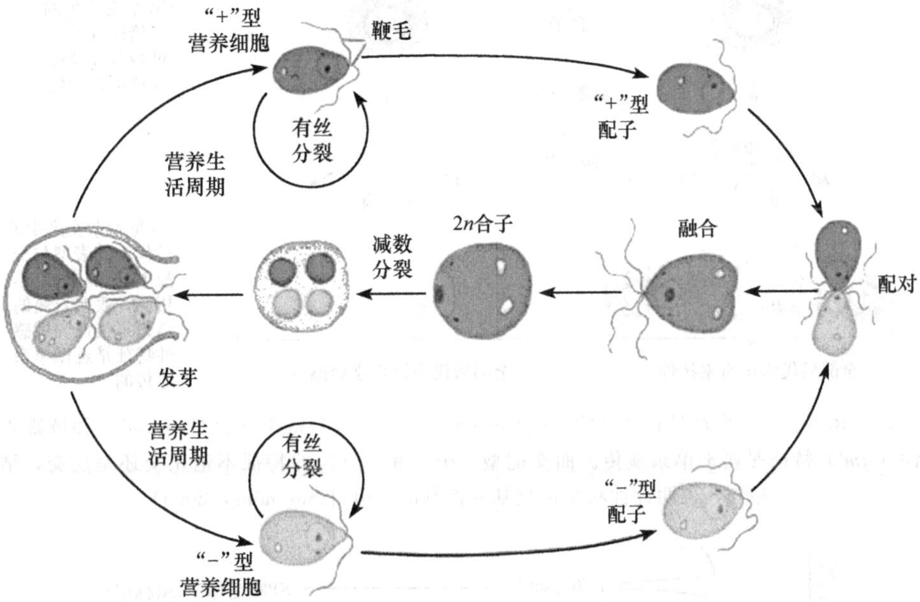

图 15.8 单细胞衣藻（*Chlamydomonas reinhardtii*）的生活周期（引自 Griffiths et al.，1993）

1954 年美国遗传学家 R. Sager 在衣藻中发现了抗生素抗性是非孟德尔遗传的性状（图 15.9）。R. Sager 用链霉素抗性突变体（sm^r）的 mt^+ 品系与野生型链霉素-敏感型（sm^s）的 mt^- 品系杂交：

$sm^r mt^+ \times sm^s mt^- \rightarrow$ 全部后代（95%）sm^r

$sm^s mt^+ \times sm^r mt^- \rightarrow$ 全部后代（95%）sm^s

正、反交结果不同，所有的后代（约 95%）表现了 mt^+ 亲本对抗生素反应的表型，就像母体遗传现象一样，出现了单亲遗传（图 15.9）。但两个亲本对合子来说贡献了相等的细胞质，而后代总是保留 mt^+ 亲本与抗性有关的表型。

在做这个实验时 R. Sager 发现链霉素本身能引起突变，若将一个纯的 sm^s 品系放在含链霉素的平板上，就会出现相当大比例的链霉素抗性群落。其实用链霉素处理将会产生很多不同的突变表型，但都显示单亲遗传，从而推测这些表型是核外突变所致。用链霉素处理是不会产生核突变的，因链霉素的作用产生的大部分突变都表现出对各种药物具有抗性或者失去光合作用的能力。这种光合作用的突变是不能利用空气中的 CO_2 作为碳源，若在培养基中加入可溶性碳（如乙酸），它们就可以存活。

这些实验揭示出在衣藻中存在着一种神秘的“单亲基因组”，那就是在杂交中表现出单亲传递的一组基因群。它们究竟位于何处？单亲传递的机制又是什么？看来交配型并不是生理上的差异，那么这些基因为什么只由 mt^+ 亲本传递？

实验证据表明上述的单亲基因组其实是在 cpDNA 上。在迅速生长的衣藻细胞中有单个的叶绿体，其 cpDNA 约占总 DNA 的 15%，经 CsCl 密度梯度离心，这种 DNA 单独形成一条带，与核 DNA 带分开（图 15.10），而且 cpDNA 带的精确位置可以通过在培养基中加入同位素 ^{15}N 而发生改变。用此技

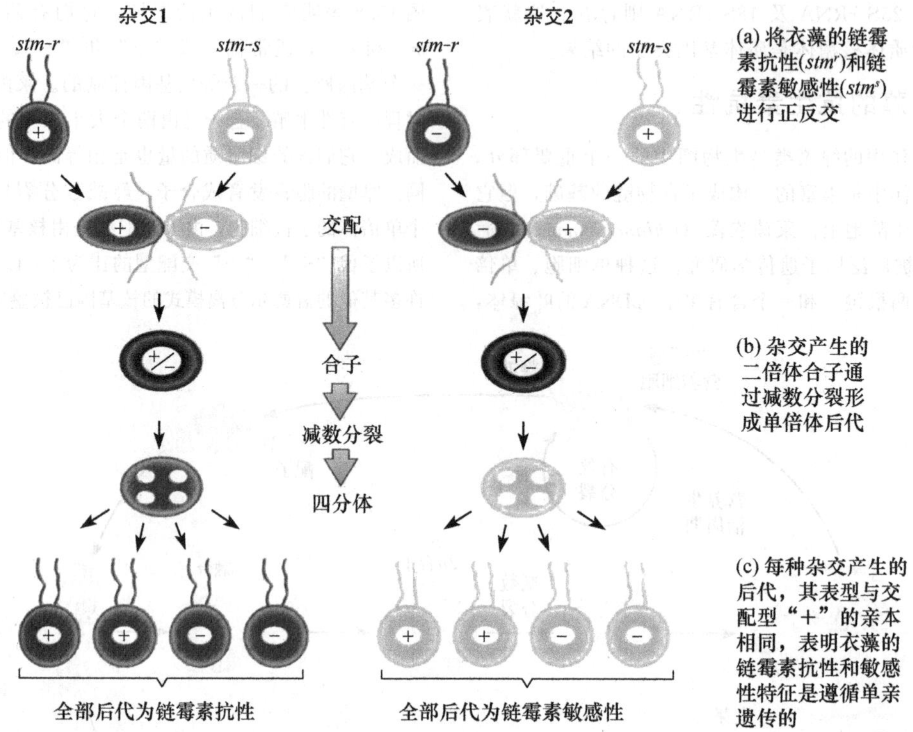

图 15.9　R. Sager 实验表明衣藻（*Chlamydomonas reinhardi*）链霉素抗性（stm^r）和链霉素敏感性（stm^s）特征是属于单亲遗传。而交配型"+"和"−"的特征不论正交还是反交，结果相同，表明此性状是由核基因控制的（引自 Simmons，2003）

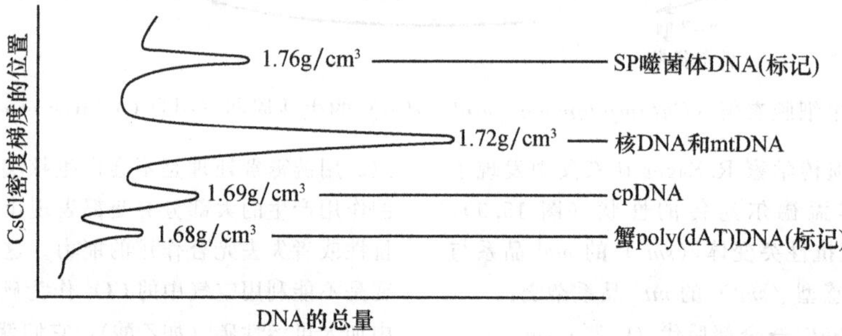

图 15.10　通过 CsCl 密度梯度离心实验在衣藻（*Chlamydomonas reinhardi*）中可检测到和核 DNA 不同的叶绿体 DNA（cpDNA）。在此实验中噬菌体的 DNA 和蟹的 poly(dAT)DNA 是用来作为对照的标记（引自 Russell，1972）

术对杂交中两个亲本的 cpDNA 分别以轻的^{14}N 和重的^{15}N 进行标记，结果其浮力密度分别为 1.69 和 1.70，看来差别似乎很小，但在 CsCl 梯度中所处的位置明显不同。用这种方法标记亲本合子的 DNA 经密度梯度离心再和亲本比较，就可以看出 mt^- 亲本的 cpDNA 丢失了（表 15.7）或以某种方式破坏了。当然从 mt^- 亲本中丢失的 cpDNA 与其单亲基因的丢失是平行的。R. Sager 不久就发现另一品系与这种遗传模式相同。

表 15.7　衣藻杂交后代的 cpDNA 的浮力密度

杂交	合子 cpDNA 的浮力密度
$^{14}Nmt^+ \times ^{14}Nmt^-$	1.69
$^{15}Nmt^+ \times ^{15}Nmt^-$	1.70
$^{15}Nmt^+ \times ^{14}Nmt^-$	1.70
$^{14}Nmt^+ \times ^{15}Nmt^-$	1.69

其他的一些实验采用了相同的思路。例如，有两个不同品系的衣藻，它们的 cpDNA 带有不同的限制性酶切位点，然后从杂交后代中提取 cpDNA，经限制性酶处理，电泳后观察带型也能获得相同的结论。

前面我们也表明后代中仅 95%显示了单亲遗传，另外的 5%表现了双亲的核外特征，称为**双亲遗传**（biparental inheritance），表明双亲两种类型的叶绿体 DNA 在合子中都存在并具有活性，这些合子就称为**胞质基因杂合细胞**（cytohet）。这个名称是将“细胞质”（cytoplasmic ）和“杂合子”（heterozygous）两个单词重组而成。在许多例子中，双亲合子的核外特征经有丝分裂分离成单纯的类型，即 sm^r 和 sm^s 品系。这种现象与合子中不同 cpDNA 的分离有关，从而使不同叶绿体进入不同子细胞，形成了单纯的类型。

后来，R. Sager 和她的助手 Z. Ramanis 发现了改变这些特性的单亲遗传的方法，包括在交配前用 UV 照射 mt^+ 细胞。当他们将受到照射的 mt^+ 细胞与未照射的 mt^- 细胞杂交时，发现某些子代遗传了 mt^- 亲本的细胞质性状而不是 mt^+ 亲本的细胞质性状。

当在衣藻的叶绿体中发现 DNA 时，终于解释了这些现象。mt^+ 和 mt^- 细胞具有 cpDNA，但是当发生**接合**（conjugation）时，由 mt^- 细胞提供的 cpDNA 被降解了，或许是被核酸酶特异性地识别而降解的。因此，由杂交产生的子代只保留了来自 mt^+ 的 cpDNA。结果，由 cpDNA 编码的性状（如链霉素抗性）总是通过 mt^+ 亲本遗传的。当 mt^+ 细胞在接合时，mt^- cpDNA 系统是部分丧失的。因此，某些 mt^- cpDNA 被保存下来，并传递给子代。这种 DNA 实际上可能是结合了 mt^+ 叶绿体的 DNA，产生了具有双亲的叶绿体基因的子代。R. Sager 和 Z. Ramanis 利用这种重组频率构建了叶绿体的遗传图（图 15. 11），这是第一个详细的非核 DNA 分子的基因构成的图。以上表明双亲传递给子代的 cpDNA 的结构和命运是不同的，结果造成了子代表型的不规则分离。这些非孟德尔现象是由于通过一种性别配子的叶绿体或线粒体的优势传递而造成的，在高等真核生物中，通常为雌性。这种性状是由线粒体或叶绿体基因传递的，因而通常表现出单亲遗传方式。

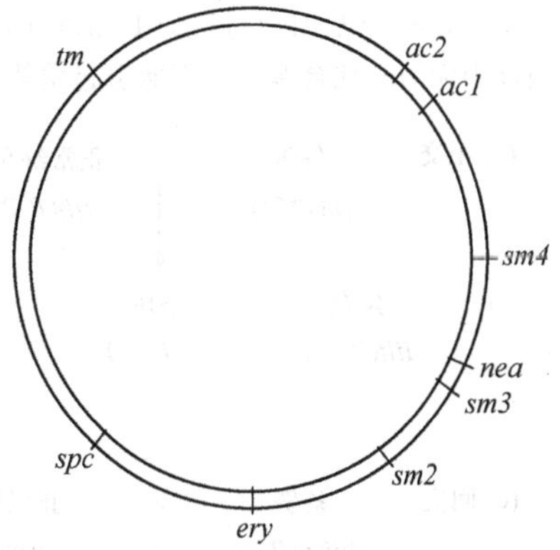

图 15. 11 根据 R. Sager 和 Z. Ramanis 的实验结果所作的衣藻 cpDNA 的遗传图谱（引自 Simmons，2003）

ac1、*ac2* 表示需要乙酸；*sm4* 表示链霉素依赖；*nea* 表示新霉素 A 抗性；*sm3* 表示低浓度链霉素抗性；*sm2* 表示高浓度链霉素抗性；*ery* 表示红霉素抗性；*spc* 表示壮观霉素抗性；*tm* 表示温度敏感

三、玉米叶片埃型条斑的遗传

1924 年 M. T. Jenkins 发现玉米的**埃型条斑**（striped iojap trait）性状是受核基因和细胞质基因共同控制的。1943 年及 1950 年，M. M. Rhoades 对此进行了系统研究，发现了相关的核基因，称为 *iojap*（iodent japonica，*ij*），定位在 7 号染色体上。*Ij* 对 *ij* 为显性。当此基因为隐性纯合时（*ijij*），即使核基因正常，也能引起质体突变率增加，使正常的质体突变，不能全部形成叶绿素，表现出白色和绿色相间的条斑性状或不能成活的白化苗。质体群体的相关基因型表示如下：

P^gP^g（全部质体都为野生型）表型为绿色；

P^gP^w（部分质体为突变型）表型为条斑；

P^wP^w（全部质体都为突变型）表型为白化。

植株的表型由核基因和质体基因共同决定：

纯的具有埃型条纹的植株基因型为 *ijij*（P^gP^w）（括号中表示为质体基因）；

正常绿色的植株基因型为 *IjIj*（P^gP^g）；

白化植株的基因型为 *IjIj*（P^wP^w），*Ijij*（P^wP^w），*ijij*（P^wP^w）。

当以有条斑的植株［*ijij*（P^gP^w）］为母本与正常绿色植株［*IjIj*（P^gP^g）］的父本杂交时，其 F_1 的核基因型相同（*Ijij*），而子代表型有三种：绿色苗、条斑苗和白化苗，但不呈现孟德尔比。为何会出现这种情况？首先是子代的核基因虽然是正常的（*Ijij*），但其母本的核基因型为 *ijij*，它可以使质体的基因 P^g 发生突变。其实母本的质体中已具有突变的类型（P^w）。子代接受母本的质体是随机的，这样各个子代中的质体群就有可能分为三种（P^gP^g、P^gP^w、P^wP^w），正好和其表型相对应，并不显示特定的比例（图 15. 12），表明突变的性状是通过母本细胞质遗传的。如果反交，F_1 核基因型与正交 F_1 的相同，但因母本细胞核中无 *ijij* 纯合基因，不能引起质体相关基因的突变，因此杂种后代只表现绿色苗一种类型，说明质体变异是受核基因控制的。

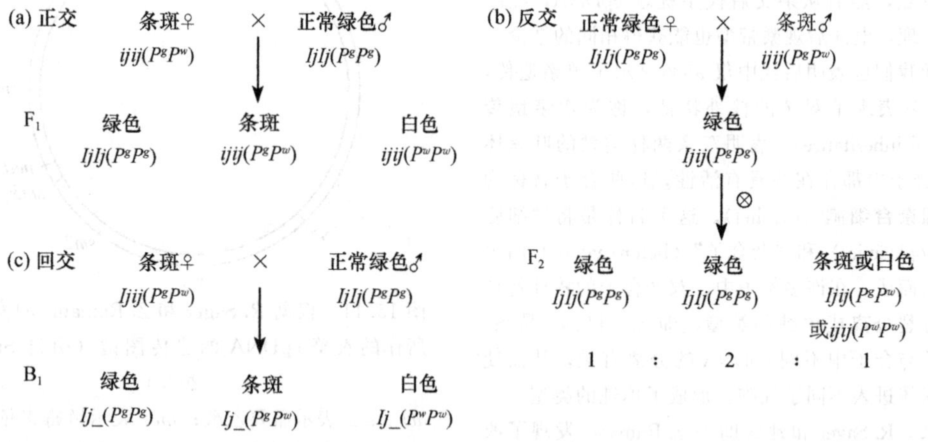

图 15.12　玉米埃型条斑性状的遗传

(a) 正交，结果 F_1 出现三种不同的表型，但不符合孟德尔比例；(b) 反交，F_1 仅出现一种表型，和母本相同，F_2 出现 3 绿∶1 条斑或白化，符合孟德尔比例；(c) 回交，结果后代出现三种不同的表型，都是由质体的基因决定的

在玉米的质体中有两种 RNA 聚合酶，但 *Ij* 突变型（*ij*）的质体只有一种 RNA 聚合酶，与细菌中的 RNA 聚合酶相似。*Ij* 基因的作用是控制叶绿体的发育，它在细菌中的作用不清。

第三节　线粒体系统的核外遗传

一、酵母的小菌落突变

1940 年后期，法国科学家 B. Ephrnssi 和他的同事研究后认为酵母细胞在固体培养基上的生长或是通过需氧呼吸，或是通过发酵。偶然的机会，他们注意到一种比野生型菌落小得多的菌落，称这种小菌落为“petites”（法语“小”的意思），而野生型菌落就称为大菌落（“grandes”法语“大”的意思）。他发现小菌落并不是因为细胞小，而是因为其生长明显比野生型慢得多。20 世纪 70 年代和 80 年代科学家们确定了两种小菌落遗传的分子基础。

酵母小菌落系统常用于研究核外遗传，这是由于在酵母中这种突变很多，而且酵母缺乏线粒体的功能却仍能存活和生长。这种引起呼吸不足的突变在酵母中可自发产生。在能维持发酵的培养基上，小菌落生长比大菌落慢一些，在维持需氧呼吸的培养基上小菌落是不能生长的。在正常的细胞群体中有 0.1%～1%的细胞会自发地变成小菌落。在碱基**插入剂**（intercalating agent）如溴化乙锭（EB）存在时，100%的细胞都变成了小菌落。

有的小菌落是核基因发生了突变，这些核基因编码了某些线粒体蛋白的亚基。这种突变称为“pet^-”。当将“pet^-”与野生型“pet^+”杂交时，产生的二倍体“pet^+/pet^-”是大菌落。这个二倍体细胞经减数分裂产生的四分体中 2 个是大菌落（pet^+），2 个是小菌落（pet^-），分离比为 2∶2。这个结果符合孟德尔比，因此这种突变型称为**分离型小菌落**（segregational petite）。分离型小菌落的发生频率也比核外小菌落要低得多。

另一种类型的突变型为**中性型小菌落**（neutral petite），以“rho^- N”表示。中性型突变与野生型（rho^+ N）杂交产生的二倍体（rho^+ N/rho^- N）表型正常，减数分裂后产生的四分体全部为大菌落，显示出典型的单亲遗传，所有的后代只显示出一个亲本的表型。但我们不能把这一现象归结于母体遗传，因为两个单倍体细胞融合的二倍体双方细胞质的贡献是相同的。

中性小菌落失去全部的 mtDNA，它们能存活下来是由于可在细胞质中进行发酵。而带有正常线粒体的野生型酵母杂交产生的杂合子经减数分裂并形成孢子时，野生型的线粒体 DNA 分布到 4 个子囊孢子中。当这些孢子生长和分裂时，正常的、有功能的线粒体发育，细胞能进行有氧代谢。因此，当菌落形成时，都具有大菌落的表型［图 15.13（a）和表 15.8］。

抑制型小菌落（suppressive petite）不同于前两种小菌落，大部分突变是属于抑制型（rho^- S）的。

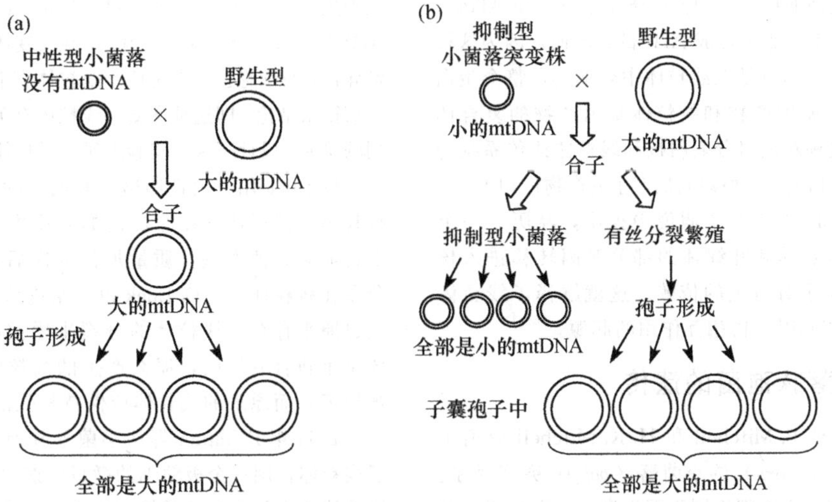

图 15.13　酵母小菌落和野生型大菌落的杂交中 mtDNA 的遗传

(a) 中性型小菌落和野生型大菌落的杂交；(b) 抑制型小菌落和野生型大菌落的杂交

表 15.8　酵母中线粒体的 4 种功能异常突变体

名称	突变型	分子基础
抑制型小菌落 与野生型杂交后产生的全是小菌落	*rho*⁻S	mtDNA 发生重排，其中有些基因失去了功能；其 mtDNA 分子小于野生型 mtDNA，且 A-T 丰富，故复制优于野生型 mtDNA
中性型小菌落 与野生型杂交后全是正常菌落	*rho*⁻N	失去全部的 mtDNA
分离型小菌落 表现为正常的孟德尔遗传，缓慢生长表型	*pet*	编码线粒体中蛋白质亚基（如细胞色素氧化酶亚基）的核基因发生突变

这种抑制型小菌落是由于 mtDNA 发生改变所致，开始它们缺失了部分 mtDNA，但后来通过某些机制使得序列不再缺失，而且发生重复，直到 mtDNA 的总量正常为止，从而使序列得到了恢复。在这个过程中，有时 mtDNA 会发生重排。mtDNA 的任何缺失和重排可能都会导致线粒体蛋白质合成的缺陷，特别是会影响到需氧呼吸的酶类。

将抑制型突变体与野生型杂交时，rho^-S 在形成的二倍体中仍能发挥作用。rho^+/rho^-S 二倍体具有呼吸功能，比野生型弱，比小菌落强，居二者之间。在抑制型小菌落突变体和野生型品系间杂交产生的合子，具有来自双亲的线粒体 DNA。如果这些合子立刻经减数分裂变为孢子，产生的子囊孢子只遗传了突变的线粒体 DNA，并长成小菌落。然而，如果合子在液体培养基中首先经有丝分裂繁殖，然后形成孢子时，每个子囊孢子遗传了野生型的线粒体 DNA，并长成大菌落。这些结果表明突变的线粒体 DNA 最初具有某种优势作用，可“抑制”野生型 DNA，或是由于野生型 DNA 不能快速地复制。然而，在有丝分裂繁殖期间，具有野生型线粒体的细胞在培养上优于具有突变线粒体的细胞，所以二倍体经有丝分裂所形成的孢子都是大菌落［图 15.13（b）和表 15.8］。

在抑制型小菌落突变体中的线粒体性质是什么？物理和化学分析显示其 DNA 分子比野生型线粒体的 DNA 小，也富含 A-T 碱基对。这两个特征使抑制型小菌落的 mtDNA 比野生型 mtDNA 具有复制优势。然而，要完全理解为什么抑制型小菌落 DNA 通过杂交后能如此有效地传递，则需要更多的研究工作。

大多数（或许所有的）线粒体基因产物只在线粒体内发挥功能。然而，它们不是单独发挥功能的。许多核基因产物被输入以增加或促进它们的功能。例如，线粒体核糖体是由线粒体基因转录的 rRNA 和由核基因编码的核糖体蛋白质构建的。核糖体蛋白质在细胞质中合成，被输入到线粒体中组装成核糖体。再如，酵母线粒体中细胞色素氧化酶有 7 个亚基，其中 4 个是在细胞质中合成的，其余 3 个是在线粒体中合成的。这样细胞色素氧化酶必然存在线粒体基因产物与核基因产物的相互作用，共同编码有功能的蛋白质。

许多有氧代谢需要的多肽也在细胞质中合成，包括几种与氧化磷酸化有关的蛋白质亚单位，如 ATPase 是结合有氧代谢的能量合成 ATP 的。然而，因为这种蛋白质的某些亚单位是在线粒体中合成的，整个蛋白质实际上是核基因产物和线粒体基因产物的复合体（表 15.2）。这种双重组分表明核和线粒体遗传系统与某种途径是相协调的，所以它们产生的产物量相等。

L. Margulis 在内共生假说中提出，经历了一个进化时期，线粒体和叶绿体的部分基因转移进入核内，从而产生了对宿主的依赖。这就解释了线粒体基因产物与核基因产物相互作用的起源。

二、小菌落脉孢菌的遗传

1952 年 M. B. Mitchell 和 H. K. Mitchell 分离了脉孢菌（*Neurospora*）的小菌落（*poky*）突变品系。此突变体在很多方面都不同于野生型。它生长慢，并表现出母体遗传的特点，细胞色素的总量异常。细胞色素是线粒体的电子传递体蛋白，是生物氧化酶类的辅助因子。生物需要它通过氧化产生能量。像大部分生物一样，野生型脉孢菌含有细胞色素 a、b 和 c，但在“*poky*”小菌落品系中仅含有细胞色素 c。

M. B. Mitchell 进行了下列杂交实验：

小菌落♀×野生型（大菌落）♂→后代全部为小菌落

野生型（大菌落）♀×小菌落♂→后代全部为大菌落

但在这两组杂交中，后代表型都和母本相同。如果是核基因的遗传，结果应与此不同，即无论哪一个亲本是突变型，其杂交后代中应半数为野生型，半数为小菌落，显示正常的孟德尔分离比 1∶1。但实验的结果是所有的后代的表型都与母本的表型相同，不呈现特定的分离比，故不可能是核基因突变。这种突变就称为**核外突变**（extranuclear mutation）或**细胞质突变**（cytoplasmic mutation）。

现在进一步要提问的是细胞质中哪一部分发生了突变？从突变表型的特点看来和线粒体有关。例如，细胞生长慢，表明缺乏 ATP 能量，在正常情况下，ATP 是由线粒体产生的；另外，在突变体中细胞色素总量异常，而细胞色素也是位于线粒体膜上的。这使遗传学家得出结论，即这种突变和线粒体有关，并开展了系列的研究，设计了很多实验来研究线粒体的遗传。

D. Luck 用放射性胆碱（膜的一种成分）来标记线粒体，然后让它在非标记的介质中分裂并进行放射自显影，他发现，质量加倍 n 次后，放射标记仍分布在线粒体中。D. Luck 得出结论认为，线粒体是通过原来存在的线粒体的分裂来增殖的。如果线粒体是重新合成的话，那么产生的线粒体群体就不会被标记，而原来的线粒体应保持较强的标记。

1965 年 E. Tatum 等从小菌落脉孢菌中抽提纯化了线粒体，用一个极精细的微量注射器将这种抽提的线粒体注入野生型的受体细胞中，这些受体细胞经多次培养，其“异常”表型依然存在，然后推测这个涉及异常表型的基因位于线粒体上。这一推测增加了在脉孢菌和其他物种线粒体上存在基因的可信性。

三、异核体测验

对于一些丝状真菌如脉孢菌和曲霉来说，可用异核体测验来鉴别某种变异是核基因控制的还是细胞器基因控制的。**异核体**（heterokaryon）是指含有两个或更多个异源核的细胞，这是两个细胞融合的结果。在融合细胞中细胞质是融合的，但核并不融合，这种现象常发生在丝状真菌中。两个基因型不同的丝状真菌菌丝互相连接，发生融合，但在形成分生孢子时两个独立的核彼此分开，进入不同的分生孢子中，一般不会产生二倍体，而每个分生孢子的细胞质是融合的。在异核体测验中，野生型和突变型如在不同后代中分别存在，表明该性状是由核基因控制的，如野生型和突变型性状存在于同一后代中，那么表明该性状是由细胞器基因控制的（图 15.14）。

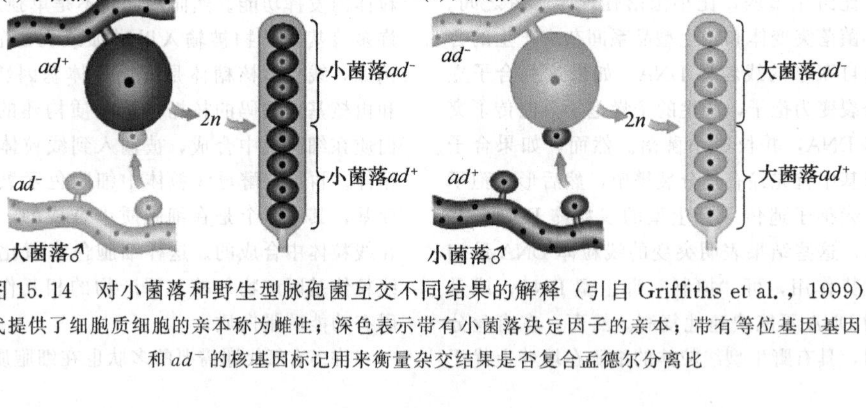

图 15.14　对小菌落和野生型脉孢菌互交不同结果的解释（引自 Griffiths et al.，1999）

为后代提供了细胞质细胞的亲本称为雌性；深色表示带有小菌落决定因子的亲本；带有等位基因基因 ad^+ 和 ad^- 的核基因标记用来衡量杂交结果是否复合孟德尔分离比

第四节　共生菌、病毒以及质粒引起的核外遗传

一、放毒者酵母菌

除叶绿体、线粒体等细胞器外，真核生物细胞质中的细菌或病毒的共生也显示出核外遗传的特点。一个例子就是**放毒者酵母菌**（killer yeast）。有些品系的酵母分泌一种杀伤性的毒素，可以杀死对此毒素表现出敏感的**敏感酵母**（sensitive yeast）品系（放毒者品系本身对此毒素是具有免疫力的）。此放毒者表型是由于在细胞质中存在两种类型的病毒：L型和M型［图 15.15（a）］，二者在宿主细胞中产生有害作用。

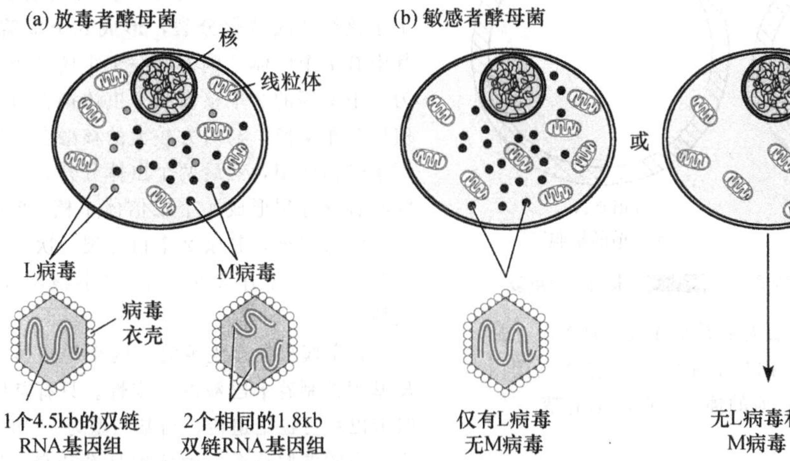

图 15.15　酵母的放毒者表型

(a) 放毒者酵母菌含有 L 和 M 两种类型的病毒，每种都含有一个双链 RNA 基因组，L-dsRNA 编码两种病毒颗粒及 L 和 M 病毒复制所需的复制酶，M-dsRNA 编码杀伤毒素；(b) 敏感酵母可被杀伤毒素杀死，它既没有 L 型病毒，也没有 M 型病毒（引自 Russell，1992）

L 型病毒在外壳蛋白中含有 4.5kb 的双链 RNA 基因组，称为 L-dsRNA，编码 L 型和 M 型病毒蛋白及复制病毒 RNA 的聚合酶序列。因此两种病毒的外壳蛋白都是由 L-dsRNA 编码的，若细胞中有 L 型病毒才可能存在 M 型病毒，另外它还含有两个相同 1.8kb 的双链 RNA 基因组，则称为 M-dsRNA。M-dsRNA 编码杀伤毒素蛋白，从细胞中分泌出去。相同的蛋白质负责产生对放毒细胞的免疫性。

敏感型酵母细胞能被放毒型细胞分泌出的毒素杀死。敏感型酵母也有两种类型［图 15.15（b）］，一种类型只有 L 型病毒，另一种类型两种病毒都不存在。这两种类型的细胞因不能产生毒素，所以没有免疫力。

和大部分病毒不同，酵母的 L 型和 M 型病毒在细胞外不存在，因此敏感的品系也不会被细胞外的这两种病毒所感染。病毒的传递是通过酵母在接合过程中细胞质的混合进行的，所有的后代都继承了亲代细胞中的病毒，产生了细胞质遗传的感染机制。例如，杀伤型酵母和敏感型酵母接合产生的二倍体，由于有 L 型和 M 型病毒的存在，此二倍体也成了杀伤型酵母。两种病毒分配到后代细胞中，使四分体都成为杀伤型酵母，这种情况也显示了核外遗传和单亲遗传的特点。

二、脉孢菌衰老品系

另一个真核质粒的例子是在脉孢菌中存在一种衰老品系。该品系在一般的培养基上不能生长，不久死亡。在夏威夷发现了这种群体，人们称这个品系为“Kalilo”，夏威夷语的意思就是“死亡之门”。Kalilo 品系仅在穿入培养基一定的深度时才能生长，然后就会死亡，在未死前将这个品系进行杂交，其致死能力将以母体遗传的方式传递给后代。现已发现这种衰老的特征是由一长 9kb 的线粒体质粒决定的，这种质粒叫做“Kal DNA”，它可以独立存在于细胞质中，而且是无害的，但一插入到 mtDNA 中就可引起逐步死亡。在死亡的细胞中，大部分 mtDNA 分子都有 Kal DNA 的插入（图 15.16）。推测这

个品系的衰老和死亡可能是由于插入 Kal DNA 而干扰或破坏了线粒体的正常功能，因此 Kal DNA 就像是个“分子寄生虫”。

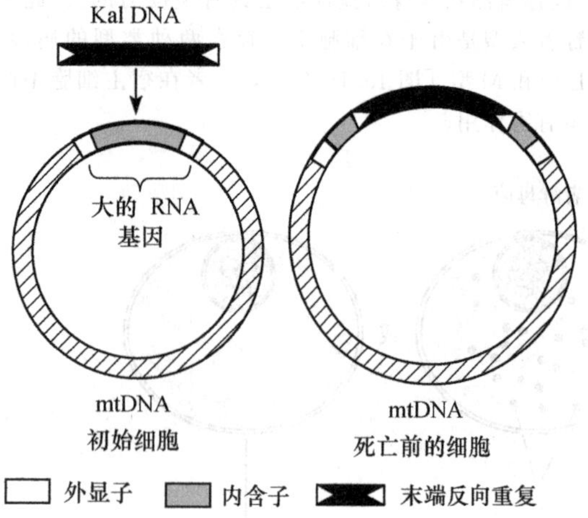

图 15.16　脉孢菌衰老品系是在其 mtDNA 上插了一个线型质粒，称为 Kal DNA，它插入到内含子中，而其他的插入位点尚不清楚

三、放毒者草履虫

早在 1938 年，美国的遗传学家 T. M. Sonneborn 就发现了草履虫（*Paramecium aurelia*）中存在一种**放毒者**（killer）品系，它们可释放一种称为**草履虫素**（paramecin）的 **κ 毒素**（kappa toxin），可杀死其他敏感品系的草履虫。但它们本身具有免疫力，不会被草履虫素杀死。

在放毒者品系的细胞质中含有一种颗粒称为**卡巴粒**（Kappa particle，K）。卡巴粒的直径为 0.2～0.5μm，长度为 0.5～5μm，具有两层膜，含有 DNA、RNA、蛋白质和脂类及细胞色素，各种成分的比例与其宿主不同，而与细菌相似。其 rRNA 能和 *E. coli* 的 DNA 杂交，但不能和草履虫的 DNA 杂交。现在知道卡巴粒是一种革兰氏阴性的溶原性**共生菌**（symbiotic bacterium），称为卷曲杀手杆菌（*Caenobacter taenosoiralis*），可自我复制。它们以**内共生体**（endosymbiont）的形式存在于草履虫的细胞质中。在卡巴粒的基因组中整合着一种噬菌体，称为**折射体**（refractile body，R body）。它以两种状态存在，一种是以原噬菌体的状态整合在共生菌的 DNA 上，另一种是游离存在于共生菌的细胞质中。前者可使共生菌发光，在相差显微镜下可被观察到，后者不能使共生菌发光。当此共生菌释放到周围环境中时变成为 P 颗粒，P 颗粒分泌草履虫素。在具有放毒作用强的放毒型中，一个细胞内有 400～1600 个卡巴粒。

草履虫是一种单细胞的原生动物，有一个大核、两个小核。大核是营养核，小核为二倍性的生殖核。当接合生殖时，两个草履虫口沟部分互相粘合，该部分质膜逐渐溶解，细胞质相互连通，小核脱离大核，拉长成新月形，接着大核逐渐消失。2 个小核经 2 次减数分裂，形成 8 个单倍性的小核，其中有 7 个解体，剩下的一个小核又经有丝分裂分为大小不等的 2 个核。两个虫体接合时，较小的生殖核互相交换，与对方较大的核融合，这一过程相当于受精作用，然后两个虫体分开，融合后的核经两次有丝分裂形成 4 个二倍体小核，2 个发育成二倍性的营养核，其余 2 个再分裂一次，尔后细胞分裂为二，各含有 2 个二倍体小核和 1 个二倍体大核。

在草履虫接合生殖时，两个单倍体生殖核中的 *K* 基因控制着卡巴粒的稳定性。只有基因型为 $K\_$ 时卡巴粒可稳定遗传，当基因型为 *kk* 时卡巴粒会丢失。当放毒型品系与敏感型品系杂交，如果接合时间长，相互交换了小核，同时也交换了细胞质，则都变成了放毒型。如果接合时间短，只交换了小核，没有交换细胞质，则交换后，放毒型仍为放毒型，敏感型也为敏感型。两种接合生殖情况结果不同（图 15.17），可见放毒性状的表现必须是既受核基因的控制，同时细胞质内需要有卡巴粒的存在。

四、植物的雄性不育系与育种

植物界的**细胞质雄性不育**（cytoplasmic male sterility，CMS）是很普遍的。在高等植物中约在 43 科、162 属、320 种中观察到雄性不育现象，其中主要栽培作物，如玉米、高粱、小麦和水稻等，都具有细胞质基因控制的雄性不育。

在植物中雄性不育品系产生的花粉是没有功能的。当将雄性不育植物作为母本与正常可育的植物（作为父本）进行杂交时，所产生的后代全部都是雄性不育的，这种遗传方式明显属于母体遗传。玉米中细胞质雄性不育与两种线形质粒有关，即 S1 和 S2。它们位于线粒体中，附加在 mtDNA 上。一个有趣的现象是 S1 和 S2 能与 mtDNA 重组。1987 年 R. E. Dewey 等发现玉米的胞质雄性不育是由线粒体基因组所编码的“败育蛋白”导致花粉的死亡所致，恢复花粉育性所需的基因后，可通过减小其 mRNA

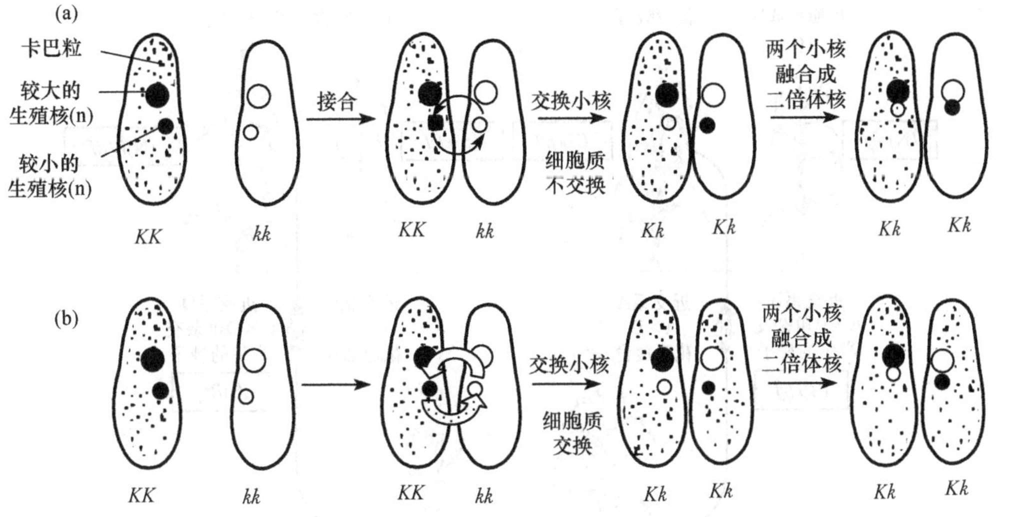

图 15.17　草履虫卡巴粒的遗传

(a) 当不同结合型的草履虫接触时间短时，细胞核交换，细胞质不融合，产生的后代基因型为 *Kk*，但由于有一个个体的细胞质原来就没有卡巴粒，所以虽然核基因型为 *Kk*，但表型仍为非放毒型；(b) 当不同结合型的草履虫接触时间长时，细胞质也随着小核的交换而交换，这样部分的卡巴粒也从放毒型细胞进入非放毒型细胞，产生的后代基因型为 *Kk*，能维持卡巴粒的存在，所以后代细胞表型都为放毒型

的转录速率来减少败育蛋白。杂交玉米的种子，通过包括细胞质雄性不育在内的育种系统可进行商业性的生产。不幸的是败育蛋白也增强了植物对真菌毒素的易感性。

在杂交育种中一个很大的问题就是如何防止自花授粉，以免干扰产生杂交种子。用人工去雄的办法不可能在万顷大田中制种。雄性不育解决了这一问题。

人们常用的制种方法叫做“三系二区”制种法。所谓“三系”就是雄性不育系、保持系、恢复系。

(1) 雄性不育系：以符号“(S)*rfrf*”表示。其中 (S) 是指不育 (sterility)，括号内表示属于细胞质中的遗传因子，*Rf*(restore fertile) 是表示核内可使雄性不育得到恢复的一对等位基因。当该基因为突变型 (*rf*) 时不能使雄性不育得到恢复。1970 年中国在海南岛崖县发现野败型水稻不育株，经选用栽培稻品种连续回交数代，育成了野败型不育系。

(2) 保持系：以符号“(N)*rfrf*”来表示。这种品系的细胞质中没有雄性不育因子，是正常的，所以用“(N)”(normal) 来表示。而核中 *rf* 是隐性突变型的，不能使植物恢复可育。当它作为父本和不育系杂交后，雄性不育植株上结的果穗仍是雄性不育的，故称其为保持系。为了使植物充分地授粉和收集方便，将雄性不育系和保持系种在一个区域，隔行相间排列。雄性不育株上的花粉是没有功能的，所以其腋间结的果穗一定是杂交后代，仍是雄性不育系；而保持系也只能是依靠自花授粉产生后代，所以此系统的果穗仍是保持系，这样就形成了“三系二区”中的一个区。用这种方法不仅使不育系和保持系的特点能稳定地遗传下去，解决了雄性不育传代的问题，同时还可以通过多次杂交，使保持系核基因所控制的优良性状传递给雄性不育后代，这样具有某种优良性状的不育系才能作为杂交育种中的母本。

(3) 恢复系：以符号(N)*RfRf* 表示，这种品系不仅细胞质中无雄性不育因子，而且核中还存在恢复可育性基因 *Rf*，*Rf* 对 *rf* 是显性，当恢复系和不育系杂交时产生的后代虽然细胞质中有不育因子存在，但核中的 *Rf* 基因可抑制其作用，这样就能产生杂合的雄性可育的种子：

♀(S)*rfrf* ×♂(N)*RfRf*→(S)*Rfrf*(雄性可育)

在育种中将恢复系和已具有某种优良性状的不育系种在同一区域，成行相间排列，这就是“二区”中的另一区，这样在不育系这一行玉米上所结的果穗就是我们所需要的杂交种子 (图 15.18)。

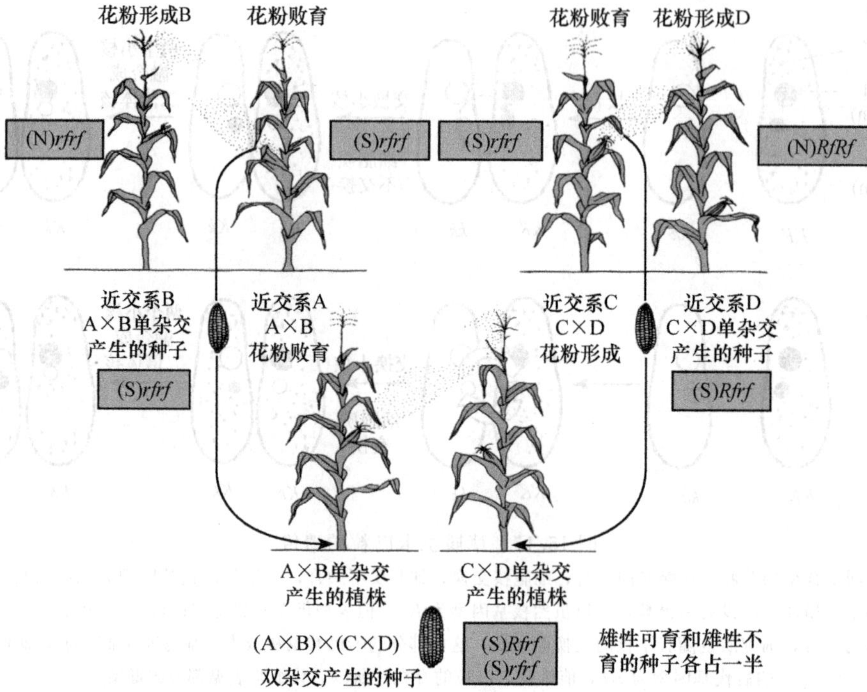

图 15.18 玉米的"三系二区"杂交育种法（转引自 Griffiths et al.，1999）
(S)，细胞质雄性不育；(N)，正常的细胞质；*Rf*，恢复可育性的核基因

习　题

1. 线粒体基因组有什么特点？

2. 人类 mtDNA 组成的特点是什么？

3. 线粒体核糖体的特点是什么？

4. 叶绿体基因组的结构特点是什么？

5. 叶绿体和线粒体蛋白是如何合成的？

6. 核外遗传有何特点？

7. 紫茉莉茎叶的白斑遗传有何特点？发生机制是什么？

8. 如何用实验来区分伴性遗传和核外遗传？

9. 酵母有几种小菌落？它们之间的区别是什么？

10. 一个果蝇特殊突变品系的雌蝇和野生型雄蝇杂交产生的后代中凡能成活的是雌蝇。假设这是由于性连锁致死突变或是一种母体遗传因子使雄性致死，那么用什么样的杂交可以加以区分？

11. 两种品系（A、B）的果蝇进行正反交结果如下：

A♀×B♂　后代全为雌性

B♀×A♂　后代全为雄性。

以上现象如何解释？

12. 有的果蝇对 CO_2 十分敏感，用 CO_2 来处理它们便可使其麻痹。敏感品系果蝇的胞质中有一种蛋白质，它具有很多病毒的特征。抗性品系是没有颗粒的。对 CO_2 敏感显示了很强的母体遗传，下面两组杂交结果将如何？

(1) 敏感♀×抗性♂；(2) 敏感♂×抗性♀。

13. 有两种类型的晚樱，有下列质体效应。

O. Hookeri♀×*O. muricata*♂——→黄色质体

O. muricata♀×*O. hookeri*♂——→绿色质体

这两种类型的晚樱染色体结构相同，怎样解释以上现象？

14. 什么叫做"三系二区"制种法？

15. 植物中雄性不育的机制是什么？

16. 什么是异核体实验？有何用途？

第十六章 免疫的多样性

免疫是机体识别“自己”和“非己”成分的一种生理功能，从而破坏和排斥进入机体的抗原物质，或机体本身所产生的损伤细胞和肿瘤细胞等，以维持机体的健康。

免疫系统进化中有**先天免疫**（innate immunity）和**适应性免疫**（adaptive immunity）两种类型。先天免疫是出生前就已具备的**非特异性免疫**（non-specific immunity）。先天免疫由吞噬细胞、天然杀伤细胞和嗜中性粒细胞参与，其受体分子直接由胚系基因编码，多样性受限。先天免疫在原生动物中已开始出现。适应性免疫是在出生后接触抗原才能产生的特异性免疫。适应性免疫受体分子经过携带重组活化基因（*RAG*）的转座子插入到基因组内，促进了体细胞重排，从而产生极具多样性的免疫球蛋白库和T细胞受体库。适应性免疫是由淋巴细胞启动的，在软骨鱼（如鲨鱼）中开始出现。淋巴细胞的发生始于鸟类，进化到此阶段才出现Ig的类别转换，Ig的类型也增加为IgM、IgG和IgA三类。进化到哺乳动物后，各种免疫细胞、器官、组织和功能才臻于完善。

第一节 免疫系统与免疫应答

一、哺乳动物免疫系统的成分

免疫系统（immune system）是由免疫器官（如骨髓、胸腺、淋巴结和脾脏等）和免疫细胞（T细胞、B细胞和单核-巨噬细胞等）组成的。

免疫系统最重要的特点是它的特异性。这种特异性源于：①有一组特化的细胞，每种细胞都以相互协调的方式执行它们的功能；②有两组蛋白质，即抗体和T细胞受体，其中每一种都有识别外来物质的无限能力；③有一套特异的蛋白质——**组织相容性抗原**（histocompatibility antigen，HA），促进了细胞间的交流，使免疫细胞能识别外源物质，并区分“自己”和“非己”成分。成人的免疫系统含有约10^{12}个白细胞和10^{15}或更多的蛋白质分子，所有这些分子共同协调杀灭外来的抗原。

淋巴细胞分为B淋巴细胞和T淋巴细胞两类。T淋巴细胞来自于骨髓干细胞，经胸腺（thymus）加工逐步分化而成，故称为T细胞。其功能是调节免疫应答，杀伤抗原，但不分泌抗体，故称为**细胞免疫**（cellular immunity）。B细胞是在鸟类的**法氏囊**（bursa of Fabricins）和哺乳动物的骨髓内分化成熟，不经胸腺，故称为B淋巴细胞。其主要功能是产生**抗体**（antibody，Ab）(图16.1)。

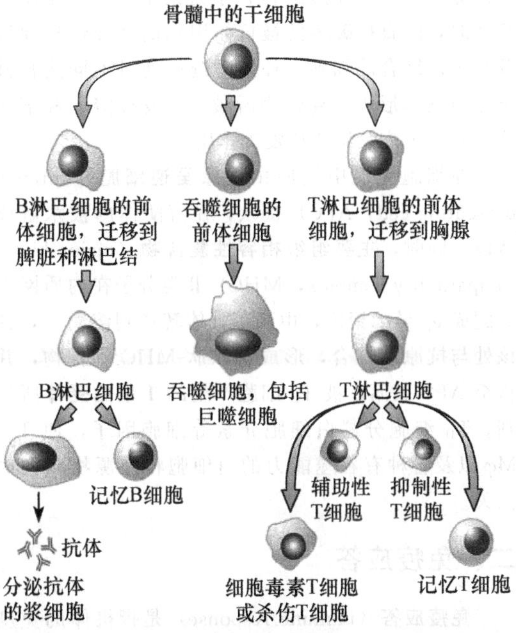

图16.1 免疫应答最重要的细胞是由骨髓干细胞分化而来的，可分成三个谱系：①B细胞和产生抗体的浆细胞；②各种类型的T细胞；③吞噬细胞，包括巨噬细胞（引自Simmons，2003）

另一组免疫系统细胞是**吞噬细胞**（phagocyte）。其中一种类型称为**巨噬细胞**（macrophage，Mφ），在免疫应答中起到起始的作用。B淋巴细胞接受特定信号的刺激而分化为产生抗体的浆细胞（plasma cell）和**记忆B细胞**（memory B cell）。当机体接触相同的抗原时，记忆B细胞可迅速地产生浆细胞而分泌抗体。T淋巴细胞主要可分化成为4种功能不同的T细胞。①**细胞毒素T细胞**（cytotoxic T cell，T_C）或称**杀伤T细胞**（killer T cell，T_K）。在这些细胞的表面携带着抗体结合蛋白，称为**T细胞受体**（T cell receptor，TCR）。T_C 细胞的杀伤作用不依赖于抗体，而是产生淋巴毒素（LT），通过LT介导杀伤靶细胞。②**辅助性T细胞**（helper T cell，T_H），可刺激B和T淋巴细胞分别分化为浆细胞和 T_C 细胞。③**抑制性T细胞**（suppressor T cell，T_S），帮助抑制或降低浆细胞和 T_C 细胞的活性；④**记忆T细胞**（memory T cell，T_M）。记忆抗原，当相同的抗原侵入机体时，能促进机体迅速产生 T_C 细胞。

补体（complement，C）是广泛参与非特异性和特异性免疫反应的一类血浆蛋白。正常情况下，补体以非活化的前体形式存在于血浆中。补体系统被激活时，能直接破坏已被抗体识别的特异性抗原以及与抗体结合的细胞。补体系统可通过不同途径被抗原与抗体形成的复合物所激活，发挥溶菌和溶细胞、介导炎症、调节免疫等作用。

在细胞免疫中抗原由**抗原呈递细胞**（antigen-presenting cell，APC）摄入，在溶酶体内被水解成肽段。同时，**主要组织相容性复合物**（major histocompatibility complex，MHC）Ⅱ类分子在内质网中装配成αβ异二聚体，由高尔基体转送到溶酶体，在该处与抗原肽结合，形成抗原肽-MHC复合物，并移至APC表面，被 T_C 细胞产生的**T细胞受体**所识别。T_H 细胞分泌白细胞介素等细胞因子，使 T_C、Mφ以及各种有吞噬能力的白细胞将外源物质彻底消灭。

二、免疫应答

免疫应答（immune response）是指机体的免疫细胞对抗原分子的识别，免疫细胞的活化、增殖、分化及产生效应的全过程。**免疫反应性**（immunoreactivity）是指在体内或体外，免疫应答的产物（抗体和 T_K 细胞）识别相应抗原分子并与其特异性结合使之破坏的过程。与抗体或T细胞受体结合的外来大分子物质称为**抗原**（antigen）；引起免疫应答的抗原称为**免疫原**（immunogen）。有些简单有机分子，如一些多糖和某些分子质量小的药物，它们本身不具有免疫原性，但具有免疫反应性，称**半抗原**（hapten）。半抗原与蛋白质结合后可获得免疫原性。与半抗原结合的蛋白质称为载体（carrier），这种半抗原-载体复合物不但可刺激机体产生针对半抗原的抗体，也可刺激机体产生针对蛋白质载体的抗体。一种物质是否具有免疫原性，一方面取决于物质本身的化学性质，另一方面还取决于机体对该物质的反应性。实际上所有的生物大分子，包括多肽、多聚糖、核酸以及很多的聚合物都可能和抗体作用，其中大部分具有免疫原的功能。

哺乳动物的免疫应答有两类：抗体介导免疫的应答或称**体液免疫应答**（humoral immunoresponse）；T细胞介导的免疫应答或称**细胞免疫应答**（cellular immunoresponse）。

（一）抗体介导的免疫应答

当外来抗原如细菌表面的糖蛋白侵入到哺乳动物的血流中，就触发了抗体介导的防御机制，或体液免疫应答，结果合成了抗体。这些抗体高度特异地和抗原结合，形成抗原-抗体复合物，此复合物被巨噬细胞从血液中清除掉或直接被补体蛋白作用而降解（图16.2），促进从循环系统中清除侵染的细菌。这种抗体介导的免疫应答能初步负责保护哺乳动物不受细菌和真菌的感染。这一过程涉及不同类型的免疫细胞，通过由B淋巴细胞分化而来的浆细胞产生的抗体特异地和侵入的抗原结合（图16.3左）。

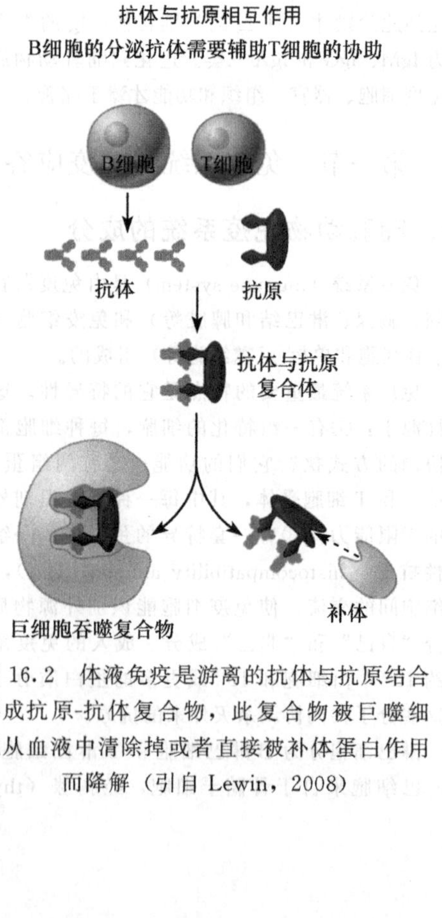

图16.2　体液免疫是游离的抗体与抗原结合形成抗原-抗体复合物，此复合物被巨噬细胞从血液中清除掉或者直接被补体蛋白作用而降解（引自Lewin，2008）

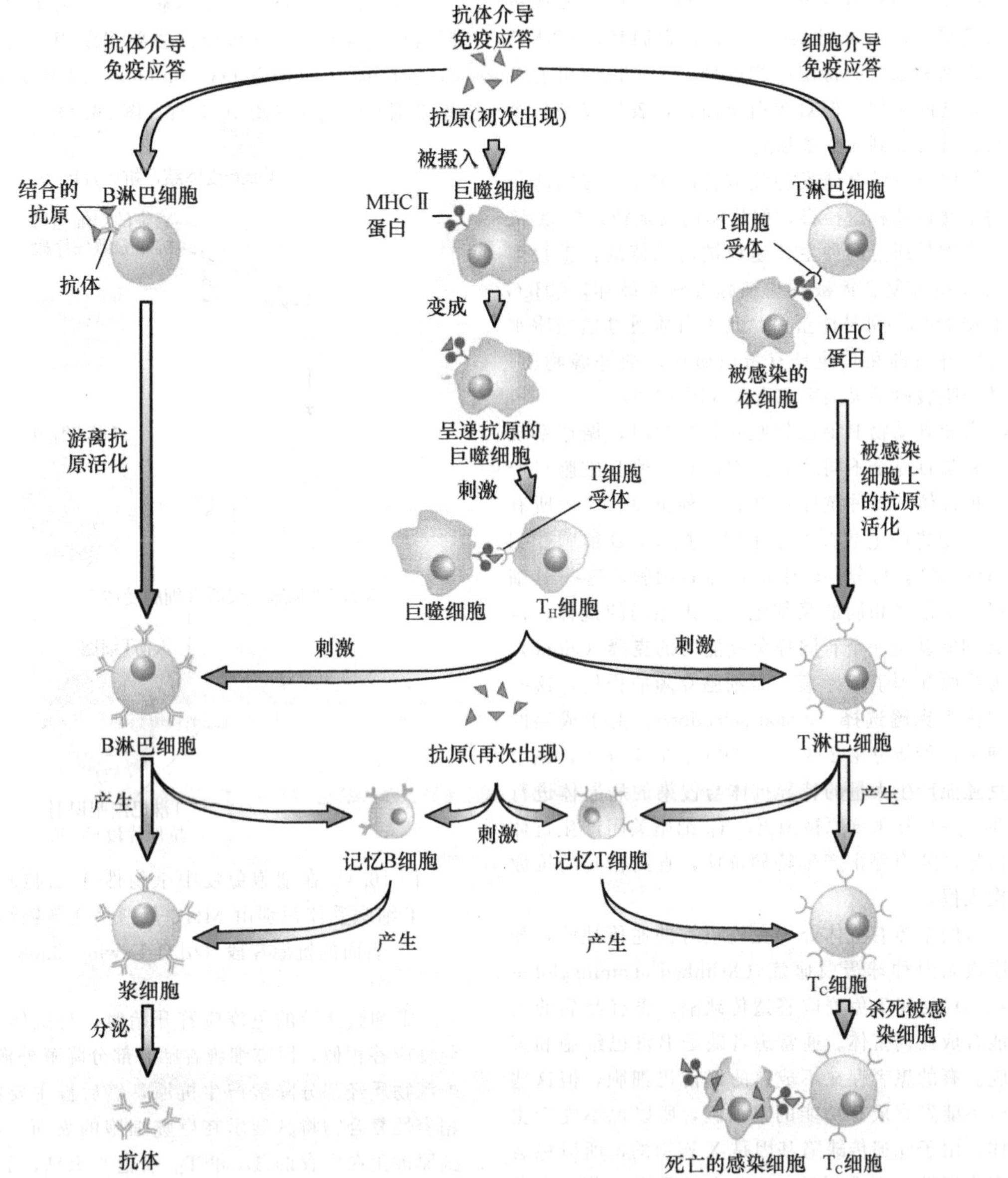

图 16.3　哺乳动物的免疫应答（引自 Simmons，2003）

抗体介导的免疫应答（左）是由游离抗原激活 B 淋巴细胞；细胞介导的免疫应答（右）是由被感染的细胞呈递抗原，激活 T 淋巴细胞。这两种途径都受到活化的 T_H 细胞的刺激，T_H 细胞是对巨噬细胞所展示的抗原进行应答而被激活的。快速的免疫应答发生在抗原再次出现时，通过成熟的 B 淋巴细胞和 T 淋巴细胞产生可迅速分泌抗体的浆细胞和杀伤性 T 细胞进行二次应答

当巨噬细胞遇到外源物质（如细菌）时，就会吞噬并消灭它们。来源于部分降解细菌的抗原结合到巨噬细胞的表面，再被 T_H 细胞识别。一旦抗原被巨噬细胞呈递出，被活化的 T_H 细胞刺激 B 淋巴细胞分化成为浆细胞，便合成、分泌大量的抗体；当带有相同抗原的外源物质侵入时，记忆 B 细胞可促进机体迅速产生免疫应答。

在 AIDS 患者中，T_H 细胞被感染，并被人类免疫缺陷病毒杀灭，使患者的免疫系统减弱，易受到各种**机会致病菌**（opportunistic pathogens）的感染。

抗原的一种特殊部位称为**表位**（epitope）或**抗原决定簇**（antigen determinant），它们是被抗体特异地识别和结合的特定结构区域。一个抗原可能含有一系列的表位。但对蛋白质而言，表位仅是一个短肽，有时少到6个氨基酸。

抗体特异结合诱发免疫应答的抗原，帮助活化它们或通过几种途径将它们从体内清除掉。抗原-抗体复合物是通过两种主要途径被清除掉的：①很多的抗原-抗体复合体被吞噬细胞吞噬而破坏；②IgG和IgM抗体招募补体蛋白，此蛋白质通过蛋白质水解可降解病毒和其他具有蛋白质性质的外源物质；通过细胞裂解杀灭细菌和真菌（图16.2）。

当哺乳动物B淋巴细胞开始分化时，循环系统中含有数百万个不同的B细胞，而一种B细胞只产生一种抗体，每种抗体仅结合一种抗原。体内所有的B细胞将产生数百万个不同的抗体。B细胞受到抗原的刺激，可分裂产生很多的B细胞，这些B细胞将产生很多相同的浆细胞，分泌相同的抗体。这些B细胞就是一个有同样免疫能力的**克隆**（clone），作为抗原起到了选择某一B细胞克隆的作用，这一过程称为**克隆选择**（clonal selection）。由于成熟的浆细胞每秒能分泌2000～20 000个抗体分子，整个的克隆能产生大量的特异抗体与侵染的病原体进行战斗。一旦外来抗原被消灭，T_S细胞关闭产生抗体的信号，从而停止产生特异抗体，直到相同的抗原再次入侵。

有的个体有抗体介导免疫应答的遗传缺陷，如X连锁无丙种球蛋白血症（X-linked agammaglobulinemia）就属于免疫应答遗传缺陷。患有此病的人不能合成任何抗体。通常患者缺乏B淋巴细胞和浆细胞。有的患者存在不成熟的B淋巴细胞，但这些细胞不能发育成有功能的浆细胞，所以也不能产生抗体。由于此遗传缺陷基因是X连锁的，所以患者大多为男性。不难预料，这些人易受到细菌和真菌的感染。

（二）T细胞介导的免疫应答

由细胞直接介导的预防机制称为**T细胞介导的免疫应答**（T cell-mediated immune response），由T_C细胞特异地结合并杀灭那些表面上展现了外来抗原的细胞。T_C细胞能识别并杀灭被病毒、细菌、其他病原体感染的细胞以及癌细胞。这些杀伤性T细胞在其表面具有抗体样T细胞受体，并利用这些受体来识别带有适当抗原的被感染的细胞。被T细胞受体识别的这些抗原通常是病毒或细菌蛋白被部分降解成的碎片；这些抗原被**主要组织相容性复合物**（major histocompatibility complex，MHC）展示在感染细胞的表面（图16.3右，图16.4）。

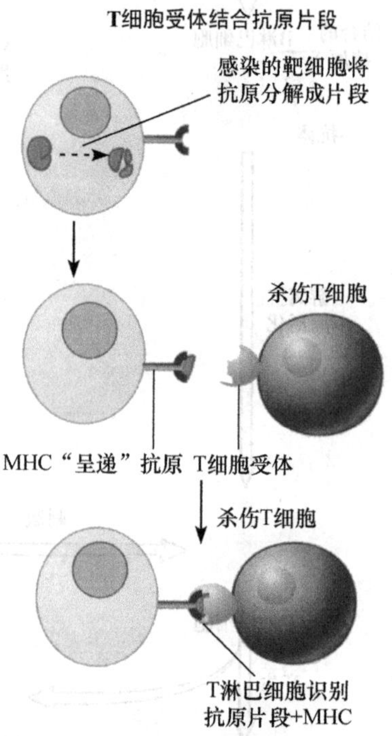

图16.4 在细胞免疫中杀伤性T细胞利用T细胞受体识别由MHC蛋白呈递到靶细胞表面的抗原片段（引自Lewin，2008）

T细胞介导的免疫应答开始时，与抗体介导的免疫应答相似，巨噬细胞吞咽并部分降解外源物质。外源物质经部分降解产生抗原，然后被主要的组织相容性复合物将其展示在巨噬细胞的表面。展示的抗原被正在发育的T_C和T_H细胞所识别，T_H细胞通过分泌类型的信号分子刺激了未成熟的B和T淋巴细胞的发育。这些信号分子通称为**细胞因子**（cytokine，CK）、**淋巴因子**（lymphokine）和**白细胞介素**（interleukin，IL）。一旦被激活，未成熟的T_C细胞就会发育成成熟的T_C细胞和记忆T细胞。如同B淋巴细胞一样，T_C细胞群体产生大量的不同抗原特异T细胞受体。同时，有效的T_C细胞群体由克隆选择而产生具有抗原的特异受体，这和B细胞也相似。

成熟的T_C细胞与展示合适抗原的靶细胞结合并通过特殊形式的细胞裂解将靶细胞杀灭。这些T_C

细胞的分泌蛋白称为**穿孔蛋白**（perforin），它插入到靶细胞的膜上，产生气孔。靶细胞的细胞质通过这些气孔渗出，导致死亡。

（三）免疫记忆

免疫记忆（immunological memory）是指机体再次接触同一种抗原后，记忆淋巴细胞产生增强性快速应答。免疫记忆的特点是具有抗原特异性和长效性。当人第一次接触外来抗原时，1～10天可产生对抗原特异的有效浓度的抗体，2～3周抗体的数量可达到最大值。第一次遇到外来抗原导致一个很低的免疫应答，称为**初次免疫应答**（primary immune response）。以后遇到相同的抗原时，迅速产生的应答称为**二次免疫应答**（secondary immune response）。**二次免疫应答**不仅反应快，而且产生抗体的浓度较高。可见免疫系统是有记忆的，它能记忆以前遇到的抗原，所以预防接种是有效的。

免疫记忆的细胞学基础是已知的，但其分子机制尚有待确定。未遇到外来抗原的B细胞和T细胞称为处女细胞（virgin cell）或原生细胞（naive cell）。遇到抗原以后，处女细胞分化成两种细胞：**记忆细胞**（memory cell）和活化的B细胞及T细胞（图16.3）。这些活化细胞将会增殖并分化成产生抗体的浆细胞及产生受体的T细胞。

与短寿命的浆细胞和T_C细胞相比，记忆细胞的寿命较长，可达数月或数年。同时个体的记忆B细胞和记忆T细胞已经处于活化状态。它们能发育成产生抗体的浆细胞和产生受体的T_C细胞，其反应比处女细胞要快。因此，二次免疫应答要比初次免疫应答快得多，产生的浆细胞和T_K细胞也多得多。

一些个体具有遗传或后天获得的免疫缺陷，如严重联合免疫缺陷综合征（severe combined immunodeficiency syndrome，SCID）和艾滋病（acquired immune deficiency syndrome，AIDS）。患有SCID的人不能进行抗体介导的或T细胞介导的免疫应答。SCID有多种类型，其中半数为X连锁隐性突变所致，另一半为常染色体隐性遗传缺陷。

第二节　免疫球蛋白基因家族组成和遗传的多样性

机体对外界环境中多种抗原的刺激可产生相应的特异性抗体，据推算，哺乳动物能生成100万种以上的抗体，一种淋巴细胞又只能合成一种特异性的抗体，而人类基因组总共只有2万～2.5万个基因，不可能由不同的基因来编码各种抗体，那么解释免疫球蛋白的多样性就成为一个难题。早在1940年美国著名理论化学家L. Pauling就提出了**指令学说**（instructive theory，模板假说）来解释抗体的多样性，他认为一种抗原进入体内后作为模板诱导球蛋白分子形成互补构型而成为某一种抗体，浆细胞所合成的免疫球蛋白肽链按照进入细胞的抗原分子的指令折叠成为具有特定三级结构的抗体分子。这一假设似乎可以解释抗体多样性的成因，但不能完满解释终身免疫现象。随后又发现蛋白质分子的一级结构决定了其三级结构，进一步否定了模板假说。

1959年F. M. Burnet提出了**克隆选择学说**（clonal selection theory）。其主要论点是：①一种浆细胞只能产生一种抗体；②抗原起到了选择某一淋巴细胞克隆的作用。很多实验都支持这一观点，但仍不能解释抗体的多样性。对克隆选择的解释有三种：①在生殖细胞中就已存在大量的*V*基因，这仍不能解释抗体的多样性和基因数有限的矛盾；②F. M. Burnet又提出了体细胞突变假说来解释多样性，但若是体细胞突变所造成的话，这样高的突变率也是难以解释的；③1965年美国的W. J. Dreyer和J. C. Bennett修改了胚系学说，大胆地提出了**体细胞重组**（somatic recombination）学说，认为在浆细胞成熟的过程中，染色体发生了重排，不同的*V*基因片段和*C*基因片段组合，产生一条DNA。1976年日本的Susumu Tonegawa（利根川进）等用实验证实了IgG基因中DNA的体细胞重排，从根本上解决了Ig多样性的问题。S. Tonegawa等用分子杂交的方法发现在小鼠胚胎细胞中，编码V区和C区的DNA序列相隔较远。但在成熟的抗体细胞（淋巴瘤细胞）中这两个区域却紧密相连，表明在淋巴细胞分化过程中，免疫球蛋白基因曾发生过体细胞重组。他们还将免疫球蛋白DNA在细菌中进行克隆。在小鼠胚胎细胞的一个DNA克隆中，测定λ轻链*V*基因序列时，意外发现*V*基因只编码*V*区108个氨基酸中的95个，*V*基因最后的39bp（13个密码子）消失了，那么余下的13氨基酸是由什么序列编码？他们发现是由连接*V*和*C*基因的DNA序列，即**连接区**（joining，*J*）编码的。1982年L. Hood和S. Tonegawa等又在重链的编码区中发现了**多样性基因**（diversity，*D*），简称为*D*基因，它编码高变区的氨基酸，其位置是在*V*、*J*基因之间。

现在已经搞清楚多样性是由于：①**胚系**（germ line）中具有众多的 V、D、J 基因片段，产生连接的多样性；②重链和轻链相互随机配对，产生组合的多样性；③重组过程中不精确的连接；④可变区的随机突变（体细胞超变）；⑤N区插入和C核苷酸插入；⑥在鸟类等生物中，通过**基因转变**（gene conversion），将一段表达的 V 基因片段转变成另一条不同的 V 基因片段。

一、免疫球蛋白的结构和相关的编码基因

免疫球蛋白是两条重链（heavy chain）和两条轻链（light chain）由二硫键连接构成的"Y"形对称结构。最初 F. W. Putnam（1966）等和 G. M. Edelman 等（1969）通过比较不同免疫球蛋白链的氨基酸序列鉴别其结构。每条肽链由位于N端的**可变区**（variable region，V）和位于C端的**恒定区**（constant region，C）两部分组成。轻链由213～214个氨基酸组成，仅含有1个可变区（V_L）和1个恒定区（C_L）；重链由446氨基酸组成，有1个可变区（V_H）和3个恒定区（C_H1、C_H2 和 C_H3），在 C_H1 和 C_H2 区之间有一**铰链区**（hinge），当抗体和抗原结合时此区可变换角度，以适应不同大小的抗原决定簇（图16.5）。

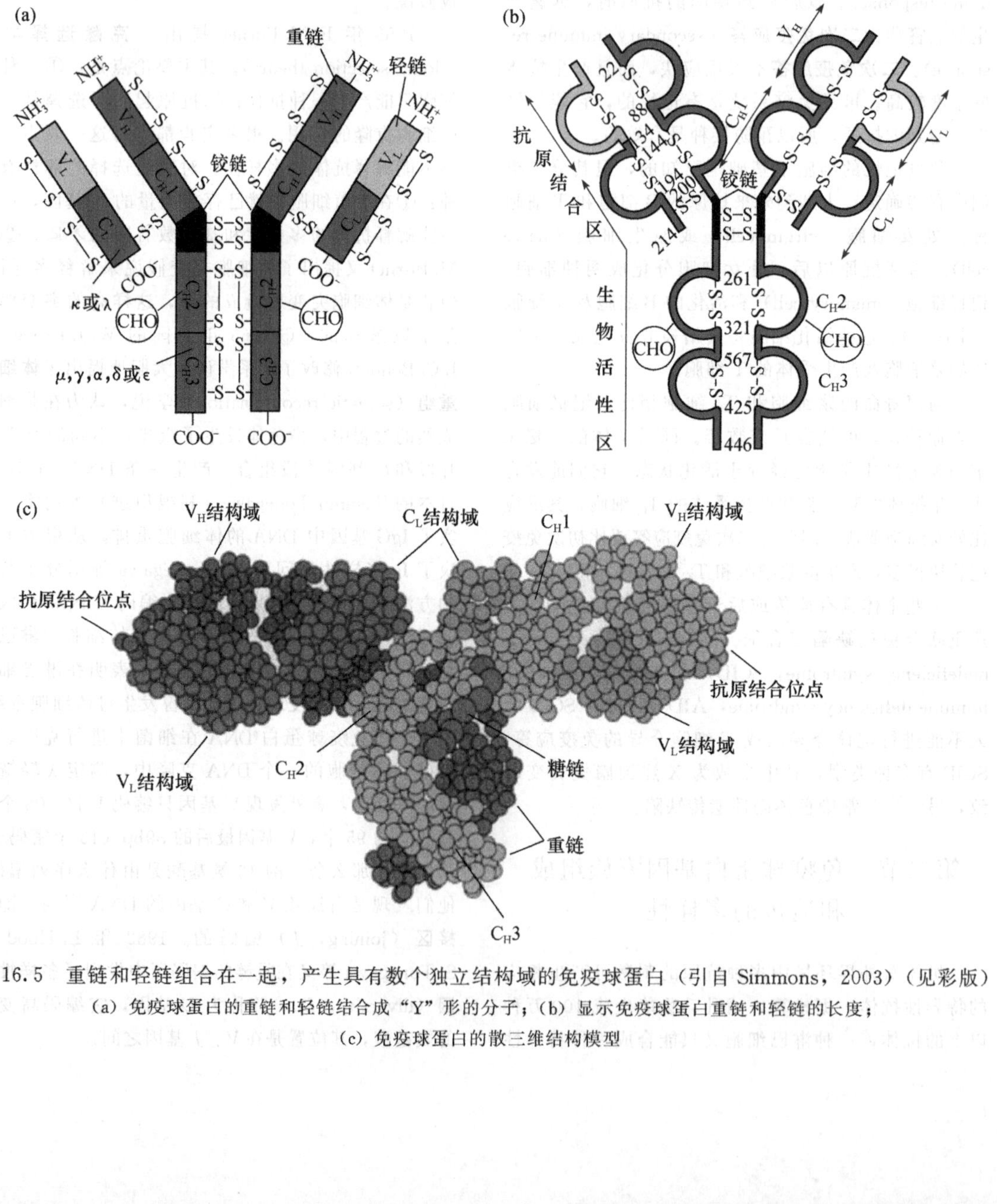

图16.5 重链和轻链组合在一起，产生具有数个独立结构域的免疫球蛋白（引自 Simmons，2003）（见彩版）

(a) 免疫球蛋白的重链和轻链结合成"Y"形的分子；(b) 显示免疫球蛋白重链和轻链的长度；(c) 免疫球蛋白的散三维结构模型

V区由轻链和重链的可变区联结而成，此区负责识别抗原。V区的多变性反映了抗体的多样性。可变区有3个**高变区**（hypervariable region），又称为互补决定区（complementary-determining region，CDR），组成Ig的抗原结合部位，该部位形成一个与抗原决定基互补的表面。Ig分子中的C_H1、C_H2和C_H3每一区段承担着不同的生物学功能，因此又称为**效应器**（effector function）。例如，C_H2具有活化补体的作用，C_H3具有使抗体分子粘连在单核细胞表面的功能等。

Ig被木瓜蛋白酶水解后得到大小基本相同的3个片段、2个相同的**抗原结合片段**（antigenbinding fragment，Fab）的和1个**可结晶片段**（crystallizable fragment，Fc）。每个Fab片段由一条完整的轻链和重链的V_H及C_H1功能区组成；Fab片段可与抗原特异性结合，具有抗体活性；Fab片段为单价，与抗原结合后，不能产生凝集反应。

Fc片段相当于Ig的C_H2和C_H3功能区，无抗体活性；但有选择性通过胎盘、活化补体的作用，可与某些具有Ig受体的免疫细胞结合，如巨噬细胞、B细胞、嗜碱性粒细胞、肥大细胞等。Fc片段具有抗原决定簇，因此也具有抗原活性。用其免疫动物可以产生相应抗体（二抗）。

免疫球蛋白的重链是由*V*、*D*、*J*和*C*基因片段编码的；轻链是由*V*、*J*和*C*基因片段编码。这里所说的“基因”是指编码免疫球蛋白多肽链的不连续的部分DNA序列。人类中编码重链的单个基因座由*V*、*D*、*J*和*C* 4个独立的部分组成，如表16.1和图16.6（d）所示。有很多基因编码V区，只有少数几个基因编码C区。*V*基因编码可变区，*C*基因编码稳定区，它们都作为一种独立表达的单位。

表16.1　不同Ig家族的*V*、*D*、*J*、*C*基因数和定位

基因家族	*V*基因数		*D*基因数		*J*基因数		*C*基因数		定位	
	人	小鼠	人	小鼠	人	小鼠	人	小鼠	人	小鼠
L_λ	约300	2	—	—	>6	4	>6	4	22q11	16
L_κ	76	约1000	—	—	5	4+1ψ	1	1	2p11	6
H	约300	250～1000	约20	12	6	4	9+2ψ	8	14q32.3	12

注：表中的数据主要是依据Lewin，2008。

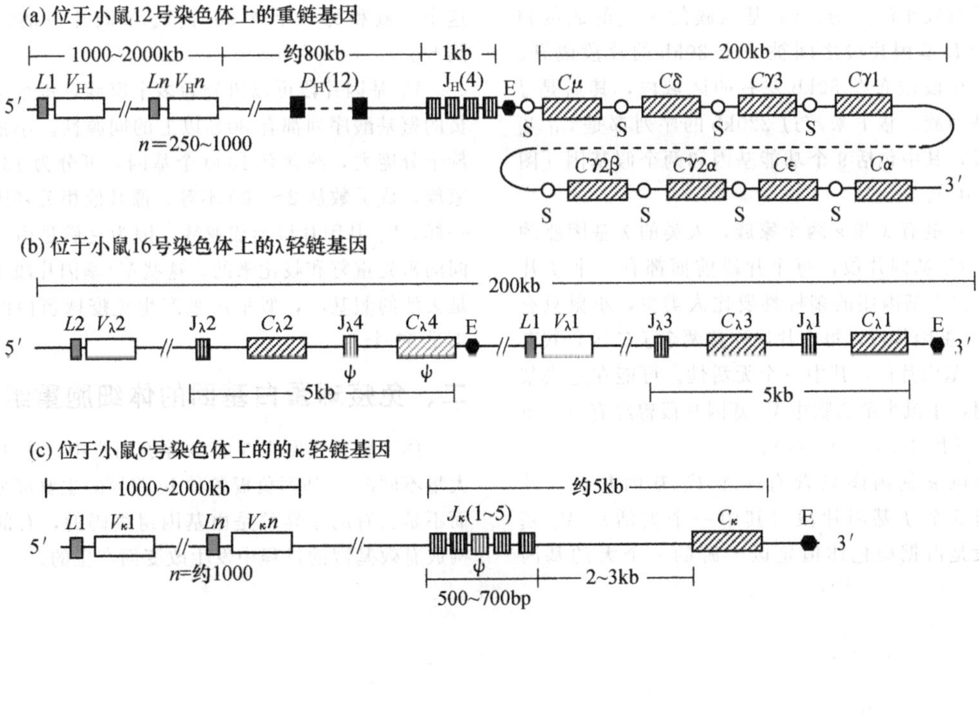

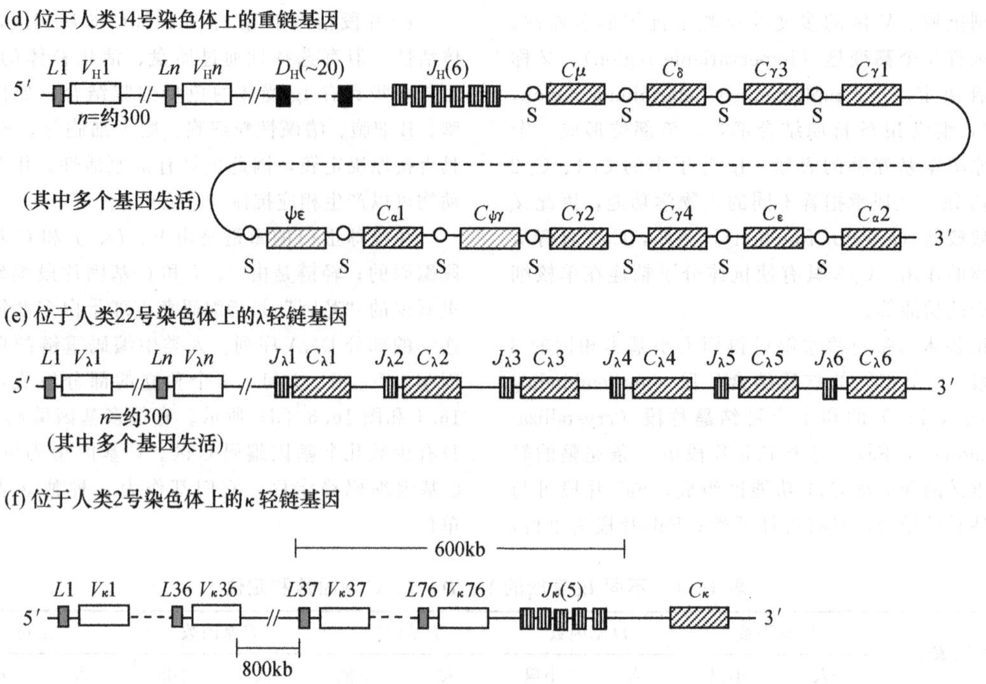

图 16.6 小鼠（a，b，c）和人类（d，e，f）免疫球蛋白基因家族的组成（参考 Lewing，2008）

图中的 ψ 为没有活性的假基因

小鼠的重链组成［图 16.6（a）］与人类相似，但小鼠有较多的 V_H 基因片段和较少的 D 基因片段、J 基因片段，而其 C 基因片段的数量和结构与人类只有较小的差别。V_H 基因簇的 3′端的成员和第一个 D 基因片段之间被一个 20kb 的片段隔开。D 基因片段散布在 50kb 左右的区域内，其后是 J 片段基因簇。接下来超过 220kb 的序列都是 C_H 基因片段，其中包括 9 个功能基因和两个假基因［图 16.6（d）］。

Ig 轻链有 λ 和 κ 两个家族，人类的 λ 基因座约有 6 个 C_λ 基因片段，每个片段前面都有一个 J 片段。小鼠 λ 基因座的多样性要比人类少，小鼠只有两个 V_λ 基因片段，每个片段连接两个 J-C 区，共有 4 个 C_λ 基因片段，其中一个无活性。可能在过去某个时期，小鼠生殖细胞中 V_λ 基因片段曾经有过严重的缺失［图 16.6（b）、(e)］。

小鼠 κ 基因座只含有一个 C_κ 基因片段，其前面有 5 个 J 基因片段（其中一个失活）。V_κ 基因片段是占据染色体恒定区上游的一个大的基因簇。人类的 κ 基因簇有两个区域，在 C_κ 基因片段前面，有一个 600kb 的区域，其中包含 5 个 J_κ 基因片段和 40 个 V_κ 基因片段，一个 800kb 的区段把这个区域和另一个含 36 个 V_κ 基因片段的区域分隔开。

V_κ 基因片段可以再分为多个家族，每个家族成员的氨基酸序列都有 80% 以上的同源性。小鼠的家族十分庞大，约含有 1000 个基因，可分为 18 个 V_κ 家族，成员数从 2～100 不等。像其他相关基因家族一样，V_κ 基因片段形成亚簇，因为它们是由一个共同的祖先重复和歧化来的。这些 V_κ 基因片段中很多是失活的假基因，似乎用来产生免疫球蛋白的基因不足 50 个。

二、免疫球蛋白基因的体细胞重组

体细胞重组发生在前 B 淋巴细胞中（表 16.2）。大量不同的 V 基因负责各种 Ig 差异的主要部分。然而不是所有的差异都是由基因组编码的，有的是在构成有效基因的过程中发生改变而产生的。

表 16.2　B 细胞的分化过程

分化时期	分化途径及特点	组织
抗原非依赖期或克隆扩增期	干细胞 ↓ 前 B 细胞　完成选择性重排，IgM 产生 ↓ 未成熟 B 细胞　膜表面有 IgM ↓ 成熟的 B 细胞　膜表面有 IgM、IgG、IgA 等作为抗原受体 ↓	骨髓
抗原依赖期或克隆选择期	浆细胞　膜表面 Ig 消失（受体功能消失）胞质内合成大量 Ig 并分泌	外围淋巴细胞

（一）轻链基因的重组

在小鼠胚系 DNA 中，V_κ、C_κ、J_κ 基因片段编码 κ 轻链。①L-V_κ 由前导序列和 V_κ 组成。V_κ 编码轻链可变区的大部分氨基酸。L 编码信号肽，这是 Ig 分泌所必需的，但并不参与抗体分子的功能。②C_κ 片段，编码 κ 轻链的 C 功能区。③J_κ 片段，连接片段，在有功能的 κ 轻链基因的产物中用来连接 V_κ 和 C_κ（图 16.7）。

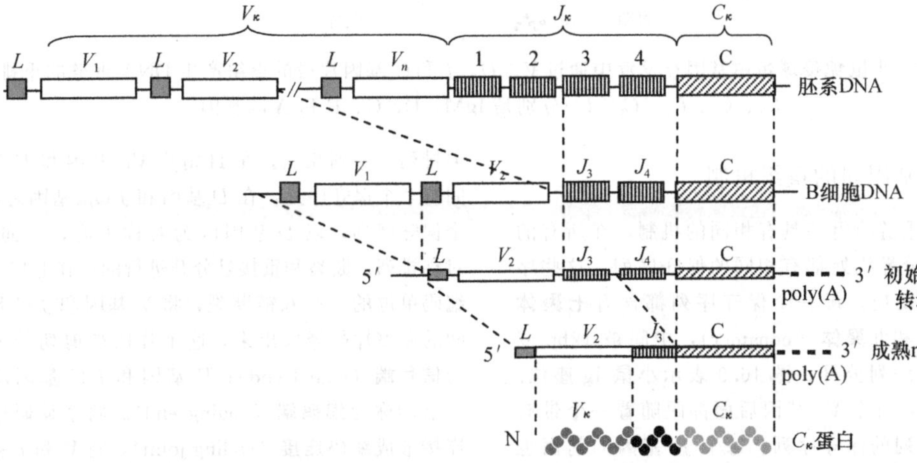

图 16.7　小鼠免疫球蛋白轻链的 DNA 通过 V、J、C 的重排产生体细胞重组。图中未画无活性的 J_Ψ

在前 B 细胞（pre-B cell）中，L-V_κ 和 C_κ 片段依次排列在染色体上。每个 L-V_κ 片段长约 400bp，它们串联排列，长约 7kb。J_κ 片段长约 30bp，串联排列约占 20kb。分散在 J_κ 和单个 C_κ 中的内含子，每个长 2～4kb，当 B 细胞发育时，一个特殊的 L-V_κ 片段和其中一个 J_κ 连接，再和 C_κ 连接。例如，L-$V_\kappa 2$ 和 $J_\kappa 3$ 连接，然后转录，切除内含子，成为成熟的 mRNA，它由 L-$V_\kappa 2 J_\kappa 3 C_\kappa$ 组成，翻译后进行分泌，前导肽被切除，此时 B 细胞中产生了 Ig 的 κ 轻链。

小鼠中约有 1000 个 L-V_κ 基因片段、4 个有功能的 J_κ 片段和 1 个 C_κ 基因片段，这样就可能产生 1000×4＝4000 个不同的 κ 链。同样的机制也存在于小鼠 λ 轻链的基因中。但 L-V_λ 基因片段只有 2 个，但有 4 个 C_λ 基因，每个 C_λ 基因都带有自己的 J_λ 片段，这样产生的 λ 链的可变区要比 κ 链少得多。V_κ 和 J_κ 基因的不同连接产生了 κ 链的多样化。V-J 重组是 V 和 J 基因片段两侧的重组信号序列（RSS）被**重组活化基因 1**（recombination active gene 1，RAG1）和**重组活化基因 2**（RAG2）的产物识别并催化它们重组的。

（二）重链基因的重组

Ig 重链基因也是由 V_H、J_H 和 C_H 基因片段编码的，但比轻链多了个 D（diversity）基因片段，它们位于 V_H 和 J_H 基因片段之间（图 16.8），在小鼠的胚系中 L-V_H 串联排列，然后是一组 12 个 D 基因片段，接着是4个J_H基因片段。恒定区基因是由一组基因组成，在小鼠中，此基因簇依次为μ、δ、γ_3、γ_1、γ_{2b}、γ_{2a}、ε、α 8个基因，分别编码重链IgM、IgD、IgG、IgE和IgA的恒定区。当与L链基因重排时，抗体的多样性除了V、D、J、C基因的不同连接外，还依赖于L链和H链的连接。

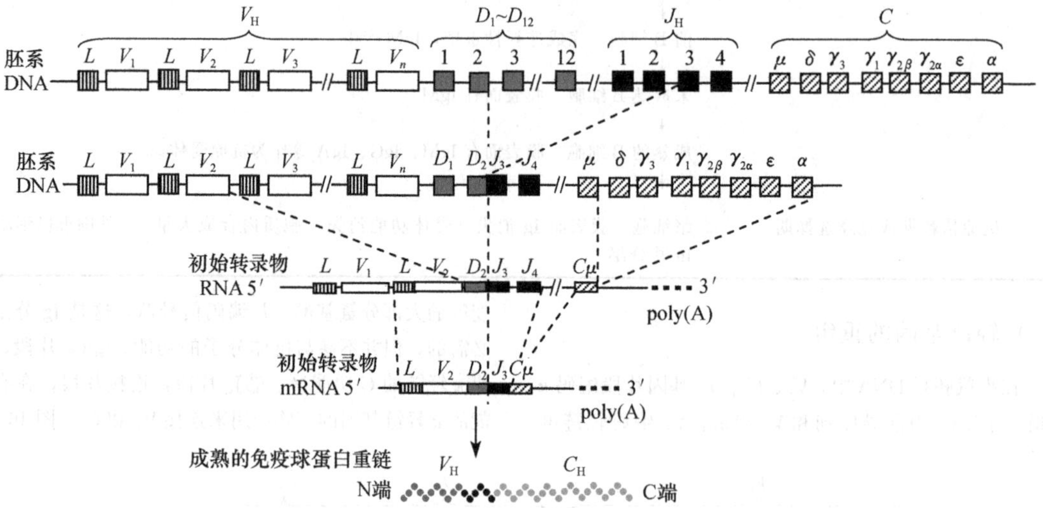

图 16.8 小鼠免疫球蛋白基因在发育中通过V、D、J和C基因片段的重组产生DNA重链的重排，C_μ、C_δ、C_γ、C_ε、C_α分别是IgM、D、G、E和A的基因

（三）V-C基因间的重组机制

轻链和重链的组装具有相同的机制，在所有的胚系片段的分界线处都有相同的保守序列，这些序列参与连接反应。每一个保守序列都含有**七聚体**（heptamer）和**九聚体**（nonamer），中间被12bp或23bp的间隔序列分开。图16.9表示小鼠Ig座位。在κ座位上，每个V_κ基因后面都跟随着一个带有12bp间隔序列的保守序列。每个J_κ基因的前面也有一个带有23bp间隔序列的保守序列。V和J基因的保守序列是反向排列的。λ链的情况也与此相似，但排列的序列相反。在H链中V_H基因和D基因之间有2个保守序列，在D基因和J-C_H基因之间的2个保守序列，以D基因区为对称中心，方向相反，对称排列。断裂和重接是分开进行的：在七聚体靠近编码单位的一端双链断裂，将V基因和J-C基因之间的完整片段释放出来，这个片段被剪切的末端称为**信号端**（signal end）；V基因和J-C基因座的剪切末端称为**编码端**（coding end）。两个编码端共价连接形成**编码连接**（coding joint），将V和J基因片段连接起来；如果两个信号端也相互连接，那么这个被切下来的片段也会形成环状分子（图16.10）。

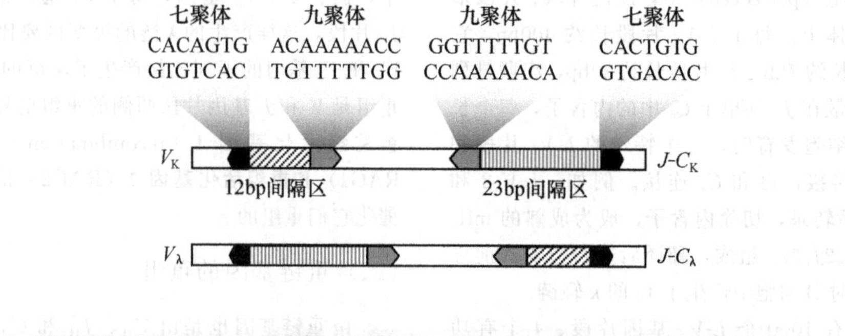

图 16.9 在每对重组位点上都具有反向相反的保守序列。在每对成员中，七聚体和十二聚体之间存在12bp或23bp的间隔序列（参照 Lewin，2004）

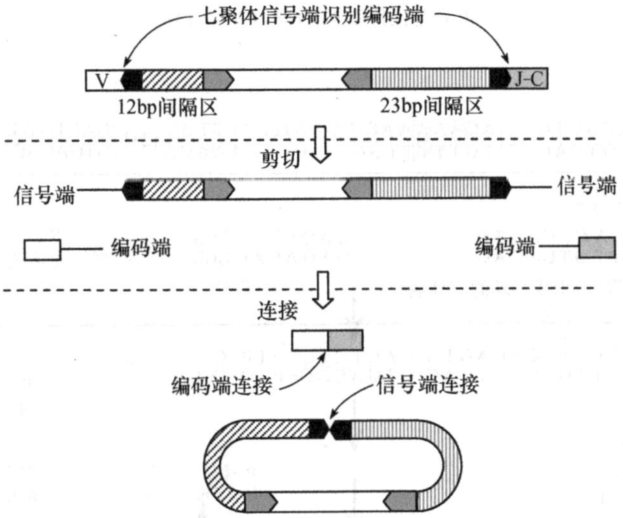

图 16.10　在共有序列处断裂重接，产生免疫球蛋白基因

体内 $V(D)J$ 基因片段的重组是多种分子参与催化的复杂过程，其分子机制已基本阐明。反应过程涉及很多蛋白质，其中**重组活化基因**（*RAG*）编码的 RAG 蛋白最为重要（图 16.11）。RAG1 和 RAG2 蛋白是免疫球蛋白基因和 T 细胞受体基因重组所必需的。在受体基因重组中，RAG1 和 RAG2 蛋白的功能相近，因此人们常将这两种蛋白质统称为 RAG 蛋白。RAG1 和 RAG2 蛋白与 $V(D)J$ 重组的淋巴特异部分结合，以酶的复合体形式共同作用于 B 细胞和 T 细胞受体基因的 J 基因片段。进行 $V(D)J$ 重组的各种生物都具有 RAG1 和 RAG2 蛋白，而且其表达水平直接和 $V(D)J$ 重组活性相关。几乎在所有的 RAG1/RAG2 $V(D)J$ 重组酶激活位点都含有很多的 RAG1 蛋白。RAG2 的功能为在 $V(D)J$ 重组时连接 DNA 片段。体外 RAG 蛋白具有转移酶的作用（图 16.12）。这些表明 RAG 蛋白是作为一种重组酶而起作用的。一种学说认为脊椎动物 RAG 蛋白适应于 V 基因片段的重组，而这种适应性产生了脊椎动物的免疫系统。在无脊椎动物中未发现 *RAG* 同源基因的事实支持了此学说。

RAG1 蛋白能识别**重组信号序列**（recombination signal sequence，RSS）。RSS 是免疫球蛋白基因和 T 细胞受体（TCR）基因中位于 V 与 J、V 与 D、D 与 J 基因之间的保守序列，此序列由回文七聚体和九聚体及夹在其间的 12/23bp 间隔序列所组成，其功能是为体细胞的重组提供信号。RAG1 蛋白和 RSS 结合后在与 RAG2 及辅助 DNA 结合蛋白 HMG1 或 HMG2 蛋白装配成复合体时，RSS 九聚体提供起始识别位点，七聚体提供剪切位点。复合体在每个信号端切开 DNA 单链，产生游离的 3′-OH，编码端的每个 3′-OH 亲核进攻互补链的磷酸二酯键，进行转酯反应，产生发夹结构。在信号端产生 DNA 的断裂平端。此转酯反应和细菌转座子的**解离酶**（resolvase）催化的拓扑异构酶样反应（topoisomerase-like reaction）相似。RAG1 和细菌的**转化酶**（invertase）（通过相似的反应能催化特异 DNA 片段的倒位）具有同源性。在体外，RAG 蛋白能通过转座反应将含有信号端的供体片段插入到另一个无关的靶基因中，提示编码 RAG 蛋白的基因可能起源于原始转座子。

在 DNA 依赖激酶（DNA-PKcs）、DNA 末端结合蛋白（Ku70/Ku80）、Artemis（月神与狩猎女神蛋白，有内切核酸酶和外切核酸酶活性）的作用下编码端靠近发夹结构的一条单链被切开，氢键打开后，产生了突出的 5′游离端，通过 DNA 的修复使 3′端的缺口被补平。V 和 J 基因的游离编码端最后是由 XRCC4 与 DNA 连接酶Ⅳ（DNA ligase Ⅳ）形成的复合体，**末端脱氧核苷酸转移酶**（terminal deoxynucleotidyl transferase，TDT）催化彼此共价连接，产生重排产物。而信号端产生的游离而断裂的 DNA 末端连接起来形成环，此连接方式称为**非同源末端连接**（non-homologous end joining，NHEJ）。DNA 连接酶Ⅳ等蛋白除 NHEJ 外还参与其他 DNA 损伤修复过程（见第十三章）。

DNA-PKcs 通过 Ku70 和 Ku80 与 DNA 末端结合时被招募到 DNA 上，DNA-PKcs 磷酸化 Artemis

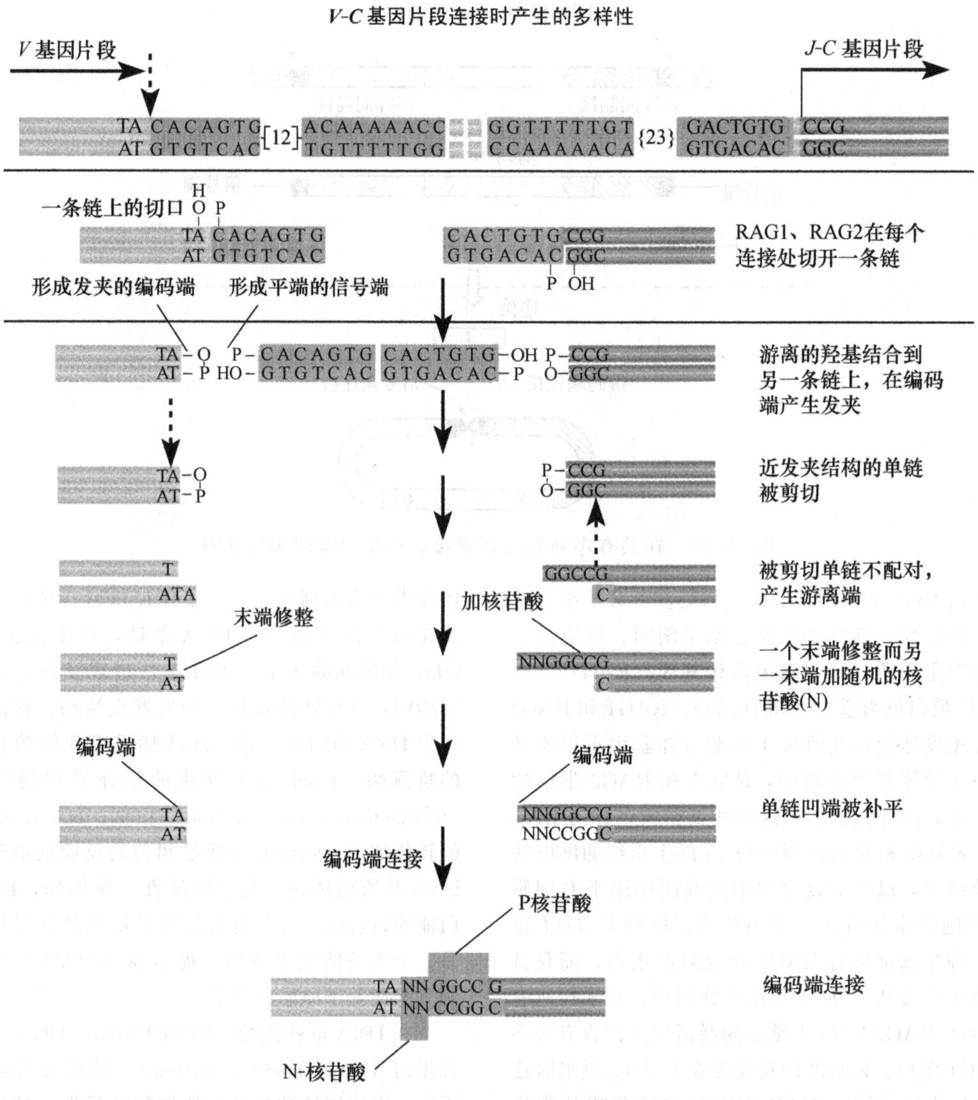

图 16.11 编码端在连接处产生多样性的过程（引自 Lewin，2008）

蛋白使其激活。Artemis 能在发夹的末端切开单链。连接反应实际是由 DNA 连接酶Ⅳ催化的，但需要 XRCC4 蛋白的参与。

在编码端彼此连接之前，还有一些称为 **N-核苷酸**（N-nucleotide）的随机额外碱基通过 TDT 加到一侧编码端的末端。

编码 RAG1 和 RAG2 的一对 *RAG1* 和 *RAG2* 基因是非常独特的，在脊椎动物进化过程中高度保守。在人类基因组中，它们以尾对尾的结构形式定位于 11p13，二者之间间隔不到 10kb，仅含一个单独的可编码的外显子，而且它们共同转录并被协同调控。*RAG* 基因的这些特性同样提示它们的起源可能是由相同的一个转座子插入而来。*RAG1* 和 *RAG2* 在体外的确表现有转座子活性。两个 *RAG* 都有一个外显子，可能是来源于转座子所整合的宿主基因组，此外显子后来进化为淋巴系统特异性表达调控序列。

未重排的 *V* 基因其 RNA 是没有活性的，但当 *V* 基因片段和 *C* 基因片段连接后会导致转录。由于 *V* 基因上游序列并没有因为连接而发生改变，因此在非重排基因、无效重排基因和有效重排基因中的启动子必定是相同的。

每个 *V* 基因上都有一个启动子，但都无活性。它必须通过移位到 C 区才被激活，这是由于在 *C* 基

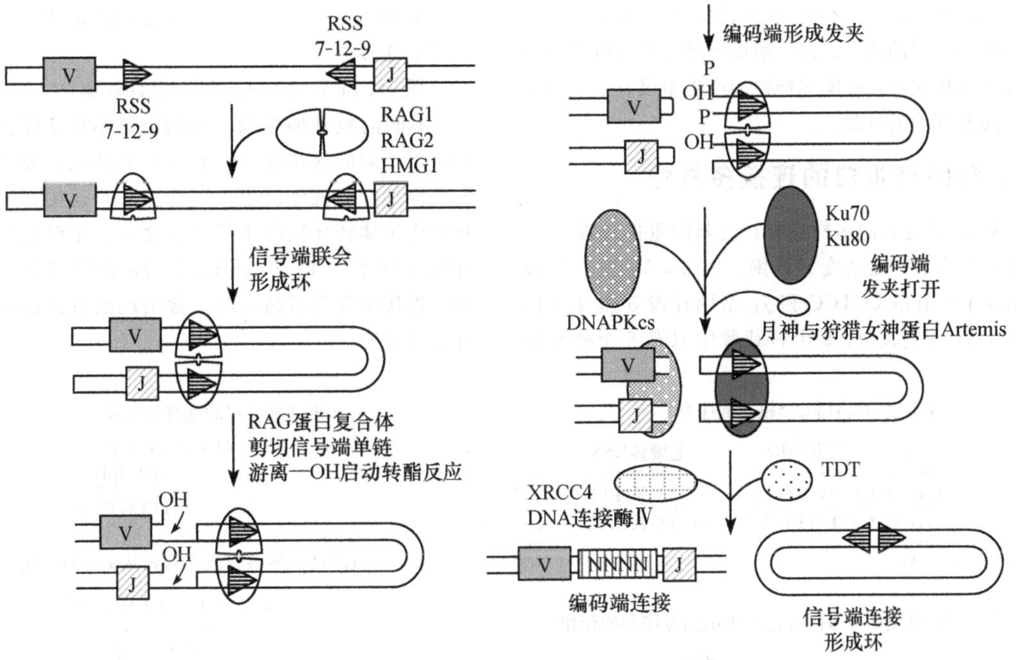

图 16.12　V 和 J 基因片段连接模型

此连接过程是通过 RAG1 和 RAG2 与重组信号序列（RSS）结合，使 V 和 J 基因片段折叠联会，然后剪切单链，编码端通过转酯反应形成发夹，在 DNAPKcs 等蛋白质的作用下，再次剪切发夹附近的单链，产生突出的 5′游离端，经 DNA 修复产生平端，在修复的同时 J 基因片段的编码端随机插入碱基，然后和 V 基因片段的编码端共价连接，进行重组；而 RSS 的两个信号端彼此共价连接，形成环

因片段内或在其下游存在一个增强子，它可以激活位于上游的 V 基因的启动子。这个增强子具有组织特异性，它只在 B 细胞中具有活性。图 16.13 表明 V 基因一旦移到增强子的作用范围内，其启动子将立即被激活。

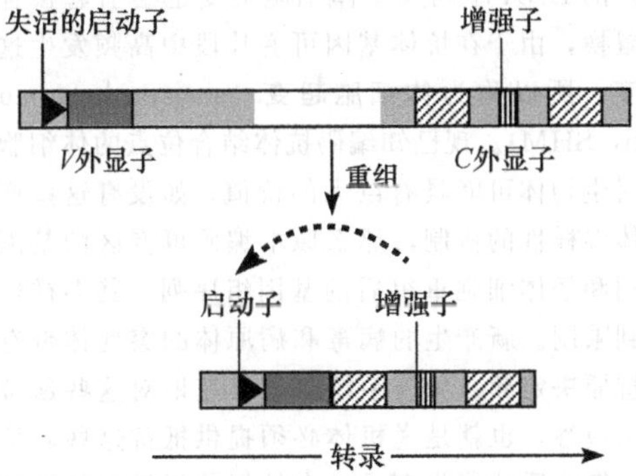

图 16.13　V 基因的启动子在未重组前处于失活状态，通过重组，当它结合到 C 基因片段的增强子附近时，启动子被活化，增强子仅在 B 淋巴细胞中时才有活性

第三节　抗体多样性产生的机制

哺乳动物为什么能生成 100 万种以上的抗体？前面已归结了主要原因，现分述如下。

一、免疫球蛋白的组合多样性

胚系中具有众多的 V、D、J 基因片段（表 16.1 和图 16.6）。大量不同的抗体是通过前述的抗体基因片段重组连接产生的。例如，考虑到人类中不同 κ 轻链的数目，若有 300 个 $L_\kappa V_\kappa$ 基因片段和 5 个 J_κ 基因片段，那么通过 $L_\kappa V_\kappa$ 基因片段和 J_κ 基因片段的各种重组连接就可能产生 1500 个不同的融合 $L_\kappa V_\kappa J_\kappa$。同样 300 个 $L_\lambda V_\lambda$ 和 6 个 $J_\lambda C_\lambda$ 通过重组连接可以产生 1800 个不同的 λ 轻链。多个 D 基因片段的存在为重链可变区提供了另外的差异。若在人类的生殖细胞存在 40 个有功能的 V_H、25 个 D 基因片段和 6 个 J_H，那么可装配 6000 个不同的重链可变区。若有 3300 个（1500＋1800）不同的轻链和 6000 个不同的重链，那么仅通过重组连接就可以产生 19 800 000 个（3300×

6000）抗体。显然，不同抗原的刺激引起大量的不同抗体基因片段的重组连接。然而根据抗体和抗体基因的分子分析显示，抗体多样性的产生不仅有上述的原因，还有其他的机制。

二、免疫球蛋白的连接多样性

$V(D)J$ 连接的多样性在轻链基因重排过程中 V-J 连接位点有一定的变异范围。例如，V_L 基因片段 3′端 5 个核苷酸 CCTCC 和 J_L 基因片段 5′端 4 个核苷酸 GTGG 连接时，9 个核苷酸中只有 6 个核苷酸编码 L 链第 95、第 96 位氨基酸，因此可产生 8 种不同的连接方式。

图 16.14 显示 V_κ-J_κ 重组事件在第 96 位点产生 4 个不同的核苷酸序列，它们编码小鼠 κ 轻链的三种截然不同的氨基酸。由于第 96 位点的氨基酸位于与抗原结合的抗体链上，选择性 V-J 连接是哺乳动物产生抗体特异性的重要原因之一。相似的选择性连接还发生在 V_λ-J_λ 和 V_H-D-J_H 连接反应中。另外，连接反应是不精确的，常出现缺失或插入 1 或几个核苷酸。

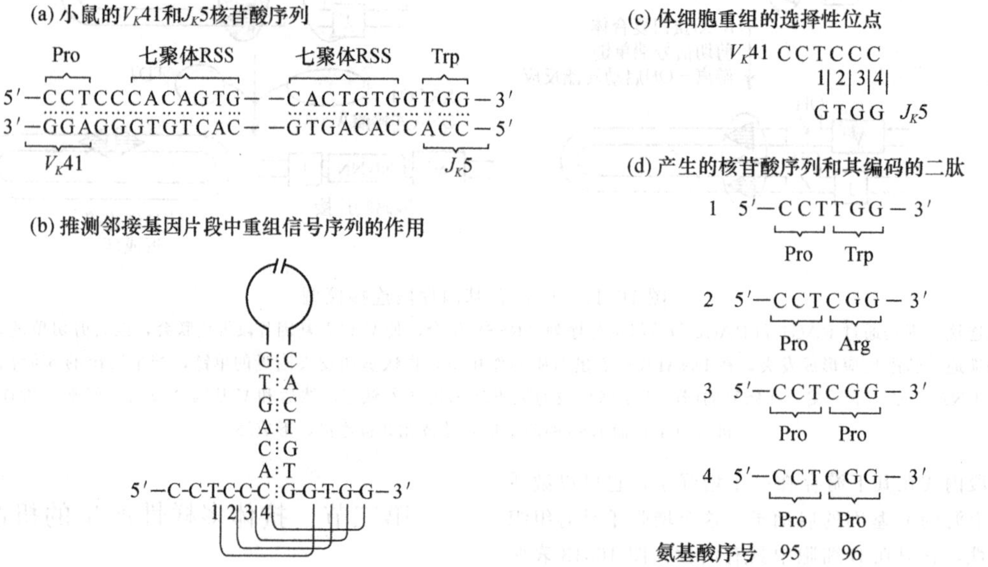

图 16.14 通过连接反应、精确位点的改变、V_K 和 J_K 连接产生的抗体多样性（引自 Simmons，2003）

三、体细胞突变产生的免疫多样性

体细胞突变（somatic mutation）是产生抗体多样性的原因之一。在哺乳动物成熟 B 细胞中，Ig 基因的个别位点在发育过程中发生突变。体细胞突变是免疫系统细胞内增加对新病原体产生抵抗力的一种机制。体细胞突变使受体增加多样性，使免疫系统用来识别更多的外来抗原并对其产生应答。这种体细胞突变仅影响个别的免疫细胞，而不遗传给后代。

比较免疫球蛋白表达序列和生殖细胞相对应的 V 基因片段，表明在表达序列中有新的序列。发生在可变区上游的序列变化显示在淋巴细胞中体细胞突变而导致的特异性。例如，编码抗体可变区基因片段的 DNA 序列存在 2%的碱基置换。编码抗体可变区的 DNA 序列发生体细胞突变也会引起核苷酸的置换，由于在抗体基因可变片段中高频发生这些改变，所以称为**体细胞超变**（somatic hypermutation，SHM）。现已知编码抗体结合位点的体细胞超变对生物体可能具有巨大的价值。如没有这些产生抗体多样性的机制，那么原本编码可变区的基因组序列和经体细胞重组后的基因组序列，其多样性仍受到限制。新产生的病毒和病原体的突变体带有新的抗原决定簇，免疫系统必须迅速地对这些新抗原作出应答，也就是说机体必须提供抵抗这些新抗原的防御物质才能生存。一个较好的提供新抗原的途径就是抗体基因具有其特殊的机制，即急速产生新抗体的体细胞超变。

体细胞突变的位点并非完全随机分布（图 16.15），主要发生于重排后的 V 基因片段的周围，

从 V 基因启动子下游约 150bp 处延伸到约 1.5kb 的区域。这种改变采用单个核苷酸置换的形式，通常产生 3～15nt 的置换，即在蛋白质中应产生少于 10 个氨基酸的置换。这些氨基酸都集中在抗原结合位点，这样可产生识别新抗原的最大多样性。由于仅有一部分突变影响氨基酸序列，而其他的突变位点多位于密码子的第三个碱基或非翻译区。这样既能产生最大序列的多样性，又不会破坏蛋白质的结构。

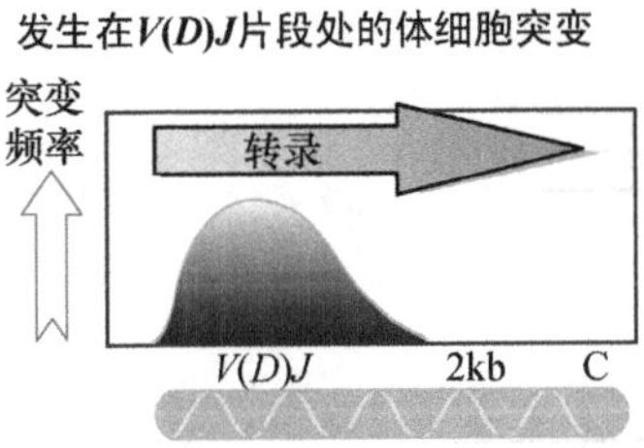

图 16.15　体细胞突变发生在 V 基因片段周围并延伸到已连接的 $V(D)J$ 基因片段（引自 Lewin，2004）

V 区内的体细胞突变有多次发生的趋势，这可能是宿主系统的某些偏好所产生的“热点”。体细胞突变发生在克隆扩增的过程中，每个细胞每代发生的概率约为 10^{-3}，其突变频率较细胞中正常基因突变频率高 10^5 倍。大约有半数的子细胞会发生突变，结果表达突变抗体的细胞占整个克隆的大部分。

通常，单个 V 基因片段家族对应着一个特定抗原。与抗原接触时，高度亲和力的 V 区片段提供一个起点，然后通过体细胞突变增加它的多样性。随机突变对蛋白质功能的影响是不可预测的：一些使蛋白质失活，另一些则导致对特定抗原的高度特异性，从而能提高了淋巴细胞应答的比例和效率。

总之，体细胞高频突变有以下特点：①出现于已发生基因重排的成熟 B 细胞；②突变频率特别高；③突变不完全随机，有突变热点存在；④主要发生于重排后的 V 基因片段的周围；⑤可增加淋巴细胞应答的比例和效率。这种超频突变的分子机制尚不了解，可能与表观遗传有关。

四、N 区插入和 P-核苷酸插入

在 Ig 重链基因片段重排过程中，有时可通过**无模板指导的机制**（nontemplet directed mechanism），在重组后 D 基因片段的两侧，即 V-D 或 D-J 连接处额外插入几个 N-核苷酸，即非胚系基因编码的核苷酸（non-germline gene encoded nucleotide），称为 **N 区插入**（N region insertion）（图 16.16）。N-核苷酸不是由胚系基因所编码。在 N-核苷酸插入前，先通过外切核酸酶切除 V_H-D_H 或 D_H-J_H 连接处几个碱基对，然后通过**末端脱氧核苷酸转移酶**（terminal deoxynucleotidyl transferase，TDT）连接 N-核苷酸。N-核苷酸多为 GC，由于额外插入了 N-核苷酸，可发生**移码突变**（frame shift mutation），使插入部位及下游的密码子发生改变，从而编码不同的氨基酸，大大地增加了抗体的多样性。而 N-核苷酸插入频率很高，是造成连接多样性的主要机制。

P-核苷酸插入（P-nucleotide insertion）发生在 V-D-J 重排过程中，信号端的连接一般较精确，但编码端的连接是不精确的，常有 1～10 个核苷酸的丢失或插入。V、J 基因片段和七聚体切断后两个编码端并未直接相连，片段的断端各自连接形成发夹结构，再被内切核酸酶随机切开，形成带有回文结构的突出单链 DNA 末端，以后再通过 DNA 修补，修复成双链并将断裂处联结，从而将此回文序列保留在 V 区的编码序列中，此序列称为 **P-核苷酸**（P-nucleotide）。P-核苷酸出现的概率相对较低，对于互补决定区 3（complementarity determining region 3，CDR3）多样性的贡献小于 1%。互补决定区即为高可变区。

五、基因转变产生的免疫多样性

鸟类、兔、牛、猪等的免疫多样性存在另一种特殊的机制，即通过**基因转变**（gene conversion）将一段表达的 V 基因片段转变成另一条不同的 V 基因片段。鸡是依赖于基因组编码而产生免疫多样性的典型例子。在其免疫系统中，单个轻链基因座（λ 型）和重链基因座采用了相似的机制。其 λ 基因座的组成如图 16.17 所示，它只有一个有功能的 V、J 和 C 基因片段，有功能的 $V_{\lambda1}$ 基因片段的上游有 25 个反向排列的 $V_{\lambda1}$ **假基因**（pseudogene）。称它们为假基因是因为它们缺失了一个或两个末端，或者失去了正确的重组信号，或二者兼之。鸟类只有 $V_{\lambda1}$ 基因片段才能和 J-C_λ 基因片段重组（图 16.17），这也证实了其免疫球蛋白基因的上述排列方式。

具有活性的重排 V_λ-J-C_λ 基因片段的序列出现很大的多样性。这种多样性体现在重排基因中有一个或多个位置上发生序列改变。有趣的是，在假基因中发现有的序列竟然和重排 V_λ-J-C_λ 基因片段中的新序列相同，而假基因本身并不曾发生改变。

一种新的机制似乎能用来解释鸟类免疫的多样

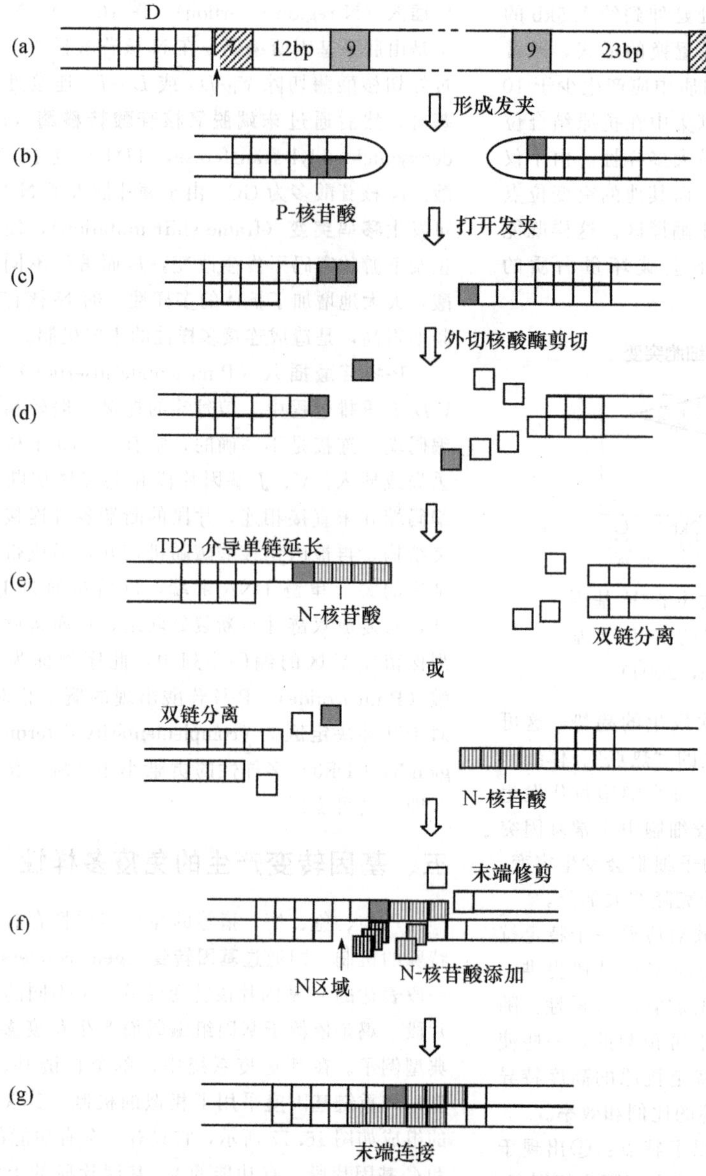

图 16.16　*D-J* 重排时 P-核苷酸和 N-核苷酸的加入。*D* 基因 3′端的 6 个核苷酸和 *J* 基因 5′端 6 个核苷酸以白色显示

(a) 在 RSS 序列介导的重组过程中，RAGI 和 RAG2 共同作用，在 *D*、*J* 基因与 RSS7 聚体交界处引入缺口；(b) RAG 通过转酯作用形成发夹结构，在此过程中，缺口部位插入 P-核苷酸（灰色）；(c) 发夹结构随即被内切核酸酶切开，该剪切可在末端的 4 个核苷酸间任意切开；(d) 随后，外切核酸酶作用，任意去除 *D*、*J* 基因末端核苷酸，该外切核酸酶剪切作用可贯穿基因重排的后续过程；(e) 随即由 TDT 介导基因末端 N-核苷酸的添加（条纹）；(f) 在双链解开和重新成对的过程中，N 区域随机发生末端核苷酸的剪切以及 N-核苷酸的添加；(g) 最后 *D*、*J* 基因末端连接，完成重排

性。来自假基因中长 10～120bp 的序列通过基因转变置换了激活的 $V_{\lambda1}$ 区域。未被修饰的 $V_{\lambda1}$ 区域是不能表达的，甚至在免疫应答的早期也不能表达。10～20次细胞分裂就有一次成功的基因转变产生重排的 $V_{\lambda1}$ 序列。在免疫成熟的末期，一个重排的 $V_{\lambda1}$ 序列有 4～6 个发生基因转变的全长的片段，它们都是来自不同供体的假基因。如果所有的假基因都参与这个过程，将会产生 2.5×10^8 种重排形式。

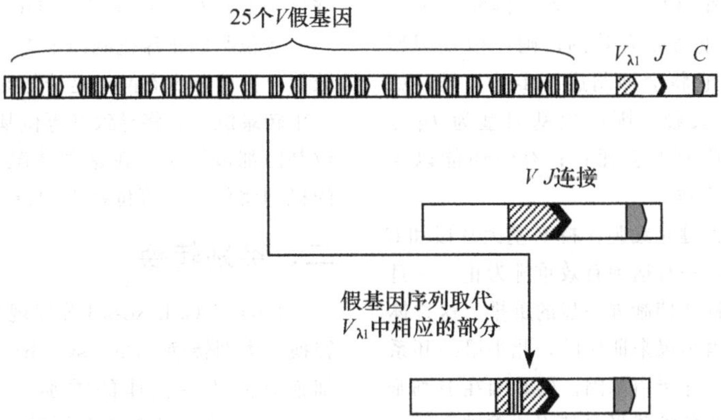

图 16.17　在鸟类单个的有功能的 *V-J-C* 区域的上游，λ 轻链基因座有 25 个假基因，但具有活性的重排 *V-J-C* 基因中有来自假基因的序列

第四节　等位排斥和类别转换

一、等位排斥

杂合状态的二倍体细胞中，某一基因座的一对等位基因中只有一个表达，这种在特定基因座上只有一个等位基因表达，另一个基因的表达受到排斥的现象称为**等位基因排斥**（allelic exclusion）或等位排斥。这种现象通常存在于细胞的表面受体，在免疫细胞，如 B 淋巴细胞中，对等位排斥已有了深入研究。在淋巴细胞中重链基因在一条染色体上的重排，如果可产生有功能的基因，即为**有效重排**（productive rearrangement）（图 16.18），结果不仅能使其本身通过转录、翻译产生相应的蛋白质，并能抑制同源染色体上的重链基因不发生重排，此活性细胞的基因型为 Ig^0/Ig^+。如果在第一条染色体上重排失败，不能产生有功能的基因，即为**无效重排**（nonproductive rearrangement），则产生基因型

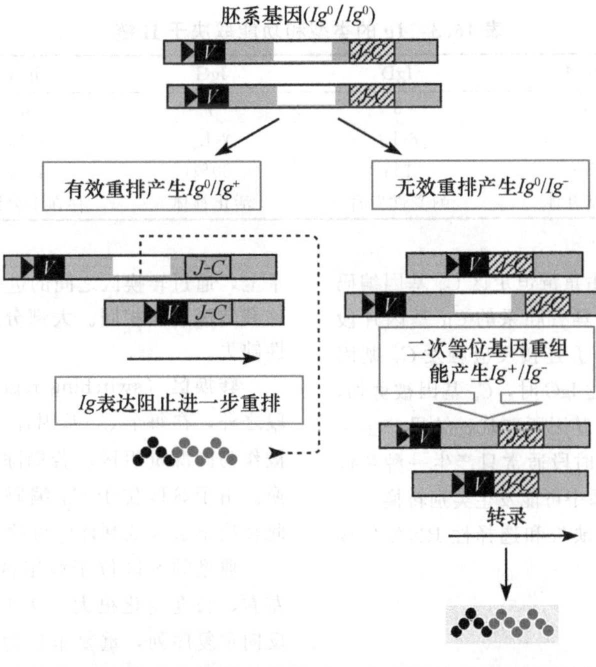

图 16.18　一次成功的重排不仅产生一条有活性的重链或轻链基因，还能抑制其同源染色体上等位基因的重排，产生等位排斥

为 Ig^0/Ig^- 的细胞，在其同源染色体上再发生第二次重排。如果第二次重排是有效的，则产生基因型为 Ig^+/Ig^- 的细胞，它将会抑制进一步的重排；如果第二次重排也遭到失败，则产生基因型为 Ig^-/Ig^- 的细胞。这种细胞有时会死亡；有时还能以连续数次重排的模式再重排。

等位排斥模型的关键是细胞保持 *V* 基因片段和 *C* 基因片段重组的倾向，一直达到有效重排为止。一旦产生了有功能的重组就会抑制进一步的重排。这种体内的机制是通过转基因小鼠来证实的，此小鼠的胚系中有一个已重组的免疫球蛋白基因。转基因在B细胞中的表达能抑制内源性免疫球蛋白基因的重排。

对于重链和轻链基因座来说，等位排斥是独立发生的，重链基因通常先重排。轻链的等位排斥同样适用于 κ 链和 λ 链两个基因家族（细胞可能有活性的 L_κ 链或 L_λ 链）。可能 κ 基因先发生重排。若两条 κ 链都没有重排成功的话，就再尝试重排 λ 链。

在重链、κ 链和 λ 链的重排反应中涉及相同的保守序列及相同的 V(D)J 重组酶，而 *V*、*D*、*J* 三个基因座的重组却在一套序列中。是什么机制使重链在轻链之前重排？使 λ 链在 κ 链后重排？可能由于这些基因座转录时易接近酶的时间不同。即使转录的产物没有编码功能，但转录发生在重排之前。转录很可能改变了染色体的结构，使用于重组的保守序列能被相关的酶识别和作用。

等位基因排斥机制尚未弄清。但对选择事件能导致等位排斥至少有两点是清楚的：①一个等位基因能产生转录沉默，将导致其等位基因的表达；②一对等位基因都被转录，在这种情况下，转录后和翻译后的机制将使一个等位基因的蛋白质产物消除。

二、类别转换

1964 年 G. J. Nossal 等发现 B 细胞存在着类型的转换。**类别转换**（class switch）是 B 细胞在发育成浆细胞时能改变抗体的类别（class）或称为同种型（isotype），但仍保持着相同的抗原特异性的现象。类别转换的结果是 V_H 基因片段保持不变，而 C_H 基因片段发生重排，即识别抗原特异性不变，而类别或亚类发生改变。这种类型转换在无明显诱因下可自发产生。

类别转换是在细胞因子（cytokine）如白细胞介素-4（IL-4）和 IL-5 的控制下进行的。免疫球蛋白重链的 *C* 基因家族中 C_μ、C_δ、C_γ、C_α、C_ε 基因依次排列（图 16.8 和表 16.3），分别编码 IgM、IgD、IgG、IgA 和 IgE。IgM（B 细胞最先产生的免疫球蛋白）和 IgG（最普遍的免疫球蛋白）基本功能是激活补体，补体能够破坏入侵的细胞。IgA 是在分泌物中发现的（如唾液），它对黏膜免疫是必要的。IgE 与过敏有关并能抵抗寄生虫感染。

表 16.3　*Ig* 的类型和功能取决于 H 链

类型	IgM	IgD	IgG	IgA	IgE
重链	μ	δ	γ	α	ε
结构	$(\mu_2L_2)_5J$	δ_2L_2	γ_2L_2	α_2L_2	ε_2L_2
百分比	5%	1%	80%	14%	<1%
作用功能	激活补体	耐受性发育	活化补体	存在于分泌中	变态反应

资料来源：Lewin，2008。

B 细胞开始表达的是由重链恒定区 C_μ 基因编码的 IgM。表达 IgM 的细胞具有胚系的 C_H 基因片段模式［图 16.6（a）］。*V-D-J* 连接反应触发 C_μ 基因的表达。当类别转换到表达 IgG 时，C_μ 基因被剪切，使部分可变区的基因被 C_γ 基因所取代，结果产生了 IgG。一个淋巴细胞在某个时段通常只产生一种免疫球蛋白，但在不同的细胞系中可能发生类别转换。

Ig 类别转换通过线性缺失和选择性 RNA 剪接两种不同的机制进行。

（一）缺失模型

缺失模型（deletion model）又称重链基因的**线性缺失模型**（linear deletion model），是在 DNA 水平上，通过转换区之间的进一步同源重组而实现的，这和转座效应相同。大部分类别转换的机制属于线性缺失。

转换区（switching region，*S*）是除 C_δ 基因片段之外，在每个 C_H 基因片段上游的一段保守序列，被作为同源重组区。若删除转换区，就不能发生转换。由于 S 区位于 C_H 编码区之前的内含子中，因此转换不会改变翻译的可读框。

典型的 S 区位于恒定区每个 C_H 基因上游 2kb 左右，长度变化很大，从 1～10kb，含有几组短的反向重复序列，重复单位为 20～80nt。S 区的一级结构似乎并不重要，重要的特点是反向重复序列的存在。双链断裂和 S 区的反向重复序列密切相关。当转录时，S 区双链打开，非模板链中的反向重复序列形成发夹结构，提供了酶作用的靶标，进而切断一条 DNA 链，甚至可能引起另一条 DNA 链的断裂。

以小鼠 C_H 基因为例，因 C_μ 排在最前面，可首先得到表达（图 16.19）；若在第一个转换中，通过 S_μ 和 S_ε 之间的同源重组，切除从 C_μ 到 $C_{\gamma2a}$ 的基因片段。位于 S_μ 和 S_ε 这两个转换位点之间的序列则以环状分子的形式被释放，而 *V-D-J* 重组片段与 C_ε 基因进行连接，经转录和翻译后，C_ε 得到表达；然后再以同样的机制进行再次的转换。

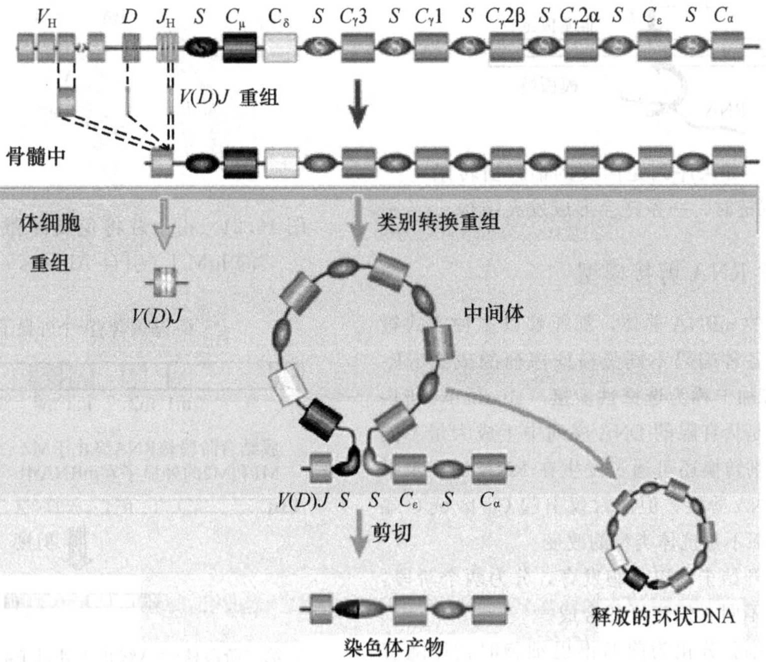

图 16.19　重链基因的可能通过转换区之间的重组进行类别转换，缺失重组 S 位点之间的 DNA。连续的转换可能发生（引自 Kinoshita and Honjo，2001）

如果第一次转换发生在恒定区的前部，按照这个模型，在已表达基因下游的任何 C_H 基因都能进行下一次的类别转换。

转换反应在转换位点之间释放出被切除的环状 DNA 分子。在 *V-D-J* 重组连接的过程中，需要 Ku 和 DNA-PKcs 蛋白（图 16.12）。这些蛋白质也是**非同源末端连接**（non-homologous end joining，NHEJ）所需要的，表明转换反应可能也是通过非同源 DNA 末端连接的途径完成的。这意味着这个反应是通过双链断裂，然后将剪切端连接起来。

转换机制的关键是需要**活化诱导胞嘧啶脱氨酶**（activation-induced cytidine deaminase，AID）。当缺乏 AID 时，在剪切阶段之前类别转换就被阻断，体细胞突变也被阻断，这表明类别转换和体细胞突变之间存在着一定的关联（体细胞突变是由胞嘧啶脱氨酶和尿嘧啶糖基化酶诱导的）。

AID 仅在 B 淋巴细胞分化的特定阶段表达，因此使类别转换和体细胞突变仅在此阶段发生。AID 是一类作用于 RNA 的酶，使 RNA 的 “C” 改变成 “U”。AID 具有不同的特异性，它可作用于单链 DNA。

类别转换和体细胞突变也需要另一种酶，即**尿苷 N-糖基酶**（uracil *N*-glycosylase，UNG），它可以除去经 AID 脱氨而产生的 “U”，形成 AP 位点。在单链上产生 AP 位点也可能导致链的断裂。在 UNG 缺陷型小鼠中类别转换减少至正常的 1/10。这表明，AID 和 UNG 连续作用可在 DNA 的作用位点上去除一个碱基，随之形成类别转换和体细胞突变中不同的保守序列。

每个转换区的上游都有一个启动子，转换需要激活这些启动子。由于转录过程中，当 RNA 聚合酶穿过回文序列时，非模板链上的反向重复序列之间相互作用可形成发夹结构（图 16.20）。一种识别茎环结构的内切核酸酶可识别和作用这个发夹结构，切断其中的一条链或双链。

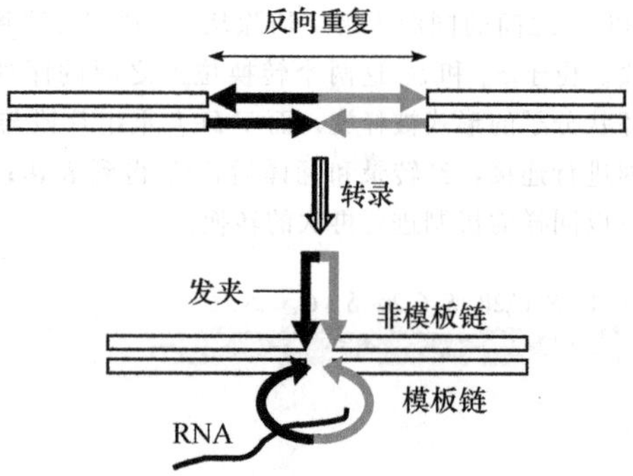

图 16.20　如果序列是回文的话，当转录分开双链时，一条链会形成发夹结构

（二）选择性 RNA 剪接模型

编码抗体的 mRNA 前体，都能够以多种方式被剪接，以产生各种编码不同蛋白质序列的成熟 mRNA，这种剪接加工称为**选择性剪接**（alternative splicing），其目的是从有限的 DNA 序列中生成大量不同的蛋白质。类别转换还可通过发生在 RNA 加工水平上的选择性 RNA 剪接，但通常仅引起 C_H 区域 C 端序列的改变，而不是抗体类型的改变。

IgM 合成开始于淋巴细胞发育，分为两个阶段，每一阶段都有不同 μ 恒定区的合成。

（1）当干细胞分化为前 B 淋巴细胞时，伴随着一条轻链的合成。IgM 分子（L2m2）出现在 B 淋巴细胞的表面。这种形式的 IgM 保留了恒定区的 μm 形式（m 表示 IgM 定位在膜上）。定位于膜上可能和应答一种抗原的初始识别启动细胞增殖有关。

（2）当 B 淋巴细胞进一步分化为浆细胞时，恒定区 μs 的转录物被表达，IgM 作为一种五聚体 IgM_sJ 的形式被分泌（图 16.21）。在五聚体中 **J 链**（joining chain）是一富含半胱氨酸的多肽链，由浆细胞合成（和 J 片段无关），以二硫键的形式和 μ 链连接。主要功能是连接单体 Ig 分子使其成为多聚体。蛋白质的分泌是伴随着液体免疫反应进行的（图 16.3）。

μ 重链的 μm（膜上的 μ 链）和 μs（分泌的 μ 链）两种形式仅在 C 端有差异。在 μm 链末端有疏水序列，它可使 μ 链固定在膜上。在 μs 链中这一疏水区被一个短的亲水序列所取代，这种取代使 μ 链可越过膜。C 端的改变是通过由核 RNA 3′端控制的选择性剪切来完成的（图 16.22）。

在膜结合阶段 RNA 终止于外显子 M2 之后，通过剪接由 6 个外显子构成恒定区。前 4 个外显子编码 4 个恒定区的功能域，后 2 个外显子（M1 和 M2）编码 41 个残基组成的疏水 C 端区和一个不翻译的尾随序列。在外显子 M4 的 3′端，剪接区和 M1 前端 5′剪接区连接。

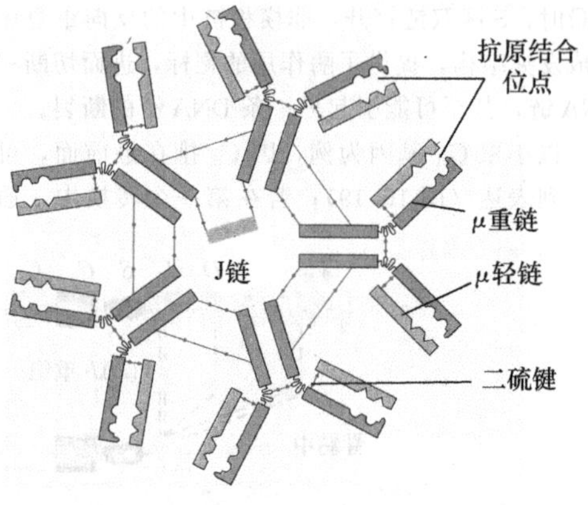

图 16.21　由 J 链将免疫球蛋白连接成五聚体的 IgM_sJ（引自 Alberts et al.，2002）

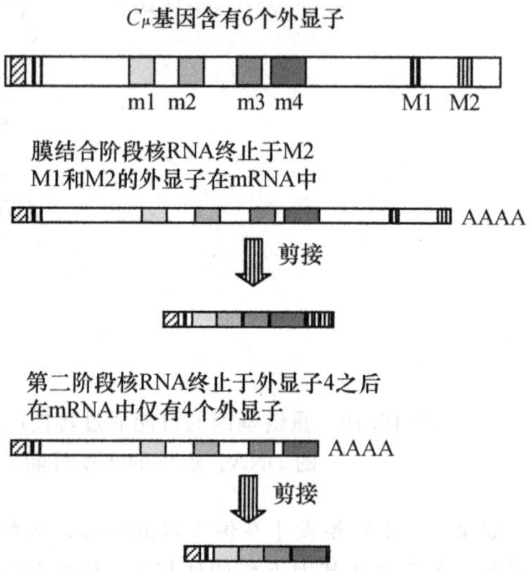

图 16.22　3′端控制了剪切连接的使用，使重链基因可选择性表达

分泌阶段，RNA 在外显子 M4 后终止。在这个外显子中，膜中与 M1 相接的 3′剪接区不再起作用，这使外显子延伸了 20 个密码子。

在另一些恒定区也发现了不同剪接的模式，这与从膜蛋白转变为分泌型蛋白的机制相似。外显子结构的保持表明剪接机制是相同的。

C_μ 和 C_δ 基因片段之间无 S 区，IgM 和 IgD 共表达的 B 细胞系 DNA 分析表明，C_μ 和 C_δ 基因片段没有发生重排，相同的 V_H 出现在 μ 或 δ 链的 mRNA 上，表明它们可能有一个共同的 mRNA 前体，通过**差异剪接**（differential splicing）分别形成 μ 链和 δ 链 mRNA。初级 RNA 转录物是由 $V\text{-}D\text{-}J$ 复合体连接 C_μ 和 C_δ 基因片段经转录后形成的。如果在剪接过程中切除初级 RNA 转录物中的 C_δ 部分，经加工后形成 μmRNA；如去除初级 RNA 转录物中的 C_μ 部分，则加工形成 δmRNA。这两种 mRNA 分别被翻译，使单个 B 细胞同时产生 μ 和 δ 链，同时表达 IgM 和 IgD。

第五节 T 细胞受体及其基因的组成和重组

一、T 细胞受体的结构和功能

成熟 T 细胞表面具有能识别结合特异性抗原的蛋白质，称为 **T 细胞受体**（T cell receptor，TCR）。TCR 是一种双肽链分子，按肽链的结构组成可分为 TCRαβ 和 TCRγδ 两种类型。TCRαβ 存在于 95% 以上的 T 淋巴细胞上，而 TCRγδ 仅存在于不到 5% 的 T 细胞上。TCRγδ 在 T 细胞发育的早期合成。TCRαβ 合成要晚一些（图 16.23），它们是通过一个个单独的细胞系合成的，合成涉及一系列独立的重排过程。TCRαβ 参与典型的细胞免疫，也就是靶抗原和组织相容性抗原被同时识别的免疫反应。

在外周淋巴器官中大多数成熟 T 细胞的 TCR 分子是 TCRαβ，它们是由 α 链和 β 链经二硫键连接的异二聚体分子（图 16.24）。T 细胞特异性免疫应答主要是由这一类 T 细胞完成的。

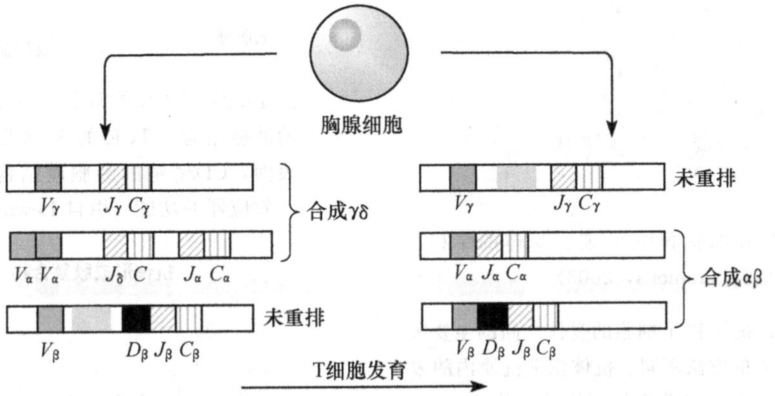

图 16.23 γδ 受体在 T 细胞发育的早期合成。TCRαβ 合成较晚，它们参与典型的细胞免疫。在典型免疫中，靶抗原和宿主的组织相容性抗原同时被识别

少数成熟 T 细胞的 TCR 分子是由 γ 链和 δ 链组成的异二聚体分子，结构与 TCRαβ 相似。它可直接识别抗原（多肽、类脂分子），不必与 MHC 结合，也不需要抗原呈递分子。TCRγδ 主要存在于小肠黏膜上皮和表皮，而在外周血中仅占成熟 T 细胞的 0.5%～10%。TCRγδ 识别病原体表面抗原分子后，增殖分化为**效应 T 细胞**（effect T cell）（如 T_C 和 T_H 等）发挥杀伤作用，同时对被病毒感染的细胞和肿瘤细胞具有杀伤活性。

带有 αβ 受体的 T 细胞可分成不同功能的亚型，这些功能都和免疫应答中细胞之间的相互作用有关。T_C 细胞具有裂解被感染的靶细胞的能力；T_H 细胞有助于 T 细胞介导的靶细胞杀伤或 B 细胞介导的抗原抗体相互作用。

细胞免疫应答要求 T 细胞识别那些表面展示了外源蛋白质片段的宿主细胞。TCRαβ 受体在体液免疫中帮助 T_H 细胞执行功能；在细胞免疫中帮助 T_C 细胞执行功能。这依靠 TCR 既能识别外来抗原，又能识别**呈递细胞**（represent cell）所携带的 MHC 蛋白质的能力（图 16.3）。MHC 蛋白质能和外源蛋白所产生的短肽结合，然后，TCR 能够识别位于 MHC 表面沟中的短肽，MHC 将肽呈递给 TCR。一种特定的 TCR 只能和一种特异的 MHC 相互作用，这和与特定抗原作用相同。这两种能力的基础应依赖于 TCRαβ 受体的结构特点。

TCR α 和 β 链 V 基因编码识别 MHC 分子和抗原复合物的**互补决定区 1**（complementarity determining region 1，CDR1）及 CDR2。CDR3 是由 $V\text{-}D\text{-}J$ 或 $V\text{-}D\text{-}D\text{-}J$ 的连接多样性（junctional diversity）和广泛分布的 N-核苷酸插入（N nucleotide insertion）形成的，其有丰富的多样性，可识别众多种类的抗原。

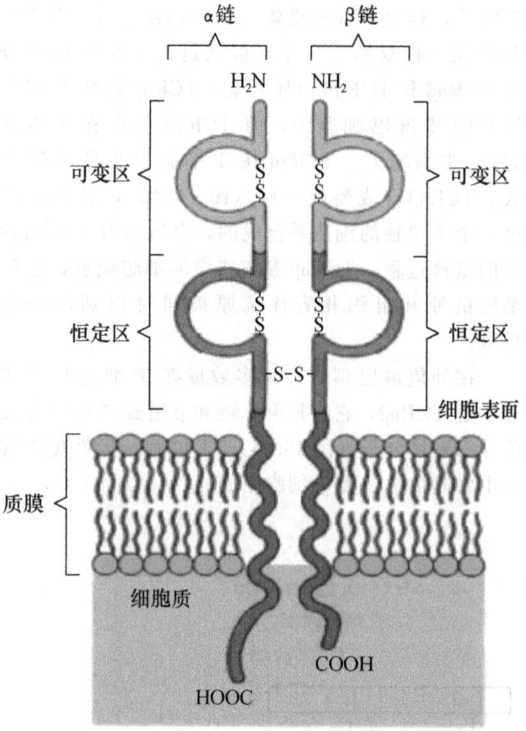

图 16.24　锚定在细胞膜中 T 细胞受体的结构（引自 Simmons，2003）

B细胞产生的抗体和T细胞的受体之间的主要区别是它们处理抗原的方法不同。抗体识别抗原内的表位或抗原决定簇，而T细胞受体识别结合位于MHC表面沟中的短肽。MHC蛋白结合于一个由外来抗原产生的短肽（蛋白酶体将外源蛋白水解产生8～10个残基长的肽段），然后将短肽呈递给T细胞的TCR（图16.3）。T_H 细胞和 T_C 细胞都是通过这种途径行使功能的，但它们对呈递的抗原有不同的要求，使用的MHC蛋白的类型也不同。T_H 细胞要求MHCⅡ蛋白呈递抗原，而 T_C 细胞要求MHCⅠ蛋白呈递抗原。一种特定的TCR特异地识别一种MHC及抗原，这种双重识别能力是TCRαβ受体重要特点之一。

CD3分子分布于成熟T淋巴细胞表面，是T淋巴细胞识别抗原的主要识别单位，由γ、δ、ε、ζ、η 5种亚基组成，与T淋巴细胞抗原受体非共价连接。当受体与抗原结合并被激活时，CD3参与细胞的信号转导。T淋巴细胞受体复合物组分如图16.25所示。TCR可变区和抗原特异结合时，导致CD3的ζ亚基激活T淋巴细胞应答。TCRαβ或TCRγδ通过活化的CD3发出被抗原识别的信号，这和B淋巴细胞受体的组成情况相似。在B淋巴细胞受体中，免疫球蛋白与Igαβ异二聚体相连（图16.26）。

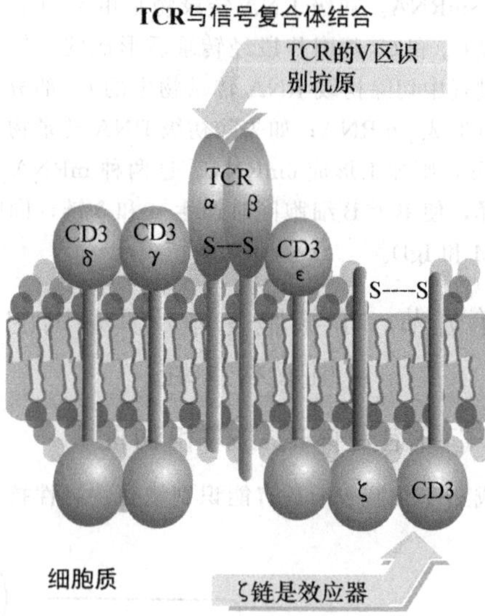

图 16.25　TCR的两条链与CD3复合物的肽链结合，TCR的V区暴露在细胞表面，CD3ζ链的细胞质结构域提供了效应器的功能（引自 Lewin，2004）

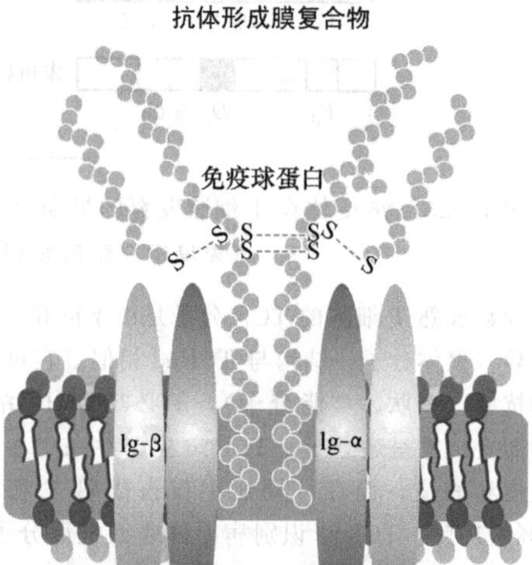

图 16.26　B细胞抗原受体包括一个免疫球蛋白四聚体（H_2L_2）以及与其连接的信号转导异源二聚体（Igαβ）（引自 Lewin，2004）

二、T细胞受体基因组成

TCRα链和β链的基因及δ链和γ链的基因分别位于人的14号和7号染色体。TCR和免疫球蛋白一样，也必须能识别一个陌生的外来抗原，因此TCR基因的结构和重排与Ig基因有很多相似之处。与Ig一样，TCR各条肽链均由可变区（V区）基因和恒定区（C区）基因编码；在胚系中，TCRα和γ基因家族和Ig的轻链相似，编码TCR多肽链的DNA由几个分隔开的DNA片段（V、J、C）组成；TCRβ和δ基因家族和Ig的重链相似，除V、C和J基因片段外还具有多样性区（D）基因片段。这些基因家族的成员在胸腺细胞中重排后，形成编码一条完整多肽的基因。

人和小鼠的TCR的α和δ两个基因家族都位于同一条染色体的相同区域，两个基因家族混合排列。

（一）TCRα链基因家族

人和小鼠编码TCRα链的TCRα基因家族结构相似，都与Ig的κ轻链相同，没有D_α基因片段。在V_α基因簇后分布着一段TCRδ的基因簇（D_δ-J_δ-C_δ）[图16.27（a）]，最后面是单个的C_α基因片段，它含有4个外显子。TCRα链基因重组信号中长的间隔序列（23bp）3′端靠近V_α，短的间隔序列（12bp）

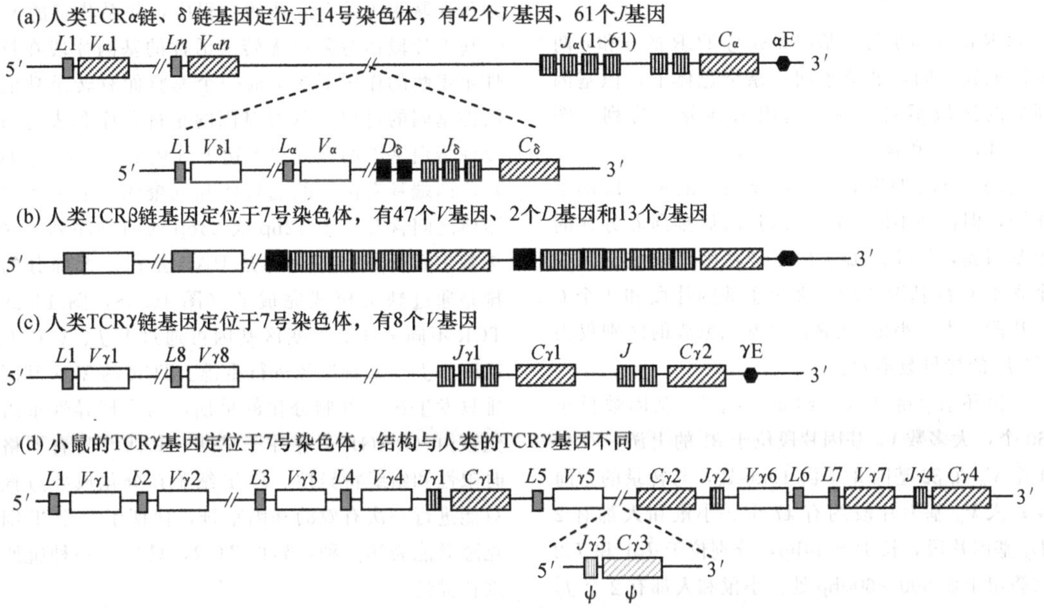

图16.27　人和小鼠的TCR基因家族的排列

图中的ψ为假基因

的5′端靠近J_α，这种排列方式类似Ig轻链，允许V_α基因直接与J_α基因重排，而不需要D基因片段。人和小鼠的TCR的α基因家族的差别只在V_α和J_α基因的拷贝数不同。小鼠α链V基因片段约49个，在最后面的一个V_α基因片段前间插了一个V_δ基因片段。人类的V_α基因片段为42个，长数千万碱基对。人和小鼠α链基因都含有J基因片段（J_α），小鼠约有100个，相互间隔至少500bp（表16.4）。

表16.4　不同的TCR家族的V、D、J、C基因数和定位

TCR基因	V基因数		D基因数		J基因数		C基因数		定位	
	人	小鼠	人	小鼠	人	小鼠	人	小鼠	人	小鼠
α链	42	49	—	—	61	100	1	1	14q11.12	14
β链	47	<60	2	2	13	13	2	2	7q32	6
γ链	8	7	—	—	5	3+ψ	2	3+ψ	7p15	13
δ链	1	8	2	2	3	3	1	1	14q11.2	14

（二）TCRδ链基因家族

人和小鼠TCRδ链基因家族的组成与Ig的重链相似，均位于α链基因座内。在上述混合排列中，一个V_δ基因片段插在V_α基因簇中，TCRδ的复合基因座（D_δ-J_δ-C_δ）又夹在V_α和J_α基因片段之间。

在小鼠 TCRδ 链基因簇中有 1 个 V_α 基因片段、2 个 D_δ、3 个 J_δ 和 1 个 C_δ 基因片段。人类的 D_δ-J_δ-C_δ 复合基因座在已活化的 TCRδ 链中，未发现 V_δ 片段。在人类 δ 链基因簇中，8 个 V_δ 基因片段中只有一个 V 基因片段参与 δ 链的重排。小鼠也有 8 个 V_δ 基因片段，其中有一些参与 δ 链的重排，而另一些参与 α 链的重排。在胸腺细胞分化过程中，δ 链先于 α 链表达。V_α 与 J_α 重排可导致 δ 基因复合物中 D、J 和 C 基因片段的缺失。

（三）TCRβ 链基因家族

TCR 的 β 和 γ 两个基因家族与 TCR 的 α 和 δ 两个基因家族不同，虽位于同一条染色体上，但基因座所处的区域不同，两个基因家族分开排列 [图 16.27（b，c）和表 16.4]。

编码 β 链的 TCR 的 β 基因家族的组成和 Ig 的重链相同，但排列不同。V_β 基因片段后排列着分开的两个基因簇，每簇由 D-J-C 复合基因座构成，其中每个含 1 个 D 基因片段、多个 J 基因片段和 1 个 C 基因片段。人和小鼠 TCR 的 β 基因家族的区别仅为 V_β 和 J_β 的拷贝数不同。

小鼠胚系 β 链基因长约 500kb。V_β 基因数目小于 60 个，大多数 V_β 基因片段位于 β1 的上游，至少有 1 个 V_β 在 β2 基因 3′下游 10kb 处，与转录的方向相反；人 V_β 基因片段约有 47 个。小鼠和人都有 2 个 D_β 基因片段，长 12～14bp，分别位于 $J_\beta1$ 和 $J_\beta2$ 基因簇组上游 500～600bp 处。小鼠和人都有 2 个 J_β 基因簇，$J_\beta1$ 和 $J_\beta2$ 与相应的 $C_\beta1$ 和 $C_\beta2$ 基因片段间隔 2～3kb。小鼠 $J_\beta1$ 和 $J_\beta2$ 各含 7 个 J_β 基因片段，其中 6 个有功能。J_β 基因片段相互间隔36～421bp。人类的 $J_\beta1$ 含 6 个 J_β 基因片段，而 $J_\beta2$ 含 7 个 J_β 基因片段。人和鼠 TCRβ 基因都有 2 个基本相同的 C_β 基因片段，各含 4 个外显子。$C_\beta1$ 和 $C_\beta2$ 高度同源。

（四）TCRγ 链基因家族

TCR 的 γ 链基因家族结构和 Igλ 结构类似，均不含 D 基因片段。V_γ 基因后是一系列 J_γ-C_γ 片段。人类和小鼠中 TCR 的 γ 链基因家族结构是不同的。小鼠有 7 个 V_γ 基因片段，在第 4、5 和 7 V_γ 基因片段后各插入了一个 J_γ-C_γ 基因座，而且 V_γ 基因片段和 J_γ-C_γ 基因座的转录方向也不尽相同 [图 16.27（c）]。

人类有 8 个有功能的 V_γ 基因片段，并与 J_γ-C_γ 分开，而每个 C_γ 基因片段都有多个 J_γ 基因片段。在人类中共有 5 个 J_γ 基因片段，可分为 $J_\gamma1$ 和 $J_\gamma2$ 两组，其中 $J_\gamma1$ 的 3 个片段位于 $C_\gamma1$ 上游，$J_\gamma2$ 的 2 个片段位于 $C_\gamma2$ 基因片段的上游。小鼠有 4 个 C_γ 基因片段，其中 $C_\gamma3$ 是假基因。人有 2 个 C_γ 基因片段，相距约 20kb。小鼠 TCRγδT 细胞的 γ 和 δ 链配对，$V_\delta1$ 几乎总是和 $V_\gamma5$ 或 $V_\gamma6$ 配对，而人 $V_\delta2$ 几乎总与 $V_\gamma9$ 配对。

三、*TCR* 基因的重排

T 细胞在胸腺中发育成熟的过程中，*TCR* 基因按照一定的顺序发生重排。*TCR* 基因的重排是指 T 细胞在胸腺内发育成熟的过程中，胚系状态的 V-J-C 基因片段由分隔而无转录活性的基因片段在特异性重组酶的作用下连接成一个完整而有转录功能的活性基因的过程。*TCR* 基因的重排顺序和表达与免疫球蛋白基因的重排和表达十分相似。重组的 TCR 片段两端具有保守的七聚体和九聚体，七聚体与九聚体之间含有一个 12bp 或 23bp 的间隔序列。这意味着它们所使用的酶都是 RAG 蛋白。大部分的重排是通过缺失模式完成的（图 16.28，图 16.29）。TCR 不同多肽链可变区基因可通过 V-J、V-D-J 或 V-D-D-J 等几种途径进行重排。TCR 的 V 区基因重排只发生在 T 细胞分化的早期，因为特异性重组活化蛋白（RAG）只存在于早期，其活性具有严格的时限性和组织特异性。故 T 细胞在分化成熟过程中只能进行一次有效的基因重排，保证了一个 T 细胞克隆只能表达一种特异性 TCR，只显示一种抗原识别特异性。

TCRβ 链基因座的重排要先于 α 链。首先是一个 D_β 片段与一个 J_β 片段连接，然后 D-J 与一个 V_β 片段相连，完成了 V-D-J 基因重组。在 TCRβ 链初始转录物进行加工时，重组的 V-D-J 和 C 基因之间的区域将作为“内含子”被剪切。与 Ig 重链重组的不同之处在于 V-D-J 与 $C_\beta1$ 或 $C_\beta2$ 的重排是随机的，未发现类别转换现象。在小鼠 $C_\beta2$ 基因的 3′端推测有一个增强子（图 16.30）。

TCRβ 基因重排和表达，继而发育成双阳（DP）性（$CD4^+CD8^+$）细胞，TCRαβ 链能与胸腺基质细胞表面的 MHC-Ⅰ和 MHC-Ⅱ类分子高亲和结合而被选择，并继续发育，否则凋亡。

TCRβ 链基因的功能性重排和表达，诱导了 TCRα 基因的重排。α 链基因的重排与 β 链相似，由于 α 链基因不存在 D 基因片段，故 α 链基因直接进行 V、J 连接，形成 V_α-J_α 片段。重排后有转录活性的 V_α 基因（VJ 基因）再与 C_α 区基因相连，形成一

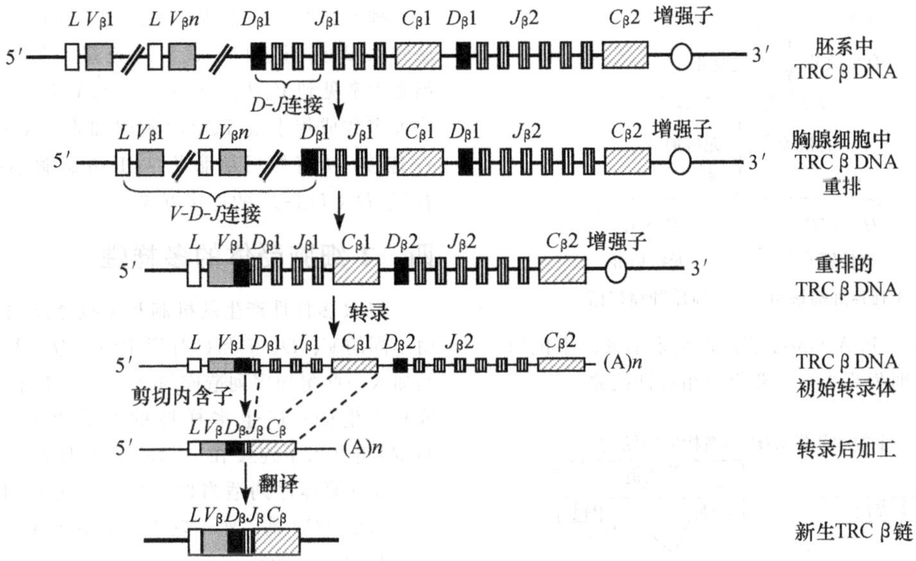

图 16.28 α链基因直接进行 V、J 连接，形成 V_α-J_α 片段。重排后有转录活性的 V_α 基因（VJ 基因）再与 C_α 区基因相连，形成一个完整的α链功能基因

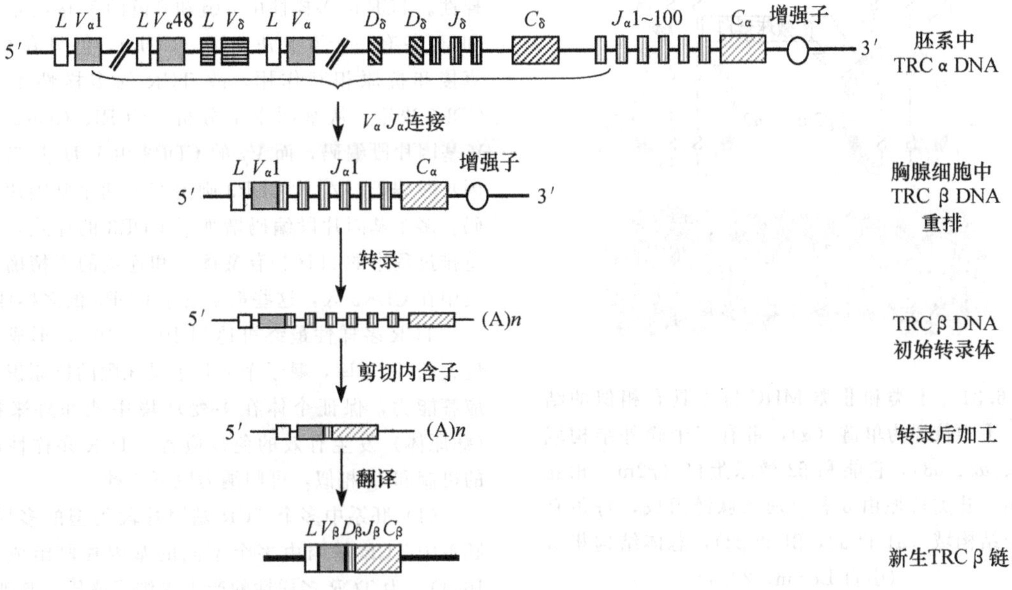

图 16.29 TCRα 基因重排和表达

V_β 基因先进行 D_β 片段与一个 J_β 片段连接，然后 D-J 与一个 V_β 片段相连，完成了 VDJ 基因片段的重组。由此产生一个有转录活性的 V_β 基因，后者再与 C 区基因相连，形成一个完整的β链功能基因

个完整的α链功能基因（图 16.31）。只有小鼠 V-J 连接的 V_α 转录起始点 5′端有一个启动子，C_α 基因的 3′端也有一个增强子。此外，靠近α链增强子处有**沉默基因**（silencer），此元件可抑制非 T 细胞或 TCRγδT 细胞中α链的转录。由于α链只有一个 C_α 基因，因此一旦初始转录物形成，经过 RNA 加工只能产生一种完整的α链 mRNA。

TCRα 和β链基因的重排和表达也存在等位排斥现象，如果在一条染色体上 TCR 基因的重排是有效的，那么就可以抑制同源染色体上相应等位基因座的重排。当一条染色体上α链或β链基因座重排、转录或翻译无效时，则其同源染色体上α或β链相

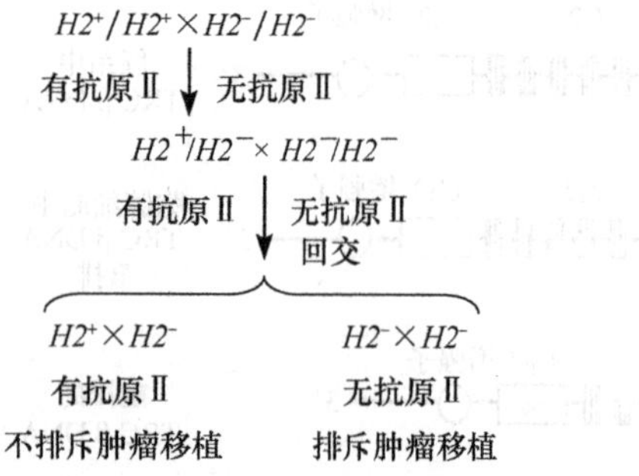

图 16.30　P. A. Gorer 鉴定近交系小鼠血型抗原时发现小鼠主要组织相容性抗原

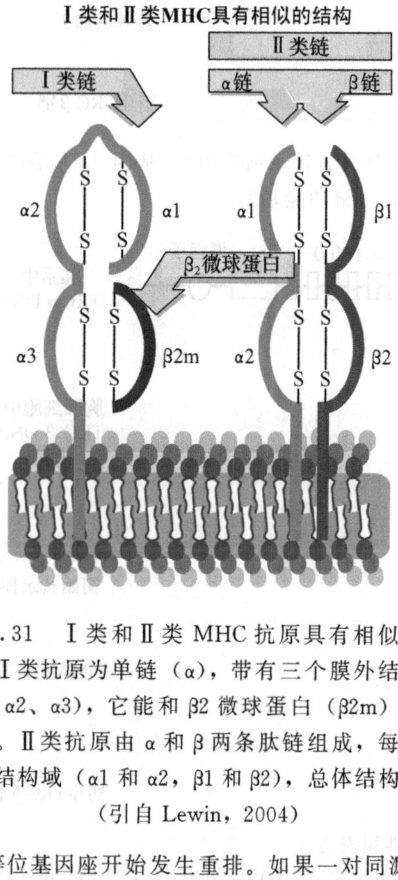

图 16.31　Ⅰ类和Ⅱ类 MHC 抗原具有相似的结构。Ⅰ类抗原为单链（α），带有三个膜外结构域（α1、α2、α3），它能和β2 微球蛋白（β2m）相互作用。Ⅱ类抗原由 α 和 β 两条肽链组成，每条有两个结构域（α1 和 α2，β1 和 β2），总体结构相似（引自 Lewin，2004）

应的等位基因座开始发生重排。如果一对同源染色体上 TCRα 或 β 链基因重排都无效，则无法表达 TCR（就 T 细胞本身而言，不能表达 TCR 就意味着不能识别抗原，无免疫功能），该细胞就不能进一步分化成熟。发生细胞凋亡而被清除。

每个 V_δ 基因片段的 3′端与“7-23-9”序列相连；D_δ 基因片段的 5′端是“9-12-7”序列，3′端是“7-23-9”序列；2 个 J_δ 基因片段的 5′端都是“9-12-7”序列。这种信号序列的排列方式使 TCRδ 链基因以三种不同的方式重排：①*V-D-J* 连接，在小鼠胚胎胸腺细胞常见到 V_δ-D_δ2-J_δ 连接，在人胚胎胸腺细胞中常见到 V_δ-D_δ3-J_δ 连接；②*V-J* 的直接连接；③大多数成年小鼠 TCRγδ 胸腺细胞以 V_δ-D_δ1-D_δ2-J_δ 连接，人妊娠后期胎儿 TCRγδ 胸腺细胞也存在着 V_δ-D_δ1-D_δ2-J_δ 的连接方式。

四、T 细胞受体的多样性

TCR 多样性产生的机制和免疫球蛋白相同，是由不同的 *V*、*D*、*J* 和 *C* 片段重组以及在某些组分之间加入一些附加序列造成的（以 P-和 N-核苷酸的形式）产生的；产生多样性的另一些机制是有些 TCRβ 链并入了连接在一起的两个 *D-D* 片段（由 7 聚体和 9 聚体序列适当地连接而产生）。TCR 和 Ig 的差别是 *TCR* 基因座不发生体细胞突变。

TCR 基因的重排为一随机过程，不同 T 细胞经过基因重排，可表达不同特异性的 TCR，在克隆水平显示各自的特异性，在个体水平则呈现丰富的多样性。TCR 的多样性由 α 链和 β 链的 V 区决定，V_α 和 V_β 各有三个互补决定区（CDR），但只有 CDR3 直接和抗原相互作用，故 TCR 的多样性主要由 CDR3 决定。从基因水平分析，CDRl、CDR2 仅由 *V* 基因片段编码，而 V_β 的 CDR3 由 *V-D-J* 三个基因片段编码，V_α 的 CDR3 则由 *V-J* 两个基因片段编码。多个基因片段编码增加了 CDR3 的样式，加之重排过程中的 N 区核苷酸插入和连接的不精确性也集中在 CDR3 区，这些都丰富了 CDR3 的多样性。

TCR 多样性最终可达到 10^{15}～10^{18}，形成容量庞大的 TCR 库，赋予个体几乎是无限的抗原识别和应答能力，保证个体在多变环境中能和外来抗原（病原体）发生有效的免疫应答。TCR 多样性产生的机制和 Ig 相似，可归纳为以下 5 种。

（1）胚系中多个 TCR 基因片段类型的多样性：胚系中 TCR 基因由多个不同的基因片段组成（表 16.4），为 TCR 多样性的产生提供了遗传学基础。

（2）TCR 基因组合的多样性：胚系中不仅有不同的 *V*、*D*、*J* 基因片段，而且每一种常有多个拷贝，当发生 *V-J* 连接（V_α 基因）和 *V-D-J* 连接（V_β 基因）时，由于连接的随机性，会产生很多不同的组合，表达多种特异性的 TCR。这是 TCR 多样性产生的主要机制。

（3）TCR 基因连接的多样性：*V* 区基因重排时，特定的 *V*、*D* 或 *J* 片段在发生 *D-J* 连接、*V-D-J* 连接或 *V-J* 连接时，连接的不精确性导致核苷酸缺失或插入1至几个核苷酸，引起可读框的改变，最后导致 V 区氨基酸组成的变化，从而增加了TCR的多样性。

(4) N区核苷酸插入：这和 Ig 基因重排时N区核苷酸插入的情况相同。N区核苷酸插入发生在TCR的V区基因重排过程中。N区核苷酸片段并不存在于TCR的胚系基因中。V区基因重排时，在末端脱氧核苷酸转移酶（TDT）作用下，N区核苷酸片段可随机加在 V_α 的 V-J 连接处及 V_β 的 V-D-J 的 D 片段的两侧。N区核苷酸片段最多可由6个核苷酸组成，且富含鸟嘌呤（G）和胞嘧啶（C），防止形成终止密码（UAA、UGA和UAG）。N区核苷酸插入也发生在CDR3区。

(5) α链、β链的组合多样性：TCR的V区由 V_α 和 V_β 组成，它们的随机配对和组合参与构成了TCR的多样性。

上述5种机制赋予个体产生容量庞大的TCR库，并通过TCR的V区体现出来，其中以CDR3的变异最大，从而在个体中可产生极其多样的TCR克隆，同时，每个TCR克隆都是特异的。

第六节 MHC结构及其多基因特性

早在1916年，E. E. Tyzzer就发现近交系小鼠的肿瘤移植到同一近交系小鼠体内后能够生长，而移植到不同近交系小鼠体内则遭排斥。其实并不限于肿瘤组织，后来英国科学家P. B. Medawar（1944）发现正常组织的皮肤移植也出现类似的现象，认为移植排斥是一种免疫反应。此前（1937年）P. A. Gorer首次在鉴定近交系小鼠血型抗原时发现了小鼠主要组织相容性抗原（图16.30）。在他试图鉴定小鼠近交系的血型实验中，他用不同近交系小鼠的红细胞免疫家兔，这样得到的兔抗小鼠红细胞血清可检出小鼠4种红细胞抗原，其中抗原Ⅱ与肿瘤移植物的成活有密切关系。他把有抗原Ⅱ和没有抗原Ⅱ小鼠的杂交子代与没有抗原Ⅱ的亲代品系回交，回交子代中抗原Ⅱ发生分离。没有抗原Ⅱ的回交子代排斥肿瘤移植物。这证明抗原Ⅱ是一种组织相容性抗原，故称小鼠的组织相容性抗原为H-2（histocompatibility antigen-2，H-2）。

组织相容性是指器官或组织移植时供者与受者相互接受的程度；如相容则不互相排斥，不相容就会出现排斥反应；诱导排斥反应的抗原称为**组织相容性抗原**（histocompatibility antigen），也称为移植抗原。人和各种哺乳动物的组织相容性抗原都十分复杂，但有一组抗原起决定性作用，称为**主要组织相容性抗原**（major histocompatibility antigen），其余的称为次要组织相容性抗原。编码MHA的基因是一组呈高度多态性的基因群，集中分布于各种动物某对染色体上的特定区域，称为**主要组织相容性复合物**（major histocompatibility complex，MHC）。MHC编码的产物称为MHC分子，可分布于不同类型的细胞表面。

高等脊椎动物的MHC基因座的复合物基因，编码一族细胞抗原，在小鼠中定位于17号染色体上，称为**组织相容性2抗原**（histocompatibility antigen-2，H-2）基因座；在人类中定位于6号染色体上，称为人类白细胞抗原（human lencocyte antigens，HLA）。主要组织相容性复合物控制免疫细胞的许多活性，包括移植排斥过程和通过特定杀伤性T淋巴细胞杀死被病毒感染的细胞。主要组织相容性复合物是大量具有多种功能的主要免疫基因复合物的一个部分。MHC在不同的生物中用不同的符号。例如，鸡为B、狗为DLA，豚鼠为GPLA、人为HLA、鼠为H-2，猫为Rt-1。人的主要组织相容性基因座尽管与鼠的相关基因座精细组成不同，但二者编码功能相似。

一、组织相容性抗原的结构和功能

在MHC产物已经被确定的单个基因座上，存在许多等位基因；此基因座呈高度多态性，这意味着不同个体的这些基因彼此之间是不同的。编码某些其他功能的基因也定位在这个区域内，根据免疫特性组织相容性抗原分为三类。另外，在淋巴细胞和巨噬细胞中存在的其他蛋白质也具有相关的结构，并在免疫功能中起重要作用。

Ⅰ类组织相容性抗原（classⅠ histocompatibility antigen）是位于哺乳动物所有体细胞表面的多形性跨膜糖蛋白，又称为移植抗原（tranplantation antigen）。这些蛋白质负责排斥外来组织，这是由于它们可识别外来组织移植抗原的特殊序列。细胞介导的免疫应答也需要移植抗原的参与。

Ⅱ类组织相容性抗原（classⅡ histocompatibility antigen）存在于B细胞、T细胞及巨噬细胞的表面，这些细胞参与细胞之间的信息交流，这是细胞介导的免疫应答所必需的；T_H 细胞能识别第Ⅱ类抗原，其二次应答需第Ⅱ类抗原的协助。

Ⅲ类组织相容性抗原（class Ⅲ histocompatibility antigen）的作用是与抗原-抗体复合物作用，在人类免疫应答经典途径中使细胞裂解。胸腺白血病抗原（thymus leukemia antigen）基因（Tla）和 Qa 基因座编码的蛋白质存在于小鼠的造血细胞中，它们被称为**分化抗原**（differentiation antigen），因为每一种分化抗原只是在一个特定的血细胞上出现，可能与其作用有关。它们在结构上和 H2 蛋白相关，同样也具有多态性。

所有 MHC 蛋白都是以二聚体的形式位于膜上，蛋白质的大部分都游离于细胞外。虽然Ⅰ和Ⅱ类 MHC 组分不同，但它们的大体结构是相似的，如图 16.31 所示。

Ⅱ类 MHC 抗原具有 α 和 β 两条链，它们组合成整体结构，有两个胞外结构域。

Ⅰ类 MHC 抗原是由非共价键连接的两条肽链组成的二聚体；其中一条称为重链或 α 链，另一条为轻链或称为 β2 微球蛋白（β2 microglobulin, β2m）。α 链的分子质量为 45kDa，结构呈多态性；其羧基端穿过细胞膜，伸入胞浆中（约 30 个残基），氨基端则游离于细胞膜外，跨膜结构域约有 40 个残基。α 链的膜外区肽段折叠形成三个结构域，分别称为 α1、α2、和 α3 区；每个结构域约含 90 个氨基酸残基，其中 α1 与 β2m 相互作用。α1 和 α2 区的氨基酸顺序变化较大，决定着Ⅰ类分子的多态性。β2m 分子质量为 12kDa，不由 MHC 基因编码，其编码基因位于 15 号染色体上。其结构与 Ig 恒定区（C_H3）同源。β2m 不与细胞膜接触，而是以非共价形式附着于 α3 的结构域上。它虽不直接参与Ⅰ类分子的抗原呈递过程，但是能促进内质网中新合成的Ⅰ类分子向细胞表面运输，并对稳定Ⅰ类分子的结构具有一定作用。缺少 β 微球蛋白的小鼠在细胞表面没有Ⅰ类 MHC 抗原。

MHC 上有一道沟槽，它能与外来抗原衍生的多肽片段相结合，所形成的复合物呈递给 T 细胞受体识别。每个个体都有自己的一套特异的 MHC 蛋白，它们在器官移植的相容性中起着重要的作用。通常器官移植中产生的排斥是由于供体和受体之间的 MHC 蛋白存在差异所致。T 细胞要求能同时识别外来抗原和 MHC 蛋白，确保了细胞免疫应答仅能发生在被外来抗原感染的宿主细胞内。因此 MHC 和组织相容性及抗原免疫应答密切相关。

二、小鼠 H-2 基因复合体

1948 年 G. D. Snell 和 P. A. Gorer 用同类系小鼠证明了 *H-2* 基因复合体，并陆续发现了其他动物的 MHC，确定了表达 H-2 抗原的基因存在于 17 号染色体短臂上。G. D. Snell 将控制 H-2 表达的基因称为**组织相容性基因**（histocompatibility gene，H）。他随后发现有一个 *H* 基因能诱导强移植排斥反应，称为主要组织相容性基因。1953 年 G. D. Snell 进一步发现 H-2 系统由 K、D 两个位点组成，并且位于同一染色体片段上，因此将主要组织相容性基因改称为主要组织相容性复合体，而将那些诱导弱移植排斥反应的 *H* 基因称为非 MHC 基因或次要组织相容性基因，并提出了组织移植接受和排斥法则。现在人们可把蛋白质的类型和其编码基因的结构联系起来。1981 年 J. Kiein 等按 MHC 的功能将其基因座分为 4 类，前 3 类即为编码上述 3 类抗原的基因座，而Ⅳ类基因座指的是小鼠的 *Tla* 和 *Qa* 基因，它们与Ⅰ型 *H-2* 连锁。在一些哺乳动物及鸟类和鱼类中，MHC 区域已被测序。通过比对这些序列，人们发现它们的组成通常是保守的。

小鼠的 H-2 复合体基因座位于小鼠的 17 号染色体上，长约 0.3cM，占据了长约 0.3cM 的区域（图 16.32），加上突变会影响免疫功能的邻近区域，共约 2Mb 的 DNA，由彼此独立又紧密连锁的基因座组成，与小鼠短尾基因（*T/t*）相连锁。H-2 复合体基因座由经典的 *H-2* 基因座和 *Tla* 基因座共同组成。

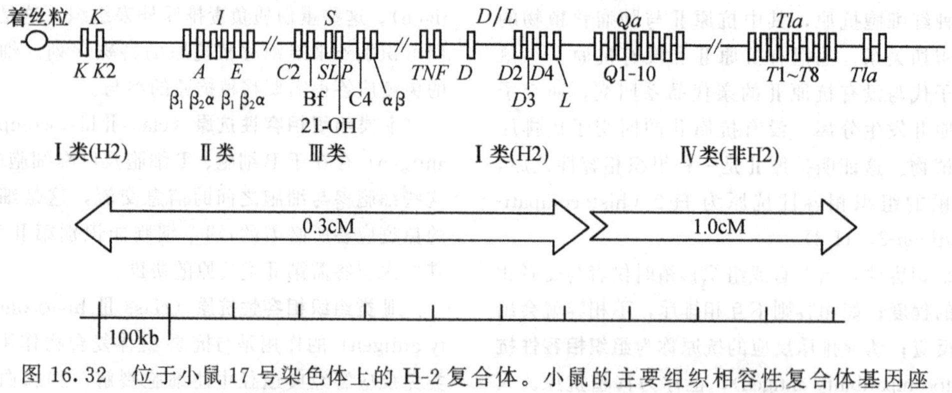

图 16.32　位于小鼠 17 号染色体上的 H-2 复合体。小鼠的主要组织相容性复合体基因座中含有几个按传统遗传学定义的亚座位，每个座位都有许多复等位基因

H-2 复合体可分为 K、I、S、D 和 L 5 个主要区。I 区又可分为两个亚区，即 I-A 和 I-E 亚区。每个区或亚区含有 1 到几个基因座。例如，I-A 亚区含有 A_{α}、$A_{\beta1}$、$A_{\beta2}$ 三个基因座，I-E 亚区含有 E_{α}、$E_{\beta1}$ 和 $E_{\beta2}$ 三个基因座。小鼠Ⅰ型 *MHC* 基因是成簇存在的。每一簇中的基因是同向排列的，表明它们可能是由一个祖先基因进化而来。

MHC 按所编码分子的结构与功能不同，将 H-2 复合体基因分为三类。Ⅰ类基因包括 *K*、*D* 和 *L* 基因座，其编码的分子称为Ⅰ类分子。根据Ⅰ类基因的多态性、产物分布与功能不同，H-2 又可分为经典与非经典两种类型。

（1）经典Ⅰ类基因：为 *H-2K*、*H-2D* 和 *H-2L* 基因，分别相当于人类 HLA 的 *A*、*B*、*C* 基因，具有高度多态性，H-K 和 H-D 的复等位基因数均大于 100 个。等位基因所编码 H2-K、H2-D、H2-L 蛋白广泛分布于有核细胞表面，与移植物排斥反应密切相关。

（2）非经典Ⅰ类基因：是指小鼠的 *H-2Q*、*H-2T* 和 *H-2M* 基因，位于 *Tla* 区域内，相当于人类的 *HLA-E*、*HLA-F*、*HLA-G* 基因。与经典Ⅰ类基因不同，非经典Ⅰ类基因不仅等位基因数有限，其编码产物的分布也十分有限，功能尚不清楚。

Ⅱ类基因座为免疫应答基因（immune response gene，Ir），指Ⅰ区内的Ⅰ-A、Ⅰ-E 两个亚区的基因座，它们属于经典的 *H-2* Ⅱ类基因。B. Benacerraf 等通过实验证明Ⅱ类基因与免疫应答和免疫调节有关，它所编码的产物称为Ⅰ区相关抗原（Ⅰ region associated antigen，Ⅰa）或免疫相关抗原。

Ⅰ-A 亚区有几个基因座，编码Ⅰ-A 分子重链的 A_{α} 基因和编码Ⅰ-A 轻链的 A_{β} 基因。Ⅰ-E 内有 E_{α}、E_{β} 和 $E_{\beta}2$ 三个基因。Ⅰ-A 和Ⅰ-E 这两组基因均具有高度多态性。

Ⅲ类基因座指 H-2S 区的基因，包括 *C4*、*C2*、*Bf* 等基因。Ⅲ类基因座编码的分子包括血清因子、补体分子及 TNF 等。

Ⅳ类基因座位于 *D* 基因座右侧，它包括 *H2-D/L* 基因座相邻的 *Qa* 和 *Tla* 基因座。*Qa* 约有 10 个与 *H2* 基因密切相关基因。*Tla* 区域含有 20 个基因，但与 *H2* 基因关系不是很密切。1958 年法国的 J. Dausset 发现多次输血者和多产妇血清中含有凝集人白细胞的抗体，其特异性不同于红细胞凝集抗体。J. Dausset 鉴定了第一个人白细胞抗原，定名为 MAC（三个受检者名称的第一个字母），从而首次发现 HLA 抗原，并阐明了人类组织相容性系统。20 世纪 60 年代科学家们相继鉴定出 *HLA-B* 基因座、*HLA-D* 基因座和 *HLA-C* 基因座系统。

经典 HLA 系统是迄今所知人类多态性最丰富的遗传系统，定位于 6 号染色体短臂 6p21-31 区，长 3.6Mb，比小鼠 MHC 基因座长 1.5Mb（图 16.33）。HLA 系统是一个由一系列紧密连锁的基因座位所组成的具有高度多态性的遗传复合体，1999 年已完成经典 HLA 区域的全部序列分析及基因定位（6p21-31 区）。在 3.6Mb 区域内共确认了 224 个基因座，其中 128 个为功能性基因，有产物表达。2003 年 A. J. Mungall、S. Beck 等完成了人类 6 号染色体的测序和分析，而 MHC 编码区就位于该染色体短臂上。经测序和分析后，科学家们提出了**扩展的主要组织相容性复合体**（extended major histocompatibility complex，xMHC）的新概念，并以此代替了 1999 年确定的 HLA 3.6Mb 的序列。扩展的Ⅰ类亚区（extendedclass Ⅰ subregion）长 3.9Mb，含有 182 个基因座；经典的Ⅰ类亚区（classical class Ⅰ subregi）长 1.9Mb，含有 122 个基因座。经典的Ⅲ类亚区（classical class Ⅲ subregi）长 0.7Mb，含有 62 个基因座；经典的Ⅱ类亚区（classical class Ⅱ

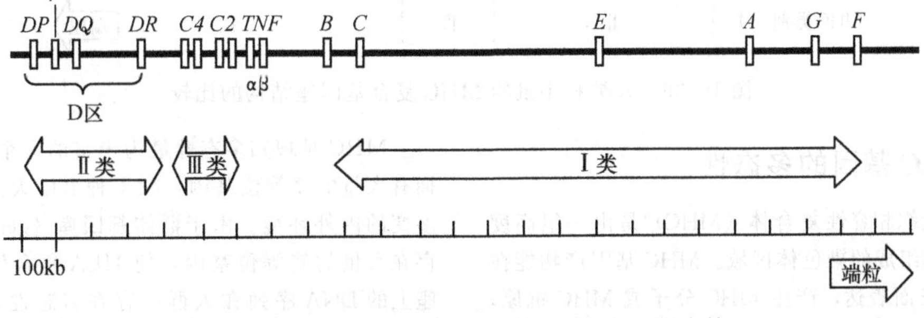

图 16.33　位于人类 6 号染色体上的 HLA 复合体

一些与非免疫功能相关的基因也定位在此区

subregion）长 0.9Mb，含有 34 个基因座位；扩展的Ⅱ类亚区（extended class Ⅱ subregion）长 0.2Mb，含有 21 个基因座。这样，经典 HLA 区域加扩展区总长为 7.6Mb、421 个基因座（图 16.34），其中共有 252 个基因座具有蛋白质产物，非编码基因 30 个，假基因 139 个。

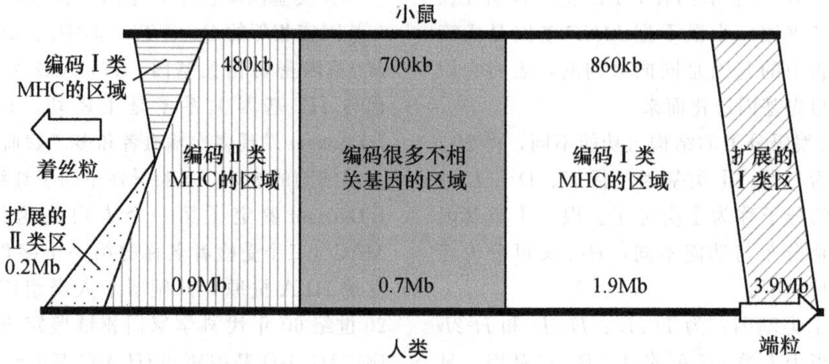

图 16.34　MHC 区大于 2Mb 的区域。Ⅰ类 MHC 和Ⅱ类 MHC 蛋白由两个不同的区域编码，二者之间的区域称为Ⅲ类 MHC 区。延伸区是指在基因簇两端的同线性片段。小鼠和人类的区别在于 H2 的Ⅰ类基因是否存在于延伸区的左边

小鼠和人类的 MHC 区基因座的 MHCⅠ类基因分布于图 16.34 的右侧，靠近端粒区；MHCⅡ类基因区域分布于图 16.34 的左侧，靠近着丝粒区。Ⅲ类基因位于Ⅰ类和Ⅱ类基因之间的区域，编码了许多功能性蛋白。端粒一侧的Ⅰ类基因区的外侧区域称为扩展的Ⅰ类区（extended class Ⅰ region）；着丝粒一侧的Ⅱ类基因区之外的区域称为扩展的Ⅱ类区（extended class Ⅱ region）。哺乳动物的 MHC 区域有 200 多个基因，但能为 MHC 提供功能的却只有很少的几个。例如，在鸟类中，MHC 区域长 92kb，只有 9 个基因。

人类的 HLA 基因座与小鼠的 H2 抗原复合体基因座具有相同的功能，但排列顺序不完全相同，最大的区别是人类Ⅰ类基因 *HLA-A*、*HLA-B*、*HLA-C* 都位于同一区域内（约 1Mb），而小鼠的Ⅰ类基因 *H2-K* 和 *H2-D/L* 却被Ⅱ类基因分隔开。二者的三种类型的 MHC 基因的排列顺序是相同的，即从端粒到着丝粒是按Ⅰ型、Ⅲ型和Ⅱ型基因的顺序排列（图 16.35）。

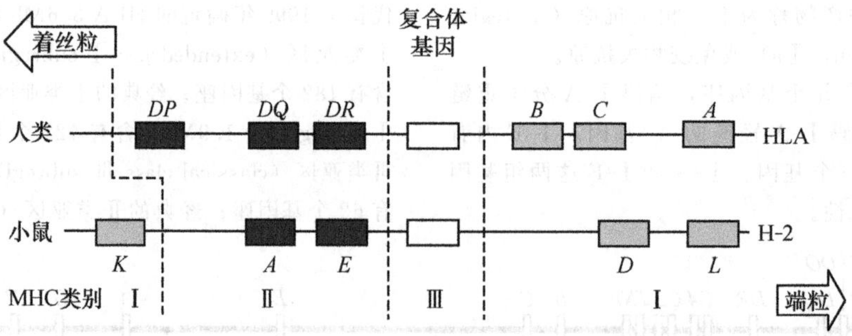

图 16.35　人类和小鼠的 MHC 复合基因座结构的比较

三、MHC 基因的多态性

主要组织相容性复合体（MHC）是由一组高度多态性基因组成的染色体区域。MHC 基因产物能在不同细胞表面表达，产生 MHC 分子或 MHC 抗原，又因这些抗原在器官移植中代表供、受体双方的组织相容程度，也称为移植抗原或组织相容性抗原。

MHC 是现知多态性最为丰富的一个基因系统，拥有大量的复等位基因，赋予种群巨大潜力以适应多变的内外环境。由于群体**基因库**（gene pool）中存在大量的复等位基因，使 HLA 复合体很多基因座上的 DNA 序列在人群中存在多态性。例如，经典 HLAⅠ类基因中最早发现的三个功能基因，即 *HLA-A*、*HLA-B* 和 *HLA-C* 均具有高度多态性。截

至 2006 年 7 月，*HLA-B* 基因座被正式命名的复等位基因数高达 805 个（图 16.36），对每一个个体，任何一个座位均有众多复等位基因中的两个等位基因，分别来自父方、母方，这些等位基因均能同时得到充分的表达，即为**共显性**（codominance）。由于人类是个随机婚配的杂合群体，一般情况下来自父母的一对 6 号染色体（或单体型）上所有 HLA 等位基因完全相同的概率极小，这不仅使 HLA 成为人体中多态性最丰富的系统，也使每一个个体所具有的 HLA 等位基因及产物可以成为显示该个体特异的生物学"身份证"，即个体性（individuality）的标志。以 1980 年国际组织相容性会议公布的 HLA 复合体基因座中的 5 个基因座为例，它们拥有的复等位基因数分别为：HLA-A（20）、HLA-B（42）、HLA-C（8）、HLA-D（12）、HLA-DR（10）。这样就可以组成 806 400 个单倍型，而基因型可多达 10^8 的数量级，表型可达 10^7 的数量级。因而，在无关人群中几乎不可能找到 HLA 完全相同的个体。

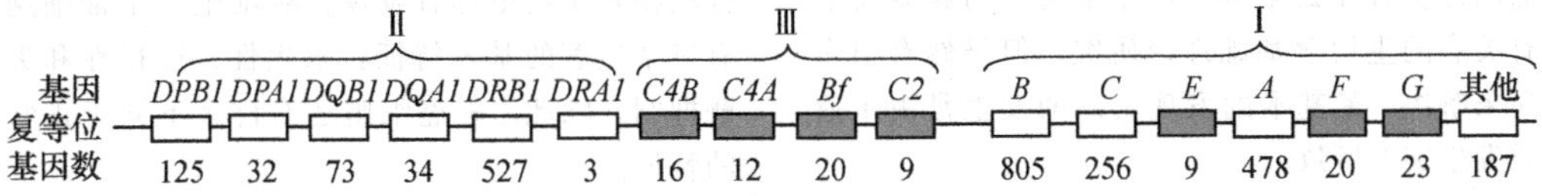

图 16.36　HLA 基因系统的多态性及一些主要基因座的复等位基因数

正式命名显示多态性的 HLA 基因座有 31 个，共 2320 个复等位基因。图中所示为常见基因座的复等位基因数

HLA 系统的多态性保证了种群能显示对各种病原体合适的免疫应答，以保证群体的延续及维持其稳定。但 HLA 高度多态性也为器官移植寻找合适的供体带来了很大困难。

MHC 有大量不同的**单倍型**（haplotype），再由两个单倍型组合构成一个人的基因型，因此估计地球上绝不会有 MHC 相同的人（除同卵双生子以外），每个人都是独特的。单倍型是存在于一条染色体上的一套紧密连锁的基因或遗传标记，作为一个遗传单位共同传递，不易通过重组而分离。HLA 复合体是紧密连锁的，这些连锁在一条染色体上的等位基因很少发生同源染色体间的交换，形成单倍型。在遗传过程中，HLA 单倍型作为一个完整的遗传单位由亲代传给子代。父母双方各有 2 条 HLA 染色体，即 2 种单倍型，子女与父母间的 HLA 总有一半相同，兄弟姐妹间有 1/4 的机会可找到相同的 HLA 抗原。这就是为什么在进行器官移植时首先从直系亲属中选择移植物供体的原因。

习　题

1. 免疫系统（immune system）是由哪些器官组成的？

2. 免疫应答分为哪两类？各有何特点？

3. 体细胞重组假说的主要论点是什么？如何证实？有何意义？

4. 免疫球蛋白的多样性是怎样产生的？有哪些因素导致了多样性？

5. 什么是等位基因排斥（allelic exclusion）？试举例说明。

6. 免疫球蛋白基因为何在第一条染色体上重排失败后就不能表达？

7. 什么是类别转换（class switch）？其分子机制是什么？

8. 什么叫做 N-核苷酸（N-nucleotide）？有何功能？

9. 什么叫做 P-核苷酸插入（P-nucleotide insertion）？有何功能？

10. 免疫球蛋白基因重组的分子机制是什么？

11. 试述 T 细胞受体蛋白的基本结构和功能。它们是由哪些基因编码的？

12. T 细胞受体蛋白的多样性是如何产生的？

13. 什么是 TCRαβ 受体双重识别功能？

14. 组织相容性抗原分为几类？它们之间有何差别？

15. 什么是 MHC 基因的多态性？怎样形成的？

第十七章　癌与癌基因

癌症是目前危害人类健康最严重的疾病之一，肿瘤是怎样形成的？为什么会播散？为什么有些类型的肿瘤显示出家族性？癌是否会遗传？环境因素对肿瘤的发生有什么影响？近年来这些问题激发了大量有关癌的生物学基础理论研究，但仍然有很多问题尚未解决，最基本的发现是癌的发生是由于遗传物质发生突变所致。

肿瘤是指细胞在致癌变物质作用下，癌基因或抗癌基因发生了改变，失去对其生长的正常调控，导致细胞异常增殖。肿瘤形成常涉及细胞周期调控或关卡控制基因的突变或过表达。当肿瘤细胞侵袭周围组织时便称为**恶性肿瘤**（malignant tumor），也称为**癌**（cancer）；如肿瘤细胞不侵袭周围组织时便称为**良性肿瘤**（benign tumor）。恶性肿瘤会播散到身体的其他部位，形成次级肿瘤，这个过程称为**转移**（metastasis）。良性和恶性肿瘤的发生是由于控制细胞分裂的系统发生了错误。

癌可分为两类，一种是**实体瘤**（solid tumor），另一种是**液体瘤**（liquid tumor）。实体瘤是一种异常的组织块，通常不含包囊（cyst），可能是良性的，也可能是恶性的。实体瘤又可分为三种：①癌（carcinima）起源于上皮细胞，大部分成人癌症属此类；②淋巴瘤（lymphoma）起源于脾和淋巴节等淋巴细胞；③肉瘤（sarcoma）起源于间叶组织，如结缔组织、骨和肌肉等。液体瘤起源于骨髓造血细胞，存在于流动的血液中，如白血病（leukemia）。

肿瘤组织由实质（parenchyma）和间质（mesenchyma）两部分构成，肿瘤的实质部分是肿瘤细胞，为肿瘤的主要成分，具有组织来源特异性。肿瘤的间质起支持和营养肿瘤实质的作用，不具特异性，一般由结缔组织和血管组成，有时还可有淋巴管。

第一节　癌　细　胞

一、癌细胞的特点

细胞的癌变常常是由于体细胞的基因突变、扩增、染色体的畸变及DNA的表观遗传学改变而产生的，因此肿瘤也是一种涉及多器官性的体细胞**遗传病**（genetic disease）。这些器官的细胞生长异常，失去调节，并常伴有异常分化，形成瘤，在高等脊椎动物及植物中都有发现。癌细胞与正常细胞相比有三个显著的基本特征：永生性、迁移性和失去接触抑制。除此之外癌细胞还有许多不同于正常细胞的特征。

（1）失去了细胞对终止增殖信号的应答，并可传出自主的细胞生长和增殖信号，即癌细胞的生长不需要来自外部的任何信号，就可以自主地进入旺盛的生长过程，而正常细胞的生长过程是和外部环境协调的结果。

（2）具有永生性。细胞周期失控，逃避了细胞凋亡和衰老，使细胞**永生**（immortal）。癌细胞不受**海弗利克界限**（Hayflick limit）的影响。在有利的培养条件下，动物和人类的正常细胞通常在约50代之后也必然会衰老和死亡，但癌细胞却能无限制地增殖。例如，**海拉细胞株**（HeLa cell）自1951年从Henrietta Lacks的宫颈癌细胞中分离并建立以来，一直连续培养，至今在世界各地的实验室中仍被传代培养，用于科研。这可能与调控**细胞凋亡**（apoptosis）的基因，如*TP53*的突变以及**端粒酶**（telomerase）恢复活性有关（见第七章）。

（3）**接触抑制**（contact inhibition）现象丧失。正常细胞在体外培养时表现为贴壁生长，形成单层，增殖至彼此接触时，就停止生长和分裂，此时的细胞密度称为临界细胞密度，故接触抑制也称为密度依赖的生长抑制（density-dependent inhibition）。而癌细胞在体外培养时对密度依赖的生长抑制失去敏感性，导致其继续分裂，呈多层重叠生长（图17.1和图17.2）。

（4）丧失细胞间的**黏着性**（adhesion）。癌细胞表面的识别能力和黏着性降低。这是由于一些细胞黏着和连接相关的成分，如**细胞黏着分子**（cell adhesion molecule，CAM）和**细胞外基质**（extracellular matrix，ECM）发生变异或缺失所致。例如，癌化会引起**上皮细胞钙黏着蛋白**（E-cadherin）的表达降低，**蜗牛蛋白**（snail）的表达增加。由于蜗牛蛋

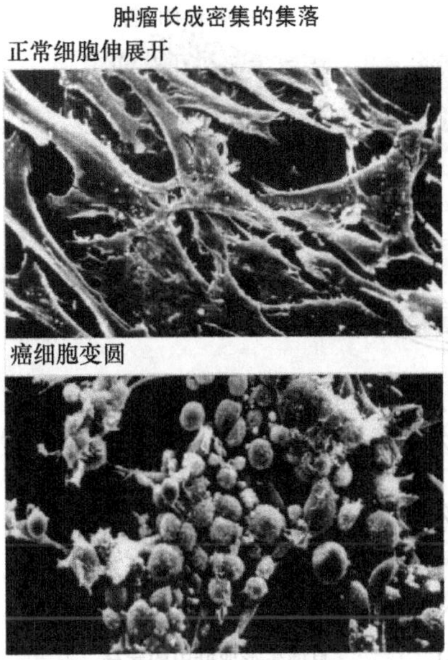

图 17.1　扫描电镜显示正常细胞伸展开并形成长条形，而癌细胞变圆并形成球样团块（引自 Lewin，2004）

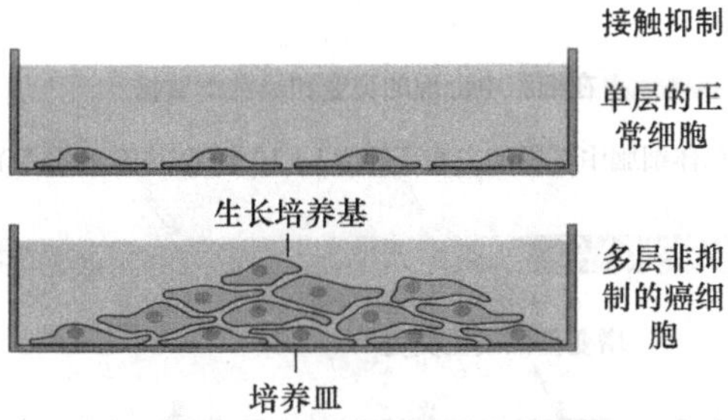

图 17.2　癌细胞丧失接触抑制。癌细胞和正常细胞不同，能持续生长，细胞彼此重叠，形成多层细胞（引自 Alberts et al.，1994）

白是一类锌指转录因子，它对 E-cadherin 基因（*E-cad*）具有调节功能。实验证实，蜗牛蛋白的确可以直接抑制 E-cadherin 的表达。细胞间黏着性的丧失使细胞失去与细胞间和细胞外基质间的连接，使细胞从相应癌变组织上脱落下来，为癌的播散提供了条件。

（5）许多癌细胞具有变形运动能力，并且能产生酶类，使淋巴管、血管基底层和结缔组织穿孔，向其他组织迁移；也可通过移植的途径进行迁移。癌细胞在侵入淋巴管后，可以脱落形成栓塞，附着在管内某处，然后在管内增殖，渐渐向远处延伸。癌细胞一般先累及淋巴结，如它们被肿瘤堵塞，癌细胞会逆向扩散，在全身其他方向、多个部位形成新转移灶。当含有癌细胞的血液循着血管走向在血管中运行，就造成了广泛的**血行转移**（hematogenous metastasis）。血液中移动的癌细胞如停留在血管壁上，就在局部浸润生长。种植性转移是由于癌细胞脱落种植到邻近组织中，形成新的癌块。癌细胞从原发部位经淋巴、血液、体腔等途径播散到其他部位的过程称为肿瘤的**侵袭迁移**（invasion and migration）（图 17.3）。细胞黏附分子在肿瘤细胞的侵袭转移过程中起重要作用。

当细胞黏附分子下调时，癌细胞从原发灶脱落；当细胞外基质受体或内皮细胞配体上调时，癌细胞与细胞外基质或血管内皮细胞黏附而移动，形成转移灶。这一过程与肿瘤细胞表达的膜表面黏附分子密切相关，无论是质或量的改变都会影响肿瘤细胞的侵袭及转移能力。

（6）定着依赖性丧失。正常真核细胞，除成熟血细胞外，大多须黏附于特定的细胞外基质上才能抑制凋亡而存活，称为**定着依赖性**（anchorage dependence）。肿瘤细胞常会合成和分泌一些蛋白酶，降解细胞的某些表面结构，失去定着依赖性，可以在琼脂、甲基纤维素等支持物上生长。

（7）细胞骨架结构紊乱，某些成分减少，骨架组装不正常，细胞的形态发生改变（图 17.1）。

（8）产生新的膜抗原。细胞表面特征改变，产生**肿瘤相关抗原**（tumor associated antigen）。

（9）对生长因子需要量降低。正常细胞在体外培养时培养基中需要加入一定量的血清，这是由于血清中含有多种生长因子。生长因子是控制细胞周期的信号分子，调节细胞分裂的速率。而癌细胞可以通过**自分泌**（autocrine）产生生长因子，同时其细胞膜上又有这些生长因子的受体，这样生长因子不经循环而作用在细胞本身的受体，产生一系列**受体后效应**（post-receptor reaction），使细胞增殖的信号途径不依赖于外部的生长因子。某些实体瘤细胞还能释放血管生成因子，促进血管向肿瘤生长，获取大量繁殖所需的营养物质。

（10）失去了对细胞分化信号的应答，产生去分化现象。已知肿瘤细胞中表达的胎儿同工酶达 20 余种。甲胎蛋白是胎儿所特有的，但在肝癌细胞中表达，因此可作为肝癌早期检测的标志特征。

（11）能够构建新的血管系统，使急剧增大的新生肿瘤细胞组织总是能够获得循环系统的支持。具有自主的血管生成能力，可保证肿瘤体积增大后和

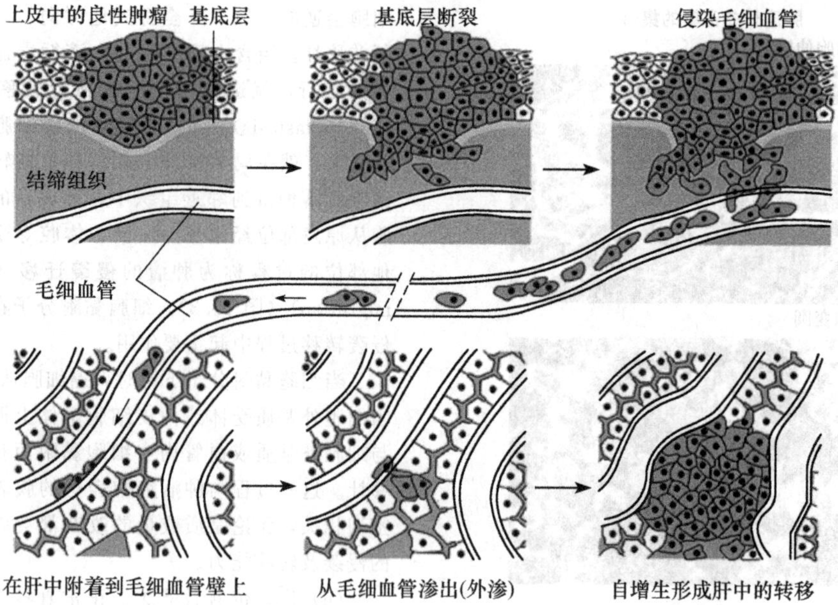

图 17.3　转移过程的步骤（引自 Alberts et al.，2002）

此例表明肿瘤从原来的组织（如肺或膀胱）转移到肝。如图所示，肿瘤可以直接进入血流，穿过血管壁。更多的情况是穿过淋巴管壁而进入血液（图中未显示）。肿瘤细胞进入淋巴管常被淋巴结捕获，产生淋巴结转移。动物研究表明，少于几千分之一的恶性肿瘤细胞进入血液在新的位置产生肿瘤

新形成转移肿瘤的血液供应，以维持细胞生长和增殖的需要。

(12) 可移植性。正常细胞移植到宿主体内后，由于免疫反应而被排斥，多不易存活。但肿瘤细胞具有可移植性，如人的肿瘤细胞可移植到鼠体内，形成移植瘤。

二、细胞癌变的基本模式

细胞癌变是在分子水平上发生了一系列事件，其中最主要的是基因组中的两种改变：一是突变的积累；二是遗传稳定性的改变，即染色体的重排。

细胞癌变是一个多阶段的过程。大多数的肿瘤细胞都经历了多次突变。但一般体细胞的突变率较低（2×10^{-7}），仍不能解释癌细胞中所观察到的突变积累。在细胞癌变的早期可能发生了**增变基因**(mutator gene) 的突变（图 17.4）。增变基因是能使其他基因的自发突变率上升的突变基因，这些基因的失活减少了 DNA 损伤的修复，从而增加了基因突变的频率。

遗传稳定性的改变体现在癌细胞中基因数量的改变。这是由于发生小片段染色体的重复、缺失、易位的结果。

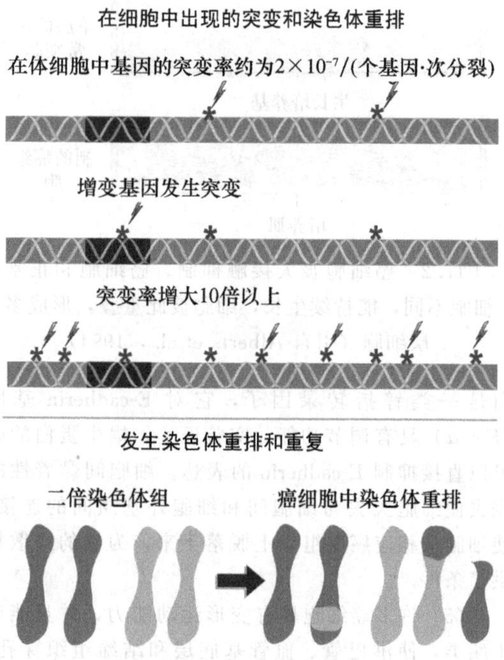

图 17.4　增变基因发生突变的结果，在癌细胞中以增快的速率聚集突变，同时染色体的结构也发生了改变（引自 Lewin，2004）

不同突变的产生为从大量的细胞群体中选择出具有一定特性的细胞提供了机会。这种特殊细胞可能就是**癌干细胞**（cancer stem cell），是癌组织中“存在的”为数不多的具有自我更新能力和分化潜能的细胞，也称为**肿瘤干细胞**（tumor stem cell）。这样，在癌细胞中，能选择出一些增加了生长潜能的突变。如图 17.5 表示，一个细胞能更多次分裂可能是它突破了通常的生长限制而产生更多的后代。在癌发展的每个阶段，那些更具有侵袭性生长的细胞在群体中被选择出来。它们开始可能生长得比较快，随后它们能移动到新的位置形成克隆。多数肿瘤来源于单克隆细胞，如在女性中，从胚胎发育时期开始，体细胞中的 X 染色体有一条随机失活，并形成克隆。当编码某些酶（如葡萄糖-6-磷酸脱氢酶）的 X 连锁基因为杂合状态时，它们的活性显示出组织的异质性，即在不同细胞中表达不同的酶活性，而在肿瘤细胞中却是相同的，从这一点来看一个肿瘤中的细胞在早期胚中起源于同一个细胞（图 17.6）。

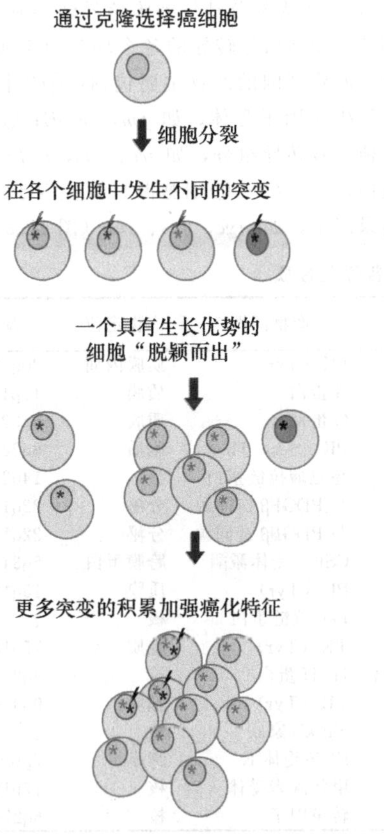

图 17.5　当一个带来生长优势的突变出现时，其派生的细胞将在后代中占优势。在每一阶段，通过克隆选择更为恶性的细胞，癌变会加快（引自 Lewin，2004）

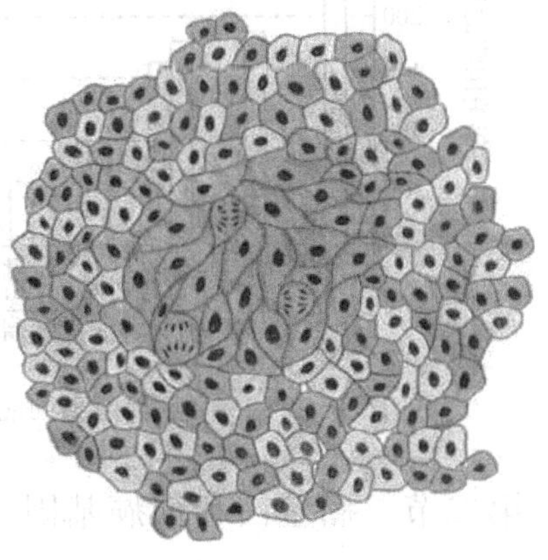

图 17.6　女性 X 染色体随机失活证明肿瘤起源于单克隆。在胚胎早期发育时，女性的各正常组织是一种嵌合体，其中有的细胞是父源 X 染色体失活，而另一些细胞是母源 X 染色体失活（以不同灰度表示）。当对癌组织进行 X 连锁的标记基因检测时，发现其中的各个细胞失活的 X 染色体都是相同的，表明这些细胞来自于单个的癌性建立细胞（cancerous founder cell）（引自 Alberts et al.，2002）

癌干细胞具有以下特征：①具有自我更新的能力；②具有高致瘤性（tumorigenicity）；③具有分化潜能；④具有耐药性。癌瘤干细胞在肿瘤组织中具有无限增殖的潜能已经得到了证实，虽然肿瘤干细胞在肿瘤中只占极少数，但它极有可能是肿瘤发生、耐药、复发及转移的根源。

三、癌的多种类型

癌并不是一种单一的疾病，而是一组疾病。身体很多不同的组织都可能产生癌变，但有的长得快些，有的长得慢一些，治疗的效果也不同。图 17.7 表示美国不同癌症的发病率和死亡率。不同类型癌症的发病率和死亡率是不同的，在男性中前列腺癌是常见的类型，在女性中乳房癌和肺癌发病率较高。有的癌存在易感性，这种易感性是遗传的。然而，大部分的癌是身体组织中自发突变的积累所致。虽然癌的死亡率高，但在近 20 年中对不同类型癌症的诊断和治疗都有很大的进步。分子生物学方法的应用为癌症的治疗带来了新的希望。

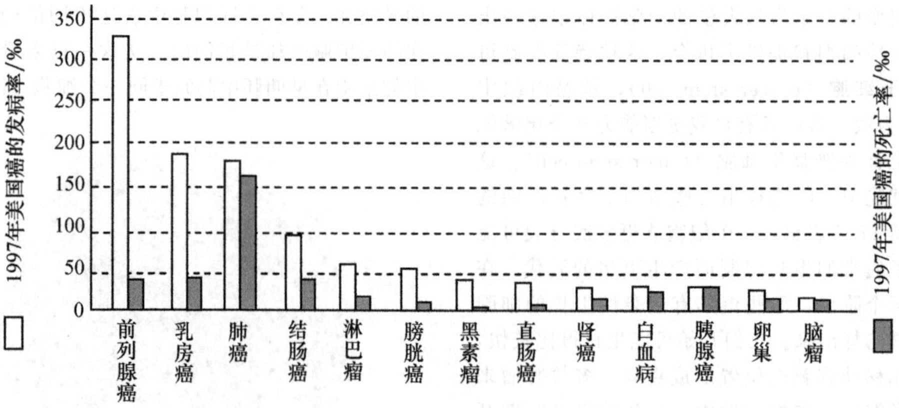

图 17.7　1997 年美国不同癌症的发病率和死亡率（引自 Simmons，2003）

第二节　癌基因和抑癌基因

一、癌基因

癌基因（oncogene）是指其产物具有转化真核生物细胞的能力，能导致这些细胞变成为肿瘤的基因。在人和动物的细胞中，癌基因具有某些正常功能，但突变后会导致细胞癌变。人和动物细胞中的癌基因称为**细胞癌基因**（cellular oncogene，*c-onc*）。RNA 病毒基因组中的癌基因同源序列称为**病毒癌基因**（virus oncogene，*v-onc*）。癌基因在未激活前仍具有正常生理功能时又称为**原癌基因**（proto-oncogene，POG）。现已发现的癌基因有 100 多个（表 17.1），其中大部分是与细胞信号转导有关的基因。它们的产物在信号转导的各个环节中扮演着不同的角色。原癌基因的产物主要包括：①生长因子，如 *sis*；②生长因子受体，如 *fms*、*erbB*；③蛋白激酶及其他信号转导组分，如 *src*、*ras*、*raf*；④细胞周期蛋白，如 *bcl-1*；⑤细胞凋亡调控因子，如 *bcl-2*；⑥转录因子，如 *myc*、*fos*、*jun*（图 17.8）。

表 17.1　主要癌基因的名称及性质

onc	相关病毒	v-onc 来源	onc 蛋白	引起的疾病	产物活性	产物定位	基因定位
src	RSV	鸡	$pp60^{src}$	肉瘤	PK（Tyr）	质膜内面	20q12-q13
H-ras	Ha-MuSV	大鼠	$pp21^{ras}$	肉瘤、红白血病	G 蛋白	质膜	11p13
K-ras	Ki-MuSV	大鼠	$pp21^{ras}$	肉瘤、红白血病	G 蛋白	质膜	6p32-q13
mos	Mo-MuSV	小鼠	$p37^{env\text{-}mos}$	肉瘤	PK（Ser，Thr）	胞质	8q22
fos	FBJ-MuSV	小鼠	$pp55^{fos}$	骨肉瘤	亮氨酸拉链蛋白	核	14q21-q31
sis	SSV	猴	$p28^{env\text{-}s}$	肉瘤	与 PDGFβ 链同源	分泌	22q11-qter
sis	Pl-FeSV	猫	$p76^{gag\text{-}sis}$	肉瘤	与 PDGFβ 链同源	分泌	22q11-qter
fms	SM-FeSV	猫	$gp180^{gag\text{-}fms}$	纤维肉瘤	CSF-1 受体激酶	跨膜蛋白	5q34
fes	ST-FeSV	猫	$p85^{gag\text{-}fes}$	纤维肉瘤	PK（Tyr）	质膜	15q12-q25
jun	ASV-17	鸡	$p39^{c\text{-}jun}$	纤维肉瘤	Leu 拉链蛋白	核	?
fps	FuSV	鸡	$p130^{gag\text{-}fps}$	肉瘤	TK（Tyr）	胞质	15q12-q25
myc	MC29	鸡	$p110^{gag\text{-}myc}$	瘤、肉瘤、髓细胞瘤	HLH 蛋白	核	8q24
abl	MuLV	小鼠	$p90\text{-}p160^{gag\text{-}abl}$	B 细胞淋巴瘤	TK（Tyr）	胞质	9q34-qter
rel	REV-T	火鸡	$p64^{rel}$	淋巴白血病	NF-κB 家族	核	?
erbB	AVE	鸡	$gp65^{erbB}$	红白血病和纤维瘤	EGF-受体 K	跨膜	7pter-q22
erbA	AVE	鸡	$p75^{gag\text{-}erbA}$	红白血病和纤维瘤	甲状腺素受体	核	17p11-q21
myb	AMV	鸡	$p45^{myb}$	髓细胞瘤	转录因子	核	6q22-q24

注：RSV 劳斯肉瘤病毒（Rous sarcoma virus），Ha-MuSV 哈维鼠肉瘤病毒（Harvey murine sarcoma virus），Ki-MuSV 柯尔斯顿鼠肉瘤病毒（Kirsten murine sarcoma virus），Mo-MuSV FBJ 鼠骨肉瘤病毒（FBJ murine osteosarcoma virus），SSV 猿猴肉瘤病毒（Simian sarcoma virus），Pl-FeSV Pl 猫肉瘤病毒（Feline sarcoma virus），SM-FeSV SM 猫肉瘤病毒，ST-FeSV ST 猫肉瘤病毒，ASV-17 鸟类肉瘤病毒-17（Avian sarcoma virus-17），FuSV 藤浪肉瘤病毒（Fujinami sarcoma virus），MC29 鸟类肉瘤病毒（Avian sarcoma virus），MuLV 鼠白血病病毒（murine leukemia virus），REV-T 网状内皮组织增生病毒（Reticuloendotheiosis virus）T 株，AVE 鸟类成红血细胞白血病病毒（Avian erythroblastosis virus），AMV 鸟类成髓细胞白血病病毒（Avian myeloblastosis virus）。

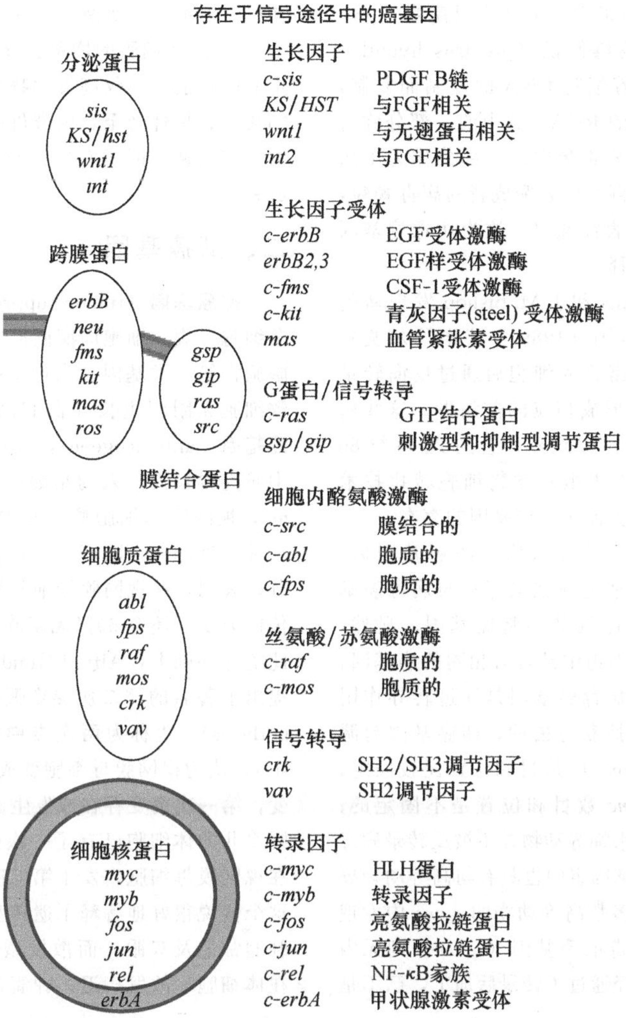

图 17.8　癌基因可能编码分泌蛋白、跨膜蛋白、细胞质蛋白或核蛋白（引自 Lewin，2004）

早在 1911 年就发现将患白血病家禽的细胞提取物注入正常家禽体内可引起白血病，且发现肿瘤细胞中含有病毒。P. Rous 于 1911 年发现一种病毒可使鸟类产生肿瘤，此病毒命名为 **Rous 肉瘤病毒**（Rous sarcoma virus），由于这项工作的深远意义，他荣获了 1966 年诺贝尔奖。

1969 美国 NIH 的 R. J. Huebner 与 G. J. Todaro 提出了**癌基因假说**（oncogene hypothesis），认为所有脊椎动物的细胞内都含有致癌病毒的全部遗传信息，其中与致癌有关的信息称为癌基因。细胞内的癌基因是病毒基因组的遗迹。在通常情况下癌基因处于被阻遏状态，只有当细胞内有关的调节机制遭到破坏时癌基因才表达，从而导致细胞癌变。某些化学物质、辐射等致癌因子，能激活这种潜在的内源病毒。这个假说为癌症的病原提出了“癌基因”的概念，对癌症研究起到划时代的作用。现在看来这一假说中有些观点需要进行修正。首先是癌基因在正常情况下并非不表达，而是产生与细胞信息转导、细胞周期调控、DNA 损伤修复等有关的蛋白质。只有在癌基因结构发生改变或表达异常的情况下才会导致细胞的癌变。另外，癌基因并不是病毒基因组的遗迹，相反，病毒癌基因来源于细胞癌基因。

1970 年，美国的 H. M. Temin 和 D. Baltimore 分别在两种 RNA 急性致癌病毒中分离出**反转录酶**（reverse transcriptase）。RNA 急性致癌病毒侵染细胞后，反转录酶就以病毒 RNA 为模板合成双链 cD-

NA，再整合到宿主基因组中，被称为**原病毒**（proviru），因而提出了**原病毒假说**（provirus hypothesis），认为原病毒是随着细胞 DNA 的复制而复制，在一定条件下合成病毒的 RNA。其中的一部分称为翻译的模板，合成各种病毒蛋白；一部分作为子病毒的基因组，与几种病毒蛋白装配成新的病毒颗粒，以出芽方式从宿主细胞表面逸出。这为病毒癌基因的产生作了较完美的诠释。

1976 年，H. Evarmus 和 J. M. Bishop 发现鸟类肉瘤病毒中含有致癌基因（1989 年获诺贝尔奖）。后来，人们发现上述病毒进入细胞后通过反向转录整合到宿主的染色体中形成相应的前病毒，这些病毒和前病毒的基因产物可以致癌。直到 20 世纪 80 年代初，随着 DNA 体外重组和动物细胞转化技术的发展，才通过很多实验证实了癌基因的存在。

J. M. Bioshop 分离鸟类肉瘤病毒的癌基因后，用分子杂交的方法证明宿主细胞也存在与病毒癌基因相同的 DNA 序列，这就是细胞癌基因。显然，反转录病毒和动物的基因组中都含有相同的癌基因，根据以下几点人们认为病毒癌基因是通过转导作用从宿主细胞原癌基因中掳获过去的，即癌基因起源于动物。①各种动物 *c-onc* 的数目和位置比较固定，而反转录病毒中的 *v-onc* 数目和位置是不固定的；②线虫（*C. elegans*）和果蝇等动物并不被反转录病毒所感染，但这些动物的基因组中也具有与高等动物癌基因同源的基因；③在多数高等动物的 *c-onc* 中发现有内含子，而反转录病毒的癌基因（*v-onc*）则无内含子，表明它们似乎已经通过了转录后加工，已不是初始的模板；④动物的 *c-onc* 为反转录病毒所转导。

c-onc 在细胞的增殖、分化和胚胎发育中都具有重要的功能，不仅高等动物中存在 *c-onc*，低等动物如线虫、果蝇乃至真菌酵母中也存在。只有当 *c-onc* 本身或其调控因子发生突变或畸变时才和肿瘤的形成有关。

二、抑癌基因

抑癌基因（tumor suppressor gene，TSG）是涉及细胞分裂、细胞周期调控、DNA 损伤的修复及细胞凋亡等一类基因，当这些基因丢失或突变时会导致细胞无限制生长（表 17.2）。抑癌基因又称为**抗癌基因**（antioncogene），现在共发现了 10 多种，其中研究得较为深入的是编码人的 RB（Retinoblastoma，视网膜母细胞瘤）和 P53 蛋白的基因。RB 是一种罕见的儿童眼癌，发病率约为 5/10 万。经家谱分析表明，在视网膜母细胞瘤中约有 40%是属于遗传性突变，还有 60%无家族史，属于散在性的。在此统计基础上，Alfred Knudson（1971）对癌变机制提出了著名的**“二次突变假说”**（two mutation hypothesis），也称为**两次击中假说**（two-hit hypothesis），认为视网膜母细胞变成瘤细胞必须经过二次突变，第一次突变存在或发生于上一代的生殖细胞中，则患儿的体细胞已有了一次遗传下来的突变，只要在视网膜母细胞内发生第二次体细胞突变就可致癌。这个假说很好地解释了遗传型的 RB 发病年龄较早，肿瘤常危及双眼；而散发型的 RB 两次突变都发生在体细胞，故发病迟，肿瘤常危及单侧眼。

表 17.2 一些抑癌基因的功能

抑癌基因	定位	功能	肿瘤
APC	5q21-q22	可抑制 WNT 信号的转导	结肠腺瘤性息肉、结/直肠癌
BRCA	17q21，13q12.3	编码 DNA 损伤修复因子	遗传性乳腺癌、卵巢癌
CDKN 2A	9p21	编码 p16	脑瘤、黑色素瘤
DCC	18q21.3	编码细胞黏附分子	结肠直肠癌
DPC4	18q21.1	介导从生长因子受体发出的信号	结肠直肠肿瘤、胰腺肿瘤
MADR2/JV18	18q21	介导从生长因子受体发出的信号	结肠直肠癌
MEN1	11q13	编码脑膜蛋白，其能与转录因子相互作用并阻止某些基因的转录	多发性内分泌肿瘤（1 型）
MTS1	9p21	细胞周期蛋白依赖性激酶抑制因子	黑色素瘤
NF1	17q11.2	抑制 ras 的信号传递	神经纤维瘤病（1 型）
NF2	22q12.2	RAS 三磷酸鸟苷酶激活蛋白	神经纤维瘤病（2 型）
p53	17p13	调节细胞周期和 DNA 损伤所致的凋亡	膀胱癌、乳腺癌、结/直肠癌、食管癌、肝癌、肺癌、前列腺癌、卵巢癌、脑瘤、肉瘤、淋巴瘤、白血病
PTEN	10q23.3	具有磷酸酶活性	Cowden 综合征、易发性乳腺癌和甲状腺癌

续表

抑癌基因	定位	功能	肿瘤
Rb	13q14.2	阻断细胞有丝分裂	视网膜母细胞瘤、肉瘤、膀胱癌、乳腺癌、食管癌、前列腺癌、肺癌等
VHL	3p26-3p25	介导体内多种蛋白的降解，具有抑制细胞生长、抑制血管生成、调节细胞周期等作用	肾脏细胞癌
WRN	8p12	有 ATP 依赖的 DNA 解旋酶活性和 $3'\rightarrow5'$ 外切核酸酶活性，参与 DNA 修复	Werner 综合征
WT1	11p13	锌指转录因子	Wilms 肿瘤（小儿肾脏肿瘤）

注：*APC* 结肠腺瘤性息肉病基因（adenomatous polyposis coli），*BRCA* 1,2 乳房癌基因 1,2（breast cancer 1,2）*CDKN 2A* 细胞周期蛋白依赖性激酶抑制物 2A（cyclin-dependent kinase inhibitor 2A），*DCC* 结肠癌缺失的基因（deleted in colorectal cancer 4），*DPC4* 胰腺癌缺失的基因 4（deleted in pancreatic carcinoma 4），*NF1*，*2* 神经纤维瘤蛋白基因 1,2（neurofibromin 1,2），*PTEN* 磷酸酶与张力蛋白同源物基因（phosphatase and tensin homolog），*VHL* 希佩尔-林道综合征基因（von Hippel-Lindau syndrome），*WT1* 肾母细胞瘤抑癌基因（Wilms' tumor suppressor gene）。

后来遗传学家发现家族性患儿的体细胞中 13 号染色体存在缺失（13q14），表明该区域可能存在与视网膜母细胞瘤发生有关的基因 *RB*。接着 R. S. Sparkes 等（1980）将 *RB* 基因定位于 13q14。W. Benedict 等（1983）提出位于 13q14 的 *RB* 的一对等位基因均失活才会产生该肿瘤，表明 *RB* 是以隐性方式起作用，与开始认为 *RB* 为显性遗传的观点不同。现已证实 *RB* 的作用确为隐性的。S. Friend 等（1986）开始构建了人的 13 号染色体的 λ 噬菌体文库，其中 1.5kb 的 DNA 片段和 *RB* 有关；接着又分离到一个 30kb 的 cDNA 片段，用此片段可检测到 13q14 带 70kb 区域的基因，这对分离和克隆 *RB* 是至关重要的。同年眼科专家 T. P. Dryja 等发现 *RB* 失活时可以致瘤，杂合子（RB^+/RB^-）易被诱变而失活，这完全符合二次突变学说和隐性遗传的假设（图 17.9）。他还发现经眼球摘除手术能存活下来的患儿长大后易患成骨肉瘤、乳腺癌和小细胞肺癌。当时这是一个谜，现在已知和 *RB* 广泛的抑癌作用有关。1986 年 S. Friend 将 13q14 位点的 *RB* 经 cDNA 克隆制成探针，用它检查多例骨肉瘤和组织肉瘤患者，发现约 50%的患者 *RB* 基因纯合缺失，这意味着 *RB* 具有抑癌的作用。为了证实这个问题，1987 年 E. J. Stanbridge 等分离了人类 13 号染色体，将它注入培养的成骨肉瘤细胞中，结果导致癌细胞的逆转。同年中国台湾的李文华将 *RB* 转化到培养的癌细胞中使癌细胞逆转，更进一步证明了 *RB* 的抑癌作用。他克隆了 *RB* 全长的 cDNA，发现其产物是一种长 928 个氨基酸、分子质量为 105kDa 的蛋白质。

RB 基因产物可以和 SV40 T 抗原、腺病毒 E1A 抗原、人类乳头瘤病毒 E7 抗原等蛋白质相互作用。一种可能是部分致癌蛋白由于和 RB 产物的相互作用使其致癌作用受到了抑制。另外 RB 还有抑制细胞增殖的作用。

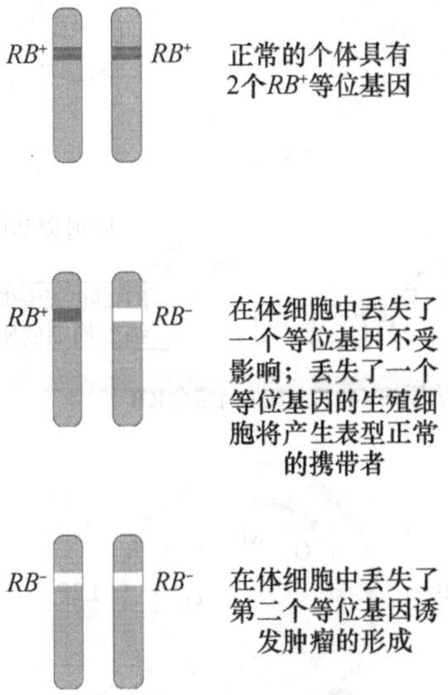

图 17.9　由于在染色体 13q14 带丢失了两个拷贝 *RB* 基因会产生视网膜母细胞瘤。以这种遗传模式，一条染色体在此区域缺失，而另一个拷贝通过体细胞突变而丢失。在散发的类型中，两个拷贝的 *RB* 在个体体细胞突变中都丢失（引自 Lewin，2004）

RB 是一种核内磷蛋白，它对细胞周期也有一定的影响。保持在 G_0/G_1 期的静止期细胞中的 RB 是未磷酸化的，在细胞周期中它被周期蛋白 CDK（cyclin-CDK）复合物磷酸化。RB 磷酸化过程发生在 G_1 期末，一直延伸到 G_2 期末，但在有丝分裂中是去磷酸化的。RB 在非磷酸化状态时才能和几种蛋白如 SV40 T 抗原等特异结合，而这些相互作用只发生在细胞同期的特定阶段（在 S 期前），RB 经磷酸化就会释放这些蛋白质。靶蛋白中包括一组

E2F 转录因子，它们所激活转录的靶基因的产物是 S 期所必需的。与 RB 结合后，E2F 激活转录的能力受到抑制，表明 RB 可以阻遏那些依赖 E2F 的基因的表达。通过这种途径 RB 可直接阻止细胞进入 S 期，而 RB-E2F 的复合体也可直接阻遏某些靶基因。因此 E2F 从 RB 上解离以后这些基因才能表达（图 17.10）。

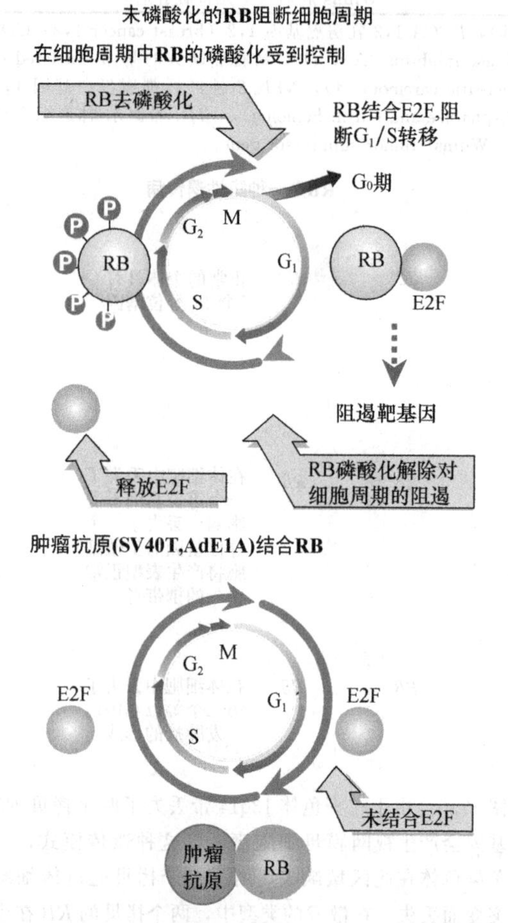

图 17.10　当 RB 被磷酸化或与肿瘤抗原结合时细胞周期的阻断被解除（引自 Lewin，2004）

一些病毒的肿瘤抗原特异地与非磷酸化形式的 RB 结合，研究最多的是 SV40 T 抗原和腺病毒的 E1A。图 17.10 表明了 RB 在正常细胞中与 E2F 结合，在转化细胞中与肿瘤抗原结合的模型。非磷酸化的 RB 可以阻止细胞的扩增。为了使细胞周期得以进行，必须阻遏 RB 的活性。其途径就是周期蛋白使 RB 磷酸化。当肿瘤蛋白和非磷酸化的 RB 结合时也能抑制周期蛋白活性。由于 RB-肿瘤复合物不再和 E2F 结合，使 E2F 得以游离进入 S 期，可活化 S 期需要的一些基因。

RB 的过量表达妨碍细胞生长。丢失了 RB 骨肉瘤细胞株的特征就表明 RB 对抑制细胞扩增的重要性，当将 RB 转导到此细胞株中，其生长就被抑制了。然而这种抑制作用又可被 D-cyclin 的表达所解除。这是由于 D-cyclin 所形成的 CDK-cyclin 复合体可使 RB 磷酸化。p107 和 p103 是与 RB 同一类型的蛋白质，它们具有相关的序列和相同的特点。

图 17.11 表示细胞周期和肿瘤发生之间的关系。几种细胞周期的调节蛋白在肿瘤中被发现是突变失活的，因而被认为是肿瘤的抑制物。除了 RB 以外，还有一些小的抑制蛋白（p16 和 p21）及 D-cyclin。虽然这些蛋白质在增殖细胞周期中所起的作用与致瘤有关，但大部分是在静止（G_0 期）细胞中发现的。在静止细胞中 RB 是未被磷酸化的，D-cyclin 的水平低或者缺如，p16、p21 和 p27 蛋白使 CDK-cyclin 失活。

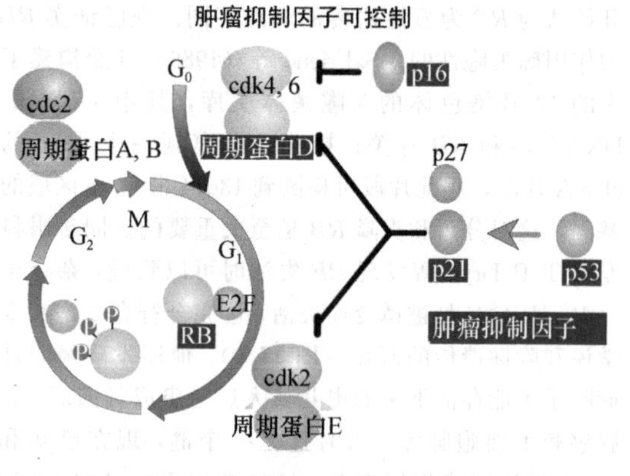

图 17.11　与 G_1/G_0 或 G_1/S 周期控制有关的一些成分都是肿瘤抑制因子（引自 Lewin，2004）

p21、p27 和 p15/p16 结合在 CDK-cyclin 二聚体上，使二聚体失活，如在静止期通过这种途径阻止 RB 的磷酸化，使细胞周期不能进入 S 期。

p21 是一种通用的 CDK 抑制物，结合所有的 CDK2、4、6 复合体，表明它是通过 G_1/S 各阶段来阻断过渡。

p27 有一段序列和 p21 部分同源，也能与 CDK-cyclin 复合物结合。p27 的过量表达可阻断 G_1 期到 S 期的过渡。

p53 作为一种转录因子，可激活 *p21* 基因，还能激活 *GADD45*（一种修复蛋白，它可通过对照射损伤作出的反应而被激活）等一系列的基因。*p21*

和*GADD45*这两个基因都涉及细胞周期的负调控，因此 p53 使生长停止。

p53 也是一种核内的磷蛋白，是最主要的肿瘤抑制物，人类一半以上的癌都显示出或是 p53 蛋白的缺失，或是 *p53* 基因的突变。p53 开始是在 SV40-转化细胞中发现与 T 抗原结合。在很多转化细胞或肿瘤细胞系中，发现 p53 蛋白的量大大增加。在早期实验中发现克隆的 *p53* 会导致细胞无限制地生长，因此把 *p53* 作为一种癌基因，通常它的作用是显性的。

p53 的突变体呈现一种**显性负效应**（dominant negative），突变蛋白的表型效应掩盖了野生型蛋白的功能，阻止它们发挥作用。显性负效突变大部分的共同形式是形成一种异聚体蛋白，它含有突变型亚基和野生型亚基。在异聚体中，野生型亚基是没有功能的。p53 可能以四聚体的形式存在。当 *p53* 突变型亚基和野生型亚基结合时，此四聚体呈现突变体构象，表明野生型的 *p53* 基因产物可以限制细胞的生长。若缺失了一对等位基因，或有一个基因发生显性突变，失去了限制的功能，细胞都可以无限生长。

从分子水平来看 p53 的功能是什么呢？有两种学说。①p53 被发现时是以 SV40 病毒的大 T 肿瘤抗原的结合蛋白存在的，它能与 T 抗原结合是野生型 p53 蛋白的特点，而突变型 *p53* 是不能和 T 抗原结合的。野生型 p53 与 T 抗原的结合干扰了 T 抗原在 SV40 DNA 复制中的启动作用。一种可能是野生型 p53 与细胞中某些 T 抗原的类似物结合，抑制了它们的活性，但在 *p53* 突变体中就失去了这种功能。②p53 也是一种 DNA 结合蛋白，它能识别长 10bp、两侧对称的模体，并激活含多拷贝的这种基序启动子的转录。在有的座位上它可能阻遏其靶基因。*p53* 通过调节基因的表达来控制细胞周期，缺乏这种调节就会导致细胞无限制生长。

大部分 *p53* 的错义突变位点在很多生物中都是保守的，表明突变可能干扰了某种保守的功能。*p53* 突变体产生了一些新的特点，包括：①其半衰期从 20min 增加到几小时；②构象发生改变，这可用其抗体来测定；③改变了它从核到细胞质的定位；④不再和 SV40 T 抗原结合；⑤不再和 DNA 10bp 的模体结合。

在所有正常的细胞中 p53 的水平低。但当 DNA 通过光照或其他处理而发生损伤时 p53 被激活，导致 p53 大量增加，p53 的活化可以引发细胞停止生长或凋亡两种效应。图 17.12 表明细胞在 G_1 的早期 p53 触发细胞周期的限制点，阻断了细胞周期的进程，这是通过诱导 p21 对 CDK-cyclin 激酶的抑制来实现的（图 17.11），使损伤的 DNA 在细胞进入 S 期前得到修复的机会。但若细胞已进入分裂期，那么 p53 就触发细胞凋亡的程序。这种凋亡的结果是使细胞萎缩形成一个异固缩的小团以及核 DNA 的断裂。现对 p53 触发细胞凋亡的机制尚缺乏了解。

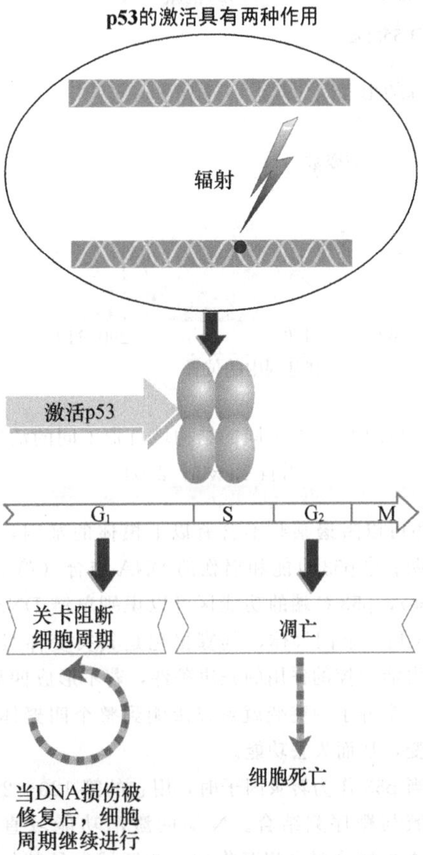

图 17.12　DNA 的损伤激活 p53。这一结果取决于细胞周期的阶段。在细胞周期的早期，p53 激活关卡，阻止细胞周期继续进行，直到 DNA 损伤被修复。如果关卡的作用进行得太晚，则 p53 触发凋亡（引自 Lewin，2004）

p53 分子有多种活性（图 17.13）：①p53 是一种 DNA 结合蛋白，可识别 10bp 的回文模体，其第 120～290 位氨基酸的区域负责这种与特定靶序列的结合；②可激活含多拷贝模体启动子的转录，在其 N 端第 1～42 位氨基酸区域承担此激活转录活性；

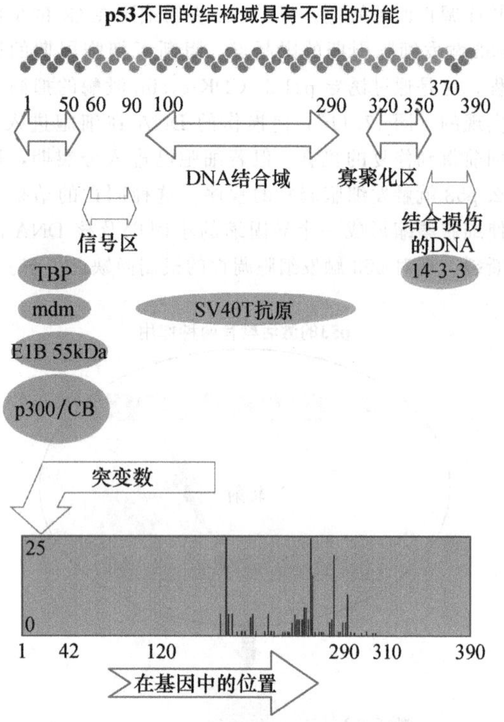

图 17.13 p53 不同的结构域负责不同的活性（引自 Lewin，2004）

p53 还可以阻遏某些不含有以上模体的基因，其机制不明；③p53 也能和损伤的 DNA 结合（第 310～390 位），p53 C 端的功能区可以识别单链 DNA 区；④p53 是一个四聚体，其寡聚化是其突变体具有的显性失活调控的作用的先决条件，若不形成四聚体，那么一个分子的突变就难以影响到整个四聚体构象的改变，从而失去功能。

当 p53 作为转录因子时，用它的第 120～290 位功能域与靶序列结合。N 端的激活功能域直接与 TATA 框结合蛋白相互作用。此区域也是其他与其相互作用蛋白的靶位点，包括细胞蛋白 MDM 2 和腺病毒的癌蛋白 E1B（55kDa）。MDM 2 是一种细胞蛋白，它通过和 p53 N 端结合，抑制其活性，阻断转录。p53 诱导 MDM 2 的转录，这样它们之间的相互作用形成了负反馈，限制了彼此的活性。因此肿瘤病毒也可阻断 p53 转录活性，这也是肿瘤病毒致癌的原因之一。例如，SV40 抗原可结合到 p53 特异 DNA 结合区，阻止 p53 识别靶基因。

RB 和 p53 的特点表明二者是肿瘤的抑制物，它们以某种方式控制细胞的增殖，若缺乏二者就会失去这种控制而导致肿瘤的形成。这两种蛋白质都具有与细胞周期相关的功能，当它们为活性状态时可抑制肿瘤，失去它们细胞就会无限生长。

第三节 致癌因子

一、致癌的外因

人类肿瘤大多数是由于与外界致癌物质接触而引起的。能诱发细胞癌变的物理、化学和生物因子称为**致癌物**（carcinogen）。有些致癌物可以不经过代谢活化就具有致癌性，称为**直接致癌物**（direct acting carcinogen）；而大多数致癌物必须经代谢活化才具有致癌活性，称为**间接致癌物**（indirect acting carcinogen）。

（一）物理致癌因子

（1）电离辐射包括 X 射线、γ 射线、高速带电粒子（β 粒子、质子、中子或 α 粒子）的辐射等。X 射线能引起染色体的断裂和易位，从而激活癌基因或使抑癌基因失活。第二次世界大战时，日本长崎、广岛遭受原子弹爆炸后，在幸存居民中慢性粒细胞白血病的发生率明显增高（照射后 4～8 年为发病高峰），甲状腺癌、乳腺癌、肺癌等的发生率亦较高。放射线引起的肿瘤有白血病、乳腺癌、甲状腺肿瘤、肺癌、骨肿瘤、皮肤癌、多发性骨髓瘤、淋巴瘤等。

（2）非电离辐射包括光和电磁辐射，如紫外线。动物实验和临床观察均证实，长期过度照射紫外线可引起外露皮肤的鳞状细胞癌、基底细胞癌和恶性黑色素瘤。其作用机制是细胞内 DNA 吸收了光子，引起 DNA 交联，产生核苷二聚体，阻断了 DNA 的复制。如 DNA 损伤修复系统有缺陷，不能修复核苷二聚体，则可能产生**着色性干皮病**（xeroderma pigmentosum，XP）。这是一种发生在暴露部位的色素变化，皮肤萎缩、角化及癌变的遗传性疾病，属常染色体隐性遗传病。

（二）化学致癌因子

化学致癌物多为基因突变的诱变剂（见第十三章）。少数致癌物为直接致癌物；而大多数化学致癌物为间接致癌物。最终致癌物通常为亲电分子，可与 DNA、RNA、蛋白质等生物大分子中的亲核基团发生作用，引起碱基转换、缺失等。化学致癌物还可以引起细胞中胞嘧啶的甲基化水平降低，可能激活某些癌基因，使细胞癌变。

（三）生物因子

生物性致癌因素包括病毒、霉菌等。

1. 肿瘤病毒

肿瘤病毒可分为 DNA 肿瘤病毒和 RNA 肿瘤病毒两大类，其中 1/3 为 DNA 肿瘤病毒，2/3 为 RNA 肿瘤病毒。RNA 肿瘤病毒多为反转录病毒，它们广泛存在于禽类和其他各类动物中。

1）DNA 肿瘤病毒

DNA 肿瘤病毒带有特定的癌基因，在细胞中没有对应物，它通过合成病毒癌蛋白，作用并抑制宿主**肿瘤抑制基因**（tumor suppressor gene，*TSG*）（表 17.3），即减弱抗癌基因的功能。

表 17.3　DNA 肿瘤病毒携带不同类型的癌基因

病毒类型	基因组	大小/kb	癌基因	癌基因来源	癌基因作用
多瘤病毒	dsDNA	5～6	T 抗原	病毒早期基因	失活抑癌基因
HPV	dsDNA	约 8	E6、E7	病毒早期基因	失活抑癌基因
腺病毒	dsDNA	约 37	E1A、E1B	病毒早期基因	失活抑癌基因

转化病毒使靶细胞转化。当病毒感染细胞后能够表达早期基因和晚期基因，细胞支持病毒的整个感染过程，并产生子代病毒，病毒经过裂解周期，释放子病毒，这种细胞称为**受纳细胞**（permissive cell）。而在**非受纳细胞**（nonpermissive cell）中，病毒基因不表达或仅表达即刻早期基因，形成流产感染或顿挫感染（abortive infection）。流产感染指病毒进入宿主细胞后，细胞内缺乏病毒复制所需要的酶、能量和原料，病毒在细胞中不能合成病毒自身的成分，或虽能合成部分或全部的核酸与蛋白质，但不能组装或释放有感染性的病毒颗粒。随后一些感染细胞发生转化，细胞表型发生改变，成永生状态（图 17.14）。

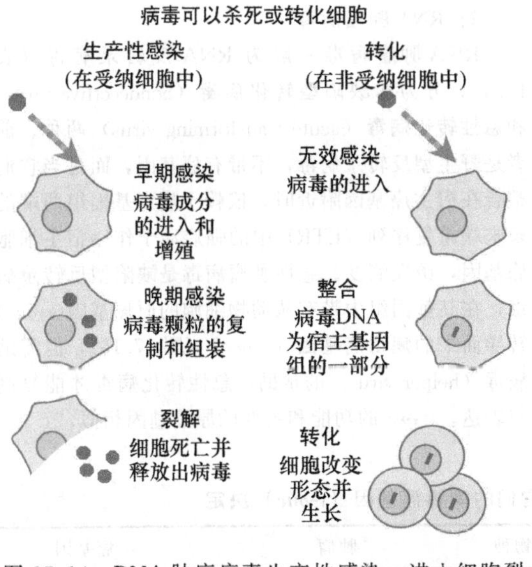

图 17.14　DNA 肿瘤病毒生产性感染，进入细胞裂解周期；当受纳细胞非受纳细胞被感染时发生转化而改变了它们的表型（引自 Lewin，2004）

被 DNA 肿瘤病毒转化的共同机制是病毒基因组编码的“癌基因”潜藏着一种或多种功能，这些功能在病毒裂解周期中较早被激活。当转化发生时，相关基因整合到被转化细胞的基因组中（图 17.15），并呈组成型表达。这类病毒多为 dsDNA 病毒，癌基因是编码病毒本身所需的蛋白质，如①SV40 的 T 抗原；②人乳头瘤病毒的 E6E7；③腺病毒的 E1A、E1B。

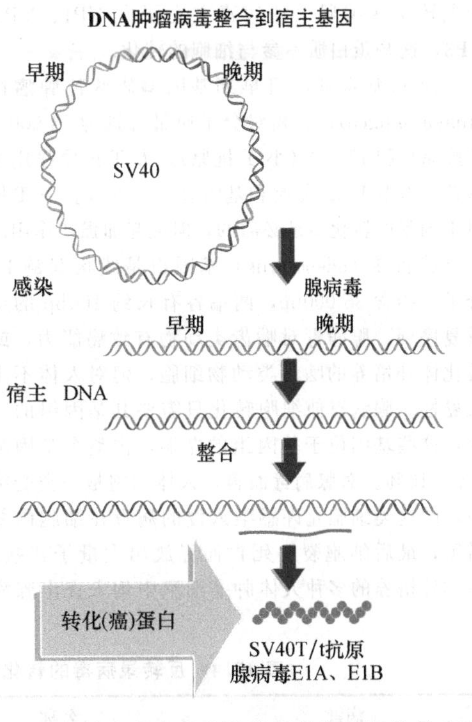

图 17.15　被多瘤病毒或腺病毒转化的细胞具有病毒的序列，这些序列包括整合到细胞基因组中的早期区，而整合位点是随机的（引自 Lewin，2004）

人类乳头状瘤病毒可引起宫颈癌和肛门生殖器区域的鳞状细胞癌，已在75%～100%宫颈癌病例的癌细胞中发现HPV的某些亚型的DNA序列。HPV的致癌机制还不完全清楚。HPV早期转录区又称为E区，由4500个碱基对组成，分别编码8个早期蛋白，其中E6和E7蛋白极易与RB和*p53*基因的产物结合并抑制其细胞生长的负调控功能，将细胞转化为永生细胞。德国的H. zur Hausen于20世纪80年代发现导致宫颈癌的乳头瘤病毒，为此他荣获了2008年诺贝尔生理学或医学奖。

多瘤病毒是L. Gross在1953年从AKR小鼠白血病病毒传递过程中分离出来的，它可诱发新生的啮齿动物（如小鼠）等在多个部位或器官发生肉瘤或癌症，故称为多瘤病毒（polyoma virus，Py）。从多瘤病毒中分离的DNA也具有转化细胞的能力。

SV40（Simian virus 40）病毒是多瘤病毒的代表种，寄生在恒河猴的肾细胞内。SV40在体外可使培养的仓鼠、大鼠、猴等的细胞发生转化。

SV40病毒的早期转录区编码大T和小T抗原。大T抗原可识别和结合DNA双向复制的起始点，启动复制。病毒DNA复制开始以后，SV40病毒的晚期转录区编码三种病毒衣壳蛋白VP1、VP2和VP3，这些蛋白质不参与细胞的转化。

SV40病毒基因组早期基因编码两种**肿瘤抗原**（tumor antigen），其相对分子质量分别为94 000（大T抗原）和17 000（小T抗原）。大T抗原作用于细胞核，调节DNA复制和基因表达的部分。小T抗原对于细胞的转化不是必需的，但可起加强的作用。

腺病毒（adenovirus）基因组是线状双链DNA分子，约含35 000bp，两端各有长约100bp的反向重复序列。腺病毒对啮齿类动物有致癌能力，或能转化体外培养的啮齿类动物细胞，但对人体不出现致癌性。腺病毒使细胞转化只需要其基因组的一部分，这些基因位于基因组的左端，占整个基因组的7%～10%。对腺病毒而言，人体细胞是一类受纳细胞，即这类细胞允许感染入侵的病毒在细胞内复制增殖，最后细胞裂解死亡而释放出大量子代病毒。在体外培养的多种人体肿瘤细胞中均未查出腺病毒颗粒，但在人的1号染色体上有*adl2*的整合位点，这意味着人体细胞对腺病毒而言也可能是非受纳细胞，即这类细胞在病毒感染后，病毒不能在细胞内复制增殖，但可整合在受感染细胞的基因组内。这些细胞被病毒转化，表型发生改变，且可在体外无限期地培养传代。

腺病毒基因大致区分为早期（E1～E4）和晚期转录单位（L1～L5）。E1区编码了E1*A*和E1*B*两个基因。E1A蛋白的主要功能是调节细胞代谢，使细胞对病毒复制更易感。E1B19K蛋白与细胞*Bcl-2*基因的表达产物同源，可以通过灭活和清除Bax蛋白家族成员来防止细胞发生凋亡或坏死。E1B55K蛋白可以下调*p53*基因的转录水平。

EB病毒（Epstein-Barr virus，EBV）是一种**人类疱疹病毒**（human herpes virus，HHV），M. A. Epstein和Y. M. Barr于1964年从非洲儿童伯基特（Burkitt）淋巴瘤细胞中分离而建株。EBV基因组为双链线性DNA，其长度随不同毒株而异，平均为17.5×10^4 bp。

由EBV感染引起的有关疾病主要有传染性单核细胞增多症、非洲儿童伯基特淋巴瘤、成人鼻咽癌。伯基特淋巴瘤是一种B细胞性的肿瘤，肿瘤细胞都携带EBV的基因组成分并且出现特异的染色体易位t(8∶14)，使c-Myc激活，导致生长失控，并在其他附加基因损伤的影响下，最终导致单克隆性的肿瘤出现。

2）RNA肿瘤病毒

RNA肿瘤病毒一般为RNA反转录病毒（表17.4），分为**非缺陷型转化病毒**（nondeectfive virus）和**急性转化病毒**（acute transforming virus）两种。前者是野生型反转录病毒，不带有癌基因，而是当它们整合在宿主癌基因附近时，依赖于病毒基因组两端的长末端重复序列（LTR）中的强启动子作用宿主细胞癌基因，诱发癌变。急性肿瘤病毒是缺陷型反转录病毒，在其基因组中带有从动物细胞的原癌基因(*c-onc*)转导而来的**病毒癌基因**（*v-onc*）（图17.16），但需助病毒（helper virus）的帮助，急性转化病毒才能复制与表达。*v-onc*的功能和突变的原癌基因相似。

表17.4　反转录病毒的转化特性由它们的病毒癌基因（*v-onc*）决定

病毒	名称	物种	肿瘤	癌基因
劳斯（Rous）肉瘤	RSV	小鸡	肉瘤	*sre*
哈维（Harvey）小鼠肉瘤	Ha-MuSV	大鼠	肉瘤和红白血病	*H-ras*
柯尔斯顿（Kirsten）小鼠肉瘤	Ki-MuSV	大鼠	肉瘤和红白血病	*K-ras*

续表

病毒	名称	物种	肿瘤	癌基因
莫洛尼（Moloney）小鼠肉瘤	Mo-MuSV	小鼠	肉瘤	*mos*
FBJ 小鼠骨肉瘤	FBJ-MuSV	小鼠	软骨肉瘤	*fos*
猿肉瘤	SSV	猴	肉瘤	*sis*
猫肉瘤	Pl-FeSV	猫	肉瘤	*sis*
猫肉瘤	SM-FeSV	猫	纤维肉瘤	*fms*
猫肉瘤	ST-FeSV	猫	纤维肉瘤	*fes*
鸟肉瘤	ASV-17	小鸡	纤维肉瘤	*jun*
Fujinami 肉瘤	FuSV	小鸡	肉瘤	*fps*
鸟随细胞组织增生	MC29	小鸡	骨肉瘤、肉瘤和随细胞瘤	*myc*
埃布尔森（Abelson）白血病	MuLV	小鸡	B 细胞淋巴瘤	*abl*
网状内皮组织增多症	REV-T	火鸡	淋巴样白血病	*rel*
鸟骨髓红细胞母细胞增多症	AEV	小鸡	红白血病和纤维肉瘤	*erbB*，*A*
鸟浆母细胞增多症	AMV	小鸡	浆母细胞白血病	*myb*

资料来源：Lewin，2004.

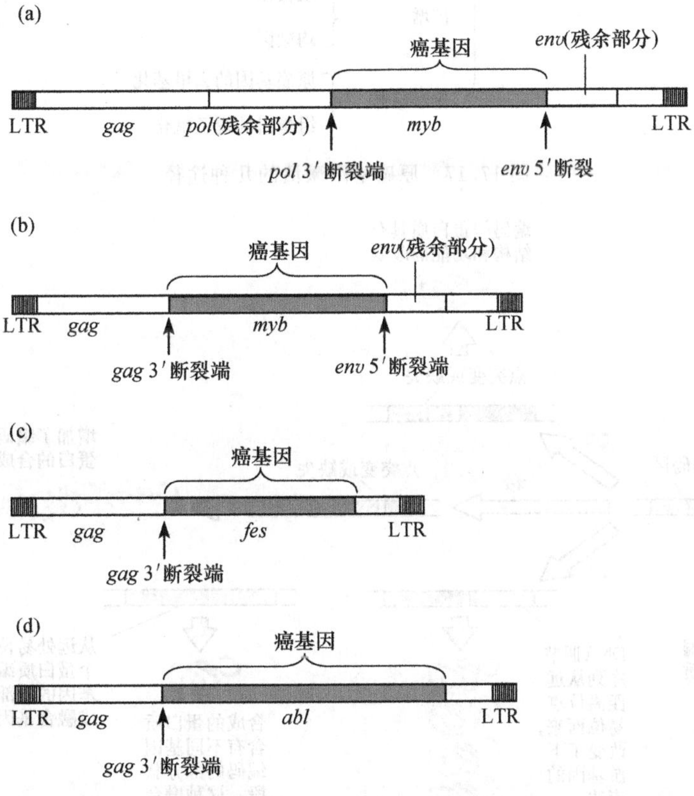

图 17.16　一个转化反转录病毒携带了一个来自细胞癌基因的拷贝，取代了病毒本身的基因

(a) 禽类成髓细胞性白血病病毒（avian myeloblastosis virus，AMV）基因组 RNA；(b) 鸟类缺陷型白血病病毒（avian defective leukemia virus，DLV）基因组 RNA；(c) 猫肉瘤病毒（Feline sarcoma virus，FeSV）基因组 RNA；(d) Abelson 小鼠白血病病毒（Abelson murine leukemia virus，AbMLV）基因组 RNA

2. 霉菌

目前已知有数十种霉菌毒素对动物有致癌性。黄曲霉（*Aspergillus flavus*）产生有毒的代谢物质**黄曲霉毒素**（aflatoxin），但除黄曲霉毒素外，对其他毒素的研究都较少。黄曲霉菌广泛存在于污染的食品中，尤以霉变的花生、玉米及谷类含量最多。黄曲霉毒素有许多种，是一类杂环化合物，其中黄曲霉毒素 B1 是已知最强的化学致癌物之一，可引起人和啮齿类、鱼类、鸟类等多种动物患肝癌。

二、原癌基因的激活

原癌基因的激活并不意味其原来处于无活性的沉默状态，而是原癌基因具有正常的功能。激活是指这些基因从执行正常功转变为具有导致细胞癌变的能力。这种改变有多种途径，但概括起来可分为两类。一类是癌基因结构的改变，即产物发生质的变化；另一类是癌基因表达调控的改变，即产物的数量发生明显的变化（图 17.17、图 17.18 和表 17.5）。

- 癌基因
  - 产物结构改变 —— 点突变
    - 癌基因产物改变了活性
    - 抑癌基因失活
  - 产物数量的改变
    - 调控区的突变　增加或减少基因的产物
    - 染色体重排
      - 易位——改变了调控
      - 插入——插入致癌病毒，引入强启动子
      - 缺失——缺失抗癌基因和负调控序列
    - 扩增
      - 双微体
      - 均染区
    - 化学修饰
      - 原癌基因的去甲基化
      - 组蛋白的脱乙酰化

图 17.17　原癌基因激活的几种途径

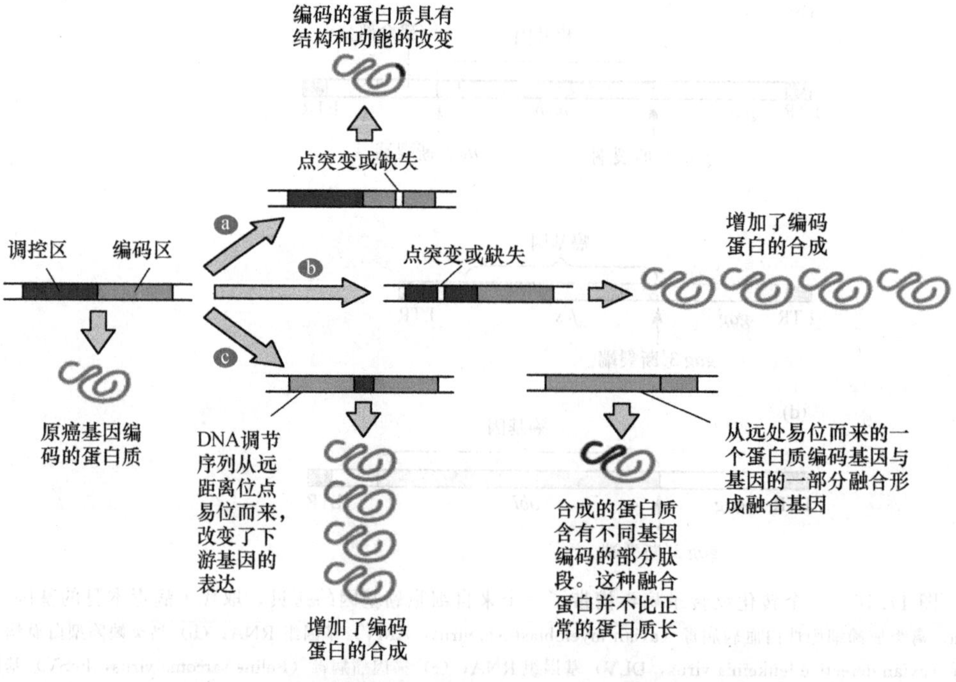

图 17.18　原癌基因激活的可能途径（引自 Karp，1999）

a，突变或缺失发生在编码区；b，突变或缺失发生在调控区；c，发生易位改变了基因的调控或产生融合蛋白

表 17.5 常见的原癌基因被激活的几种途径

原癌基因	编码的蛋白质		激活机制	相关的人类肿瘤
sis	生长因子	PDGF B 链	过度表达	星形细胞瘤、骨肉瘤
int-2		FGF	过度表达	胃癌、膀胱癌、乳腺癌、黑色素瘤
erb-B1	生长因子受体	EGF 样受体激酶	过度表达	胶质瘤、肺磷癌
erb-B2 (*Neu*)		EGF 样受体激酶	扩增	乳腺癌、卵巢癌、肺癌、胃癌
erb-B3		EGF 样受体激酶	过度表达	乳腺癌
fms		CSF-1R	点突变	白血病
ret		酪氨酸激酶	点突变	多发性内分泌肿瘤 2A 和 B、家族性甲状腺髓样癌、自发性甲状腺乳头状癌
ras	信号转导蛋白	GIP 结合蛋白	点突变	多种人体肿瘤，包括肺、结肠、胰、白血病
abl		酪氨酸激酶	易位	慢性粒细胞性、急性淋巴细胞性白血病
myc	调节蛋白	转录激活蛋白	易位	伯基特淋巴瘤
			过度表达	小细胞肺癌、乳腺癌、宫颈癌
			扩增	鼻咽癌
N-myc		转录激活蛋白	扩增	神经母细胞瘤、小细胞肺癌
L-myc		转录激活蛋白	扩增	小细胞肺癌
bcl-2	细胞凋亡调节蛋白		易位	滤泡性 B 细胞淋巴瘤
cyclin D	细胞周期蛋白 D	细胞周期蛋白	易位	MCL
			扩增	乳腺癌、肝癌、食管癌
CDK 4		周期素依赖激酶	扩增或点突变	胶质母细胞瘤、黑色素瘤、肉瘤

注：PDGF B（血小板衍生生长因子 β 链），CSF-1R（集落刺激因子-1 受体），EGF（表皮生长因子），FGF（成纤维生长因子），MCL（mantle cell lymphoma，套细胞淋巴瘤）。

癌基因结构改变主要的途径是点突变和缺失。

（一）癌基因编码区的突变

1. 点突变

c-onc 发生点突变，使其产物的结构和功能随之发生改变。如果这些产物在调节细胞活性中起关键作用，那么这些基因一旦发生突变就能打破所有细胞中的生化平衡，使细胞癌变。

c-onc 突变体引起癌相关的第一个证据是人类的膀胱癌。引起膀胱癌的突变是由 R. Weinberg 等用转染实验分离得到的。把癌组织中提取的 DNA 切成小片段，然后将细菌 DNA 连接到这些片段上，作为分子标记。这些被标记的 DNA 片段转导或转染到培养细胞中，以确定能否将这些细胞转化为癌细胞。癌变的细胞可以通过生长在软琼脂培养皿上的细胞形成重叠来加以识别。提取这些细胞的 DNA 并筛选分子标记，来寻找原来转染的 DNA 片段。如果筛选到的话，再检测这种 DNA 诱发癌变的能力（图 17.19）。经过系列实验，R. Weinberg 等鉴别了来自原来膀胱癌的 DNA 片段，这些片段可使培养细胞转化为癌细胞。这些片段携带了一个 *c-H-ras* 癌基因，此基因和大鼠的**哈维肉瘤病毒**（Harvey sarcoma virus）中的癌基因同源。

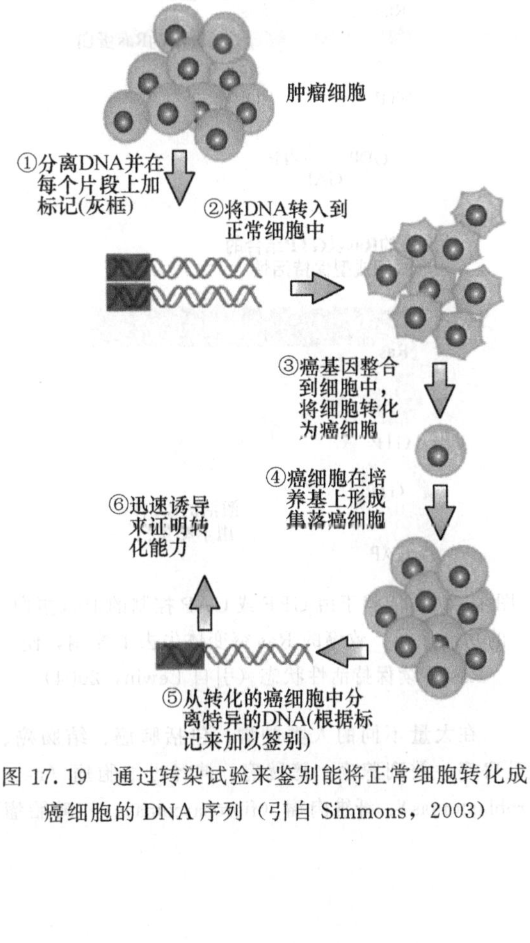

图 17.19 通过转染试验来鉴别能将正常细胞转化成癌细胞的 DNA 序列（引自 Simmons，2003）

分子遗传学家现在已了解什么样的突变能使细胞癌变。*c-H-ras* 基因并不像病毒癌基因，它能合成大量的蛋白质，只是在第 12 个氨基酸处用缬氨酸取代了甘氨酸，突变的 c-H-Ras 蛋白能水解它的底物三磷酸鸟苷（GTP）。由于蛋白质的突变体呈现持续激活的信号的模式传递信息，最终刺激细胞以失控的状态进行分裂（图 17.20）。

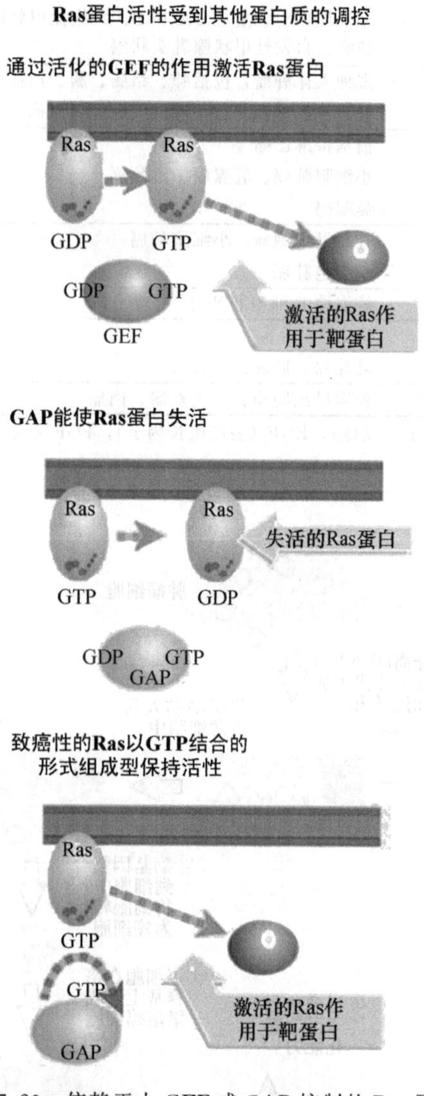

图 17.20　依赖于由 GEF 或 GAP 控制的 Ras 蛋白的功能途径，致癌的 Ras 突变体失去了控制，使 Ras 持续保持活性状态（引自 Lewin，2004）

在大量不同的人类肿瘤，包括肺癌、结肠癌、乳房癌、前列腺癌、膀胱癌、神经母细胞瘤（neuroblastomas）、纤维肉瘤（fibrosarcomas）和畸胎瘤（fibrosarcomas）（含有不同类型的胚胎细胞）中都发现了很多 *c-ras* 癌基因的产物。在各种情况下，突变都涉及三个位点（12、59 或 61）氨基酸的改变。每一种氨基酸的改变都会削弱 Ras 蛋白突变体关闭激活信号模式的能力，由于这种类型的显性突变激活了细胞的失控生长。

ras 基因家族均以点突变为主。1982 年 C. J. Tabin 和 E. P. Reddy 两组科学家首次证实人类癌基因中的一个点突变导致了肿瘤的产生。他们首先在人类膀胱癌 T_{24} 细胞中分离出 *Ha-ras* 基因，后来又在肺癌、结肠癌中分离出 *Ki-ras* 基因，在神经母细胞瘤等细胞中获得了 *N-ras*。经测序和比较发现在各种癌组织中 *ras* 基因仅在第 12 或 61 密码子中发生了点突变（病毒癌基因在第 59 位密码子上），导致氨基酸的取代（表 17.6）。

表 17.6　*rac* 基因的突变和致癌性

onc	密码子			onc 来源
	12	59	61	
c-H-ras	GGC	GCC	CAG	正常细胞
	Gly	Ala	Gln	
H-ras	GGC	GCC	CTG	肺癌 Hs242
	Gly	Ala	Leu	
	GTC	GCC	CAG	膀胱癌 T24
	Val	Ala	Gln	
c-K-ras	GGT	GCA	CAA	正常细胞
	Gly	Ala	Gln	
K-ras	TGT	GCA	CAA	肺癌 Calu-1
	Cys	Ala	Gln	
	CGT	GCT	CAA	肺癌 LC-10
	Arg	Ala	Gln	
	GTT	GCT	CAA	结肠癌 SW480
	Val	Ala	Gln	
c-N-ras	GGT	GCT	CAA	正常细胞
	Gly	Ala	Gln	
	GGT	GCT	AAA	神经母细胞瘤 SK-N-SH
	Gly	Ala	Lys	
	GGT	GCT	CGA	肺癌 SW1271
	Gly	Ala	Arg	
v-H-ras	AGC	ACC	CAG	Ha-MuSV
	Arg	Thr	Gln	
v-K-ras	AGT	ACA	CAA	Ki-MuSV
	Ser	Thr	Gln	

ras 基因的表达产物 Ras 是 GTP 结合蛋白，转导生长因子受体信号。当它和 GTP 结合时被激活，可进一步作用靶蛋白；当它和 GDP 结合时则处于一种失活的状态。**鸟嘌呤核苷酸交换因子**（guanine nucleotide exchange factor，GEF）能催化 Ras 蛋白上 GDP 和 GTP 的交换，从而激活 Ras。而 **GTP 酶活化蛋白**（GTPase activating protein，GAP）能刺激 Ras 蛋白水解 GTP，而成为失活状态。突变的 Ras 的 GTP 酶活性下降或丧失，对 GAP 的作用失去敏感，而持续保持活性状态，致使增殖信号持续作用，细胞发生恶性转化。

点突变的另一个例子是 *src* 基因。*src* 的产物 p60src 具有 TPK（酪氨酸蛋白激酶）活性，分子质量约为 60kDa，与细胞的增殖和转化有关。Src 蛋白有 4 个结构域：①N 端十四烷基化位点是和膜结合的位点；②SH2（src homology region 2）结构域能和自身或其他蛋白质的磷酸化酪氨酸位点结合，传递信号；③416 位 Tyr 的自身磷酸化和细胞的转化活性有关；④527 位的 Tyr 磷酸化位点（图 17.21）。当受体无活性时，Src 527-Tyr 自身磷酸化并与 SH2 区结合，抑制 416 位点磷酸化，受体活化后，特异位点的 Tyr 磷酸化并与 Src 的 SH2 结合，Src 的 527 位从 SH2 区释放出，并去磷酸化，而 Tyr-416 位点失去抑制而磷酸化，Src 激酶活化（图 17.22）。*v-src* 和 *c-src* 的 DNA 序列基本相同，但 *v-src* 无内含子，它比 *c-src* 少编码了 7 个氨基酸（C 端），且 C 端编码的 12 个氨基酸序列与 *c-src* 不同。这样其 527 位缺乏 Tyr 而不能磷酸化，也就不能抑制 416 位点 Tyr 位点的磷酸化，使细胞高度转化。对于 *c-src* 来说，527 位发生突变不再编码 Tyr，由 Phe 取代时就无法磷酸化，同样不能抑制 416 位 Tyr 的自身磷酸化，*c-src* 基因被激活，活性增加 10 倍，细胞发生转化（图 17.23）。

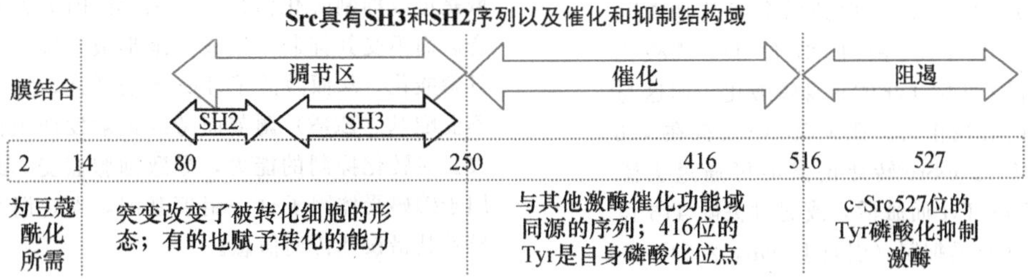

图 17.21　Src 蛋白有一个 N 端结构域与膜相连，一个包括 SH2 和 SH3 模体的调节结构域，一个激酶催化结构域和一个（仅在 Src 中）抑制结构域（引自 Lewin，2004）

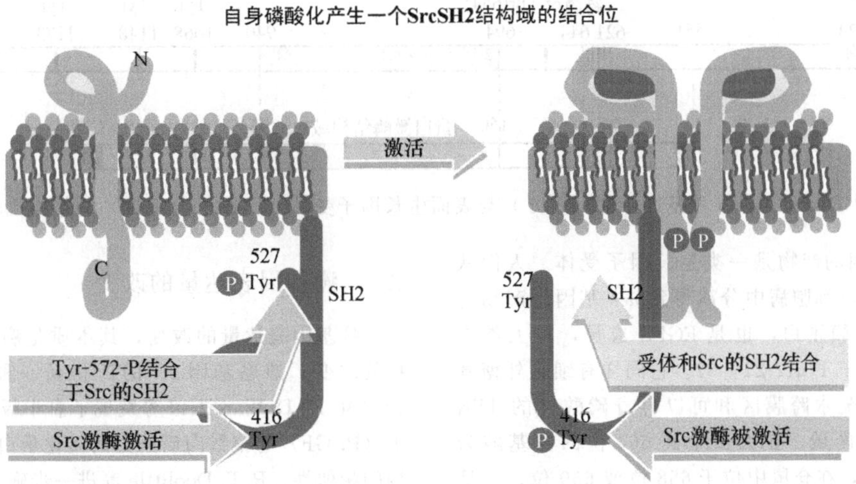

图 17.22　当一个受体酪氨酸激酶被激活时，自身磷酸化产生一个 Src 的 SH2 结构域结合位点，527 位 Tyr 被释放，并去磷酸化，416 位的 Tyr 被磷酸化，Src 激酶被激活（引自 Lewin，2004）

2. 编码区的缺失

c-erbB 编码表皮生长因子受体（EGRF）（表 17.1 和图 17.8），是一种分子质量为 65kDa 的跨膜蛋白，由 1186 个氨基酸组成。膜外的部分（621aa）是 EGF 结合功能区，前面有 24 个氨基酸构成的信

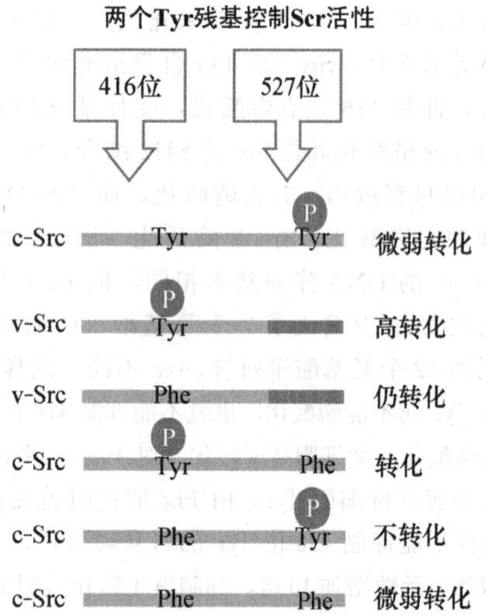

图 17.23　Src 蛋白的两个残基是磷酸化的靶。c-Src 蛋白 527 位 Tyr 磷酸化抑制 416 位 Tyr 的自身磷酸化，而这与转化活性相关。在 v-Src 中仅存在 416 位 Tyr。c-Src 转化的潜能可通过去除 527 位 Tyr 而激活，或通过去除 416 位 Tyr 而抑制（引自 Lewin，2004）

号肽。跨膜区由 23 个疏水氨基酸组成。膜内部由 542 个氨基酸组成，其中包括 4 个磷酸化位点和一个 TPK 功能区。4 个磷酸化位点中有一个是紧靠膜内侧的 654 位 Thr，其余 3 个位于 1068、1148 和 1173Tyr 自身磷酸化位点（图 17.24）。

EGRF 是通过和配基的连接来调节的（图 17.25）。在游离的受体中，膜外的 N 端功能区可抑制单体之间的相互作用，一旦和 EGF 结合就解除了这种抑制。随之受体形成了二聚体，接着 C 端的 3 个 Tyr 残基就快速自身磷酸化，激活了受体酪氨酸蛋白激酶活性，触动了信号的传递。

v-erbB 和 *c-erbB* 不同，它保持了 TPK 激酶功能区和跨膜区，而丢失了 N 端和配基结合的功能区，C 端也丢失了第三个 Tyr 磷酸化位点，而此区域是可以抑制转化活性的。*v-erbB* 因丢失了配基结合区而不受其抑制，组成型地形成二聚体，使其自身磷酸化，从而激活了 Tyr 激酶活性，这样就可以不受配基（EGF）调节而持续地触发增殖信号，且失去对转化抑制的能力，导致细胞癌变。此原理运用于编码受体因子这一组癌基因，当它们突变时会导致其错误地传递信息。

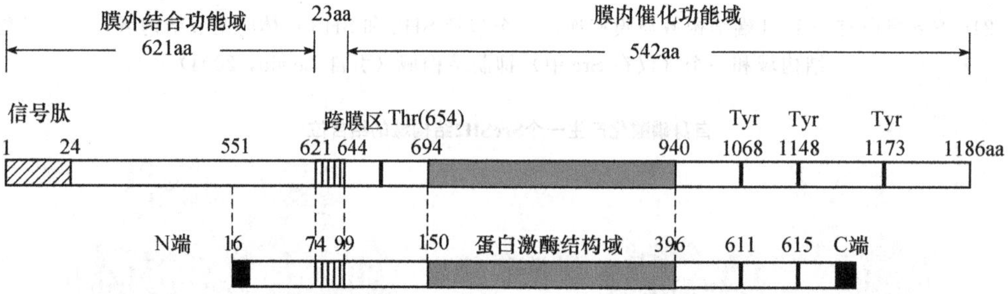

图 17.24　*erb-B* 癌基因产物（下方）与表面生长因子受体（EGRF）（上方）的结构比较

neu 基因的产物是一类生长因子受体。人们从大鼠的神经母细胞病中分离得到 *neu* 基因的产物为 185kDa 的跨膜蛋白，也是 EGFR 成员，在人类中此基因定位于 17q12-21，31。它同样有细胞外糖基化结构域、疏水跨膜区和可以自身磷酸化的 TPK 功能区三个区域。在大鼠中其 664 位的氨基酸为 Val（GTG），在仓鼠中位于 658 位或 659 位。一旦 GTG 突变为 GAG，那么 Val 将被 Glu 所取代，其 TPK 活性增加而且导致癌变。RB 蛋白和雌激素的受体都对 *neu* 基因的转录起负调节作用。一旦它们缺失或突变也会导致 *neu* 基因活性增强。在人类的肿瘤中，*neu* 过量表达常伴有 *neu* 的扩增或 17 号染色体的增加。

（二）癌基因表达量的改变

癌基因表达量的改变，其本质是癌基因表达调控的改变，如癌基因 *sis* 的产物是一种分泌蛋白。1983 年 M. D. Waterfeld 等发现了血小板衍生生长因子（PDGF）与猿猴肉瘤病毒的转化蛋白 p28 具有结构的相似性。R. F. Doolittle 等进一步确定 *v-sis* 癌基因来源于 *PDGF* 基因，它们之间有 87% 相同（图 17.26）。而人类 *c-sis* 基因产物则与 PDGF-β 链完全相同。PDGF 与 $p28^{v\text{-}sis}$ 结构上的相似性表明 $p28^{v\text{-}sis}$ 可能模拟 PDGF 的作用，作为配基与膜上的受体结合，通过细胞内信号的转导，对细胞产生刺激作用，导致细胞的癌变。

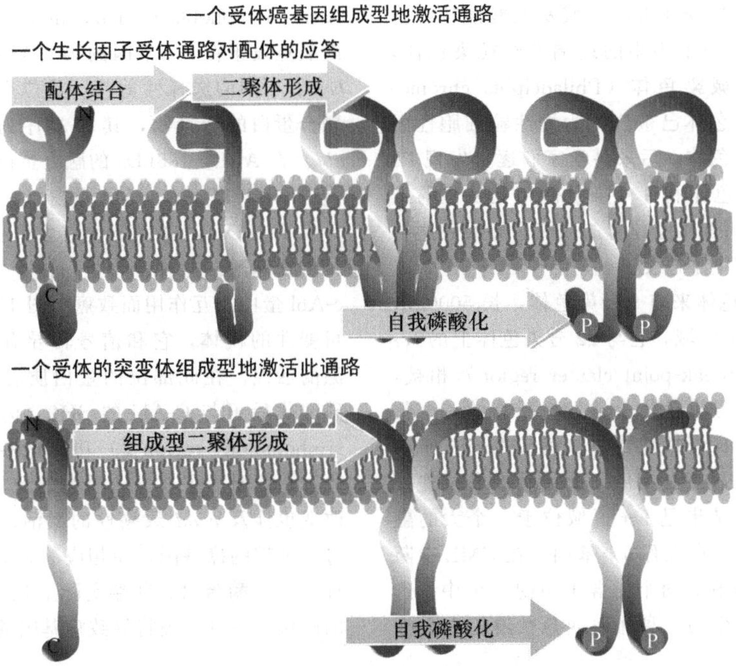

图 17.25 一个生长因子的激活涉及配体结合、受体的二聚化及自我磷酸化。一个被截短的癌基因受体丢失了配体结合区，呈组成型的激活，这是由于它不受 N 端结构域的抑制（引自 Lewin，2004）

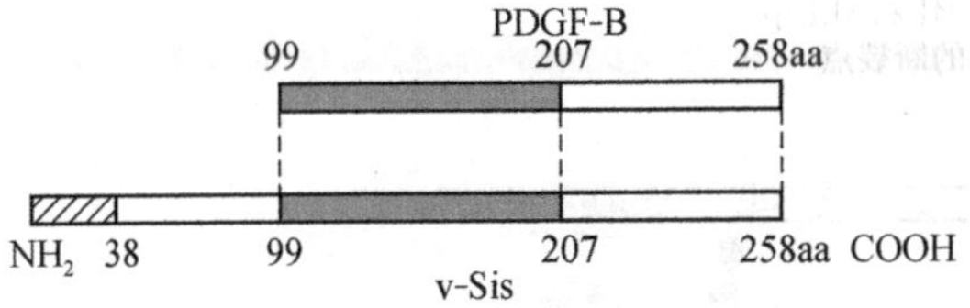

图 17.26 *v-sis* 基因产物的结构和血小板生长因子-β 链（PDGF-B）的比较

人的 *c-sis* 定位于 22 号染色体，其基因产物为 $p28^{sis}$。由于 *c-sis* 在细胞中为单拷贝，所以 *c-sis* 很可能就是 PDGF 的基因。这个发现意义重大，因为它第一次证明了癌基因可以编码具有生理作用的促生长因子。当 *c-sis* 在某种因素的作用下过度表达时，这种生长因子可促进细胞的癌变。

细胞表达量的改变除基因扩增外，有以下 4 种途径。

1. 癌基因调控区的突变

癌基因启动子发生**增效突变**（up-promoter mutation）和**减效突变**（down-promoter mutation）都会使产物的量发生改变。负调控序列的缺失也会改变基因产物的数量而使细胞癌变。例如，*myc* 基因突变的结果通常是使 *myc* 表达量增加，而不是改变其结构。

周期蛋白 D（cyclin D）被认为是限制 G_1 期进程最重要的调控因子。经过研究发现在 B 细胞淋巴瘤、乳腺癌、肝癌、肺癌、头颈部鳞癌、胃肠癌、食道癌中，*cyclin* D_1 基因都存在过度表达。

APC 抑癌基因（1991 年确定的与结直肠肿瘤早期发生密切相关的抑癌基因，定位于 5q21）的产物 APC 蛋白，分子质量 311.8kDa，是 WNT 信号转导途径（不仅参与结肠癌扩散，还能增强早期肺癌细胞转移到其他器官并定殖的能力）中的负调节因子。经研究发现，在大肠腺癌中 APC 蛋白的表达明显低于正常的大肠黏膜。β 联蛋白（β-catenin）是 WNT 信号转导途径中的正调控因子，在正常大肠黏膜中表达，而在大肠腺瘤、大肠癌组织中存在异位表达或表达缺失。

2. 染色体重排

染色体重排（chromosomal rearrangement）是指染色体结构发生畸变，导致染色体片段重新排列，如重复、缺失、倒位、易位和转座。染色体重排致癌的机制可分为三种。

1）改变了调控环境

有的癌基因在原有的位置上可行使其正常功能，经易位后改变了表达环境，导致细胞癌变。1960 年诺埃尔（P. Nowell）等在美国费城发现慢性粒细胞白血病的患者中有一个很小的近端着丝粒染色体，人们就称此为**费城染色体**（Philadelphia chromosome，Ph）。Ph染色体已被公认为慢性粒细胞性白血病的特异标志染色体。后来科学家们逐步发现Ph染色体是22号染色体和9号染色体相互易位的产物，癌基因 *c-abl* 可能由于位置的改变而导致表达异常，从而使细胞产生了癌变。

现已知Ph染色体来自9号染色体，长5000kb，它的末端带有 *c-abl* 区域，它与22号染色体上的 *bcr*（断裂点簇区域，break-point claster region）相接，*bcr* 以前描述为22号染色体上常发生断裂的一个长约5.8kb的区域。在**慢性髓性白血病**（chromic myelogenous leukemia，CML）中，此区域的易位连接点有两种，易位的结果是bcr区域位于一个大的融合基因中（790kb），现在称 *bcr* 基因。在CML中断裂点常发生在基因中部两个内含子中的一个中。这个基因也因易位产生另一种血癌叫**急性淋巴白血病**（acute lymphoblastic leukemia，ALL）。在此病中，断裂点发生在 *bcr* 基因的第一个内含子中。*c-abl* 与 *bcr* 有不同的选择性剪接，易位产生了编码Bcr-Abl融合蛋白的转录物，其N端序列是 *bcr*，C端是 *c-abl*。在ALL，185kDa的融合蛋白中有45kDa的Bcr蛋白和140kDa的c-Abl蛋白（c-Abl蛋白完整的部分为154kDa），也就是说它丢失了少量（4kDa）的N端氨基酸。这种融合蛋白由于N端的Bcr区域和c-Abl蛋白相互作用而致癌（图17.27）。Bcr有一个可变性的模体，它和信号转导有关，具有Ser/Thr激酶活性。在此部位的蛋白质有自我磷酸化残基。磷酸化后可与C-Abl的SH2（肉瘤基因同源区2，src homology region 2）功能区相互作用而改变构象，从而激活了 *C-Abl* 潜在的致癌性。N端结构的改变也涉及 *v-abl* 致癌性的激活。*v-abl* 是反转录病毒所携带的癌基因，而相应的 *c-abl* 基因编码的是一种Tyr激酶蛋白。N端实际上是一个调节激酶活性的区域，一旦丢失将导致癌基因的激活。

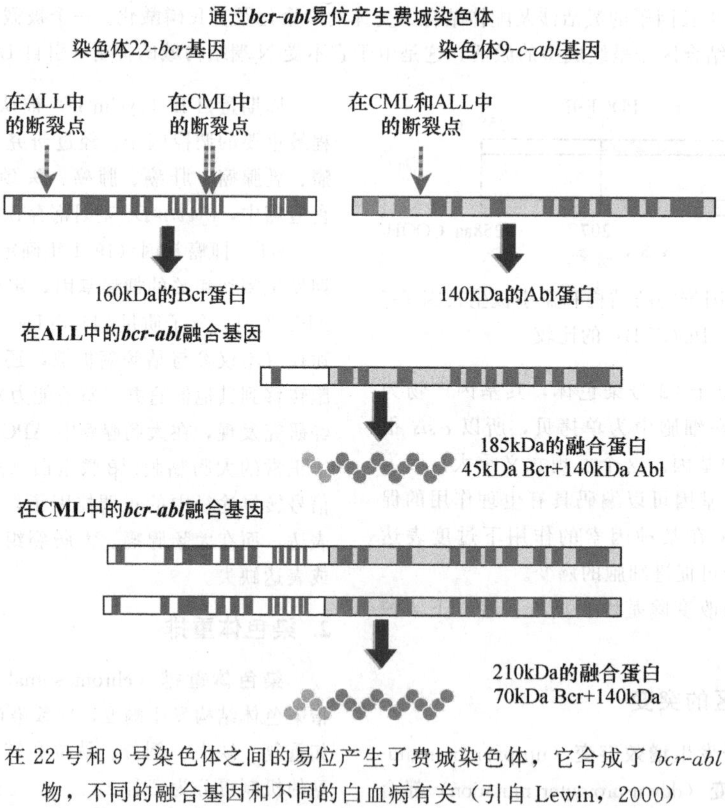

图17.27 在22号和9号染色体之间的易位产生了费城染色体，它合成了 *bcr-abl* 融合转录物，不同的融合基因和不同的白血病有关（引自Lewin，2000）

ALL（acute lymphoblastic leukemia），急性淋巴性白血病；CML（chromic myelogenous leukemia），慢性髓性白血

20世纪70年代人们发现小鼠B淋巴细胞15号染色体含有一个癌基因，当易位到12号染色体时大量合成畸形蛋白而致癌。1972年G. Manolov等发现人类的**伯基特淋巴瘤**（Burkitt's Lymphoma，BL）细胞中8号染色体有原癌基因*myc*，当易位到14号染色体上时与含有强启动子的免疫球蛋白重链基因重排，可促使*myc*基因的异常表达。另外6号和14号染色体之间的易位可产生卵巢乳突状癌，t(3；8)易位可产生混合腮瘤等肿瘤（图17.28）

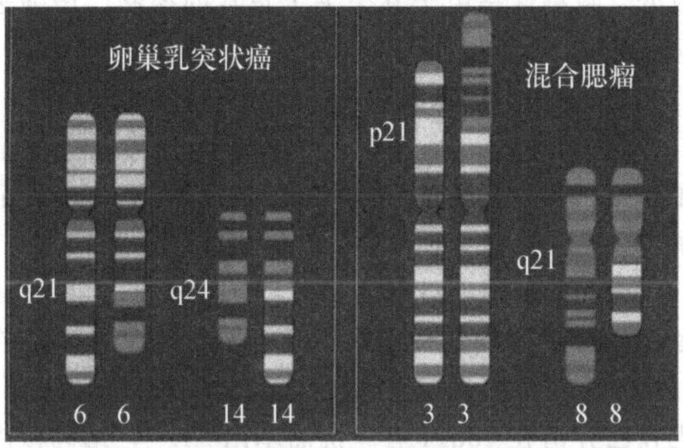

图17.28 在人类几种不同类型实体瘤中常发现存在染色体易位现象。标记的位点表明断裂点所在位置（引自Griffiths et al.，1993）

原癌基因在正常情况下表达水平较低，但当发生染色体的易位或倒位时，其处于活跃转录基因强启动子的下游而产生过度表达。例如，小鼠B淋巴细胞癌和人类的伯基特淋巴瘤细胞的染色体易位，其共同特点是在B细胞中8号染色体上的*c-myc*基因易位到14号染色体上，而14号染色体带有IgH座位和TcRα座位，它们分居于14号染色体的两侧（图17.29），约有10%涉及2号（带有κ链基因）或22号（带有λ链基因）染色体。在T细胞中的易位还会涉及7号染色体（带有TcRβ）。在小鼠中也存在类似的情况。

在B细胞中IgH基因座的易位有两种类型，一种断裂点发生在*V-J*重组的保守序列中，另一种发生在类别转换位点，结果影响了B细胞的IgH重组和类别转换。当*c-myc*易位到Ig重链基因的邻近，由于免疫球蛋白重链基因表达十分活跃，其启动子为强启动子，且在C_H-V_H之间还有增强子区，致使*c-myc*过表达导致细胞癌变。在T细胞中TcR座位（T细胞受体，T cell recepter）发生易位也会产生肿瘤。

在良性甲状旁腺肿瘤患者的染色体中，$cyclinD_1$基因倒位，结果该基因移至甲状旁腺素基因启动子下游而过度表达，使细胞出现异常增殖。

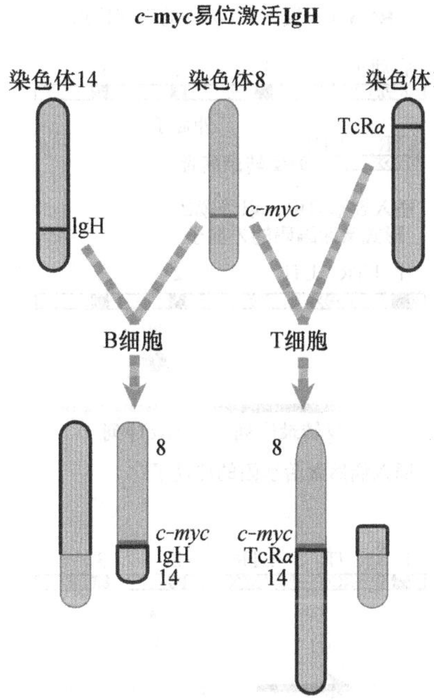

图17.29 染色体的易位是两非同源条染色体相互交换一个片段。激活人类*c-myc*原癌基因的易位涉B细胞的Ig的基因座和T细胞中TcR基因座（引自Lewin，2004）

2）插入致癌病毒，引入强启动子

当某些不含*v-onc*的非缺陷型转化病毒的DNA插入宿主基因组中时，引起插入突变，如反转录病毒MoSV感染鼠类成纤维细胞后，病毒两端各有一个相同的LTR，它们含有启动子、增强子等调控成分，病毒基因组的LTR整合到细胞癌基因*c-mos*邻近处，使*c-mos*在LTR的强启动子和增强子的作用下被激活，导致成纤维细胞转化为肉瘤细胞。再如，鸟类白血病病毒ALV不含*v-onc*，但插入到*c-myc*的上游，导致基因过度表达。

在人类中，病毒的插入也会引起某些肿瘤的发生。例如，*c-myc*原癌基因编码一种转录因子，行使基因调控的功能，但一种缺陷型强致癌的反转录病毒ALV感染细胞插入到*c-myc*后就以不同的方式激活这个癌基因，产生游离的肿瘤。*c-myc*基因由三个外显子组成，最前面的是一个长的不翻译的前导序列，后面是两个*c-myc*蛋白的编码区。图17.30表明在*c-myc*中插入的不同类型。反转录病毒可在不同位置插入*c-myc*基因。

最简单的情况是ALV插入在第一个内含子中。LTR提供了一个启动子，以通读的形式转录了两个

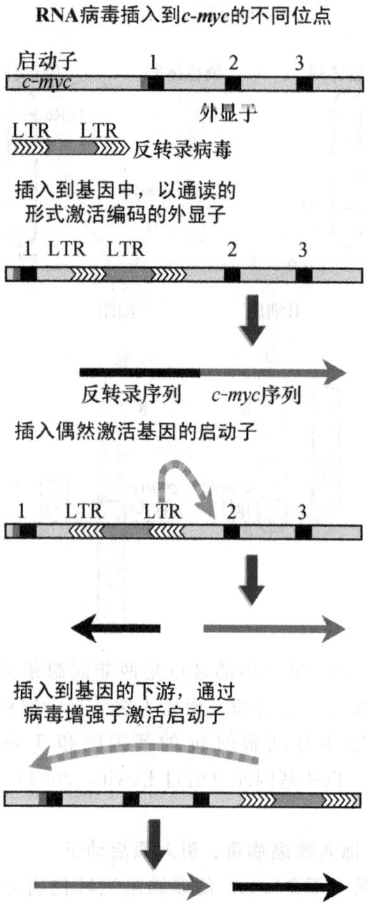

图 17.30　ALV 插入到 *c-myc* 基因座的不同位点，以不同的方式激活基因（引自 Lewin，2004）

编码的外显子。在 ALV 的控制下 *c-myc* 的转录与正常情况不同：一种情况是转录水平超过了正常转录，这是由于 LTR 的启动子是一个种高效启动子；另一种情况是转录物中缺失了前导序列。

插入序列对 *c-myc* 的另两种活化形式反映了不同的机制。反转录基因组可以插到第一个内含子内，但方向可以不同。其中有一种排列其启动子的方向和 *c-myc* 基因的方向相反。有可能病毒的 LTR 提供了增强子，可以作用于其上游的序列，相当于偶然出现的启动子。反转录病毒的基因组也可插入在 *c-myc* 的下游，但其 LTR 的增强子仍对 *c-myc* 的启动子作用，增强了转录。

在以上的各种情况下 *c-myc* 的编码序列未发生改变，致癌性是由于其失去了正常的控制，增强表达所致。

3）缺失抗癌基因和负调控序列

例如，*c-myc* 基因有三个外显子，第一个外显子是第二个外显子的负调控序列，一旦第一个外显子发生缺失，就会使 *c-myc* 基因过度表达。

人类的视网膜母细胞瘤（RB）原被认为是常染色体显性遗传的恶性肿瘤，患者常见于幼儿，约有5%RB 患者检测到 13 号染色体长臂缺失（$13q14^-$），现在已弄清在 13q14 有一抗癌基因 *RB-1*，编码核内磷蛋白，能结合肿瘤抗原（SV40 T 抗原）调控细胞周期，抑制细胞增殖，当其缺失或突变时不仅会引起 RB 的产生，还会导致骨癌和小细胞肺癌的产生。

p53 基因编码的蛋白质是一种肿瘤抑制物，一半以上的癌变都与 *p53* 的缺失或突变有关。该基因的产物 p53 蛋白是四聚体，突变具有显性负效应的作用，即突变基因的产物能抑制野生型基因产物功能的现象。

除 RB 外还有其他一些肿瘤的发病与染色体缺失有关，如神经母细胞瘤、黑色素瘤、肺小细胞癌、威尔姆氏（Wilm's）瘤（一种肾脏恶性胚胎瘤）、睾丸瘤等，发现部分患者存在相应染色体的缺失（图 17.31）。

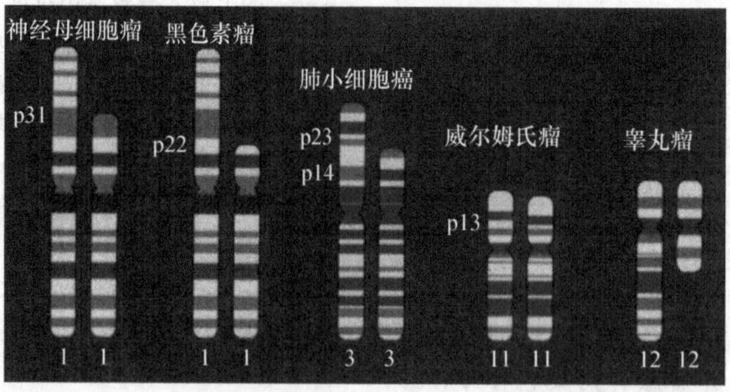

图 17.31　在人类几种不同类型实体瘤中存在染色体缺失。标记的位点表明断裂点所在位置（引自 Griffiths et al.，1993）

3. 癌基因的扩增

癌基因扩增是指特定片段的 DNA 拷贝数的增加。癌基因常以这种形式被激活（表 17.5）。基因的扩增是获得药物抗性和癌基因激活的主要机制之一。在哺乳动物细胞中，被扩增的基因组片段在细胞学上可区分为两种形式：**双微体**（double minutes，DMs）和**均质染色区**（homogeneously staining region，HSR）（图 12.5 和图 12.6）。双微体是指扩增片段游离于染色体外，可见为双球形小体，也叫点状假染色体；均质染色区是指扩增的 DNA 片段位于染色体内，形成大段的基因组区域，染色体显带染色时在正常区带之外的一段均匀染色区域（见第十二章）。

在某些造血系统恶性肿瘤中，癌基因扩增是一个极为常见的特征，如前髓细胞性白血病细胞系和这类患者的白血病细胞中，*c-myc* 扩增 8～22 倍；在鼻咽癌中也发现 *c-myc* 基因拷贝数的增加。

4. DNA 化学修饰——原癌基因的低甲基化

在致癌物质的作用下，由于致癌物质降低了甲基化酶的活性，使原癌基因的甲基化程度降低，从而导致癌症。

癌基因的化学修饰包括 DNA 甲基化与组蛋白乙酰化异常等形式。DNA 甲基化是人类基因组发生的最为常见的一种表观遗传学事件，因而研究 DNA 甲基化与肿瘤的关系成为当前分子生物学的热点之一。

DNA 甲基化是指在 DNA 甲基转移酶（DNA methyltransferase，DNMT）催化下，以 *S*-腺苷甲硫氨酸（*S*-adenosylmethionine，SAM）为甲基供体将甲基转移到特定碱基上的过程。DNA 甲基化主要发生在 CpG 岛。

肿瘤组织中同时存在普遍性**低甲基化**（hypomethylation）及区域性**高甲基化**（hypermethy-lation）。DNA 高甲基化不仅可以直接或间接影响基因转录，也可导致 C-T 突变；低甲基化可使原癌基因活化，形成突变热点，增加染色体的不稳定性，使转座子异常表达，两种改变均会引起基因表达异常，导致细胞恶变，最终形成肿瘤。抑癌基因 *TMS1*（target of methylation-induced silencing-1，ASC）、*BRCA1*、*ERalpha*、*PRB* 等在乳腺癌患者癌组织与外周血血清均存在甲基化异常现象。

三、癌和细胞周期

细胞周期是由生长期、DNA 合成期和分裂期组成的。这个周期的长度和每一期的时间都是由外部和内部的化学信号控制的。细胞周期中各个时期的转换需要特异的化学信号和对这些信号的精确应答。如果信号发生差错，或细胞能作出适当的应答，那么细胞就可能发生癌变。细胞周期控制在细胞周期不同时期之间（G_1 和 G_2 期）的**检查点**（checkpoint）发生转换。检查点又称关卡，是细胞内的一系列监控机制，用来监察细胞周期进程中的错误，并诱导产生特异的抑制因子，阻止细胞周期的进一步运行（图 17.32），如完成 DNA 合成或 DNA 损伤被修复。操纵每个检查点的分子机制是复杂的，已知两类蛋白质在其中起主要的作用，即周期蛋白（cyclin）和**周期蛋白依赖性激酶**（cyclin-dependent kinase，CDK），CDK 是细胞周期的催化成分，周期蛋白是调节成分。这些蛋白质通过转移磷酸基团来调节其他蛋白质的活性。但 CDK 的磷酸化活性依赖于周期蛋白的存在。这个周期蛋白能使 CDK 形成周期蛋白-CDK 复合体来行使催化功能。当缺乏周期蛋白时，就不能形成复合体，此时的 CDK 处于失活状态。在细胞周期进行的过程中，周期蛋白-CDK 复合体通过不断的形成和解离来越过检查点。最重要的检查点称为**起始点**（START），位于 G_1 期，当细胞的这个检查点接受到内、外信号的刺激时，细胞周期进入到 S 期。这个检查点受到与 CDK4 连接的 D 型周期蛋白的调节。如果一个细胞通过周期蛋白 D-CDK4 复合体驱动越过 START 检查点，那么这个细胞将进入 DNA 复制的另一个循环。在 G_1 晚期如存在营养缺乏或 DNA 损伤等情况时，抑制蛋白就能抑制周期蛋白-CDK 复合体，阻止细胞进入 S 期，当这些情况不存在时，周期蛋白-CDK 复合体将驱动细胞越过 G_1 期的终端进入 S 期，启动 DNA 复制，为细胞分裂做好准备。在肿瘤细胞中，细胞周期的检查点失去了控制，这种失控是由于周期蛋白-CDK 复合体丰度高低转换的机制具有遗传缺陷，如编码周期蛋白的基因、CDK 的基因、对周期蛋白-CDK 复合体作出特异应答的蛋白质的基因、调节周期蛋白-CDK 复合体丰度的基因发生了突变所致。很多不同类型基因缺陷可使细胞周期失控，最终可能导致细胞癌变。START 检查点发生紊乱的细胞特别容易发生癌变。START 检查点控制着细胞周期进入 S 期。细胞中的 DNA 如有损伤，那么进入 S 期变得很缓慢，这对于修复 DNA 损伤是重要的。另外，损伤的 DNA 将被复制，并传递给此细胞的所有后代。正常细胞在进行到 START 检查点时会暂停，以便在 DNA 复制前进行修复，而在有的细胞中因 START 检查点功能紊乱而使损伤的 DNA 未经修复即进入 S 期，经过几个细胞周期，由于未经修复的 DNA 进行复制而产生的突变可能得到积累并使细胞周期进一步失控。START 检查点机能紊乱的细胞克隆可能因此变成侵袭性的癌细胞。

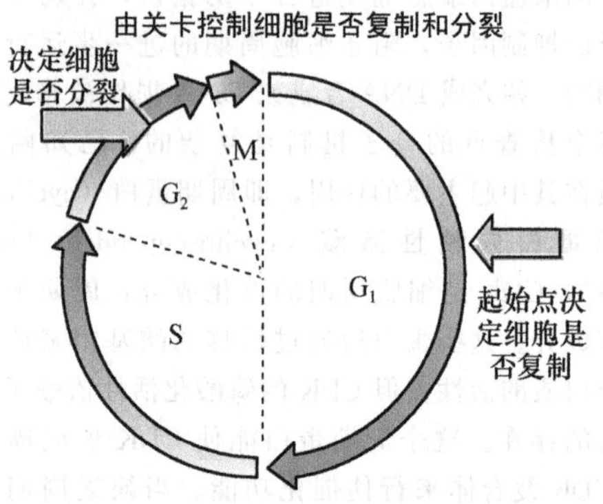

图 17.32　关卡决定细胞在 G_1 期是否复制，在 G_2 期是否分裂（引自 Lewin，2004）

习　　题

1. 肿瘤细胞有何特点？
2. 癌基因假说的主要论点是什么？你认为哪些观点需要修正？
3. 什么叫做癌基因？
4. 癌基因按其功能可分为哪几组？其功能是什么？
5. 什么叫做抗癌基因？常见的有哪几种？
6. *RB* 基因抗癌机理是什么？
7. p21 蛋白在细胞周期中起什么作用？
8. p27 蛋白在细胞周期中的作用是什么？
9. 什么是 p53 蛋白？它有什么功能？
10. p53 有哪些活性？
11. *scr* 基因的产物有功能，突变后为什么会导致肿瘤的发生？
12. 简述 *c-erbB* 产物的结构与功能，以及突变后致癌的机制。
13. 简述 *c-sis* 产物的结构与功能，以及突变后致癌的机制。
14. Ras 蛋白在细胞信息传递中起什么作用？其突变后会产生什么影响？
15. 癌基因活化的机制是什么？
16. 激发癌基因活化有哪些途径？

第十八章　性相关遗传和性别决定

性别也是生物的一种重要的性状，但比一般的性状要复杂得多，它主要涉及**性别决定**（sex determination）和**性别分化**（sex differentiation）。前者指的是在各种因子的调控下决定性腺；后者指的是某些体细胞在性激素的作用下分化发育成内外生殖器及第二性征。

在单细胞真核生物中具有简单的性别决定系统，在此系统中由单对等位基因决定性别。在膜翅目昆虫中由一对杂合的基因来决定雌性的发育。

不同的生物性别决定的机制不同，但归根结底都和基因的调控有关。

性别决定的分子机制是十分复杂的，现在研究比较深入的是哺乳动物、果蝇和线虫。

性别决定和分化通常都通过多个基因的级联调控来实现，其中也涉及表观遗传的调节。

性别决定系统是一个决定生物体性别特征发育的生物学系统。大部分生物具有两种性别，在很多情况下，性别决定是由基因控制的：雄性和雌性具有不同的等位基因，甚至不同的基因来控制其性别特征。

第一节　性别决定系统

性别决定一直是科学家们感兴趣的研究领域，其本质是由一些相关基因的表达和调控来决定的，但在经典遗传学时期，科学家们首先是将性别决定和染色体联系起来。随着科学的发展，人们才逐步深入到分子水平来揭示性别决定的奥秘，但性别决定的染色体学说为探索性别决定的分子机制奠定了基础、明确了方向。

一、性染色体

1891 年德国细胞学家 H. V. Henking 第一个将性别和染色体联系在一起。他曾经用半翅目昆虫蝽（*Pyrrhocoris apterus*）做实验，发现减数分裂的雄性细胞中含 11 对染色体和一条不配对的单条染色体，在第一次减数分裂时，它移向一极，Henking 称其为“X”染色体。1902 年 C. E. McClung 等在研究蝗虫的染色体时发现雄性细胞中有一条不配对的染色体，他们推测这条染色体即是“X”染色体，在受精时，它决定昆虫的性别。1905 年哥伦比亚大学的 E. B. Wilson 观察到另一种半翅目昆虫（*Protenor belfragei*）的雌体有 7 对染色体，而雄性只有 6 对，另外加一条不配对的染色体，Wilson 将其命名为“X”染色体。1905 年 N. Stevens 发现拟步行虫（*Tenebrio molitor*）中雌雄个体的染色体数目是相同的，但在雄性中有一对是异源染色体，大小不同，其中有一条在雌性中也有，但是成对的；另一条在雌性中怎么也找不到，Stevens 就称之为“Y”染色体。1909 年 Wilson 在其他几个属的昆虫［长蝽（*Lygaeus*）、拟步行虫（*Tenebrio*）、果蝇（*Drosophila*）］中也发现了十分相似的情况，从而确定了这些昆虫雌性的基因型为 XX 型，雄性的为 XY 型。

一般情况下性染色体是由一对常染色体进化而来的，在进化时这一过程需要进行很多次。蛇就是一个很好的例子。人们研究了一些原始类型和高度进化的蛇的染色体。在原始类型的蛇中，性染色体是相同的，称为同形的（homomorphic）性染色体。这两条染色体的差异仅仅在于复制的时期不同（在 S 期的晚期），实际上都是 W 染色体。在比较进化的种中，其中一条 W 染色体变小了，形成异形的（heteromorphic）性染色体，这就是 Z 染色体。新莱昂（Lyon）假说认为：性染色体是同形性染色体部分易位到同源染色体上所致，所以 Y 染色体小于 X 染色体，而 X 染色体上往往有重复的基因。低等脊椎动物的雄性和雌性体个体的性染色体在形态上彼此是不能区分的。在它们的性染色体的某些区段上，有许多等位基因的位点是两性所共有的，而在另一些区段上，两性所带的遗传信息却互不相同，雄性个体的性染色体所携带的遗传信息主要与性别的决定有关。在鱼类中性染色体的分化就反映了这一进化趋势。

鱼类性染色体的分化可分为三种类型。①无性染色体的分化，性别由多个基因控制，影响性别分化的基因分散在多条染色体上，个体性别的发育决定于这些基因的平衡以及内外环境条件，每个基因的作用较小。因此，有些鱼类随着栖息条件和遗传型的改变，易出现性比的变化，如剑尾鱼（*Xiphophorus helleri*）及花鳉科的 *Limia vittata* 和 *L. caudofasicata* 就属于这种类型。②有性染色体的分化，但属同形。在性染色体上仅含有1个或少量专一性的性别决定相关基因，是一类较完善的性别调节的类型，如花鳉科的某些胎生种类虹鳉（*Poecilia reticulata*）和鳉科的青鳉（*Oryzias iatipes*），现借助于色素基因已成功地标记出性染色体。③有异形的性染色体。这是性染色体分化更为完善的一类。在一些极不相同的类群中（如刺鱼和鲨鱼等）也发现有异形的性染色体，多数为雄异配性别（XY型），少数为雌异配性别（ZW型）。

二、性别决定系统

经典遗传学在不同的层面上将性别决定分为三种类型，即性染色体决定性别、基因决定性别和环境决定性别。这里所说的"基因决定性别"仍是一个停留在细胞水平上的经典概念，并未触及分子机制。

（一）性染色体决定性别

1. 性染色体的类型决定性别

性染色体决定性别的本质是这类生物控制性别的主要基因位于性染色体上。

1）XY型

人类和其他哺乳动物，大部分的两栖类、爬行类，部分的鱼类和昆虫都属于XY型。雄性为异配性别（XY），雌性为同配性别（XX）。在这一类型中Y染色体起主导作用，不论X染色体有几条，只要存在1条Y染色体就发育为雄性。1990年A. H. Sinclair等在前人工作的基础上发现，在人和小鼠Y染色体的短臂上存在着性别决定基因，并在真兽亚纲动物中显示了高度的保守性。根据其在染色体上的位置，命名为 ***SRY***（sex-determining region Y），近年来又克隆出一系列与性别分化有关的基因，*SRY*/*Sry* 是其中起主导作用的基因，因此携带此基因的Y染色体成为决定雄性性别的标志。

在低等脊椎动物、两栖类、爬行类、鱼类以及某些植物中，虽然也是由Y染色体来决定性别的，但机制尚不清楚。

2）ZW型

和XY型相反，鸟类、鳞翅目昆虫及部分两栖、爬行等动物是雌异配性别（ZW）、雄同配性别（ZZ），但性别决定的机制不像XY型那样研究得比较清楚。在鸟类动物性别决定基因的研究中，发现不存在 *Sry* 基因的同源序列。但已经找到了两个可能的候选基因 *Dmrt1*（drosophila doublesex and *C. elegans* Mab-3 related transcription factor）和 *Wpkci*（*ASW*），一个定位在Z染色体上，被认为决定了雄性的分化；另一个定位在W染色体上，可能决定了雌性的分化。这两个基因的作用机制还不清楚，已建立了一些模型，但还未被证实。

2. 性染色体的数目决定性别

在某些双翅目、直翅目和鳞翅目的昆虫中没有异形的性染色体，而是由性染色的数目来决定性别。例如，蝗虫的雌性 $2n=24$（XX），雄性 $2n=23$（XO）比雌性少了一条染色体，称为XO型。植物中花椒也属于XO型。在鳞翅目昆虫中也有雄性为ZZ、雌性为ZO的类型，称为ZO型。

3. 性指数决定性别

果蝇虽然也有X染色体和Y染色体，但是其性别决定机制和哺乳动物不同，不取决于Y染色体是否存在，而取决于**性指数**（sex index），即性染色体（X）和常染色体（A）组数的比。线虫（*C. elegans*）也是由性指数来决定性别的。现在我们通过人类与果蝇性别决定的比较（表18.1）就可以了解果蝇性别决定的特点，Y染色体并不决定雄性的发育。现已弄清果蝇的性别决定于性染色体上一些基因的产物和常染色体上一些基因产物的剂量比例，启动性别决定的开关基因——**性别致死基因**（sex-lethal，*Sxl*），经过一系列的调控决定性别的分化。

表18.1 在人类和果蝇中性染色体和性别的关系

	XY	XX	XXX	XXY	XO	XYY	X∶3A
性指数	1X∶2A=0.5	2X∶2A=1	3X∶2A=1.5	2X∶2A=1	1X∶2A=0.5	1X∶2A=0.5	1X∶3A=0.33
人的性别	♂	♀	超雌	♂	♀	超雄	—
果蝇的性别	♂	♀	超雌（不能成活）	♀	♂	♂	超雄

4. 染色体组的倍性决定性别

蜜蜂（*Apis mellifera*）的性别决定十分特殊，是由染色体组的倍性决定的。蜂皇是可育的雌蜂，染色体为 $2n=32$ 条，经正常减数分裂产生的卵和精子为单倍体 $n=16$，卵和精子结合又形成 $2n=32$ 的合子，将发育成蜂皇和工蜂（$2n=32$）。每一群蜜蜂中只有一个蜂皇，工蜂在遗传结构上和蜂皇并无差别，但由于工蜂所吃的蜂皇浆在质和量上都远比蜂皇差，所以发育成不可育的工蜂。蜂皇产生的部分单倍体的卵，少数未经过受精但也能发育，长成雄蜂（$n=16$），雄蜂的减数分裂十分特殊，第一次减数分裂出现单极纺锤体（monopolar spindle），所以染色体全部向一极移动，两个子细胞其中一个正常，含 16 个二联体，而另一个是无核的细胞质芽体。正常的子细胞经第二次减数分裂产生两个单倍体（$n=16$）的精细胞，发育成精子。这与正常的减数分裂不一样，称为**假减数分裂**（pseudomeiosis）。

5. 取决于 X 染色体是否杂合

小茧蜂（*Habrobracon*）的性别决定和蜜蜂又有不同之处，在自然状态下小茧蜂和蜜蜂相似，二倍体（$2n=20$）为雌蜂，单倍体（$n=10$）为雄蜂。在实验室中，人们获得了二倍体（$2n=20$）的雄蜂，其性别决定取决于性染色体 X 是纯合型还是杂合型。性染色体 X 有三种不同类型：Xa、Xb、Xc。雌性的性染色体为一对杂合型的 X 染色体：XaXb、XaXc 或 XbXc；雄性为纯合型：XaXa、XbXb 或 XcXc。

6. 取决于 X 和 Y 的比

大部分植物是没有性染色体的，多为雌雄同株，有的为雌雄同花，少数植物为 XY 型，称为雌雄异株植物。女娄菜的性别是由 X 染色体和 Y 染色体的比来决定的。酸模（*Rumex acefosa*）的性别决定又属于另一种类型，雌雄同株的植株为 18A+Xx+Yy，X∶Y=1∶1；雌雄异株中雌株为 18A+XX+Y，X∶Y=2∶1，雄性植株为 18A+X+YY，X∶Y=1∶2。

（二）基因决定性别

1. 由复等位基因决定性别

植物中有异形性染色体的并不多，但有的植物却明显由基因控制，如葫芦科的一种喷瓜 *Ecballium elaterium*，其性别是由复等位基因决定的（表 18.2）。

表 18.2　喷瓜的性别决定

基因和显隐性关系	决定性别	基因型
a^D	♂	a^Da^D，a^Da^+，a^Da^d
a^+	两性	a^+a^+，a^+a^d
a^d	♀	a^da^d

2. 由两对基因决定

玉米（*Zea mays*）一般都是雌雄同株的。雌花的花序在叶腋呈穗状，由显性基因 *Ba* 控制，其隐性等位基因为 *ba*（barren）。雄花的花序在顶端，由显性基因 *Ts*（tassels）控制，其表型性别和基因型密切相关（表 18.3）。

表 18.3　玉米的性别决定

基因型	性别	表型
BaBa TsTs	♀♂	顶端长雄花序，叶腋长雌花序
Ba _ tsts	♀	顶端和叶腋都长雌花序
baba Ts _	♂	顶端长雄花序，叶腋不长花序
baba tsts	♀	顶端长雌花序，叶腋不长花序

从表 18.3 中可见 *Ba* 只控制叶腋是否长雌花序。而 *Ts* 基因则不同，在它为显性时顶端长出雄花序，在其为隐性时顶端长出雌花序。也就是说不论另一对基因的状态如何，*tsts* 存在时为雌性，*TsTs* 存在时顶端长雄花序。

3. 环境决定性别

在**表型性别**（phenotypic sex）决定系统中，环境起主要的作用。典型的例子是海生螠虫后螠(Bonellia)，幼虫时没有性别的分化，自由独立在海底生活的幼虫发育成雌性，有一条很长的吻部。有的幼虫落在雌体的吻部，受到吻部分泌物的刺激，就会发育成雄虫，并寄生在雌体的子宫内。若将已落在雌体吻部的幼虫取下，让它独立在海底生活，它会发育成间性的后螠。这种螠虫的性别不是在受精时由遗传的结构所决定的，而是由是否落在吻上而决定（图 18.1）。

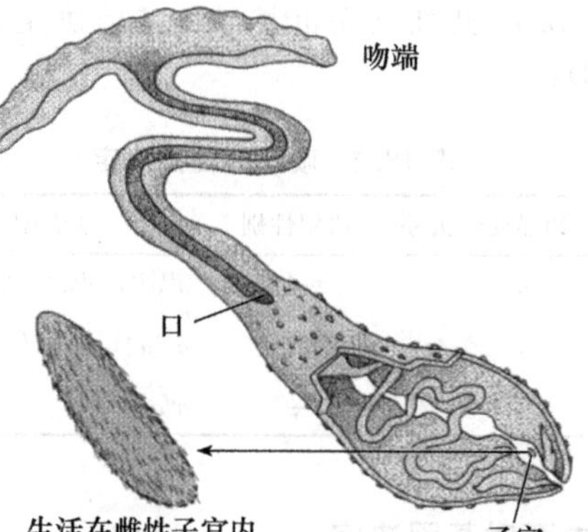

图 18.1 雌性和雄性的后螠（引自 Russell，1992）

三、外界条件对性别发育的影响

（一）外部的因素

两栖类中的蛙类是有性染色体的，为 XY 型。蝌蚪在 20℃时性别按其性染色体的构成正常分化。但在 30℃时，不论其染色体为 XY 还是 XX，都发育为雄蛙。在爬行类中也是如此，如扬子鳄和密西西比鳄的卵在不同的温度下发育为不同的性别：当温度在 30℃和 30℃以下时发育为雌体；当在 34℃或 34℃以上时发育为雄体。乌龟的卵在 23～27℃的温度下发育为雄性，在 32～33℃时发育为雌性。所以它们的卵产在不同高度的海岸线或河岸时由于温度不同而影响性别的分化，有可能是由于温度对两栖和爬行动物雌、雄激素的合成有直接的影响。

在葫芦科的植物里，丰富的氮肥、短的日照和夜晚的低温也有利于雌性的发育。

（二）激素的影响

毫无疑问，哺乳动物中性激素对性别的分化所起的作用是很大的。在双胎牛中如果是一雌一雄，由于雄性的睾丸先分化，睾丸产生的雄性激素通过绒毛膜血管流向雌性胎牛，使雌性胎牛的内外生殖器发育为雄性，但无睾丸，呈间性。在人类中常见一男一女的异卵双生子中为什么没有这种现象呢？那是由于人类异卵双生有两个胎盘将胎儿分隔开，而牛的两个胎盘是共通的，由绒毛膜血管相连，所以可以相互影响。

（三）性反转

生物从一种性别转变成另一种性别的现象称为**性反转**（sex reversal）。这种情况有的是正常的自然性反转，有的是由人工引起的，或是环境条件改变造成的，或是病理因素所致。

酵母交配型的转变也属于性反转的现象，它是由基因控制的。在果蝇中存在一种性别转换基因（transformer），位于 3 号染色体上。当 *tra* 雌果蝇的基因纯合时，雌体发育成为不育的雄性。自然性反转常存在于鱼类中，有一种海产鱼叫羊头原鲷（*Archosargus probatocephalus*），属鲷科（Sparidae），幼小时鱼体呈粉红色，为雌性，发育长大后变成黑色，性别转变为雄性。黄鳝（*Monopterus albus*）属合鳃目，在我国仅一属一种。黄鳝染色体 $2n=24$，皆为端着丝点染色体，未发现异形性染色体的存在。黄鳝的体长和其发育阶段有着一定的相关性，在个体发育过程中产生自然性反转。2^+ 龄前皆为雌性；3^+ 龄转变为雌雄间体，卵巢逐渐退化，精巢逐渐形成；6^+ 龄全部反转为雄性。在欧洲鳗鲡（*Anguilla anguilla*）及红鲈鱼（*Sacura margafacd*）等鱼类的生活史中也存在性反转的现象。

也有自然性反转是由雄性逐渐变为雌性的例子。例如，一种海产的蠕虫 *Ophrgtrocha puerilis* 幼虫都是雄性的，随着发育长大雄性生殖器官退化，而雌性生殖器官发育，比较“老”的个体都是雌的。但用人工的方法如饥饿、在水中加入钾盐、将其身体后部剪去又可以促使雌体变成雄体。

牝鸡司晨的例子时有发生，有的母鸡停止产卵后竟然逐渐变成雄鸡，并能和雌鸡交配，但其基因型并未改变。

人类也存在着性反转现象，如 46XX 的男性和 46XY 的女性，这是由于 *SRY* 基因及相关基因的异常引起的。

性反转不仅是表型的改变，而且还涉及性腺的改变。在有的生物中虽然有性染色体的分化，但每一个体其性别是可以向雌、雄两个方向分化的，也就是具备向两个方向发育的基因调节体系，外部条件或生理、病理条件的改变无非是影响了基因的调节而导致性反转。这个领域涉及真核基因的调控、组织的凋亡、激素的分泌及组织的分化和发育，是十分复杂又非常有趣的，它将成为研究的热点。

第二节 性相关遗传

和性别有相关性的遗传称为**性相关遗传**（sex-related inheritance），包括伴性遗传、限性遗传和从性遗传。

一、性连锁的发现

20世纪初人们最初只发现互交的结果，产生相同的后代，并没有考虑和性别有什么联系。1906年由L. Doncaster和G. H. Raynor发现了一种不符合孟德尔遗传的现象，他们将两种不同品系的鹊蛾（*Abraxas grossulariata*）进行杂交，一种翅为亮白色（*dw*），另一种翅为暗白色（*DW*），正交结果表明亮白为隐性；反交结果表明翅的表型和性别有联系，雌性后代的表型和父本相同，雄性后代的表型和母本相同（图18.2）。可惜他们没能对此作出一个假设来解释这个结果。

P正交　♂暗白×亮白♀　　反交　♂亮白×暗白♀

Z^DZ^D　Z^dW　　　Z^dZ^d　Z^DW

F_1　暗白　　　暗白　亮白

Z^DZ^d(♂♂)　Z^DW(♀♀)　　Z^DZ^d(♂♂)　Z^dW(♀♀)

图18.2　两种不同品系鹊蛾的正交和反交

1910年摩尔根的研究是从保存了许多代的野生型果蝇的实验室群体中发现的一个雄性白眼开始的。这个雄果蝇与野生型的雌果蝇交配［图18.3（a）］，所有两种性别的F_1代都是红眼，表明白眼等位基因为隐性。F_1代的雄性和雌性交配所得的F_2代中，摩尔根观察到2459个红眼雌性，1101个红眼雄性，782个白眼雄性。白眼的表型与性别有某种联系，因为所有的白眼果蝇都是雄性。但将白眼♀和红眼♂进行反交得到的F_1代中，雌性都具有野生型红眼，而雄性都具有白眼［图18.3（b）］，这与正交（红眼♀×白眼♂）的结果相反。摩尔根认识到如果白眼等位基因存在于X染色体上的话，正反交将产生不同的结果。这是因为X染色体在雄性和雌性中以不同的方式传递，Y染色体不含有白眼基因的对应部分（等位基因）。图18.4显示雄性只将X染色体传递给它的女儿（雌性后代），而雌性的X染色体可传递给两种性别的子代。

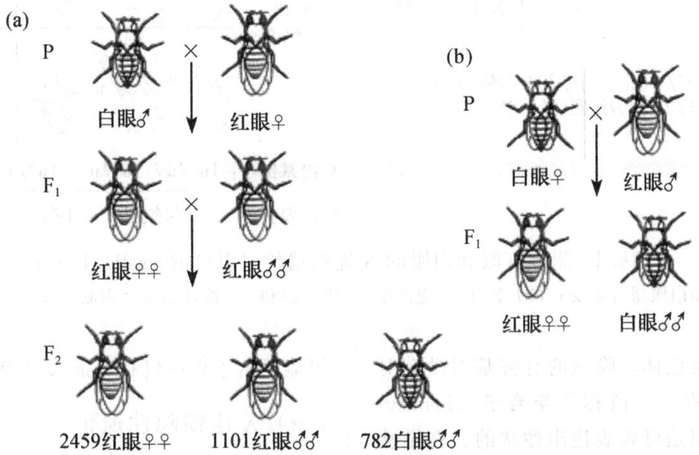

图18.3　摩尔根进行的红眼与白眼果蝇正交（a）和反交（b）实验的结果不同

二、伴性遗传

在真核生物中，位于性染色体上的基因所控制的遗传，都与性别相关，故称为**伴性遗传**（sex-linked inheritance）。这些基因一般与第一性征或第二性征无关，如人类的红绿色盲基因、血友病基因等，但在人类的Y染色体上的*RSY*是控制性腺分化为睾丸的主要基因，X染色体上的雄激素受体基因（*Tfm*）、剂量敏感基因（*DSS*）也是和雄性性别分化及发育密切相关的。果蝇中也发现某些Y染色体的连锁基因控制精子的发生。

前面介绍的果蝇红眼和白眼的遗传就是伴性遗传，概括起来有三个特点：①正反交的结果不同（图18.5）；②后代性状的分布和性别有关；③常呈一种交叉遗传，即有害基因常常由母亲传给儿子，再由儿子传给外孙女。伴性遗传的特点由性染色体遗传规律所决定，基因的表达常不受性激素的影响。

人类中的一些遗传性状或遗传病的基因位于X染色体上，由于Y染色体上只有少数的基因，一般没有X染色体上相应的等位基因，因此这些基因将随着X染色体来传递。在女性中由于有两条X染色体，所以即使其中一条X染色体带有隐性致病的基因，由于是隐性的而得不到表达，我们称这种外在表型正常而带有有害基因的个体为**携带者**（carrier）。在

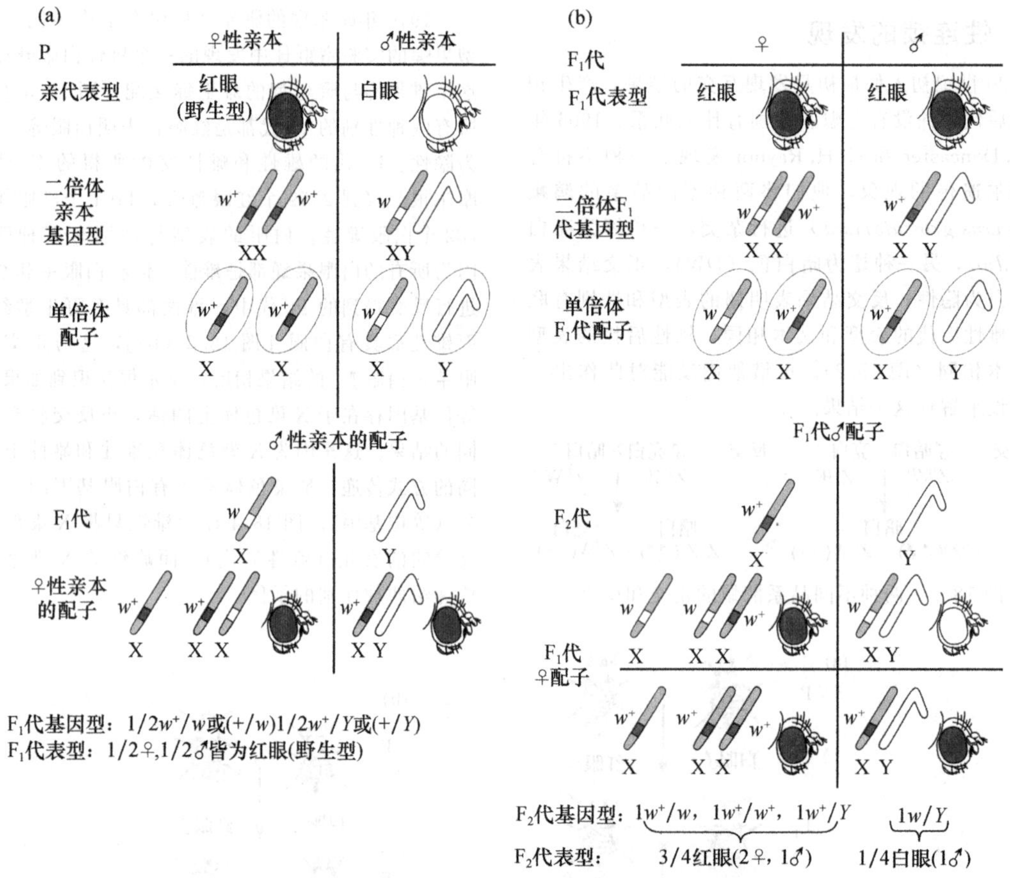

图 18.4　果蝇红眼和白眼的 X 连锁遗传（引自 Russell，1992）

(a) 红眼雌性和白眼雄性杂交；(b) F_1 代互交产生 F_2 代。w 和 w^+ 符号表示“白眼”和“红眼”等位基因

男性中只有一条 X 染色体，隐性的有害基因没有对应的显性等位基因存在，故称为**半合子**（hemizygote），这些隐性基因是可以表达出性状的。在雄性异配生物中，母亲（的性状）传递给儿子，父亲（的性状）传递给女儿的遗传现象称为**交叉遗传**（criss-cross inheritance）。男性的平均寿命低于女性可能与此有关。据调查，第一性比，即男性胎儿和女性胎儿之比为 120∶100，可能是由于含 Y 染色体的精子比含 X 染色体的精子更为活跃之故。第二性比是指男性婴儿与女性婴儿之比为（103～105）∶100，仍然是男性多于女性，但已低于第一性比，可能是在胚胎发育过程中男婴的生命力比女婴弱。第三性比是指男青年与女青年之比为 1∶1，表明人类的一夫一妻制的婚配制度正好符合这一自然规律，也许是自然选择的结果。经统计 85 岁的老翁和老妪之比为 62∶100，相差悬殊，使人们不能不考虑到可能是由于男性仅有一条 X 染色体的缘故。

（一）X 连锁隐性遗传

当 X 连锁基因为隐性时，其遗传的方式称为 **X 连锁隐性遗传**（X-linked recessive inheritance，XR）。人类 X 隐性遗传病已发现 2000 多种，最常见的是红绿色盲，较罕见的是血友病、进行性肌营养不良、睾丸女性化和自毁容貌综合征等。

血友病（hemophilia）分为甲型和乙型两种，甲型是缺乏凝血因子第Ⅷ因子，乙型是缺乏第Ⅸ因子，主要症状表现为凝血作用差，最著名的例子是英国维多利亚女王家族（图 18.6）。

进行性肌营养不良（progressive muscular dystorphy）又叫做假型肥大（pseudomu-pertrophic）或**杜兴氏症**（Duchenne's muscular dystrophy，DMD），是人类的一种 X 隐性伴性遗传疾病，患者肌无力，几岁

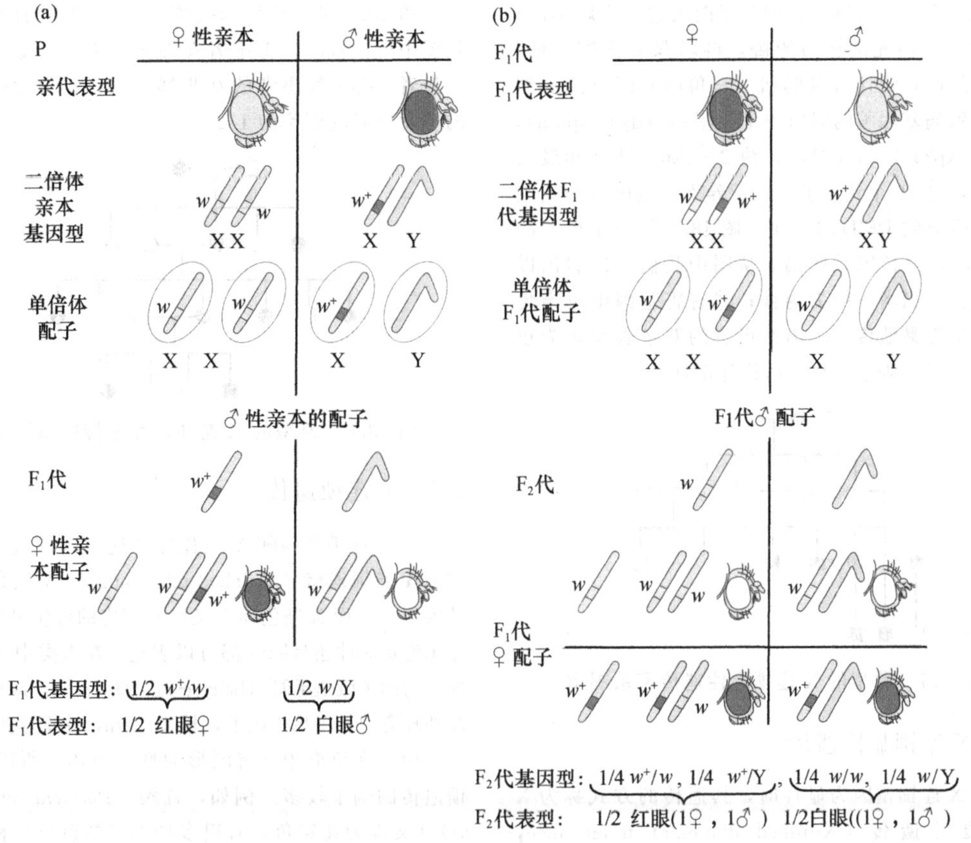

图 18.5　果蝇 X 连锁遗传的正反交（引自 Russell，1992）

(a) 纯合的白眼雌性和红眼雄性杂交；(b) F_1 代互交产生 F_2 代，由于在杂交中性染色体的分离，使正反交的结果不同

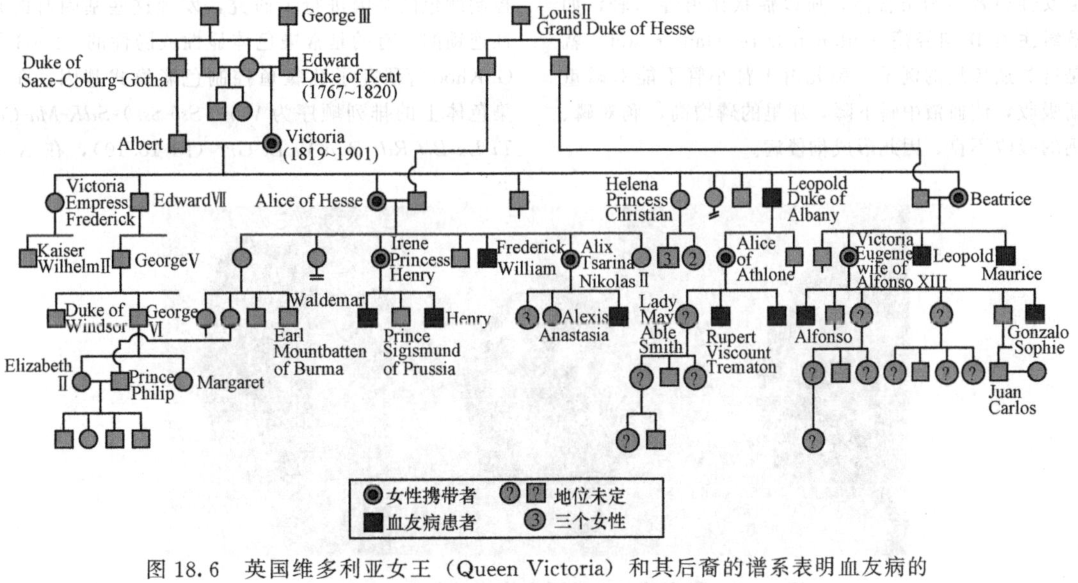

图 18.6　英国维多利亚女王（Queen Victoria）和其后裔的谱系表明血友病的遗传规律（引自 Russell，1992）

时发病，十几岁夭折，表现为肌肉无力，步履蹒跚；仰卧起立时须先翻转为俯卧，再以双手支撑地面，然后再站起；常伴有腓肠肌、三角肌和冈下肌假型肥大。致病基因编码肌营养不良蛋白（dystrophin），定位于Xp21.2，12q21，长约2300kb，是已知最大的基因，含79个外显子。肌营养不良蛋白基因发生无义突变导致DMD的产生。图18.7是一个典型的X连锁隐性遗传家系图谱，从图中我们可以看出以下特点：①患者一般为男性；②有害基因由母亲传递；③呈**交叉遗传**；④男性患者的双亲表型多为正常；⑤儿子若表型正常，后代都正常。

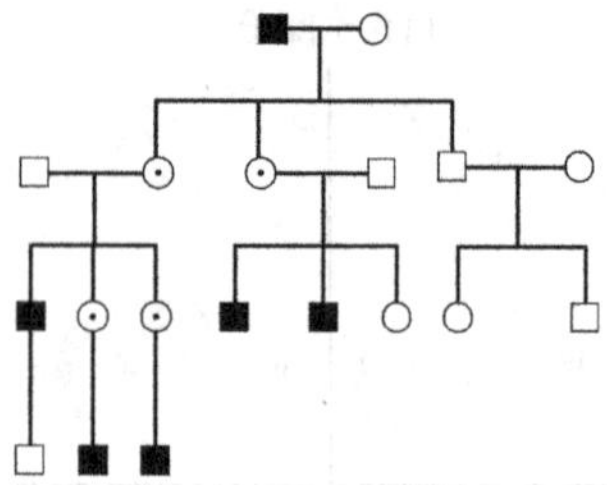

图 18.7　典型的X连锁隐性遗传家系图谱

（二）X连锁显性遗传

当X连锁基因为显性时，其遗传的方式称为**X连锁显性遗传**（X-linked dominant inheritance，XD）。女性有两条X染色体，只要其中任何一条X染色体有此基因都会出现相应的性状；而男性仅一条X染色体，带有此基因的概率仅是女性的一半。但女性患者多为杂合体，所以症状比男性为轻，如**抗维生素D佝偻病**（vitamin D resistant ricket）就是这类遗传病的例子，患儿由于肾小管不能对磷重新吸收，使血液中磷下降，尿里的磷增高，肠对磷、钙的吸收不良，因此形成佝偻病。

图18.8是个典型的抗维生素D佝偻病的谱系。从图中可以看出：①患者女性多于男性；②每代都有患者；③男性患者的女儿都为患者；④女性患者的子女患病的概率为1/2。

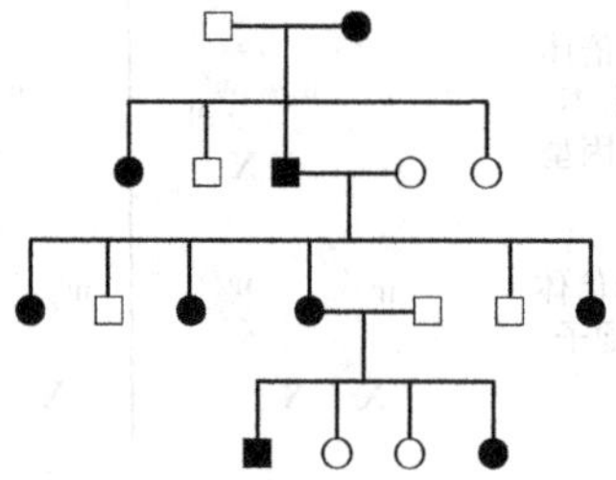

图 18.8　典型的X连锁显性遗传家系图谱

（三）Y连锁遗传

当Y连锁基因随Y染色体传递的这种遗传方式称为**Y连锁遗传**（Y-linked inheritance）。Y染色体上基因很少，而X染色体上又没有相应的等位基因，因此无论是显性还是隐性都可以表达。在人类中Y连锁唯一的例子就是**毛耳**（hairy ear）（图18.9），即成年男性外耳道中长出丛生硬毛，长2～3cm，伸于耳孔之外。

由于在鱼类中具有同形的性染色体，所以Y连锁遗传的例子较多。例如，虹鳉（*Poecilia reticulata*）（又称为孔雀鱼）有很多种不同的色彩品种，它们都是由野生型鱼通过突变和人工选择育成的。孔雀鱼有23对染色体，其中有一对同形的性染色体（X和Y）。从20世纪20年代开始人们就对孔雀鱼控制颜色的基因进行了研究，发现这些基因有的是性连锁的、有的是常染色体显性或隐性的。2003年G. Khoo等研究了孔雀鱼控制色彩模式基因，在Y染色体上的排列顺序为*Var-*(*Ssb-Sst*)*-SdR-Ma-Co-Ti-Lu-Blt-Rdt-Bcp-Vi-El-Grt*（图18.10），在X染

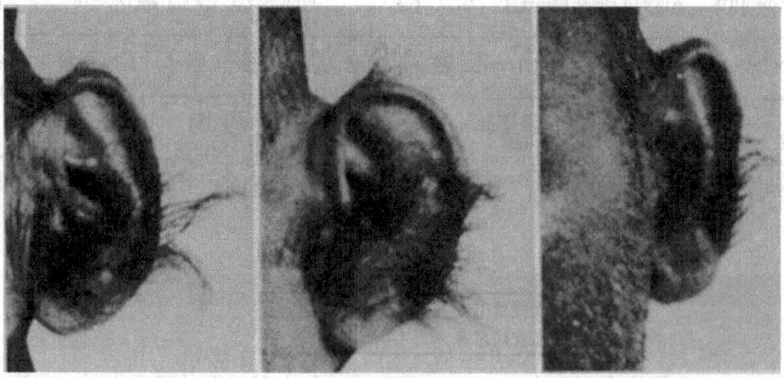

图 18.9　印度的一个毛耳家族（引自Russell，1992）

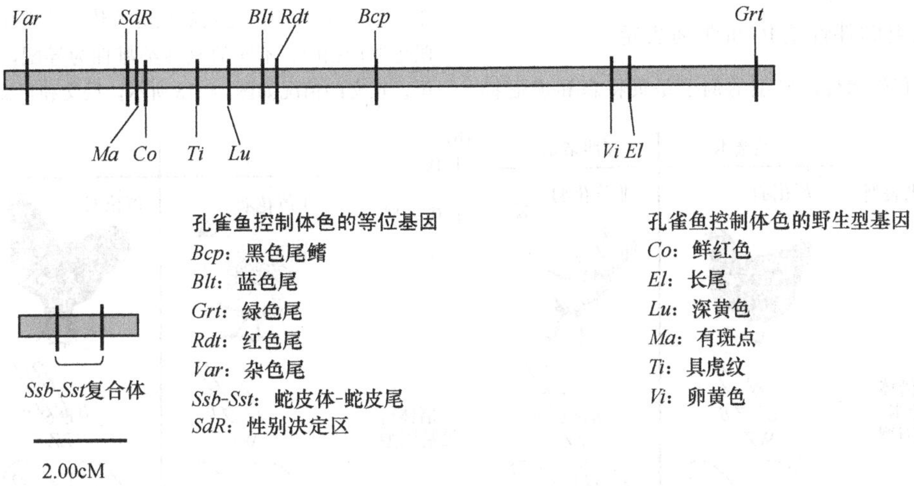

图 18.10 孔雀鱼性染色体上控制色彩的基因（引自 Khoo et al.，1999）

色体上可能具有相似的序列，这些是根据表型和RAPD标记的分析而推定的，目前尚缺乏分子水平的物理图谱。由于这些基因的互作，使孔雀鱼色彩斑斓，绚丽多姿（图 18.11）。

图 18.11 由于体色基因的互作使孔雀鱼具有各种不同的色彩和尾形（引自 Khoo et al.，1999）（见彩版）

（四）植物的伴性遗传

植物中有雌雄同花、雌雄异花，其中又有雌雄同株和雌雄异株之分，即使雌雄异株的植物也并不都有异形的性染色体，如杨柳等。只有少数植物有异形的性染色体，如女娄菜为雄性异配（表 18.4），草莓（*Fragaria*）、金老梅（*Potentilla trutocosa*）为雌性异配。白剪秋萝（*Lychnis senno*）也是雄性异配。叶片有宽叶和窄叶两种，将宽叶雌株和窄叶雄株杂交，F_1 代无论雌雄全部为宽叶，F_1 代互交后产生的 F_2 代雌性全部是宽叶，雄株半数为宽叶半数为窄叶，这个结果（图 18.12）和果蝇眼色的遗传也完全相同。不难推论，控制叶形的基因在X染色体上，而且，Y染色体上没有相应的等位基因。

表 18.4 几种雄性异配的植物

物种	常染色体数	♀	♂
大麻（*Cannabis sativa*）	20	XX	XY
茜草（*Humulus lupulus*）	20	XX	XY
酸模（*Rumex anglocarpus*）	14	XX	XY
女娄菜（*Melandrium album*）	22	XX	XY

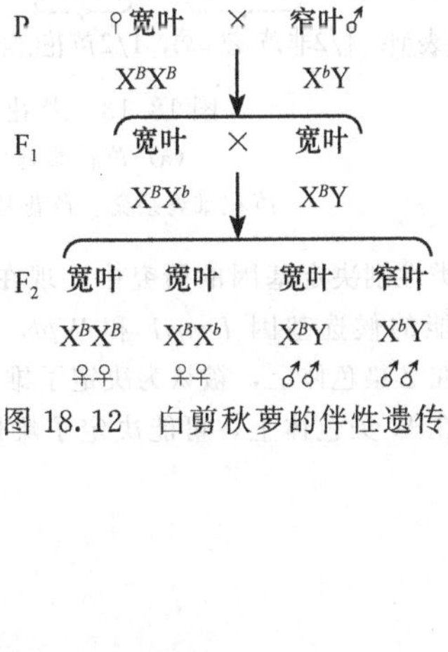

图 18.12 白剪秋萝的伴性遗传

（五）鸟类的伴性遗传和性别决定

鸟类伴性遗传最典型的例子是贝特森和庞尼特于1911年发现的芦花鸡羽色的遗传，其规律和果蝇的眼色遗传相同，不同的是鸟类雌性为异配，雄性为同配。正交的情况如图18.13所示，反交和正交不同。

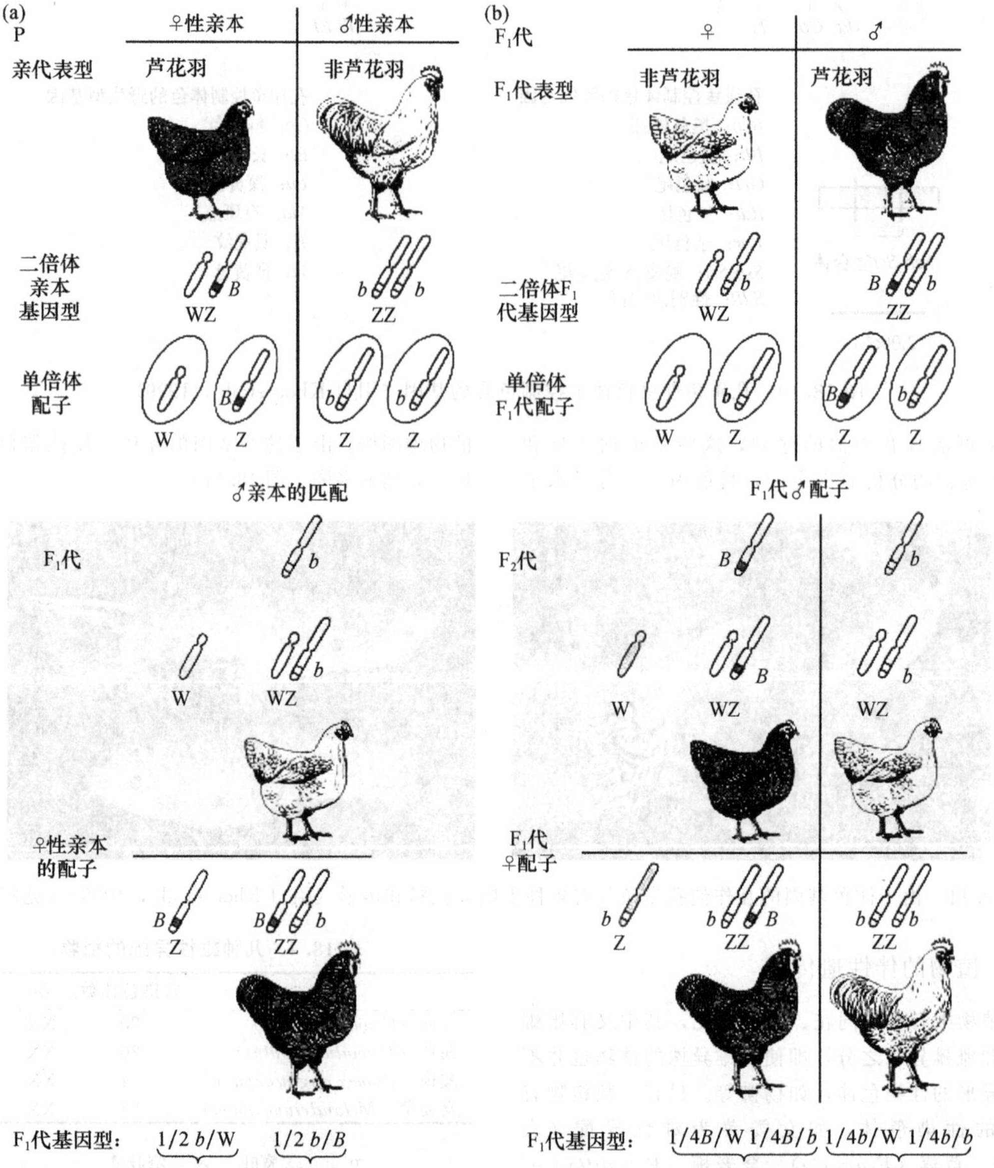

图18.13 芦花鸡羽色的伴性遗传（引自Russell，1992）

(a) 芦花雌鸡和非芦花雄鸡杂交；(b) F_1代非芦花雌鸡和芦花雄鸡杂交。芦花基因（*B*）为显性，其等位基因非芦花（*b*）为隐性。

在鸟类性别决定基因的研究中，现在已经找到了两个可能的候选基因 *Dmrt1* 和 *Wpkci*（*ASW*）。前者定位在Z染色体上，被认为决定了雄性的分化；后者定位在W染色体上，可能决定了雌性的分化。这两个基因的作用机制还不清楚，已有一些模型，但还未被证实。鸟类性别分化过程中还受到激素的影响，雌激素和 *AMH* 在性别分化中可能起到重要作用。鸟类究竟有没有剂量补偿效应也是长期以来备受关注的问题，至今尚未得到确切的结论。

（六）不完全性连锁

在人类和某些植物中，X 和 Y 染色体的长臂端部（PAR2）及短臂的远端（PAR1）具有高度同源的 DNA 序列的区段，此段区域称为**假常染色体区段**（pseudoautosomal region，PAR）。在减数分裂时这个区域可发生染色体配对和交换。也有一部分是不同源的区域（图 18.14），在减数分裂时是不配对的区域。位于 X 染色体不同源区域上的基因和 Y 染色体不产生交换，称为 **X 连锁**（X-linkage）基因；同样位于 Y 染色体上的非同源区的基因就称为 **Y 连锁**（Y-linkage）基因。位于 X 染色体和 Y 染色体同源区域的基因称 **"X 和 Y 连锁"** 基因，由于这一区域有交换重组的可能存在，所以也称为**不完全性连锁基因**（incomplete sex linkage）。例如，C. Stern 1926 年发现果蝇的刚毛有一种突变型，刚毛变短，称截刚毛（bobbed），它的遗传情况如图 18.15 所示，其正反交的结果不是 F_1 代不同，而是 F_2 代不同，只能推论在 Y 染色体上有相应等位基因存在。这也是唯一 X 和 Y 连锁的例子。

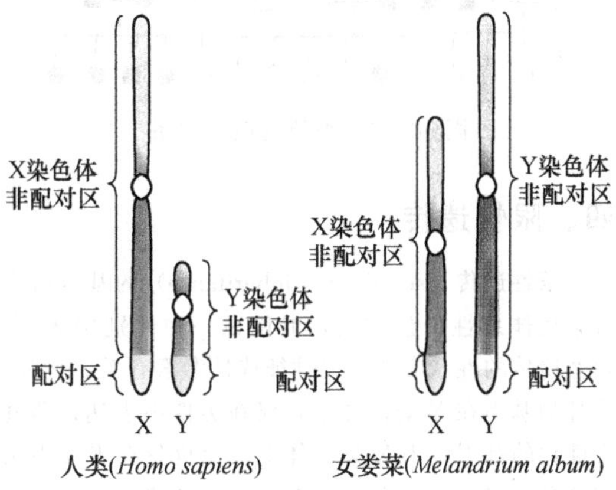

图 18.14　人类和女娄菜性染色体配对区和不同源的部分（引自 Griffiths et al.，1999）

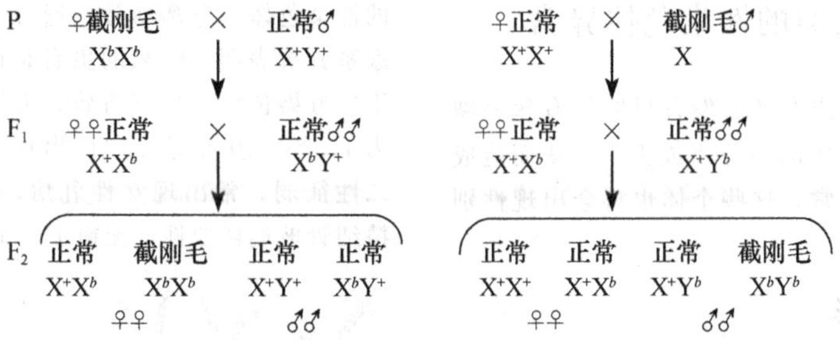

图 18.15　果蝇截刚毛的"X 和 Y 连锁"遗传方式

b 表示截刚毛基因，为隐性性状。假设其位于 X 和 Y 染色体的配对区，则可以解释实验所得到的结果

三、从性遗传

从性遗传（sex-influenced inheritance）是指基因在常染色体上，但由于受到性激素的作用，基因在不同性别中表达不同，如人类的**秃顶**（baldness）就属于从性显性（sex-influenced dominance）遗传。有的男子年轻时就开始秃顶，人们常误以为这是睿智的标志，其实是一种遗传缺陷。带有这个基因（*B*）的杂合体只在男性中出现早秃的表型，在女性中表型正常，带有纯合 *B* 基因的概率小得多，所以女性很少出现早秃。绵羊是否长角的情况和秃顶的遗传相似（表 18.5）。从图谱中（图 18.16）可以看出从性遗传和 X 连锁不同，*B* 基因不是由 X 染色体传递的，而是由常染色体传递的。杂合体（B^+B^-）在雄性中可出现早秃表型（B^- 为显性），而在女性中只有纯合体（B^-B^-）才出现早秃表型，这可能是因为 B^- 基因需雄性激素的作用才能表达。其本质是基因的表达受到雄性激素的调控。鸡羽是一个很好的从性隐性遗传的例子，雄鸡的羽毛和雌鸡的不同，由 *h* 基因控制，只有当 *h* 基因纯合时在雄鸡中才能长出雄羽（表 18.5）。

表 18.5　从性遗传

类型	范例	基因型	表型	
			♀	♂
从性显性	人类早秃	B^+B^+	正常	正常
		B^+B^-	正常	早秃
		B^-B^-	早秃	早秃
从性显性	绵羊长角	h^+h^+	有角	有角
		h^+h	无角	有角
		hh	无角	无角
从性隐性	鸡羽形态	h^+h^+	雌羽	雌羽
		h^+h	雌羽	雌羽
		hh	雌羽	雄羽

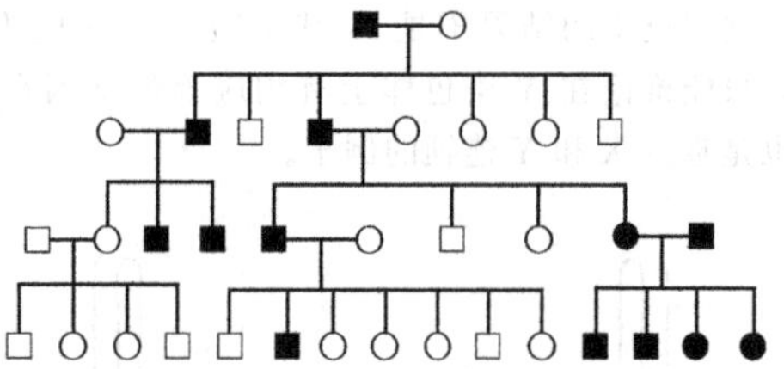

图 18.16　秃顶的遗传谱系

四、限性遗传

限性遗传（sex-limited inheritance）的基因可在常染色体或性染色体上，但仅在一种性别中表达。限性遗传的性状常和第二性征或性激素有关。例如，毛耳的基因在Y染色体上，仅在男性中表达；睾丸女性化的基因位于X染色体上，但也只在男性中出现这种症状；子宫阴道积水也是一种遗传病，基因在常染色体上，但只在女性中出现。

第三节　人类的性染色体异常

人类在减数分裂或在胚胎发育早期的有丝分裂中偶然会产生性染色体的不分离或丢失，从而造成了合子的性染色体异常，这些个体也将会出现性别分化的异常。

一、真两性畸形

真两性畸形不仅具有两性特征的内外生殖器，而且同时具有卵巢和睾丸两种不同的性腺，40%的患者一侧有卵巢，另一侧有睾丸；40%的患者一侧为卵巢或睾丸，另一侧为卵睾（ovotestes）；余下约20%的患者两侧均为卵睾。真两性畸形患者的副性征可为男性或女性，但其杂合体却为嵌合型，主要分为两类。

（1）46XX/47XXY，46XY/45XO，47XYY/45XO：这一类型是由于胚胎发育早期部分细胞有丝分裂过程中产生了染色体不分离的现象（如XYY/XO）或性染色体丢失（如46XY/45XO）所造成的。这些细胞最初来源于一个受精卵，所以称为同源嵌合体。

（2）46XY/46XX：这种类型十分罕见，可能是由双精受精的**开米拉**（chimera）发育而成。人类的开米拉起源不同，分为两类：双胎开米拉（twin chimera）（两个受精卵彼此融合）和双精受精开米拉（dispermic chimera）（两个精子进入一个卵中）。1953年I. Dunsford首先发现双胎开米拉，其特点是有友伴双胎存在，双胎之间由于交互移植，出现混合血液；双胎一方对另一方移植的细胞缺乏凝集素，这是获得免疫耐受性的最好例子，这种开米拉以自己的核型为主，他们具有正常的生育能力，我国在1983年也发现一例。1962年S. M. Gartler发现另一类由双精受精引起的开米拉。它是由两个精子和两卵核（可能为两个卵或一个双核卵，或一个卵一个极体）受精后由于某种原因融合长成一个个体的结果，因而也称为整体开米拉（whole body chimerism）。其特点是有混合型血液，体细胞培养物也显示镶嵌性；核型为46XY/46XX，表现为真两性畸形，无生育能力。

二、克兰费尔特综合征

克兰费尔特综合征（Klinefelter's syndrome）又称为“先天性睾丸发育不全”或“小睾症”，1959年由P. A. Jacobs和J. A. Strong首先报道，核型为47XXY（图18.17）。此症由于亲代减数分裂时产生的性染色体不分离所致，通过X染色体上Xg血型家系分析表明，60%的患者是由于母方、40%是由于父方染色体不分离所致。男性新生儿中的发病率为1.3‰，患者青春期后出现症状。身体瘦长，第二性征弱，常出现女性乳房，智力较差，睾丸小，精细管玻璃样变性，无精子发生，不育。

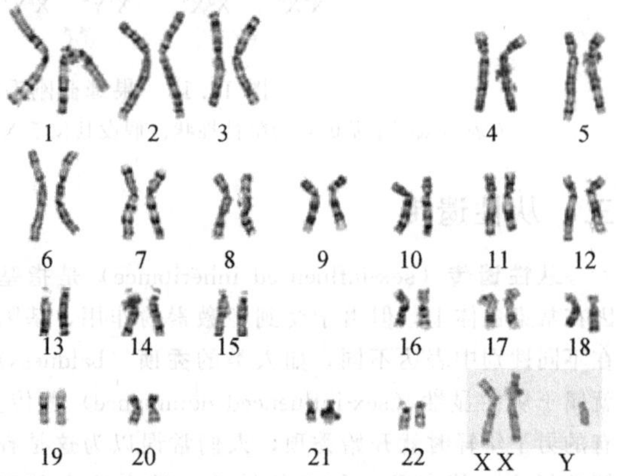

图 18.17　克兰费尔特综合征患者的染色体组型
（引自 http://www.genetic-diseases.net/klinefelter-syndrome/）

三、特纳氏综合征

特纳氏综合征（Turner's syndrome）是人类由于X染色体单体性引起的一类异常，又称为“先天性性腺发育不全”或“先天性卵巢发育不全”等；

核型为45XO（图 18.18），X染色质阴性；表型上为女性，但不育，其卵巢发育不全或缺失。该病在1938年由美国科学家 H. Turner 首先报道。其在女孩中的发病率为 0.2‰～0.4‰；第二性征发育不良，体矮（120～140cm），常有蹼颈和肘外翻，卵巢缺如，原发性闭经，无生育能力；智力低下，常伴有先天性的心脏病。它产生的原因也是由于亲代配子形成过程中性染色体的不分离所致。约有75%的丢失发生在女方，约有10%的丢失是在早期卵裂时。有的患者具有正常的智力但经常具有行为困难，这些似乎与X染色体的亲本来源有关。特纳氏综合征患者如X染色体来源于父亲，那么其在社会适应上明显比X染色体来源于母亲的要好。这个发现说明只有当父亲的等位基因打开时，在X染色体上的印记（imprinting）基因不知何故能增强社会适应性。

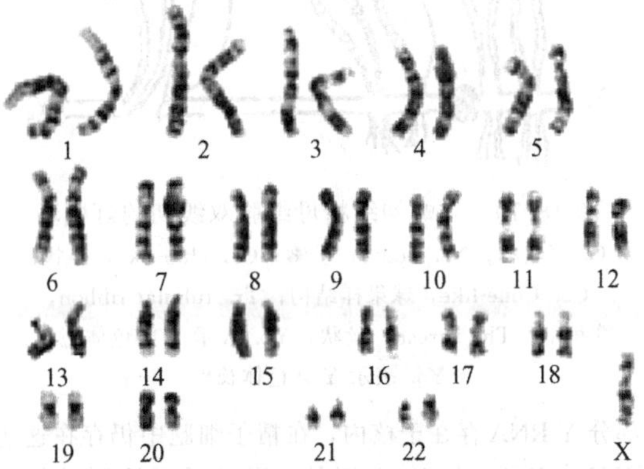

图 18.18　特纳氏综合征患者的染色体组型
（引自 Wikipedia，2010）

特纳氏综合征患者发病率远比克兰费尔特综合征为低，这是由于约98%的45XO胚胎在早期已流产，只有约20%的个体发育异常较轻微才得以存活。

四、XYY 综合征

XYY综合征也称**超雄**（metamale 或 supermale），1961年由 A. A. Sandberg 首先报道。患者为男性，身材高大，少数发育异常和智力较低，大部分核型为47XYY，X染色质阴性，有两条Y染色质，发病率占男性的 1/750～1/1500。1965年 P. Jacob 等发现在暴力犯罪中XYY的比例较高（1/28），从而提出两条Y染色体的存在可能导致患者有暴力行为。由于当时新闻界的渲染和歪曲，如把美国嗜杀成性的罪犯 R. Speek 描述成超雄，更引起了混乱。另一些研究者的报告指出，XYY综合征患者的智力发育和社会行为完全正常，因此这种染色体异常对行为的影响尚无定论。在果蝇中，性指数为1X∶3A＝0.33（细胞中含有1条X染色体和3套常染色体）的个体为超雄，无生育能力。

五、XXX 综合征

XXX综合征又称为**超雌**（metafemale 或 superfemale），P. A. Jacobs 等在1959年首先报道。其发病率为 0.8‰，多数患者表型和生育能力都正常，只有少数患者具有继发闭经、智力稍低等症状，细胞学检查可发现患者有2个巴氏小体（Barr body）。患者母亲的平均年龄增高，表明染色体不分离现象主要发生在母方。在果蝇中，性染色体为XXX的雌体，其性指数（X染色体数与常染色体套数的比）为1.5，大于1.0，发育能力低。

第四节　动物的性别决定和分化

一、性别决定的途径

在很多生物中性别决定与异形的性染色体相关，但这并不意味着这些物种都是由一个共同的具有异形性染色体的祖先进化而来的。XX-XY性别决定机制在进化中似乎是多次独立出现的。果蝇和哺乳动物的XX-XY性染色体是独立出现的，因此二者的性别决定机制是完全不同的，其差异见表18.6。在果蝇和哺乳动物之间，身体的很多区域显示了性别二态性的特点，即这些区域的特点在两性中是不一致的，如果蝇两性的性器官本身及腹部的体色是不同的。性别决定机制和性别二态性特点是本节重点介绍的内容。

表 18.6　果蝇和哺乳动物性别决定机制的比较

性别决定的类型	果蝇	哺乳动物
XX-XY	性指数（X∶A比率）	是否有Y染色体
XX对XY的分子基础	分子分母转录因子亚基的相互作用	Y染色体上负责睾丸决定的转录因子
性决定产生的过程	细胞和细胞间	睾丸作为雄性决定的根本在于指导其他性器官的分化
性别决定途径的开关	早期胚中 *Sxl*（*Sex lethal*）的转录	*SRY*（人类）或 *Sry*（小鼠）基因的存在与否

续表

性别决定的类型	果蝇	哺乳动物
下游的调节水平	mRNA 的交替剪切	转录
发育的正反馈机制	SXL 蛋白的正反馈环在 *Sxl* mRNA 上的剪切	睾丸的持续存在
性别特异基因表达的细节	*dsx*（doublesex）基因编码的蛋白 DSX^F 是雌性特异基因的表达的激活物，是雄性特异基因表达的抑制物。DSX^M 是雄性特异基因表达的激活物，是雌性特异基因的表达的抑制物	睾酮介导激活靶组织上的睾酮受体，此受体通过和睾酮效应元件的结合来调节转录（增强子或静息子）

资料来源：Griffiths et al.，1999。

二、果蝇性别决定的分子机制

果蝇的每一个细胞系都产生了其特有的性别决定。最好的证明方法之一是分析 XX-XY 嵌合体果蝇。这些个体既含有 XX 细胞，又含有 XY 细胞。这种嵌合体依照每个细胞的基因型表现出雄性和雌性的混合表型。这些差异表明果蝇中的每个细胞都独立地决定它们的性别。

（一）果蝇 Y 染色体的功能

果蝇的 Y 染色体与精子发生有关，但尚未发现它在性别决定中有任何功能。X/O 型的果蝇可以发育为雄体，Y 染色体在体细胞中可以丢弃，但在初级精母细胞中都处于活跃状态，X/O 雄蝇精子发生受到严重的干扰，产生的精子无活动能力。

Y 染色体有 6 个雄性可育性基因（长臂 4 个，短臂 2 个），而在 X 染色体上无相应的等位基因。这 6 个基因只转录不翻译，每个基因转录成一种灯刷环，这种灯刷环是一个转录单位，它们和一些蛋白质结合形成不同形态的 RNP，分别命名为套索状、棒槌状、管带状、丝状和球果样结构（图 18.19）。一个或多个灯刷环失活都会引起雄性不育，可见是精子发生不可缺少的。其特点是：①不翻译；②RNA 很大，约为 1500kb；③有 Ys 和 Ya 两种序列，Ys 是特异序列，有 200～2000 个拷贝；Ya 是 **Y 装配序列**（Y-associated sequence），一个家族只出现在一个环上，长约 400nt；④能形成二级结构；⑤能富集蛋白质，形成 RNP。

Y 染色体对某些蛋白质起着调控作用。X/O 雄果蝇精子中有三种蛋白质（包括微管蛋白）的量明显下降，而这些蛋白质都不是 Y 染色体编码的。微管蛋白的 mRNA 在 X/O 雄果蝇中并不减少，可见 Y 染色体可能在微管蛋白翻译水平上起到调节的作用。X 染色体上的星状（stellate）位点编码 p17 蛋白，在 X/O 雄蝇的精母细胞中该蛋白质由于过多合成而形成结晶，Y 染色体对其有调节功能，调节位点不在灯刷环上，而在可育位点 K12-K13 之间。有

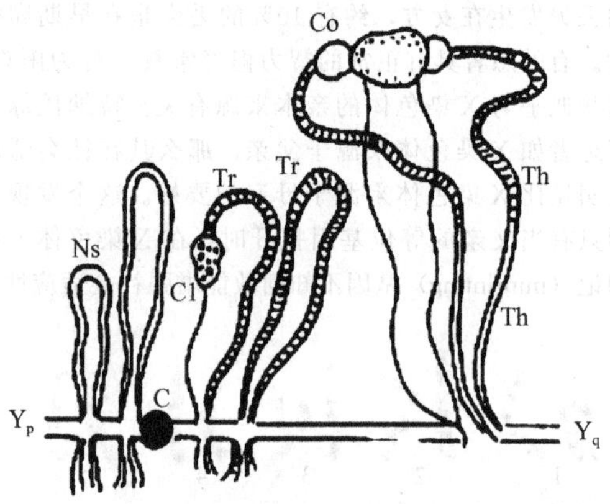

图 18.19 果蝇初级精母细胞双线期的灯刷环
C. 着丝粒；Ns. noose，基索；Cl. club-like，棒状；Co. Cone-like，球果样结构；Tr. tubular ribbon，管状带；Th. thread，丝状；Yp. 表示 Y 染色体短臂；Yq. 表示 Y 染色体长臂

部分 Y-RNA 存在于核内，在精子细胞中仍存在这些 RNA，它可以与 DNA 互补，通过反义抑制进行调节。Y-RNA 的二级结构是结合蛋白所需，而且这些蛋白质可能和凝聚与去凝聚的过程有关。从上面的介绍不仅了解了果蝇 Y 染色体的功能，而且使人们理解了为什么果蝇的性别决定似乎完全和 Y 染色体无关。

（二）调节途径的基础

我们先来看一下果蝇总的性别决定途径（图 18.20）：无论果蝇将来发育成雄性还是雌性，性指数（X∶A）在早期胚中都要建立。建立性别表型的指令是由总的调节“开关”和一系列下游性别特异性基因来执行的。“开关”关闭时产生性别决定的雄性途径，此途径是由不同的转录来起始的，通过 RNA 的不同剪切来决定开关方向的维持、途径的延续。此途径关闭，其最终点是产生雄性特异性转录因子。相反，途径的打开，其最终点是产生雌性特异性转录因子。

（三）调节开关

通过遗传学分析我们知道调节开关是 ***Sxl***（sex

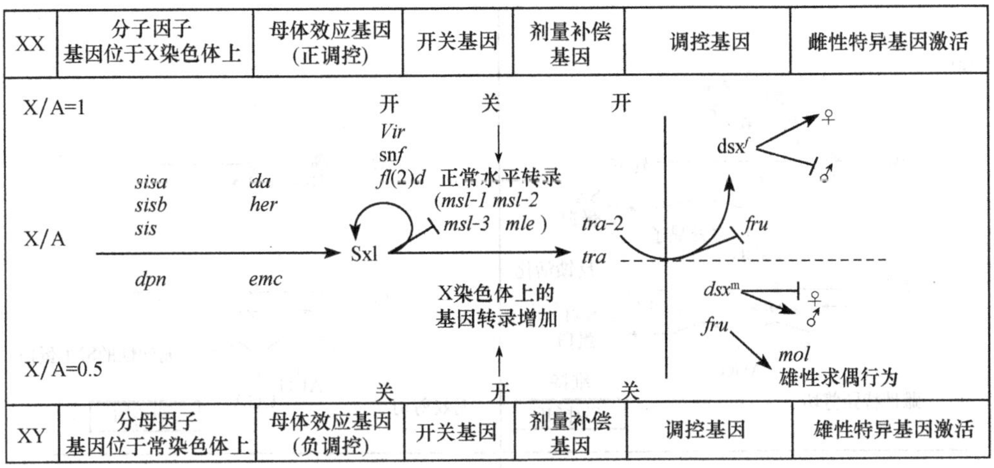

图 18.20　果蝇性别决定和分化的途径

lethal）基因的活化。在 X∶A＝1 的果蝇中，合成 SXL 蛋白，果蝇发育为雌性；在 X∶A＝0.5 的果蝇中，合成无功能的 SXL 蛋白，果蝇发育为雄性。通过一系列 X 染色体上的基因［合子表达的分子（numerator，NUM）基因］编码的蛋白产物与常染色体上的基因［合子和母体表达的分母（denominator，DEM）基因］编码的蛋白产物相互作用，性指数开动了性别决定途径。至少部分分子和分母基因编码的转录因子含有**碱性螺旋-环-螺旋**（basic helix-loop-helix，bHLH）模体。已知 bHLH 蛋白仅在有两个分子存在时才具有转录因子的活性。NUM 和 DEM 蛋白这些转录因子的作用仅在果蝇早期发育中一个很窄的时间段（受精后 2～3h）才能决定调节开关——*Sxl* 基因是否打开。*Sxl* 基因“开关”在雌性中一直“打开”，在雄性中一直“关闭”（图 18.21）。*Sxl* 基因开关在打开时，NUM 转录因子的水平必须是高的（X∶A＝1.0）。存在于早期胚中的高水平的（雌性）X∶A 转录因子与 *Sxl* 基因的增强子结合，激活 *Sxl* 基因早期启动子转录，其转录物翻译成有活性的 SXL 蛋白。相反，如果 NUM 因子的水平太低（如 X∶A＝0.5）时，转录因子不足以激活 *Sxl* 基因转录，所以也不产生 SXL 蛋白。NUM 蛋白通过和 DEM 蛋白二聚体竞争来量度 X∶A 比值，以产生有活性的 NUM 转录因子二聚体复合体［图 18.21（b）］。NUM-DEM 蛋白二聚体有以下特点：①NUM 蛋白单体有一个序列特异的 DNA 特异结合位点，而 DEM 蛋白没有任何的 DNA 结合位点；②NUM 蛋白的 DNA 结合位点识别 *Sxl* 调节基因启动子上的增强子序列，这个启动子产生的转录对于 *Sxl* 基因在早期胚中的表达是必要的；③NUM 和 DEM 两种多肽的合成水平与细胞中编码分子蛋白基因和分母蛋白基因的拷贝数成比率，因此，X∶A＝1.0 的胚胎在每个细胞中 NUM 多肽数目是 X∶A＝0.5 的胚胎的两倍。但无论 X∶A 的比值是多少，这些二倍体细胞中含有的 DEM 蛋白的量都是相同的；④形成重组的二聚体是完全可能的，其比率与细胞中 NUM 和 DEM 蛋白单体的浓度相关（NUM-NUM 同二聚体、NUM-DEM 异二聚体、DEM-DEM 同二聚体）；⑤要形成一个有活性的转录因子，bHLH 二聚体的两个亚基必须要有序列特异的 DNA 结合位点。只有 NUM 同二聚体具有此位点。在某种意义上说，DEM 单体可以抑制转录因子 NUM 亚基的活化。

以上的结论是 NUM∶DEM 的比率高，细胞中将有更多活化的 NUM-NUM 转录因子。具有 X∶A＝1.0 的早期胚可预期它将比 X∶A＝0.5 的早期胚有更多的活化的分子转录因子。

（四）性别决定开关维持在一个稳定的状态

Sxl 基因有两个启动子（图 18.22）。早期启动子（P_E）只被 NUM-NUM 转录因子活化。P_E 仅在早期胚中才有活性，属于调节型启动子。在晚期胚或生活史的其他时期，*Sxl* 是由晚期启动子（P_L）转录的。P_L 是组成型启动子，在细胞中持续表达，不受 X∶A 比率的调控。由 P_L 转录的 *Sxl* 初始转录物比 P_E 的初始转录物要长得多，它的 mRNA 要经受 SXL 蛋白选择性剪切，此剪切取决于细胞中是否存在有活性的 SXL 蛋白。SXL 蛋白是一种 RNA 结合蛋白，它可以改变由 P_L 转录的 *Sxl* 初始转录物的剪切。当有功能的 SXL 蛋白剪切后产生成熟的 mRNA，编码有活性的 SXL RNA 结合蛋白。此蛋

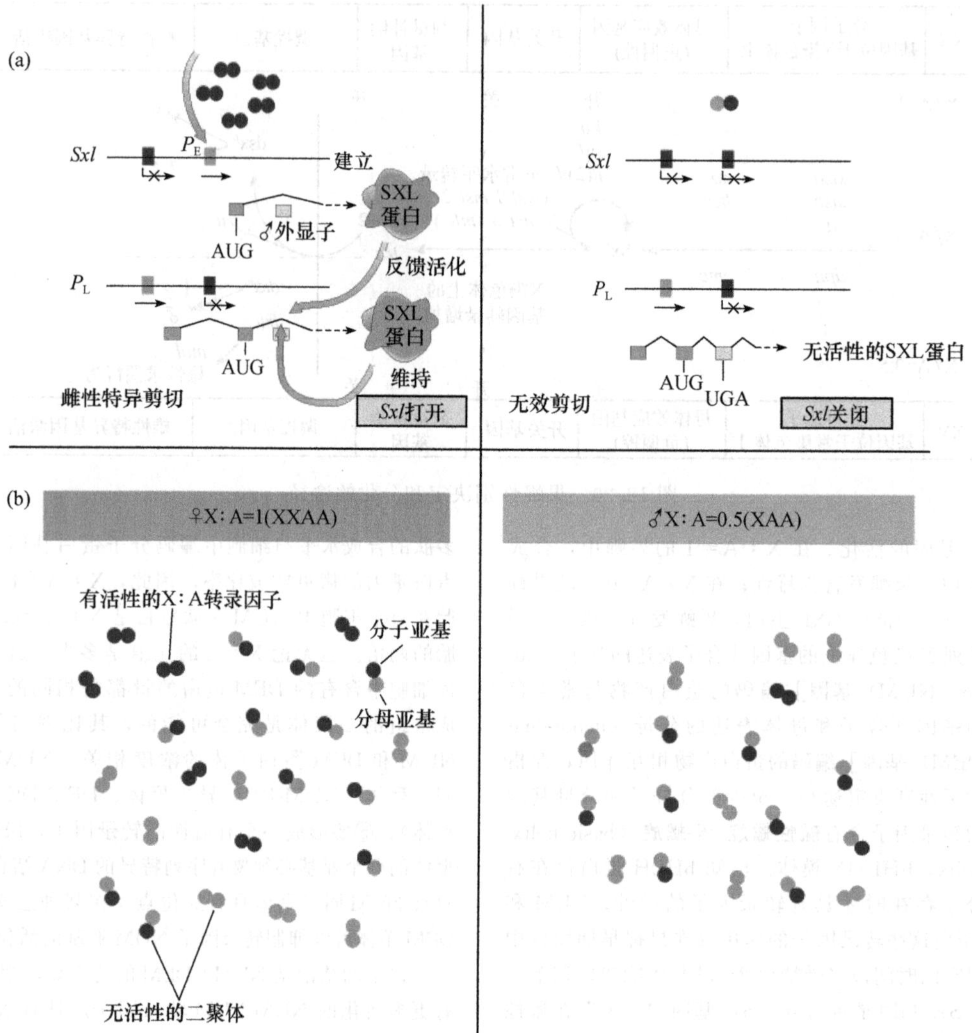

图 18.21　*Sxl* 基因开关的起始和维持（转引自 Griffiths et al.，1999）

(a) 在雌体中高水平的分子-分子二聚体可激活 *Sxl* 基因的早期启动子（P_E，调节型表达），产生有活性的 SXL 蛋白，可以正确剪切晚期启动子（P_L，组成型表达）转录的产物，使之产生有活性的 SXL 蛋白。在雄体中分子-分母二聚体不能激活 *Sxl* 基因的早期启动子，不产生有活性的 SXL 蛋白；(b) 当 X∶A＝1 时，可产生分子二聚体；当 X∶A＝0.5 时，不能或较少地产生分子蛋白二聚体

白转而与更多 P_L 产生的初级转录物结合，进行剪切，形成编码有功能 SXL 蛋白的 mRNA。此反馈环或自我调节环受到 RNA 剪切的调节，在 X∶A＝1.0 的果蝇发育中维持 SXL 蛋白的活性。

相反，当 X∶A＝0.5 时，*Sxl* 开关处在“关”的位置，使 P_E 在早期胚中没有活性，因此 X∶A＝0.5 的早期胚不产生 SXL 蛋白。晚期 *Sxl* 启动子（P_L）的 *Sxl* 初始转录物在缺乏有功能的 SXL 蛋白时就不能进行剪切，此 mRNA 是没有功能的。这是由于在其第三个内含子中编码了一个终止密码子，因此翻译提前终止，这个雄性特异的 mRNA 产生了一个很短的无活性的蛋白质。因此在含有低水平的 NUM-NUM 转录因子的雄果蝇早期发育中，缺乏有活性的 SXL 蛋白，这就决定了它朝雄性方向发育。

（五）性别决定的级联调控

SXL 蛋白不仅具有反馈调节的功能，而且还能激活性别决定途径中 *Sxl* 下游的基因。使雌性特异

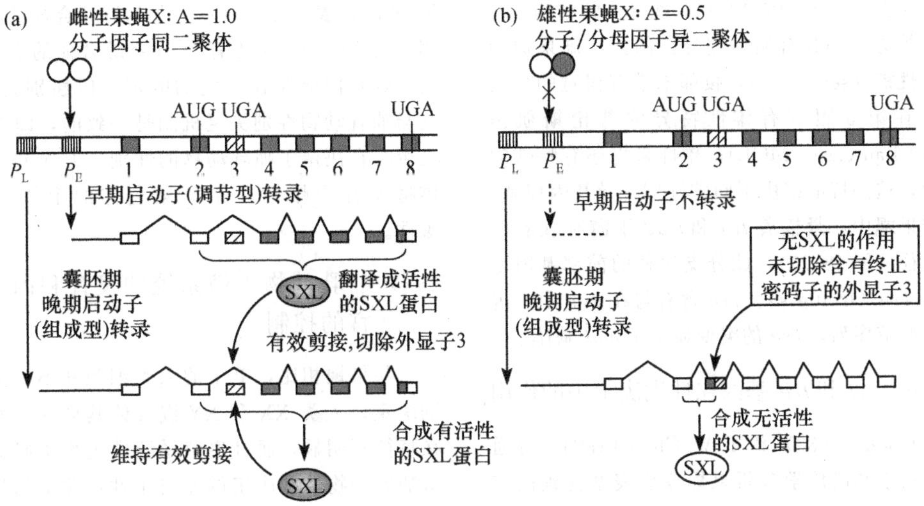

图 18.22　果蝇 SXL 蛋白充当性别决定调节的总“开关”

(a) 在雌性中，因有两条 X 染色体，X 连锁的分子因子基因产物的量较多，所形成的同二聚体可作为 *Sxl* 基因早期启动子的转录因子，激活转录，经选择性加工，删除了含有终止密码子的第三个外显子，翻译成有活性的 SXL 蛋白；其晚期启动子转录的 mRNA，经 SXL 的有效剪接，切除外显子 3，同样可合成有活性的 SXL 蛋白，此蛋白质可维持晚期的有效剪接，继续产生 SXL；(b) 雄性果蝇仅有一条 X 染色体，产生的分子因子和分母因子形成异二聚体，不能激活早期的转录；而晚期转录产生的 mRNA 在加工中未删除含有终止密码子的第三个外显子，这样，翻译时就在此处终止，产生了无活性的 SXL 蛋白

性基因获得表达。这是通过相同的 RNA 结合活性来完成的。只有在 SXL 蛋白存在的情况下，*tra*（transformer）基因的转录物才能经剪切产生有活性 TRA 蛋白的 mRNA。

TRA 蛋白是一种 RNA 结合蛋白，可使 *dsx*（doublesex）初始 RNA 进行雌性特异性剪切。通过这种剪切产生的 DSX^F 蛋白是一种转录因子，它完全抑制雄性特异性基因的表达（图 18.23）。

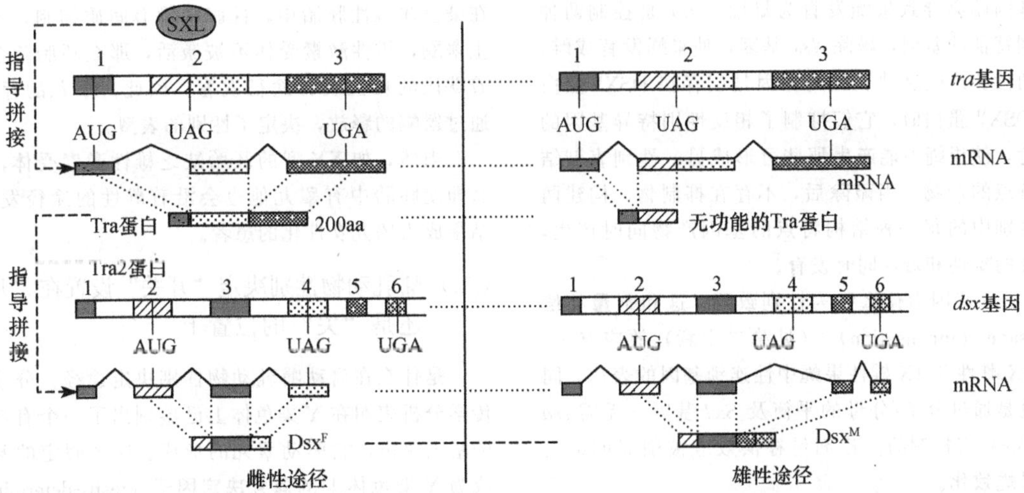

图 18.23　蝇性别分化过程中 *Sxl*、*tra* 和 *dsx* 基因以 RNA 选择性剪接的方式进行级联调控

缺乏 SXL 活化的蛋白质时，*tra* 初始转录物的剪切模式产生的 mRNA 不编码有功能的 TRA 蛋白。当

缺乏有活性的 TRA 蛋白时，*dsx* 初始转录物的剪切模式产生的蛋白质是 DSX^M 转录因子，它抑制雌性特

异性基因的表达。雌、雄果蝇在某些身体的结构、行为和生化等方面都具有明显差异。例如，雄果蝇的前腿上有**性梳**（sex comb），腹部末端有很宽的色素沉积带，在第 5 腹节有雄性特异的**劳伦斯肌肉**（muscle of Laurence，MOL）；雄性果蝇还有特殊的求偶行为，这些特征都由不同的性别特异基因控制。

在雄果蝇中，紧接着 *tra* 和 *tra2* 下游存在着一条分支途径（图 18.20），此分支途径的前部基因是不育基因 *fru*（fruitless）。*fru* 含有与在 *dsx* 中发现的相似的调节序列，*fru* 的突变显示了 *mol* 缺陷。

（六）*sis-b*、*Sxl* 和 *tra* 基因在性别决定中的作用

B. S. Baker（1983）和 T. W. Cline（1984）等通过分子生物学和遗传学分析果蝇改变表型性别的突变来深入研究果蝇的性别决定。他们注意到在果蝇性别的表型中，无效突变（null mutation）的效应使雌果蝇转变成了雄果蝇。突变的雄性纯合体是完全正常的。突变基因包括 *sis-b*（sisterless-b）、*Sxl* 和 *tra*。这些基因在雄性中不是必要的，因为雄性的发育途径似乎是发育开关处在关闭状态。另外，果蝇的性别决定途径是一系列基因的活化，避开默认状态而进入雌性发育途径。*sis-b* 基因是编码 bHLH 蛋白的分子基因，X∶A 的比值必须达到 1.0，mRNA 的剪切调节物（由 *Sxl* 和 *tra* 基因编码的 RNA 结合蛋白）必须是有活性的，这样雌性发育才能进行。平常在雄性果蝇中这些基因总是关闭的，如敲除这些基因就会导致果蝇发育为雄性。*dsx* 是控制两种性别特征的基因，敲除 *dsx* 基因，使果蝇发育成雌、雄两性。产生这种表型的原因是当存在 DSX^F 蛋白或 DSX^M 蛋白时，它们抑制了相反性别特异基因的表达，使果蝇不能产生那些可形成另一性别表型结构特点的产物。当敲除后，不存在抑制物，构建两种性别中的每一种结构特点的基因产物同时产生，果蝇的雄性和雌性同时发育。

Sxl 基因为什么称为性别致死？这和**剂量补偿**（dosage compensation）（见第二十章）效应有关。在 2X 雌性和 1X 雄性果蝇中性连锁基因的表达，同样也是通过分子/分母的平衡及 *Sxl* 基因（无需 *tra* 或 *dsx*）来控制的。若剂量补偿效应被削弱的话会使果蝇致死。

三、哺乳动物的性别决定

通过性染色体非整倍体分析证明，哺乳动物的性别决定和分化与果蝇是完全不同的。基因型为 XXY 的人表型是患有克兰费尔特综合征的男性；基因型为 XO 的人是患有 Turner 综合征的女性。虽然他（她）们都存在一定的畸形，但性别是明显的。这与哺乳动物性别决定机制是一致的，即 Y 染色体是否存在决定了哺乳动物的性别，无 Y 染色体的个体将发育为雌性，有 Y 染色体的个体就发育为雄性。

（一）哺乳动物生殖系统的发育和内分泌器官的控制

与果蝇相比，单个的人类细胞并不独立产生性别决定。人类 XX 和 XY 嵌合体其男性或女性的外在特征不明显，通过生殖系统的生物学研究可以弄清哺乳动物性别决定的非自主性：性别的特异性表型由睾丸的存在与否来决定。在人类怀孕的前 2 个月中形成性腺。

初始的生殖细胞迁移到**生殖嵴**（genital ridge），生殖嵴位于未发育肾的顶端。无论生殖细胞迁移到生殖嵴的内部还是外周，也无论性腺发育成睾丸还是卵巢（图 18.24），生殖细胞的染色体决定性别。如果生殖细胞形成睾丸，睾丸的**间质细胞**（leydig cell）分泌睾酮（一种固醇类激素）。这种激素和雄性激素受体结合。此受体的功能是作为一种转录因子。它们有无活性取决于是否和雄性激素结合。雄性激素和其受体的复合体结合于增强子的雄性激素效应元件上，导致活化的雄性特异性基因的表达。在染色体雌性胚胎中，性腺中没有间质细胞，不产生睾酮，雄性激素受体不被激活，那么胚胎就会沿着默认的雌性发育途径发育。因此，睾丸的存在，通过睾酮的释放，决定了性别的表型。

当然，如 XY 型的胚胎缺乏雄性激素受体，那么即使胚胎中有睾丸他也会沿着雌性的途径发育，结果成为睾丸女性化的患者。

（二）哺乳动物性别决定“开关”设置在“开”还是“关”的位置上

是什么在启动哺乳动物性别决定途径？分子遗传学分析表明在 Y 染色体上已鉴别出了一个有功能的基因座位，它驱动睾丸的形成。这个假定的基因成为 Y 染色体上的**睾丸决定因子**（testis-determining factor，TDF/Tdy）（在人类中称 TDF，在小鼠中称 Tdy），现在称为**性别决定区**（sex-determining region Y）基因，在人类中写成 *SRY*；在小鼠中写成 *Sry*。开始的鉴别是通过发育为男性的 XX 突变体。此外野

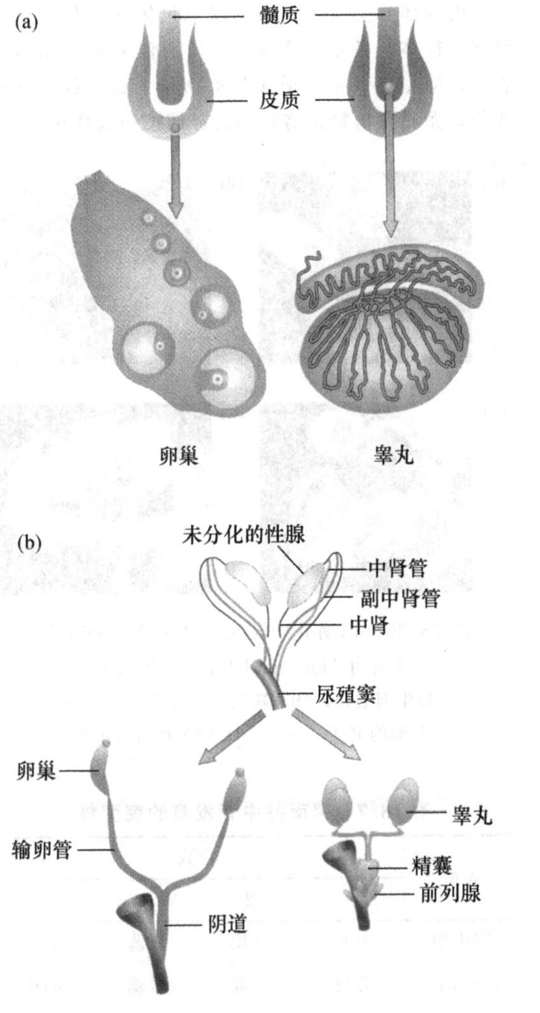

图 18.24　哺乳动物泌尿生殖系统
（转引自 Griffiths, et al., 1999）

(a) 胚生殖嵴由髓质和包在外面的皮质组成。雌性生殖细胞迁入皮质，发育成卵巢。雄性生殖细胞迁入髓质，发育成睾丸。(b) 在未分化的初始泌尿生殖组织中有中肾管（Wolffian）和副中肾管（Müllerian）。如存在睾丸，它可分泌两种激素：睾酮和称为副中肾抑制物（Müllerian-inhibiting substance，MIS）的多肽激素。这些激素导致副中肾管退化，而中肾管发育成雄性生殖管。如存在卵巢，不产生睾酮和 MIS，和雄性相反，中肾管退化，副中肾管发育成雌性生殖管

生型 *SRY/Sry* 基因是位于 Y 染色体上，这样我们很容易理解性别决定“开关”的方式。野生型 XY 个体具有 *SRY/Sry* 基因，它可激活雄性发育途径，而正常的 XX 个体无 *SRY/Sry* 基因，其发育就沿着雌性默认途径发育。

SRY/Sry 基因对性别决定有什么作用？SRY/Sry 蛋白是一种转录因子，它在初始的雄性性腺中表达。SRY/Sry 蛋白如何精确地启动睾丸的形成现在还不清楚，但现在已掌握了 SRY/Sry 蛋白序列。

SRY/Sry 基因是 A. H. Sinclair 等（1990）通过对人和小鼠的性别畸形进行作图和分析时鉴别出来的，这些畸形称为**性反转**（sex reversal）。XX 性反转个体的表型为男（雄）性，在她们的基因组中带有 Y 染色体片段。在一般情况下染色体的重复是由于 X 和 Y 染色体之间产生了**“不等交换”**（unequal crossing over），使一条 X 染色体的顶端融合了 Y 染色体的片段。这部分 Y 染色体已被克隆，通过分子分析，A. H. Sinclair 等鉴别出 *Sry* 在发育的**肾囊**（kidney capsule）中表达的转录物。这个基因编码的转录物称为 Y 染色体上的性反转基因，这是因为此基因是在性反转综合征中鉴别出的，但和早先提出的 *TDY/Tdy* 是同一个基因。A. H. Sinclair 等用转基因鼠提供了一个十分有力的证据来支持他们的结论。小鼠 Y 染色体组的 14kb 基因片段的一个克隆含有 *Sry* 基因，它通过生殖系统的转化插入到小鼠的基因组中，含有插入 *Sry* DNA（转基因）的 XX 后代，其内外生殖器正如预料的那样都是雄性的，具有含间质细胞的睾丸（但这只小鼠是不育的，可能因为在它的雄性生殖细胞中有两条 X 染色体；XXY 雄性小鼠同样也是不育的）。这样，一个基因就可以改变哺乳动物的性别表型，完全和 *SRY/Sry* 基因决定睾丸发育的作用一致。通过研究罕见的缺乏这种受体的**睾丸女性化**（testicular feminization，Tfm）小鼠阐明了雄性激素受体的作用是接受睾酮信号并建立雄性的第二性征。核型为 XY 的小鼠，其 X 连锁的 *Tfm* 基因突变体发育成雌性小鼠，它们除了不育外，典型的特点是青春期无月经。*Tfm* XY 小鼠是有睾丸的，但靶细胞无雄性激素受体，因此对睾酮的存在完全没有应答，这样小鼠就沿着雌性默认途径发育，导致表型的雌性化。

四、植物花器官的发育和分化

正如我们所见，动物中主要的发育决定是在其生命的早期，即胚胎发生时；而高等植物在营养器官（根、茎和叶）和花器官（萼片、花瓣、雄蕊和心皮）两种**分生组织**（meristem）中分化却持续一生。茎和根的分生组织是在胚胎发生时形成的。花的分生组织是在胚胎发生后通过茎分生组织的改组而建立的，最终分化成花器官。

(一) 拟南芥通过 MADS 盒转录因子来调节花的发育

拟南芥(*Arabidopsis thaliana*)的遗传分析显示了花结构遗传决定的一个重要原理。作为一个典型的显花植物,拟南芥的花是以 4 圈同心圆的形式排列的(图 18.25)。此图是花的俯视图,同心圆从外到内分别以 1、2、3 和 4 来标记,在花的发育中每一轮都产生不同的花器官。第一轮长萼片(花瓣外侧绿色的托片),第二轮长花瓣,第三轮长雄蕊,第四轮长心皮(后融合成子房)。

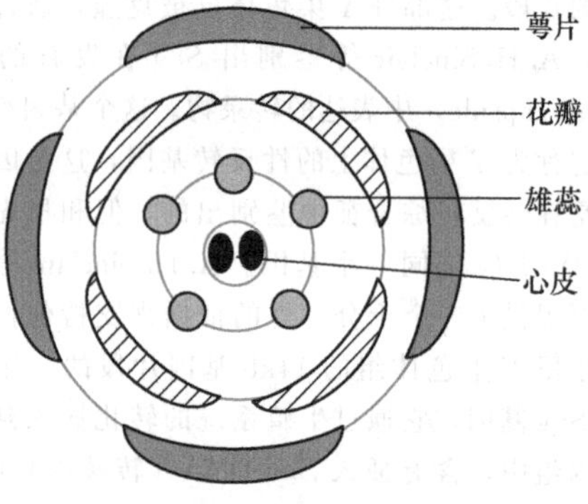

图 18.25　在花的分生组织中花器官明显以同心圆的形式排列

影响到花发育的突变称为**花特征性突变**(floral identity mutation),主要有三类,其表型特征如图 18.26 所示。和野生型花 [图 18.26 (a)] 比较,第一类缺少了萼片和花瓣 [图 18.26 (b)];第二类缺少了花瓣和雄蕊 [图 18.26 (c)];第三类缺少了雄蕊和心皮 [图 18.26 (d)]。根据对这几类突变体的杂交,使这些突变可以和不同的互补组联系,从而可以定义相关的基因。控制这些突变表型的基因如表 18.7 所示。缺乏萼片和花瓣的突变型是由于无花瓣 1(*apetala-1*,*ap1*)突变所致。缺乏雄蕊和花瓣的突变型是由于无花瓣 3(*apetala-3*,*ap3*)突变或无雌蕊(*pistillata*,*pi*)突变所致。缺乏雄蕊和心皮的突变型是由于无性突变(*agamous*,*ag*)所致。这些基因编码转录因子 MADS 盒家族的成员。植物中的 MADS 盒基因是一个序列特异的调节基因家族,其编码的 MADS 盒(由酿酒酵母转录因子 MCM1、拟南芥花同源异型基因 *AGAMOUS* 的产物、金鱼草花同源异型基因 *DEFICIENS* 的产物和人血清应答因子 SRF 这 4 种蛋白质的首字母组成,这 4 种蛋白质都含有一个由 58 个氨基酸组成的高度保守的模体)蛋白转录因子以二聚体化的形式通过保守的模体与特定的 DNA 序列结合来调控基因的表达。MADS 转录因子涉及植物和少数动物的转录调节,尤其在植物花器官的发育调控中起作用。

图 18.26　拟南芥中花突变主要类型的表型
(引自 Hartl and Jones,2006)
(a) 野生型的花;(b) 缺失了萼片的突变(*ap1*);(c) 缺失花瓣的突变(*pi*);(d) 缺失雌雄蕊的突变(*ag*)

表 18.7　拟南芥中花发育的突变体

表型	轮数			
	1	2	3	4
野生型	萼片	花瓣	雄蕊	心皮
ap1/ap1	心皮	雄蕊	雄蕊	心皮
ap3/ap3	萼片	萼片	心皮	心皮
pi/pi	萼片	萼片	心皮	心皮
ag/ag	萼片	花瓣	花瓣	萼片

(二) 在每一个同心圆中不同组合基因的表达控制了拟南芥的花发育

AP1、*AP3*、*PI* 和 *AG* 转录因子在花器官发育中的作用能从这些基因突变体的表型加以推测。根据观察一些基因的突变可以推测 *AP1* 基因对萼片和花瓣的发育是必需的;*AP3* 和 *PI* 对花瓣和雄蕊的发育是必需的;*AG* 对于雄蕊和心皮的发育是必需的。由于这些突变的表型是这些基因的等位基因(*apl*、*ap3*、*pi* 和 *ag*)失去功能所致,我们可以推断 *AP1* 在第 1、2 轮中表达;*AP3* 和 *PI* 在第 2、3 轮中表达;*AG* 在第 3、4 轮中表达。表 18.8 表示了

这些重叠表达的模式。这种表达模式表明花的发育是通过 4 个基因组合的方式来控制的。在萼片发育的组织中仅 *AP1* 有活性；花瓣是由 *AP1*、*AP3* 和 *PI* 的组合控制的；雄蕊是由 *AP3*、*PI* 和 *AG* 的组合决定的；而心皮发育仅由 *AG* 的表达来实现。

表 18.8　花发育基因表达所决定的性状

轮数	基因表达	决定
1	*AP1*	萼片
2	*AP1*+*AP3* 和 *PI*	花瓣
3	*AP3* 和 *PI*+*AG*	雄蕊
4	*AG*	心皮

1994 年 D. Weigel 和 E. M. Meyerowitz 提出了花器官形成基因调控的**花 ABC 模式**（flower ABC model）（图 18.27）。每一组基因均在相邻的两轮器官中起作用，即 A 组基因控制第 1 轮花萼和第 2 轮花瓣；B 组基因决定第 2 轮花瓣和第 3 轮雄蕊的发育；C 组基因调节第 3 轮雄轮花萼和第 2 轮花瓣；B 组基因决定第 2 轮花瓣和第 3 轮雄蕊的发育；C 组基因调节第 3 轮雄蕊和第 4 轮心皮的发育。因而花的每一轮器官受一组或相邻两组基因控制。A 组基因单独作用于萼片；A 和 B 组基因决定花瓣的形成；B 和 C 组基因共同决定雄蕊发育；C 组基因单独决定心皮的形成。

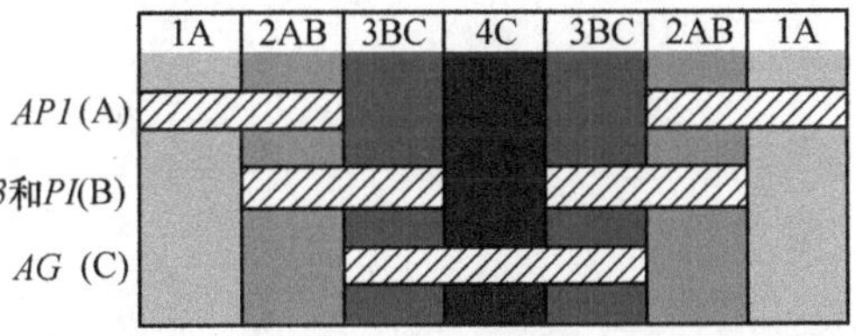

图 18.27　拟南芥花发育的控制通过 4 个基因的重叠表达。萼片、花瓣、雄蕊和心皮是以同心圆排列的花器官系统。每个同心圆的发育特性是由基因 *AP1*、*AP3*、*PI* 和 *AG* 决定的，每个基因在两个邻接的同心圆中表达，因此每个同心圆都有一个特殊的活性基因的组合（A、B、C）

如果将表 18.7 和表 18.8 进行比较，可以发现一个矛盾的现象，即图 18.27 中表明野生型基因 *AP1* 决定第 1、2 轮萼片和花瓣的发育；野生型基因 *AG* 决定第 3、4 轮雄蕊和心皮瓣的发育，但在表 18.7 中，*AP1* 基因的突变纯合体（*ap1*/*ap1*）第 1、2 轮却发育成心皮和雄蕊；而在 *AG* 基因的突变纯合体（*ag*/*ag*）中第 3、4 轮却发育成花瓣和萼片。这个矛盾可用 *AP1* 和 *AG* 表达的互相排斥来解释。假设存在 *AP1* 转录因子时，*AG* 基因被抑制；而存在 AG 转录因子时 *AP1* 基因被抑制。如果真是如此，那么在 *ap1* 突变体中 *AG* 可延伸到第 1、2 轮中表达；在 *AG* 突变体（*ag*）中 *AP1* 可延伸到在第 3、4 轮中表达。这样可以解释单个基因突变甚至双突变所产生的表型。

表 18.8 的模型符合 *AP1* 和 *AG* 基因相互作用的假设。但这个假设是否成立？我们可用这些基因的标记探针，在花细胞中通过 **RNA 原位杂交**（RNA *in situ* hybridization）对图 18.27 中的模型加以验证。特别是 *AP1* 应在 1、2 轮中表达；*AP3* 和 *PI* 应在 2、3 轮中表达；*AG* 在 3、4 轮中表达，另外还要证实 *AP1* 和 *AG* 基因表达的相互排斥。在 *ap1* 突变体中，*AG* 基因在 1、2 轮表达；相反在 *ag* 突变体中 *AP1* 基因在 3、4 轮中表达。现已知道 *AP3* 和 *PI* 基因如何共同起作用。这两个基因产生的激活的转录因子是由 *AP3* 和 *PI* 多肽组成的二聚体。在二聚体中如缺乏了其中的任一种多肽成分，在细胞质中都将失去活性。这两种多肽彼此结合，形成有活性的转录因子转运到细胞核中。

习　题

1. 何为性别决定？何为性别分化？二者有何区别？

2. 性染色体决定性别有哪些类型？试举例说明。

3. 何为性指数？从分子水平解释性指数的作用机制。

4. 玉米是雌雄同株的植物，其性别是如何控制的？

5. 什么是伴性遗传？有何特点？对人类、果蝇、鸟类和植物的伴性遗传试各举一例。

6. 一种人类色盲是由性连锁的隐性突变基因 *c* 造成的。一正常女子（其父是色盲）与另一正常男子（其父是色盲）结婚，其后代是色盲的比例是多少？

7. 某男 A 的牙齿因缺少珐琅质而呈棕色，A 与一正常女子结婚，其女儿均为棕色牙齿，而儿子都正常。A 的儿子与一正常女子结婚，其子女都正常。A 的女儿与正常男子结婚，其后代有一半是棕色牙齿，试解释。

8. 如下图谱系所示，试判断此遗传病的遗传方式。

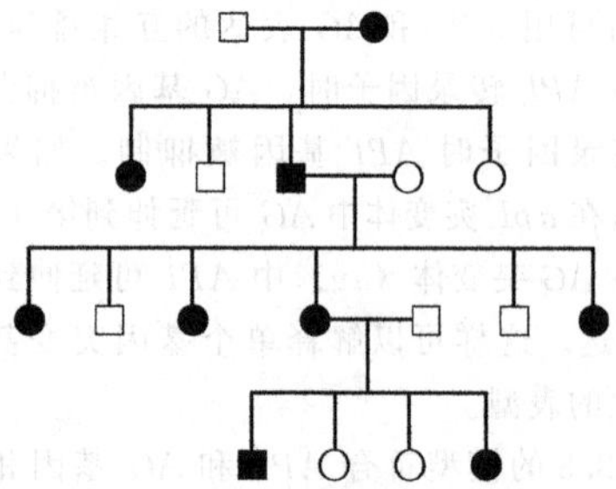

9. 试述伴性遗传、限性遗传和从性遗传的差别。

10. 下图较符合什么类型的遗传？试标出家系中各成员的基因型（以 A 表示显性基因，以 a 表示隐性基因）。如Ⅲ-1 和Ⅲ-2 结婚，所生的孩子是携带者的机会是多少？

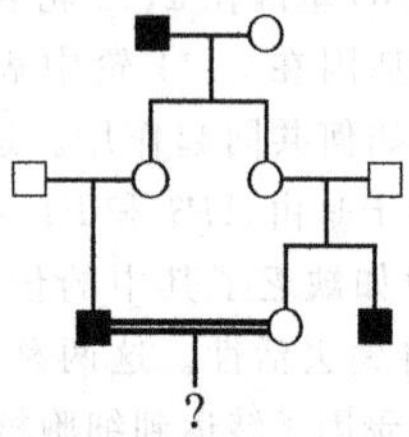

11. 简述果蝇性别决定的分子机制。

12. 什么是 *SRY*/*Sry* 基因？有什么功能？

13. 果蝇 Y 染色体上的可育性基因有何特点？

14. 为什么果蝇的性别决定似乎完全和 Y 染色体无关？

15. 简述哺乳动物性别决定机制和涉及的基因。

16. 如果将表 18.7 和表 18.8 进行比较，可以发现一个矛盾的现象，即图 18.27 中表明野生型基因 *AP1* 决定第 1、2 轮萼片和花瓣得到发育；野生型基因 *AG* 决定第 3、4 轮雄蕊和心皮瓣得到发育，但在表 18.7 中，*AP1* 基因的突变纯合体（*ap1*/*ap1*）第 1、2 轮却发育成心皮和雄蕊；而在 *AG* 基因的突变纯合体（*ag*/*ag*）中第 3、4 轮却发育成花瓣和萼片。这个矛盾如何解释。

第十九章　发育的遗传基础

在所有高等生物中，生命开始于一个单个的细胞，那就是受精卵。受精卵经多次分裂，形成由各种组织系统组成的生物体。一个受精卵变成一个成体这个过程似乎十分神秘，发育遗传学的目的就是要解开这个谜。

无论是动物还是植物的细胞核都含有全部的遗传信息（除核外遗传的物质以外）。细胞的分化和个体的发育其实质是基因表达调控差异的体现。表观遗传也参与其中（见第二十章）。

多细胞生物的发育不仅涉及细胞类型的分化，而且涉及特定细胞精确的空间组成。

除少数外，发育中生物体的细胞保留相同的基因组。发育主要是通过基因表达的调节来控制的。发育过程是由内源和外源因子控制的。在大多数生物中，分化的第一个影响因素是卵细胞中蛋白质分布的不均一性。进一步的分化是通过细胞间及细胞与环境间的相互作用来完成的。分化反映了不同蛋白系列的形成。

在基因组里有编码生物体整个发育过程的潜在计划。亲代的一些基本特点可以十分忠实地传递给后代。如何按照潜在计划的**图式形成**（pattern formation）来执行发育程序，构建复杂的形态？这个问题是发育遗传学主要的研究任务之一，也就是要在分子水平上，采用遗传学、胚胎学及分子生物学的方法来探索这种图式形成。

在动物中有三种不同的图式形成：一种是完全程序化的（镶嵌式），另一种是非程序化的（调节式），第三种是半程序化的。在早期发育中，胞质决定和细胞之间相互作用的相对优势在动物界中是不同的。通常，胞质决定出现在大多数无脊椎动物胚胎中，呈现镶嵌式图式形成；而细胞之间相互作用是在脊椎动物发育中，呈现调节式图式形成。

发育过程是由内源和外源两种信号控制的。在大多数动物和植物中，发育过程由卵细胞中内源性生化不对称性所起始。当卵细胞分裂时，特定的分子进入不同的细胞，因此由胚胎的不同位置所产生的细胞就不再是等同的了。这样的分子称为**胞质决定子**（cytoplasmic determinant），它是母体基因组在卵细胞中所处特定位置的产物。因此是母体基因型决定了胚胎早期发育的表型，这个现象称为**母体效应**（maternal effect），属于表观遗传的范畴。这种类型以秀丽隐杆线虫（*C. elegans*）为代表，这种线虫从合子到具有 959 个细胞的成体，其整个过程都井然有序，每个细胞的命运都早已确定，它们在特定的时间分裂和迁移，并分化为特定的组织。

非程序化发育类型其细胞的命运具有一定的随机性。哺乳动物提供了一个调节发育的极端的例子，其卵细胞没有内在的不对称性，在最初的几次分裂中，胚泡中的任何细胞都可以被分离，并发育成完整的胚胎。最早的分化是将滋养外胚层从内细胞团中分离出来（简而言之，它们将发育成胚外膜和胚胎）。这个决定看来完全是随机的，每个细胞的命运取决于它的位置是在胚的表面还是在胚泡中。

半程序化类型属于前二者之间，如果蝇的**器官芽**（imaginal disk）也称为芽盘（图 19.1），是幼虫体内含有的许多未分化的细胞小团，细胞内具有大量的细胞核和游离的核糖体，若将它分离出再移植到同龄幼虫体中，不论移植在何处它都发育成某个特定的组织，表明它明显受到了程序性安排。

在发育过程中不同的细胞有着各自特殊的命运（fate），也就是能**分化**（differentiate）成特殊类型的细胞。确定这种特殊命运的作用就叫做**决定**（determination），这是个渐进的过程。对于哺乳动物来说，一个细胞并不直接从未分化的细胞即**全能性**（totipotent）细胞向某个特殊方向分化。在受精卵分裂的过程中，“决定”是在每个细胞系中产生更加精确的子细胞的命运。在这些“命运决定”中，有一些是由分裂细胞自己产生的；而另一些是由相邻细胞输入的一些信号物质来确定的。

经典胚胎学是从形态学的角度来描述发育和分化，而现在则着重从分子水平来探讨发育和分化的实质。其中心问题是：①细胞分化由什么触发？②一个个体各种细胞所含的基因组都是相同的，为什么会分化为不同类型的细胞？③分化是否可逆？这些问题汇集到一点就是基因表达的调控和分化发育的关系。

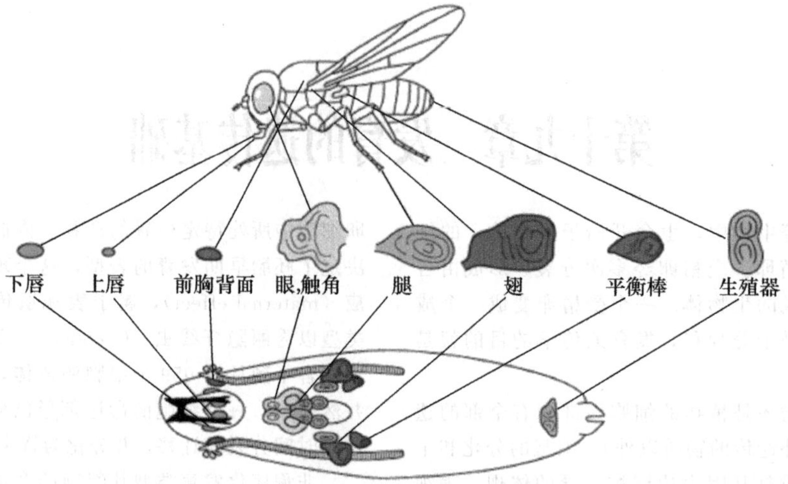

图 19.1 果蝇幼虫（下）的一些器官芽在成虫中（上）发育成各种相应的器官（转引自 Alberts et al.，2002）

第一节 高等生物的细胞核是否有全能性

一个受精卵是有全能性的，它可以产生各种类型的细胞。在发育的哪个阶段细胞的全能性受到了限制呢？回答这个问题的实验方法就是在各个阶段观察一个细胞或细胞核是否具有发育成一个完整个体的能力。多年来这个问题一直引起人们的关注，经多次实验的失败，以前大部分学者都认为高等生物的细胞核是没有全能性的，也就是分化是一个不可逆的过程。一部分学者则认为高等生物细胞核应具有全能性，分化是可逆的，只是人们尚未找到适当的实验方法而已。1997 年英国的 I. Wilmut 等首次应用体细胞的克隆技术，成功地克隆了一头“多莉”（Dolly）小绵羊，震动了整个世界。从此，上述争论的问题终于有了明确的答案。这个答案实是来之不易。前人的多项实验的结果为今天的突破积累了很多的理论基础和经验，他们的功劳不应被遗忘。

人类中的同卵双生子或同卵多胞胎表明人类的遗传信息在受精卵的前几次分裂时是精确的、忠实的。但已知早期胚胎的发育最初是受到母体基因型的控制。此后分裂的胚细胞中，核产生了什么变化呢？它们仍保持着全能性吗？

很多高等生物都能产生新的器官和组织。例如，海盘车（*Asteroidea*）丢失了“臂”或尾巴后都能再生一个。人类的肝脏受到损伤后也能修复，但这种现象只限于某些组织。在自然界中尚未发现动物的单个体细胞能产生一个完整的生物体。

一、植物细胞核的全能性

植物能从一个体细胞长成一株完整的植株，但在自然界中并未发现这种现象，这至少表明有的植物在人类的操纵下其细胞保持着全能性。1958 年 F. C. Steward 等用细胞培养的方法证明了这一点。他将已分化的胡萝卜（*Daucus carota*）的根细胞经培养长成了一株完整的植株（图 19.2）。用这种方法，他通过单株植物的体细胞获得了大量相同的植株后代，这种再生的方法现在就称为**克隆**(cloning)。其实“cloning”一词来自于自植物“扦插”（cutting）进行的营养繁殖。

植物的单个细胞能在培养条件下生长、分化，并发育成成熟的植物，表明了植物的细胞核具有全能性。那么动物细胞有相似的全能性吗？

二、两栖动物的核移植实验

1950 年 R. Briggs 和 T. King 研究细胞在发育中的潜力变化时建立了一种两栖动物的核移植技术。他们从分化的蛙细胞中分离核，然后将其注入无核卵中，结果发现一个去核的卵获得一个体细胞的核时可以分裂，并发现从蛙的**囊胚**（blastula）细胞

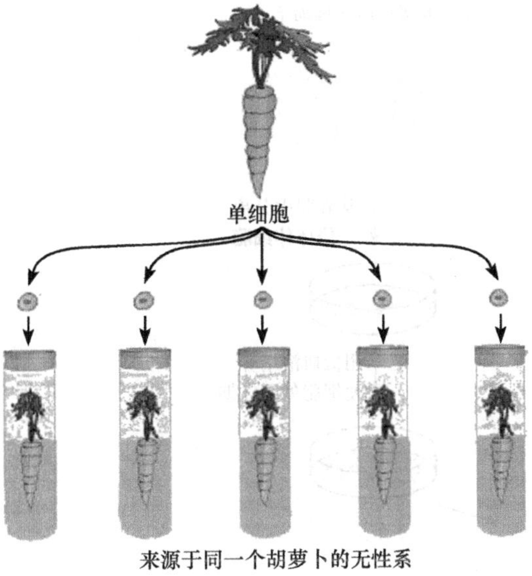

图 19.2　从成熟的胡萝卜块根的韧皮部取一个单细胞克隆成一株完整的植株。在培养基中必须含有植物所需的几种激素

（引自 Griffiths et al.，1999）

中分离的核保持着全能性，即将从囊胚细胞中分离出的核注入去核卵中不仅可以正常分裂，而且还能发育成蛙。

然而，同样的实验如果是从**原肠胚**（gastrula）阶段（胚胎发育的一个阶段，在囊胚期后，已初步形成三个胚层）分离核再移植到去核蛙卵中，结果移核卵就不能正常发育。但 J. Gurdon 用非洲爪蟾（*Xenopus laevis*）进行实验出现了完全不同的结果。他从爪蟾高度分化的蝌蚪肠细胞中分离了核，然后移入未受精卵中，这个未受精卵本身的核已用 UV 照射，使其破坏了。结果约有 2%的卵发育成正常的蛙，而且带有蝌蚪肠细胞的遗传标记，表明在脊椎动物中高度分化阶段的细胞仍保持着全能性（图 19.3）。

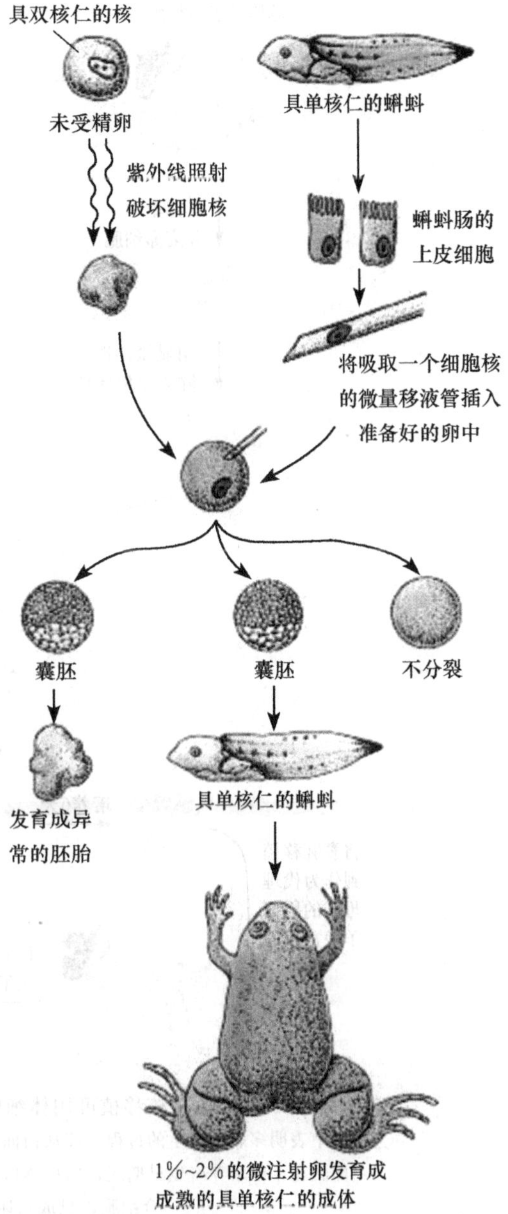

图 19.3　通过核移植来克隆非洲爪蟾

（引自 Russell，1992）

未受精卵通过紫外线的照射，破坏其核内的 DNA。从爪蟾蝌蚪的肠中分离细胞，取其核，移植到准备好的去核卵中。很多的移核卵都能发育，但其中只有少数能发育成成熟的成体

三、克隆羊的诞生

1996 年 7 月一头名叫“多莉”（Dolly）的小绵羊在苏格兰的爱丁堡诞生了，“多莉”的诞生在生命科学中是又一次划时代的重大突破。

I. Wilmut 等将一头母羊乳腺的细胞核移植到另一头母羊的去核卵细胞中，经体外培养后，再移植到假孕母羊的子宫内发育（图 19.4）。实验一共移植了 247 个卵，多莉是其中唯一成功的一头

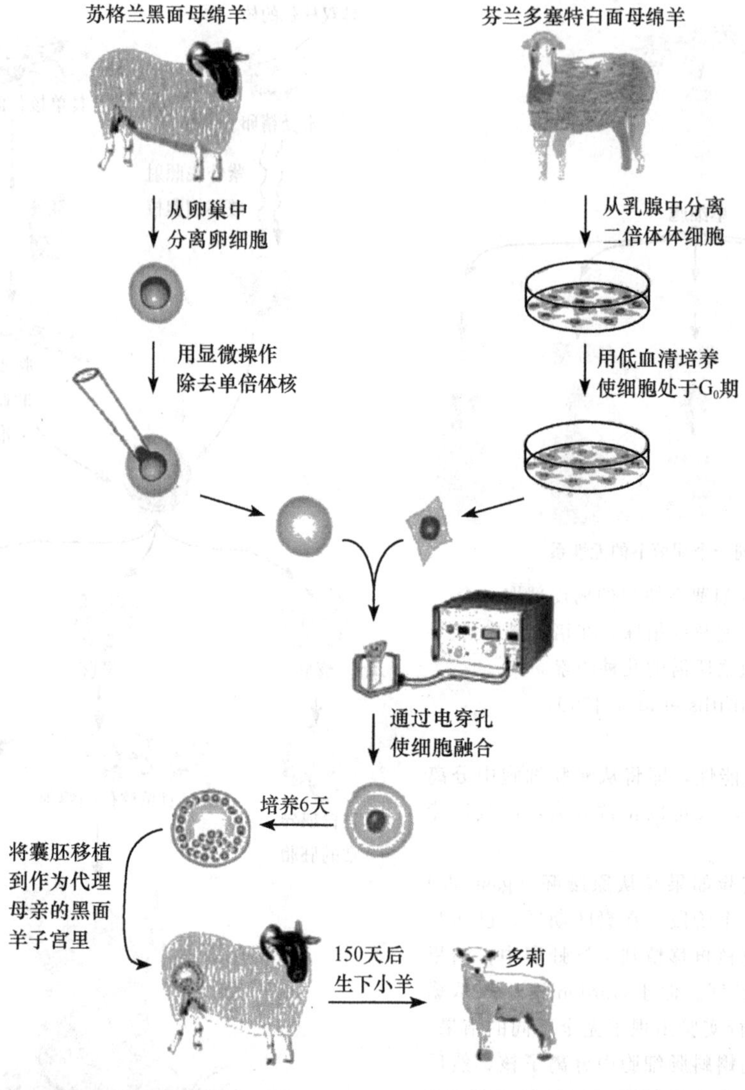

图 19.4 通过核移植可用体细胞来克隆家畜（引自 Miesfeld，1999）

图中表明多莉羊产生的过程，即从白面母绵羊的乳腺中分离的细胞和黑面母羊的去核卵融合，经培养产生早期胚，然后移植到代理母亲的子宫内发育，共移植了 247 个融合细胞，只成功地产生了一头小羊“多莉”

（图 19.5），可见难度是很大的。科学家们以他们最喜欢的乡村歌手“Dolly Parton”的名字来命名这头小羊。

I. Wilmut 在进行核移植前，先将这些乳腺细胞在低血清培养液中培养（血清浓度由 100%降低到 0.5%），由于血清中含有细胞周期所需的各种蛋白因子，当浓度降低时可以抑制细胞周期的运转，使其停留在 G_0 期。而未受精的卵细胞也处于 G_0 期，这样可使受体和供体之间的时相保持一致。细胞处在 G_0 期时，很多基因都处于关闭状态，这就有利于体细胞的核移植入卵细胞质后，重新启动基因的表达，即**再程序化**（reprogramming），从而驱动整个发育过程。这是本实验的技术要点之一。

另外绵羊的受精卵在第 4 次卵裂前核基因仍不表达，细胞分裂等活动主要依赖于卵细胞质中储存的由母体产生的 mRNA，移入的核不需立即发挥作

图 19.5　克隆羊“多莉”和它的代理母亲（引自 Griffiths et al.，1999）

用，这样给核基因的表达留有了充分的时间，以便产生有关的转录因子和调控蛋白，进入核中启动和调节核基因的表达。而小鼠和大鼠受精卵中核基因打开较早，在第一、二次分裂时就开始启动，这样就要求移入的核立即进入角色，因而难度较大。1997 年美国夏威夷大学的研究人员克隆成功了小鼠卡姆莉娜（Cumulina）。克隆羊的成功有着非常重要的意义：①在理论上充分证明了动物的细胞核有着全能性，发育是可逆的，从而结束了几十年来的争论；②建立了高等哺乳动物体细胞克隆的方法，为抢救濒临灭绝的珍稀动物、大量繁殖优良品种及治疗性胚胎干细胞克隆奠定了基础；③引发了人们对“克隆人”这一敏感问题的激烈争论。

端粒的缩短、基因印记和雌性哺乳动物 X 染色体的失活在正常受精过程中可得到恢复，而在体细胞克隆中是不能恢复的，其机制尚不清楚，这些问题给体细胞克隆带来了障碍，只有克服这些技术难题，体细胞克隆才能得到进一步发展。

第二节　生殖细胞和体细胞

在动物的发育中，早期发育决定生殖细胞和体细胞的分离。一旦发生分离就不能回复了。生殖细胞可产生配子，配子总是为下一代提供遗传物质。体细胞在发育的过程中经过了遗传调节或化学修饰，是不能产生配子的。

在产生生殖细胞的过程中，胚胎采用了**细胞骨架**（cytoskeleton）不对称机制在胚胎细胞中来定位生殖细胞。细胞骨架支撑了细胞并决定了细胞外形。在讨论生殖细胞和体细胞分离之前我们先要了解两个名词：细胞骨架和**细胞的不对称性**（cellular asymmetrie）。

一、细胞骨架

有高度组织结构的纤丝是由**微管**（microtubule）、**中间丝**（intermediate filament）和**微丝**（microfilament）组成的网状物。每种纤丝都由一组特殊的蛋白质亚基构成。这些蛋白质亚基启动纤丝的组装和解离。这些纤丝通过不同蛋白质彼此交错连接形成高度有序的网状结构。细胞骨架的功能是控制细胞中有丝分裂平面、控制细胞的外形、指导细胞中分子和细胞器的移动。肌动蛋白和微管蛋白组成的微管及微丝聚合体对图式形成的作用是较大的，所以我们要集中介绍这两种细胞骨架因子。

二、细胞骨架纤丝内在的不对称性

微丝和微管的极性对于其作为细胞内的通道是至关重要的。其他分子沿着这些通道移上移下，发挥它们在细胞中的作用。微丝和微管是线形的多聚体，其极性就像 DNA 链从 3′端到 5′端一样，尽管分子基础和 DNA 不同（图 19.6）。此外，细胞骨架因子的极性是在细胞中形成的。在大部分细胞的中央附近，所有微管的“负”的末端都聚在一起，这个位置就称为**微管组织中心**（microtubule organizing center，MTOC）（图 19.7）。所有微管“正”的末端都在细胞的外围。蛋白质水解 ATP 释放能量用于推动分子（如激酶）沿着微管朝“正”的方向移动，将运载物（如囊泡）从细胞的中心运送到外围。激酶球状头部直接和微管的纤丝结合，激酶蛋白的尾部附着在囊泡上（图 19.8）。运载物可以是单个的分子、细胞器或亚细胞的粒子，它们从细胞的一个部位移动到另一个部位，就像城市复杂交叉的街道使得从一个出发点可以到任意的位置。

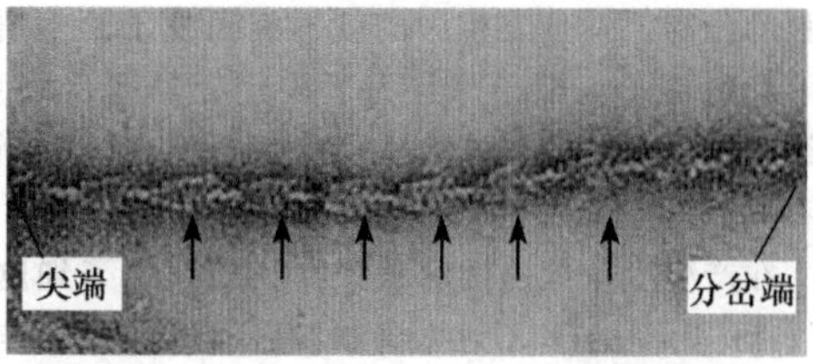

图 19.6　肌动蛋白微丝中的亚单位多聚体
（引自 Griffiths et al.，1999）

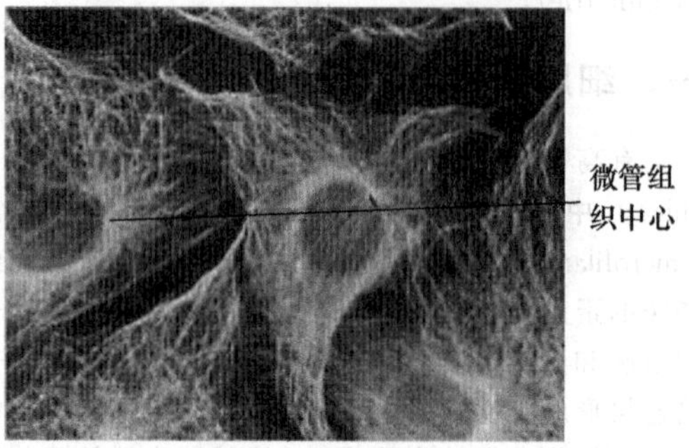

图 19.7　一种动物纤维原细胞间期中微管蛋白分布的荧光显微照片（引自 Griffiths et al.，1999）

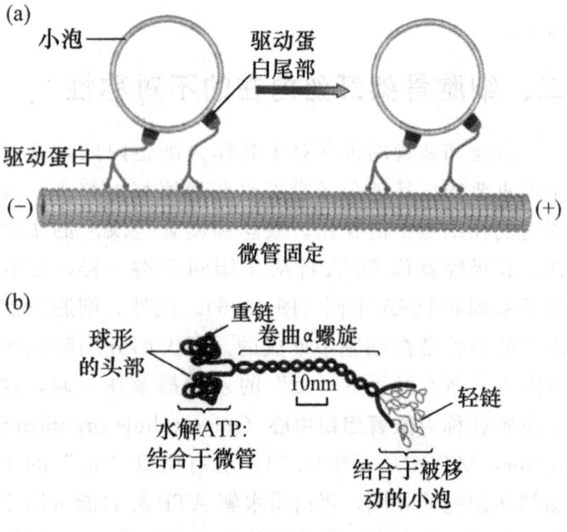

图 19.8　小泡沿着微管移动
（引自 Griffiths et al.，1999）

（a）表示驱动蛋白如何附着到细胞的小泡上，通过驱动蛋白头部的“驱动”功能域将小泡从微管的“－”极移动到“＋”极；（b）表示驱动蛋白分子的结构与功能

三、细胞骨架不对称性形成生殖系

在很多生物中一些可见粒子不对称地分布在细胞中，卵裂后具有这些颗粒的细胞将形成生殖细胞。这些颗粒在线虫中称为**P 颗粒**（P granule），在果蝇中称为**极粒**（polar granule），在蛙中称为**类核周体**（nuage）（为线粒体、高尔基体、内质网等膜性细胞器聚集的场所），通过转运载体携带着生殖细胞决定子附着在细胞骨架通道上送到适当的地方。在线虫和果蝇中，实验证据表明生殖系决定于细胞骨架。线虫合子早期的细胞分裂，是细胞骨架不对称性形成生殖系的很好例子。线虫的卵细胞受精后产生的合子称为 P_0 细胞，P_0 细胞是一个长形的不对称的椭圆形细胞，第一次分裂垂直于前后轴，产生两个子细胞，前面的细胞较大，称为 AB 细胞，后面的细胞较小，称为 P_1 细胞。第一次分裂产生的两个子细胞是很重要的，它意味着子细胞已进入了分化的特殊角色。AB 细胞的后代大部分分化为皮肤细胞和神经原细胞，而 P_1 细胞则形成大部分的肌肉细胞、整个的消化系统和生殖细胞。用荧光标记的特殊细胞质颗粒——P 颗粒将生殖系的“命运”从 P_0 细胞到 P_1、P_2 直至 P_4 展现出来（图 19.9）。这些颗粒在第一次分裂时合并在一起进入 P_1 细胞，P_1 细胞经不对称分裂再进入 P_2 细胞，同样在以后的分裂中再依次进入 P_3、P_4 细胞。只有 P_x 细胞分化为线虫的生殖系统，其他的细胞分化为体细胞。P 颗粒的

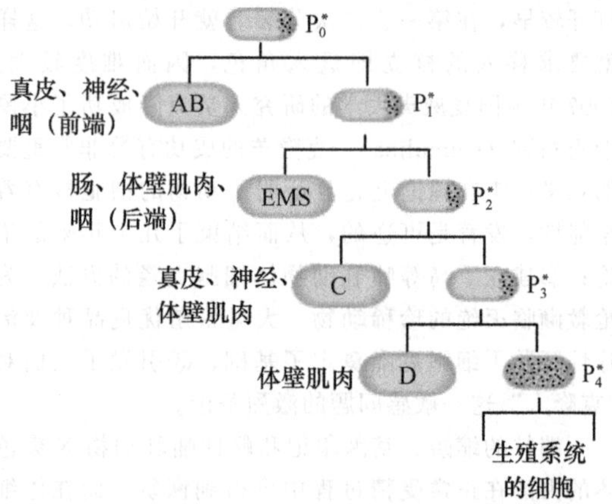

图 19.9　秀丽隐杆线虫（*C. elegans*）的早期发育，显示早期细胞分裂的谱系（引自 Griffiths et al.，1999）

各种类型的成熟细胞来自早期细胞分裂产生的子细胞。整个的生殖系统是来自于 P_4 细胞。用星号表示的 P 细胞其早期分裂是不对称的，每个较后的子细胞都继承了 P 颗粒，而在线虫中，P 颗粒决定细胞发育成生殖系统，用字母（如 AB、EMS）表示的是子细胞的名称

不对称分布依赖于微丝的作用。当用**细胞松弛素**(cytochalasin)处理 P_0 细胞的右侧，阻断肌动蛋白聚合成微丝时，P 颗粒在 P_0 细胞的两个子细胞中分布是对称的。当肌动蛋白被破坏时，命运决定就变得不规则，细胞便不能正常发育分化，结果导致胚胎的早期死亡。

有关发育过程的很多知识是通过对果蝇的遗传分析获得的。果蝇的发育周期如图 19.10 所示，包括卵、幼虫、蛹和成虫阶段。早期发育包括一系列的细胞分裂、迁移和包被成**胚囊**（gastrula）。在受精约 24h 后，第一阶段是由卵孵化成幼虫，约有 10^4 个细胞。每个幼虫的阶段称为“龄”（instar），幼虫要通过蜕皮才能进入下一龄。3 龄幼虫进一步化成蛹，再通过一个复杂的变态过程羽化为约含 10^6 个细胞的成虫，野生品系的果蝇在 25℃条件下需要 10～12天完成发育周期。

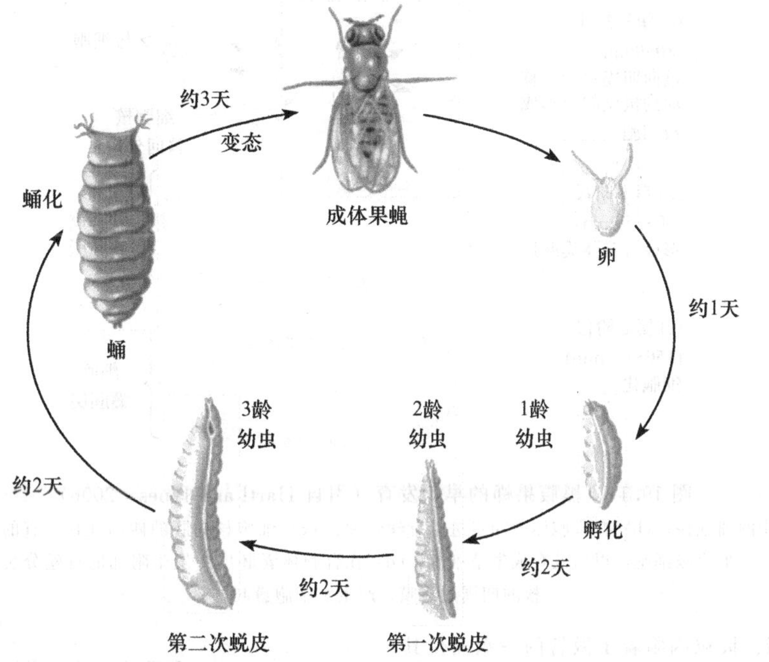

图 19.10　黑腹果蝇（*Drosophila melanogaster*）的发育周期。这是在 25℃条件下的发育阶段
（引自 Hartl and Jones，2006）

在早期胚胎发生中，开始的 13 次有丝分裂是核分裂，细胞质并不随之分裂。前 9 次分裂核都在共同的胞质中，产生一簇细胞核，直到细胞形成前许多核仍存在于一个共同的胞质中，此结构称为**合胞体**（synsytium）。在第 7 次分裂时，大部分核向胚的四周移动，有 10 个细胞核移动到在后端的极质，形成**极细胞**（pole cell）；第 9 次分裂后，在卵的周边形成约含有 6000 个细胞核的**合胞体囊胚层**（syncytial blastoderm）。在受精后 150～195min 通过膜的合成将各细胞核分隔开实现囊胚层的细胞化（cellularization）。果蝇和其他动物的囊胚相同，通过细胞化形成的囊胚层是一个中空球形外周的一层细胞；然后再进行 4 次分裂，形成体细胞。而极细胞经历了两次附加的分裂，再通过内陷并入胚胎，以后发育成生殖细胞（图 19.11）。

囊胚阶段首先是不连续的间隔变得明显，此时卵的特殊区域被决定，发育成特殊类型的结构。在这一过程的开始核迁移到卵的四周，形成了单层囊胚，但它们并不存在预先限定区域的方式。细胞在囊胚的所在位置决定了它们的后代细胞将分化成什么类型的细胞。

受精卵后端有一部分称为**极质**（polar plasma）。当这些极细胞形成时，它们包含了许多**极粒**，这些极粒是含有大量碱性蛋白和 RNA 的纤维颗粒，其中也含有生殖细胞决定因子。这些颗粒中的一种特殊成分是由线粒体释放的 RNA。然而这种线粒体 RNA 自身很可能并不是细胞决定因子，真正的决定因子是来自母方的基因 *oskar* 或在 *oskar* 的作用下被

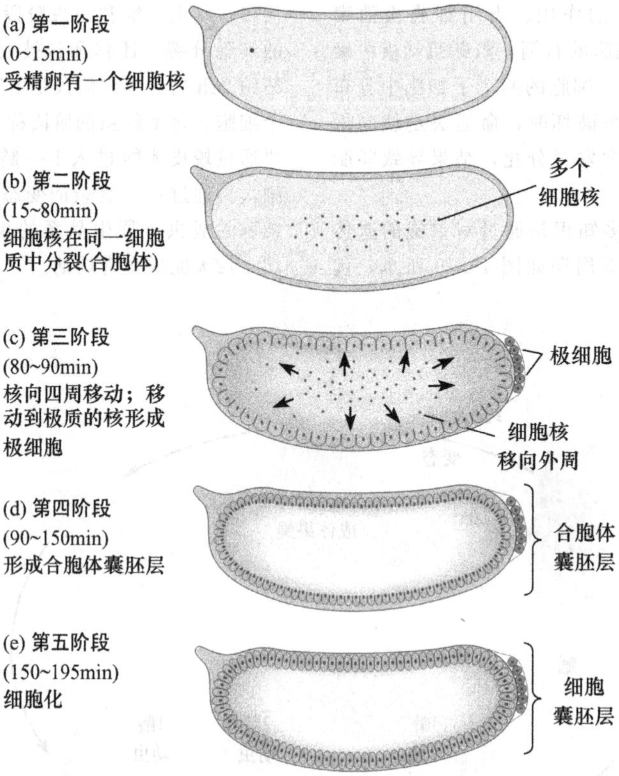

图 19.11 黑腹果蝇的早期发育（引自 Hartl and Jones，2006）

(a) 受精卵中的细胞核；(b) 在合胞体中同步进行有丝分裂；(c) 细胞核向胚的四周迁移，有的细胞核迁移到胚后端的极质，形成极细胞，以后发育成生殖细胞；(d) 在合胞体囊胚层中发生附加的有丝分裂；(e) 在细胞核的四周形成膜，产生了细胞囊胚层

配置于卵的后极。极粒因附着于微管的一端而使其定位于卵母细胞的后极。当核进入极质后，极粒围绕在核周围，这样产生了**极细胞**（pole cell)。极细胞可分化为生殖细胞，它是胚胎的单核细胞，也是唯一能发育成果蝇生殖系统的细胞。

细胞骨架系统产生的不对称性是生殖系决定的一种进化。果蝇卵的不对称性最初出现在的卵母细胞中。果蝇卵巢中的**卵泡**（follicle）结构如图 19.12 所示。一个单一的前体经过 4 次连续的有丝分裂产生由**胞质桥**（cytoplasmic bridge）相互连接的 16 个细胞（图 19.13）。其中只有位于胞囊后端的一个细胞发育成卵母细胞，其余 15 个细胞形成**滋养细胞**(nurse cell)。细胞质物质，包括母体基因产生的一些蛋白质和 RNA 通过胞质桥从滋养细胞转移到卵母细胞；这些物质的积累使卵具有相当大的体积。细胞质的沟通发生在卵母细胞的一端，此端就形成了卵的前端。在母本中表达的基因对早期发育是很重要的。

图 19.12 果蝇的卵泡包含围绕在滋养细胞最外层的卵泡细胞，是和卵母细胞紧密连接的。通过胞质桥各个滋养细胞相互连接，并与卵母细胞的前端连接。卵泡细胞属于体细胞，滋养细胞和卵母细胞属于生殖细胞（引自 Lewin，2004）

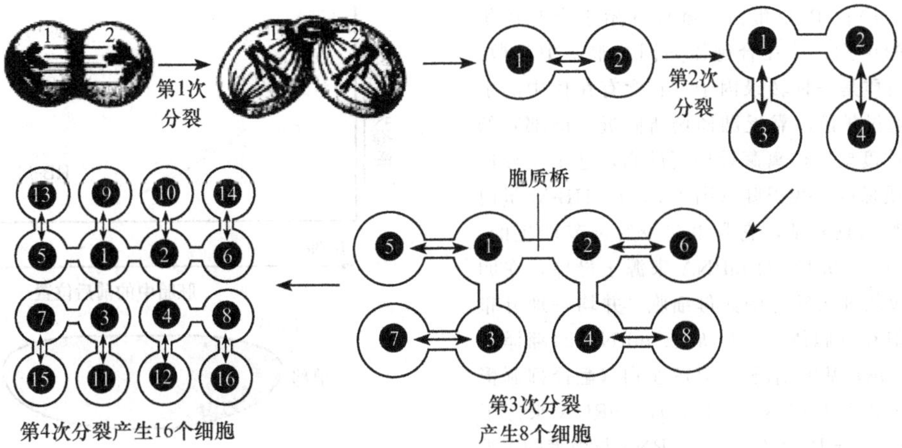

图 19.13　果蝇卵泡形成的过程

起源于卵巢一端的生殖干细胞经过 4 次分裂形成由胞质桥相互连接的 16 个细胞

第三节　位置信息的建立

在果蝇发育开始时，沿着卵的前后轴和背腹轴建立了**浓度梯度**（gradient）（图 19.14）。卵的前端发育成成虫的头部，后端发育成尾部。背侧在上方，而腹侧在下面。浓度梯度由蛋白质或 RNA 分子组成，这些分子在胞质中的分布有很大差异。在受精后不久，就很快建立了与负责前后轴方向发育有关的浓度梯度，稍后建立了与背腹轴发育有关的浓度梯度。简而言之，前后轴系统决定幼虫中体节定位的有关信息，而背腹轴系统调控组织的分化（即不同胚胎组织的特异性分化，包括中胚层、神经外胚层和背部外胚层）。

一、细胞骨架的对称性和果蝇的前后轴

果蝇生殖系统的建立通过定位决定因子锚定在微管上，而前后轴（AP）的决定同样如此。沿着果蝇合胞体前后轴通过两种转录因子（BCD 和 HB-M 蛋白）的浓度梯度开始建立位置信息。BCD 蛋白由 *bcd*（*bicoid*）基因编码，在早期胚中它的浓度梯度曲线很陡。HB-M 蛋白质由 *hb*（*hunchback*）基因编码的，但它的浓度梯度曲线较平缓（图 19.15）。两者曲线的最高点在胚的前极。这两种蛋白质的梯度稍有不同，取决于蛋白质的定位与扩散、两种 mRNA 的定位转录，一种通过合胞体前极的微管，另一种通过合胞体后极的微管。BCD 梯度的形成很直接，这种 *bcd* 的 mRNA 在卵子发生时附着在微管负极的一端进入发育中的卵母细胞，位于后部

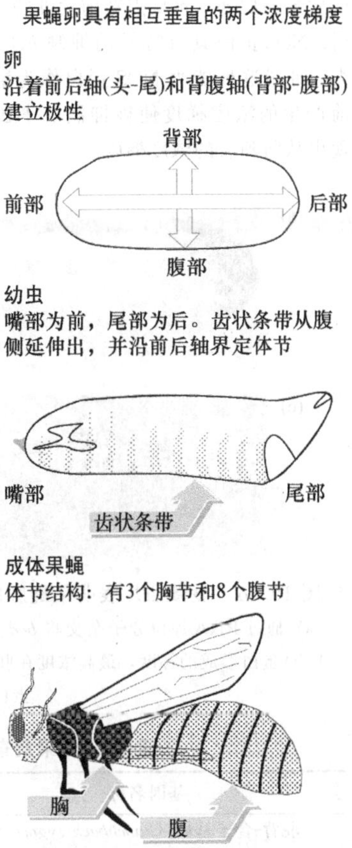

图 19.14　卵中的浓度梯度转变成幼虫前后轴上的体节和背腹轴上的特殊结构及成体果蝇的体节结构（引自 Lewin，2004）

[图 19.16 (a)]。BCD蛋白的翻译开始于合胞体早期核分裂的中途，并在合胞体共同的胞质中扩散。因这种蛋白质是一种转录因子，它含有在核中的定位信号。通过扩散，靠近翻译场所附近（前部）的BCD蛋白浓度要比远离翻译场所的高，这个差异使BCD蛋白质梯度曲线很陡（图 19.15）。HB-M蛋白梯度的起源比较复杂，它是由转录后调节产生的。这种 *hB-z*（表 19.1）的 mRNA 来源于母体，在卵子发生时包装进入发育的卵母细胞，并均一地分布在卵母细胞和合胞体中。但 *hB-z* mRNA 的翻译可被 *nos*（*nanos*）基因编码的 NOS 蛋白（翻译抑制蛋白）阻断。和 *bcd* mRNA 相同，*nos* mRNA 来源于母体。但和 *bcd* mRNA 相比 *nos* mRNA 与微管的正端结合，位于前极 [图 19.16 (c)]，当发育到合胞体阶段的中途 *nos* mRNA 开始转录。NOS蛋白以 BCD 蛋白相反的梯度进行扩散分布。NOS蛋白梯度的最高点在胚胎前后轴的后部，最低点在前后轴的中部 [图 19.16 (d)]。NOS蛋白具有特异的抑制 *hB-z* mRNA 翻译的能力。通过这种能力 NOS 蛋白作为翻译抑制物从后到前产生的浓度梯度使被抑制的 HB-M 蛋白也随之呈现出从前到后的浓度梯度。

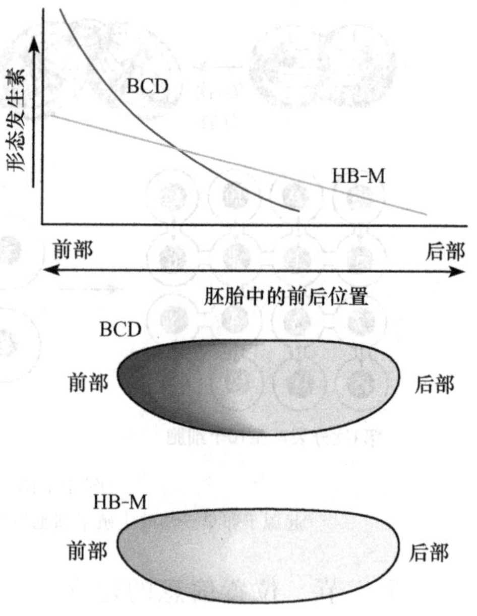

图 19.15　BCD 和 HB-M 蛋白的梯度（引自 Griffiths et al.，1999）

BCD蛋白的梯度陡峭，HB-M蛋白的梯度平缓。在果蝇胚的后半部检测不到BCD蛋白，但可检测到HB-M蛋白

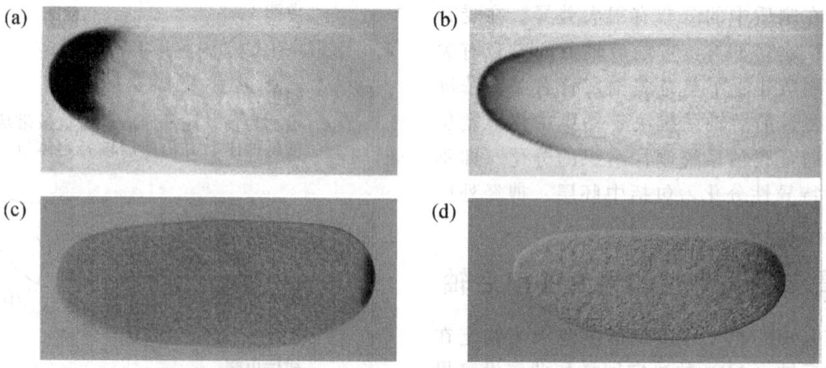

图 19.16　显微照片表明果蝇胚胎前后轴的定位决定（转引自 Griffiths et al.，1999）

(a) 通过RNA原位分子杂交将 *bcd* mRNA 定位于胚胎的前部；(b) 通过抗体染色，显示出BCD蛋白形成的梯度，最高浓度在胚胎的前部；(c) *nos* mRNA 定位在胚胎的后部；(d) NOS蛋白梯度的最高点在胚的后部

表 19.1　果蝇前后轴图式形成中所涉及的部分基因

基因符号	基因名称	蛋白质功能	在发育中的作用
hB-z	驼背-合子基因（*hunchback-zygotic*）	转录因子-锌指蛋白	裂缺基因
Kr	*Krüppel*	转录因子-锌指蛋白	裂缺基因
kni	*knirps*	转录因子-固醇类受体蛋白	裂缺基因
eve	偶数-遗漏（*even-skipped*）	转录因子-同源异型域蛋白	配对-规则基因
ftz	*fushi tarazu*	转录因子-同源异型域蛋白	配对-规则基因
opa	奇数配对（*odd-paired*）	转录因子-锌指蛋白	配对-规则基因

续表

基因符号	基因名称	蛋白质功能	在发育中的作用
prd	配对（*paired*）	转录因子-PHOX 蛋白	配对-规则基因
en	呈锯齿状（*engrailed*）	转录因子-同源异型域蛋白	体节极性基因
ci	前臂中断（*cubitus-interruptus*）	转录因子-锌指蛋白	体节极性基因
wg	无翅的（*wingless*）	WG 信号蛋白	体节极性基因
hh	刺猬（*hedgehog*）	HH 信号蛋白	体节极性基因
fu	融合的（*fused*）	细胞质丝/苏氨酸激酶	体节极性基因
ptc	斑纹基因（*patched*）	跨膜蛋白	体节极性基因
arm	犰狳基因（*armadillo*）	细胞-细胞连接蛋白	体节极性基因
lab	唇基因（*labial*）	转录因子-同源异型域蛋白	体节特征基因
Dfd	不成形基因（*Deformed*）	转录因子-同源异型域蛋白	体节特征基因
Antp	触角足基因（*Anatennapedia*）	转录因子-同源异型域蛋白	体节特征基因
Ubx	双胸基因（*Ultrabithorax*）	转录因子-同源异型域蛋白	体节特征基因

卵母细胞和合胞体中 *bcd* 和 *nos* mRNA 如何定位于微管相反的两端？答案是在 mRNA 3′端非翻译区（UTR）中有一个特异微管结合序列，执行定位的功能。这种 *bcd* mRNA 3′UTR 定位序列通过一种也能与微管末端结合的蛋白质附着于微管上。相比之下，*nos* mRNA 的 3′UTR 定位序列既能与其他蛋白结合，也能与微管的正末端结合（*nos* mRNA 锚定在合胞体的后端有很多中间步骤，*nos* mRNA 的 3′UTR 定位序列锚定在极粒的分子上，极粒依次锚定在微管的正端）。我们如何来证明这种 mRNA 3′UTR 定位序列在什么位置？其中有的是通过置换试验来决定的。例如，将带有 5′UTR 和蛋白编码区的正常 *nos* mRNA 与正常 *bcd* mRNA 的 3′UTR 连接起来，插入到果蝇的基因组中产生一个转基因合胞体。融合的 *nos-bcd* mRNA 将定位在卵母细胞的前端，导致形成了 NOS 的双梯度：一个是从前到后（由转基因的 mRNA 产生的），另一个是从后到前（由正常的 *nos* 基因的 mRNA 产生的）。试验结果产生了一种很不寻常的两端呈镜像对称的胚胎。这种双腹部的胚胎的产生是由于 NOS 蛋白已存在于胚中，并抑制了 *hB-m* mRNA（它也抑制了 *bcd* mRNA，尽管它没经过野生型动物中的正常的剪切）(图 19.17)。

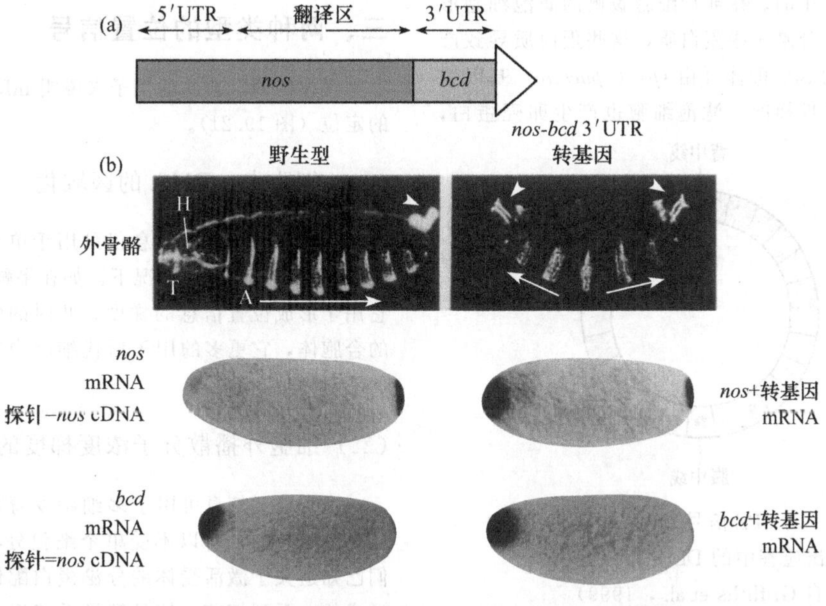

图 19.17 用 *bcd* mRNA 的 3′UTR 置换 *nos* mRNA 的 3′UTR 的试验结果产生了一种两端呈镜像对称的胚胎（引自 Griffiths et al.，1999）

(a) *nos-bcd* 3′UTR 转基因的结构；(b) 转基因对胚胎发育的作用

二、细胞信号和果蝇的背腹轴

以果蝇为例，决定因子是细胞内的 mRNA 或大分子聚集物，这些决定因子进入卵母细胞。很多情况下，在**发育场**（developing field）（发育潜能相等的一群细胞形成个体蓝图的一个特殊区域，发育场中的细胞对不同浓度的形态发生素产生不同的反应）中位置信息必须依赖细胞局部区域分泌的蛋白质，这些分泌蛋白扩散到细胞外空间形成不同梯度浓度的配体。这些配体通过受体信号诱导系统以浓度依赖的方式来激活靶细胞。一个例子是果蝇胚胎中背腹轴（D-V）的建立。D-V 位置信号的近距离效应是在沿着 D-V 轴的细胞中产生 DL 蛋白活性梯度。DL 蛋白是由*dl*（*dorsal*)基因编码的转录因子。它以两种形式存在：①位于核中的激活转录因子；②位于胞质中的失活蛋白。在胞质中 DL 蛋白和 *cact*（*cactus*）基因编码的 CACT 蛋白结合成复合体。活化的 DL 蛋白的浓度取决于背腹轴细胞的位置。*dl* mRNA 和 DL 蛋白的分布在卵母细胞及非常早期的胚胎中是均一的，但在合胞体阶段 DL 蛋白出现了活性梯度。在胚胎腹部的中间是活性的高位点（图 19.18）。DL 蛋白活性梯度是如何产生位置信息的？已知位置信息是在卵母细胞中发生的，并通过卵母细胞本身和周围体细胞（滤泡细胞）之间的相互作用产生的。在卵母细胞腹侧的滤泡细胞形成复合体，并分泌一些蛋白质，这些蛋白质导致产生一个分泌的 SPZ 配体［由 *spz*（*spaetzle*）基因编码］前体的活性梯度。滤泡细胞也产生卵壳蛋白，滤泡细胞内侧的边界是卵黄膜（图 19.19）。

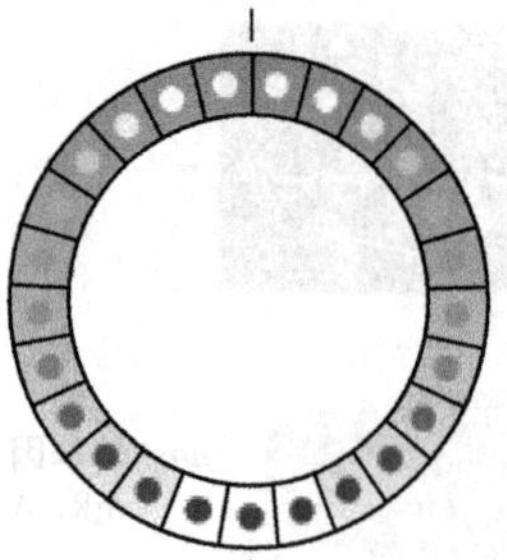

图 19.18　对 SPZ 信号（由 *spz* 基因编码）作出应答中的 DL 分布（转引自 Griffiths et al.，1999）

图表示果蝇胚胎的细胞囊胚层阶段的横切面。腹部的 DL 蛋白集中在细胞核中，从腹部到背部然后逐步扩散到细胞外，背部 DL 蛋白几乎全部扩散到细胞质中

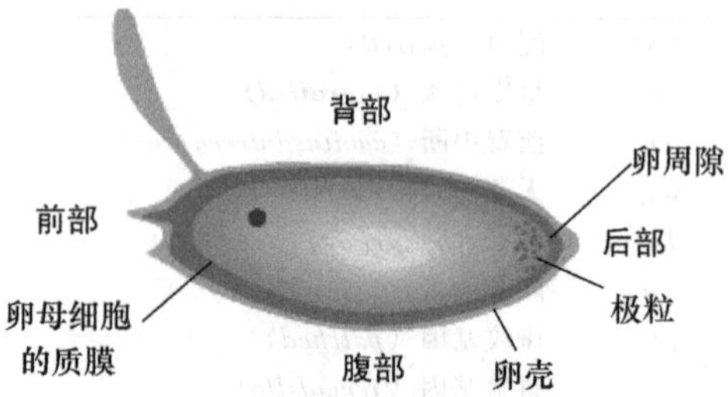

图 19.19　成熟的果蝇卵母细胞（引自 Griffiths et al.，1999）

SPZ 配体临时性结合在卵黄膜中，直到合胞体阶段快结束时它们才被释放。活化的 SPZ 配体（在腹部的中间浓度最高）再结合到由 *Toll* 基因编码的 TOLL 跨膜受体上，此受体均一地结合在卵母细胞的质膜上。此 SPZ-TOLL 复合体［图 19.20（a）］以浓度依赖的方式引发信号转导途径，导致 DL-CACT 复合体的磷酸化使其成为有活性的 DL 和细胞质 CACT 蛋白［图 19.20（b）］。DL 和 CACT 的磷酸化导致它们构象的改变，使复合体解离。游离的、被磷酸化的 DL 蛋白能迁移进入细胞核中，作为转录因子激活那些建立腹部命运所需的基因。

三、两种类型的位置信号

现在用两个普通的例子来说明 mRNA 在细胞中的定位（图 19.21）。

（一）细胞中 mRNA 的区域化

这种类型的位置信息仅可用于单个受精卵初始的发育场中。在特殊情况下，如在果蝇的早期胚中，它用于形成位置信息的梯度。此时的胚还是单细胞的合胞体，它更多的用于后代细胞中定位决定因子的不对称分布途径。

（二）细胞外播散分子浓度梯度的形成

这类位置信息可用于多细胞发育场。因浓度梯度是细胞外的，所以不受单个细胞分界的限制。我们已知道关于激活受体的分泌蛋白配体的浓度梯度形成的一系列细节、信号转导系统逐步执行发育**形态发生素**（morphogen）的特性及产生浓度依赖性的决定形式。

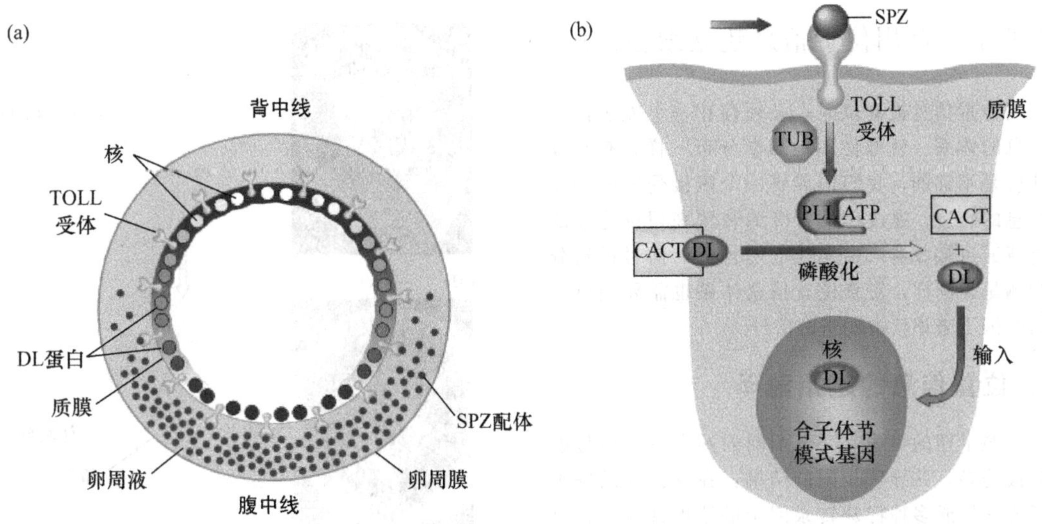

图 19.20　在果蝇早期胚中位置信息建立了背腹轴核梯度和 DL 蛋白（*dorsal* 的产物）的胞质定位（引自 Griffiths et al.，1999）

(a) SPZ 配体和 TOLL 受体结合；(b) 通过 TUB 和 PLL 两种蛋白质激活单个的传导级联，使 DL 磷酸化，并从 CACT 中释放，然后移入细胞核，在核中它作为 D-V 主要基因的转录因子。CACT，*cactus*，仙人掌基因

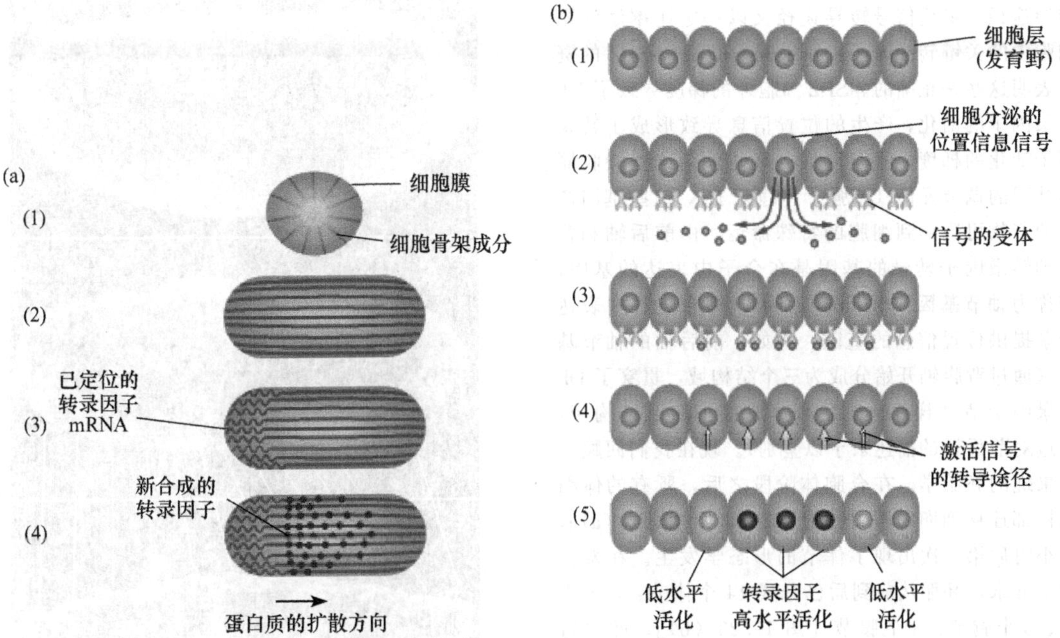

图 19.21　两类普通的位置信息（引自 Griffiths et al.，1999）

(a) 细胞骨架系统容许编码提供位置信息的转录因子的 mRNA 定位。锚 mRNA 的翻译导致新合成的转录因子的扩散，形成了转录因子的梯度，浓度的高点在 mRNA 附近。(b) 位置信息信号分子分泌。CACT，*cactus*，仙人掌基因

第四节　利用位置信息建立细胞命运

当位置信息被提供时，必须存在一个能识读位置信息的体系。就像使用地理学分析一样，有经度和纬度是不够的，我们还需要一个能接受经度和纬度信息的装置，通过一个特殊的装置来识读星座的位置或通过接收器对由无线电塔发射的信号进行分析和测量。同样，发育位置信息体系也需要通过细胞内的因子来识读被输送的信号。

一、位置信息的起始翻译

按照早期的描述，完全不同的两个位置信号能同时被诱导，并导致相同的结果：在发育场的细胞中形成一种或多种特殊转录因子的浓度梯度。在果蝇 mRNA 定位前后轴的例子中，这个结论是根据位置信息本身的转录因子（BCD 和 HB-M）直接得出的推论。来源于细胞外的可播散的因子作为位置信息，要求一系列的中间步骤。典型的例子是分泌的蛋白配体的梯度，这些配体以浓度依赖的方式和跨膜受体结合。这些结合物按受体活化水平激活信号转导途径，最后信号转导途径又以一定比率激活靶细胞中的关键转录因子。在果蝇背腹轴中 SPZ 的资料表明这些是正确的。SPZ 细胞外的梯度导致了 DL 转录因子的活化，产生的位置信息导致形成了转录因子活化的梯度，我们将很自然地预期这些接收器是基因的调节元件（增强子和静息子），这些基因产生的产物可影响到细胞的特殊命运。由前后轴和背腹轴转录因子转录的基因是在合子中表达的基因，统称为**轴节基因**（cardinal gene），即在应答中表达母系提供位置信息的基因。例如，前后轴的轴节基因（通过背腹轴开始分成为三个结构域，贯穿了 DL 转录因子活性梯度，然后再分成很多的亚结构域，通过对前后轴的描述来予以鉴别）。现在我们回顾一下果蝇的胚胎学。在合胞体阶段之后，所有的体细胞核都迁移到卵的四周［图 19.22，图 19.23（a）］，几小时后第一次出现了体节的形态学发生。在发育的 10h 末，胚胎从前到后已分成 14 个体节：3 个头节、3 个胸节、8 个腹节［图 19.23（b）］。此时每一个体节都发育成独立解剖结构，反映了其形态特点和生物学功能。12h 末器官发生；15h 幼虫的外骨骼开始形成，并在外骨骼上附有特殊的毛和其他的外部结构。开始受精后，仅 24h，幼虫就从卵壳中羽化出来［图 19.23（c）］。而棘状物、毛和其他的

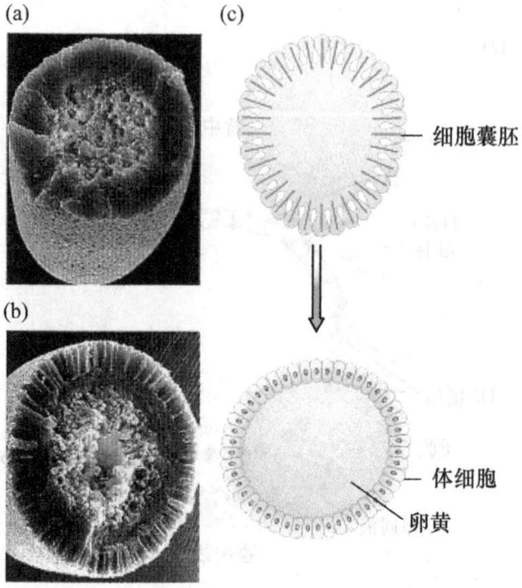

图 19.22　果蝇胚胎的细胞形成。胚胎开始作为合胞体，直到产生 6000 个核时细胞还没有完全形成（引自 Griffiths et al.，1999）

（a）合胞体阶段胚胎的扫描电镜照片；（b）囊胚期阶段的胚胎；（c）表示细胞形成中的变化

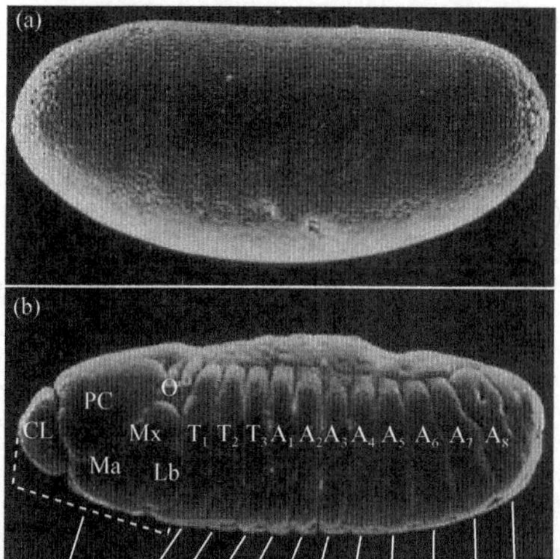

图 19.23　果蝇胚胎的扫描电镜照片（引自 Griffiths et al.，1999）

（a）3h 的胚胎；（b）10h 的胚胎；（c）和幼虫体节的比较

感官结构在幼虫外骨骼上按前后轴排列，赋予每一个体节明显的特征。前后轴的主基因也称为**裂缺基因**（*gap* gene），因这些基因的突变体幼虫缺失了一系列体节，在正常的分节图式上产生了一个裂缺[两个基因（*Krüppel* 和 *knirps*）的表型突变体（图 19.24）]。有 4 个 *gap* 基因与身体主要体节形成有关，其他基因与头部及尾部结构有关。BCD 蛋白与身体主要体节形成有关，其他蛋白与头部及尾部结构有关。BCD、HB-M 蛋白或二者共同结合于裂缺基因启动子的增强子元件上，从而调节 *gap* 基因的转录。例如，*Krüppel*（*Kr*）基因的转录受高水平 BCD 转录因子的抑制，但被低水平 BCD 和 HB-M 转录因子激活。与其相对照的是，*knirps*（*kni*）基因受 BCD 蛋白的抑制和低水平表达 HB-M 转录因子的激活。这些增强子和启动子使 *kni* 基因的表达区域排在 *Kr* 基因的后面（图 19.25）。不同的启动子对前后轴位置信息系统中转录因子浓度敏感的程度是不同的。具有这类启动子的裂缺基因可在各种

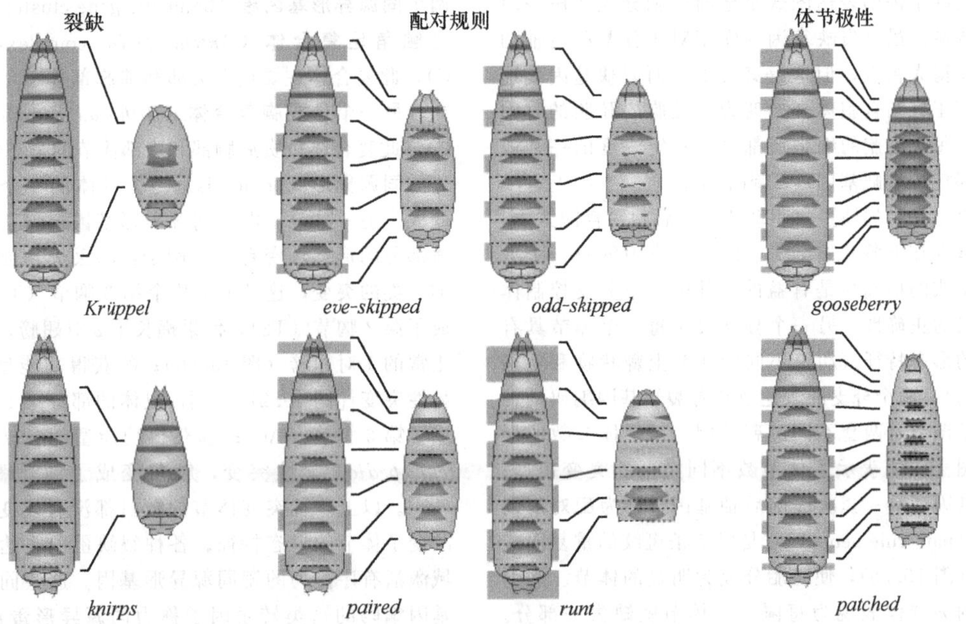

图 19.24　果蝇三种合子基因［*gap*（裂缺），*pair-rule*（配对规则），*segment polarity*（体节极性）］突变体的幼虫表型（引自 Griffiths et al.，1999）

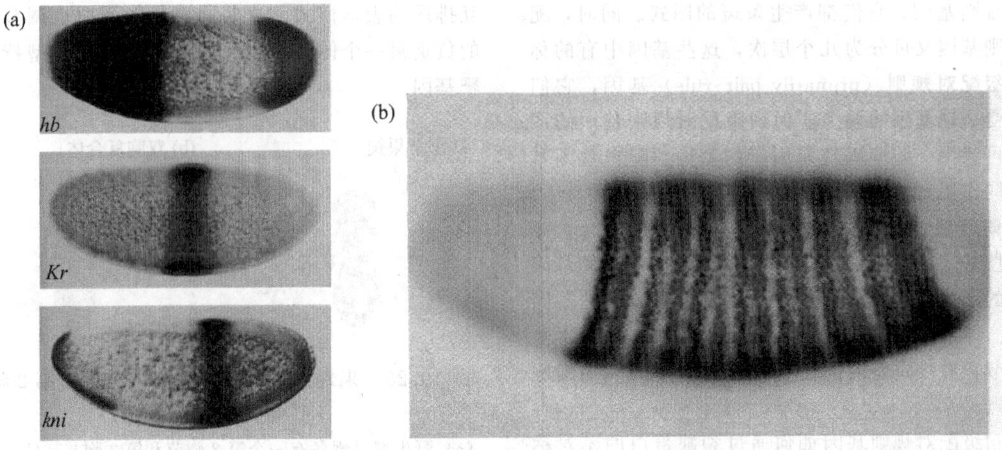

图 19.25　果蝇早期胚中 *gap* 和 *pair-rule* 基因的表达模式（引自 Griffiths et al.，1999）（见彩版）

(a) *gap* 基因：*hB-z*、*Kr*、*kni* 在早期囊胚中的表达模式；(b) 配对规则基因 *ftz*（蓝色）和 *eve*（棕色）在晚期囊胚中的表达模式

不同的结构域中表达。这些结构域以后成为不同的发育场，也就是不同结构域中的细胞将忠实于不同的前后轴领域。结构域对不同区域所承担的义务不同，因为不同裂缺基因编码不同的转录因子，因此 *gap* 基因具有调节不同组下游靶基因的能力。这些靶基因对建立前后轴体节的命运是必要的。

二、通过转录因子的相互作用来精确实行命运的分配

裂缺基因的表达图式是把前后轴分成一段一段的结构域。虽然裂缺基因的作用对于分配前后轴的命运显得太粗放，但这是必要的。而裂缺基因表达的末期正好与合胞体开始变为多细胞的胚胎的时间一致。每个细胞的细胞质都含有特定浓度的一种或两种邻接的裂缺基因所编码的蛋白质。本质上进一步的决定是受裂缺蛋白驱动的。前后轴发育图式中，裂缺基因在下游开始分工。两个分支中的每一个分支对图式的精确性是有益的，其中一个分支控制体节数目的正确性，另一个分支决定每一个体节具有正确的形态特征（幼虫不同的体节上棘状物和毛是不同的）。两个分支的表达意味着裂缺基因编码的转录因子调节着两套不同的靶基因。对于体节数的形成，图 19.24 表示了体节数不同类型的突变表型。裂缺基因激活一套次级前后轴基因，称为**配对规则基因**（pair-rule gene），它是以 7 条斑纹的重复图式存在（图 19.25），使胚胎分成为明显的体节。这组基因的突变体表现为每隔一个体节就缺失一部分。所累及的体节可能是偶数的，也可能是奇数的。配对规则基因这一组有 8 个基因。这是一系列不同的配对规则基因，它们都产生条斑的图式。同时，配对规则基因又可分为几个层次，这些基因中有的称为**初级配对规则**（primarily pair-rule）基因，它们直接受裂缺基因的调节。但初级配对规则基因的产物又可激活一些编码转录因子的基因。配对规则基因共同作用（它们的蛋白质在特定的细胞中表达）调节**体节极性**（segment-polarity）基因的转录，体节极性基因表达成 14 条斑纹的图式。体节极性基因调节的层次扩大到从位置信息体系到体节极性基因表达。体节极性基因产物的作用结果产生 14 个重复的体节，并决定着沿前后轴排列的各个体节的细胞的特点。

初级配对规则基因如何通过裂缺蛋白的不对称表达在重复图式中被活化？关键是初级配对规则基因的调节因子相当复杂。对于初级基因，如 *eve*（*even-skipped*）基因，隔开的增强子元件调节各 *eve* 基因条带。*eve* 基因条带的第一个增强子被高水平的 HB-Z 转录因子所活化。*eve* 基因条带的第二个增强子是被低水平的 HB-Z、高水平的 KR 转录因子所活化，这与前面的情况相似。

裂缺基因的靶子是一簇**同源异形基因复合体**（homeotic gene complexe）。它们之所以称为复合体是因为有一系列的基因成簇排在 DNA 上。果蝇有两个**同源异形基因簇**（homeotic gene cluster），一个是**触角足复合体**（*Antennapedia* complex，ANT-C），此复合体主要负责头部和前胸部体节的形态特征；另一个是**双胸复合体**（*Bithorax* complex，BX-C），此复合体负责后胸部和腹部体节的形态特征。

同源异形（homeosis）是指身体的一个部分转变成了另一部分。由于同源异形基因突变引起的身体部分的形态转变有三个例子：①丢失功能型的双胸一类的突变，这是由于整个第 3 胸节（T3）转变成了第 2 胸节（T2），使果蝇长了 2 对翅膀，而不是正常的 1 对翅膀（图 19.26）；②获得功能型的 *Tab* 显性突变［图 19.27（a）］，成体的部分第 2 胸节变成了第 6 腹节（A6）；③获得功能型的 *Antp*（*Antennapedia*）显性突变，触角变成了腿［图 19.27（b）］。以上三种突变体节的数目都没有改变，只是改变了体节的形态特征。各种裂缺蛋白表达的功能域激活有序排列的靶同源异形基因。这些同源异形基因编码的这类转录因子称为**同源异形蛋白**（homeotic protein）。同源异形蛋白和同源异形基因的调节元件以特殊的模式相互作用，如同源异形基因相互排斥的表达模式。这些同源异形蛋白也调节下游的负责每一个体节不同区域特殊功能和表型特征的靶基因。

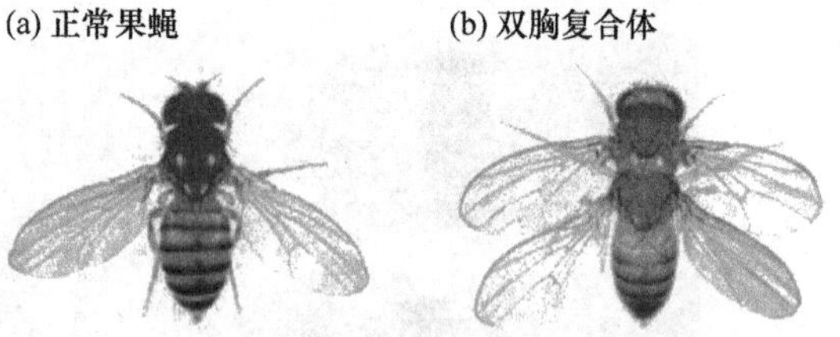

图 19.26　果蝇第 3 胸节同源异形转化为第 2 胸节（引自 Russell，1992）

(a) 野生型果蝇各有一个第 2 胸节和第 3 胸节；(b) 同源异形转化果蝇，第 3 胸节同源异形转化为第 2 胸节

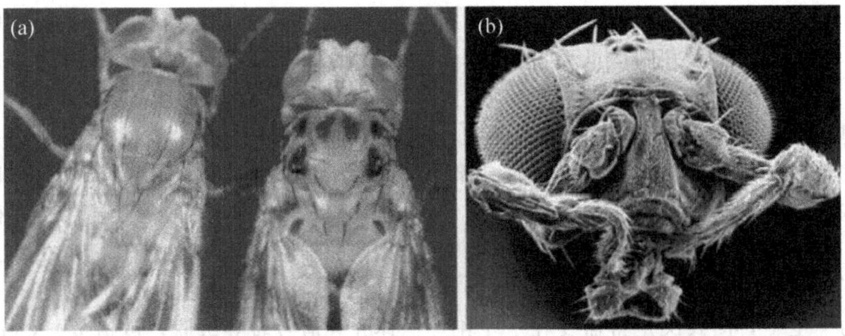

图 19.27　(a) 果蝇获得功能性同源异形突变 *Tab* 突变。左边是野生型雄果蝇，右边是 *Tab*/+杂合突变体雄蝇，其胸节（黑色组织）变成了后部腹节的背部（引自 Griffiths et al.，1999）。(b) *Antp* 同源异形突变。触角变成了腿（引自 Nelson and Cox，2000）

三、级联调节

如前所述，果蝇胚胎前后轴的发育图式是通过连续触发调节实现的。位置信息沿着前后轴建立了转录因子的不同浓度。可调节的靶基因更精细地执行胚胎发育，以控制体节的数目和形态（图 19.28）。

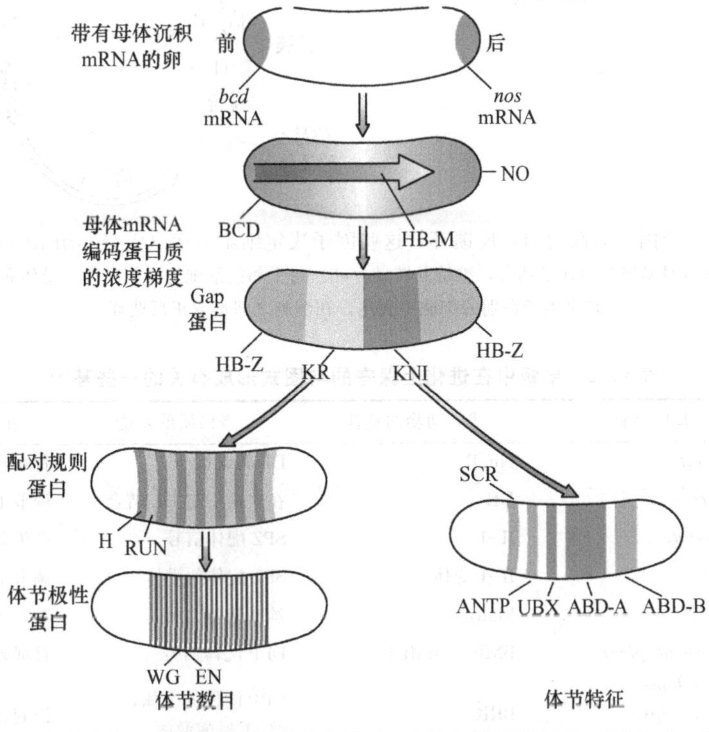

图 19.28　果蝇早期胚中的分级级联调控激活形成果蝇前-后体节模式的元件（引自 Griffiths et al.，1999）

来自母体的 *bcd* 和 *nos* mRNA 被分别定位在前后端。胚胎发生的早期，这些 mRNA 被翻译，产生一个陡峭的 BCD 转录因子前-后轴浓度梯度。NOS 的前-后梯度抑制了 *bb-m* mRNA 的翻译，因此使 HB-M 转录因子产生了平缓的前-后梯度（以箭头表示）。*gap* 基因是前后轴最重要的基因群，它们在胚胎的不同部位被激活，对 BCD 和 HB-M 两种蛋白质的前-后梯度作出应答（位于较后部的 HB-Z 表达带产生某些内部的器官，而不是体节）。正确的体节数目是由斑马纹图式中 *pair-rule* 基因的产物所决定，而 *pair-rule* 基因是应答 *gap* 基因编码的转录因子而被激活。然后，几个活化的 *pair-rule* 蛋白激活分节极性基因群，使得在每个体节中产生更精致的结构。体节的特征是由同源异形基因群决定的，它们直接受到 *gap* 基因群编码的转录因子所调控

第五节　图式形成的其他方面

在前一节里我们已描述了启动发育命运的原理，为了保证图式完整还必须要有其他的机制，这一节我们将介绍这些机制。

一、存储细胞命运的记忆系统

在生物体的一生中，图式决定常需要在一个细胞系中维持下去。这个要求是由前后轴图式体系建立起来的体节极性基因和同源异形基因的表达图式。这种维持是通过细胞内或细胞间的正反馈来实现的（图 19.29）。一种途径是在一些组织中，**同源异形域**（homeodomain，DH）蛋白的正反馈环，是 DH 蛋白与其靶基因中的增强子元件结合促进 DH 蛋白表达，以保证 DH 蛋白的连续产生。另一种途径是细胞间的相互作用。例如，在体节极性基因中，邻近细胞表达 WG 和 EN 蛋白。EN 蛋白是一种转录因子，在相同的细胞中可激活 HH（表 19.2）。HH 是一种分泌蛋白，在 WG 细胞中作为一种信号分子诱导一种受体介导信号转导级联，包括 *wg*（*wingless*）基因的表达及更多 WG 蛋白被表达。WG 同样是一种分泌蛋白，它可激活 *en*（*engrailed*）基因在邻近细胞中地表达，诱导更多的 EN 蛋白在此细胞中表达。

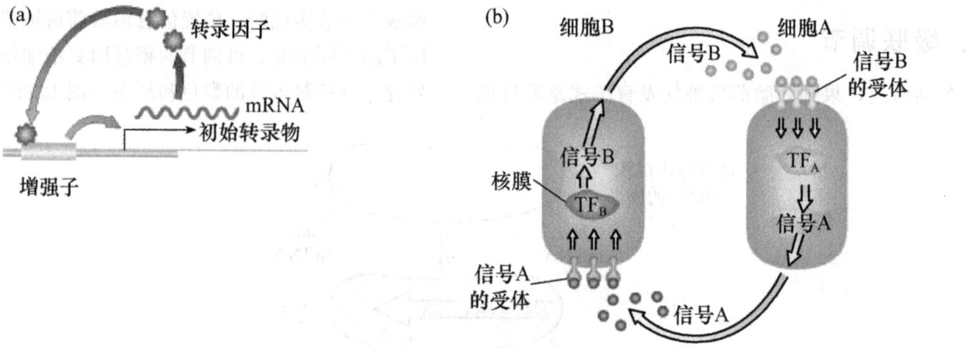

图 19.29　维持转录因子活性的两类反馈环，这些因子决定细胞命运（引自 Griffiths et al.，1999）
(a) 转录因子和它本身基因的增强子结合，维持其转录。(b) 每个邻接细胞发出信号激活受体和信号转导途径。转录因子在别的细胞中表达，在细胞之间形成正反馈环

表 19.2　果蝇中在进化上保守的与图式形成有关的一些基因

果蝇基因符号	基因名称	哺乳动物的负体	蛋白质的功能	在早期发育中的作用
dl	*dorsal*	NF_kB	DL 转录因子	背腹轴转录因子
cact	*cactus*	I_kB	在胞质中与 DL 结合	调节 DL 表达
spz	*spaetzle*	IL-1	SPZ 配体信号	产生背腹轴位置信息
Tl	*Toll*	IL-1 受体	SPZ 配体的受体	调节 DL 表达
snk	*snake*	Many	丝氨酸蛋白酶	激活 SPZ 蛋白
dpp	*decapentaplegic*	BMP2，BMP4	DPP 配体信号	背部外胚层的主基因
sax	*saxophone*			
tkv	*thick veins*	BRK	DPP 配体的受体，丝/苏氨酸激酶	控制背部外胚层图式形成
pnt	*punt*			
sog	*short gustrulation*	Chordin	SOG 配体信号	控制外胚层图式
spi	*spitz*	TGF-α	SPI 配体信号	腹部外胚层刺激调节基因
en	*engrailed*	En1，En2	同源异形域蛋白	体节极性基因
hh	*hedgehog*	Sonic Hedgehog	HH 配体信号	体节极性基因
wg	*wingless*	Wnt1、Wnt2 等	WG 配体信号	体节极性基因
arm	*armadillo*	β-Catenin	WG 信号转导物	体节极性基因

注：负体（counterpart）指相对应的物质。

二、通过定向决定确保所有命运被定位

对于一个发育场来说，最终发育成熟，形成有功能的器官或组织，细胞必须以一定的数量和合适的位置有序地分布在命运域中。细胞间的相互作用保证了它们的正确定位。在线虫（*C. elegans*）阴门（外生殖道）(图 19.30）的发育中细胞的数量和位置起到了一定的作用。这种作用的一种类型是一个细胞能诱导一群细胞**发育定型**（developmental commitment)，另一种类型的作用是一个细胞能阻止其邻近细胞按计划发育。人们通过分析阴门或其他更多的突变研究阴门的发育。在线虫的真皮（线虫身体的外壁）中有些细胞有潜在的构建阴门的能力。为了产生一个完整的阴门，这些细胞中的一个细胞必须变成一级阴门细胞，另外的两个细胞必须变成二级阴门细胞［图 19.31（a)]。其他细胞则成为三

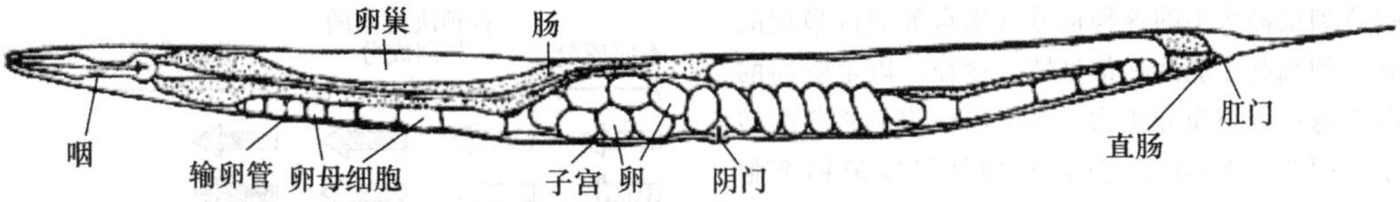

图 19.30　秀丽新小杆线虫的结构图（转引自 Russell，1992）

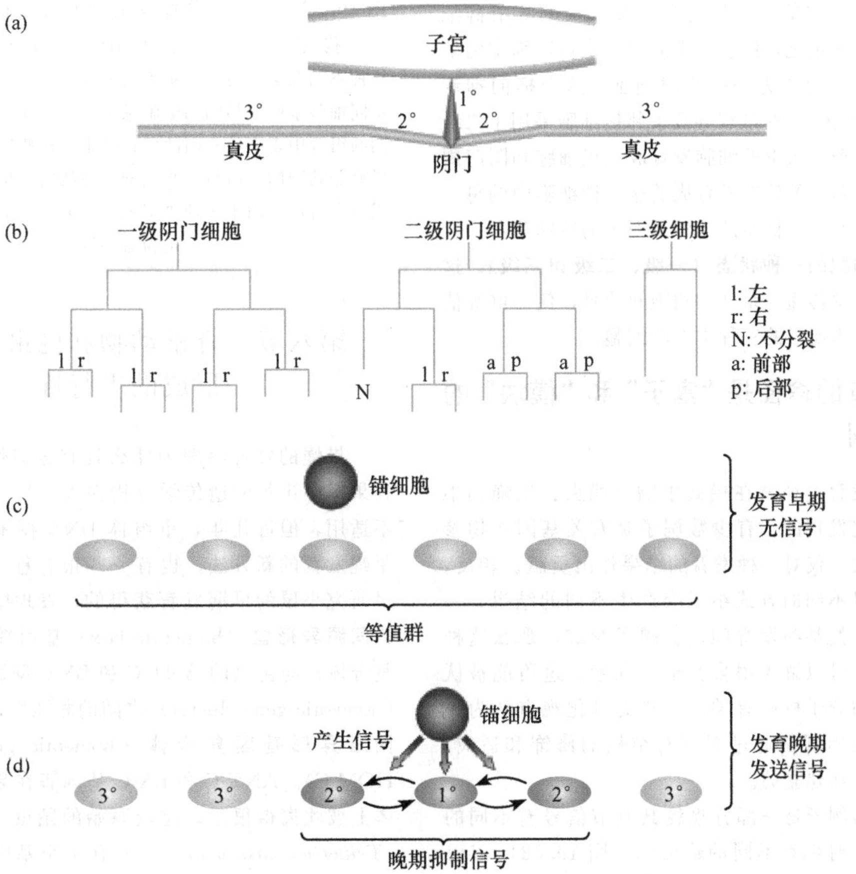

图 19.31　秀丽新小杆线虫由等值群通过细胞的互作产生阴门（引自 Griffiths et al.，1999）

(a) 用等值群细胞的后代来剖析阴门部分；(b) 通过细胞分裂的模式来鉴别初级、次级和三级细胞类型；(c) 发育早期，锚细胞并未发出信号，所有的等值群细胞都处在三级细胞的状态；(d) 发育晚期，锚细胞发送信号，激活酪氨酸激酶信号转导级联受体。靠近锚细胞的等值群细胞接受到很强的信号并成为初级阴门细胞。然后，这些细胞从侧翼向邻接细胞发出抑制信号，使它们不能成为初级阴门细胞，而分化为次级阴门细胞

级阴门细胞，即形成阴门四周的真皮［图 19.30 (b)］。一开始这些细胞都可被利用，因此它们被称为在发育场中的**等值群**（equivalence group）。等值群是一群未完全分化细胞，它们可能具有分化为相同类型细胞的潜能。给细胞定位不同作用的关键是另一个单细胞，称为**锚细胞**（anchor cell）。锚细胞位于等值群的下边［图 19.31 (a)］，锚细胞分泌一种多肽配体，能与存在于等值群中所有细胞表面的**酪氨酸激酶受体**（receptor tyrosine kinase，RTK）结合，只有接收到很高水平的这种信号（来自等值群最近的锚细胞）的细胞才能激活信号转导途径，以足够高的水平激活这些细胞而分化为一级阴门细胞所必要的转录因子［图 19.31 (d)］。这样我们就可以说锚细胞通过**诱导互作**（inductive interaction）使一些细胞变成为一级阴门细胞。命运已决定的一级阴门细胞用不同的旁分泌将信号送到与它直接邻接的等值群细胞，抑制这些细胞，使它们不能识读来自锚细胞的信号，从而不再分化为一级阴门细胞。这个**横向抑制**（lateral inhibition）的过程导致了邻接细胞采用了二级命运。等值群中余下的细胞发育成三级细胞和阴门周围的真皮。对于等值群发育成的这三种细胞中的每一种来说，都有一个被激活的转录因子的特殊集群，它们决定了细胞的三种状态（一级、二级和三级）。这样通过旁分泌传递一系列的细胞间信号，使一群等值细胞发育成为所需的三种类型的细胞。

三、发育的途径是“塞子”和“模块”的排列

很多发育途径是在模式生物（线虫、果蝇和小鼠）中研究发现的。有少数例子是有关基因产物参与图式形成，仅对一种发育的结果作出贡献。相反，一种途径以不同的方式组成会产生不同的结果。一旦一种方法使某些发育问题获得了突破，那么这种方法似乎就可以解决很多其他的问题。这可能被认为与发育的分子机制有关。一般的进化观点认为一个新结构的出现是通过对原有结构的修饰和适应，而不是完全新建立的。

典型的例子是一部分途径其调节信号有不同的输入端，有时也有不同的输出端（图 19.32）。*dpp* (decapentaplegic) 基因可作为不同输入的一个例子，它是通过 DL 转录因子在胚胎的背腹轴形成时被调节的，然而在内脏的中胚叶发育时它被 UBX 转录因子所调节。在维持正确的体节极性基因表达和细胞命运中，有关不同的输出如正反馈环的 EN-HH 成分激活邻接细胞中的 WG。果蝇成虫的翅膀在幼虫发育时，EN-HH 成分在细胞中表达，并在相邻接的细胞中激活不同的分泌信号蛋白 DPP。不同输出的另一个例子是 DPP 信号转导途径导致了在背腹轴途径中翅膀和内脏中胚层发育时不同转录因子的完全活化。的确，很多高等真核基因中构成复杂的共同的调节因子对很多不同的组织特异性输入作出反应是必要的。

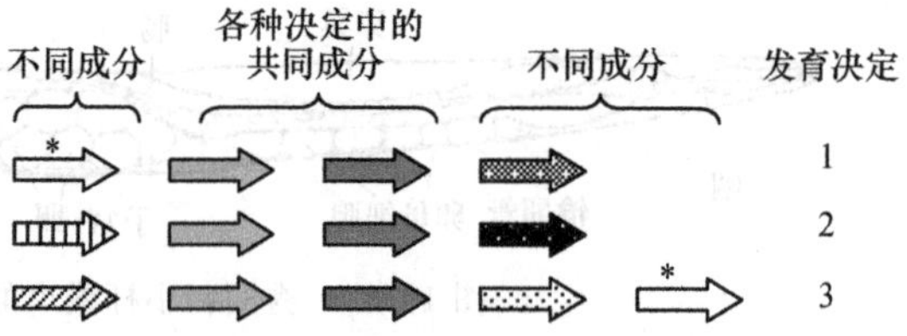

图 19.32 不同的发育决定是通过途径成分的混合搭配产生的（参照 Griffithis et al.，1999）

每种不同图案的箭头表示不同的成分，在不同发育阶段的不同细胞系中或相同的细胞系中，这些途径一道加入到不同的组合中来完成不同的发育决定。这些决定过程的一些成分是共同的，而另一些成分是独特的。星号标记的一些成分也有可能用于多种决定过程，但在两个过程中所作用的位置不同

第六节 脊椎动物和昆虫中图式形成的平行性

果蝇的发育原理为什么具有普遍性意义？早先在果蝇中进行的遗传学分析在大多数其他生物中并不适用，但近几年，重组体 DNA 技术提供了研究果蝇发育的新方法。也有一些很有意义的结果是通过研究小鼠的早期发育获得的，发现哺乳动物中称为**同源异形盒**（homeotic box）基因簇（称为 Hox 复合体）与昆虫的 ANT-C 和 BX-C **同源异形基因簇**（homeotic gene cluster）之间的相似性，现已统称为**同源异形基因复合体**（homeotic gene complex，HOM-C）。ANT-C 和 BX-C 基因簇在果蝇 3 号染色体上彼此离得很远，比较原始的昆虫［如面粉甲虫 (*Tribolium castaneum*)］只有 1 个基因簇，表明在昆虫中典型的情况是只有一个同源异形基因簇 HOM-C，而且 HOM-C 的基因在染色体上的排列是有序的，与它们表达的空间图式是共线性的：复合体的左端转录胚胎的前部，沿着染色体向右排列的基因转录胚胎后部（图 19.33）。我们还不知道为

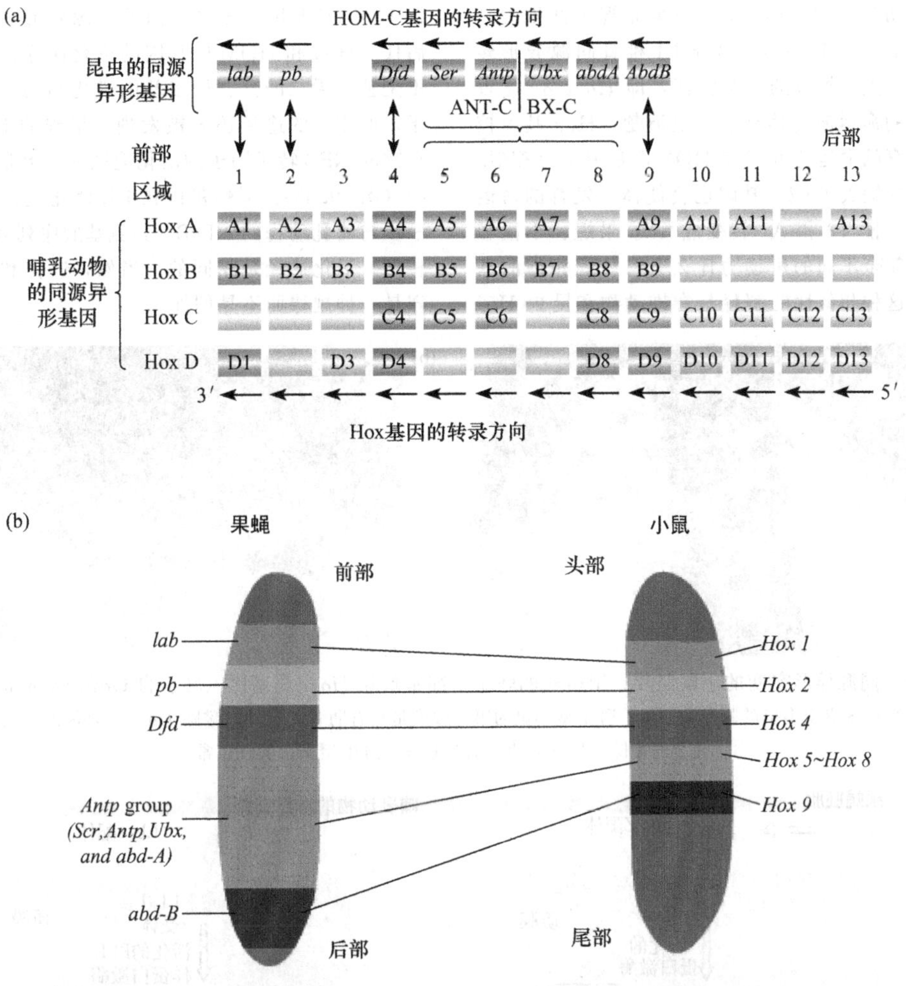

图 19.33　昆虫和哺乳动物同源异型基因结构和功能的比较（转引自 Griffiths et al.，1999）

(a) HOM-C 和 Hox 基因簇结构的比较。HOM-C 基因在基因簇的顶端。4 组平行进化同源基因 Hox 基因簇分别在不同的染色体上。相同的灰度表示结构和功能彼此相关的基因。(b) HOM-C 和 Hox 基因在果蝇和小鼠胚中表达的区域。这些区域的排列顺序是相同的

什么昆虫基因簇的排列和次序与胚胎的空间排列是共线性的，但不论这种特点的作用如何，哺乳动物中 Hox 基因簇的等值基因［图 19.33 (a)］具有成簇排列和共线性。果蝇和哺乳动物之间主要的差异是在昆虫的基因组中只有一个 HOM-C 基因簇，而在哺乳动物中有 4 个基因簇，每个都在不同的染色体上。这 4 个基因簇是**旁系同源基因**（paralogous gene）（见第二十二章）。仿佛整个基因簇在脊椎动物进化中重复了 4 次，每个 Hox 基因簇左端的一些基因不仅彼此之间非常相似，而且和昆虫的 HOM-C 基因簇之一的左端基因也相似。在这些基因簇中都存在着相似的相关性。同时 Hox 基因在发育的体细胞中控制着体节的形态及小鼠胚胎中枢神经系统的发育，人类可能也是如此。每一个 Hox 基因以连续区组的形式表达，开始在特定的**前界**（anterior limit），然后在正在发育的脊椎的端部表达。不同 Hox 基因的前界是不同的。每一个 Hox 基因簇中最左边的一些基因具有很多的前界。在每一个 Hox 基因簇中从左向右排列限制越来越多，使得 Hox 基因簇中出现了一种有序的排列和表达，令人惊异的是这与昆虫的 HOM-C 基因很相似［图 19.33 (b)］。基因簇结构和表达图式的相似性通过突变体的表型更加加强了。体外的诱发突变技术在小鼠中可以敲除有效基因，很多 Hox 基因被敲除，纯合的敲除小鼠的表型和 HOM-C 突变纯合果蝇的表型显示了明显的平行性，如 *Hoxc-8* 基因敲除的小鼠引起了第

一腰椎的肋骨（L1）伸长，而正常情况下此椎骨是没有肋骨的（图 19.34）。这样 L1 椎骨同源异形转化为更前一点的椎骨的体节特征，即 *Hoxc-8*⁻ 导致椎骨发育的命运向前移动了。很清楚，Hox 基因控制体节发育的命运的方式和 HOX-C 基因十分相似。例如，果蝇缺失了 *Ubx* 基因也会使体节发育的命运向前移动，使 T3 和 A1 转变成 T2。果蝇、小鼠和人类这样完全不同的生物为什么会有如此相似的基因排列？这种相似性的解释是脊椎动物和昆虫 Hox 及 HOM-C 基因是 6 亿年前的同源异形盒基因簇的后代。Hox 和 HOM-C 基因的进化保守性的存在并不是独一无二的。有很多基因进化和功能保守的例子，但完整的途径还未被发现。果蝇的 DL 和哺乳动物的 NFB 转录因子的活化途径本质上是完全保守的（图 19.35）。果蝇蛋白在 DL 活化途径中的任何一步与哺乳动物的 NFκB（其氨基酸序列和 DL 十分相似）活化途径是相同的。当然，进化和功能的保守是一种规律而不是例外。

(a)　(b)

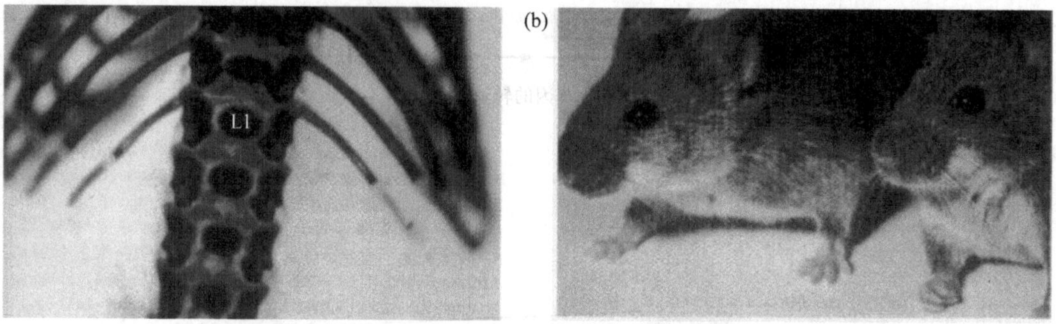

图 19.34　同源异形突变的小鼠照片。用培养的胚胎干细胞敲除 *Hoxc-8* 基因（转引自 Griffiths et al.，1999）
(a) *Hoxc-8* 突变小鼠的胸椎和腰椎，野生型小鼠的第一腰椎是没有肋骨的；(b) 敲除 *Hoxc-8* 基因的小鼠照片，纯合的敲除小鼠（右边）的趾紧握。野生型小鼠的趾正常

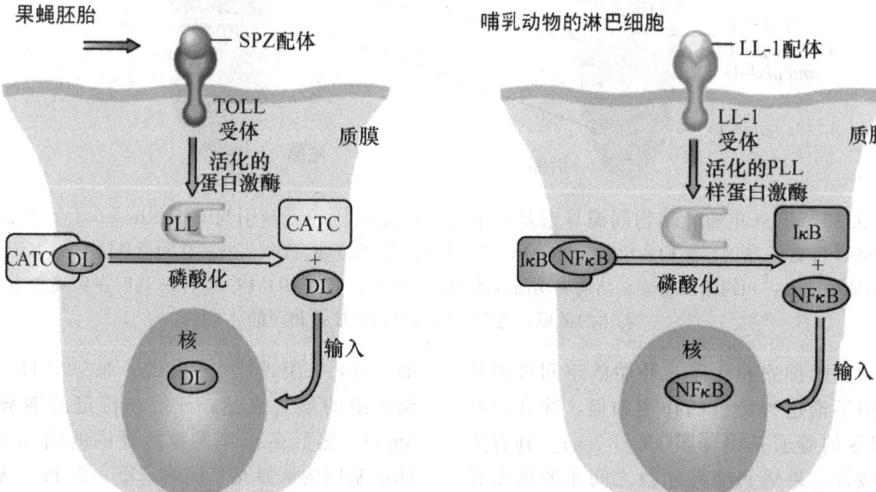

图 19.35　果蝇 DL 成形素的信号激活途径和哺乳动物 NFκB（是激活抗体亚基基因的转录因子）信号途径的平行性。在 SPZ 和 IL-1、TOLL 和 IL-1R、CACT 和 IκB、DL 和 NFκB之间结构蛋白的相似性（转引自 Griffiths et al.，1999）

习　题

1. 什么是细胞的全能性？动物和植物细胞具有全能性吗？

2. 克隆绵羊的意义何在？

3. 克隆动物为什么要选择羊（而不用大鼠或小鼠）？克隆的技术关键是什么？

4. 从基础理论分析，你认为克隆的技术还存在哪些技术问题？

5. 线虫发育有何特点？

6. 动物的发育有几种模式？

7. 什么是基因组等同性、转分化、愈伤组织？

8. 什么叫胞质决定子？

9. 什么是时序调控和异时基因？

10. 控制果蝇的体节分化有几组基因？它们的功能是什么？

11. 什么叫合胞体、体节和副节？

12. *Bicoid* 基因是怎样调节果蝇发育的？

13. 果蝇的前后轴和背腹轴是怎样决定？

14. 什么叫做同源异型基因？

15. 果蝇有哪两个控制发育的复合座位？它们的结构各有什么特点？

16. 试述 BX-C 遗传的结构与功能。

17. 什么叫做 Hox 基因？其功能是什么？

18. 什么是初级性分化和次级性分化？

第二十章 表观遗传学

表观遗传变异（epigenetic variation）是指DNA编码序列不改变的情况下，基因的表型效应发生可逆的、可遗传的改变，即基因型未发生变化而表型却发生了改变。因此，也可理解为这是一种DNA序列外的遗传方式。据此，我们可将遗传信息分为两类，一类是DNA序列所编码的遗传信息，另一类是表观遗传学信息。这些信息主要是通过DNA甲基化、组蛋白修饰、染色体重塑和非编码RNA调控等来实现的。研究表观遗传变异的遗传学分支学科就称为**“表观遗传学”**（epigenetics）。

“epigenetics”一词是C. H. Waddington于1942年杜撰出的，他是将“后成说”（**epigenesis**）和“遗传学”（**genetics**）两个名词重组而成，并指出表观遗传与遗传是相对应的，主要研究基因型和表型的关系。表观遗传学虽很早就已提出，但直到20世纪80年代，随着一些经典遗传学法无法解释的生命现象［如花斑位置效应、转介（transvection）、副突变、剂量补偿、RNA编辑、亲本印记、书签（bookmarking）、核仁显性（nucleolar dominance）、休眠转座子激活（activation of dormant transposon）、基因转录后沉默等］不断发现和积累，随着分子遗传学研究的不断深入，才逐步发展起来。

1990年R. Holliday将表观遗传学定义为“研究复杂生物发育时基因活性的时空调控”。这一定义揭示了表观变异的作用实质是“调控”。这类调控所引起的表型改变有以下特点。①非编码。即不依赖核和细胞器的DNA信息。例如，DNA的甲基化可使其编码的基因不转录，但其一级结构并未发生改变。②可遗传。表观遗传的变异可通过有丝分裂和减数分裂传递给子细胞和后代。③可逆性。表观遗传所涉及的DNA的甲基化和组蛋白的乙酰化的过程都是可逆的。④多层次，多途径。表观变异的作用可发生在DNA和染色质水平，也可发生在复制、转录、转录后以及翻译后。其作用途径可以通过母体的基因产物（如母体效应）、DNA的重排（如位置效应）、DNA和染色质的化学修饰、核酸间的相互作用（RNAi）、蛋白质和核酸的作用（如DNA的甲基化）、蛋白质间的相互作用（如朊病毒）等。

第一节 DNA的甲基化与去甲基化调节基因的表达

DNA上存在着细胞行使各种功能所需要的各种信息，在行使不同功能时又需利用或消除这些相关的信息，这种调控途径是由DNA可逆性甲基化等作用提供的。动物细胞中人DNA CpG位点发生“C”的甲基化是一种复制后的加工形式，不同时空的甲基化其形式千变万化。

一、甲基化与去甲基化

甲基化（DNA methylation）是指在DNA碱基上添入甲基基团的化学修饰现象。甲基化是在**甲基转移酶**（methyltransferase）或称甲基化酶（methylase），转甲基酶（transmethylase）的催化下进行的。细菌中的甲基化常发生在腺嘌呤的第6位氨基与胞嘧啶的第5位碳原子上。高等生物中的甲基化主要是在基因5′端非编码区CpG岛的胞嘧啶第5位碳原子上，生成m5CpG。DNA的不同甲基化状态（如过甲基化、半甲基化与去甲基化）与基因的活性和功能有关。DNA复制后，甲基化酶可将新合成的未甲基化的位点进行甲基化，从而使甲基化位点随DNA的复制而遗传。DNA的甲基化可引起基因的失活。

DNA甲基转移酶（DNA-methyltransferase）有两种：①维持甲基化酶（maintenance methylase），即DNMT1，它可组成型地作用半甲基化位点，使其完全甲基化，以维持DNA复制后特定位点的双链甲基化。DNMT1可能直接与组蛋白去乙酰基转移酶（HDAC）联合作用来阻断转录。②从头合成甲基化酶（de novo methylase），有两种（DNMT3A和DNMT3b），它们可催化未甲基化的CpG位点，使其半甲基化（hemimethylated），继而全甲基化。从头合成甲基化酶可能参与细胞生长分化调控。

细胞内DNA既可甲基化，也存在其逆过程——DNA**去甲基化**（demethylation）。DNA去甲基化是指在DNA中，从一些含甲基的碱基中脱去甲基的反应过程。一般认为，DNA去甲基化有**被动去甲基化**（passive demethylation），即**与复制相关的去甲基化**（replication-coupled demethylation）和**主动去甲基化**（active demethylation）两种方式。被动去甲基化是由于核因子（NF）黏附甲基化的DNA，阻断了DNMT1的作用，使新合成的DNA不能被甲基化。主动去甲基化是通过去甲基酶的作用，主动去除甲基基团。

DNA去甲基化酶（DNA demethylase）特异性地作用CpG岛上被甲基化的胞嘧啶，因此也称为5-甲基胞嘧啶糖苷酶。对于哺乳动物，受精后，父源基因组立即发生主动去甲基化，随后在卵裂过程中，母源基因组发生被动去甲基化。进入囊胚期，基因组处于低甲基化的状态。随着个体的发育，多潜能基因又逐步被甲基化，不同类型的细胞建立起不同的DNA甲基化谱，使之具有不同的表达模式。

在真核细胞DNA中发生甲基化修饰的碱基一般只有5-甲基胞嘧啶（5-meC），并可能是仅有的程序化修饰。在脊椎动物细胞中，胞嘧啶残基甲基化通常发生在5′-CG-3′二核苷酸模体中，而在植物细胞中5′-CG-3′和5′-CNG-3′这两种模体都可以被甲基化。

一般来说，甲基化的DNA能通过多种途径影响转录。首先，由于识别位点中的胞嘧啶被甲基化，使转录因子不能与其结合。其次，特异性识别甲基化DNA的蛋白结合竞争性地抑制了转录因子的结合，从而阻断了转录。目前已有两种这种性质的**甲基化CpG结合蛋白**（methyl-CpG-binding protein）被分离出来。第三，它能够通过影响核小体的构象，或影响核小体与其他染色质蛋白相互作用而改变染色质的结构。

染色质的超敏感位点是一段长约200bp的DNA序列，这些区域是低甲基化区；可能有局部解链的存在；此区因DNA的裸露，易和多种酶或特异的蛋白质结合，也就是说易于和反式作用因子结合。

在真核基因组中存在着**CpG岛**（CpG island），或称为*Hpa*Ⅱ微小片段（*Hpa*Ⅱ tiny fragment，HTF）岛。这些区域是非甲基化的，大小通常为1～2kb，并且绝大多数位于一些基因的5′端，含有大量的CpG模体。有CpG岛的未甲基化的启动子是转录所必需的，但并非是启动转录活性的充分条件。CpG岛的人工甲基化将抑制转录活性也证明了这一点。一系列的证据表明在非甲基化或**甲基化不足**（hypomethylation）和转录活性之间存在着相关性。在转基因实验中被转化的基因在进入细胞前如已被甲基化则不能表达；甲基化阻断性药物如5-氮胞苷对基因表达有诱导作用。这些都可以说明DNA的甲基化可以抑制基因的表达。

在一些不表达的基因中，启动区的甲基化程度很高，而处于活化状态的基因则甲基化程度较低。例如，鸟类卵黄原蛋白Ⅱ基因在两性中的表达不同。卵黄蛋白并非在卵母细胞或受精卵中合成，而是在成熟的雌性鸟类肝中先合成**卵黄蛋白原**（vetellogenin)，然后分泌到血液中，再转运到卵巢。发育中的卵（卵母细胞）选择性地将卵巢中的卵黄蛋白原加以吸取，再切割，装配成卵黄蛋白。雄性鸟类也有卵黄蛋白原基因，但不能表达，这是因为缺乏雌激素之故。其分子机制仍和甲基化有关。鸡的卵黄蛋白原基因的5′调控区有4个CpG位点(图20.1)，C、D位点是雌二酮受体蛋白复合物的结合部位。在雌激素处理后，在−612（C）的*Hpa*Ⅱ位点处于低甲基化。在DNA上，一股链上4个位点全部甲基化，另一股链只有50%甲基化，但经雌二酮处理后数小时内甲基化的形式发生急剧变化，4个甲基化位点全部去甲基化，可作为卵黄蛋白原mRNA的转录模板；另一股链上半甲基化位点滞后24h才去甲基化。由于雄性鸟类不能产生雌激素，所以此基因在雄体中一直处于甲基化状态，没有活性，不能合成卵黄蛋白原。

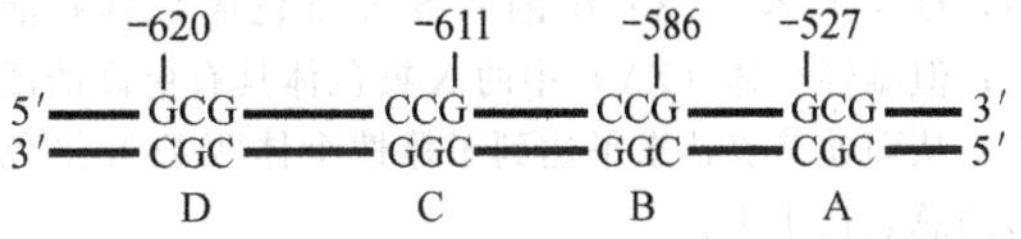

图20.1　鸡卵黄蛋白原基因的5′调控区有4个CpG位点，可被甲基化

酶对CpG位点的甲基化是有选择的。例如，小鼠β-珠蛋白基因5′侧翼有5个CpG位点，其中4个较集中。无论是诱导的还是未诱导的细胞，用纯化的DNA甲基转移酶在体外处理这段序列，结果各位点的甲基化程度各不相同，有的不发生甲基化，有的甲基化不明显，有的稍有甲基化，有的大量甲基化，表明还有其他的选择因素存在。

很多表观遗传作用的机制都是因DNA甲基化所致，如X染色体失活、亲本印记等。近年还观察到一个有趣的现象，即在转座子中一些胞嘧啶是甲基化位点，可以起到调控的作用（见第十四章）。例如，DNA的甲基化可以抑制植物和细菌的转座子；

在脊椎动物中甲基化可能也有相同的作用；重组反转录病毒导入小鼠的基因组后常常由于超甲基化作用而保持沉默。有趣的是，由可移动遗传因子引起的染色体重排及突变的发生率在哺乳动物中非常低，而在DNA不发生甲基化的果蝇中却非常高。可能由于甲基化作用可以保护DNA不受某些重组酶的作用。

在哺乳动物中，甲基化模式在原肠胚形成之前就已建立。在配子形成之前一直保持非甲基化，在配子形成后，生殖细胞才从头合成甲基化。在合子中甲基化的水平较高，而在卵裂期则发生广泛的去甲基化作用。

二、X染色体的剂量补偿

剂量补偿（dosage compensation）是指在性染色体为XY型的动物中，X染色体上的基因活性会发生改变，使两种性别中X连锁基因表达的剂量达到平衡。XX/XY或XX/XO性别决定系统的生物需要面对X连锁基因在不同性别个体中的平衡表达问题，即如果不同性别个体的X连锁基因以相同水平表达的话，XX个体的X连锁基因表达水平将是XY或XO个体的2倍。这些生物就是通过剂量补偿作用而避免出现这种情况，但不同的生物解决方式不同。在哺乳动物中是随机地失活雌性个体的两条X染色体之一，这样雌性个体（XX）与雄性个体（XY）一样都只有一条有活性的X染色体。在果蝇中，雌性个体（XX）中的两条X染色体都具有活性；但雄性个体（XY）中的X染色体具有更高的活性，从而使其表达水平达到了雌性个体两条X染色体的总表达水平。

在线虫（*C. elegans*）中，XX个体是雌雄同体的，而XO个体是雄性个体。XX个体中的两条X染色体的基因活性都被部分抑制，而XO个体中的X染色体有正常活性；这样XX个体中X连锁基因的表达水平与XO个体一致（图20.2）。线虫的剂量补偿机制是通过部分抑制雌雄同体体细胞中X连锁基因的转录活性而实现的。这一机制的细节目前还不清楚。与果蝇的雄性特异致死（male-specific lethal，MSL）蛋白相似，参与这一机制的基因表达产物可以特异性结合于X染色体。不同于果蝇MSL蛋白的是：线虫的相关蛋白质的结合过程只发生于细胞内有两条X染色体的情况下，雄性（XO）线虫的单一X染色体未发现这种结合过程，XX及XO个体的常染色体也不发生这种结合过程。因此，线虫的剂量补偿机制似乎与果蝇的机制相反：蛋白复合体结合于X染色体导致X染色体转录活性的部分抑制。

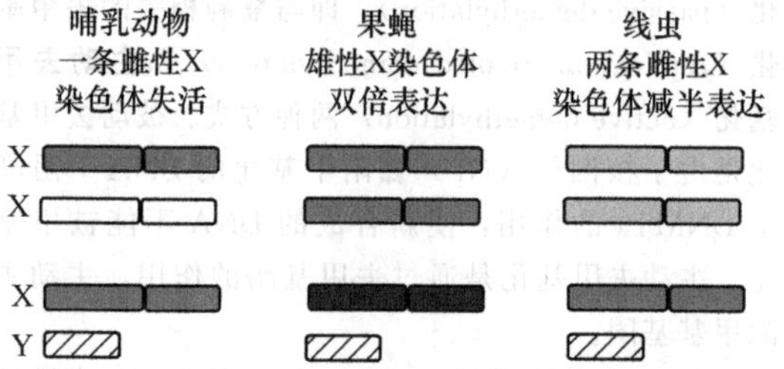

图20.2　不同的生物采用不同的剂量补偿策略以使在两性之间X连锁基因表达的剂量达到平衡

这三种不同的剂量补偿机制［失活（inactivation）、超活化（hyperactivation）、低活化（hypoactivation）］都有一个共同的特征：许多不同的基因由于位于同一条染色体上而被共同调节。这种整条染色体的调节优于这些基因表达的其他调控机制。是什么因素主导了这种全局性的调控？最近的一些研究表明一些因子可以特异性结合于X染色体，从而改变了它的转录活性。

对于哺乳动物X染色体的失活现象，1961年M. Lyon提出了**莱昂假说**（Lyon hypothesis）解释了巴氏小体（见第四章）的来源。她提出巴氏小体是一个失活（或大部分失活）的X染色体。其主要论点如下：①巴氏小体是一个失活的X染色体，失活的过程就称为**莱昂化**（lyonization）；②在哺乳动物中，雌性个体细胞中的两个X染色体中有一个X染色体在受精后的第16天（受精卵增殖到5000～6000个细胞，植入子宫壁时）失活；③两条X染色体中哪一条失活是随机的；④X染色体失活后，在细胞继续分裂形成的克隆中，此条染色体都是失活的；⑤生殖细胞形成时失活的X染色体可得到恢复（图20.3）。

大量的证据表明莱昂假说是正确的。由于莱昂化的作用，正常女性的X连锁基因的表达是镶嵌性的，因为在不同的细胞中具有遗传活性的X染色体可能是不同的。镶嵌性在女性中能被直接观察到。例如，X连锁的6-磷酸葡糖脱氢酶（G-6-PD）的测定也为莱昂假说提供了有力证据。女性虽然有两条X染色体，但其G-6-PD活性和男性的相同，表明其X染色体的总量有一半是失活的，这正好说明了剂量补偿作用。G-6-PD有A、B两种类型，两者之间只有一个氨基酸的差异，但电泳带的迁移率不同，A带比B带移动得快一点。它们分别由一对等位基因Gd^A和Gd^B编码。Gd^A或Gd^B纯合的女性从各

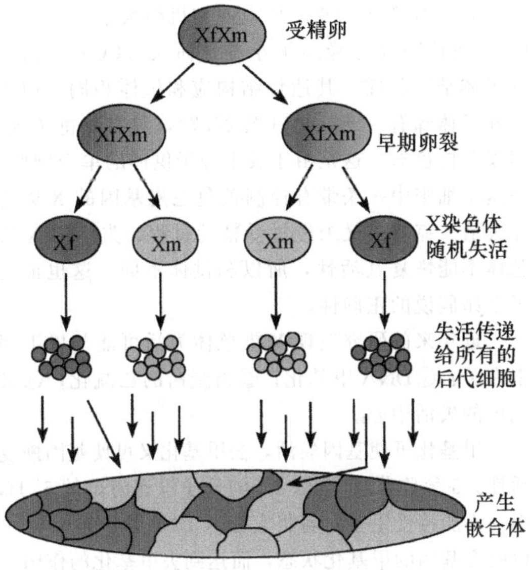

图 20.3　雌性哺乳动物在早期的胚胎卵裂中，除一条X染色体外，所有的X染色体选择性地随机失活，不同的组织在不同的时间X染色体失活，在特定的体细胞中失活的X染色体在其所有子代细胞中都保持失活

种组织取样进行电泳分析都只出现一条电泳带，Gd^A/Gd^B 杂合的女性经上述电泳的结果却会出现A、B两条带。但用胰酶处理杂合体的皮肤细胞，使其分成单个细胞，然后进行克隆培养，每个克隆都来自一个单细胞，再从各个克隆中取样进行电泳发现，每个克隆只出现一条电泳带，要么为A，要么为B，而一个克隆绝不会同时出现两条带(图 20.4)。这表明细胞中虽有一对等位基因 Gd^A/Gd^B 的存在，但由于有一条X染色体失活，使其上的等位基因不能表达，所以只出现一条带。

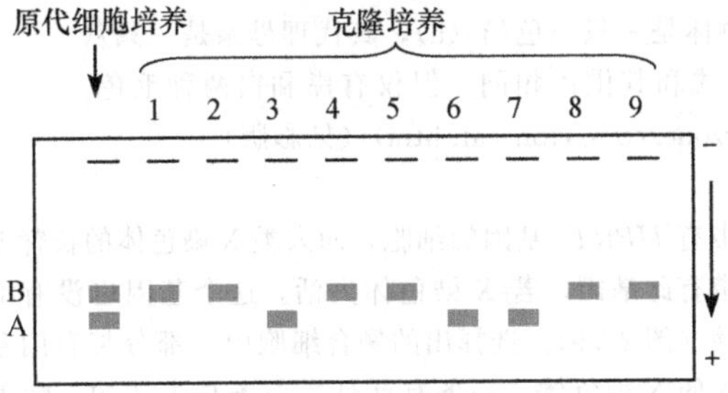

图 20.4　AB表型女性培养的细胞中的G-6-PD电泳图

原代细胞培养显示出现A、B两条带，而细胞群被分离成单细胞后，经克隆培养，随机取9个克隆进行电泳，每个克隆仅显示一条带（A或B）

镶嵌性亦能在缺少汗腺的X连锁的隐性突变的杂合女性中直接被观察到。**无汗性外胚层发育不良**(anhidrotic ectodermal dysplasia，AED）是X连锁隐性遗传异常，主要表现为毛发稀少、牙齿发育异常、无汗或少汗，以及表皮和附件异常。杂合女性表现出有齿和无齿颚区的镶嵌排列及有汗腺和无汗腺皮肤的镶嵌（图 20.5）。这些女性显示出皮肤上有汗腺大的斑块（这些斑块源自的胚胎细胞，其有活性的X染色体携带了正常的 *EDA* 基因，而失活的X染色体携带了突变的 EDA^- 基因）；另一些皮肤的斑块是缺少汗腺的（这些斑块源自的胚胎细胞，其有活性的X染色体携带了突变的 EDA^- 基因，而失活的X染色体携带了正常的 *EDA* 基因）。

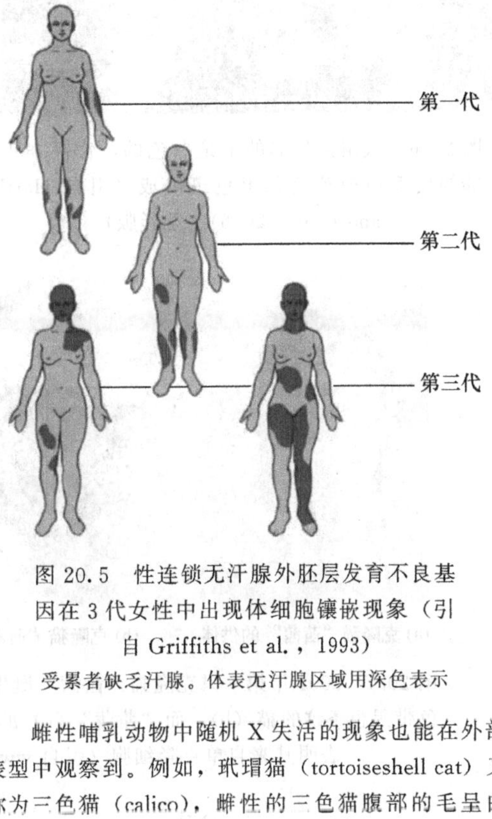

图 20.5　性连锁无汗腺外胚层发育不良基因在3代女性中出现体细胞镶嵌现象（引自 Griffiths et al.，1993）

受累者缺乏汗腺。体表无汗腺区域用深色表示

雌性哺乳动物中随机X失活的现象也能在外部表型中观察到。例如，玳瑁猫（tortoiseshell cat）又称为三色猫（calico)，雌性的三色猫腹部的毛呈白色，背部和头部的皮毛由橙黄色和黑色斑组成(图 20.6)。这种雌猫是一个X连锁基因杂合体，X连锁的 *O* 基因控制皮毛的颜色，并且上位（epistasis）于常染色体基因。X连锁的 *o* 基因控制合成橙色色素，其等位基因 *O* 是控制由橙色色素合成黑色色素。在雌猫皮肤的某一区域的细胞，如带有 *o* 基因的X染色体失活，则只有 *O* 基因表达，毛为黑色；在另一些区域的细胞，若带有 *O* 基因的X染色

体失活，则 o 基因表达，毛为橙黄色。这种现象也是莱昂假说的证据之一。这样的雌性同时也含有常染色体显性斑点基因 S。该基因的表达阻止细胞谱系中色素的形成。为什么 S 基因在某些细胞谱系中表达而在另一些谱系中不表达还不清楚。纯合的 S/S 猫比杂合的 S/s 猫的毛色更白。图 20.6 中的雌猫为 S/S 纯合的。

图 20.6　玳瑁猫腹部的毛是白色的，背部和头部的皮毛由橙黄色和黑色斑组成（引自 Hartl and Jones，2006）（见彩版）

2001 年美国得克萨斯农业和机械大学 M. Westhusin 等成功地克隆出了小猫“茜茜（CC）”。茜茜的供体是三色猫，其遗传结构应和供体相同，但毛色和供体却有一定差异（图 20.7），只有黑色条纹，但没有橙色斑。这是由于其来源于供体的单个细胞，而这个细胞中一条带有控制黄色毛皮基因的 X 染色体失活。克隆猫又未经过受精的过程，失活的 X 染色体不能恢复其活性，所以和供体不同。这也证明了莱昂假说的正确性。

近年来的研究发现 X 染色体失活可能与以下因素有关：①DNA 甲基化；②组蛋白的乙酰化；③染色体的失活中心。

甲基化可使基因失活，去甲基化又可使基因恢复活性。5-氮胞苷（图 20.8）的分子没有游离的 5′-H，因而不能接受甲基，若将它掺入 DNA 取代胞苷是可以改变基因的甲基化状态，而达到去甲基化的作用。

T. Mohandas（1983）等将含有一条 X 染色体易位（X/11 易位）的女人成纤维细胞和小鼠 A9 细胞（$HPRT^-$）融合后，用 HAT［培养基中加入了次黄嘌呤（H）、氨基蝶呤（A）和胸苷（T）］，选择

(a) 克隆猫“茜茜”的供体　(b) 克隆猫“茜茜”和其代理母亲　(c) 克隆猫“茜茜”

图 20.7　2001 年第一只克隆猫“茜茜”诞生。其供体是一只三色猫（a），其代理母亲是一只灰色带黑色条纹的猫（b），而“茜茜”（c）的花色模式和其供体相同，但仅有黑和白两种毛色，表明其来自单克隆细胞（引自 www.wowzone.com/clonecat.htm）（见彩版）

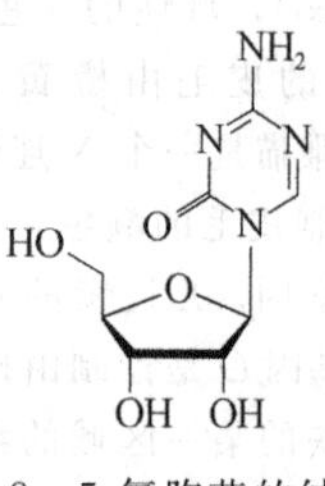

图 20.8　5-氮胞苷的结构式

带有 $HPRT^+$ 基因的细胞，而人类 X 染色体的长臂上带有此基因，若 X 染色体失活，这个基因也没有活性（图 20.9）。选择出的融合细胞中一部分带有两条人的 X 染色体，一条有活性，一条是失活的。随着培养的延续，杂种细胞将继续排斥人类的染色体，在这种情况下再用硫基鸟嘌呤进行**反选择**（back-selected）。因硫基鸟嘌呤是有毒性的，$HGPRT^+$ 的细

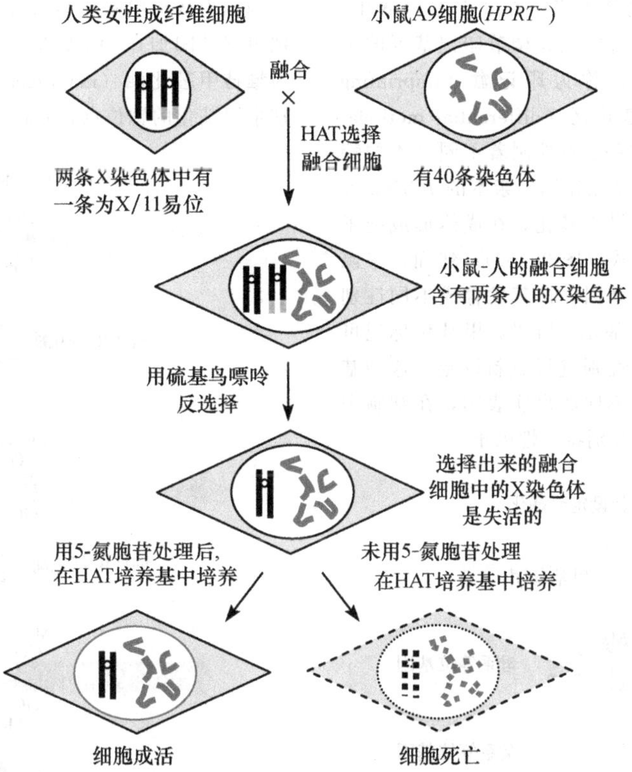

图 20.9　含有一条失活 X 染色体的分离及 5-氮胞苷使 *HPRT* 基因复活实验

胞可使其掺入 DNA 而导致死亡，而 *HGPRT*⁻ 的细胞反而可以得以生存，那么，选择出来的细胞所带有的 X 染色体一定是失活的，所以它虽有 *HGPRT* 基因，但不表达。接着他们用 5-氮胞苷来处理细胞，然后再在 HAT 培养基中培养，结果细胞增加了 100 倍。这表明原来失活的 X 染色体经 5-氮胞苷处理后恢复了活性，*HGPRT* 基因变成活性状态，这样才能在 HAT 培养基中分裂。这个实验说明 *HGPRT* 基因在失活染色体上重新被活化是由于 5-氮胞苷起到去甲基化的作用，也说明一条染色体被选择性甲基化是莱昂化的原因之一。

三、亲本印记

亲本印记（parental imprinting）也称**基因组印记**（genomic imprinting）或**遗传印记**（genetic imprinting），是指在发育过程中，经过特殊的加工修饰，使来源于父母本的一对等位基因表达不同。这是一种经典孟德尔遗传无法解释的遗传现象。目前在昆虫、哺乳动物和显花植物中都发现了亲本印记现象。

亲本印记涉及甲基化、组蛋白修饰、反义调节等，是一种表观遗传过程。它在不改变基因序列的情况下，使**单等位基因**（monoallelic）得以表达。这些表观遗传标记建立于生殖细胞，而在所有体细胞中得到维持。适当的印记基因的表达对于正常发育是必需的。

1984 年 J. McGrath 等通过小鼠的核转移实验，首次描述了印记现象。实验表明，仅含有母源基因组（孤雌生殖）或者仅包含父源基因组（雄核发育）的胚胎在发育过程中常常表现异常，并且在出生前就已死亡。

1991 年，T. M. DeChiara 等在小鼠中通过基因敲除实验发现了第一个内源性印记基因——胰岛素样生长因子Ⅱ（IGF-Ⅱ）。若被敲除的等位基因源于父本则动物表现为侏儒，而敲除来自母本的等位基因则无特殊表型异常。这一实验是分子遗传学发展中的一个里程碑，它为人们打开了亲本印记调节机制的这扇大门。

目前在人类和鼠身上已鉴别出 20 多种印记基因。这些基因的甲基化标记均发生于亲本生殖细胞系。大多数人类的印记基因集中在3个基因簇中，在每个基因簇上都存在着能顺式调节印记基因的亲本特异性表达的位点，称为**印记盒**（imprinting box）或**差异DNA甲基化区**（differential methylation region，DMR）。这些位点控制着不同亲本的特异性甲基化作用和去甲基化作用。亲本的*IGF*-Ⅱ等位基因在早期胚中被差异甲基化，在成体形成配子时仍保留原甲基化的模式（图20.10）。然而，来源于一个性别的甲基化的基因，在其发育成不同性别的后代过程中可以脱甲基化。所以，甲基化标记可以在每一代根据个体的性别进行重新设定。这种基因在不同性别中甲基化不同的事实表明，在细胞中存在一些控制甲基化的性别特异性因子。

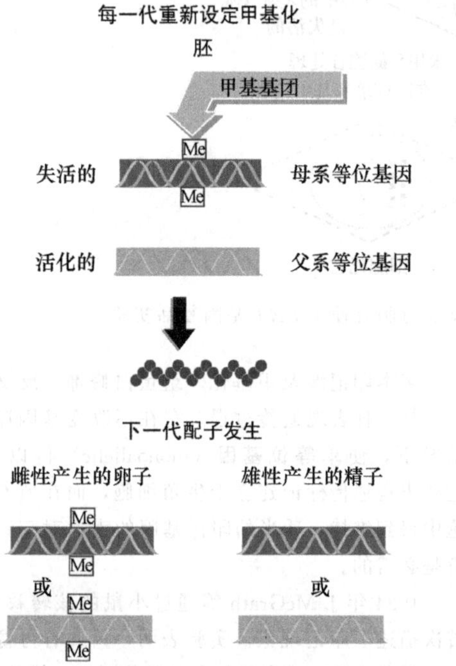

图20.10　印记的典型模式是被甲基化的基因座失活。若它是母系等位基因，则仅有父系等位基因有活性，那么它将是生存所必需的。当配子形成时，甲基化模式就会重新设定，这样，所有的精子都为父本型，而所有的卵母细胞都为母本型（引自Lewin，2004）

在DNA甲基化的情况下，被甲基化的DNA序列不能被转录，而未甲基化的序列可被转录。甲基化状态由两种酶来控制：**甲基化酶**（methylase）把甲基加在胞嘧啶的5位上，**去甲基化酶**（demethylase）则去除甲基（图20.11）。甲基化酶有两种，一种称为**从头甲基化酶**（*de novo* methylase），负责把甲基基团加在DNA未甲基化的位点上；一种称为**维持甲基化酶**（maintenance methylase），负责识别半甲基化的靶位点，并将其变成全甲基化位点。

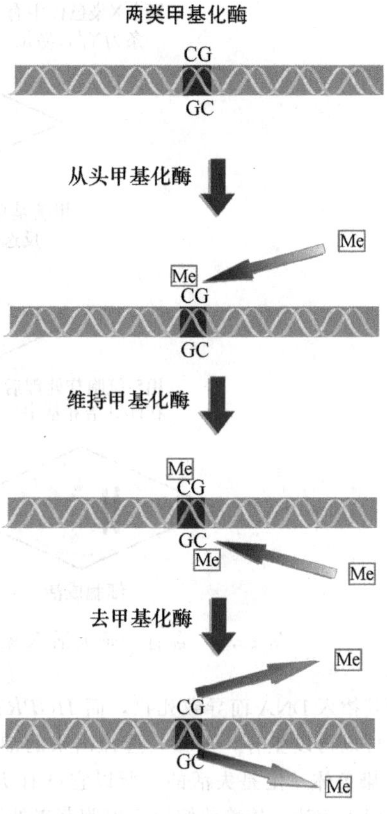

图20.11　DNA甲基化状态被三种酶所控制：从头甲基化酶和维持化甲基化酶是已知的，但去甲基化酶尚未被鉴别（引自Lewin，2004）

甲基基团大部分在CG二联体中，这种短回文序列的两条链上的胞嘧啶残基都甲基化了，称为**全甲基化**（fully methylated）位点。当DNA经过一次复制后，每条新的双链中各有一条甲基化链和一条未甲基化链，称为**半甲基化**（hemimethylated）位点。甲基化位点能否遗传下去，关键在于该二联体能否恢复到全甲基化状态。此时需要维持甲基化酶识别并加上甲基而完成全甲基化，即维持甲基化酶保证了DNA的甲基化状态可以在DNA复制后遗传下去。

*H19*是在鼠胚胎中转录最丰富的一种基因。*H19*的产物不是蛋白质而是沉降系数为28S的RNA颗粒。*H19*基因位于7号染色体上，距**类胰岛素生长因子-2**（insulin-like growth factor-2，*Igf2*）基因

约 10kb。这两个基因的印记效应是相反的，在母源的染色体中只表达 *H19*，在父源的染色体中只表达 *Igf2*。*H19* 和 *Igf2* 共同使用下游的一个增强子（图 20.12）。在父源的染色体上，由于 *H19* 的启动子处于甲基化状态，所以 *H19* 不表达，但母源的染色体上 *Igf2* 的启动子并未发生甲基化，也同样受到抑制［图 20.12（a）］。这是由于在 *H19* 基因上游 2kb 处存在一个几 kb 的印记控制区即**绝缘子**（insulator），该区域能与一种 CTCF（CCCTC-binding factor）蛋白结合。在母源的染色体上，CTCF 蛋白与 ICR 结合，从而抑制了下游的增强子对 *Igf2* 的调控作用，使 *Igf2* 不表达；但在父源的染色体，ICR 处于甲基化状态，不与 CTCF 结合，所以 *Igf2* 的表达不受影响。遗传印记中 DNA 甲基化在启动子区起了直接抑制基因转录的作用，而在印记控制区起到了间接的调控作用，使来自双亲的同源染色体或等位基因存在着功能上的差异，所以正常的胚胎发育需要分别来自雌性和雄性双亲的一套染色体。

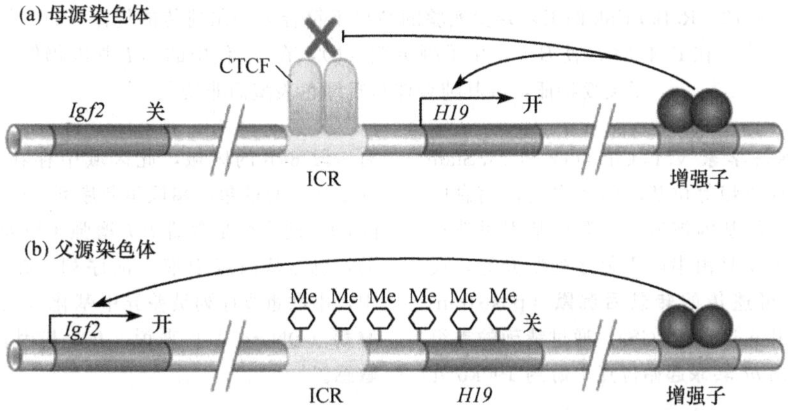

图 20.12 小鼠 *H19* 和 *Igf2* 的印记效应（参照沃森等，2005）

Me，甲基化；ICR，印记控制区；CTCF，CCCTC 结合蛋白

很多遗传病，包括贝-魏综合征（Beckwith-Wiedemann syndrome，BWS），又称为巨大舌-脐膨出综合征，西尔弗-罗塞尔综合征（Silver-Russell syndrome，SRS），安格尔曼综合征（Angelman syndrome，AS）和普瑞德威利综合征（Prader-Willi syndrome，PWS）等都属于一种印记缺陷。这些综合征的致病基因都聚集在 11p15.5 处的印记区。例如，PWS 和 AS 是两种脑功能障碍性综合征，PWS 的病症包括肌肉张力减退、食欲旺盛、肥胖症等；AS 又称快乐木偶综合征，症状为共济失调、异常的快乐表情、语言能力缺乏等。20 世纪 80 年代研究人员发现两种综合征的症状虽截然不同，但令人惊奇的是，二者都是由于 15q11.2-q12 区的基因缺失所致。进一步研究发现 PWS 和 AS 分别是因父源和母源等位基因缺失所致，属于亲本印记的现象。但其作用机制不仅是甲基化的问题，还涉及反义调控和组蛋白的化学修饰。

四、副突变

副突变（paramutation）是具有同一基因座的两个等位基因之间的相互作用，它导致其中一个等位基因发生一个可遗传的变化。副突变是 R. B. Brink 于 1956 年在研究玉米控制色素形成的 *R* 基因座位时发现的。在玉米中 *bl* 基因控制色素的形成，在这个基因座上有一对等位基因，其中 *B-I* 基因编码合成花青素的酶，其无效等位基因 *b* 不合成这种色素，它对于 *B-I* 基因是隐性的。其另一个等位基因 *B′*的作用是仅能产生少量花青素，但具有特殊的致副突变作用。当纯合的 *B-I*/*B-I* 与 *B′*/*B′*杂交时，产生的杂合子（*B-I*/*B′*）仅有少量的花青素，和 *B′*纯合体难以区别。这样看来似乎 *B′*对于 *B-I* 基因是显性的。如果这个解释是正确的话，那么此杂合体（*B-I*/*B′*）自交产生的后代中应能出现紫色的“*B-I*/*B-I*”纯合体，但实际上只产生绿色的“*B′*/*B′*”纯合体。因此，结果不符合孟德尔定律。R. B. Brink 的解释是由于 *B-I* 等位基因产生了副突变，即由于致副突变的等位基因 *B′*的存在使 *B-I* 等位基因不可逆地失去了活性成为 *B′*基因，F_2 代的表型便成为相同的类型（图 20.13）。副突变并非是玉米中的一个特例，后来陆续在其他生物体中也发现了这种现象。

人们不免要问，B'基因如何使B-I等位基因失去活性？科学家们一直期待能在分子水平上解释这个奇妙的现象。

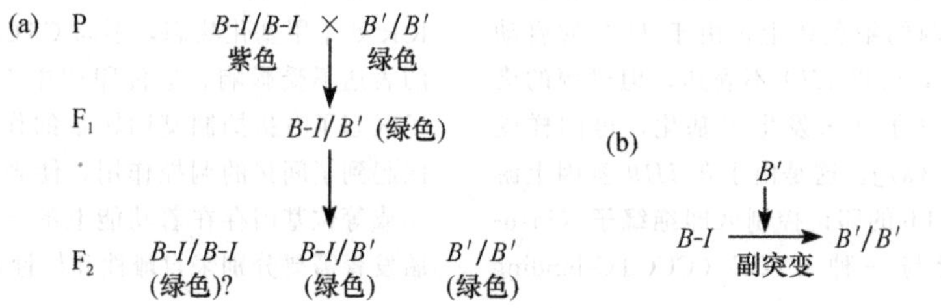

图 20.13　R. B. Brink 的玉米杂交实验的结果不符合孟德尔遗传的规律（a）。他解释为：在 F_1 代时 B'使B-I产生了副突变（b），在 F_2 代中的B-I基因仍保持了突变特征，故其纯合体呈现绿色表型而非紫色

2006 年美国科学家 V. L. Chandler 和 M. Stam 提出副突变是一种依赖等位基因的表观遗传信息的转移，由于一个等位基因被另一个等位基因可遗传的沉默所致。副突变是由串联重复序列所介导，反式地建立和维持可遗传的**转录后沉默**（post-transcriptional gene silencing，PTGS）。通过精确的重组作图现已经鉴定出 *b1* 转录起始位点上游约 100kb 处有一段 6kb 的区域，此区域中存在一个长 853bp、共 7 次重复的**单一串联重复序列**（unique tandem repeat），此序列是激活B-I增强子以及副突变所必需的，也是基因组中唯一的序列。在B-I和B'基因中，串联重复序列被差异甲基化（图 20.14）。对核酸酶（DNase Ⅰ）来说，B-I基因比B'基因更为敏感。

图 20.14　副突变。B'等位基因的重复序列上结合着活化的甲基化酶，而B-I等位基因的重复序列上结合失活化的甲基化酶。在杂合体（B-I/B'）中，B-I和B'相互作用，使B-I等位基因上的甲基化酶被激活，通过甲基化的作用B-I失去了部分活性，而只产生少量的花青素（引自 Stam et al.，2002）

2006 年法国科学家在研究小鼠的 *Kit*$^{+}$ 基因时发现野生型 *Kit*$^{+}$ 与突变体（*Kit*$^{-}$）（身体出现白斑）杂交之后，产生的杂合体（*Kit*$^{+}$/*Kit*$^{-}$）表型是正常的。但杂合子互交产生的后代中，按一定比例产生的纯合体（*Kit*$^{+}$/*Kit*$^{+}$）后代的尾巴意外地出现了白斑。检查其野生型等位基因 *Kit*$^{+}$ 的 DNA 结构都是正常的。进一步研究表明，由精子释放的 RNA 和 microRNA 介导了这种表观遗传。

第二节　组蛋白的化学修饰

组蛋白由一球状核心区和突出于核小体外富含碱性氨基酸的 N 端尾部组成，组蛋白被修饰的位点就集中在 N 端尾部。这些修饰包括乙酰化、甲基化、磷酸化、泛素化、苏素化和 ADP-核糖基化。赖氨酸的游离氨基基团可发生乙酰化和甲基化，精氨酸的氨基基团可发生甲基化，丝氨酸和苏氨酸的羟基基团可发生磷酸化（图 20.15）。

组蛋白的化学修饰作用的途径有三类（图 20.16）。①改变染色质结构。通过化学修饰改变组蛋白的电荷，可直接影响到核小体的结构，或者可以产生非组蛋白的结合位点，从而改变染色质的属性。一般而言，乙酰化与活性染色质有关，而甲基化同失活染色质有关。②抑制负作用因子的结合。蛋白质翻译后修饰对染色质缔合因子（CF）结合具有抑制作用，如 H3S10（组蛋白 H3 第 10 位的

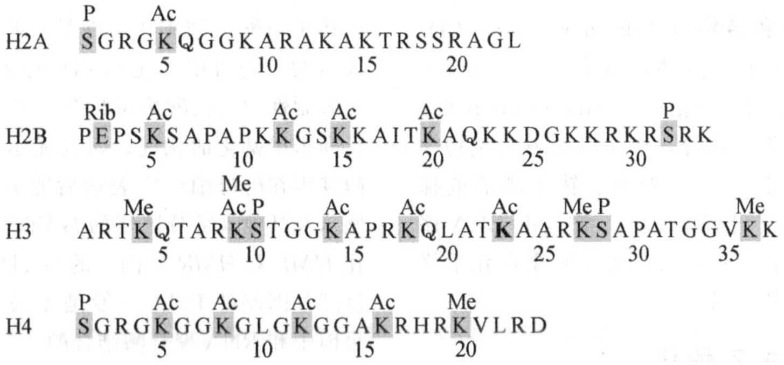

图 20.15　组蛋白 N 端尾部几个共价修饰位点

P，磷酸化；Ac，乙酰化；Me，甲基化；Rib，核糖基化

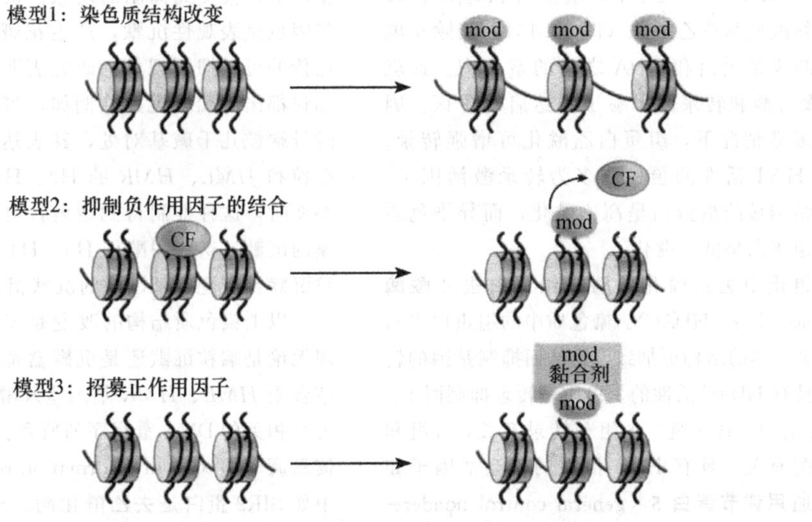

图 20.16　组蛋白翻译后修饰如何作用染色质模板的模型（引自 Allis et al.，2007）

模型 1 提出组蛋白共价修饰改变染色质的结构；模型 2 表明组蛋白翻译后修饰对染色质缔合因子（CF）结合的抑制作用；模型 3 表明组蛋白翻译后修饰可提供 CF 结合的特异性。mod：修饰物

丝氨酸）的磷酸化可阻止**异染色质蛋白 1**（heterochromatin protein 1，HP1）结合到已甲基化的 H3K9（组蛋白 H3 第 9 位的赖氨酸）上。③招募正作用因子。组蛋白修饰可提供 CF 结合的特异性。一个典型的例子是 HP1 通过其染色质结构域结合到已甲基化的 H3K9 上。

这些化学修饰以及这些作用的相互交叉组合，可作为一种重要的表观标志或语言。2000 年美国的 B. Strahl 和 C. D. Allis 提出了**组蛋白密码假说**（histone code hypothesis），认为组蛋白尾部的共价键修饰及组合，加上其他修饰（如 DNA 甲基化）构成了一套调控染色质结构和转录活性的遗传密码。这些密码可以被含有特定结构域如**布罗莫结构域**（bromodomain，BrD）（在果蝇 *brm* 等基因产物中发现的结构域）和**染色结构域**（chromodomain，CD）模体的非组蛋白来解读。这些蛋白质又招募其效应蛋白，如通用转录因子（general transcription factor，GTF）、RNA 聚合酶等，从而启动下游生物学功能，如染色质凝集、DNA 修复、转录激活或抑制。这样就使遗传密码有两类：一类是由 DNA 序列所提供的传统遗传密码；另一类是组蛋白化学修饰所提供的表观遗传密码。

一、乙酰化与去乙酰化

组蛋白**乙酰化**（histone acetylation）是一种翻译后进行的调控。其作用是在**乙酰转移酶**（acetyltransferase，HAT）的催化下，组蛋白 N 端的比较保守的赖氨酸残基被乙酰化（图 20.15），消除正电荷，从而减少组蛋白和 DNA 之间的亲和力。这就使 RNA 聚合酶和转录因子易于到达启动子区。因此，在大多数情况下，组蛋白乙酰化可增强转录。所以具有 HAT 活性的蛋白质多为转录激活因子。常染色质结构域的组蛋白呈高乙酰化，而异染色质结构域的组蛋白呈低乙酰化。

催化组蛋白去乙酰化的酶是**组蛋白去乙酰酶**（histonedeacetylase，HDAC）。染色质中的组蛋白去乙酰化可使染色体的结构更加致密，从而抑制基因的转录。因此具有 HDAC 活性的蛋白质是转录抑制因子。

HAT 有 A、B 两组，A 组和转录有关，B 组和核小体装配有关。具有 HAT 活性的辅激活因子如**非去阻抑通用调节蛋白 5**（general control nonderepressive protein 5，GCN5）是酵母中的一种转录因子；**p300/CBP 缔合因子**（p300/CBP-associated factor，PCAF）是真核细胞内一种重要的组蛋白乙酰转移酶，它主要通过催化组蛋白 H3 的乙酰化，促进特定基因的转录，参与细胞内多种生物学过程。其中 p300 蛋白是辅激活蛋白家族的成员，和（或）增强子结合蛋白和（或）参与基础转录机制的蛋白质相结从而激活基因的转录；碳水化合物结合蛋白（carbohydrate-binding protein，CBP）是糖类结合蛋白。

在酵母交配型转换中，仅有活性盒可以表达，而两侧的 *HML* 和 *HMR* 基因座不表达，称为沉默盒。酵母 *HML* 和 *HMR* 基因座的沉默（见第十二章）、端粒沉默及果蝇中的花斑位置效应都和组蛋白的去乙酰化有关。

HML 和 *HMR* 基因座的沉默是由于染色质结构的浓缩，在空间上阻断了转录因子与 DNA 的相互作用。人们将大肠杆菌编码 DNA 甲基化酶的基因转化到酵母细胞中，在酵母启动子控制下表达，表达的产物可甲基化 GATC 序列中的腺嘌呤残基。用限制性内切核酸酶可检测出这个序列中已被甲基化和未甲基化的状况。研究显示，大肠杆菌甲基化酶基因在酵母细胞中表达后能够甲基化 *MAT* 基因座以及其他大部分区域的 GATC 序列，但不能甲基化 *HML* 和 *HMR* 基因座的 GATC 序列。结果表明，沉默基因座的 DNA 一般是无法和蛋白质，包括转录因子和 RNA 聚合酶结合的。

（一）端粒沉默

端粒沉默（telomere silencing）是指端粒附近的基因活性会受到抑制的现象。被插入到端粒附近的基因也呈表观性沉默，产生花斑表型，这是一种可遗传的可逆抑制现象。研究表明，每个酵母染色体端粒都出现端粒沉默。例如，当将一个基因插到离酵母端粒几千碱基对处，其表达将受到抑制。而当端粒和 *HML*、*HMR* 的 H3、H4 的 N 端发生相同突变时，这种抑制得到缓解，也阻止了交配型基因座的沉默。这表明酵母 H3、H4 的 N 端的结构和端粒沉默及交配型基因座的沉默相关。

以上染色质结构的改变是怎样导致的？研究发现无论是端粒沉默还是沉默盒都是由于 RAP1 蛋白结合于 *HML*、*HMR* 基因座及酵母染色体端粒中与沉默相关的 DNA 重复序列所致。然后募集 3 个**沉默信息调节物**（silent information regulator，SIR），其中如 SIR2 蛋白是去乙酰化酶。SIR2 这类蛋白质位于核仁内，它是活性高且高度保守的去乙酰化酶，被统一命名为“Sirtuin”。

RAP1 和 SIR 蛋白相互作用，并结合到组蛋白

N端的 H3 和 H4 上。用 RAP 和 SIR 蛋白的抗体及标记的端粒 DNA 探针与酵母细胞进行分子杂交显示，这些蛋白质可形成大的端粒核蛋白结构，类似于高等真核生物的异染色质。根据这些实验的结果，建立了酵母端粒沉默机制的模型（图 20.17），表明了其组蛋白 N 端是低乙酰化的。在此模型中，异染色质的形成是由多个 RAP1 蛋白结合在端粒的核小体游离区域的重复序列上。RAP1 结合 SIR3 和 SIR4 形成蛋白质网络，然后再与 SIR2、低乙酰化的组蛋白 H3 和 H4，以及另外的 SIR3 和 SIR4 蛋白相互作用，产生一个稳定的核蛋白复合体——**沉默复合体**（silencing complex）。SIR2 随即使邻近的 H4K16 去乙酰化，这对保持沉默复合体与染色质的结合是必要的。沉默复合体能浓缩染色质，使一些反式调控蛋白无法接近和找到它们的靶位点。另一种蛋白质 SIR1，也是交配型基因座沉默所需要的。

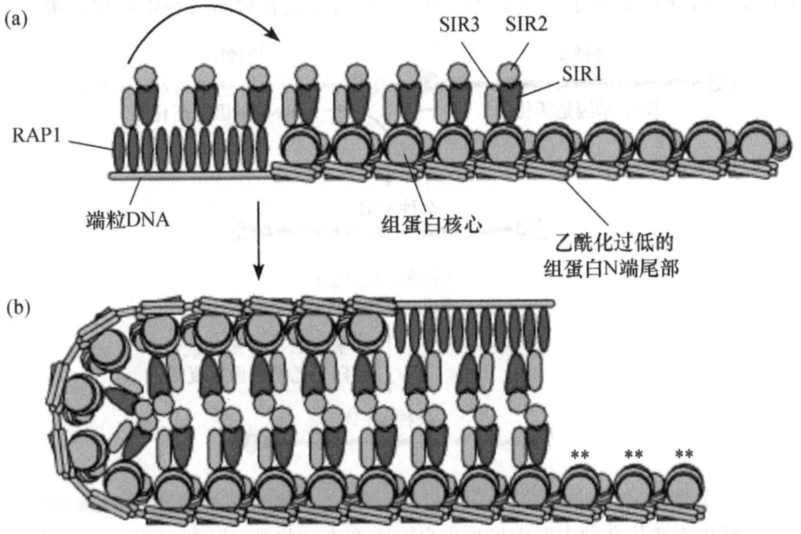

图 20.17　酵母端粒沉默机制的模型（引自 Lodish et al.，2000）

（a）多拷贝的 RAP1 蛋白结合于各端粒区的简单重复序列上，这个区域没有核小体。（b）通过蛋白质 RAP1、SIR2、SIR3、SIR4 和附近核小体的组蛋白 H3、H4 的低乙酰化氨基端尾巴相互作用而形成多蛋白复合体。星号表示 H3、H4 的高乙酰化氨基端尾巴

（二）花斑位置效应

花斑位置效应（variegated position effect），也称为 V 型位置效应（Lewis，1950），常由易位而引起。所谓 S 型位置效应，是指 2 个突变基因排列为顺式（*ab*/＋＋）和反式（*a*＋/＋*b*）时表型不同。例如，关于果蝇（*D. melanogaster*）的星状眼（*star*）和星体眼（*asteroit*），顺式时（*s ast*/＋＋）果蝇复眼大小近于正常（稍小），与之相反，反式时（*s*＋/＋*ast*）复眼便显著变小。所谓 V 型位置效应，是指由于位于常染色质的基因经过染色体重排移到异染色质附近区域，不能表达，表现出不稳定的表型效应。例如，果蝇 X 染色体端部的红眼基因 w^+ 易位到附近的异染色质区，w^+ 基因则失去活性，其表现效应和白眼基因（*w*）相同。这样，果蝇的复眼表现为嵌合性，既有正常的小眼，也有白眼小眼（图20.18）。如果该基因再倒位，回复到原有位置

图 20.18　当果蝇 X 染色体上的红眼基因 w^+ 易位到异染色区时，也会出现红白相间的复眼（引自 Griffiths et al.，1999）

时，则复眼表现为稳定的正常表型。因此可知，基因本身并没有发生改变，其发生机制和端粒沉默是相同的。

组蛋白 H4 的去乙酰化也是雌性哺乳动物一条 X 染色体失活的主要原因之一，表明去乙酰化是染色质凝聚和失活的前提。

（三）核仁显性

在遗传杂种中通常出现仅来源于一个亲本（A 物种）的 rRNA 被转录，并组装成一个核仁，而来自另一亲本（B 物种）的 rRNA 基因却被抑制。这种发生在不同真核生物中的可逆的表观遗传现象称为**核仁显性**（nucleolar dominance）（图 20.19）。

早在 1934 年 B. McClintock 就确定染色体的次缢痕与活化核仁形成区（nucleolar organizer region，NOR）有关。同年，M. Navashin 在还阳参属（*Crepis*）植物杂交中观察到现在描述的核仁显性现象。人们观察到在种间杂种细胞中，来自一个亲本物种的

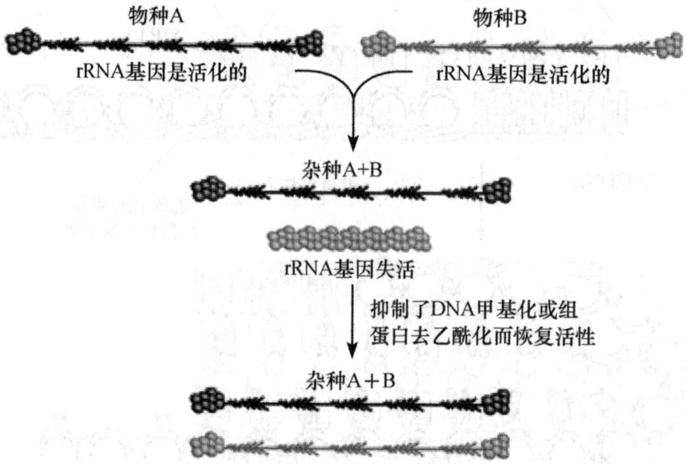

图 20.19　核仁显性是指在遗传杂种中通常发生来自一个亲本（物种 A）的 rRNA 基因转录，组装成核仁，而来自另一亲本（物种 B）的 rRNA 基因受到抑制（引自 Grummt and Pikaard，2003）

NOR 显性于另一亲本物种。由于来自各个亲本的 rRNA 基因和其转录物可以区分，核仁显性现象提供了一种用生物化学的方法来分析剂量补偿的模型。rRNA 是组成核糖体的一个重要成分，细胞在 rRNA 基因充裕时能利用核仁显性来控制生物体中核糖体的量。

各种纯种还阳参都只有一对染色体具有 NOR。但在杂种中，只有来自一个亲本的一个 NOR 可形成次缢痕。此外，其他一些物种 NOR 的遗传也呈现显性。根据这些观察建立了作为表观遗传现象的核仁显性这一概念。随后的几年中，在很多植物杂种中都发现了核仁显性的现象，包括芸薹属（*Brassica*）和拟南芥（*Arabidopsis*）。类似的现象也发生在杂种果蝇（*Drosophila*）和杂种非洲爪蟾（*Xenopus*）中，从而被证实 rRNA 基因差异转录建立在核仁显性的基础上。最后，在人类和小鼠的融合细胞中也观察到核仁显性的形式。

许多年以来，科学家们根据部分实验都认为核仁显性现象中的基因沉默是一套核糖体 RNA 基因被选择性开启的结果。例如，在人-鼠融合细胞中，老鼠和人类之间**模板选择因子**（SL1/TIF-1B）的差异决定着核仁显性。但在 1997 年，C. S. Pikaard 等发现用 DNA 甲基化的抑制剂或使组蛋白脱乙酰作用，能使得沉默的 rRNA 基因重新得以开启，证明核仁显性现象的关键是选择性关闭来自一个亲本的一套 rRNA 基因，而不是选择性启动一套 rRNA 基因。从那时开始，Pikaard 等就在努力寻找使沉默基因处于沉默状态的蛋白质。为了弄清在核仁显性中究竟是哪一种酶起主要作用，他们构建了转基因杂合体，并在这些杂合体中，逐一敲除可能与核仁显性有关的 16 种乙酰基转移酶基因，然后检查敲除后对核仁显性现象的影响。结果他们发现 *HDA6* 基因的敲除可以消除核仁显性现象，表明 HDA6 在核仁显性中起重要作用。

为了定位 HDA6 在细胞中的位置，他们将 HDA6 蛋白进行荧光标记，在显微镜下，观察到很多 HDA6 蛋白出现在核仁内，并且正好是 rRNA 基因被调控和核仁显性现象发生的位置。

该小组的 K. Earley 证明了 HDA6 是一种组氨酸乙酰基转移酶，并且它可以移除几种不同的组蛋白的乙酰基。而 M. Gross 确定了 HDA6 所去除的乙酰基的准确位置，并证明了在核仁显性中组蛋白乙酰化的作用。

HDA6 具有广泛的特异性，它可以去除组蛋白上组氨酸和赖氨酸的乙酰基。当组蛋白被乙酰化时，rRNA 基因被开启。当它们被 HDA6 去乙酰化时，导致基因沉默。他们同时也发现基因沉默的机制还包括组蛋白的修饰和 DNA 甲基化，并且 HDA6 在两者中均起影响作用。关于选择哪一套核糖体基因沉默的机制现在尚不清楚，另外组蛋白修饰和 DNA 修饰的活性是如何同时进行的也还是个谜。

二、组蛋白甲基化与去甲基化

组蛋白甲基化是指在组蛋白甲基转移酶催化下组蛋白 H3 和 H4 的 N 端赖氨酸（K）或精氨酸（R）残基发生的甲基化。组蛋白甲基化是由组蛋白甲基化转移酶（histonemethyl transferase，HMT）完成的。每一位点的甲基化程度并不相同，赖氨酸残基能够发生单、双、三甲基化，而精氨酸残基能够发生单、双甲基化。这些不同位点、不同程度的甲基化极大地丰富了组蛋白修饰和调节基因表达的功能。组蛋白甲基化的效应主要涉及异染色质的形成，以及基因表达沉默等。

H3 和 H4 精氨酸甲基化与基因激活相关，而精氨酸的去甲基化与基因沉默相关。不同位点的赖氨酸甲基化的作用是不同的。例如，H3K4、H3K36 及 H3K79 甲基化与基因激活相关，而 H3K9、H3K27 及 H4K20 的甲基化与基因沉默相关。但应当注意的是，甲基化个数与基因沉默和激活的程度相关。

通过实验发现，若去乙酰化酶发生突变，使已乙酰化的 H3K14 不能去乙酰化，也阻止了 H3K9 的甲基化。而异染色质蛋白 1（heterochromatin protein 1，HP1）可通过其结合结构域与 H3K9 甲基化的组蛋白相互结合，这提示了异染色质形成的启动模型：首先去乙酰化酶去除了 H3K9 的乙酰化；然后，SUV39H1 蛋白作用于组蛋白 H3 尾部，产生甲基化信号；而后 HP1 与之结合（图 20.20）。SUV39 蛋白家族是第一个被发现的组蛋白甲基转移酶，能特异性地使组蛋白 H3K9 甲基化。

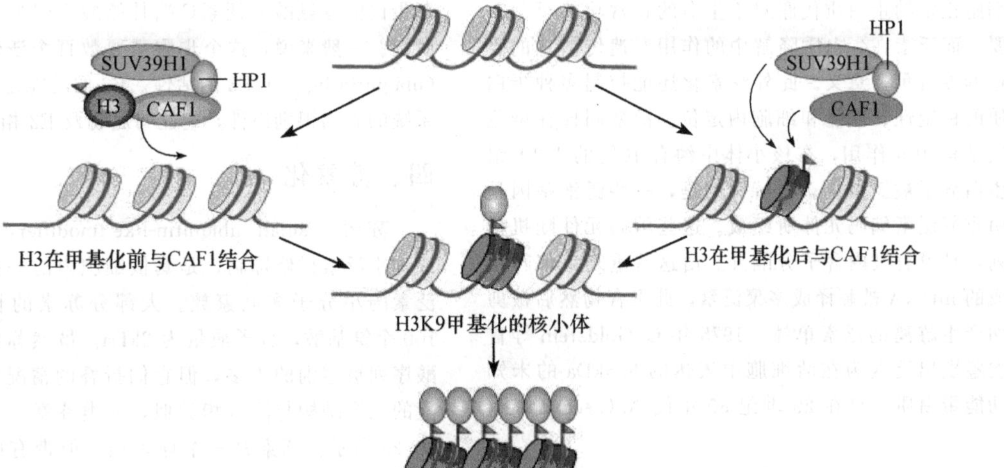

图 20.20 染色质组装因子 1（chromatin-assembly factor-1，CAF1）与异染色质蛋白 1 相互作用，并与 H3K9、甲基化酶 SUV39H1 组装。与 CAF1 结合的组蛋白 H3 的甲基化可能发生在四聚体与 DNA 结合前（左）后（右）。H3H4 四聚体再结合到 DNA 上，但这是在 H2A-H2B 二聚体形成之前。随之 HP1 从 CAF1 复合体转移到已甲基化的残基上，依赖于 SUV39H1 活性和 HP1 的存在，SUV420H1 和 SUV4202 酶对 H4K20 的三甲基化。这些标记的建立将导致两侧异染色质的形成和延伸（引自 Sarma and Reinberg，2005）

人们起初认为组蛋白的甲基化作用是稳定而不可逆的修饰，近年来发现了两种去甲基化酶家族。2005 年 Shi 等首先发现赖氨酸特异性脱甲基酶 1（lysine specific demethylase 1，LSD1），它可脱去赖氨酸上的单甲基或双甲基，特别是 H3K4 和 H3K9 上的甲基，但不能脱去赖氨酸上的三甲基，因此人们认为赖氨酸的三甲基化可能是一种不可逆的修饰。但在 2005 年末，Zhang 等又发现含 JmjC 结构域的组蛋白去甲基化酶［Jumonji domain-containing (JmjC) histone demethylase，JHDM］，它能够特异性地除去组蛋白赖氨酸上的单甲基、二甲基和三甲基，从而驳斥了组氨酸甲基化不可逆的理论。

三、泛素化

泛素（ubiquitin，UBC）是一种小型高度保守的调节蛋白，在真核细胞中广泛存在，故又称为遍在蛋白。尽管此分子只含 76 个氨基酸（图 20.21），在酵母和人类的遍在蛋白之间只有 3 个位点不同。在热激处理细胞中，泛素 mRNA 的转录大大增加。泛素最突出的功能是标记那些被蛋白酶体所降解的蛋白质。泛素共价结合于底物蛋白的赖氨酸残基，被泛素标记的蛋白质将被特异性地识别并迅速降解，泛素的这种标记作用是非底物特异性的，在蛋白质降解过程中泛素的关键作用越来越受到重视。细胞中的蛋白质处于不断地降解与更新的过程中，保持细胞正常的蛋白质代谢对于生命的正常功能至关重要，而泛素在蛋白质降解中的作用对遗传信息的表达调控有重要意义。此外泛素化还能控制多种蛋白质的稳定性、功能和细胞内定位。泛素同样在染色质结构中起作用，在核小体中约有 10% 的 H2A 组蛋白分子被泛素化。很特殊的是，一些泛素基因是由重复泛素编码元件所组成。这些编码元件随机排列，且没有被内含子分隔开。由这些重复单位转录成的 mRNA 被翻译成多聚泛素，此聚合物然后被剪切产生游离的泛素单体。1975 年 G. Goldstein 等首次鉴别出泛素为在活细胞中表达的 8.5kDa 的未知功能蛋白质。早在 20 世纪 80 年代 A. Ciechanover,

图 20.21　泛素的三维结构（引自 http://openwetware.org/wiki/Nijman）（见彩版）

A. Hershko 和 I. Rose 就阐明了泛素基本功能和泛素化途径的构成，为此获得了 2004 年诺贝尔化学奖。

泛素化（ubiquitination 或 ubiquitylation）是指通过异肽键（isopeptide bond）连接一个或多个泛素单体（monomer）的蛋白质翻译后的共价修饰过程。这一过程首先是靶蛋白的泛素化；接着是被泛素化的蛋白质经蛋白酶体水解，并释放出可被重复利用的遍在蛋白，即泛素先与胞内蛋白进行共价结合修饰，再由蛋白酶体选择性地将修饰蛋白降解。泛素的这种结合是其羧基端的甘氨酸残基通过酰胺键与目的蛋白的赖氨酸残基的 ε-氨基结合。泛素化的过程是一个级联反应，可分为以下三步（图 20.22）。①泛素活化：通过**泛素活化酶**（ubiquitin-activating enzyme）E1 分两步进行，反应需要 ATP 作为能源。最初步骤产生一个泛素-腺苷酸中间体。第二步将泛素转移到 E1 的半胱氨酸残基的活性部位，并释放 AMP。这一步反应结果为硫酯键连接泛素 C 端的羧基和 E1 的半胱氨酸巯基（sulfhydryl group）。②泛素转移：通过转酯反应，泛素从 E1 转移到**泛素缀合酶**（ubiquitin conjugating enzyme）E2 的半胱氨酸活性位点上。③产生多聚泛素：泛素的最后一步是在靶蛋白的赖氨酸和泛素C 端甘氨酸之间形成一个异肽键。一般来说，这个步骤需要数百个**泛素连接酶**（ubiquitin ligase）E3 的活性。E3 的功能是作为这个系统的底物识别组件，它能与底物及 E2 相互作用。

四、苏素化

苏素（small ubiquitin-like modifier，SUMO）或称小泛素样修饰物，是真核细胞内的一些类似于泛素的小分子多肽家族。大部分苏素的长度约为 100 个氨基酸，分子质量为 2kDa。虽然苏素的氨基酸序列被鉴别的不多，但它们折叠的情况相同。苏素的三维结构与泛素相类似，人类苏素 1 结构如图 20.23 所示。苏素是一个球蛋白，但带有两个伸展出的氨基酸链末端，球的核心由 α 螺旋和 β 折叠所组成。苏素以泛素类似的方式对相应的底物蛋白进行修饰。但苏素修饰不介导蛋白质降解，而是通过改变细胞定位、蛋白质活性、蛋白质之间相互作用等不同的机制在细胞的各种生理活动中发挥重要的调节作用。

苏素化（sumoylation）是一种翻译后的修饰过程。在酶的作用下苏素被连接到底物蛋白质上。苏素化的酶促过程和泛素化类似，不同的是，苏素化不使靶蛋白降解。成熟的苏素 C 端最后面的 4 个氨

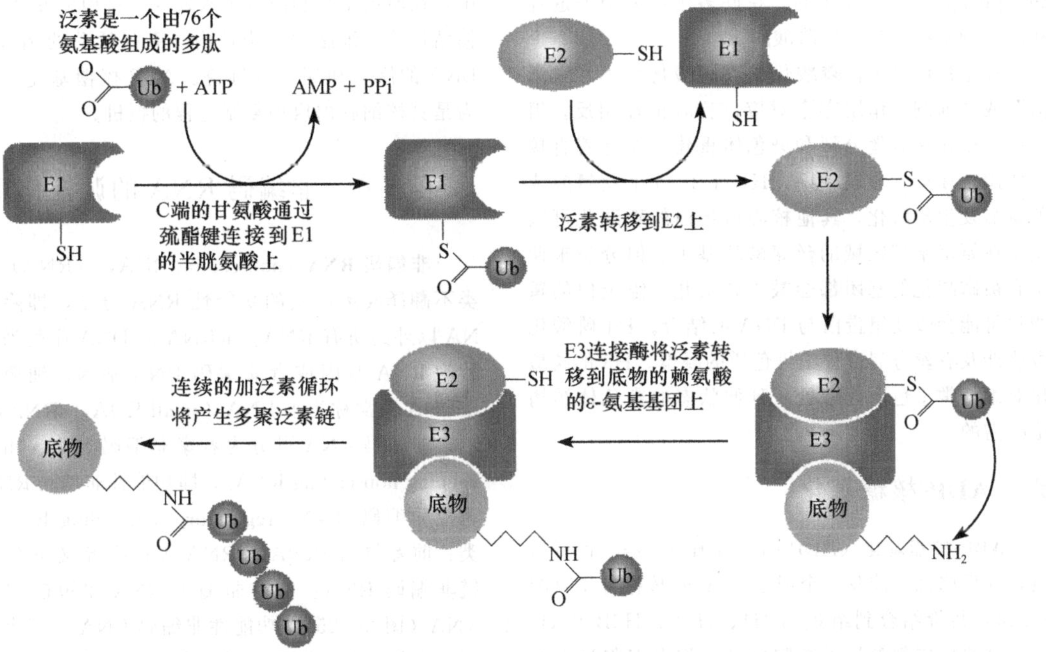

图 20.22　泛素循环涉及三种活动：泛素活化酶（E1）连接泛素；泛素缀合酶（E2）负责将泛素从 E1 转移到底物上；泛素连接酶（E3）结合底物蛋白。进一步的循环将产生多聚泛素

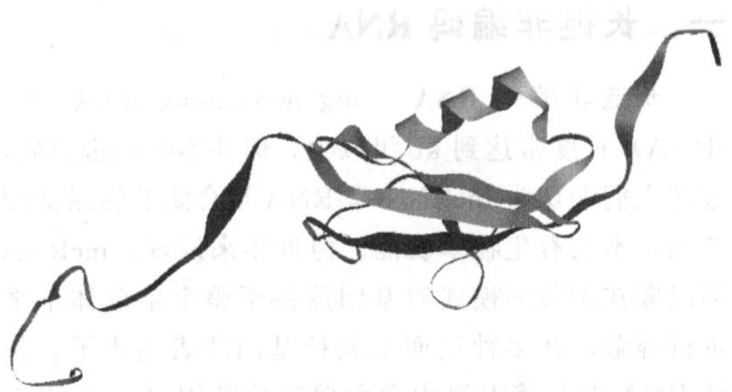

图 20.23　苏素的三维结构图

基酸被剪切掉，然后在苏素的 C 端的甘氨酸残基和靶蛋白受体赖氨酸之间形成异肽键。这种连接是通过 E1、E2 和 E3 参与的级联反应完成的。此过程是一个可逆的过程，特异的酶可将已连接在底物上的苏素切除掉。通常，进行苏素化的只有一小部分特定蛋白质，而且通过**去苏素化酶**（desumoylating enzyme）的作用可迅速去除苏素化。

苏素化涉及一系列的细胞功能，如细胞内的核-质间转运、转录调控、细胞凋亡、蛋白质的稳定性、应激应答等，在整个细胞周期进程中发挥作用。第一个被发现的苏素的底物 RanGAP1（Ran GTPase-activating protein）被苏素 1 修饰导致其从细胞质转运到核孔复合体。hNinein 的苏素修饰导致其从中心体转移到细胞核。在很多情况下，苏素修饰转录调节物和转录抑制相关。例如，转录因子 Sp3 的苏素化可导致 Sp3 转录激活作用显著下降或消失；苏素化还影响 Sp3 的核定位。苏素化的 Sp3 聚集于核周或核内特定位点；去苏素化的 Sp3 则弥散分布于核内。增殖细胞核抗原（proliferating cell nuclear antigen，PCNA）被苏素修饰后，能促进 S 期 DNA 的正常复制。

五、组蛋白磷酸化与去磷酸化

磷酸化（phosphorylation）是指在蛋白质或其他底物上加入一个磷酸基团（PO_4）。催化此反应的酶称为**蛋白激酶**（kinase），又称蛋白质磷酸化酶（protein phosphakinase）。这类酶可催化 ATP 水解，并将 ATP 末位（γ 位）的磷酸转移出，共价结合到特定靶蛋白分子中某些丝氨酸、苏氨酸或酪氨酸残基的羟基上，从而改变蛋白质、酶的构象和活性。

去磷酸化（dephosphorylation）和磷酸化的作用相反，是通过水解磷酸单酯除去底物上的磷酸基团，并生成磷酸根离子和游离的羟基。此反应是由**磷酸**

酶（phosphatase）催化的。在许多生物体中普遍存在的一种磷酸酶是碱性磷酸酶。

在生命活动中，磷酸化或去磷酸化并不和“激活”或“抑制”作用完全对应，有时正好相反。组蛋白磷酸化在有丝分裂和染色体重建中发挥着直接的作用。在有丝分裂时期，H1 有 3～6 个丝氨酸或苏氨酸发生磷酸化，其他核心组蛋白的磷酸化可以发生在氨基末端区域的丝氨酸残基上。但分裂末期所有被磷酸化的基团都会被去磷酸化。组蛋白的磷酸化可能会改变组蛋白与 DNA 的结合。H1 磷酸化可能涉及有丝分裂过程中染色质的凝聚。H3 的磷酸化对维持常染色质区域处于延伸状态的染色体结构是必需的。

六、ADP-核糖基化

ADP-核糖基化（ADP-ribosylation）是一种蛋白质翻译后修饰，涉及一个或多个 ADP-核糖分子（图 20.24）共价结合到组蛋白 H1、H2A、H2B 及 H3 上。这些反应都参与了细胞信号和许多细胞过程的调控，包括 DNA 修复和细胞凋亡。

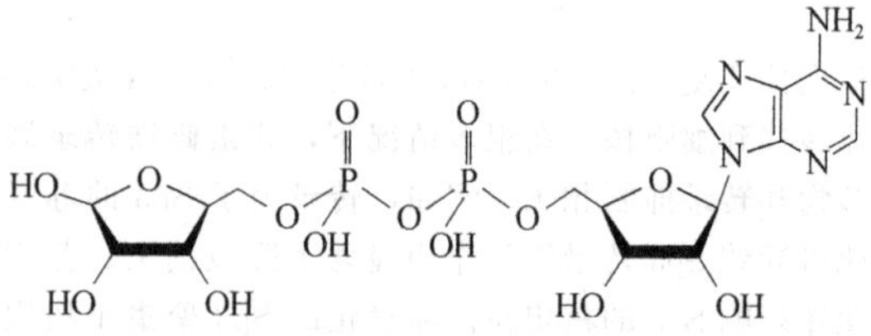

图 20.24　ADP-核糖的结构式

这种蛋白质修饰的一种途径可以由 NAD^+ 产生：白喉酰胺（diphthamide）ADP-核糖转移酶，将 ADP-核糖基从烟酰胺腺嘌呤二核苷酸（NAD^+）转移到受体上，如底物蛋白上的精氨酸、谷氨酸或天冬氨酸残基。在人类，一类 ADP-核糖转移酶是 NAD(P)(＋) 精氨酸 ADP 核糖转移酶，它修饰蛋白质中的氨基酸残基，如在组蛋白上加上单个的 ADP-核糖基团。这些反应是可逆的。例如，精氨酸被修饰产生的 ADP-核糖基精氨酸（ADP-ribosylarginine）可通过 ADP-核糖基精氨酸水解酶去除。

和单个的 ADP-核糖基团转移相同，多个 ADP-核糖基团也可以转移到蛋白质上，形成长的支链，称为 ADP-核糖多聚化。这种蛋白质修饰是通过多聚 ADP-核糖聚合酶（poly ADP-ribose polymerase，PARP）进行的，这种作用存在于大多数真核生物中，在原核生物和酵母中未发现。这种多聚 ADP-核糖结构涉及细胞和细胞核内一系列活动的调节，如 DNA 的修复和端粒的维持。ADP-核糖基化还被认为是真核细胞内启动复制过程的扳机。

第三节　非编码 RNA 的调控作用

非编码 RNA（non-coding RNA，ncRNA）是一类不翻译成蛋白质的功能性 RNA 分子，即除 mRNA 以外的所有 RNA。ncRNA 的 DNA 序列通常被称为 RNA 基因或者非编码 RNA 基因，细菌中的 ncRNA 通常称为小 RNA（small RNA，sRNA）。

非编码 RNA 可分为看家非编码 RNA（housekeeping non-coding RNA），即功能性非编码 RNA 和调控非编码 RNA（regulatory non-coding RNA）两类：前者包括 tRNA、rRNA 等；后者又可分为长链非编码 RNA、中链非编码 RNA 和短链非编码 RNA（图 20.25）。功能性非编码 RNA 长短大小不等，它们具有重要的功能，但不参与修饰调控。调节性非编码 RNA 其功能是以不同的形式调控基因的表达。

一、长链非编码 RNA

长链非编码 RNA（long non-coding RNA，lncRNA）长度常达到 kb 级以上，但并不编码蛋白质，起初人们误认为 lncRNA 是 RNA 聚合酶Ⅱ转录的副产品，不具有生物学功能。但近年来发现，lncRNA 多以顺式调节的模式对基因簇甚至整个染色体水平进行屏蔽，在多种层面上调控基因的表达水平。长链 RNA 常在基因组中建立单等位基因（monoallelic）表达模式，在核糖核蛋白复合物中充当催化中心，对染色质结构的改变发挥着重要的作用。lncRNA 作用机制的共同特点是都能够通过招募相应的重构复合体，利用其中的甲基转移酶如 Ezh2、G9a 及 PRC2 等实现表观遗传学沉默。

（一）*Xist* RNA 和 *Tsix* RNA

Xist RNA 导致哺乳动物 X 染色体的失活。哺乳动物的剂量补偿效应是基于雌性个体早期胚胎发育时，体细胞中一条 X 染色体失活来实现的。雌性哺乳动物 X 染色体的失活开始于特定位点，该位点称为 **X 失活中心**（X inactivation center，XIC），然后再向两个相反的方向扩展直至染色体的两个末端。有趣的是，并非所有位于失活的 X 染色体上的基因

- ncRNA
  - 功能性非编码RNA
    - tRNA：70~80nt，翻译中传递氨基酸和肽链
    - rRNA：0.12~4.72kb，组成核糖体
    - HTR：端粒酶RNA，159nt，指导端粒的复制
    - scRNA：胞质非编码RNA，<500nt，如7S RNA：300nt，负责蛋白质转运
  - 调节性非编码 RNA
    - 长链非编码RNA (lncRNA) ＞500nt
      - XistRNA：17kb，调节X染色体的失活
      - TsixRNA：25～40kb，XistRNA的反义RNA
      - airRNA：108kb，调节*Igf2r*基因簇的表达
      - roXRNA：100Mb，果蝇中调节“剂量补偿”
      - HOTAIR：2.2kb，反式调节*HOX*基因的表达
    - 中链非编码 RNA (mncRNA) 50~500nt
      - snoRNA：核仁小分子RNA，60～400nt；指导tRNA、rRNA的修饰
      - snRNA：核内小RNA，100～300nt，调节pre-mRNA的可变剪接
      - asRNA：反义RNA，170～200nt，反式调节基因的表达
      - gRNA：引导RNA，60~75nt，指导RNA编辑
    - 短链非编码 RNA (sncRNA) 21~31nt
      - siRNA 21~25nt
      - miRNA 21~5nt
      - piRNA 26~31nt
      - （以上）转录后沉默

图 20.25　非编码 RNA 的类型和功能

都是沉默的。有一个仍然保持转录活性的 **X 失活特异性转录物**（X inactive specific transcript，Xist）**基因**，它位于 XIC 内部（图 20.26）。人类 *Xist* 基因的编码产物是一个 17kb 的转录产物，但它没有明显的可读框，也就是说 *Xist* 基因似乎不编码任何蛋白质；该转录产物是 17kb 的 RNA，称为 *Xist* RNA。在经过多聚腺苷化后，这条 RNA 停留在细胞核内，

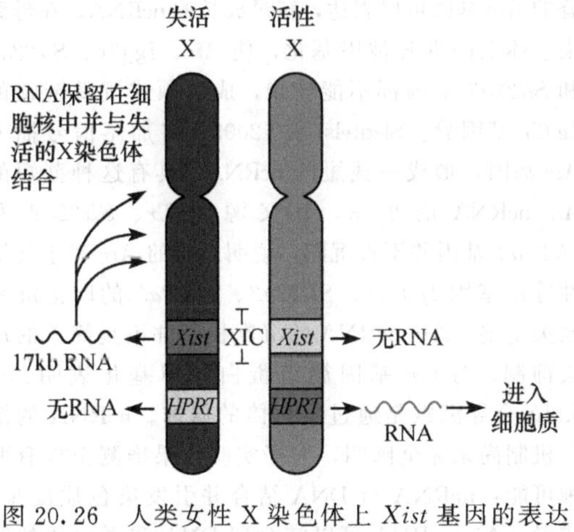

图 20.26　人类女性 X 染色体上 *Xist* 基因的表达与活性 X 染色体上 *HPRT* 基因表达的比较（转引自 Simmons，2003）

HPRT 基因编码次黄嘌呤磷酸核糖转移酶，它在嘌呤代谢中发挥作用

并特异性结合于失活的 X 染色体上。在小鼠中也发现了人类的 *Xist* 同源基因，在胚胎发育早期，雌性小鼠的两条 X 染色体上的该基因都能低水平地转录产生 RNA，称为 *Xist* RNA。

Xist RNA 不稳定，定位于编码它们的 DNA 附近。随着发育的进程，其中一个 *Xist* 的转录产物可以变得稳定并将该 *Xist* 基因所在的 X 染色体包裹起来；而另一个 *Xist* 基因的转录产物则被降解，接下来后一个 *Xist* 基因启动子的核苷酸被甲基化，从而转录受到抑制。这样，在雌性小鼠中，带有可一直转录的 *Xist* 基因的那条 X 染色体被 *Xist* RNA 包裹起来并失活；而另一条 X 染色体则不被 *Xist* RNA 包裹并保持活性。两条 X 染色体的选择过程似乎是一个随机的过程。虽然这一包裹过程的机制尚不清楚，但其结果是明显的：被包裹的 X 染色体上的大多数基因被抑制，该 X 染色体成为失活的染色体（图 20.27）。其机制是被 *Xist* RNA 包裹的染色体募集一系列表观遗传调节因子，如组蛋白 H3 和 H4 的去乙酰化酶及组蛋白的 H3K9、H3K27 和 H4K20 位的甲基转移酶，这些因子对 X 染色体进行广泛的抑制性修饰，使 X 染色体处于失活状态。而若以人工方式将 *Xist* 基因插入到其他染色体上，将导致此染色体的沉默。但 2009 年 T. Magnuson1 等发现 *Xist* 的作用不是启动 X 染色体的失活，而是维持 X 染色体失活状态。

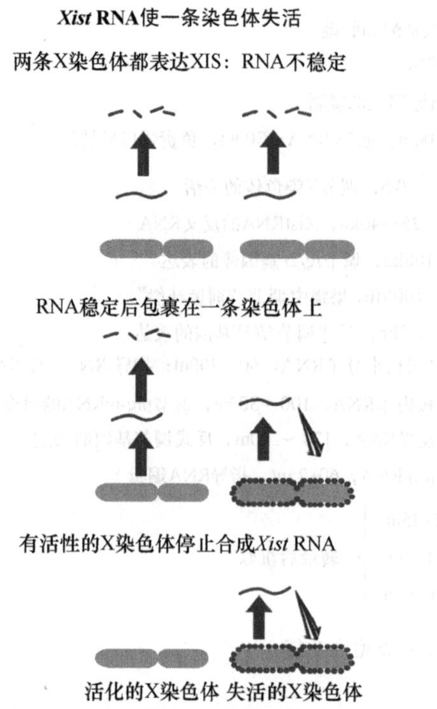

图 20.27 X染色体的失活涉及 *Xist* RNA 的稳定性，*Xist* RNA 包裹了失活的 X 染色体（引自 Lewin，2004）

Tsix RNA 是 *Xist* 基因的反义链的转录产物，*Tsix* 和 *Xist* RNA 两者的基因是重叠的，彼此具有互补性。这使 *Tsix* 成为 *Xist* 的负调节因子，可抑制 *Xist* 的功能，从而使这条 X 染色体不失活。目前对于 X 染色体选择表达哪个 ncRNA 的机制还不清楚。

（二）roX RNA

roX RNA（RNA on the X chromosome）涉及果蝇 X 染色体的超活化。它和**雄性特异致死**（male-specific lethal，MSL）基因的产物共同构成复合物，在雄果蝇中调节 X 染色体活性。果蝇的 X 染色体的剂量补偿需要至少 5 种基因的产物参与，而这些基因的失活变异可导致果蝇雄性特异致死，因此这些基因被称为雄性特异致死基因（*msl*）。其中一个基因被称为 *mle*（*maleless*）基因，它与 DNA 和 RNA 解旋酶的编码基因有同源性。因此，该基因的产物可以将雄性果蝇 X 染色体的 DNA 解旋，从而使它具有更高的转录活性。这 5 种 MSL 蛋白可组成一个复合体，结合于雄性果蝇仅有的一条 X 染色体上。最近的研究表明，MSL 蛋白复合体还包含了一些特定的 roX RNA。roX RNA 有 roX1 和 roX2 两种，可以在 X 染色体上与 MSL 蛋白结合。这两种 RNA 均由 X 连锁基因转录而来，且都需要经过剪接和多聚腺苷化；不过这些 RNA 无足够长的可读框，不能翻译产生蛋白质。因此，这些 *roX* RNA 与哺乳动物中的 *Xist* RNA 一样，本身可能就是基因的功能性终产物。有趣的是，*roX* 基因的表达依赖于 *msl* 基因的正常表达。另外，*Sxl* 基因是果蝇剂量补偿机制及性别决定机制的主要调节基因，它在雌性果蝇中可正常表达（见第十八章）。一旦 *Sxl* 基因正常表达，*roX* 基因的表达就被关闭。这样，*roX* RNA 只产生于雄性果蝇中。

（三）*Air* ncRNA 和 *Kcnqlot1* ncRNA

***Air* RNA**（antisense of *Igf2r*）是小鼠中类胰岛素生长因子受体的一种反义 RNA。*Air* RNA 抑制一个基因簇的表达，该基因簇含有 *Igf2r*、*Slc22a2* 和 *Slc22a3* 三个调节生长的基因。有趣的是 3.7kb 印记控制元件（ICE）与一个称为 *Air* 的非编码 RNA 的启动子重叠（图 20.28）。这种 *Air* RNA 长 108kb，3′端被多聚腺苷化。它与 *Igf2r* 基因部分重叠。与 *Igf2r*、*Slc22a2* 和 *Slc22a3* 基因表达的情况相反，仅父源性的 *Air* 基因才能得到表达。

在小鼠的 17 号染色体上，存在着一个差别 ICE，它在父源染色体上未被甲基化，因此，启动子与其重叠的 *Air* 基因可以表达，转录成长的 ncRNA。在母源染色体上的 ICE 被甲基化，使 *Air*、*Igf2r*、*Slc22a2* 和 *Slc22a3* 基因都不能转录，成为顺式沉默链锁的 *Igf2r* 基因簇。Sleutels 等（2002）将加尾信号插入 *Air* 基因，形成一截短的 ncRNA，具有这种截短的 *Air* ncRNA 的小鼠，其父源 *Igf2r*、*Slc22a2* 和 *Slc22a3* 基因并不被沉默，说明全长的 *Air* 对于父源性等位基因 *Igf-2r*、*Slc22a2*、*Slc22a3* 的印记沉默至关重要。*Air* ncRNA 的沉默机制并不是简单的反义抑制，*Igf2r* 基因簇组蛋白的甲基化表明 *Air* RNA 介导沉默是通过染色体的修饰。ncRNA 的沉默机制尚未完全阐明，但据实验结果推测至少有两种可能：ncRNA 与 DNA 结合并引发染色质凝聚；或者，*Air* ncRNA 可以结合到 DNA 和蛋白质的特定区域，并募集此区的沉默因子，导致 *Igf-2r*、*Slc22a2* 和 *Slc22a3* 基因沉默。

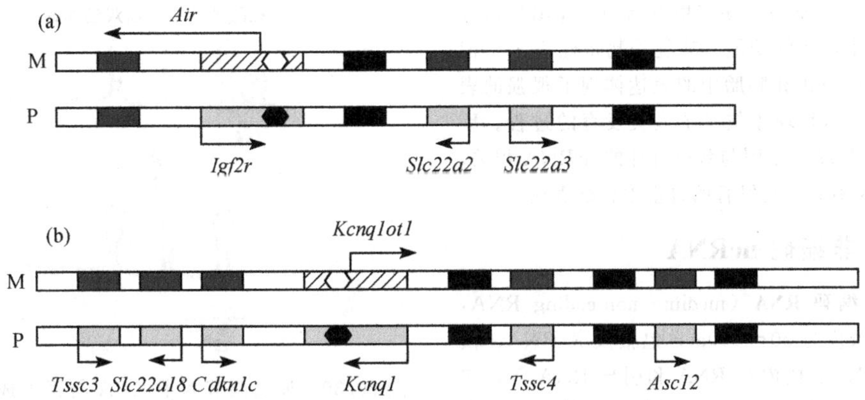

图 20.28　ncRNA 调节印记基因簇

(a) *Air* ncRNA 对 *Igf2r* 印记基因簇的调节；(b) *Kcnq1ot1* ncRNA 对 *Kcnq1* 印记基因簇的调节。图中"M"表示母源染色体，"P"表示父源染色体。箭头表示转录的方向。浅灰色框表示具有转录活性的基因，深灰色框表示沉默的等位基因，黑色框表示非印记基因。六边形表示 ICE 的位置，黑色六边形表示存在甲基化等位基因，白色六边形表示未甲基化的等位基因

Tilghman（2006）研究发现**钾离子通道 Q1 重叠转录物 1**（potassium channel Q1 overlapping transcript1，*Kcnq1ot1*）ncRNA 在 *Kcnq1* 印记基因簇的沉默中起到直接的作用。此 *Kcnq1* 基因簇是最大的印记基因簇之一，跨越 800kb，并含 9 个印记 mRNA 基因，位于 ncRNA 的上、下游（图 20.28）。*Kcnq1ot1* ncRNA 启动子位于 *Kcnq1* 基因第 10 个内含子中，转录方向相反，因此而命名。此 ncRNA 与下游的 *Kcnq1* 基因重叠，而转录方向相反，具有潜在的反义抑制作用。其启动子含有这个基因簇的 ICE，在母源染色体上它被甲基化，因此，*Kcnq1ot1* ncRNA 仅在父源性染色体上表达。在这项研究中，Mancini-DiNardo 等（2006）在小鼠胚胎干细胞中将一个多聚腺苷酸信号插入到 *Kcnq1ot1* ncRNA 中，产生截短的 ncRNA，并利用这些细胞来产生小鼠。这种截短的 *Kcnq1ot1* ncRNA 能被印记，父源 *Kcnq1ot1* 基因可得到表达，但无法使这个印记基因簇中其任何侧翼基因发生沉默。由于母源染色体上的 ICE 被甲基化，使 *Kcnq1ot1* ncRNA 基因启动子沉默，而印记基因簇就可得到表达。这些实验表明，*Kcnq1ot1* ncRNA 的表达是这个印记基因簇的沉默因子，ICE 甲基化的印记作用抑制了父源印记基因的表达。

(四) *HOX* 基因间反义 RNA

***HOX* 基因间反义 RNA**（*HOX* antisense intergenic RNA，HOTAIR）是 *HOXC* 基因的转录产物，它是唯一发现以反式调节的形式调控多梳蛋白表达的 ncRNA，因此引起学者们的普遍关注。人类 *HOTAIR* 基因位于 12q13.13，大小为 6232bp，编码一个长 2.2kb 的 lncRNA 分子，它是控制体表皮肤表观遗传分化的重要因子。身体不同位置的皮肤结构和功能是完全不同的，如眼睑的皮肤明显不同于脚掌的皮肤，其 *HOTAIR* 基因位于 *HOX* 基因簇（见第十九章）中。通过研究发现，当敲除成纤维细胞 12 号染色体上 *HOXC* 的 ncRNA 基因 *HOTAIR* 时，可显著增加 2 号染色体上 *HOXD* 基因的表达，表明一条染色体上的 RNA 进行表达影响了另一条染色体的转录。*HOTAIR* 是通过多梳基因抑制复合体 2（polycomb repressive complex 2，PRC2）修饰组蛋白并辅助它们与 DNA 的缠绕，以反式调节的方式从 12 号染色体移至 2 号染色体，沉默 *HOXD* 位点长达 40kb 的基因转录，并使 X 染色体和 *Kcnq1* 区域分别发生 H3K9 三甲基化，从而引发异染色质的形成及转录阶段基因沉默，来实现细胞的表观遗传状态和抑制后续基因的表达。多梳复合物的成分包括含有 RNA 结合功能域的 SUZ-12 蛋白（suppressor of zeste 12）、甲基转移酶 EZH2 和 EED，可潜在地结合 HOTAIR 及其他类似的 ncRNA。人类 SUZ-12 是**多梳蛋白家族**［（polycome group，PcG），参与同源异形基因 *Hox* 的沉默等］中的一员，在胚胎发育、细胞周期、细胞增殖和分化的调控中起着极其重要的作用。

在果蝇中，HOTAIR 诱导**同源异形基因**（homeotic

gene) *Ubx* 表达，通过募集三甲基蛋白（Ash1）指导其发挥修饰染色质的功能。哺乳动物也建立了类似的模型，*Hox* 基因在胚胎中的表达体现了很强的表观遗传机制，这种现象贯穿了人类发育的过程。事实上，人类的 *Hox* 基因与数以百计的 ncRNA 相关，这些 ncRNA 沿着人类发育的时空轴相继表达。

二、中链非编码 ncRNA

中链非编码 RNA（medium non-coding RNA，mncRNA）长度为 50～500nt，包括反义 RNA、核仁小分子 RNA、核内小 RNA 和引导 RNA 等，它们多行使反义调控的功能；少数执行修饰功能，如核仁小分子。

（一）反义 RNA

反义 RNA（antisense RNA，asRNA）是指一段与其靶 RNA 序列互补的 RNA，长度为 100～300nt，其编码基因称为**反义基因**（antisense gene）。20 世纪 80 年代首先在大肠杆菌中发现了反义 RNA，其反义调控的分子机制可分为三种类型。①阻止翻译的起始。小分子 RNA 和靶 mRNA 的 5′端结合，形成双链区，阻止了翻译的起始因子及核糖体小亚基与成熟 mRNA 结合，从而抑制翻译（图 20.29），如干扰 mRNA 的互补 RNA。②形成双链区，为核酸酶提供靶点（图 20.30），如大肠杆菌小反义调节因子 RyhB。RyhB 在大肠杆菌中调节 6 个编码与铁离子储存和利用相关蛋白的 mRNA。RyhB 可与靶 mRNA 进行碱基配对，形成双链区，为 RNase E 提供了作用底物，使靶 mRNA 被降解。③小分子

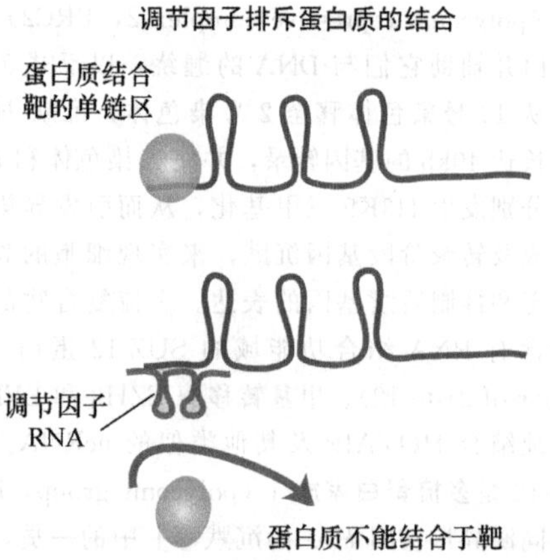

图 20.29　通过调节因子 RNA 与靶形成的双链区，排除了蛋白质和靶 RNA 的单链区的结合（引自 Lewin，2004）

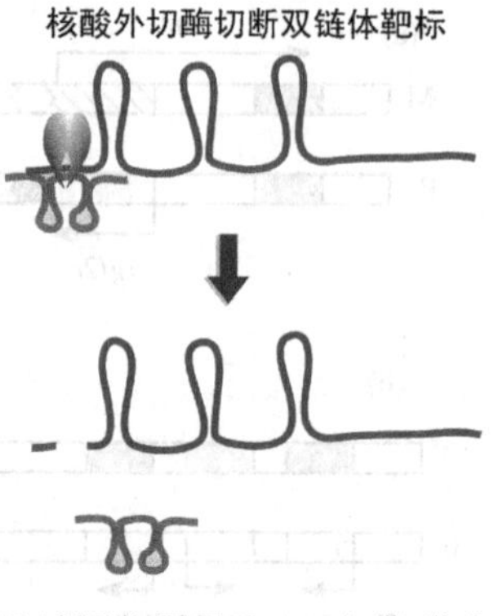

图 20.30　通过调节因子 RNA 与靶形成的双链区，产生了核酸酶作用靶点（引自 Lewin，2004）

RNA 改变 mRNA 的二级结构，使其失去了原有的功能（图 20.31）。例如，ColE1 质粒中的 RNAⅠ为 RNAⅡ的反义 RNA，当它与 RNAⅡ结合时改变了 RNAⅡ的二级结构，而不能成为 ColE1 质粒复制的引物（见第七章）。

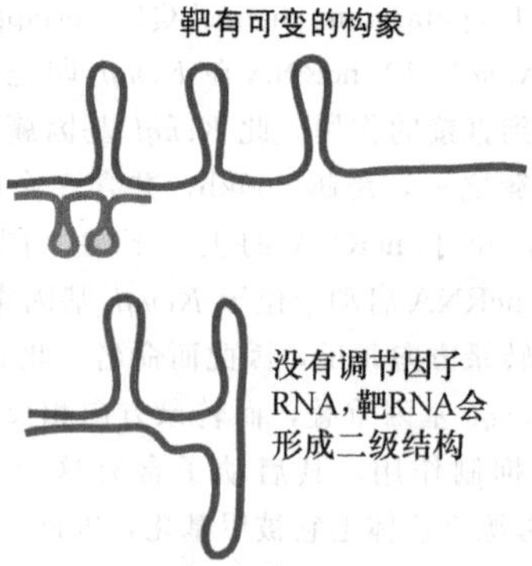

图 20.31　通过靶 RNA 两个区域之间的配对形成二级结构。调节因子 RNA 与靶 RNA 的配对会阻止形成这种二级结构，在这个例子中靶 RNA 3′端和 5′端配对的能力被调节因子 RNA 破坏了（引自 Lewin，2004）

1984 年 T. Mizuno 和 M. Inouye 在研究 *E. coli* 外膜蛋白时发现了干扰 mRNA 的互补 RNA。在 *E. coli* 中有两种外膜蛋白 OmpC 和 OmpF，当渗透压增高时 OmpC 的产量增加，在渗透压减小时 OmpC 产量受到控制；与此相反，另一种膜蛋白 OmpF 在高渗透压条件下产量受控，而在低渗时其产量增加（图 20.32）。它们如何对渗透压的改变作出应答？*OmpC* 和 *OmpF* 两个基因编码了 OmpC 和 OmpF 两种外膜蛋白，这两个基因并不连锁，但却受到培养基渗透压的控制。它们的表达和渗透压改

变有关。*EnvZ* 基因编码一种作为渗透压感受器的受体蛋白，当渗透压增加时，EnvZ 激活 *OmpR* 的产物（一种正调节蛋白）。它可以激活 *OmpF* 和调节蛋白 *micF* 两个基因转录，这两个基因相互连锁，但反向转录，调控区位于两个基因之间。*micF* 的产物是一条长 174nt 的 RNA，称为**干扰 mRNA 的互补 RNA**（mRNA-interfering-complementary mRNA，micRNA），一般都称之为反义 RNA。micF RNA 可以和 OmpF mRNA 上包含核糖体结合位点的翻译起始区互补结合，形成双链区。micF RNA 通过和 OmpF mRNA 的结合来作为一种调节物并阻止其翻译。当渗透压增加时会导致 micRNA 的合成，而关闭 OmpF mRNA 的翻译。同样的机制在真核生物中也存在（见第十二章）。

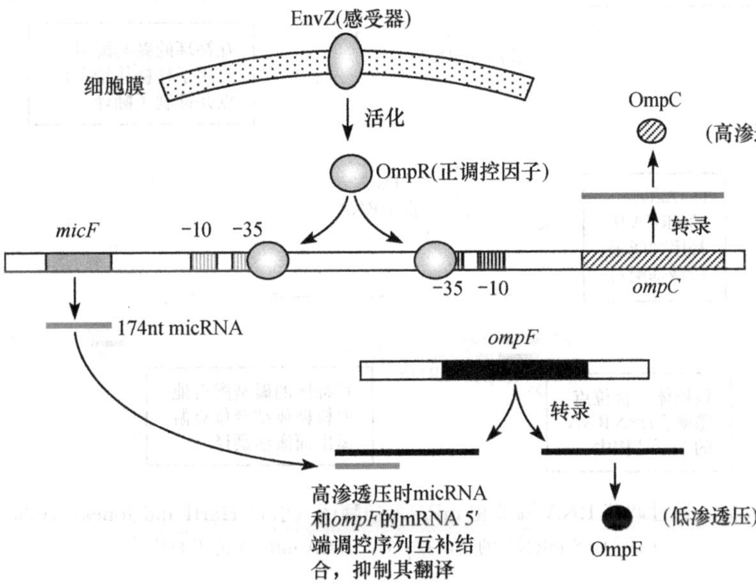

图 20.32　质量摩尔渗透压浓度增加，激活膜上的感受器蛋白 EnvZ，EnvZ 再激活正调控蛋白 OmpR，随之 OmpR 诱导 *micF* 和 *ompC* 转录，*micF* RNA 与 *ompF* RNA 5′端互补并阻止其翻译

反义 RNA 对翻译的调节可以是负调控，也可以是正调控。细菌的氧化应激反应就是一个反义 RNA 负调控的生动例子。细菌中反义 RNA 可减轻氧化的强度。当细菌暴露于活性氧组分时，细菌会通过诱导抗氧化剂预防基因作出应答。过氧化氢会激活转录激活物 OxyR，OxyR 又可调控 *oxyS* 等几个基因。*oxyS* 不编码蛋白质，而编码一个调节 RNA，称为 OxyS，长 109nt，可被过氧化氢高度诱导。此小 RNA 可与一系列 mRNA 结合和靶 RNA 互补配对。例如，OxyS 有两个分开的区域可和 *flhA* 基因的 mRNA 结合，*flhA* 基因编码一种转录激活蛋白 [图 20.33 (a)]。此互补区非常短，仅 7nt，互补区之一在起始密码子 AUG 附近的 S-D 序列，而另一个却在上游超过 40nt 处。OxyS 与 *flhA* mRNA 之间的碱基配对隐藏了核糖体结合位点，从而阻止了翻译。

反义 RNA 也能活化翻译。例如，大肠杆菌的 DsrA 调节 RNA [图 20.33 (b)]。在此例中 *rpoS* 基因的 mRNA 受到小分子调节 RNA 的调节，*rpoS* 基因编码 RNA 聚合酶中的 σ 因子（见第十章）。*rpoS* mRNA 的 5′端由于自我互补形成发夹结构而隐藏了核糖体结合位点（S-D 序列）和翻译的起始密码子 AUG。DsrA 的两个邻接的区域可与 *rpoS* mRNA 结合，当结合发生，S-D 序列便暴露出来，使翻译能得以进行。

在原核生物反义 RNA 发现以后，人们开始注意真核生物中反义 RNA 的存在及功能。1984 年 J. P. Adelman 等发现大鼠的**促性腺激素释放激素**（gonadotropin releasing hormone，GnRH）的基因两条链都能转录，首次在真核中发现了反义 RNA；1986 年 P. J. Green 等发现来自骨髓细胞瘤病毒的癌基因 *myc* 三个外显子中的第 1、2 两个外显子之间有部分互补。在有的细胞中，当失去外显子 1 时，*myc* 基因过量表达，推测外显子 1 可能通过互补来抑制 *myc* 的表达。

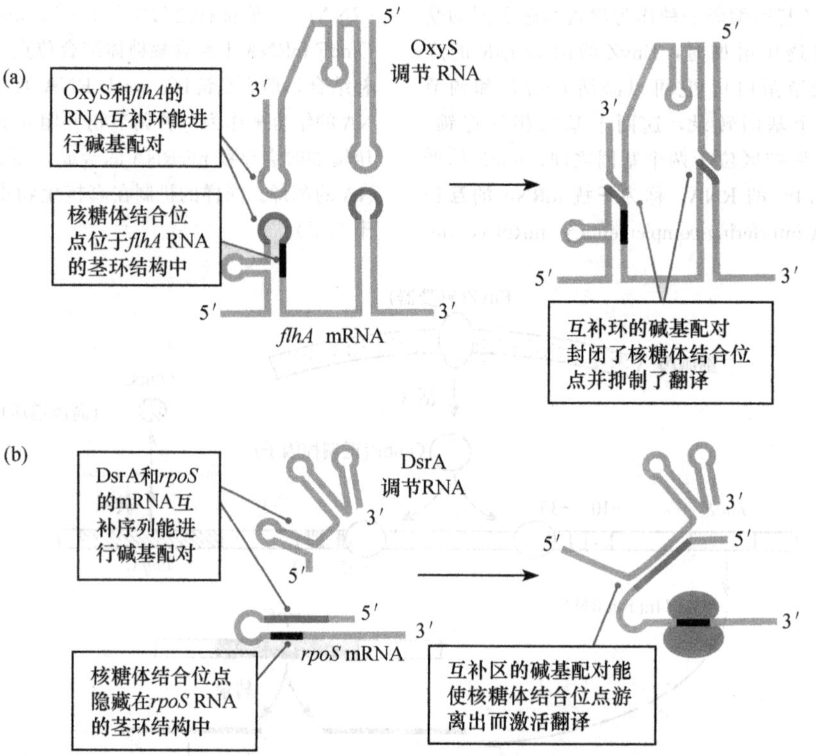

图 20.33　通过调节 RNA 调节靶 mRNA 的翻译（引自 Hartl and Jones，2006）

(a) OxyS mRNA 的负调控；(b) DsrA mRNA 的正调控

（二）核仁小分子 RNA

核仁小分子 RNA（small nucleolar RNA，snoRNA）是一类指导核糖体 RNA（ribosomal RNA）、tRNA 和 snRNA 等其他 RNA 进行化学修饰的小分子 RNA，长度为 60～400nt。snoRNA 有两种主要的类型：与甲基化相关的 C/D box snoRNA 和与假尿苷酸化（pseudouridylation）相关的 H/ACA box snoRNA。snoRNA 通常被称为**指导 RNA**（guide RNA，gRNA）（不要和 RNA 编辑中的 gRNA 相混淆，二者的功能是不同的）。

基因转录后，新产生的 rRNA 分子即初始 RNA（pre-rRNA）需要经过一系列的加工才能产生成熟的 rRNA 分子，其中之一就是要通过甲基化和假尿苷酸化等复杂的核苷修饰等（见第八章）。这些修饰都需要在 snoRNA 的指导下完成。

每个 snoRNA 分子作为指导仅对靶 RNA 进行 1 或 2 个的修饰。RNA-蛋白质复合体被称为snoRNP。为了进行修饰，每个 snoRNP 中至少缔合了 4 个蛋白质分子。蛋白质和每个 RNA 的组合取决于 snoRNA 分子的类型。snoRNA 分子含有一个反义元件（长 10～20nt），可通过碱基配对定向与需修饰的前体 RNA 分子互补结合，使 snoRNP 能识别并结合靶 RNA。一旦 snoRNP 结合到靶位位点上，就能催化靶碱基的化学修饰。

1. C/D box snoRNA 的结构和功能

C/D box snoRNA 含有两个短保守的模体序列 C 框（C box）(UGAUGA) 和 D 框（D box）(CUGA)，分别位于 snoRNA 的 5′端和 3′端。短区域（约 5nt）位于 C 框的上游和 D 框的下游，通常通过碱基互补形成一个**茎-框结构**（stem-box structure），将 C 框和 D 框模体处于一个闭合的区域中（图 20.34）。这个茎-框结构是精确形成 snoRNA 和核仁定位所必要的。大部分 C/D box snoRNA 分子的中部还含有类似于 C 框和 D 框的拷贝，称为 C′框和 D′框，它们与 C 框和 D 框通常存在 1～2nt 的差异。在 D 框的上游有 10～21nt 保守序列可和靶 RNA 的甲基化位点互补，使 snoRNA 和靶 RNA 形成双链。靶 RNA 上被修饰的核苷酸通常位于 D 框（或 D′框）上游第 5 个核苷。

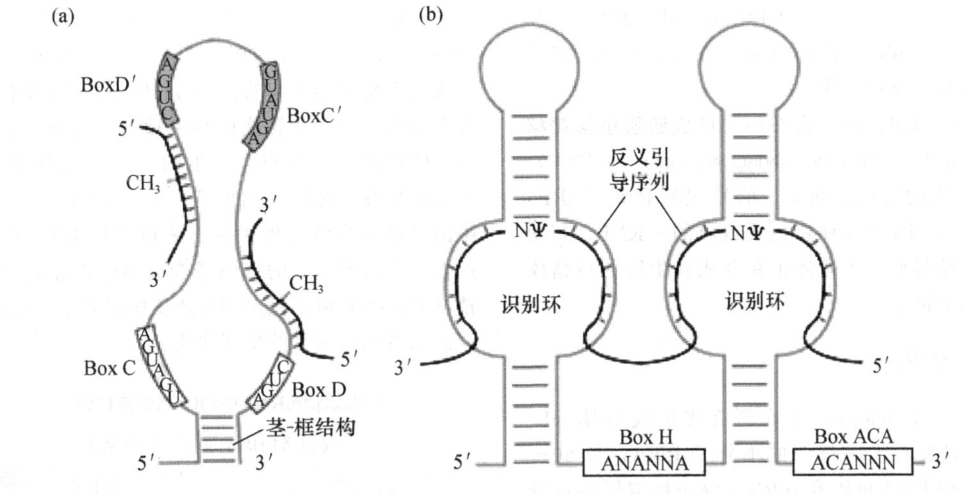

图 20.34　图示 box C/D snoRNA（a）和 box H/ACA snoRNA（b）的结构（引自 Gardner et al.，2010）当 box H/ACA snoRNA 直接将特定的尿苷变成为假尿苷时，box C/D snoRNA 的主要功能是指导靶 rRNA 的核苷进行 2′-*O*-甲基化

2. H/ACA box 的结构和功能

H/ACA box snoRNA 有一个含有两个发夹和两个单链区的共同二级结构，称为**发夹-铰链-发夹-尾**（hairpin-hinge-hairpin-tail）。另外还含有一个称为 H 框（ANANNA）和 ACA 框的保守序列。这两个模体通常位于二级结构的单链区（图 20.35）。H 框位于铰链区，而 ACA 框位于尾部区，离序列 3′端 3nt。发夹区含有一个内部“泡”，称为**识别环**（recognition loop），其中有**反义引导序列**（antisense guide sequence），其碱基与靶 RNA 系列互补。这个识别序列是双向的，构成环区两个不同的臂，并与靶 RNA 形成复杂的**假结**（pseudo-knot）。然而，在低等真核生物（如锥虫）细胞中，H/ACA box snoRNA 以单个发夹结构的形式存在，但在 RNA 的 3′端 AGA 框取代了 ACA 框。人类的端粒酶（hTERC）中，RNA 含有一个 H/ACA 结构域，其功能是形成前体 RNP 和端粒酶 RNP 本身的**核仁定位**（nucleolar localization）。

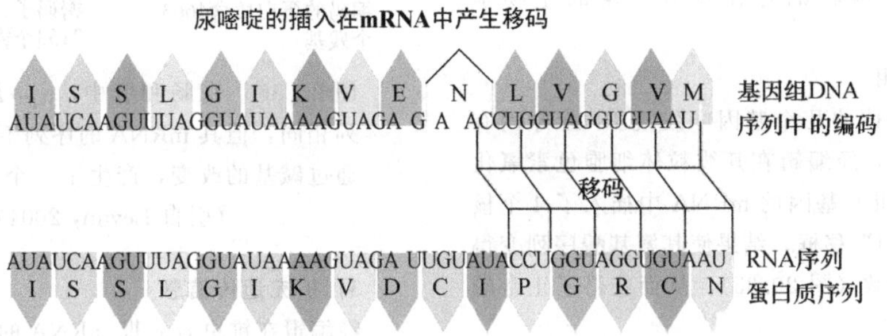

图 20.35　锥虫 *cox* Ⅱ 基因的 mRNA 相对于其 DNA 有一个移码，通过插入 4 个尿嘧啶产生了正确的可读框（引自 Lewin，2004）

（三）小分子 RNA

小分子 RNA（small RNA，sRNA）存在于真核生物中，长度为 100～300nt，主要有存在于细胞核中的**核内小 RNA**（small nuclear RNA，snRNA）和存在于细胞质中的**胞质小 RNA**（small cytoplasmic RNA，scRNA）两种类型。

snRNA 和许多蛋白质结合在一起形成**核内小核糖核蛋白**（small nuclear ribonucleoprotein，snRNP），或称为核微小核蛋白（snurps），如 U1、U2、U4、

U5 和 U6，参与一般真核生物细胞核中 mRNA 的加工，调节 pre-mRNA 的可变剪接以及锥虫 SL RNA 的反式剪接（见第八章）。

scRNA 和蛋白质结合在一起形成**胞质小核糖核蛋白**（small cytoplasmic ribonucleoprotein，scRNP），参与蛋白质的转运。例如，信号识别颗粒（SRP）就是由 7S RNA 和 5 种蛋白质组成的 scRNP，其功能是识别信号肽，并可将正在合成新生肽的核糖体引领到内质网上。

（四）指导 RNA

1990 年 L. Simpson 等在研究锥虫线粒体 mRNA 编辑时发现了一类新的小分子 RNA，长 60～75nt。这种 RNA 可以和 mRNA 分子被编辑的部分发生非常规的互补，G-U 配对，对 mRNA 前体分子的编辑起指导作用，故称其为指导 RNA（guide RNA，gRNA）。

1. RNA 编辑的发现及作用

RNA 编辑（RNA editing）是指转录后的 RNA 在编码区发生碱基的加入、删除或转换等现象。1986 年，R. Benne 在研究锥虫线粒体 mRNA 转录加工时发现 mRNA 的多个编码位置上加入或删除尿苷酸，1990 年在高等动物和病毒中也发现了 RNA 编辑现象。

RNA 编辑的特点是在 mRNA 的水平改变遗传信息，而且往往会增加一些原来 DNA 模板中不曾编码的碱基。编辑的存在具有一定的生物学意义。

1）校正作用

在锥虫线粒体的几个基因中发现 RNA 序列有着戏剧性的改变，经编辑在其线粒体细胞色素氧化酶亚基Ⅱ（*cox* Ⅱ）基因的 mRNA 中插入了 4 个核苷，导致了“－1”移框，结果使其氨基酸序列变得和其他生物的一致（图 20.35），从而获得了正常的生物功能。

2）调控翻译

通过编辑可以构建或去除起始密码子和终止密码子，从而调节基因的组织特异性表达，如 *apo-B* 基因在肝和肠中的表达不同。在哺乳动物各种组织中都鉴别出单个的载脂蛋白-B（apolipoprotein-B，*apo-B*）基因，该基因在肝中合成 512kDa 的载脂蛋白，而在肠中只合成 250kDa 的蛋白质，仅有全长的一半（N 端）。经检测发现 *apo-B* 的 2153 位的密码子 CAA（Gln）中的“C”变成了“U”，这样“CAA”变成了终止密码子 UAA（图 20.36）。但这一改变不是突变引起的：①*apo-B* 的 DNA 模板并未发生改变；②上述转换的频率远高于突变。后发现这种转换是由“编辑”产生的。这类编辑很罕见，但 *apo-B* 并不是唯一的例子。另一个例子是大鼠脑中的谷氨酸受体所提供的。编辑可将 RNA 单个位点上原来编码 Gln 的密码子变成 Arg 的密码子，而精氨酸在控制离子流向神经递质中起到重要的作用，因此编辑具有明显的生理功能。

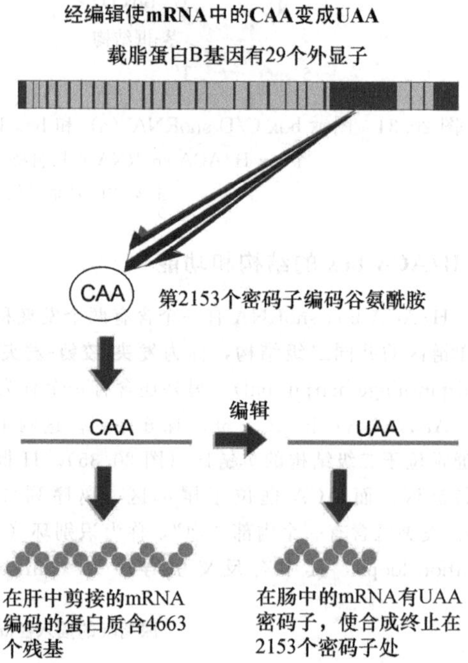

图 20.36 在肠和肝中，*apo-B* 基因的序列相同，但其 mRNA 的序列不同，在肠中通过碱基的改变，产生了一个终止密码子（引自 Lewin，2004）

3）扩充遗传信息

经编辑在锥虫 *cox* Ⅲ mRNA 的 158 个位点插入了 394 核苷酸，在 9 个位点删去了 18 个尿苷酸，实际增加了 376 个核苷酸，使 *cox* Ⅲ 的长度增加了 55%（图 20.37）。因此 *cox* Ⅲ 的基因比成熟的 mRNA 小了很多，故称其为隐匿基因。

2. RNA 编辑的机制

gRNA 含有一段序列可和被编辑的 mRNA 互补。图 20.38 表明利什曼原虫（*Leishmania*）的细

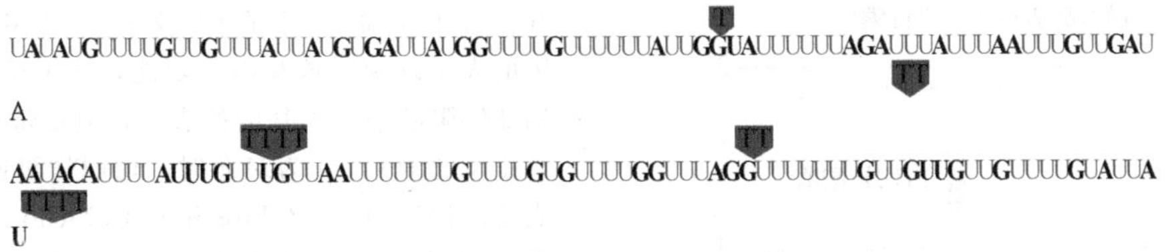

图 20.37 细胞色素氧化酶Ⅲ的 mRNA 通过多个尿嘧啶的插入和删除进行编辑（引自 Lewin，2004）
锥虫（*T. brucei*）细胞色素氧化酶 *cox* Ⅲ基因的部分 mRNA 序列，很多 U 在 DNA 中未出现，是编辑时插入的，而另一些 T（在框中）在 mRNA 中被删除了

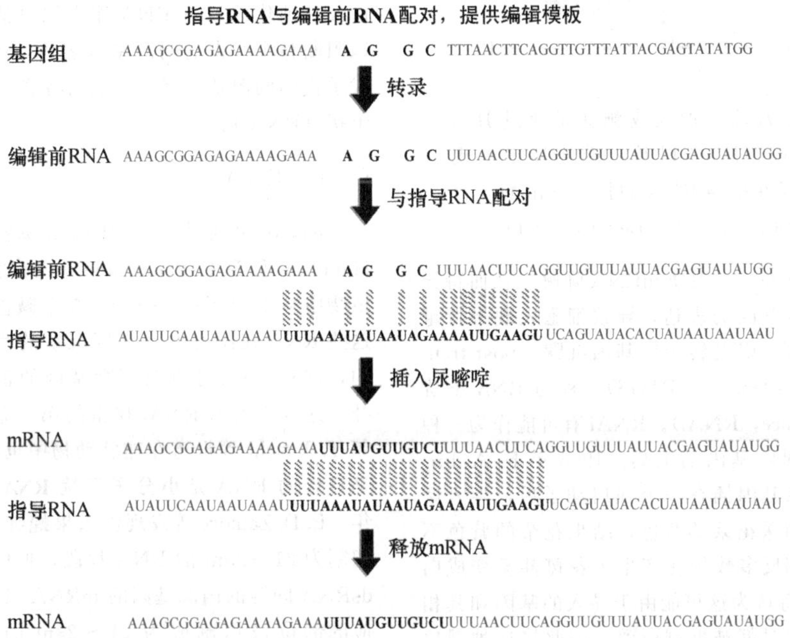

图 20.38 被编辑之前的 mRNA 在编辑区的两侧与指导 RNA（gRNA）配对，gRNA 为插入尿苷提供了模板。通过插入而产生的 mRNA 与 RNA 互补（引自 Lewin，2004）

胞色素 b 基因（*CoB*）中 gRNA 的作用。上面是被编辑之前的 mRNA（pre-edited mRNA），空缺的位置是将要通过编辑加入碱基的位置。gRNA 可和被编辑前的 mRNA 分子的编辑区及相邻的序列互补结合。在互补区中 gRNA 的 A 的相应位置留下了空缺。gRNA 提供了 U 插入位置的模板。当反应完成时 gRNA 和 mRNA 彼此分离，mRNA 就已成熟，可以进一步进行翻译。gRNA 是作为一种独立的转录单位被编码的。

编辑的机制也是一个十分引人注目的问题。1990 年 B. Blum 等首先提出了编辑体模型；1991 年 T. R. Cech 等又提出了以 gRNA 和被编辑前体 RNA 配对，由寡聚 U 进行转酯反应的模型。同年 Blum 等又提出了 RNA 编辑的**转酯模型**。现在的观点认为 U 的加入或删除是通过 RNA 的剪切和末端连接实现的，这个反应是在 gRNA 指导下由酶的复合物催化的（图 20.39）。

三、短链非编码 RNA

短链非编码 RNA（small non-coding RNA，sncRNA）长 21～31nt，主要与 Argonaute 蛋白家族的不同成员结合形成 RNP 复合物，在转录或转录后水平沉默基因的表达。目前 ncRNA 领域的研究主要集中于 sncRNA。常见的短链 RNA 为 siRNA、miRNA 和 piRNA。

近年来的研究表明，一些小分子双链 RNA 通

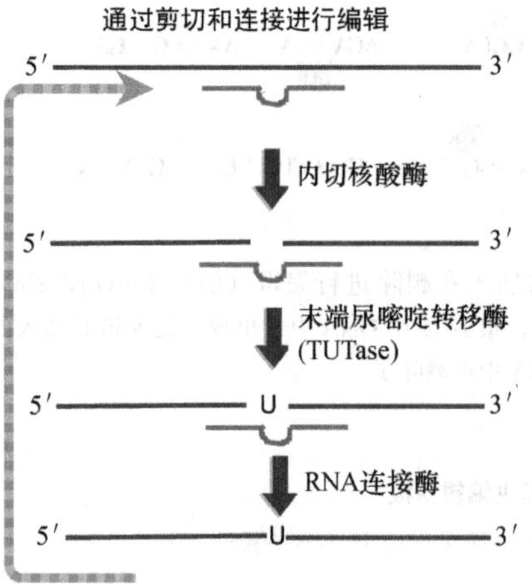

图 20.39　U 残基的加入或删除是通过剪切 RNA、加入或删除 U 以及末端连接来实现的。此反应是在指导 RNA 的指导下由酶复合物催化完成的（引自 Lewin，2004）

过特异性结合互补链，促使 mRNA 降解，从而特异地抑制体内特定基因的表达，导致细胞表现出特定的基因缺失表型，引发转录后基因沉默（post-transcriptional gene silencing，PTGS），称为 **RNA 干扰**（RNA interference，RNAi）。RNAi 有可能作为一种简单而有效的敲除基因的工具。1996 年 R. A. Jorgensen 等将色素基因插在一个强启动子后，导入矮牵牛中，试图加深花朵的紫色，结果花朵的紫色不仅没有加深，相反多数的花产生了花斑甚至变成白色。Jorgensen 等认为这可能由于导入的基因和其相似的内源基因同时都被抑制所致，因此将这种现象称为**协同抑制**（cosuppression）。后来发现在其他许多植物中，甚至在真菌中也有类似的现象。尽管对于部分植物来说，转基因引发的基因沉默可能是因为基因特异的甲基化所致，这被称为**转录阶段基因沉默**（transcriptional gene silencing，TGS），但在部分植物中基因沉默是在转录后发生的。在转录后基因沉默实验中，同源基因的转录物曾有出现，但很快在细胞质中被降解。

转基因会引发 PTGS，然而一些病毒也可诱发基因沉默。一旦被引发，PTGS 由一种可扩散的反式作用分子介导。这首先在脉孢霉中得到证实：基因沉默可以在异核体的细胞核之间传递。后来发现在植物中，将转基因导致基因沉默的植物嫁接到另一没有基因沉默的植物中，同样可以导致 PTGS。在线虫和果蝇的实验中，人们终于发现导致植物中 PTGS 的反式作用因子是双链 RNA。1995 年 S. Guo 和 K. J. Kemphues 尝试用反义 RNA 去阻断 *par-1* 基因的表达以探讨该基因的功能，结果反义 RNA 的确能够阻断 *par-1* 基因的表达，但是奇怪的是，注入正义链 RNA 作为对照时，也同样阻断了基因的表达。1998 年 A. Z. Fire 和 C. C. Mello 首次证实正义 RNA 抑制基因表达的现象，以及过去利用反义 RNA 技术对基因表达的阻断都是由于体外转录所获的 RNA 中污染了微量双链 RNA 而引起。当他们将体外转录得到的单链 RNA 纯化后注射线虫（*C. elegans*）时发现，基因抑制效应变得十分微弱，而经过纯化的双链 RNA 注入线虫消化道中不仅可以阻断整个线虫的同源基因表达，还会导致其第一代子代的同源基因沉默。他们将这一现象称为 RNA 干扰（RNAi）。

（一）siRNA

RNAi 为何能引发基因沉默？1999 年 A. J. Hamilton 和 D. C. Baulcombe 首先在发生协同抑制的植物中鉴别出了一些大约 25 个碱基大小的 RNA，这些 RNA 在没有发生基因沉默的植物中是不存在的，这些 RNA 分别与沉默基因的正义和反义链互补。这成为揭示 RNAi 秘密的第一条关键线索。同年 T. Tuschl 等报道在哺乳动物中也存在 RNAi，只是导入的 RNA 是**小分子干扰 RNA**（siRNA）；2000 年，P. D. Zamore 等发现注入果蝇细胞的 dsRNA 被切割为 21～23nt 的 RNA 片段，他们同时发现，与 dsRNA 同源的内源基因的 mRNA 只在和 dsRNA 对应的部位被切割成为 21～23nt 的片段。2001 年 E. Berstein 等提出只有 22 核苷酸才能特异性地阻断 RNA，同时他们还发现了体内一个分解 dsRNA 为 siRNA 的**切酶**（dicer）。RNA 干涉可能在基因表达调控和基因的剔除中发挥重要作用。2002 年，科学家研究了酵母和四膜虫两种生物体的 RNAi 现象，他们发现 RNAi 对染色体的形状有着极大的控制作用。RNAi 能永久性关闭或删除一部分 DNA，而不只是简单地使 DNA 暂时沉默。2004 年，K. Tomoko 等发现一种小分子 dsRNA 能够作用于神经基因的表达，并且能在转录水平上直接诱导神经干细胞向神经细胞分化，这种 RNA 在基因转录水平上直接参与调控，它被命名为**小分子调节 RNA**（small modulatory RNA，smRNA）。

进一步研究表明 siRNA 一般是在体内通过剪切双链 RNA 而直接产生的，或通过转基因及病毒感染而产生。在某些生物中可通过一种 RNA 依赖性的 RNA 聚合酶来扩增。siRNA 组成 **RNA-诱导沉默复合体**（RNA-induced silencing complex，RISC），并寻靶于内源性同源 mRNA 加以剪切。RNA 干扰的分子机制尚不清楚，有假说认为 RNAi 分为起始和效应两步。在起始阶段，加入的 dsRNA 被切割为 21～23nt 长的 siRNA 片段，又被称为**引导 RNA**（guide RNA）。证据表明，切酶是 RNaseⅢ家族中识别特异双链 RNA 的一员，能以一种 ATP 依赖的方式逐步切割由外源导入或者由转基因、病毒感染等各种方式引入的双链 RNA，将 RNA 降解为 19～21bp 的双链 RNA，每个片段的 3′端都有 2 个碱基突出（图 20.40）。

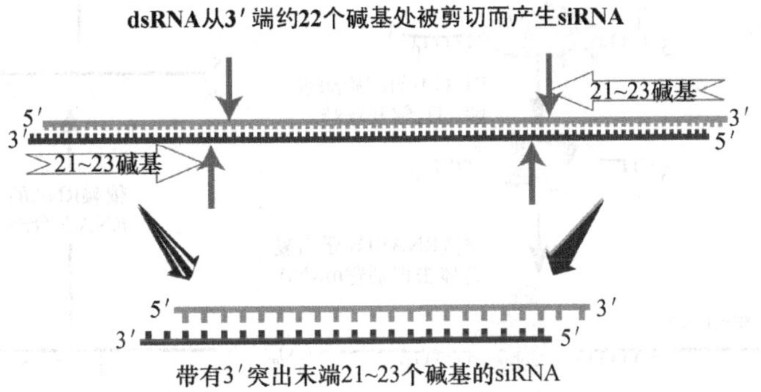

图 20.40 介导 RNAi 的 siRNA 可通过将 dsRNA 切割成小片段形成（引自 Lewin，2004）

这种剪切反应发生在距 3′端 21～23nt 处。这个 siRNA 产物的 3′端具有突出的碱基

在效应阶段 siRNA 在细胞内 RNA 解旋酶的作用下解链成正义链和反义链，继之由反义 siRNA 再与体内一些酶（包括内切酶、外切酶、解旋酶等）结合形成 RNA 诱导沉默复合体。激活 RISC 需要一个 ATP 依赖的将 siRNA 解链的过程。RISC 被认为是核酸酶的效应分子，具有核酸酶的功能。激活的 RISC 通过碱基配对与内源性基因表达的 mRNA 的同源区进行特异性结合，切割位点即是与 siRNA 中反义链互补结合的两端（图 20.41）。被切割后的断裂 mRNA 随即降解，从而诱发宿主细胞针对这些 mRNA 的降解反应。siRNA 不仅能引导 RISC 切割同源单链 mRNA，而且可作为引物与靶 **RNA** 结合，并在**依赖 RNA 的 RNA 聚合酶**（RNA-dependent RNA polymerase，RDRP）作用下合成更多新的 dsRNA，新合成的 dsRNA 再由切酶切割产生大量的次级 siRNA，从而使 RNAi 的作用进一步放大，最终将靶 mRNA 完全降解（图 20.42）。

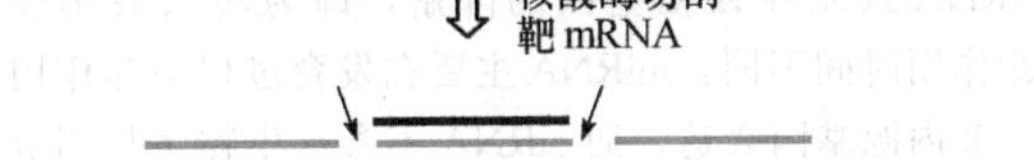

图 20.41 切酶将外源双链 RNA 切成 22nt 的 siRNA，siRNA 的反义链和内源靶 mRNA 互补结合，在 siRNA 的引导下，靶 mRNA 被核酸酶剪切，发生 RNA 干扰

（二）微 RNA 的调控

在许多真核生物中已经鉴定出一些极短的 RNA（约 22 个碱基），它们可以调控基因的表达，被称为**微 RNA**（microRNA，miRNA）。微 RNA 在线虫（*C. elegans*）的调控基因 *lin4* 与其靶基因 *lin14* 的效应研究中首次被发现。靶基因 *lin14* 调控线虫幼虫的发育，*lin4* 编码一段 22 个碱基的转录产物。*lin14* 基因非翻译区有一个重复 7 次的 10bp 序列，该序列的转录产物正好与 *lin4* RNA 互补。*lin4* 的表达阻止了 *lin14* 转录后的表达过程，其作用机制可能是两个 RNA 的互补配对导致了 mRNA 的降解（图 20.43）。显然，在进化的过程中，利用小分子 RNA 调控基因表达和 RNAi 有共通之处。

在线虫基因组中已经发现了约 55 个编码 21～24 个碱基长度的 microRNA 的基因，高等动物（如

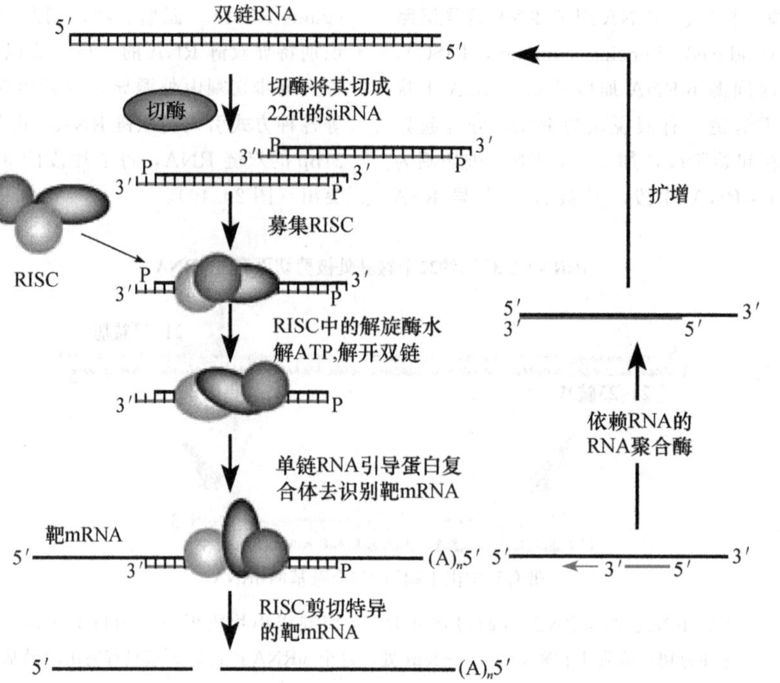

图 20.42　siRNA 可能的作用机制（引自 Sioud，2004）

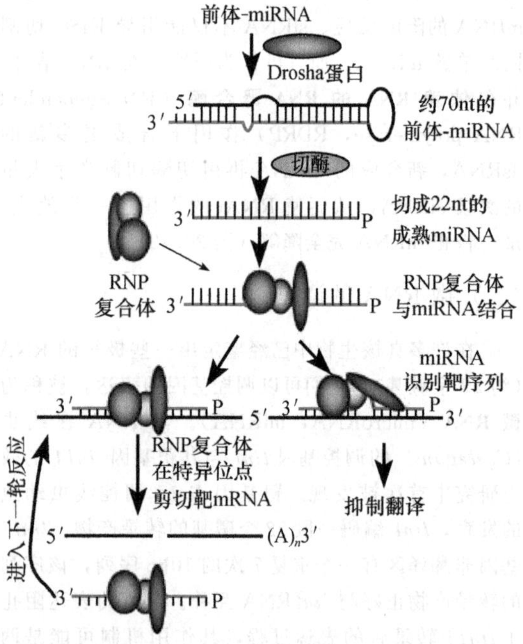

图 20.43　显示了一种使基因沉默的 *lin4* 微小 RNA（miRNA）。这是从发夹形前体 miRNA 切出来形成一个成熟的 miRNA，然后结合到靶基因 *lin14* 转录物的 3′非翻译区（3′UTR）RNA，关闭其活性。Drosha 蛋白负责前体 miRNA 的核内加工，属于 RNase Ⅲ家族（引自 Sioud，2004）

哺乳动物）和植物（如水稻和拟南芥）中也发现了 miRNA 的存在，说明 miRNA 的调控机制具有普遍性。线虫与哺乳动物的许多 miRNA 具有同源性，拟南芥的 16 种 miRNA 中有 8 种与水稻 miRNA 是完全同源的，说明该调控机制具有保守性。

miRNA 和 siRNA 是相似的，但也有区别，归纳起来有以下几点。①来源不同：miRNA 是内源性的，而 siRNA 是外源性的，通过转染进入生物体内。②结构不同：miRNA 是单链 RNA，而 siRNA 是双链 RNA。③加工不同：切酶对 miRNA 是不对称加工，仅剪切前体 miRNA 的一个侧臂，其他部分降解；而 siRNA 是切下前体双链 RNA 的两侧臂。④作用位置不同：miRNA 主要作用于靶标基因 3′UTR 区，而 siRNA 可作用于 mRNA 的任何部位。⑤作用机制不同：miRNA 的作用是抑制靶基因的翻译，也可以导致靶标基因降解，即在转录后和翻译水平起作用，而 siRNA 只能导致靶基因的降解，即为转录后调控。⑥作用时间不同：miRNA 主要在发育过程中起作用，调节内源基因表达，而 siRNA 不参与生物生长调节，原始作用是抑制转座子活性和病毒感染。

（三）piRNA 的调控

2006 年美国 G. Hannon 及 T. Tuschl 两个课题组首先在小鼠睾丸中发现了一种非编码小分子

RNA，长度为 26～31nt，因能与 Argonaute（AGO）蛋白家族中的 Piwi 亚家族蛋白结合而发挥作用，故称为**与 Piwi 蛋白相互作用的 RNA**（Piwi-interacting RNA，piRNA）；同年 Haifan Lin（林海帆）等揭示了果蝇中 piRNA 的特征及在基因调控中的重要作用。其主要功能是转座子保持沉默状态，以防止基因组中转座子大的转座，维持基因组的稳定性。

Piwi 蛋白是一类表观遗传的调控因子，能与多梳蛋白（PcG）共同结合于基因组的 PcG 应答元件上，使同源异形基因沉默，推测在与 Piwi 相关的 piRNA 表观遗传的调控中也起一定的作用。根据在果蝇中的研究发现，piRNA 可能涉及源于母体的表观遗传效应。在表观遗传过程中，piRNA 是生殖细胞内 DNA 甲基化的特异性决定子。

piRNA 形成的机制尚不清楚，但已建立几种不同的模型。其中，“piRNA 生物发生模型”（图 20.44）提出，通过 Piwi 样蛋白与小分子 RNA 结合来寻靶转座子和反转录元件的转录物。剪切转录物产生新 piRNA 的 5′端。进一步进行 3′端加工可能需要另一种 Piwi 样蛋白，如果蝇的 AGO3，产生新的 piRNA，其 3′端有 10nt 是和起初 piRNA 相同的。

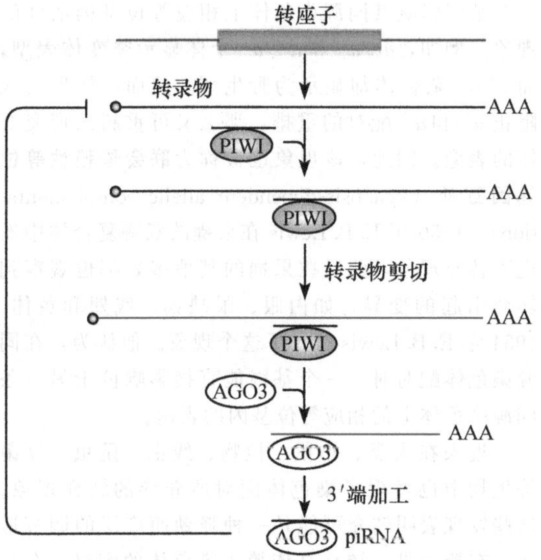

图 20.44　piRNA 生物发生模型
（引自 Chapman et al.，2007）

第四节　其他的表观遗传现象

一、细胞凋亡

细胞凋亡（apoptosis）又称为**程序性细胞死亡**（programmed cell death，PCD），是指在多细胞真核生物发育过程中某些细胞在胚胎发生、变态和组织更替时被消除的过程。细胞凋亡“apoptosis”这个词来源于希腊文“αποόπτωσις”，表示细胞像秋天的树叶一样凋落的死亡方式。

1965 年由发育生物学家 R. A. Lockshin 等首先提出“程序性细胞死亡”一词，1972 年 J. F. Kerr 等首次提出了“细胞凋亡”的概念，宣告了对细胞凋亡的真正探索的开始。

在线虫（*C. elegans*）两性成体中，有 12%的细胞注定要凋亡，通常这是受到一种“自杀”性程序的指令。如果在这个系统中控制凋亡的基因由于突变而失活，那么正常情况下预定要死亡的细胞将会存活。1986 年 H. M. Ellis 和 H. R. Horvitz 在线虫中分离了在特定细胞中引起凋亡的基因。

细胞凋亡与细胞坏死（necrosis）不同，细胞凋亡是一个主动过程，是个体发育中的一个预定的并受到严格程序控制的正常调控。它并不是在病理条件下自体损伤的一种现象，而是为了更好地适应生存环境而主动争取的一种死亡过程。例如，蝌蚪变成蛙的变态过程中，尾部的消失伴随大量细胞凋亡；高等哺乳类动物指间蹼的消失、颚融合、视网膜发育及免疫系统的正常发育都会出现细胞凋亡现象。在此过程中，细胞变得更加紧缩，与周围的细胞脱离，膜上形成小泡，染色质凝集，DNA 被降解。最终，死亡的细胞成为膜包被着 DNA 碎片的形式，无内容物外溢，因此不引起周围的炎症反应，并被周围的细胞所吞噬。

凋亡引起的 DNA 的降解是一种内源性核酸内切酶在核小体连接部位切断染色体 DNA，产生 180～200bp 整倍数的不同长度的 DNA 片段，在琼脂糖凝胶电泳中呈现特异的梯状图谱（图 20.45），而坏死组织的 DNA 却呈弥漫的连续图谱。

坏死是细胞受到强的理化因子或生物因素作用引起细胞无序变化的死亡过程，表现为细胞胀大、细胞膜破裂、内容物外溢、核变化较慢、DNA 降解不充分等。

凋亡过程的紊乱可能与许多疾病的发生有直接或间接的关系，如肿瘤、自身免疫性疾病等。凋亡是多基因严格控制的过程。这些基因在种属之间非常保守，如 *Bcl-2* 家族、*caspase* 家族、癌基因如 *c-myc*、抑癌基因 *p53* 等。

特定的内源和外源信号可诱导细胞凋亡途径的启动，并在有关基因的调控下进行。细胞凋亡可被

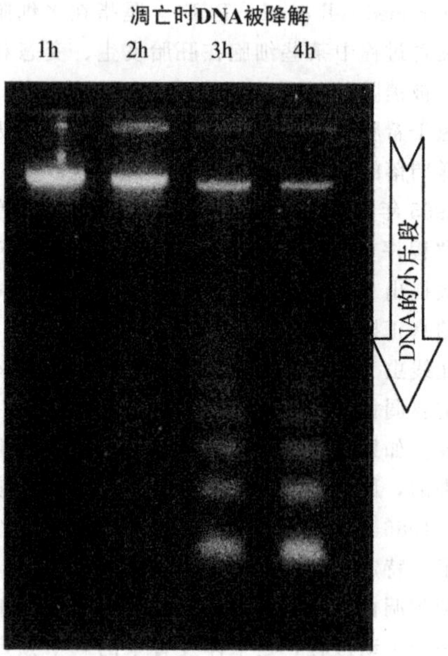

图 20.45　在组培细胞中，凋亡发生在 2h 后，DNA 片段化情况（引自 Lewin，2004）

多种刺激启动，包括失去必需的生长因子、糖皮质激素的作用、γ射线的照射和特定受体的激活等。这些都涉及一类分子对细胞的攻击。免疫系统使用另一种方式引发细胞凋亡，用毒性淋巴细胞（T_C）攻击靶细胞（见第十六章）。抑癌基因 *p53* 能启动细胞凋亡，是抑制癌症的一个重要的措施。因此，细胞凋亡不仅对组织发育，而且在免疫防御和消除癌细胞中都起着很重要的作用。

细胞凋亡的途径主要有两条：一条是外部途径，即**死亡受体途径**（death-receptor pathway），此途径通过胞外信号激活细胞内负责凋亡的酶——**胱天蛋白酶**（caspase）；另一条是内部途径，即**线粒体途径**（mitochondrial pathway），此途径是通过线粒体释放 Caspase 激活因子，激活 Caspase，将细胞内的重要蛋白降解，引起细胞凋亡（图 20.46）。

Caspase 分为两类：一类为执行者（executioner）或效应者（effector），如 Caspase-3、Caspase-6、Caspase-7，它们可直接降解胞内的结构蛋白和功能蛋白，引起凋亡，但不能通过自催化（autocatalytic）或自剪接的方式激活；另一类为启动者（initiator），如 Caspase-8、Caspase-9，接受信号后，能通过自剪接而激活，然后引起 Caspase 级联反应，如 Caspase-8 可依次激活 Caspase-3、Caspase-6、Caspase-7。

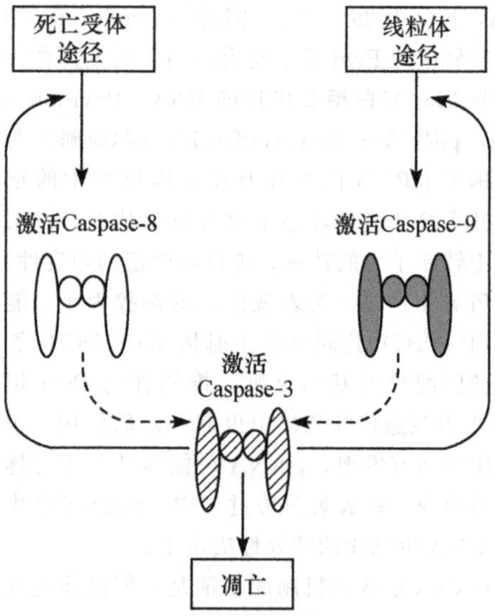

图 20.46　细胞凋亡的两条主要途径

二、染色体转介

染色体**转介**（transvection）是果蝇中的一种特殊的位置效应，当同源染色体联会时，某基因座的一个基因影响其同源染色体上相应等位基因活性的现象。例如，a^1/a^1 和 a^2/a^2 个体显示突变体表型，而 a^1/a^2 杂合体却显示为野生型。然而，如果引入阻止 a^1 和 a^2 配对的重排，那么又可重新出现突变体的表型。因此，该现象也被称为**联会依赖性等位基因互补**（synapsis-dependent allelic complementation）。1950 年 E. B. Lewis 在果蝇的双胸复合体中发现了转介现象，此后在果蝇的其他多处都也观察到转介引起的变异，如白眼、眼缺如、残翅和黄体。1954 年 E. B. Lewis 解释了这个现象。他认为，在同源染色体配对时，一个基因能直接影响位于另一条同源染色体上的相应等位基因的表达。

近来在人类、小鼠、植物、线虫、昆虫、真菌等生物中也发现了染色体配对所介导的转介现象。这些发现表明转介可能是一种强劲而广泛的调节形式。有趣的是，转介是依赖于染色体的配对。在某些情况下，如果一个等位基因通过易位而位于不同的染色体上，转介并不会发生。有时，在易位纯合子中，当一对等位基因重新配对时，转介可得到恢复。在有些情况下，两个等位基因之间的转介可引起基因内互补，当转介被破坏后，这种互补作用也随之消失。

现已知转介可能通过多种机制而产生。其中之一是一个等位基因的增强子激活了与其配对的等位基因的启动子。另一种可能的机制是通过配对介导基因结构的改变，使增强子越过染色质产生**绝缘子旁通**（insulator bypass）效应（图 20.47）。

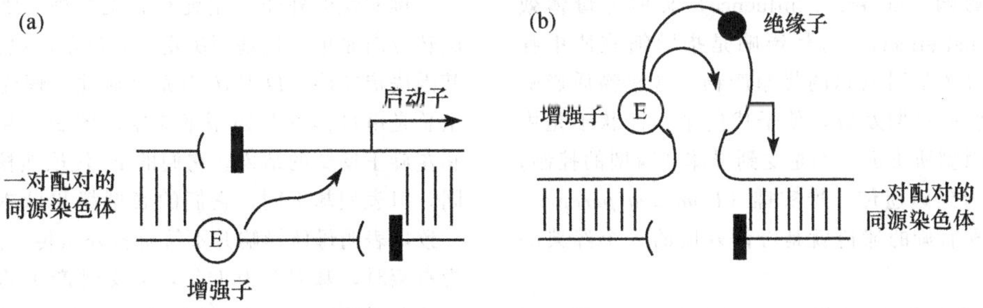

图 20.47　转介的分子机制（引自 Morris et al.，1999）

（a）增强子反式激活；（b）绝缘子旁通

转介研究得最为深入的例子是在果蝇体细胞中同源染色体配对时所观察到的一些现象，如果蝇的黄体突变体。黄体是一种隐性突变，突变体果蝇的身体呈黄色。黄体基因（*y*）位于 X 染色体的末端。其突变常因碱基转换、缺失或转座因子的插入所致。在黄体果蝇中的转介，可能是一个等位基因的增强子反式作用在配对的同源染色体上的启动子上（图 20.48）。黄体转介的第二个机制是绝缘体旁通，具有紧密配对的同源染色体上，其中一条缺失了黄体基因，另一条同源染色体上的黄体基因附近带有绝缘体。但染色体的紧密配对改变了黄体基因的拓扑结构，使增强子可绕过绝缘体而激活黄体基因的启动子。这种调控形式使我们得到一种启发，在生命科学中，一些“规律”并非是一成不变的。顺式作用元件也可起到反式激活的作用，而反式作用因子有时也会出现顺式优先的现象（见第十四章）。

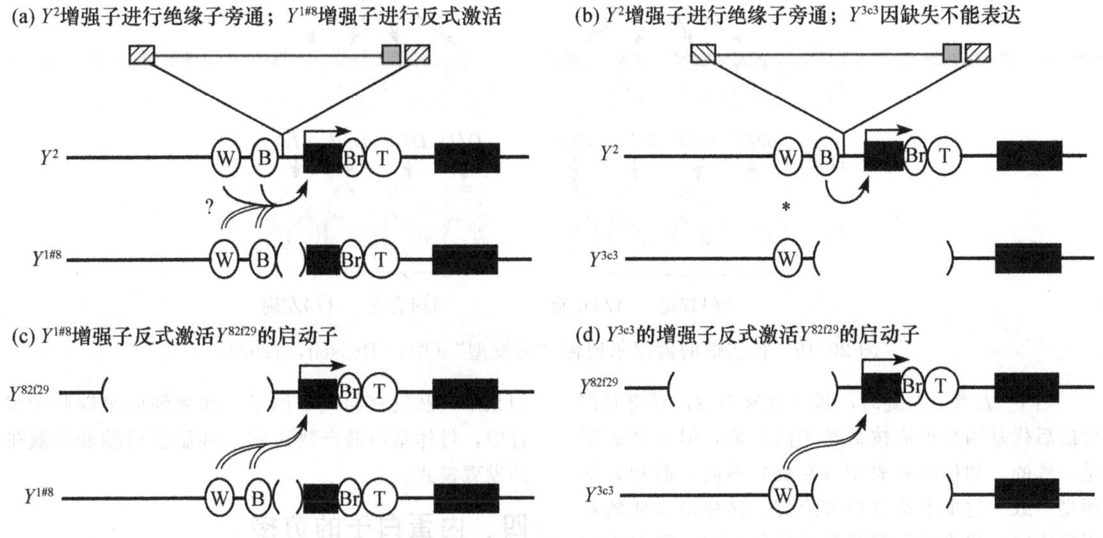

图 20.48　黄体等位基因转介模型（引自 Morris et al.，1998）

（a）一个吉卜赛（*gypsy*）因子（以三角形表示）在 −700 处插入黄体等位基因 Y^2，使其不能表达为野生型的灰体；$Y^{1\#8}$、Y^{82f29} 和 Y^{3c3} 分别是 0.8kb、4.1kb 和 3.6kb 处的缺失（以括号表示），失去活性，使果蝇的表型为黄体。此外，$Y^{1\#8}$ 在其断裂点有一个 *P* 因子的插入。当携带 Y^2 和 $Y^{1\#8}$ 的一对同源染色体配对时，Y^2 的增强子可绕过插入的断裂体（绝缘子）作用启动子，启动 Y^2 转录，使果蝇的表型恢复为野生型灰体；或 $Y^{1\#8}$ 的增强子反式激活已失活的 Y^2 基因，使黄体表型恢复为野生型灰体。（b）Y^2 的增强绕过插入的断裂体（绝缘子）作用启动子，实行旁通，启动 Y^2，使黄体得到恢复。（c）$Y^{1\#8}$ 的增强子反式激活 Y^{82f29} 的启动子，使黄体得到恢复。（d）Y^{3c3} 的增强子反式激活 Y^{82f29} 的启动子，使黄体得到恢复。图中箭头表示启动子；W，翅的增强子；B，身体的增强子；Br，刚毛的增强子；T，跗爪的增强子；黑框，外显子；条文方框，长的末端重复序列；灰框，su（Hw）结合区

三、母体影响

母体影响（maternal influence）又称为**母体效应**（maternal effect）。母体影响是指卵细胞质中存在某些由母体基因编码的代谢产物，这些物质影响到子代胚胎的早期发育，使子代的某些性状不是由本身的基因型所决定，而是受到母体基因型的控制，因此亦称为延迟遗传。椎实螺（*Lymnaea peregra*）螺壳左旋和右旋的遗传就是母体效应的一个经典的例子。

早在 1923 年 A. E. Boycott 和 C. Diver 就描述了椎实螺的孟德尔遗传“迟发型”控制外壳螺旋线方向。A. H. Sturtevant 进一步提出椎实螺外壳的螺旋方向是由卵质（ooplasm）的特性所决定的，即由母本基因型所控制的。

椎实螺的外壳有左旋和右旋两种。螺壳的这种旋转方向是单对核基因决定的。*D* 基因决定右旋，*d* 基因决定左旋，*D* 对 *d* 为完全显性。螺壳的旋转表型总是由母体的基因型来决定。图 20.49 表示右旋和左旋正反交的结果。它们的 F_1 代虽然核基因型相同，但表型却不同，它们的表型都和母体的基因型一致，表明母体影响并不符合核外遗传。当 F_1 表型为右旋时，基因型为 *D*/*d*，互交时产生的后代核基因的分离比应为 1（*D*/*D*）∶2（D/d）∶1（*d*/*d*），但表型都为右旋，和本身的基因型并不一致，而和母体的基因型是一致的。

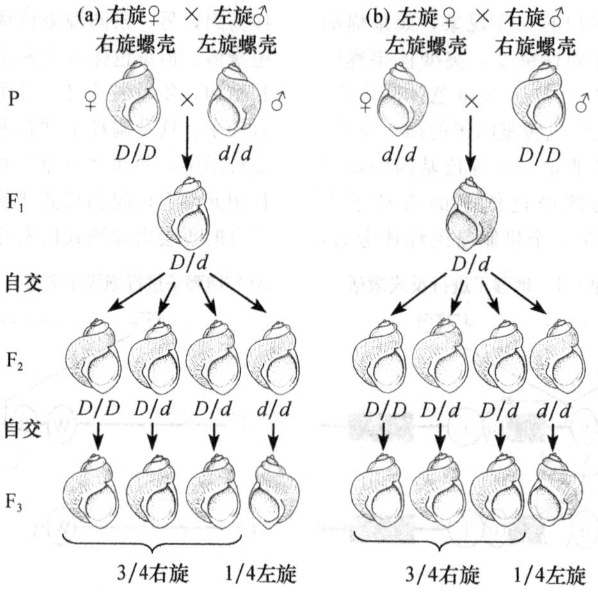

图 20.49　椎实螺的孟德尔遗传“迟发型”（引自 Russell，1992）

当 F_1 表型为左旋时，基因型为 *D*/*d*，互交时产生的后代基因型也应按孟德尔法分离，但同样表型是一致的，和母体的表型（左旋）不同，而和其基因型一致，这也不符合核外遗传。这种由母体的基因型决定后代表型的现象称为母体影响。我们现在已经知道这种现象是由于母体的基因型决定了子代发育的起始剪接模式。图 20.49 表示这种分离比在真正的细胞器遗传中是不存在的，因此也不属于母体遗传，可能是母体核基因的产物影响了胚胎的发育，而不是细胞器中的遗传物质给了子代。

母体影响是一种普遍存在的现象。在动物的早期胚胎的发育中，母体影响起着重要的作用。在卵细胞的细胞质中存在大量母体基因表达的产物，它们是早期胚发育的调节因子。在果蝇的早期胚胎发育中，母体基因的产物决定了胚胎前后轴和背腹轴的发育模式。

四、内蛋白子的剪接

内含肽（intein）曾称为**蛋白内含子**（protein intron），是 1994 年由 F. B. Perler 等首先提出的。内含肽存在于某些蛋白质前体肽内部的一些肽段，在转变为成熟蛋白质时，通过非酶促的转肽反应被切除，与其对应的是保留于成熟蛋白质中的**外显肽**（extein）。内含肽具有核酸酶活性。内含肽的基因不是单独的可读框（ORF），它插入在外显肽的基因中，和内含子的区别在于它可以和外显肽的基因一道表达，而不是其 mRNA 被切除，产生前体蛋白后再从前体中被切除掉，余下的外显肽连接在一起成为成熟的肽链［图 20.50（b）］，这也不同于胰岛素。新合成的**前胰岛素原**（preproinsulin），在内质网中切除信号肽变成了**胰岛素原**（proinsulin），它是单链的多肽，由 3 个二硫键将主键连在一起，弯曲成复杂的环形结构，分子由 A 链、B 链和 C 链三个连续的片段构成。当胰岛素原转运到胰岛细胞的囊泡中后，C 链被切除，分开的 A、B 两条肽段由三个二硫键连接成成熟的胰岛素［图 20.50（a）］。

内含肽的与外显肽的剪接是一种自体催化反应，完全由内含肽和其 C 端外显肽的第一个残基催化完成，不需要其他蛋白质和 ATP。内含肽剪接机制已经弄清，一般有两种途径，一种是选择性剪接机制（图 20.51 左图），通过 C 端外显子第一个残基，直接亲核进攻内含子和 N 端外显子之间的酯键，使 N 端外显肽与 C 端外显子之间形成硫酯键，产生**分支中间体**（branched intermediate）；另一种是标准内含肽介导的剪接途径。图 20.51 显示这种途径两步反应，第一步为 X-N 酰基移位，然后再通过转酯反应，形成分支中间体。在两种不同途径的剪接反应

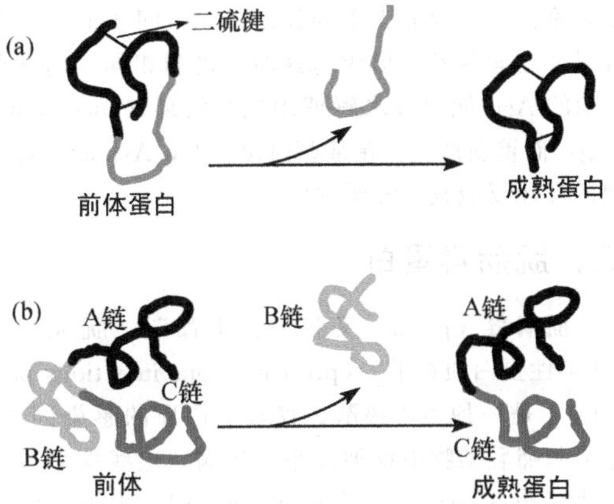

图 20.50　蛋白质前体分子的剪切（a）与内含肽的剪接（b）

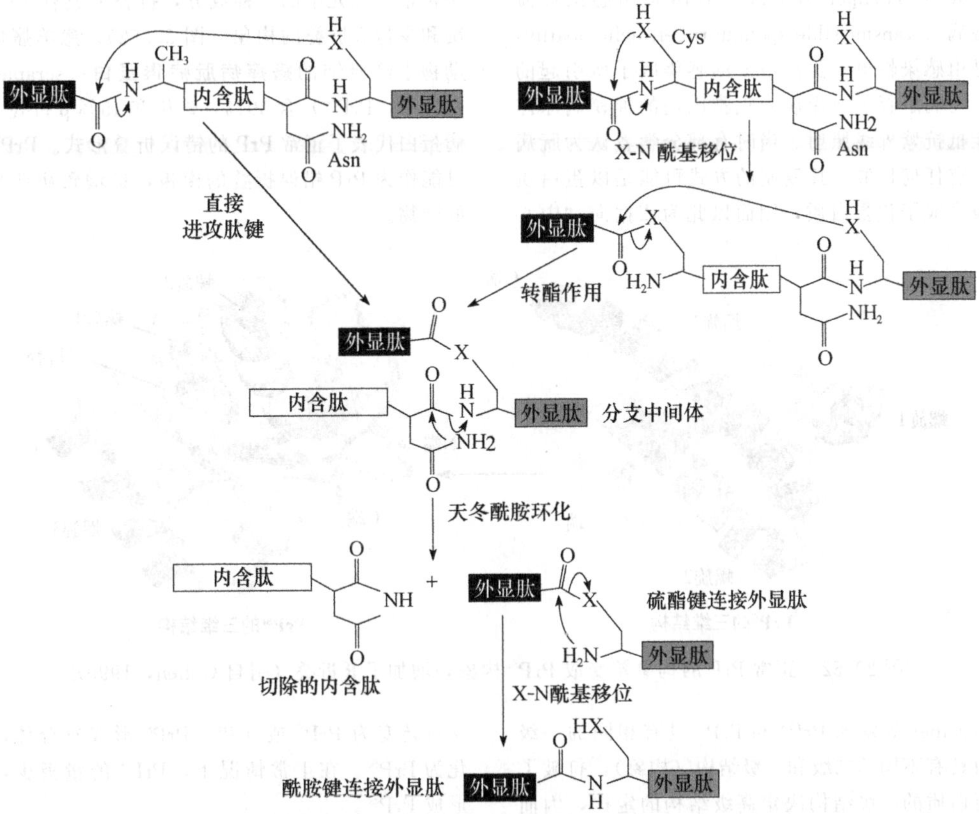

图 20.51　蛋白质内含子介导的蛋白质剪接的分子机制

图中 Ser、Thr 或 Cys 的侧链上存在的氧或硫以“X”表示。黑框表示 N 端的外显肽；白框表示内含肽；灰框表示 C 端的外显肽。为了简洁明了，所有的中间体、辅助基团和蛋白质转运阶段都被省略了

中，都需要形成分支中间体。分支中间体的解离和外显肽之间肽键的形成与这两个机制相同。内含肽C端的Asn能通过水解琥珀酰亚胺环（succinimide ring）而重新产生。在某些内含肽中，Asn能经过类似的环化反应被Gln所取代。

五、朊病毒蛋白

朊病毒（prion）又称“普里昂”、“朊粒”或“感染性蛋白质粒子”（protein-aceous infectious particle），是一种不含核酸、仅有蛋白质的感染因子，能引起哺乳动物中枢神经系统疾病，这些疾病包括羊瘙痒病（scrapie）、库鲁症（Kuru）、牛海绵状脑病（bovine spongiform encephalopathy，BSE）、早老性痴呆症或克雅氏病（Creutzefeldt Jakob disease，CJD）和格斯特曼-斯特劳斯勒二氏综合征（Gertmann-Straussler syndrome，GSS）。由于它有强致病力和不诱发抗体等特性，造成了诊断和防治的极大困难。

1960年T. Alper和J. S. Griffith提出感染性海绵状脑病（transmissible spongiform encephalopathy）可能是由感染性单一蛋白组成的感染因子所引起的假说。他们解释了瘙痒病和克雅氏病的神秘病原体为何能抵抗紫外线照射。当时有部分学者认为朊病毒不含有任何核酸，其复制的方式可能是以蛋白质为模板合成子代蛋白质，因而以此为依据向“中心法则”提出了挑战；同时在生命起源的争论中，也将朊病毒作为“生命起源于蛋白质”观点的一个有力的证据。另一些学者则认为朊病毒中可能含有少量的核酸，但由于当时的检测方法所限，不能检测出而已。克里克在其《分子生物学的中心法则》（第二版）中提出：J. S. Griffithf的关于瘙痒病传播的唯蛋白假说具有潜在的重要性，但从蛋白质到蛋白质的观点违反了从DNA→RNA→蛋白质的信息流方向。

1982年美国的S. B. Prusiner等纯化了这种只由蛋白质组成的感染因子，发现它是一种特殊的蛋白质。Prusiner由“protein”和“infectious”两个词杜撰了“朊病毒”（prion）一词，作为感染源的名称，“**-on**”的后缀是借用“vir**on**（病毒体）”一词。现在知道朊病毒是一种可传输颗粒，其大小仅是病毒的1%，由特定蛋白专一性组成。**朊病毒蛋白**（prion protein，PrP）由宿主染色体基因编码，正常的**细胞朊病毒蛋白**（cellular prion protein，PrP^{C}）是正常神经元中的一种成分，折叠形成有40% α螺旋和少量β折叠的构象（图20.52）。患羊瘙痒病的动物中经修饰的**瘙痒病朊病毒蛋白**（scrapie prion protein，PrP^{Sc}）含30% α螺旋和45% β折叠。此致病蛋白代表了正常PrP的错误折叠形式。PrP^{Sc}蛋白可能作为PrP错误折叠的模板，扩增致病性朊病毒的产物。

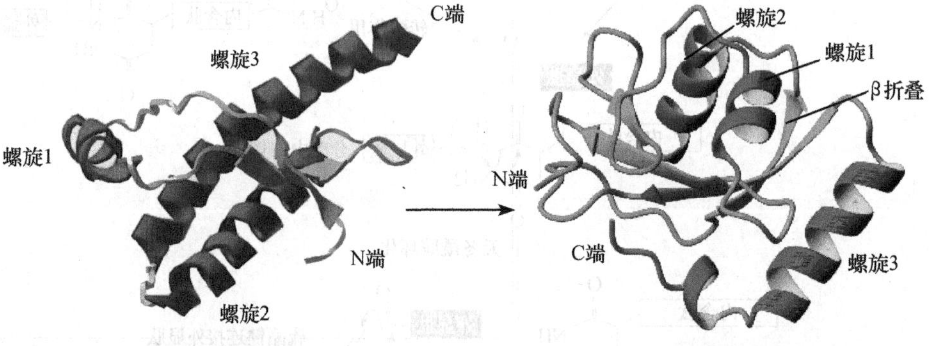

图20.52　正常PrP的构象转变成PrP^{Sc}构象，增加了β折叠（引自Cohen，1999）

Prusiner等发现PrP^{Sc}和PrP^{C}具有相同的一级结构而具有不同的二级和三级结构（构象），打破了以往蛋白质的一级结构决定高级结构的定律，因而获得了1997年的诺贝尔生理学或医学奖。

PrP^{C}结构具有不稳定性，能产生少量的部分解析的单体结构（PrP^{*}），这种PrP^{*}既能变为PrP^{C}，又可转变为PrP^{Sc}或（和）PrP^{Sc}形成复合体，再转化为PrP^{Sc}。在正常情况下，PrP^{*}的量极少，不能形成PrP^{Sc}。

人类可传播的海绵状脑病（transmissible spongiform encephalopathy，TSE）如库鲁病、CJD、GSS和致死性家族性失眠症（fatal familial insomina，

FFI）等与编码 PrP 的基因突变有关，这些突变基因产物的随机不稳定性变高，在生物合成的早期就开始表现出 PrP^{Sc} 的一些特点，以后经加工自发地慢慢转变为致病性的 PrP^{Sc}，而在受朊病毒蛋白侵染的细胞中，PrP^{C} 完成合成加工并运转到细胞表面后才发生向 PrP^{Sc} 的转换。外源的 PrP^{Sc} 侵染细胞后作为模板与寄主细胞的 PrP^{C} 结合，以聚合体的形式激发 PrP^{*} 转变为 PrP^{Sc}。这一转变过程需要内源 PrP^{C} 和外源 PrP^{Sc} 的特定氨基酸的同源性(图 20.53)，同时受各种蛋白质折叠因子的影响，如盐酸胍、某些分子伴侣和硫酸多糖等。PrP^{C} 首先通过 C 端的第 3 个螺旋定位位点与 PrP^{Sc} 结合，再转变为 PrP^{Sc}，PrP^{C} 向 PrP^{Sc} 的转变以及淀粉纤丝聚体的形成，可能是通过一种自动催化或模板聚合作用机制完成的。另外，J. Collinge 等（2001）研究发现，遗传因素在患 TSE 的风险上起重要作用，英国可能因食用患有牛海绵状脑病（Bovine spongiform encephalopathy，BSE）的牛肉而患 CJD 的患者的朊病毒基因都发生了变异，80%以上的患者缺少一种人类白细胞抗原（human leukocyte antigen，HLA)，这种免疫系统蛋白 HLA-DQ7 能与 PrP^{Sc} 结合从而帮助识别传染源，这似乎表明免疫系统基因具有击退外来 PrP^{Sc} 的作用。

朊病毒不仅存在于哺乳动物中，在真菌中也有发现。1965 年 B. Cox 描述了一个称为［PSI^{+}］的罕见遗传性状。最初是在一个腺嘌呤无义突变的营养缺陷型菌株发现的。尽管经过多年的努力，B. Cox 仍无法确定［PSI^{+}］性状是一种传统的突变。1994 年，酵母遗传学家 R. Wickner 指出，［PSI^{+}］同另一种非同寻常的遗传性状［URE3］都是由来源于细胞正常蛋白质的朊病毒所致。酵母朊病毒的名字经常置于方括号内，表示它们是通过非孟德尔遗传传递给子代细胞，就像质粒和线粒体 DNA。

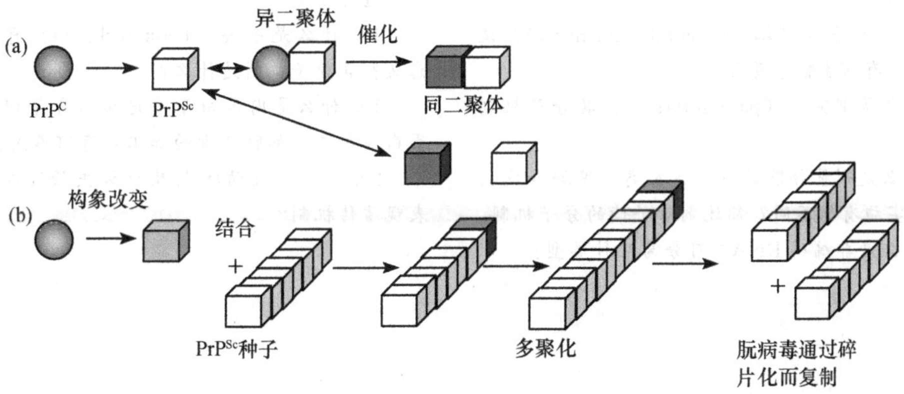

图 20.53　PrP^{C} 转变成 PrP^{Sc} 的模型

(a) 异二聚体模型提出：PrP^{Sc} 感染宿主细胞时，用 PrP^{C} 或由 PrP^{C} 构象随机形成的部分非折叠的中间体作为底物启动一个催化级联反应，通过构象的改变使 PrP^{C} 转变成一种新的富含 β 折叠的蛋白质。新成立的 PrP^{Sc} 继而转化新 PrP^{Sc} 分子。(b) 非催化的核聚合模式提出：PrP^{C} 构象转变成 PrP^{Sc} 的构象是一种热力学控制的变化。这种改变是一种可逆的过程，但在平衡时，PrP^{C} 构象明显占优势。PrP^{Sc} 转换的建立仅在加入纤维样种子时。一旦种子存在，加速了进一步添加单体的过程

六、书签

书签（bookmarking）是通过有丝分裂将基因表达模式传递给子细胞的一种**细胞记忆**（cellular memory)。这对于维持一个细胞系的表型特征是重要的。例如，肝细胞分裂成肝细胞而不会分裂成其他的细胞。这是在有丝分裂时通过一些疏松状态的启动子来完成的。其机制是：在有丝分裂开始之前，在某些点上处于转录活性状态的一些基因的启动子以某种方法被标记。这些方法是在有丝分裂时和分裂后保留这些标记，并通过防止这些基因座上 DNA 的压缩来传递基因表达模式的记忆，或者通过精简启动子上转录复合体的组装，或者二者兼有。

在某些情况下，书签是在有丝分裂开始之前在启动子上结合特异的因子而进行调节的，但在其他情况下，可能是通过组蛋白的修饰或组蛋白的变异（基因活性的改变，并在经历有丝分裂时仍保持着这种变化）而被调节的。

在特定的基因中，如应激可诱导的基因 *hsp70*，书签的功能也可作为一种保障机制，使基因早在 G_1

期时可被转录（如果此时发生应激）。如果在 G_1 期这些被压缩的基因的启动子需要时间解压缩的话，此时细胞将不能转录这些细胞保护基因，应激使细胞易受到损伤而导致死亡。在这种情况下，书签对于细胞的存活是很重要的。

习　题

1. 什么是表观遗传？有何特点？哪些生命现象属于表观遗传？

2. 举例说明什么是花斑位置效应？产生的分子机理是什么？

3. 组蛋白的化学修饰有哪些类型？在基因表达调控中起什么作用？

4. 在真核生物中，DNA 的甲基化和去甲基化对于基因表达的调控有何意义？涉及哪些生命现象？试举例说明。

5. 什么是亲本印记（parental imprinting）？试举例说明。有何生物学意义？

6. 什么是副突变（paramutation）？其分子机制是什么？

7. 什么是剂量补偿效应？在人类、果蝇和线虫中补偿的实施有何不同？简述剂量补偿的分子机制。

8. 什么是非编码 RNA？可分为几种类型？

9. 常见的长链 ncRNA 有哪些？有何作用？其作用的分子机制是什么？

10. 常见的中链 ncRNA 有哪些？有何作用？其作用的分子机制是什么？

11. 常见的短链 ncRNA 有哪些？有何作用？其作用的分子机制是什么？

12. siRNA 和 miRNA 有哪些共同点和不同点？

13. 什么是 RNA 编辑（RNA editing）？有何生物学意义？其分子机制是什么？

14. 什么是核仁显性（nucleolar dominance）？有何生物学意义？其分子机制是什么？

15. 什么是转介（transvection）？有何生物学意义？其分子机制是什么？

16. 什么是母体效应？有何生物学意义？其分子机制是什么？和核外遗传有何不同？

17. 什么是朊病毒？其编码模板是否是蛋白质？如何进行扩增？

18. 什么是书签（bookmarking）？有何生物学意义？其分子机制是什么？

19. 什么是内蛋白子？它和内含子以及常见的蛋白质加工（如胰岛素的加工）有何不同？

20. 雌性哺乳动物 X 染色体失活可能涉及哪些表观遗传机制？

第二十一章 数量遗传学

数量遗传学（quantitative genetics）是用数理统计和数学方法研究生物群体数量性状遗传规律的遗传学分支学科。

符合孟德尔遗传的一些生物性状基本上都是**质量性状**（qualitative trait），而在自然界中还广泛地存在另一类性状称为**数量性状**（quantitative character）。数量性状和质量性状的特点是不同的（表21.1）。数量性状都是由多对基因控制的，每对基因的作用是微小的，而多对基因共同作用的结果就产生了数量性状的表型。对质量性状来说，虽然与其相关的生化反应链也涉及多对基因，但只要有其中一对基因发生突变就会引起明显的表型变异，所以称其为单基因遗传。控制质量性状的基因型和相应的表型的数量较少，在基因型和表型间具有相对简单的一致性，通过谱系的遗传分析可根据表型特征分析推测出相应的基因型。然而，数量性状都是受多基因及环境的共同作用的结果，单一基因型在不同的环境条件下可能产生许多种表型；许多不同的基因型也能产生相似的表型。因此不能从表型简单地推测其基因型，也不能用孟德尔法则来预期杂交的结果。这种性状的遗传是用生物统计学（biometrics）方法来研究的，故又称为“统计遗传学”（statistical genetics）。

表 21.1 数量性状和质量性状的区别

项目	基因控制	表型分布	受环境影响	遗传规律	性状特点	研究对象
数量性状	多基因	正态分布	大	非孟德尔遗传	易度量	群体
质量性状	单基因	二项分布	小	孟德尔遗传	不易度量	个体

数量性状常被称为**复杂性状**（complex trait）。在人类和其他生物体群体中的大多数性状，包括人类常见的遗传疾病都属于复杂性状。对于复杂性状的研究，包含了影响这些性状的所有遗传因子和环境因子所组成的遗传结构（genetic architecture），以及这些因子所影响的个体数和这些因子间相互作用的程度。

第一节 数量遗传的多基因学说

一、数量性状特点

根据数量性状分布的连续性，可分为三种不同的类型。①**连续性状**（continuous character）表示具有连续的表型变异（即在两个不同的表型之间没有明显的界线），群体表型呈正态分布（图21.1），如人类的身高、体重、肤色的深浅、智商，奶牛的泌乳量，植物茎秆的高矮，籽粒的质量，种皮的颜色，开花期，棉花纤维的长度，等等。②**分类性状**（categorical trait）通常通过计数来表示，这种性状为不连续的表型变异，但呈级差排列，变化的趋势是连续的，如花瓣数（图21.2）、树的结果数、鸡的产蛋量、形成指纹的皮嵴数、玉米穗上的籽粒数、果蝇腹部的刚毛数、一窝幼仔数等性状。③**阈值性状**（threshold character）仅有两类或两类以上的表型，故又称为**二歧性状**（dichotomous trait）。阈值性状表现为不连续的表型变异，但变化的趋势也是连续的。群体中某些个体多基因及环境共同作用的效应一旦达到某一阈值，表型就发生改变，如牛的双胎、火鸡的孤雌生殖、人类对某些疾病的**易感性**（liability）、动植物的抗病能力等。人类糖尿病、精神分裂症和许多先天性畸形，如脊柱裂、唇裂和腭裂等都属于阈值性状。

阈值性状也是一种连续性状。易感性超出某一阈值就会导致某一性状或疾病的发生；易感性在阈值以下则是正常的（图21.3）。阈值性状（如个体的易感性）是不能被直接观察到的，但可由个体和他们的亲属中疾病的发生率推断出。

孟德尔在进行豌豆杂交实验时十分注重性状的特点，选择那些特征明显而稳定的性状，如花的颜色、子叶的颜色等；舍弃那些不易区分和不稳定的性状，如叶片的形态和数量等。他所选择的性状实际上是“质量性状”，而舍弃的是“数量性状”，从而使得他清晰地发现了遗传的基本规律；而Galton用“相关”与“回归”的方法研究了人类家庭成员

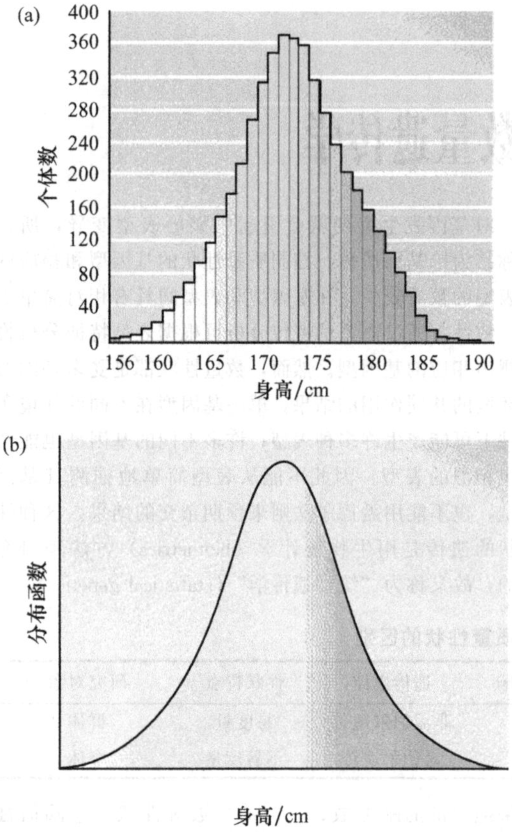

图 21.1　男子身高频率的分布
（引自 Griffiths et al.，1993）
(a) 级差为 1cm 的柱形图；(b) 连续分布

的智力、身高、臂长等性状，提出融合遗传论，他所选择的性状正是“数量性状”，得到的结论只适用于数量遗传，而不适用于质量性状。

图 21.2　天人菊（*Gaillardia pulchella*）的花瓣数量有不同的变异，显示出分类性状的特点（引自 Griffiths et al.，1999）

微效多基因模型（infinitesimal model）是经典数量遗传学的理论基础。经典数量遗传学注重的是外在的生物性状，而未能探究内在的遗传信息。1989 年 E. Lander 等建立数量性状基因座（quantitative trait locus，QTL）作图方法，引领数量遗传学跨入了新的境界，但和分子遗传学的发展相比，数量遗传学仍然显得十分滞后。数量遗传学对农业育种和人类多种遗传缺陷的病因分析来说都是十分重要的基础理论，人们正期待着数量遗传学研究中能出现新方法、新思路、新理论，使数量遗传学能适应社会和科学发展的需求。

二、多基因学说

1760 年 J. G. Kölrenter 将高株烟草和矮株烟草进行了杂交，孟德尔也曾将高株豌豆和矮株的豌豆进行了杂交，但二者的结果却不同（图 21.4）。

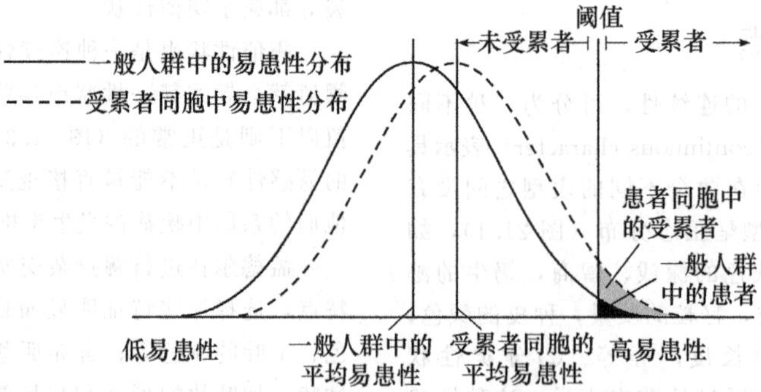

图 21.3　Falconer 的非孟德尔二歧性状的多基因阈值模型（引自斯特罗恩等，2007）
性状易患性是多基因的，呈常态分布（实线曲线）。易患性高于一定阈值的个体患病。他们的同胞（虚线曲线）比人群平均易患性高，其中大部分易患性超出了阈值，因此该疾病倾向于在家族中传递

Kölrenter 杂交 F_1 代的高度为亲本的平均值［图 21.4（b)］；而孟德尔杂交的 F_1 代高度和显性亲本相同［图 21.4（a)］。Kölrenter 杂交 F_2 代的平均值和 F_1 代相同，但变异范围增大，呈正态分布。而孟德尔杂交的 F_2 代却产生高株和矮株两种不同的后代，其分离比为3：1，每一种后代的高度变化范围很小，呈现很窄的峰。这两种杂交虽然都是以高度为研究性状，但结果显然不同，从而提示这两种植物的高度遗传机制是不同的，Kölreuter 杂交实验中烟草植株的高度可能是由多对基因控制的。

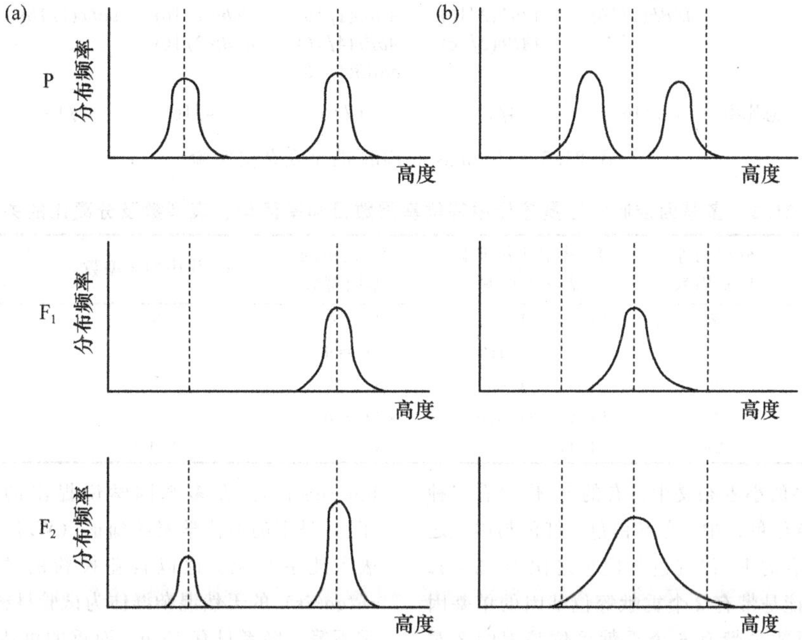

图 21.4　豌豆的株高和烟草的株高是属于不同类型的性状

（a）豌豆为质量性状，由单对基因控制；（b）烟草为数量性状，可能由多对基因控制。它们的遗传规律完全不同

多基因学说可以追溯到 1909 年 H. Nilsson-Ehle 的小麦种皮颜色的研究，他将红色种皮和白色种皮的纯种小麦进行杂交，获得的 F_1 代小麦表型相同，都是红色的，但颜色比红色亲本的要浅，介于两亲本之间。这一现象并不能排除不完全显性，但当他将 F_1 代互交后，情况就不同了，F_2 代并未出现孟德尔分离比（深红：粉红：白色＝1：2：1），而是出现了 15（红）：1（白）的比率，与单基因的不完全显性有很大的偏差。他将 F_2 代的表型细分后，发现 F_2 代有 4 种不同的红色和一种白色，其比率为深红：大红：中红：浅红：白色＝1：4：6：4：1，并注意到 F_2 代中各有 1/16 的表型分别和两亲本完全相同。

如何来解释这一结果？让我们假设有两对不连锁的基因 A 和 B 控制产生红色素，它们的作用相同，表型效应可以叠加。而它们相应的等位基因 a 和 b 不能产生红色素，以上的杂交组合及 F_1、F_2 代的产生如图 21.5 所示。

若 A 对 a、B 对 b 是完全显性的话，后代应只有 4 种表型 AB、Ab、aB 和 ab 的比率为 9：3：3：1。这与实验所得到的结果不符，所以假设不能成立。

我们再注意一下实验结果的表型比例 1：4：6：4：1 和 $(a+b)^4$ 的各项系数相同（表 21.2），那么一个简单的解释就是红色素合成的深浅是基因剂量控制的，即由 A 或 B 的数目决定，$AABB$ 相当于二项式展开后的 A^4 是深红的；$aabb$ 则相当于 b^4 是白色的，其他各项不同表型和 A 或 B 的多少正好一致。A、B 这种能产生色素的等位基因对表型有贡献就称为**贡献等位基因**（contributing allele），而 a、b 不能产生色素就为**非贡献等位基因**（noncontributing allele），因此小麦种皮颜色的遗传属于 4 个贡献等位基因的多基因遗传。

P　　深红($AABB$)×白色($aabb$)

↓（杂交）

F_1　　中红($AaBb$)

↓（自交）

F_2	深红	大红	中红	浅红	白色
	$AABB$(1/16)	$AaBB$(2/16) $AABb$(2/16)	$AAbb$(1/16) $AaBb$(4/16) $aaBB$(1/16)	$Aabb$(2/16) $aaBb$(2/16)	$aabb$(1/16)
总比率	1/16	4/16	6/16	4/16	1/16

图 21.5　H. Nilsson-Ehle 的小麦杂交实验

表 21.2　多基因控制的数量遗传中等位基因数目和基因型、表型数及分离比的关系

等位基因对的数目	分离的等位基因数	F_2 代中性状极端表达的比率	F_2 代中的基因型数	F_2 代中的表型数	F_2 代各表型比为二项式各项系数
1	2	$(1/4)^1=1/4$	$(3)^1=3$	3	$(a+b)^2$
2	4	$(1/4)^2=1/16$	$(3)^2=9$	5	$(a+b)^4$
3	6	$(1/4)^3=1/64$	$(3)^3=27$	7	$(a+b)^6$
4	8	$(1/4)^4=1/256$	$(3)^4=81$	9	$(a+b)^8$
n	$2n$	$(1/4)^n$	$(3)^n$	$2n+1$	$(a+b)^{2n}$

在不同品系的小麦杂交中，有的 F_2 代只有三种不同表型，即深红色、中红色和白色，红色与白色之比为 3∶1；也有的 F_2 代红色与白色之比为 63∶1。3∶1 的情况可能是带有 2 个贡献等位基因的单基因系统。63∶1 可能是带有 6 个贡献等位基因的 3 对等位基因系统，各种表型的比率是 $(a+b)^6$ 的各项系数的比：1∶6∶15∶20∶15∶6∶1（图 21.6）。

1909 年 H. Nilsson-Ehle 根据小麦种皮颜色的遗传规律提出了**多基因学说**（polygenictheory）。其要点如下：①数量性状受一系列**微效基因**（minor gene）的支配，微效基因简称为**多基因**（polygene）；②多基因之间通常不存在显隐性关系；③多基因的效应相等，而且彼此间的作用可以累加，后代的分离表现为连续变异；④多基因对外界环境的变化比较敏感；⑤有些数量性状受一对或少数几对主基因的支配，同时还受到一些微效基因的作用，使性状表现的程度受到修饰。

三、数量性状的变异受到遗传和环境的双重作用

H. Nilsson-Ehle 的实验和多基因学说已表明数量性状的遗传受到多基因的作用，现在要进一步回答数量性状是否受到环境因素的影响。如果的确存在环境因子的影响，人们又如何来区分遗传和环境的作用？

回答上述问题首先应重温“纯系学说”（pure line theory）。在多基因学说提出的同一年（1909 年），丹麦的遗传学家约翰逊（W. L. Johannsen）发表了纯系学说。他以自花授粉的菜豆（*Phaseolus vulgaris*）的天然混杂群体为试验材料。这些菜豆轻重不等，轻者只有 15cg，而重的可达 90cg。他按豆粒的轻重，从中选出 19 粒，分别播种，建立了 19 个株系。因菜豆是严格自花授粉的植物，所以这 19 个单株的后代即为“纯系”。他发现不同纯系之间的平均粒重存在明显差异，而且能够稳定遗传。而在纯系的内部虽大小相似，但不尽相同，轻重的变异呈连续分布，其平均粒重与亲代相同。由此他推论纯系间的变异是部分遗传的，而纯系内的变异是不遗传的，它是由环境因子所引起，因此在纯系内进行人工选择是没有意义的。多基因学说和纯系学说这两个理论的建立，标志着数量遗传学的诞生。由于历史的局限，当时约翰逊还不可能考虑到“突变”的因素，但其基本原理是正确的。

数量性状的遗传被认为是评价基因型与环境相对重要性的主要依据。在某些实验生物中，就对平均数的效应而言，可将基因型和环境分开。例如，植物育种者可根据生长在不同的种植密度或施肥量的植物近交系的产量来分析。方法是：比较生长在不同环境中同一基因型以及在同一环境中的不同基因型的产量，由此确定环境对植物产量的影响。

在遗传和环境的效应间这种精细的区别通常很

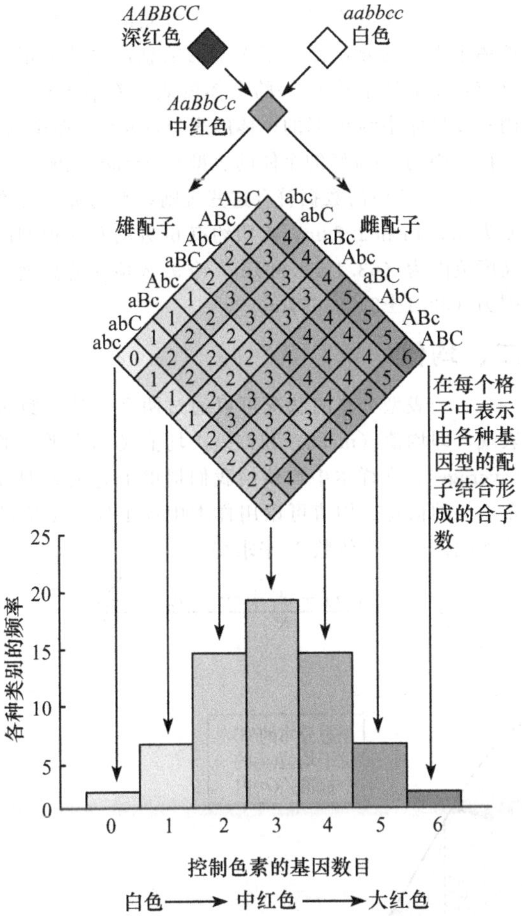

图 21.6　H. Nilsson-Ehle 的小麦种皮颜色的实验结果表明有 3 对独立而相关的等位基因，它们以不完全显性控制小麦种皮颜色（引自 Simmons，2003）

难分辨，尤其是人类数量性状的遗传。例如，就人类身高而言，要考虑到环境对身高的影响，只有比较生长在不同环境中的遗传性相同群体的平均高度。这种参照的群体是不存在的。同样地，比较生长在同一环境下的、基因型不同的群体的平均高度来判断遗传对身高的影响，这种参照的群体也是不存在的。

如果没有这种比较标准，就不可能确定遗传效应及环境影响的平均值；但仍可能以方差来判断遗传效应及环境效应的大小，因为我们可以比较在同一群体内个体的表型，而不是比较两个或多个群体的平均值。某些表型的差异是由基因型的差异而导致的，有些是由环境的差异而导致的，通常可以将这些影响分开。

在任何表型的分布中，例如，人类的身高，有 4 种因素对表型变异产生影响：①基因型的差异；②环境的差异；③基因型与环境互作的差异；④基因型与环境组合的差异。

第二节　数量性状的研究方法

一、数量性状的分布

孟德尔性状杂交的结果是能用表型完全不同的后代之间的比例，或者用是否存在某种性状来描述。但数量性状的遗传模式就需要用和上述不同的方法来描述。一个基本的概念就是**统计分布**（statistical distribution）。例如，将 4995 位英国妇女的身高分为 11 个组（表 21.3），一般是将相似表型分在一组中，这样将表型分成不同的、比较接近的类别。每一组用一个棒状的图来表示，每一个棒状图的高度比例表示每一类的个体数。这种图表是**频率柱状图**（frequency histogram）。如果我们继续提高精确度，增加测量的个体数，那么柱状图就会接近一个连续的平滑的曲线（图 21.7）。这个曲线就是该群体的身高**分布函数**（distribution function）曲线。

表 21.3　英国妇女身高的分布

组数（i）	身高/in①	均值（x_i）	个体数（n_i）
1	53～55	54	5
2	55～57	56	33
3	57～59	58	254
4	59～61	60	813
5	61～63	62	1340
6	63～65	64	1454
7	65～67	66	750
8	67～69	68	275
9	69～71	70	56
10	71～73	72	11
11	73～75	74	4

注：总数 $N=4995$ 人。

当数据是对称的，或近似对称时，性状分布常近似于一个光滑的、钟形的曲线（图 21.8）。钟形曲线称为**正态分布**（normal distribution）。因为正态曲线是对称的，一半区域是由大于平均值的点来决定；另一半是由低于平均数的点来决定，表型比例超过平均数的 1/2。正态分布的一个重要特征是整个分布完全是由平均数和方差的值来决定的。

① 1in＝2.54cm。

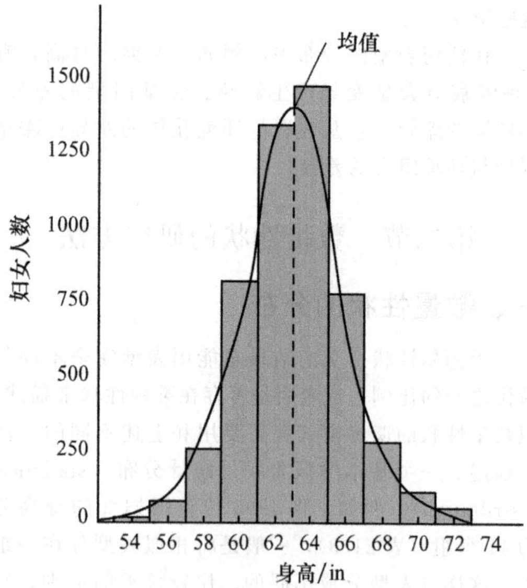

图 21.7　4995 例英国妇女身高的分布，显示出正态分布（引自 Hartl and Jones，2006）

正态分布的均值和标准差（方差的平方根）为群体中表型的分布提供了大量的信息，尤其是正态分布：①群体中约 68%的个体的表型在 $\mu\pm\sigma$ 范围内；②群体中约 95%的个体的表型在 $\mu\pm2\sigma$ 范围内；③群体中约 99.7%的个体的表型在 $\mu\pm3\sigma$ 范围内。

图 21.7 中的数据符合这些规则，平均数和标准差为 63.1in 和 2.69in，表明约有 68%的女性预期的高度范围为（63.1±2.69）in，约 95%预期的高度范围为（63.1±2×2.69）in。

二、均值

一个表型分布的状况可以通过两个统计参数来表现，即**均值**（mean）和方差。均值又称为平均值（average）。在样本中均值给我们提供了有关表型分布中心的信息。均值可以用样本中各个体量度值的总和除以样本个体数 N 来求得。

$$\bar{x}=\frac{x_1+x_2+x_3+\cdots+x_n}{N}=\frac{\sum x_i}{N}$$

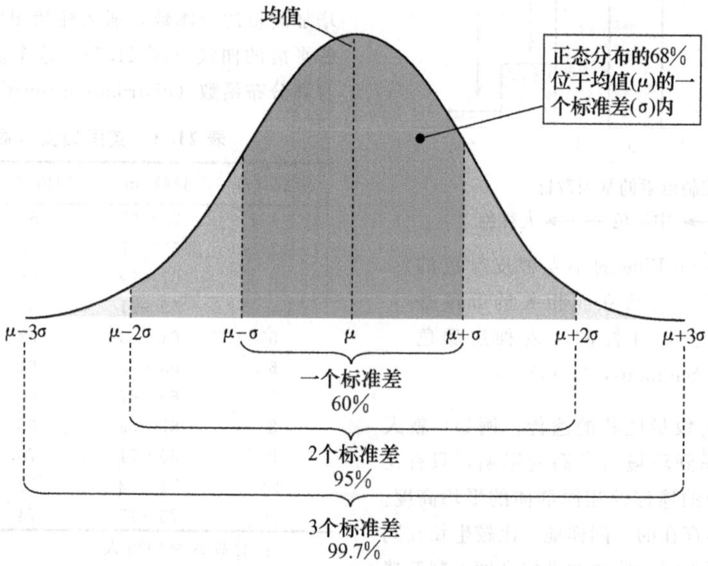

图 21.8　正态分布的函数曲线（引自 Hartl and Jones，2006）

在离均值 1 个、2 个和 3 个标准差时个体的比例分别约为 68%、95%和 99.7%。在这个正态分布中，μ 表示均值，σ 表示标准差

x_i 表示样本中各个体的量度值。如果在样本中有的个体量度值相等或相近，则可以合并为一组，此时 x_i 表示一个组的共同值或平均值。组内的个体数或占总体样本的频数以 f_i 表示：$f_i=n_i/N$　$N=\sum n_i$

则均值可表示为

$$\bar{x}=f_1x_1+f_2x_2+\cdots+f_kx_k=\sum f_ix_i$$

例如，表 21.4 中雄果蝇两腿性梳上的齿数的平均值为

表 21.4　雄果蝇左（y）、右（x）腿上性梳的齿数

x	y	T	n_i	$f_i=n_{ii}/N$
6	5	11	1	1/20=0.05
6	6	12	3	3/20=0.15
5	7	12		
6	6	12		
7	6	13	4	4/20=0.20
5	8	13		
6	7	13		
7	6	13		
8	6	14	7	7/20=0.35
6	8	14		
7	7	14		
7	7	14		
7	7	14		
6	8	14		
8	6	14		
8	7	15	3	3/20=0.15
7	8	15		
6	9	15		
8	8	16	2	0.10
7	9	16		

$N=20$

$\bar{x}=6.25$　$s_x^2=0.8275$　$s_x=0.9096$

$\bar{y}=7.05$　$s_y^2=1.1475$　$s_y=1.0722$

$\bar{T}=13.7$　$s_T^2=1.71$　$s_T=1.308$

$\text{cov}\ xy=-0.1325$

$r=-0.1360$

资料来源：Griffiths et al.，1999。

$$\bar{T}=\frac{\sum x_i}{N}=(11+12+12+12+13+\cdots+15+16+16)\div 20=13.7(\text{个})$$

或

$$\bar{T}=\sum f_i T_i=11\times 0.05+12\times 0.15+13\times 0.20+14\times 0.35+15\times 0.15+16\times 0.10=13.7(\text{个})$$

三、方差

方差（variance）是测量分布的离散程度的参数，是依据从平均数中观察到的偏差的平方数来测量。方差是表型分布的关键信息，它能反映分布范围，也就是个体和均值的离散程度，均值相同的两个样本，它们的方差不一定相同。方差是变数 x 和平均数 $\bar{x}$ 的偏差平均平方和。

方差公式为

$$s^2=\frac{(x_1-\bar{x})^2+(x_2-\bar{x})^2+\cdots+(x_n-\bar{x})^2}{N}$$

$$=\frac{\sum(x_i-\bar{x})^2}{N}$$

以上是总体方差分母为 N，若是样本方差，分母为（$n-1$）。每个个体和均值的离差（$x_i-\bar{x}$）都有了，为什么还要将平方变成方差？因为我们要求的是各项离差的和，而各项离差有的是正值，有的是负值，相加后可能会互相抵消而产生误差，为了使各项都成正值，所以进行平方。

如果在样本中有的个体量度值相等或相近时，方差公式可改为

$$s^2=f_1(x_1-\bar{x})^2+f_2(x_2-\bar{x})^2+\cdots+f_k(x_k-\bar{x})^2$$

$$=\sum fi(x_i-\bar{x})^2$$

∵$\bar{x}$ 和（$x_i-\bar{x}$）不是整数不便计算，所以将上式进一步改为下式：

$$s^2=\frac{\sum(x_i-\bar{x})^2}{N}=\frac{\sum(x_i^2-2x_i\bar{x}+\bar{x}^2)}{N}$$

$$=\frac{\sum x_i^2-\sum 2x_i\bar{x}+\sum\bar{x}^2}{N}\tag{1}$$

$$\because\ \bar{x}=\frac{\sum x_i}{N}\qquad\therefore\ \sum x_i=N\bar{x}\tag{2}$$

将（2）代入（1）.

$$s^2=\frac{\sum x_i^2-2\bar{x}\sum x_i+\sum\bar{x}^2}{N}$$

$$s^2=\frac{\sum x_i^2-2\bar{x}N\bar{x}+N\bar{x}^2}{N}$$

$$s^2=\frac{\sum x_i^2-N\bar{x}^2}{N}$$

$$=\frac{\sum x_i^2-\sum\bar{x}^2}{N}$$

$$=\frac{1}{N}\sum x_i^2-\bar{x}^2\tag{3}$$

以表 21.4 为例求 T 的方差 s_T^2 可以用几种方法求得

$$s_T^2=\frac{(11-13.7)^2+(12-13.7)^2+(13-13.7)^2+\cdots+(15-13.7)^2+(16-13.7)^2}{20}=1.71$$

或

$$s_T^2=0.05(11-13.7)^2+0.15(12-13.7)^2+0.20(13-13.7)^2+0.35(14-13.7)^2+0.15(15-13.7)^2+0.10(16-13.7)^2=1.71$$

或将数据代入（3）

$$s_T^2 = \frac{1}{N}\sum T_i^2 - \overline{T}^2 = 3\,788 \div 20 - 187.69 = 1.71$$

四、标准差

方差虽能反映样本的变异范围，但它是经过平方后得出的值，因此其单位和个体量度出的单位意义已不同，为了使得变异范围的单位和个体量度范围相同，人们就将方差开方，方根以 s 表示。

$$s = \sqrt{\frac{\sum (x_i - \bar{x})^2}{N}}$$

s 就称为**标准差**（standard deviation，SD）或叫做标准误（standard error）。表 21.4 中的 $s_X = 0.9096$，$s_Y = 1.0722$，$s_T = 1.308$，从这个数据我们可以知道对于总体来说 66%的果蝇的右边性梳的齿数变异范围不超过±0.9096，左边性梳的齿数变异范围不超过±1.0722，右边性梳范围变异较小，双腿的性梳总数波动范围不超过±1.308 个。从图 21.9 中可以看出均值和标准差决定了表型分布的特点。

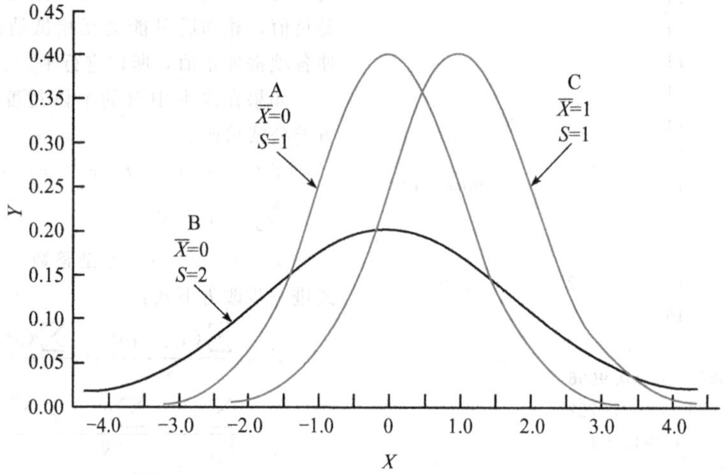

图 21.9　有三个分配函数，其中两个分配函数的均值相同，两个函数的标准差相同图（引自 Griffithis et al.，1999）

五、相关

在我们研究的各种性状中，当有两个或几个随机变量之间具有协同变化时，这些变量被称为是**相关**（correlation）的，也就是说一个变量发生变化，另一个变量也发生变化，如大部分动物头的大小和身体的大小是相关的。两个或几个统计变量同时变化的关联程度用**相关系数**（correlation coefficient，r_{xy}）来表示，其域值范围为 $-1 \leqslant r_{xy} \leqslant 1$，它同时也指出相关的方向。最小的相关系数－1 表示绝对**负相关**（negative correlation），即变量间呈现反方向的变化趋势；最大的相关系数＋1 表示**正相关**（positive correlation），即变量间呈现同一方向的变化趋势。假设我们有两个统计变量 x（如身长）和 y（如头的宽度）（表 21.5），我们希望能计算 x 和 y 之间的相关，先要获得 x 和 y 的协方差。**协方差**（covariance）是量度两个随机变量之间的协同变化程度的方差，r_{xy} 在 x 和 y 方向中的离差的积数之和除以自由度就称为 x 和 y 的协方差(cov xy)。

表 21.5　虎螈体长和头宽的相关性

体长（x_i）/mm	$x_i - \bar{x}$	$(x_i - \bar{x})^2$	头宽（y_i）/mm	$y_i - \bar{y}$	$(y_i - \bar{y})^2$	$x_i y_i$
72.00	−7.92	62.67	17.00	−0.75	0.56	1 224
62.00	−17.92	321.01	14.00	−3.75	14.06	868
86.00	6.08	37.01	20.00	2.25	5.06	1 720
76.00	−3.92	15.34	14.00	−3.75	14.06	1 064
64.00	−15.92	253.34	15.00	−2.75	7.56	960
82.00	2.08	4.34	20.00	2.25	5.06	1 640
71.00	−8.92	79.51	15.00	−2.75	7.56	1 065

续表

体长 (x_i)/mm	$x_i-\bar{x}$	$(x_i-\bar{x})^2$	头宽 (y_i)/mm	$y_i-\bar{y}$	$(y_i-\bar{y})^2$	x_iy_i
96.00	16.08	258.67	21.00	3.25	10.56	2 016
87.00	7.08	50.17	19.00	1.25	1.56	1 653
103.00	23.08	532.84	23.00	5.25	27.56	2 369
86.00	6.08	37.01	18.00	0.25	0.06	1 548
74.00	−5.92	35.01	17.00	−0.75	0.56	1 258
$\sum x_i = 959.00$		$\sum (x_i-\bar{x})^2 = 1\,686.92$	$\sum y_i = 213.00$		$\sum (y_i-\bar{y})^2 = 94.22$	$\sum x_iy_i = 17\,385$

$$\text{cov}\ xy = \frac{(x_1-\bar{x})(y_1-\bar{y})+(x_2-\bar{x})(y_2-\bar{y})+\text{K}+(x_N-\bar{x})(y_N-\bar{y})}{N}$$

$$\text{cov}\ xy = \frac{\sum (x_i-\bar{x})(y_i-\bar{y})}{N} \quad (4)$$

为了便于计算，上式可写成

$$\text{cov}\ xy = \frac{\sum x_iy_i - \frac{1}{N}\left(\sum x_iy_i\right)}{N}$$

$$= \frac{1}{N}\sum x_iy_i - \overline{xy}$$

相关系数 r_{xy} 等于 xy 的协方差除以二者标准差的乘积

$$r_{xy} = \frac{\text{cov}\ xy}{S_xS_y} \quad (5)$$

现以虎螈的体长和头宽这两个统计量为例（表 21.5），通过计算 $r=0.91$

$$\bar{x} = \sum x_i/N = 959/12 = 79.92$$

$$\bar{y} = \sum y_i/N = 213/12 = 17.75$$

样本方差：

$$s_x^2 = \sum (x_i-\bar{x})^2/(N-1) = 1686.92/11 = 153.36$$

$$s_x = \sqrt{S_x^2} = \sqrt{153.35} = 12.38$$

$$s_y^2 = \sum (y_i-\bar{y})^2/(N-1) = 94.25/11 = 8.57$$

$$s_y = \sqrt{S_y^2} = 2.93$$

样本协方差

$$\text{cov}xy = \frac{\sum x_iy_i - \frac{1}{N}\left(\sum x_iy_i\right)}{N-1}$$

$$= \frac{17\,385 - \frac{959\times 213}{12}}{12-1} = 32.98$$

相关系数 $r=\text{cov}\ xy/(s_xs_y)=32.97/(12.38\times 2.93)=0.91$

若相关系数为正值时，表明当一个变量增加时另一变量随之增加（图 21.10），在向日葵中若种子的大小正相关于种子的多少，那么产生大种子的植株也会结较多的种子。图 21.10 中的（b）、(c)、(d)、(f) 都是正相关。相关系数为负数时表明当一个变量增加时，另一个变量也随之减少，如果种子的大小和数量是负相关的话，那么产生大种子的植物结的种子要比结小种子的植物来得少。图 21.10 中的 (e) 就表示负相关。当相关性系数靠近 −1 或 +1 时，相关性是强的，即一个变量的改变总随着另一变量的改变而改变。如图 21.10 (f)，$r=0.9$ 表明相关性很强，相反当 $r=0$ 时［图 21.10 (a)］表明两个变量之间没有什么相关性。

我们必须注意以下两个方面。①变量之间的相关性仅表示这两个变量有联系，但并不意味着有因果关系的存在；②相关性并不是表明两事件相同，仅意味着一个变量的改变和另一变量中的改变有关联。两个变量可能高度相关，但数值有很大的差别。例如，男子身高是和他们父亲的身高相关的，高个子的父亲生育了高个子的儿子，矮个子父亲生育了矮个子的儿子，这种相关性是由于影响人类身高的基因作用的结果。但现代的大部分男子都要高于他们的父亲，这可能是由于近年来较好的营养和健康状况增加了所有个体的身高。这样父亲和儿子在身高上显示了相关性，但他们的身高并不相同。

六、回归分析

相关系数告诉我们变量之间的关联是强还是弱，并表明这种关联是正还是负。但关于变量间精确的关系我们仅凭相关系数是难以确定的。我们常常想知道一个变量有多少变化是和另一个变量的变化有关联的。例如，父子身高的例子中，我们要问如果父亲是 170cm 高，儿子可能有多高？回答这个问题要用另一种统计方法——**回归分析**（regression analysis)。回归分析是研究一个随机变量 y 对另一

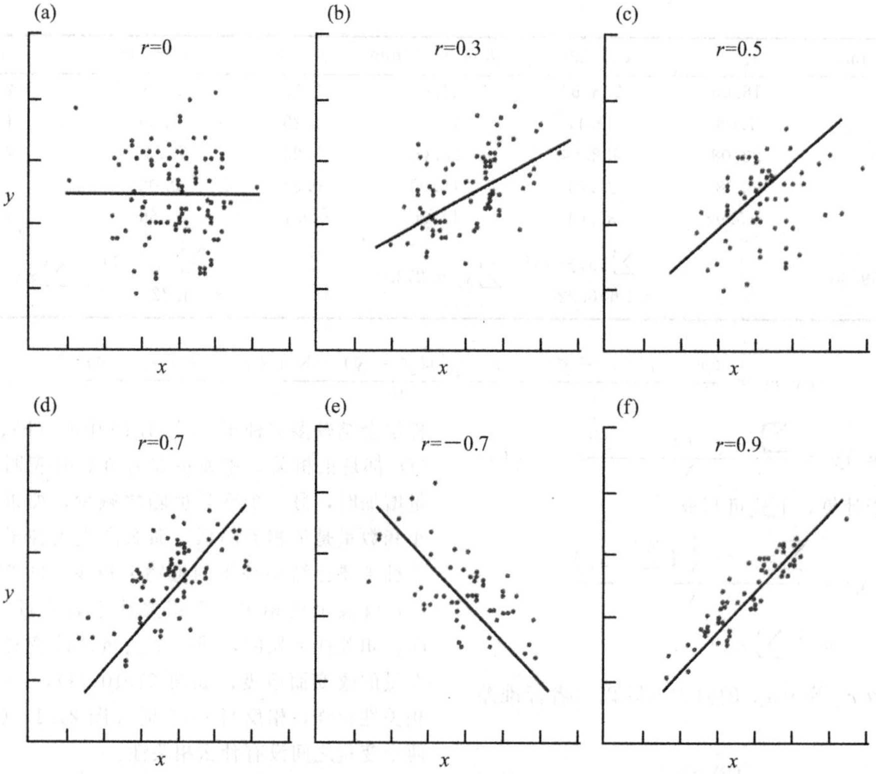

图 21.10　x 和 y 两个变量之间的相关性。相关系数的值（r）表明 x 和 y 之间的关联程度（引自 Russell，1992）

(b)、(c)、(d) 和 (f) 显示正相关，(e) 显示负相关，(a) 显示 x 和 y 之间无相关性

个（x）或一组变量（x_1，x_2…，x_k）的相依关系的统计分析方法。“回归”这个词是由 F. Galton 创立的。回归是指因变量对自变量的依存关系。相关的两个变量之间是没有从属关系的，而回归关系的两个变量是有从属关系的。比如，父子的身高存在着回归的关系，高个子的父亲常生育高个子的儿子，但“儿子身高超过父亲”的概率要小于“儿子身高低于父亲”的概率；同样矮个子的父亲常生育矮个子的儿子，但“儿子身高比父亲更矮”的概率要小于“儿子身高高于父亲”的概率。也就是说不可能无限制的一代比一代高，或一代比一代矮。后代的高度有向平均高度回归的趋势，离开均值越远，所受到回归的压力也越大。“回归”这个词就由此而来。

两个可变量之间的关系可以用回归线（regression line）来表示，图 21.11 表示父亲和儿子身高的关系。横坐标表示父亲的高度，纵坐标表示儿子高度，每一点表示样本中父亲和儿子高度的交点。回归线是数学估计线，表示最适合的点。

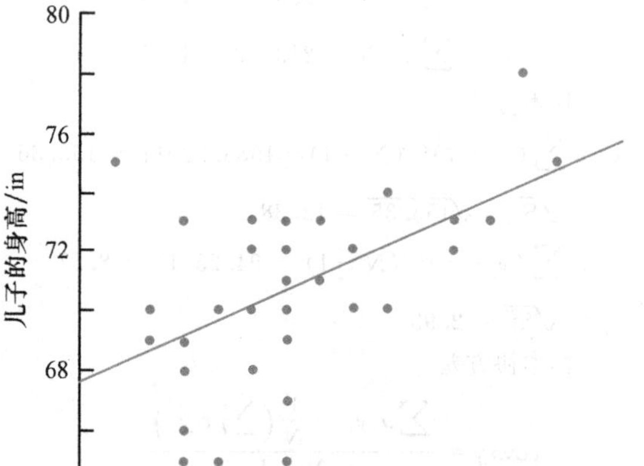

图 21.11　儿子身高对父亲身高的回归，回归方程是 $y=36.05+0.49x$（引自 Russell，1992）

回归的一般意义是表示一个因变量能随着另一个自变量的改变而变；通过回归计算可根据自变量的值以一定的置信度估计相应的因变量的值。另一个重要的意义是若引入自变量，可以使因变量的偶

然性内部变差缩小的话，那么我们说在这两种变量间存在着回归的关系。例如，以成年人的身高作为因变量，单独测量这个变量就会发现其本身变差很大，若将年龄作为自变量引入，再把身高按年龄的大小依次分组时，发现年龄组内的身高变差比不分组前的变差要小得多。因此由年龄的引入成功缩小了身高的变差，就可以确定身高在年龄上存在回归。回归线是一条直线，所以我们可以用直线方程来表示。

$$y = bx + a$$

式中，a 是 y 的截距；b 是斜率，又称为**回归系数**(regression coefficient)。回归系数是回归分析中度量因变量对自变量相依程度的指标，它反映当自变量每变化一个单位时，因变量所期望的变化量。回归系数如何计算？我们首先考虑下列法则：把双变量的随机样本在直角坐标上作成散点图，必定存在这样一条直线，到每个点的 y 方向的距离的平方和为最小，也就是"最小二乘"法则。只要散点存在，那么这根直线也可以作出，且只有唯一的一条，这就是我们所求的回归线。回归系数 b 可以按下式求得

$$b = \frac{\mathrm{cov}xy}{s_x^2}$$

约去自由度得 $b = \dfrac{\sum (x_i - \bar{x})(y_i - \bar{y})}{\sum (x_i - \bar{x})^2}$。为便于计算，可改写为

$$b = \frac{\sum x_i y_i - \dfrac{\left(\sum x_i\right)\left(\sum y_i\right)}{N}}{\sum x_i^2 - \dfrac{\left(\sum x_i\right)^2}{N}}$$

第三节　遗传率的测算

一、总的表型方差

群体中数量性状表型值的方差称为**表型方差**(phenotypic variance，s_p^2)。数量性状受到环境因素的影响很大，那么表型方差的产生可能既有遗传的因素，也有环境的因素，甚至还有环境和遗传相互作用的因素。例如，15℃时基因型 AA 的植株平均高度为 40cm，而基因型 Aa 型的植株仅有 35cm 高；但是在 30℃时情况就不同了，AA 植株的平均高度为 55cm，而 Aa 型植株反而长得更高，为 60cm。

同一种基因型在不同的温度下表型不同，这一变异是由环境引起的。群体中由于所处的环境差异所造成的表型值变异的量度称**环境方差**（environmental variance，s_e^2），是表型方差的一部分。在同样的温度下，不同基因型的高度不同，这一表型变异是遗传因素所引起的，在群体中所产生的方差称**遗传方差**（genetic variance，s_g^2）。在任何温度下，植物的表型既受到温度的影响，又受到遗传因素的影响，甚至遗传因素和环境相互作用也会影响到植物的表型（$P=G+E$），这种影响产生的表型值变异称基因型效应和环境效应之间的协方差。

$$s_p^2 = s_g^2 + s_e^2 + 2\mathrm{cov}\ ge$$

总的表型方差通常由遗传方差和环境方差所组成，因此总表型方差可以用下式表示：

$$s_p^2 = s_g^2 + s_e^2$$

表型方差只有在 F_2 代中通过对不同表型的后代的测量方可得到。当我们求得遗传方差 s_g^2 和环境方差 s_e^2 时，也可求得表型方差 s_p^2。

求环境方差的方法一般是测算基因型相同的个体组成的某群体的方差，即是环境方差。因在基因型相同时表型的变异只可能是环境引起的。常常采用的方法是

$$s_e^2 = \frac{s_{P_1}^2 + s_{P_2}^2}{2}$$

$s_{P_1}^2$ 和 $s_{P_2}^2$ 表示植物杂交中两个亲本的方差。由于亲本都要求是纯系，每个亲本的基因型可视为相同的，那么每一个亲本产生的表型变异应是环境造成的。为了更加精确，希望有不同的样本，所以采用两个亲本。但由于有些植物纯系表现出明显的退化，如玉米纯化后植株矮小，结实少，这样会带来误差。为了消除或减少误差，可用下式来计算：

$$s_e^2 = \frac{s_{P_1}^2 + s_{P_2}^2 + s_{F_1}^2}{3}$$

与前式不同之处仅增加了 F_1 的表型方差 $s_{F_1}^2$。因 F_1 虽是杂合的，但基因型相同，如果表型发生变异，当然可以推测为环境因素所造成的，同时 F_1 又有杂种优势，比亲本长得高大，结籽率也高，从而解决了性状退化所带来的误差。我们求得环境方差后很容易就可以求出广义遗传力。

二、加性遗传方差和显性遗传方差

1918 年 R. A. Fisher 把数量性状的遗传方差分为**加性遗传方差**、**显性遗传方差**和**上位遗传方差**三部分。控制数量性状的多基因座，它们的遗传效应是可以累加的，由此产生的方差称为**加性遗传方差**(additive genetic variance，s_a^2)，又称育种值差。它

是由群体中两种纯合体（*AA* 和 *aa*）之间的平均差异形成的。只有在基因纯合时才能显示相加效应，在杂合时显示显性效应。例如，控制高度的基因，一个等位基因 *g* 平均可贡献 2cm 的高度，*G* 平均贡献 4cm 的高度，*gg* 纯合贡献 4cm 高度，*Gg* 杂合可贡献 6cm、7cm 或 8cm 的高度，*GG* 纯合可贡献 8cm 的高度，它们的遗传方差即为加性遗传方差。若 *G* 对 *g* 有显性作用，那么 *Gg* 将贡献 8cm，显性效应使表型产生的方差称**显性方差**（dominance variance，s_d^2）。若有非等位基因之间存在上位效应的话，由上位效应造成的方差称为**上位方差**（epistatic variance，s_i^2），或称为互作方差（interaction variance）。因此遗传方差是由下式表示：

$$s_g^2 = s_a^2 + s_d^2 + s_i^2$$

总表型方差可为

$$s_p^2 = s_a^2 + s_d^2 + s_i^2 + s_e^2 + 2\text{cov}\ ge$$

如果不考虑上位效应及遗传和环境的互作，总表型方差可为

$$s_p^2 = s_g^2 + s_e^2 = s_a^2 + s_d^2 + s_e^2$$

三、遗传率

对于一个表型的变异究竟是遗传因子起主要作用还是环境因子起主要作用？为了解答这个问题人们又引入**“遗传率”**的概念，**遗传率**（heritability）又称为**遗传力**，是指亲代传递其遗传特性的能力，通常指遗传方差占总的表型方差的百分比。遗传率表明某一性状受到遗传控制的程度。它介于 0～+1 之间，当等于 1 时表明表型变异完全是由遗传的因素决定的，当等于 0 时表型变异由环境所造成。从表 21.6 中我们不难看出，人类的身高、智商及精神分裂症中的一种类型受遗传控制的程度较大；相反，像数学的天赋等遗传的作用很小，主要是依靠后天的努力和培养。遗传力应用在作物育种和动物育种中，可用来预测群体改良的幅度和速度。

表 21.6　人类一些性状的遗传力

性状	遗传力	性状	遗传力
身材	0.81	理科天赋	0.34
坐高	0.76	数学天赋	0.12
体重	0.78	文史天赋	0.45
口才	0.68	拼写能力	0.53
IQ（Binet）	0.68	先天性幽门狭窄	0.75
IQ（Otis）	0.80	精神分裂症	0.80
唇裂	0.76	高血压	0.62
糖尿病	0.75	冠状动脉病	0.65

遗传率可分为**广义遗传率**（broad-sense heritability）和**狭义遗传率**（arrow-sense heritability）两种。广义遗传率是指遗传方差占表型方差的比例，又称遗传决定系数（coefficient of genetic determination）。广义遗传率的公式为

$$H^2 = \frac{s_g^2}{s_p^2} = \frac{s_g^2}{s_g^2 + s_e^2}$$

计算广义遗传率可判断遗传方差相对于环境方差的重要性，因此常用于人类数量性状的研究。

狭义遗传力是指基因的加性方差占总表型方差的百分数，其公式为

$$h^2 = \frac{s_a^2}{s_p^2} = \frac{s_a^2}{s_g^2 + s_e^2}$$

狭义遗传率常应用于人工选择，在群体中挑选出表型在阈值之上的个体进行随机交配，产生下一代。

四、遗传率的估算

遗传率可用不同的方法来计算，下面介绍常用的两种方法。

（一）用方差公式来计算

方差分析的方法是先求得基因型方差及其中各个组分后，再进行遗传率的估算，现举例说明。假设影响植物高度的一对等位基因为 *A* 和 *a*，在一个群体中具有三种基因型：*AA*、*Aa* 和 *aa*，它们高度分别为 20cm、18cm 和 10cm（注意这是各基因型的平均表型值，也就是说，基因型相同的植株高度完全相同，未受到环境的影响）。频度分别为 0.16、0.48 和 0.36。

a 基因的平均效应

$$\bar{a} = \frac{2\times 0.36\times 10 + 1\times 0.48\times 18}{2\times 0.36 + 1\times 0.48} = 13.20(\text{cm})$$

A 基因的平均效应　$\bar{A} = 18.80$（cm）

$\bar{A}$ 和 $\bar{a}$ 之间的平均差异

$$\bar{A} - \bar{a} = 18.80 - 13.20 = 5.60(\text{cm})$$

当 *A* 和 *a* 杂合时，*Aa*=18cm，并不等于 *AA* 和 *aa* 的平均数，表明有某些显性效应存在。

F_2 代的平均值

$$\bar{x} = \sum f_i x_i = 0.36\times 10 + 0.48\times 18 + 0.16\times 20 = 15.44(\text{cm})$$

总的遗传方差（因无环境的作用，总的遗传方差即为总的表型方差）

$$S_g^2 = \sum f_i (x_i - \bar{x})^2 = 0.36\times(10-15.44)^2 + 0.48(18-15.44)^2 + 0.16(20-15.44)^2 = 17.13(\text{cm}^2)$$

a 等位基因的频率　$f_a=\sqrt{0.36}=0.60$

或者

$$f_a=\frac{2(aa)+1(Aa)}{2}=\frac{2\times0.36+1\times0.48}{2}=0.60$$

A 等位基因的频率　$f_A=\sqrt{AA}=\sqrt{0.16}=0.40$

等位基因的平均方差

$$\begin{aligned}s^2&=f_a(\bar{a}-\bar{x})^2+f_A(\bar{A}-\bar{x})^2\\&=0.60\times(13.20-15.44)^2\\&\quad+0.40\times(18.80-15.44)^2\\&=7.525(\text{cm}^2)\end{aligned}$$

以上是以一个等位基因计算的，而二倍体生物每个基因座都带有一对等位基因，因此，一对等位基因的加性方差：

$$s_a^2=2\times7.525=15.05(\text{cm}^2)$$

由于　$s_g^2=s_a^2+s_d^2$

所以　$s_d^2=s_g^2-s_a^2=17.13-15.05=2.08\ (\text{cm}^2)$

求得了总的表型方差、遗传方差和加性方差后分别代入遗传率公式，就可求得广义遗传率 H^2 和狭义遗传率 h^2：

$$H^2=\frac{s_g^2}{s_p^2}=\frac{17.13}{17.13}=100\%$$

广义遗传率为 100%，即无环境因素的作用。

$$h^2=\frac{s_a^2}{s_p^2}=\frac{15.05}{17.13}=87.86\%$$

狭义遗传率为 87.86%。

（二）用回交法估算狭义遗传力

一般说来广义遗传力是比较容易估算的。因表型方差和环境方差都可通过直接测量而获得，用表型方差减去环境方差即可得到遗传方差，广义遗传率也就随之而求得。但加性方差是不能直接测得的，那么如何来估算？1952 年 J. N. Warner 提出用两个回交世代来估算狭义遗传力的方法。

现假设两个杂合体杂交（$Aa\times Aa$）产生的 F_2 代的基因型和比例如下：

$$Aa\times Aa\rightarrow1/4AA+1/2Aa+1/4aa$$

AA、Aa 和 aa 三种基因型的各自的平均表型效应分别为 a、d 和 $-a$（图 21.12）。AA 和 aa 表型效应的差异为 $2a$，m 为 AA 和 aa 的均值。Aa 到 m 点的距离为 d，d/a 是**显性势能比**（dominant potence ratio，DPR）或称**优势比率**（potence ratio）。DPR 是指杂合基因型值（也称显性效应值，d）与某一相应纯合基因型值（也称加性效应值，a）的比值。DPR 可用来衡量 A 基因对 a 基因的显性程度。

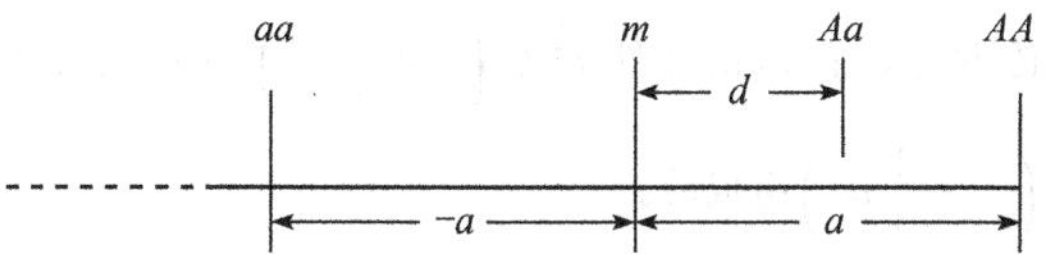

图 21.12　AA、Aa、aa 不同表型计量的模式图

$AA-aa=2a$，m 为 Aa 和 aa 的平均值，杂合体 Aa 和均值之间的数量差异为 d。d/a 为显性程度

当 $d=a$、$d/a=1$、$Aa=AA$ 时，A 对 a 呈完全显性

当 $d=m$、$Aa=m$ 时，A 对 a 无显性

当 $m<d<a$、$0<d/a<1$ 时，部分显性或不完全显性

当 $d>a$、$d/a>1$ 时，超显性（superdominance）

当 $m>d>-a$ 时，a 对 A 为显性

以上是以一对基因来讨论的，而群体性状是由多基因控制的，d/a 就不能直接度量显性程度，因为可能有一些表型值是正值，而另一些表型值是负值，可以互相抵消。表 21.7 是 Aa 自交的结果。

表 21.7　F_2 的均值和方差计算

基因型	f_i	x_i	f_ix_i	$f_ix_i^2$
AA	1/4	a	$1/4a$	$1/4a^2$
Aa	1/2	d	$1/2d$	$1/2d^2$
aa	1/4	$-a$	$-1/4a$	$1/4a^2$
合计	$N=1$	$\sum x_i=d$	$\sum f_ix_i=\frac{1}{2}d$	$\sum f_ix_i^2=\frac{1}{2}a^2+\frac{1}{2}d^2$

表 21.7 中的 f_i 是群体中各基因型（AA、Aa、aa）的频率，分别为 1/4、1/2 和 1/4；x_i 是各种基因型的表型值，分别为 a、d、$-a$，将它们累加起来为 $\left(\sum x_i=d\right)$，由于总体为 1，因此 d 即为平均值（$\bar{x}$），但此均值是差异部分的均值，并非是整体的均值。

根据方差公式，F_2 的遗传方差是

$$s_{F_2}^2=\frac{1}{N}\sum x_i^2-\bar{x}^2$$

$$\because\bar{x}=\frac{\sum x_i}{N}$$

$$\therefore s_{F_2}^2=\frac{1}{N}\sum x_i^2-\left(\frac{\sum x_i}{N}\right)^2$$

将表中的数值代入上式：

$$s_{F_2}^2=\frac{1}{2}(a^2+d^2)-\left(\frac{1}{2}d\right)^2=\frac{1}{2}a^2+\frac{1}{4}d^2$$

在此式中未考虑环境方差，F_2 的表型方差就是其遗传方差，它是由加性方差$\left(s_a^2=\frac{1}{2}a^2\right)$和显性方差$\left(s_d^2=\frac{1}{4}d^2\right)$组成的。

$\because$　$AA=20\text{cm}$、$Aa=18\text{cm}$、$aa=10\text{cm}$

$\therefore$　$a=5$　$d=3$

代入上式

$$s_{F_2}^2=\frac{1}{2}(5)^2+\frac{1}{4}(3)^2=12.50+2.25=14.75(\text{cm})$$

因 $AA=20\text{cm}$，$Aa=18\text{cm}$，$aa=10\text{cm}$ 分别是各种基因型的平均表型值，即未考虑环境因素的影响，那么遗传方差即是其表型方差，因此广义遗传力为 $H^2=\frac{s_g^2}{s_p^2}=100\%$，即 F_2 代的表型方差完全是由遗传因子所产生。

设一对基因杂交

$$AA\times aa\rightarrow(1/4AA+1/2Aa+1/4aa)$$

将 Aa 与 AA 回交，回交 1 代（B_1）的频率和表型值如表 21.8 所示。

表 21.8　B_1 的平均数和遗传方差的计算

基因型	f_i	x_i	f_ix_i	$f_ix_i^2$
AA	1/2	a	$1/2a$	$1/2a^2$
Aa	1/2	d	$1/2d$	$1/2d^2$
合计 $N=1$		$\sum x_i=a+d$	$\sum f_ix_i=\frac{1}{2}(a+d)$	$\sum f_ix_i^2=\frac{1}{2}(a^2+d^2)$

B_1 差异部分的均值：$\bar{B}_1=\sum f_ix_i=\frac{1}{2}(a+d)$

B_1 的遗传方差：$s_{B_1}^2=\frac{1}{N}\sum x_i^2-\left(\frac{\sum x_i}{N}\right)^2$

将表中的数值代入上式：

$$s_{B_1}^2=\frac{1}{2}(a^2+d^2)-\frac{1}{4}(a+d)^2=\frac{1}{4}(a-d)^2$$

$$=\frac{1}{4}(a^2-2ad+d^2)$$

B_1 的遗传方差中有 ad 的存在，表示表型效应中既有加性效应，也有显性效应。将 F_1Aa 与 aa 回交，回交一代 B_2 的频度和表型值如表 21.9 所示。

表 21.9　B_2 的均值和遗传方差的计算

基因型	f_i	x_i	f_ix_i	$f_ix_i^2$
Aa	1/2	d	$1/2d$	$1/2d^2$
aa	1/2	$-a$	$-1/2a$	$1/2a^2$
合计 $N=1$		$\sum x_i=d-a$	$\sum f_ix_i=\frac{1}{2}(d-a)$	$\sum f_ix_i^2=\frac{1}{2}(a^2+d^2)$

B_2 差异部分的均值：$\bar{B}_2=\sum f_ix_i=\frac{1}{2}(d-a)$

B_2 的遗传方差：$s_{B_2}^2=\frac{1}{N}\sum x_i^2-\left(\frac{\sum x_i}{N}\right)^2$

$$s_{B_2}^2=\frac{1}{2}(a^2+d^2)-\frac{1}{4}(d-a)^2=\frac{1}{4}(a+d)^2$$

$$=\frac{1}{4}(a^2+2ad+d^2)$$

B_2 的遗传方差中也有 ad 的存在，表示表型效应中也既有加性效应，也有显性效应。

回交一代的平均遗传方差为

$$\frac{1}{2}(s_{B_1}^2+s_{B_2}^2)=\frac{1}{4}a^2+\frac{1}{4}d^2$$

因在回交中得到的表型值是各种基因型的均值，未考虑环境因素的影响，所以回交后代的表型方差实际上就是其遗传方差，$\frac{1}{4}a^2$ 是加性方差，即 $s_a^2=\frac{1}{4}a^2$，$\frac{1}{4}d^2$ 是显性方差，即 $s_d^2=\frac{1}{4}d^2$。

为了获得加性方差的值，我们可将 F_2 代的表型方差和回交 1 代平均方差相减：

$$s_{F_2}^2-\frac{1}{2}(s_{B_1}^2+s_{B_2}^2)$$

$$=\left(\frac{1}{2}a^2+\frac{1}{4}d^2\right)-\left(\frac{1}{4}a^2+\frac{1}{4}d^2\right)=\frac{1}{4}a^2$$

即使考虑环境方差的话，双方也可以减掉，并不影响上式结果，那么狭义遗传力就可以按下式计算：

$$h^2=\frac{s_a^2}{s_p^2}$$

$$\because s_a^2=\frac{1}{2}a^2$$

$$h^2=\frac{2[s_{F_2}^2-\frac{1}{2}(s_{B_1}^2+s_{B_2}^2)]}{s_{F_2}^2}$$

式中，$s_{B_1}^2$，$s_{B_2}^2$ 和 $s_{F_2}^2$ 都可以通过直接测量来获得。

由于加性方差是基因纯合时与均值的偏差，而狭义遗传力又是加性方差和表型方差的比，也就是说加性效应在表型中产生多大作用，即基因纯合时遗传因素起了多大的作用。而育种中选种时只有选择纯合的类型才有意义，杂合的类型是不能作为种子的，所以狭义遗传力对种子的选育有重要意义，狭义遗传力高的性状才可以选育。

第四节　人类的数量性状

人类的大部分性状属于数量性状，如皮肤的颜色，资料表明至少有 4 个基因在控制肤色，很可能是 6 个基因为主，带有 8～12 个加性等位基因和 9～13 个表型类别基因。更有趣的性状是智力和个性。我们若能搞清楚对于智力而言环境因素（家庭的教养和社会环境的影响）和遗传因素（内在的自然因素）各起多大的作用，将是很有益处的。

最常见的一些人类疾病属于遗传复杂疾病，如糖尿病、心脑血管疾病、精神性疾病等，这些疾病常由遗传因子和环境因子相互作用而引起，是一种阈值性状。虽然我们不能直接观察到潜在的患病风险，但性状是否会出现是根据风险是在阈值之上还是阈值之下来判断。人类的遗传率不能直接估算，但可用双生子分析或从个体和他们的亲属的性状的发生频率而推断出遗传率等方法来估算。

一、应用 Falconer 公式（回归法）计算遗传力

Falconer 公式为 $h^2=\dfrac{b}{r}$

$$b=\frac{x_g-x_r}{a_g}$$

式中，b 为亲属易患性对先证者易患性的回归系数；r 为亲缘系数，等于两个个体的基因组中相同且同源基因的比例。一级亲属（父母、同胞、子女）$r=1/2$；二级亲属（祖父母、外祖父母、叔、伯、姑、舅、姨、半同胞）$r=1/4$；三级亲属（曾祖父母、曾外祖父母、堂兄弟姊妹、表兄弟姐妹）$r=1/8$；x_g 为一般群体易患性平均值与阈值之间的标准差，可由群体发病率查表获得；x_r 为先证者亲属易患性平均值与阈值之间的标准差，也可由亲属发病率查表获得；a_g 为一般群体易患性平均值与患者易患性平均值之间的标准差，可查表获得。

例如，已知早发型糖尿病的群体发病率（q_g）为 0.2%，调查 103 个患者的家系，患者的一级亲属共有 685 人，其中患病 37 人，现计算早发型糖尿病的遗传率。

已知群体发病率 $q_g=0.2\%$，查 Falconer 表得 $x_g=2.878$，$a_g=3.17$。

患者一级亲属发病率 $q_g=(37/685)\times100\%=5.4\%$，查 Falconer 表得 $x_r=1.607$，代入公式：

$$b=\frac{x_g-x_r}{a_g}=\frac{2.878-1.607}{3.17}=0.4$$

代入公式：

$$h^2=\frac{b}{r}=\frac{0.4}{0.5}=0.8=80\%$$

若未能获得一般群体发病率资料，可设立对照组，并调查该组亲属的发病率（q_c），改用下式来求回归系数 b：

$$b=\frac{p_c(x_c-x_r)}{a_r}$$

式中，$p_c=1-q_c$；x_c 为对照亲属的易患性平均值与阈值之间的标准差；a_r 为先证者亲属易患性平均值与先证者亲属中患者易患性平均值之间的标准差数。a_r 均可由一般群体患病率、对照亲属患病率和先证者亲属患病率查 Falconer 表得到。q_c 为对照亲属患病率。

二、应用 Holgiger 公式（双生子法）计算遗传力

同卵（monozygotic，MZ）双生子在群体中的发生率少于 0.3%，他们在儿童和青春期时通常生活在一起，这种双胞胎被称为在一起抚养的同卵双生子（MZ twins reared together，MZT）。在某些情况下，同卵双生子在生长的早期阶段被分开，随后在不同的家庭中抚养，这种双胞胎被称为分开抚养的同卵双生子（MZ twins reared apart，MZA）。遗传学家渴望识别出同卵双生子，尤其是 MZA，能提供研究复杂行为遗传的资料。

对于 MZT 来说基因型是相同的，生长环境也是相同的。因此，在一起养育的同卵双生子的相关系数 r 是以性状中总方差的比率计算，这是由于遗传因素（H^2）加上相同的环境因素（C^2）共同起作用的结果。H^2 是广义遗传力，C^2 为**环境力**（environmentality）。我们在每个参量上标上指数 2 作为一种提示，即它们表示总表型方差的比率，是每个表型的度量和总的群体平均值之间的方差。

人类群体中也存在有来源于两个不同受精卵的双胞胎。“异卵”或“二合子”的（dizygotic，DZ）双胞胎遗传上的相关性与普通的同胞一样，因此，他们拥有一半相同的基因。如同 MZ 双胞胎，DZ 可能在一起抚养（DZT）或分开抚养（DZA）。

利用双生子来研究复杂的人类表型的遗传控制，始于 19 世纪后期，F. Galton 发展了统计学方法，量化了双胞胎之间的表型相似性。相似性的程度是由相关系数来计算的。该统计符号以 r 表示，其值为 0～1。0 表示样本中的双胞胎相互间的表型无关，1 表示他们相互间的表型相同。因此，相关系数越接近 1，就说明每对双胞胎就越相似。

相关系数的遗传学意义表示如图 21.13 所示，

一般认为有 5 种相关性：MZT、MZA、DZT、DZA 和一起抚养的无关个体（URT）。下面的假设是从遗传和环境因素相结合的影响来研究复杂的表型。T 表示所研究性状的数量单位，下面为简单的表达式：

$$T = \mu + s_g + s_e$$

式中，μ 表示群体中性状的平均值；s_g 表示遗传方差；s_e 表示环境方差。为使分析简单，假定 s_g 包含遗传因素，但仅以严格的加性方式影响表型。遗传和环境因素对表型的影响是相互独立的。在这种假设条件下，图 21.13 中的每种关系的相关系数 r 是以性状中全部变异的比率来表示（在统计学中称为方差），在上述各种关系中的个体是受到遗传和环境两种因素共同的作用。

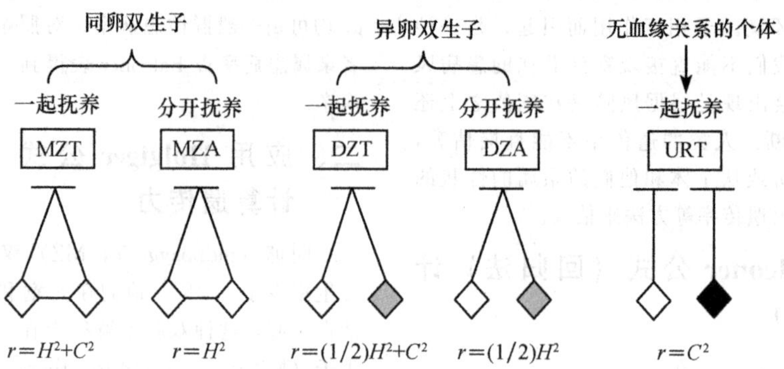

图 21.13 在 5 种不同关系的个体之间相关系数（r）的遗传学意义

H^2 是广义遗传力，C^2 是环境力。假定在这个性状中所有的遗传方差是加性的。对于异卵双生子来说，非加性的遗传方差的任何数量都会导致 H^2 值的减少而接近狭义遗传力 h^2

对于 MZA 来说，同卵双生子在遗传上是相同的，但他们不是在相同的环境中生长的。因此，r 只反映出相同基因型的影响，即以广义遗传力 H^2 计算。对于 DZ 双胞胎，单个双胞胎的基因型只有 50%相同，因此 r 计算为 $(1/2)H^2$。DZT 双胞胎在相同环境下生长，因此应加 C^2。DZA 双胞胎基因型只有 50%相同，而在不同环境下生长，只计算 $(1/2)H^2$，不应加 C^2。对于 URT，个体之间没有遗传的相关性，但在相同环境下生长，因此 r 简单地以 C^2 计算，总方差的比率是由于受相同环境的影响。

广义遗传率可用来衡量在一个复杂性状中遗传因素的作用和环境因素的作用各占多少比例，根据这个数值我们可以判断某个性状是否和遗传有关。Holgiger 公式是通过同卵双生子和异卵双生子的同时发病率来计算的。该公式为

$$H^2 = \frac{\mathrm{CMZ} - \mathrm{CDZ}}{1 - \mathrm{CDZ}} \times 100\%$$

式中，CMZ 表示同卵双生子共同发病率；CDZ 表示异卵双生子共同发病率。

例如，对精神分裂症进行调查，发现在 25 对同卵双生子中，共同发病的有 20 对；在 20 对异卵双生子中，共同发病的有 2 对，根据 Holgiger 公式，精神分裂症遗传率计算如下：

$$\mathrm{CMZ} = 20/25 = 80\% = 0.80$$

$$\mathrm{CDZ} = 2/20 = 10\% = 0.10$$

$$H^2 = (0.80 - 0.10)/[1 - 0.1] \times 100\% = 78\% = 0.78$$

据此估计精神分裂症的遗传率为 0.78。

第五节 数量性状的图谱基因座

影响数量性状的基因在遗传谱系中通常是不能被鉴别的，这是由于无法将单个的微效基因的效应与其他的相应微效基因的多基因以及环境的作用分开。虽然如此，如果影响数量性状的基因与某些遗传标记连锁的话，它们也能被定位。例如，**简单重复序列多态性**（simple sequence repeat polymorphism，SSRP）是由组成比较简单的（如二核苷酸）串联重复的拷贝数目不同而造成的多态现象，在制作遗传图谱时可用作分子标记。一些控制数量性状或复杂性状（如人类的身高、体重、肤色和玉米的穗长度等）的基因座称为**数量性状基因座**（quantitative trait locus，QTL）。基因组中 QTL 的定位对

基因作图及为了确定基因的功能而进行的基因克隆、基因研究等都是重要的。

例如，$(TG)_n$ 重复数可通过 SSRP 的 PCR 扩增经电泳来确定。这种 SSRP 标记是丰富的，分布于整个的基因组中，常为多个共显性质量等位基因所具有，使得它们非常适合研究与其连锁的数量性状特性。在 SSRP 的研究中，广泛分散的 SSRP 能作为一种标记，在遗传性异质群体（heterogeneous population）（群体内在某一基因座上有不同基因型的群体）的连续世代中与数量性状一起传递。然后进行统计学研究，鉴别带有 SSRP 的等位基因是最好的数量性状的表型预报，因为它们在基因型中，始终伴随着数量性状。

例如，图 21.14 为番茄的一些数量性状基因座的遗传图谱。在番茄基因组中有 300 多个高度多态性的遗传标记被绘制出来，标记之间平均间隔为 5 个图距单位。染色体图谱显示番茄单套染色体（subset）有 67 个标记，它们在本地番茄和野生型的南美亲缘物种之间杂交后发生分离。这些标记间的平均间隔是 20 个图距单位。检测了杂交的 F_1 代与本地番茄回交后代（B_1）的遗传标记和 B_1 果实的 3 个数量性状——果实质量、可溶性固体含量和酸度。

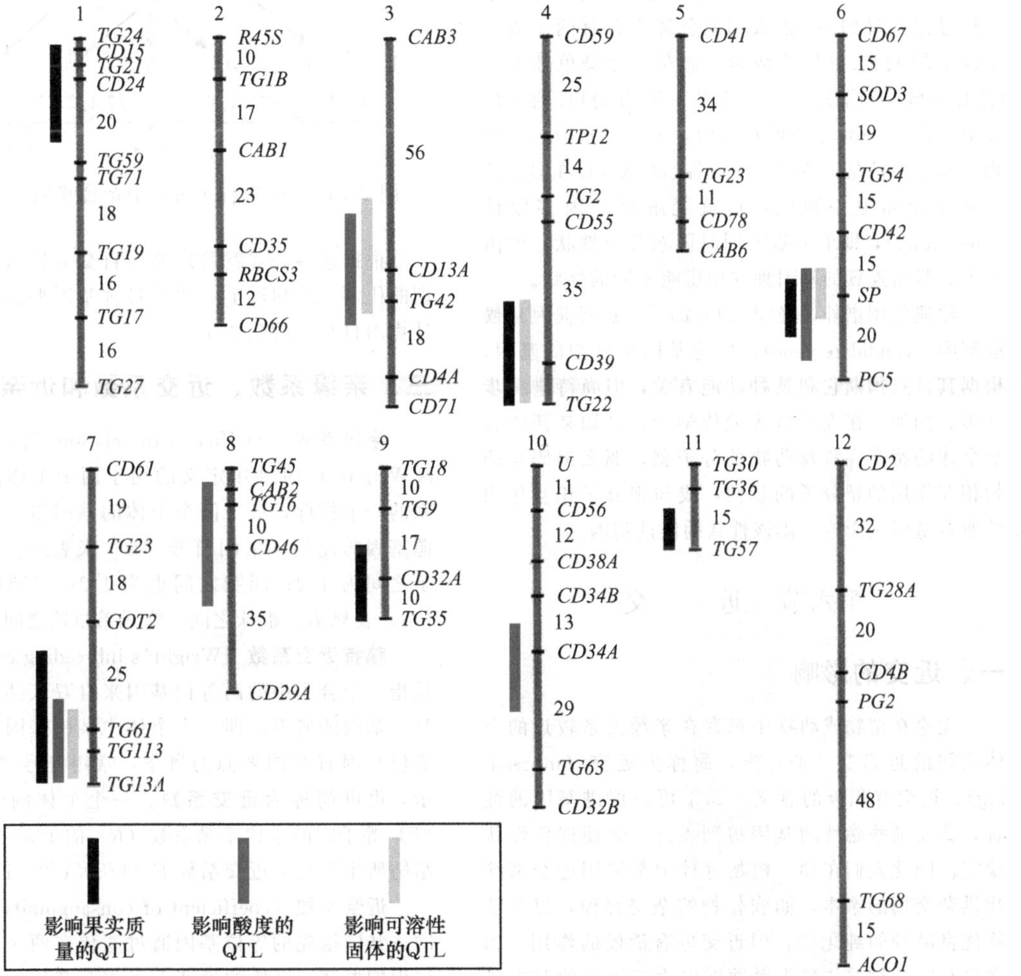

图 21.14 番茄基因组中一些数量性状的 QTL 定位（引自 Paterson et al.，1988）

在其 12 条染色体上显示了这些遗传学标记。数字表示两个邻接标记之间距离的图距单位，但仅标出 10 和 10 以上的图距。在 QTL 区域用短粗杠表示定位。此资料来源于本地番茄（*Lycopersicon esculentum*）和野生型的南美番茄（*Lycopersicon chmielewskii*）之间的杂交。通过对 F_1 代与本地番茄回交产生的后代的果实，检测其遗传标记和一些数量性状对实验结果进行统计数据分析，以便确定与表型差异有关的标记等位基因；检测出的有效关联表明该标记基因和一个或更多的 QTL 之间的遗传连锁。影响果实质量的全部的 6 个 QTL 已被检测出来（黑色线条），此外还有影响可溶性固体的 4 个 QTL（浅灰色线条）和 5 个影响酸度的 QTL（灰线条）。在这些类型的实验中，虽然一些额外的较小效应的 QTL 仍未被检测出，但 QTL 图谱的作用是切实可行的：QTL 作图说明果实质量的表型方差为 58%，可溶性固体的表型方差为 44%，酸度的表型方差为 48%。与 QTL 连锁的遗传标记具有重要的作用，利用它有可能追踪 QTL 在谱系中的遗传，并可应用于育种过程。图 21.14 也表明染色体上含有两个或多个性状的 QTL 区域的数量，如在 6 号染色体上的 QTL 区域控制了所有 3 个性状。因为 QTL 的定位仅限于在 20～30 个图距单位内，是否与基因多效性相一致还不清楚。然而，不同性状的 QTL 在多数情况下定位常是一致的，这就能解释基因多效性（pleiotropy），即单个基因同时影响几个性状，或由多个、紧密连锁的基因独立地影响不同的性状。

除遗传图谱外，确定 QTL 的另一途径是利用**候选基因**（candidate gene）。候选基因是已知的基因，根据其特点预期它和某种功能有关，但尚待进一步证实。例如，在人类行为遗传学中，已知某药物影响个体的特定性状及药物的分子靶，那么编码与药物相互作用的靶分子的基因，或与靶分子相互作用的所有基因是影响个体该性状的候选基因。

第六节 近 交

一、近交的影响

无论在植物或动物中都存在亲缘关系较近的个体之间的近亲交（婚）配，简称为**近交**（inbreeding）。近交有积极的意义，如①可以促进基因的纯合；②使某些隐性的基因得到表达；③使遗传性状稳定。因此人们在动、植物育种中都采用近交来纯化供杂交用的亲本，如农作物的杂交育种，以及动物优良品种的纯化等。但近交也有消极的作用。如在动物园中饲养的野生动物群体由于近交使其遗传的多样性下降。在人类中近亲婚配使有害基因的纯合率增加，隐性遗传病的发病率提高。

二、植物中近亲系数的计算

在植物中 *Aa* 杂合体自交后产生的纯合体 *AA* 和 *aa*，纯合体的一对等位基因是同一的，它们都来自亲代的一个基因，因此后代中纯合体的比例（图 21.15）就称为**近交系数**（coefficient of inbreeding）。从图中可以看出在植物中随着自交代数（n）的增加，杂合的比例逐渐减少，而纯合的比例逐渐增多。以 n 表示代数，那么杂合的比例为 $(1/2)^n$，纯合的比例为 $1-(1/2)^n$，*AA* 和 *aa* 各为 $\frac{1-(1/2)^n}{2}$。

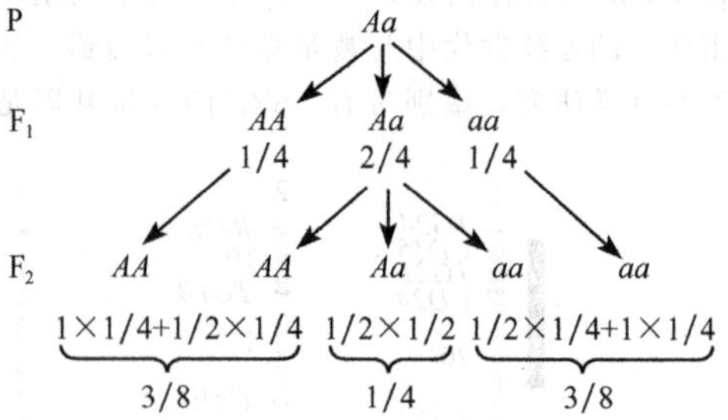

图 21.15 植物自交后代中杂合和纯合的比例

根据这些公式就可以算出自交 n 代后各种基因型的比例，若知道了 n 代后各种基因型的比例也可计算出自交后的代数 n。

三、亲缘系数、近交系数和近亲系数

亲缘系数（coefficient of relationship，R）是由 S. Wright 于 1922 年定义的用于两个个体间亲缘关系的一个指标，等于两个个体的基因组中相同且同源基因的比例，常用符号“R”来表示。例如，亲子之间为 1/2；同胞之间也为 1/2；半同胞之间为 1/8，表兄弟、姐妹之间，堂兄弟姐妹之间都为1/8。

赖特近交系数（Wright’s inbreeding coefficient）是指一个合子中的两等位基因来自双亲共同祖先的某一基因的概率，即一个个体中某一基因座上一对等位基因有共同来源的概率，常用符号“F”来表示，也可简称为**近交系数**。一个个体的近交系数（F）等于它的亲代亲缘系数（R）的 1/2，如表兄妹结婚所生子女的近交系数 $F=1/8\times1/2=1/16$。

近亲系数（coefficient of consanguinity）是来自同一共同祖先的等位基因通过遗传在两个后代中都出现的概率。个体的近亲系数与其亲代的亲缘系数相同。这一概念易于和亲缘系数相混淆，应注意区分。例如，表兄妹结婚所生子女的近亲系数与表兄妹之间的亲缘系数相同，都为 1/8。

我们先用通径分析的方法来计算亲缘系数。图 21.16 是一个动物同胞交配的例子，现在要求 F_1 代

两同胞的亲缘系数。第一步是寻找这两同胞的共同祖先，不难确定那就是 P_1 和 P_2，然后用直线将共同祖先和 F_1 之间连接起来［图 21.16（b）］。计算亲缘系数 R 可用下列公式：

$$R=\sum\left(\frac{1}{2}\right)^x$$

式中，(1/2) 表示每条通径的概率；x 表示指每个亲代到我们要求的两个后代的通径数，在图 21.16 中为 2，即 P_1 和 F_1 代两个同胞之间的连线有两条；另外 P_2 和 F_1 代两个同胞之间的连线也有两条，因此要将这两个不同的途径相加，在公式中用“$\sum$”来表示。将数据代入公式

$$R_{AB}=\sum\left(\frac{1}{2}\right)^x=\left(\frac{1}{2}\right)^2+\left(\frac{1}{2}\right)^2=\frac{1}{2}$$

即 F_1 代两个同胞（A，B）之间的亲缘系数为1/2。

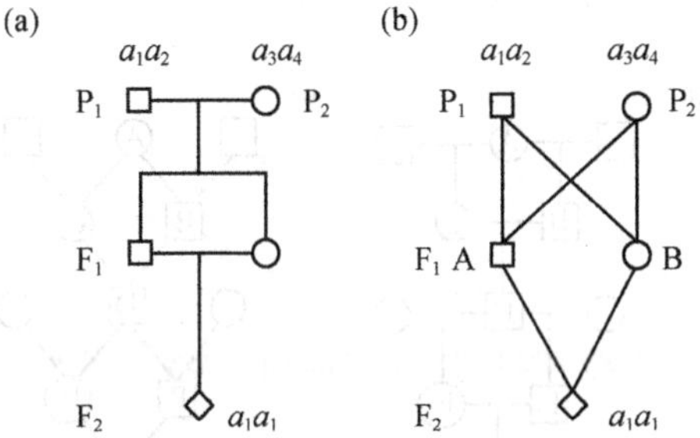

图 21.16　动物谱系同胞交配的通径分析

现应用这个公式来分别计算表兄妹（图 21.17）、半同胞［图 21.18（a）］和舅甥女［图 21.19（a）］的亲缘系数：

$$R_{CD}=\sum\left(\frac{1}{2}\right)^x=\left(\frac{1}{2}\right)^4+\left(\frac{1}{2}\right)^4=\frac{1}{8}$$

$$R_{EF}=\sum\left(\frac{1}{2}\right)^x=\left(\frac{1}{2}\right)^2=\frac{1}{4}$$

$$R_{GH}=\sum\left(\frac{1}{2}\right)^x=\left(\frac{1}{2}\right)^3+\left(\frac{1}{2}\right)^3=\frac{1}{4}$$

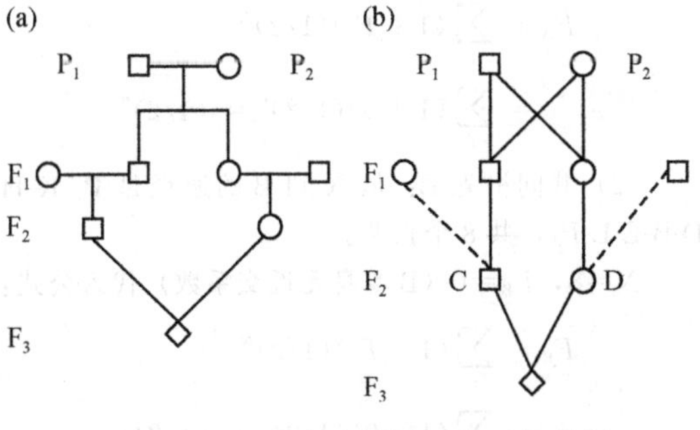

图 21.17　人类表兄妹婚配的通径分析

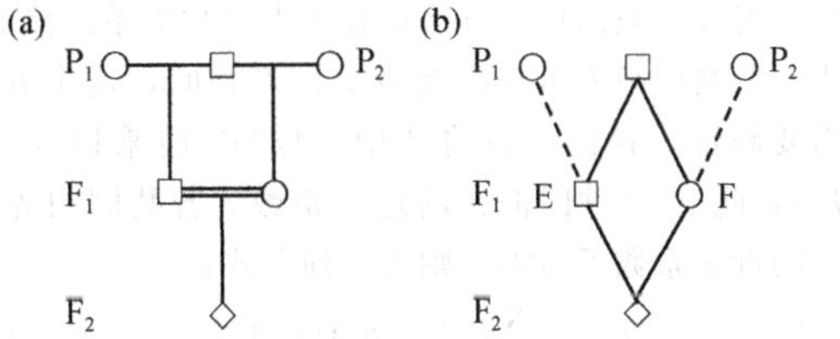

图 21.18　动物谱系半同胞交配的通径分析

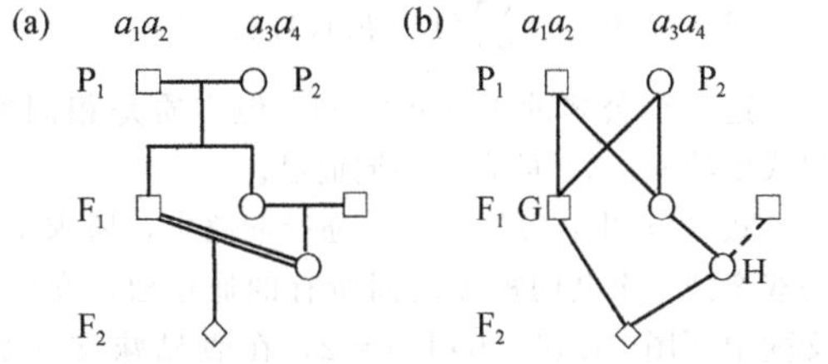

图 21.19　动物谱系舅甥女交配的通径分析

近交系数的计算有不同的方法。现以图 21.16 为例，求 F_2 的近交系数，即 F_2 的一对等位基因 a_1a_1 来自祖先 P_1 的同一个基因 a_1 的概率。具体计算的方法是首先确定 F_2 双亲（A 和 B）的共同祖先（P_1、P_2），用直线连接上下代，表示 a_1 基因从 P_1 到 F_2 可能的传递途径——通径，通径不得重复，每一条通径表示一个基因从上代传递到下代的概率为 1/2。然后用下列公式来计算近交系数。

$$F=n\left(\frac{1}{2}\right)^K$$

式中，n 为基因数，如果共同祖先为 2 个个体，则同源的基因座位上共有 4 个等位基因（a_1、a_2、a_3、a_4）；K 为通径数，图 21.16（b）中 $K=4$。

$$F_{F_2}=n\left(\frac{1}{2}\right)^K=4\times\left(\frac{1}{2}\right)^4=1/4$$

即同胞交配所生子代的近交系数为 1/4，是其亲缘系数的 1/2。

下面用此公式分别计算表兄妹［图 21.17（b），式（1)］、半同胞［图 21.18（b），式（2)］和舅甥女［图 21.19（b），式（3)］之间交（婚）配所生子女的近交系数。

表兄妹之间交（婚）配：

$$F_{F_3}=n\left(\frac{1}{2}\right)^K=4\times\left(\frac{1}{2}\right)^6=1/16$$

半同胞之间交（婚）配：

$$F_{F_2}=n\left(\frac{1}{2}\right)^K=2\times\left(\frac{1}{2}\right)^4=1/8$$

舅甥女之间交（婚）配：

$$F_{F_2}=n\left(\frac{1}{2}\right)^K=4\times\left(\frac{1}{2}\right)^5=1/8$$

这个近交系数的计算方法适合于大多数谱系。然而，当一个共同祖先本身也是近交的产物时，这个方法需要修饰。我们可以将式中 $(1/2)^K$ 前乘以 $(1+F_i)$，此 F_i 是共同祖先的近交系数。若共同祖先本身的近交系数不为零，则用下列公式：

$$F_x = \sum_i (1+F_i)(1/2)^{n_i+1} \quad (1)$$

或 $$F_x = \sum_i (1+F_i)(1/2)^N, \quad (2)$$

或 $$F_x = \sum_i (1+F_i)(1/2)^{n_i-1} \quad (3)$$

这三个公式的形式虽不同，但本质是相同的，仅式中的 n（N）的含义不同而已。

式（1）中，"n"为单个通径回路中，所求个体的双亲到一个共同祖先之间所有的通径数，在同胞交配中［图 21.16（b）］$n=2$，在表兄妹交（婚）配中［图 21.17（b）］$n=4$，在半同胞交配中［图 21.18（b）］$n=2$，在舅甥女交（婚）配中［图 21.19（b）］$n=3$。

式（2）中，"N"为单个通径回路中，所求个体的双亲到一个共同祖先之间所有的长辈数，在同胞交配中［图 21.16（b）］中 $N=3$，在表兄妹交（婚）配中［图 21.17（b）］$N=5$，在半同胞交配中［图 21.18（b）］$N=3$，在舅甥女交（婚）配中［图 21.19（b）］$N=4$。

式（3）中，"n"为单个通径回路中，所求个体到一个共同祖先之间所有的通径数，在同胞交配中［图 21.16（b）］$n=4$，在表兄妹交（婚）配中［图 21.17（b）］$n=6$，在半同胞交配中［图 21.18（b）］$n=4$，在舅甥女交（婚）配中［图 21.19（b）］$n=5$。

以上可见这三个公式的实际指数是相同的，可按个人的习惯选择其中的一个公式。

式中，"$\sum$"是指如谱系中有一个以上的通径回路，需将它们的 F 值相加；F_i 是共同祖先本身的近交系数，表明他们也是近交的产物。如果共同祖先本身不是近交的产物，则其 $F_i=0$。

现以式（2）为例将上面的几种不同的简单谱系进行计算。

同胞间交（婚）配：

$$F_x = \sum_i (1+F_i)(1/2)^N = \sum_i (1+0)(1/2)^3$$
$$= (1/2)^3 + (1/2)^3 = 1/4$$

表兄妹间交（婚）配：

$$F_x = \sum_i (1+F_i)(1/2)^N = \sum_i (1+0)(1/2)^5$$
$$= (1/2)^5 + (1/2)^5 = 1/16$$

半同胞间交（婚）配：

$$F_x = \sum_i (1+F_i)(1/2)^N = \sum_i (1+0)(1/2)^3$$
$$= (1/2)^3 = 1/8$$

舅甥女间交（婚）配：

$$F_x = \sum_i (1+F_i)(1/2)^N = \sum_i (1+0)(1/2)^4$$
$$= (1/2)^4 + (1/2)^4 = 1/8$$

计算结果和用简单公式所得结果完全相同。下面再计算一个复杂谱系中 X 的近交系数：复杂谱系的通径分析如图 21.20 所示，现要求家族成员"X"的近交系数。从图 21.20 中可见 X 的双亲为 P_1 和 P_2，作为 P_1 和 P_2 的共同祖先是"D"。但 D 本身是有近交系数的，$F_D=(1/2)^3=1/8$ 将 F_D 带入公式：

$$F_X = (1+F_D)(1/2)^N = (1+1/8)\times(1/2)^3$$
$$= (9/8)\times 1/8 = 9/64$$

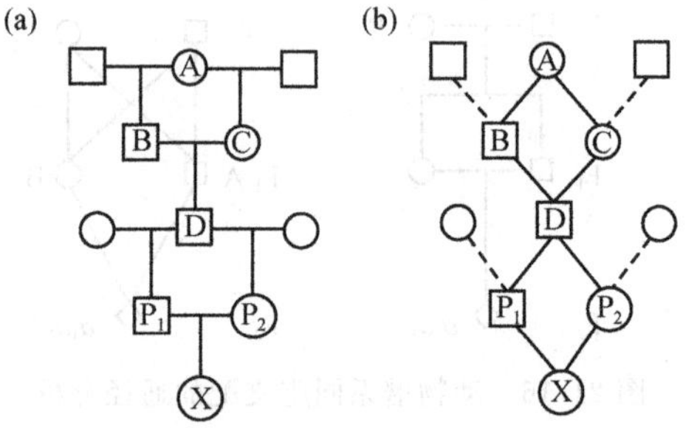

图 21.20　动物的复杂图谱（a）及其通径分析（b）

现我们再来计算一个更为复杂谱系中 X 的近交系数。图 21.21 中作为 P_1 和 P_2 的共同祖先是：A、B、C、H。这 4 个共同祖先中，H 本身是有近交系数的，我们可以分别分析计算。

（1）共同祖先 A：从 X 到 A 的通径是 P_1-K-G-C-A-D-H-L-P_2，共 9 个长辈。

$N=9$，$F_A=0$（A 本身无近交系数）代入公式：

$$F_A = \sum_i (1+F_i)(1/2)^N$$
$$= \sum_i (1+0)(1/2)^9 = (1/2)^9$$

（2）共同祖先 B：从 X 到 B 的通径是 P_1-K-H-D-B-E-L-P_2，共 8 个长辈。

$N=8$，$F_B=0$（B 本身无近交系数）代入公式：

$$F_B = \sum_i (1+F_i)(1/2)^N$$
$$= \sum_i (1+0)(1/2)^8 = (1/2)^8$$

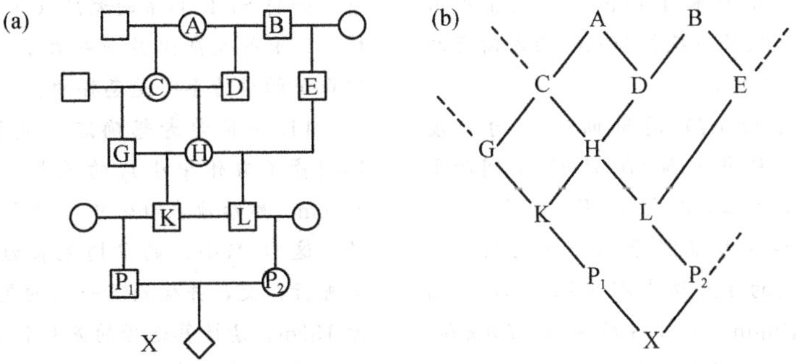

图 21.21　动物的家族谱系图（a）及其通径分析（b）

(3) 共同祖先 C：从 X 到 C 的通径是 P_1-K-G-C-H-L-P_2，共 7 个长辈。

$N=7$，$F_C=0$（C 本身无近交系数）代入公式：

$$F_C=\sum_i(1+F_i)(1/2)^7$$
$$=\sum_i(1+0)(1/2)^7=(1/2)^7$$

(4) 共同祖先 H：从 X 到 H 的通径是 P_1-K-H-L-P_2，共 5 个长辈。

$N=5$，$F_H=(1/2)^3$（H 本身的近交系数）代入公式：

$$F_H=\sum_i(1+F_i)(1/2)^5=\sum_i(1+1/8)(1/2)^5$$
$$=(9/8)\times(1/32)=9/256$$

X 的近交系数为：

$$F_x=\sum_i(1+F_i)(1/2)^N=(1/2)^9$$
$$+(1/2)^8+(1/2)^7+(9/256)$$
$$=0.04883$$

人类的近亲婚配的本质是后代的近亲系数增加，即祖先所携带的隐性有害基因在后代中纯合的概率增加，因此近亲婚配应被禁止。

习　题

1. A 和 B 为玉米的两个品种，在甲地和乙地进行田间试验。A 品系在甲地更高产，但 B 品系在乙地更高产。在数量遗传学中，这个现象说明了什么？

2. 为什么两个纯种亲本杂交产生的 F_1 代之间的差异并不比每个亲本之间的差异大？

3. 两对基因 A/a 和 B/b 在群体中决定植株的高度，纯合子 $AABB$ 高 50cm，$aabb$ 高 30cm，(1) 二者杂交的 F_1 代高多少？(2) F_2 代高为 40cm 的基因型应是怎样的？(3) 40cm 高的植物 F_2 代的频率是多少？

4. 下表中为实际量度的鸭子的头宽和翅长，(1) 求表中 8 只鸭子的头宽和翅长的平均值及标准方差；(2) 求头宽和翅长的相关系数；(3) 用什么方法来计算就能得知头宽和翅长之间的联系？

编号	1	2	3	4	5	6	7	8
头宽/cm	2.75	3.20	2.86	3.24	3.16	3.32	2.52	4.16
翅长/cm	30.3	36.2	31.4	35.7	33.4	34.8	27.2	52.7

5. 小写字母的基因对表型的贡献为 5 个单位；大写字母的基因对表型的贡献为 10 个单位。计算 $aaBBCC$ 和 $AAbbcc$ 两个亲本以及它们的 F_1 的计量单位。设：(1) 基因间没有显隐性；(2) A 对 a 为显性；(3) A 对 a 为显性，B 对 b 为显性。

6. 甲品种的奶牛其泌乳量要比乙品种奶牛高 12%，但乙品种奶牛的奶油含量比甲品种高 30%。这两种性状各由 10 个基因同时控制，基因间没有显隐性。这两种奶牛杂交，产生的 F_2 代中有多少比例的个体其泌乳量和甲品种相同，而奶油含量和乙品种相同？

7. 三个独立分配的基因（A、B、C），每个座位有两个等位基因决定植物的高度。每个等位基因中大写字母要比基本高度 2cm 高 2cm。(1) 两个纯合子 $AABBCC$（14cm）×$aabbcc$（2cm）之间杂交 F_1 代的高度将是多少？(2) $F_1\times F_1$ 杂交 F_2 的高度（频率和表型）的分布如何？(3) 在 F_2 代中有多少比例的后代高度和原来两个亲本（$AABBCC$ 和 $aabbcc$）相等。(4) F_2 中多少比例的后代其高度和 F_1 相同？

8. 假设在旱金莲中由三对基因控制花的长度，这三对基因作用相等并具有相加效应。一个完全纯合的亲本花长 10mm，与另一个花长 30mm 的纯合亲本杂交，F_1 植物的花长为 20mm 长。F_2 植物的花长为 10～30mm。F_2 中花长 10mm 和 30mm 各占 1/64。你预计在 F_1 代植物与花长 30mm 亲本回交的后代中花长分布将如何?

9. 一种大麦 (*asplund*) 的节间距平均长度 2.12mm，而在另一品种中 (*abed binder*) 节间距平均长度为 3.17mm，将二者杂交 F_1 的节距为 2.7mm，F_2 的节间距变异范围为 2.12～3.17mm。分析 F_3 代表明 F_2 代的 125 株中有 8 株为 *asplund* 型，节距平均为 2.19mm，另外 8 株为 *abed binder* 型，平均节距 3.24mm，问大麦节距这一性状是否为数量性状? 为什么? 根据已知信息推测节距涉及几对基因?

10. 广义遗传率和狭义遗传率有何不同? 如果一个群体中影响特定数量性状的所有基因都是固定的，狭义遗传率和广义遗传率的值为多少?

11. 人类全部指纹隆起线的数目的狭义遗传率为 86%。根据这个值，估计在表兄弟姐妹间全部的指纹隆起线数目相关系数是多少?

12. 在蚕豆的群体中，种子平均重 0.88g。已知种子重量是受到加性方差的影响。一个农民选择了两粒种子，每个重 1.02g。他将这两种蚕豆种子种下去，并进行杂交，收集了后代种子，平均重为 0.96g。问种子重量的狭义遗传率是多少?

13. 大鼠的 SHR 品系对盐敏感，在高盐环境下生长会出现高血压。而另一品系 TIS 品系对盐不敏感。若将 SHR 品系的大鼠放在一个含盐量不同的环境中，有的大鼠比另一些大鼠的血压高，在此群体中血压的遗传率将是怎样的?

14. 一位学者想确定小鼠尾长的狭义遗传力，他测量了群体中小鼠的尾长，计算其平均长度为 9.7cm。然后他在群体中选择了 10 只尾巴最长的小鼠，这 10 只小鼠的平均尾长为 14.3cm。他将这些鼠进行杂交，并检测下一代的尾长，F_1 的平均尾长为 13cm。请计算选择的差异和小鼠的狭义遗传率。

15. 9 名大学生的身高及他们父亲的身高如表所示：(1) 分别计算孩子们和父亲身高的平均值；(2) 计算二者的相关系数；(3) 通过儿子高度对父亲高度的回归来确定狭义遗传率。

儿子高度/in	70	72	71	64	66	70	74	70	73
父亲高度/in	70	76	72	70	70	68	78	74	69

16. 家系如图，求近亲系数：

(a)

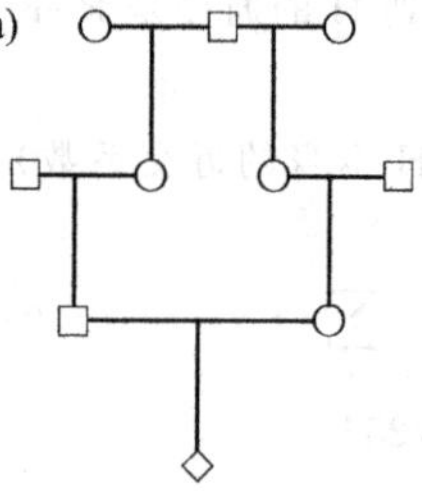

(b)

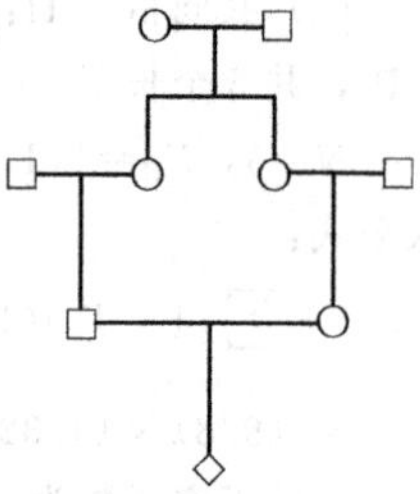

第二十二章　群体遗传学和进化

群体遗传学（population genetics）是研究孟德尔群体的遗传结构及其变化规律的遗传学分支学科。应用数学和统计学方法研究群体中基因频率和基因型频率以及影响这些频率的自然选择效应和突变作用，研究迁移和遗传漂变等与遗传结构的关系，由此探讨生物进化的机制。

孟德尔群体（Mendelian population）是指享有一个共同的**基因库**（gene pool），并能相互交配的一群个体。最大的群体就是一个物种。一个孟德尔群体中全部个体所携带的全部基因或遗传信息称为基因库。相同物种的生物体生活在一个特定的地理区域。大多数分布广的群体由地理的或其他的特征再分为较小的单位，称为亚群（subpopulation）或地方居群（local population）。例如，在人类群体中，我们可以区分生活在美国的人的亚居群。虽然婚配主要发生在亚群中，但由于亚居群间的偶然的迁移，他们都共享同一个基因库。

群体中各种基因的频率，以及由不同的交配体制所带来的各种基因型在数量上的分布称为群体的遗传结构（population genetic structure）。获知了不同世代中遗传结构的演变方式就可探讨生物的进化过程。进化虽可以从很多不同的角度，用各种不同的方法加以研究，但归根结底，它就是一个基因频率变动的过程。所以群体遗传学的中心任务就是研究基因频率变化的动力学。

群体遗传的理论是建立在遗传学和进化论基础上的，20世纪30年代由R. A. Fisher、S. Wright和J. B. S. Haldane三位杰出的科学家建立。Fisher于1930年出版了《自然选择的遗传学理论》(*The Genetical Theory of Natural Selection*）一书；Wright于1931年在*Genetics*杂志上发表了著名论文《在孟德尔式群体中的进化》(*Evolution in Mendelian population*，*Genetics*)；Haldane于1932年出版了《进化的原因》(*The Causes of Evolution*）一书。他们的论著为群体遗传学奠定了基础。

第一节　基因型频率和基因频率

一、基因型频率

为了研究孟德尔群体的遗传组成，群体遗传学必须首先讨论群体的基因库。这就要计算群体中的基因型频率和基因频率。**基因型频率**（genotypic frequency）是指群体中某特定基因型个体数占全部个体数的比率，是群体遗传学中一个重要参数。例如，高加索人中有43%的人是红色头发，那么在这个群体中红发的基因型频率就是43%。为了计算一个特定基因座的基因型频率，我们可以统计群体中带有一种特殊基因型的个体数。这个特定基因座上各种基因型频率之和应为1。以深红虎蛾（*Panaxia dominula*）（图22.1）翅上斑点的样式为例，在大部分群体中存在三种基因型，而每种基因型的表型都不同。有人在英国收集了497只虎蛾，统计它们的基因型分别为：$BB=452$，$Bb=43$，$bb=2$。它们的基因型频率分别是：$P=f(BB)=452\div 497=0.909$，$H=f(BB)=43\div 497=0.087$，$Q=f(bb)=2\div 497=0.004$，合计为1.000。

图22.1　不同基因型的深红虎蛾（*Panaxia dominula*）。最上部的两只是正常的纯合体（*BB*）；第2、3排的是杂合体（*Bb*）；最下部的一只是罕见的隐性突变纯合体（引自Russell，1992）

二、基因频率的计算

基因型频率常用于进化的研究，而在大部分情况下群体遗传是用等位基因来描述基因库。群体的遗传成分常用"频率"来描述，**基因频率**（gene frequency）是指群体中某特定等位基因数量占该基因座（locus）全部等位基因总数的比例，也称为**等位基因频率**（allele frequency）。基因频率的使用常优于基因型频率。首先等位基因总是比基因型少一些，这样使用基因频率基因库就可以用较少的参数来描述。例如，一个基因座有3个等位基因，就要用6种基因型频率来描述基因库，若用基因频率只需用3种即可。再者，在配子形成时，只含等位基因，而并无基因型。在世代相传的过程中只有等位基因是连续的，而基因库的进化也是通过等位基因频率的改变而实现的。

基因频率可以用两种方法来计算：一种是通过获得的不同基因型的数目，另一种是通过基因型频率。首先我们可以从基因型数来直接计算基因频率。

$$\text{基因频率}=\frac{\text{群体中某个基因座的特定等位基因的拷贝}}{\text{群体中该基因座所有等位基因数}}$$

现举例说明：假设有个群体有1000个二倍体个体，其中353个为AA，494个为Aa，153个为aa，每个AA型个体有2个A等位基因，而Aa杂合子中只有一个A等位基因，因此在此群体中A等位基因的数应为

$2\times AA$ 的数 $+Aa$ 的数 $=(2\times 353)+494=1200$。

由于每个二倍体个体在此基因座上有两个等位基，所以群体中等位基因的总数应是个体数的2倍，即1000×2。用这个等式来表示基因频率是1200÷2000=0.6

当一个基因座上存在两个等位基因时，我们可用下列方式来计算基因频率：

$$p=f(A)=\frac{2\times AA+Aa}{2\times \text{个体总数}}$$

$$q=f(a)=\frac{2\times aa+Aa}{2\times \text{个体总数}}$$

两个等位基因的频率，$f(A)$ 和 $f(a)$ 一般以p和q来表示。一个基因座上的基因频率相加总是等于1，因此一旦计算出了q，那么$p=1-p$。

第二种计算基因频率的方法是用基因型频率来计算基因频率。若基因型频率已经确定，那么用这种方法很快即可计算出基因频率。如一个基因座有两个等位基因，它们的频率是

$p=f(A)=(AA$ 的频率 $+1/2Aa$ 的频率)

$q=f(a)=(aa$ 的频率 $+1/2Aa$ 的频率)

用纯合子的频率加上一半杂合子的频率是因为杂合子中一半是"A"，另一半是"a"。

三、复等位基因的基因频率

假设现在一个基因座上有3个等位基因（A^1，A^2 和 A^3），我们可采用与2个等位基因相同的方法来计算，即每种等位数除以群体中这个基因座上等位基因的总数：

$$p=f(A^1)=\frac{(2\times A^1A^1)+(A^1A^2)+(A^1A^3)}{2\times \text{个体总数}}$$

$$q=f(A^2)=\frac{(2\times A^2A^2)+(A^1A^2)+(A^2A^3)}{2\times \text{个体总数}}$$

$$r=f(A^3)=\frac{(2\times A^3A^3)+(A^1A^3)+(A^2A^3)}{2\times \text{个体总数}}$$

同样也可用基因型频率来计算：

$$p=f(A^1)=f(A^1A^1)+1/2f(A^1A^2)+1/2f(A^1A^3)$$
$$q=f(A^2)=f(A^2A^2)+1/2f(A^1A^2)+1/2f(A^2A^3)$$
$$r=f(A^3)=f(A^3A^3)+1/2f(A^1A^3)+1/2f(A^2A^3)$$

现以牛奶草甲虫遗传变异的研究资料为例说明。W. Eanes 等测定了编码葡萄糖磷酸变位酶（PGM）基因座上的基因频率。此基因座上发现有3个等位基因，每个等位基因编码了此酶的不同分子变异体，在一个群体中基因型的数目收集如下：$AA=4$，$AB=41$，$BB=84$，$AC=25$，$BC=88$，$CC=32$，共计274个甲虫。它们的等位基因频率是

$$f(A)=p=\frac{(2\times AA)+AB+AC}{(2\times 274)}$$
$$=\frac{(2\times 4)+41+25}{(2\times 274)}=0.135$$

$$f(B)=q=\frac{(2\times BB)+AB+BC}{(2\times 274)}$$
$$=\frac{(2\times 84)+41+88}{(2\times 274)}=0.542$$

$$f(C)=r=\frac{(2\times CC)+BC+AC}{(2\times 274)}$$
$$=\frac{(2\times 32)+88+25}{(2\times 274)}=0.323$$

用以上同样的方法我们可以计算出具有更多等位基因的基因频率。

四、X连锁基因座上的基因频率

计算X连锁基因座上的基因频率是较为复杂的，因为雄性只有单个的X连锁等位基因。但我们仍可以用计算常染色上基因频率的方法来计算。在雌性纯合体中带有两个相同的X连锁等位基因，而在雌性杂合体中也只有一个特定的等位基因，在所有雄性中只有一个连锁等位基因。为了在X连锁基因座上确定等位基因的数目，我们就得将雌性纯合体的数目乘2加上雌性杂合体数目和雄性半合体数

目然后除以群体中等位基因的总数。确定等位基因总数时要用2倍的雌体数（因每个雌体都有两个X连锁基因基因座）加上1倍的雄体数（因雄体只有单个X连锁基因基因座）。

例如，有两个X连锁的等位基因（X^A）和（X^a）可用下列等式来计算：

$$p=f(X^A)=\frac{(2X^AX^A♀)+(X^AX^a♀)+(X^AY♂)}{2\times 雌体数+雄体数}$$

$$q=f(X^a)=\frac{(2X^aX^a♀)+(X^AX^a♀)+(X^aY♂)}{2\times 雌体数+雄体数}$$

X连锁基因座上的基因频率也可由基因型频率来确定

$$p=f(X^A)=f(X^AX^A)+1/2f(X^AX^a)+f(X^AY)$$

$$q=f(X^a)=f(X^aX^a)+1/2f(X^AX^a)+f(X^aY)$$

第二节　哈迪-温伯格法则

1908年英国数学家G. H. Hardy和德国医生W. Weinberg同时提出了**哈迪-温伯格法则**（Hardy-Weinberg law）：在一个不发生突变、迁移和自然选择的无限大的随机交配的群体中，常染色体上的基因，无论群体起始时基因频率如何，只要经过一代的随机交配，群体的基因频率和基因型频率即达到平衡并将逐代保持不变。这一法则是群体遗传中最重要的原理，它解释了繁殖如何影响群体的基因频率和基因型频率。其实质是提出在没有进化影响下当基因一代一代传递时，群体的基因频率和基因型频率将保持不变。在自然界中哈迪-温伯格平衡实际上是不可能。遗传平衡是一种理想为状态，但提供一个基准来衡量遗传的改变。

一、理想群体

为了便于讨论群体中影响基因频率和基因型频率发生改变的各种因素，哈迪-温伯格法则假设条件是一个“理想群体”，这个群体具备5个条件，即无穷大、随机交配、无突变、无迁徙、无自然选择。当然这样的群体在自然界中是不存在的。在这5个条件中随机交配（random mating）是指在群体中交配个体完全偶然地与无关基因型的配偶进行交配，不受任何遗传学上或行为学上的限制。群体中两个基因型之间交配的概率等于两个基因型频率的乘积。随机交配也是一种理想的状态，因为除了自花授粉、自体受精和近亲交配（inbreeding）等一些极端的非随机交配的类型外，在生物群体中也或多或少地存在选配的现象。

哈迪-温伯格法则的第3个条件是没有进化的压力。在哈迪-温伯格法则中只关注遗传是否会改变基因频率以及繁殖是否会影响到基因型频率，因此其他的进化压力可被排除。事实上，在群体中，只有发生中性突变的基因座不受进化压力的作用，而其他的基因座都不可避免地受到进化压力的影响。

二、哈迪-温伯格法则推导

随机交配与从一个大的容器中随机地抽取雌性和雄性配子的情况是相同的。每个受精卵的基因型是从一个雌性配子和一个雄性的配子的配对而来。两个等位基因A和a的等位基因频率分别为p和q，而$p+q=1$。例如，人类群体中*CCR5*基因编码一种趋化因子（chemokine）受体（趋化因子是具有吸引白细胞移行到感染部位的一些低分子质量、在炎症反应中具有重要作用）的基因型。A等位基因的频率$p=0.89$；a等位基因的频率$q=0.11$。随机交配产生的基因型频率如图22.2所示。然而，Aa是以两种方式形成的：A可能来自母本或父本，每种情况下，Aa的频率为pq；考虑到两种可能性，Aa的频率为$pq+pq=2pq$。因此，随机交配的全部的基因型频率是：AA：p^2，Aa：$2pq$，aa：q^2。

		父本的配子	
		pA	qa
母本的配子	pA	p^2AA	$pqAa$
	qa	$pqAa$	q^2aa
总计 $p^2AA+2pqAa+q^2aa=1$			

图22.2　随机交配的组合

p^2、$2pq$和q^2是由一个基因的两个等位基因随机交配而来，这构成了哈迪-温伯格法则。虽然哈迪-温伯格法则非常简单，但在群体遗传学中意义深远。

哈迪-温伯格法则指出，在平衡时基因型频率取决于等位基因的频率。二者之间的关系如图22.3所示：①杂合子的极大值为0.5，而且只有当A和a的频率两者皆为0.5时Aa才有极大值，②若基因频率为0.33～0.66，杂合体的基因型频率最大；③当一个等位基因的频率降低时，其另一个等位基因的纯合体频率升高。

当$f(a)=q=0.1$时，$f(A)=p=0.9$，

$f(AA)=0.81$，$f(Aa)=0.18$，而$f(aa)=0.01$。

人类遗传病的分布也可说明这一点。对于一种罕见的隐性性状的基因频率要比性状本身的频率

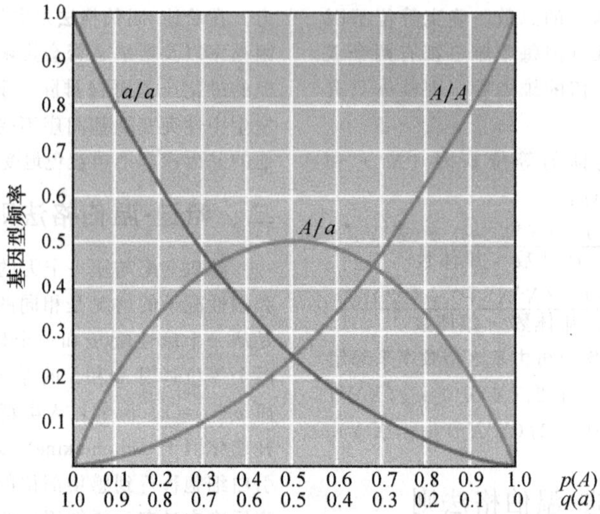

图 22.3 基因型频率和基因频率之间的关系（引自 Griffiths et al.，1999）

纵坐标表示某基因型在平衡群体中所占的比例，横坐标表示基因频率

（即基因型频率）高得多，这是因为大部分稀有基因是以不起作用的杂合状态存在。例如，一种隐性遗传的白化病是由于缺乏酪氨酸酶而不能合成黑色素所致。在北美白人中，这种白化病的发生率为1/40 000，患者的基因型为“aa”，根据哈迪-温伯格法则，aa 基因型频率为q^2。若 $q^2=0.000\,025$，那么 $q=0.005$，而 $p=1-q=0.995$，所以杂合子的频率是 $2pq=2\times0.995\times0.005=0.009\,95$（近似于1/100）。这样当白化的频率很低时（1/40 000），而其杂合体的频率却很高（近似 1/100）。可见即使某些性状是罕见的，但其杂合体的频率可能并不太低。

三、哈迪-温伯格法则的预言

若满足了理想群体的条件，那么这个群体在遗传中是平衡的，而且预期有三个结果：①等位基因频率逐代不变，因此这个基因座的基因库不会进化；②无论群体开始时基因频率如何，只要经过一代的随机交配，群体的基因型频率和基因频率即达到平衡状态；③基因型频率将以 p^2、$2pq$ 和 q^2 的比例存在于随机交配后的各代中。群体的基因型频率以这个比率存在时就称为**哈迪-温伯格平衡**。

哈迪-温伯格法则的中心是等位基因频率逐代保持不变。这是由于一个基因座具有两个等位基因 A 和 a，其频率分别为 p 和 q，$p+q=1$，由于随机交配，合子中基因型 AA、Aa 和 aa 的频率分别是 p^2、$2pq$ 和 q^2。假定基因型的存活力是相等的，这些频率与成体中的频率相等。另外，如果所有成体的基因型都能繁殖的话，那么下一代产生的配子的等位基因 A 的频率可根据上一代 A 的频率能计算出来。如果我们用“′”表示 A 基因在下一代的频率，那么其等位基因频率为“p'”。根据在上一代中出现的等位基因，“p'”包括在纯合 AA 基因型中所有“A”的等位基因频率（p^2）加上杂合 Aa 基因型的一半的等位基因（$2pq$）。由于孟德尔分离比，Aa 杂合子为 1/2 的乘积；Aa 基因型携带的 A 仅有配子的一半。将这些全部都加起来，下一代中 A 的频率“p'”是：

$$p' = p^2 + 2pq/2 = p(p+q) = p$$

因为 $p+q=1$，所以得出最后的等式。因此，“A”等位基因频率“p”逐代保持不变。

在理想群体中，随机交配一代以后基因型可以达到平衡。例如，有一个群体其三种基因型频率为 $f(AA)=0.2$，$f(Aa)=0.2$，$f(aa)=0.6$，那么两种配子中的基因频率为

$$f(A)=f(AA)+1/2f(Aa)=0.2+1/2(0.2)=0.3$$
$$f(a)=f(aa)+1/2f(Aa)=0.6+1/2(0.2)=0.7$$

若随机交配，可求出下一代中基因频率为

$$f(AA)=0.09;f(Aa)=0.42;f(aa)=0.49$$

我们再来计算下一代配子中的基因频率：

$$f(A)=0.09+1/2(0.42)=0.3$$
$$f(a)=0.49+1/2(0.42)=0.7$$

结果和上一代的基因频率相同，也就是说达到了平衡（表 22.1）。

表 22.1　随机交配，求出基因型频率

	A 0.3	a 0.7
A 0.3	0.09AA	0.21Aa
a 0.7	0.21Aa	0.49aa

四、哈迪-温伯格比例的测定

为了决定一个群体的基因型是否符合哈迪-温伯格比例，我们首先由基因型频率计算出 p 和 q。一旦我们求得了这些基因频率，就能计算基因型频率（p^2、$2pq$ 和 q^2），并将这些频率和实际获得的基因型的频率相比较，用卡方来测定。卡方测定使我们有可能判断我们获得的频率和用哈迪-温伯格法则计算出的理论频率之间的差异是否是随机的。

以 *CCR*5 受体基因为例，在 1000 个成体中 *CCR*5 正常的等位基因（A）和 Δ32 等位基因（a）的频率分别为 0.89 和 0.11。假定是随机交配，预期的基因型频率为

$$AA:(0.89)^2 = 0.7921$$
$$Aa:2\times 0.89\times 0.11 = 0.1958$$
$$aa:(0.11)^2 = 0.0121$$

预期的基因型频率与实际观察的基因型频率 [$f(AA)=0.795$，$f(Aa)=0.190$，$f(aa)=0.015$] 并不完全符合，现用卡方测定一下实际观察和预期值是否有差异。

$$\chi^2 = \sum(d^2/e)$$
$$=(795-792.1)^2\div 792.1$$
$$+(190-195.8)^2\div 195.8+(15-12.1)$$
$$=0.877$$

查卡方数值表，当自由度（df）$=2-1=1$，卡方值为 10.98 时，$0.250<P<0.500$，$>>0.05$，表明观察值完全符合预期值。

另一个例子是红-黑田鼠（*Clethrionomys gapperi*）血红蛋白基因频率的研究。人们在这个基因基因座发现了 3 种基因型：MM、MJ 和 JJ。1976 年在加拿大西北部发现了一个田鼠群体，群体中有 12 只 MM 型、53 只 MJ 型和 12 只 JJ 型。为了确定它们的基因型是否符合哈迪-温伯格比例，我们先用我们熟悉的公式来计算它们的基因频率：

$$p=\frac{2\times \text{纯合子数}+\text{杂合子数}}{2\times \text{总的个体数}}=f(M)$$
$$=\frac{(2\times 12)+53}{2\times 77}=0.50$$
$$q=f(J)=1-0.50=0.50$$

用从基因型中计算出的 p 和 q 能重新计算基因型的哈迪-温伯格比例：

$$f(MM)=p^2=0.50^2=0.25;$$
$$f(MJ)=2pq=2\times 0.50\times 0.50=0.50$$
$$f(JJ)=q^2=0.50^2=0.25$$

再用卡方测定来进行检验。为了获得预期理论数，我们可将预期的比例乘以实际的总数（N）（表 22.2）。查卡方表，当自由度为 1，卡方值为 10.98 时，$P<0.05$，表明观察值与预期值之间有明显差异，也就是说获得的实际数并不符合哈迪-温伯格法则。

表 22.2　红-黑田鼠的血红蛋白基因型比的卡方测定

项目	MM	MJ	JJ
预期值 e	$p^2\times N=0.25\times 77=19.3$	$2pq\times N=0.50\times 77=38.5$	$q^2\times N=0.25\times 77=19.3$
实际值	12	53	12
差数 d	7.3	14.5	7.3
d^2	53.29	210.25	53.29
d^2/e	2.76	5.46	2.76
$\chi^2=\sum d^2/e$		10.98	

五、用哈迪-温伯格法则来估计基因频率

哈迪-温伯格法则的一个重要的应用是将一个或多个等位基因同时用来计算基因频率。在理想群体中，哈迪-温伯格法则可以预计基因频率和基因型频率。哈迪-温伯格法则指出，基因频率将不会改变，仅在第一代中基因型频率发生改变。基因型频率将取决于基因频率。

例如，**囊性纤维化**（cystic fibrosis，CF）是高加索人最常见的遗传病。它是一种全身性的多器官系统疾病，由黏性分泌物阻塞肺部和消化道而引起的。CF 为常染色体隐性遗传病，由位于 7q31-32 的一个基因突变而引起。在约 1700 个新生儿中有一个患病。虽然我们可以计算这个性状的频率，但我们

不能直接确定 *CF* 基因的频率。这是因为我们不能区分杂合的携带者和正常的纯合体，所以不能用基因频率公式$\left(p=\frac{2\times\text{纯合体数}+\text{杂合体数}}{2\times\text{总的个体数}}\right)$来计算。但如果这个群体达到了平衡的话，我们可以用哈迪-温伯格定律来计算。在平衡时，隐性纯合体的频率是 q^2，对于 CF 来说

$$q^2=1/1700=0.00059$$

$$q=(0.000\,59)^{1/2}=0.024$$

$$p=1-q=1-0.024=0.976 \quad q^2=0.0043$$

因此 $q=0.024$，而 $p=1-q=0.976$，那么群体中杂合子的频率是

$$2pq=2\times0.976\times0.024=0.23$$

第三节 群体中基因频率的改变

广义上来讲，**进化**（evolution）是指群体基因库或群体中的等位基因的任何改变。进化可能是群体中存在遗传变异。4 种进化动力构成了群体中遗传特性改变的基础，导致后代以进化为特征的变异。这 4 种动力也就是群体中改变基因频率的主要因素，分别是：突变、自然选择、遗传漂变和迁移。

一、突变对基因频率的影响

突变（mutation）是遗传物质经历可探测和可遗传的结构改变的过程，是遗传变异最基本的因素，是进化的必要基础。等位基因频率的改变相对较弱，主要是由于突变速率非常慢，而且新产生的突变的表型效应对生物体常常是有害的。

突变率一般是很低的，在不同的基因之间的突变率也不完全相同，有些基因［如能够增加自发突变率的**增变基因**（mutator gene）］能影响到所有的突变率；还有很多环境因素，如化学物质、放射线、传染介质等都可能增加突变率。

进化有两个阶段：第一是遗传变异的产生；第二是不同等位基因频率的增加或减少来对进化压力作出反应。突变在两个阶段中具有潜在的重要性。

突变也是一切新等位基因的来源。等位基因的新组合可以通过重组而产生，但新的等位基因只有当突变发生时才能产生。突变提供了进化作用的遗传基础。大部分的突变将受到损伤，并从群体中被排除。然而少数的突变可能对个体是有利的，会被保留下来，并在群体中传播开。突变有害还是有利取决于特殊的环境，若环境改变了，先前有害的突变可以变成有利的突变。例如，在使用杀虫剂 DDT 之后，昆虫产生了对 DDT 的抗性突变，这样昆虫在喷有 DDT 的环境中不仅可以生存还能繁殖。由于这种优势，对 DDT 的抗性突变在昆虫的群体中迅速得到发展。突变是进化过程中重要的因素，因为它们提供了遗传变异，这正是进化压力所作用的对象。

突变对进化还有一种潜在的作用，这是通过进化过程的第二步实现的，即改变群体中等位基因的频率。例如，一个群体由 50 个个体组成，若它们的基因型都是 *AA*，则 $A(p)$ 的频率是 1.00[(2×50)/100]。若其中 1 个“*A*”等位基因突变成了“*a*”，则这个群体变成由 49 个“*AA*”和 1 个“*Aa*”组合组成。现在 p 的频率是[(2×49)+1]/100=0.99，当再发生一次这样的突变，“*A*”的频率降到 0.98。若这些突变持续发生下去，经过很长的时间，最终“*A*”的频率将降到 0，而“*a*”的频率将升为 1.00。

突变反复发生虽然很慢，但只要维持下去就可能导致基因频率的改变，当然这是在假定不存在其他进化压力的情况下。

A 突变为 *a* 称为正向突变。大部分基因也会发生反向突变，即 *a* 突变为 *A*，这些突变称为回复突变。在一般情况下正向突变的频率要大于回复突变的频率。例如，大肠杆菌中组氨酸野生型（his^+）突变成缺陷型（his^-）的正向突变率是 2×10^{-6}，而由 his^- 回复突变成 his^+ 的突变率是 4×10^{-8}。这是因为野生型基因中任何一个位点发生碱基的替换都能产生突变型，而此突变型基因中只有一个特定位点上的特定类型的改变才能使它恢复原状。此外，缺失突变是难以回复的。

设正向突变（$A\rightarrow a$）的频率为 u，回复突变（$a\rightarrow A$）的频率为 v。群体中 $f(A)=p$，$f(a)=q$，假设群体很大，无自然选择存在，则在每一代中，*A* 等位基因以 u 频率突变成 *a*。实际突变数取决于“u”和“p”，即 pu 或（$1-q$）u。假设一个群体含 100 000 个等位基因，若 $u=10^{-4}$，当 $p=1.00$ 时，群体中所有等位基因全部为 *A*，则将有 $100\,000\times10^{-4}=10$ 个 *A* 突变为 *a*，但如果 $p=0.10$，则仅有 $10\,000\times10^{-4}=1$ 个 *A* 基因突变为 *a*。由于突变 $A\rightarrow a$，*A* 的频率减少 up。当回复突变发生（$a\rightarrow A$）时，*A* 等位基因的频率将增加，值为 vq。因此在一代中 *A* 基因的频率由于正突变而减少，由于回复突变而增加，当正突变和回复突变同时存在时，*A* 等位基因频率的改变为：$\Delta p=qv-up$。我们可以从公式看出，当 p 值高时，*A* 等位基因突变为 *a* 的数相对较大，但 *A* 等位基因突变为 *a* 越多，p 值随之减少。在同一时

间中，当 q 很小时，回复突变的等位基因很少；当 q 增加时，回复突变的等位基因增加。最终这个群体达到平衡，也就是 A 和 a 的频率都保持恒定。

若 $up>vq$ 时，$f(a)$ 增加，即正突变>回复突变；

若 $up<vq$ 时，$f(A)$ 增加，即正突变<回复突变。

若达到平衡时，$\Delta p=vq-up=0$　$vq=up$

$vq=u(1-q)$

解这个等式，我们可以得到平衡时 q 值（以 $\hat{q}$ 表示）

$$vq=u-uq$$

$$vq+uq=u$$

$$\hat{q}(v+u)=u$$

p 的平衡值 $\hat{p}=1-\hat{q}$，若用 p 取代 q 解这个等式，得

$$\hat{p}=\frac{v}{u+v}$$

设一个群体开始时基因频率 $p=0.9$，$q=0.1$，正向突变和回复突变的频率分别为

$$u=5\times10^{-5}\quad v=2\times10^{-5}$$

那么第一代基因频率的变化为

$$\Delta p=vq-up=(2\times10^{-5}\times0.1)$$
$$-(5\times10^{-5}\times0.9)=-0.000\,043$$

$f(A)$ 的减少仅 0.043‰。如果其他的因素作用此群体，经过多代后可能达到平衡，因此一个群体在没有进化压力作用下，其突变率取决于等位基因频率。但由于突变率如此之低，因此，因突变引起基因频率的改变的概率也是非常之低。此外一个基因频率接近平衡值时，频率的改变越来越小。设 $A\rightarrow a$ 的突变率为 $u=10^{-5}$，而无回复突变的发生，则 A 的平衡频率是 0。若 $f(A)$ 从 0.50 变为 0.49 需 2000 代，$f(A)$ 从 0.1 变为 0.09 则需 10 000 代。若存在回复突变，频率的改变甚至更慢。

实际上突变本身改变基因频率是很慢的，群体很少能达到突变的平衡。另外的一些因素如自然选择对基因频率的影响要大得多。因不同突变体的适应值不同，有些突变并不影响生物体的生存能力，因此不会改变群体的基因频率。例如，软骨发育不全的侏儒症是人类常染色体显性性状，虽然这种突变有重复性，但在人类群体中的频率是由突变和自然选择相互作用而决定的。

二、自然选择对基因频率的影响

适应进化的驱动力是**自然选择**（natural selection），自然选择是在 1858 年由 C. Darwin 和 A. R. Wallace 在《进化论》中首先提出的。他认为在自然界中，物种个体之间繁殖能力的不同导致个体具有不同的生存适应性。在任何生物群体中，最强竞争者具有最多的繁殖机会，即具有最多的机会将其基因传递给后代，显示出“优胜劣汰”。

（一）适合度

适合度（fitness）又称为**适应值**（adaptive value），是指在一定的环境下，一种生物体能够生存并把它的基因传递到后代基因库中的能力，即适合度 (W) = 存活能力×生育能力。适合度综合了存活能力和生育能力，因此，某一基因型个体的适合度实际上就是它下一代的平均后裔数。在现代的阐述中，自然选择基于三个前提：①所有生物体都需产生比生存下来并能繁殖的子代要多得多的后代；②群体中各个个体的生存和繁殖能力不同，这些差异主要是由基因型决定的；③在每一世代中，在特定的环境条件，对生存有利的基因型在繁殖期处于过剩的状态，因此，对子代的贡献是不成比例的。这样，增强生存和繁殖的等位基因的频率将逐代增加，使种群在相应环境中能更好地生存和繁殖。群体中的这种渐进的遗传改进构成了进化适应的进程。

细菌的世代时间短（大约 30min），因此可用来研究许多代的自然选择。图 22.4 显示细菌两种基因型“A”和“B”之间竞争的结果。基因型“A”在特定的条件下有较强的竞争性。在实验中，竞争可持续 120 代，当 A 基因型的比率从 0.60 增加到 0.9995，B 基因型的比率从 0.40 下降到 0.0005 时，数据点给出了一个满意的等式

$$p_n/q_n=(p_0/q_0)(1/W)^n \tag{1}$$

式中，p_0 和 q_0 是 A 和 B 最初的频率（分别为 0.6 和 0.4）；p_n 和 q_n 为竞争 n 代后的频率；n 为竞争的世代数；W 为在实验条件下与 A 竞争时 B 的竞争力。式（1）的理论推导是根据在实验条件下，基因型 B 相对于基因型 A 的生存和（或）繁殖速率，其中 W 在整个世代中为一个常数。在 0 代，如果 $A:B$ 的相对频率为 p_0/q_0，那么下一代中它们的相对频率为 p_0/q_0W；也就是说，$p_1/q_1=(p_0/q_0)(1/W)$。同样，在下一代中，相对频率为 $p_2/q_2=(p_1/q_1)(1/W)$，通过 $(p_0/q_0)(1/W)$ 取代 p_1/q_1，我们得到 $p_2/q_2=(p_0/q_0)(1/W)^2$，由于 $q=1-p$，等式（1）变为

$$p_n=p_0/(p_0+q_0W^n) \tag{2}$$

图 22.4 中，$p_0=0.6$，$q_0=0.4$，$W=0.96$ 绘制成一

条平滑的曲线。圆点与实验数据相符合。

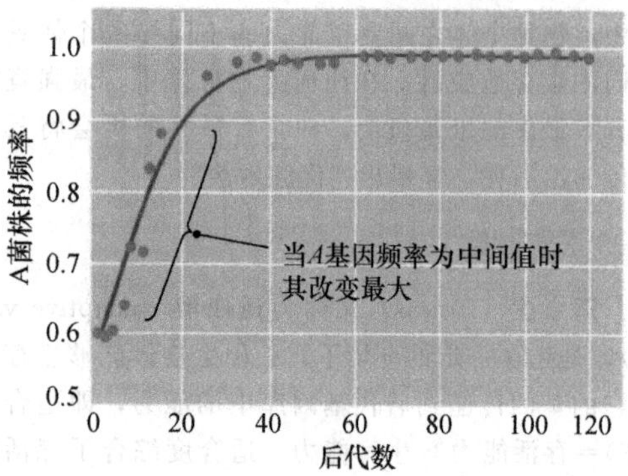

图 22.4　在持续生长的群体中，由于自然选择，一个大肠杆菌的优势品系频率的增长（引自 Hartl and Jones，2006）

y 坐标上的每一点是 A 细胞占总细胞数（$A+B$）的值。注意 A 基因频率在中间值时改变最大

在此特定条件下，$W=0.96$ 的值称为基因型 B 相对于 A 的**相对适合度**（relative fitness）。相对适合度可量度双亲的基因型对子代基因型库所作的贡献。$W=0.96$ 是指由基因型 A 产生的每一个子代细胞时，基因型 B 平均产生 0.96 个子代细胞。

在群体遗传学中，相对适合度通常以具有优势的基因型（如 A）适合度为 1.0 作为标准。

选择系数（selection coefficient，s 或 coefficient of selection）是量度对某一基因型的选择强度，也可以说是表示某一基因型在群体中不利于生存和繁殖的相对程度，常用"s"来表示。它和适合度（W）的关系是：$W+s=1$，所以当选择系数 $s=0$ 时，$W=1$。如上例中，B 菌株的选择系数

$$s = 1.000 - 0.96 = 0.04 \qquad (3)$$

s 的特殊含义是 B 菌株的自然选择不利性为每代 4%。当已知选择系数和最初的基因频率时，式（2）也可预测未来的世代中的等位基因频率。换句话说，它能用来计算通过自然选择来改变等位基因频率所需要的世代数，从任何确定的初始值到随后的值。例如，从 A 和 B 的相对适合度可进行正确的预测，频率 0.1～0.8 的改变需要几代？在这个特定的问题中，

$$p_0/q_0 = 0.1/0.9\, p_n/q_n = 0.8/0.2, W = 0.96$$

代入式（1）运算得出

$$n = [\lg(0.1/0.9) - \lg(0.8/0.2)]/\lg 0.96 = 87.8(\text{代})。$$

（二）自然选择对基因频率的作用

自然选择产生许多不同的效应，有时自然选择可以排除遗传变异，有时又可以维持遗传变异。它既可以改变基因频率，也可以阻止基因频率的改变。它可以产生群体中的遗传歧化，也可维持遗传的一致性。这些作用取决于基因型的相对适应性和群体中等位基因的频率。

由于自然选择导致基因频率的改变可以通过表 22.3 的方式来计算。此方法可以用于单个基因座的性状，无论这个性状是显性、隐性、共显性还是超显性。为了用此方法，表中列了 3 种基因型（A^1A^1、A^1A^2、A^2A^2）以及它们最初的频率。若是随机交配的话，这些基因型是适合哈迪-温伯格法则比例的，开始时的频率分别为 p^2、$2pq$ 和 q^2，然后表中分别列出了 3 种基因型的适合度。现在假设有自然选择发生，而且仅某种基因型能幸存。每种基因型对下一代基因的贡献将等于开始时的基因频率乘以适合度，如 A^1A^1 对下代的贡献是 $p^2\times W_{11}$。要注意这 3 种基因型的贡献相加并不等于 1，它们的总和等于 $p^2W_{11}+2pqW_{12}+q^2W_{22}=\overline{w}$，此称为群体的平均适应值。还应将相对的贡献除以群体的平均适应值，使其标准化，使我们能获得选择后的相对的基因型频率。然后我们来计算自然选择后某种基因型所形成的基因频率（p'），此也可用我们所熟悉的公式：$p'=f(A_1A_1)+1/2f(A_1A_2)$，最后后用 $p'-p$ 就获得由于自然选择而引起的基因频率的改变。一个实际计算的例子如表 22.4 所示。

表 22.3　确定由于自然选择使基因频率发生改变的计算方式

	基因型		
	A^1A^1	A^1A^2	A^2A^2
基因型频率	p^2	$2pq$	q^2
适合度	W_{11}	W_{12}	W_{22}
选择后频率	$p^2\,W_{11}$	$2pq\,W_{12}$	$q^2\,W_{22}$
选择后的相对的基因型频率	$P'=p^2\,W_{11}/\overline{w}$	$H'=2pq\,W_{12}/\overline{w}$	$Q'=q^2\,W_{22}/\overline{w}$

注：选择后基因频率$=P'+1/2\ (H')$，$q'=1-p'$；

选择后基因频率的改变$=\Delta p=p'-p$；$\overline{w}=p^2W_{11}+2pqW_{12}+q^2W_{22}$。

表 22.4　当 $p=0.6$，$q=0.4$ 时由于自然选择使基因频率发生改变的计算

	基因型		
	A^1A^1	A^1A^2	A^2A^2
基因型频率	$p^2=(0.6)^2=0.36$	$2pq=2\times0.6\times0.4=0.48$	$q^2=(0.4)^2=0.16$
适合度	$W_{11}=0$	$W_{12}=0.4$	$W_{22}=1$
选择后频率	$p^2W_{11}=0.36\times0=0$	$2pqW_{12}=0.48\times0.4=0.19$	$q^2W_{22}=0.16\times1=0.16$
选择后的相对的基因型频率	$P=p^2W_{11}/\overline{w}$ $P'=0/0.35=0$	$H'=2pqW_{12}/\overline{w}$ $H'=0.19/0.35=0.45$	$Q'=q^2W_{22}/\overline{w}$ $Q'=0.16/0.35=0.46$

注：选择后基因频率$=P'+1/2\ (H')\ =0+1/2\ (0.54)\ =0.27$，$q'=1-p'=1-0.27=0.73$。

选择后基因频率的改变$=\Delta p=p'-p=0.27-0.6=-0.33$；$\overline{w}=p^2W_{11}+2pqW_{12}+q^2W_{22}=0+0.19+0.16=0.35$。

（三）自然选择隐性性状

很多重要的性状和大部分新的突变是隐性的且会减少适合度。当一个性状完全是隐性时，杂合子和显性的纯合子适合度为 1，隐性纯合子适合度减小时，设适合度为 $1-s$，经过自然选择后 a 的频率（表 22.5）：

$$q'=(q^2-sq^2)/(1-sq^2)+1/2(2pq)/(1-sq^2)=(q^2-sq^2+pq)/(1-sq^2)$$
$$=(q^2+pq-sq^2)/(1-sq^2)=[q(q+p)-sq^2]/(1-sq^2)\quad \because p+q=1\quad \therefore q'=(q-sq^2)/(1-sq^2)$$
$$\Delta q=q'-q=(q-sq^2)/(1-sq^2)-q=(q-sq^2)/(1-sq^2)-q(q-sq^2)/(1-sq^2)$$
$$=[q-sq^2-q(1-sq^2)]/(1-sq^2)=(q-sq^2-q+sq^3)/(1-sq^2)=(-sq^2+sq^3)/(1-sq^2)$$
$$=[-sq^2-(1-q)]/(1-sq^2)$$

表 22.5　显性完全自然选择对隐性不利时基因频率 q 的改变

	AA	Aa	aa	合计	基因 a 的频率
原来基因	p^2	$2pq$	q^2	1	q
频率	1	1	$1-s$		
选择后频率	$p^2\times1=p^2$	$2pq\times1=2pq$	$q^2(1-s)=q^2-sq^2$	$p^2+2pq+q^2-sq^2=1-sq^2$	$q'=(q-sq^2)/(1-sq^2)$
相对频率	$p^2/(1-sq^2)$	$2pq/(1-sq^2)$	$(q^2-sq^2)/(1-sq^2)$	1	

一代的自然选择后，a 的频率不再是 q，而是 q'，$q'=\dfrac{q-sq^2}{1-sq^2}$，则 $\Delta q=\dfrac{-sq^2\ (1-q)}{1-sq^2}$。

当 $\Delta q=0$ 时，等位基因频率不会发生进一步改变。要注意在式中 sq^2 前有负号，因为 s、p 和 q 值总是为正值或零，所以 Δq 是负值或零。这样表明随着自然选择，q 值将减小。

自然选择也取决于群体中基因的实际频率，这是因为 a 等位基因频率变异的相对比率会影响到自然选择对降低隐性性状的效率。当隐性基因的频率相对较高时，很多纯合隐性个体存在于群体中，它们的适应值是低的，因此将导致基因频率有很大的改变。相反则基因频率改变比较小。

表 22.6 表明 3 个原来频率不相同的群体，群体 1 原来的频率 $q=0.9$，群体 2 的 $q=0.5$，群体 3 的 $q=0.1$；当 aa 的适合度为 0 而 AA，Aa 的适合度为 1 时，当 q 频率比较高时，如群体 1 频率改变是大的，在第一代中 q 从 0.9 降到 0.47；但 q 值小时，如群体 3，q 值改变也小，第一代从 0.1 仅降到 0.091，表明自然选择对隐性纯合不利时，原来的频率越大，自然选择的效果越明显。当 q 变得很小时，q 的改变也随之减小，因此实际上即使适合度为零，自然选择也很难将隐性性状从群体中消除掉。如果杂合子的适合度减小，那么基因频率的改变也比较快，因为自然选择时 Aa 和 aa 都起到作用。

表 22.6　比较在原来频率不同时自然选择对隐性表型的效率

代数	基因型频率（q^2）和等位基因频率（q）					
	群体 1		群体 2		群体 3	
	q^2	q	q^2	q	q^2	q
0	0.810	0.900	0.250	0.500	0.010	0.100
1	0.224	0.474	0.112	0.333	0.008	0.091
2	0.103	0.321	0.063	0.250	0.007	0.083
3	0.059	0.243	0.040	0.200	0.006	0.077
4	0.038	0.195	0.028	0.167	0.005	0.071
5	0.027	0.163	0.020	0.143	0.004	0.066
10			0.007	0.08		

我们还必须注意前面所说的当 q 值越大，基因频率改变也越大，这是指一般情况下，也有特殊的情况。现在我们来讨论下面的问题。当自然选择对

隐性纯合不利时，一代后基因频率的改变为

$$\Delta q=\frac{-sq^2(1-q)}{1-sq^2}$$

当 q 很小时，分母近似 1，等式可写成

$$\Delta q=-sq^2(1-q)$$

此式也反映 q 值的大小和 Δq 的关系，即 q 值越大，Δq 也越大，但对该式求导

$$\mathrm{d}\Delta q=(-sq^2+sq^3)'=-2sq+3sq^2$$

令 $\mathrm{d}q=0$

则 $2sq=3sq^2$

表明当 $q=2/3$ 时，Δq 有极大值，也就是当 q 等于或接近 2/3 时自然选择的效果最明显（表 22.7）。图 22.5 说明自然选择对显性、隐性的作用效率也是不同的。通过以上自然选择对隐性性状淘汰作用的讨论，说明基因频率改变的公式是可以从表 22.8 得到印证。显性性状和共显性性状也同样如此。我们不再详细地推导和解释，但将有关计算公式在表 22.8 中列出，供计算时使用。

表 22.7　q 值不同，s 值不同时自然选择的效率也是不同的。$q=2/3$ 时自然选择的效果最明显

Δq		s 值不同时所需的代数			
q	q'	$s=1$	$s=0.5$	$s=0.1$	$s=0.01$
0.99	0.75	1	8	38	382
0.75*	0.50	1	3	18	176
0.50	0.25	2	6	31	310
0.25	0.10	6	14	71	710
0.10	0.01	90	185	924	9 240
0.01	0.001	900	1 805	9 023	90 231
0.001	0.0001	9 000	18 005	90 023	900 230

* q 等于或接近 2/3=0.67 时基因频率改变最快。

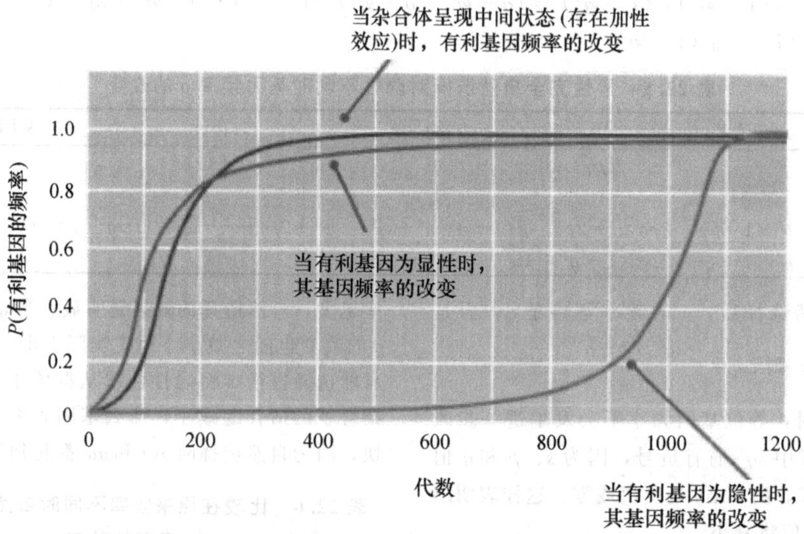

图 22.5　在一个随机交配的二倍体生物群体中，当有利基因为显性、隐性或当杂合体呈现中间状态时，通过自然选择，预期等位基因频率改变。在以上每种情况中，纯合体基因型的选择系数为 5%（引自 Hartl and Jones，2006）

表 22.8　自然选择在不同情况下基因频率的改变的计算公式

自然选择的类型	A^1A^1	A^1A^2	A^2A^2	基因频率的改变的计算
自然选择对隐性纯合不利	1	1	$1-s$	$\Delta q=-spq^2/(1-sq^2)$
自然选择对显隐性基因不利	$1-s$	$1-s$	1	$\Delta q=-spq^2/(1-s+sq^2)$
不自然选择显性基因	1	$(1-s/2)$	$1-s$	$\Delta q=(-spq/2)/(1-sq)$
自然选择对杂合有利	$1-s$	1	$1-t$	$\Delta q=pq(sp-tq)/(1-sp^2-tq^2)$
自然选择对杂合不利	1	$1-s$	1	$\Delta q=spq(q-p)/(1-2spq)$
自然选择是普遍性的	W_{11}	W_{12}	W_{22}	$\Delta q=pq[p(w_{12}-w_{11})+q(w_{22}w_{12})]/\overline{w}$*

* $\overline{w}$ 的计算见表 10.6。t 是 A^2A^2 的选择系数。

（四）突变和自然选择

自然选择通过新的突变可能被平衡。图 22.5 表明，自然选择具有从群体中去除有害等位基因的趋势。然而，有害等位基因不可能被完全清除，因为野生型等位基因常发生突变而不断地产生新的有害基因。通过自然选择可促使清除新产生的有害基因。最终，群体将获得一种平衡状态，即新的突变精确地平衡了有自然选择性的清除。

正如前面所讨论的自然选择减少有害的隐性等位基因频率，但当这种隐性基因的频率很低时，每代频率的改变也在减小。当这种等位基因十分罕见时，基因频率的改变十分微小。由于自然选择给突变造成压力，与等位基因频率下降相反，突变会不断产生新的等位基因。在此过程中，通过突变，新等位基因的产生可以精确地抗衡那些通过自然选择而丢失的等位基因，从而获得平衡。尽管自然选择和突变持续地作用，只要不存在某些其他环境因子的影响，这些等位基因的频率保持稳定。

设在一个群体中自然选择对一个有害的隐性基因 a 不利，一代后，a 基因频率发生变化为 $\Delta q=\frac{(-spq^2)}{(1-sq^2)}$（表 22.8）。若 a 是十分罕见的隐性等位基因，q^2 接近于 0，分母近似等于 1。

$$\Delta q=-spq^2$$

在此同时，若 A 突变为 a，结果使 A 等位基因增加频率为 up。因 a 的频率很低，故其回复突变的频率可以忽略不计。在自然选择使 a 基因减少的频率与突变使 a 基因增加的频率相同时，自然选择和突变之间达到了平衡：

$$spq^2=up \quad sq^2=u \quad q^2=u/s \quad \hat{q}=\sqrt{u/s}$$

$\hat{q}$ 为达到平衡时 a 基因的频率。若隐性纯合体是致死的（$s=1$），则等式变为 $q=\sqrt{u}$。例如，在突变和自然选择达到平衡时，设隐性基因突变频率为 10^{-6}，而自然选择系数为 0.1，平衡时 $\hat{q}=\sqrt{10^{-6}/0.1}=0.0032$。由于突变和自然选择之间达到平衡，大部分隐性有害性状以一个很低的频率保留在群体中。

对于显性基因 A 来说，平衡时 $p=u/s$，若突变率是 10^{-6}，而 s 是 0.1，达到平衡时显性基因的频率将为 $10^{-6}/0.1=0.000\,01$。可以看到在突变率和自然选择系数相同的情况下达到平衡时，显性等位基因的频率要低于隐性等位基因频率。这是由于自然选择对杂合状态下的隐性基因不起作用，仅对隐性纯合体起作用。对显性基因就不同了，不论纯合还是杂合都会起作用。正是这个原因，有害的显性等位基因一般都少于隐性的。

三、遗传漂变

由于样本太小而使实际结果和预期值产生偏差的现象被称为**取样误差**（sampling error）。设群体产生一个无穷大的配子库，其含有的等位基因频率分别为 p 和 q。若发生随机交配，所有的配子都结合成合子，那么基因型的比将是：p^2、$2pq$ 和 q^2，而在合子中等位基因的频率仍保持为 p 和 q。由于随机性样本可能偏离大库，样本越小，偏差越大。例如，掷硬币，我们预期 50％是正面，50％是反面。若掷了 1000 次的话，获得的结果很接近一半对一半的比。但我们仅掷 4 次的话，若得到 3 正 1 反，或者全都是反的结果也不足为奇。这表明样本越小，取样误差越大。所有的遗传漂变都是由取样误差所造成的。

哈迪-温伯格法则的一个主要的假定就是群体无限大。实际的群体不可能无限大，但它们要大到足以能正确预期基因频率和基因型频率。但有些群体很小，以至引起抽样误差而造成群体内等位基因频率随机波动的现象称为**遗传漂变**（genetic drift），又称为**随机遗传漂变**（random genetic drift）。这是由遗传学家 S. Wright 于 1930 年提出的，有时人们也把漂变称为**赖特效应**（Wright's effect）。

（一）基因频率的随机改变

遗传漂变在小的群体中是一种重要的进化力量。设想在南太平洋群岛上住着人类的最小群体，假设只有 10 个人组成，5 个人绿色眼，5 个人棕色眼，假设眼睛的颜色是由单基因决定的（实际上眼睛的颜色是由多基因控制的），且绿色眼的等位基因 b 对棕色眼的等位基因 B 是隐性的（BB 和 Bb 为棕色眼，bb 为绿色眼）。此岛上的群体中绿色眼等位基因的频率是 0.6。一次台风袭击了这个岛，群体中 50％的人死亡了，也就是 5 位居民死于风暴。正巧这死去的 5 个人是棕色眼。台风之后这个岛上绿色眼基因的频率是 1.0。在这个群岛上的群体中所发生的突变使绿眼基因的频率从 0.6 变成了 1.0，这完全是机误所造成的。

假设这个群体不是 10 个人，而有 1000 人，和前面一样群体中 50％是绿色眼，50％是棕色眼，一次台风袭击有一半人死于灾害，若死亡是随机的，那么是否可能正好死亡的都是棕色眼？在这样一个 1000 人的群体中，随机出现这种情况的概率是极小的，这个例子是为了说明遗传漂变的重要特点：偶然的因素只有在很小的群体中使基因频率发生改变。

（二）遗传漂变的量度

遗传漂变是随机的，我们就难以预期漂变的方向，但可以预测漂变的范围，即基因频率偏离的程度。群体越小，基因频率偏离的程度越大。为了确定遗传漂变的大小，我们必须知道**有效种群大小**（effective population size）等于成体为下代提供的配子的当量数。若两性的数目相等，而每个个体产生后代的概率都相同，那么这个有效群体的大小等于此群体中交配的成体数。然而当雌雄个体数不等时，有效群体的大小是

$$N_e = \frac{4 \times N_f \times N_m}{N_f + N_m}$$

式中，N_e 是有效群体的大小；N_f 是交配的雌体数；N_m 是交配的雄体数。为什么有效群体的大小不用交配的成体数而要用这个等式？原因是雄性作为一个群体为下一代全部基因提供了一半来源，而雌性则提供另一半基因来源。因此 70 个雌性和 2 个雄性的群体中，2 个雄性并不简单地与 2 雌性相当，每个雄性要为下一代总的基因数贡献 1/2×1/2＝0.25，而每个雌性只贡献所有基因的 1/2×1/70＝0.007。数目很小的雄性不均衡地影响着下一代存在的等位基因，利用上述等式，有效群体的大小是

$$N_e = (4 \times 70 \times 2) \div (70 + 2) = 7.8$$

或近似等于 8 个交配成体。这意味着 70 雌和 2 雄的群体，其有效群体的大小相当于只有 4 个交配雄性和 4 个交配雌性的小群体，因此也易发生遗传漂变。

我们知道有效群体的大小就能估计出基因频率可能偏离的程度。假设一个有效群体的大小为 N_e，一对等位基因（A、a）的频率分别为 p 和 q，而 $p+q=1$，由于遗传漂变群体中变异的总量可以通过基因频率的变化来测定，基因频率改变的方差为

$$s_P^2 = pq/2N_e$$
$$s_P = \sqrt{pq/2N_e}$$

标准误 $s_P = \sqrt{pq/2N_e}$ 能用来计算基因频率 95％可信范围，表明这个群体的 p 有 95％的可能是在预期范围内的。此 95％可信范围近似等于 $p \pm 2s_P$。例如，在 $N_e=50$ 的群体中 $p=0.8$，基因频率的标准误是 $s_P=\sqrt{pq/2N_e}=0.04$，95％的 p 可信范围：$0.72 \leqslant p \leqslant 0.88$。为了解释 95％可信范围，假设 100 个 $N_e=50$ 的群体，p 开始等于 0.8。遗传漂变可导致在有些群体中基因频率发生改变；这 95％可信范围告诉我们，在下一代中，100 个群体中有 95 个群体基因频率 p 为 0.72～0.88。如果我们获得的 p 改变为 0.68～0.8 的话，我们就知道遗传漂变所引起的基因频率改变的概率是小于 0.05。可以推断，除遗传漂变以外很可能还存在某些力量导致了此基因频率的改变。

（三）产生漂变的原因

所有的遗传漂变都是由于取样误差而产生的，但在自然群体中取样误差的发生有各种途径。首先是群体大小经很多代都保持很小。毫无疑问这种情况是经常发生的，特别是在栖息地的边缘；或者当竞争限制了群体生长时，在这种群体中遗传漂变在基因频率进化中起到了重要的作用。A. Buri 用果蝇做了一个实验，表明了遗传漂变的作用。果蝇决定眼色的基因座上有两个等位基因 bw^{75} 和 bw。Buri 建立了 107 个实验群体。bw^{75} 开始时的频率为 0.5，在各群体中果蝇随机互交，然后每代随机地取出 8 雌、8 雄作为下一代的亲本。这样有效群体的大小为 16 个果蝇。在 107 个群体中等位基因频率的分布如图 22.6 所示。注意在早期的世代中基因频率群集在 0.5 周围，但遗传漂变导致这个群体的基因频率分散开或逐代分开。在大部分群体中到 19 代 bw^{75} 的频率为 0 或 1。

遗传漂变产生的另一种途径是通过**建立者效应**（founder effect）。建立者效应是指由少数个体离开大群体后，形成一个相对隔离的状态，它们的基因型对将形成的新群体的基因频率会产生重大影响。新的群体随后可以增大，但群体的基因库源出于最初建立时存在的基因。

建立者的基因频率对由它们发展成的群体起到了重要的确立作用，并对后来多代的基因库有着深远的影响。许多建立者效应实例为人类群体学的研究提供了资料。

例如，在大西洋南部有三个很小的火山岛（Tristan da cwnha），1817 年开始由苏格兰人 William Glass 和他的家族到岛上居住。后来又迁来几个失事的水手和几个来自远处岛上的妇女，但这个岛是保持着遗传隔离的状态。1961 年岛上火山爆发，岛上的群体中几乎有 300 个居住者组成的群体迁到英格兰。遗传学家研究了他们，并重建了这个群体

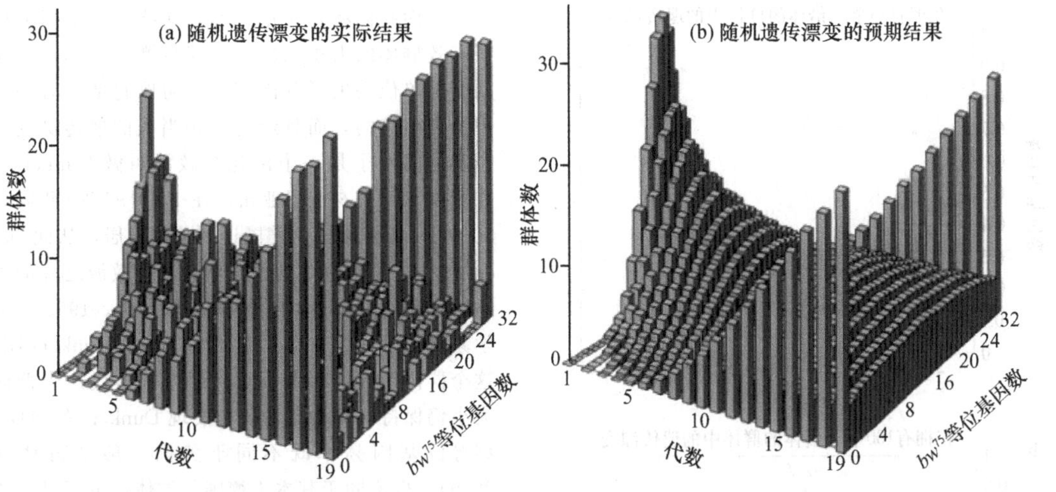

图 22.6　(a) 在果蝇的 107 个实验群体中的随机遗传漂变，每个群体由 8 对果蝇组成。(b) 相同条件的群体根据二项式分布计算所得到的遗传漂变理论值（引自 Hartl and Jones，2006）

史。这些研究者们揭示 Glass 等建立者们的基因型对这个群体的基因频率产生了强烈地影响。

遗传漂变的第三种形式称为**瓶颈效应**（bottleneck effect），即偶然事件如飓风、地震、海难等使小群体急剧减少，导致某些基因从基因库中随机丢失的现象。瓶颈效应也可以看成是建立者效应的一种类型，因为仅几个个体的减少结果就会影响群体。在 W. Glass 建立的群体中曾发生了两次剧烈的瓶颈效应。第一次是在一名传教士的鼓动下，当时很多的岛民移居到美国和南非。1857 年这个群体只剩下了 33 人。第二次瓶颈效应是发生在 1885 年 11 月 28 日，岛上 15 名男性成年人划船出海时，船被风浪倾覆，15 人全部遇难。岛上留下了很多寡妇和孩子，几年后她们也先后离开了这个岛，只余下 4 名成年男人、2 名老妪和 1 名神经错乱的女人。两次的瓶颈效应对这个群体的基因库起到了重要的作用，来自几个岛民的基因都全部丢失了。

(四) 遗传漂变的效应

遗传漂变首先是引起了基因频率的改变，而这些改变对群体的遗传结构有着明显的作用。遗传漂变会使杂合性减少，随之等位基因逐渐被固定，群体便失去遗传变异。这样遗传漂变的第二个效应就是减少群体中的遗传变异。

由于遗传漂变引起了基因频率的随机改变，等位基因的频率发生分离。等位基因频率的离散度是依赖于种群大小而决定的；种群越小，离散度越大，漂变发生得就越迅速。

在图 22.7 中表明一个群体开始时一对等位基因的频率 p 和 q 都等于 0.5，几代之后等位基因频率发生歧化，而这种歧化随着代数的增加而增加。当所有的群体一对等位基因中一个被固定时其基因频率歧化达到极大值。若基因频率开始时，都等于 0.5，则约有半数群体中有一个等位基因被固定，另一等位基因将丢失。

虽然小群体中等位基因频率由于随机遗传漂变而散布在较大的范围，小群体中平均的等位基因频率基本保持不变（图 22.8），等位基因频率的平均值保持在近似 0.5（最初的值）。如果亚种群数量无穷大而不仅仅是 12 个，那么等位基因的平均值在每一代中恰好是 0.5，此原理表示尽管等位基因频率在个别的小群体中随机漂变，而在大量的小群体中平均的等位基因频率仍保持不变，等于在最初的小群体中的平均的等位基因频率。

在许多代的随机遗传漂变之后，某些小群体固定了 A 基因，另一些则固定了 a 基因。因为我们假定群体中没有突变发生，所以群体中已固定的等位基因此后保持不变。

如果随机遗传漂变仅是进化中的一个动力，等位基因不是被固定就是丢失，将不会有多态性。另外，许多因素对随机遗传漂变产生延迟或阻止的效应。这些因素中最重要的是：①足够大的群体；②突变或迁移，由于通过随机遗传漂变，等位基因丢失而阻止了固定，但可通过另一过程再引入；③自然选择，尤其是那些趋向于保持遗传多样性的自然选择模式，如杂合子优势。

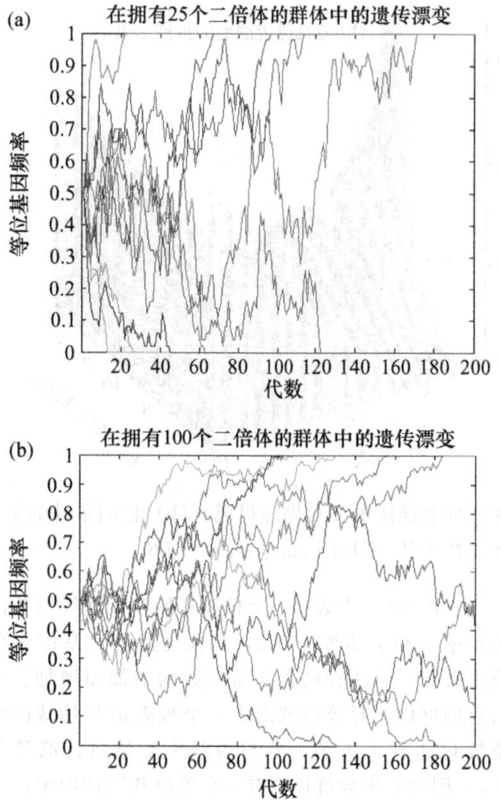

图 22.7　表示小群体的漂变

(引自 Cartwright，2004)（见彩版）

(a) 表示 10 个群体（每个群体具有 25 个二倍体）遗传漂变的模拟；(b) 表示 10 个群体（每个群体具有 100 个二倍体）遗传漂变的模拟。这两个群体开始时 A 和 a 的基因频率相等，皆为 0.5，但经过 200 代后，它们的基因频率发生很大的波动。群体越小，漂变越剧烈

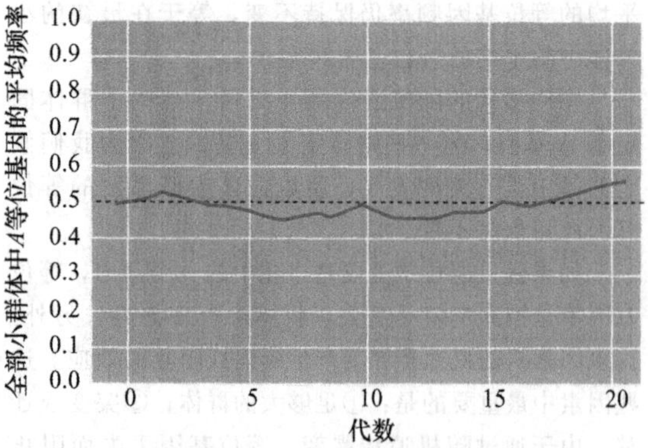

图 22.8　在具有 8 个二倍体的 12 个小群体中，经历 20 代的平均的 A 等位基因频率（引自 Hartl and Jones，2006）

后面我们将要讨论迁移，在群体中基因流增加了有效群体的大小而减少了遗传漂变的影响。而小的交配单位丢失了基因流，最初他们是从另一群体中分离出来的，而且经历了相当大的遗传漂变。一个很好的例子是一个浸礼会教派叫做 Dunkers，它在美国东部宾夕法尼亚州。在 1719～1729 年间，有 50 个 Dunker 家庭从德国迁到美国定居，从此 Dunkers 保持了一个隔离的小群体，不和教派之外的人群通婚，而他们本身的人数又是相当少。1950 年遗传学家研究了一个在富兰克林城的初始 Dunkers 团体，这个群体约有 300 个成员，经过很多代这个群体的大小仍保持相对稳定。研究发现 Dunkers 的 ABO 血型等位基因频率既不同于美国一般的群体（表 22.9），也不同于其本土德国的群体，也不是居于二者的频率之间。若是在二者之间就有可能是 Dunker 和美国人基因混合而发生的。看来 Dunker 特殊的基因频率可能是漂变的结果，即基因库中的基因发生随机的变化。当最初的 50 个家庭从德国移出时可能发生了建立者效应。而遗传漂变从 1729 年开始就持续地影响着每一代的基因频率，这是因为这个群体的大小一直保持很小。现在举一个全色盲（achromatopsia）的例子。全色盲为常染色体隐性遗传病，是指眼球中锥状细胞缺少，或无作用，仅能依靠眼球中杆状细胞来感受视觉影像光线的强弱，其视觉所见的景象只有灰阶的色阶分布，不能分辨任何颜色。其在一般群体中发病率为 1∶33 000，但在太平洋上的平格拉普岛（Pingelap）和彭培岛（Pohnpei）上全色盲的发病率很高（1/12），岛上约有 1/3 的人为携带者。这是由于约在 1775 年岛上居民遭到了一场台风的袭击，仅幸存约 20 人，其中有一人带有全色盲的隐性基因。因为岛上的群体很小，在遗传漂变的作用下，这个基因的频率大大提高，致使岛上全色盲的比例远高于全世界其他地方。

表 22.9　三种人群中 ABO 血型系统等位基因频率和表型频率

群体	等位基因频率			血型表型的频率			
	I^A	I^B	Ii^O	A	B	AB	O
Dunker	0.38	0.03	0.59	0.593	0.036	0.023	0.348
美国	0.26	0.04	0.70	0.431	0.058	0.021	0.490
德国	0.29	0.07	0.64	0.455	0.095	0.040	0.410

四、迁移对基因频率的影响

迁移（migration）是指一些个体从一个群体迁

入另一群体，从而改变受纳群体等位基因频率，因此迁移具有潜在的打破哈迪-温伯格平衡的作用。这个过程也称为**基因流**（gene flow）。

迁移与突变相似，新的等位基因能被引进到本地种群中，虽然等位基因来自另一亚种群而不是由新的突变而来。在没有迁移的每个本地群体中，等位基因频率能独自改变，所以本地群体可能经历了相当多的遗传分化。在亚种群中的**遗传分化**（genetic differentiation）是指共同的等位基因有不同的频率，或某些地方种群具有其他群体中所没有的某些稀有等位基因。若小群体中存在某些个体的迁移，那么小群体中能减少遗传差异的积累。事实上，小群体中仅有的相对少量的迁移通常足以防止高水平的遗传分化（大约每个世代中每个地方种群仅有很少的迁移）。并且，尽管有迁移，但如果其他的进化动力非常强的话，某些遗传分化也能积累下来，如自然选择以适应当地的环境。

基因流对群体有两个主要的作用。①它将新的等位基因导入到受纳群体中。由于“突变”这一事件一般是很少发生的，一个特殊的突变等位基因可能在某个群体中发生，而不在其他群体中发生，基因流可将独特的等位基因播散到其他的群体，像突变一样，成为该群体的遗传变异的来源。②当迁移动物的基因频率和受纳群体的不同时，基因流改变了受纳群体的等位基因频率。通过基因的改变，群体保持相似性，这样，迁移是一种均化力量，倾向于阻止群体发生变异。

为了说明迁移对基因频率的作用，现设想一个模型，在模型中基因流仅单向地发生，即从群体Ⅰ移向群体Ⅱ。假设在群体Ⅰ中 A 等位基因频率（$P_{Ⅰ}$）是 0.8，而在群体Ⅱ中 A 的频率（$P_{Ⅱ}$）是 0.5。每代某些个体从群体Ⅰ迁移到群体Ⅱ。这些迁移者是群体Ⅰ中基因型随机的样本。迁移后群体Ⅱ实际含有两组个体：一组是迁移者，其 A 等位基因频率 $P_{Ⅰ}=0.8$；另一组是接纳群体的成员，它们的 A 等位基因频率 $P_{Ⅱ}=0.5$。迁移者现在在群体Ⅱ中的比例为 m，那么迁移后群体Ⅱ中 A 基因的频率是

$$P'_{Ⅱ} = mP_{Ⅰ} + (1-m)P_{Ⅱ}$$

我们可以看到迁移后 A 的频率是由新组成群体Ⅱ中的两组中 A 等位基因的比例来决定的。等式右边的第一个成分 $mP_{Ⅰ}$ 是迁移者中 A 等位基因的频率。第二个成分是原有者中 A 等位基因的频率 $(1-m)P_{Ⅱ}$，$(1-m)$ 是受纳群体中原有个体的比例（图 22.9）。这两个成分相加就构成了群体Ⅱ迁移后 A 基因的频率。

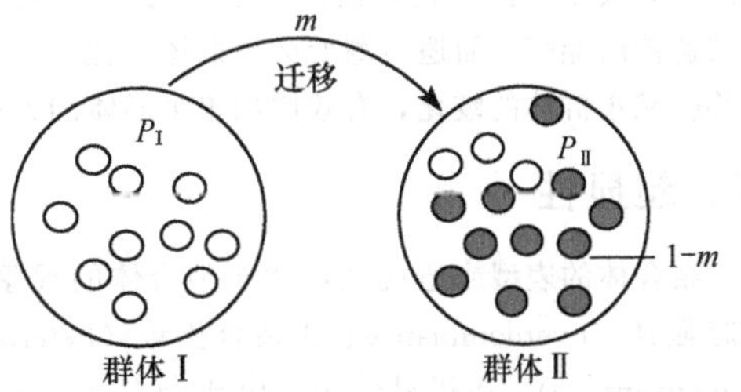

图 22.9　群体Ⅰ的等位基因频率 $P_{Ⅰ}$，群体Ⅱ的等位基因频率 $P_{Ⅱ}$，群体Ⅰ中有 m 个迁入群体Ⅱ，产生了混合群体

在群体Ⅱ中基因频率的改变设为 Δp，等于混合的 A 频率减去群体Ⅱ原来的 A 基因频率：

$$\Delta P = P'_{Ⅱ} - P_{Ⅱ}$$

将上式代入　$$\Delta P = mp_{Ⅰ} + (1-m)P_{Ⅱ} - P_{Ⅱ}$$

展开　$$\Delta P = mP_{Ⅰ} + P_{Ⅱ} - mP_{Ⅱ} - P_{Ⅱ}$$

$$\Delta P = mP_{Ⅰ} - mP_{Ⅱ}$$

$$\Delta P = m(P_{Ⅰ} - P_{Ⅱ})$$

最后结果表明迁移使基因频率发生改变，这依赖于两个因素：混合群体中迁移者的比例（m）和两个群体之间基因频率的差（$P_{Ⅰ}-P_{Ⅱ}$）。若迁移所涉及的两个群体之间基因频率无差别，即 $P_{Ⅰ}-P_{Ⅱ}=0$，那么 ΔP 也为零。为了讨论迁移对基因库结构的影响，必须假定两群体之间基因频率是不同的。由于不断地相互迁移，使 $P_{Ⅰ}$ 和 $P_{Ⅱ}$ 逐渐相同，结果迁移时基因频率相等。此时另一个因素 m 对基因频率也不能有所影响了。

移居美国的黑人，他们血型的频率既不同于非洲的黑人群体，也不同于受纳群体美国的白人，而是倾向于两者之间，这是当地部分白人与黑人通婚的结果，但所有的混血儿都被人们视为黑人，故白人的频率几乎没有受到影响，只有“黑人”群体的基因频率有了明显的改变，事实上这个混合群体（并未充分混合，因二者之间的婚配不是随机的）总的基因频率也发生了改变（表 22.10）。美国黑人血型基因频率的改变和前面所说的浸礼会成员血型频率改变（表 22.9）的机制是不同的，前者是漂变，后者是迁移。

表 22.10　美国黑人、白人及非洲黑人的血型频率

血型	非洲黑人	加州黑人	加州白人
A	0.156	0.175	0.247
B	0.136	0.125	0.068

另外我们要注意，群体中的迁移倾向于增加群体的有效大小。正如我们前面已说到的，小群体会导致遗传的漂变，而遗传漂变会使群体歧化。另外，迁移会减小群体的歧化，有效增加单个群体的大小。

五、超显性

杂合体的表型或适应性都优于纯合体的现象称为**超显性**（overdominance）或杂合优势（heterozygote advantage）。在超显性中，由于杂合子的适应值高于纯合体，使得两个等位基因在群体得以维持平衡。自然选择将会使基因频率改变直到达到平衡，然后维持稳定。在这种情况下，群体中基因频率能达到平衡是依赖两种纯合体的适合度。若 AA 的自然选择系数是 s，而 aa 的自然选择系数是 t，则 q 的平衡值 $\hat{q}=f(a)=t/(s+t)$，p 的平衡值 $\hat{p}=f(A)=s/(s+t)=1-\hat{q}$，当存在杂合优势时，两个等位基因都不能通过自然选择而被除去。在每一代中，杂合子比纯合子产生更多的子代，对杂合子的自然选择要保持群体中的两个等位基因。自然选择最终产生平衡，等位基因频率不再改变。如果基因型 AA、Aa 和 aa 的相对适合度为 $(1-s):1:(1-t)$，那么达到平衡时，p 和 q 的比率为 $p/q=t/s$。通过此公式能够推断，aa 的选择系数（t）越大，p/q 平衡比就越大，反之亦然。

杂合子优势没有普遍性自然选择形式。然而，有几个典型例子，最著名的是镰状细胞贫血杂合子（H^A/H^S）的红细胞比镰状贫血患者（H^S/H^S）及正常人（H^A/H^A）的红细胞对疟原虫具有更高的抵抗力。三种基因型的适应值分别为 H^A/H^A 0.81、H^A/H^S 1.00、H^S/H^S 0.20。这是由于疟原虫进入红细胞，依赖吞噬细胞质为生。因 HbS 分子相对于 HbA 为不溶性，会大大增加细胞质黏性，所以疟原虫不能有效地以 H^A/H^S 细胞为生。另外当杂合体的红细胞通过毛细管时，成为镰形，而使毛细管丢失 K^+，从而可杀灭需高水平 K^+ 的疟原虫。

第四节　分子进化

分子进化（molecular evolution）是在 DNA、RNA 和蛋白质水平上的进化过程。分子进化的研究目的是通过分析、比较 DNA、RNA 和蛋白质分子结构与功能的改变来探索群体进化速率、物种间的亲缘关系、进化的过程和机制。近年来，基因组测序、高通量蛋白质鉴别和生物信息学（bioinformatics）的建立导致了分子进化研究的迅猛发展。当进入 21 世纪后，分子进化研究中较活跃的课题有：新基因功能；基因重复（gene duplication）在进化中的作用；中性漂变在进化中的作用；鉴别那些与感染、疾病相关的人类的一些大分子的改变。

一、分子进化的分析方法

大分子如 DNA、RNA 和蛋白质是线性的亚单位多聚体。每个亚单位分子的特异序列确定其结构和功能。对物种中相关分子的序列进行比较，找出序列上的差异以及这些差异与基因功能、蛋白质结构差异的相关性，对研究分子进化非常重要。

（一）分子钟和中性突变学说

1. 分子钟

分子钟概念最初是由 E. Zuckerkandl 和 L. Pauling 于 1962 年提出的。他们比较了来源于不同生物系统的血红蛋白分子的氨基酸序列之后，用化石的证据为参照，粗略地划分系统的分歧时间，并提出蛋白质中的氨基酸随着时间的推移而近似以一定比例的残基发生取代，即氨基酸在单位时间内以同样的速度进行置换。

分子进化速率是以每年每个位置氨基酸或核苷酸替换数来表示的。以蛋白质分子为例，其进化速率为

$$K_{aa}=(D_{aa}/N_{aa})\div 2T$$

式中，D_{aa} 是两种不同生物同源蛋白质的氨基酸差异数；N_{aa} 是构成同源蛋白质的氨基酸个数；T 是两种生物的分歧进化时间。式中要除以 $2T$，是因为分歧进化是向两条路线进行的。可以这样理解：从一种生物回溯到分歧点再到第二种生物，其演化时间正好是 $2T$。分子进化的特点之一是每一种生物大分子不论在何种生物中都有一个大致恒定的进化速率。以血红蛋白 α 链为例，鲤鱼与马有 66 个氨基酸差异，地质资料表明鱼类起源于约 4 亿多年前的志留纪，若以 4 亿年作为鲤鱼与马的分歧进化时间，则从鲤鱼到马的进化速率为

$$K_{aa}=66/141\div(2\times 4\times 10^8)$$
$$\approx 0.6\times 10^{-9}/(\text{个氨基酸}\cdot\text{年})$$

马与人有 18 个氨基酸差异，高等哺乳动物的进化约出现于 8000 万年前，如以此作为马与人的分歧进化时间，则从马到人的进化速率为

$$K_{aa}=18/141\div(2\times 8\times 10^7)$$
$$\approx 0.8\times 10^{-9}/(\text{个氨基酸}\cdot\text{年})$$

即血红蛋白的α链分子，无论是在从鱼到马，还是在从马到人的进化过程中，其进化速率基本上都是相同的。

以上表明，虽然各种蛋白质的进化速率完全不同，但某些蛋白质在进化过程中显示出氨基酸取代速率大致是恒定的。在生物的各个系谱中，明显的序列改变的恒定速率称为**分子钟**（molecular clock）。分子钟将时间量程与基因树连接起来，因此，物种分歧的时间量程是根据分子遗传学的分析得到的，而不依据化石的记录。

1967 加利福尼亚大学的 A. Wilson 和 V. Sarich 通过对人和黑猩猩遗传物质的比较分析，提出可以使用“分子钟”来推算人类起源。他们研究的结果显示人科的起源只有 500 万年，这与传统上使用化石的办法估算的 2500 万年相距甚远，但却与今天人们所普遍接受的 500 万～700 万年的起源时间相吻合。

分子钟假说的核心是在进化中核苷酸的置换率是恒定的。其实这是相对的，核苷酸位点的进化速率随其功能而不同。分子进化的普遍原理是蛋白质序列的进化也适用于 DNA 序列的进化，但二者之间也有些重要的差异，因此在应用分子钟时应注意如下几点。①一个基因的中性突变速率可能与另一基因不同，依据新的突变片段是否是中性的或接近中性的而定。对于进化非常缓慢的基因，如组蛋白 *H4* 的基因，大多数氨基酸的取代可能是完全有害的，所以其中性突变速率将非常缓慢。并且，对于进化非常快速的基因，如 γ 干扰素的基因，每年氨基酸重要部分的取代可能是有利的突变，这些突变就不是中性的。②分子钟在繁殖的时间间隔不像时钟一样滴答作响。它是不规则的或随机的，只有在滴答声之间的平均间隔是可预测的。同理，放射性衰变也是一样的，是一种随机的但却是有规律的过程，而这种类推相对平均数而言有其缺点，即分子钟的随机变异比原子钟的变异要大得多。③在许多情况下分子钟的运转状态是无法察觉的。因为序列进化沿着基因树的不同分支其速率是不同的。例如，在人类和小鼠谱系中，鼠类沿分支的序列进化的速率比人类的进化速率快 2 倍，这被认为是由于小鼠谱系的世代时间较短，导致沿谱系有更多的世代。重建基因树的最好的方法是探究这种变异的原因。

2. 中性突变学说

1968 年日本的木村资生（M. Kimura）提出**中性突变学说**（neutral-mutation theory）。此学说认为分子水平上的大多数突变是中性或近中性的，自然选择对它们不起作用，它们依赖一代又一代的随机漂变而被固定或趋于消失，从而形成分子水平上的进化或种内的变异。1969 年美国学者 J. L. King 和 T. H. Jukes 又用大量分子生物学的资料证明了这一学说。此学说并不否认进化过程中自然选择的作用，但认为漂变也起到很大的作用。

分子进化速率与种群大小、世代寿命和物种的生殖力均无关，也不受环境因素所影响。这是自然选择学说所不能解释的，而中性学说对此却能作出合理的解释。

现举一个最简单的例子。二倍体的群体中，每个基因组具有 N 个基因，二倍体共有 $2N$ 个拷贝。假设某些新的突变是中性的，这意味着这些突变对生物体的适合度没有影响。自然选择中性的等位基因的突变速率是每一代 μ 个基因。那么在任何一代中，预期每个细胞中有 $2N\mu$ 个新的中性突变。那么中性进化的速率为

$$2N\mu/2N=\mu$$

因此，中性进化的预期速率等于中性突变的速率，构成一个短的分子钟，它的滴嗒声（记录时间）是固定的突变。

（二）基因树

根据同源基因间的差异构建的系统发生树称为**基因树**（gene tree）。因为序列随着时间而改变，接下来是序列差异的积累。序列差异的积累是分子系统学的基础，是分析分子的序列进而推断出进化的关系。

从分子序列来重建进化史的原理最好能通过例子来说明。在图 22.10 中的资料中描述了 7 种脊椎动物各个成体血红蛋白的 β 球蛋白链的前 50 个氨基酸。图 22.10（a）中“·”表示该位置的氨基酸与人类的分子相同；“—”表示缺乏对应的氨基酸，或者说 DNA 缺失了 6bp。

由于生物大分子序列随着时间的改变而改变，任何两个序列之间的差异可用来推测它们所经历的进化时间。序列的改变是偶然的，预期两个序列差异的数量与随机变异数量相同。某些突变可增强生物体的适合度，这些突变在群体中被固定的机会增多。

分析分子进化的任务之一是在一组序列之间推断出进化关系的模式，用以描绘分类单元之间的亲缘关系。由节点分支构成的树状图，称为**进化系统树**（phylogenetic tree），又称为支序图、分支图或**进化树**（cladogram）。若以单个的基因为基础，为一

个**基因树**。在基因树中序列间进化关系的模式与物种间进化关系的模式不一定相同。许多方法可用来推断出一个基因树，标准的软件包如 PAUP 和 PHYLIP 可用于计算。其中最简单的方法是根据序列间包含的碱基对的距离而构建的基因树。序列可被转换成**距离矩阵**（distance matrix），提供的数据可用于分析。使用测量距离，但在图 22.10（b）中显示的矩阵距离的测量是直线的：对于每对进行比较的序列，距离是序列间不同位点的氨基酸的数量。如果位点差异的比例较大，那么有可能一种氨基酸位点的改变已超过了相应时间范围，有必要进行矫正，使其恢复原状。在此例中则不需矫正。

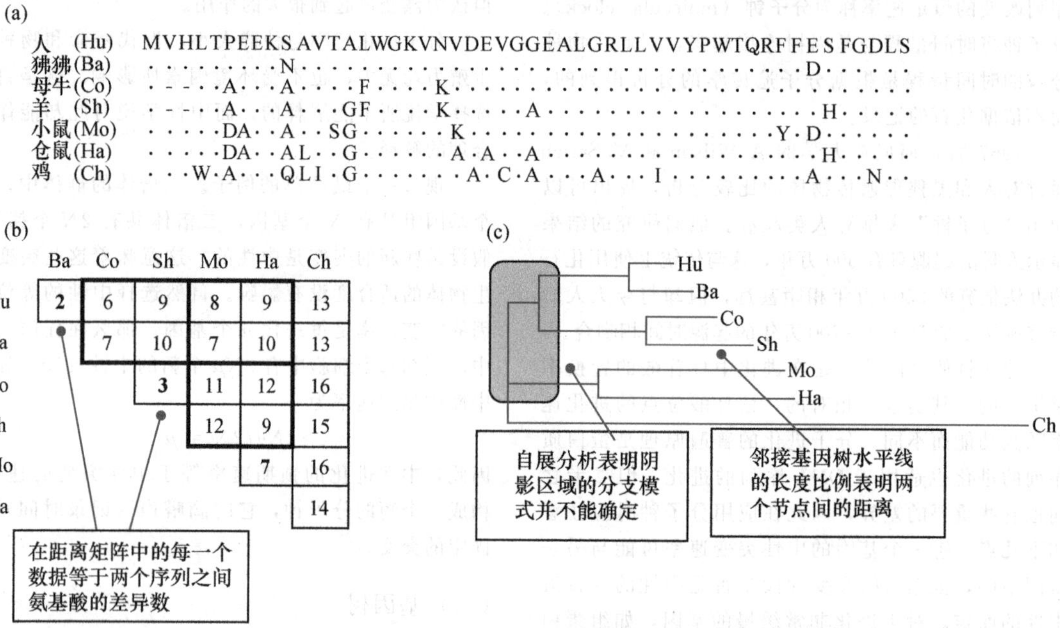

图 22.10　β 血红蛋白的序列分析（引自 Hartl and Jones，2006）

（a）7 个分类单元的前 50 个氨基酸残基；（b）距离矩阵表明每一对序列之间氨基酸的差异数；（c）根据距离矩阵用邻接法建立的基因树

每个序列的来源称为**分类单元**（taxon），分类单元是分类工作中的实际操作单位，有特定的名称和分类特征，如一个具体的目、科、属、种等。一种由距离矩阵推断基因树的方法是**邻接法**（neighbor-joining method）。将距离最小的第一对分类单元组合成单独的一组，然后计算新的距离矩阵，来确定最近的一对新邻接分类单元，再将它们进行连线。邻接法概念上简单，常产生相同的基因树，或与用更复杂的方法产生的最佳的基因树非常相似。对于血红蛋白数据来说，在图 22.10（c）中，基因树以邻接法为基础而构建，每一水平线的长度是按比例表示物种间的进化距离。

基因树与物种树并不等同。基因树表示一组基因或一组 DNA 序列进化关系的系统发生树。而反映物种之间真实进化关系的系统发生树被称为**物种树**（species tree）。虽然基因树不能等同于物种树，但基因树的分支式样能够反映物种的进化历史。随着越来越多的基因序列被应用于分子进化的研究中，随之产生的基因树和物种树的矛盾已成为分子系统发育研究中日益突出的问题。因此，需正确理解基因树和物种树之间的差异，充分注意和分析基因树与物种树冲突的原因，正确解释分子系统发育的结果。

图 22.11 表示一条途径的基因树与物种树的差异。祖先的种群原来等位基因 A_1 是被固定的，但后来经突变产生了等位基因 A_2，群体中 A 基因座产生了多态性。直到物种分离产生物种 1，然后物种 2 和物种 3 也进行分离。然而，最终发生了一个等位基因的丢失，另一个等位基因被固定，在此例中，物种 1 和物种 2 中丢失了等位基因 A_1，固定了等位基因 A_2；而物种 3 中则丢失了等位基因 A_2，固定了等位基因 A_1。这意味着从基因树中看出物种 1 和物种 2 所组成的亲缘关系最近，而物种树则显示出物种 2 和物种 3 实际上的亲缘关系最近。

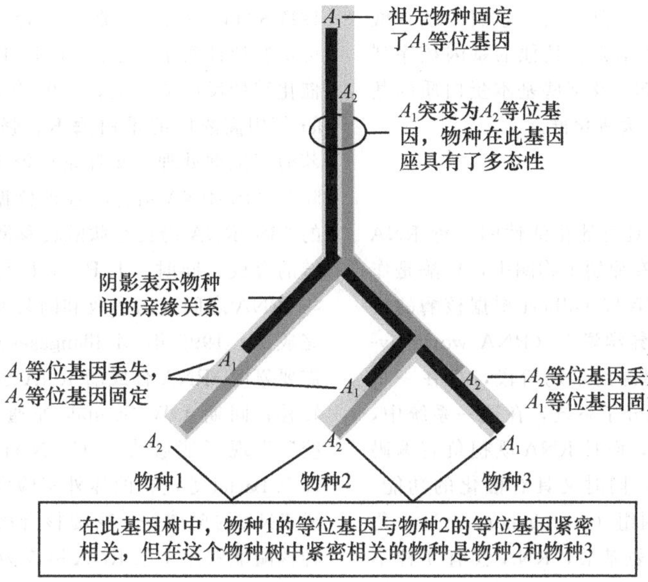

图 22.11　由于在不同的谱系中存在等位基因的多态性，所以基因树并不等同于物种树

由于重组使得这种情况变得更为复杂。当基因发生重组时，即意味着不同的基因有着不同进化史。因为可能发生基因内重组，甚至有可能在同一基因的不同部分有不同的进化史。这就是为什么利用Y染色体的非重组部分和线粒体的DNA来追踪人类的起源。然而Y染色体树或线粒体DNA树的推测与核基因的基因树不一定相同。克服基因树与物种树的矛盾的另一种方法就是以多个基因为标准，来克服重组和随机丢失所造成的假象。

具多态性的基因存留的时间相对短，或物种足够老时，基因树与物种树常常是一致的。基因树与物种树不一致性是一个潜在的问题，主要是因为基因组能长期保持这种多态性。例如，免疫系统中存在许多功能性不同的基因，它们是高度多态性的，这种多态性持续了一个新物种形成的时期或更长。在这种情况下，等位基因排序过程如图 22.11，能导致基因树与物种树的差异。

在分子进化中，RNA 和 DNA 的序列已被用于几乎所有生物进化路线的研究。其中的工作之一是 N. R. Pace 及其同事以 16S rRNA 的序列为基础构建了一个生物进化树（图 22.12）。这个进化树反映了三个主要的进化群：真细菌、真核生物和古细菌。真细菌和古细菌二者是原核的，但它们与真细菌和真核生物之间一样也存在差别。真细菌和细菌在表

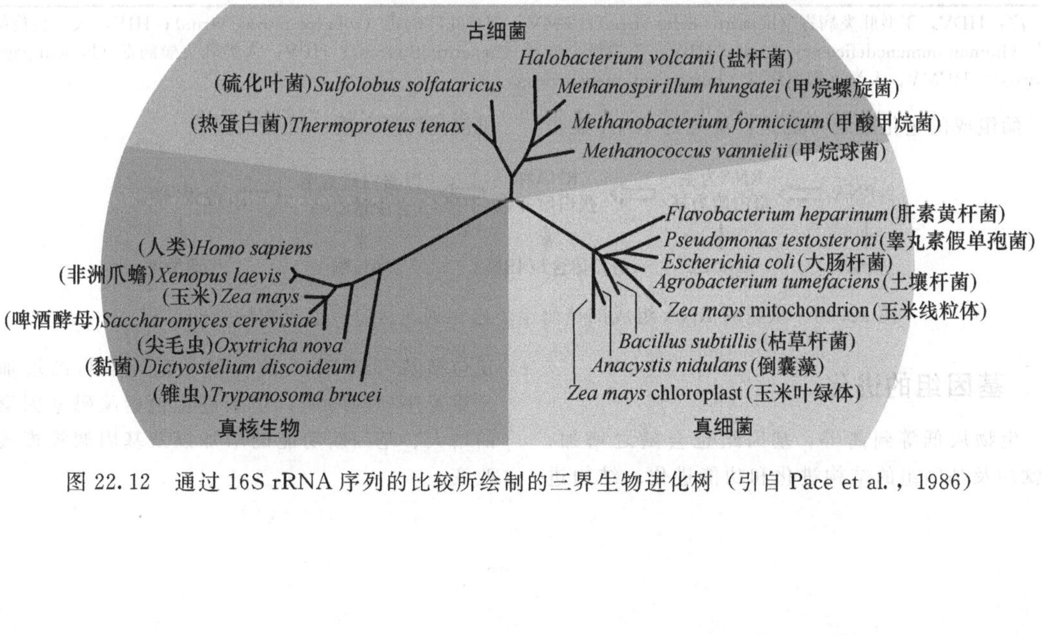

图 22.12　通过 16S rRNA 序列的比较所绘制的三界生物进化树（引自 Pace et al.，1986）

型上进化的差别不太明显，但在比较它们的核苷酸序列后这种关系就变得很清楚。其他的基因核序列包括 5S rRNA、大的 rRNA 及某些基本蛋白质的基因支持在生物间存在这三大进化群。

二、核酸的进化

核酶（ribozyme）是具有催化活性的一种 RNA 分子（见第八章）。也许在原始生物圈中，核酶是作为最初的酶作用。1986 年 W. Gilbert 根据核酶的特点首次提出了 **"RNA 世界学说"**（RNA world hypothesis），认为在生命起源的早期阶段，存在一个完全由 RNA 分子组成的分子系统，在这一系统中，RNA 分子进行自我复制，而且 RNA 既担负着编码和储存遗传信息的作用，同时又具有催化的功能，所以它有可能充当原基因组（protogenome）这一角色。由于蛋白质有 20 种氨基酸，RNA 仅有 4 种不同的碱基，蛋白质的多样性远远超过了 RNA；多肽链可折叠成三维结构，比 RNA 具有更大的可塑性，随着进化，RNA 的催化功能由蛋白质所取代。由于单链的 RNA 的磷酸二酯键不稳定，因此在大部分情况下，RNA 将编码和储存遗传信息的功能转交给了更为稳定的双链 DNA。1986 年 P. J. Grabowski 发现四膜虫 35S rRNA 丢失了 19nt 后，产生的 L-19IVS 可以催化 5-聚胞苷聚合为多聚胞苷，更加无可辩驳地证实了四膜虫 rRNA 内含子确实具有酶的催化转酯反应的功能；1992 年，美国的 H. F. Noller 等用高浓度的蛋白酶 K、强离子去污剂 SDS 及苯酚等试剂处理大肠杆菌核糖体 50S 的大亚基，去除与 23S rRNA 结合的各种核糖体蛋白，结果得到的 23S rRNA 仍具有肽酰转移酶的活性，能催化肽链的合成；同时，T. R. Cech 实验室也发现氨基酸与 tRNA 之间键的形成和断裂是由 rRNA 单独催化完成的；1995 年 M. Illangasekare 等研究发现，不需要氨酰-tRNA 合成酶 RNA 也可以催化氨酰基的转移；同期 J. W. Szostak 等通过"试管内进化系统"发现了能够参与 C—N 键合成的核酶；1998 D. P. Bartel 等进行的体外实验发现了一种能催化合成 RNA 的单体——嘧啶核苷酸，他们还发现了一种核酶能够用 1 条 RNA 链作为模版合成 RNA，即使所合成的 RNA 的长度仅为 14 个核苷酸，也证明 RNA 也能自我复制。上述研究结果都有力地支持了"RNA 世界学说"，表明早期生命活动可能主要是通过 RNA 的催化实现的。

既然在生物进化的早期最先出现的是 RNA，那么病毒的进化路线可能是从类病毒逐步进化到 DNA 病毒（表 22.11）。

表 22.11　病毒组成的进化

结构	RNA	RNA＋蛋白质	RNA＋蛋白质	RNA · DNA＋蛋白质	DNA＋蛋白质	DNA＋蛋白质
表达	RNA ↓ RNA	RNA ↓ RNA→蛋白质	RNA ↓↑ DNA	DNA ↓↗↓ RNA→蛋白质	DNA ↓↗↓ RNA→蛋白质	DNA ↓ RNA→蛋白质
病毒类型	类病毒	RNA 病毒	反转录病毒	既包含 DNA 又包含 RNA	DNA 病毒	DNA 病毒
例子	HDV	TMV	HIV	HCMV	HBV	HPV

注：HDV，丁型肝炎病毒（hepatitis delta virus）；TMV，烟草花叶病毒（tobacco mosaic virus）；HIV，人类免疫缺陷病毒（human immunodeficiency virus）；HBV，乙型肝炎病毒（hepatitis B virus）；HPV，人类乳头瘤病毒（human papillomavirus）；HCMV，人类巨细胞病毒（human cytomegalovirus）。

酶组成的进化路线可能是：从纯的 RNA 逐步过渡到纯蛋白质（图 22.13）。

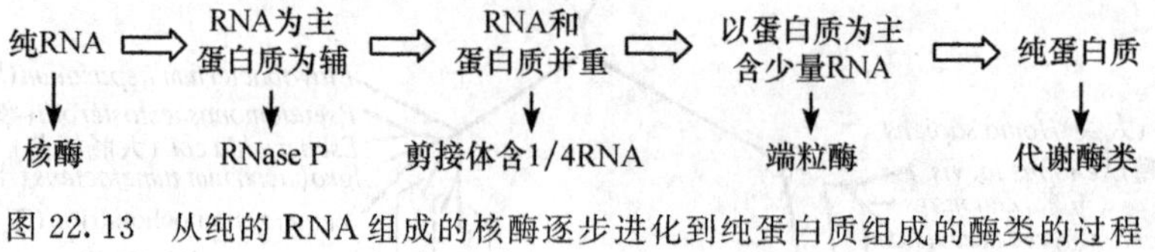

图 22.13　从纯的 RNA 组成的核酶逐步进化到纯蛋白质组成的酶类的过程

三、基因组的进化

生物从低等到高等，基因组也会随之增加，这就涉及基因组的结构进化和功能进化。结构进化包括基因组 DNA 的含量和基因数目的增加以及重复序列的增加；功能进化包括编码基因家族的增大、基因新功能的增加以及基因调控模式的改变。

(一)基因组结构的进化

在生物的进化中,基因组在不断增大,各门生物最小基因组的变化明显与其进化地位相一致(图 22.14),但在原核生物和真核生物中,基因组结构进化的情况完全不同(表 22.12)。

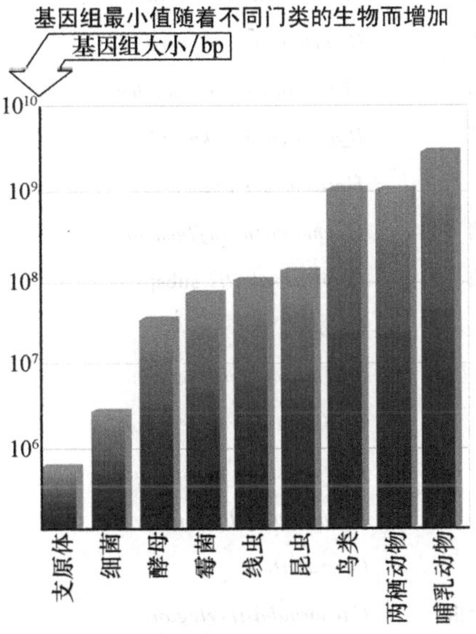

图 22.14 从原核生物到哺乳动物,每门生物中基因组的最小值逐次增加(引自 Lewin,2004)

表 22.12 各类生物最小基因组中基因数随其复杂程度的增加而增加

生物	实例	基因数
寄生菌	生殖道支原体(*Mycoplasma genitalium*)	470
独立生活的细菌	幽门螺杆菌(*Helicobacter pylori*)	1 590
单细胞真核生物	裂殖酵母(*Schizosaccharomyces pombe*)	5 000
多细胞真核生物	秀丽新小杆线虫(*Caenorhabditis elegans*)	20 000
高等植物	拟南芥(*Arabidopsis thaliana*)	25 000
哺乳动物	人类(*Homo sapiens*)	25 000

原核生物基因组较小,几乎所有 DNA(通常是 85%~88%)都编码 RNA 或蛋白质。其大小和基因数的多少是成比例的(图 22.15),一般一个基因长约 1kb,寄生菌的基因组一般都小于 1.5Mb(表 22.13)。

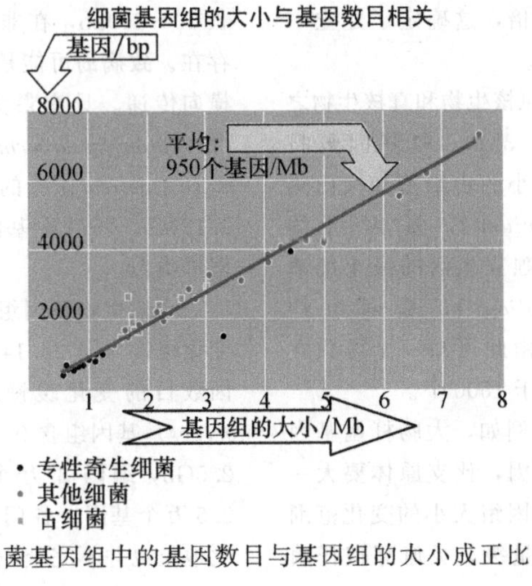

图 22.15 细菌和古细菌基因组中的基因数目与基因组的大小成正比(引自 Lewin,2004)

表 22.13 已测序的一些原核和真核生物基因组的大小及基因数目

门	物种	学名	基因组/bp	基因数
支原体	生殖道支原体	*Mycoplasma genitalium*	0.58×10^6	470
立克次体	普氏立克次体	*Rickettsia prowazekii*	1.11×10^6	834
古细菌	詹氏甲烷球菌	*Methanococcus jannaschii*	1.74×10^6	1 682
	堀越氏火球菌	*Pyrococcus horikoshii*	1.74×10^6	2 061
细菌	幽门螺杆菌	*Helicobacter pylori*	1.67×10^6	1 590
	流感嗜血杆菌	*Haemophilus influenzae*	1.83×10^6	1 743
	枯草芽孢杆菌	*Bacillus subtilis* subsp.	4.21×10^6	4 100
	大肠杆菌	*E. coli*	4.64×10^6	4 288
酵母	酿酒酵母	*Saccharomyces cerevisiae*	1.21×10^7	6 275
	裂殖酵母	*Schizosaccharomyces pombe*	1.25×10^7	4 929
黏菌	盘基网柄菌	*Dictyostelium discoideum*	5.4×10^7	10 000
植物	拟南芥	*Arabidopsis thaliana*	11.9×10^7	25 498
	水稻	*Oryza sativa*	46.6×10^7	30 000
线虫	秀丽新小杆线虫	*Caenorhabditis elegans*	9.7×10^7	19 099
昆虫	黑腹果蝇	*Drosophila melanogaster*	16.5×10^7	13 601
鱼类	东方豚鱼	*Fugu rubripes*	0.4×10^9	30 000
两栖类	爪蟾	*Xenopus laevis*	3.1×10^9	?
鸟类	红原鸡	*Gallus gallus*	0.94×10^9	20 000
哺乳类	鸭嘴兽	*Ornithorhynchus anatinus*	2.2×10^9	18 500
	猕猴	*Macaca mulatta*	2.87×10^9	20 000
	人类	*Homo sapiens*	3.3×10^9	25 000

原核生物基因组的大小和基因数目的多少随着进化变化剧烈。例如，最小的原核生物——支原体，其基因组仅含 0.58Mb、470 个基因，相当于一个大噬菌体的（T4 含 0.17Mb）3 倍，这确定了建立一个细胞所必需的最少功能基因。

古细菌的生物学特征介于原核生物和真核生物之间，其基因组的大小（1.5～3Mb）和基因数目（1500～2700）与细菌相似。最小的古细菌如火山热原体（*Thermoplasma volcanium*），基因组约 1.58Mb，编码 1499 个基因。独立生活的最小细菌如风产液菌（*Aquifex aeolicus*），基因组约 1.55Mb，编码 1512 个基因。由此可知一个可独立生活的生物体所需的基因不少于 1500 个。

细菌基因组多大于 2Mb。例如，大肠杆菌基因组含 4.64Mb，编码 4288 个基因，比支原体要大一个数量级（表 22.13）。细菌基因组大小的变化范围从 0.6～9Mb，跨越了一个数量级。炭疽芽孢杆菌（*Bacillus anthracis* str.）5.23Mb、5308 个基因，属于基因组中等大小的一种致病菌。在这类细菌的基因组中存在着一种**致病岛**（pathogenicity island），长 10～200kb，在非致病菌中无致病岛的同源序列存在。致病岛可能是以质粒的形式在不同的细菌间横向传递。具有最大基因组的细菌如除虫链霉菌（*Streptomyces avermitilis*）和蓝色链霉菌（*Streptomyces coelicolor*）的基因组大小和基因数分别为 9.12Mb、7671 个基因和 9.05Mb、7897 个基因，与酵母类似。

真核生物基因组较大，但在进化中基因组大小变化缓慢（图 22.14，表 22.13）。基因组大小和基因数目的变化缓慢。例如，东方豚鱼（*Fugu rubripes*）基因组含 0.4Gb，编码 3 万个基因；小鼠含 2.5Gb，编码 3 万个基因；人类含 3.2Gb，编码 2.5 万个基因。各门真核生物基因组的大小和其进化地位也并不完全一致（图 22.16，表 22.13）。

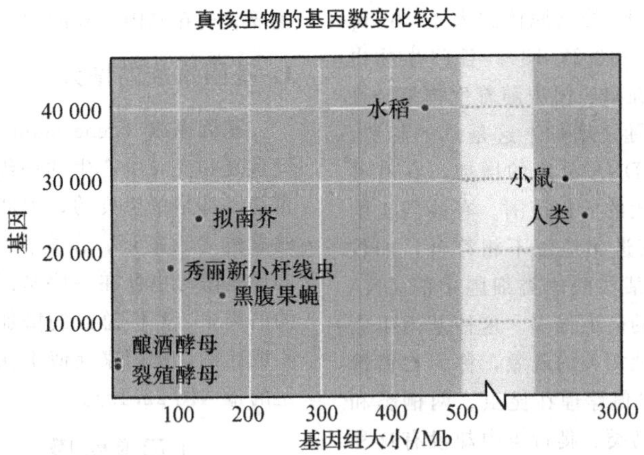

图 22.16　真核生物的基因数目为 6000～40 000，但大小变化与基因组大小或生物的复杂性没有关系（引自 Lewin，2008）

真核生物中单细胞生物的基因组也很小，但比细菌基因组大。真核生物基因组大小并非线性增加，酵母基因组可能是 13Mb，比最大的细菌基因组大不了多少。既能以单细胞又能以多细胞方式生存的盘基网柄菌，其基因组（54Mb）也只是细菌基因组的 3 倍。但要成为一个真正的多细胞生物就必需增加复杂性，如秀丽新小杆线虫的 DNA 含量为 97Mb。

原核生物基因组的 DNA 和基因的数量变化很大，但其复杂性改变不大，基因组中只含非重复 DNA，即单一序列；而在真核生物中情况相反，随着生物的进化，非重复 DNA 所占的比例变化很大。图 22.17 显示了一些代表性生物的基因组结构。在低等真核生物中，大多数基因组 DNA 是非重复的，小于 20％的 DNA 含有一个或多个中等重复成分；在动物细胞中，一半以上的 DNA 是中度或高度重复 DNA；在植物和两栖类中，非重复 DNA 可能只占基因组的少部分，而中度重复或高度重复成分要占到基因组的 80％以上。在这些基因组中单一序列已成为次要的成分。

非重复 DNA 的长度一般随着整个基因组的增大而增长，这种趋势直到基因组达到 3Gb（为哺乳动物基因组的典型大小）时为止。当基因组继续增大，通常重复 DNA 的含量和比率也都增加，所以在生物基因组中很少能见到大于 2Gb 的非重复 DNA。因此基因组中非重复 DNA 成分的含量与生物相对复杂性有较好的相关性。大肠杆菌为 4.2Mb；秀丽新小杆线虫增加了一个数量级，达 66Mb；黑腹果蝇增加到约 165Mb，哺乳动物又增加了一个数量级，达到 2Gb。这说明大的基因组中有更多的重复 DNA 的聚集。

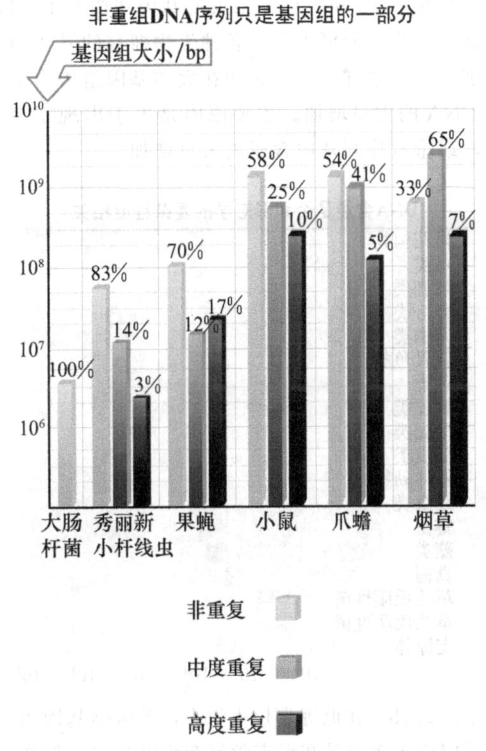

图 22.17　真核基因组中不同序列成分的比例。非重复 DNA 的绝对值随基因组大小的增加而增加，但在达到约 2×10^9 bp 高度时趋于稳定（引自 Lewin，2004）

每一种生物中其单倍体基因组的 DNA 总含量是特异的，被称为 **C 值**（C value）。生物 C 值的变化范围很大，从仅有 10^6 bp 的支原体到大于 10^{11} bp 的一些植物和两栖动物（图 22.18）。各门生物也存在着一个 C 值范围，在每一门中随着生物复杂性的增加，基因组 C 值也随之增加，这是总的趋势。但是随着高等真核生物 DNA 总量的增加，在有些门类中基因组大小有很大的变化范围。有些门类的生物中其 DNA 含量和其进化地位不相符合，如较原始的脊椎动物肺鱼和某些两栖类细胞中的 DNA 含量就比鸟类和哺乳类的高出很多。这种基因组大小与遗传复杂性并非线性相关的现象，称为**C 值悖理**（C value paradox）。C 值悖理在昆虫、两栖类和植物中最为明显，但在鸟类、爬行类中却没有这种现象。在昆虫中，果蝇基因组为 18×10^7 bp，编码 13 601 个基因；家蚕基因组为 42.87×10^7 bp，是果蝇基因组大小的 3 倍，编码 18 510 基因；蟋蟀的基因组大小约为果蝇的 11 倍。在两栖类中，最小的基因组小于 10^9 bp，但是最大的基因却约为 10^{11} bp。在这些昆虫、两栖类中，各种生物拥有的基因数的差别并没有这样显著，表明在大的基因组中有非编码 DNA 的大量增加。主要原因是由于出现了多倍化，或重复序列及内含子的大量增加。

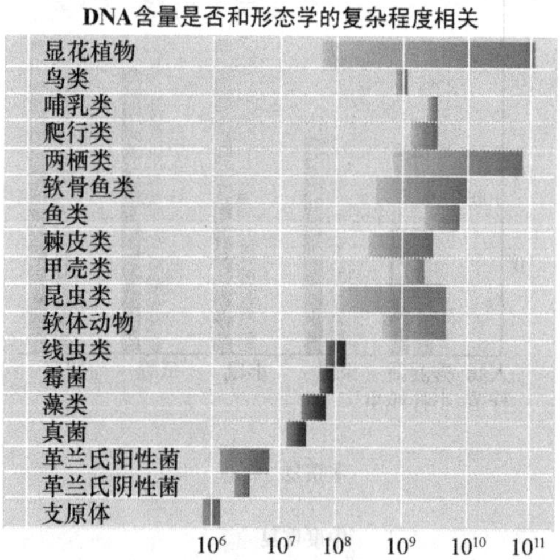

图 22.18　在低等真核生物中，单倍体基因组的 DNA 含量是和形态学复杂程度相关，但在高等真核生物中变化范围较大。一个门的生物中，其 DNA 含量的变化在图中用阴影图表示（引自 Lewin，2004）

（二）基因组功能的进化

随着基因组的增大，基因的功能也在发生变化，主要表现在基因家族的增大、基因新功能的增加。

1. 基因家族的增大

基因家族（gene family）是指由一个祖先基因经重复和变异所产生的一组同源基因。在细菌中许多基因都是单拷贝的，因此基因家族的数目和基因的总数比较接近。在真核生物中情况就大不相同，即使是酵母也存在一些基因家族。在真核生物不同的门类中，基因总数的增加和基因家族数量的增加不成比例，基因家族似乎在各类真核生物中保持一定的量（图 22.19）。

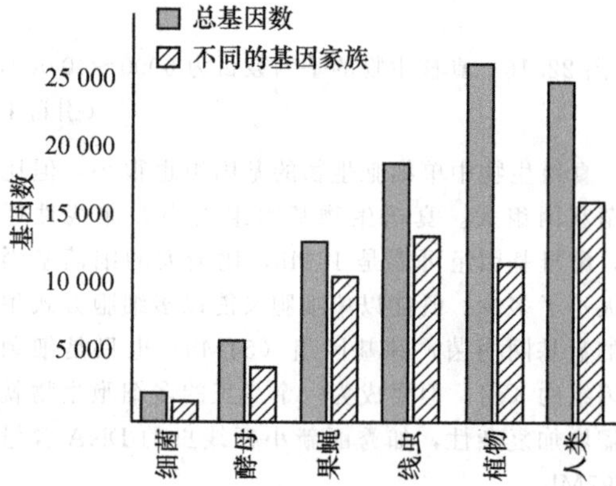

图 22.19　由于很多基因是重复的，不同基因家族的数目远小于基因总数。图中表示不同门类生物的基因总数和基因家族数的比

随着基因组的增大，单拷贝基因数的比例在急剧减少（表 22.14）。同时，在低等生物中基因家族中的成员是较少的。而在高等生物中，基因家族成员通常较多。例如，基因组较大的拟南芥，其家族成员一般都超过 4 个。

表 22.14　基因家族的大小随着基因组的增加而增加

生物	单拷贝基因的比例/%	具有 2～4 个成员的基因家族的比例/%	具有>4 个成员的基因家族的比例/%
流感嗜血杆菌	89	10	1
酿酒酵母	72	19	9
黑腹果蝇	72	14	14
秀丽新小杆线虫	55	20	26
拟南芥	35	24	41

2. 基因新功能的增加

根据基因组分析表明，人类基因组中 21% 的基因是真核生物和原核生物所共有的（图 22.20），它们编码一些维持生命活动最关键的蛋白质，如编码那些与基本代谢、复制、转录和翻译的基因。有 32%的基因是真核生物所特有的，它们编码的蛋白质涉及细胞器和细胞骨架的构建。另外，24%的基因是动物细胞所需的，与多细胞分化和不同组织类型的发育有关。还有 22%的基因是脊椎动物所特有的，它们编码免疫系统和神经系统的蛋白质。可见从细菌到脊椎动物，每一进化阶段都需要增加一些编码新功能蛋白质的基因。

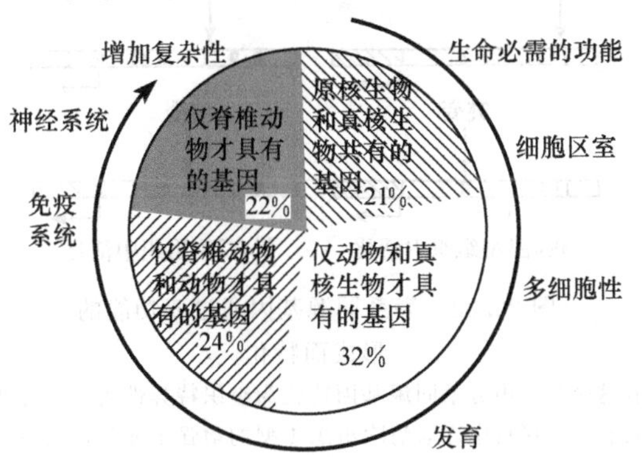

图 22.20　根据与其他物种基因的同源性可将人类基因进行分类（参照 Lewin，2004）

人类蛋白质组（proteome）的一个突出的特点是：和其他真核生物比较，有许多新的蛋白质，但却很少有相关的新功能域，动物界大部分蛋白质功能域几乎是共同的。图 22.21 显示跨膜蛋白和膜外

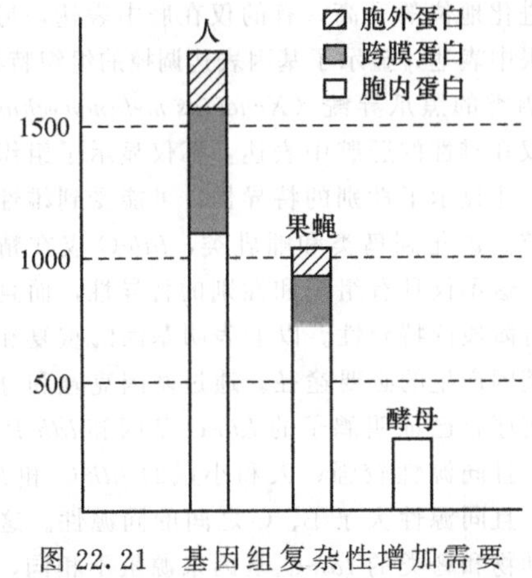

图 22.21　基因组复杂性增加需要细胞外功能。真核生物复杂性增加伴随具有跨膜和膜外功能的新蛋白的积累（参照 Lewin，2004）

蛋白大量的增加。在酵母中绝大部分蛋白质是属于细胞内蛋白质。在果蝇或线虫中细胞内蛋白质增加了 2 倍，但跨膜蛋白和膜外蛋白增加更为显著，这可能是由于多细胞生物细胞间相互作用的需要。高等脊椎动物（如人类）细胞内蛋白质相对增加较少，但跨膜蛋白和膜外蛋白显著增加。

四、新基因的起源

新基因如何产生是生物进化的核心问题。J. B. S. Haldane（1932）和 H. J. Muller（1935）最先认识到基因重复在进化中的重要性。他们预言一个基因的多余拷贝也许能因变异而发生趋异，最终将会以一个新基因的形式出现。1970 年大野（S. Ohno）在 *Evolution by Gene Duplication* 一书中发展了这个理论。

随着分子遗传学的发展以及人类和其他一系列物种全基因组序列的测定，人们逐步发现和证实新基因的产生主要是通过基因的重复和趋异、外显子混编、**逆转座**（retrotransposition）的作用、可移动元件的传递和基因水平转移等途径。其中基因的重复是最主要的原因。

（一）基因的重复和趋异

在进化过程中，新基因通常来自于已经存在的基因，新基因的功能由先前的基因功能进化而来。新基因组成的“材料”是由基因组中原有的区域重复而来，可能包含一个或多个基因。在进化过程中，重复发生相对频繁，通过大量真核生物基因组序列分析表明，真核基因组含有的 3 万个基因中，估计可能每百万年就有 60～600 次的重复。

从进化的角度来看，基因的重复可分为两类。一类是**直系同源基因**（orthologous gene）。直系同源基因又称“种间同源基因”，是指不同物种中起源于同一祖先的那些基因。如图 22.10 基因树中所示，每次的物种形成中，β-珠蛋白基因重复，即每个分枝的物种具有亲本物种中存在的 β-珠蛋白基因的拷贝。物种形成伴随着基因的重复，并保持同样的功能。另一类是**旁系同源基因**（paralogous gene），即种内同源基因。旁系同源基因是指进化过程中，同一生物体中由一个祖先基因经重复而产生的那些基因，如 β 血红蛋白基因和 α-珠蛋白基因。虽然现在这些基因是截然不同的，但它们在序列上十分相似，从确定的序列中显示出是来自一个远祖的单一基因。因此，一个物种中的 β 基因和同一物种中的 α 基因是平行进化同源基因。

当一个基因发生重复时，平行进化同源基因是冗余的，或许在多数情况下重复的基因中有一个基因经突变后失去了原有的功能，但偶尔发生的突变可引起平行进化同源基因的**趋异**（divergence）。例如，它们可进化成不同的最适宜的pH，所以一个基因产物的功能适应于偏碱性的细胞区室环境，而另一个则适应于偏酸性的细胞区室环境，或遗传重排能使两个无关的基因融合从而产生新的功能。

随着多种生物基因组的全序列分析，科学家们已充分证明生物的新基因往往是通过基因重复获得的。例如，海鞘（*Ciona intestinalis*）基因组含有6个不同的**成纤维细胞生长因子**（fibroblast growth factor，FGF）基因，而在小鼠和人的基因组中含有至少22个*FGF*基因，表明可能是由海鞘中的*FGF*基因平均重复了4次而产生的。

通过对12种果蝇基因组的比较分析表明，基因重复是产生新基因最主要的机制，在果蝇某些种中（*D. melanogaster*或*D. yakuba*）新生的拷贝中约有80%是由串联基因的重复而产生，之后这些基因又可能以散在形式分布于基因组中。更有趣的是，研究发现有11.9%左右的新基因来源于非编码序列。证明从头起源（*de novo* origination）也是新基因起源的重要途径。同时，人们发现在黑腹果蝇中，有30%的新基因通过外显子重排等方式招募祖先基因不具有的序列，形成了新的**嵌合基因**（chimeric gene）。这样的结构为新基因提供了立即获得新的结构域和功能的机会，促使它们可以快速在群体内被自然选择固定。

此外，酵母菌的整个基因组，在1亿年前经历了重复作用。植物体内也常见基因组的完整重复现象，如小麦的六倍体就是基因组6次重复而产生的。

基因重复也使得新基因进化成更特化的功能。例如，图22.22顶部所示，多细胞真核生物的基因有不同的增强子，分别在1型组织（灰色）和2型组织（黑色）中表达。

旁系同源基因特化为组织特异性表达的例子如乳酸脱氢酶（LDH）同工酶的进化。人们用电泳比较DNA序列等方法研究了LDH不同亚基在不同生物中的分布及表达，描绘出了一种分子进化的途径（图22.23）。LDH在最原始的脊椎动物——无颌类中的七鳃鳗（*Petromyzon tiformes*）中，仅有LDH-A一种亚基存在，而在软骨鱼中已发现有两种亚基LDH-A和LDH-B存在。进化到硬骨鱼类开始

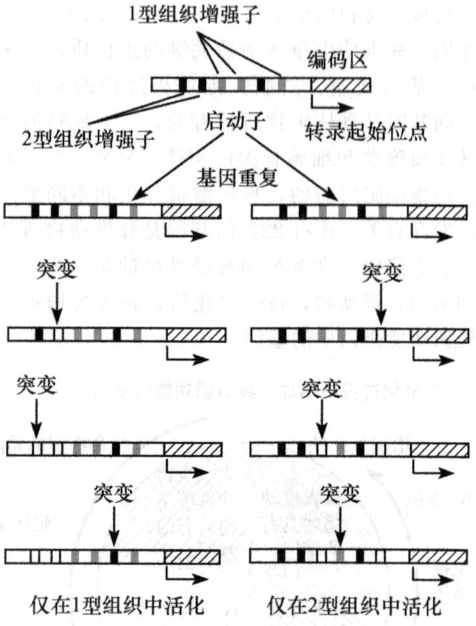

图 22.22　旁系同源基因通过亚功能的形成而特化

在这个例子中旁系同源基因特化为组织特异性表达。突变可在一个拷贝中逐渐消除组织1型的增强子元件，在另一拷贝中消除组织2型增强子元件，结果产生了亚功能。在部分旁系同源基因中仅在组织1中有活性，而另一些仅在组织2中有活性。基因的功能在不同的组织中逐步被优化

出现了第3个亚基LDH-C，不仅鱼类以下的动物无C亚基，且软骨鱼及原始的硬骨鱼肺鱼类都没有出现C亚基，直到鲟形目才开始出现C亚基。在低等的硬骨鱼中*ldh-C*基因在各种组织中都广泛表达。随着进化地位的升高，有的仅在肝中表达，另一类仅在眼中表达，显示了基因表达调控的组织特异性；在两栖类的黑爪异鲵（*Xenobius melanonychus*）中发现仅在雄性的肝脏中表达，不仅显示了组织的特异性，还显示了性别的特异性，可能受到雄性激素的调控。进化到鸟类和哺乳类，*ldh-C*仅在精子中表达，这不仅具有组织和性别的特异性，而且显示了发育阶段的特异性。以上表明基因的重复和特化是新基因产生的必要途径。通过基因克隆和分子杂交及测序，已证明鸽子的*ldh-C*基因和*ldh-B*基因连锁，且同源性较强；人和小鼠的*ldh-C*和*ldh-A*连锁，且同源性大于B、C之间的同源性。这表明哺乳动物和鸟类的*ldh-C*基因来源虽不相同，但都是由于相关基因二次重复和突变所形成。LDH的进化反映了在进化过程中不仅是编码区的改变，而且调

控区也在发生改变，使 LDH-C 逐步具有组织特异性、性别特异性和发育阶段的特异性（图 15.13）。

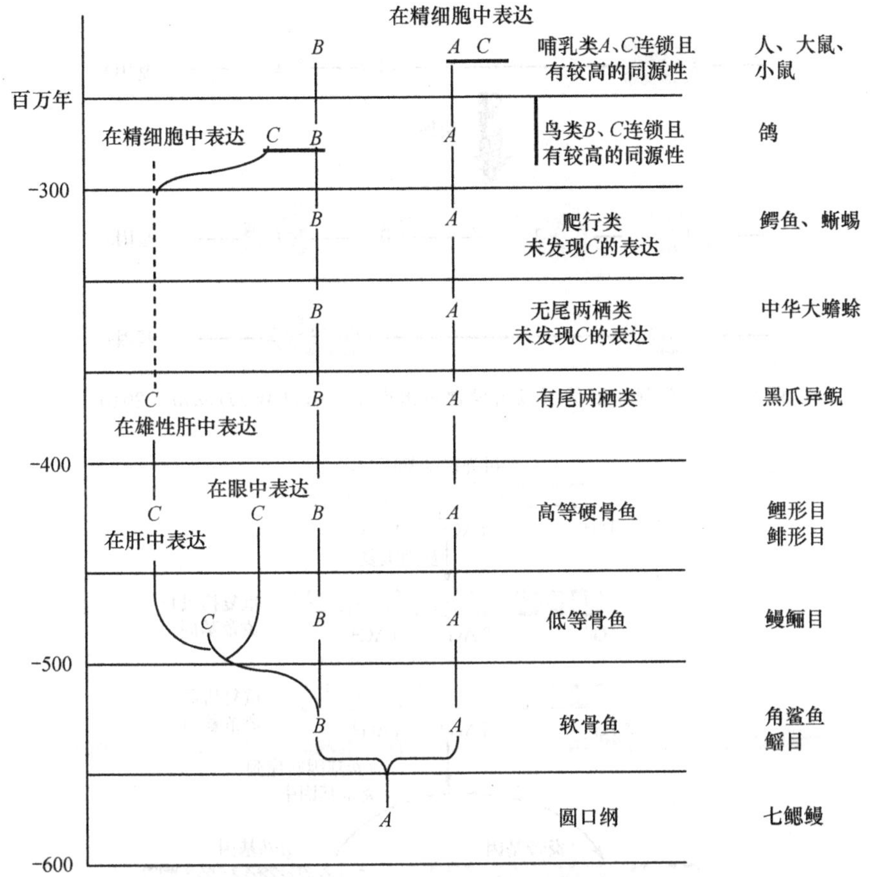

图 22.23　LDH 基因在脊椎动物中的进化

（二）外显子混编

外显子混编（exon shuffling）又称“外显子洗牌”，是指在进化中，通过内含子介导，使基因内或基因间的外显子 DNA 片段重组在一起，构成一个具有新功能的基因，如血液凝结因子家族，它们的成员含有不同数量和组合的相似结构域。

这一假说是由 W. Gilbert 于 1978 年提出的，即在任何一个基因内或两个非等位基因之间的不同外显子偶尔发生混合。他认为不同的编码单个蛋白质结构域的外显子经不同“混编”或“重组”而产生一些完全不同的蛋白质。当一个基因的外显子插入到另一个基因的内含子时可产生嵌合蛋白（图 22.24）。另一种外显子混编是在同一个基因内外显子的重复所致。

外显子混编的分子机制是当两个转座子被同一转座酶识别而整合到染色体的邻近位置时，则它们之间的 DNA 将变得易于被转座酶作用而转座。如果它们之间的 DNA 中含有外显子，则该外显子将被切离，并可能插入另一基因之中。由于外显子混编能迅速产生新的多个结构域的蛋白质，导致物种的变异，因此外显子混编是生物体产生新基因和基因进化多样性的途径之一。

随后一些发现为外显子混编假说提供了证据。现已发现外显子混编可以由**异常重组**（illegitimate recombination）和反转录转座子介导的外显子插入等产生。此外，相邻基因间序列的缺失产生的基因融合也可造成外显子混编。基因组水平的分析以及大量发现的实例使得人们认识到外显子重排在真核生物的新基因产生中扮演着重要角色。

一个典型的例子是 1993 年龙漫远（Long M.）等发现在果蝇物种中出现的新基因——精卫基因（*jingwei*，*jgw*）（图 22.25）。精卫基因只存在于

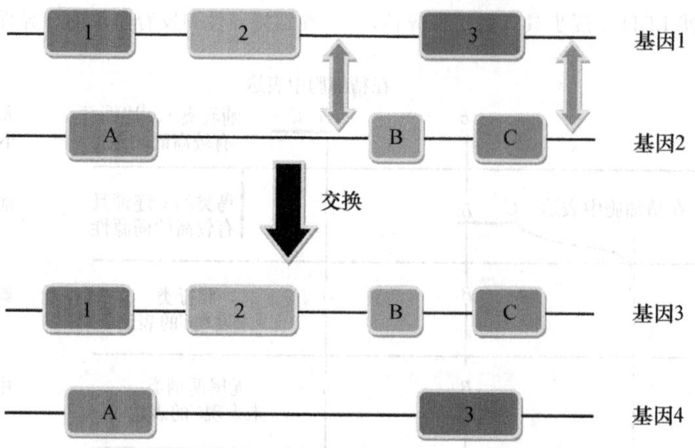

图 22.24　外显子混编可以由异常重组产生（引自 *Wikipedia*，2010）

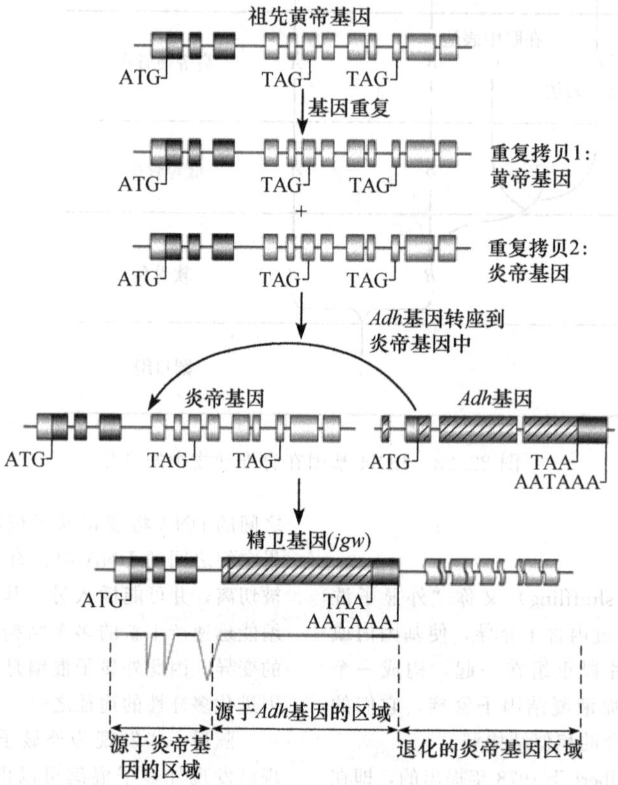

图 22.25　*jgw* 基因起源的分子机制（引自 Long and Langley，1993）

D. yakuba、*D. santomea* 和 *D. teissieri* 这三种果蝇的基因组中。黄帝基因（*yellow emperor*）是祖先基因，位于果蝇 3 号染色体上，经重复产生了一个新拷贝，即炎帝基因（*yande gene*）。位于 2 号染色体上的乙醇脱氢酶基因 *Adh*（alcoho 1 dehydrogenase）经反转录作用插入炎帝基因的第 3 个内含子中，结果由 5′端炎帝基因的 3 个外显子和 3′端 *Adh* 基因的 4 个外显子混编，产生了具有新的外显子-内含子结构融合的 *jgw* 基因。图中可见，*Adh* 基因的 mRNA 在反转录转座的介导下插入炎帝基因的第 3 内含子中。新形成的 *jgw* 基因的上游有炎帝基因的 3 个外显子（以深灰色显示），其下游带有炎帝基因的 9 个

退化的外显子（以波状结构表示）。对 *jgw* 基因的功能研究表明，其表达产物是一种嵌合蛋白，其 N 端是来自炎帝基因编码产生的多肽序列，C 端则是 *Adh* 基因的多肽序列。果蝇（*D. teissieri*）中的 *jgw* 基因在雄性中特异表达。*jgw* 基因的产物——精卫酶可能参与了雄性果蝇的激素和外激素的代谢过程。龙漫远等发现，至少有一半以上的真核生物的基因曾经经历了类似于 *jgw* 基因的起源过程，从而证明了外显子混编以及基因重复在新基因起源过程中的普遍意义。

（三）反转录转座

反转录转座（retrotransposition）是指 RNA 通过反转录产生 cDNA 后插入到基因组中，进行转座的过程（见第十四章）。由于通过这种形式产生的新拷贝一般不含启动子和 5′端调控序列，使得大部分产生的 cDNA 序列成为**加工假基因**（processed pseudogene），不具有转录活性。但对于真核生物 RNA pol Ⅲ启动子（下游启动子）调控的基因而言，其 cDNA 是有转录活性的，或者 cDNA 插入到基因组后获得外源调控序列也可能具有表达活性，进而可形成新的基因。由于真核生物基因组中具有丰富的反转录转座子（如 LINE 序列在人中有 10 万个拷贝），它们可介导产生反转录转座基因，因此反转录转座作为新基因产生的一种机制越来越受到人们的重视。上述的 *jgw* 基因的例子也涉及反转录转座。证明在反转录转座或转座子的作用下，启动不同基因间的外显子混编而构成新的外显子-内含子的重组结构导致新的基因出现。

（四）基因水平转移

基因水平转移（horizontal gene transfer，HGT），又称水平基因转移或基因侧向转移（lateral gene transfer，LGT），指生物将遗传物质传递给其他细胞而非其子代的过程。

J. A. Eisen 于 2000 年提出基因水平转移，首先被转移的基因在供体中要经历进化。当达到某一阶段时，遗传物质通过载体（如病毒），或者直接（如接合）或者间接（如转化）地进行转移。这些遗传物质必须获取在受体中能长期存在的形式。不同的转移和存留方式决定了不同的水平基因转移的类型。被受体接受的遗传物质在受体群体中广泛传播，即使这些遗传物质的传播是符合中性法则的，但是自然选择压力仍有可能促进这一传播过程（如抗生素抗性的自然选择）。而这一过程对供体和受体的进化都具有影响，最终有可能会产生一个新的品系，这一过程被称为**“基因的改良”**（amelioration of gene）。

在原核生物中，转化、转导、接合和转染等现象是频繁发生的。因此，基因水平转移对原核生物的基因组贡献是相当大的。在三域系统的基因组比较分析中，发现大量存在水平基因转移现象。例如，海栖热孢菌（*Thermotoga maritima*）在其基因组中含有 1877 个基因，发现有 24%的基因与古生菌基因相近，即有近 1/4 的基因可能来源于古细菌，成为古细菌与细菌之间进行侧向基因转移的有力证据。而细菌通过这种途径获得基因的百分率达到 30%～50%。

高等生物的基因水平转移到细菌基因组中的例子也有报道，如耐放射异常球菌（*Deinococcus radiodurans*）全基因组共有 3187 个基因，其中有几个是在植物中才有的基因；结核分枝杆菌（*Mycobacterium tuberculosis*）的基因组中至少有 8 个基因可能来自人类，而且这些基因编码的蛋白质能帮助细菌逃避宿主的防御系统，可能这是结核分枝杆菌通过某种方式从宿主那里获得了这些基因以抵御宿主的免疫力。

真核生物则约有 10%的概率通过水平转移获得外源基因。这些通过水平转移产生的外源基因在自然选择的作用下，经过突变积累和功能分化，可能形成新的基因。因此，基因水平转移也是新基因的来源之一。例如，一种毛滴虫（*Trichomonas vaginalis*）通过水平转移获得了嗜血菌（*Haemophilus influenzae*）的一种裂解酶，此裂解酶通过插入获得了 24 个氨基酸构成的一段信号肽，使其由胞内酶变成了胞外酶。在人类基因组上已发现了 223 个来源于细菌的基因，这些基因可能是通过基因水平转移机制获得的。

通过对部分蛋白质序列比较分析，也发现有许多水平基因转移存在的证据。在细胞色素 c 的序列比较中，发现长须银柴胡（*Stellaria longipes*）和鼠耳芥（*Arabidopsis thaliana*）很有可能与噬菌体之间发生过水平基因转移。铜绿假单胞菌（*Pseudomonas aeruginosa*）中磷酸脂酶 D（PLDS）与真核生物类似，编码该酶的基因 *pldA* 可能是通过来自真核生物的水平基因转移获得的。很多分子生物学的证据表明高等生物的线粒体和叶绿体来自真细菌。

（五）非编码序列进化为新基因

2008 年王文等研究发现有 12%左右的新基因是

由非编码序列“变废为宝”而来。这一发现否定了该领域长期存在的“进化不可能从头产生”的观点，证明**从头起源**（*de novo* origination）是新基因起源不可忽略的重要机制。

他们在酵母中发现了一个从头起源的新基因*BSC4*，该基因编码一个100多个氨基酸的蛋白质，在近缘种以及所有真菌的序列中都没有其同源序列的存在。各种证据表明这个基因编码了有功能的蛋白质。他们还发现在近缘种中的这一区域的序列都具有转录活性，因此提出了蛋白质编码基因的两步进化模型，即蛋白质编码基因的从头进化需要先经历由非编码区到拥有转录活性区的进化，然后由转录活性的序列再进一步进化成蛋白质编码基因。

五、蛋白质的进化

有一些蛋白质在各种不同的生物中执行着同一种功能，但是不同生物的这种蛋白质的氨基酸序列存在着差异，比较分析不同物种之间的氨基酸序列的差异，可以找出不同生物之间的进化关系。前面已介绍了蛋白质分子进化的速率和计算方法，在此不再赘述。

（一）DNA多态性与多基因家族的进化

DNA多态性（DNA polymorphism）是指在群体中，染色体上的某个基因座具有两个或更多的等位基因。但相应表型对环境的适应值是相似的。从数量上来讲，如果杂合子基因型频率大于或等于10%，那么这个基因常被认为是多态性的。人类基因组平均每1000个核苷酸位点中有1个与其他个体不同，其频率高到足以被认为是多态性的。

除了核苷酸序列通过核苷酸取代而进化以外，基因中核苷酸的数目也常发生变异。这种变异称为**DNA长度多态性**（DNA length polymorphism），它是通过缺失或增加一段相对短的核苷酸序列而产生的。例如，在黑腹果蝇的乙醇脱氢酶基因中发现了DNA长度多态性。M. Krietman测定了这个基因的11个拷贝，他发现除了核苷酸序列存在变异外，这11个拷贝中有6个插入和缺失。所有这些都在内含子内，在外显子中未发现有这种情况。外显子中的插入和缺失常会改变可读框，因此它们将受到自然选择的作用。然而某些插入和缺失在有些基因的编码区已有发现。另一种DNA长度多态性涉及特殊基因拷贝数多少的差异。例如，在个别果蝇中核糖体基因拷贝数发生广泛的变化，棒眼基因的拷贝数在突变体中也常不同。转座子的拷贝数在个体中变化也很大，这可能引起某些DNA长度的多态性。

在真核生物中我们常会发现基因的多个拷贝，这些拷贝的序列都相同或相似。这样的一组基因称为**多基因家族**（multigene family），它们是由一个祖先基因通过重复进化而来的直系同源基因，基因家族的成员可以彼此形成基因簇或位于不同的染色体上。例如，上述血红蛋白的基因家族就是一个多基因家族，也是种内同源基因。它们由编码血红蛋白多肽链的基因组成。在人类的16号染色体上发现了7个α血红蛋白基因，在11号染色体上发现了6个β血红蛋白基因（图12.34）。在动物中也发现了血红蛋白基因，甚至在植物中也发现了血红蛋白样基因，表明这是一个非常古老的基因家族。在多种动物中，几乎所有有功能的血红蛋白基因结构都相同，由三个外显子组成，中间间隔着两个内含子。但血红蛋白基因的数量和次序在各种动物中是不同的。由于所有的血红蛋白基因的结构和序列都是相似的，因此它们存在着一个原始的血红蛋白基因（多半和现存的肌红蛋白基因相关），经重复和歧化而产生了原始的α血红蛋白基因和β血红蛋白基因。植物的豆血红蛋白基因和血红蛋白基因是相关的，它可能是该基因家族的祖先。植物豆血红蛋白基因存在着很多原始的类型，它有一个额外的内含子，尚不清楚是由一个额外的内含子插入到植物的相应基因中，还是从其他的进化路线中丢失了此内含子。

哺乳动物肌红蛋白单链的研究为我们提供了追踪血红蛋白基因的线索。它是在约8亿年前和血红蛋白进化路线分开的。肌红蛋白基因的组成和血红蛋白基因相似，因此我们可以将3个外显子结构看成是它们共同的祖先。

某些原始的鱼类只有单个类型的血红蛋白链（图22.26），因此它们必然是在血红蛋白基因尚未发生重复前就歧化了出来。这个基因重复后经突变形成α和β两种不同的血红蛋白基因，这大约发生在5亿年前。在两栖动物爪蟾（*X. laevis*）中就含有α和β连锁的血红蛋白基因家族。无论是幼体型还是成体型都是如此。约在3.5亿年前，α和β血红蛋白基因进一步重复，在哺乳动物和鸟类中形成了α血红蛋白家族和β血红蛋白家族。重复在进化中是常发生的。重复也可以通过转座而产生。随着基因的重复，基因拷贝的分离可能经受序列的改变。在某些情况下，突变会使基因拷贝变得无功能，从而产生假基因。在另一些情况下，核苷酸序列的改变也可导致基因产生的蛋白质具有新的功能。

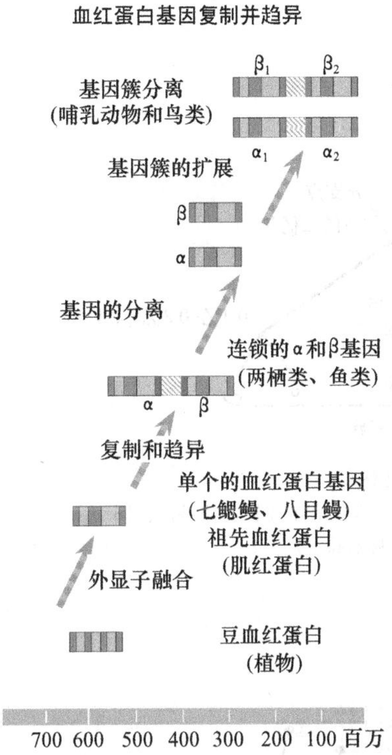

图 22.26　所有的血红蛋白基因通过一系列的重复、转座和突变由单个的祖先基因进化而来（引自 Lewin，2004）

从研究 DNA 序列变异中发现，是某些分子的力量维持着基因家族成员间核苷酸序列的等同，或物种间相互适应、相互依赖的同步进化，可产生在捕食者与猎物、寄生者与宿主、竞争物种之间及植物与草食性动物之间，每一寄生的 DNA 分子（如溶原性病毒和转座因子）与它们的宿主共同进化，以防止宿主基因活性的改变而可能减少其适应性。这种现象称为**协同进化**（concerted evolution，coevolution）或**分子驱动**（molecular drive）。

（二）人类血红蛋白的进化

蛋白质分子的演变可以肌红蛋白（Mb）和血红蛋白（Hb）的分子演变来说明。在无颌类动物（如七鳃鳗）中，运输 O_2 的球蛋白只有 Mb，而在绝大多数脊椎动物中，运输 O_2 的球蛋白有 Mb 和 Hb。Mb 由一条多肽链组成，含有 153 个氨基酸残基；Hb-A 是成人的一种血红蛋白；Hb-F 是胎儿血红蛋白，由两条 γ 链组成（$\alpha_2\gamma_2$）；血红蛋白 Hb-A2 是成人体内一种少量的血红蛋白，由两条 α 链和两条 δ 链组成（$\alpha_2\delta_2$）。γ 链和 δ 链的结构与 β 链相似，均由 146 个氨基酸残基组成。已知鲸的 Mb 与人的各种 Hb 之间有 115～121 个（约占 80%）氨基酸残基的差异，Mb 和 Hb 的祖先分子在 6 亿～88 亿年前就通过基因重复和随后的基因突变而开始分歧了。在人的各种 Hb 多肽链之间，差异最大的是 α 链跟 β 链、γ 链、δ 链，有 84～89 个（约占 60%）氨基酸残基的差异；其次是 β 链跟 γ 链，有 39 个（约占 27%）氨基酸残基的差异；最小的是 β 链跟 δ 链，只有 10 个（约占 7%）氨基酸残基的差异。这表明 Hb 的祖先基因，首先通过基因重复和基因突变分化出 α 基因和 β 基因，然后从 β 基因分化出 γ 基因，最后才分化出 δ 基因。Hb 的 α 链跟 β 链的分歧时间发生在 4.5 亿～5 亿年前；β 链跟 γ 链的分歧时间发生在 1.5 亿～2 亿年前；β 链跟 δ 链的分歧时间发生在 0.4 亿～0.8 亿年前。根据以上数据，就可画出 Mb 分子和各种 Hb 分子多肽链的进化系统树（图 22.27）。

不同核苷酸位点以不同的速率进化，这取决于它们在基因组中的位置和功能（图 22.28）。图 22.28 中纵坐标包括 3 个量值级，所以差异非常大。右侧表示在 43 个基因中的每一个基因的同义置换（浅灰色）和非同义置换（深灰色）的速率。在编码序列中的同义置换不能引起氨基酸的置换。同义位点是能发生同义置换的位点，主要是在密码子第 3 个碱基的位置。非同义置换能引起氨基酸的改变。非同义核苷酸位点主要发生在密码子的第 1、2 个碱基的位置上。在不同的蛋白质中氨基酸的置换率有很大的差异。图 22.28 中，非同义置换率在基因中是高度可变的。同一基因中的同义置换率有较少的变化，核苷酸取代速率更慢。图 22.28 中左侧为对于不同级别的 DNA 序列的核苷酸置换的平均速率。DNA 序列进化最快的那些假基因，它们是一些重复基因，由于突变已经失去其功能。内含子和四重简并位点进化得也非常快（四重简并位点是指该位点的一个核苷酸改变为任何其他 3 个核苷酸都编码相同的氨基酸；二重简并位点是指该位点的一个核苷酸仅改变为其他 3 个核苷酸中特定的一个才能编码相同的氨基酸）。在不同等级的 DNA 序列中，核苷酸置换的平均速率的差异反映了核苷酸置换的不同耐受性。DNA 序列中大多数核苷酸的置换是有害的，对于核苷酸的置换是相对偏窄的，核苷酸置换的速率相对较低。相反地，序列中许多核苷酸的置

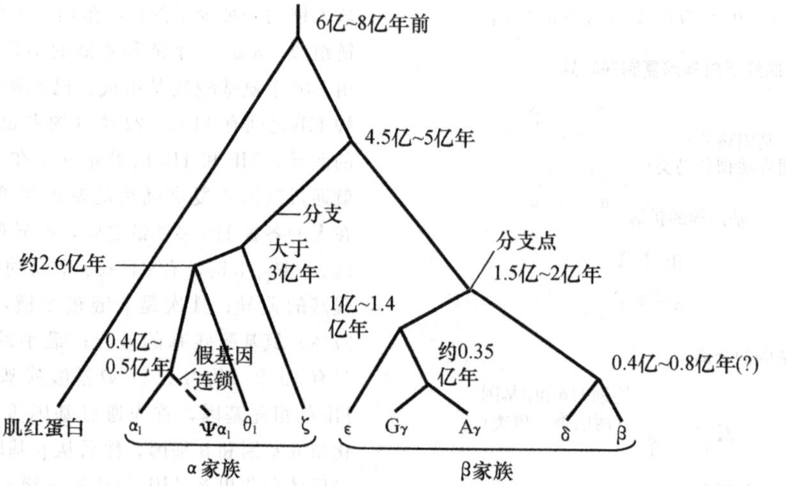

图 22.27 血红蛋白的进化树

此进化树是根据人类血红蛋白基因的进化史绘制的。虚线表示连锁的假基因。图中未画 α_2，这是因为相关的资料不确定

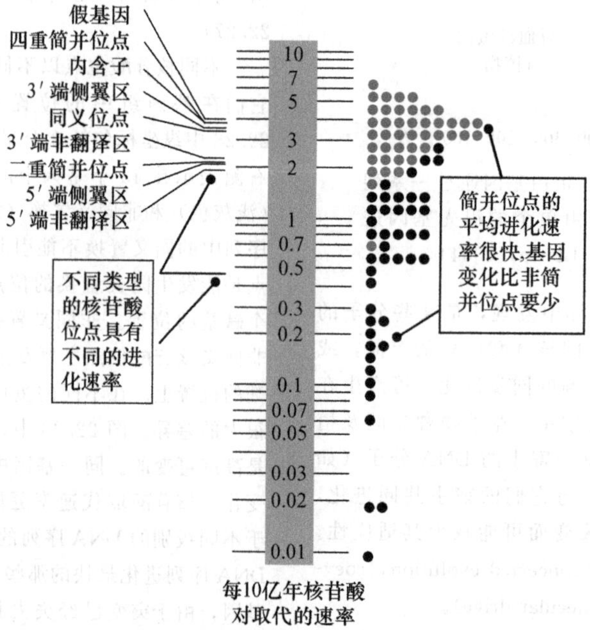

图 22.28 在哺乳基因中的核苷酸取代速率（引自 Hartl et al.，2006）

左边表示不同类型序列的平均速率；右边表示在 43 个基因样本中非简并位点的速率

换对生存和繁殖的影响是相等的或几乎相等，核苷酸置换的速率相对较高。从这个观点来看，高速率的核苷酸置换在假基因中是可以理解的，四重简并位点和内含子中的高速率也是合理的。

为数众多基因中核苷酸序列的研究揭示了基因不同部分以不同的速率在进化。一个典型的真核生物基因，其中部分核苷酸为编码序列，将不同于蛋白质中的氨基序列；另一部分核苷酸是非编码序列，包括内含子、前导序列和尾随序列，这些都是只转录而不翻译的区域。5′端和 3′端的折叠序列也是不转录的。附加的非编码序列包括假基因，由于突变的存在，这种核苷酸序列不再产生有功能的基因产

物，甚至在一个有功能的基因编码序列中也不是所有核苷酸的置换都能使蛋白质的氨基酸序列发生相应的改变。实际上许多发生在密码子第 3 个位置上的突变对蛋白质的氨基酸序列并不起作用，因为这种突变产生的是同义密码子。

基因的不同区域所承受的进化压力不同，其进化的速度也不同，哺乳动物基因的不同部分相对的进化速率，在有功能的基因中编码序列涉及同义突变的变化速率是很高的，约 5 倍于非同义改变的速率。同义突变并不改变蛋白质的氨基酸序列，这样高的进化速率是意料之中的事，因为这种改变不会影响到蛋白质的功能。同义和非同义突变以相同的频率产生，但在编码序列中产生的错义突变常因有害而被自然选择所淘汰。相反，同义突变不造成损害，因此它们得以保留。

不同蛋白质的进化速率也可显著地不同。例如，在小鼠和人类的整个 β 血红蛋白分子中，每个氨基酸位点的序列进化的速率为每 10 亿年 1.23 个氨基酸被置换，或进化速率为 1.23×10^{-9} 个氨基酸。小鼠和人类谱系的分离了约 8 千万年，这意味着小鼠和人类在 8 千万年前拥有同一祖先。因此小鼠和人类分子的分离的全部时间为 1.6 亿年（小鼠谱系 8 千万年，人类谱系 8 千万年)，全部的 β 血红蛋白链是 147 个氨基酸。因此，每 10 亿年每个氨基酸位点的氨基酸置换速率为 1.23×10^{-9}，表明分子间差异的数是 $(1.23\times10^{-9})\times(160\times10^{6})\times147=29$。如果这些差异是沿分子平均分布的，预期的差异数在前 50 个氨基酸将有 10 个，与所观察的数 8 [图 22.10 (a)] 相当一致。

不同的蛋白质（有时是蛋白质的不同部分）的进化速率完全不同，如组蛋白分子 H3 和 H4 的进化非常慢。例如，在水稻和人类的组蛋白 H4 的 103 个氨基酸中仅有 2 个位点不同。其他分子的进化速率较快。例如，小鼠和人类的抗病毒蛋白 γ 干扰素的进化速率约为每 10 亿年每个氨基酸位点以 5×10^{-9} 的速率置换，比 β 血红蛋白的进化速率快 4 倍，比组蛋白 H4 的进化速率更快（小鼠和人类的组蛋白 H4 没有差异)。

在有功能基因的 3′端侧翼区的进化速率也很高。与同义突变相似，3′端折叠区的序列尚不知它对氨基酸序列有何作用。通常是对基因表达有影响；发生在此区的大部分突变将不会被自然选择所淘汰。内含子的进化率也很高，情况和同义突变及 3′端折叠区相似。虽然内含子的序列一般并不编码蛋白质，但它必须经过剪接才能形成成熟的 mRNA，进而翻译成有功能蛋白。内含子中的少数序列负责剪接，包括内含子 5′端和 3′端的保守序列以及分枝点序列，结果是内含子中的变化不是所有都被保留，因此其进化速率比同义突变及 3′端折叠区要略低一些，但比编码区仍然高得多。

5′端侧翼区的进化速率并不高，虽然此区既不转录也不翻译，但它含有基因的启动子，因此它对于基因的表达是十分重要的。重要的保守序列如 TATA 框就位于此处。保守序列的突变可能会妨碍基因转录，这样会损害生物的适应性；自然选择会淘汰这些突变而使该区的进化率保持在较低的水平上。

前导区和尾随区的进化速率都比 5′折叠区的还要低。虽然这两个区域都不翻译，但要转录，并为 mRNA 的加工以及 mRNA 附着到核糖体上提供信号。在这两个区的核苷置换是很有限的。编码序列中的非同义突变的进化速率最低。这些核苷酸发生突变会改变蛋白质中氨基酸的序列，这种突变大部分被自然选择所淘汰。

没有功能的假基因进化速率最高。例如，人类的血红蛋白假基因，其核苷酸的变化率是有功能血红蛋白基因编码序列的 10 倍。这是由于这些假基因不再表达；并且这些基因的改变并不影响人的适应性，因此也不会被自然选择所淘汰。如果我们发现了某段序列有很高的进化率，那么意味着此序列可能没有什么功能。

在研究核苷酸序列中一个很有趣的发现是，虽然有些同义突变核苷酸的进化率要比非同义突变的高得多，但比假基因的还是要低一点。这表明同义突变的适应性也并不完全相同，自然选择可能对它们的偏爱也不同。这一假说通过发现编码序列中同义密码子的使用率不同而得到加强。例如，亮氨酸有 6 个不同的密码子（UUA、UUG、CUU、CUC、CUA 和 CUG)，但在细菌中 60% 的 Leu 的密码子是用 CUG，在酵母中有 80% 是用 UUG。由于同义密码子对于特定氨基酸来说都是一样的，那么必然是自然选择对某些密码子有所偏爱。某些同义密码子与不同的 tRNA 的配对也是如此。因此同义突变虽然并没有改变氨基酸，但可能改变了 RNA。对不同的 tRNA 进行研究表明**同工受体 tRNA**（isoacceptor tRNA）（指可以接受相同氨基酸的不同 tRNA）的量不同，而最丰富的 tRNA 和最常用的密码子配对时，自然选择的偏爱可能是由于某些密码子相应的

tRNA 更为丰富。密码子与反密码子的结合能量可能也是不同的，这是由于涉及不同碱基的配对，可能会受到自然选择的作用。

另外，不同功能的基因进化速率也不同（表 22.15）。例如，人类的催乳素基因中非同义核苷酸的置换率要比哺乳动物组蛋白 *H*4 的基因高 300 倍。

表 22.15 不同的哺乳动物基因的 DNA 序列中相对进化速率

基因	非同义突变进化速率（$\times10^{-9}$）/(个氨基酸·年)	同义突变进化速率（$\times10^{-9}$）/(个氨基酸·年)
催乳素	1.29	5.59
甲胎蛋白	1.21	4.90
白蛋白	0.92	6.72
β-珠蛋白	0.87	2.96
α-珠蛋白	0.56	3.94
胰岛素	0.16	5.41
组蛋白 H4	0.004	1.43

六、线粒体的进化和人类的起源

前面我们已介绍了线粒体基因组。近年来很多的研究者都发现 mtRNA 中的序列有变化。他们推测 mtRNA 的进化和核 DNA 的进化是不同的，如哺乳动物的 mtDNA 进化速率要比其核 DNA 快 5～10 倍，但植物 mtDNA 的进化速率却比核 DNA 进化速率慢得多。

还不清楚为什么动物的 mtDNA 进化速率如此之快，有可能和 mtDNA 序列的高突变率有关。在 mtDNA 存在较高突变率可能因为其缺乏修复机制或者由于在 mtDNA 复制中的 DNA 聚合酶存在较多"倾向差错"。动物 mtDNA 中有较高进化速率的另一种可能是自然选择压力在核基因中淘汰了很多突变，而在线粒体中这种压力松弛了。再者由 mtDNA 编码的蛋白质、tRNA 和 rRNA 的改变可能比核基因编码的蛋白质、tRNA 和 rRNA 的改变对个体适应性的影响更少一些。

无论什么原因加速了 mtDNA 进化，这些序列迅速改变的事实使人们想到应用 mtDNA 来分析亲缘关系很近的生物。例如，将 mtDNA 序列分析用于研究人类、黑猩猩、大猩猩、猩猩及长臂猿之间精确的进化关系。

mtDNA 和核 DNA 不同，所有 mtDNA 都是直接由母体遗传的，它位于细胞质里，而且只通过卵细胞带到合子中。mtDNA 没有经历过减数分裂，而且所有后代中的 mtDNA 的序列应是相同的。这种遗传方式形成了母系传递，这样在一个群体中一个家族的 mtDNA 的序列是相同的。

线粒体 DNA 核苷酸的差异已被用来重构人类群体可能的进化关系。1987 年美国的 A. Wilson 及其学生 R. Cann 和 M. Stoneking 提取来自世界各地不同种族的 147 名婴儿的胎盘细胞中的 mtDNA，根据分析结果绘制出一个系统树，发现进化树的根部聚于非洲人群，说明至少从母系的角度来看最早的现代人来自于非洲，并将所有现代人最后追溯到 29 万～14 万年前，平均 20 万年前生活在非洲的一位妇女。从而提出了**"线粒体夏娃"**（mitochondrial Eve）假说，支持现代人的非洲起源说，并根据 mtDNA 发生突变的速率计算出从非洲人群分化出世界其他人群的大致时间为 18 万～9 万年前，平均约 13 万年前，认为在大约 13 万年前，这个"祖母"的一群后裔离开了她们的家园非洲，向世界各地迁徙扩散，并逐渐取代了生活在当地的土著居民——直立人的后裔早期智人，从此在世界各地定居下来，逐渐演化发展成现在的我们。

1997 年 M. Krings 等对 1856 年发现的距今大约 6 万年左右的尼安德特人化石进行了 mtDNA 的抽提和 PCR 扩增，并对提取出的 DNA 进行了测序，发现尼安德特人的 mtDNA 序列中有 12 个片段与现代人类的完全不同，由此推测，尼安德特人不可能是现代人类的直系祖先，他们只成为人类演化史上的一个旁支。这一研究结果支持"非洲起源说"。其后，又有科学家成功地从出土于高加索和克罗地亚的尼安德特人化石中提取了 mtDNA 序列，同样得出尼安德特人与现代人没有遗传联系的结论。

2000 年瑞典的 U. Gyllensten 等分析了来自全世界的不同人类种族的 53 个人的 mtDNA 的全部序列而绘制了人类的系统发生树（图 22.29）。因为 mtDNA 不经过重组，系统树仅有单一位点的遗传史；因为 mtDNA 是母系遗传，它也是女性的遗传史图。尽管如此，系统发生树显示出几个显著的特征：①在非洲人群中 mtDNA 的许多差异在非洲以外的人群中不存在，非洲人的 mtDNA 遗传变异是其他人的 2 倍；②mtDNA 4 个主要谱系中的 3 个仅在近撒哈拉沙漠（Subsaharan）的非洲人（图 22.29 下端）中发现，这些序列（下部圆环）的最近的共同祖先的年代为 170 000±50 000 年；③mtDNA 谱系有限的亚型（subset）在非洲以外的人（上半部）

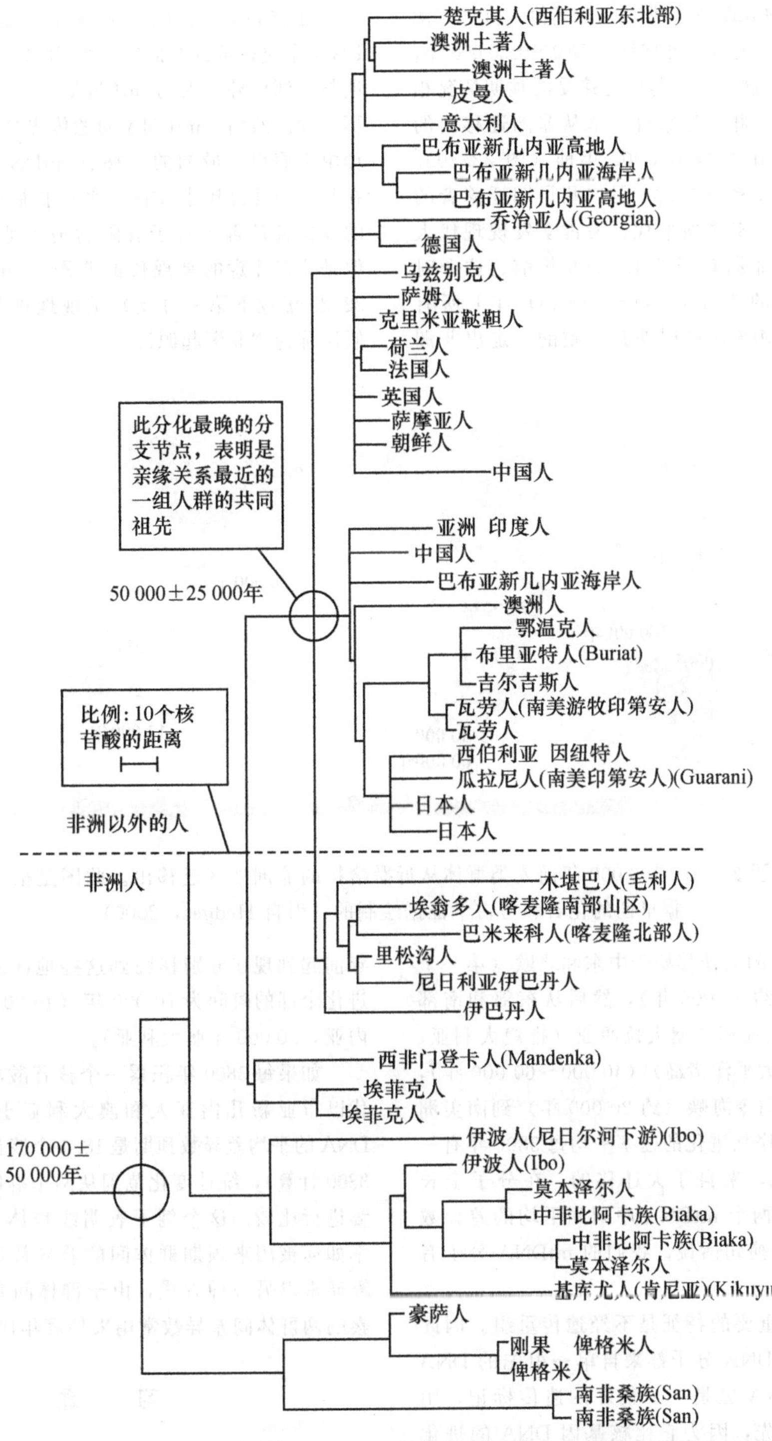

图 22.29　根据 53 个人完整的 mtDNA 序列分析制备的人类线粒体 DNA 系统树

（引自 Ingman et al.，2000）

中发现，这些序列具有共同祖先（most recent common ancestor，MRCA）的 5 个非洲人（图 22.29 下半部上端）的 mtDNA 序列比其他非洲人（图 22.29 下半部下端）的 mtDNA 序列亲缘关系要更近一些；

④mtDNA 谱系的 MRCA 与非洲人和其他人群体（图 22.29 上部圆环）的连接的年代约为 50 000±25 000 年。

mtDNA 树的这些特征与广泛接受的预期情况相一致，所有现代人群体都来自一个从非洲迁移出的人，此事件发生在大约 100 000 年前（图 22.30）。还有更早从非洲迁移出的人，但这些早期迁移者的后代显然由那些后来者所取代。考古学发现现代人类亚种的化石在非洲时期是 130 000 年前。这个时期与图 22.29 中的［(170 000±50 000) 年］所有 mtDNA 谱系的 MRCA 的时期是一致的。走出非洲的大迁移的时期（100 000 年）是基于核基因的 DNA 序列和考古的证据。图 22.30 中，似乎这个时期与非洲以外的人的 mtDNA 谱系的 MRCA 的时期不一致。然而，mtDNA 的遗传史是母系遗传史，有理由去假设，最初的迁移者 mtDNA 的某些多样性在开始的几万年中及在后来的扩展中丢失了。最初的迁移者是否来自于有限的地理地区还是未知的，但是值得注意的是现代的非洲人 mtDNA 谱系（图 22.29 虚线下第一分支）呈现地理分散性。以上的假说称为“非洲起源说”。

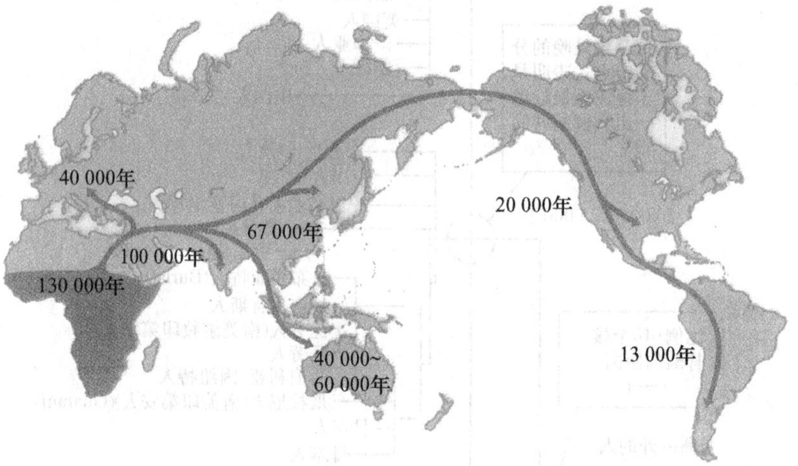

图 22.30　100 000 年前人类群体从近撒哈拉的非洲地区迁移出。此图是根据早期的化石和考古学证据绘制的（引自 Hedges，2000）

100 000 年前的大迁移始于中东和北欧（第一个化石和考古证据约 40 000 年），然后从东部和南部（约 67 000 年）到亚洲和澳大拉西亚（指澳大利亚、新西兰及附近南太平洋诸岛）（40 000～60 000 年），最后从东亚越过白令海峡（约 20 000 年）到南美洲（约 13 000 年）。序列进化的速率平均每 3800 年有一个核苷酸的取代，来自于大迁移的、在分子全长 16.5kb 的、任何两个 mtDNA 序列间平均的差异数约为 50 个碱基。换句话说，我们的 mtDNA 分子有 99.7%是相同的。

线粒体另一重要的特征是不经遗传重组。因此所有线粒体中的 DNA 分子都来自单一祖先的 DNA 分子。线粒体 DNA 也是一个很好的遗传标记，用来追踪人类的祖先，因为它比核基因 DNA 的进化更迅速。线粒体 DNA 序列的差异以每 3800 年每个线粒体谱系约有一个碱基改变的速率积累在人类谱系中。例如，巴布亚新几内亚人与澳大利亚土著人具有相对隔离的遗传，大约从 40 000 年前和 30 000 年前起到现在分别移民到这些地区的，因此群体间进化全部的时间为 70 000 年（40 000 年巴布亚新几内亚，30 000 年澳大利亚）。

如果每 3800 年积累一个核苷酸的改变，那么现代巴布亚新几内亚人和澳大利亚土著人的线粒体 DNA 的平均差异数预期是 18.4 个核苷酸（以 70 000/3800 计算），统计变化范围从两个群体中的各一对夫妻进行比较。这个例子表明线粒体 DNA 进化的速率如何被用来预期群体间的差异数量。实际上，计算通常以另一种方式，由于群体间有地理隔离，观察的两群体间差异数常用来估算年代数。

习　题

1. 基因频率和基因型频率有何不同？
2. 何谓哈迪-温伯格法则？有何应用价值？
3. 在人类群体中，有害隐性等位基因保持一个低的频率。为何有害隐性等位基因难以完全被清除？

4. 什么是随机遗传漂变？有何特点？

5. 人类群体中，ABO血型抗原的分泌型基因型为 *Se Se* 和 *Se se*，非分泌型基因型为 *se se*。在高加索人中，非分泌的表型约为33%，（1）假定随机交配，*se* 的等位基因频率是多少？（2）在高加索人中，预期纯合的分泌基因和杂合的分泌基因的比率是多少？

6. 着色性干皮病（卡波济氏病）（XP）常为致死性的皮肤癌，是由影响DNA切补修复的隐性等位基因突变造成的。在美国，致病的纯合隐性基因频率约为1/250 000（突变等位基因可以在8个不同的等位基因中的任何一个中）。（1）嫡亲表兄妹婚配的后代中，预期的XP的频率是多少？（2）嫡亲表兄妹婚配的后代与非亲缘关系的后代的XP的比率是多少？

7. *Let A* 对 *Let a* 基因为显性，存在的频率分别为 p 和 q，在一杂交群体中 $p+q=1$。（1）若隐性表型占总数的16%，杂合体中的隐性基因占总的隐性基因的比例是多少？（2）若纯合隐性个体占1%，在杂合子中隐性基因占总的隐性基因的比例是多少？

8. 一个群体中杂合体是纯合隐性个体总数的8倍，隐性基因的频率是多少？

9. 在随机交配的群体中，一个中性突变的隐性性状在男性中占40%，在女性中占16%，问基因的频率是多少？有多少女性是杂合的？有多少男性是杂合的？

10. 下列情况下计算有效群体的大小（Ne）：（1）在繁殖种群中50个雄性成体和50个雌性成体；（2）60个雄性成体和40个雌性成体；（3）10个雄性成体和90个雌性成体；（4）2个雄性成体和98个雌性成体。

11. 在校园中有一个80只成体松鼠的群体，其 *Est* 的等位基因频率是0.70，在附近树林里有松鼠另一群体的 *Est* 基因的频率为0.5，在冬季有20只松鼠从树林迁移到校园里，加入了校园中的群体，在迁移之后校园里的松鼠 *Est* 基因的频率是多少？

12. 镰状贫血是一种超显性，一个 *Hb-A*/*Hb-S* 的杂合体增加了对恶性疟疾的抗性，因此比 *Hb-A*/*Hb-A* 及 Hb^S/Hb^S 纯合体有更强的适应性。假设他们的适应值如下：$Hb^A/Hb^A=0.86$；$Hb^A/Hb^S=1.00$；$Hb^S/Hb^S=0.14$，预期基因的频率是多少？

13. 人类的软骨发育不全是由常染色体显性基因所引起的，其突变率为 5×10^{-5}，相对于正常的适应性约为0.2，问达到平衡时此基因的频率是多少？

14. 什么是分子进化（molecular evolution）？其特点是什么？

15. 什么RNA世界学说（RNA world hypothesis）？有何依据？

16. 从核酶的发现，你认为酶的进化的可能路线是怎样的？

17. 原核基因组和真核基因组有哪些不同的特点？

18. 什么是C值悖理（C value paradox）？你认为产生的原因是什么？

19. 基因组功能的进化主要表现在哪些方面？试举例说明。

20. 新基因的产生主要是通过哪些途径？

21. 什么是中性突变学说（neutral-mutation theory）？其中“中性”的含义是什么？

22. 从进化的角度来看，基因的重复可分为哪些类型？试举例说明。

23. 什么是外显子混编（exon shuffling）？在进化中有何意义？

24. 如何区分DNA多态性（DNA polymorphism）和基因突变？

25. 为什么人们常用mtDNA为材料来分析真核生物的进化？

26. 何谓人类的非洲起源说？这个学说和北京猿人化石所提供的信息是否是矛盾的？你如何理解？

参考文献

曹凯鸣，李碧羽，彭泽国．1991．核酸化学导论．上海：复旦大学出版社．

查幸福，夏庆友，向仲怀．2006．昆虫性别决定的分子机制研究进展．蚕业科学，32（2）：151-156．

陈宜瑜．2009．英汉生物学大辞典．北京：科学出版社．

陈宜瑜，祁国荣，宋大祥．2009．英汉生物学大辞典．北京：科学出版社．

戴灼华，王亚馥，粟翼玟．2008．遗传学．2版．北京：高等教育出版社．

弗雷费尔德 D．1991a．分子生物学（上）．蔡武城，刘承健，饶玉树译．北京：科学出版社．

弗雷费尔德 D．1991b．分子生物学（下）．俞梅敏，刘序倬译．北京：科学出版社．

贺林．2000．解码生命．北京：科学出版社．

金伯泉．2001．细胞和分子免疫学．2版．北京：科学出版社．

刘祖洞．1991．遗传学．2版．北京：高等教育出版社．

马瑟 K，金克斯 J L．1988．生统遗传学．2版．刘定富，韩继祥，张金发译．北京：科学出版社．

全国科学技术名词审定委员会．2000．英汉-汉英生物学名词．北京：科学出版社．

全国科学技术名词审定委员会．2006．遗传学名词．2版．北京：科学出版社．

盛祖嘉．1981．微生物遗传学．北京：科学出版社．

盛祖嘉，沈仁权．1988．分子遗传学．上海：复旦大学出版社．

斯特罗恩 T，里德 A P．2007．人类分子遗传学．3版．孙开来译．北京：科学出版社．

孙乃恩，孙东旭，朱德煦．1990．分子遗传学．南京：南京大学出版社．

特怀曼 R M．2000．高级分子生物学要义．陈淳，徐沁，徐晋麟译．北京：科学出版社．

童克中．2001．基因及其表达．北京：科学出版社．

沃森 J D，贝克 J D，贝尔 S P 等．2005．基因的分子生物学．5版．杨焕明，王彩平，时亮译．北京：科学出版社．

吴旻．2004．肿瘤遗传学．北京：科学出版社．

吴启家，黄林，张翼．2009．催化 RNA 的结构与功能．中国科学 C 辑，39（1）：78-90．

徐晋麟，陈淳，徐沁．2007．基因工程原理．北京：科学出版社．

徐晋麟，赵耕春．2008．基础遗传学．北京：高等教育出版社．

徐晋麟，赵耕春，秦敏君．2008．英汉遗传学遗传学名词．北京：科学出版社．

徐晋麟，徐沁，陈淳．2005．现代遗传学原理．2版．北京：科学出版社．

遗传学进展编辑部．2000．TIG遗传学命名指南．王金发，陈中健，杨琳等译．北京：科学出版社．

张玉静．2000．分子遗传学．北京：科学出版社．

赵谨，杨克恭，张学．2005．一种新发现的基因表达调控机制——核糖开关．中国生物化学与分子生物学报，21（2）：151-157．

赵寿元，乔守怡．2008．现代遗传学．2版．高等教育出版社．

Akhtar A．2003．Dosage compensation：an intertwined world of RNA and chromatin remodelling．Current Opinion in Genetics & Development，13（2）：161-169．

Alberts B，Bray D，Lewis J，et al．2002．Molecular Biology of the Cell．4th ed．New York：Garland Publishing．

Allis C D，Jenuwein T，Reinberg D，et al．2009．表观遗传学．朱冰，孙方林译．北京：科学出版社．

Becker W M，Kleinsmith L J，Hardin J，et al．2009．The World of the Cell．7th ed．New York：Pearson Education，Inc．

Belote J M, Baker B S. 1983. The dual functions of a sex determination gene in *Drosophila melanogaster*. Devel Biol, 95: 512-517.

Benedict W F, Murphree A, Banerjee A, et al. 1983. Patient with 13 chromosome deletion: evidence that the retinoblastoma gene is a recessive cancer gene. Science, 219: 973-975.

Berg J M, Tymoczko J L, Stryer L. 2002. Biochemistry. 5th ed. New York: W H Freeman & Company.

Bo Gao, Jingzhi Guo, Chaowen She, et al. 2001. Mutations in IHH, encoding indian hedgehog protein, cause brachydactyly type A-1. Nature Genetics, 28 (4): 386-388.

Boiani M, Gentile L, Gambles V, et al. 2005. Variable "reprogramming" of the pluripotent stem cell marker Oct4 in mouse clones: distinct developmental potentials in different culture environments. Stem Cells, 23: 93-108.

Campbell N, Reece J B, Mitchell L G. 1998. Biology. 5th ed. Menlo Park: Benjamin/Cummings.

Cartwright R A. 2004. EvoMath 3: Genetic Drift and Coalescence, Briefly.

Cech T R, Zaug A J, Grabowski P J. 1981. *In vitro* splicing of the rRNA precursor of Tetrahymena: involvement of a guanosine nucleotide in the excision of the intervening sequence. Cell, 27: 487-496.

Chandler V L, Stam M. 2004. Chromatin conversations: mechanisms and implications of paramutation. Nature Reviews Genetics, 5: 532-544.

Chapman E J, Carrington J C. 2007. Specialization and evolution of endogenous small RNA pathways. Nature Reviews Genetics, 8: 884-896.

Chapple C E, Guigó R, Krol A. 2009. SECI Saln, a web-based tool for the creation of structure-based alignments of eukaryotic SECIS elements. Bioinformatics, 25 (5): 674-675.

Chaudry A. 2004. Stem Cell Bioengineering. The Science Creative Quarterly. http://www.scq.ubc.ca/stem-cell-bioengineering.

Cherry J M, Ball C, Weng S, et al. 1997. Genetic and Physical Maps of Saccharomyces cerevisiae. Nature, 387: 67-73.

Choi W, Harshey R M. 2009. DNA repair by the cryptic endonuclease activity of Mu transposase. Section of Molecular Genetics and Microbiology and Institute of Cellular and Molecular Biology, Charles M. Radding. New Haven: Yale University School of Medicine.

Cline T W. 1984. Autoregulatory functioning of a *Drosophila* gene product that establish es and maintains the sexually determined state. Genetics, 107 (2): 231-277.

Cohen F E. 1999. Protein misfolding and prion diseases. J Mol Biol, 313-320.

Cooper G M. 2000. The Cell: A Molecular Approach. 2nd ed. Sunderland M. A.: Boston University.

Cuzin F, Jacob F. 1963. Integration reversible de l′ episome sexuel F′ chez *Escherichia coli* K12. Compt Rend, 257: 795-797.

Daniel L H, Elizabeth W J. 2006. Essential Genetics A Genomics Perspective. 4th ed. Boston: Jones and Bartlett Publishers, Inc.

Davie J R. 1997. Nuclear matrix, dynamic histone acetylation and transcriptionally active chromatin. Mol Biol Rep, 24: 197-209.

Davies R W, Waring R B, Ray J A, et al. 1982. Making ends meet: a model for RNA splicing in fungal mitochondria. Nature, 300 (5894): 719-724.

Ding S, Wu X, Li G, et al. 2005. Efficient transposition of the piggyBac (PB) transposon in mammalian cells and mice. Cell, 122 (3): 473-483.

Freeman S. 2002. Biological Science. London: Prentice Hall Publishing Company.

Friend S H, Bernards R, Rogelj S, et al. 1986. A human DNA segment with properties of the gene that predisposes to retinoblastoma and osteosarcoma. Nature, 323 (6089): 643-646.

Gardner P P，Bateman A，Poole A M. 2010. Sonpatrol：now many snoRNA genes are there? Journal of Biology，9：4

Germond J E，Bellard M，Oudet P，et al. 1976. Stability of nucleosomes in native and reconstituted chromatins. Nucleic Acids Res，3 (11)：3173-3192.

Gilbert S F. 2006. Developmental Biology. 8th ed. Sunderland M. A.：Sinauer Associates，Inc.

Griffiths A J F，Gelbart W M，Miller J H，et al. 1999. Modern Genetic Analysis. New York：W. H. Freeman and Company.

Griffiths A J F，Miller J H，Suzuki D T，et al. 1993. An Introduction to Genetic Analysis. 5th ed. New York：W. H. Freeman and Company.

Grummt I，Pikaard C S. 2003. Life on a planet of its own：regulation of RNA polymerase I transcription in the nucleolus. Genes & Development，17 (14)：1691-1702.

Hartl D L，Jones E W. 2006. Essential Genetics A Genomics Perspective. 4th ed. Boston：Jones and Bartlett Publishers，Inc.

Hartwell L H，Hood L，Goldberget M L，et al. 2000. Genetics From Genes to Genomes. New York：McGraw-Hill Companies，Inc.

Hedges S B. 2000. A start for population genomics. Nature，408：652-653.

Herr A J，Atkins J F，Gesteland R F. 1999. Mutations which alter the elbow region of tRNAGly2 reduce T4 gene *60* translational bypassing efficiency. EMBO，18：2886-2896.

Ingman M，Kaessmann H，Paabo S，et al. 2000. Mitochondrial genome variation and the origin of modern humans. Nature，408：708-713.

Ivanov I P，Gurvich O L，Gesteland R F，et al. 2000. Recoding：Site-or mRNA-Specific Alteration of Genetic Readout Utilized for Gene Expression in Madame Curie Bioscience Database Landes Bioscience. Austin (TX).

Jacob F，Wollman E L. 1956. Recombinaison génétique et mutants de fertilité chez *Escherichia coli*. C. r. Acad Sci，242：303-306.

Jacob F，Wollman E L. 1957. Analyse des groupes de liaison génétique de differentes souches donatrices d' *Escherichia coli* K12. C. r. Acad Sci，245：1840-1843.

Jian D，Kim Y，Maxwell K L，et al. 2005. Crystal structure of bacteriophage lambda cII and its DNA complex. Molecular Cell，19：259-269.

Karp G. 1999. Cell and Molecular Biology Concepts and Experiments. 2nd ed. New York：John Wiley & Sons，Inc.

Khoo G，LimT M，Chan W K，et al. 1999. Genetic basis of the variegated tail patternin the guppy，*Poecilia reticulata* Zoological. Science，16 (3)：431-437.

King R C. 2000. A Dictionary of Genetics. 6th ed. New York：Oxford University Press，Inc.

Konigsberg W，Godson G N. 1983. Evidence for use of rare codons in the dnaG gene and other regulatory genes of *Escherichia coli*. Proc NatL Acad Sci USA，80：687-691.

Kornberg A，Baker T A. 1992. DNA Replication. 2nd ed. New York：W. H. Freeman and Company.

Kozak M. 1986. Point mutations define a sequence flanking the AUG initiator codon that modulates translation by eukaryotic ribosomes. Cell，44：283-292.

Kozak M. 1987. An analysis of 5′-noncoding sequences from 699 vertebrate messenger RNAs. Nucleic Acids Res，15 (20)：8125-8148.

Lahn B T，Pearson N M，Jegalian K. 2001. The human Y chromosome，in the light of evolution. Nature Reviews Genetics，2：207-216.

Lederberg J，Cavalli L L，Lederberg E M. 1952. Sex compatibility in *Escherichia coli*. Genetics，37：720-

730.

Lewin B. 2000. Genes Ⅶ. Boston：Jones and Bartlett Publishers，Inc.

Lewin B. 2004. Genes Ⅷ. Boston：Jones and Bartlett Publishers，Inc.

Lewin B. 2008. Genes Ⅸ. Boston：Jones and Bartlett Publishers，Inc.

Lewis E B. 1950. The phenomenon of position effect. Advances in Genet，3：73-115.

Lisabeth J，Chapman，James C. 2007. Carringtons，pecialization and evolution of endogenous small RNA pathways. Nature Reviews Genetics，8：884-896.

Lodish H，Berk A，Zipursky S L，et al. 2000. Molecular Cell Biology. 4th ed. New York：W. H. Freeman and Company.

Long M，Langley C H. 1993. Natural selection and the origin of *jingwei*，a chimeric processed functional gene in *Drosophila*. Science，260：91-95.

Madigan M T，Martinko J M. 2006. Brock Biology of Microorganisms. 11th ed. Opper Saddle River，N J：Pearson Prentice Hall.

Mancini-DiNardo D，Steele S J S，Levorse J M，et al. 2006. Elongation of the Kcnq1ot1 transcript is required for genomic imprinting of neighboring genes. Genes Dev，20：1268-1282.

Mandal M，Breaker R R. 2004. Gene regulation by riboswitches. Nat Rev Mol Cell Biol，5 (6)：451-463.

Miesfeld R L. 1999. Applied Molecular Genetics. New York：A John Wiley & Sons，Inc.

Morris J R，Chen J I，Filandrinos S T，et al. 1999. An analysis of transvection at the yellow locus of *Drosophila melanogaster*. Genetics，151：633-651.

Morris J R，Chen J I，Geyer P K，et al. 1998. Two modes of transvection：Enhancer action in *trans* and bypass of a chromatin insulator in cis. PNAS，95 (18)：10740-10745.

Nelson D L，Cox M M. 2000. Lehninger Principles of Biochemistry，3rd ed. New York：W. H. Freeman and Company.

Noll M. 1974. Subunit structure of chromatin. Nature，251：249-251.

Olins A L，Carlson R D，Olins D E. 1975. Visualization of chromatin substructure：nu-bodies. J Cell Biol，64：528-537.

Pace N R，Stahl D A，Lane D J，et al. 1986. The analysis of natural microbial populations by ribosomal RNA sequences. Advance of Microbial Ecology，9：1-55.

Paterson A H，Lander E S，Tanksley S D，et al. 1988. Resolution of quantitative traits into Mendelian factors by using a complete linkage map of restriction fragment lengh polymorphisms. Nature，355：721-726.

Postnikov Y V，Herrera J E，Hock R，et al. 1997. Clusters of nucleosomes containing chromosomal protein HMG-17 in chromatin. J Mol Biol，274 (4)：454-465.

Potter H，Dressler D. 1976，On the mechanism of genetic recombination：electron microscopic observation of recombination intermediates. Proc Natl Acad Sci USA，73：3000-3004.

Robert F W. 1999. Molecular Biology. New York：McGraw-Hill Companies，Inc.

Rodriguez R L，Davern C I. 1976. Direction of deoxyribonucleic acid replication in *Escherichia coli* under various conditions of cell growth. J Bacteriol，125 (1)：346-352.

Rubin G M，Lewis E B. 2000. A brief history of *Drosophila*'s contributions to genome research. Science，5461：2216-2218.

Russell P J. 1992. Genetics. 3rd ed. New York：Harper Collins Publishers.

Ruthenburg A J，Allis C D，Wysocka J. 2007. Methylation of lysine 4 on histone H3：intricacy of writing and reading a single epigeneti. Mol Cell，25：15-30.

Sager R. 1972. Cytoplasmic Genes and Organelles. New York：Academic Press.

Sarma K, Reinberg D. 2005. Histone variants meet their match. Nature Reviews Molecular Cell Biology, 6: 139-149.

Seidman M M, Glazer P M. 2003. The potential for gene repair via triple helix formation. J Clin Invest, 112 (4): 487-494.

Shampay J, Szostak J W, Blackburn E H. 1984. DNA sequences of telomeres maintained in yeast. Nature, 310: 154-157.

Shi Y J, Matson C, Lan F, et al. 2005. Regulation of LSD1 histone demethylase activity by its associated factors. Mol Cell, 19 (6): 857-864.

Simmons S. 2003. Principles of Genetics. 3rd ed. New York: John Wiley & Sons, Inc.

Sinclair A H, Berta P, Ellis N, et al. 1990. A gene from the human sex-determining region encodes a protein with homology to a conserved DNA-binding motif. Nature, 346: 240-244.

Sinclair D A, Guarente L. 1997. Extrachromosomal rDNA circles—a cause of aging in yeast. Cell, 91 (7): 1033-1042.

Sioud M. 2004. Therapeutic potential of small interfering RNAs. Drugs Fut, 29 (7): 741-750.

Sleutels F, Zwart R, Barlow D P. 2002. The noncoding Air RNA is required for silencing autosomal imprinted genes. Nature, 415: 810-813.

Sparkes R S, Murphree A I, Lingua R W, et al. 1980. Regional assignment of genes for human esterase D and retinoblastoma to chromosome band 13q14. Science, 208: 1042-1044.

Stam M, Belele C, Dorweiler J, et al. 2002. Differential chromatin structure within a tandem array 100kb upstream of the maize *bl* locus is associated with paramutation. Genes and Development, 16: 1906-1918.

Stewart C R, Yip T K, Myles B, et al. 2009. Roles of genes 38, 39, and 40 in shutoff of host biosyntheses during infection of *Bacillus subtilis* by bacteriophage SPO1. Virology, 392: 271-274.

Stubbe H. 1972. History of Genetics from Prehistoric Times to the Rediscovery of Mendel's Laws. Translated by T. R. W. Waters. Cambridge, MA: MIT Press.

Sung P, Klein H. 2006. Mechanism of homologous recombination: mediators and helicases take on regulatory functions. Nature Reviews Molecular Cell Biology, 7: 739-750.

Van der Ploeg L H, Valerio D, De Lange T, et al. 1982. An analysis of cosmid clones of nuclear DNA from *Trypanosoma* brucei shows that the genes for variant surface glycoproteins are clustered in the genome. Nucleic Acids Res, 10 (19): 5905-5923.

Watanabe T, Fukasawa T. 1960. Resistance transfer factor, an episome in Entero-bacteriaceae. Biochem. Biophys, Res Comm, 3: 660.

Watson J D, Hopkins N H, Roberts J W, et al. 1987. Molecular Biology of The Gene. 4th ed. Redwood City, CA: The Benjamin/ Cummings Publishing Company, Inc.

Wayne M B, Lewis J K, Jeff H, et al. 2006. The World of the Cell. 7th ed. New York: Pearson Education Inc.

Weaver R F. 1999. Molecular Biology. New York: McGraw-Hill Companies, Inc.

Yan Zhang, Mary K S, Rouf M A M, et al. 2005. Development of a High-Density Map of White Clover (*Trifolium repens* L.) using SSR Markers. Plant & Animal Genome XIII, The International Conference on the Status of Plant & Animal Genome Research. San Diego, CA, USA (Published).

Yunis J J, Sawyer J R, Dunham K. 1980. The striking resemblance of high-resolution G-banded chromosomes of man and chimpanzee. Science, 208: 1145-1148.

参考网页

http://biol.lf1.cuni.cz/ucebnice/en/

http://cmgm.stanford.edu/biochem/biochem201/Slides/DNA%20Structure/

http://en.wikipedia.org/wiki/File:Exon_shuffling.png

http://en.wikipedia.org/wiki/SUMO_protein

http://en.wikipedia.org/wiki/Turner_syndrome,2010

http://kimberye.bokee.com/viewdiary.15748451.html

http://publications.nigms.nih.gov/thenewgenetics/chapter2.html

http://schools-wikipedia.org/wp/d/DNA_repair.htm

http://sm.nwsuaf.edu.cn/mb/admin/upload/files/gzk/htm/chapter2_2.htm

http://statistics.arizona.edu/courses/EEB600A-2003/lectures/lecture24/lecture24.html

http://www.bio.miami.edu/dana/

http://www.cs.stedwards.edu/chem/Chemistry/CHEM43/CHEM43/tRNA/Function.Htm

http://www.healthvalue.net/notch.html

http://www.mun.ca/biochem/courses/3107/images/Griffiths/G10-4.jpg

http://www.mun.ca/biochem/courses/3107/images/MVH/MVH_fi28p30.gif

http://www.mun.ca/biology/desmid/brian/BIOL2060/BIOL2060-19/1916.jpg

http://www.newworldencyclopedia.org/entry/RNA

http://www.openwetware.org/wiki/Nijman

http://www.ucl.ac.uk/~ucbhjow/bmsi/bmsi_7.html

http://www.uic.edu/classes/bios/bios100/lecturesf04am/lect15.htm

http://www.wowzone.com/clonecat.htm

http://www2.hawaii.edu/~johnb/micro/micr230/micr230_lectures/lecture8.htm

附录一　遗传学领域诺贝尔奖名录

获奖时间	奖项	姓名	国籍	主要成就
1901 年	生理学或医学奖	E. A. von Behring	德	1890 年首创白喉的抗血清治疗
1910 年	生理学或医学奖	A. Kossel	德	1879 年分析揭示了脱氧核糖核酸（DNA）的化学组成
1930 年	生理学或医学奖	K. Landsteiner	奥	1900 年发现人类的血型
1933 年	生理学或医学奖	T. H. Morgan	美	1910 年发现连锁定律，奠定了遗传的染色体学说
1935 年	生理学或医学奖	H. Spemann	德	1918 年发现胚胎发育中的背唇诱导作用
1945 年	生理学或医学奖	A. Fleming	英	1929 年发现青霉素及其抗菌作用
		E. B. Chain	英	1940 年分离、纯化了青霉素
		H. W. Florey	英	
1946 年	生理学或医学奖	H. J. Muller	美	1927 年发现用 X 射线可以诱导基因人工突变
	化学奖	J. B. Sumner	美	1926 年首次制备酶的结晶，并证明酶是蛋白质
		W. M Stanley	美	1935 年纯化了病毒蛋白并阐明其化学特性
		J. H. Northrop	美	
1952 年	化学奖	A. J. P. Martin	英	1941 年发明了色譜层析分离技术
		R. L. M. Synge	英	
1954 年	化学奖	L. Pauling	美	1951 年建立了蛋白质结构的 α 螺旋模型
1957 年	化学奖	L. A. R Todd	英	1952 年研究核苷及核酸辅酶的结构
1958 年	生理学或医学奖	G. W. Beadle	美	1941 年建立“一基因一酶”学说
		E. L. Tatum	美	
		J. Lderberg	美	1946 年发现了细菌的接合和转导
	化学奖	F. Sanger	英	1955 年首次成功地分析测定了胰岛素的氨基酸序列
1959 年	生理学或医学奖	S. Ochoa	美	1955 年发现多聚核苷磷酸化酶
		A. Kornberg	美	1956 年发现 DNA 聚合酶
1960 年	生理学或医学奖	P. B. Medawar	英	1953 年揭示了免疫耐受性
		F. M. Burnet	澳	1959 年建立了免疫球蛋白多样性的“克隆选择”学说
1962 年	生理学或医学奖	J. D. Watson	美	1953 年建立 DNA 的双螺旋模型
		F. H. C. Crick	英	
		M. H. F. Wilkins	英	1953 年与 R. Franklin 拍摄了 DNA 晶体的 X 衍射照片
	化学奖	M. F. Perutz	英	1960 年用 X 射线衍射确定了肌红蛋白的三维结构
		J. C. Kendrew	英	1960 年用 X 射线衍射确定了珠蛋白的三维结构
1964 年	化学奖	D. M. C. Hodgkin	英	用 X 射线衍射确定了青霉素（1949）、B12（1957）等生物大分子的结构

续表

获奖时间	奖项	姓名	国籍	主要成就
1965年	生理学或医学奖	F. Jacob	法	1961年建立了乳糖操纵子模型
		J. Monod	法	
		A. Lwoff	法	1950年揭示了溶原现象的本质
1966年	生理学或医学奖	P. Rous	美	1910年发现鸟类的致瘤病毒
1967年	生理学或医学奖	R. Granit	瑞典	1939年提出色觉的优势调节器学说
		H. K. Hartline	美	1938年发现了视网膜对光照射具有不同反应的三种神经纤维
		G. Wald	美	1954年提出视觉感光的化学机理，并阐明夜盲症的起因
1968年	生理学或医学奖	R. W. Holley	美	1965年确定酵母苯丙氨酸tRNA的序列、结构和反密码子
		M. W. Nirenberg	美	1965年采用三联体结合实验破译了遗传密码
		H. G. Khorana	美	1966年利用重复共聚物破译了遗传密码
1969年	生理学或医学奖	A. D. Hershey	美	1952年用噬菌体侵染实验证实DNA是遗传物质
		M. Delbrück	美	1953年证实噬菌体的遗传重组
		S. E. Luria	美	1945年论证噬菌体发生的突变
1971年	生理学或医学奖	E. W. Sutherland	美	1957年发现cAMP及产生它的腺苷酸环化酶
1972年	生理学或医学奖	G. M. Edelman	美	1969年等首次发表人类免疫球蛋白G_I的氨基酸全序列
		R. R. Porter	英	1962年应用酶来剪切免疫球蛋白分子，并提出四链模型
1974年	生理学或医学奖	A. Claude	比	1943年分离并命名微粒体片段，证明其含有细胞中大部分RNA
		C. de Duve	比	1955年描述细胞内含有水解酶的囊泡，并定名为溶酶体
		G. E. Palade	美	1952年首次发表了线粒体的高分辨率电子显微镜照片
1975年	生理学或医学奖	R. Dulbecco	美	1952年发现肿瘤病毒
		H. M. Temin	美	1970年发现RNA病毒的反转录酶
		D. Baltimore	美	
1978年	生理学或医学奖	W. Arber	瑞士	1962年提出限制与修饰学说，并发现Ⅰ类限制性酶
		H. O. Smith	美	1968年发现Ⅱ类限制性酶并阐明其性质
		D. Nathans	美	1971年制作酶切图谱
1980年	化学奖	W. Gilbert	美	1977年建立化学法测序
		F. Sanger	英	1977年建立"加""减"法测序
		P. Berg	美	1972年建立体外重组技术
1980年	生理学或医学奖	B. Benacerraf	美	1963年发现豚鼠免疫应答基因，1972年证明小鼠*Ir*基因是与H-2复合物连锁的
		J. Dausset	法	1954年首次发现HLA抗原，并阐明了人类组织相容性系统
		G. D. Snell	美	1953年发现小鼠主要组织相容性复合物是由多基因座组成
1982年	化学奖	A. Klug	英	发表病毒颗粒（1959年）和核小体（1976年）的三维结构
1983年	生理学或医学奖	B. McClintock	美	1950年在玉米中发现转座现象和转座因子
1984年	生理学或医学奖	G. Köhler	英	1975年建立单克隆抗体制备技术
		C. Milstein	英	
	化学奖	R. B. Merrifield	美	1965年建立了多肽自动合成的方法
1985年	生理学或医学奖	M. S. Brown	美	1975年确定低密度脂蛋白（LDL）受体途径并证明编码LDL受体基因的遗传缺陷引起家族性高胆固醇血症
		J. L. Goldstein	美	

续表

获奖时间	奖项	姓名	国籍	主要成就
1986 年	生理学或医学奖	R. Levi-Montalcini	意	1953 年从小鼠的唾液腺中分离出表皮生长因子
1986 年	生理学或医学奖	S. Cohen	美	1953 年从小鼠的唾液腺中分离出表皮生长因子
1986 年	物理奖	E. Ruska	德	1932 年设计了第一台透射电子显微镜
1986 年	物理奖	G. Binnig	德	1982 年设计了扫描隧道电子显微镜
1986 年	物理奖	H. Rohrer	瑞士	1982 年设计了扫描隧道电子显微镜
1987 年	生理学或医学奖	S. Tonegawa	日	1976 年证明了免疫球蛋白的体细胞重组学说
1989 年	生理学或医学奖	H. E. Varmus	美	1981 年发现鸟类肉瘤病毒中存在致癌基因
1989 年	生理学或医学奖	J. M. Bishop	美	1981 年发现鸟类肉瘤病毒中存在致癌基因
1989 年	化学奖	T. R. Cech	美	1981 年发现催化 RNA 自体拼接的核酶
1989 年	化学奖	S. Altman	美	1971 年分离了 RNase P 并阐明了 tRNA 前体 5′端的加工
1992 年	生理学或医学奖	E. G. Krebs	美	20 世纪 50 年代发现蛋白激酶并阐明其在信号转导中的作用
1992 年	生理学或医学奖	E. H. Fischer	美	20 世纪 50 年代发现蛋白激酶并阐明其在信号转导中的作用
1993 年	化学奖	K. B Mullis	美	1985 年建立 PCR 技术
1993 年	化学奖	M. Smith	美	1984 年建立核酸的定点突变技术
1993 年	生理学或医学奖	P. A. Sharp	美	1977 年发现真核基因中内含子的存在
1993 年	生理学或医学奖	R. J. Roberts	美	1977 年发现真核基因中内含子的存在
1994 年	生理学或医学奖	A. G Gilman	美	1977 年发现腺苷酸环化酶是受一种结合 GTP 蛋白的调节
1994 年	生理学或医学奖	M. Rodbell	美	1974 年发现传递信号的 G 蛋白及其功能
1995 年	生理学或医学奖	C. Nüsslein-Volhard	德	20 世纪 80 年代分离了控制果蝇早期发育的相关基因
1995 年	生理学或医学奖	E. B. Lewis	美	1978 年发现控制果蝇分节的基因家族——Hox 基因。
1995 年	生理学或医学奖	E. F. Wieschaus	美	1978 年发现果蝇双胸复合体基因簇
1996 年	生理学或医学奖	P. C. Doherty	澳	1973 年揭示 T 细胞识别和清除被感染细胞的机理
1996 年	生理学或医学奖	R. M. Zinkernagel	瑞士	1973 年揭示 T 细胞识别和清除被感染细胞的机理
1997 年	生理学或医学奖	S. B. Prusiner	美	1982 年发现朊粒蛋白病变是由于“错折叠”所致
1997 年	化学奖	P. D. Boyer	美	1991 年阐明了三磷酸腺苷的形成过程
1997 年	化学奖	J. E. Walker	英	1991 年阐明了三磷酸腺苷的形成过程
1997 年	化学奖	J. C. Skou	丹	1957 年发现维持细胞中钠离子和钾离子浓度平衡的酶
1999 年	生理学或医学奖	G. Blobel	美	1975 年建立了信号假说
2000 年	生理学或医学奖	E. R. Kandel	美	1982 年揭示了记忆形成的分子机制
2000 年	生理学或医学奖	A. Carlsson	瑞典	1958 年发现神经系统信号传导物多巴胺
2000 年	生理学或医学奖	P. Greengard	美	1987 年发现神经系统中的信号转导
2001 年	生理学或医学奖	L. H Hartwell	美	1973 年发现了控制细胞周期的相关基因
2001 年	生理学或医学奖	P. M. Nurse	英	1987 年确认并克隆了控制细胞周期的基因
2001 年	生理学或医学奖	T. Hunt	美	1989 年发现了控制细胞周期的周期蛋白
2002 年	生理学或医学奖	S. Brenner	英	1960 年代用秀丽新小杆线虫（*C. elegans*）建立了用于研究个体发育的生物模型。1974 年描述了对 *C. elegans* 突变的诱导、分离和作图的方法
2002 年	生理学或医学奖	J. E. Sulston	英	1977 年发表第一个完整的多细胞生物体发育过程的细胞谱系
2002 年	生理学或医学奖	H. R. Horvitz	美	1986 年从 *C. elegans* 克隆出细胞凋亡基因 *Ced-3* 和 *Ced-4*
2002 年	化学奖	J. B. Fenn	美	1989 年将电喷雾离子化质谱法应用于大分子结构的研究
2002 年	化学奖	K. Tanaka	日本	发现了异常吸收激光物质，1987 年建立了对生物大分子的质谱分析法
2002 年	化学奖	K. Wüthrich	瑞士	1985 年引入核磁共振光谱学测定生物大分子的三维结构

续表

获奖时间	奖项	姓名	国籍	主要成就
2003年	化学奖	P. Agre	美	1988年发现了细胞膜的水通道
		R. MacKinnon	美	1998年阐明了钾离子通道的立体结构
2004年	生理学或医学奖	R. Axel	美	1991年发现编码决定气味受体的一个基因大家族
		L. B. Buck	美	
	化学奖	A. Ciechanover	以	20世纪70～80年代揭示了遍在蛋白调节蛋白质降解的机理
		A. Hershko	以	
		I. Rose	美	
2005年	生理学或医学奖	B. J. Marshall	澳	1982年发现并证明了幽门螺旋杆菌（*Helicobacter pylori*）导致胃炎、胃溃疡和十二指肠溃疡
		J. R. Warrenu	澳	
2006年	生理学或医学奖	F. Andrew	美	1998年揭示了RNA干扰（RNAi）的分子机制
		M. Craig	美	
	化学奖	R. D. Kornberg	美	1974年发现核小体的结构和染色体的重复单位后率先揭示了RNA加工所需的酶复合体的结构和功能
2007年	生理学或医学奖	M. R. Capecchi	美	1980年建立了哺乳动物DNA转化技术。1988年建立了“基因打靶”技术
		O. Smithies	美	1985年成功地将DNA序列插入人类的β球蛋白位点
		M. J. Evans	英	1981年首次分离了胚胎干细胞
2008年	生理学或医学奖	H. zur Hausen	德	1980年代发现了引起宫颈癌的乳头瘤病毒（HPV）
		F. Barré-Sinoussi	法	1983年建立了HIV诊断的方法
		L. Montagnier	法	
2008年	化学奖	O. Shimomura	日	首次从 *Aequorea victoria* 中分离出绿色荧光蛋白（GFP）
		M. Chalfie	美	证明了GFP可作为活细胞的发光遗传标记
		R. Y. Tsien（钱永健）	美	揭示了GFP发出荧光的机制，同时拓展出多色荧光标记方法
2009年	生理学或医学奖	E. H. Blackburn	美	1978年发现了端粒结构的重复DNA序列
		J. W. Szostak	美	1982年和E. H. Blackburn证明端粒的作用
		C. W. Greider	美	1985年和E. H. Blackburn发现了端粒酶
2009年	化学奖	Ada Yonath	以	20世纪80年代开始就以10Å的分辨率研究核糖体的结构
		T. A. Steitz	美	20世纪90年代开始相继提供了核糖体高清晰度的结构图
		V. Ramakrishnan	美	
2010年	生理学或医学奖	R. Edwards	英	1978年成功地实现了世界上首例“试管婴儿”

附录二 部分习题参考答案

第二章

2. **解**：(1) 此个体的配子中的染色体全来自母本的比率为：$1/2\times1/2\times1/2=1/8$；(2) 此个体配子中的染色体既来自母本又来自父本的比率为：$1-1/8-1/8=6/8=3/4$。

3. **解**：骡的染色体中含有一套马的染色体（32条）和一套驴的染色体（31条），骡产生的可育配子其染色体只能含有一套马的染色体或一套驴的染色体，不能有任何混杂。要能产生这样的配子，骡在减数分裂时必须是来自马的32条染色体趋向一极[其概率为 $(1/2)^{32}$]，驴的31条染色体趋向另一极[其概率为 $(1/2)^{31}$]。若能如此分裂，则可同时产生2个可育的配子，因此骡能产生可育配子（仅含有马或驴的一套染色体）的概率是：$2\times(1/2)^{32}\times(1/2)^{31}=2\times(1/2)^{63}$。

4. **解**：(1) F_1 代全部为红色；(2) F_2 代：红色∶黄色=3∶1；(3) F_1 与红色亲本回交的后代全部为红色；(4) F_1 与黄色亲本测交的后代：红色∶黄色=1∶1。

5. **解**：已知 F_2 代植株中，有色∶无色=3∶1，所以有色对无色为显性。设有色基因为 A，无色基因为 a，若随机挑有色植株并将其互交，结果就存在三种可能的情况：① $AA\times AA$；② $Aa\times Aa$；③ $AA\times Aa$。有色植株的基因型为 AA 和 Aa 两种，比例为 $1/4:2/4=1:2$，在有色植株中随机抽到 AA 和 Aa 型的概率分别为1/3和2/3。若随机挑有色植株并将其互交，则其后代中出现有色的概率为：

$$1/3\times1/3\times1+2/3\times2/3\times3/4$$
$$+1/3\times2/3\times1=24/36=2/3$$

无色的概率为：$1-2/3=1/3$

6. **解**：白化为常染色体隐性遗传。两个家庭的父母表型都正常，但都生育了白化的孩子，提示两个家庭的双亲都是杂合子。那么两个家庭表型正常孩子为杂合子的概率为2/3。如他（她）们之间结婚，生育的孩子患白化病的概率为：$2/3\times2/3\times1/4=4/36$。

7. **解**：设紫色花基因为 A，白花基因为 a。按孟德尔法则 $AA:Aa=1/4:2/4=1:2$，所以后代中紫色花是纯种（AA）的比例是：$28\times1/3\approx9\sim10$（株）。

8. **解**：设 B 基因可催化棕色色素转变为黑色色素，若 B 基因突变为 b，则小鼠的皮毛不能产生黑色，而为棕色。设两只黑色母鼠的基因型分别为 BB（X）和 Bb（Y），棕色雄鼠的基因型为 bb。当 X 黑色母鼠和棕色雄鼠杂交时只产生黑色鼠：$BB\times bb\rightarrow Bb$（黑色）；当 Y 黑色母鼠和棕色雄鼠杂交时产生了黑色和棕色鼠。$Bb\times bb\rightarrow Bb$（黑色）$+bb$（棕色），理论比例为1∶1。题目给出的9只黑鼠，7只棕鼠是符合1∶1的，所以以上假设成立。

9. **解**：(1) 黑色 F_1 后代的互交形式有4种可能：$BB\times BB$，$Bb\times BB$，$BB\times Bb$，$Bb\times Bb$，而产生白色后代的仅最后一种组合。黑色杂合体的概率为 $(2Bb)\div(BB+2Bb)=2/3$，所以产生白色个体的概率为：$2/3\times2/3\times1/4=1/9$；(2) $2/3\times1\times1/4=1/6$；(3) F_1 的 bb 雄性和亲代的 Bb 雌性回交。$BB\times bb\rightarrow50\%$ 的后代为 Bb，另外50%的后代为白色 bb，这样才能产生最多的白色鼠。

10. **解**：(1) $WW\,Dd$（白扁）$\times ww\,dd$（黄圆）$\rightarrow Ww\,Dd$（白扁）$+Ww\,dd$（白圆），比例为1∶1；

(2) $Ww\,dd$（白圆）$\times Ww\,dd$（白圆）$\rightarrow W\_\,dd$（白圆）$+ww\,dd$（白圆），比例为3∶1；

(3) $ww\,DD$（黄扁）$\times WW\,dd$（白圆）$\rightarrow Ww\,Dd$（白扁）；

(4) $Ww\,Dd$（白扁）$\times ww\,dd$（黄圆）$\rightarrow Ww\,Dd$（白扁）$+Ww\,dd$（白圆）$+ww\,Dd$（黄扁）$+ww\,dd$（黄圆），比例为1∶1∶1∶1；

(5) $Ww\,Dd$（白扁）$\times Ww\,dd$（白圆）$\rightarrow Ww\,Dd$（白扁）$+Ww\,dd$（白圆）$+ww\,Dd$（黄扁）$+ww\,dd$（黄圆），比例为3∶3∶1∶1。

11. **解**：杂交组合为 $Aa\,Bb\,Cc\times Aa\,Bb\,Cc$，(1) 产生 ABC 表型的概率为：(3/4)3=27/64；(2) 产生 $AABBCC$ 基因型的概率为：(1/4)3=1/64。

12. **解**：因双亲表型正常，但又生育了患囊性纤维化的孩子，表明他们是囊性纤维化隐性突变基因的杂合体，所以下一个孩子患此病的概率为1/4；(2) 表型正常的孩子是杂合体的概率为：

(2/4) ÷ (1/4 + 2/4) = 2/3。

14. **解**：第一组 F_2 表型的分离比为 27 黄∶37 绿，因 27+37=64；而 $(3+1)^n=64$，$n=3$，即有 3 对基因控制这些性状。设黄色的基因型：$A\_B\_C\_$；绿色的基因型：$aaB\_C\_$，$A\_bbC\_$，A_B_cc，$aabbcc$ 等。

第二组 F_2 表型的分离比为 27 黄∶21 绿，可约简成 9∶7，因 9+7=16；而 (3+1) n=16，n=2，即有 2 对基因控制这些性状。联系第一个组合，表明其实质是 3 对基因中有一对是相同的，即 F_1 为 *AaBbCC*。

AABBCC × *aabbcc*
黄　　　　绿
↓
AaBbCc（黄）
↓⊗
*A_B_C_*（黄）　　绿
27　　∶　(64−27)=37

AABBCC × *aabbCC*
黄　　　　绿
↓
AaBbCC（黄）
↓⊗
A_B_CC（黄）　　绿
9　　∶　(16−9)=7

15. **解**：（1）$Tt \times Tt$→轴生∶顶生=3∶1；（2）F_2代中杂合型的比率是 1/2；（3）在 F_2 代中具杂合型轴生花的比率是 2/3；（4）在单因子 F_1 代的测交中，预期轴生∶顶生的比率是 1∶1。

16. **解**：解决此问题的一种方法是进行 4×4 庞纳特方格分析，具有 $I^A\ Se$，$I^A\ se$，$I^O\ Se$ 和 $I^O\ se$ 的雌、雄配子（每种配子产生的概率为 1/4）将可能产生合子的基因型填满所有的格，制成表格，再计算分泌型和非分泌型。另一种方法是通过概率来计算。*ABO* 分离产生的基因型 1/4 I^AI^B，1/4 I^AI^O，1/4 I^BI^O，1/4 I^OI^O，前三个是潜在的分泌型，取决于 *secretor* 基因型。而 I^OI^O 基因型是非分泌型。*Secretor* 基因的分离产生 3/4 $Se\ \_$（_ 表示可能是 Se 或是 se）和 1/4 *se se*。前者是潜在的分泌腺（型），取决于 ABO 基因型，因此，非分泌型的基因型为 I^AI^B *se se*，I^AI^O *se se*，I^BI^O *se se se se*，I^OI^O *se se*，I^OI^O $Se\ \_$。非分泌型的概率为：4×(1/4×1/4)+1/4×3/4=7/16，分泌型的概率为：1−7/16=9/16。分泌型与非分泌型的比为 9/16∶7/16 或 9∶7。

第二章

1. **解**：经 χ^2 测验，$\chi^2=16.10$；$p<0.01$；$N=3$，结果表明两个基因不符合 1∶1∶1∶1 的比例，可能由于有连锁的存在。若考虑每一基因座分离的情况，$B/-$∶b/b 的比例为 203∶197，符合 1∶1；但 $A/\_$∶a/a 之比为 240：160，不符合 1∶1。

2. **解**：子代 158 只小兔中，重组类型是英国长毛兔和非英国短毛兔。

图距为：(11+6)÷158×100%=10.8%=10.8(mu)。

3. **解**：幸运的是，在染色体上存在一个双突变，这样才能排除 *vg* 和 *m* 之间的连锁。因在雄性果蝇中不会发生交换，所以在 F_1 雄性中无法产生 *vgm* 配子，预计：

P　vg^+/vg^+　$m/m \times vg/vg$　m^+/m^+
↓
F_1　vg^+/vg　m/m^+　（野生型）

这种杂交的结果表明 *m* 不是 X 连锁的。F_1 的杂交是双因子杂种的杂交，我们可以预期 F_2 中 vg^+/m^+∶vg/m^+∶vg^+/m∶vg/m=9∶3∶3∶1。但在这样小的样本中可能会有变化。这表明 *vg* 和 *m* 是独立分配的。若 *vg* 和 *m* 连锁，那么情况如下：

P　$vg^+\ m/vg^+\ m \times vg^+\ m/vgm^+$
↓
F_1　$vg^+\ m/vgm^+$

野生型 $F_1 \times F_1$ 结果如下表：

♀	vg^+m (♂)	vg/m (♂)
vg^+/m	深紫色	野生型
vg/m^+	野生型	残翅
vg^+/m^+	野生型	野生型
vg/m	深紫色	残翅

表型比例为野生型∶残翅∶深紫∶残翅深紫=4∶2∶2∶0。在这样的杂交中我们无法计算出两个突变位点的距离。因此如果两个基因连锁，在 F_2 代中就得不到双突变的后代。*m* 不在 2 号染色体上。

4. **解**：各基因之间顺序及最小间距如下图所示：

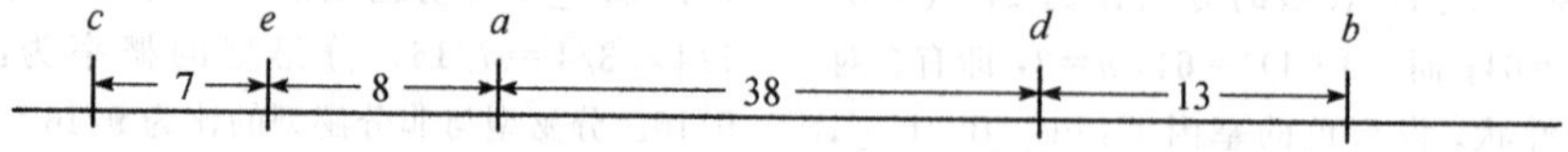

5. **解**：后代中 ab^+ 和 a^+b 各占 45%；a^+b^+ 和 a b 各占 5%。

6. **解**：(1) 0.035＋0.465＝0.50；(2) 所有子代的表型为 a^+b^+。

7. **解**：(1) F_1 代是 AB/ab。F_1 代产生的配子是 40% AB；40% ab；10% Ab；10% aB。从测交（$F_1\times ab/ab$）得到 40% AB/ab；40% ab/ab；10% Ab/ab；10% aB/ab。(2) F_1 代是 Ab/aB。F_1 代产生的配子是 40% Ab；40% aB；10% ab；10% AB。从测交（$F_1\times ab/ab$）得到 40% Ab/ab；40% aB/ab；10% ab/ab；10% AB/ab。

8. **解**：每对染色体是独立分配的。我们从已知图距中可以计算出配子的相对比例（P 为亲组合；R 为重组合）。

P		R	
AB	0.4	Ab	0.1
ab	0.4	aB	0.1
P		R	
CD	0.45	Cd	0.05
cd	0.45	cD	0.05
P		R	
EF	0.35	Ef	0.15
Ef	0.35	eF	0.15

F_1 代中产生各种配子的概率：

(1) $ABCDEF=0.4\times0.45\times0.35=0.063$ (6.3%)；

(2) $ABCDef=0.4\times0.05\times0.35=0.007$ (0.7%)；

(3) $AbcDeF=0.1\times0.05\times0.15=0.000\ 75$ (0.075%)；

(4) $aBCdef=0.1\times0.05\times0.35=0.001\ 75$ (0.175%)；

(5) $abcDeF=0.4\times0.05\times0.15=0.003$ (0.3%)。

9. **答**：脉孢菌中基因 a，b，c 的排列顺序及图距如下图所示。

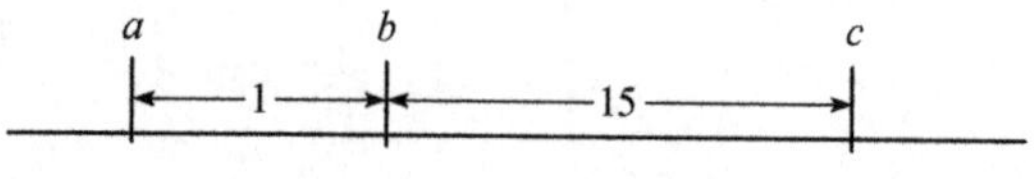

11. **答**：由于亲型四分体的数为 20，而非亲型四分体的数为 18，二者近似相等，所以这两个基因是不连锁的。

第四章

8. **答**：因所给出的数据不符合 A-T、G-C 等量的原则，因此这种噬菌体只可能是单链 DNA，不存在碱基互补配对的情况。

第六章

1. **答**：A 品系是 thr leu^+，B 品系是 thr^+ leu，若 B 品系被 A 品系转化应出现 thr^+ leu^+，因此可以用基本培养基加以检测筛选。

3. **答**：因为 $F^+\times F^-$ 的杂交中，完整的 F 因子经滚环复制进入受体，使受体获得了 F 因子，故以很高的频率变成 F^+ 细胞。在 $Hfr\times F^-$ 中的 Hfr 品系和 F^+ 不同，其 F 因子也整合在宿主的染色体上。但因 DNA 转移到受体时，是以 F 因子的 $OriT$ 为前导，最末端是 F 因子的致育基因，在 DNA 转移过程中由于接合管的随机断裂常使致育基因不能转移到受体细胞中，所以受体仍为 F^-，很少能成为 F^+ 细胞。

6. **答**：原来的基因顺序和 4 个 Hfr 品系的原点及方向如下图所示：

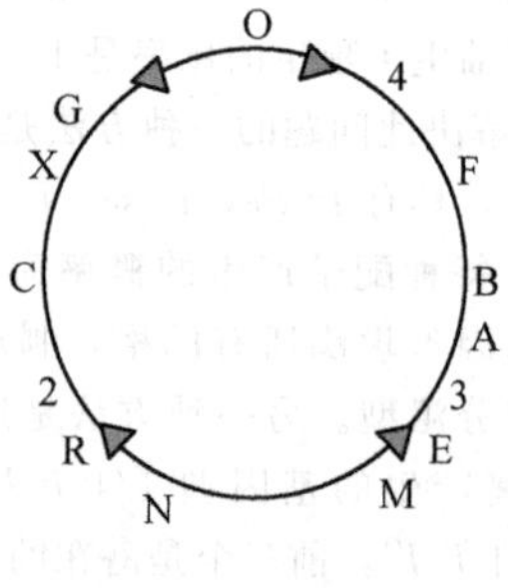

7. **答**：(1) GT；(2) ST；(3) ST；(4) GT；(5) GT；(6) ST；(7) ST；(8) B；(9) N。

8. **答**：因 $aceF$＋和 dhl 的共转导频率较高，所以它们是紧密连锁的。

9. **答**：因 $trpB$ 标记与 cys^+ 选择标记共转录频率高于 $trpE$ 标记，所以 $trpB$ 和 $cysB$ 是紧密连锁的。

10. **答**：根据题目所提供的共转导资料，顺序应为 *supD-cheA-cheB-eda*。

11. **答**：因 0.1ml 的噬菌体可产生 20 个噬菌体，即 200 个噬菌体/ml，稀释的浓度是 10^{-8}，所以原来的浓度为 200×10^{8} 或 2×10^{10}。

13. **答**：根据资料可能有两种情况：

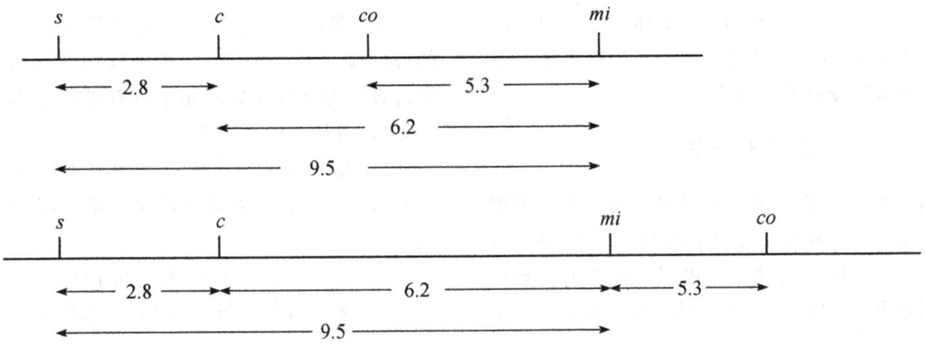

第十三章

15. **解**：因 10 个患儿中有 2 人是遗传的，不是突变所致，所以因显性突变而患病的只有 8 个患者。故软骨发育不全的突变率是：$8\div[(94\,075-2)\times2]=4.25\times10^{-5}$。

第十五章

10. **答**：第一种假设性连锁致死基因 *L* 是隐性的，在雄性中致死，在雌性中纯合致死，在雌性中杂合不致死，可以设计以下杂交：

(P)♀*LL* ×+ y♂ → *L* +、*Ly*(死)　(F_1)

(P)♀*L* +×+ y♂ → *L* +、++、*Ly*(死)、+ *y*　(F_2)

结果 ♀ : ♂ = 2 : 1

第二种假设是由卵的细胞质所传递的遗传，在这种情况下，上述杂交 F_2 代中也只有雌性蝇可以成活，雄性全部死亡。

11. **答**：可假设 A 品系的线粒体上发生了雄性致死突变，B 品系的线粒体上发生了雌性致死突变。当 A♀×B♂杂交时，后代都继承了母体（A）的线粒体，导致雄性后代全部死亡，所以后代全为雌性；当 B♀×A♂杂交时，后代都继承了母体（B）的线粒体，导致雌性后代全部死亡，所以后代全为雄性。

12. **答**：(1) 敏感♀×抗性♂→后代果蝇对 CO_2 十分敏感；(2) 敏感♂×抗性♀→后代果蝇对 CO_2 不敏感。

13. **答**：虽然两种类型的晚樱染色体结构相同，但可能二者细胞质中的质体不同，一种带有产生黄色的基因，另一种带有产生绿色的基因。

第十八章

6. **解**：其子代如是男孩，色盲的概率为：$1/2\times1/2=1/4$；若为女孩，应表型正常，但有 $1/2\times1/2=1/4$ 的可能为携带者。

7. **答**：最简单的假设是棕色牙是 X 连锁显性突变等位基因。A 个体的基因型为 *BY*，其妻为 *bb*，所有的儿子为 *bY*，表型正常，不表现为棕色牙。女儿从父亲那里接受了带有突变基因 *B* 的 *X* 染色体，因此她们的基因型为 *Bb*，表型为棕色牙。女儿的儿子一半接受了带有突变基因 *B* 的 *X* 染色体，为棕色牙；一半接受了带有正常基因 *b* 的 *X* 染色体，为白色牙。

8. **答**：可能为常染色体显性遗传。

10. **答**：(1) 可能是 X 连锁的隐性遗传。(2) 家庭成员的基因型如图所示。(3) Ⅲ-1 和Ⅲ-2 结婚所生的孩子是携带者的概率是：$1/2\times(1/2\times1+1/2\times1/2)=3/8$。

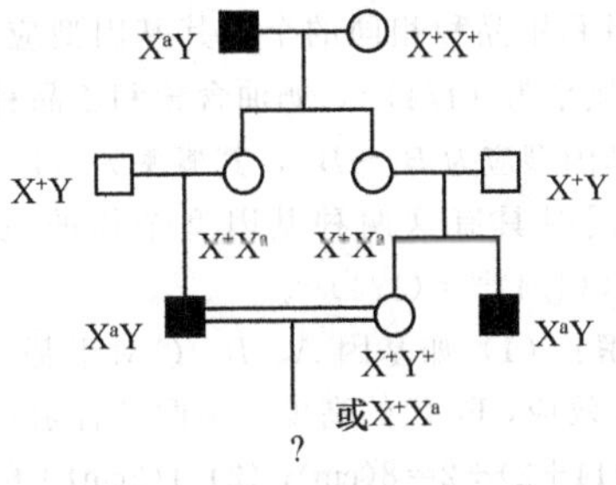

14. **答**：因为果蝇的 Y 染色体仅有少数与性别决定无关的基因，且不翻译，所以果蝇的性别决定似乎完全和 Y 染色体无关。

16. **答**：这个矛盾可能用 *AP1* 和 *AG* 的表达互相排斥来解释。假设当存在 *AP1* 转录因子时，*AG* 基因被抑制；当存在 AG 转录因子时，*AP1* 基因被抑制。如果真如此，那么在 *apl* 突变体中 *AG* 可延伸到第 1、2 轮中表达；在 *AG* 突变体（*ag*）中 *AP1* 可延伸到在第 3、4 轮中表达。这样可以解释单个基因突变甚至双突变所产生的表型。

第二十一章

1. **答**：每个纯种亲代的基因型是纯合的，表型应相同，如产生差异则是环境引起的；F_1 代是杂合的，但基因型相同，表型也应相同，如产生差异也是由环境造成的，所以 F_1 代之间的差异不比每一亲本内的差异大。

3. **解**：(1) 假设 *A* 和 *a* 之间，*B* 和 *b* 之间没有显性效应，那么 F_1 代的高度应等于两纯合亲本的平均值，即(50＋30)÷2＝40(cm)；(2) 因 *A* 和 *B* 的作用是相等的，且没有显性效应，那么在两对等位基因中，只要有任何两个有表型效应即可使植株高为 40cm，它们的基因型应为：*AaBb*、*AAbb*、*aaBB*；(3) 既然植株高为 40cm 的基因型已定，根据基因型和 F_2 代中它们出现的概率就可计算出 40cm 高的植株在 F_2 代中的频率：(1/2)×(1/2)＋(1/4)×(1/4)＋(1/4)×(1/4)＝3/8。

4. **解**：(1) 头宽平均值＝3.15，标准差为 0.49；翅长平均值＝35.21，标准差为 7.68；(2) 相关系数 r＝0.973；(3) 头宽和翅长有着强的正相关。

5. **解**：亲本 1 为 50 个单位；亲本 2 为 40 个单位；F_1 为 45 个单位。

6. **解**：设控制甲品种和乙品种奶牛泌乳量的基因分别为 $A_1 \sim A_{10}$ 和 $a_1 \sim a_{10}$，控制甲品种和乙品种奶油含量的基因分别为 $b_1 \sim b_{10}$ 和 $B_1 \sim B_{10}$；在 F_2 代中泌乳量和甲品种相同的个体其基因型应为 $A_1 \sim A_{10}$，其概率为 $(1/4)^{10}$，奶油含量和乙品种相同的个体其基因型应为 $B_1 \sim B_{10}$，其概率为 $(1/4)^{10}$，在 F_2 代中同时具有这两种基因型个体的概率应为 $(1/4)^{10} \times (1/4)^{10} = (1/4)^{20}$。

7. **解**：(1) 如基因 *A*、*B*、*C* 对于基因 *aabbcc* 没有显性效应，F_1 代的高度应是两纯合亲本的平均值，即 (14＋2)÷2＝8(cm)；(2) 1(2cm)∶6(4cm)∶15(6cm)∶20(8cm)∶15(10cm)∶6(12cm)∶1(14cm)；(3) F_2 中 *AABBCC* 为 $(1/4)^3$；*aabbcc* 为 $(1/4)^3$，和亲代的高度相等，总的比例为 $(1/4)^3 + (1/4)^3 = 2/64$；(4) 预期 20/64 的 F_2 高度为 8cm。

9. **答**：是数量性状。因为 F_1 的平均值在双亲平均值之间。F_2 表现出连续变异，变异范围在两亲本表型之间的区域。这些特点符合数量遗传的规律。

10. **答**：广义遗传力是指遗传变异占表型变异的百分数；狭义遗传力是指基因加性作用引起的变异占表型变异百分数。如果所有等位基因频率等于 1 或 0，两种遗传力等于 0。

11. **解**：狭义遗传率等于表兄弟姐妹相关系数的 8 倍，所以表兄弟姐妹的全部指纹隆起线数的相关系数：

$$r = 0.86/8 = 0.108$$

12. **解**：选择差异是 0.14g；选择反应是 0.08g，$h^2 = 0.08/0.14 = 0.57$。

13. **解**：因在群体中遗传变异性不影响血压，所以遗传率为 0。

14. **解**：选择差异＝14.3－9.7＝4.6；选择反应＝13－9.7＝3.3；狭义遗传率＝2(*b*)＝2(0.46)＝0.92。

15. **解**：(1) 父亲们的平均值＝71.9in，方差＝11.6；儿子们的平均值＝70in，方差＝10.2；(2) 相关系数 r＝0.49；(3) 选择系数 b＝0.46，狭义遗传率＝2(b)＝2(0.46)＝0.92。

16. **解**：近亲系数分别为：(1) $F = 2(1/2)^6 = 1/32$；(2) $F = 4 \times (1/2)^6 = 1/16$。

第二十二章

6. **解**：(1) 根据哈迪-温伯格定律，纯合隐性基因型频率等于 q^2，在此例中为 0.33，因此 $q = \sqrt{0.33} = 0.574$，那么 $p = 1 - q = 0.426$；(2) *SeSe* 和 *Sese* 基因型的预期比率分别是 $p^2 = (0.426)^2 = 0.181$，$2pq = 2 \times 0.574 \times 0.426 = 0.489$，群体中约一半的基因型在分泌基因座上是杂合的。

7. **解**：首先必须计算隐性等位基因的频率 q，利用纯合隐性基因频率的数据 1/250 000 假定随机交配的频率 $q = \sqrt{1/250\,000} = 0.002$。(1) 嫡亲表兄妹婚配的后代中，*XP* 的预期频率等于 $q^2(1-F) + qF$，而嫡亲表兄妹的后代 $F = 1/16$。在此例中，公式 $(0.002)^2 \times 15/16 + (0.002 \times 1/16) = 0.000\,128\,75$，或约为1/7767。(2) $q = 0.002$，$F = 1/16$，比率＝$[q^2(1-F)qF]/q^2 = (1/7767) \div (1/250\,000) = 32.2$，即嫡亲表兄妹的后代中，引起 *XP* 的隐性纯合突变等位基因的风险性大于 32 倍。

8. **解**：(1) $f(Let\ a) = q = \sqrt{0.16} = 0.4$

$f(Let\ A)=p=1-0.4=0.6$

杂合体：$2pq=2\times0.6\times0.4=0.48$；$0.48\div[(2\times0.16)+0.18]=0.48\div0.80=60\%$

杂合体中隐性基因占总隐性基因的 60%。(2) 如$q^2=1\%$，则 $q=0.1$，$p=0.9$，$2pq=0.18$。

$0.18\div[(2\times0.01)+0.18]=0.18\div0.20=90\%$，杂合体中隐性基因占总隐性基因的 90%。

9. **解**：$2pq\div q^2=8$，$2p=8q$，$2(1-q)=8q$，$2=10q$，$q=0.2$。隐性基因的频率为 $q=0.2$。

10. **解**：因这种性状的频率在两性中不同，故此性状可能为 X 性连锁隐性遗传。设该基因的频率为 q，则女患者的基因型频率为 q^2，男性患者的基因型频率为 q。

$q=0.40$，$q^2=0.16$，女性携带者为 $2pq=2\times0.40\times0.60=0.48$，男性中无杂合体。

11. **解**：有效群体的大小（Ne）分别为：(1) 100；(2) 96；(3) 36；(4) 7.8。

12. **解**：$P=mP+(1-m)$，$P=0.20\times0.50+(1-0.2)\times0.70=0.66$，松鼠迁移后其 Est 基因的频率是 0.66。

13. **解**：$q=s/(s+t)=0.12/(0.14+0.86)=0.12$，预期 Hb-S 的基因频率为 0.12。

14. **解**：$q=u/s=(5\times10^{-5})/0.8=0.000\,0625$，达到平衡时软骨发育不全基因的频率是 0.0625‰。

索 引

C

D

E

F

I

J

K

S

T

U

V

W

Y

Z

彩　版

图 2.40、图 4.14

图 5.9、图 5.39、图 5.43

图 6.31、图 7.19、图 10.4

图 10.11、图 11.23、图 12.5、图 12.6

图 12.26、图 12.28、图 13.29、图 14.32

图 16.5、图 18.11

图 19.25、图 20.6、图 20.7

图 20.21、图 22.7

《现代遗传学原理》（第三版）课件索取表

凡是使用本《现代遗传学原理》（第三版）作为教材的院校教师，均可免费索取由作者提供的与本书配套的课件一份（含部分习题参考答案）。欢迎来函、来电联系，数量有限，赠完为止。本活动解释权在科学出版社。

教师反馈表

姓名：	职称/职务：
大学：	院系：
电话：	传真：
电子邮件（重要）：	
通讯地址及邮编：	
所授课程（一）：	人数：
课程对象：□研究生 □本科（____年级）□其他______	专业：
使用教材名称/作者/出版社：	
所授课程（二）：	人数：
课程对象：□研究生 □本科（____年级）□其他______	专业：
使用教材名称/作者/出版社：	
您对本《现代遗传学原理》（第三版）的评价及对第四版的修改意见：	
贵校（学院）开设的与生命科学相关的公共课程有哪些？使用的教材名称/作者/出版社？	
推荐国外优秀教材：作者/书名/出版社	
院系证明（建议加盖公章）：	

表格回执地址：北京市东黄城根北街16号　科学出版社高等教育出版中心，邮编 100717

联系人：席　慧

Tel：010-64000815　　e-mail：xihui@mail. sciencep. com